Schreiber

Professionelle Schaltungstechnik
Band 2

Herrmann Schreiber

Professionelle Schaltungstechnik

Band 2

Über 1000 weitere Applikationsschaltungen für Praxis, Labor und Studium

Mit 1021 Abbildungen

Franzis'

Die Deutsche Bibliothek – CIP-Einheitsaufnahme

Professionelle Schaltungstechnik. - (Ausg. in 4 Bd.). -
Feldkirchen : Franzis.
ISBN 3-7723-4042-3

Bd. 2. Über 1000 weitere Applikationsschaltungen für Praxis, Labor und Studium / Herrmann Schreiber. - 1996
ISBN 3-7723-4003-2
NE: Schreiber, Herrmann

Satz: Kaltner Satz & Litho GmbH, 86399 Bobingen
Druck: Wiener Verlag, A-2325 Himberg
Printed in Austria - Imprimé en Autriche

ISBN 3-7723-4003-2

Vorwort

Ausgesucht wurden die Schaltungsbeispiele nach ihrem Informationsinhalt. Es sollten Beispiele sein, die nicht nur Ideen enthalten, sondern auch Ideen wecken. Denn die Erfahrung zeigt, daß Schaltungen hauptsächlich zum Weiterentwickeln da sind.

Um sich in den 1020 Schaltungsbeispielen schnell zurechtzufinden, verfügt der Leser über zahlreiche Aufstellungen, wie Stichwortverzeichnisse für die verschiedenen Fachgebiete und Listen mit nach unterschiedlichen Gesichtspunkten zusammengestellten Verstärkerdaten. Eine weitere Liste enthält die Typenbezeichnungen aller aufgeführten integrierten Schaltungen mit den dazugehörigen Schaltbildnummern.

Wichtiger Hinweis

Die in diesem Buch wiedergegebenen Schaltungen und Verfahren werden ohne Rücksicht auf die Patentlage mitgeteilt. Sie sind ausschließlich für Amateur- und Lehrzwecke bestimmt und dürfen nicht gewerblich genutzt werden*).
Alle Schaltungen und technischen Angaben in diesem Buch wurden vom Autor mit größter Sorgfalt erarbeitet bzw. zusammengestellt und unter Einschaltung wirksamer Kontrollmaßnahmen reproduziert. Trotzdem sind Fehler nicht ganz auszuschließen. Der Verlag und der Autor sehen sich deshalb gezwungen, darauf hinzuweisen, daß sie weder eine Garantie noch die juristische Verantwortung oder irgendeine Haftung für Folgen, die auf fehlerhafte Angaben zurückgehen, übernehmen können. Für die Mitteilung eventueller Fehler sind Autor und Verlag jederzeit dankbar.

---

*) Bei gewerblicher Nutzung ist vorher die Genehmigung des möglichen Lizenzinhabers einzuholen.

Inhalt

Teil 1 NF-Anwendungen

1 Vorverstärker, Entzerrer, Klangkorrektur

Frequenzlineare Vorverstärker

Mischpulte

Vorverstärker für Plattenspieler

Tonbandschaltungen

Klangeinsteller

Equalizer

Dynamikkorrekturen

Tiefpaßfilter für Kleinsignalanwendungen

Hochpaßfilter für Kleinsignalanwendungen

Bandpaßfilter für Kleinsignalanwendungen

Bandsperren für Kleinsignalanwendungen

Aktivfilter für Lautsprecherweichen

Halbleiterschalter

2 Audioverstärker

Verstärker unter 1 W Ausgangsleistung

Verstärker mit Ausgangsleistungen von 1 bis 2,5 W

Verstärker mit Ausgangsleistungen von 3 bis 9 W

Verstärker mit Ausgangsleistungen von 20 bis 50 W

Verstärker mit Ausgangsleistungen von mehr als 50 W

3 Weiterhin für Audio wichtig

Filter am Verstärkerausgang

Anzeigeschaltungen mit Leuchtdioden

Anzeigeschaltungen mit Zeigerinstrumenten

Schutzschaltungen

Telefon und Wechselsprechanlagen

4 Akustische Effekte

Tonerzeugung

Stereophonische Klangeffekte

Verstärkerdaten

Audioverstärker

HF-Leistungsverstärker

Teil 2 HF-Anwendungen

5 Empfangsschaltungen

Antennenverstärker

Antennenfilter

Antennenanpassung

Hf-Verstärker

Zf-Verstärker

Breitbandverstärker

Umschalter

Mischstufen

Filter

Abschwächer

AM-Demodulatoren

FM-Demodulatoren

Stereodekoder

Demodulatoren für Telegrafieempfang

AM-Empfänger

FM-Empfänger

AM/FM-Empfänger

Quarzoszillatoren

Frequenzsynthese

Teil 3 Stromversorgung

8 Gleichrichter und Vervielfacher

9. Spannungsreferenzen

10. Stromreferenzen

11. Lineare Spannungsregler

Regler mit diskreten Bauteilen

Lineare Regler mit integrierten Schaltungen

Lineare Regler für mehr als 40 V

Spannungsregler mit mehreren Ausgängen

Stromregler

Labor-Stromversorgung

12 Geregelte Schaltwandler

Geregelte Aufwärtswandler

Geregelte Abwärtswandler

Geregelte Spannungsinverter

Schaltregler mit mehreren Ausgängen

Schaltregler mit Ausgangstransformator

Schaltwandler mit galvanisch getrenntem Ausgang

13 Ungeregelte Gleichspannungswandler

Wandler ohne Speicherdrossel

Wandler mit Transformatorausgang

Wandler für Beleuchtungsanwendungen

14. Regelung von Wechselspannungen

15. Batterieladegeräte

16. Hilfs- und Anzeigeschaltungen

Tabellen Stromversorgung

Stichwortverzeichnisse

Teil 1

Nf-Anwendungen

1 Vorverstärker, Entzerrer, Klangkorrektur

Frequenzlineare Vorverstärker

1. Vorverstärker 30 dB

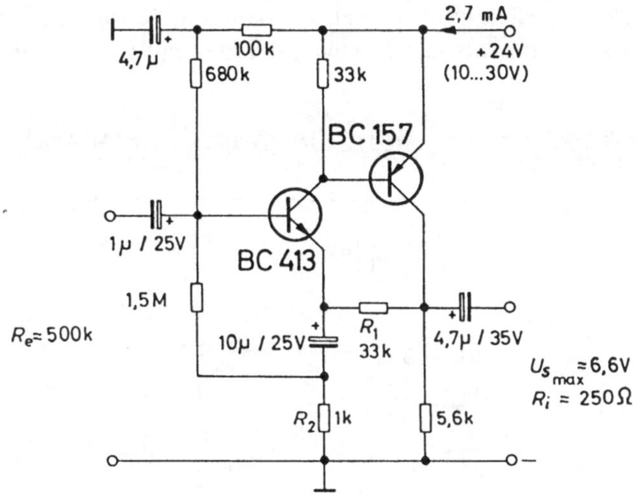

Die an den Eingang rückgeführte Rauschspannung beträgt 1 µV. Klirrfaktor < 0,25 % bei 5 V am Ausgang. [Anwendungsschaltung *Siemens.*]

2. Vorverstärker 40 dB

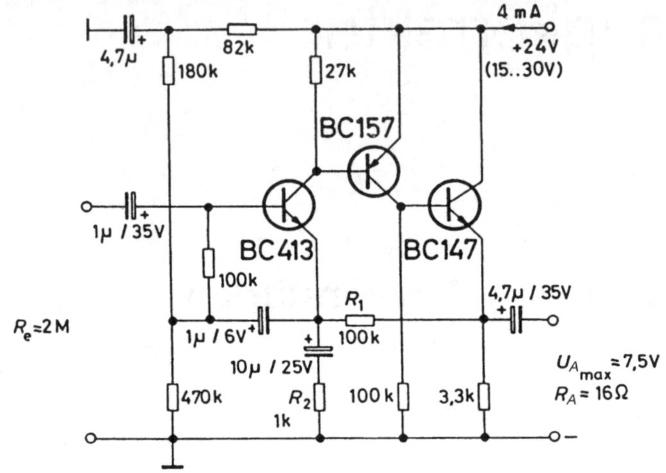

Die an den Eingang rückgeführte Rauschspannung beträgt 0,85 μV. Klirrfaktor < 0,2 % bei 1 V am Ausgang. [Anwendungsschaltung *Siemens.*]

3. Vorverstärker mit hohem Eingangswiderstand

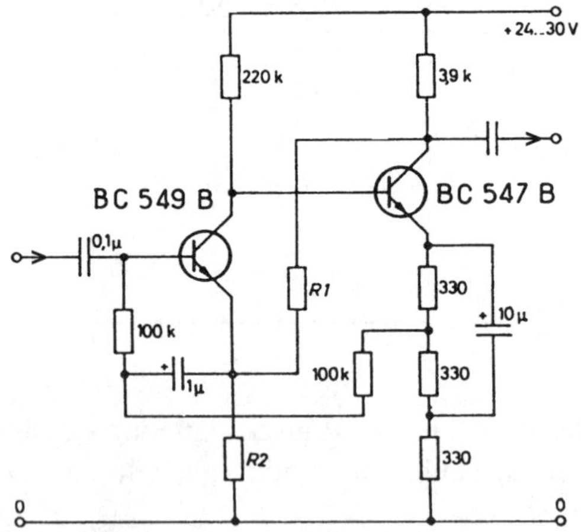

Spannungsgewinn U2/U1	10	20	50	100
Spannungsgewinn in dB	20	26	34	40
R1 (kΩ)	39	47	100	100
R2 (kΩ)	3,9	2,2	1,8	0,91
Eingangswiderstand (MΩ)	2	1	0,35	0,2

Spannungsgewinn und Eingangswiderstand hängen von den in der Tabelle angegebenen Werten ab. [Anwendungsschaltung *ITT-Intermetall.*]

4. Vorverstärker mit elektronischer Lautstärkeeinstellung

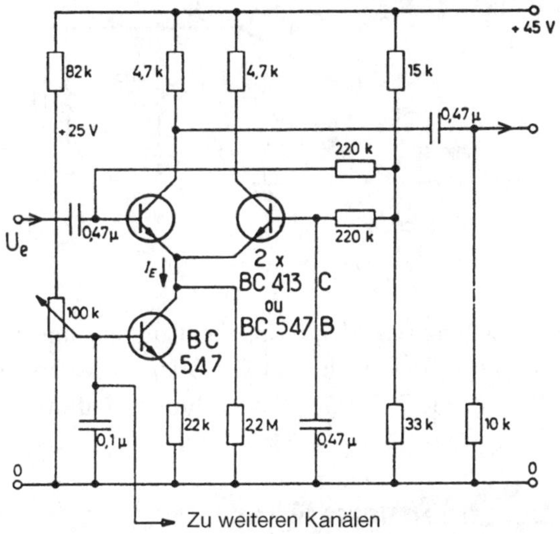

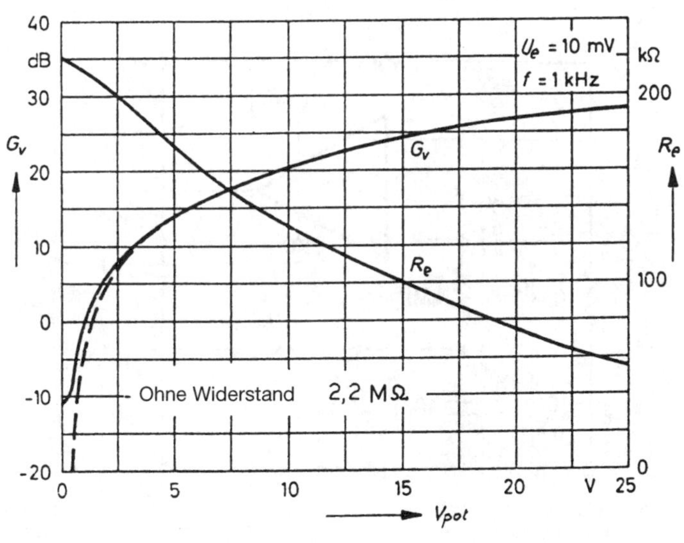

Die Kurven gestatten die Bestimmung von Spannungsgewinn (G_V) und Eingangswiderstand (R_e) in Abhängigkeit von der Spannung am Potentiometerschleifer.

5. Invertierender Verstärker

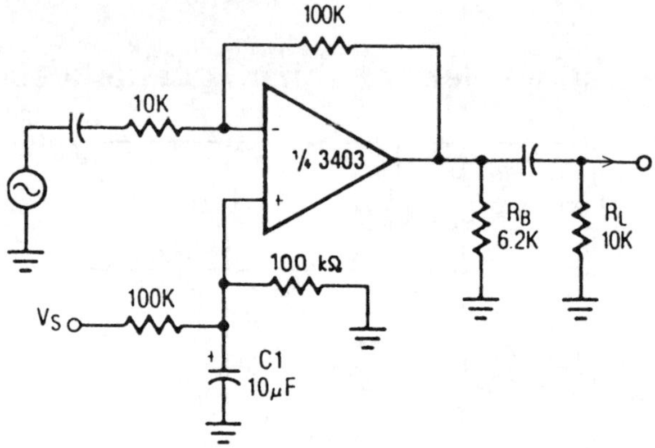

Spannungsgewinn 10. Kapazitive Kopplung im Eingang und im Ausgang. Nur eine Speisespannung, 6 bis 30 V. Geeignet für Operationsverstärker mit Außenlast (R_B) wie RC 3403 oder RC 5303. [Anwendungsschaltung *Raytheon.*]

6. Nicht invertierender Verstärker

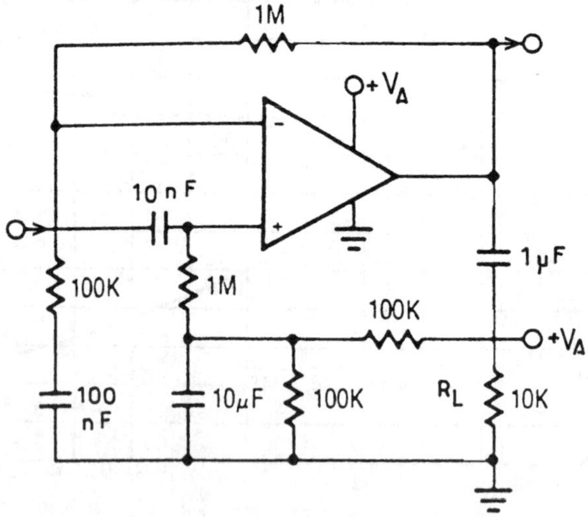

Spannungsgewinn 11. Kapazitive Kopplung im Eingang und im Ausgang. Nur eine Speisespannung, 6 bis 30 V. Für alle Operationsverstärker verwendbar. [Anwendungsschaltung *Raytheon.*]

7. Invertierender Verstärker

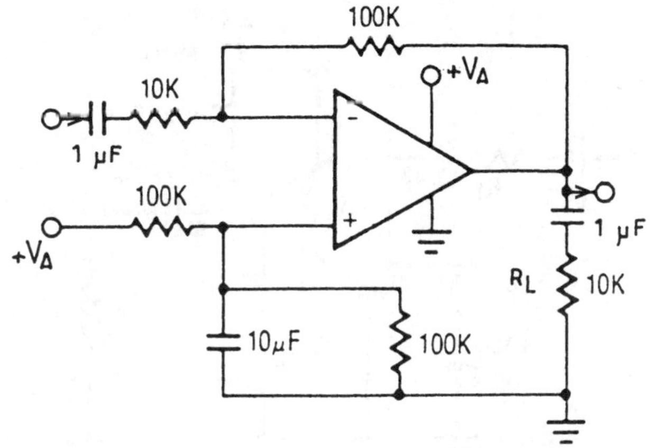

Spannungsgewinn 10. Kapazitive Kopplung im Eingang und im Ausgang. Nur eine Speisespannung, 6 bis 30 V. Für alle Operationsverstärker verwendbar. [Anwendungsschaltung *Raytheon.*]

8. An 24 V gespeister, invertierender 40-dB-Verstärker mit LM 382

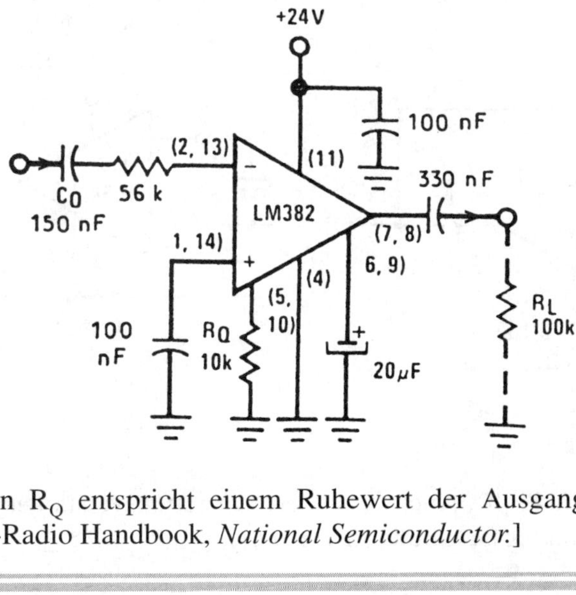

Der Wert von R_Q entspricht einem Ruhewert der Ausgangsspannung von 12 V. [Audio-Radio Handbook, *National Semiconductor.*]

9. Invertierender Verstärker mit hohem Spannungsgewinn

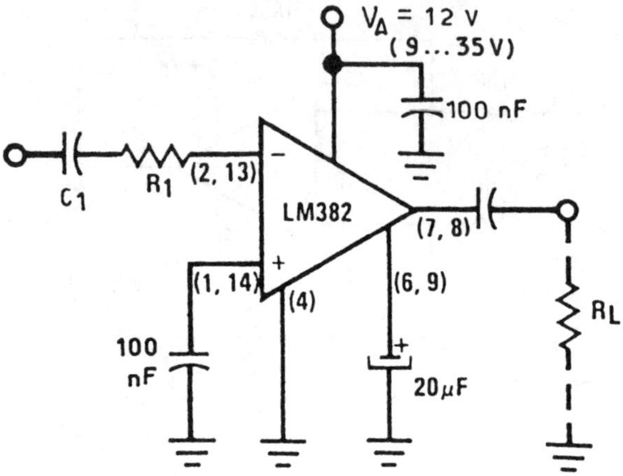

Man erhält den Spannungsgewinn, wenn man 5,1 MΩ durch den Wert von R_1 teilt. Der Eingangskondensator ist mit $C_1 = 1/(2\ \pi\ f\ R_1)$ zu berechnen, wenn f die untere Grenzfrequenz ist. [Audio-Radio Handbook, *National Semiconductor.*]

10. Invertierender Verstärker mit hoher Eingangsimpedanz

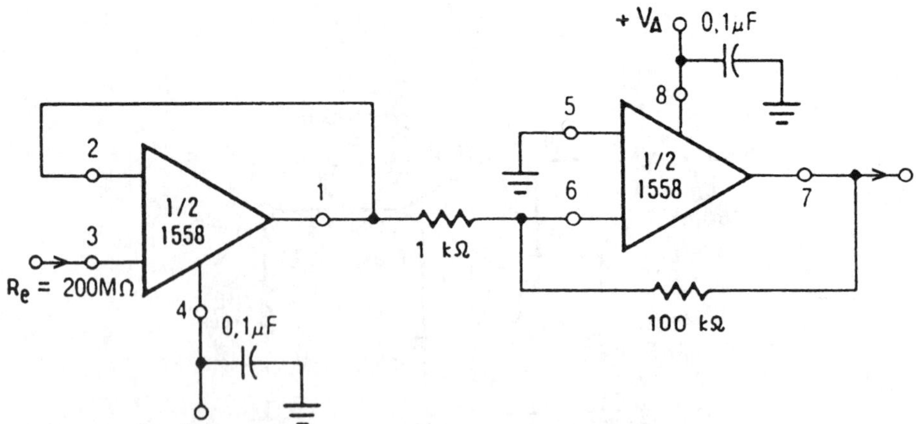

Spannungsgewinn 40 dB. Auch für andere Operationsverstärker als 1558 verwendbar. [Anwendungsschaltung *Raytheon.*]

11. Adapter mit sehr hohem Eingangswiderstand, für Leistungsverstärker

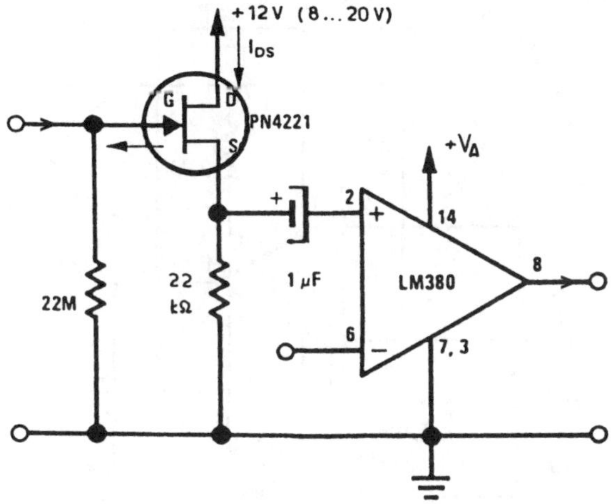

Die Vorstufe hat einen Spannungstransfert von 1 und einen Eingangswiderstand von 22 MΩ. Anwendbar für alle (integrierten oder diskreten) Verstärker mit Eingangswiderstand von mehr als 20 kΩ.

12. Invertierender Kleinleistungsverstärker

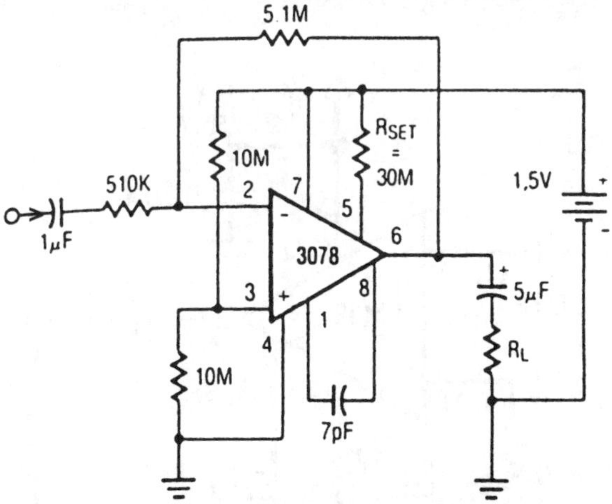

Speisung an 1,5 V. Spannungsgewinn 20 dB. [Anwendungsschaltung *Raytheon* für RC 3078 oder RM 3078 A.]

13. Nicht invertierender Kleinleistungsverstärker

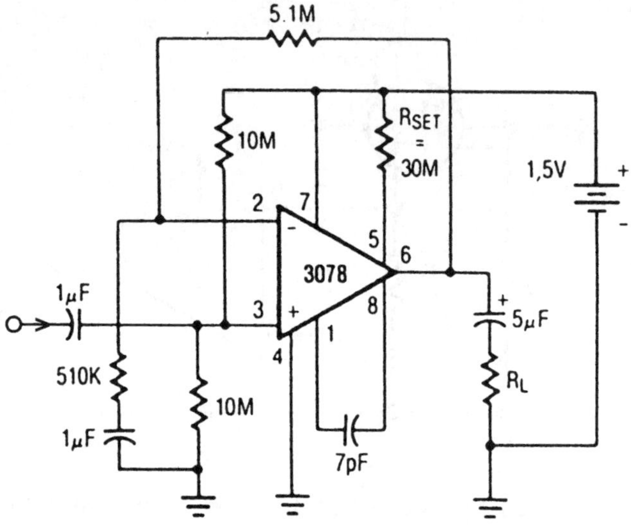

Speisung an 1,5 V. Spannungsgewinn 20 dB. [Anwendungsschaltung *Raytheon* für RC 3078 oder RM 3078 A.]

14. Nicht invertierender Verstärker mit programmierbarem Spannungsgewinn, LM 382

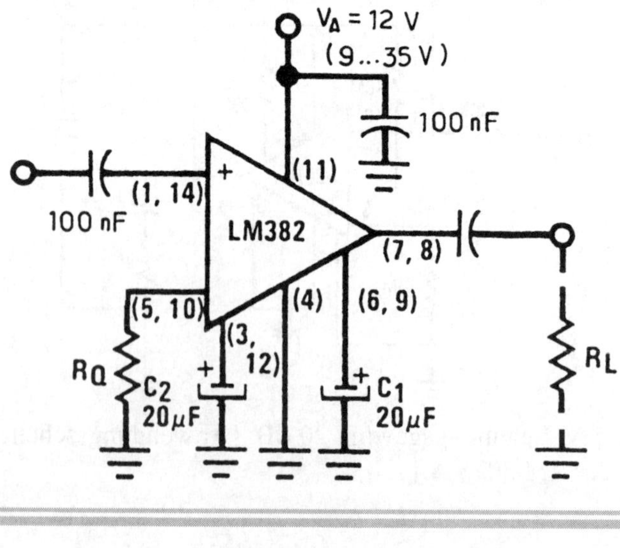

Der Spannungsgewinn beträgt 53,6 dB, wenn nur C_1 angeschlossen ist, 60,2 dB mit nur C_2 und 80,6 dB bei Beschaltung mit C_1 und C_2. Die Ruhespannung am Ausgang beträgt 6 V, wenn R_Q weggelassen wird und steigt sonst mit abnehmendem Wert von R_Q. [Audio-Radio Handbook, *National Semiconductor.*]

15. Invertierender Verstärker mit wählbarem Spannungsgewinn, LM 382

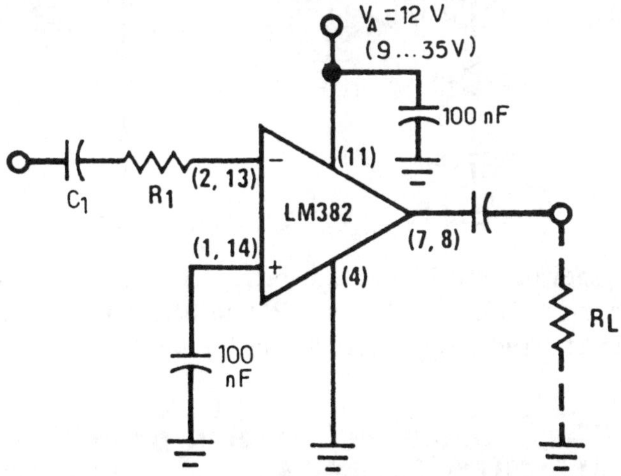

Man erhält den Spannungsgewinn (Minimum 20 dB), wenn man 267 kΩ durch den Wert von R_1 teilt. Der Eingangskondensator ist mit $C_1 = 1/(2\ \pi\ f\ R_1)$ zu berechnen, wenn f die untere Grenzfrequenz ist. [Audio-Radio Handbook, *National Semiconductor.*]

16. Nicht invertierender Verstärker mit wählbarem Spannungsgewinn, LM 382

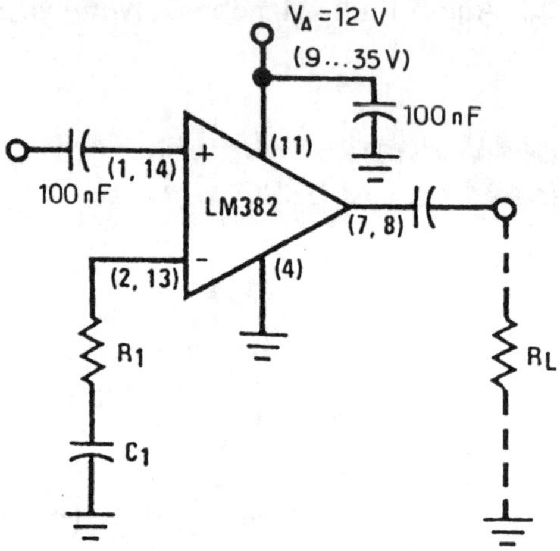

Der Spannungsgewinn (10 bis 20 dB) beträgt 1 + (267 kW/R_1). Der Eingangskondensator ist mit $C_1 = 1/(2\ \pi\ f\ R_1)$ zu berechnen, wenn f die untere Grenzfrequenz ist. [Audio-Radio Handbook, *National Semiconductor.*]

17. und 18. Asymmetrischer Mikrofonvorverstärker, LM 381 A, LM 387 A

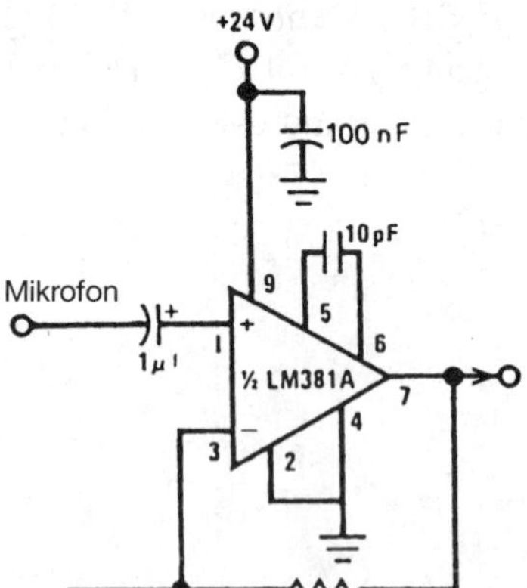

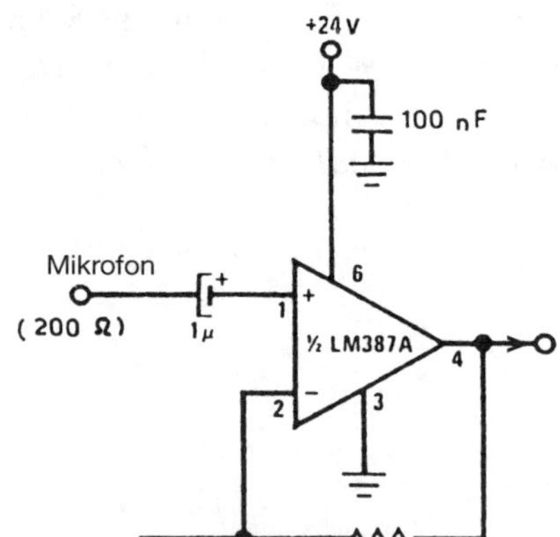

Der Pluseingang wird mit einem integrierten Spannungsteiler vorgespannt. Spannungsgewinn: 52 dB. Rauschen: – 67 dB unter 2 mV. Klirrfaktor: < 0,1%. [Audio-Radio Handbook, *National Semiconductor.*]

19. Symmetrischer Mikrofonvorverstärker, rauscharm

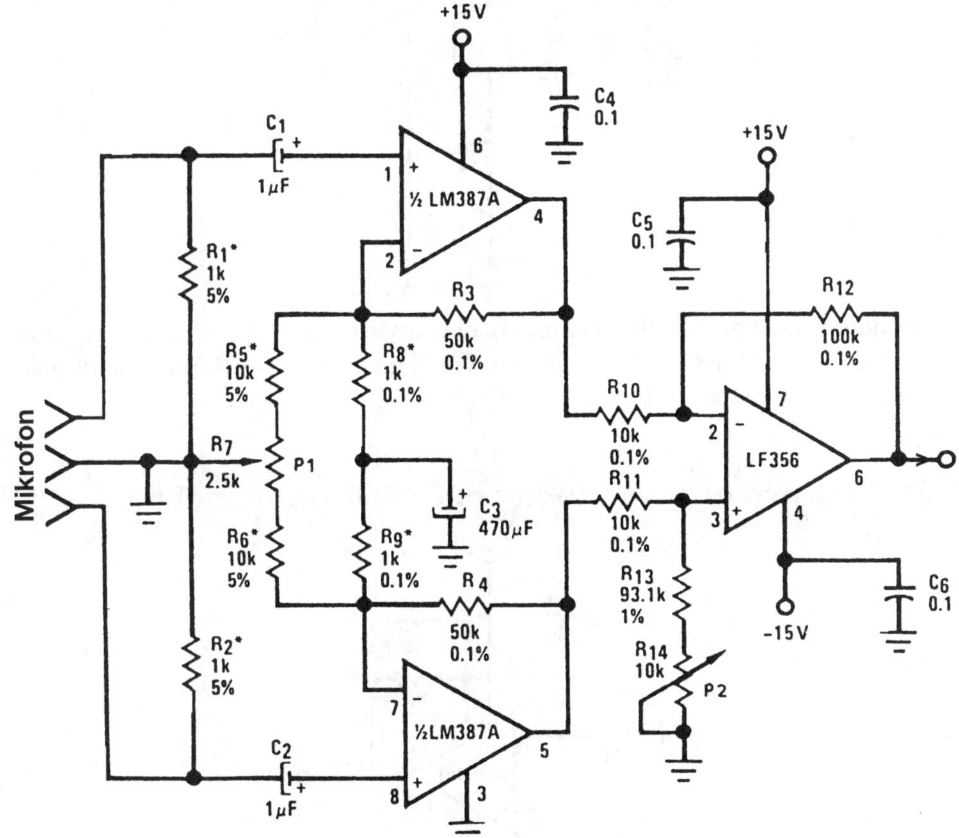

Spannungsgewinn: 54 dB. Rauschen: – 63 dB unter 2 mV. Klirrfaktor: < 0,1%. Metallschichtwiderstände sind für den ersten Teil der Schaltung (LM 387 A) zu verwenden. P_1 auf Nullspannung am Ausgang abgleichen, P_2 auf optimale Gleichtaktunterdrückung. [Audio-Radio Handbook, *National Semiconductor.*]

20. Symmetrischer Mikrofonvorverstärker, LF 357

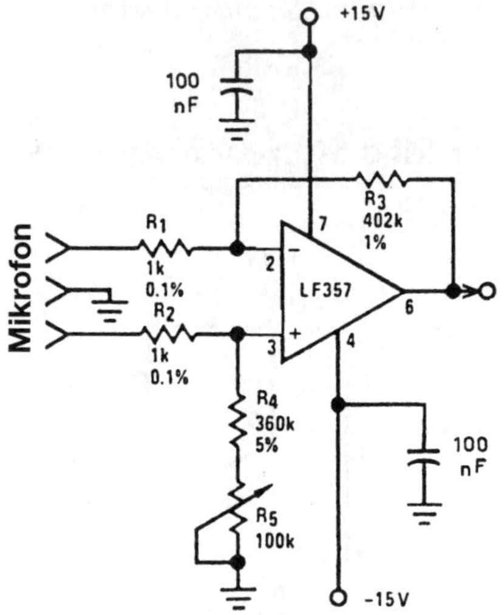

Spannungsgewinn: 52 dB. Symmetrische Speisespannung. Für R_1, R_2 und R_3 sind Metallschichtwiderstände zu verwenden. [Audio-Radio Handbook, *National Semiconductor*.]

21. Invertierender Verstärker mit wählbarer Bandbreite

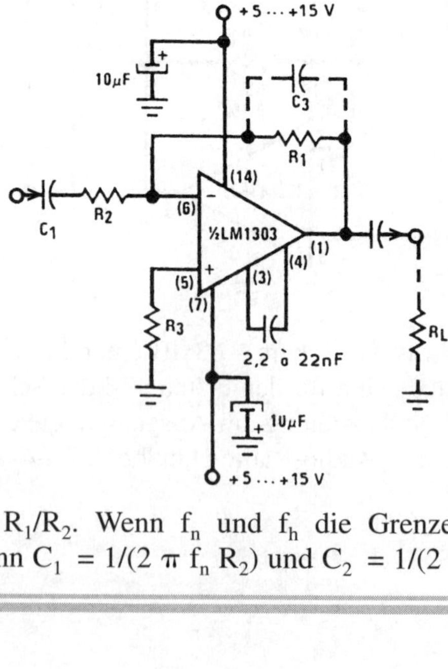

Spannungsgewinn: R_1/R_2. Wenn f_n und f_h die Grenzen der vorgesehenen Bandbreite sind, dann $C_1 = 1/(2 \pi f_n R_2)$ und $C_2 = 1/(2 \pi f_h R_1)$ wählen. Der

Wert von R_3 soll etwa der Parallelschaltung von R_1 und R_2 entsprechen. [Audio-Radio Handbook, *National Semiconductor.*]

22. Nicht invertierender Verstärker mit wählbarer Bandbreite

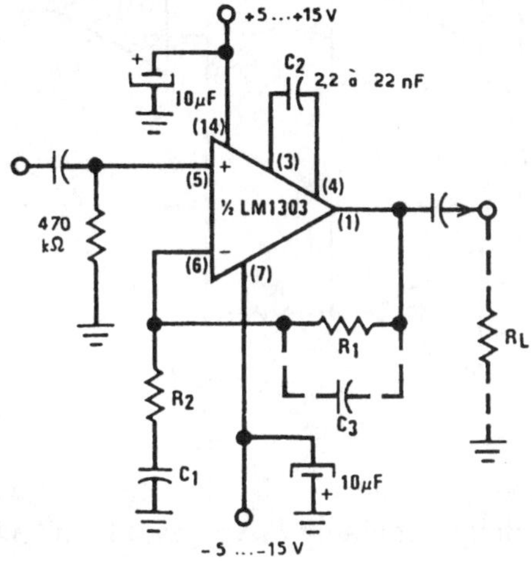

Spannungsgewinn: $1 + (R_1/R_2)$. Wenn f_n und f_h die Grenzen der vorgesehenen Bandbreite sind, dann $C_1 = 1/(2\ \pi\ f_n\ R_2)$ und $C_2 = 1/(2\ \pi\ f_h\ R_1)$ wählen. [Audio-Radio Handbook, *National Semiconductor.*]

23. Vorverstärker mit drei Ausgängen

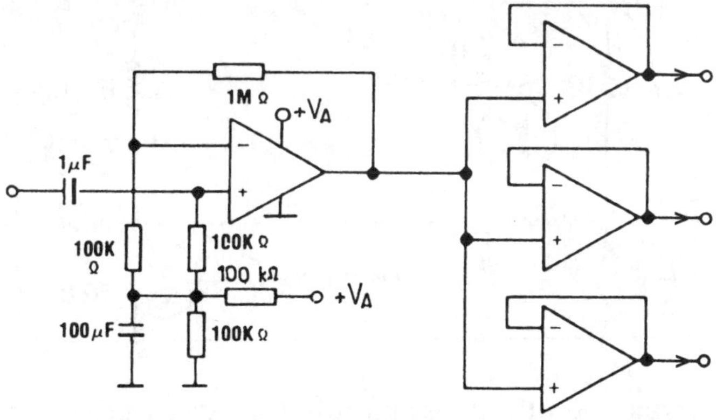

Gestattet die Ansteuerung von drei Leistungsverstärkern, ohne daß zufälliger Kurzschluß am Eingang eines die beiden anderen außer Betrieb setzt. [Anwendungsschaltung *Texas Instruments.*]

24. Differenzverstärker mit hohem Eingangswiderstand

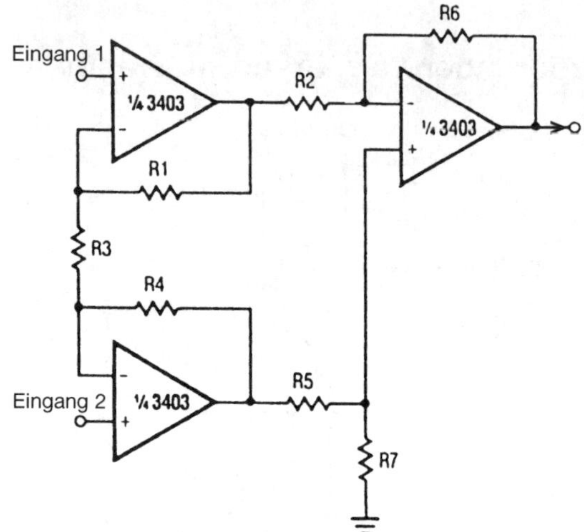

Die Widerstandsverhältnisse sind wie $R_2/R_5 = R_6/R_7$ zu wählen, wobei $R_1 = R_4$ und $R_2 = R_5$. [Anwendungsschaltung *Raytheon*, für RC 3403 A.]

25. Experimentierverstärker mit symmetrischen Ausgängen

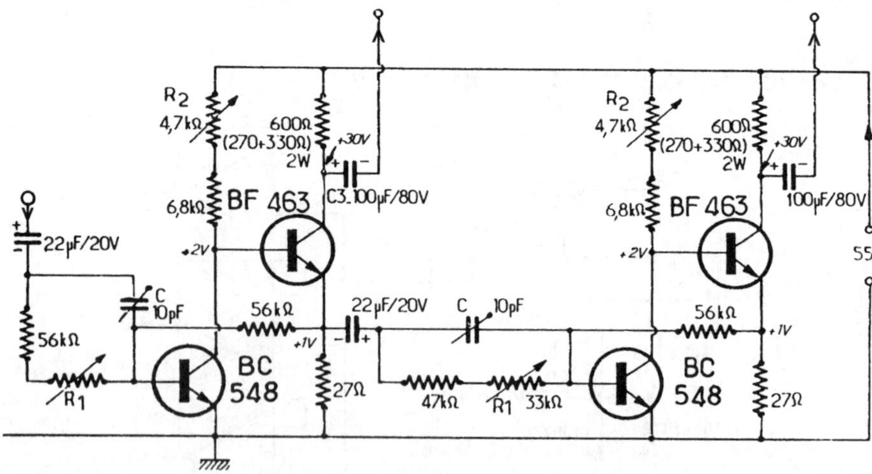

Spannungsgewinn: 30 dB. Die symmetrischen Ausgänge liefern, auf 20 Hz bis 100 kHz, 45 V (von Spitze zu Spitze) an 600 Ω. R_1 bestimmt die Verstärkung jeder Stufe, C den Frequenzgang. R_2 ist auf 30 V an Kollektoren BF 463 einzustellen.

Mischpulte

26. Mischpult mit drei Eingängen

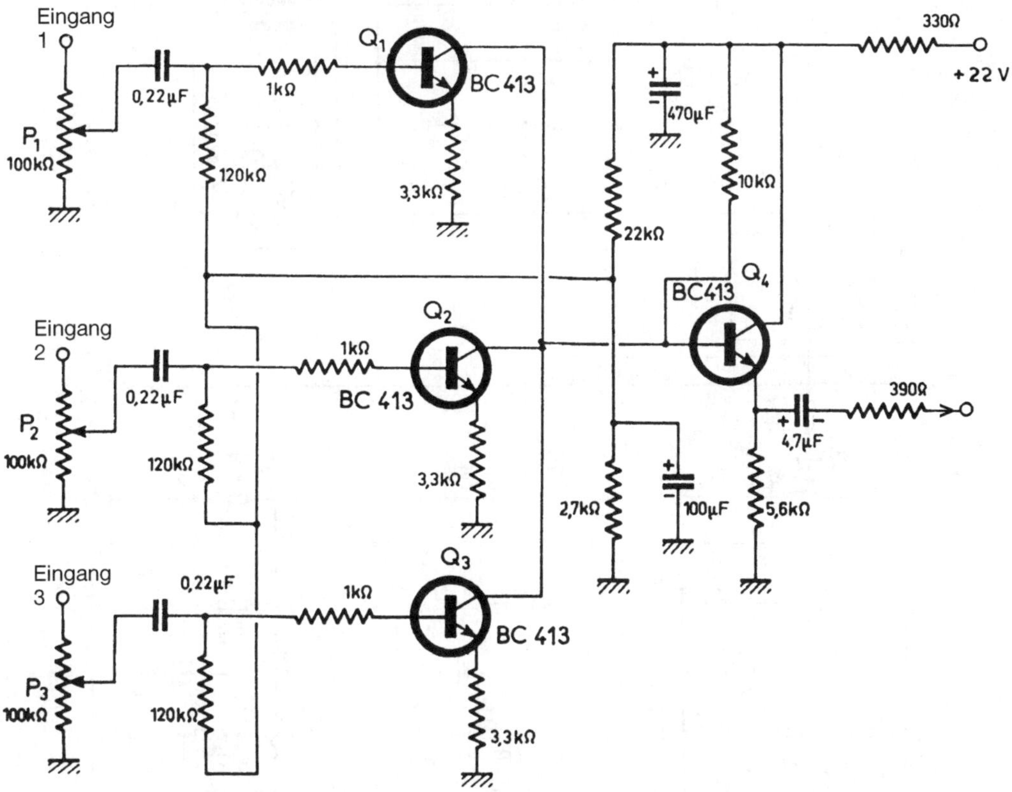

Die drei Eingangstransistoren arbeiten mit gemeinsamem Lastwiderstand. Nominalwerte des Eingangsspannung: 100 mV. Klirrfaktor: 0,3%. Bandbreite: 13 Hz bis 45 kHz. [Anwendungsschaltung *Siemens.*]

27. Mischpult für dynamische Mikrofone

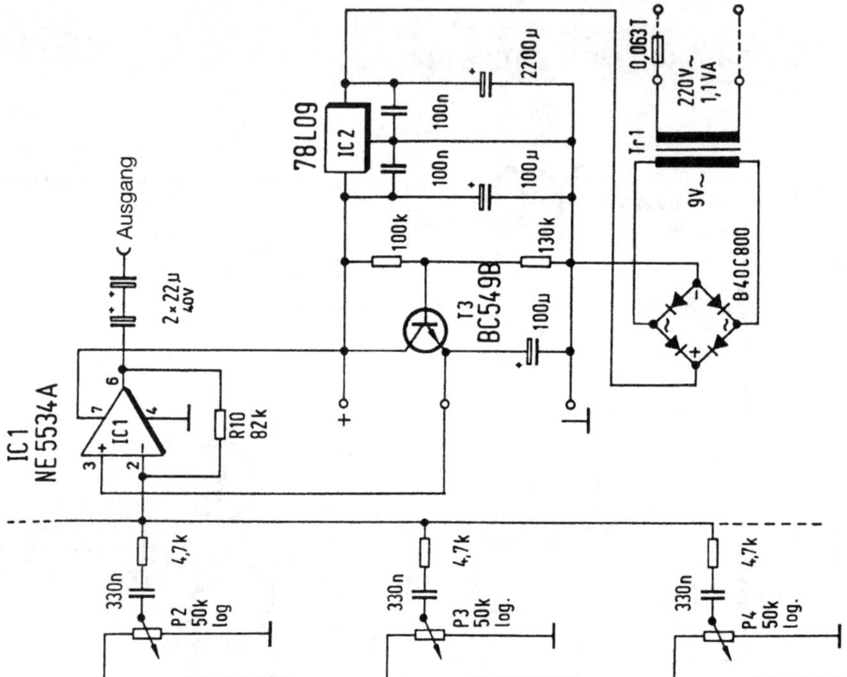

Die Zahl der Eingänge kann durch entsprechende Vervielfältigung des linken Schaltungsteils erweitert werden. [*Funkschau*, München, Nr. 23/86, S. 70.]

28. Einfaches Mischpult mit TL 071

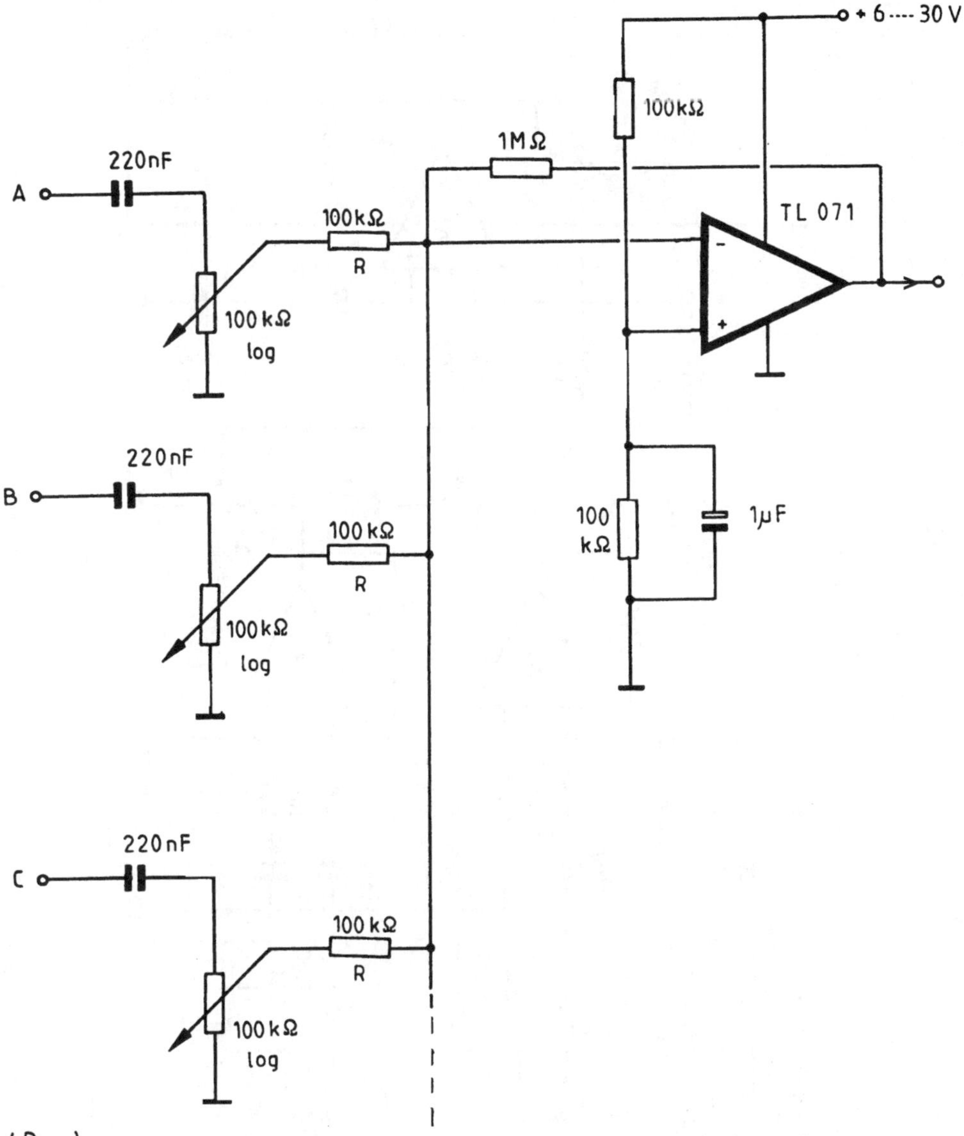

Mit den angegebenen Werten erhält jeder Eingang einen Spannungsgewinn von 10. Dieser kann durch entsprechende Wahl von R geändert werden. Weitere Eingangseinheiten können angefügt werden. [Anwendungsschaltung *Texas Instruments.*]

29. Mischpult mit Differenzverstärkern, TL 074

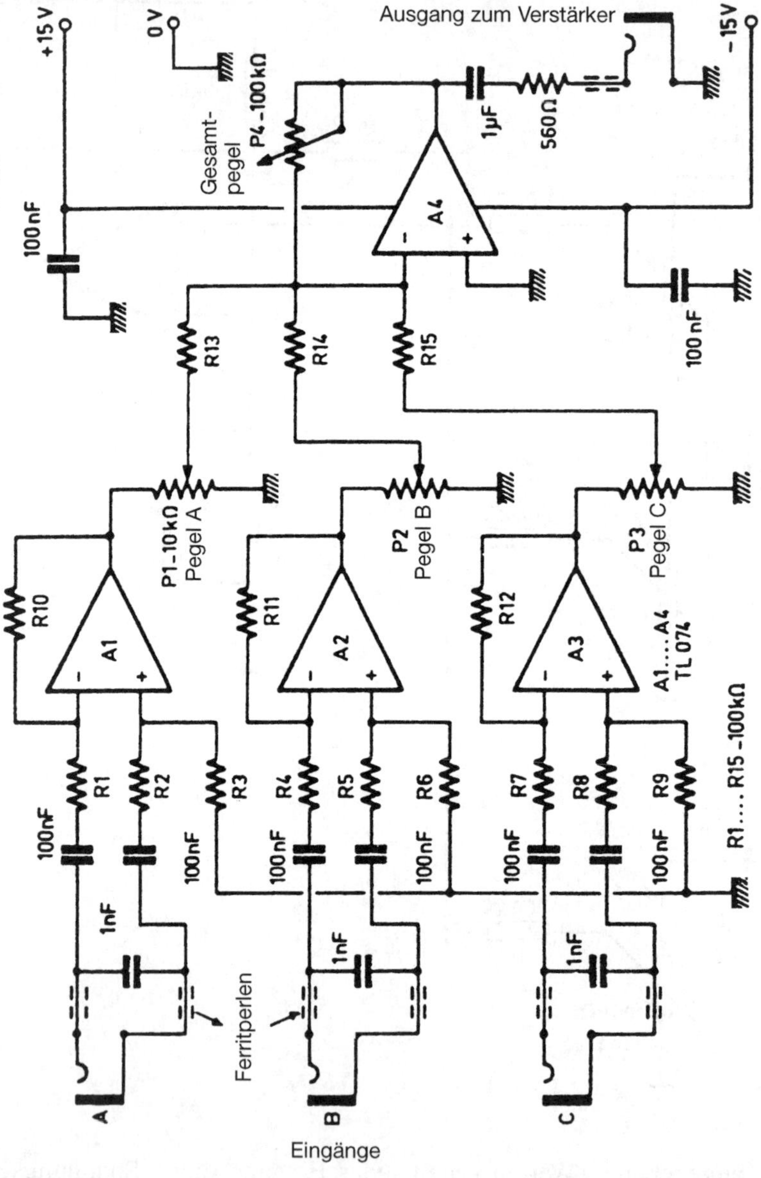

Störungsarm auch bei großer Kabellänge, wenn das Signal symmetrisch (zweiadrig), ohne Verbindung mit Masse oder Abschirmung, geführt wird. [J. Michaël, *Electronic Engineering*, London, Nr. 3/84, S. 31.]

30. Mischpult mit elektrischer Verstärkungseinstellung, TL 081

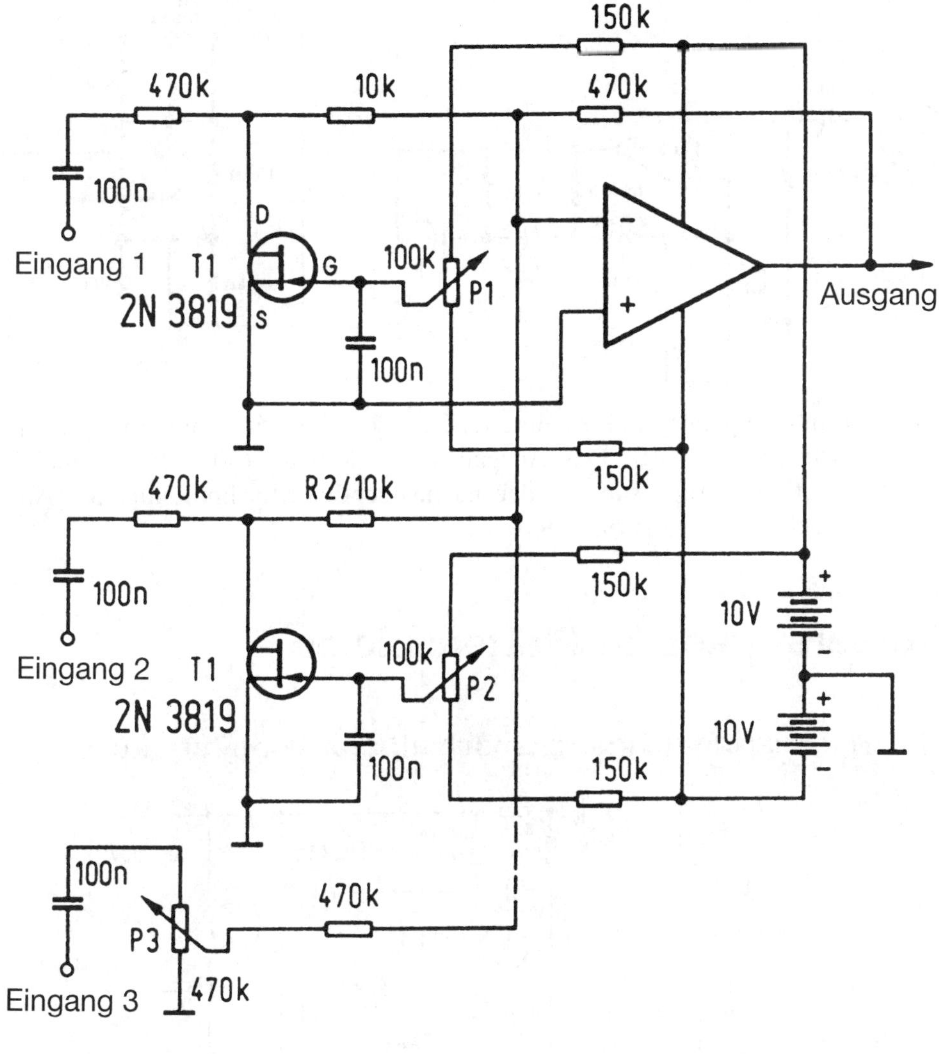

Die Verstärkung der Eingänge 1 und 2 wird mit der Gleichspannung an den Steuerelektroden der Feldeffekttransistoren (P_1, P_2) eingestellt. Eingänge mit direkter Verstärkungseinstellung (wie Eingang 3) können angefügt werden.

31. Mischpulteingang mit Verstärker für dynamisches Mikrofon und Klangeinstellung, TL 061.

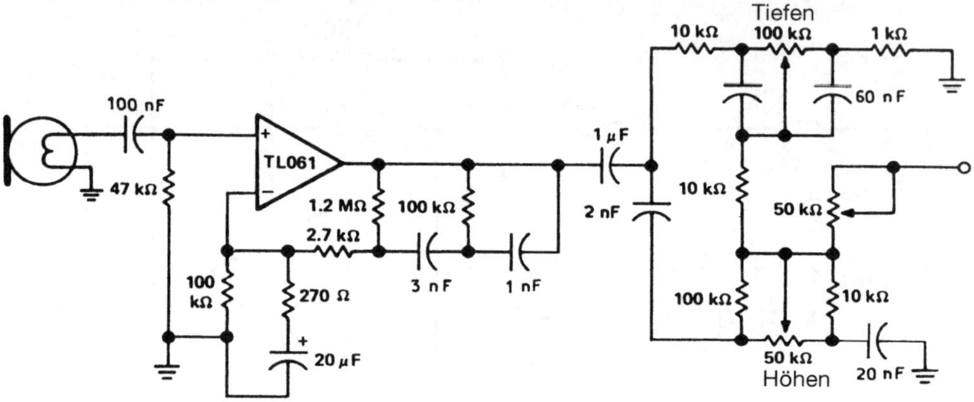

Arbeitet mir doppelter Speisespannung, 2 x 5 bis 2 x 15 V und einem Spannungsgewinn von 20 dB. Das Ausgangspotentiometer (50 kΩ oder mehr) gestattet optimale Anpassung an den nachfolgenden Mischpulteingang. [Anwendungsschaltung *Texas Instruments.*]

Vorverstärker für Plattenspieler

32. Auf Mikrofoneingang umschaltbarer Vorverstärker

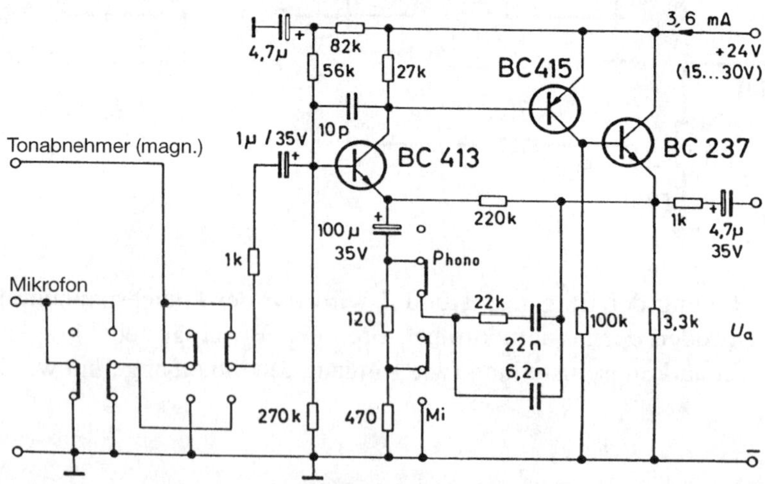

Die Tasten blockieren sich gegenseitig. Spannungsgewinn 40 dB, für Mikrofonanschluß 50 dB, nominale Eingangsspannungen 60 bzw. 24 mV, Eingangswiderstand 47 kΩ. [Anwendungsschaltung *Siemens.*]

33. Vorverstärker mit Tonarmumschaltung

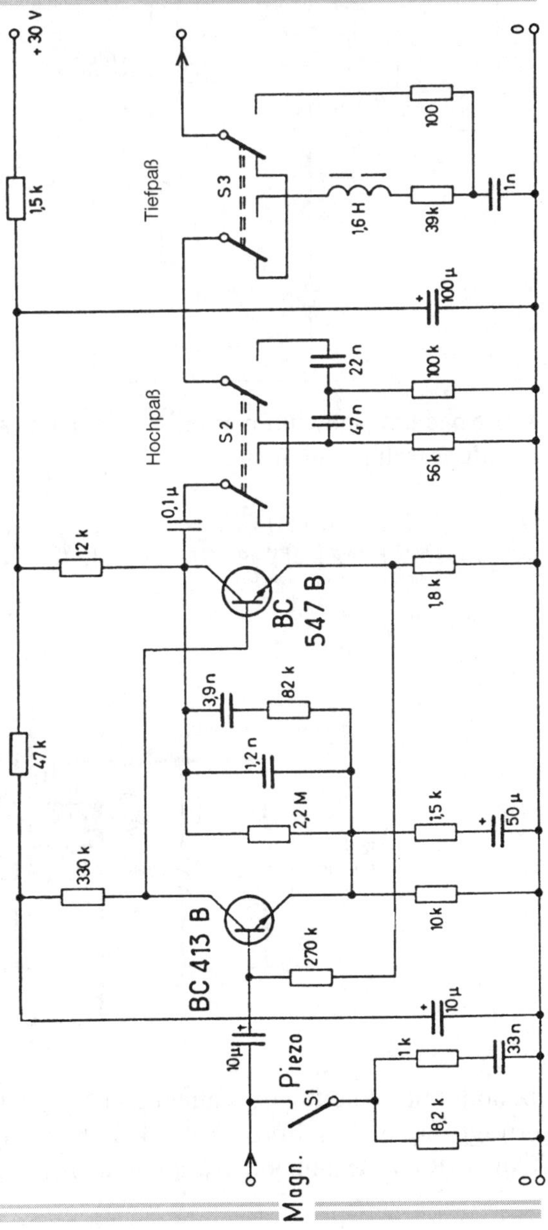

Die Umschaltung von magnetischem auf piezoelektrischen Tonabnehmer erfolgt über S_1. S_2 schaltet einen Rumpelfilter ein, S_3 einen Rauschfilter. [Anwendungsschaltung *ITT-Intermetall.*]

34. Entzerrter Vorverstärker für Tonabnehmer

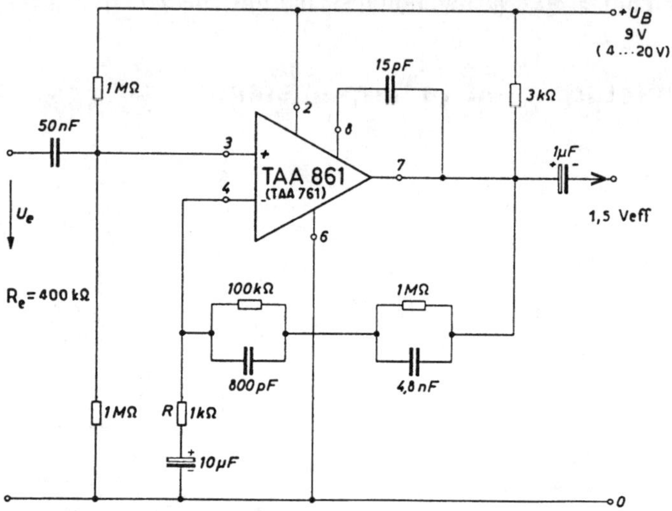

Der Spannungsgewinn beträgt 40 dB bei 1 kHz, der Klirrfaktor < 0,7%. [Anwendungsschaltung *Siemens.*]

35. RIAA-Entzerrverstärker mit LM 382

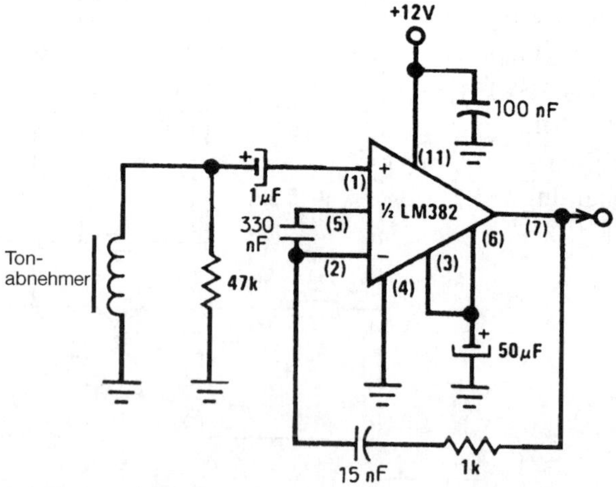

Benötigt nur eine Speisespannung (12 V). Die Vorspannung des Pluseingangs erfolgt intern. Der Entzerrfilter benutzt einige der integrierten Widerstände. [Audio-Radio Handbook, *National Semiconductor.*]

36. RIAA-Entzerrverstärker mit LM 387

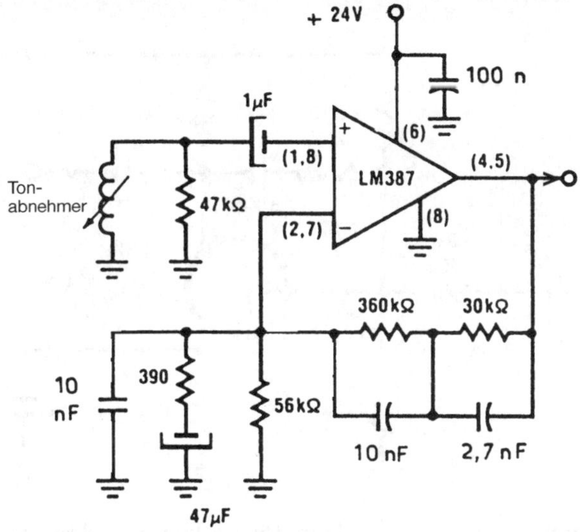

Benötigt nur eine Speisespannung (24 V). Die Vorspannung des Pluseingangs erfolgt intern. [Audio-Radio Handbook, *National Semiconductor.*]

37. RIAA-Entzerrverstärker mit LM 1303

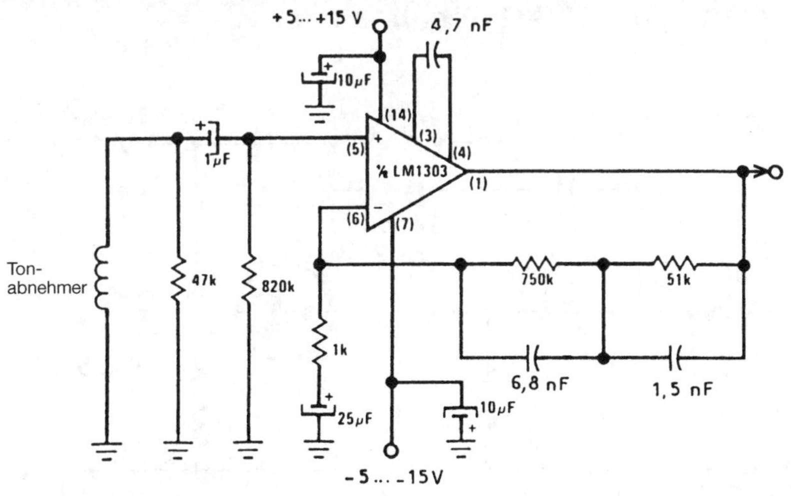

Arbeitet mit doppelter Speisespannung. Die Vorspannung des Pluseinganges erfolgt extern. [Audio-Radio Handbook, *National Semiconductor.*]

38. Adapter für nicht kompensierten Keramik-Tonabnehmer

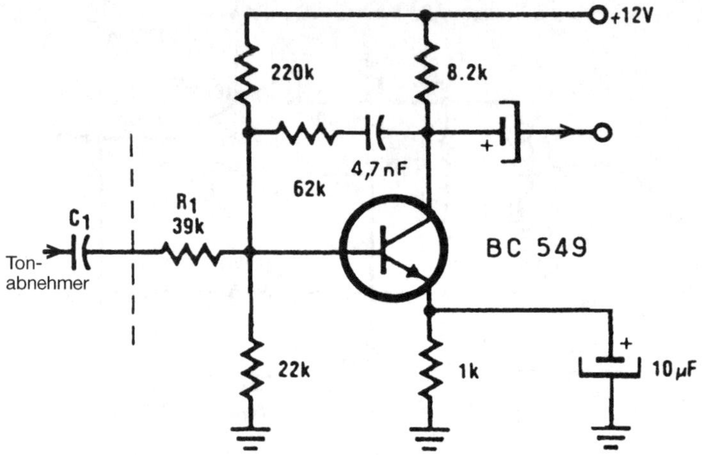

Die Entzerrschaltung gleicht den Transfertverlust aus, den keramische Tonabnehmer oft zwischen 500 Hz und 2,1 kHz aufweisen. Der Wert von R_1 entspricht einer Tonarmkapazität von 2 nF. [Audio-Radio Handbook, *National Semiconductor.*]

39. Adapter für 100-kΩ-Tonabnehmer

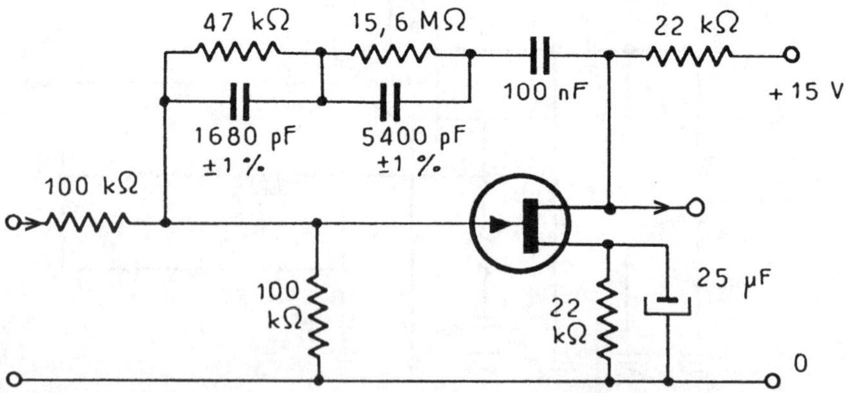

Enthält einen RIAA-Entzerrfilter, der an hochohmige Tonabnehmer angepaßt ist. Spannungsgewinn: 10 bis 20 dB.

40. RIAA-Entzerrer für Stereophonie

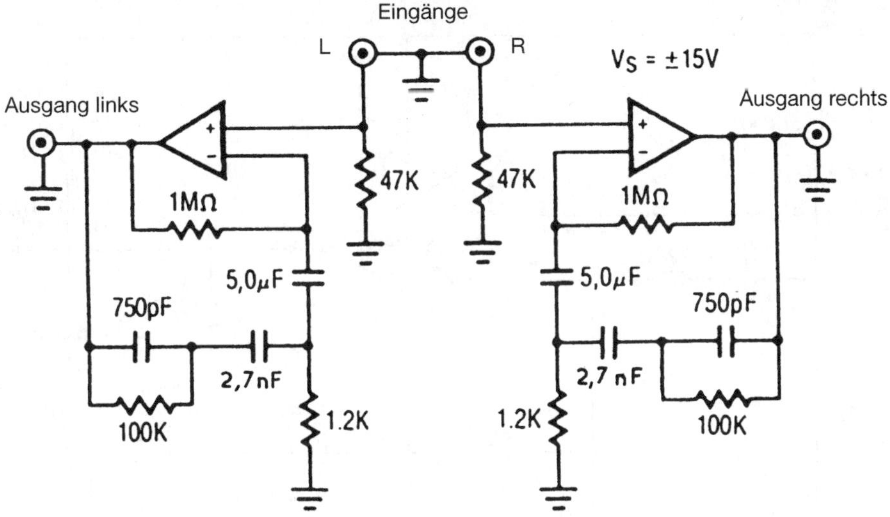

Benötigt eine doppelte Betriebsspannung von ± 15 V. Die Verwendung von rauscharmen Operationsverstärkern ist zu empfehlen. [Anwendungsschaltung *Raytheon.*]

41. Entzerrverstärker mit Klangeinstellung, TL 080

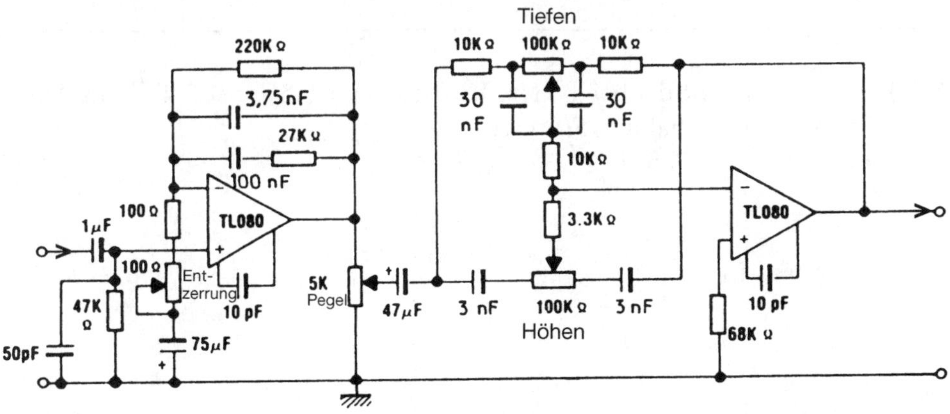

Das 100-W-Potentiometer gestattet eine Einstellung der Entzerrwirkung im Verhältnis 1:2. Der Eingangswiderstand beträgt 47 kΩ. [Anwendungsschaltung *Texas Instruments.*]

42. Vorverstärker mit Klangeinstellung, TAA 861

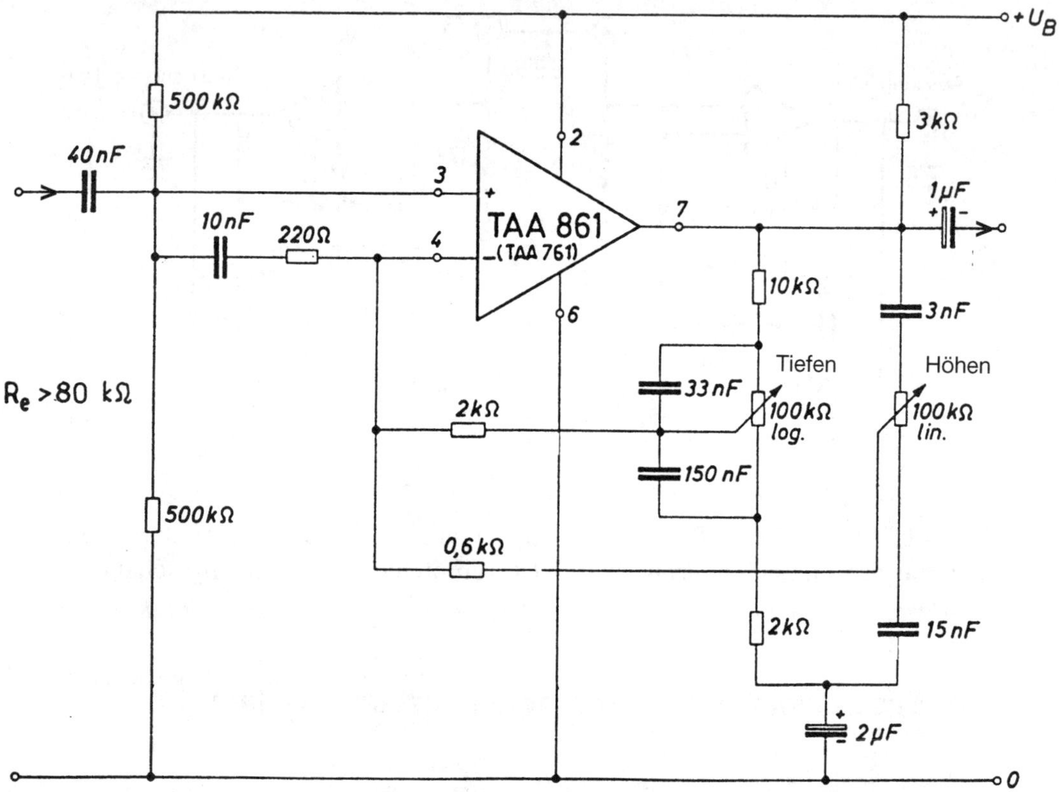

Spannungsgewinn: 40 dB bei 1 kHz. Klirrfaktor: < 0,5% bei 2,4 V am Ausgang. [Anwendungsschaltung *Siemens.*]

43. Stereo-Vorverstärker mit RIAA-Entzerrung

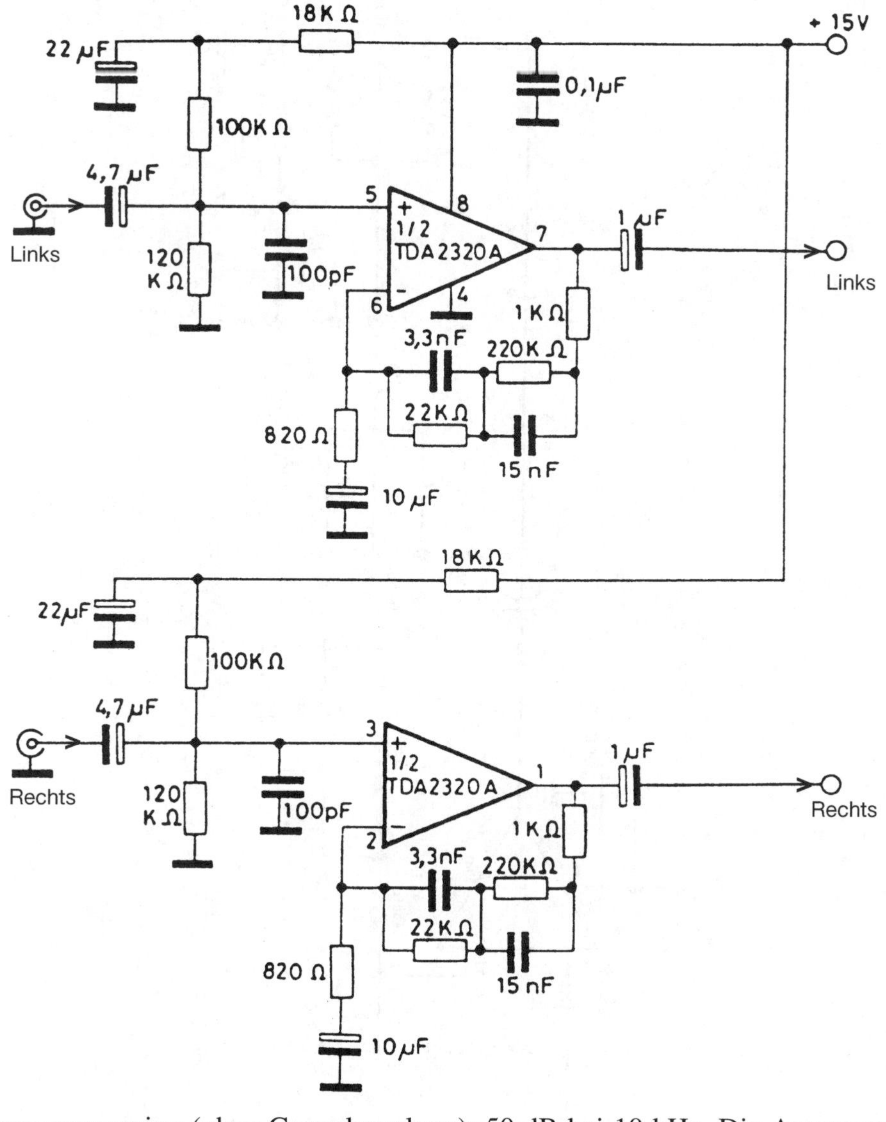

Spannungsgewinn (ohne Gegenkopplung): 50 dB bei 10 kHz. Die Ausgangsspitzenspannung liegt 2 V unter der Betriebsspannung. Klirrfaktor (mit Gegenkopplung, Spannungsgewinn 20 dB, 2 V am Ausgang bei 1 kHz): 0,03%. An den Eingang rückgeführte Rauschspannung: 1 bis 2 µV. [Anwendungsbeispiel von *SGS Thomson Microelectronics.*]

44. Entzerrverstärker mit Klangeinstellung, LM 381 A

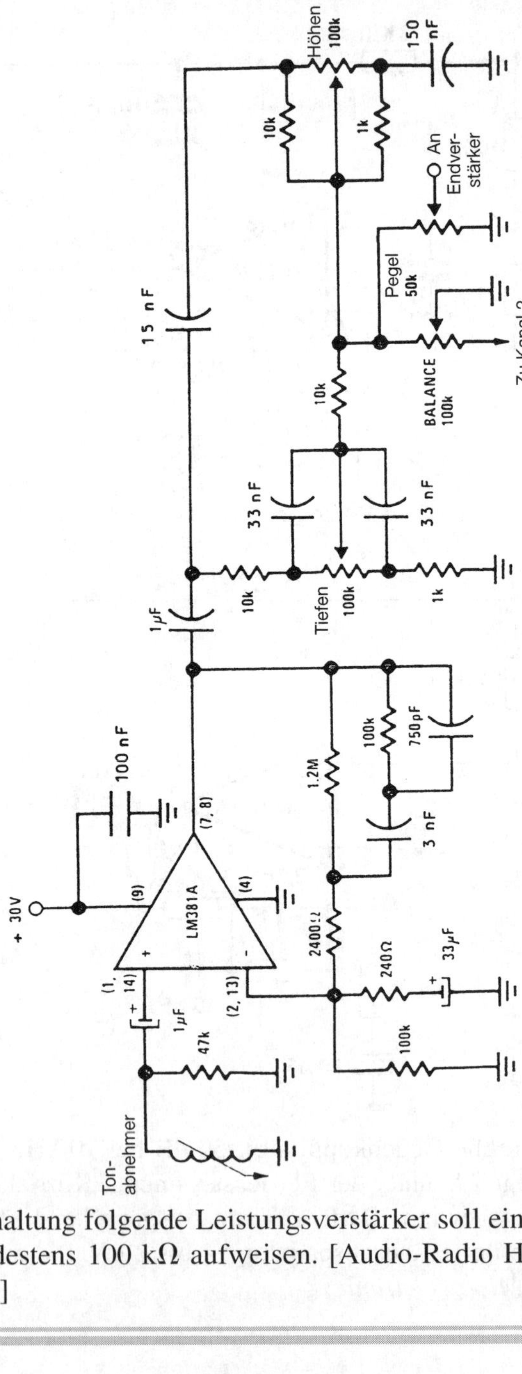

Der auf die Schaltung folgende Leistungsverstärker soll einen Eingangswiderstand von mindestens 100 kΩ aufweisen. [Audio-Radio Handbook, *National Semiconductor.*]

45. Passive Umkehrschaltung für Tonarmentzerrer

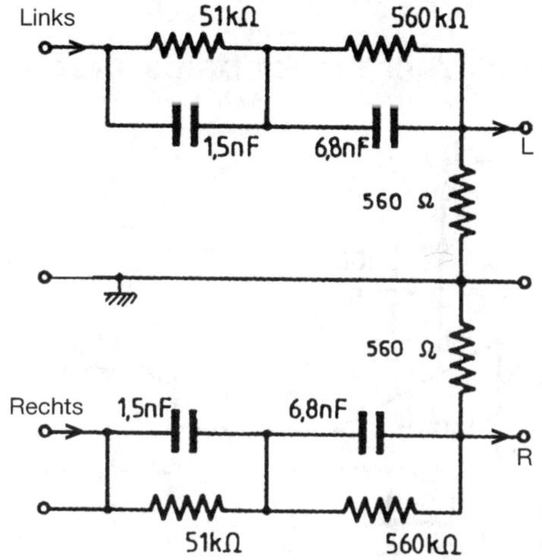

Diese Pufferschaltung gestattet es, an einen Tonabnehmereingang Signalquellen anzuschließen, die keine Entzerrung benötigen (Mikrofon, Radio, Wandler für Digitalspeicher).

46. Aktive Umkehrschaltung für Tonarmentzerrer, LM 387

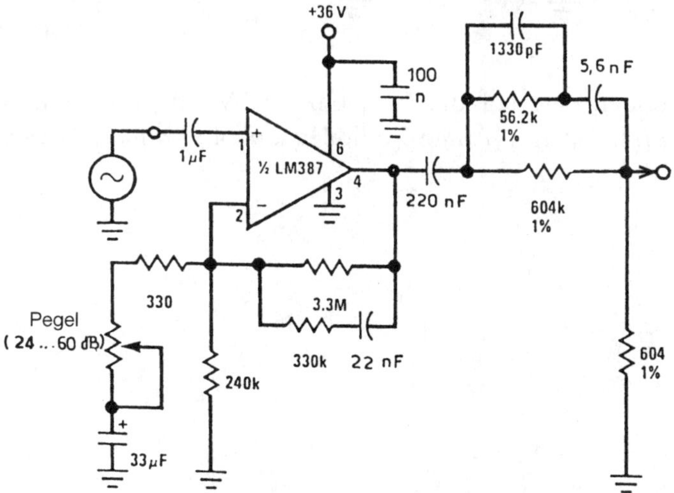

Gestattet die Prüfung des Frequenzverhaltens von RIAA-Entzerrern. Kann auch, wie die vorhergehende Schaltung, für die Kompensation einer Entzerrung verwendet werden. [Audio-Radio Handbook, *National Semiconductor.*]

Tonbandschaltungen

47. Aufnahmeverstärker für Tonbandgerät, LM 381

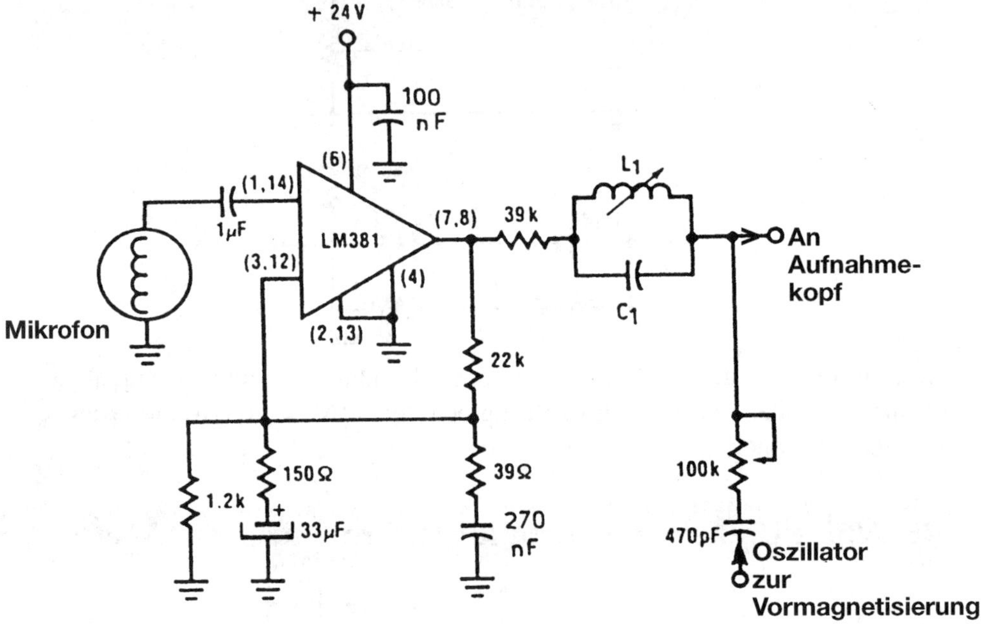

L_1 und C_1 bilden eine auf die Frequenz des Vormagnetisierungsoszillators abgestimmte Bandsperre. [Audio-Radio Handbook, *National Semiconductor.*]

48. Geregelter Vorverstärker für Tonbandgerät, LM 387

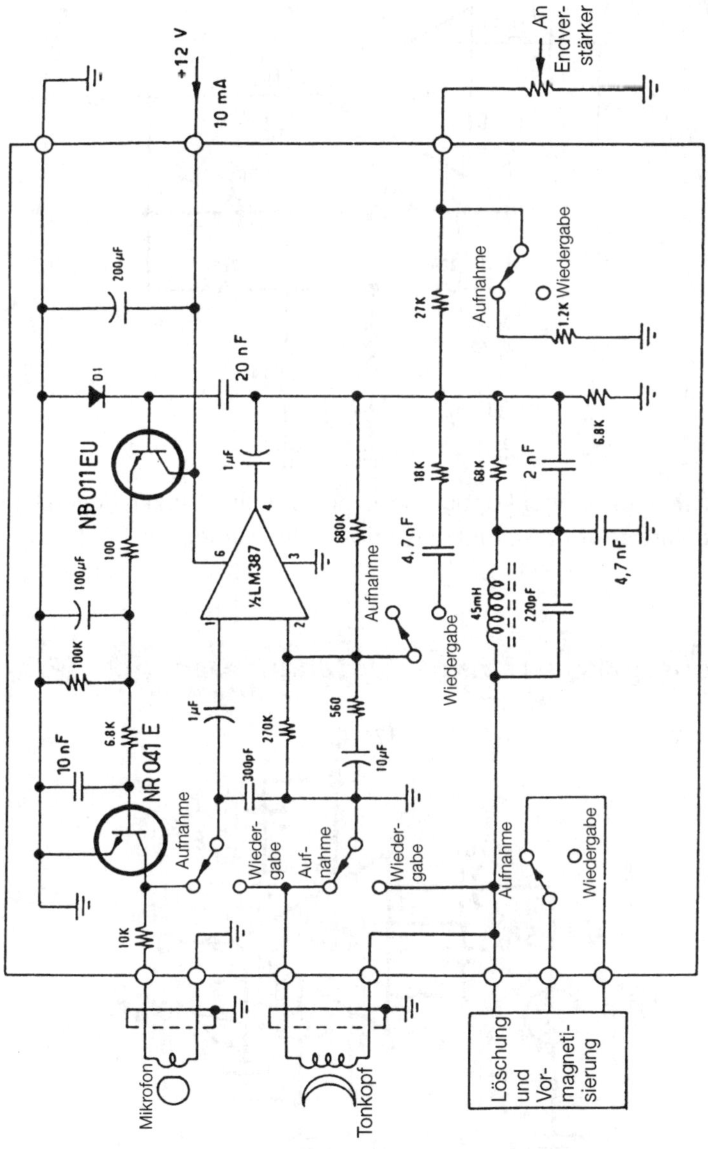

Bei Betrieb als Aufnahmeverstärker arbeitet das Gerät mit automatischer Pegelregelung. Der LC-Kreis (45 mH und 220 pF) ist auf die Frequenz des Vormagnetisierungsoszillators abzustimmen. [Discrete Databook, *National Semiconductor.*]

49. Wiedergabeverstärker für Magnetband, LM 381

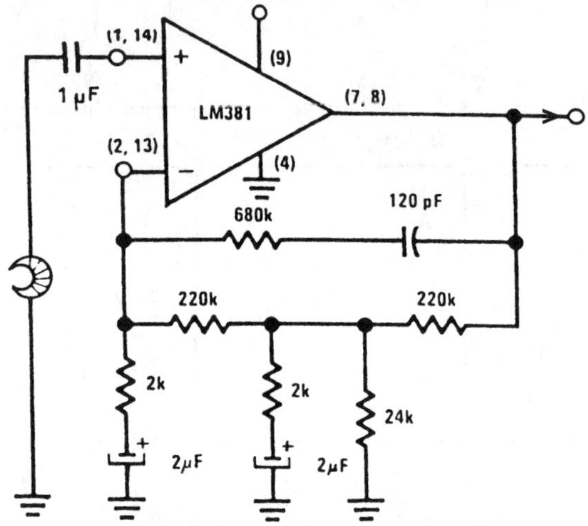

Das RC-Glied im Gegenkoppelzweig besorgt die Entzerrung. Der Plus-Eingang wird intern vorgespannt. [Audio-Radio Handbook, *National Semiconductor.*]

50. Wiedergabeverstärker für Magnetband, LM 382

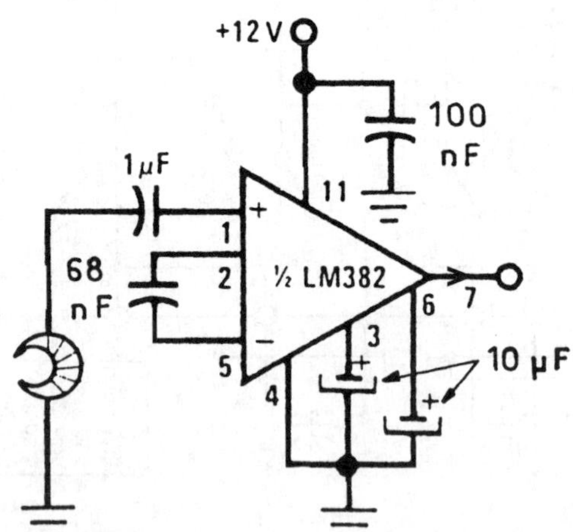

Das Entzerrglied benutzt integrierte Widerstände. Mit einer Speisespannung von 12 V eignet sich die Schaltung für Auto-Radios. [Audio-Radio Handbook, *National Semiconductor.*]

51. Wiedergabeverstärker für Magnetband, LM 387 A

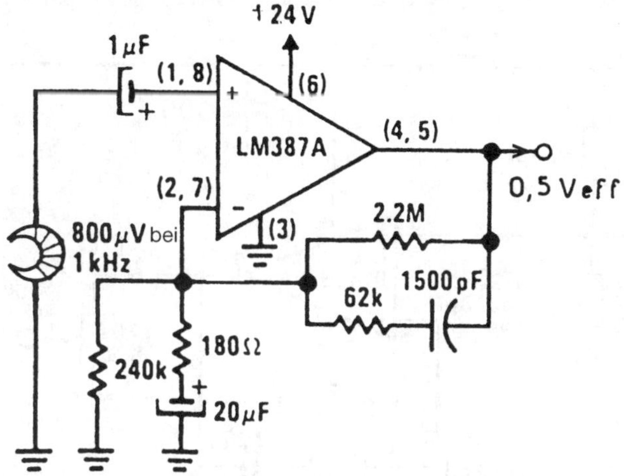

Aufgrund niedrigerer Impedanzwerte ist die Schaltung erst 2,5 Sekunden nach Einschalten betriebsbereit. Bei Schaltung 49 beträgt diese Anlaufdauer nur 0,1 s. [Audio-Radio Handbook, *National Semiconductor.*]

52. Wiedergabeverstärker für Magnetband, LM 1303

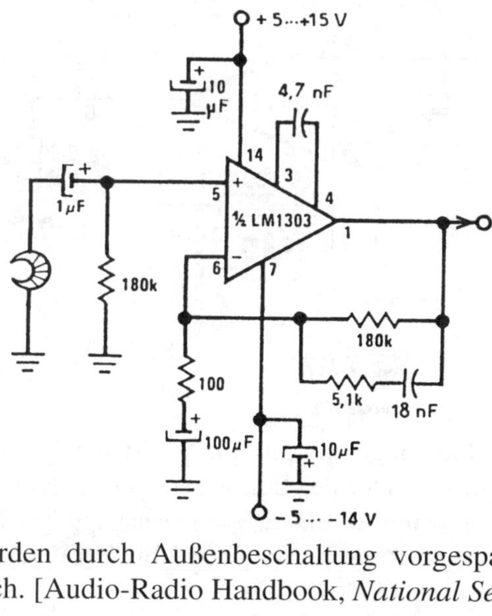

Die Eingänge werden durch Außenbeschaltung vorgespannt. Die Speisung erfolgt symmetrisch. [Audio-Radio Handbook, *National Semiconductor.*]

53. Stereo-Vorverstärker für Kassetten-Tonband, TDA 2320 A

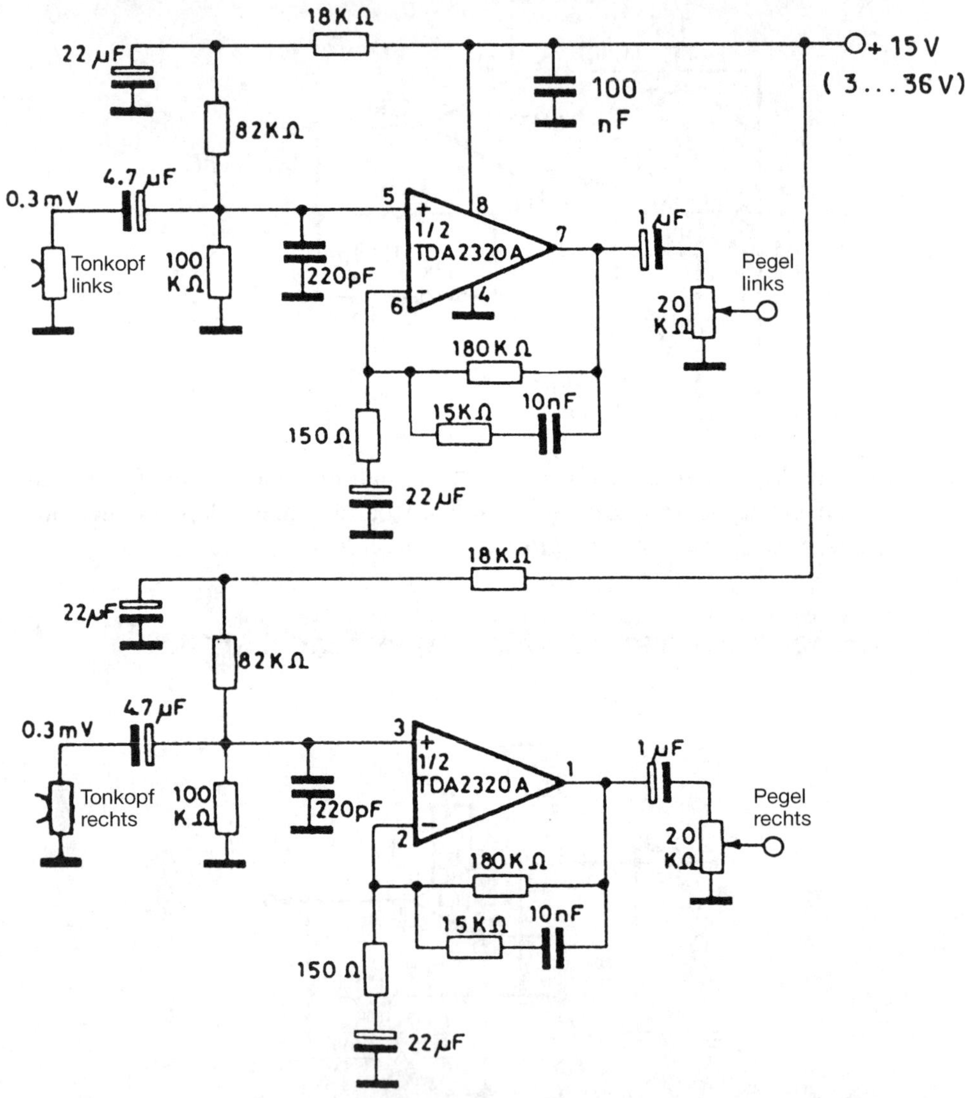

Spannungsgewinn (ohne Gegenkopplung): 50 dB bei 10 kHz. Die Ausgangsspitzenspannung liegt 2 V unter der Betriebsspannung. Klirrfaktor (mit Gegenkopplung, Spannungsgewinn 20 dB, 2 V am Ausgang bei 1 kHz): 0,03%. An den Eingang rückgeführte Rauschspannung: 1 bis 2 μV. [Anwendungsbeispiel von *SGS Thomson Microelectronics.*]

54. Rauscharmer Stereo-Vorverstärker für Kassetten-Tonband, TDA 3420

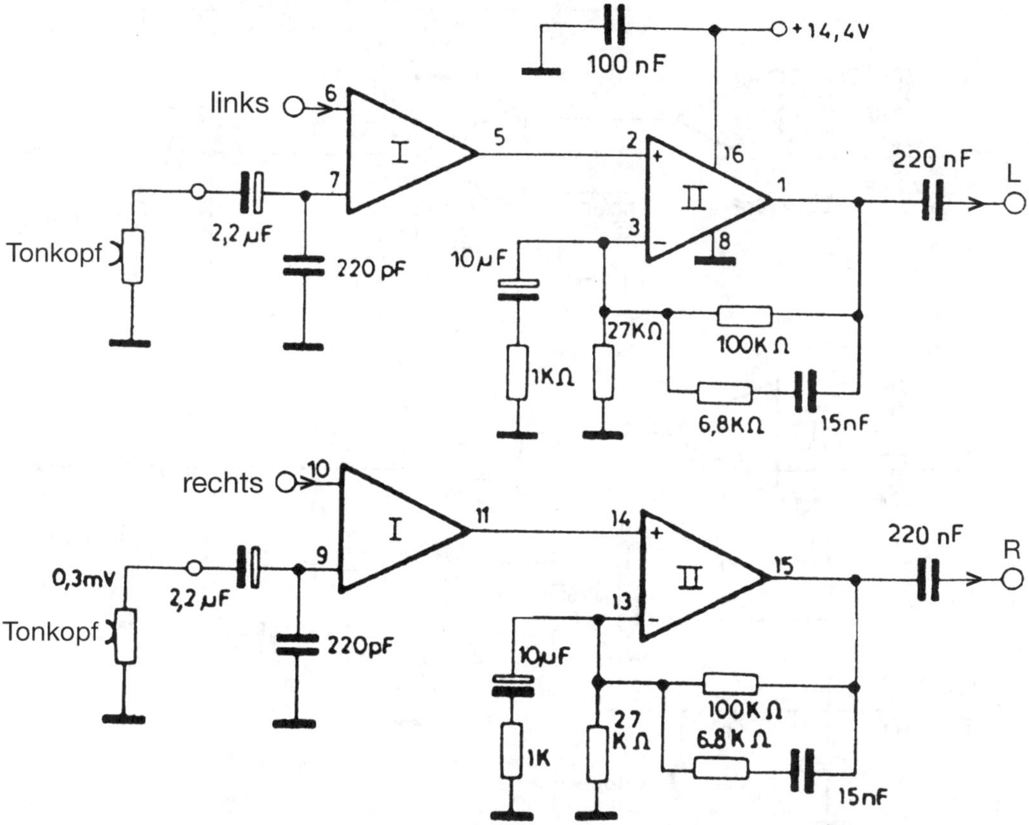

Eingangswiderstand: > 50 kΩ. An den Eingang rückgeführte Rauschspannung: < 0,4 µV. Klirrfaktor (1 und 10 kHz): 0,05% bei 300 mV am Ausgang. Maximalamplitude 6 V am Ausgang. [Anwendungsbeispiel von *SGS Thomson Microelectronics.*]

55. Stereo-Wiedergabeverstärker für Tonband, TDA 7282

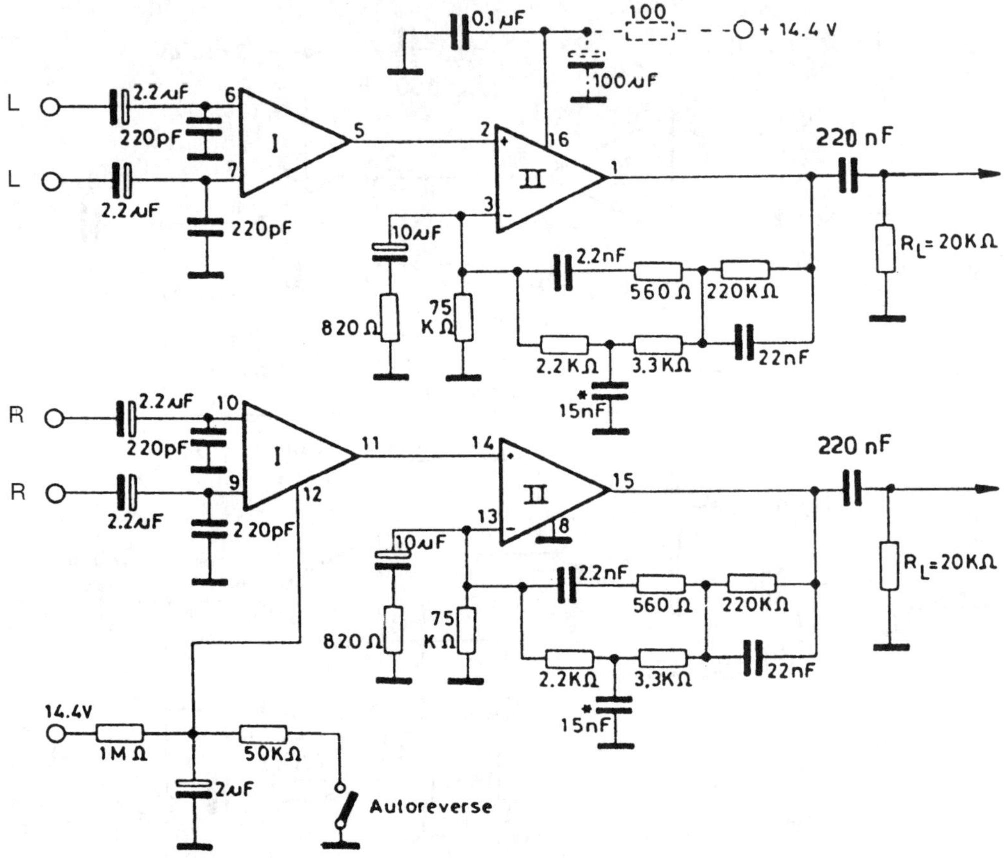

Klirrfaktor: 0,1% bei 300 mV am Ausgang, 1% bei 650 mV. Nominaler Spannungsgewinn: 40 dB. Eingangswiderstand: 100 kΩ. Eingangsrauschen: 1,5 µV. [Anwendungsbeispiel von *SGS Thomson Microelectronics.*]

56. Stereoverstärker für Kassettentonband, TDA 3410

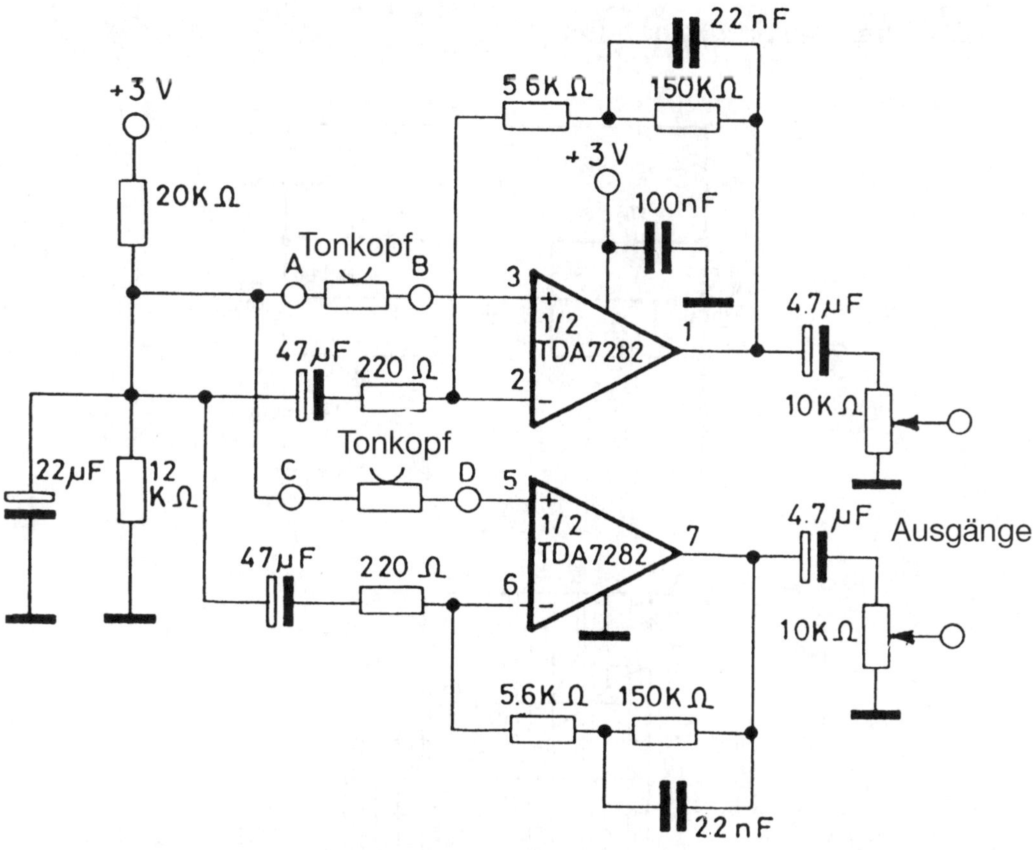

Mittlerer Spannungsgewinn: 55 dB. Eingangswiderstand: > 50 kΩ. An den Eingang rückgeführte Rauschspannung: < 0,6 µV bei Generatorwiderstand 600 Ω. Metallfilmkondensatoren für alle Werte zwischen 15 und 220 nF verwenden. [Anwendungsbeispiel von *SGS Thomson Microelectronics.*]

Klangeinsteller

57. Passive Klangeinstellung

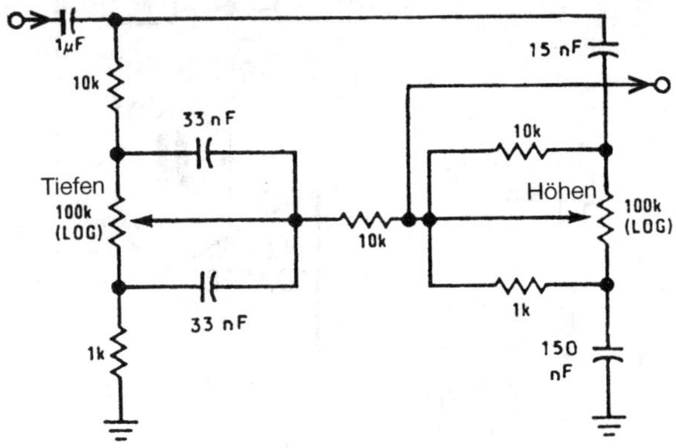

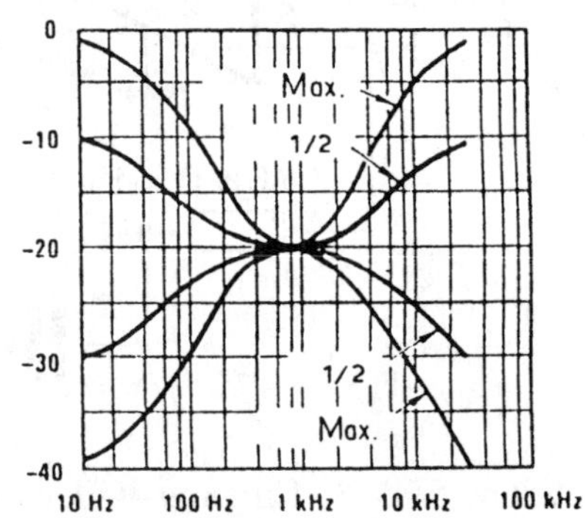

Mit niedriger Quellimpedanz (Ausgang Operationsverstärker) ansteuern. Der Eingangswiderstand des angeschlossenen Verstärkers soll etwa 50 kΩ betragen. [Audio-Radio Handbook, *National Semiconductor.*]

58. Aktive Klangeinstellung

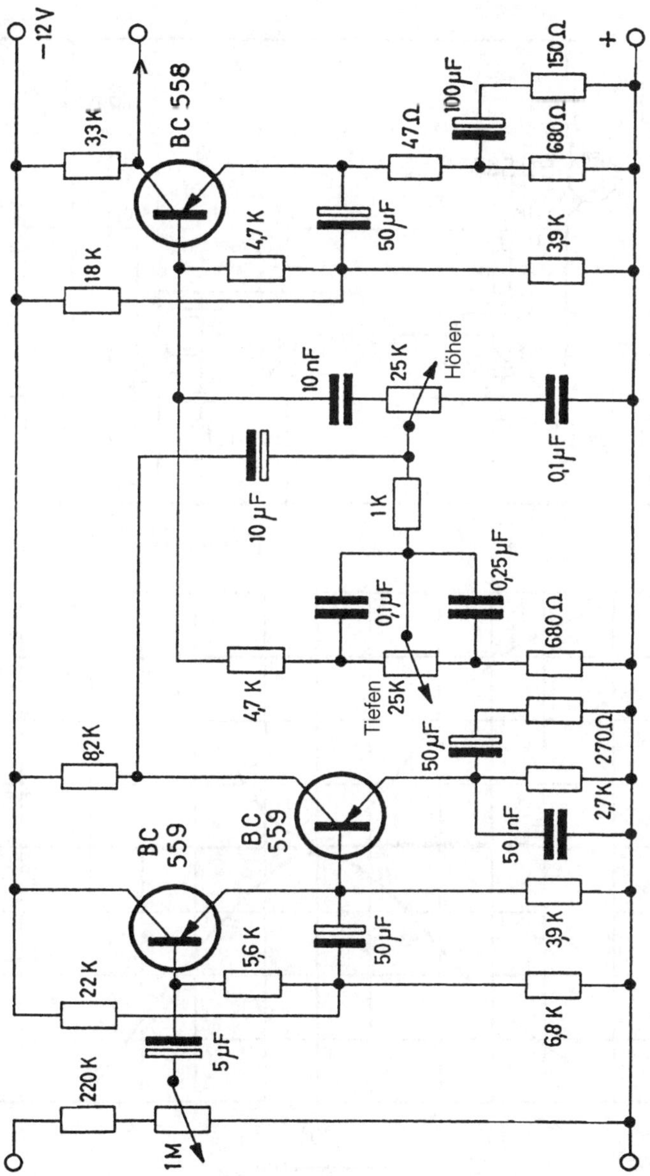

Gegen Masse negative Betriebsspannung. Eingangswiderstand: > 400 kΩ. Der Einstellumfang beträgt –10 bis +16 dB bei 30 Hz, –18 bis +12 dB bei 15 kHz. [Anwendungsschaltung *ITT-Intermetall.*]

59. Klang- und Lautstärkeeinstellung

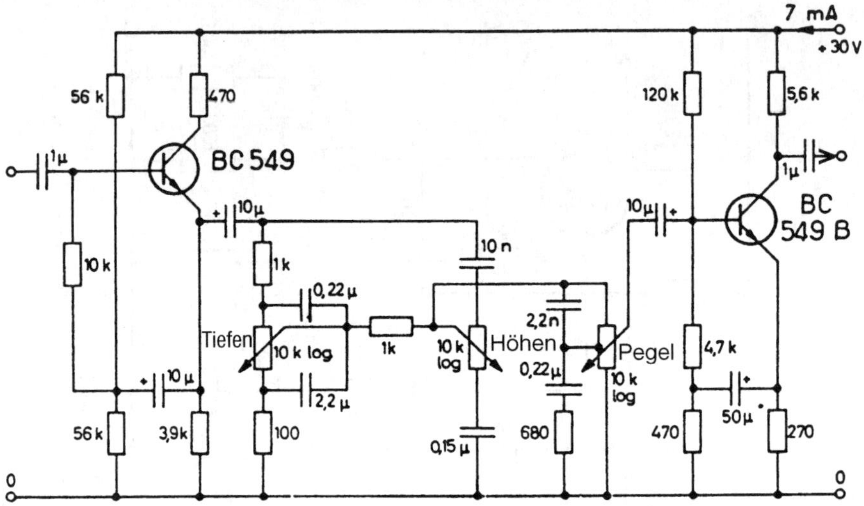

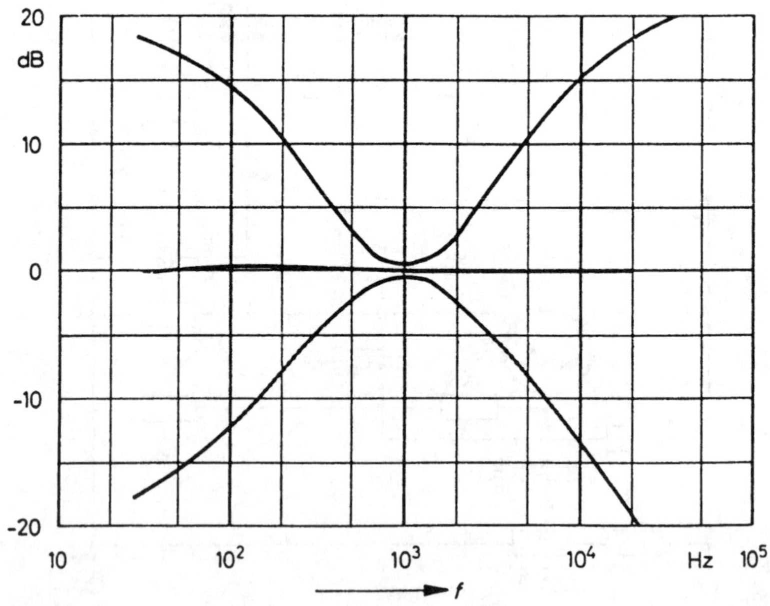

Der Einstellumfang (siehe Kurven) beträgt etwa ± 20 dB. Das Potentiometer mit Abgriff gestattet gehörrichtige Lautstärkeeinstellung. [Anwendungsschaltung *ITT-Intermetall.*]

60. Berechnung einer Klangeinstellung mit drei Kondensatoren

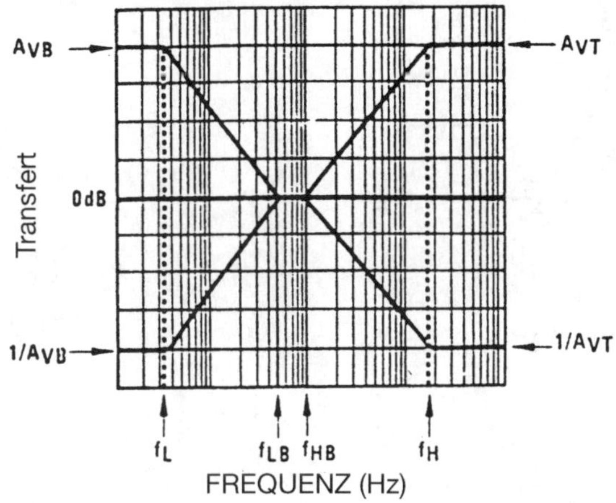

Tiefen: $f_L = 1/(2\pi R_2 C_1)$,
$f_{LB} = 1/(2\pi R_1 C_1)$,
$A_{vb} = 1 + (R_2/R_1)$.

Höhen: $f_H = 1/(2\pi R_3 C_3)$,
$f_{HB} = 1/[2\pi C_3 (R_1 + R_3 + 2R_5)]$,
$A_{vt} = 1 + (R_1 + 2R_5)/R_3$,

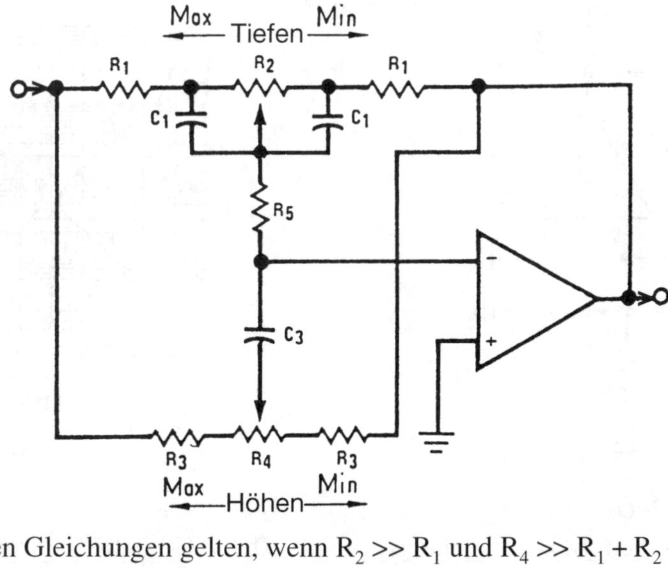

Die angegebenen Gleichungen gelten, wenn $R_2 >> R_1$ und $R_4 >> R_1 + R_2 + 2\,R_5$. [Audio-Radio Handbook, *National Semiconductor.*]

61. Anwendungsbeispiel zur Berechnung einer Klangeinstellung, LM 349

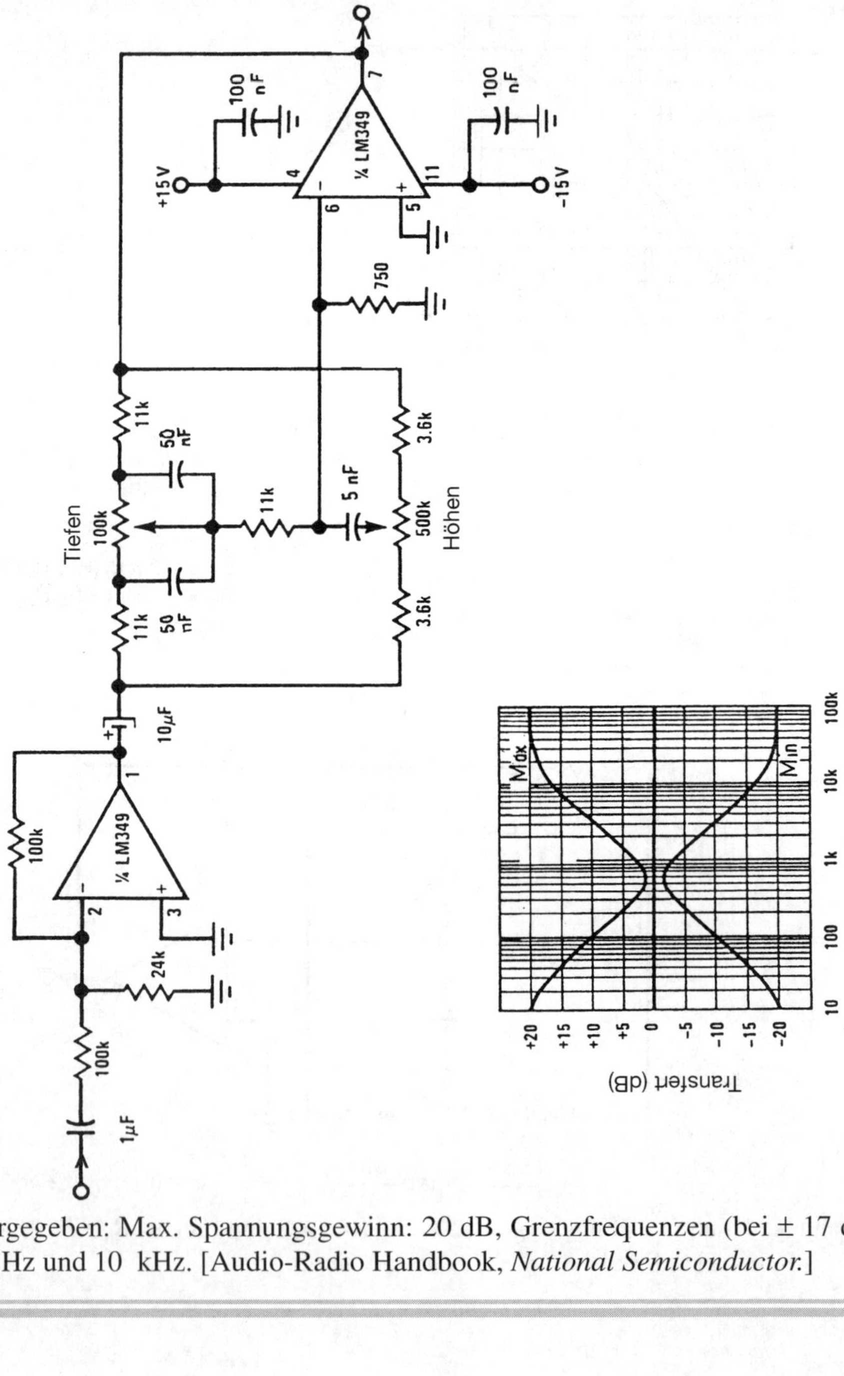

Vorgegeben: Max. Spannungsgewinn: 20 dB, Grenzfrequenzen (bei ± 17 dB): 30 Hz und 10 kHz. [Audio-Radio Handbook, *National Semiconductor.*]

62. Berechnung einer Klangeinstellung mit zwei Kondensatoren

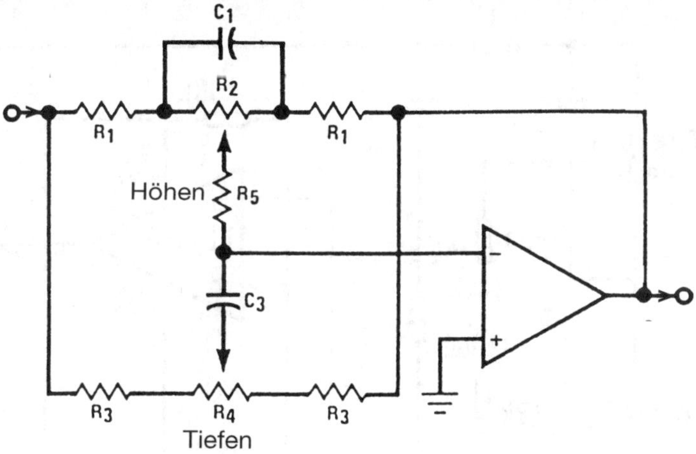

Im Gegensatz zu Schaltung 60 ist C_1 nur einmal vorhanden. Die dort angegebenen Gleichungen und Bedingungen bleiben gültig. [Audio-Radio Handbook, *National Semiconductor.*]

63. Anwendungsbeispiel zur Berechnung einer Klangeinstellung, LM 387

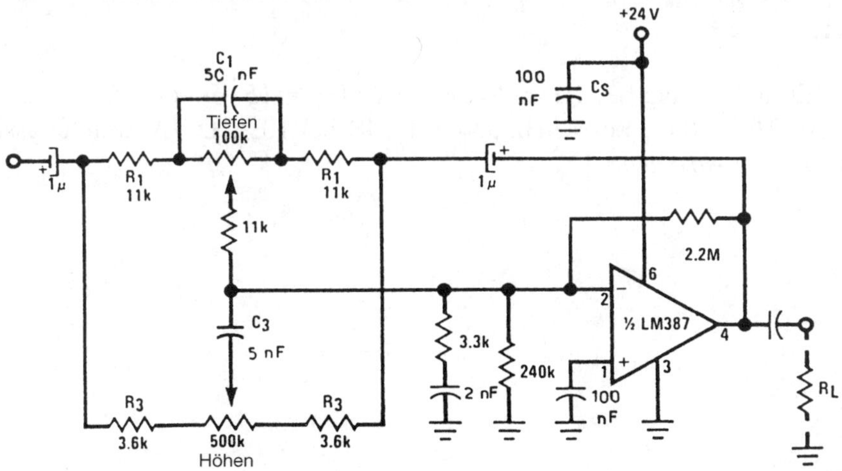

Ausführung für Betrieb mit nur einer Speisespannung, sonst wie vorher. [Audio-Radio Handbook, *National Semiconductor.*]

64. Klang- und Lautstärkeeinstellung mit TL 081

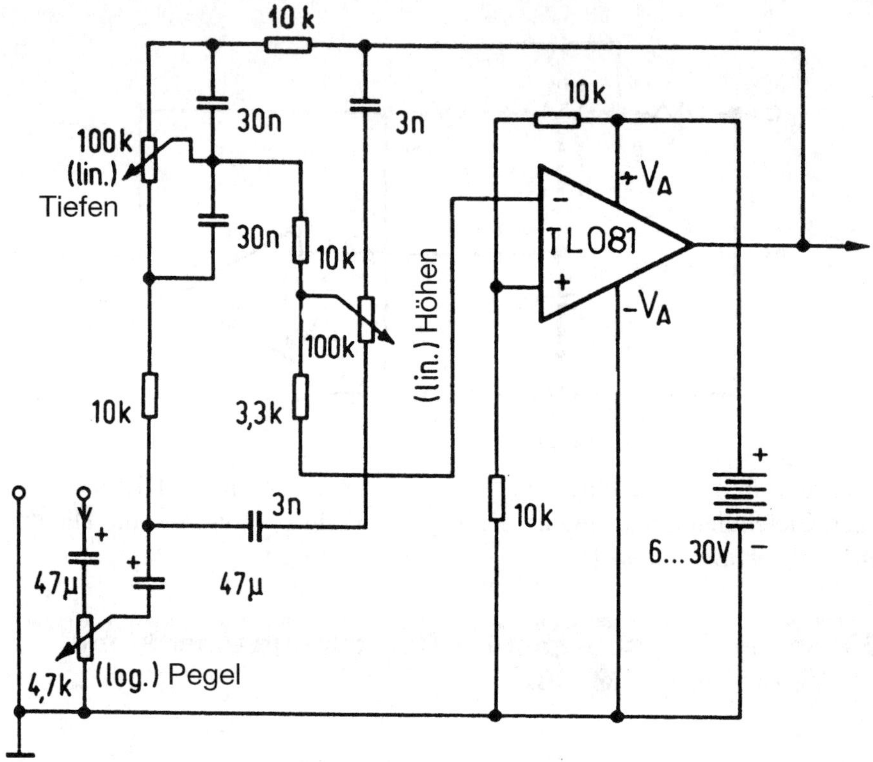

Der Einstellumfang beträgt: ± 20 dB bei 20 Hz, ± 15 dB bei 100 Hz, ± 10 dB bei 200 Hz, ± 6 dB bei 4 kHz und ± 14 dB bei 10 kHz. [Anwendungsschaltung *Texas Instruments.*]

65. Klangeinsteller mit hohem Eingangswiderstand, CA 3140

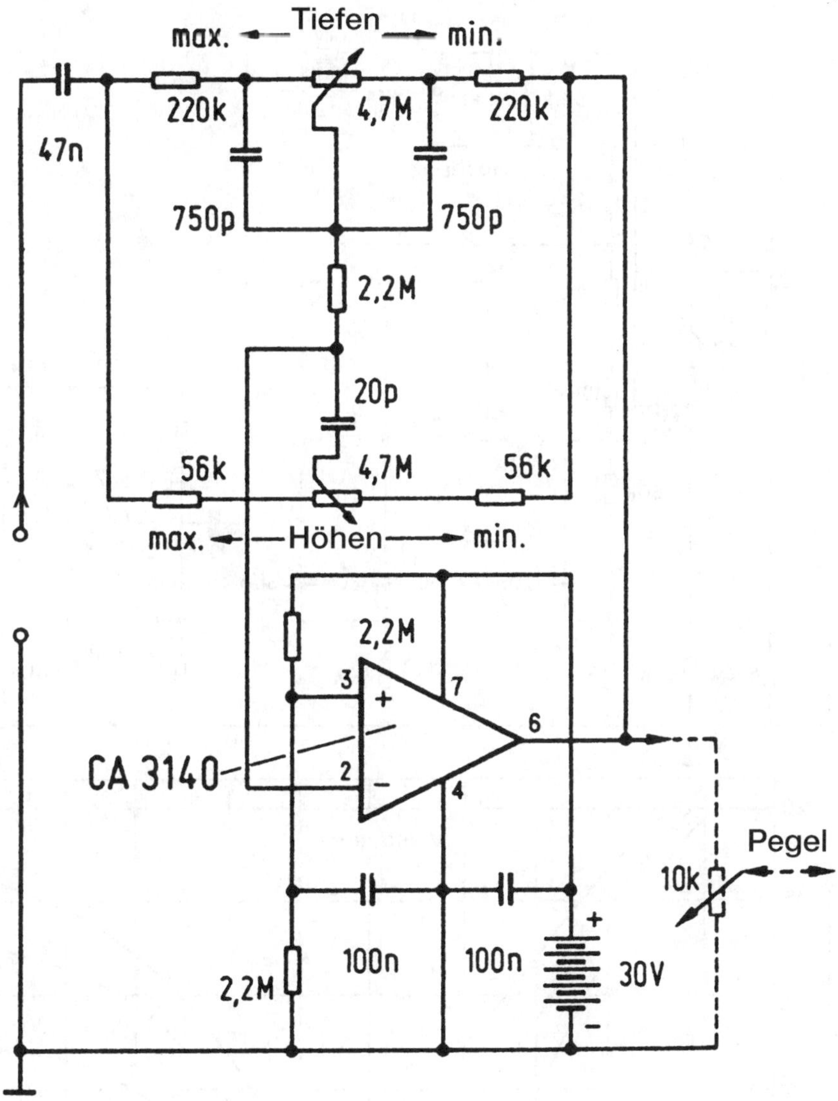

Der Einsatz eines CMOS-Operationsverstärkers bringt einen Eingangswiderstand, der gut an einen keramischen Tonabnehmer angepaßt ist. [Anwendungsschaltung *RCA*.]

66. Auf 16 Kombinationen umschaltbare Klangbeeinflussung

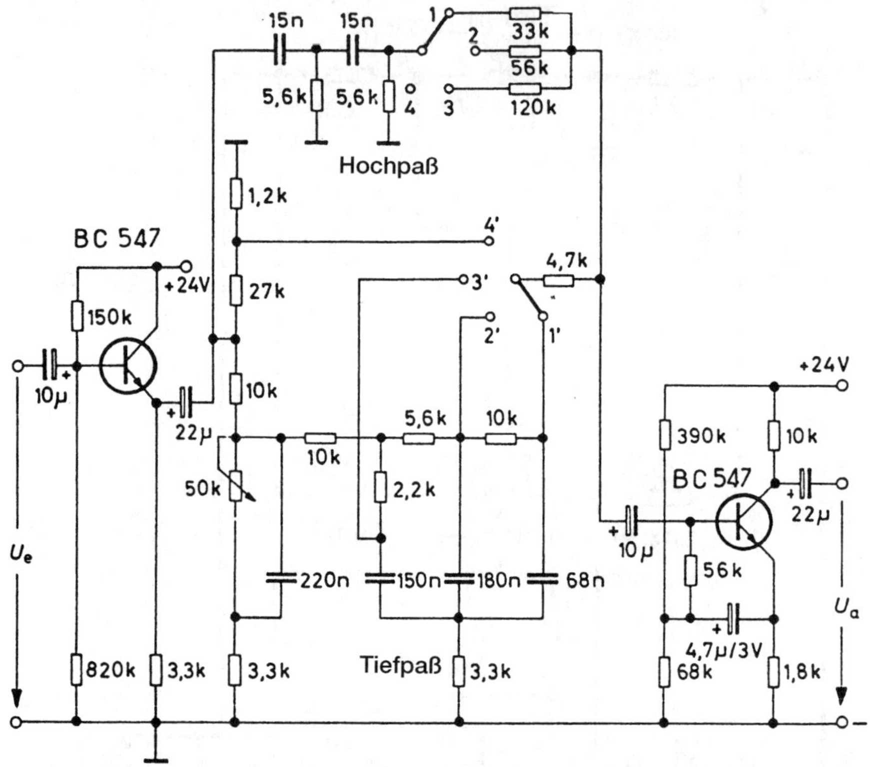

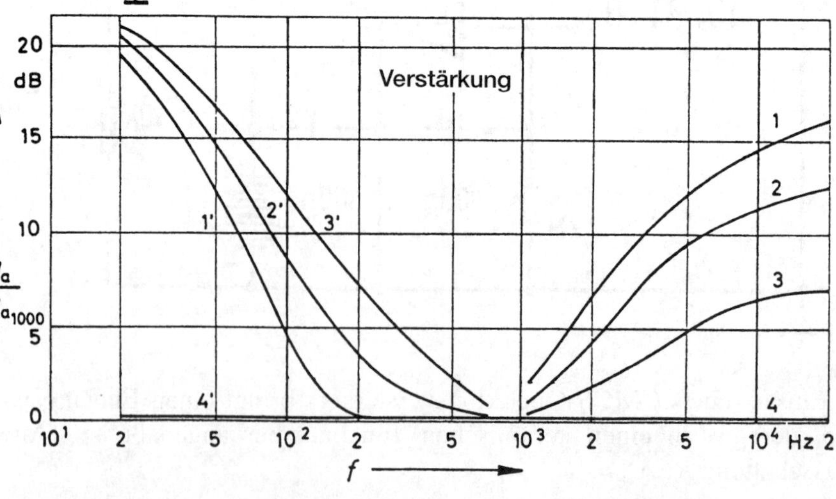

Verbraucht 3,5 mA an 24 V. Bei einer mittleren Abschwächung von 15 dB sind maximal 7,5 V am Eingang und 1,5 V am Ausgang zulässig. Die Umschalter bestimmen die Grenzfrequenzen, das Potentiometer wirkt auf die Beeinflussung der tiefen Töne. [Anwendungsschaltung *Siemens.*]

67. Klangeinstellung für Stereo

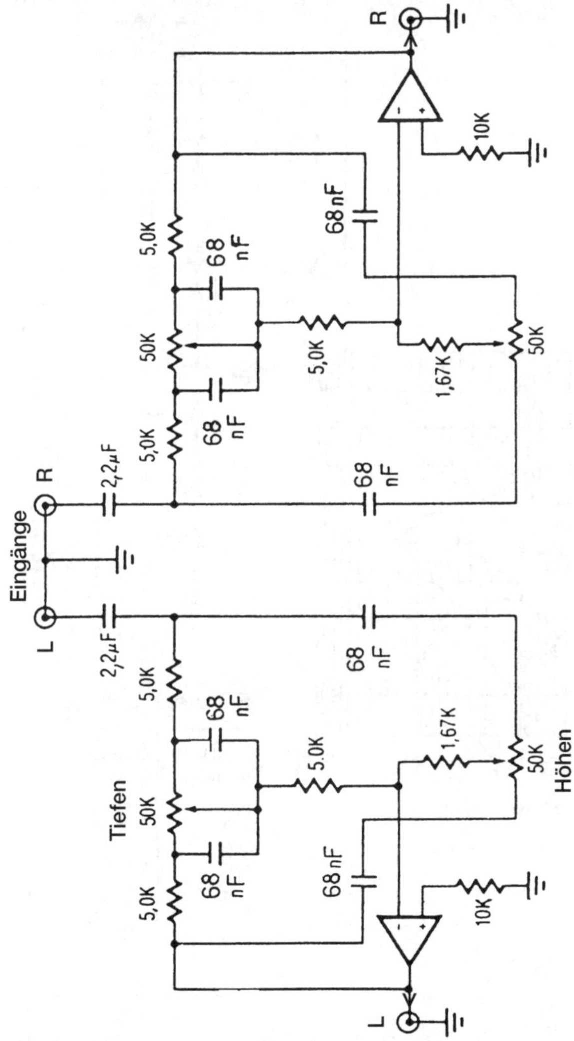

Für Doppeloperationsverstärker wie RC 4559, RC 4739, TL 071. Zwei Betriebsspannungen, ± 15 V. [Anwendungsschaltung *Raytheon.*]

68. Dreikanal-Klangeinstellung

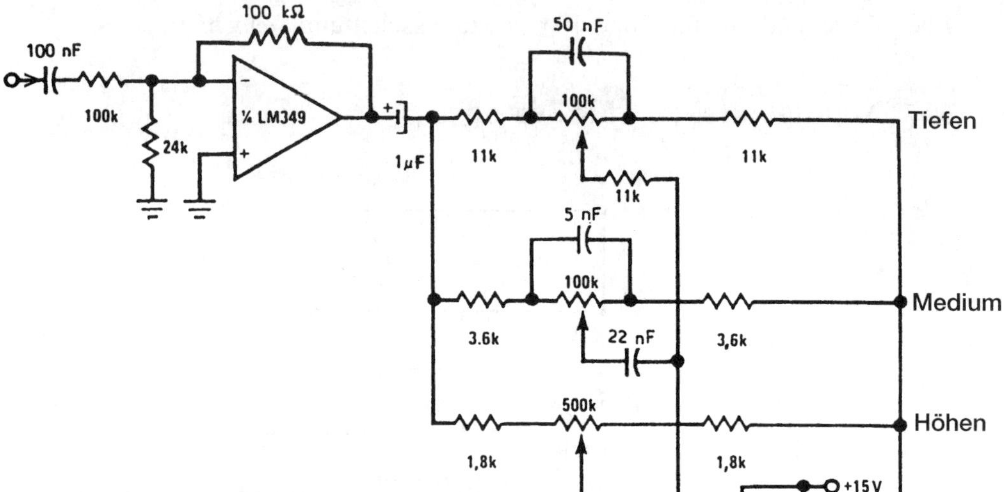
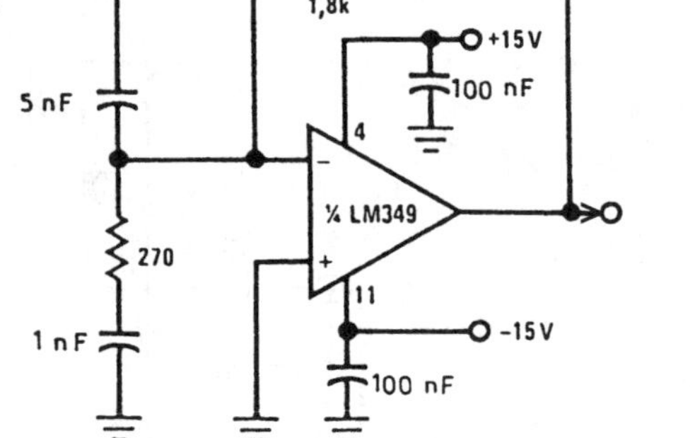

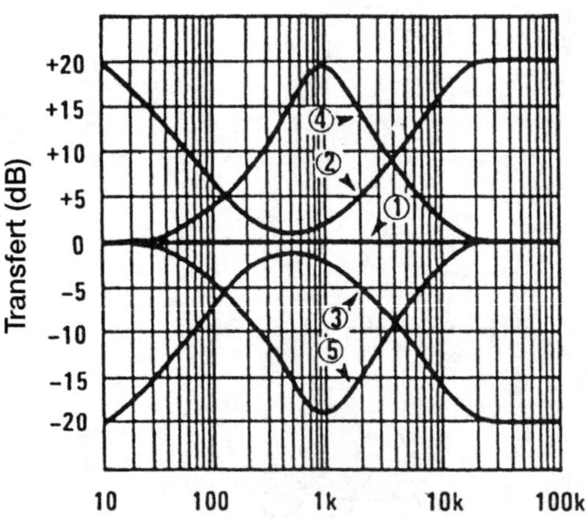

Erläuterung zu den Kurven:

Kurve Nr.	Stellung der Potentiometer Tiefen	Medium	Höhen
1	Mitte	Mitte	Mitte
2	Max.	Mitte	Max.
3	Min.	Mitte	Min.
4	Mitte	Max.	Mitte
5	Mitte	Min.	Mitte

Grenzfrequenz Tiefen: 20 Hz. Zentralfrequenz Medium: 1 kHz.
Grenzfrequenz Höhen: 10 kHz.
[Audio-Radio Handbook, *National Semiconductor.*]

69. Elektrische Klang-, Balance- und Verstärkungseinstellung, TCA 5500

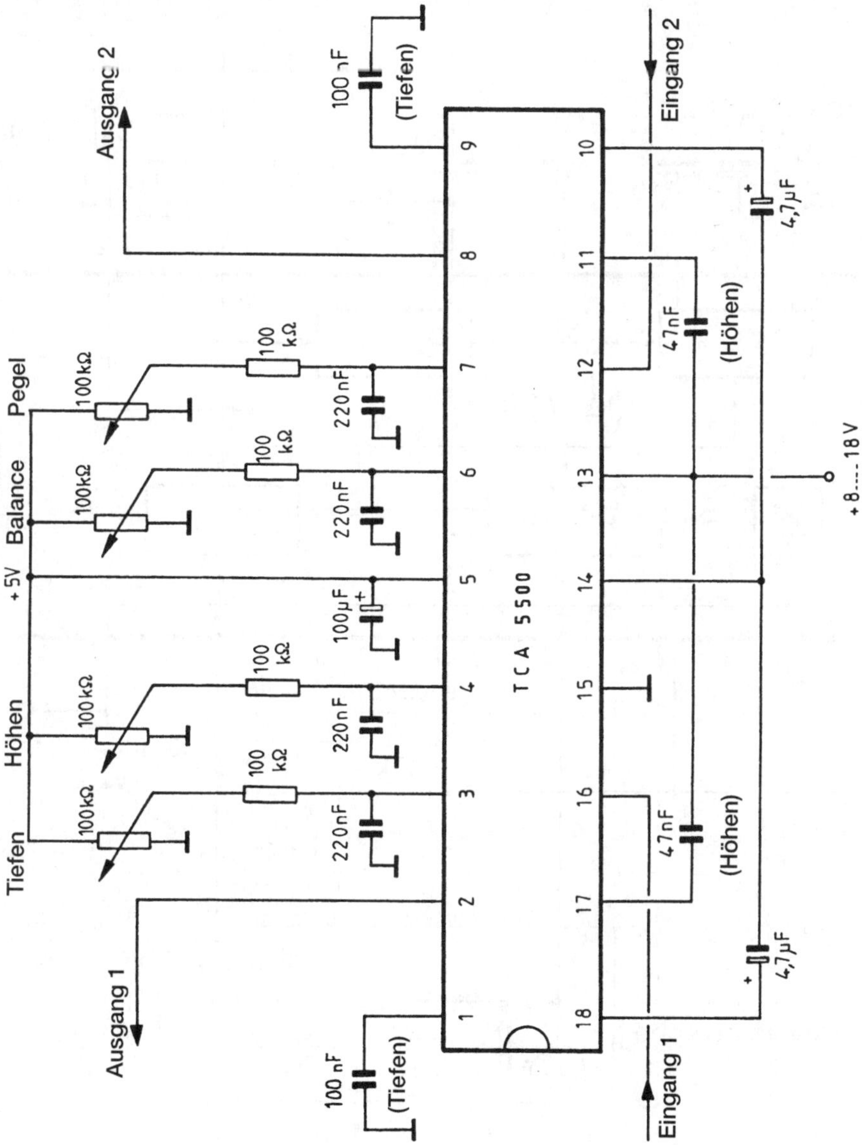

Die Grenzfrequenzen der Filter können durch andere Wahl der mit „Höhen“ und „Tiefen“ bezeichneten Kondensatoren verändert werden. [Anwendungsschaltung *Motorola.*]

70. Elektrische Klangeinstellung mit physiologischer Korrektur, TDA 4290

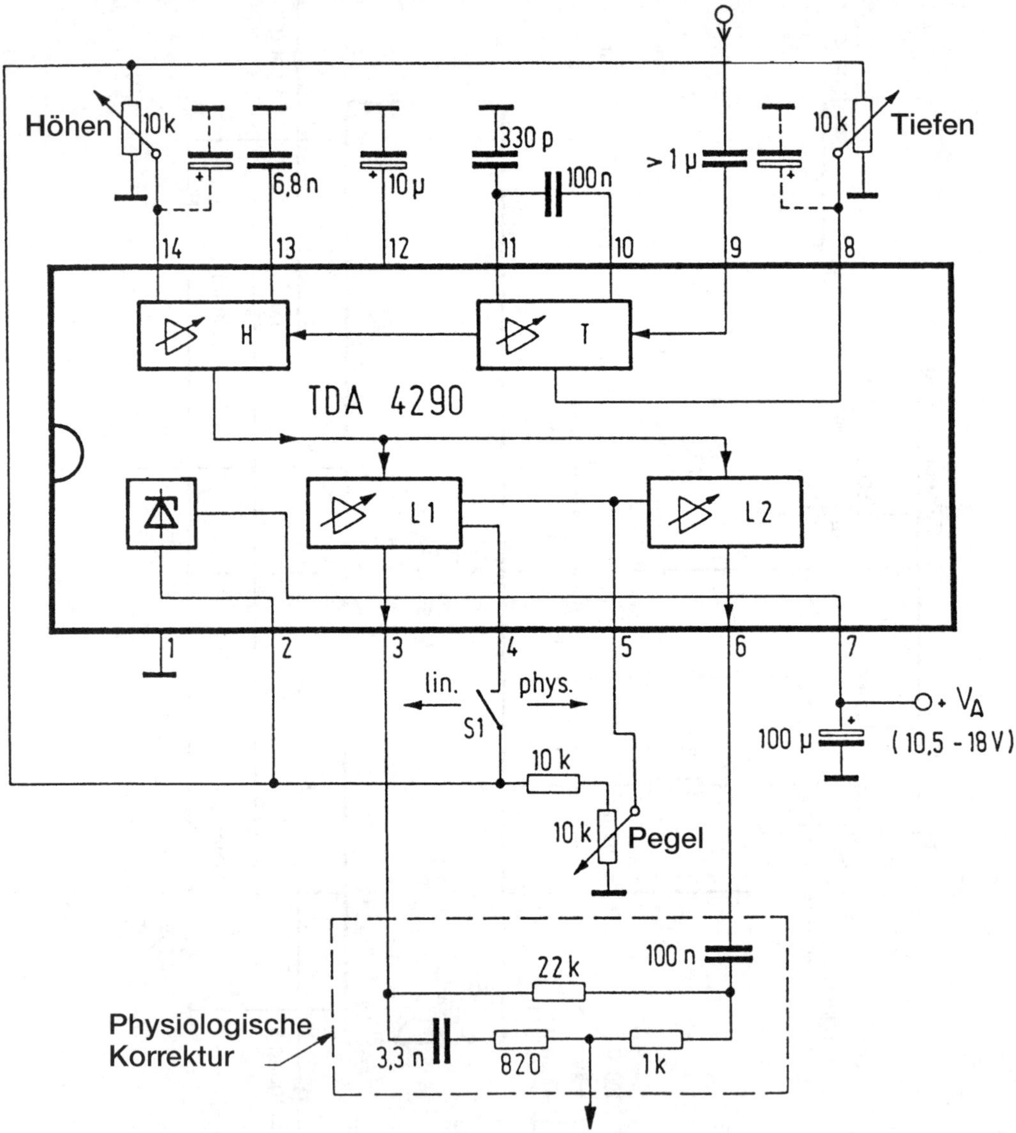

Der Kondensator an Pin 13 bestimmt die Höhenschwelle, der zwischen 11 und 12 die der Tiefen. Der Transfert ist linear, wenn die Hälfte der von Pin 2 gelieferten Spannung an den Schleifern der Potentiometer liegt.

71. Elektrische Klang-, Balance- und Verstärkungs- einstellung, TDA 4292

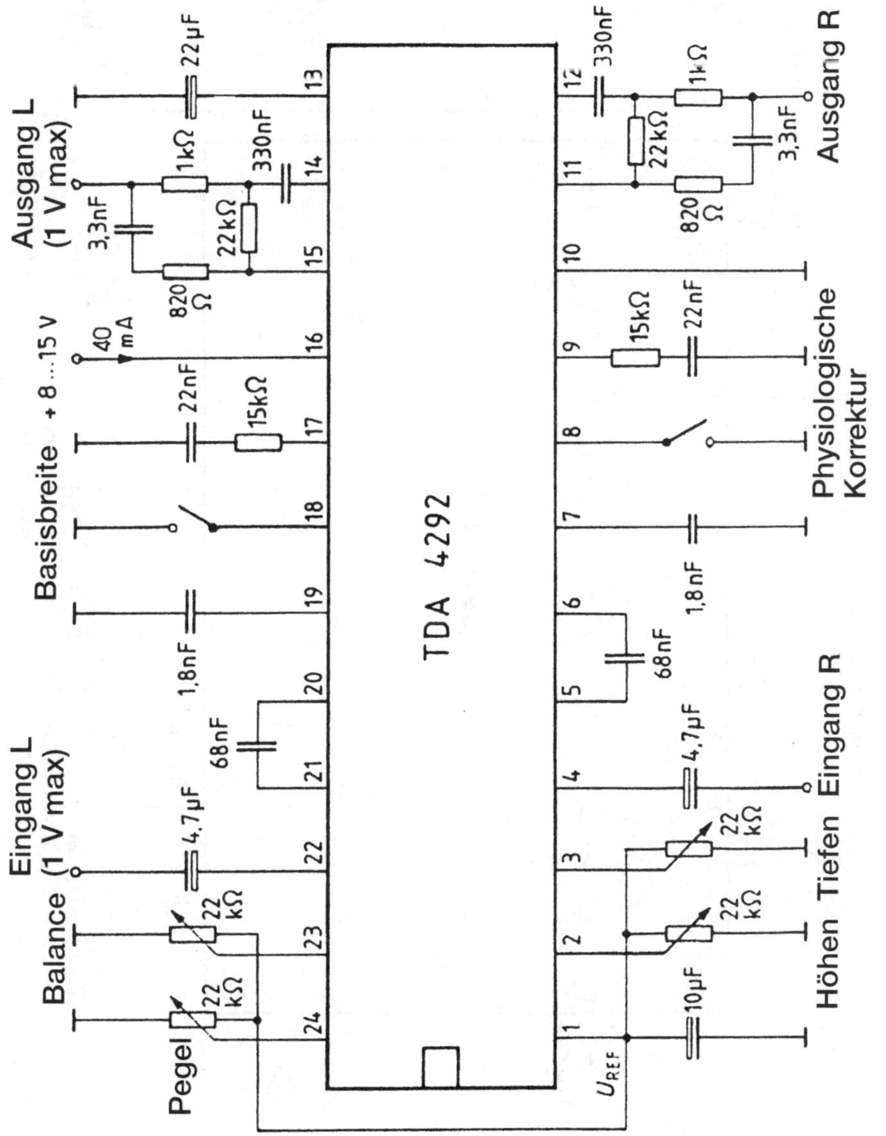

Eingangswiderstand: > 10 kΩ. Einstellbereiche: Verstärkung > 75 dB, Balance > 20 dB, Tiefen (bei 40 Hz) ±15 dB, Höhen (bei 15 kHz) ± 15 dB. Klirrfaktor: < 1%. [Anwendungsschaltung *Siemens.*]

72. Elektrische Klang-, Balance- und Verstärkungseinstellung, TDA 1524

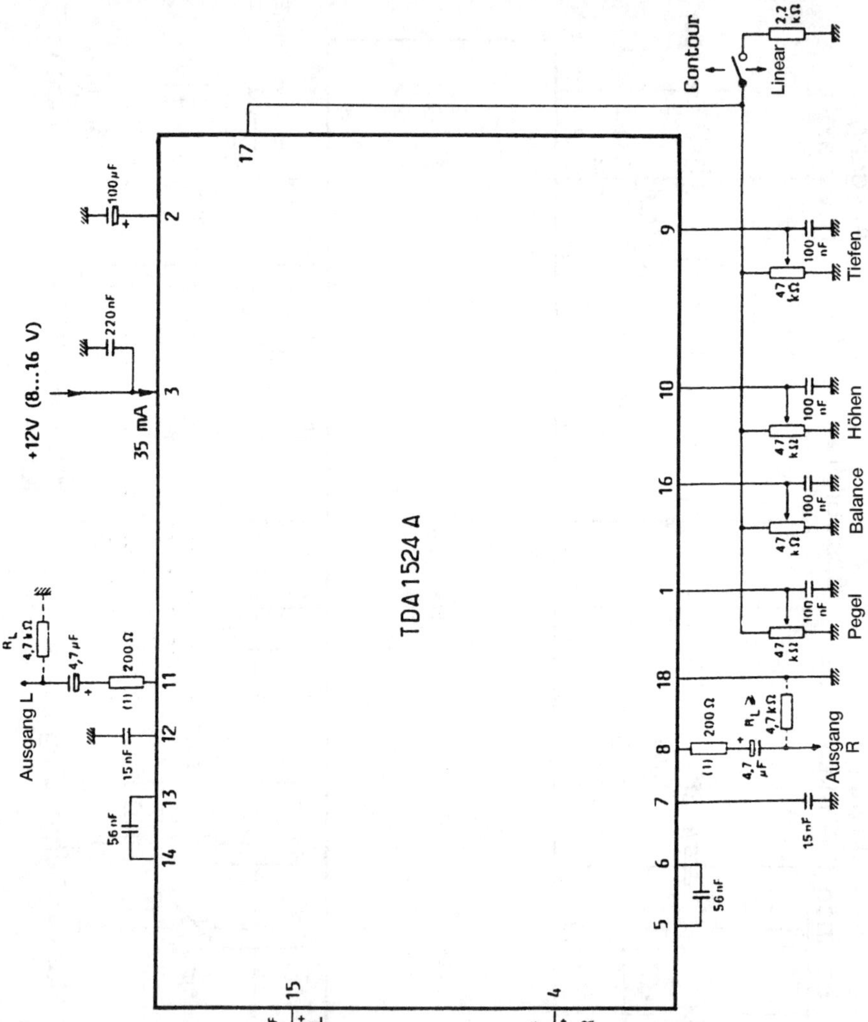

Einstellbereiche: Verstärkung –80 bis +21 dB, Tiefen (40 Hz) und Höhen (16 kHz): ±15 dB. Klirrfaktor: < 0,3%. Rauschen am Ausgang, bei Maximalverstärkung: 310 µV. (1) Diese Widerstände sind einzufügen, wenn die Lastkapazität mehr als 200 pF beträgt. [Anwendungsschaltung *Philips.*]

73. Präsenzfilter

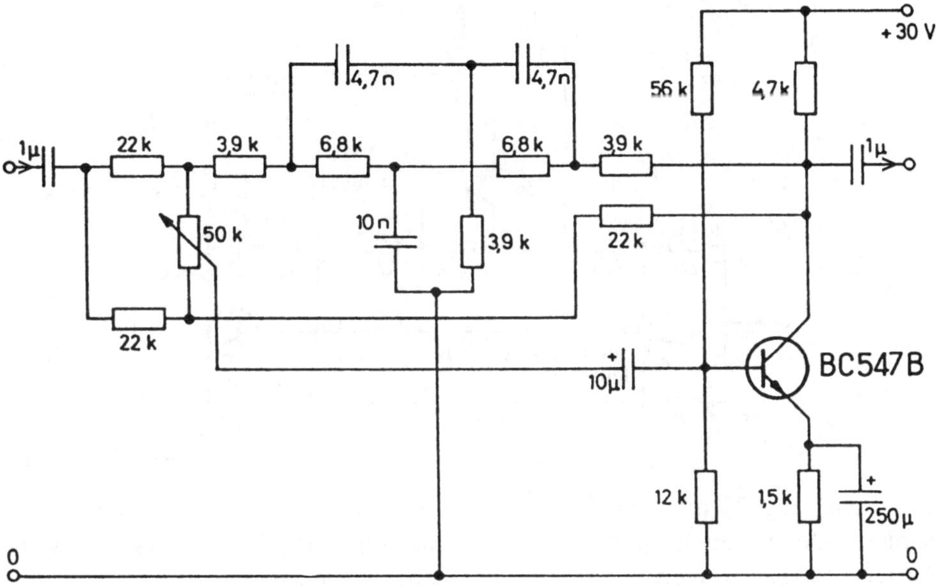

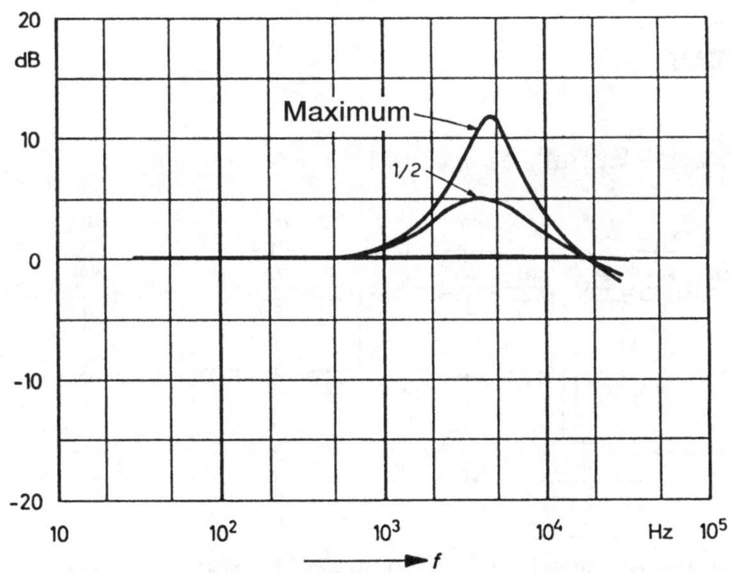

Erzeugt einen Präsenzeffekt durch Anheben der Verstärkung zwischen 2 und 10 kHz. [Anwendungsschaltung *ITT-Intermetall.*]

74. Klang- und Präsenzeinstellung

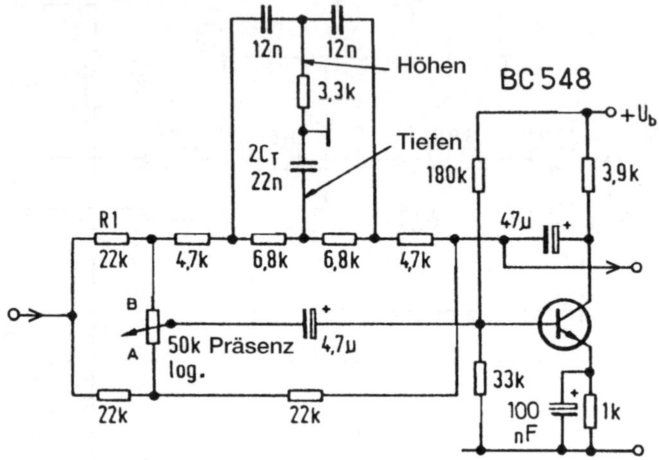

Die Schaltung ist mit einer Signalquelle von 600 Ω Innenwiderstand anzusteuern. Der Eingangswiderstand des darauffolgenden Verstärkers muß mindestens 20 kΩ betragen. [Anwendungsschaltung *Philips.*]

Equalizer

75. Vierkanal-Equalizer, µA 741

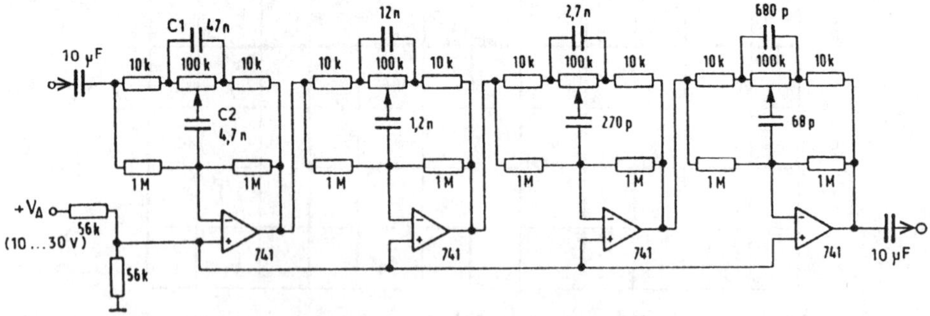

Die Nennfrequenzen der vier Kanäle sind 125 Hz, 500 Hz, 2 kHz und 8 kHz. Für jede dieser Frequenzen beträgt der Einstellbereich ±12 dB. [H. Thoma, Funktechnik, München, Nr. 1/80, Seiten 14 bis 19.]

76. Zehnkanal-Equalizer mit Passivfiltern

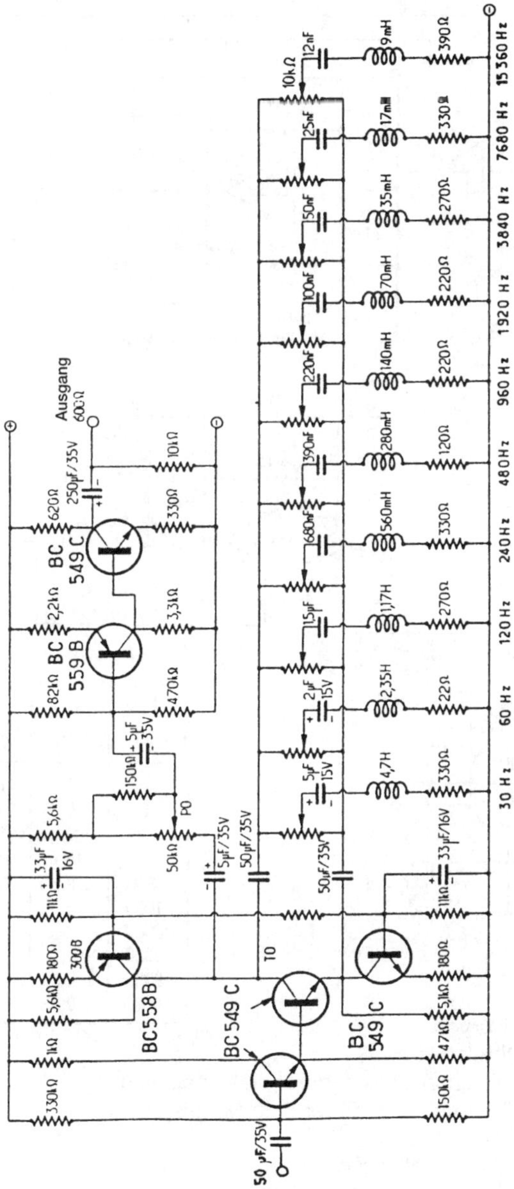

Die Verwendung von diskreten Aktivbauteilen und von RLC-Filtern garantiert einen besonders niedrigen Rauschpegel. [Schaltung eines Gerätes der Marke *Soundcraftsmen.*]

77. Zehnkanal-Equalizer mit LF 356 und LM 348

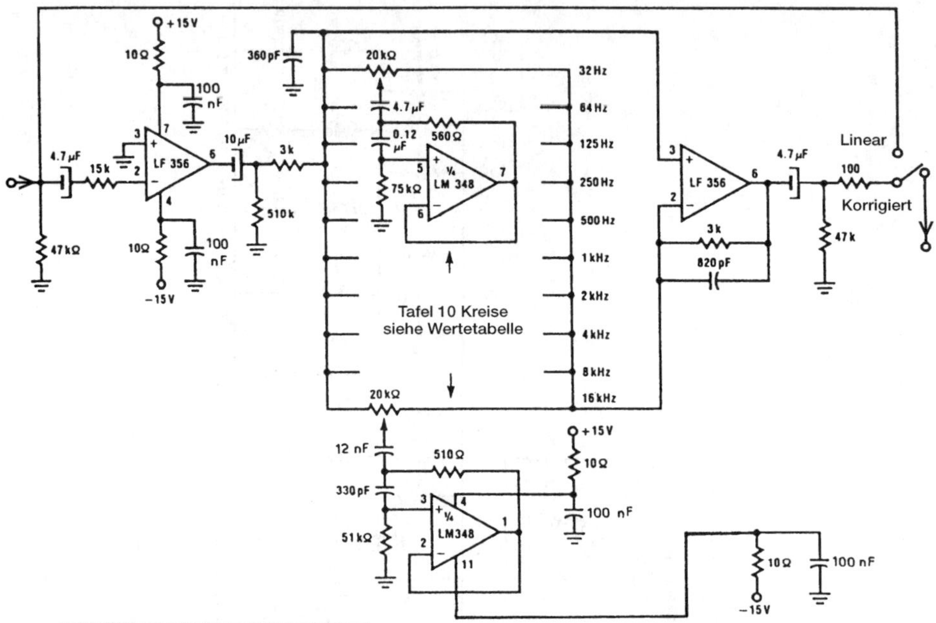

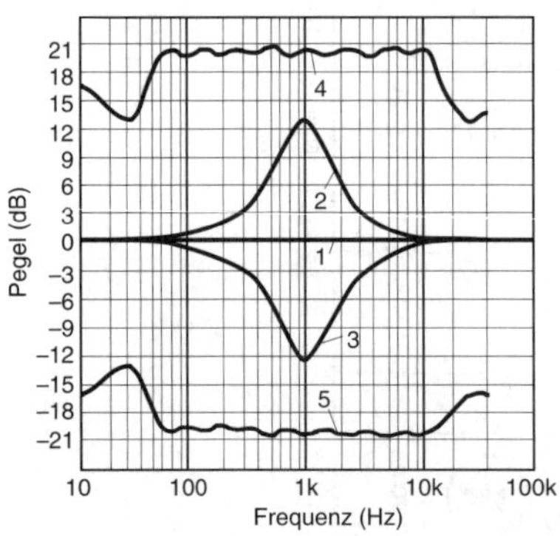

F_0 (Hz)	C_1 (nF)	C_2 (nF)	R_1 (kΩ)	R_2 (Ω)
32	120	4700	75	560
64	56	3300	68	510
125	33	1500	62	510
250	15	820	68	470
500	8,2	390	62	470
1000	3,9	220	68	470
2000	2	100	68	470
4000	1,1	56	62	470
8000	0,51	22	68	510
16000	0,33	12	51	510

Erläuterung zu den Kurven:
1 – Alle Kanäle in Mittelstellung
2 – 1-kHz-Kanal in Maximal-, die anderen in Mittelstellung
3 – 1-kHz-Kanal in Minimal-, die anderen in Mittelstellung
4 – Alle Kanäle in Maximalstellung
5 – Alle Kanäle in Minimalstellung

Die in der Schaltung offenen Anschlüsse (64 Hz bis 8 kHz) werden jeweils mit dem für 32 Hz eingezeichneten Modul beschaltet, aber mit laut Tabelle abgeänderten Werten. [Audio-Radio Handbook, *National Semiconductor.*]

78. Equalizer mit Rauschgenerator, für Raumakustik

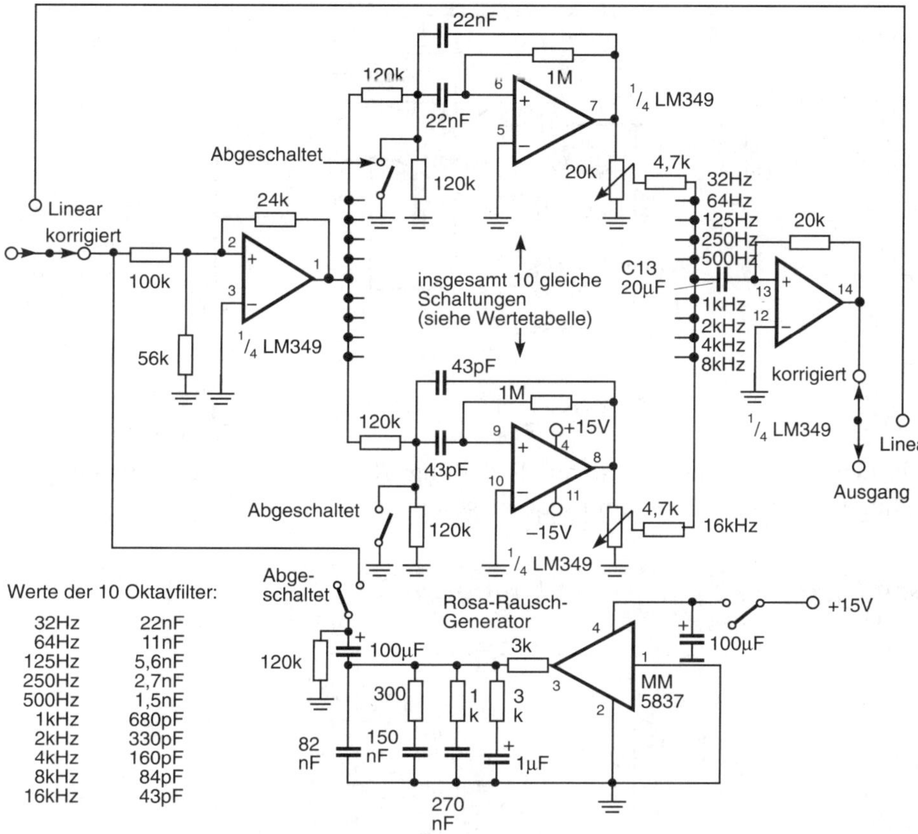

Werte der 10 Oktavfilter:

32Hz	22nF
64Hz	11nF
125Hz	5,6nF
250Hz	2,7nF
500Hz	1,5nF
1kHz	680pF
2kHz	330pF
4kHz	160pF
8kHz	84pF
16kHz	43pF

Abgleich: Das Gerät an Eingang Leistungsverstärker anschließen. Die Filter nacheinander einzeln einschalten. Am Sitzplatz des Zuhörers mit Meßmikrofon und VU-Meter (Schaltung 79) die Lautstärke messen.

Nacheinander die Potentiometer der Filter so einstellen, daß auf allen Kanälen die gleiche Lautstärke erhalten wird.

Benutzung: Alle Filter einschalten, Rauschgenerator durch Signalquelle (Plattenspieler, Tonbandgerät ...) ersetzen.

Das Gerät enthält einen Rosa-Rauschgenerator sowie umschalt- und einstellbare Oktavfilter. Mit VU-Meter in Schaltung 79 zu verwenden. [Audio-Radio Handbook, *National Semiconductor.*]

79. VU-Meter für Raumakustik-Equalizer

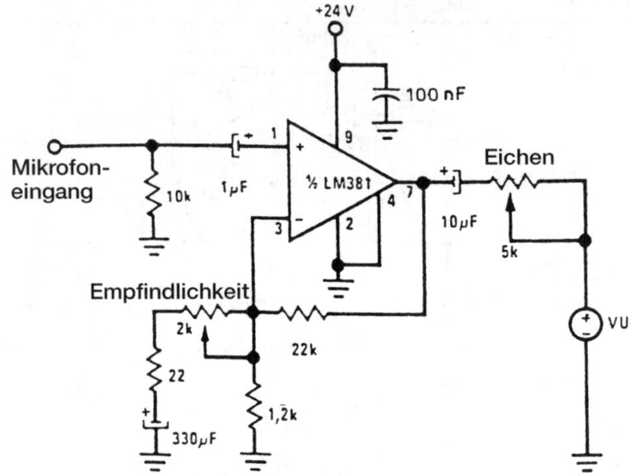

Das Gerät dient, zusammen mit Schaltung 78, zur Messung raumakustisch bedingter Ungleichheiten im Frequenzgang.

80. Passiver Fünf-Kanal-Equalizer

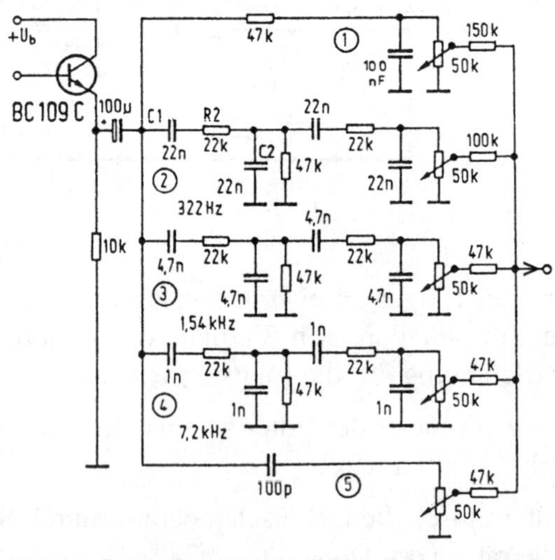

Besteht aus einem Tiefpaß 30 Hz (1), drei Bandpässen von 322 Hz, 1,54 kHz, 7,2 kHz (2, 3, 4) und einem Hochpaß 30 kHz (5). Die durch die Filter bedingten Phasenverschiebungen können Unregelmäßigkeiten im Frequenzgang bewirken. [Schaltungsauszug aus einem Gerät der Firma *Körting*.]

81. und 82. Zehnkanal-Equalizer mit LM 349

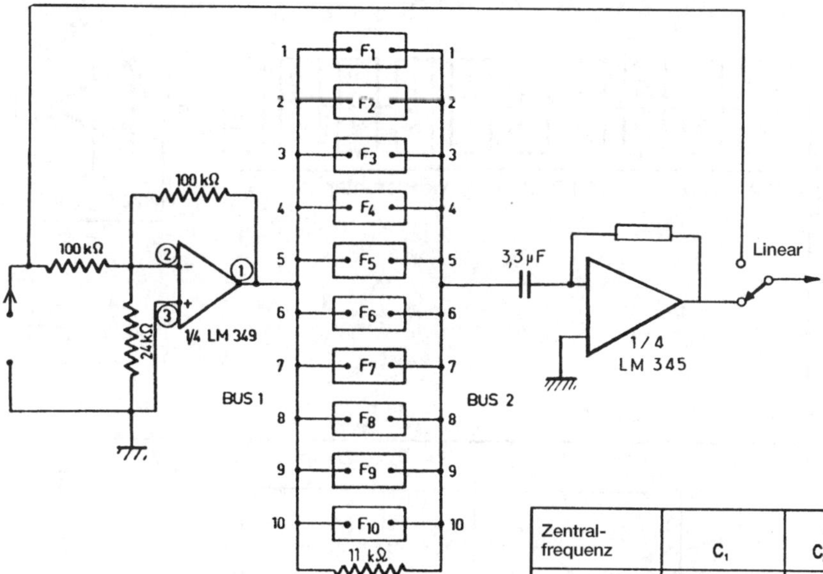

81

Zentral-frequenz	C_1	C_2 (= 0,1 C_1)
32 Hz	180 nF	18 nF
64 Hz	100 nF	10 nF
125 Hz	47 nF	4,7 nF
250 Hz	22 nF	2,2 nF
500 Hz	12 nF	1,2 nF
1 kHz	5,6 nF	560 pF
2 kHz	2,7 nF	270 pF
4 kHz	1,5 nF	150 pF
8 kHz	680 pF	68 pF
16 kHz	360 pF	36 pF

82

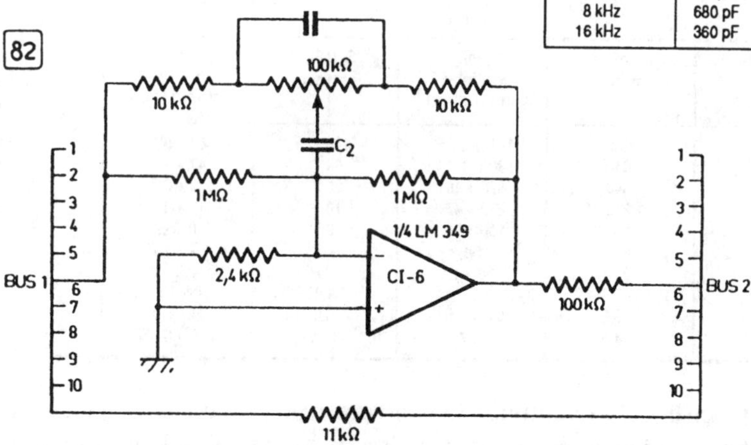

Schaltung 81 zeigt die Eingangs- und Ausgangspuffer, zwischen denen Schaltung 82 in 10 verschiedenen Versionen (siehe Tabelle) eingesetzt wird. [F. Juster, *Le Haut-Parleur*, Paris, Nr. 1600, Seite 161.]

83 und 84. Zehnkanal-Equalizer mit TL 084

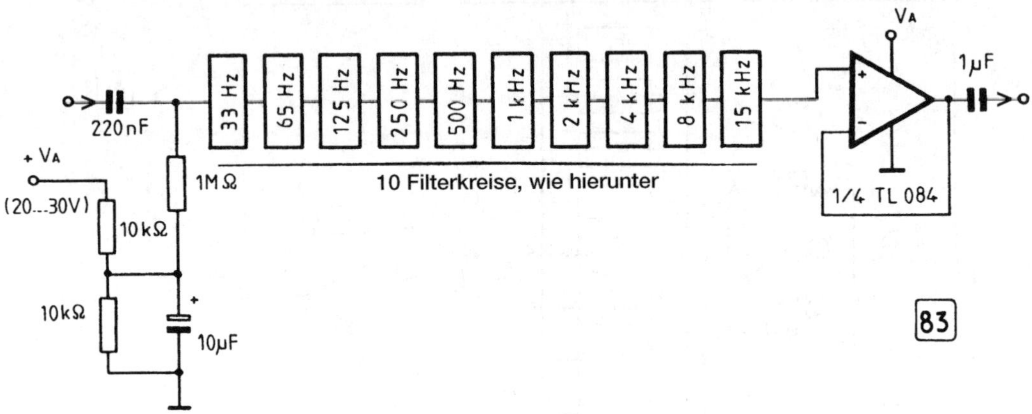

83

84

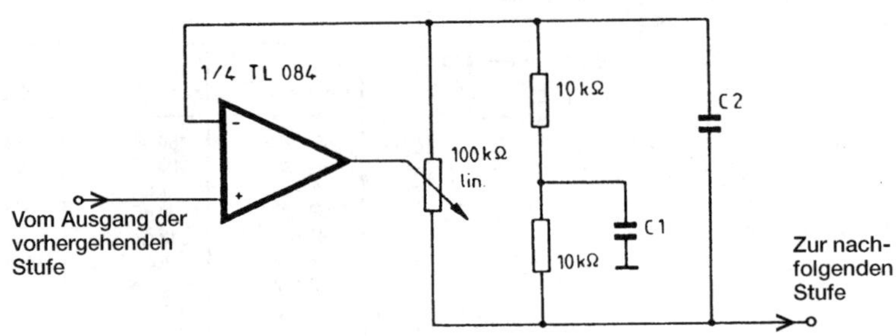

Frequenz (Hz)	C_1 (nF) nominal	C_1 (nF) mögliche Kombination	C_2 (nF) nominal	C_2 (nF) mögliche Kombination
33	2050	1µF + 1 µF	136	68 + 68
65	1040	680 + 330	69	47 + 22
125	540	470 + 68	36	33 + 3,3
250	270	220 + 47	18	15 + 3,3
500	135	100 + 33	9	6,8 + 2,2
1 k	68	68	4,5	2,2 + 2,2
2 k	34	33 + 1	2,25	2,2
4 k	17	15 + 2,2	1,13	1 + 0,1
8 k	8,5	6,8 + 1,5	0,56	0,47 + 0,1
16 k	4,5	4,7	0,3	0,22 + 0,068

Die zehn Filterkreise der Schaltung 83 sind nach der Schaltung 84 auszuführen und unterscheiden sich nur durch den Wert der Kondensatoren. Im Gegensatz zum vorhergehenden Beispiel werden diese Filterkreise hintereinander geschaltet. [G. Jahn, *Funkschau*, München, Nr. 26/78, Seiten 1345 bis 1349.]

85. und 86. Zehnkanal-Equalizer mit Fernumschaltung

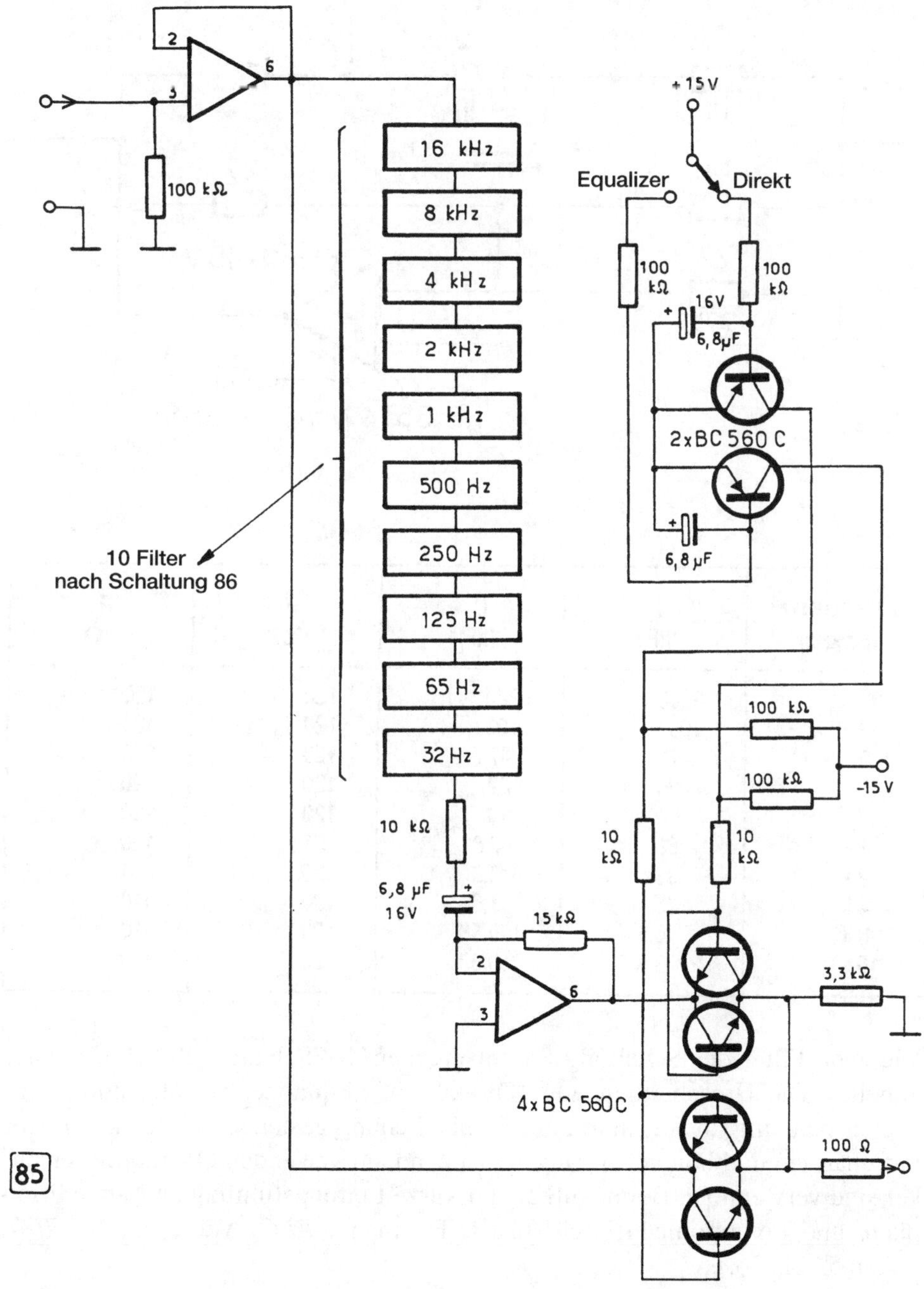

86

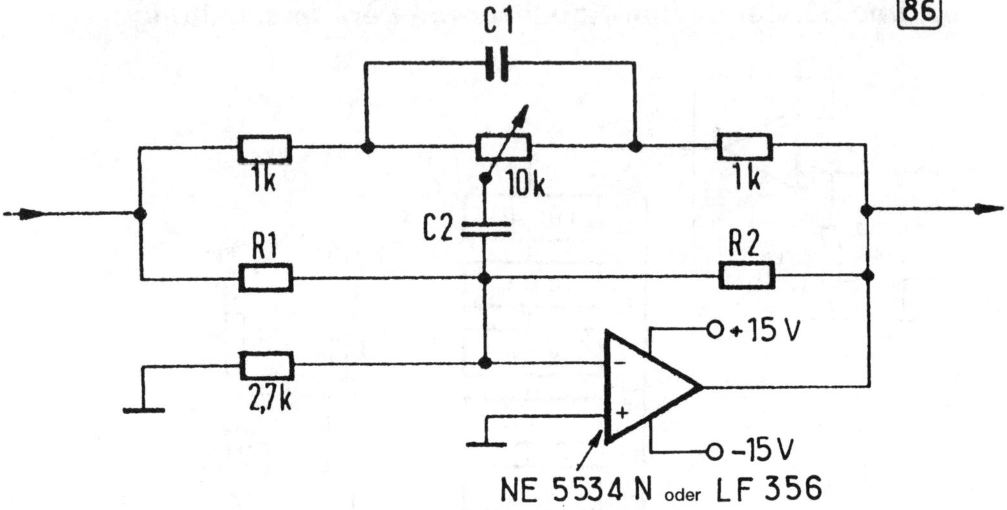

Frequenz (Hz/kHz)	C_1 (nF)	C_2 (nF)	R_1 (kΩ)	R_2 (kΩ)
32	2200	220	120	120
65	1000	100	120	120
125	470	47	120	120
250	220	22	120	120
500	100	10	120	120
1 k	66	6,8	91	120
2 k	33	3,3	120	91
4 k	15	1,5	120	110
8 k	6,8	0,68	120	110
16 k	3,3	0,33	120	110

Die zehn Filter der Schaltung 85 entsprechen der Schaltung 86 (Werte nach Tabelle). Die Umschaltung von „Direkt" auf „Equalizer" erfolgt durch eine Gleichspannung, die eventuell mit Fernbedienung gesteuert werden kann. Alle rauscharmen und hohen Eingangswiderstand aufweisenden Operationsverstärker sind verwendbar. Beim Aufbau auf kurze Leitungsführung zwischen Printplatte und Potentiometern achten. [R. Füllmann, *ELO*, München, Nr. 7/87, Seiten 53 bis 56.]

87. Parametrischer Fünfkanal-Equalizer, Ein- und Ausgangspuffer

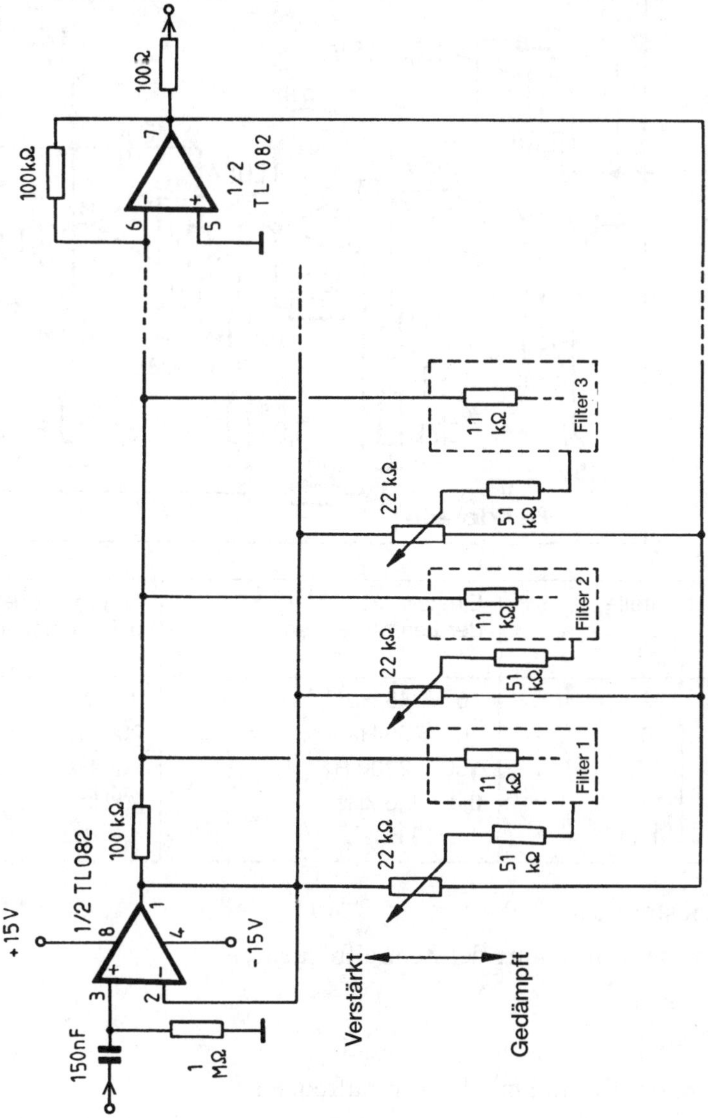

Der „Rahmen" des Equalizers kann 5 (oder mehr) der in Schaltung 88 dargestellten Filter aufnehmen. Deren Frequenz und Bandbreite können in weiten Grenzen eingestellt werden. [E. Ereras, *Funkschau*, München, Nr. 8/82, Seiten 117 bis 121.]

88. Parametrischer Fünfkanal-Equalizer, Filterschaltungen

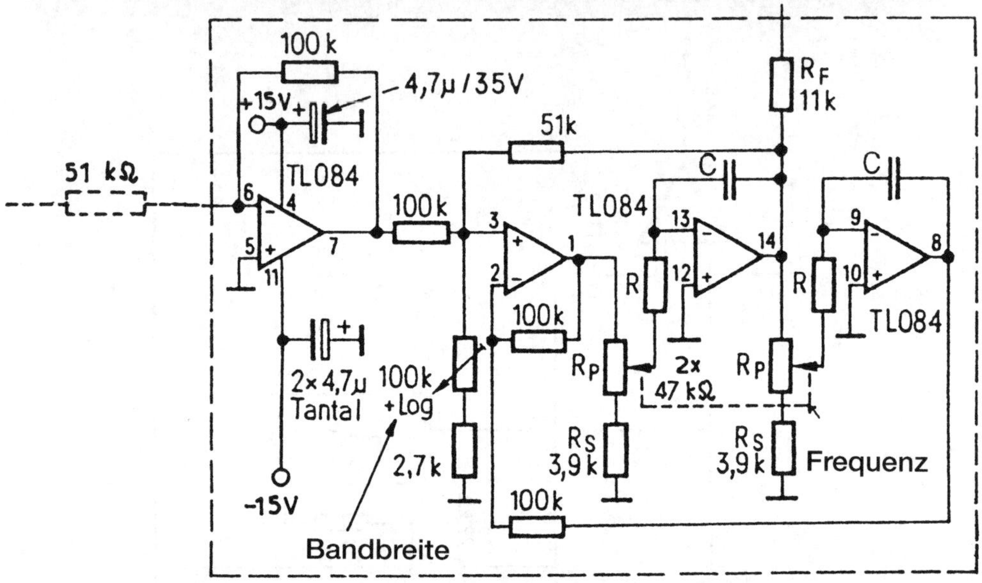

Werte der Bauteile R (kΩ)	C (nF)	Einstellbereich der Zentralfrequenz	Zentralfrequenz bei Mittelstellung
30	22	16 ... 245 Hz	90 Hz
22	10	46 ... 750 Hz	259 Hz
15	4,7	160 ... 2200 Hz	700 Hz
16	1,5	0,4 ... 6,8 kHz	2 kHz
12	0,68	1 ... 19 kHz	4,6 kHz

Berechnungsformeln:

Obergrenze der Einstellung der Zentralfrequenz:

$$f_{max} = \frac{1}{2\pi RC}$$

Untergrenze der Einstellung der Zentralfrequenz:

$$f_{min} = \frac{R_S R}{2\pi RC\,[R_P(R_S + R) + R_S R]}$$

Die frequenzbestimmenden Werte der Filter (für Schaltung 87) können der Tabelle entnommen oder mit obigen Gleichungen berechnet werden.

Dynamikkorrekturen

89. Dynamikbegrenzer

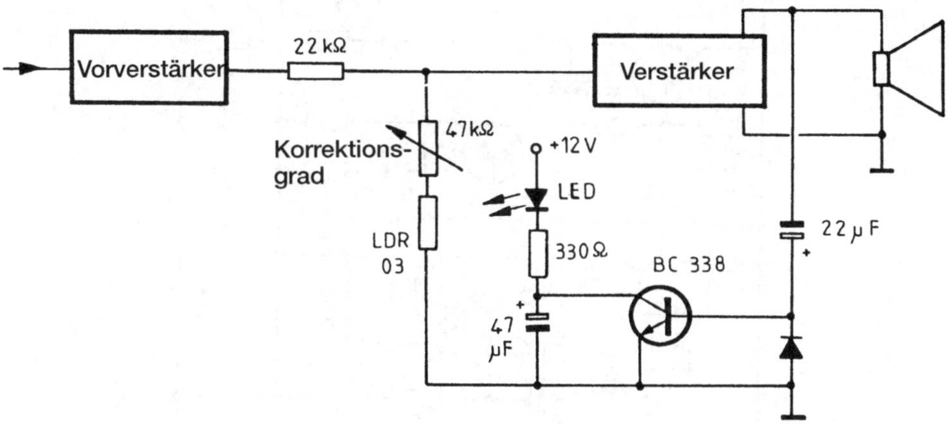

Zu hohe Lautstärke oder Übersteuerung werden durch eine Regelung verhindert, bei der ein im Eingangsspannungsteiler eingesetzter Fotowiderstand von einer Leuchtdiode gesteuert wird. Diese Bauteilgruppe muß völlig lichtdicht abgekapselt werden.

90. Dynamikkompressor

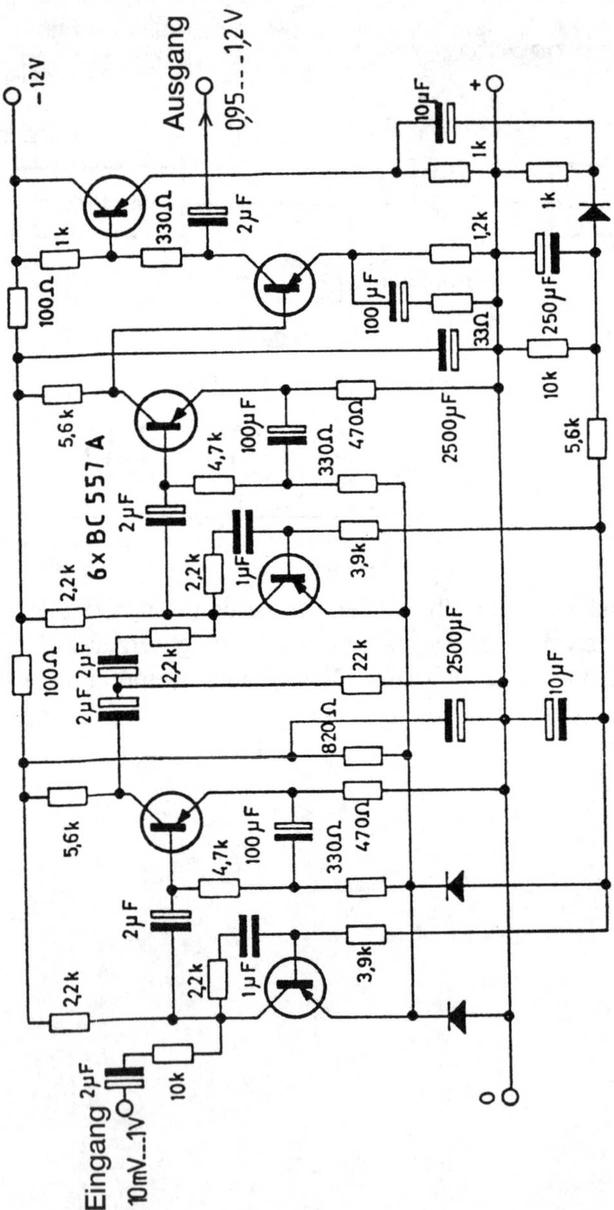

Eine eingangsseitige Amplitudenschwankung von 40 dB wird am Ausgang auf 2 dB komprimiert. [Anwendungsschaltung *ITT-Intermetall.*]

91. und 92. Umgebungsgeräuschabhängige Dynamik

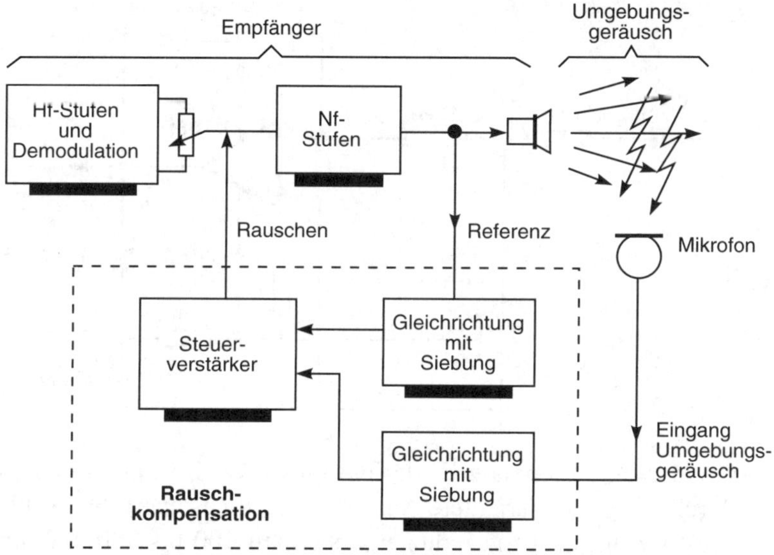

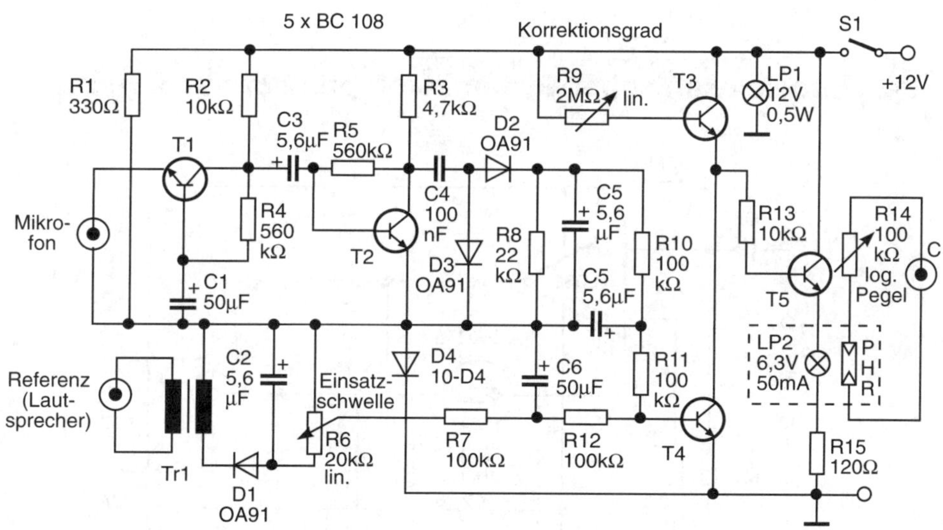

Die für Autoradios gedachte Schaltung kombiniert einen Dynamikkompressor mit einem vom Umgebungsgeräusch gesteuerten Expander. Der Fotowiderstand im Ausgang ist, wie in Schaltung 89, als Signalspannungsteiler im nachfolgenden Verstärkereingang zu verwenden. [Schaltungsvorschlag aus der Zeitschrift *Electronique pour Vous*, Paris.]

93. Dynamikkompressor mit TL 081

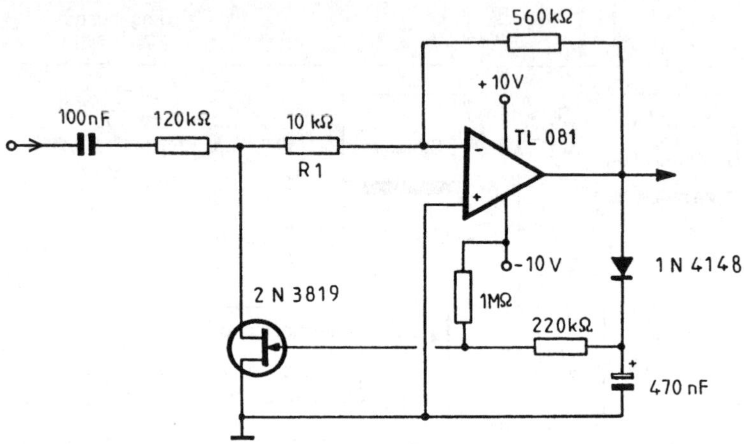

Der als Stellwiderstand dienende Feldeffekttransistor im Eingangsspannungsteiler wird durch das gleichgerichtete Ausgangssignal gesteuert. Schwankungen von 50 mV bis 5 V am Eingang reduzieren sich auf 100 bis 900 mV am Ausgang.

94. Optoelektronischer Dynamikkompressor mit TL 081

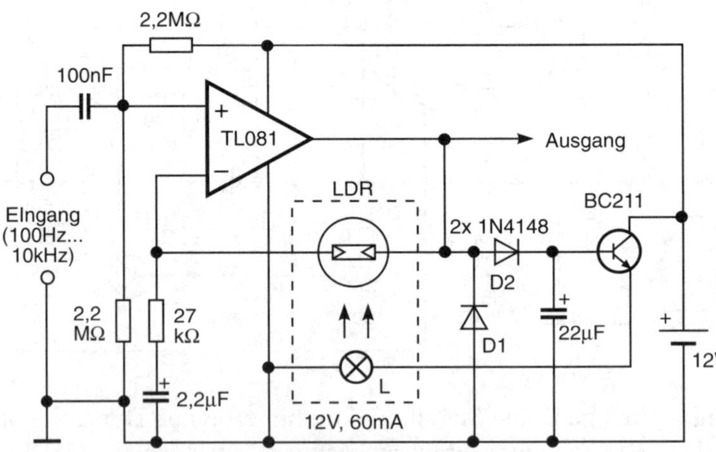

Der Fotowiderstand im Gegenkopplungskreis wird von einer Kleinlampe gesteuert. Bei Schwankung von 0,1 V bis 1 V am Eingang erhält man 1,15 V bis 1,55 V am Ausgang. Der Klirrfaktor ist geringer als mit der vorigen Schaltung.

95. Optoelektronischer Dynamikbegrenzer für Stereo

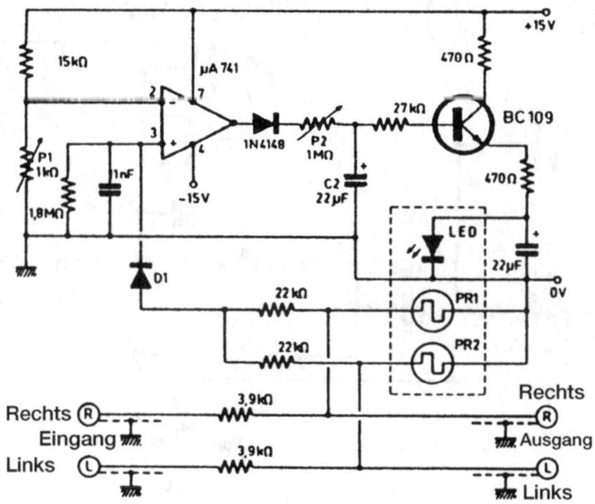

Die beiden Fotowiderstände werden gemeinsam (wenn nötig durch zwei hintereinandergeschaltete Leuchtdioden) angesteuert, damit das Pegelverhältnis der beiden Kanäle gewahrt bleibt. [E. Rossi, *CQ Elettronica*, Bologna, Nr. 4/82, Seite 102.]

96. Dynamikkompressor mit NE 570

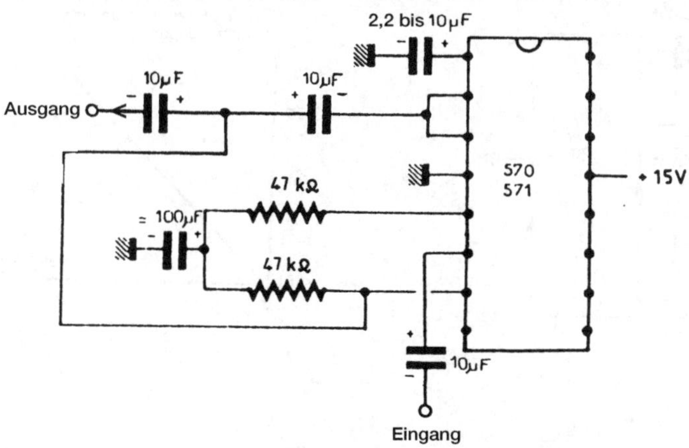

Der Kompressionsgrad beträgt 2 dB auf jedem Kanal. Die Ansprechdauer hängt von C_1 ab. Pin 8 kann, wie in Schaltung 98 gezeigt, mit einem Abgleich auf minimale Verzerrung belegt werden. [Anwendungsschaltung *Signetics*.]

97. Einstellbarer Dynamikkompressor mit NE 570

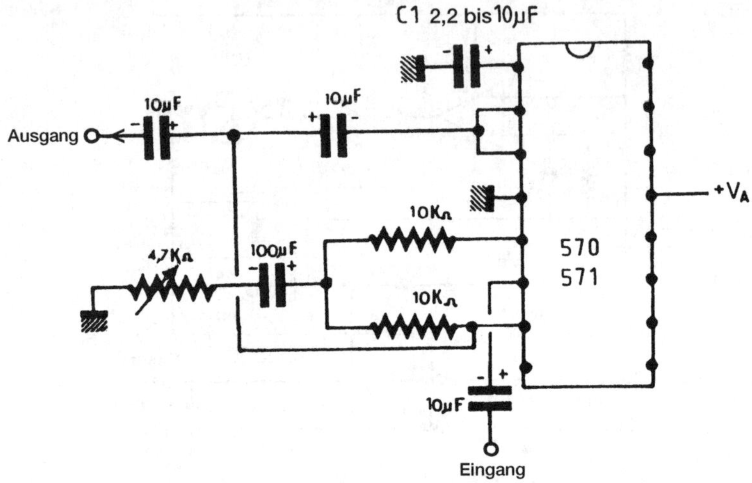

Die Ansprechdauer hängt von C_1 ab. Pin 8 kann, wie in Schaltung 98 zu sehen, mit einem Abgleich auf minimale Verzerrung belegt werden. [Anwendungsschaltung *Signetics.*]

98. Dynamikexpander mit NE 570

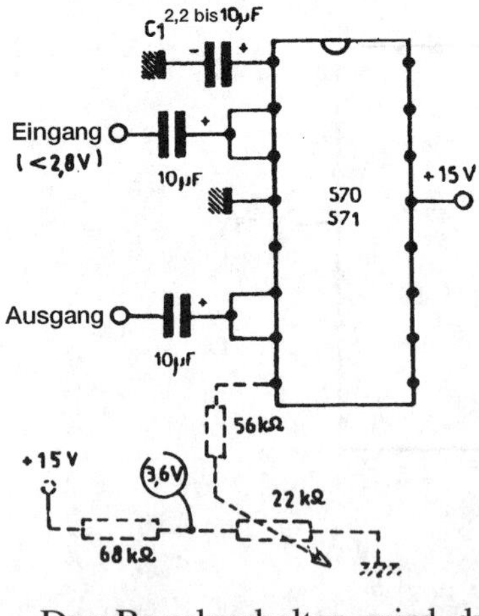

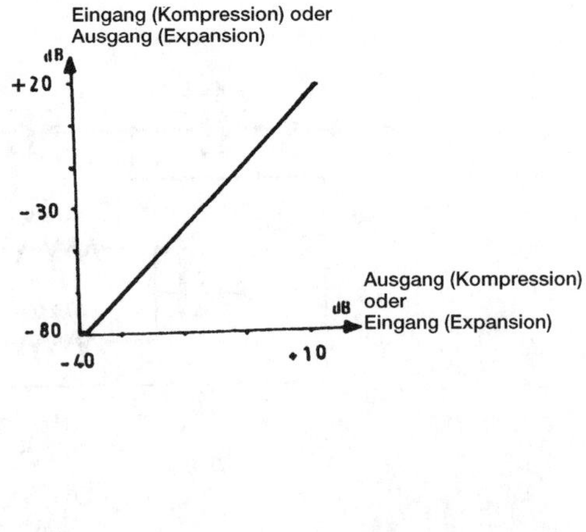

Das Regelverhalten wird durch die Grafik beschrieben. An Pin 8 kann ein Kreis angeschaltet werden, mit dem Abgleich auf minimalen Klirrfaktor möglich ist. [Anwendungsschaltung *Signetics.*]

99. Dynamikkompressor mit Fünfkanal-Equalizer, TDA 7232

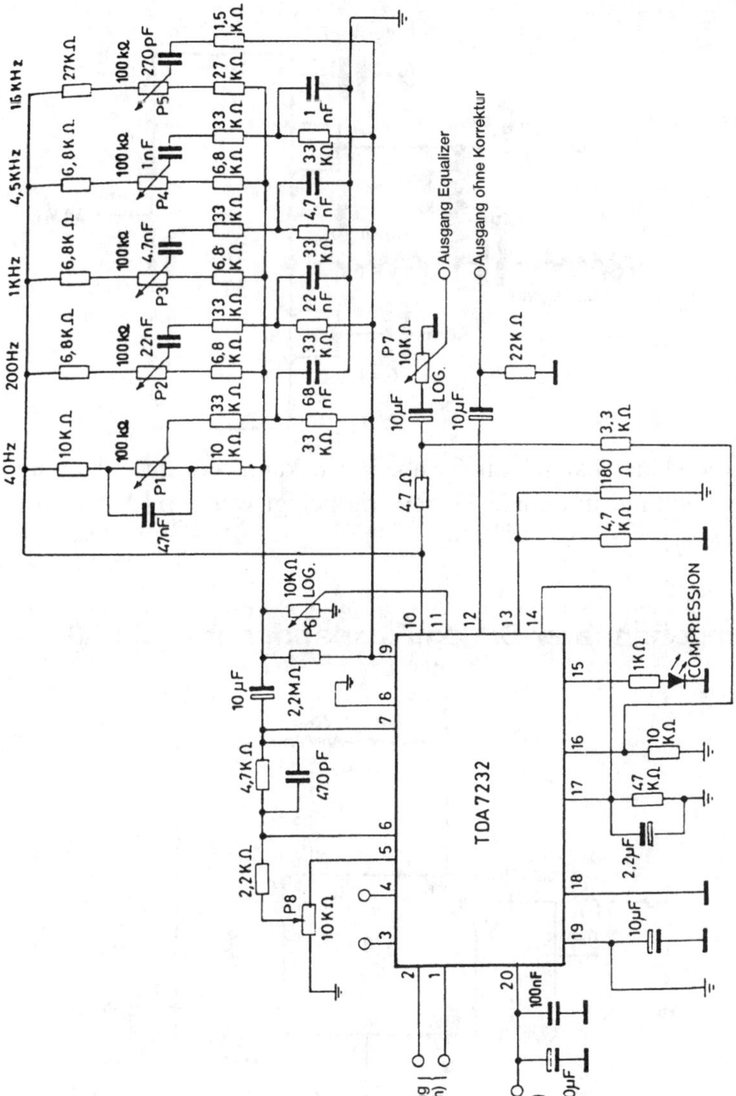

Der Spannungsgewinn beträgt 30 dB bis zu einer Eingangsspannung von 50 mV. Bei höheren Werten steigt die Ausgangsspannung nicht mehr. [Audio and Radio Products Databook, *SGS Thomson Microelectronics.*]

100. Einstellbarer Dynamikexpander mit NE 570

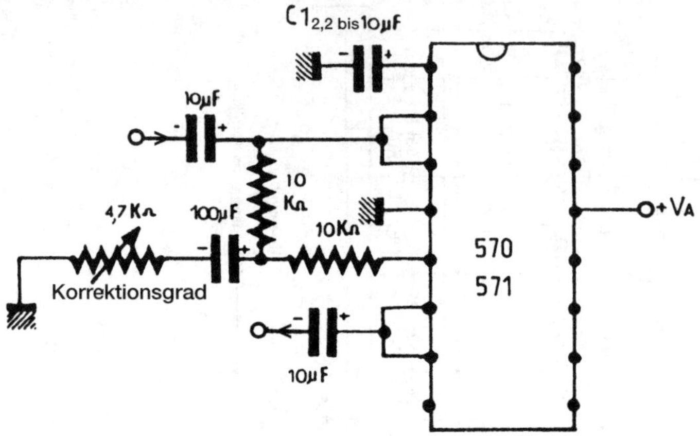

Die Ansprechdauer hängt von C_1 ab. Pin 8 kann, wie in Schaltung 98, mit einem Abgleich auf minimale Verzerrung belegt werden. [Anwendungsschaltung *Signetics.*]

101. Umschaltbarer Dynamikexpander mit NE 570

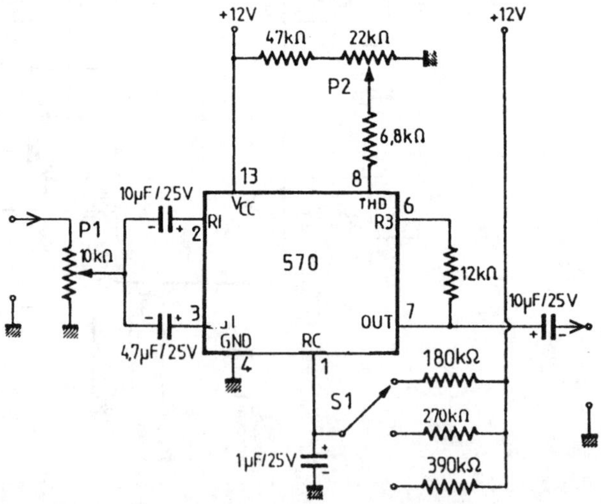

P_1: Verstärkung und Expansionsschwelle. P_2: Auf minimalen Klirrfaktor abgleichen. S_1: Umschaltung der Expansionsweite. [Anwendungsschaltung *Signetics.*]

102. Beiderseitige Dynamikkorrektur mit NE 570

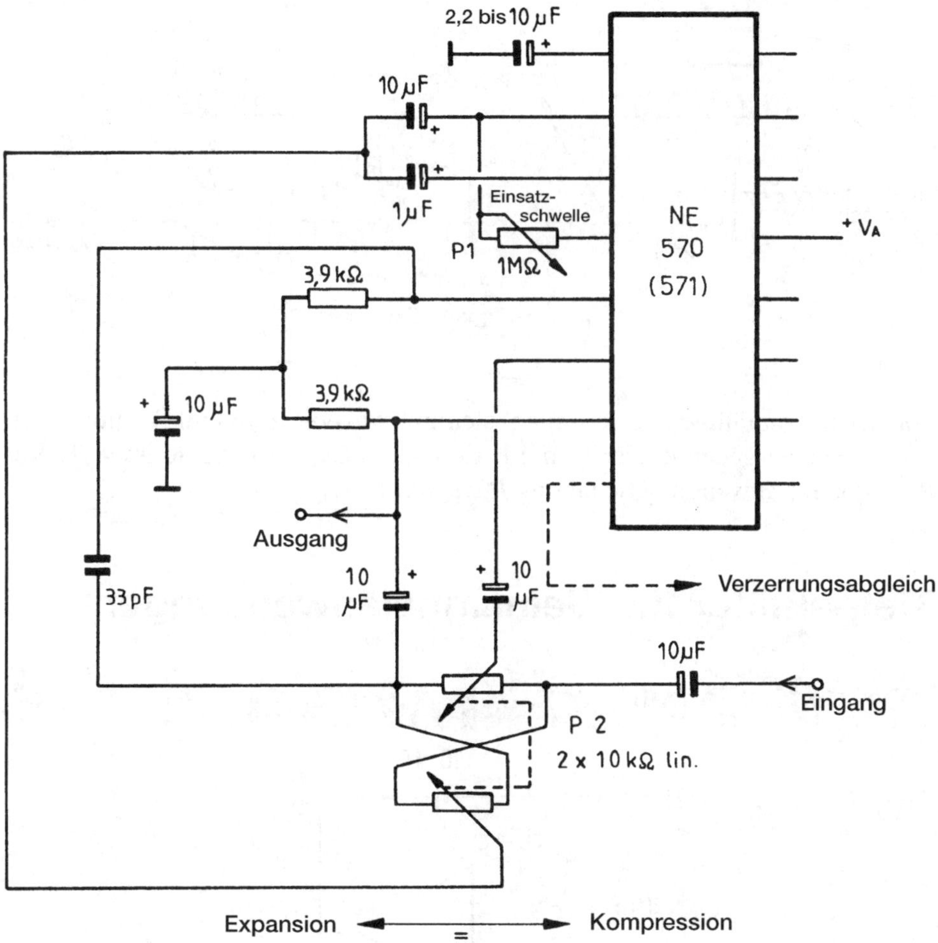

Je nach Stellung von P_2 arbeitet die Schaltung als Expander oder als Kompressor. In Mittelstellung ist die Übertragung linear. Mit P_1 wird die Korrektionsschwelle eingestellt. [Anwendungsschaltung *Signetics.*]

103. Dynamikkorrektur für Übertragungsleitungen

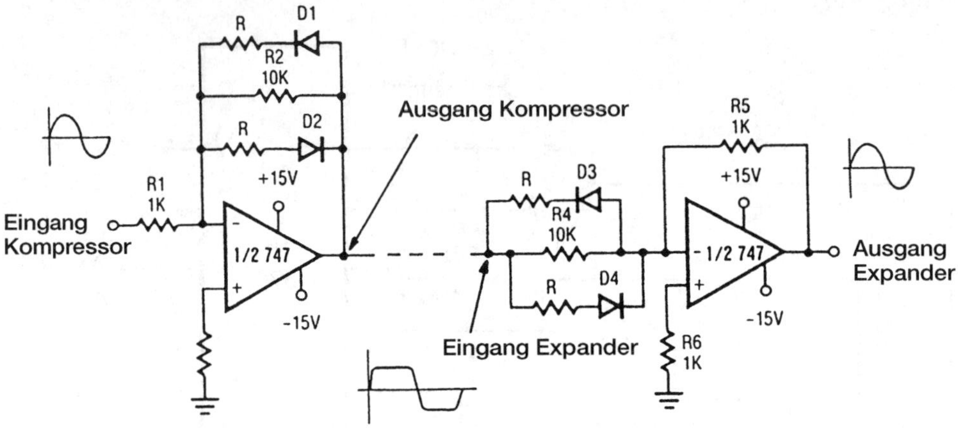

Vor der (störanfälligen) Übertragungsleitung wird die Dynamik komprimiert, danach wieder gedehnt. Der Kompressions- und Expansionsgrad ist R_1/R, mit $R < 10$ kΩ. [Anwendungsschaltung *Raytheon.*]

Tiefpaßfilter für Kleinsignalanwendungen

104. 1-kHz-Tiefpaß

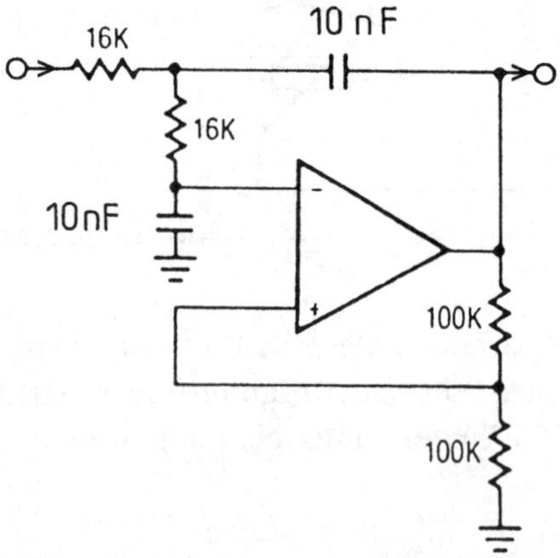

Die Grenzfrequenz verhält sich umgekehrt proportional zu den Kapazitätswerten. Für Operationsverstärker beliebigen Typs. Speisung mit 2 x 15 V. [Anwendungsschaltung *Raytheon.*]

105. Tiefpaß als Rauschfilter, mit LM 387

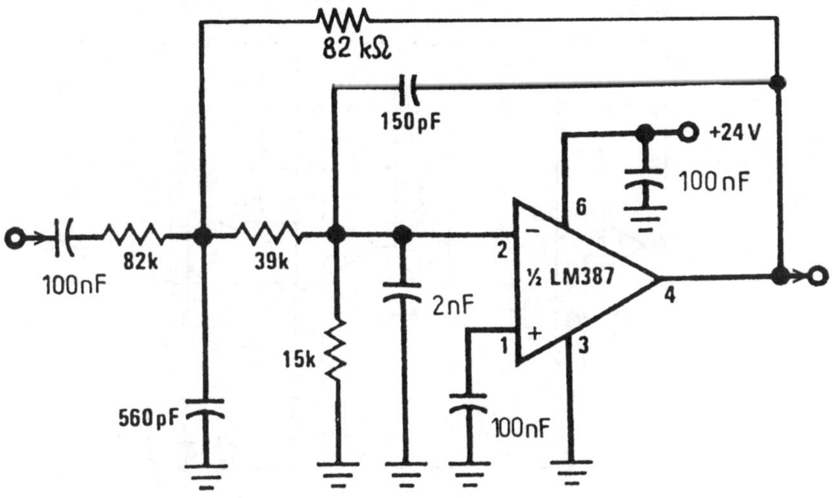

Signalinverter mit Spannungstransfert 1, Höhenabsenkung von 12 dB pro Oktave ab 10 kHz. Klirrfaktor: < 1%. Zur Wiedergabe älterer Schallplatten. [Audio-Radio Handbook, *National Semiconductor.*]

106. Tiefpaß als Rauschfilter, mit TDA 2320 A

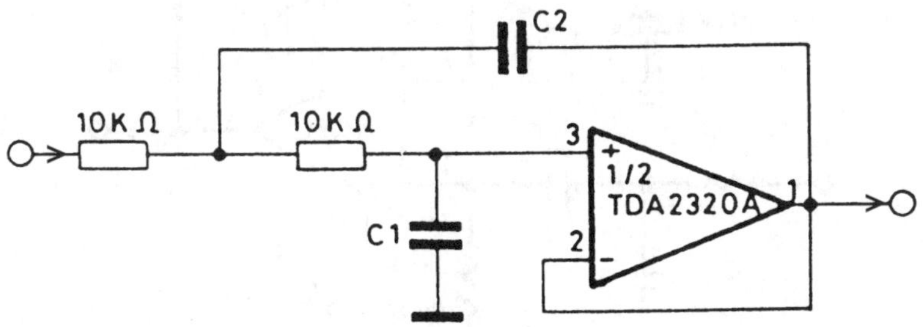

Eine obere Grenzfrequenz von 3 kHz erhält man mit $C_1 = 3{,}9$ nF, $C_2 = 6{,}8$ nF. Für 5 kHz: $C_1 = 2{,}2$ nF, $C_2 = 4{,}7$ nF. Für 10 kHz: $C_1 = 1{,}2$ nF, $C_2 = 2{,}2$ nF. Für 15 kHz: $C_1 = 0{,}68$ nF, $C_2 = 1{,}5$ nF. [Audio and Radio Products Databook, *SGS Thomson Microelectronics.*]

107. Butterworth-Tiefpaß

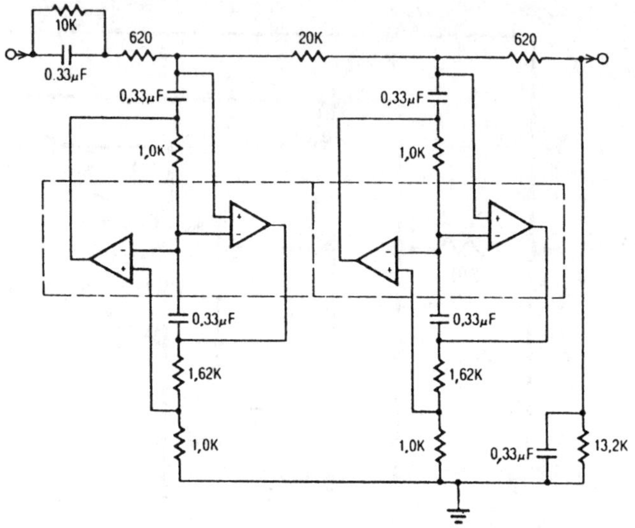

Filter mit extrem linearem Transfert im Durchlaßbereich. Die Grenzfrequenz (400 Hz mit den angegebenen Werten) ist umgekehrt proportional zu den Kapazitätswerten. Speisung mit ±15 V. [Anwendungsschaltung *Raytheon.*]

108. Filter für kurze Impulse

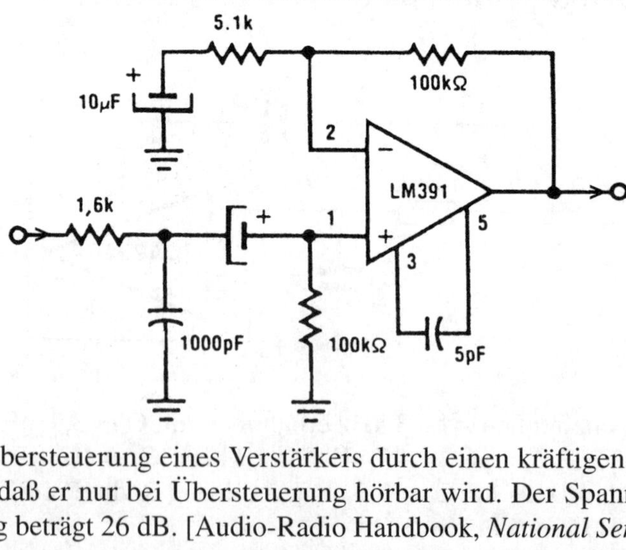

Vermeidet Übersteuerung eines Verstärkers durch einen kräftigen, aber so kurzen Impuls, daß er nur bei Übersteuerung hörbar wird. Der Spannungsgewinn der Schaltung beträgt 26 dB. [Audio-Radio Handbook, *National Semiconductor.*]

109. Verstärkender Tiefpaß mit TL 081

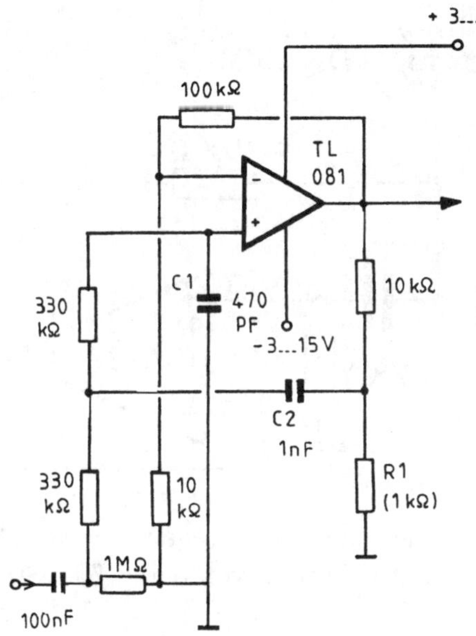

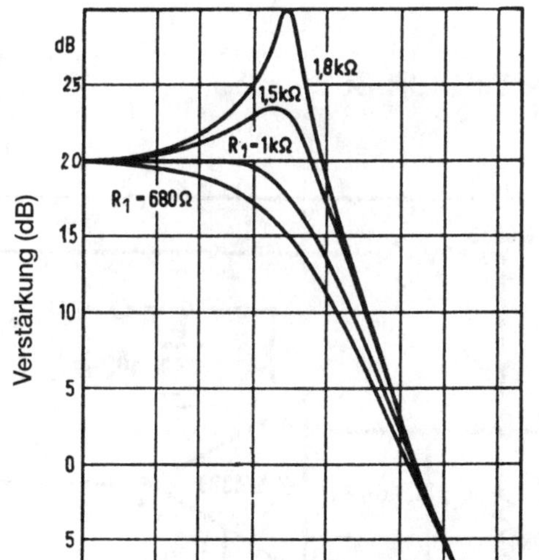

Spannungsgewinn im Durchlaßbereich: 20 dB. Die Kurven zeigen den Frequenzgang für verschiedene Werte von R_1. Die Nominalfrequenz ist umgekehrt proportional zu den Werten von C_1 und C_2.

Hochpaßfilter für Kleinsignalanwendungen

110. Rumpelfilter mit TDA 2320

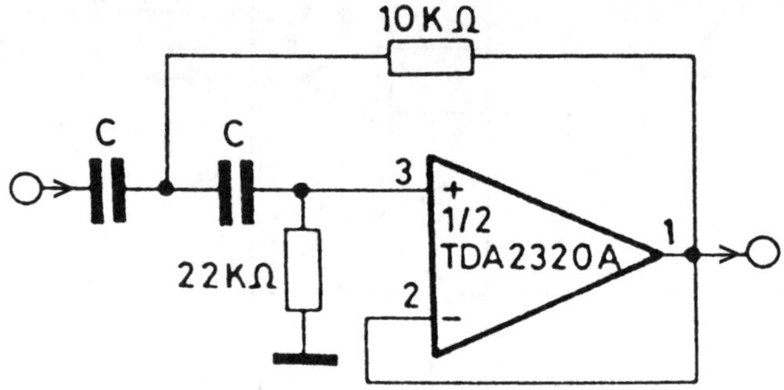

Filter für Plattentellergeräusche. Grenzfrequenzen von 15, 22, 30, 55, oder 100 Hz werden jeweils mit C-Werten von 680, 470, 330, 220 und 100 nF erhalten. [Audio and Radio Products Databook, *SGS Thomson Microelectronics.*]

111. Rumpelfilter mit LM 387

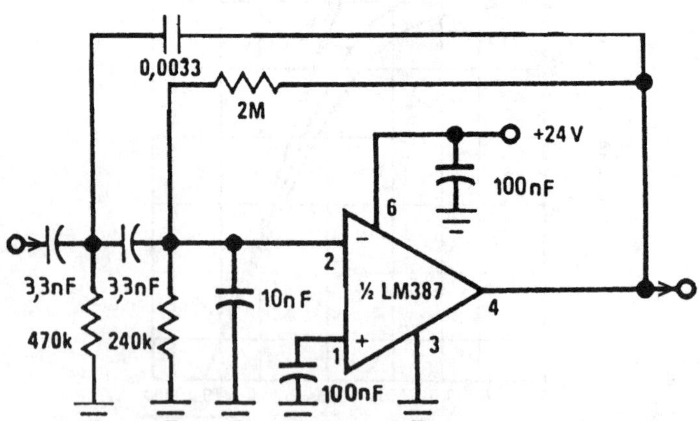

Invertierender Signalfolger, Dämpfung: 12 dB/Oktave unterhalb von 50 Hz. Klirrfaktor: < 1%. [Audio-Radio Handbook, *National Semiconductor.*]

112. Zwischen 20 und 200 Hz einstellbarer Hochpaß

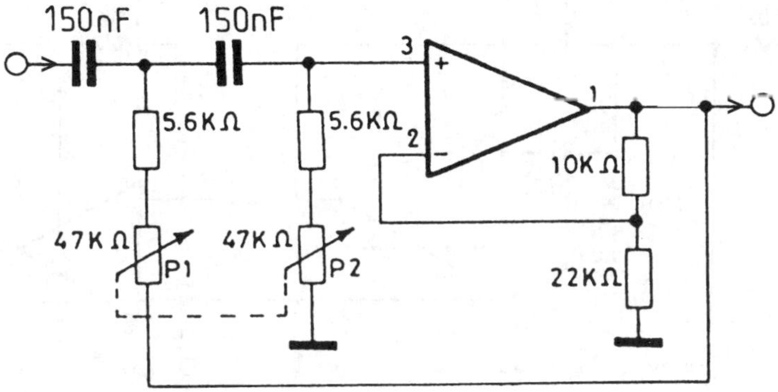

Nicht invertierender Verstärker, Dämpfung 12 dB/Oktave. Spannungsgewinn 3 dB im Durchlaßbereich. [Audio-Radio Handbook, *National Semiconductor.*]

Bandpaßfilter für Kleinsignalanwendungen

113. 10 kHz Bandpaß mit LM 387

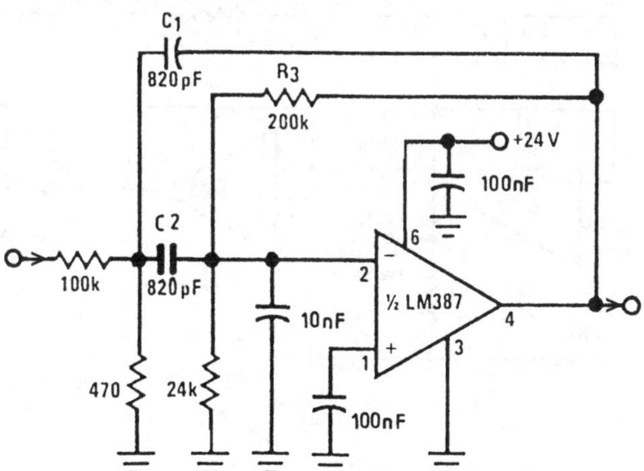

Invertierender Signalfolger, Qualitätsfaktor: Q = 10, Bandbreite: 1 kHz bei –3 dB. Die Nominalfrequenz ist umgekehrt proportional zu den Werten von C_1 und C_2. [Audio-Radio Handbook, *National Semiconductor.*]

114. Bandpaß 1 kHz

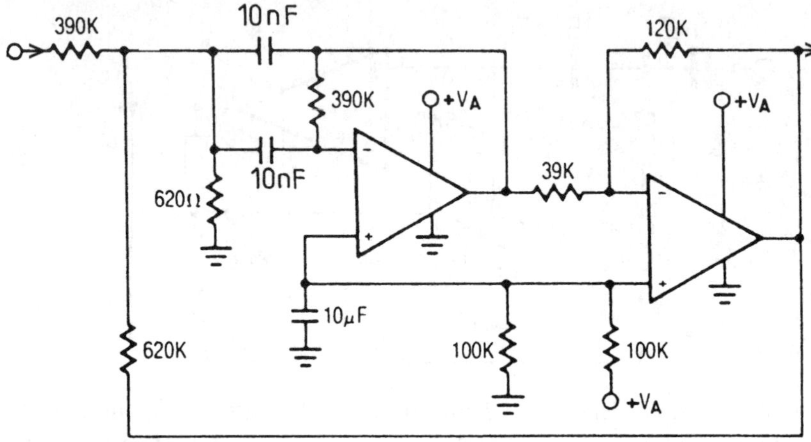

Die Nominalfrequenz wird durch die beiden 10-nF-Kondensatoren bestimmt. Die Schaltung arbeitet mit nur einer Speisequelle (6 bis 30 V). [Anwendungsschaltung *Raytheon.*]

115. Bandpaß mit Bandsperrausgang

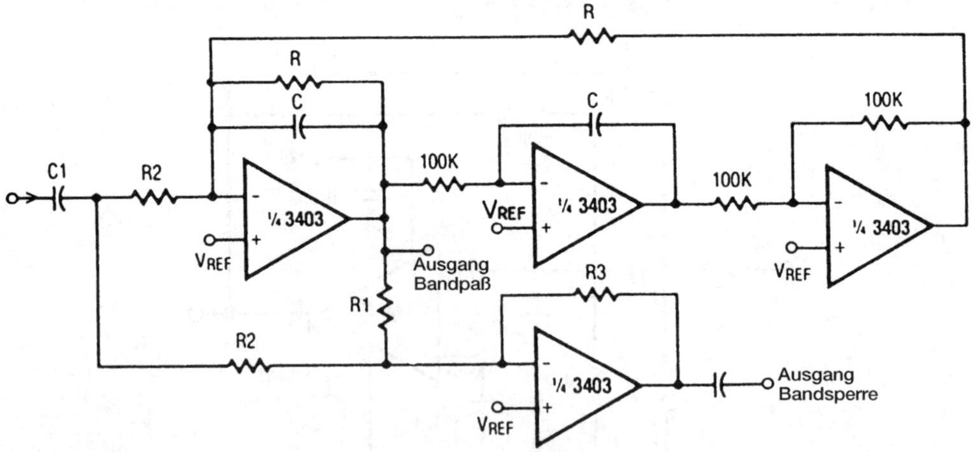

Für eine Nominalfrequenz von 1 kHz und eine Bandbreite von 100 Hz gelten: R = 160 kΩ, $R_1 = R_2 = R_3$ = 1,6 MΩ, C = 10 nF. Eingänge V_{ref}: Bei symmetrischer Speisung an Masse, sonst die Hälfte der Speisespannung anlegen. [Anwendungsschaltung *Raytheon.*]

116. Bandpaß mit Doppel-T-Filter

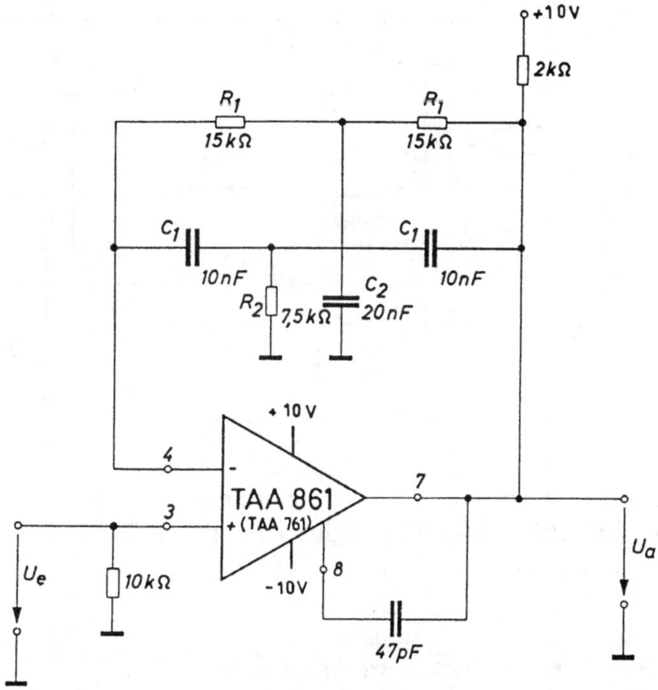

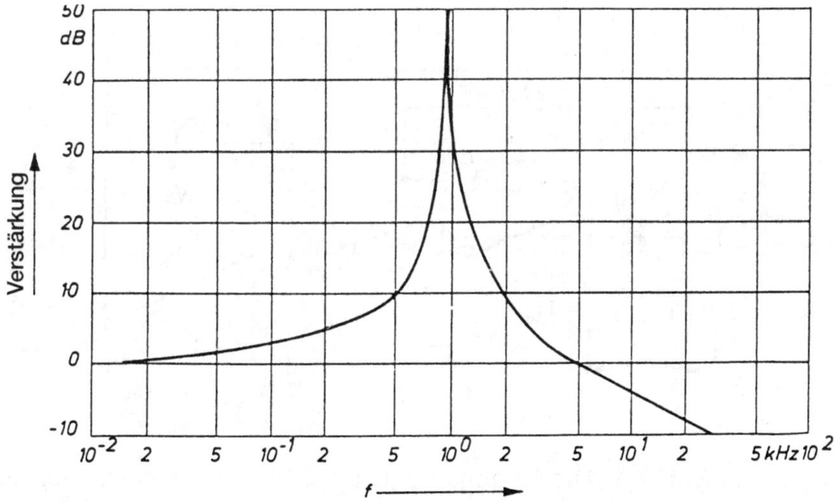

Nominalfrequenz: $1/(2\,\pi\,R_1\,C_1)$, wenn $R_1 = 2\,R_2$ und $C_2 = 2\,C_1$. Die eingetragenen Werte gelten für 1 kHz (siehe Kurve). [Anwendungsschaltung *Siemens.*]

117. Bandpaß 1 kHz ± 20 Hz

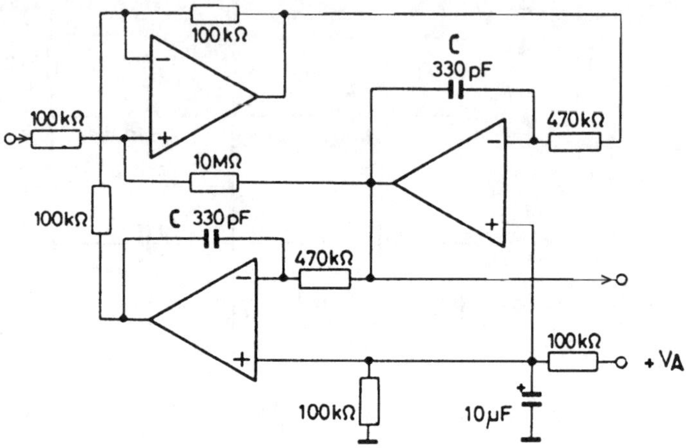

Speisespannung: 6 bis 24 V. Die Nominalfrequenz ist umgekehrt proportional zu C. Mit Hilfe eines Mischpults zur „Tonverfärbung“ verwendbar. [Anwendungsschaltung *Texas Instruments.*]

118. Selektiver Bandpaß mit TL 072

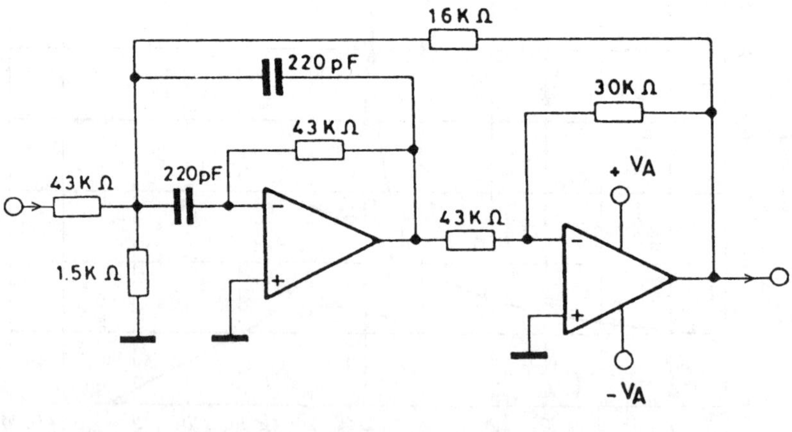

Speisespannung ±15 V. Die Nominalfrequenz (100 kHz mit den angegebenen Werten) ist umgekehrt proportional zu den Kapazitätswerten. Die Bandbreite beträgt 1% der Nominalfrequenz. [Audio and Radio Products Databook, *SGS Thomson Microelectronics.*]

119. Bandpaß für Sprachwiedergabe

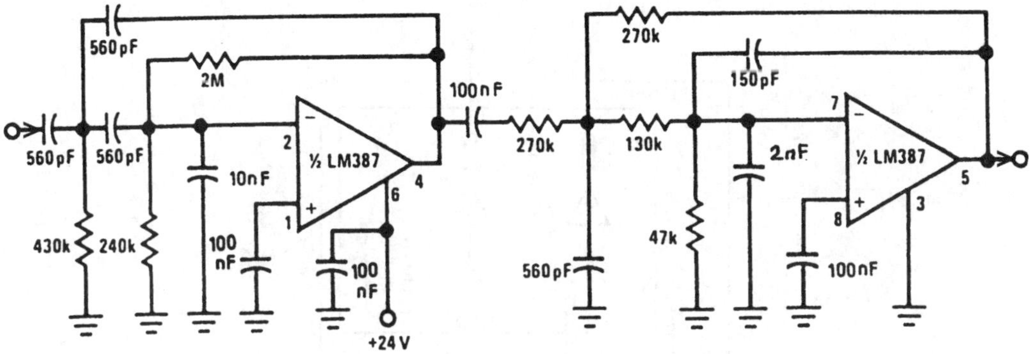

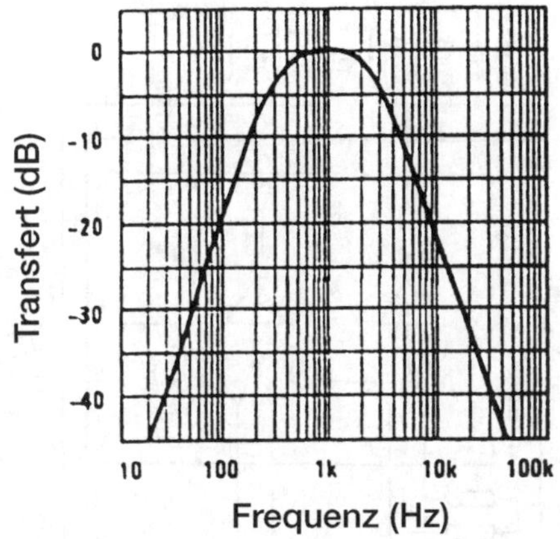

Einheitsverstärkung bei 1 kHz, Klirrfaktor: < 1%, Rauschen: 150 µV, Anstiegs- und Abfalldämpfung: 40 dB/Dekade. [Audio-Radio Handbook, *National Semiconductor.*]

120. Doppelter und umschaltbarer Filter mit TDA 1028

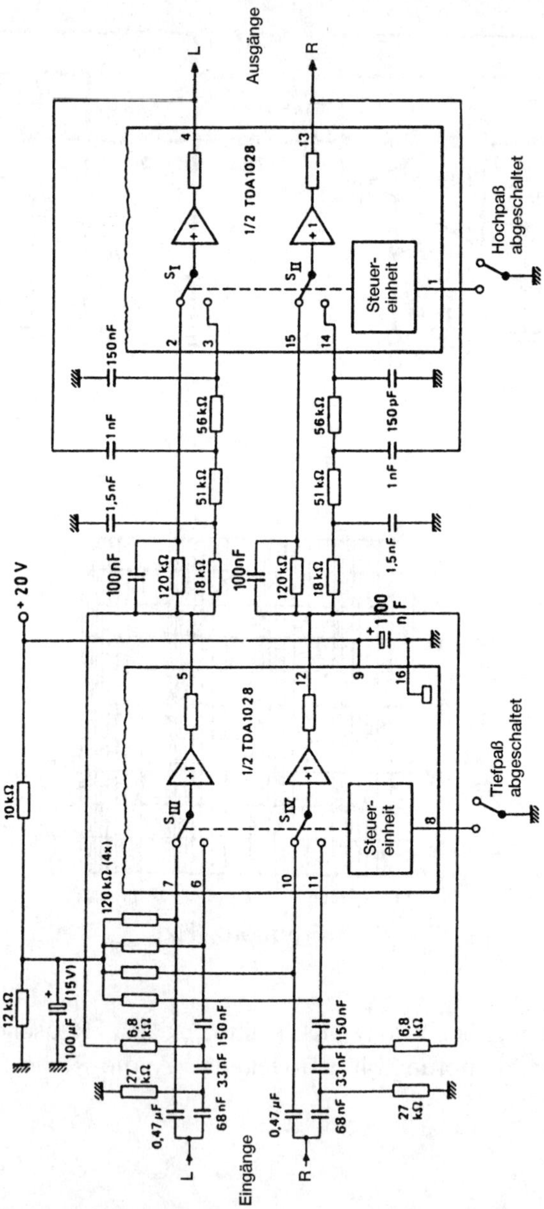

Ein Hochpaß 70 Hz dient als Rumpelfilter, ein Tiefpaß 7 kHz als Geräuschfilter. [Anwendungsschaltung *Philips*.]

121. Einstellbarer Universalfilter mit TL 082

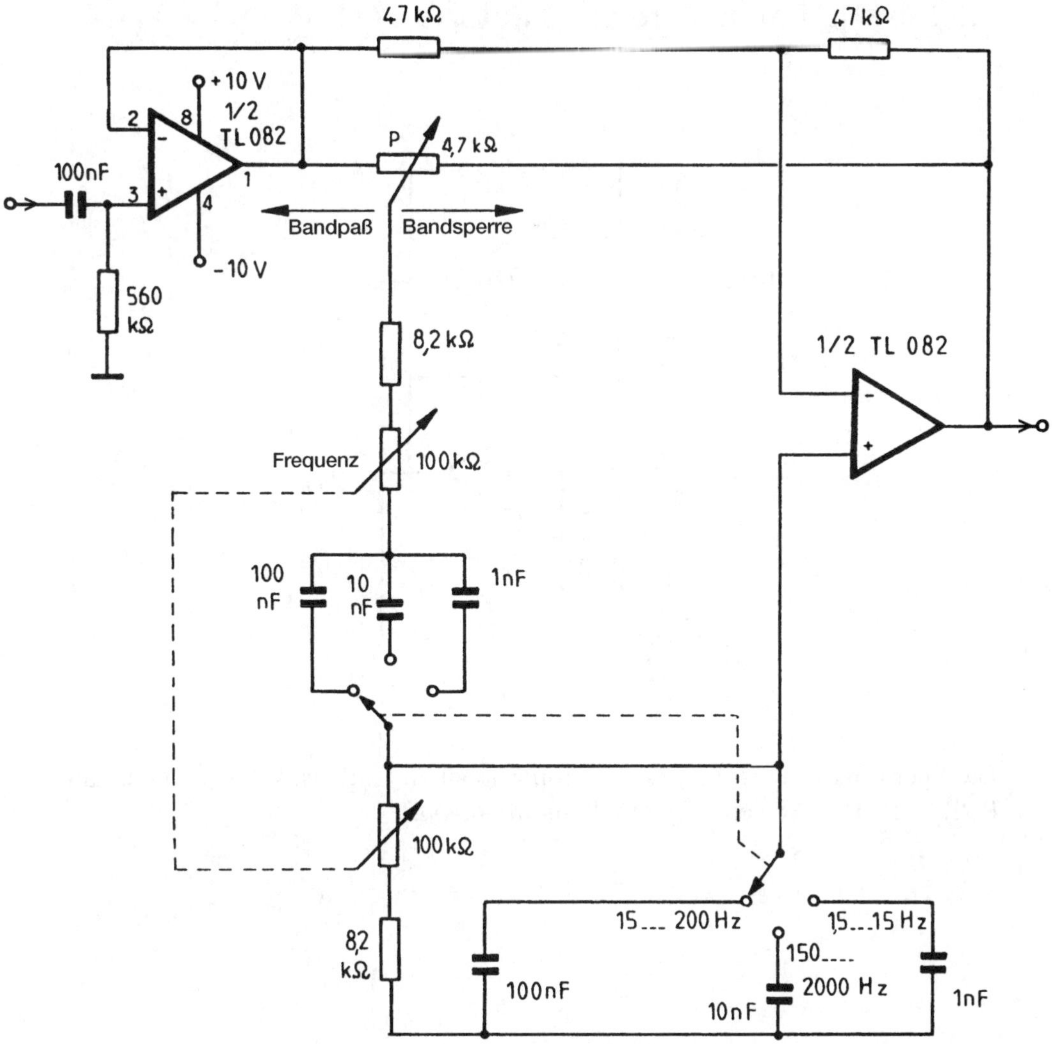

Mit P kann Bandpaß- oder Bandsperrfunktion erhalten werden, in Mittelstellung ist die Übertragung linear. Mehrere dieser Schaltungen können, wie bei einem Equalizer, nacheinander angeordnet werden. Zur Einstellung der Filterfrequenz eignet sich am besten ein Antilog-Potentiometer.

Bandsperren für Kleinsignalanwendungen

122. 1-kHz-Bandsperre mit Gyrator

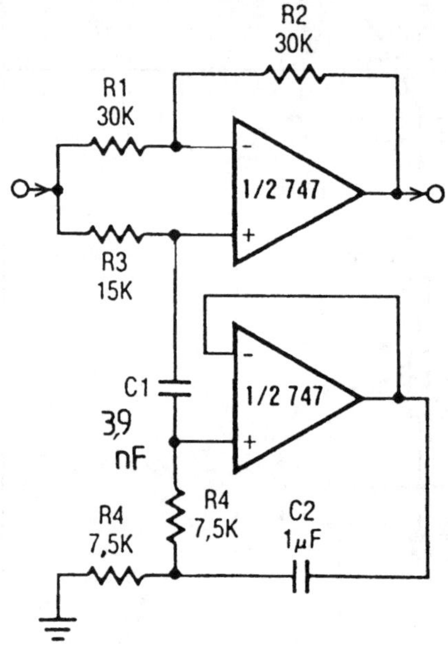

Die Sperrefrequenz ist umgekehrt proportional zu C. R_3 ist so zu wählen, daß $R_1/R_2 = R_3/R_4$. [Anwendungsschaltung *Raytheon.*]

123. Brummfilter 50 Hz

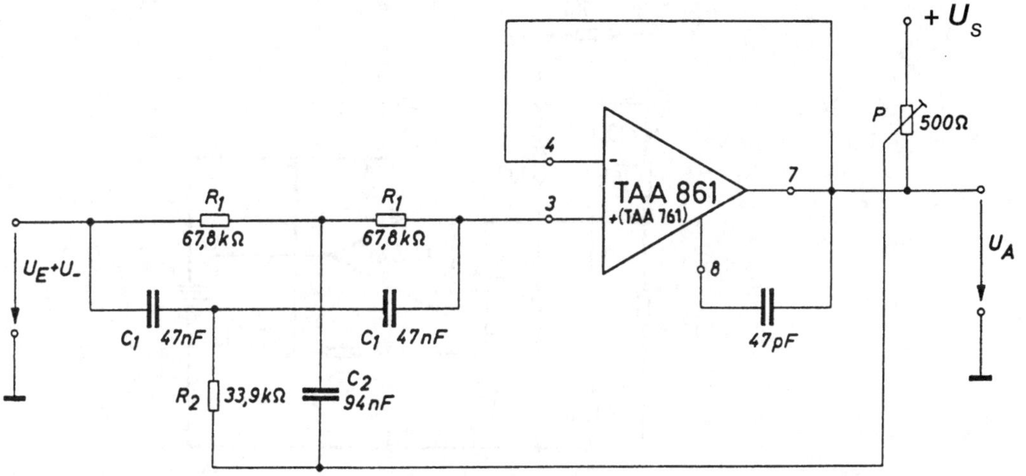

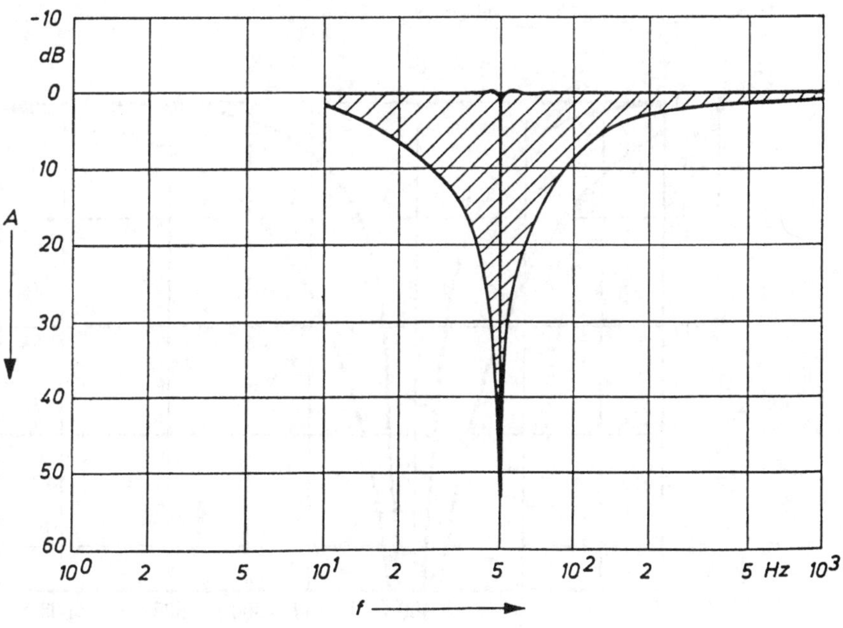

Signalfolger mit Einheitstransfert. Mit dem Potentiometer kann man die Filterwirkung einstellen. Bei Verwendung von Präzisionsbauteilen für R_1, R_2, C_1, C_2 kann eine Dämpfung von mehr als 50 dB erhalten werden. [Anwendungsschaltung *Siemens.*]

124. Brummfilter 100 Hz

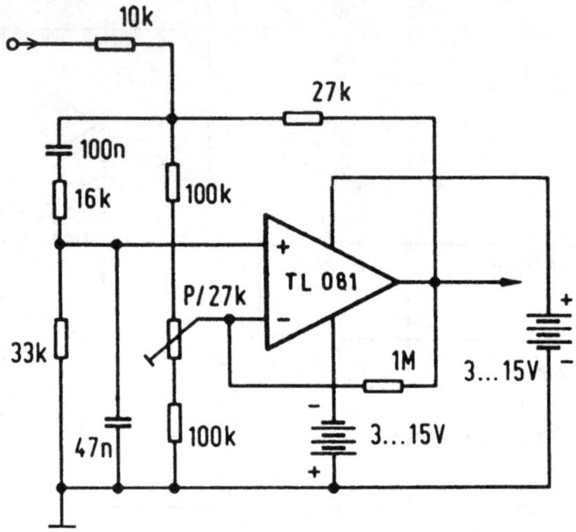

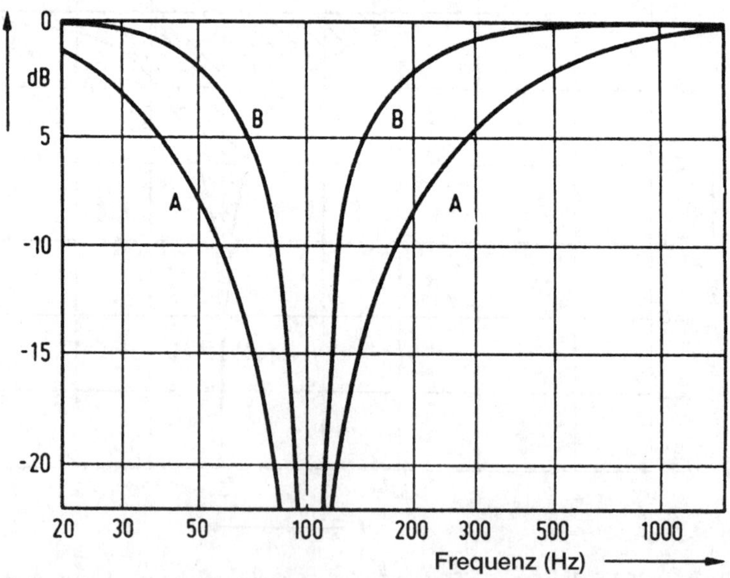

Sperrt das bei Zweiweggleichrichtung auftretende 100-Hz-Brummen. Die Kurven A und B entsprechen den Extremstellungen des Potentiometers P. [Anwendungsschaltung *Texas Instruments.*]

Aktivfilter für Lautsprecherweichen

125. Aktivfilter für Mitteltöner, TDA 2320 A

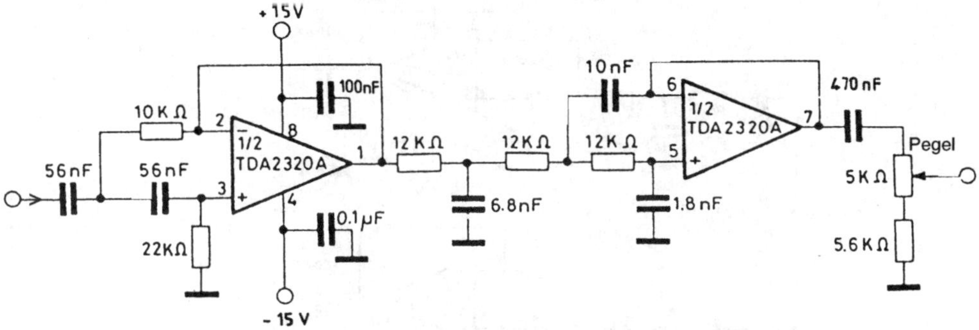

Bandbreite: 200 Hz bis 2 kHz. Bei Kleinsignalanwendungen auch mit Speisespannung ab ± 5 V verwendbar. [Audio and Radio Products Databook, *SGS Thomson Microelectronics.*]

126. Aktive Weiche mit Filtern zweiter Ordnung

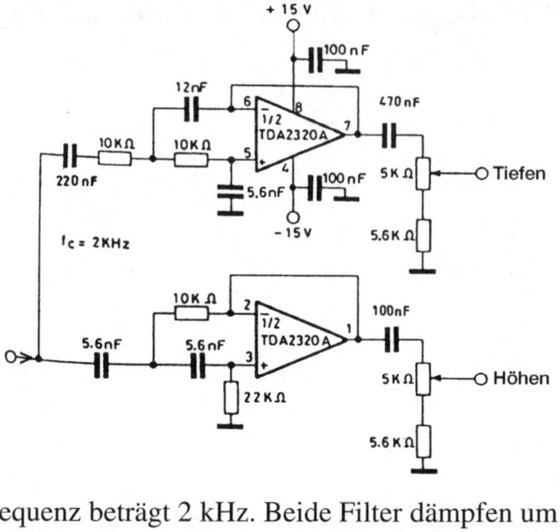

Die Übergangsfrequenz beträgt 2 kHz. Beide Filter dämpfen um 12 dB/Oktave. Bei 1 kHz, einem Spannungsgewinn von 20 dB und 2 V am Ausgang beträgt der Klirrfaktor 0,03%, die an den Eingang rückgeführte Rauschspannung 1 bis 2 µV. [Audio and Radio Products Databook, *SGS Thomson Microelectronics.*]

127. Aktive Weiche mit Filtern dritter Ordnung

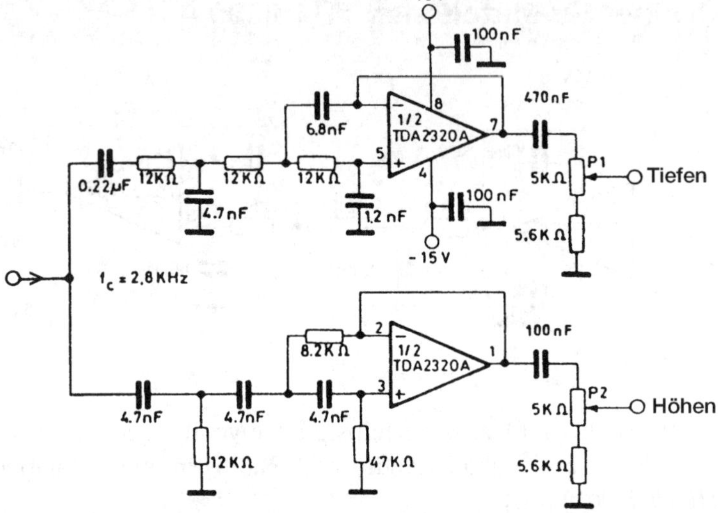

Die Übergangsfrequenz beträgt 2,8 kHz. Beide Filter dämpfen um 18 dB/ Oktave. Bei 1 kHz, einem Spannungsgewinn von 20 dB und 2 V am Ausgang beträgt der Klirrfaktor 0,03%, die an den Eingang rückgeführte Rauschspannung 1 bis 2 µV. [Audio and Radio Products Databook, *SGS Thomson Microelectronics.*]

128. Aktive asymmetrische Weiche mit LF 356

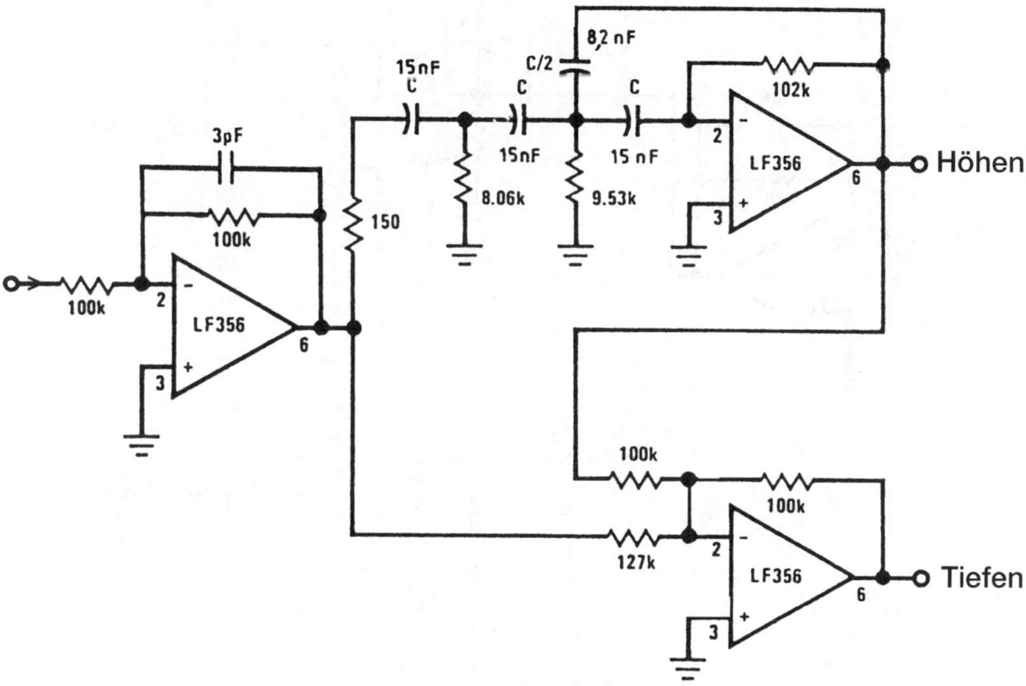

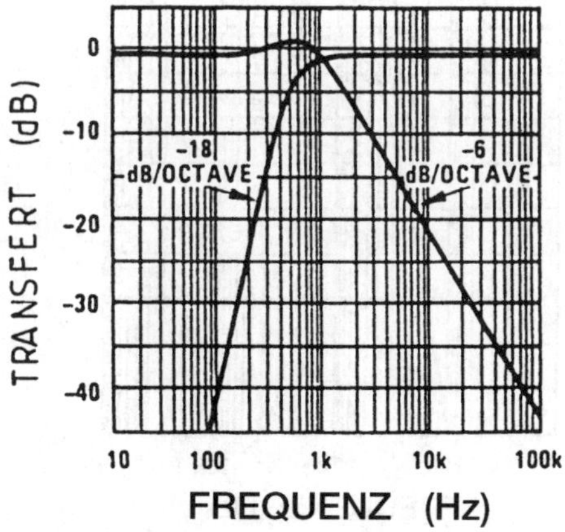

Die Übernahmefrequenz, umgekehrt proportional zum Wert von C, beträgt im Beispiel 1 kHz. Der Tiefpaß dämpft um 6 dB/Oktave, der Hochpaß um 18 dB/ Oktave. [Audio-Radio Handbook, *National Semiconductor.*]

129. Aktive symmetrische Weiche mit LF 356

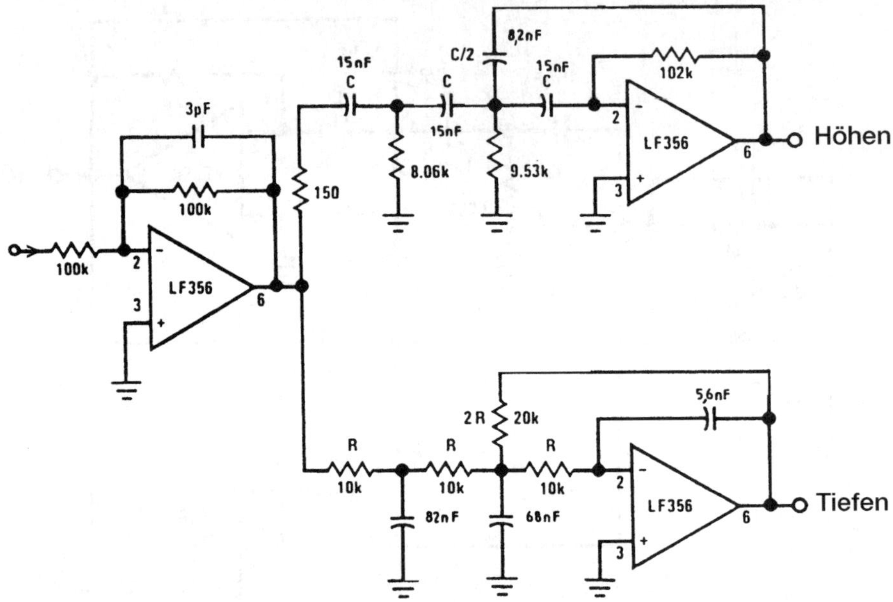

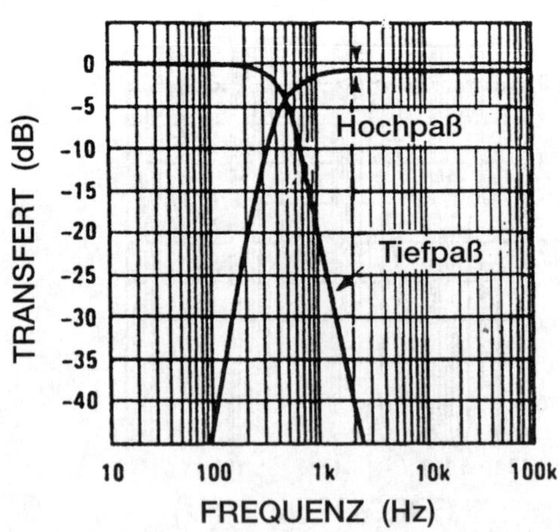

Die Übernahmefrequenz, umgekehrt proportional zum Wert von C, beträgt im Beispiel 500 Hz. Beide Filter dämpfen um 18 dB/Oktave. Klirrfaktor: 0,01%. [Audio-Radio Handbook, *National Semiconductor.*]

130. Lautsprecherweiche 200 Hz, TL 072

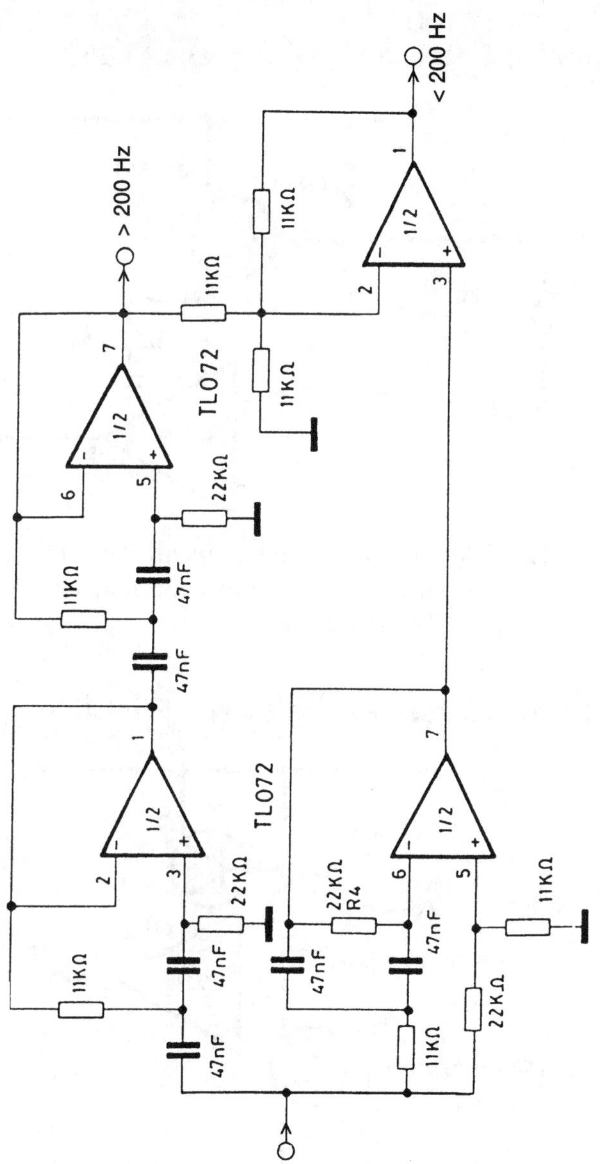

Die Tiefpaßwirkung besteht zum Teil aus phasenverkehrtem Zuführen des Signals am Ausgang des Hochpasses. Die Übergangsfrequenz kann durch gleichmäßiges Verändern aller Kapazitätswerte verschoben werden. [Audio and Radio Products Databook, *SGS Thomson Microelectronics.*]

Halbleiterschalter

131. Schalter für Leistungsverstärker LM 380

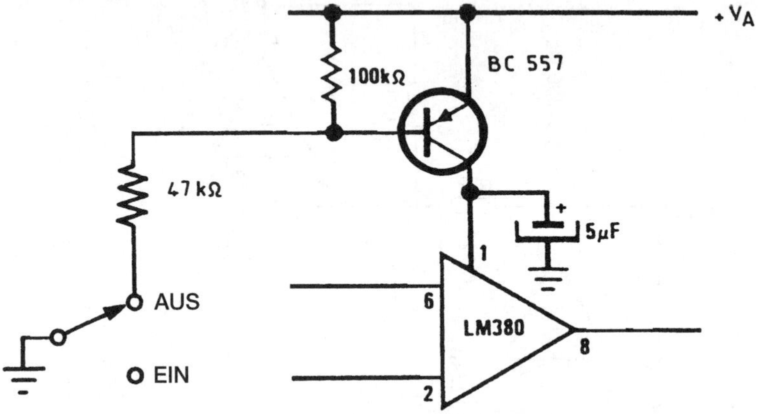

Die Funktion des LM 380 wird unterbunden, wenn Pin 1 mit der Speisespannung belegt wird. Dazu wird ein PNP-Transistor leitend gemacht. [Audio-Radio Handbook, *National Semiconductor.*]

132. Schalter für Verstärker, mit AND-Funktion

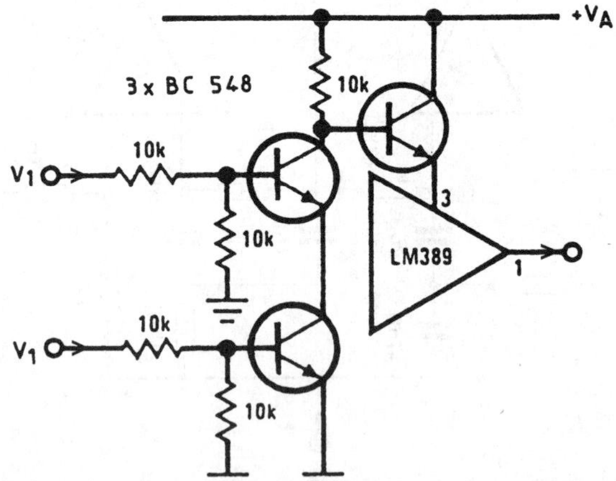

Der LM 389 wird nur ausgeschaltet, wenn Gleichspannungen (etwa in der Höhe der Speisespannung) an beide Steuereingänge der Schaltung gelegt werden. [Audio-Radio Handbook, *National Semiconductor.*]

133. Schalter für Verstärker, mit OR-Funktion

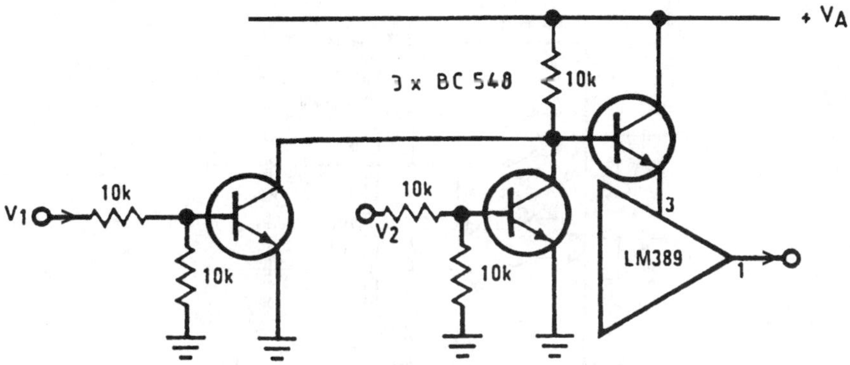

Der Leistungsverstärker wird abgeschaltet, wenn eine Gleichspannung (etwa in der Höhe der Speisespannung) an einen oder an beide Steuereingänge der Schaltung gelegt wird. [Audio-Radio Handbook, *National Semiconductor.*]

134. Schalter für Verstärker, mit Exclusive-OR-Funktion

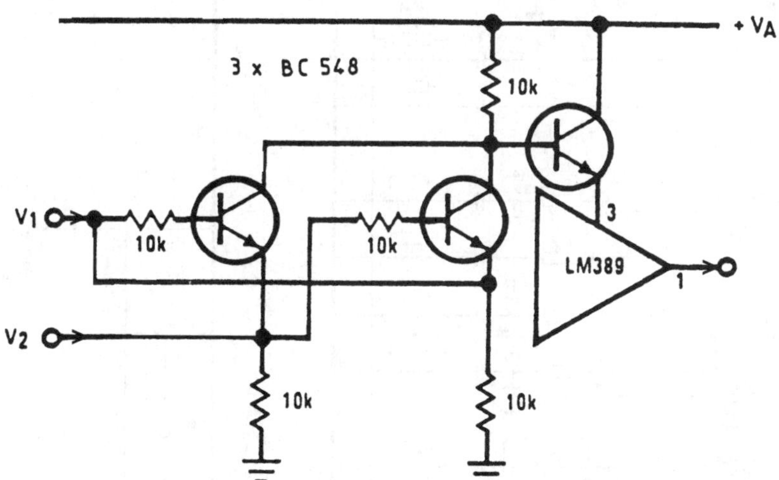

Der Leistungsverstärker wird abgeschaltet, wenn eine Gleichspannung (etwa in der Höhe der Speisespannung) an nur einen der beiden Steuereingänge der Schaltung gelegt wird. [Audio-Radio Handbook, *National Semiconductor.*]

135. Stereoumschaltung, TDA 1195

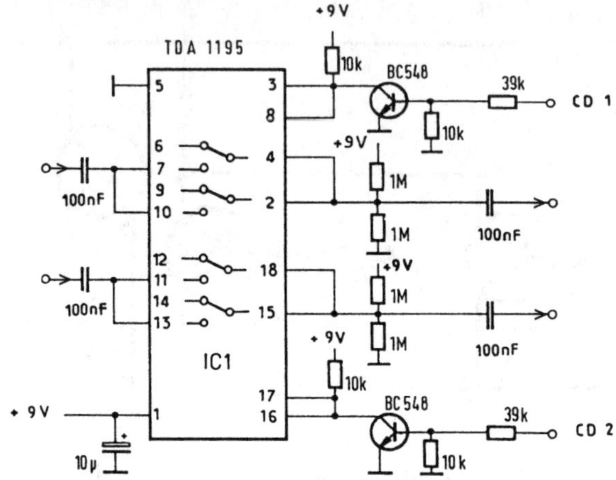

Die Umschaltung erfolgt durch zwei NPN-Transistoren, mit mindestens 5 V an den Steuereingängen CD1 und CD2. [*ELO*, München, Nr. 1/88, Seite 79.]

136. Stereoumschalter mit vier Eingängen

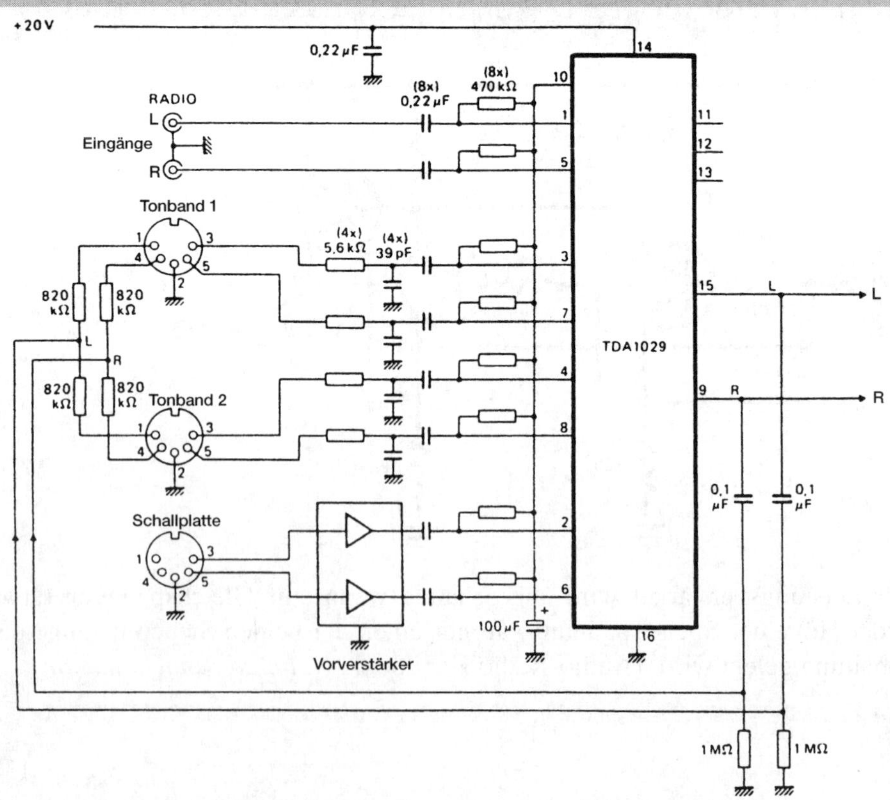

Pins 11, 12 und 13 dienen zur Umschaltung. Nur Pin 11 an Masse: Tonbandgerät 2. Nur Pin 12 an Masse: Tonbandgerät 1. Nur Pin 13 an Masse: Plattenspieler. Pins 11, 12, 13 offen: Radioeingang. [Anwendungsschaltung *Philips.*]

137. Umschalter für Entzerrfilter

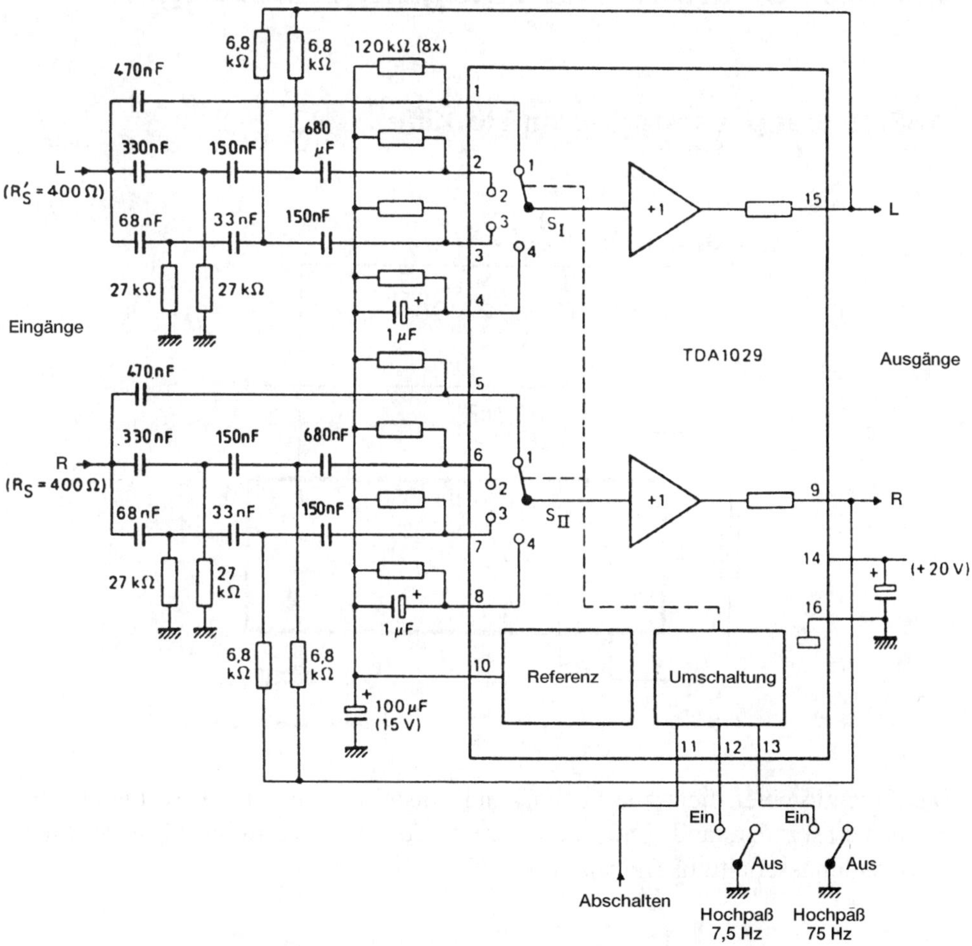

Gestattet außer dem Einschalten von Hochpässen von 7,5 Hz (subakustische Geräusche) und von 75 Hz (Rumpelfilter) auch lineare Übertragung und Abschalten (Pin 11 an Masse). [Anwendungsschaltung *Philips.*]

2 Audioverstärker

Verstärker unter 1 W Ausgangsleistung

138. Eingangsverstärker für Hörhilfe

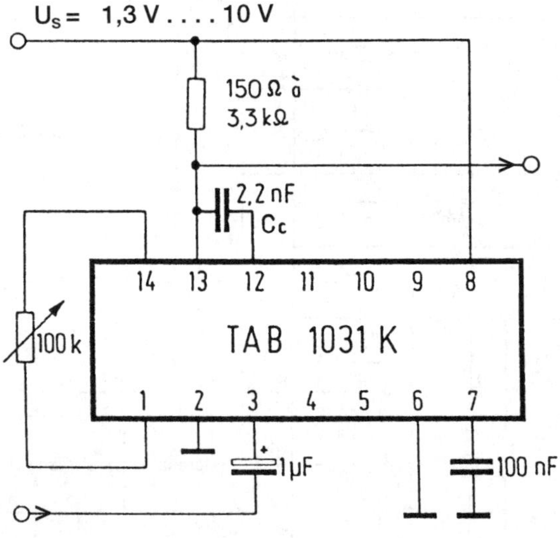

Das Potentiometer dient zur Verstärkungseinstellung, maximal 55 bis 80 dB, je nach Lastwiderstand. Die obere Grenzfrequenz wird durch C_C bestimmt. [Anwendungsschaltung *Siemens.*]

139. Hörhilfe mit induktiver Last

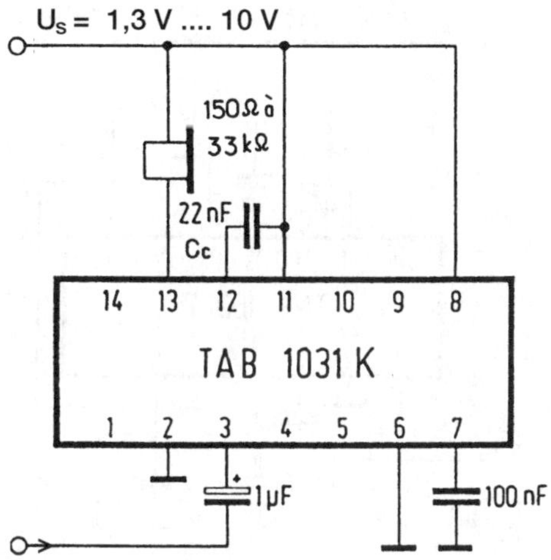

Die Verstärkungseinstellung erfolgt in einer Vorstufe. [Anwendungsschaltung *Siemens.*]

140. Hörhilfe mit niederohmiger Last

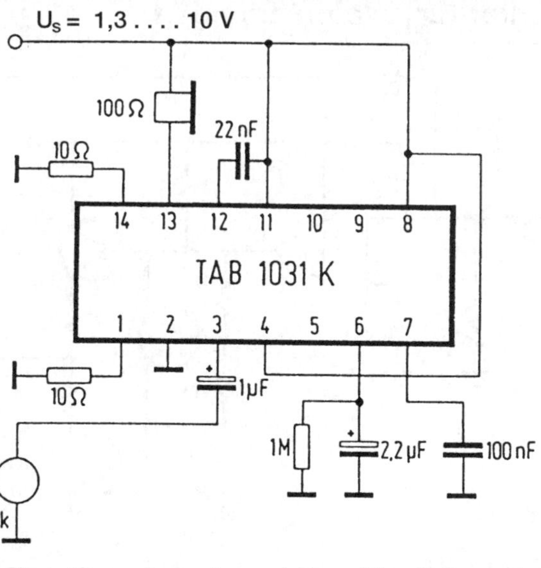

Die Schaltung verfügt über einen integrierten Verstärkungsregler. [Anwendungsschaltung *Siemens.*]

141. Hörhilfe für hochohmiges Mikrofon

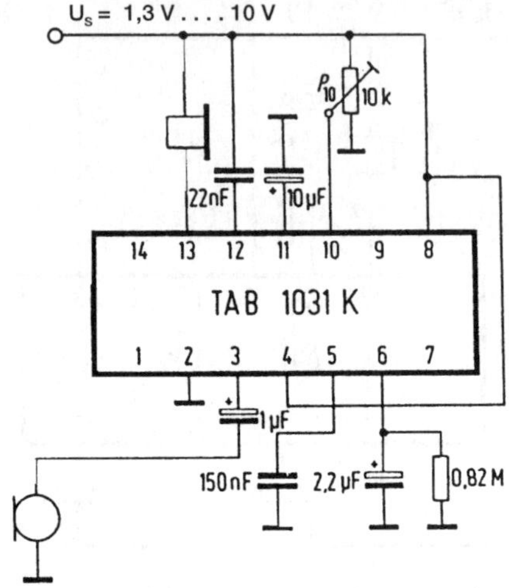

Die Lautstärkeeinstellung (P_{10}) wird durch einen integrierten Verstärkungsregler ergänzt. Die Schaltung ist gut an Speisequellen hohen Innenwiderstands angepaßt. [Anwendungsschaltung *Siemens.*]

142. Verstärker für Telefonleitungen

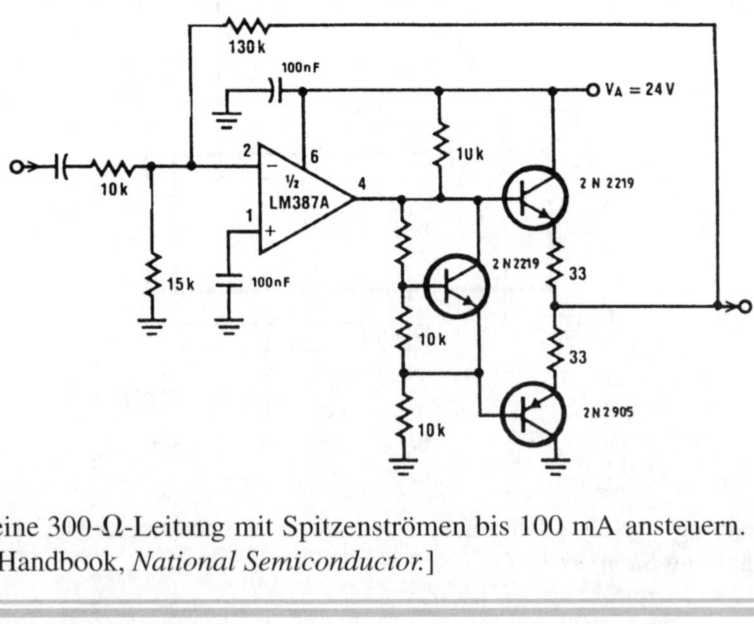

Kann eine 300-Ω-Leitung mit Spitzenströmen bis 100 mA ansteuern. [Audio-Radio Handbook, *National Semiconductor.*]

143. Verstärker für Kopfhörer

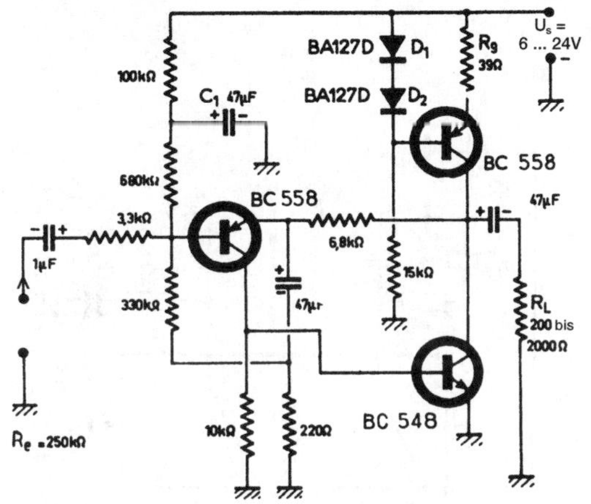

Spannungsgewinn: 28 dB. Bandbreite: 37 Hz bis 470 kHz. Bei 1,5 V an 200 Ω (= 11 mW) oder 3,4 V an 2000 Ω (= 6 mW) erreicht der Klirrfaktor 1%. [Anwendungsschaltung *Siemens.*]

144. Verstärker für niedrige Speisespannung, 16 mW, TDA 7236

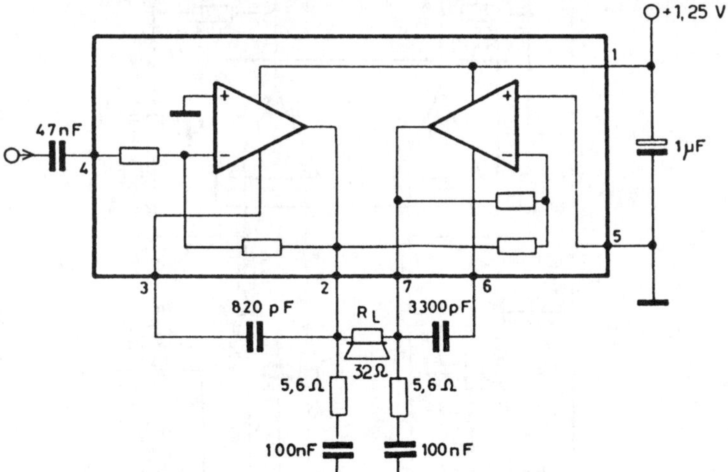

Spannungsgewinn: 28 dB. Bandbreite: 37 Hz bis 470 kHz. Eingangswiderstand: 10 kΩ. Die Speisespannung darf 1,6 V nicht übersteigen. [Audio and Radio Products Databook, *SGS Thomson Microelectronics.*]

145. Kopfhörerverstärker für Kassettentonband

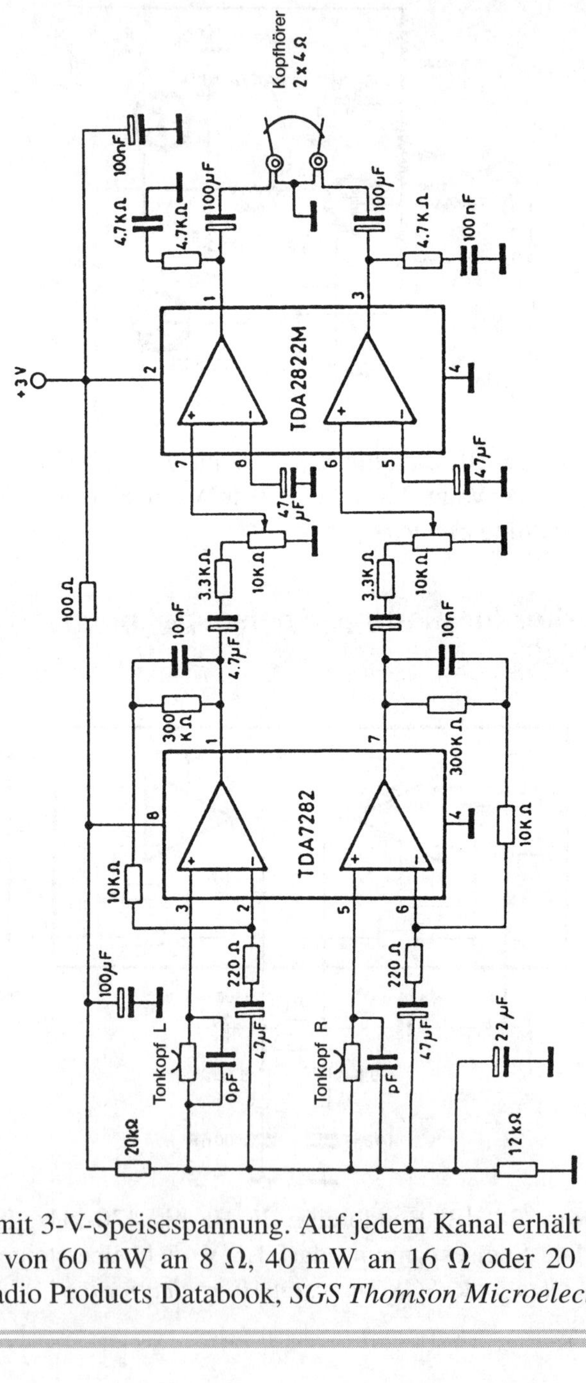

Begnügt sich mit 3-V-Speisespannung. Auf jedem Kanal erhält man eine Ausgangsleistung von 60 mW an 8 Ω, 40 mW an 16 Ω oder 20 mW an 32 Ω. [Audio and Radio Products Databook, *SGS Thomson Microelectronics.*]

146. Stereoverstärker 2 x 120 mV, an 4,5 V gespeist, TDA 7050

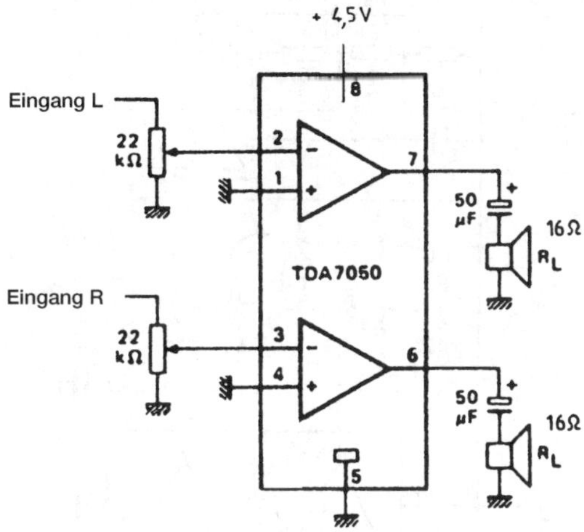

Bei Speisung mit nur 2 V werden 2 x 30 mW an 16 Ω erhalten, bei 3,5 V Betriebspannung sind es 2 x 100 mW. [Anwendungsschaltung *Philips.*]

147. Brückenverstärker für 150 mW mit TDA 7050

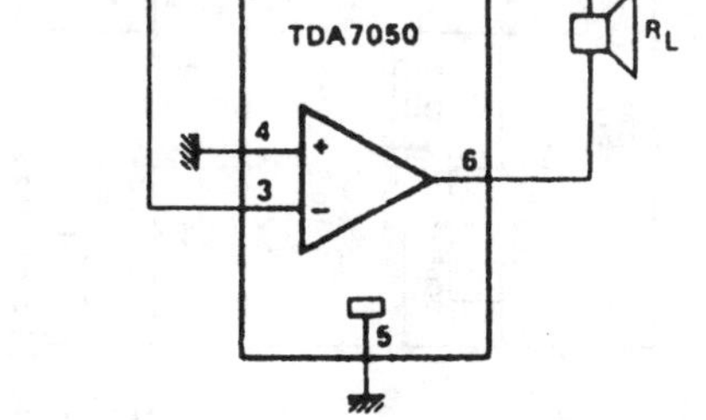

Bei Speisung mit 3,5 V und mit einer Last von 32 Ω ist eine Ausgangsleistung von 200 mW möglich. Bei 2 V Betriebsspannung sind es nur noch 60 mW. [Anwendungsschaltung *Philips.*]

148. Wiedergabeverstärker 200 mW, für Kassettenrecorder

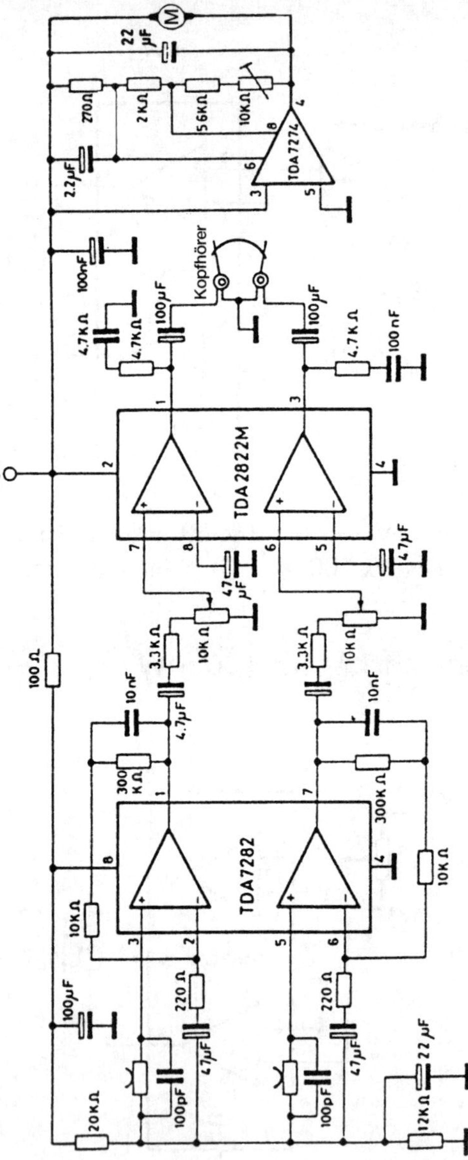

Die Schaltung enthält einen Stereovorverstärker TDA 7282, einen Doppelverstärker TDA 2822 M, sowie einen Geschwindigkeitsregler für den Antriebsmotor, TDA 7274. [Audio and Radio Products Databook, *SGS Thomson Microelectronics.*]

149. Umschaltbarer Verstärker (320 mW) für Kassettenrecorder

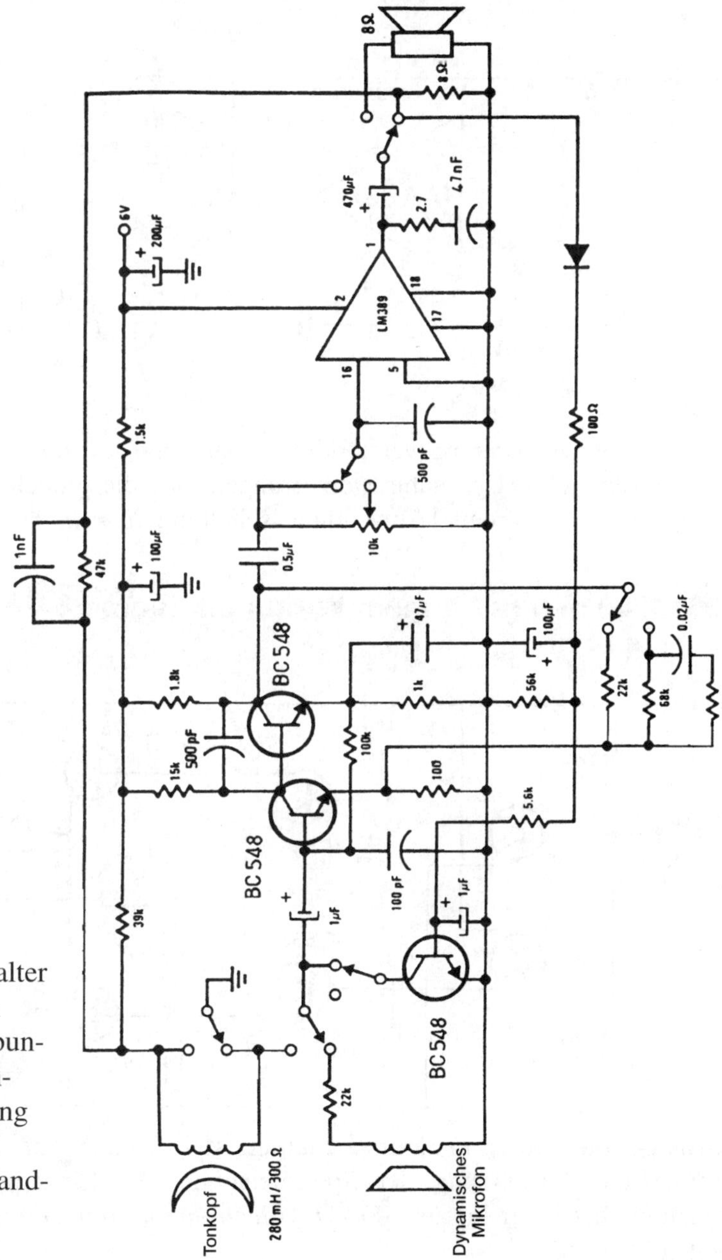

Die fünf Umschalter sind mechanisch miteinander verbunden. Die gezeichnete Schaltstellung ist „Aufnahme“. [Audio-Radio Handbook, National *Semiconductor.*]

150. Nicht invertierender Komplementärverstärker, 500 mW

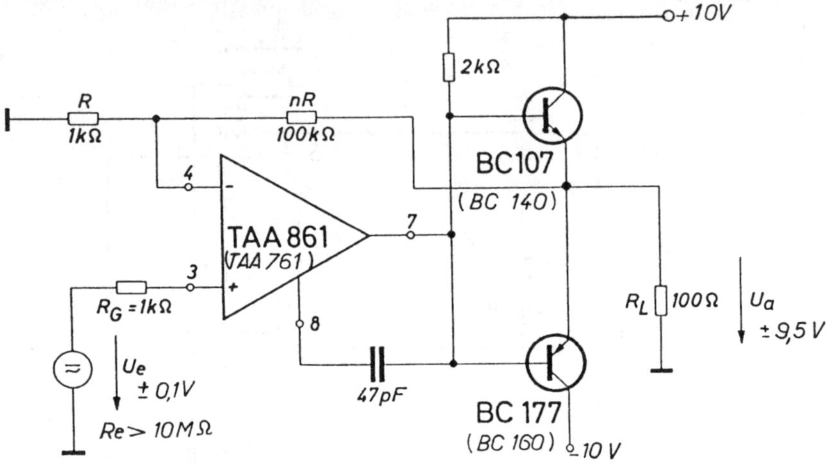

Gestattet Gleichspannungsverstärkung. Spannungsgewinn: 40 dB. Bei hohen Frequenzen treten Übernahmeverzerrungen auf, die jedoch vom Ohr kaum wahrgenommen werden. [Anwendungsschaltung *Siemens.*]

151. 500 mW mit hohem Wirkungsgrad an 6 V Speisespannung

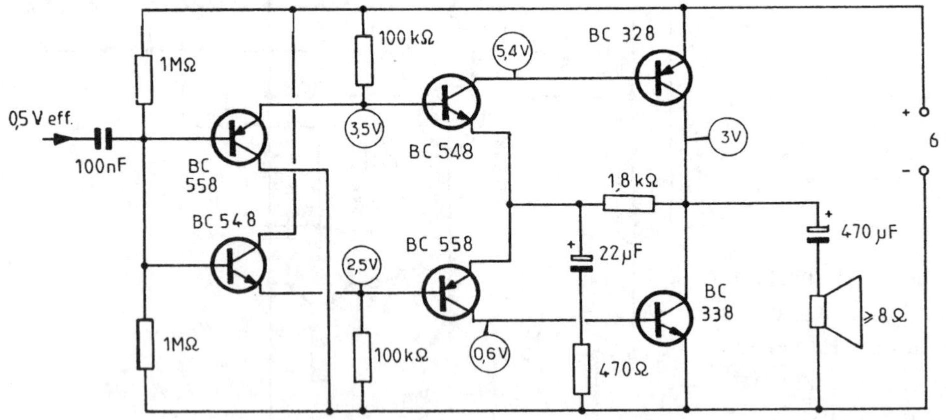

Ausgangstransistoren in Emitterschaltung steigern den Aufwand, aber gestatten bessere Ausnutzung der Speiseleistung. Der Eingangswiderstand der Schaltung beträgt mehr als 100 kΩ. [*Electronique Applications*, Paris, Nr. 62, Seiten 77 bis 82.]

152. Verstärker (500 mW) für keramischen Tonabnehmer, LM 386

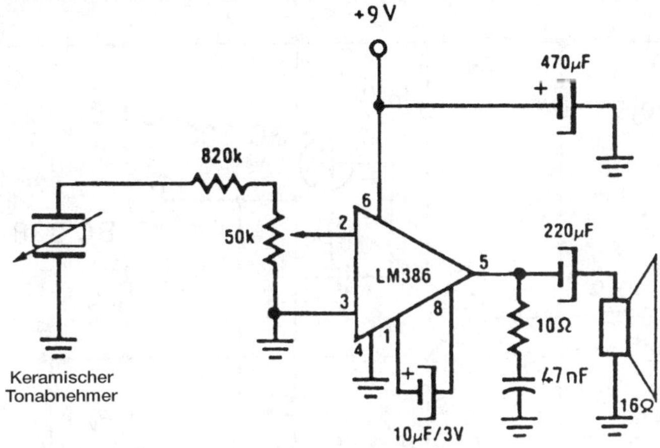

Der 820-kΩ-Widerstand im Eingang übernimmt die Anpassung des Tonabnehmers an den wesentlich niedrigeren Eingangswiderstand des Verstärkers. [Audio-Radio Handbook, *National Semiconductor.*]

153. Universalverstärker (500 mW) mit LM 386

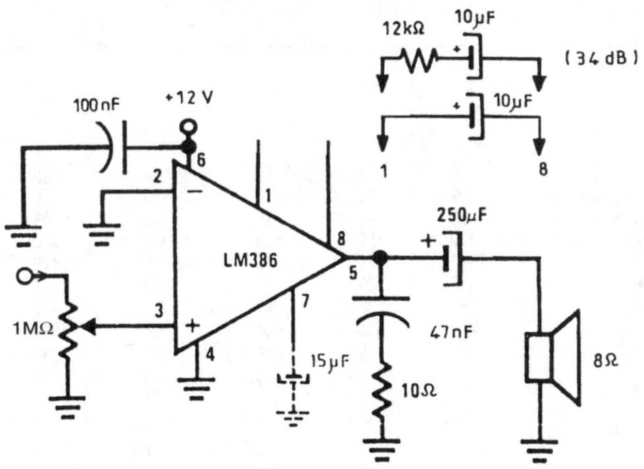

Mit den angegebenen Werten beträgt der Spannungsgewinn 20 dB. Man kann ihn auf 34 dB erhöhen, indem man 1,2 kΩ in Reihe mit 10 µF zwischen Pins 1 und 8 legt. Wenn man diese Pins direkt mit 10 µF beschaltet, erhält man 46 dB. [Audio-Radio Handbook, *National Semiconductor.*]

154. Komplementär symmetrischer Verstärker, 300 bis 550 mW

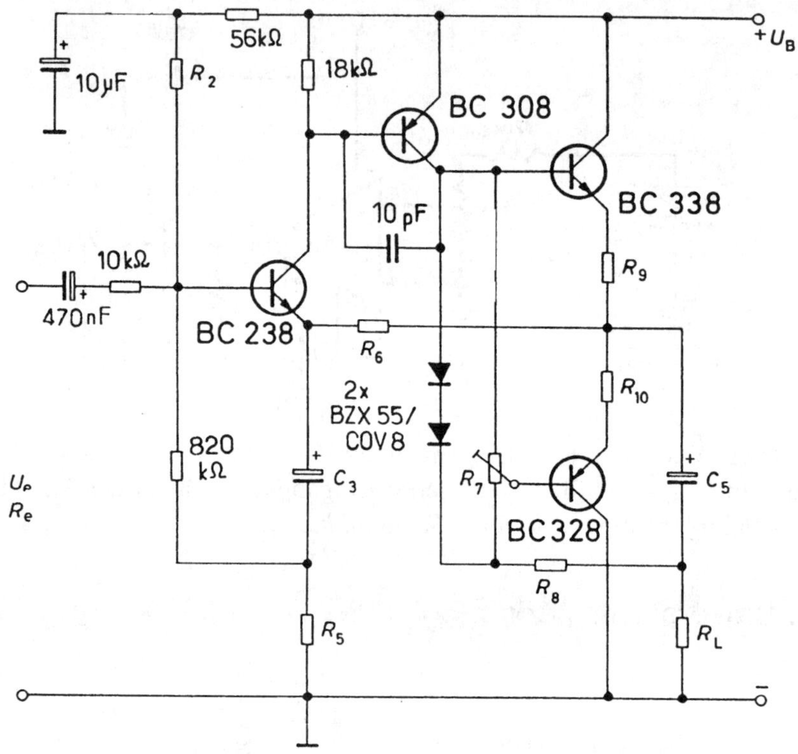

Speisespannung	6	9	12	14	20	V
Ruhestromverbrauch	8	6	5	3	1	mA
Max. Stromverbrauch	90	80	55	40	35	mA
Ausgangsleistung (Klirrfakt. 10%)	300	530	530	500	550	mW
Last	8	16	32	50	100	Ω
$U_e$nominal	32	20	20	20	17	mV
$R_e$nominal	150	140	190	250	190	kΩ
R_2	470	560	560	560	390	kΩ
R_5	18	33	27	47	82	Ω
R_6	1,5	8,2	8,2	18	56	kΩ
R_7	2,2	2,2	2,2	4,7	4,7	kΩ
R_8	0,56	1,2	3,3	6,8	12	kΩ
$R_9 = R_{10}$	1	1	2,2	2,2	4,7	Ω
C_3	220	100	100	100	47	µF
C_5	470	220	100	100	47	µF

Die obige Tabelle gestattet Anpassung der Schaltung an verschiedene Betriebsverhältnisse. [Anwendungsschaltung *Siemens*.]

155. Audioverstärker (520 mW) für Radioempfänger, LM 389

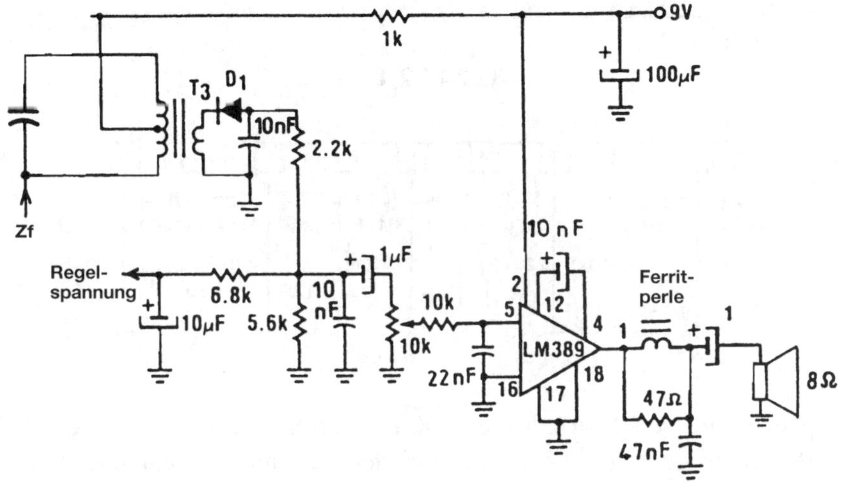

Der Spannungsgewinn ist mit 46 dB hoch genug, um ein Ansteuern des Verstärkers direkt vom Demodulatorausgang zu gestatten. [Audio-Radio Handbook, *National Semiconductor.*]

156. Stereoverstärker 2 x 650 mW, U 2822 B

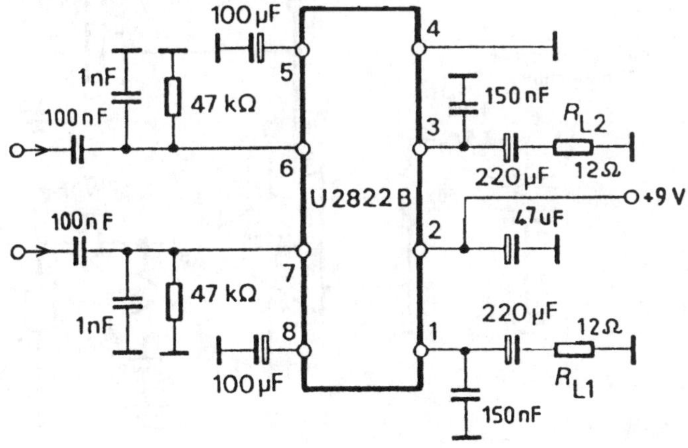

Bei Speisung mit 4,5 V erhält man 200 mW an 8 Ω, mit 3 V sind es noch 65 mW. Bei einer Last von 32 Ω sind bei den genannten Spannungswerten 60 bzw. 20 mW zu erwarten. [Anwendungsschaltung *Temic.*]

157. Stereoverstärker 2 x 650 mW, U 2432 B

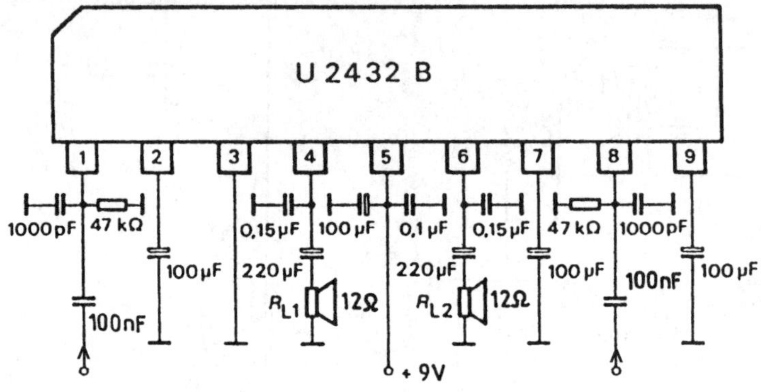

Bei Speisung mit 4,5 V erhält man 200 mW an 8 Ω, mit 3 V sind es noch 65 mW. Bei einer Last von 12 Ω sind bei den genannten Spannungswerten 60 bzw. 20 mW zu erwarten. [Anwendungsschaltung *Temic*]

158. Verstärker (700 mW) für piezoelektrischen Tonabnehmer, LM 386

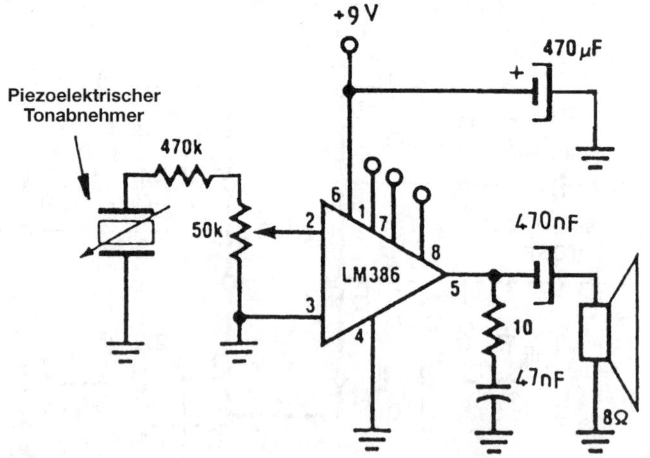

Der 470-kΩ-Widerstand im Eingang übernimmt die Anpassung des Tonabnehmers an den wesentlich niedrigeren Eingangswiderstand des Verstärkers. [Audio-Radio Handbook, *National Semiconductor*]

159. Ein-Transistor-Verstärker (800 mW) für piezoelektrischen Tonabnehmer

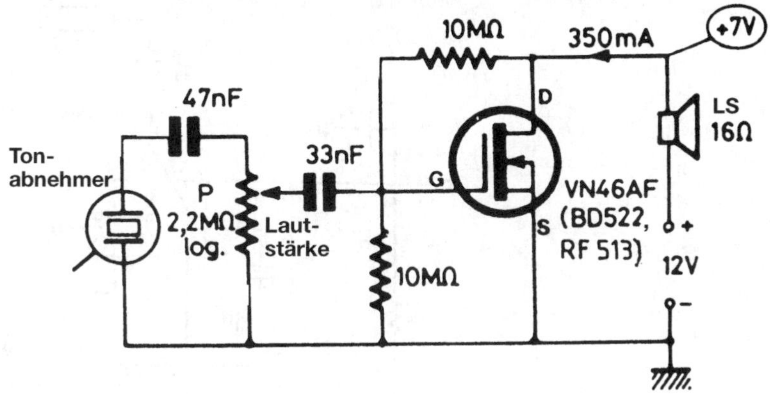

Für die Schaltung eignet sich jeder für eine Verlustleistung von mindestens 2,5 W ausgelegter MOSFET. Die gleiche Verlustleistung gilt für den Lautsprecher.

160. Komplementär symmetrischer Verstärker, 900 mW

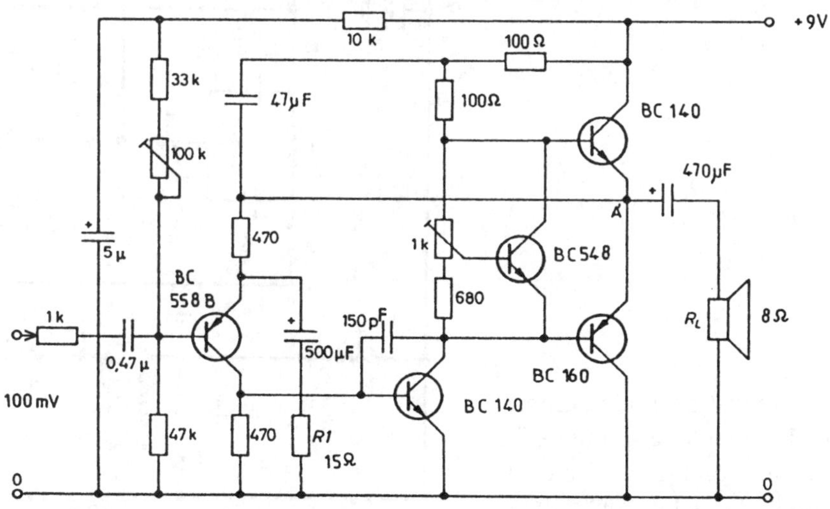

Bei Betieb an 12 V kann eine maximale Ausgangsleistung von 1,7 W mit einem Klirrfaktor unter 1% erhalten werden. Für R_1 ist dann ein Wert von 10 Ω einzusetzen.

161. Schallplattenverstärker (900 mW) mit Klangeinstellung

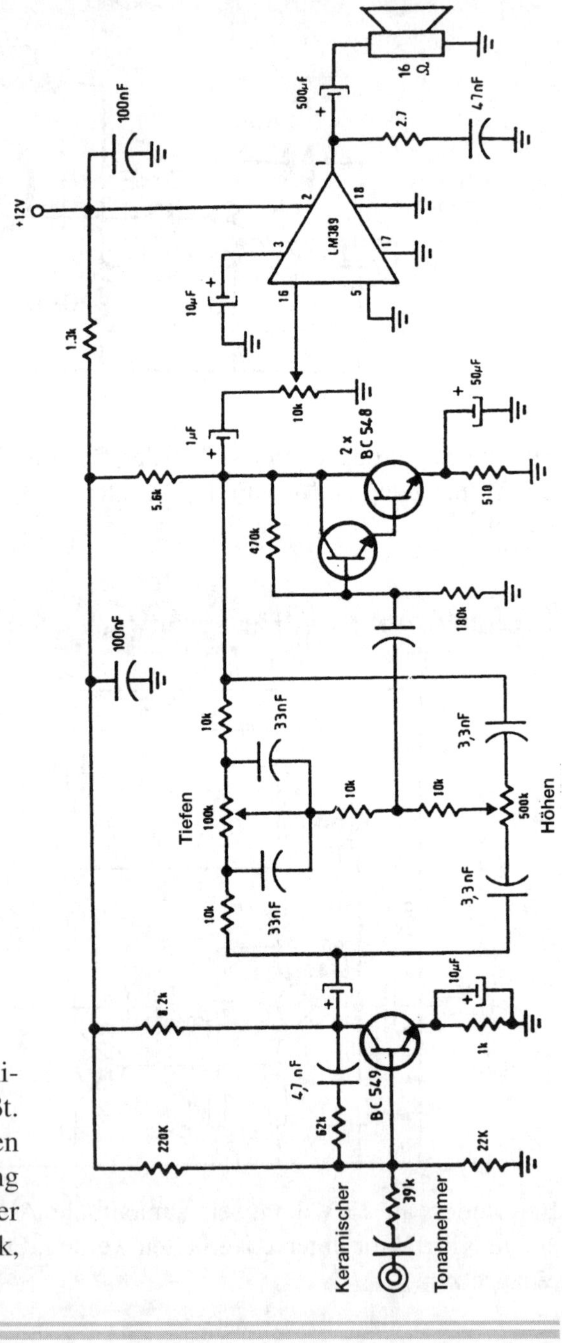

Der Eingang ist an einen keramischen Tonabnehmer angepaßt. Die Transistorstufen gleichen den durch die Klangeinstellung bedingten Signalverlust wieder aus. [Audio-Radio Handbook, *National Semiconductor.*]

162. Brückenverstärker (900 mW) mit U 2823 B

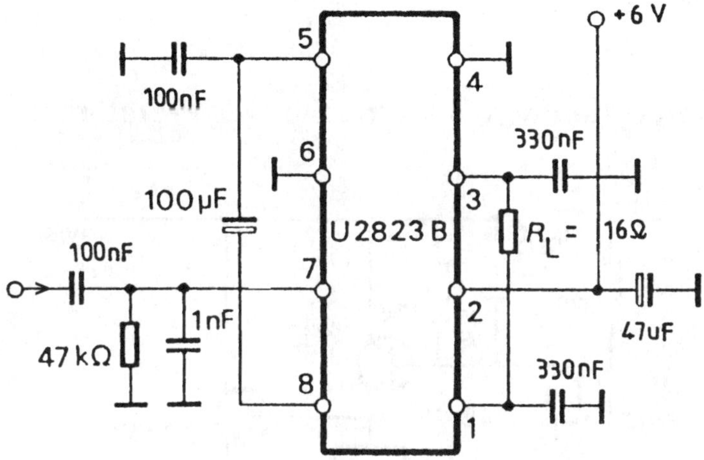

Bei Speisung mit 4,5 V erhält man 600 mW an 8 Ω, mit 3 V sind es noch 225 mW. Bei einer Last von 32 Ω sind bei den genannten Spannungswerten 230 bzw. 75 mW zu erwarten. [Anwendungsschaltung *Temic.*]

163. Brückenverstärker (900 mW) mit U 2433 B

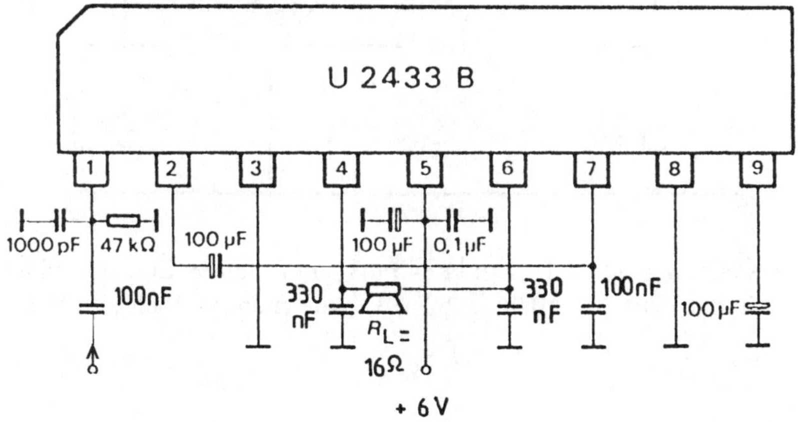

Bei Speisung mit 4,5 V erhält man 600 mW an 8 Ω, mit 3 V sind es noch 225 mW. Bei einer Last von 16 Ω sind bei den genannten Spannungswerten 230 bzw. 75 mW zu erwarten. [Anwendungsschaltung *Temic.*]

Verstärker mit Ausgangsleistungen von 1 bis 2,5 W

164. Komplementär symmetrischer 1-W-Verstärker

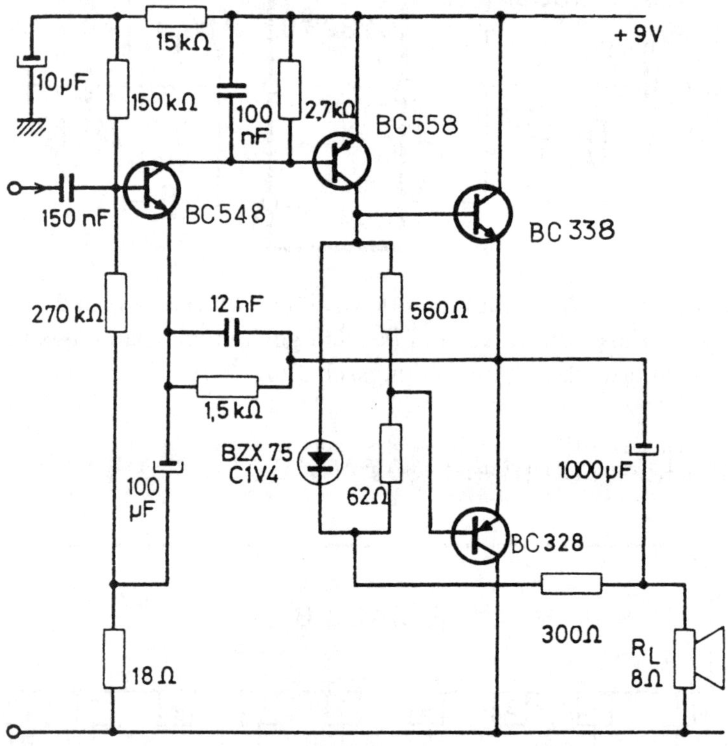

Die Übersteuerungsschwelle liegt bei 43 mV am Eingang. Eingangswiderstand: 100 kΩ. Signal/Rausch-Verhältnis: 62 dB. [Anwendungsschaltung *Philips.*]

165. An 6 V gespeister 1-W-Verstärker mit LM 2000

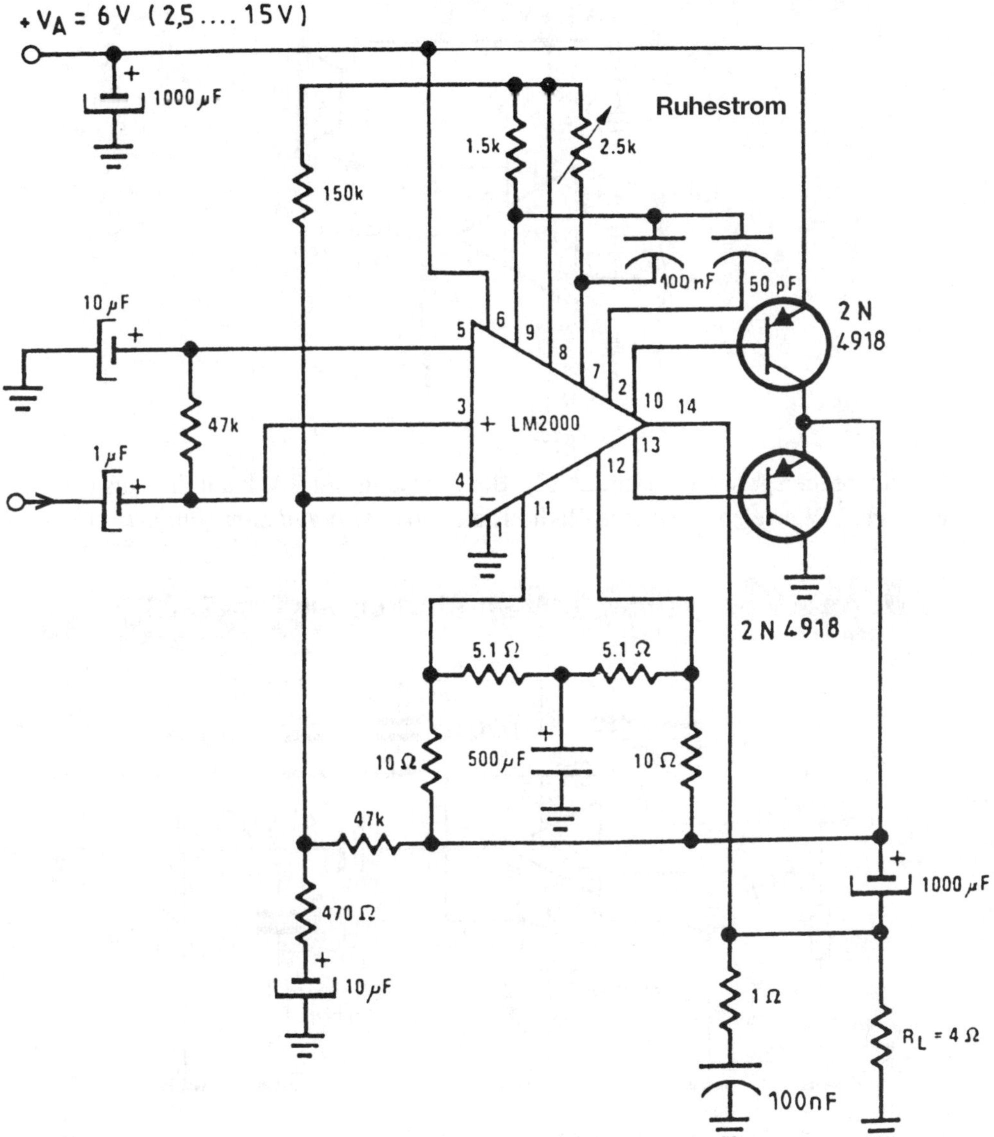

Bei Speisung mit 6 V und einem Lastwiderstand von 2 Ω kann eine Ausgangsleistung von 1,5 W unter einem Klirrfaktor von 1% erreicht werden. [Audio-Radio Handbook, National *Semiconductor.*]

166. An 6 V gespeister 1-W-Verstärker mit LM 390

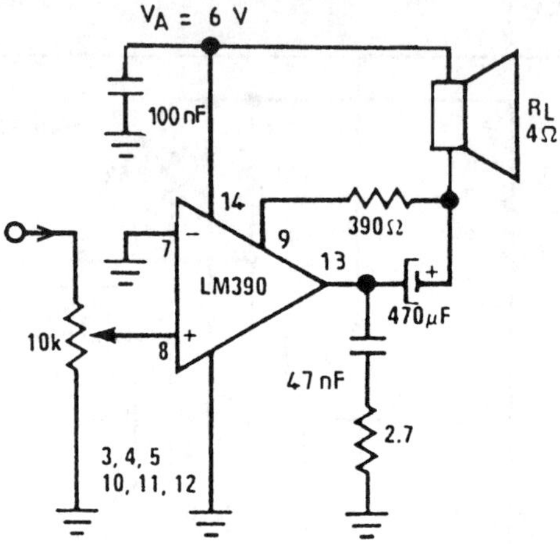

Der Spannungsgewinn beträgt 26 dB. Bei Speisung mit 9 V kann die Ausgangsleistung 2 W erreichen. [Audio-Radio Handbook, *National Semiconductor.*]

167. An 9 V gespeister 1-W-Verstärker mit TDA 7233

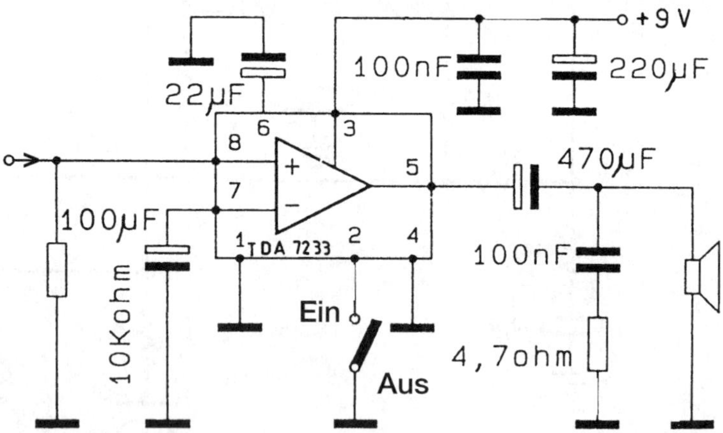

Die maximale Ausgangsleistung beträgt 1,9 W bei Speisung an 12 V, 400 mW bei 6 V, 70 mW bei 3 V. An einer Lastimpedanz von 4 Ω erhält man 1,6 W bei 9 V Speisespannung und 700 mW bei 6 V. Diese Werte gelten für einen Klirrfaktor von 10%. [Audio and Radio Products Databook, *SGS Thomson Microelectronics.*]

168. 1-W-Verstärker mit U 413 B

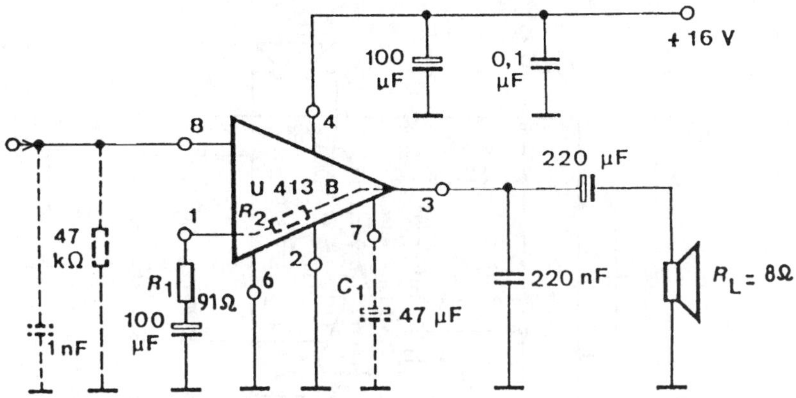

Mit R_1 = 91 Ω erhält man einen Spannungsgewinn von 40 dB. Der Wert des integrierten Widerstands R_2 beträgt 9 kΩ. Bandbreite: 100 Hz bis 28 kHz. Eingangswiderstand: 800 kΩ. C_1 wird nur bei unzureichend gefilterter Speisespannung benötigt. [Anwendungsschaltung *Temic.*]

169. 1-W-Verstärker mit U 420 B

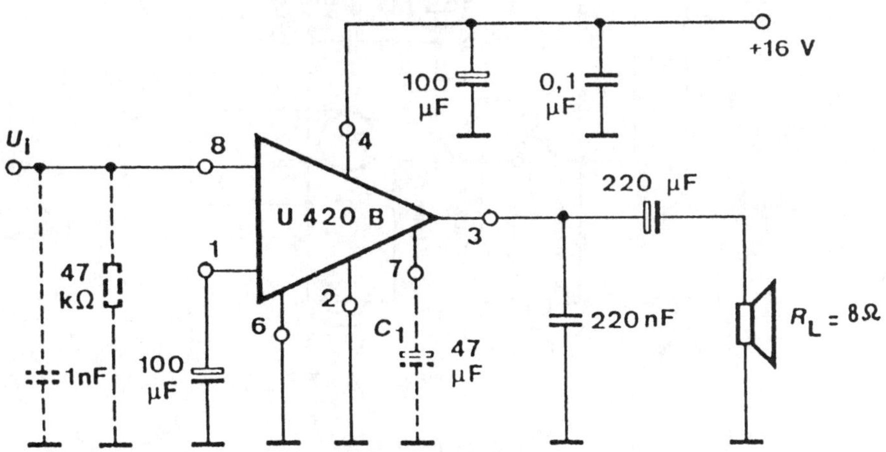

Spannungsgewinn: 40 dB. Bandbreite: 100 Hz bis 28 kHz. Eingangswiderstand: 800 kΩ. Rauschen am Ausgang: < 0,6 mV. C_1 wird nur bei unzureichend gefilterter Speisespannung benötigt. [Anwendungsschaltung *Temic.*]

170. 1-W-Verstärker für Kassettentonband

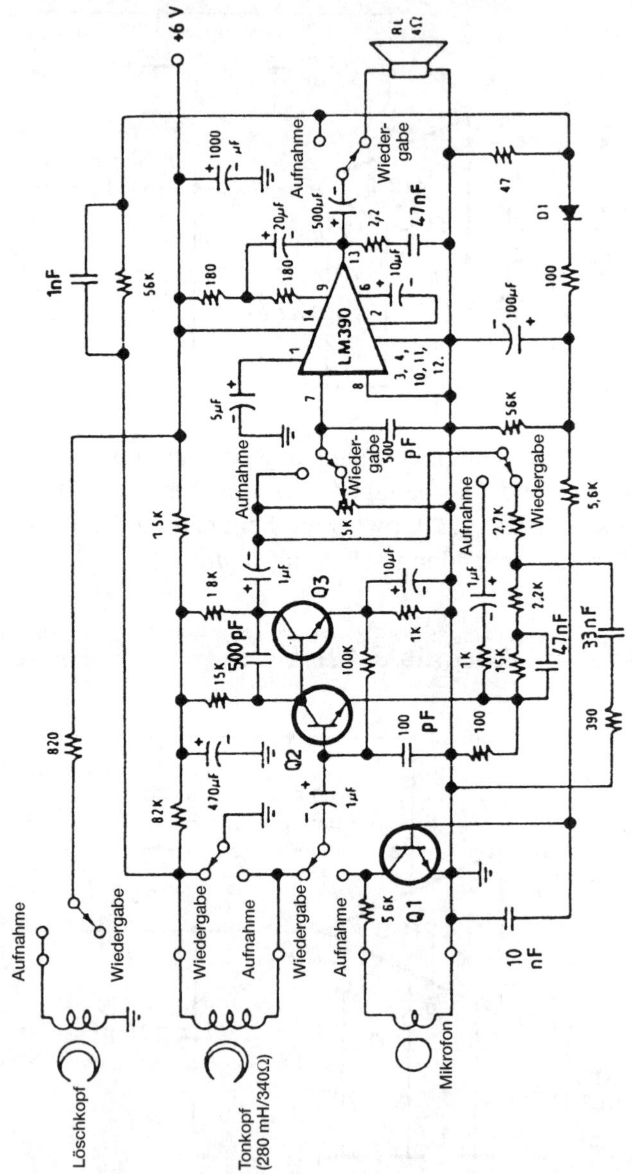

Mit 6 V Speisespannung eignet sich die Schaltung für Batteriebetrieb. In Stellung „Aufnahme“ wird die Verstärkung automatisch geregelt. [Discrete Databook, *National Semiconductor.*]

171. Stereoverstärker 2 x 1 W, TDA 2822 M

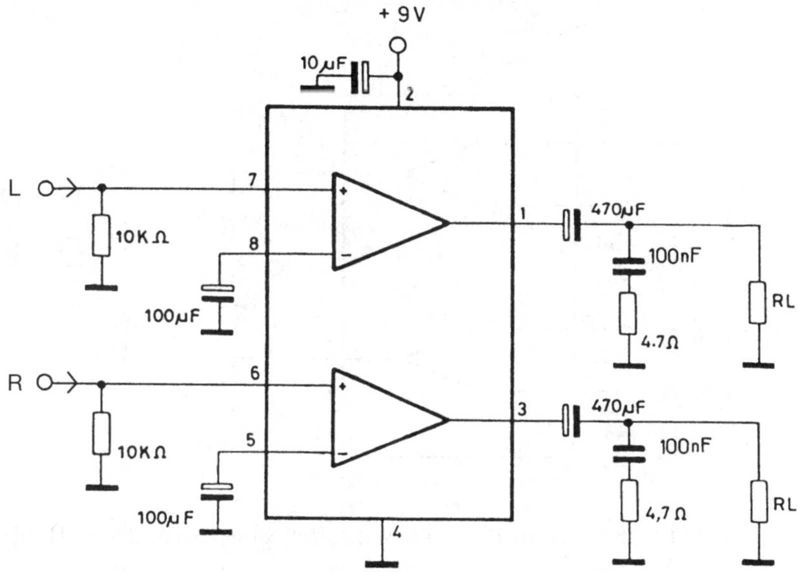

Speise-spannung (V)	Lastwiderstand (Ω)	Ausgangs-leistung (mW)
9	32	300
	16	500
	8	1000
6	32	120
	16	220
	8	380
	4	650
4,5	32	60
	16	100
3	32	20
	4	110
2	32	5

Obenstehende Tabelle gibt die maximale Ausgangsleistung für verschiedene Speise- und Lastbedingungen. Bei 150 mW (Speisung 6 V, Last 8 Ω), beträgt der Klirrfaktor 0,2 %. Spannungsgewinn: 39 dB. Eingangswiderstand: > 100 kΩ. An den Eingang rückgeführte Rauschspannung: 2 µV. [Audio and Radio Products Databook, *SGS Thomson Microelectronics.*]

172. Stereoverstärker für Kopfhörer, TDA 2822 M

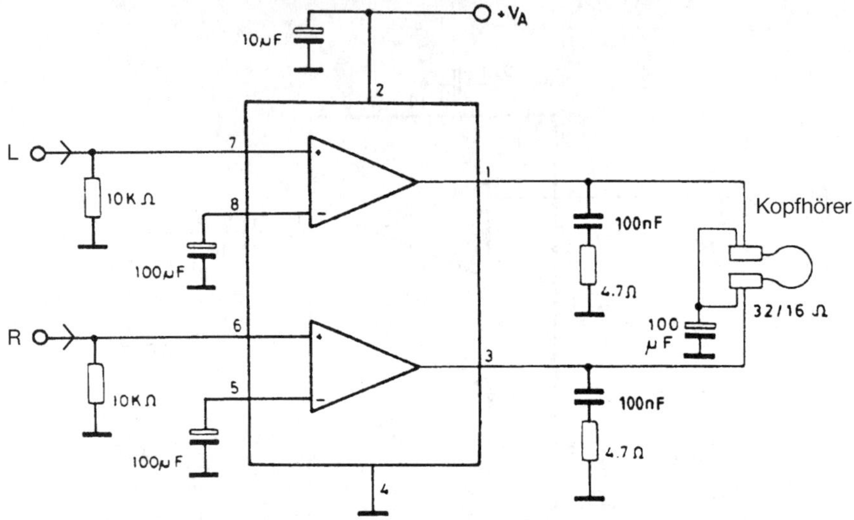

In dieser Variante zu Schaltung 171 wird der gleichstromfreie Betrieb der Kopfhörer durch einen einzigen Kondensator (100 µF) erhalten. [Audio and Radio Products Databook, *SGS Thomson Microelectronics.*]

173. 1-W-Verstärker mit U 821 B

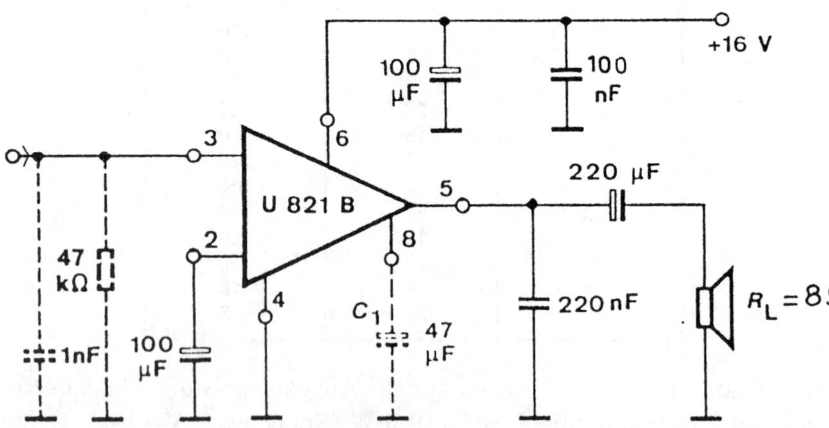

Spannungsgewinn: 40 dB. Bandbreite: 100 Hz bis 28 kHz. Eingangswiderstand: 800 kΩ. Rauschen am Ausgang: < 0,6 mV. C_1 wird nur bei unzureichend gefilterter Speisespannung benötigt. [Anwendungsschaltung *Temic.*]

174. Komplementär symmetrischer Verstärker mit hohem Wirkungsgrad, 1,1 W

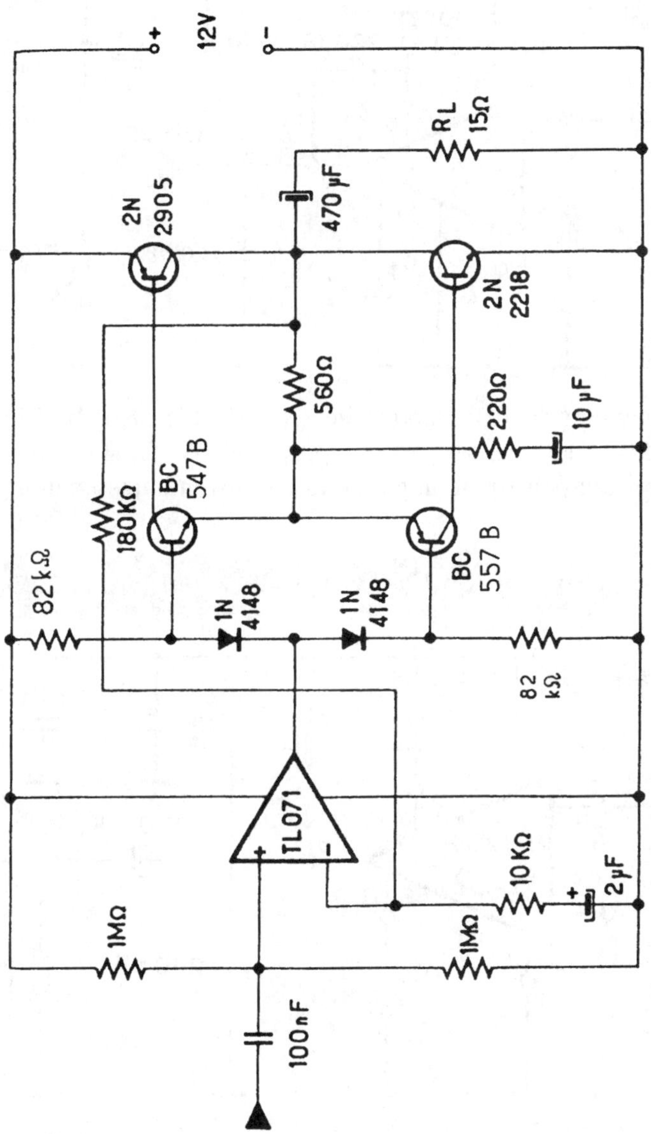

Bei Speisung mit 9 V werden 600 mW am Begrenzungseinsatz erhalten. Die Ruhestromaufnahme beträgt 3 mA. [*Electronique Applications*, Paris, Nr. 45, Seite 44.]

175. Verstärker mit U 412 B, 1,1 W

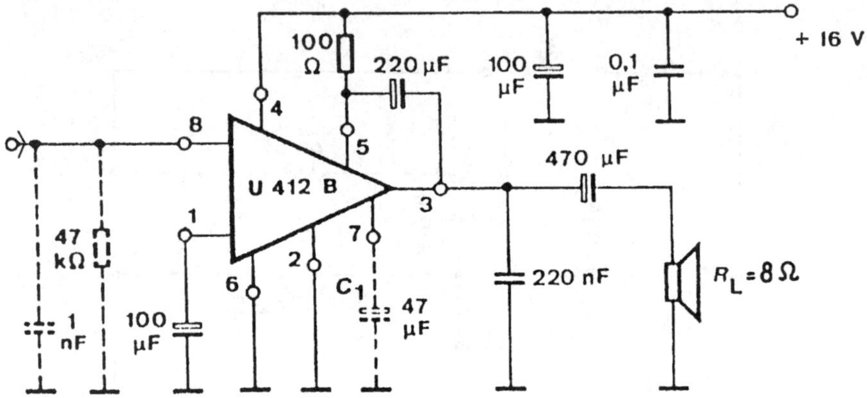

Spannungsgewinn: 40 dB. Bandbreite: 100 Hz bis 28 kHz. Eingangswiderstand: 800 kΩ. Rauschen am Ausgang: < 0,6 mV. C_1 wird nur bei unzureichend gefilterter Speisespannung benötigt. [Anwendungsschaltung *Temic.*]

176. Verstärker mit U 820 B, 1,1 W

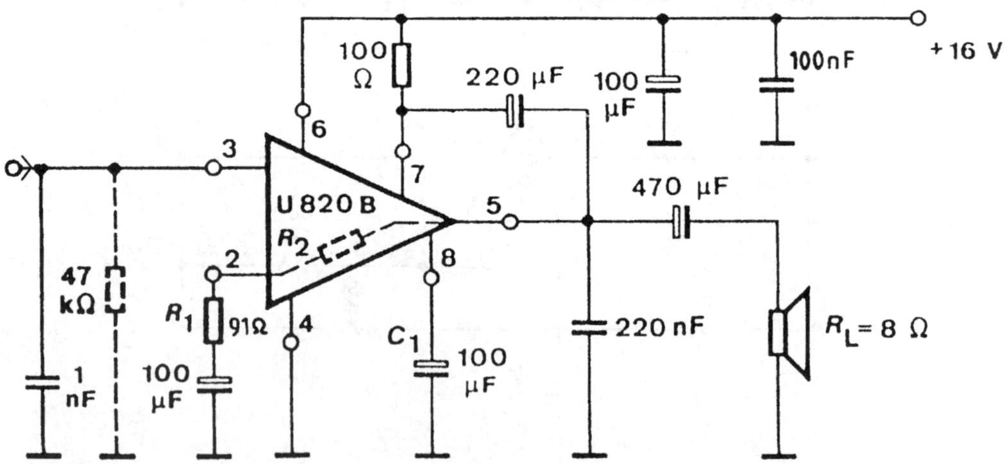

Mit R_1 = 91 Ω erhält man einen Spannungsgewinn von 40 dB. Der Wert des integrierten Widerstands R_2 beträgt 9 kΩ. Bandbreite: 100 Hz bis 28 kHz. Eingangswiderstand: 800 kΩ. C_1 wird nur bei unzureichend gefilterter Speisespannung benötigt. [Anwendungsschaltung *Temic.*]

177. An 6 V gespeister Stereoverstärker, 2 x 1,1 W, LM 1896

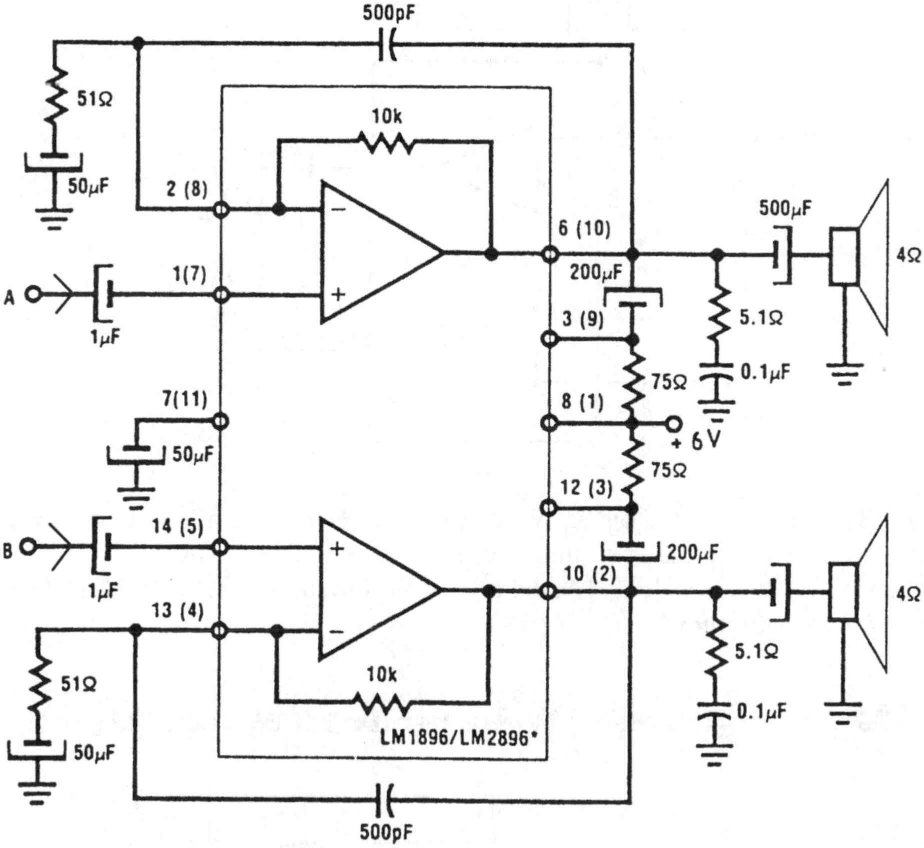

Die Anschlüsse für LM 2896 sind in Klammern angegeben. Die an den Eingang rückgeführte Rauschspannung beträgt 1,9 μV. [Audio-Radio Handbook, *National Semiconductor.*]

178. Stereoverstärker für 2 x 1,35 W, TDA 2824

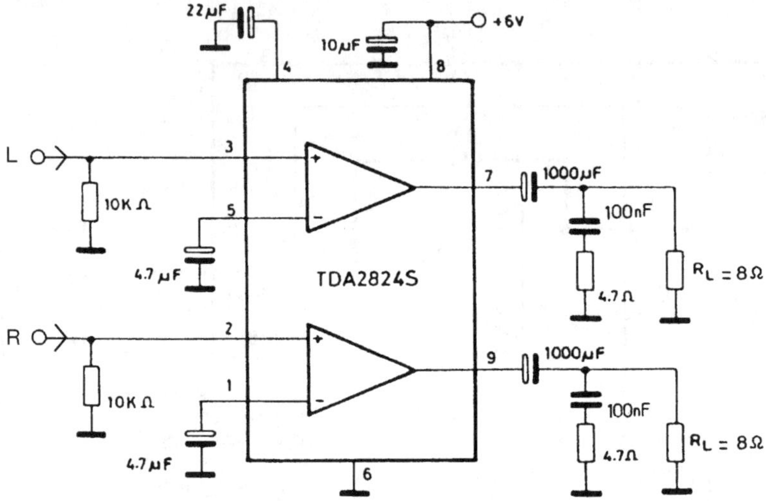

Bei Betrieb an 9 V sind bis 3,2 W möglich. Bei Belastung mit 8 Ω erhält man 2 W bei Speisung mit 12 V und 400 mW mit 6 V. Diese Angaben gelten für einen Klirrfaktor von 10%. [Audio and Radio Products Databook, *SGS Thomson Microelectronics.*]

179. An 9 V gespeister Verstärker für 1,6 W, TDA 7231

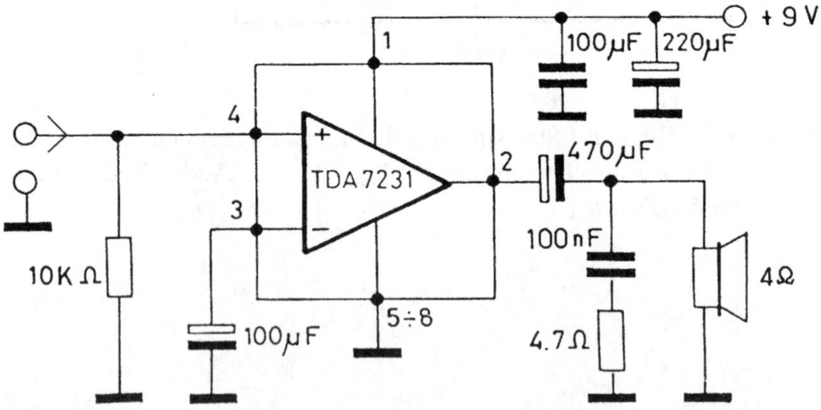

Bei Speisung an 6 V beträgt die maximale Ausgangsleistung 700 mW, mit 3 V sind es 110 mW. An 8-Ω-Last erhält man bis zu 2 W bei Speisung mit 12 V und 400 mW mit 6 V. Diese Angaben gelten für einen Klirrfaktor von 10%. Spannungsgewinn: 38 dB. Eingangswiderstand: > 100 kΩ. [Audio and Radio Products Databook, *SGS Thomson Microelectronics.*]

180. Komplementär symmetrischer 1,6-W-Verstärker

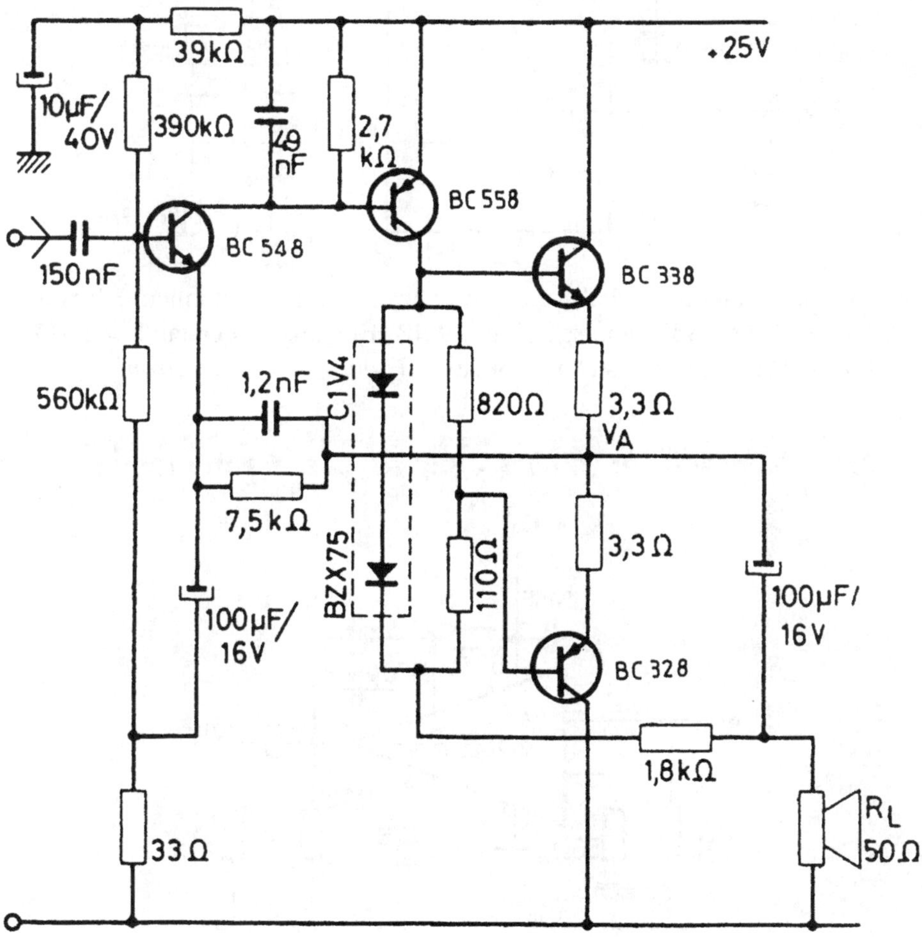

Die Aussteuergrenze entspricht einer Eingangsspannung von 42 mV. Der Ruhestromverbrauch beträgt 1,2 mA. Eingangswiderstand: 215 kΩ. [Anwendungsschaltung *Philips.*]

181. An 9 V gespeister Stereoverstärker für 2 x 1,7 W

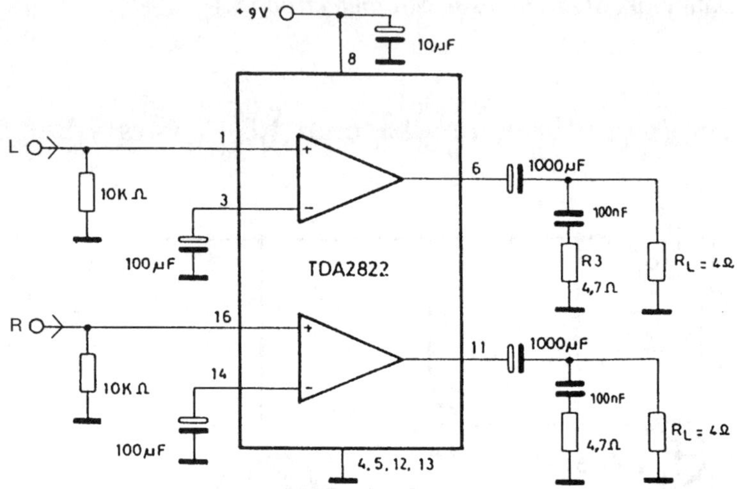

Bei Speisung an 6 oder 4,5 V werden 650 bzw. 320 mW mit einem Klirrfaktor von 10% erhalten. Spannungsgewinn: 39 dB. Eingangswiderstand: > 100 kΩ. [Audio and Radio Products Databook, *SGS Thomson Microelectronics.*]

182. 2-W-Verstärker mit TBA 820 M, Last nach Masse

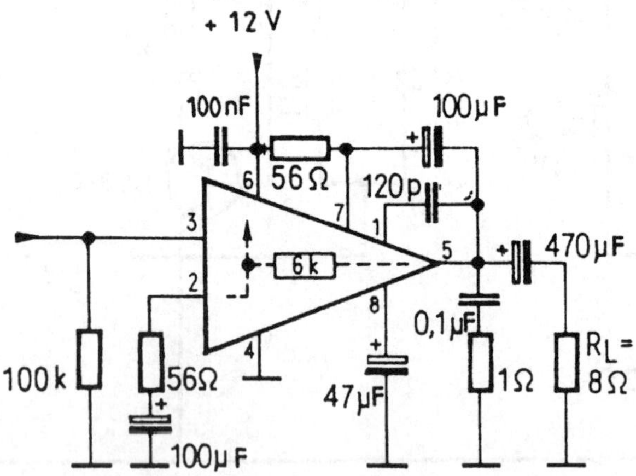

Bei Speisung mit 9 V erhält man maximal 1,6 W an 4 Ω oder 1,2 W an 8 Ω. Mit 6 V erreicht die Ausgangsleistung 750 mW an 4 Ω. Spannungsgewinn: 40 dB. Eingangswiderstand: 5 MΩ. [Audio and Radio Products Databook, *SGS Thomson Microelectronics.*]

183. 2-W-Verstärker mit TBA 820 M, Last nach Plus

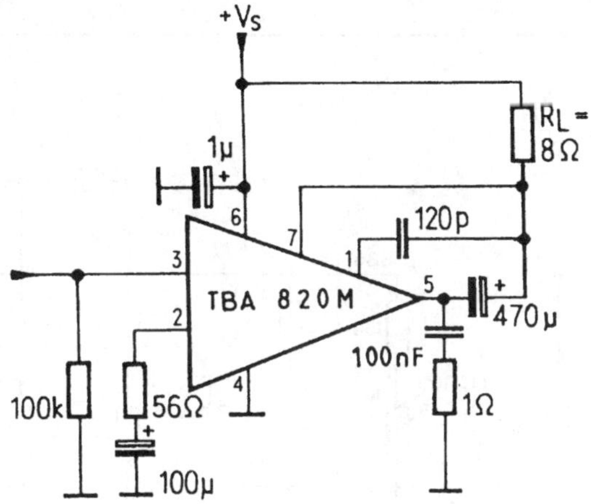

Einsparung von Bauteilen, bei gleichen Werten wie vorher. Ein Kondensator von 47 µF kann als Brummfilter zwischen Pin 8 und Masse gelegt werden. [Audio and Radio Products Databook, *SGS Thomson Microelectronics.*]

184. Brückenverstärker für 2 W mit LM 1896

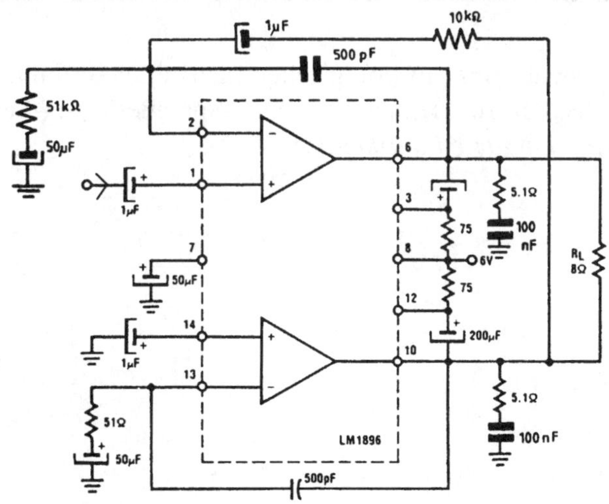

Speisespannung: 6 V. Eingangswiderstand: 100 kΩ. Auch LM 2896 (Schaltung 177) ist hier verwendbar. [Audio-Radio Handbook, *National Semiconductor.*]

185. 2-W-Verstärker mit Klangeinstellung

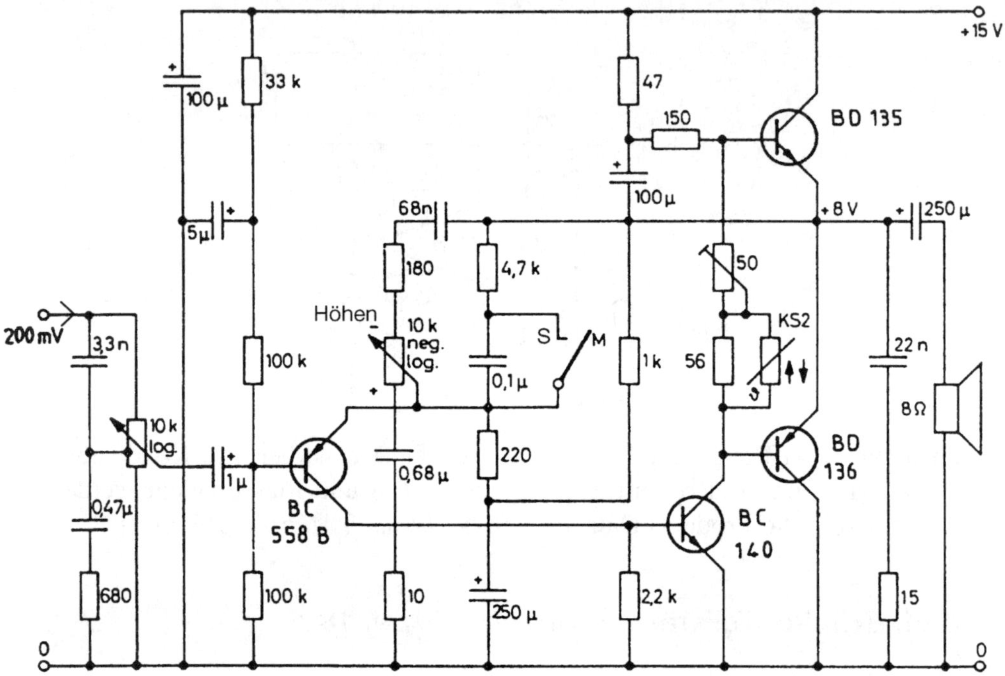

Die Schaltung arbeitet mit physiologischer Lautstärkeeinstellung, Höheneinstellung (+ 16 dB bei 10 kHz), und einem Sprache/Musik-Schalter (S/M). [Anwendungsschaltung *ITT-Intermetall.*]

186. 2-W-Verstärker mit hohem Eingangswiderstand

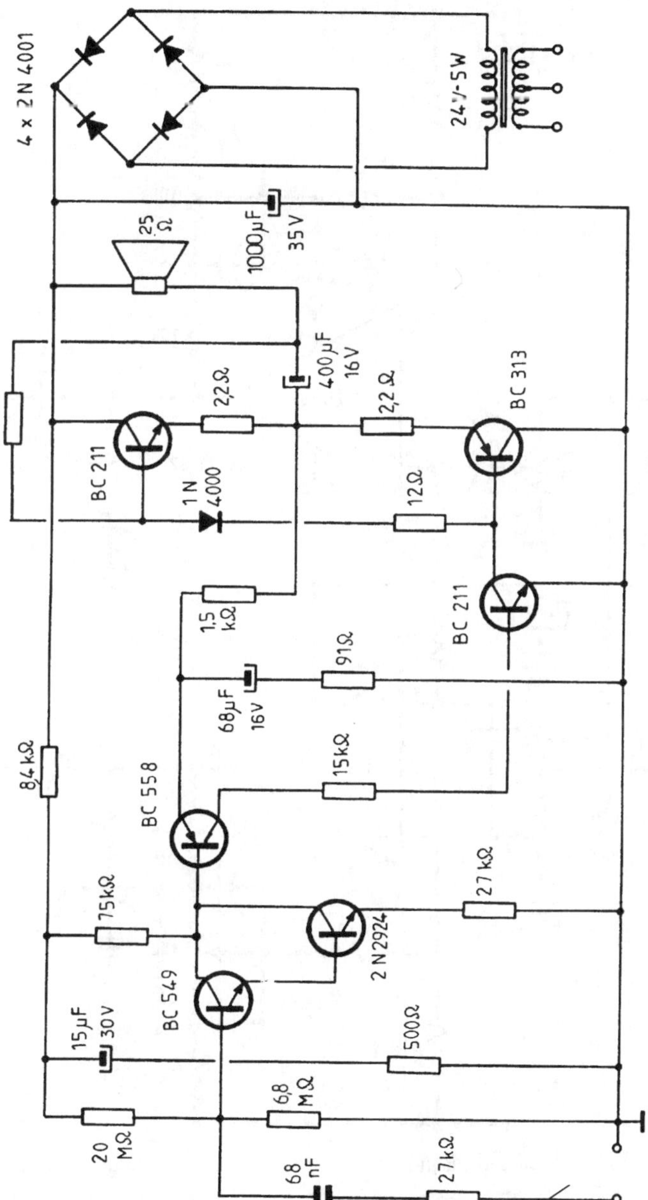

Die in Darlingtonschaltung ausgeführte Vorstufe gewährt einen Eingangswiderstand von mehr als 1 MΩ.

187. Stereoverstärker für keramische Tonabnehmer, 2 x 2 W

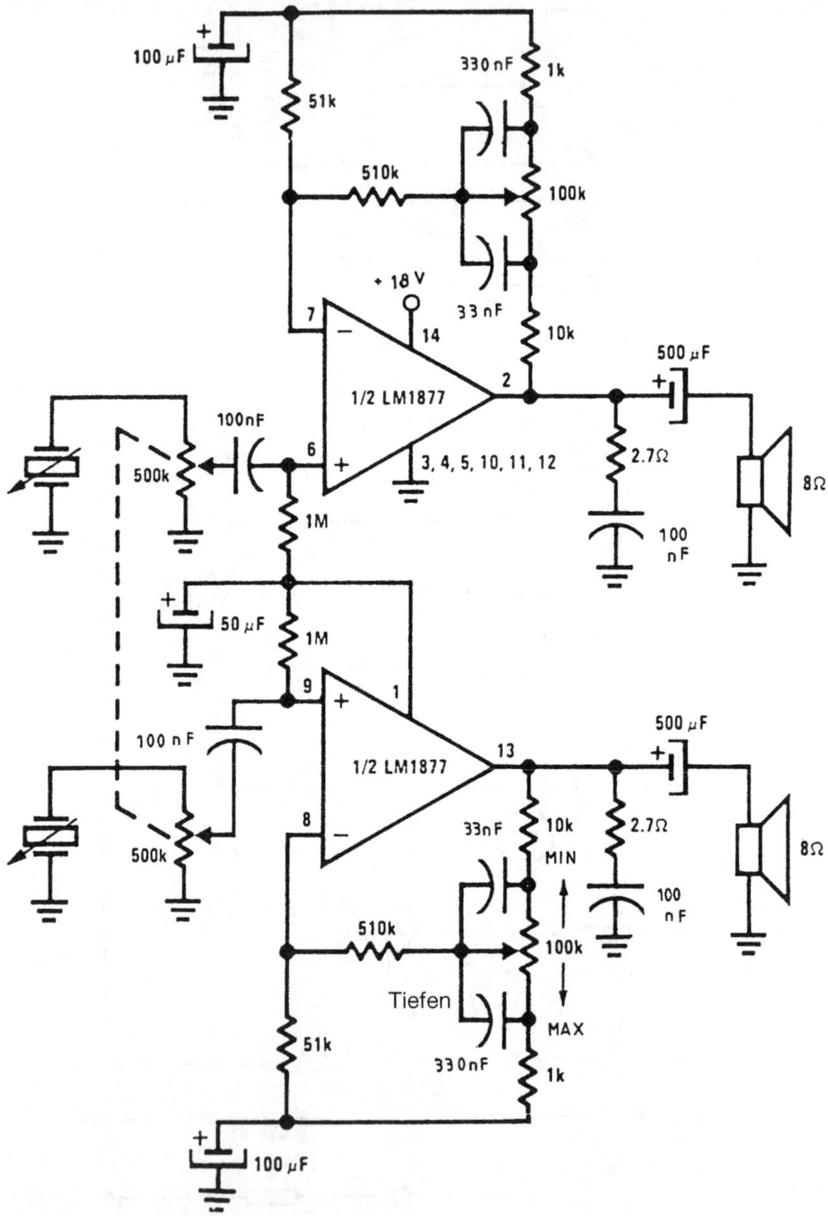

Spannungsgewinn: 42 dB. Klangeinstellung für tiefe Frequenzen: ±16 dB bei 50 Hz. [Audio-Radio Handbook, *National Semiconductor.*]

188. An 12 V gespeister Verstärker für 2,2 W, mit LM 388

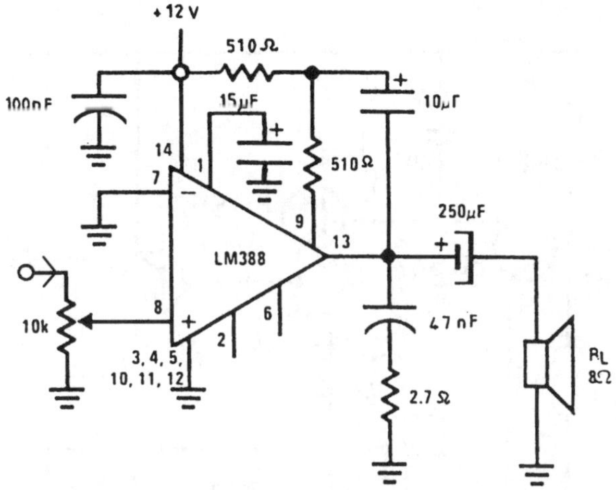

Spannungsgewinn 26 dB. Der Kondensator an Pin 1 wird nur bei ungenügend gefilterter Speisespannung benötigt. [Audio-Radio Handbook, *National Semiconductor.*]

189. Verstärker für 2,2 W, Last an Plus, LM 388

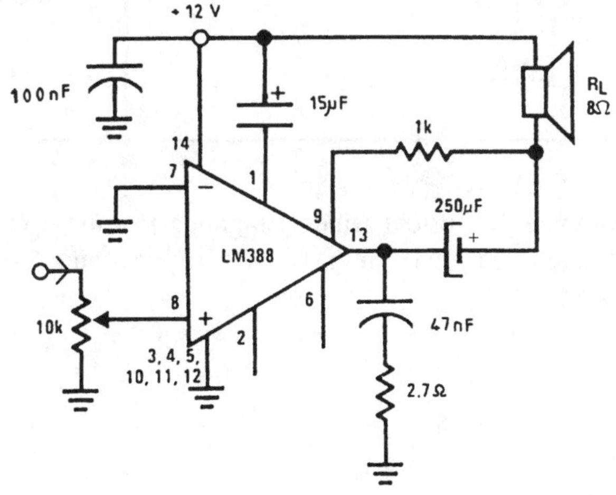

Spannungsgewinn 26 dB. Der Kondensator an Pin 1 wird nur bei ungenügend gefilterter Speisespannung benötigt. [Audio-Radio Handbook, *National Semiconductor.*]

190. Komplementär symmetrischer 2,5-W-Verstärker

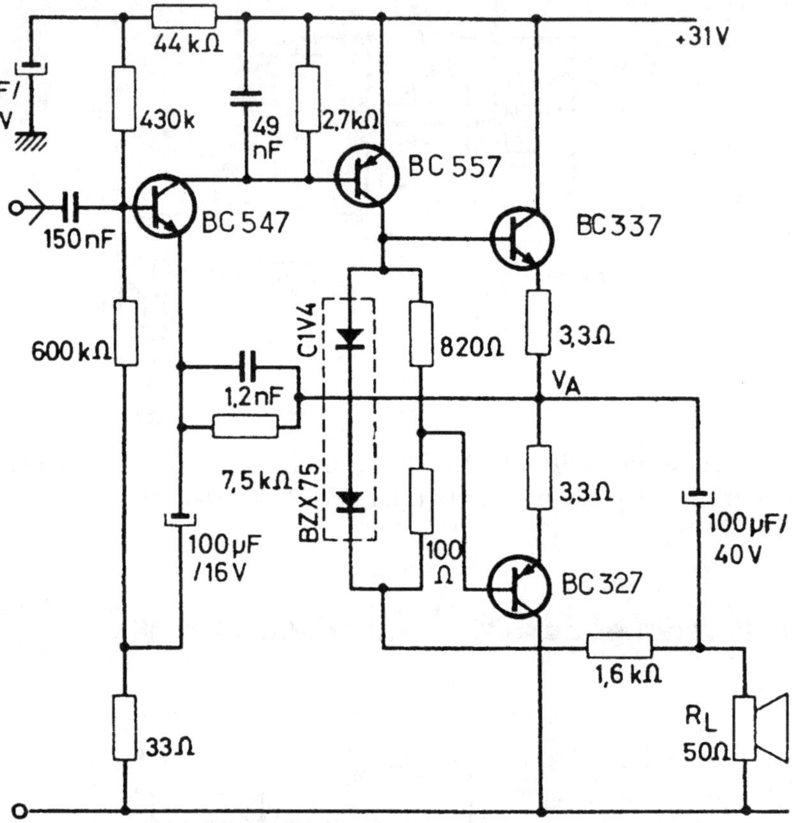

Die Aussteuergrenze entspricht einer Eingangsspannung von 46 mV. Der Ruhestromverbrauch beträgt 1,2 mA. Eingangswiderstand: 210 kΩ. [Anwendungsschaltung *Philips.*]

191. 2,2-W-Verstärker mit hohem Spannungsgewinn, LM 388

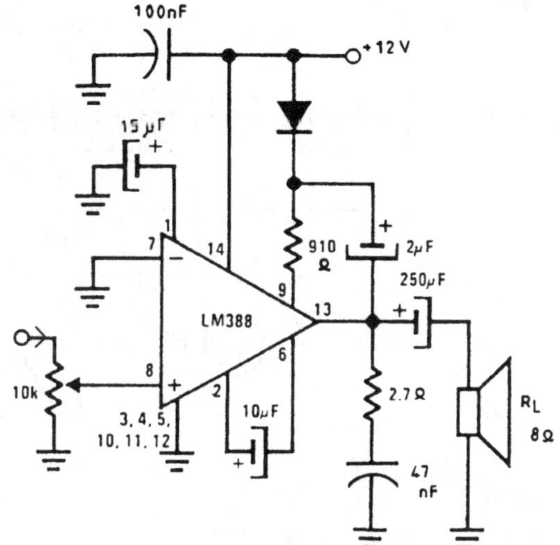

Spannungsgewinn: 46 dB. Der Kondensator an Pin 1 wird nur bei ungenügend gefilterter Speisespannung benötigt. [Audio-Radio Handbook, *National Semiconductor.*]

192. Komplementär symmetrischer 2,5-W-Verstärker

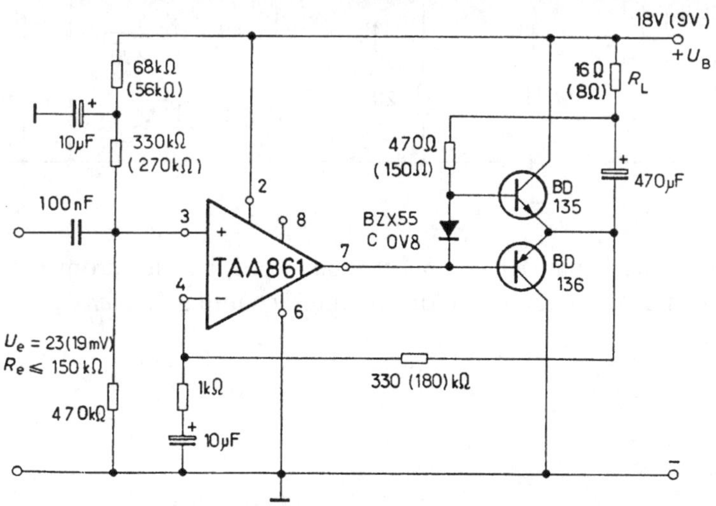

Speisespannung: 18 V. In Klammern: Werte für eine an 9 V gespeiste 1-W-Ausführung. Klirrfaktor: 10%. [Anwendungsschaltung *Siemens.*]

Verstärker mit Ausgangsleistungen von 3 bis 9 W

193. Komplementär symmetrischer Verstärker für 3 W

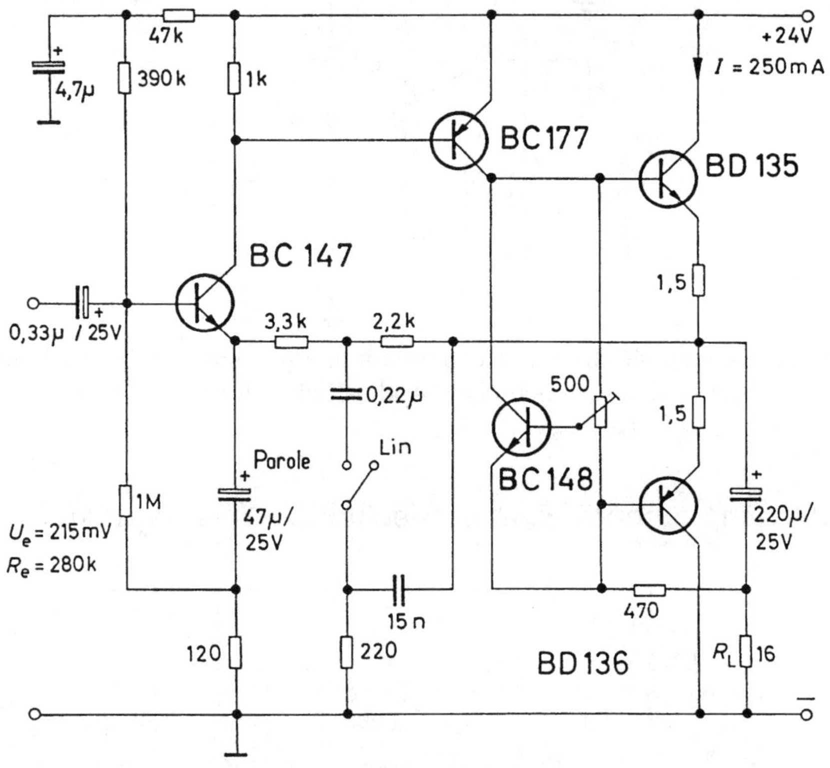

Da dieser Verstärker in Klasse A betrieben wird, ist die Stromaufnahe unabhängig von der Aussteuerung. [Anwendungsschaltung *Siemens.*]

194. 3-W-Inverter mit Einheitstransfer, LM 378

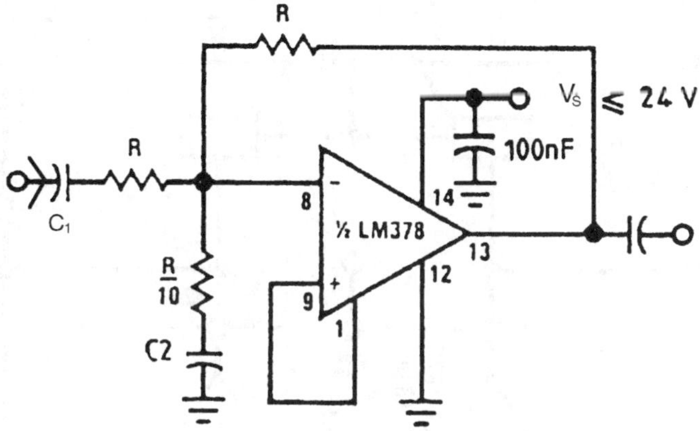

Der Eingangswiderstand entspricht dem Wert von R. Wenn f die untere Grenzfrequenz ist, dann ist $C_1 > 1/(2\ \pi\ f\ R)$ zu wählen und $C_2 = 10\ C_1$. [Audio-Radio Handbook, *National Semiconductor.*]

195. Nicht invertierender Einheitsverstärker, LM 378

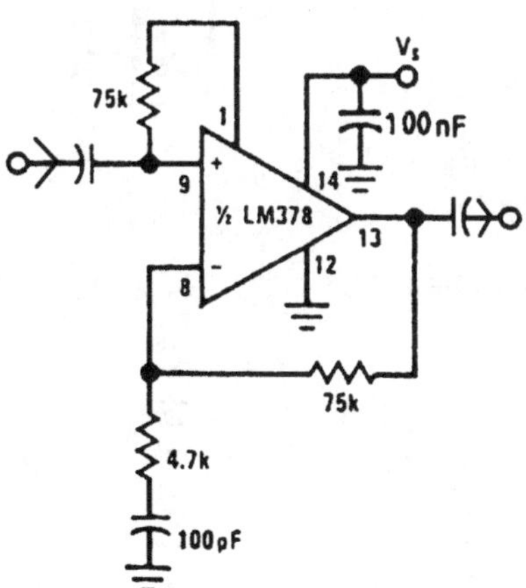

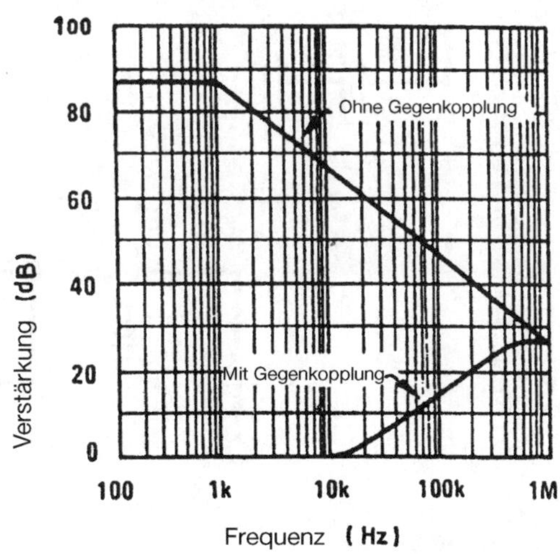

Der Einheitstransfert ist nur bis zu einer Frequenz von 10 kHz gewährleistet (siehe Kurven). [Audio-Radio Handbook, *National Semiconductor.*]

196. Nicht invertierender Stereoverstärker, 2 bis 3 W

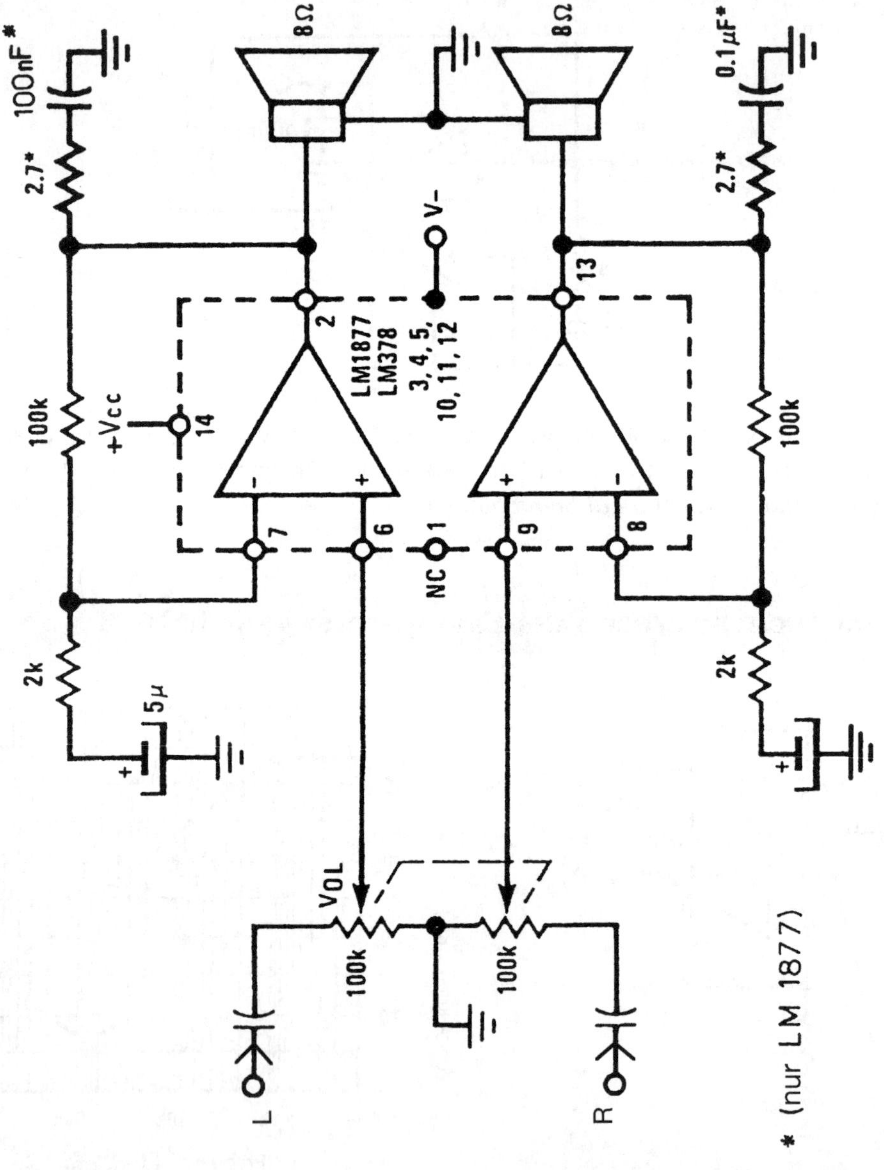

Symmetrische Speisequelle. LM 1877: 2 W pro Kanal bei Speisung mit 2 x 9 V. LM 378: 3 W pro Kanal, bei Speisung mit 2 x 12 V. [Audio-Radio Handbook, *National Semiconductor.*]

197. Stereoverstärker mit Klangeinstellung, 2 x 3 W

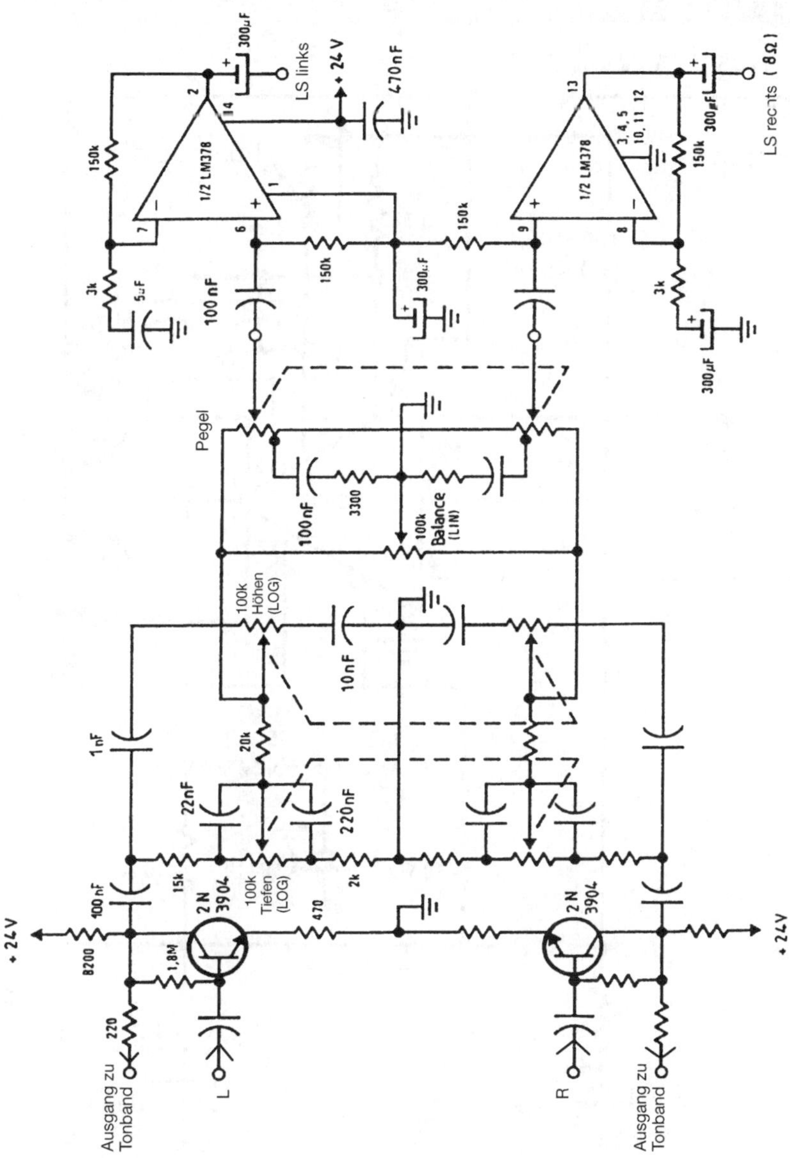

In Abhängigkeit vom Quellwiderstand beträgt die Verstärkung der Transistor-Eingangsstufen 0 bis 26 dB. Die Klangeinstellung vermindert die Verstärkung um 26 dB. Die integrierten Schaltungen der Endstufen bringen einen Spannungsgewinn von 34 dB. [Audio-Radio Handbook, *National Semiconductor.*]

198. Mit LM 2000 angesteuerter Transistorverstärker für 3,5 W

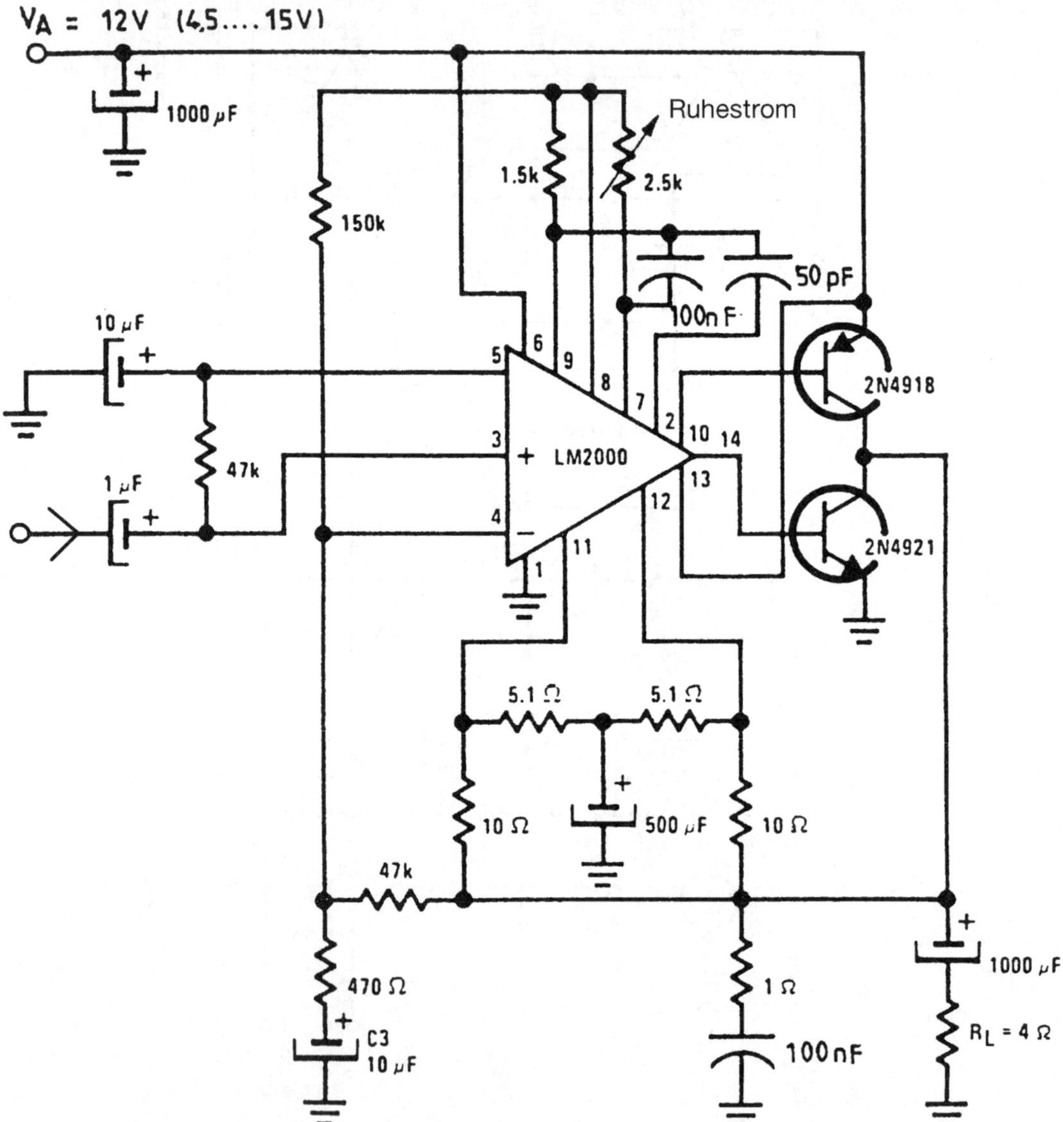

Bei Speisung mit 6 V erhält man maximal 1,5 W an 2 Ω. Die Ruhespannung ist so abzugleichen, daß am Ausgang die Hälfte der Speisespannung (gegen Masse) erhalten wird. [Audio-Radio Handbook, *National Semiconductor.*]

199. Brückenverstärker für 3,5 W, LM 388

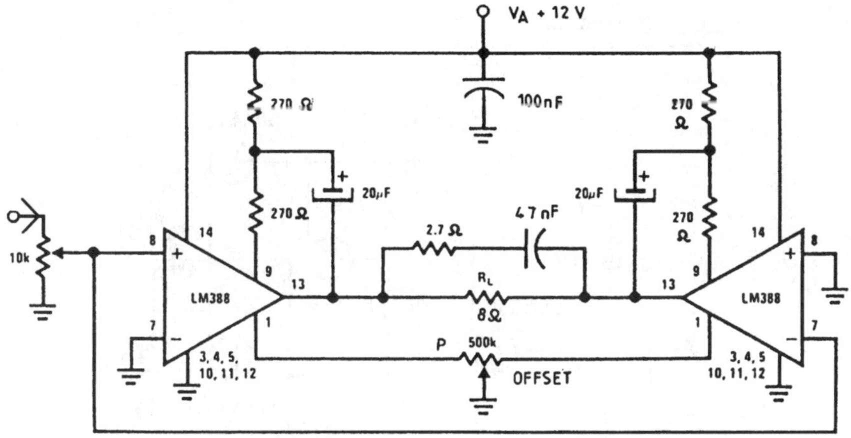

Bei Speisung mit 6 V erhält man maximal 1 W an 4 Ω. Bei kurzgeschlossenem Eingang ist das Offset-Potentiometer auf minimale Gleichspannung am Lastwiderstand abzugleichen. [Audio-Radio Handbook, *National Semiconductor.*]

200. 3,6 W mit hohem Wirkungsgrad und hohem Eingangswiderstand

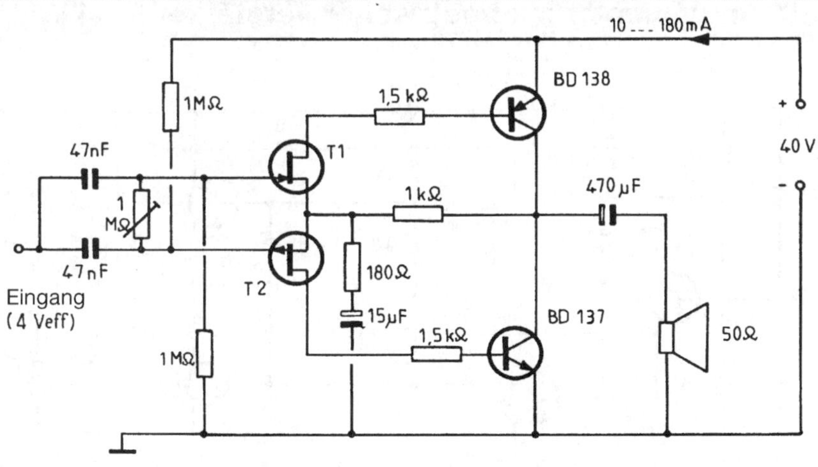

T_1 und T_2: Typen mit weniger als 1 V verschiedenem V_P und $I_{DSS} > 20$ mA. Der Kurzschlußstrom wird durch die in den Basisleitungen der Endtransistoren liegenden Widerstände begrenzt. [*Electronique Applications*, Paris, Nr. 62, Seiten 77 bis 82.]

201. Verstärker für Autoradios, 4 W

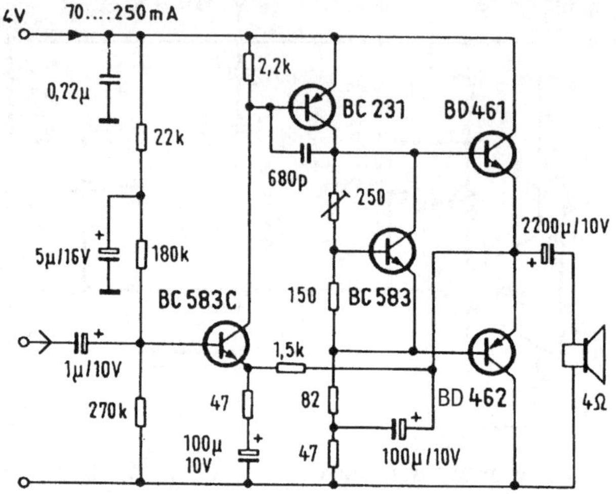

Die Ausgangsleistung von 4 W gilt für einen Klirrfaktor von 1%, bei 10% Klirrfaktor erhält man 6 W. Eingangswiderstand: 100 kΩ. Bandbreite: 390 Hz bis 62 kHz. Rauschen: 80 µV. [*Funktechnik*, München, Nr. 8/73, Seite 269.]

202. Komplementär symmetrischer Verstärker für 4 W

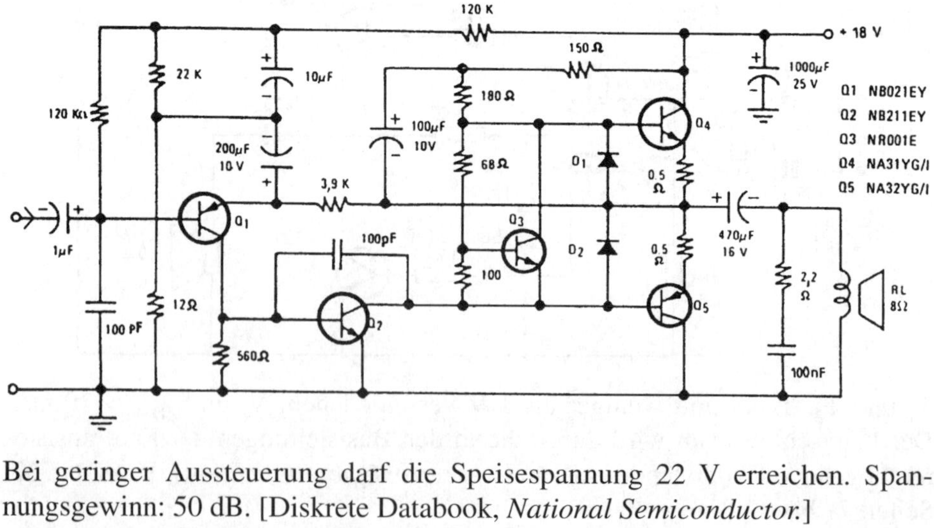

Bei geringer Aussteuerung darf die Speisespannung 22 V erreichen. Spannungsgewinn: 50 dB. [Diskrete Databook, *National Semiconductor.*]

203. 4-W-Verstärker mit einstellbarer Höhendämpfung

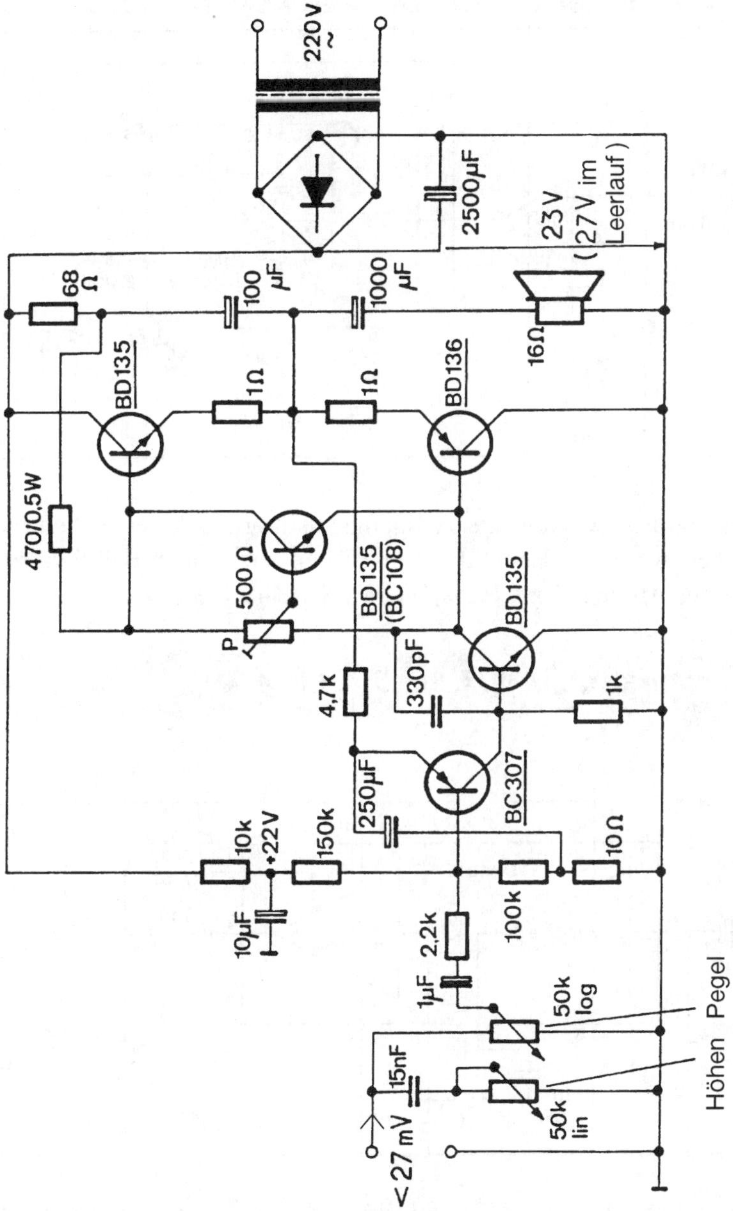

Eingangswiderstand: > 10 kΩ. Bandbreite 60 Hz bis 20 kHz. Klirrfaktor: 10% bei 4 W. [Anwendungsschaltung *Temic.*]

204. Komplementäre Symmetrie und hoher Wirkungsgrad, 4 W

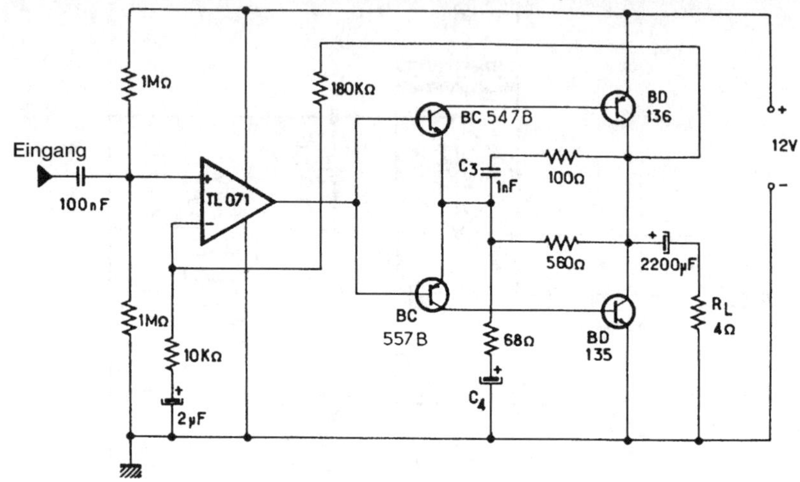

Bei Speisung an 9 V kann die Ausgangsleistung 2,3 W erreichen. Nur kurzschlußsicher, wenn die Endstufentransistoren auf großen Kühlkörpern sitzen. [*Electronique Applications*, Paris, Nr. 45, Seite 42.]

205. Verstärker mit TDA 1015, 1 bis 4 W

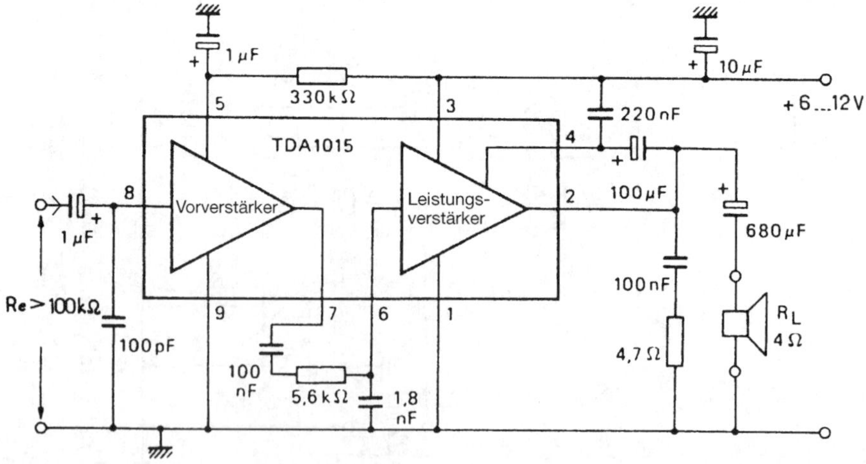

Ausgangsleistung bei 10% Klirrfaktor: 1 W bei Speisung an 6 V, 2,3 W an 9 V, 4,2 W an 12 V. Spannungsgewinn: 23 dB im Vorverstärker, 29 dB im Endverstärker. Bandbreite 60 Hz bis 15 kHz. [Anwendungsschaltung *Philips*.]

206. 4-W-Verstärker für keramischen Tonabnehmer, LM 380

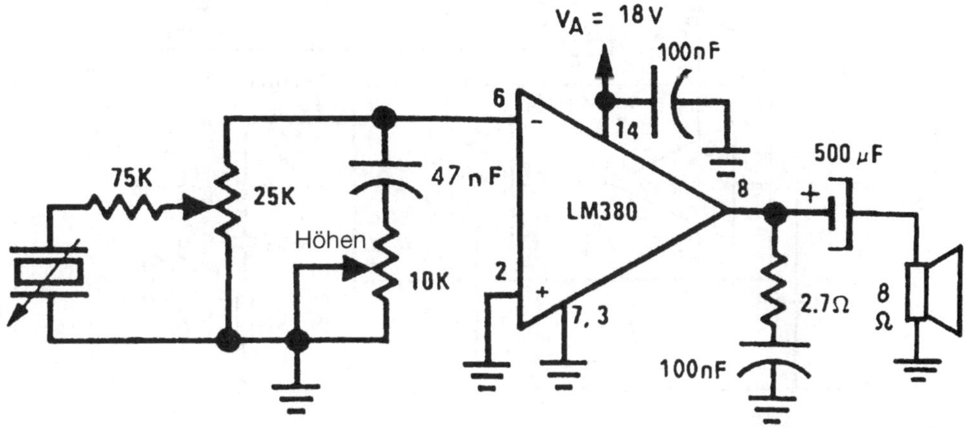

Die Klangeinstellung wirkt nur als Höhendämpfung (Tonblende). Spannungsgewinn: 34 dB. [Audio-Radio Handbook, *National Semiconductor.*]

207. 4-W-Verstärker mit hochohmigem Eingang

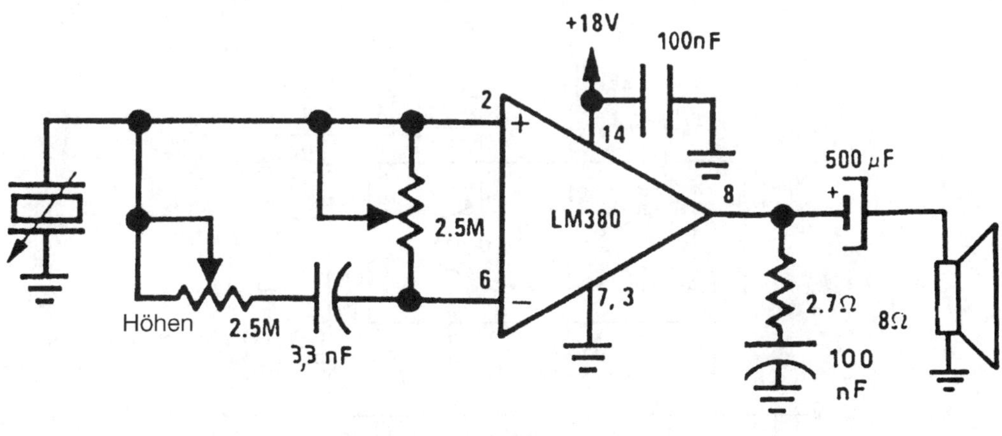

Die gegenüber Schaltung 206 veränderte Eingangsbeschaltung ergibt einen Eingangswiderstand von etwa 1 MΩ. Spannungsgewinn: 34 dB. [Audio-Radio Handbook, *National Semiconductor.*]

208. 4-W-Verstärker mit TDA 1011

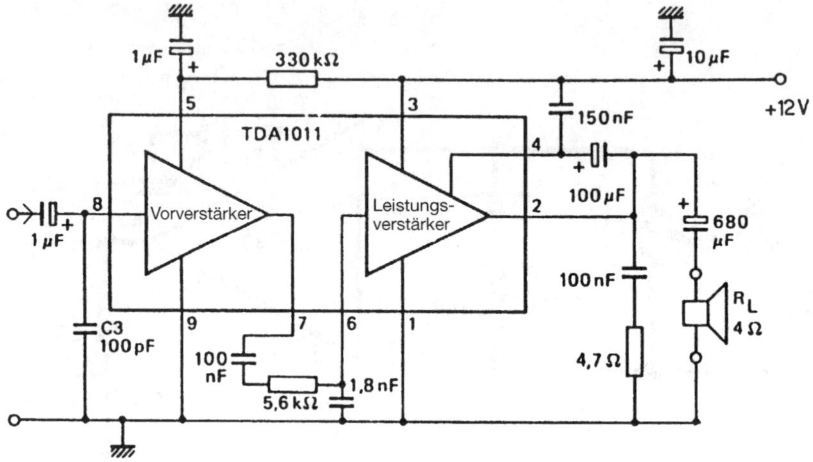

Spannungsgewinn: 23 dB im Vorverstärker, 29 dB im Endverstärker. Bei Speisung an 16 V kann eine Ausgangsleistung von 6,5 W erhalten werden, an 9 V sind es 2,3 W und an 6 V erhält man 1 W. Diese Angaben gelten für einen Klirrfaktor von 1%. [Anwendungsschaltung *Philips.*]

209. 4-W-Verstärker mit Verstärkungseinstellung, TDA 1013

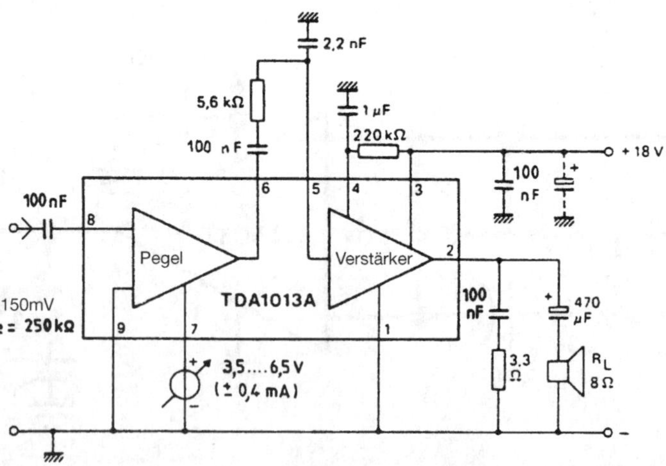

Nominaler Spannungsgewinn: 30 dB. Umfang der elektrischen Verstärkungseinstellung: 80 dB. Bandbreite: 35 Hz bis 20 kHz. [Anwendungsschaltung *Philips.*]

210. 4-W-Brückenverstärker mit LM 378

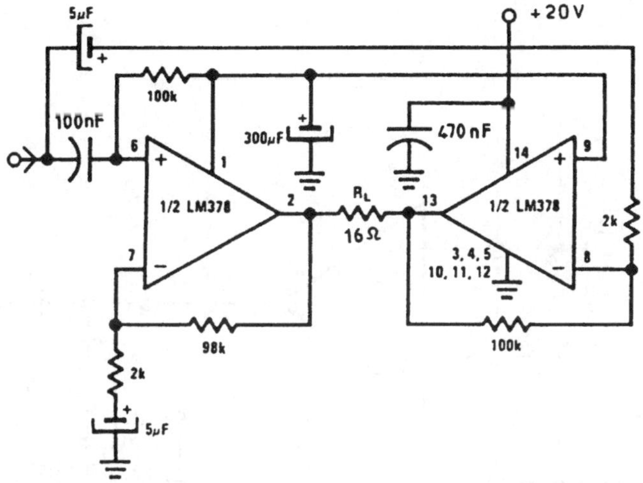

Spannungsgewinn: 40 dB. Bandbreite: 30 Hz bis 60 kHz. Klirrfaktor: 0,1% bei 4 W und 1 kHz. [Audio-Radio Handbook, *National Semiconductor.*]

211. 4-W-Brückenverstärker mit hohem Eingangswiderstand, LM 378

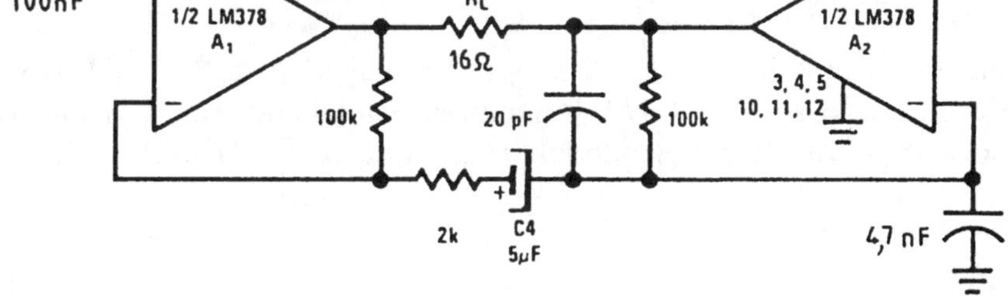

Spannungsgewinn: 40 dB. Bandbreite: 30 Hz bis 60 kHz. Klirrfaktor: 0,2% bei 4 W und 1 kHz. Eingangswiderstand: 100 kΩ. [Audio-Radio Handbook, *National Semiconductor.*]

212. Invertierender Stereoverstärker für 2 x 4 W

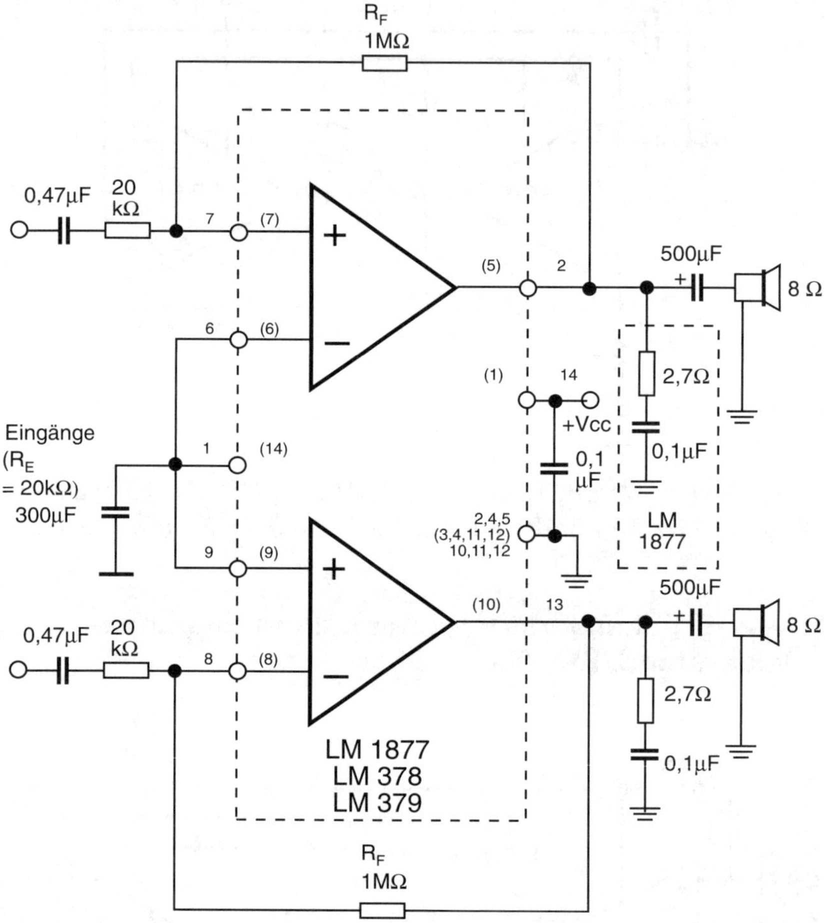

Spannungsgewinn: 50. LM 1877: 2 W pro Kanal, U_{CC} = 18 V. LM 378: 3 W pro Kanal, U_{CC} = 24 V. LM 379 (Pinnummern in Klammern): 4 W pro Kanal, U_{CC} = 28 V. [Audio-Radio Handbook, *National Semiconductor.*]

213. Nicht invertierender Stereoverstärker für 2 x 4 W

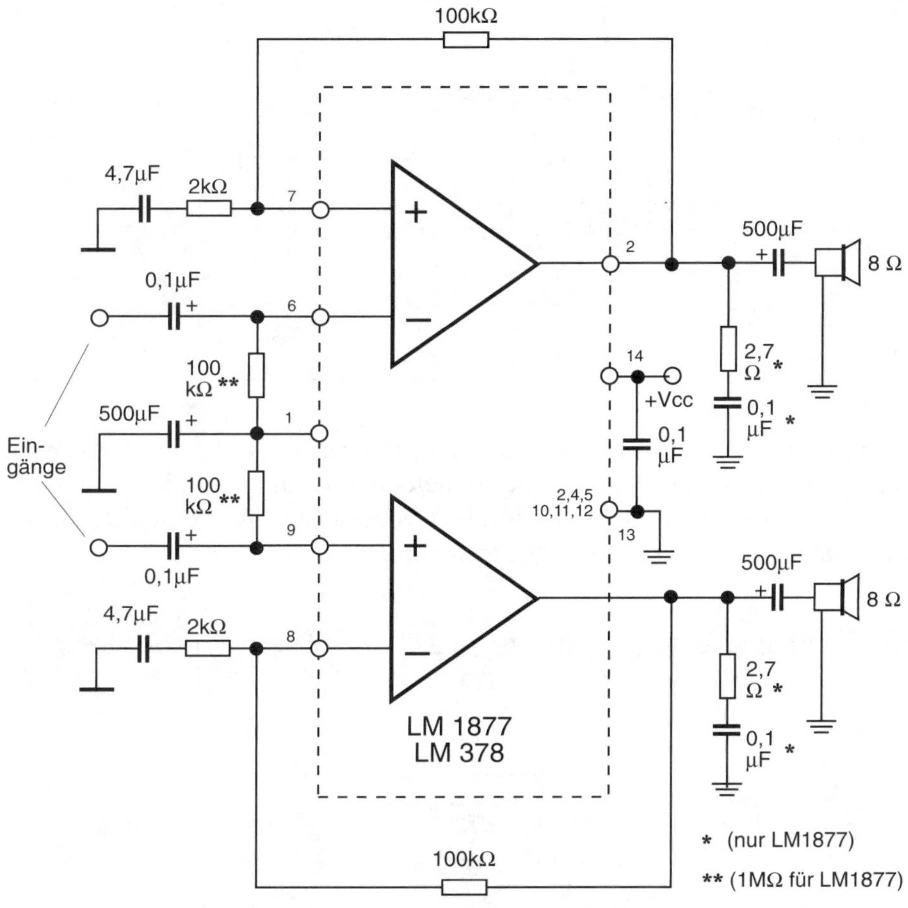

Spannungsgewinn: 50. LM 1877: 2 W pro Kanal, U_{CC} = 18 V. LM 378: 3 W pro Kanal, U_{CC} = 24 V. LM 379 (Pinnummern in Klammern): 4 W pro Kanal, U_{CC} = 28 V. [Audio-Radio Handbook, *National Semiconductor.*]

214. Verstärker für 4,5 W, TDA 1904

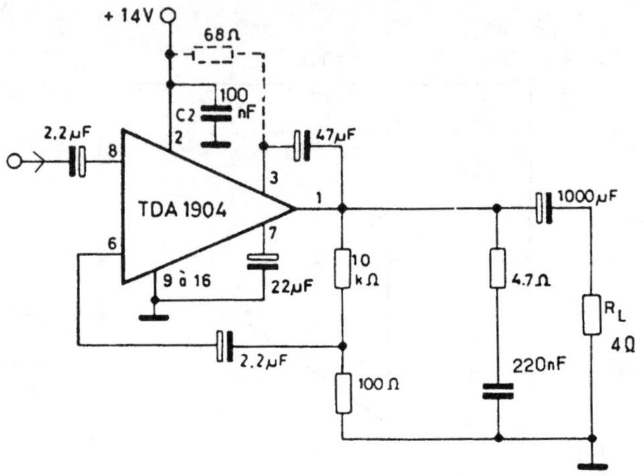

Bei Speisung an 12, 9 oder 6 V erhält man jeweils 3,1, 1,8 oder 0,7 W bei einem Klirrfaktor von 10%. Der gestrichelt eingezeichnete Widerstand (68 Ω) ist nur bei Speisung an 6 V oder weniger vorzusehen. [Audio and Radio Products Databook, *SGS Thomson Microelectronics.*]

215. 5-W-Verstärker mit LM 384

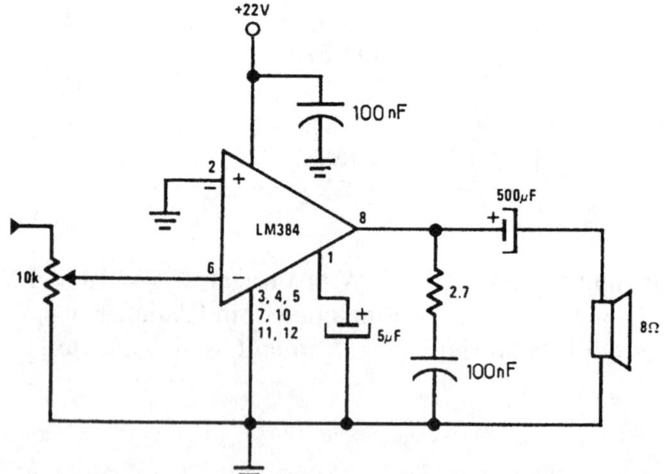

Spannungsgewinn: 34 dB. Klirrfaktor: 0,25% bei 4 W, 0,5% bei 5 W. Bandbreite: 30 Hz bis 10 kHz. [Audio-Radio Handbook, *National Semiconductor.*]

216. 5-W-Verstärker mit TBA 800

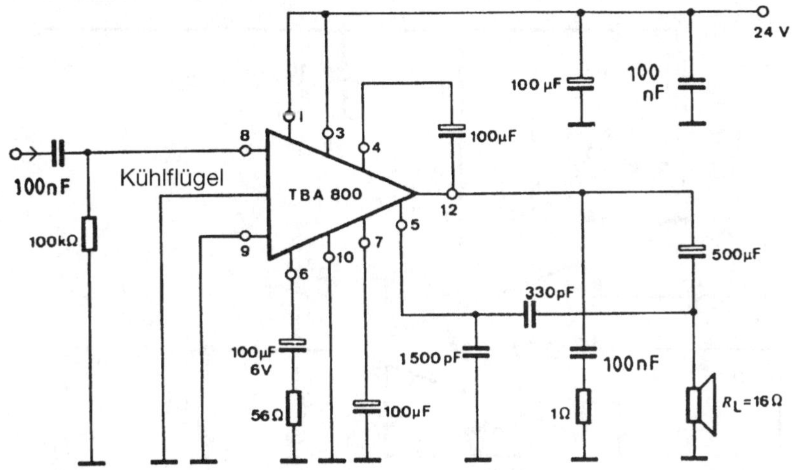

Bei Anwendung ohne Kühlkörper ist die Ausgangsleistung auf 2,5 W zu beschränken. Spannungsgewinn: 45 dB. An den Eingang rückgeführte Rauschspannung: 5 µV. [Anwendungsschaltung *Temic.*]

217. Nicht invertierender 5-W-Verstärker mit LM 383

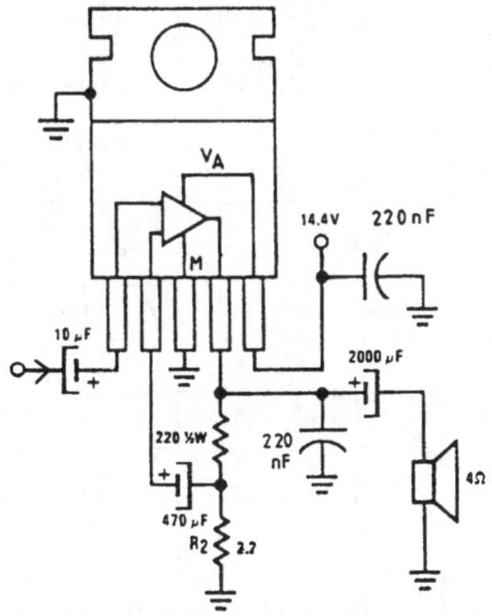

Spannungsgewinn: 40 dB. Die niedrigen Werte der Widerstände im Gegenkoppelkreis bedingen gute Unterdrückung der Speisespannung überlagerter Brummspannungen. [Audio-Radio Handbook, *National Semiconductor.*]

218. 5,5-W-Verstärker mit Klangkorrektur, TDA 1905

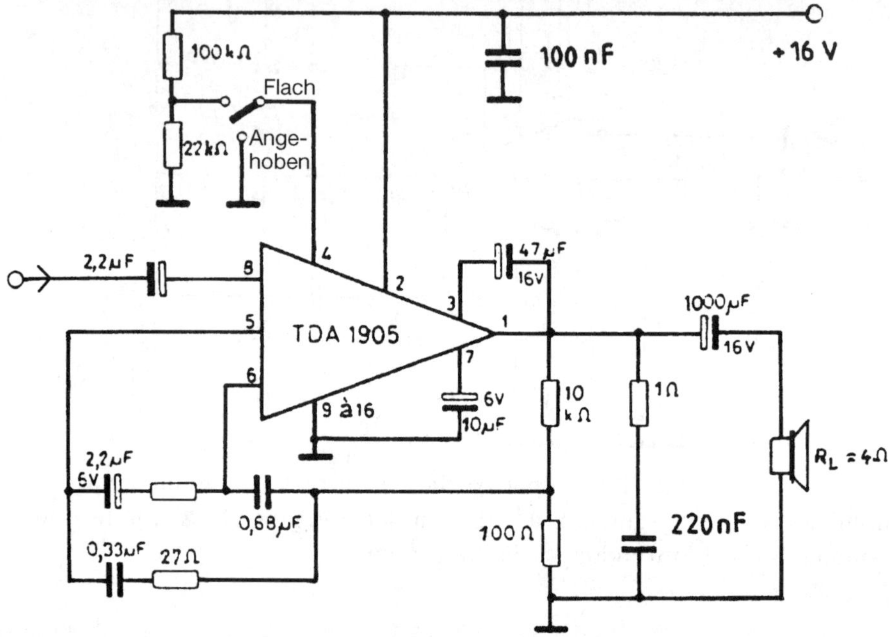

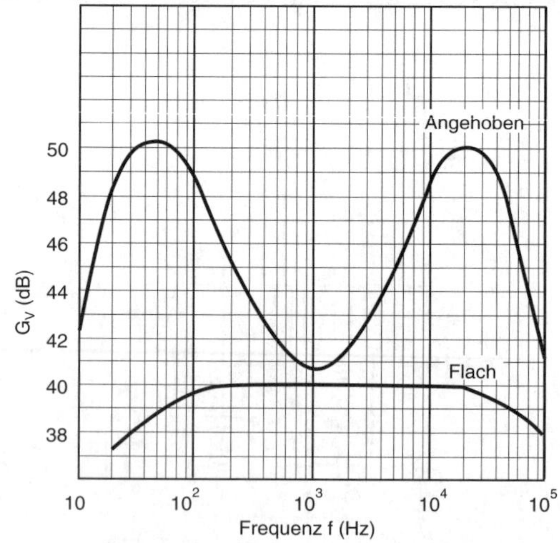

Bei dieser Variante zu Schaltung 220 wird der Eingang zur Stummschaltung (Muting) für eine Umschaltung benutzt, mit der man, entsprechend obiger Kurve, eine Anhebung an den Grenzen des Hörbereiches erhält. [Audio and Radio Products Databook, *SGS Thomson Microelectronics*.]

219. 5,5-W-Verstärker mit Tiefenkorrektur, TDA 1905

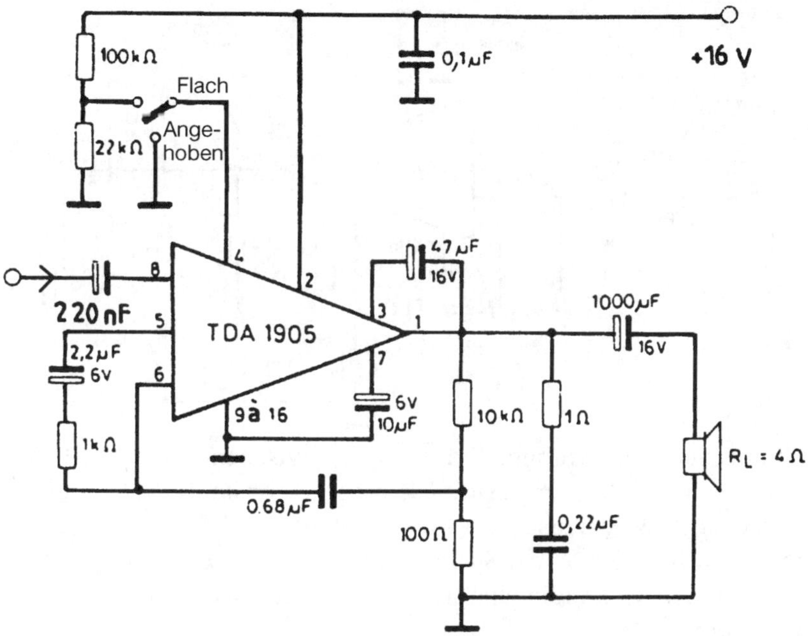

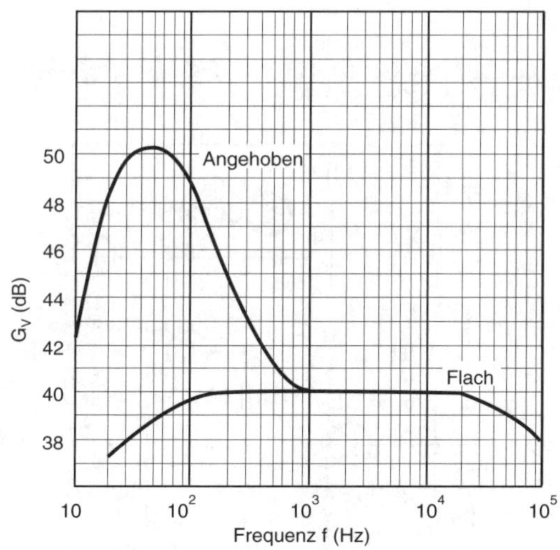

Bei dieser Variante zu Schaltung 220 wird der Eingang zur Stummschaltung (Muting) für eine Umschaltung benutzt, mit der man, entsprechend obiger Kurve, eine Anhebung der tiefen Töne erhält. [Audio and Radio Products Databook, *SGS Thomson Microelectronics.*]

220. 5,5-W-Verstärker mit TDA 1905

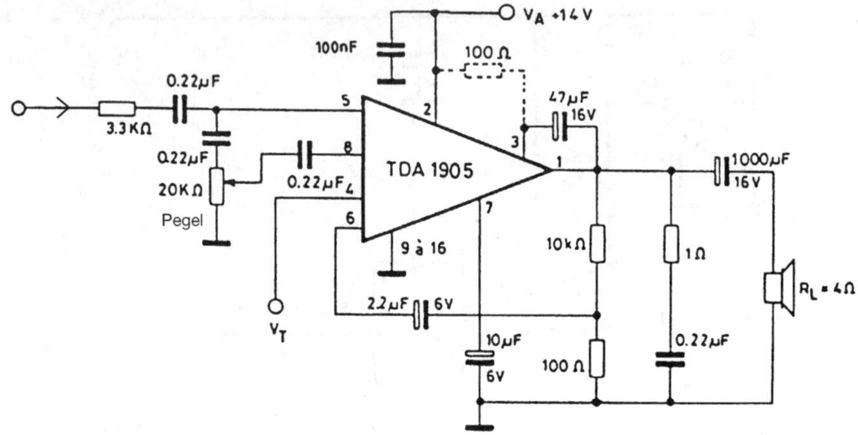

Die Stummschaltung (Muting, Pin 4) wirkt zwischen 1,4 und 1,9 V sowie zwischen 4,7 und 6 V. Der gestrichelt eingezeichnete 100-Ω-Widerstand ist bei Betrieb an 9 V vorzusehen (Ausgangsleistung 2,5 W). Weiterhin kann man, mit R_L = 8 Ω, 5,5 W bei Speisung an 18 V erhalten. Mit R_L = 16 Ω sind es 5,3 W an 24 V. [Audio and Radio Products Databook, *SGS Thomson Microelectronics.*]

221. Komplementär symmetrischer Verstärker für 6 W

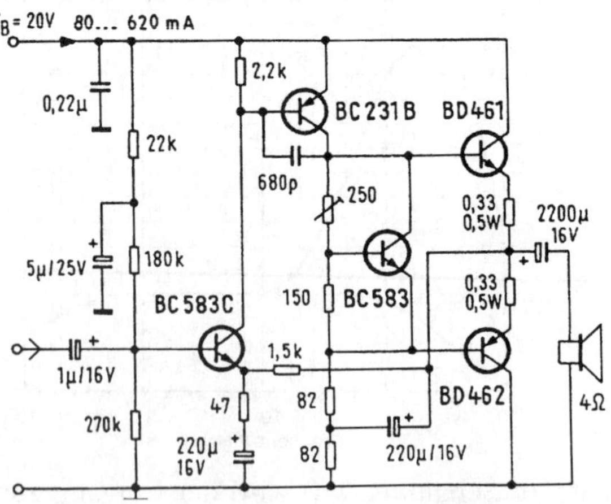

Bei 1% Klirrfaktor muß man sich mit 5,5 W begnügen, bei 10% kann man dagegen 10 W erreichen. Eingangswiderstand: 100 kΩ. Bandbreite: 180 Hz bis 70 kHz. Rauschen: 80 µV. [*Funkschau*, Nr. 8/73, Seite 269.]

222. Komplementär symmetrischer 6-W-Verstärker für 24 V

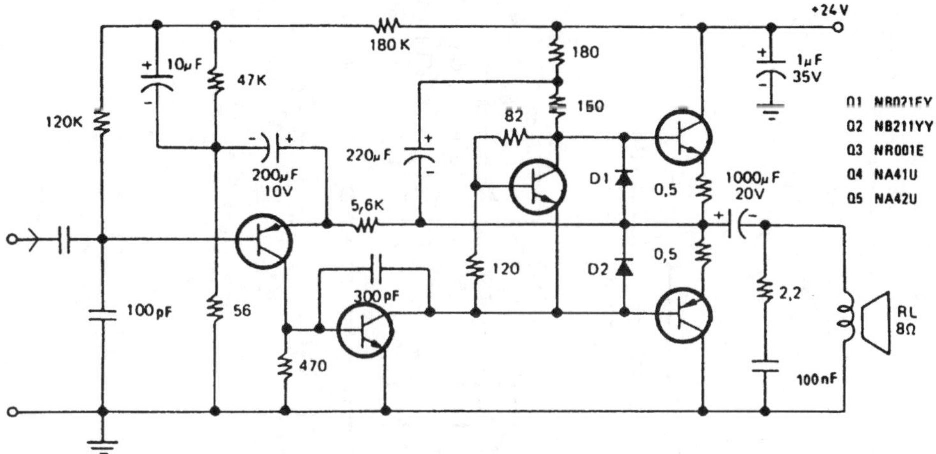

Bei geringer Austeuerung kann die (ungeregelte) Speisespannung 30 V erreichen. Spannungsgewinn: 40 dB. [Discrete Datbook, *National Semiconductor.*]

223. Schallplattenverstärker (6 W) mit Höheneinstellung

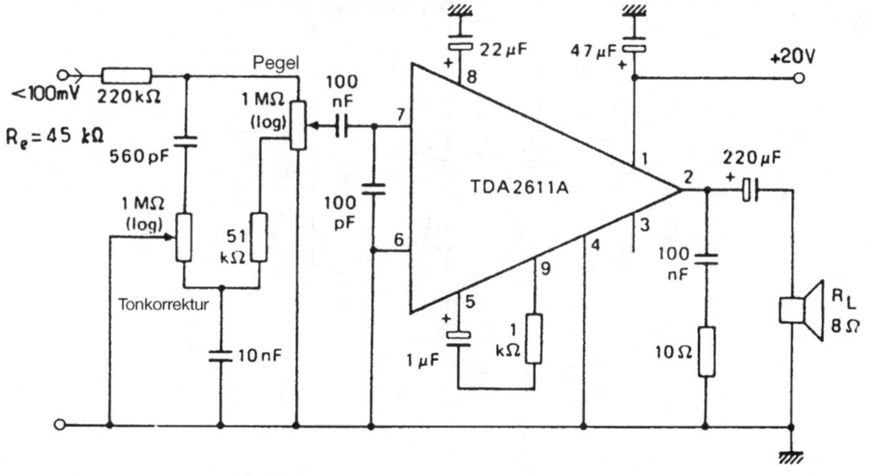

Eignet sich für keramische Tonabnehmer. Bei 10% Klirrfaktor erhält man 4,5 W bei Betrieb an 18 V oder 1,7 W an 12 V. Bei R_L = 15 Ω gestattet Speisung mit 25 V eine Ausgangsleistung von 5 W. [Anwendungsschaltung *Philips.*]

224. Schallplattenverstärker (6 W) mit TDA 1010

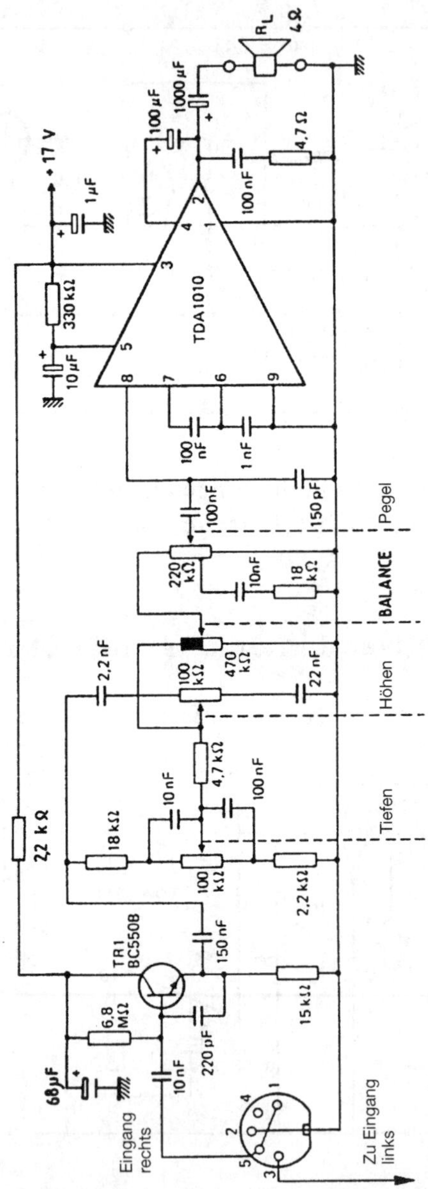

Die Schaltung enthält einen Transistorvorverstärker hohen Eingangswiderstandes, eine Klangeinstellung sowie Balance- und Lautstärkeeinstellung. [Anwendungsschaltung *Philips.*]

225. Verstärker (6,4 W) mit Höheneinstellung, TDA 1010

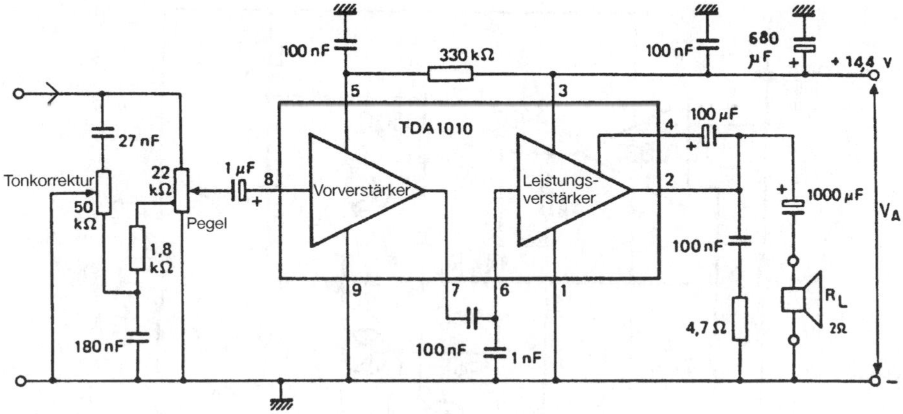

Spannungsgewinn: 54 dB. Die Ausgangsleistung beträgt 6,2 W bei $R_L = 4\ \Omega$ und 3,4 W bei $R_L = 8\ \Omega$. Die Leistungsangaben gelten für einen Klirrfaktor von 10%. [Anwendungsschaltung *Philips.*]

226. Verstärker für 2,7 bis 6,7 W, mit TDA 1037 D

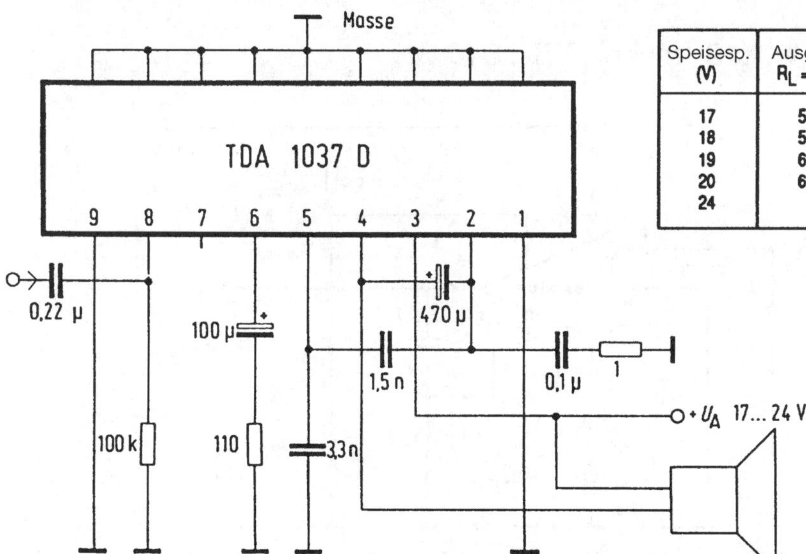

Speisesp. (V)	Ausgangsleistung (W) $R_L = 8\ \Omega$	$R_L = 16\ \Omega$
17	5	2,7
18	5,4	3
19	6,1	3,5
20	6,7	3,8
24		4,6

Die Tabelle zeigt die möglichen Speisespannungen und Lastwiderstände. [Anwendungsschaltung *Siemens.*]

227. Komplementär symmetrischer Verstärker für 7 W

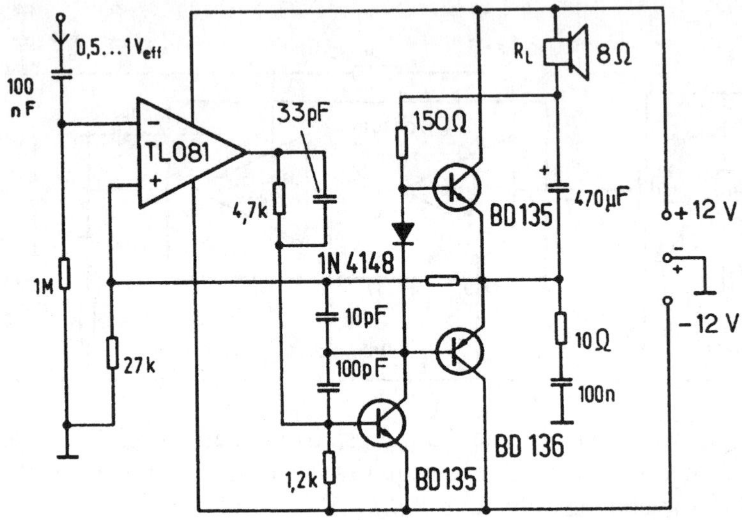

Eingangswiderstand: 1 MΩ. Bei Speisung an ± 10 V kann eine Ausgangsleistung von 4,5 W erhalten werden.

228. 7-W-Verstärker mit TBA 810 S

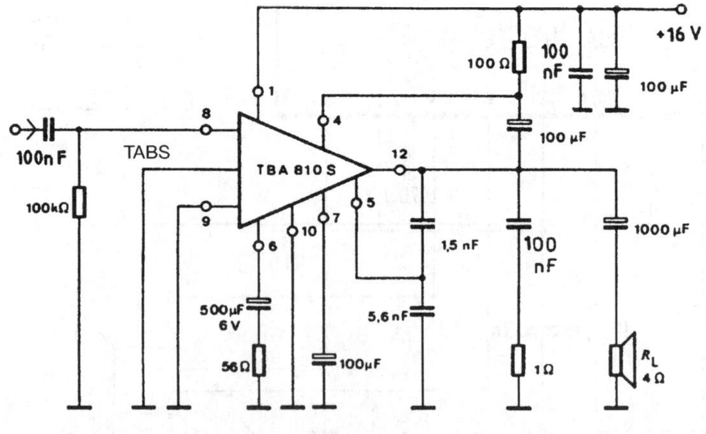

Bei Speisung an 12 V kann nur eine Ausgangsleistung von 1 W erreicht werden. Spannungsgewinn: 37 dB. An den Eingang rückgeführte Rauschspannung: 2 µV. [Anwendungsschaltung *Temic.*]

229. Verstärker für 4,5 bis 7 W, TDA 1037

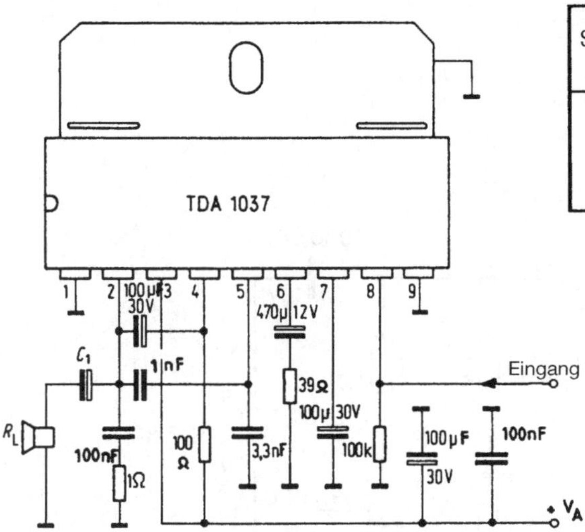

Speisesp. (V)	Last (Ω)	C_1 (µF)	Leistung (W)
12	4	1000	4,5
16	4	1000	7
18	8	470	5,5
24	16	220	4,5

Die in obiger Tabelle aufgeführten Werte gelten für einen Klirrfaktor von 10%. [Anwendungsschaltung *Siemens.*]

230. Brückenverstärker für 7 W, mit hochohmigem Eingang

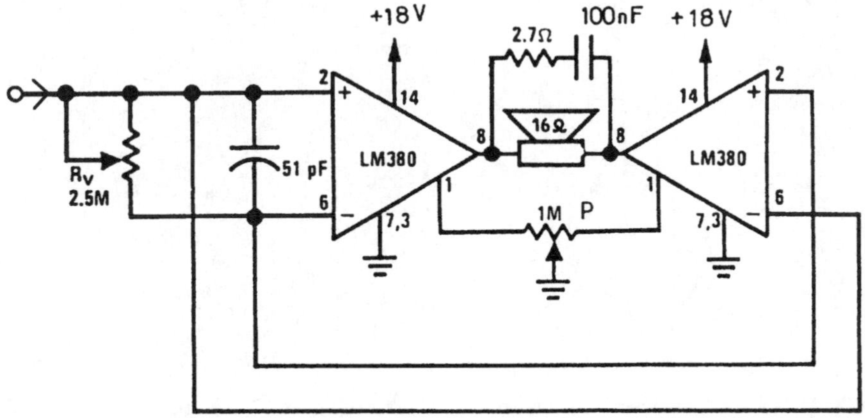

Spannungsgewinn: 34 dB. Das Potentiometer P ist auf minimale Gleichspannung am Lastwiderstand abzugleichen. [Audio-Radio Handbook, *National Semiconductor.*]

231. 9-W-Verstärker mit TDA 1908

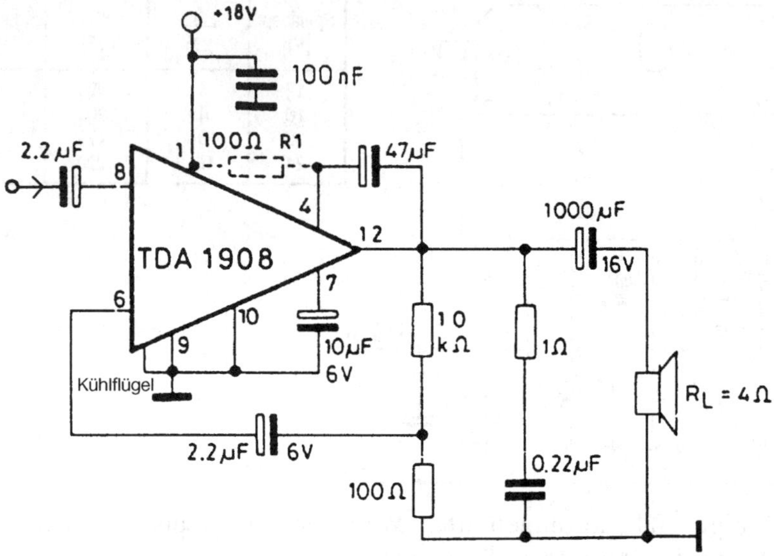

Bei einem Klirrfaktor von 10% erhält man 5,5 W bei Speisung an 14 V oder 2,5 W an 9 V. Ein Lastwiderstand von 8 Ω gestattet 8 W bei 22 V, und mit 16 Ω sind 5,3 W bei 24 V möglich. [Audio and Radio Products Databook, *SGS Thomson Microelectronics.*]

Verstärker mit Ausgangsleistungen von 10 bis 18 W

232. Komplementär symmetrischer Verstärker für 10 W

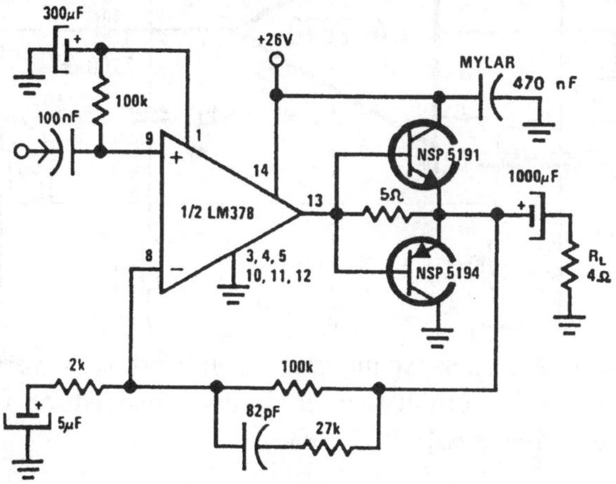

Spannungsgewinn: 34 dB. Die Übernahmeverzerrung bleibt gering, da unterhalb der Basisschwelle der Transistoren die Last durch die IS über einen 5-Ω-Widerstand angesteuert wird. [Audio-Radio Handbook, *National Semiconductor.*]

233. 10-W-Verstärker mit TBA 810 T

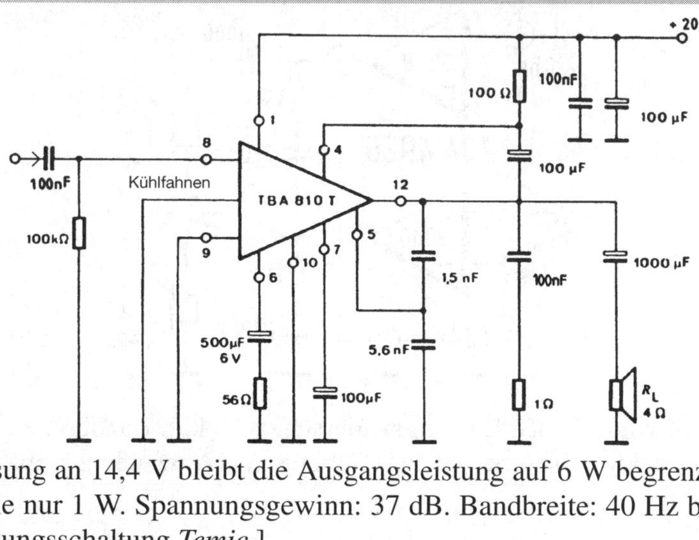

Bei Speisung an 14,4 V bleibt die Ausgangsleistung auf 6 W begrenzt. Mit 6 V beträgt sie nur 1 W. Spannungsgewinn: 37 dB. Bandbreite: 40 Hz bis 20 kHz. [Anwendungsschaltung *Temic.*]

234. 10-W-Verstärker mit TDA 2870

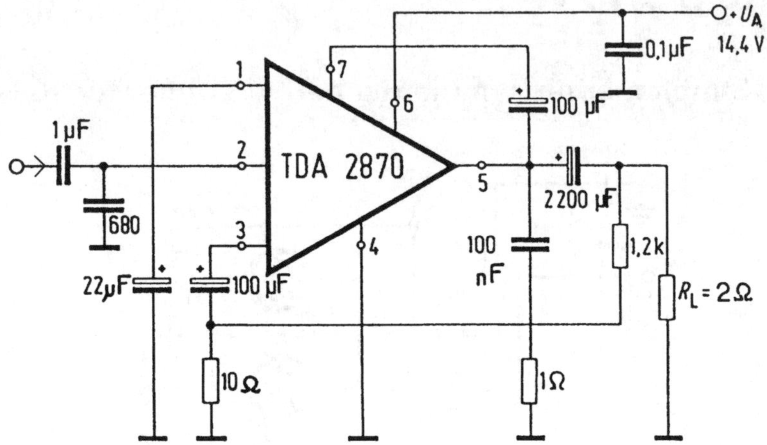

Die Schaltung kann für Speisespannungen von 5 bis 18 V verwendet werden. Bei 4-Ω-Last und 14,4 V erhält man eine Ausgangsleistung von 5,5 W. [Anwendungsschaltung *Siemens.*]

235. Stereoverstärker 2 x 10 W, mit TDA 4930

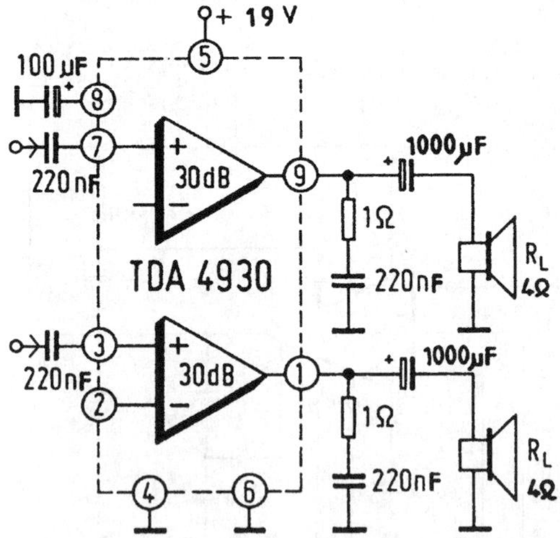

Spannungsgewinn: 30 dB. Eingangswiderstand: 20 kΩ. Bandbreite: 40 Hz bis 60 kHz. Klirrfaktor: 10% bei 10 W, 1% bei 8 W. [Anwendungsschaltung *Siemens.*]

236. Stereoverstärker 2 x 10 W, mit TDA 1510

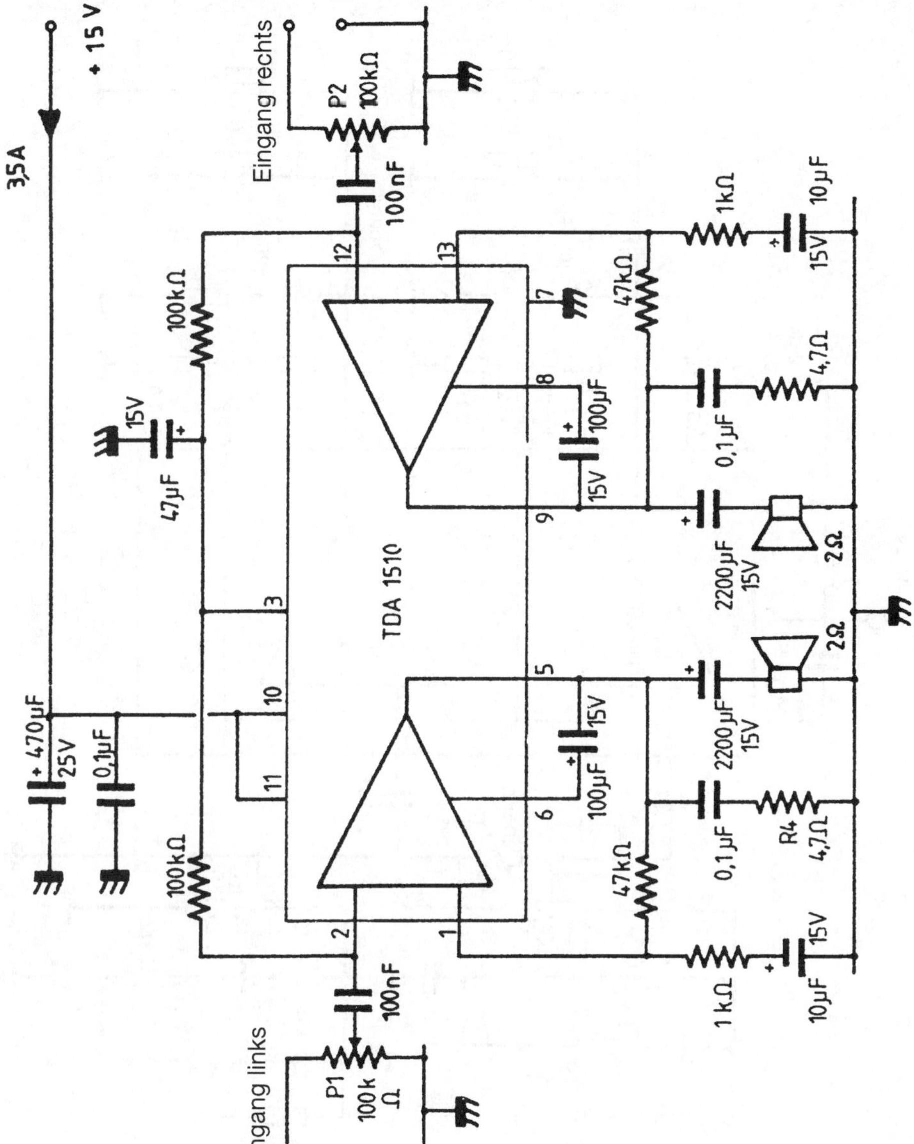

Spannungsgewinn: 33 dB. Bei 9 W am Ausgang erhält man einen Klirrfaktor von 0,4%. Ein Wert von 10% wird erst bei mehr als 12 W erreicht. [Anwendungsschaltung *Philips.*]

237. Stereoverstärker 2 x 10 W mit Klangkorrektur, TDA 2005 S

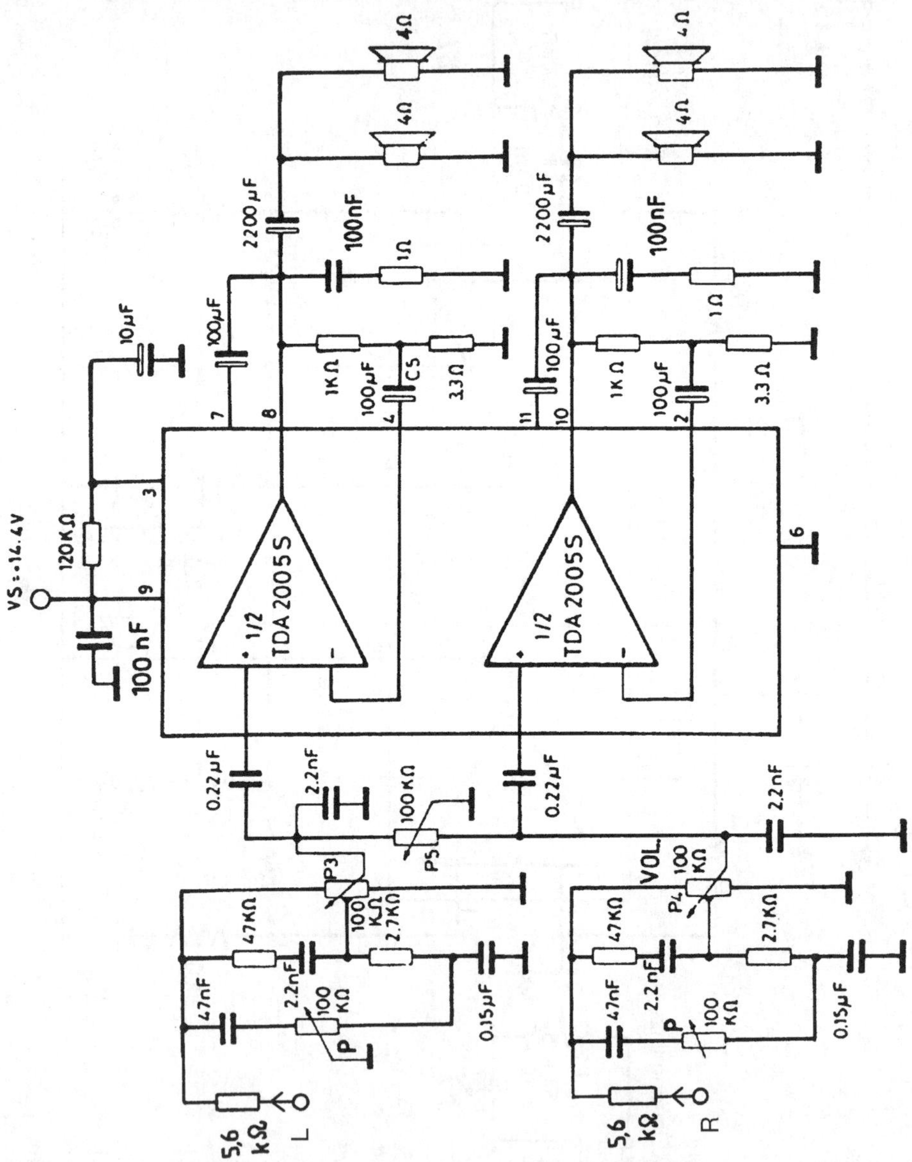

Bei Mittelstellung des Potentiometers P ist der Frequenzgang linear. Die Endstellungen bedingen eine Abschwächung (etwa 10 dB) der Höhen bzw. der Tiefen. [Audio and Radio Products Databook, *SGS Thomson Microelectronics.*]

238. Zweikanalverstärker (2 x 10 W) mit TDA 2005 S

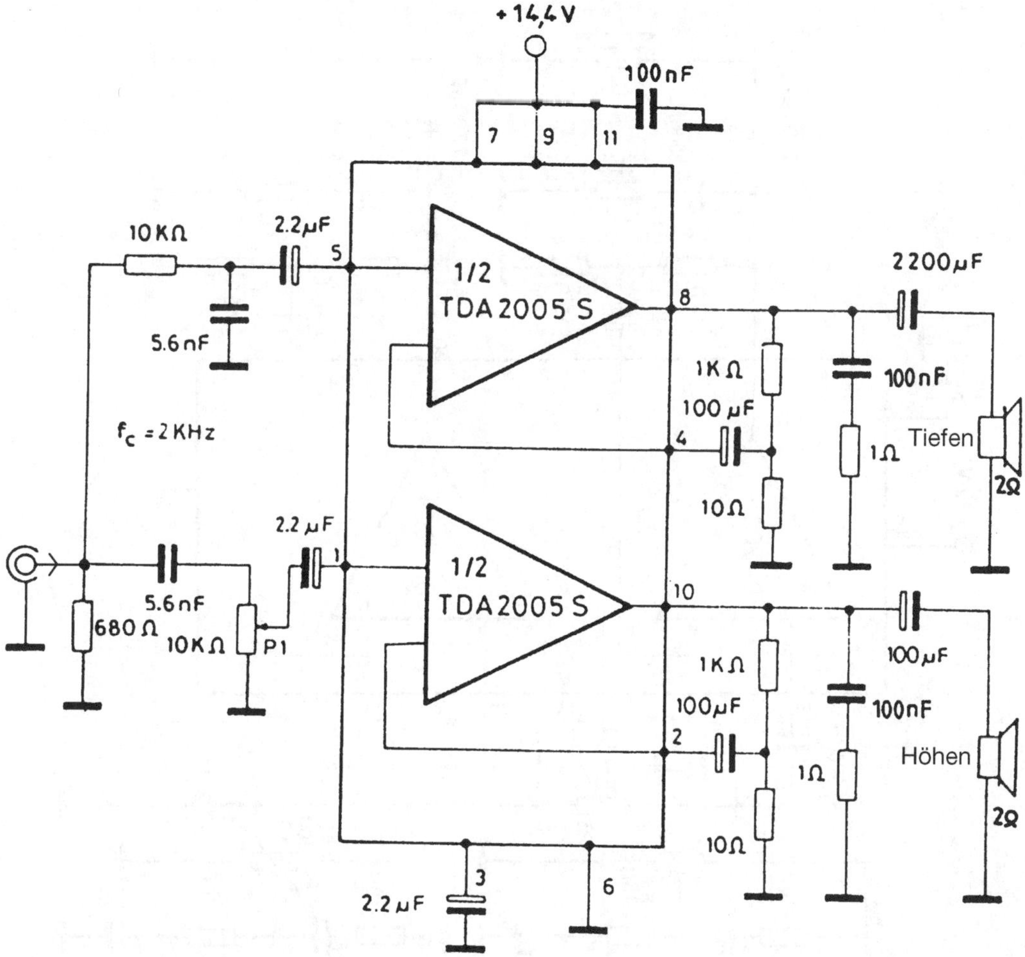

Getrennte Verstärkung für Hochton- und Tieftonlautsprecher. Die Übergangsfrequenz beträgt 2 kHz. Der Hochtonverstärker ist mit einer Verstärkungseinstellung ausgerüstet. [Audio and Radio Products Databook, *SGS Thomson Microelectronics.*]

239. Stereoverstärker 2 x 11 W mit Klangkorrektur, TDA 2009

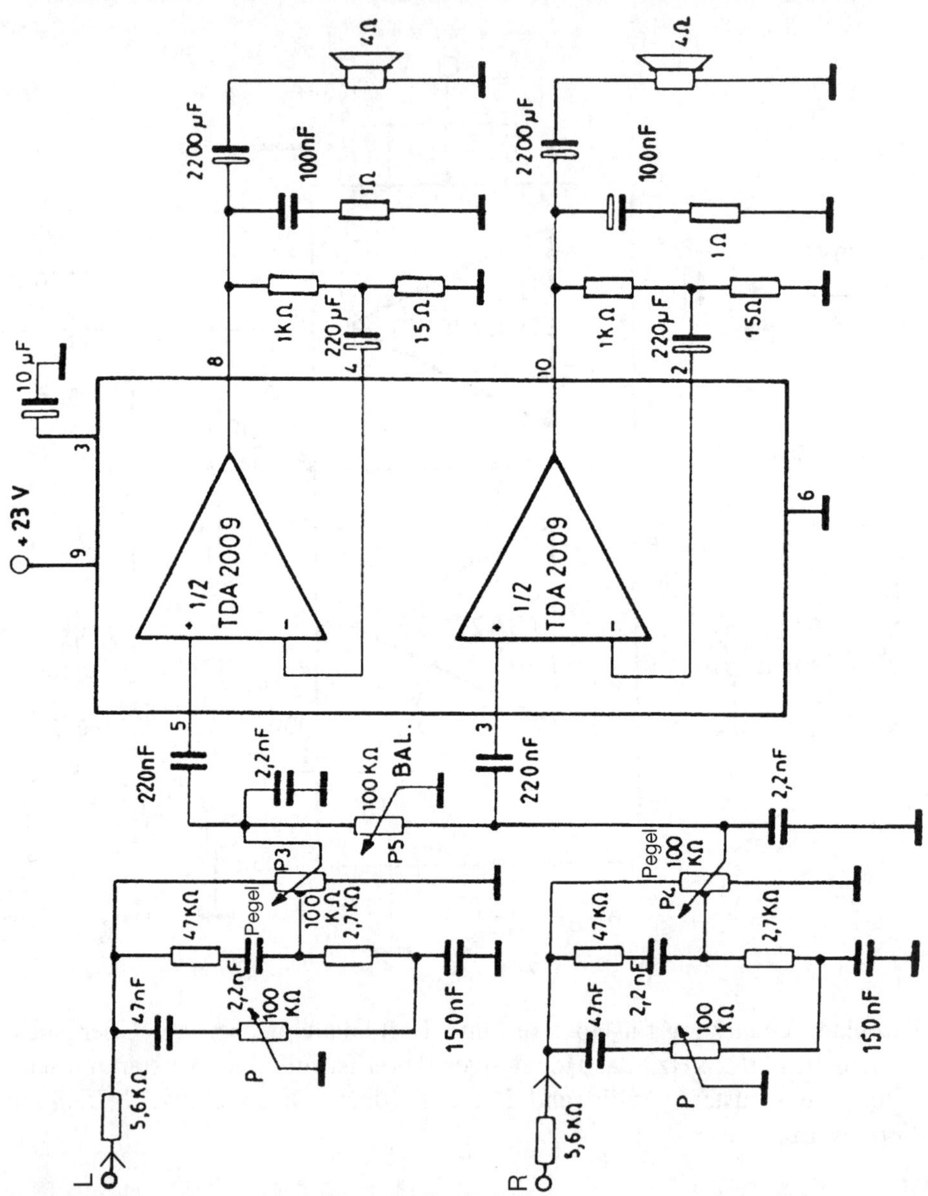

Bei Mittelstellung des Potentiometers P ist der Frequenzgang linear. Die Endstellungen bedingen eine Abschwächung (etwa 10 dB) der Höhen bzw. der Tiefen. [Audio and Radio Products Databook, *SGS Thomson Microelectronics*.]

240. Stereoverstärker 2 x 11 W mit TDA 2009

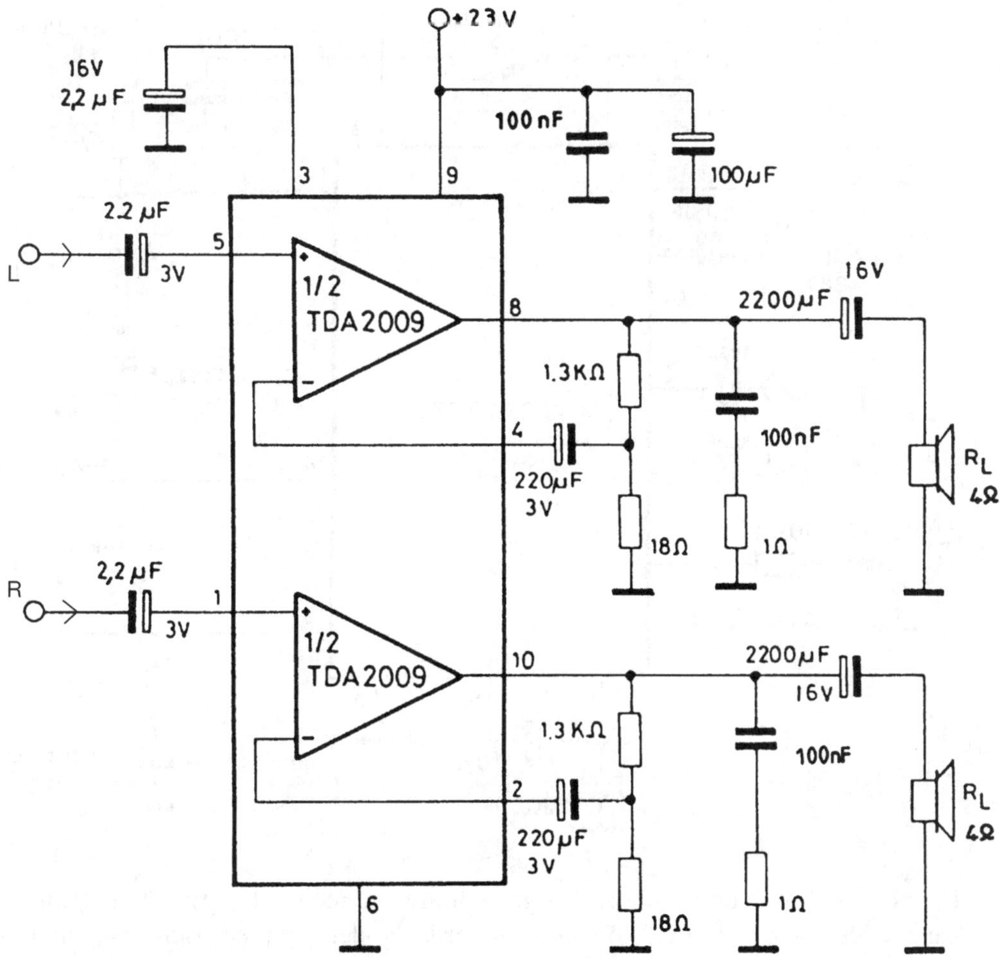

Bei Speisung an 23 V und einem Klirrfaktor von 0,5% ist die Ausgangsleistung jedes Kanals 6,5 W an einer Last von 8 Ω. Dasselbe gilt mit den Werten 18 V und 4 Ω. 4 W können mit 18 V und 8 Ω erhalten werden. Spannungsgewinn: 36 dB. Eingangswiderstand: > 70 kΩ. [Audio and Radio Products Databook, *SGS Thomson Microelectronics.*]

241. Zweikanal-Verstärker 11 W, mit TDA 7255

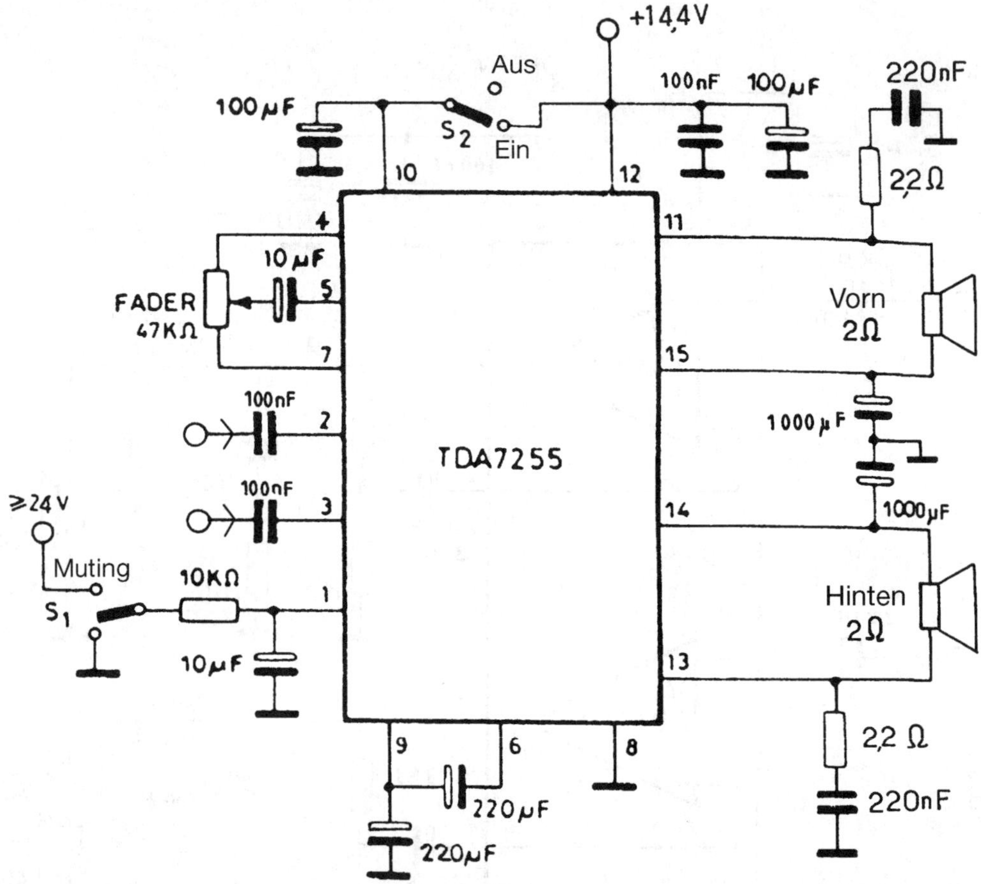

Für vor und hinter dem Zuhörer aufgestellte Lautsprecher. Die Eingänge (Eingangswiderstand > 70 kΩ) können symmetrisch oder asymmetrisch beschaltet werden. Das Fader-Potentiometer gestattet die Einstellung der Signalverteilung auf vorn und hinten. Spannungsgewinn: 28 dB. Klirrfaktor: < 0,5% bis 4 W. [Audio and Radio Products Databook, *SGS Thomson Microelectronics.*]

242. 12-W-Verstärker mit hohem Wirkungsgrad

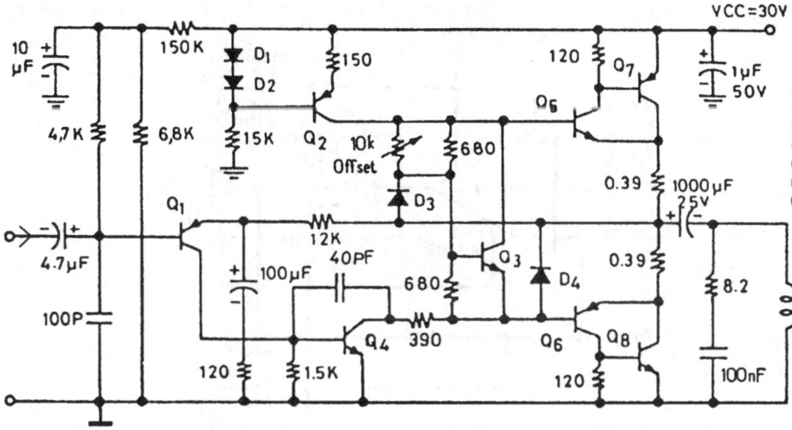

Die „Super-Kollektor-Schaltung" der Endstufen gestattet eine bessere Ausnutzung der Speiseenergie als bei Darlington-Transistoren. [Discrete Databook, *National Semiconductor.*]

243. Komplementär symmetrischer MOSFET-Verstärker für 12 W

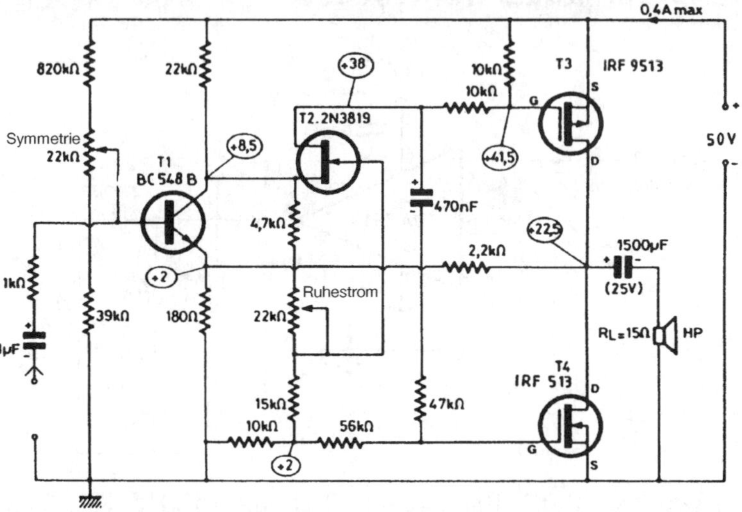

Begrenzungseinsatz bei 1 V_{eff} am Eingang. Ruhestrom: 25 mA. Bandbreite: 30 Hz bis 25 kHz. Die Kühlkörper der Endstufentransistoren müssen für eine Verlustleistung von 6 W ausgelegt sein.

244. Komplementär symmetrischer Verstärker für 12 W, LM 378

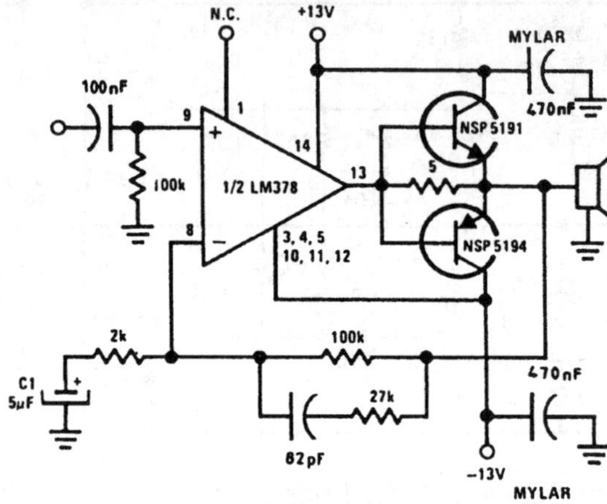

Doppelte Speisespannung, ± 13 V. Spannungsgewinn: 34 dB. Die Übernahmeverzerrung bleibt gering, da unterhalb der Basisschwelle der Transistoren die Last durch die IS über einen 5-Ω-Widerstand angesteuert wird. [Audio-Radio Handbook, *National Semiconductor.*]

245. 12-W-Verstärker mit TDA 1910

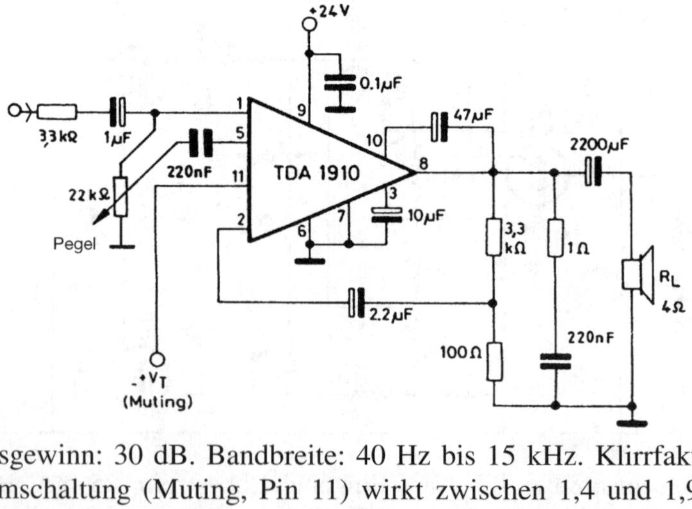

Spannungsgewinn: 30 dB. Bandbreite: 40 Hz bis 15 kHz. Klirrfaktor: 0,5%. Die Stummschaltung (Muting, Pin 11) wirkt zwischen 1,4 und 1,9 V sowie zwischen 4,7 und 6 V. [Audio and Radio Products Databook, *SGS Thomson Microelectronics.*]

246. 12-W-Verstärker mit Klangkorrektur, TDA 1910

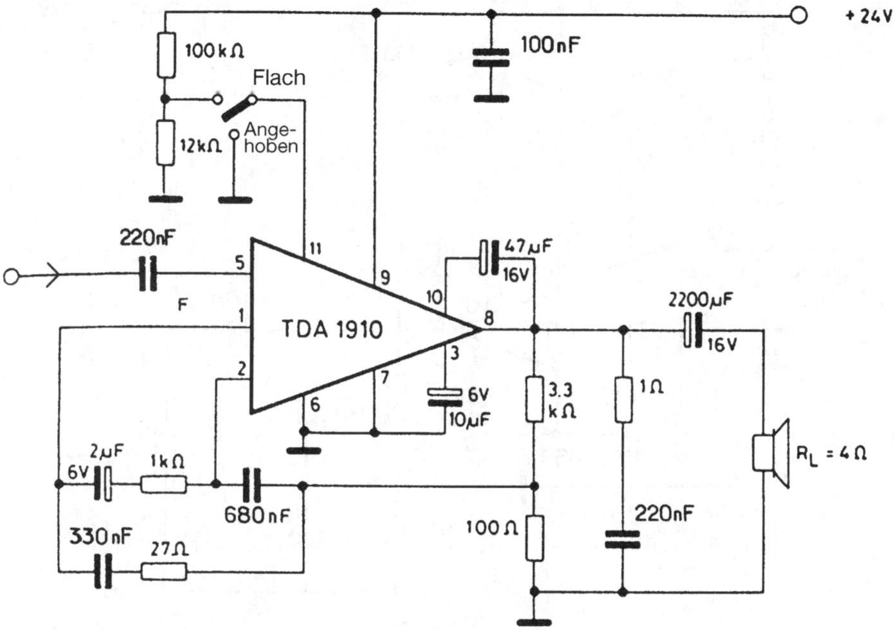

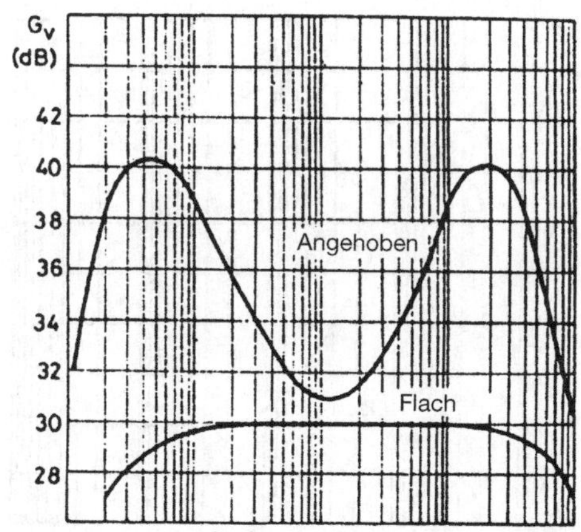

Bei dieser Variante zu Schaltung 245 wird der Eingang zur Stummschaltung (Muting) für eine Umschaltung benutzt, mit der man, entsprechend obiger Kurve, eine Anhebung an den Grenzen des Hörbereiches erhält. [Audio and Radio Products Databook, *SGS Thomson Microelectronics.*]

247. 12-W-Verstärker mit Tiefenkorrektur, TDA 1910

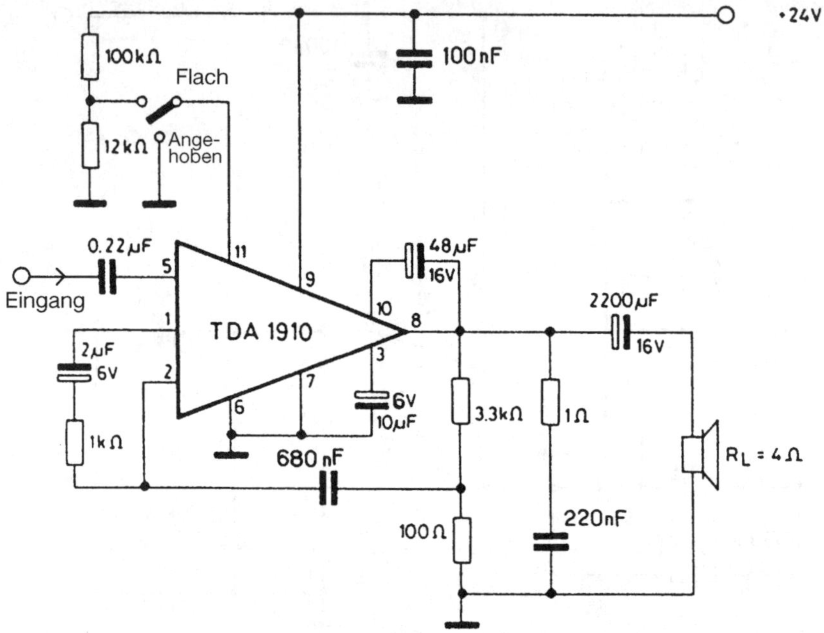

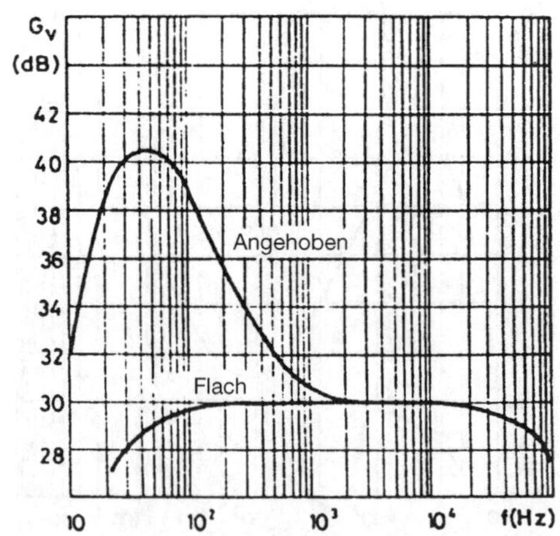

Bei dieser Variante zu Schaltung 245 wird der Eingang zur Stummschaltung (Muting) für eine Umschaltung benutzt, mit der man, entsprechend obiger Kurve, eine Anhebung der tiefen Töne erhält. [Audio and Radio Products Databook, *SGS Thomson Microelectronics.*]

248. 12-W-Verstärker mit Sanftstart, TDA 1910

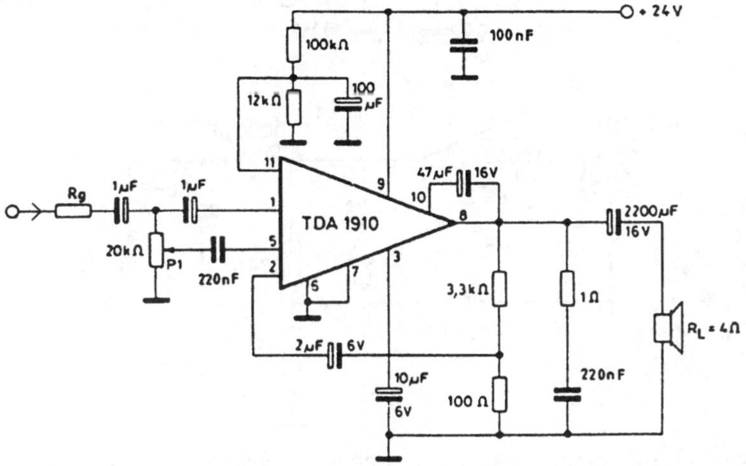

Bei dieser Variante zu Schaltung 245 wird der Eingang zur Stummschaltung (Muting) für eine Verzögerung benutzt, die geräuschfreies Einschalten gestattet. [Audio and Radio Products Databook, *SGS Thomson Microelectronics.*]

249. 12-W-Verstärker mit TDA 1910, ohne Stummschaltung

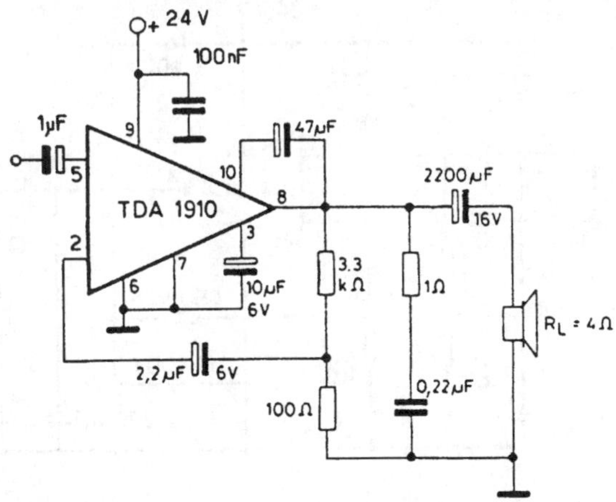

In dieser vereinfachten Schaltung bleibt Pin 11 offen. Bei Speisung mit 18 V erhält man bis zu 7 W bei einem Klirrfaktor von 0,5%. Mit einer Last von 8 Ω erreicht man 7,5 W bei Speisung an 24 V. [Audio and Radio Products Databook, *SGS Thomson Microelectronics.*]

250. 12-W-Verstärker mit TDA 2003

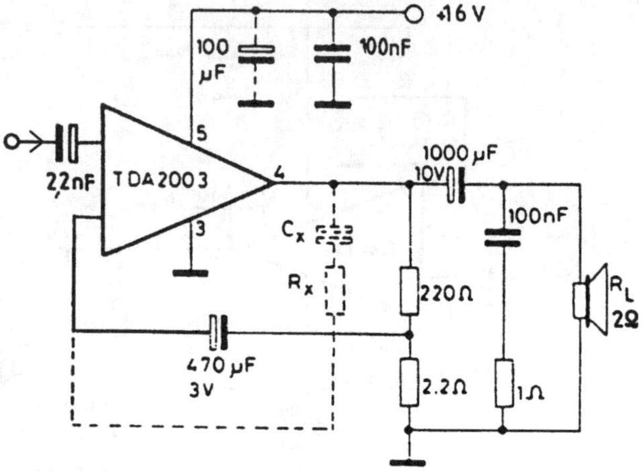

Bei Verwendung eines 4-Ω-Lautsprechers beträgt die Ausgangsleistung 6,5 W. Spannungsgewinn: 40 dB. C_X und R_X können zur Verminderung der oberen Grenzfrequenz eingesetzt werden. [Audio and Radio Products Databook, *SGS Thomson Microelectronics.*]

251. 12-W-Verstärker mit TDA 2006 und einer Speisequelle

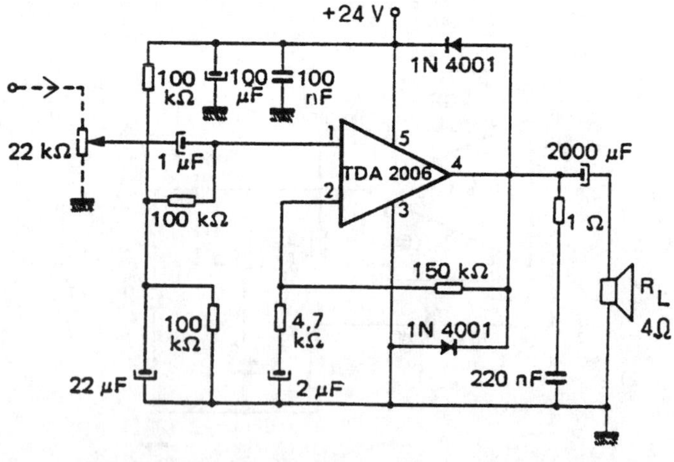

Bei einer Last von 8 Ω erhält man 8 W mit einem Klirrfaktor von 10%. Spannungsgewinn: 30 dB. Bandbreite: 20 Hz bis 100 kHz. Eingangswiderstand: > 500 kΩ. Stromaufnahme: 40 bis 850 mA. [Audio and Radio Products Databook, *SGS Thomson Microelectronics.*]

252. 12-W-Verstärker mit TDA 2006 und zwei Speisequellen

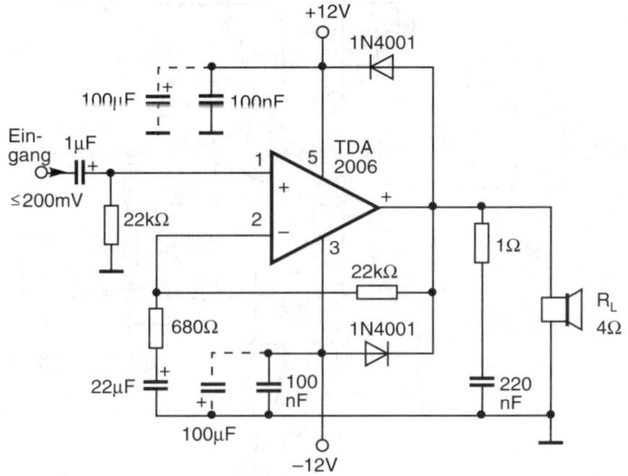

An einer Last von 8 Ω erhält man 8 W mit einem Klirrfaktor von 10%. Spannungsgewinn: 30 dB. Bandbreite: 20 Hz bis 100 kHz. Eingangswiderstand: > 500 kΩ. Stromaufnahme: 40 bis 850 mA. [Audio and Radio Products Databook, *SGS Thomson Microelectronics.*]

253. 12-W-Verstärker mit TDA 2008

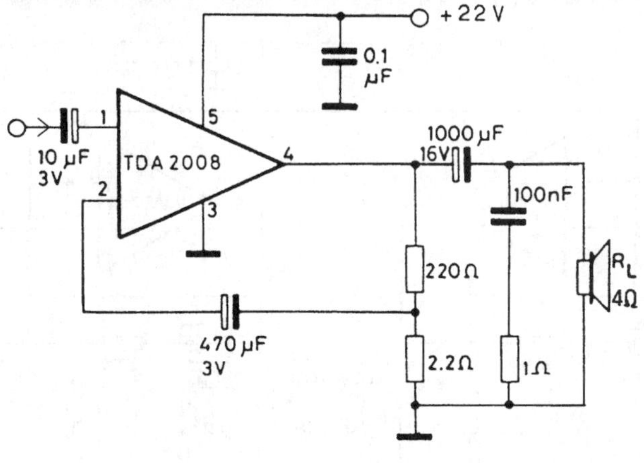

Bei einer Last von 8 Ω erhält man 8 W mit einem Klirrfaktor von 10%. Spannungsgewinn: 40 dB. Bandbreite: 40 Hz bis 15 kHz. Das an den Eingang rückgeführte Rauschen beträgt 1 µV und 60 pA. Bei einer Last von 4 Ω bleibt der Klirrfaktor < 1% zwischen 50 mW und 6 W. [Audio and Radio Products Databook, *SGS Thomson Microelectronics.*]

254. 12-W-Verstärker mit Tonkorrektur, TDA 1022 SP

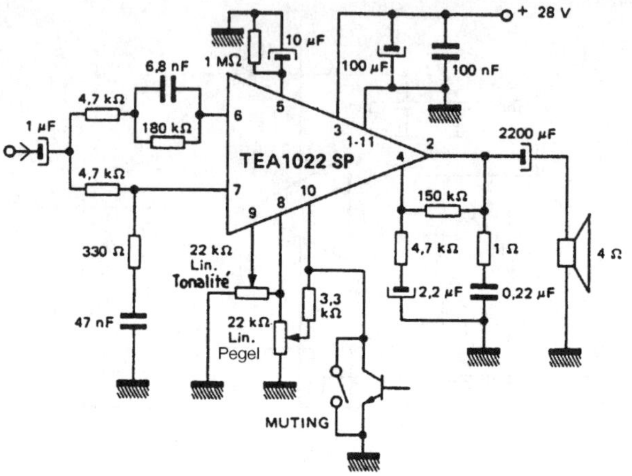

Klirrfaktor: 0,3%. Spannungsgewinn: 30 dB. Eingangswiderstand: 10 kΩ. Das Klangpotentiometer bewirkt auf seinen Endstellungen einen Unterschied von ±20 dB zwischen Tiefen (100 Hz) und Höhen (10 kHz). [Audio and Radio Products Databook, *SGS Thomson Microelectronics.*]

255. Stereoverstärker 2 x 12 W, TDA 2004

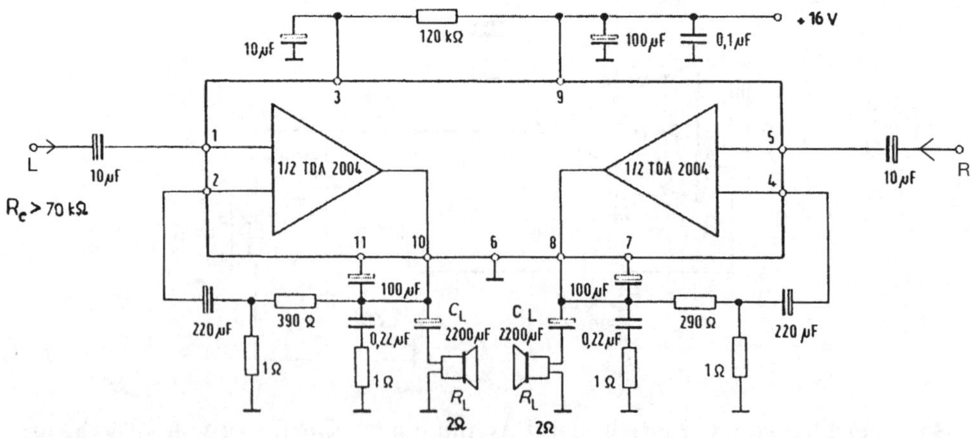

Spannungsgewinn: 30 dB. Bei Speisung an 12 V erhält man 2 x 7 W mit einem Klirrfaktor von 10%. Eine 4-Ω-Last gestattet 2 x 8 W bei Speisung mit 16 V und 2 x 4,5 W mit 12 V. [Audio and Radio Products Databook, *SGS Thomson Microelectronics.*]

256. Brückenverstärker 12 W, TDA 2007

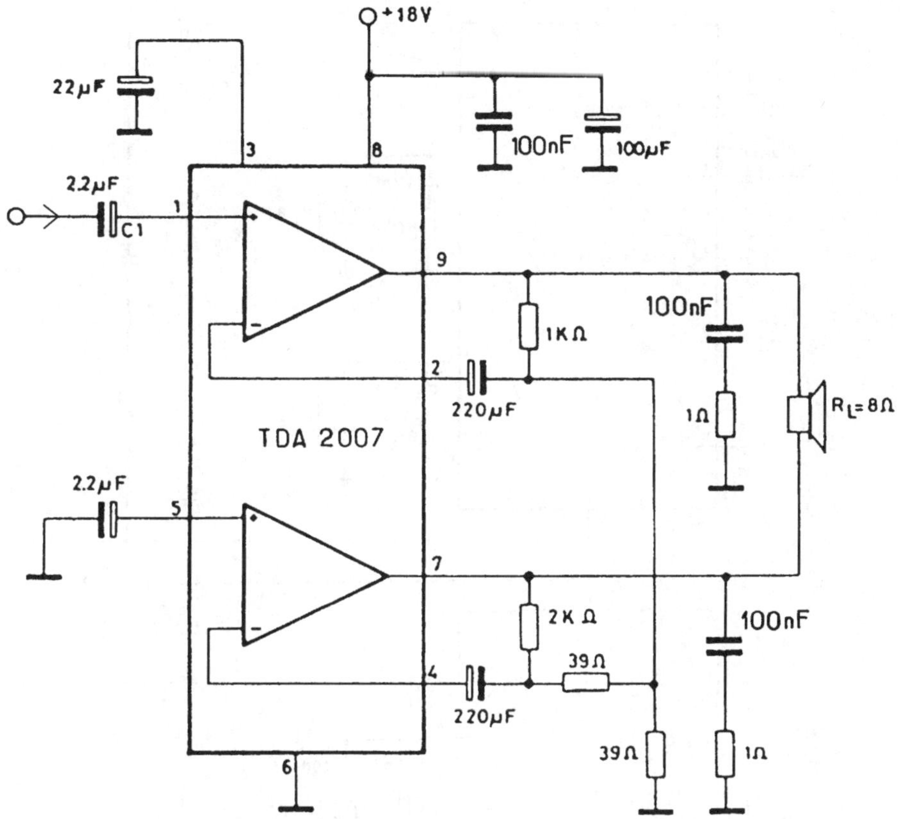

Klirrfaktor: 0,5%. Spannungsgewinn: 40 dB. Eingangswiderstand: > 70 kΩ. TDA 2007 kann auch als Stereo-Verstärker (2 x 6 W bei Speisung 18 V und 4-Ω-Last oder Speisung an 22 V und 8 Ω) eingesetzt werden. [Audio and Radio Products Databook, *SGS Thomson Microelectronics.*]

257. und 258. Stereoverstärker 2 x 12 W, TDA 1521

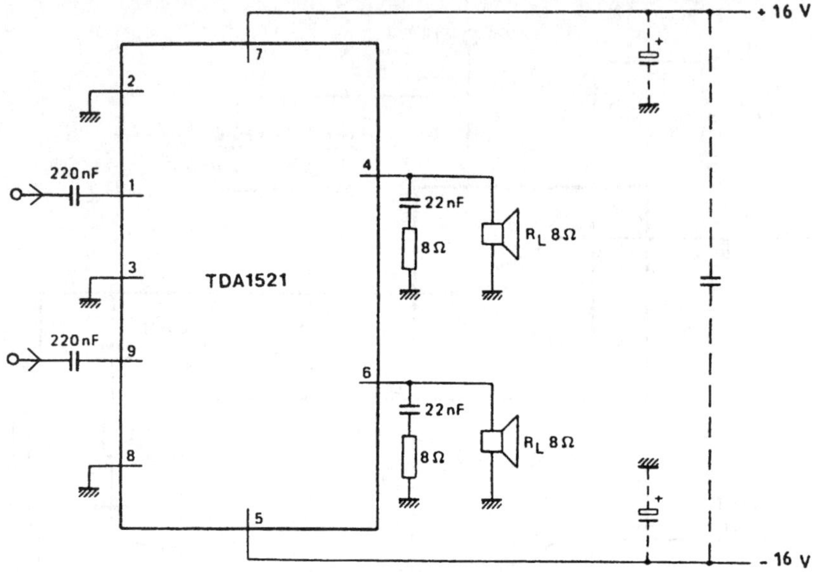

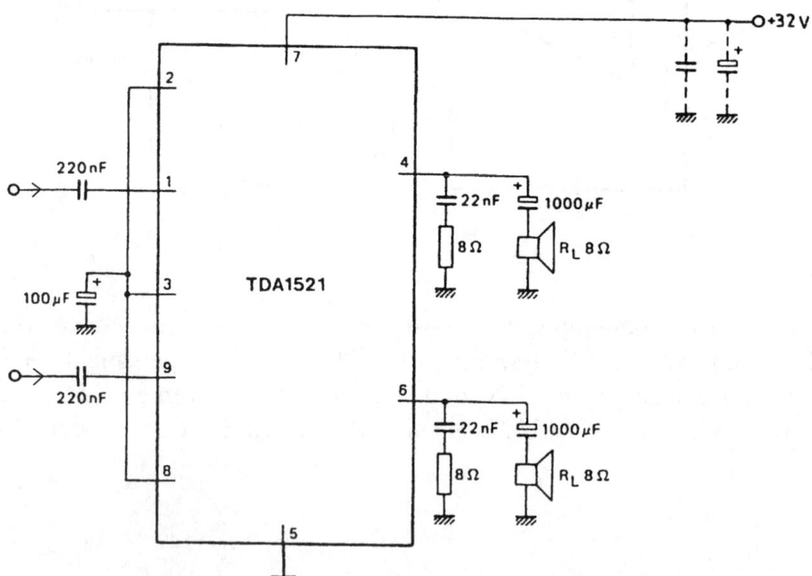

Schaltungen für eine oder zwei Speisequellen. Spannungsgewinn: 30 dB. Bandbreite: 20 Hz bis 20 kHz. Eingangswiderstand: 20 kΩ. Klirrfaktor bei 12 W: 0,5%. Ruhestrom: 50 mA. [Anwendungsschaltung *Philips.*]

259. Stereoverstärker 2 x 12 W, TDA 2005 S

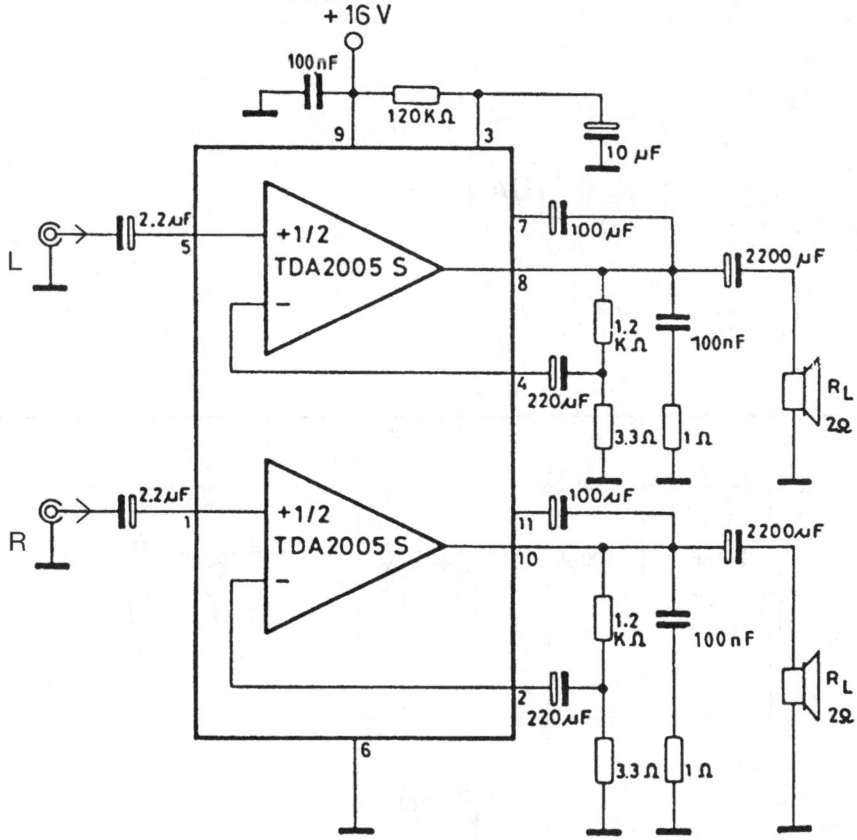

Bei Speisung an 14,4 V kann eine Ausgangsleistung von 10 W erreicht werden. Zwischen 50 mW und 6 W liegt der Klirrfaktor unter 1%. Bandbreite: 50 Hz bis 15 kHz. Spannungsgewinn: maximal 50 dB. Eingangswiderstand: > 70 kΩ. An den Eingang rückgeführte Rauschspannung: 1,5 µV. [Audio and Radio Products Databook, *SGS Thomson Microelectronics.*]

260. Stereoverstärker 2 x 12 W, TDA 4935

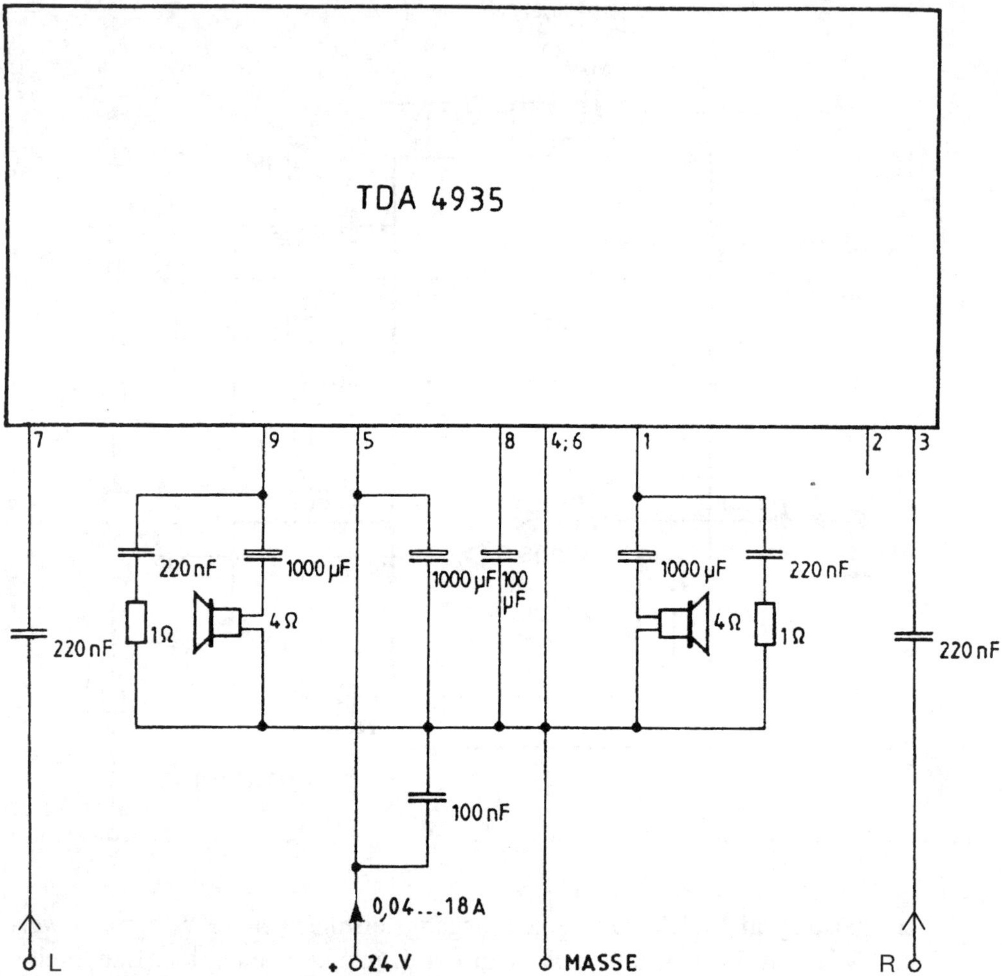

Spannungsgewinn: 30 dB. Bandbreite: 40 Hz bis 60 kHz. Klirrfaktor: < 1%. [Anwendungsschaltung *Siemens.*]

261. Hoher Wirkungsgrad und 12,5 W Ausgangsleistung

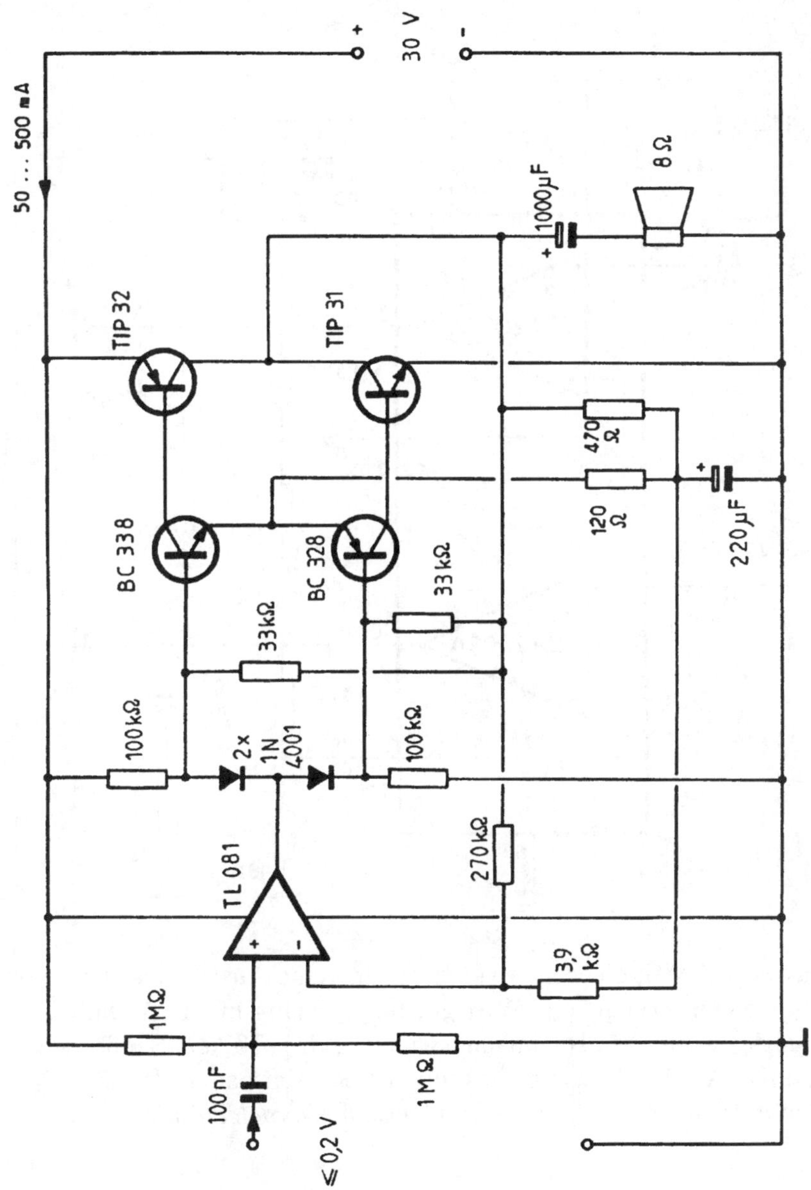

Die Ausgangstransistoren arbeiten in Emitterschaltung. Dadurch erhält man optimale Ausnutzung der Speisespannung. Auf gemeinsamem Kühlkörper kann Isolation der Transistoren der Endstufe entfallen.

262. Stereoverstärker für 2 x 12,5 W, TDA 2009 A

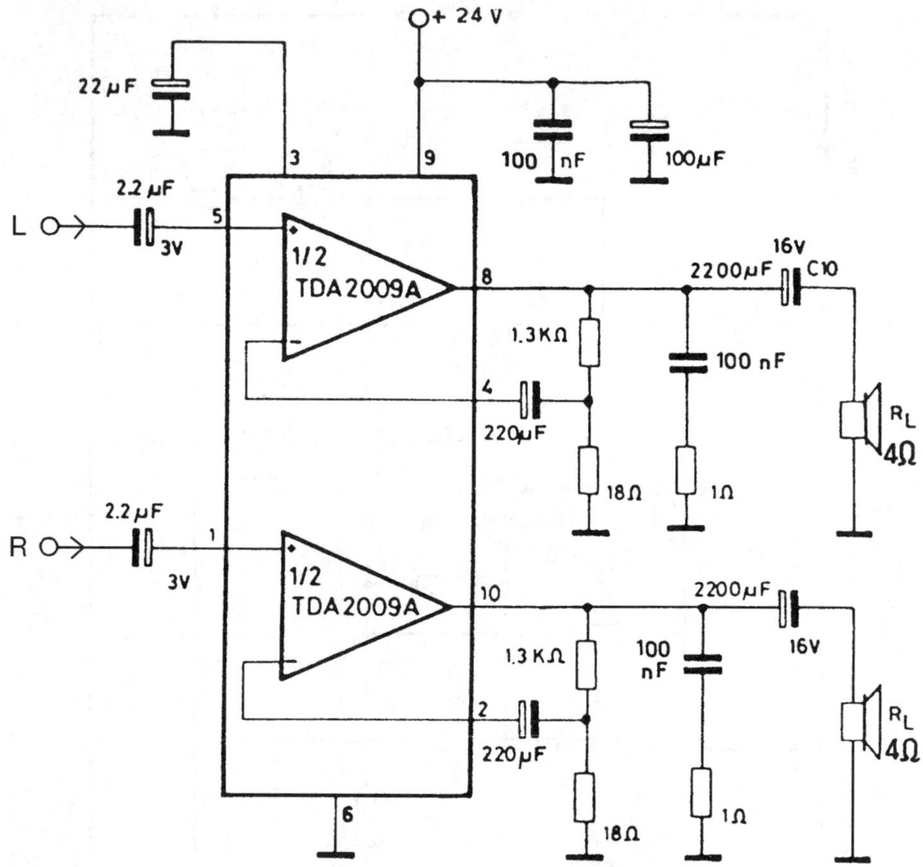

Klirrfaktor: 1%. Mit einer Last von 8 Ω kann eine Ausgangsleistung von 7 W erreicht werden. Der gleiche Wert gilt für Speisung mit 18 V und $R_L = 4\ \Omega$. Spannungsgewinn: 36 dB. Eingangswiderstand: > 70 kΩ. Bandbreite: 20 Hz bis 80 kHz. An den Eingang rückgeführte Rauschspannung: 1,5 µV. [Audio and Radio Products Databook, *SGS Thomson Microelectronics.*]

263. Stereoverstärker mit Klangkorrektur, 2 x 12,5 W, TDA 2009 A

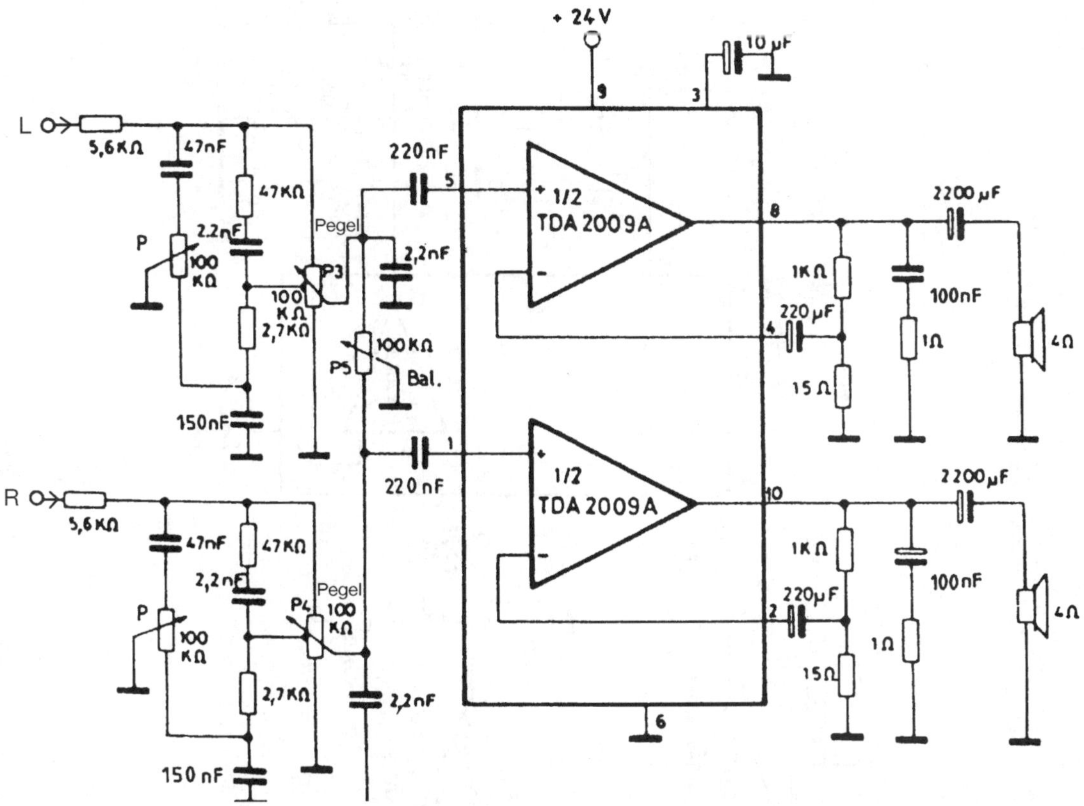

Bei Mittelstellung des Potentiometers P ist der Frequenzgang linear. In den Endstellungen werden entweder die Höhen oder die Tiefen um etwa 10 dB gedämpft. [Audio and Radio Products Databook, *SGS Thomson Microelectronics.*]

264. Aktive Lautsprecherweiche, 2 x 12,5 W, mit TDA 2009 A

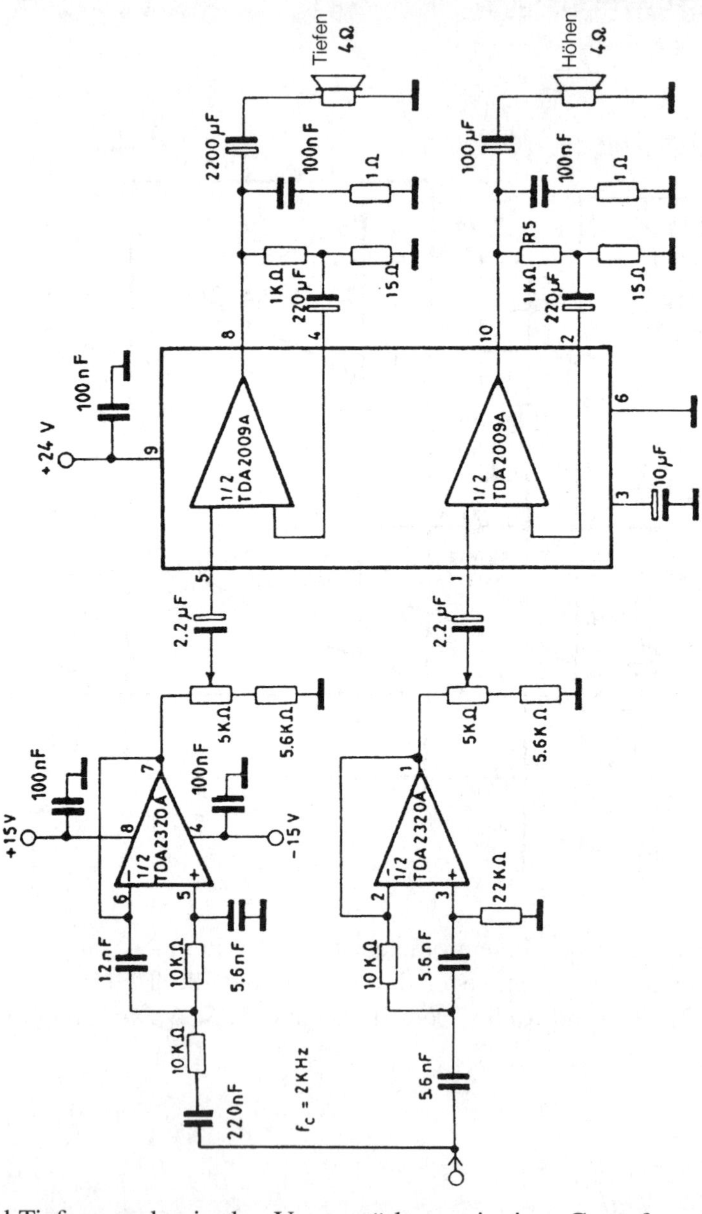

Höhen und Tiefen werden in den Vorverstärkern mit einer Grenzfrequenz von 2 kHz getrennt. Die Verstärkung kann für jeden Kanal gesondert eingestellt werden. [Audio and Radio Products Databook, *SGS Thomson Microelectronics.*]

265. 14-W-Verstärker mit TDA 2030

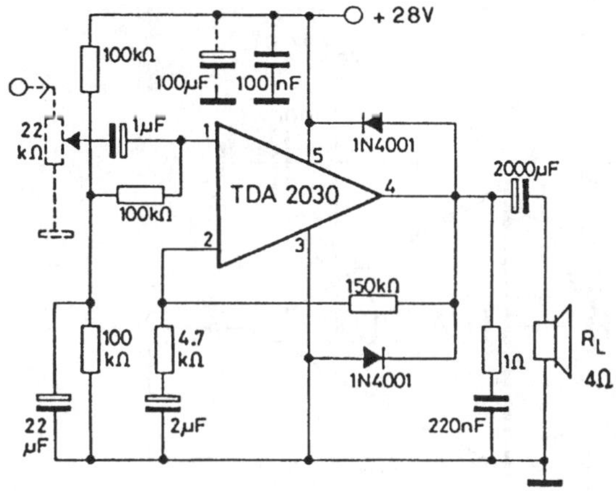

Klirrfaktor: 0,5%. Bei $R_L = 8\ \Omega$ beträgt die maximale Ausgangsleistung 9 W. Eingangswiderstand: > 500 kΩ. Spannungsgewinn: 30 dB. Bandbreite: 10 Hz bis 140 kHz. Rauschspannung am Eingang: 3 µV. [Audio and Radio Products Databook, *SGS Thomson Microelectronics.*]

266. 14-W-Verstärker mit zwei Speisequellen, TDA 2030

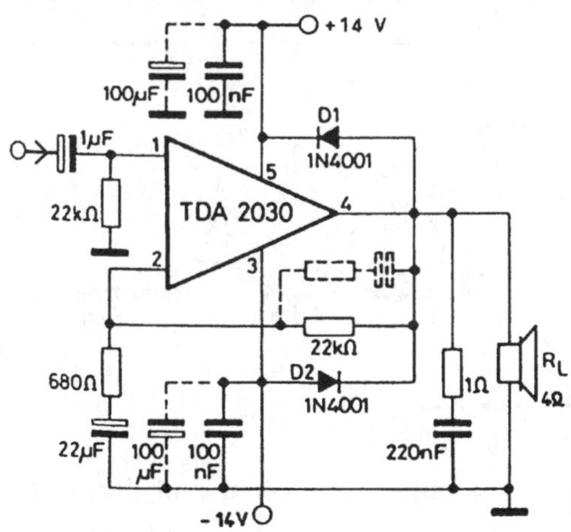

Die zu Schaltung 265 gemachten Angaben bleiben gültig. Die gestrichelt gezeichneten Bauteile (C = 680 pF, R = 2,2 kΩ) begrenzen die Höhen auf etwa 10 kHz. [Audio and Radio Products Databook, *SGS Thomson Microelectronics.*]

267. 15-W-Verstärker mit TDA 3000

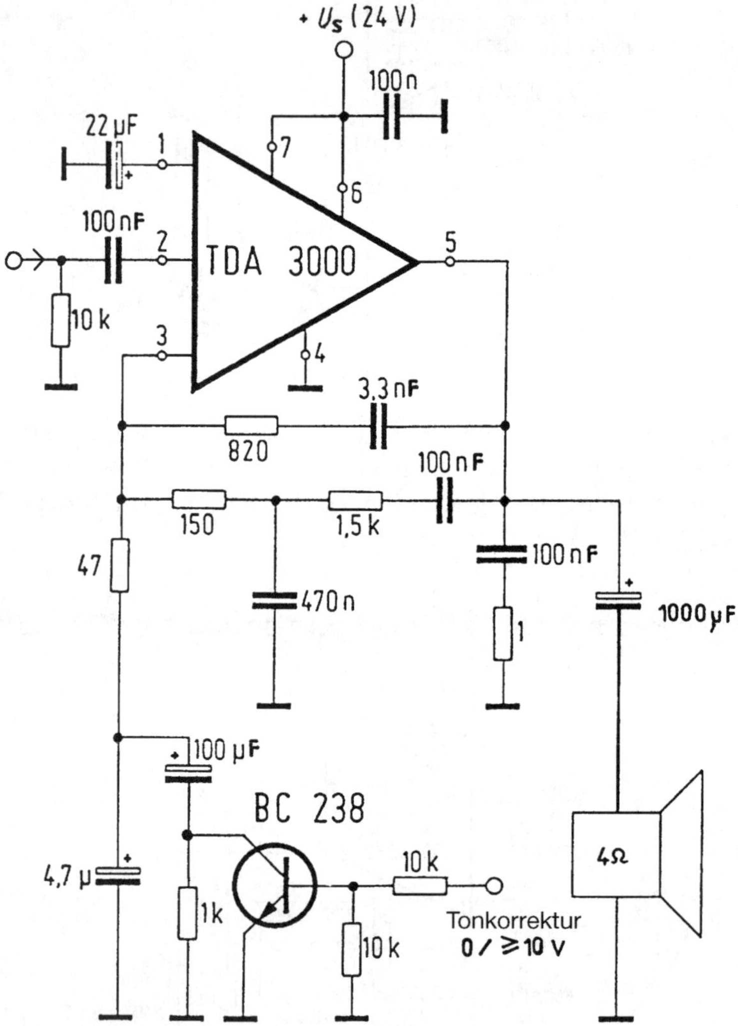

Die Klangkorrektur (Anhebung der Höhen und der Tiefen um etwa 10 dB) kann abgeschaltet werden, indem man mindestens 10 V an den Umschalteingang legt. [Anwendungsschaltung *Siemens*.]

268. Quasi-komplementärer 16-W-Verstärker

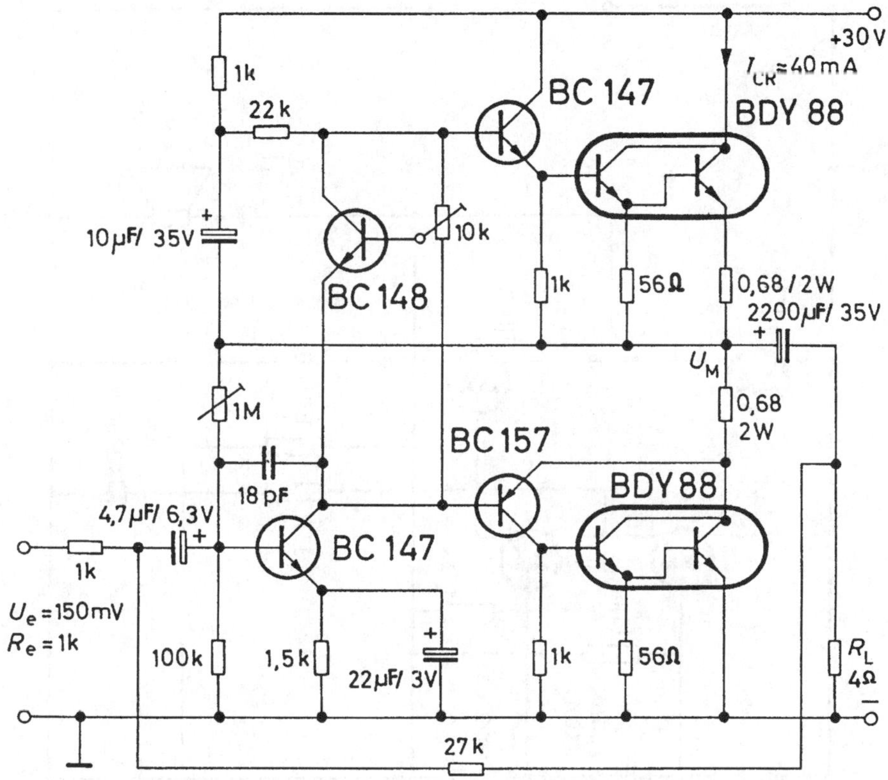

Klirrfaktor: 1% bei 16 W. Eingangswiderstand: 1 kΩ. Das Gehäuse des BC 148 ist thermisch mit dem Kühlkörper der Endstufe zu verbinden. [Anwendungsschaltung *Siemens.*]

269. 17-W-Verstärker mit hohem Wirkungsgrad

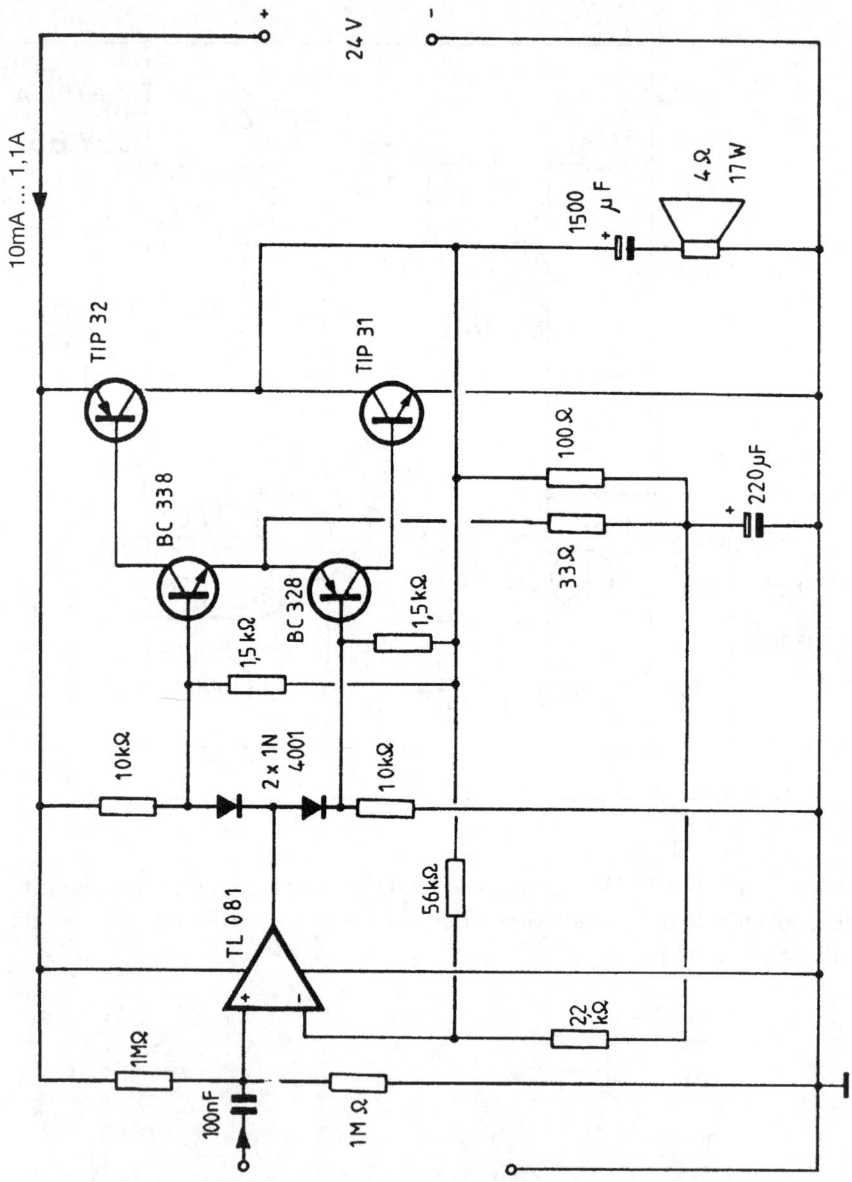

Geringer Klirrfaktor durch starke Gegenkopplung. Bei Kurzschluß am Lautsprecher kippt die Schaltung in einen nahezu gesperrten Zustand. [*Electronique Applications*, Paris, Nr. 62, Seite 77.]

270. Quasi-komplementärer 18-W-Verstärker

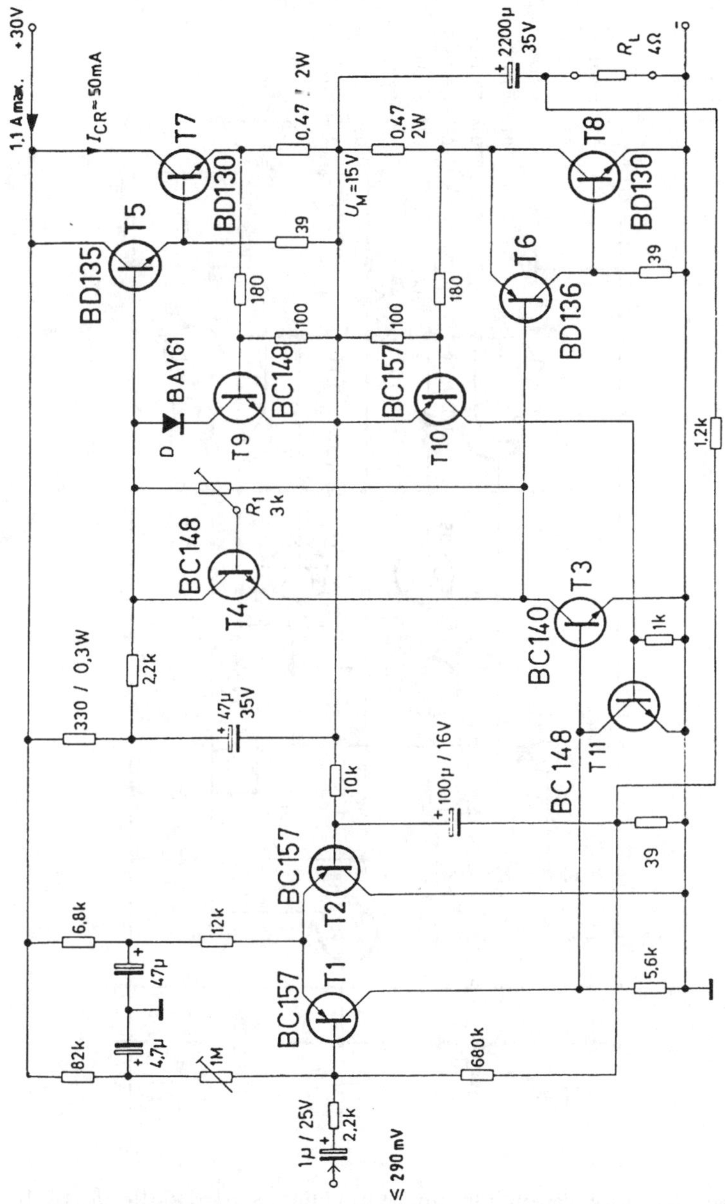

Kurzschlußsicher. Klirrfaktor: < 0,5% bei 16 W, Eingangsspannung 290 mV. [Anwendungsschaltung *Siemens*.]

271. Quasi-komplementärer 18-W-Verstärker, hoher Wirkungsgrad

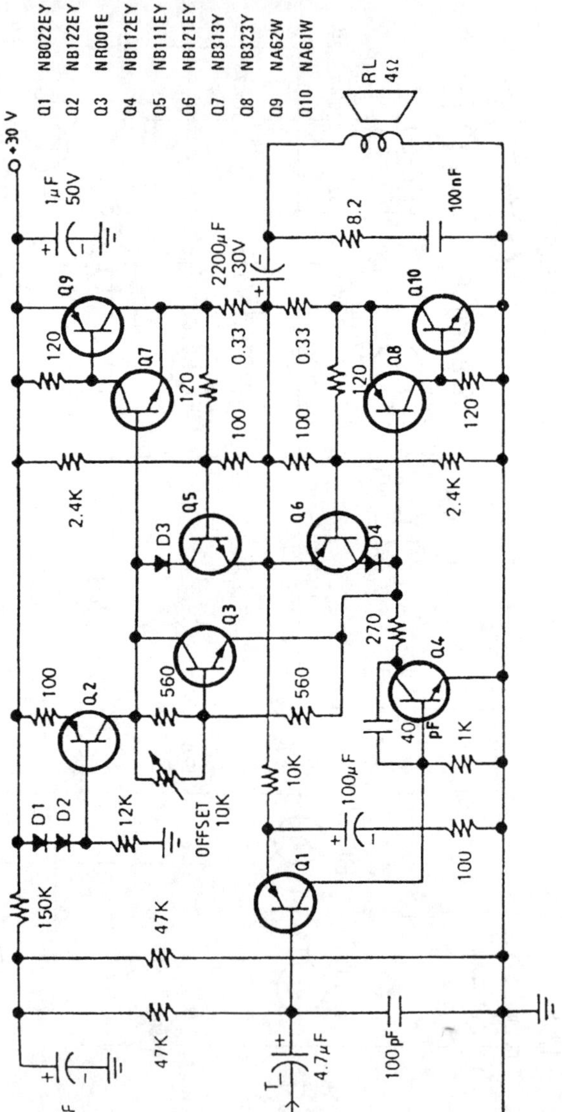

Überlastungsschutz durch Q5 und Q6. Die „Super-Kollektor-Schaltung“ im Ausgang gewährt einen besseren Wirkungsgrad als Darlington-Transistoren. [Discrete Databook, *National Semiconductor.*]

272. 18-W-Verstärker mit hohem Wirkungsgrad

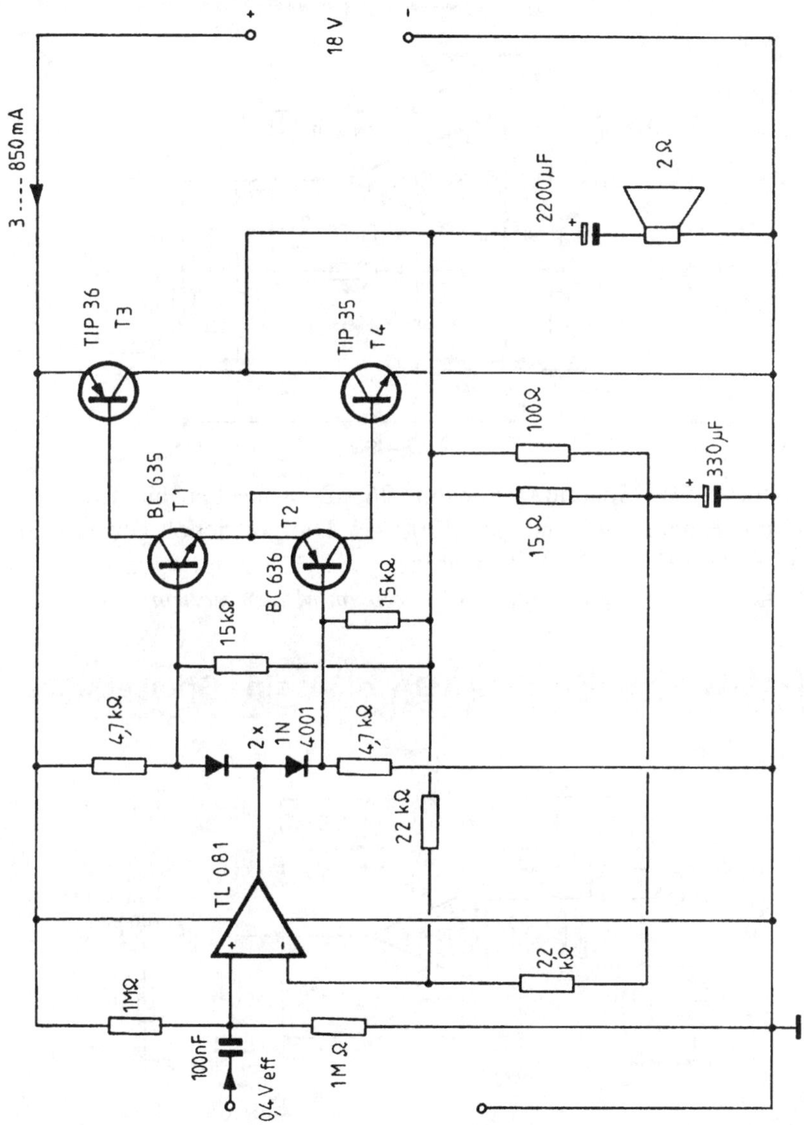

Geringer Klirrfaktor durch starke Gegenkopplung. Kurzschlußsicher. Spannungsgewinn: 15 dB. Bei Speisung an 12 V erhält man eine maximale Ausgangsleistung von 7,5 W. [Electronique Applications, Paris, Nr. 62, Seiten 77 bis 82.]

273. 18-W-Verstärker mit TDA 2030, zwei Speisequellen

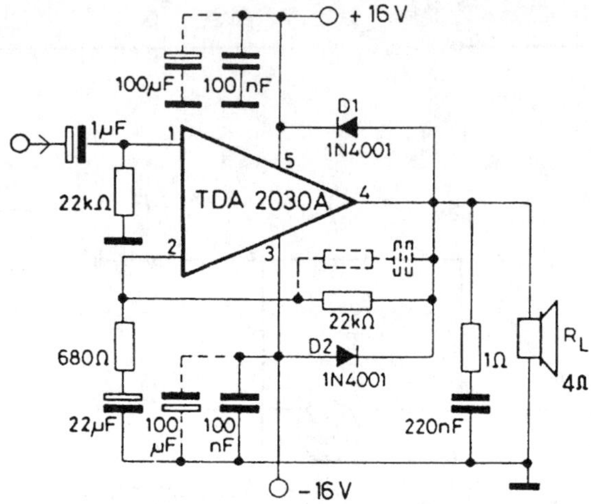

Klirrfaktor: 0,5%. Spannungsgewinn: 26 dB. Rauschen am Eingang: 2 µV und 50 pA. Eingangswiderstand: > 500 kΩ. Die gestrichelt gezeichneten Bauteile (C = 680 pF, R = 2,2 kΩ) begrenzen die Höhen auf etwa 10 kHz. [Audio and Radio Products Databook, *SGS Thomson Microelectronics.*]

274. 18-W-Verstärker mit TDA 2030, eine Speisequelle

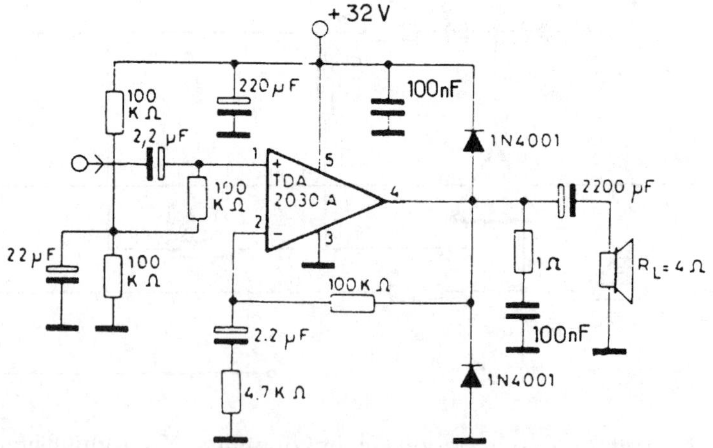

Die zu Schaltung 273 gemachten Angaben bleiben gültig. Bei R_L = 8 Ω und 0,5% Klirrfaktor beträgt die Ausgangsleistung 12 W. Bei Speisung mit 38 V können 16 W an 8 Ω erhalten werden.

275. Brückenverstärker für 18 W, 2 x TDA 2003

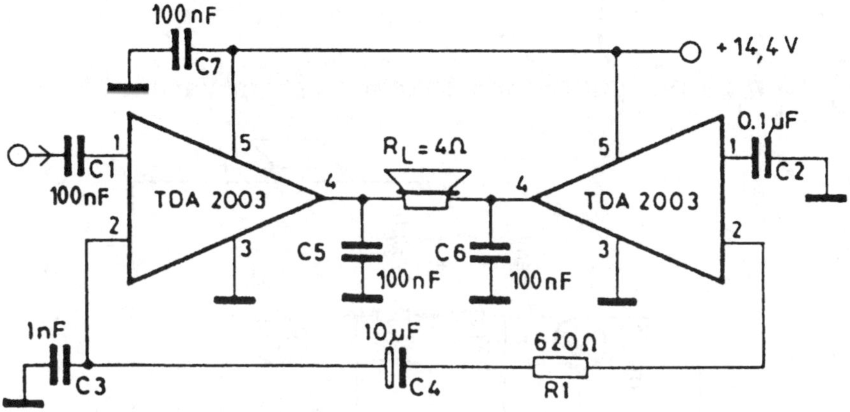

Eingangswiderstand: > 70 kΩ. Beiderseits kurzschlußsicher. [Audio and Radio Products Databook, *SGS Thomson Microelectronics.*]

276. Brückenverstärker für 18 W, TDA 2009

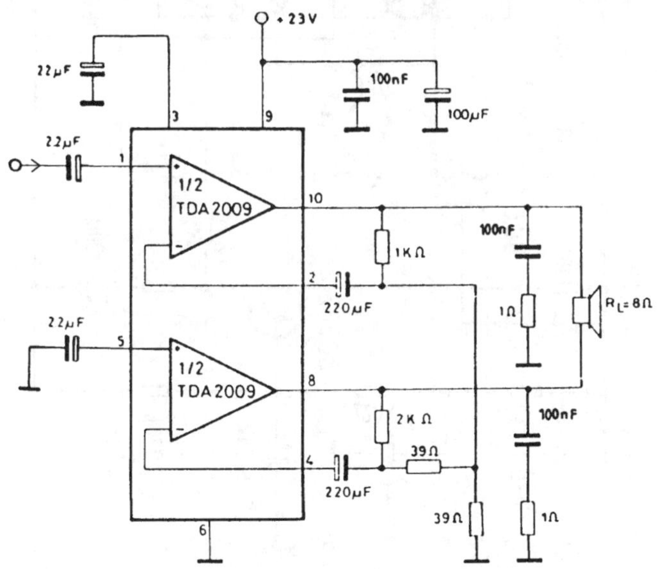

Klirrfaktor: 0,5%. Spannungsgewinn 40 dB. Eingangswiderstand: > 70 kΩ. Bandbreite: 20 Hz bis 80 kHz. [Audio and Radio Products Databook, *SGS Thomson Microelectronics.*]

Verstärker mit Ausgangsleistungen von 20 bis 50 W

277. Komplementär symmetrischer Verstärker für 20 W

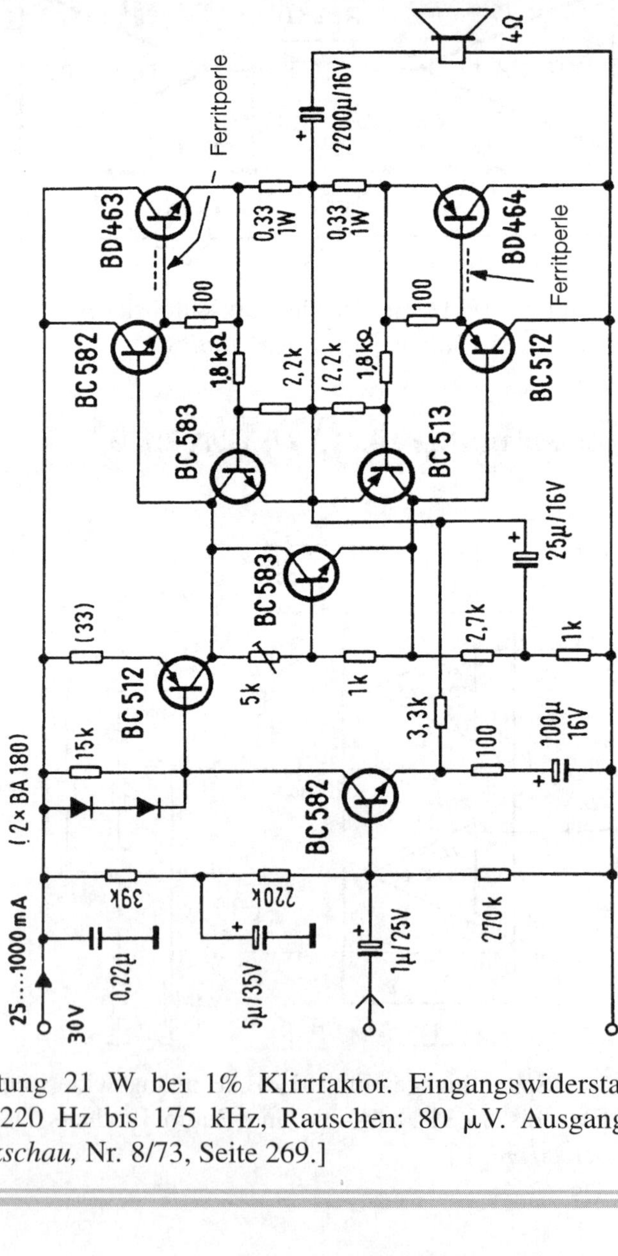

Maximalleistung 21 W bei 1% Klirrfaktor. Eingangswiderstand: 120 kΩ. Bandbreite: 220 Hz bis 175 kHz, Rauschen: 80 µV. Ausgang kurzschlußsicher. [*Funkschau,* Nr. 8/73, Seite 269.]

278. Komplementär symmetrischer Verstärker für 20 W

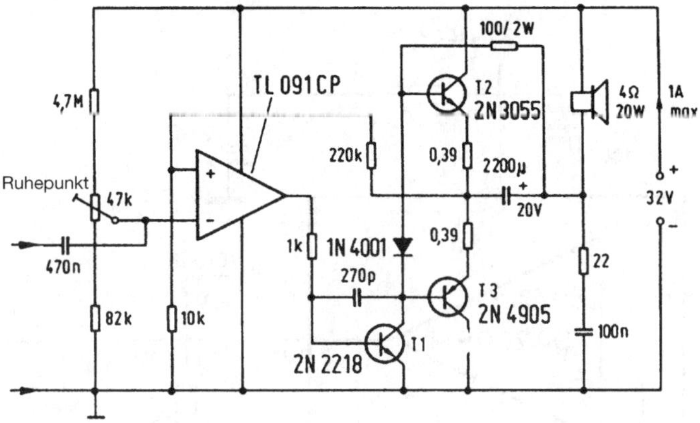

Eingangswiderstand: 80 kΩ. Der 2 N 2218 ist mit einem aufsteckbaren Kühlkörper zu versehen. Die Kühlkörper der Ausgangstransistoren sind für eine Verlustleistung von 6 W auszulegen. Bei Speisung an 24 V beträgt die maximale Ausgangsleistung 10 W.

279. 20-W-Verstärker mit TDA 1520 A

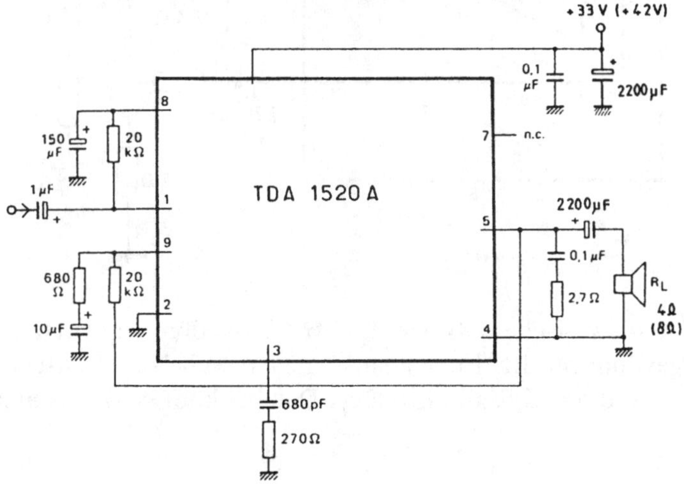

Die Speisung an 33 V gilt für $R_L = 4\ \Omega$, die an 42 V für 8 Ω. Spannungsgewinn: 30 dB. Bandbreite: 20 Hz bis 20 kHz. Eingangswiderstand: 20 kΩ. Klirrfaktor bei 20 W: 0,5%. Ruhestrom: 70 mA. [Audio and Radio Products Databook, *SGS Thomson Microelectronics.*]

280. Brückenverstärker für 20 W, TDA 2005 S

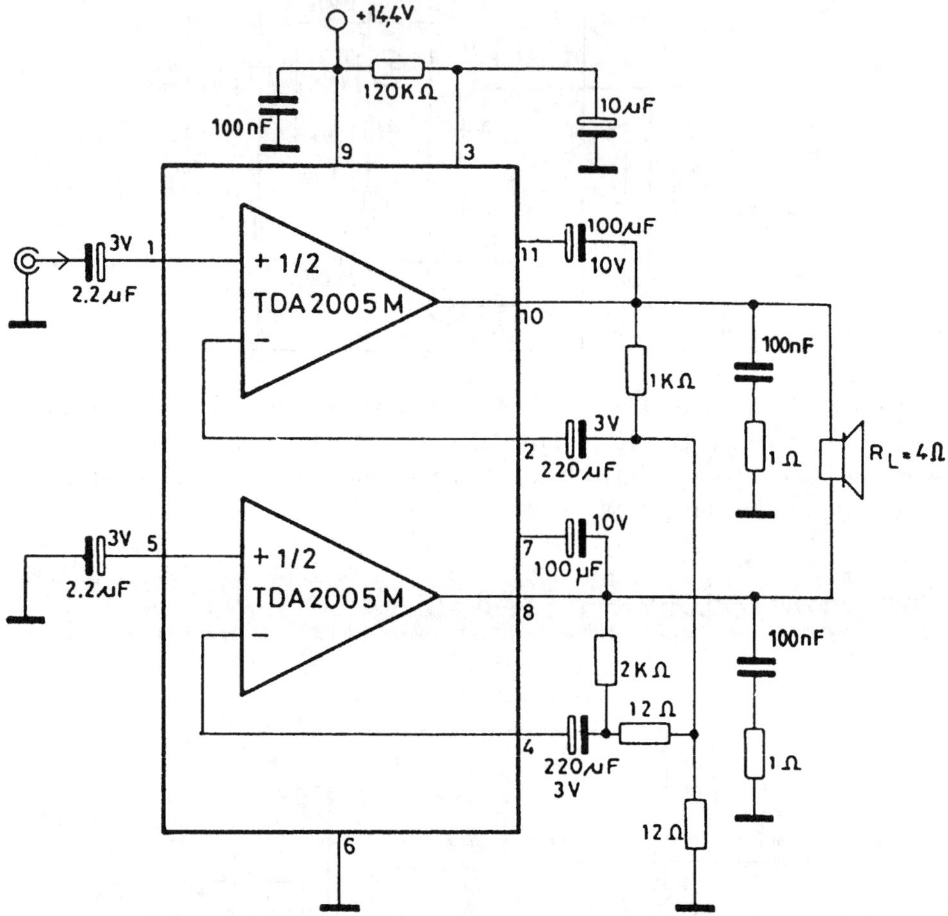

Klirrfaktor < 1% zwischen 50 mW und 6 W. Bandbreite: 50 Hz bis 15 kHz. Spannungsgewinn: 50 dB. Eingangswiderstand > 70 kΩ. Rauschen am Eingang: 3 µV. [Audio and Radio Products Databook, *SGS Thomson Microelectronics.*]

281. Brückenverstärker für 20 W, TDA 2005 M

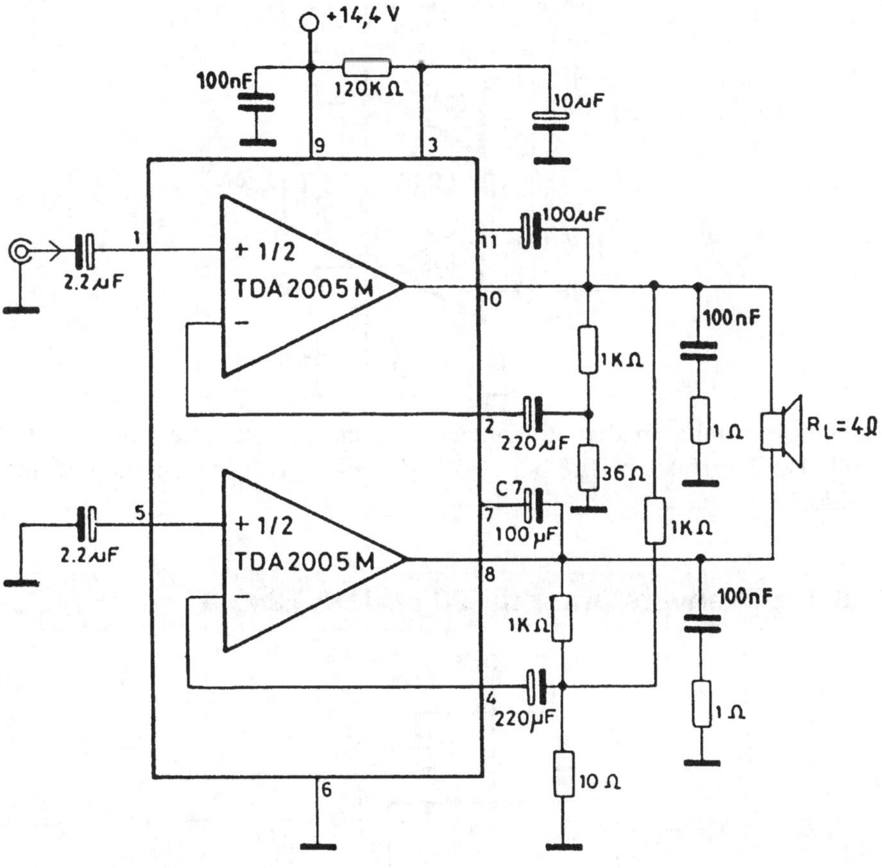

Erhöhte Gegenkopplung, gegenüber Schaltung 280, ergibt einen kleineren Spannungsgewinn (34 dB) und geringere Verzerrungen. [Audio and Radio Products Databook, *SGS Thomson Microelectronics.*]

282. Brückenverstärker für 20 W, TDA 4930

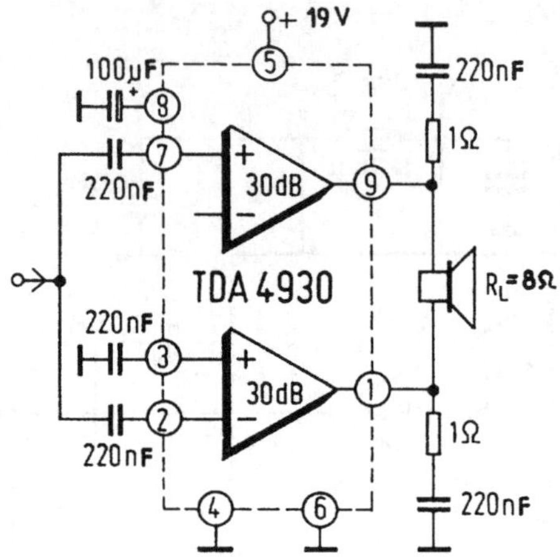

Spannungsgewinn: 36 dB. Eingangswiderstand: 20 kΩ. Bandbreite: 40 Hz bis 60 kHz. Klirrfaktor: 10% bei 20 W, 1% bei 16 W. [Anwendungsschaltung *Siemens.*]

283. Brückenverstärker für 20 W, TDA 7240 A

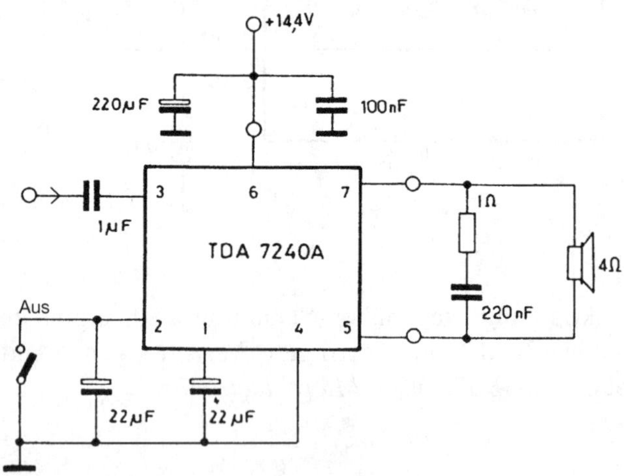

Bei Klirrfaktor < 0,5% beträgt die Ausgangsleistung 12 W an 4 Ω oder 6 W an 8 Ω. Spannungsgewinn: 40 dB. Eingangswiderstand: > 70 kΩ. Bandbreite: 30 Hz bis 25 kHz. [Audio and Radio Products Databook, *SGS Thomson Microelectronics.*]

284. 22-W-Verstärker mit hohem Wirkungsgrad

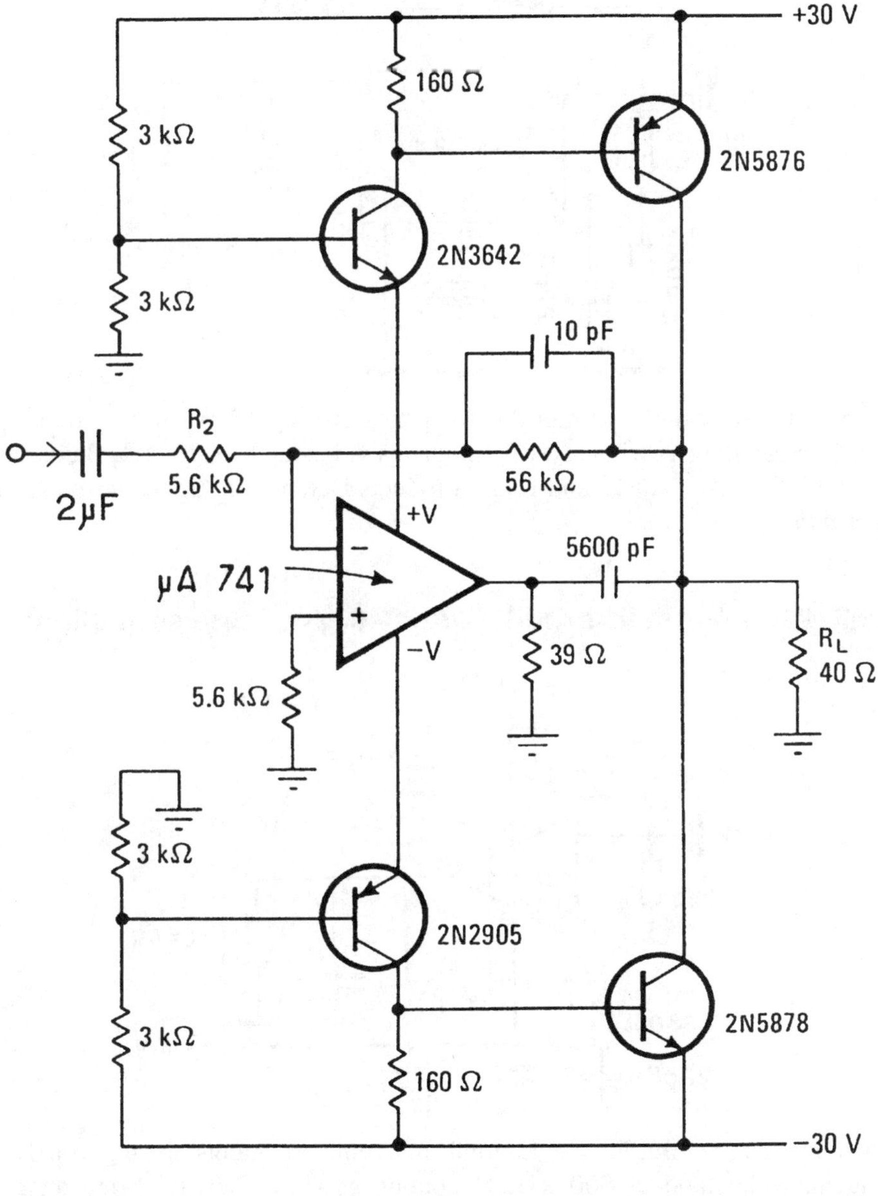

Die Transistorstufen werden durch den Speisestrom des Operationsverstärkers gesteuert. Spannungsgewinn: 20 dB. Bandbreite: 25 Hz bis 30 kHz.

285. Brückenverstärker für 20 W, TDA 7241 A

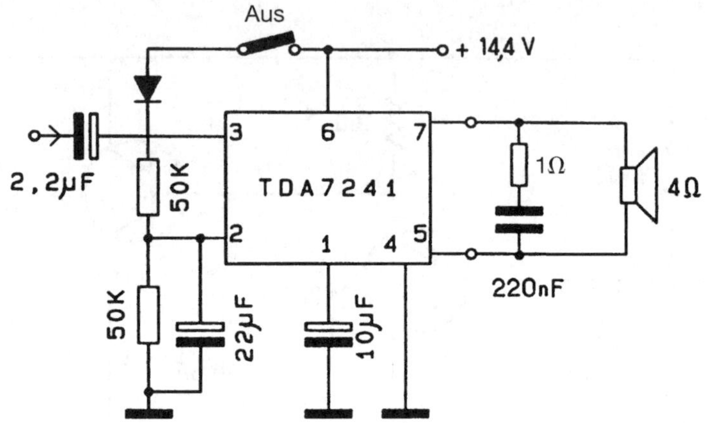

Bei Klirrfaktor < 0,5% beträgt die Ausgangsleistung 12 W an 4 Ω oder 6 W an 8 Ω. Spannungsgewinn: 26 dB. Eingangswiderstand: > 70 kΩ. Bandbreite: 30 Hz bis 25 kHz. [Audio and Radio Products Databook, *SGS Thomson Microelectronics.*]

286. 22-W-Verstärker mit TDA 2040, zwei Speisequellen

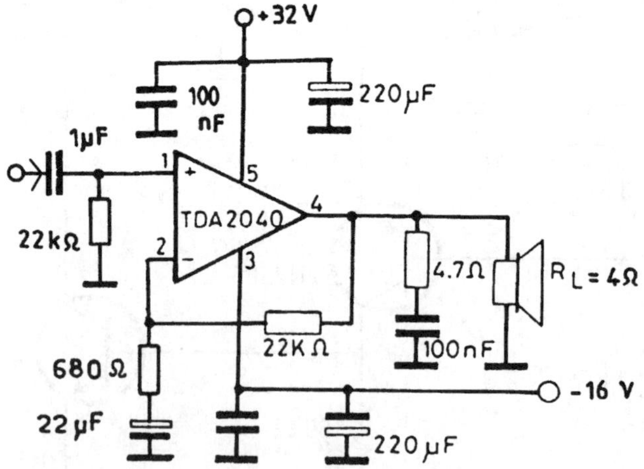

Klirrfaktor: 0,5%. Bei R_L = 8 Ω erhält man eine Ausgangsleistung von 12 W. Eingangswiderstand > 500 kΩ. Spannungsgewinn: 30 dB. Wirkungsgrad: 63% bei R_L = 4 Ω. Rauschen am Eingang: 3 µV und 80 pA. [Audio and Radio Products Databook, *SGS Thomson Microelectronics.*]

287. 22-W-Verstärker mit TDA 2040, eine Speisequelle

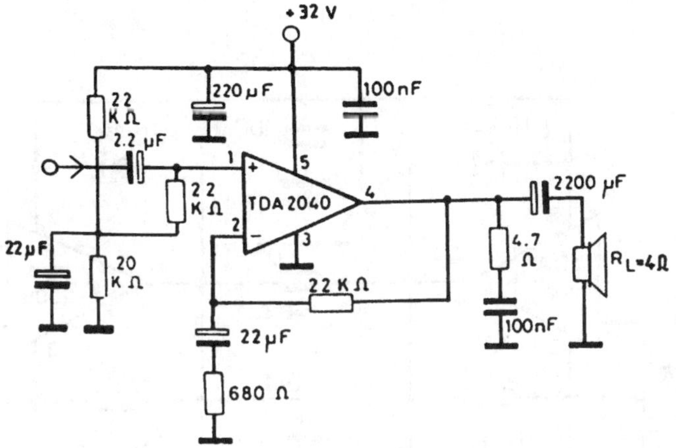

Klirrfaktor: 0,5%. Bei $R_L = 8\ \Omega$ erhält man eine Ausgangsleistung von 12 W. Eingangswiderstand: > 500 kΩ. Spannungsgewinn: 30 dB. Wirkungsgrad: 63% bei $R_L = 4\ \Omega$. Rauschen am Eingang: 3 µV und 80 pA. [Audio and Radio Products Databook, *SGS Thomson Microelectronics.*]

288. Brückenverstärker für 22 W, TDA 7255

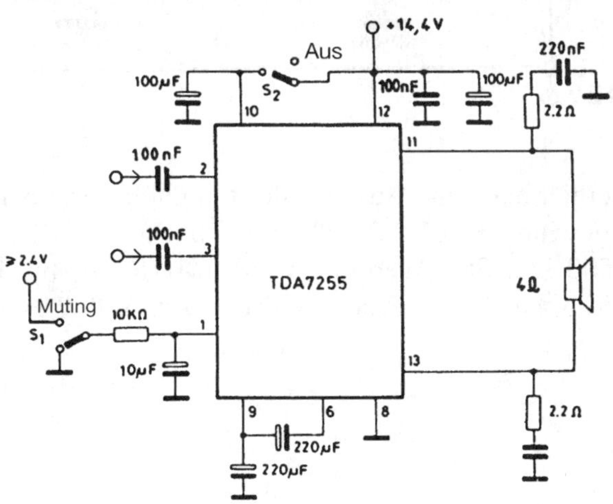

Die zwei Eingänge weisen einen Eingangswiderstand von > 70 kΩ auf und können symmetrisch oder unsymmetrisch angesteuert werden. Spannungsgewinn: 36 dB. Klirrfaktor: 0,05% unterhalb von 2 W. [Audio and Radio Products Databook, *SGS Thomson Microelectronics.*]

289. Brückenverstärker für 24 W, 2 x TDA 2006

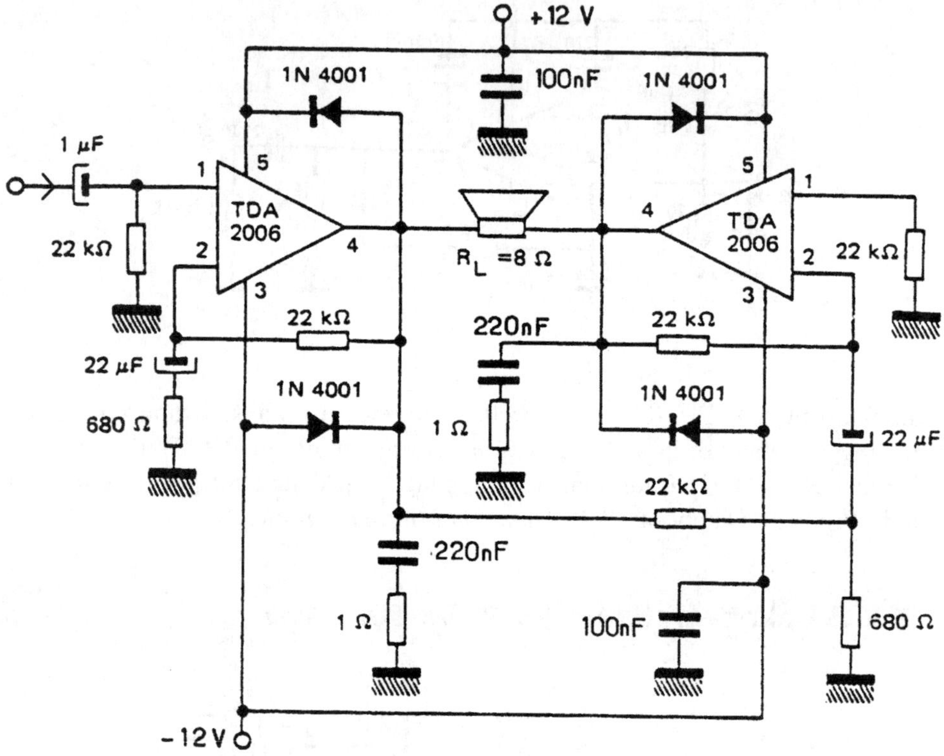

Mit $R_L = 16\ \Omega$ erhält man eine Ausgangsleistung von 16 W bei 10% Klirrfaktor. Spannungsgewinn: 30 dB. Bandbreite: 20 Hz bis 100 kHz. Eingangswiderstand: > 500 kΩ. Stromverbrauch: 80 mA (Ruhe) bis 1,7 A (Vollaussteuerung). [Audio and Radio Products Databook, *SGS Thomson Microelectronics.*]

290. Brückenverstärker für 24 W, 2 x TDA 2030

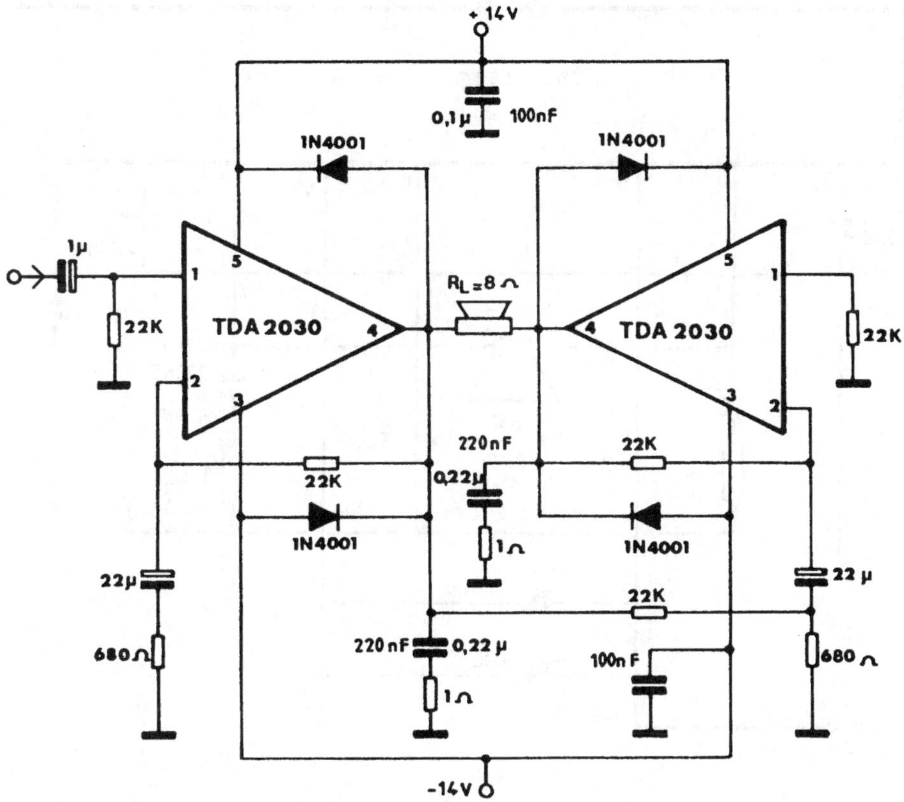

Spannungsgewinn: 30 dB. Die Nennleistung von 24 W wird bei einem Klirrfaktor von 0,5% erhalten. [Anwendungsbeispiel von *SGS Thomson Microelectronics.*]

291. Brückenverstärker für 24 W, TDA 4935

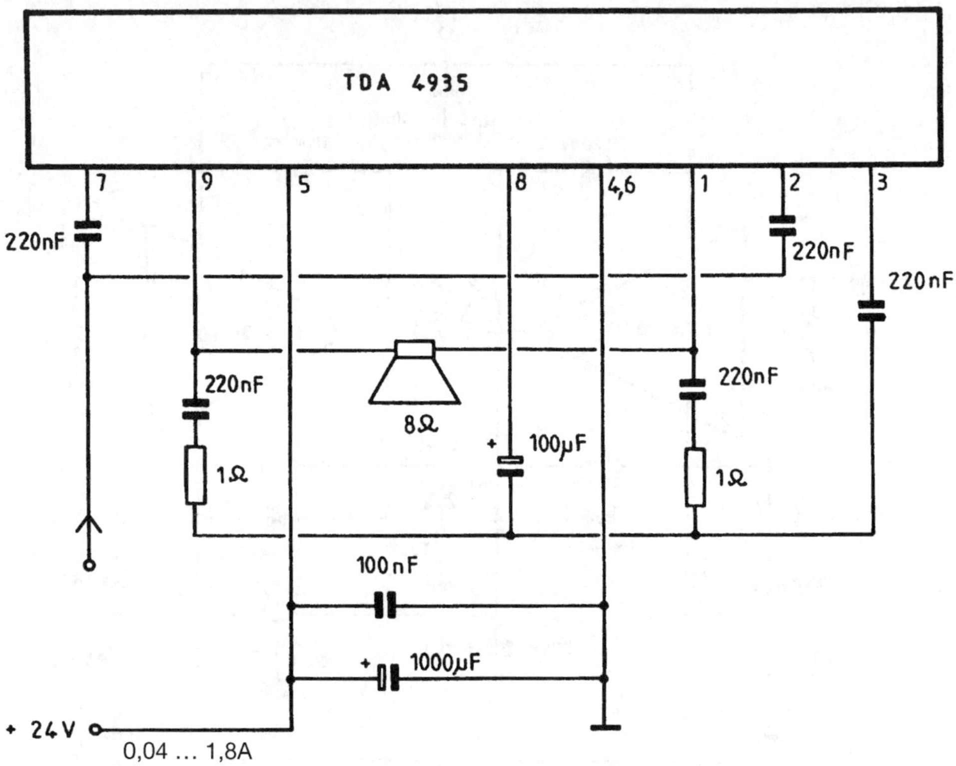

Spannungsgewinn: 36 dB. Bandbreite: 40 Hz bis 60 kHz. Klirrfaktor: < 1%. [Anwendungsschaltung *Siemens.*]

292. Quasi-komplementärer 25-W-Verstärker

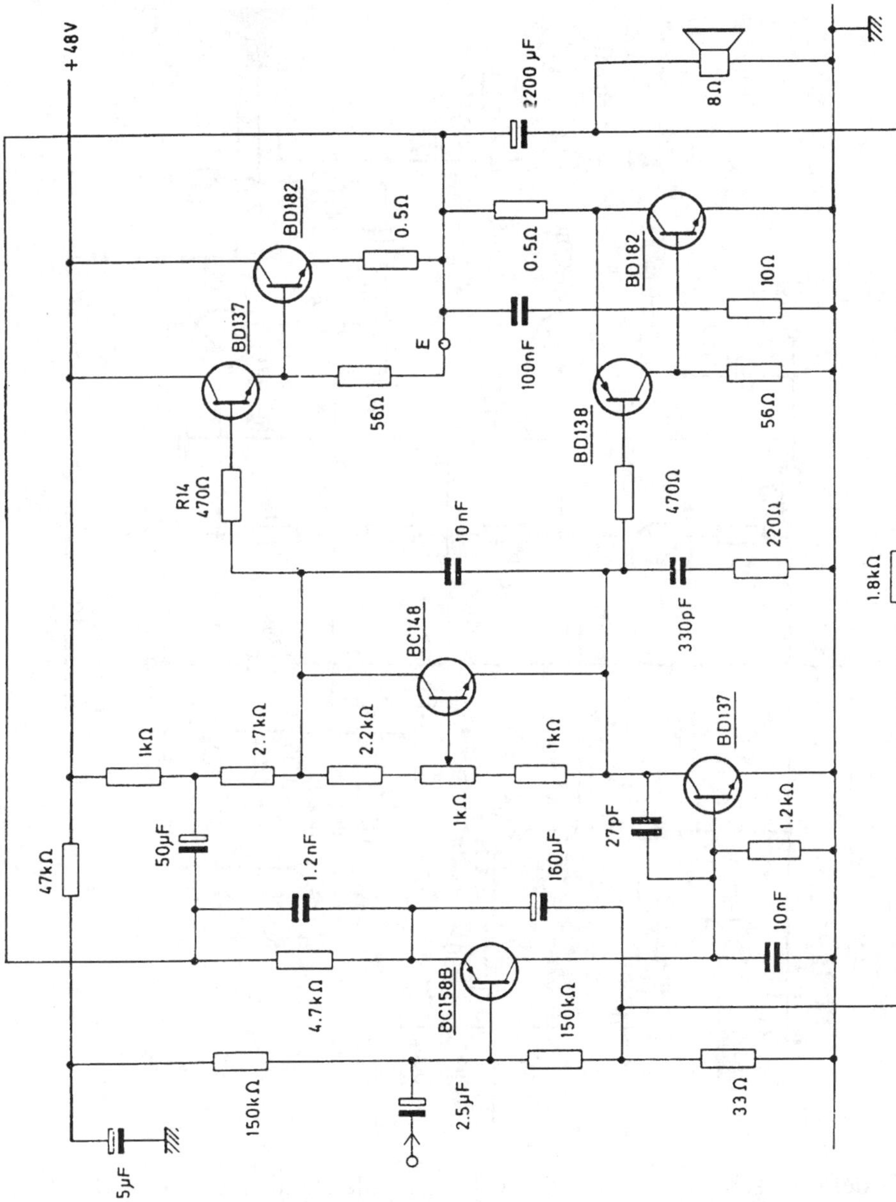

Eingangswiderstand: 40 kΩ. Spannungsgewinn: 35 dB. [Anwendungsschaltung *Philips*.]

293. 25-W-Verstärker mit umschaltbarer Gegenkopplung

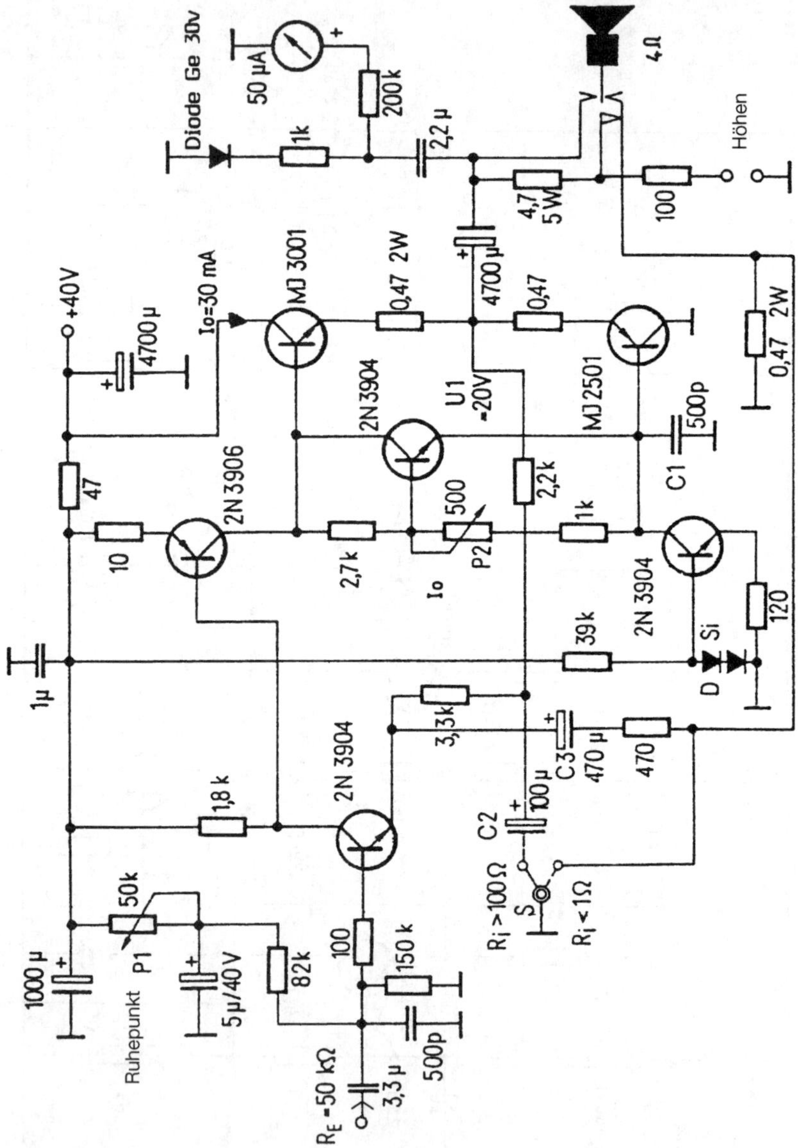

Mit dem Umschalter S kann ein Ausgangswiderstand von 1 oder 100 Ω erhalten werden. Im zweiten Fall werden die Eigenschwingungen des Lautsprechers nur schwach gedämpft. P1 ist auf U_1 = 20 V abzugleichen, P2 auf I_0 = 30 mA. [W. Dillenburger, *Funkschau*, München, Nr. 2/80, Seite 71.]

294. 25-W-Verstärker mit hohem Wirkungsgrad

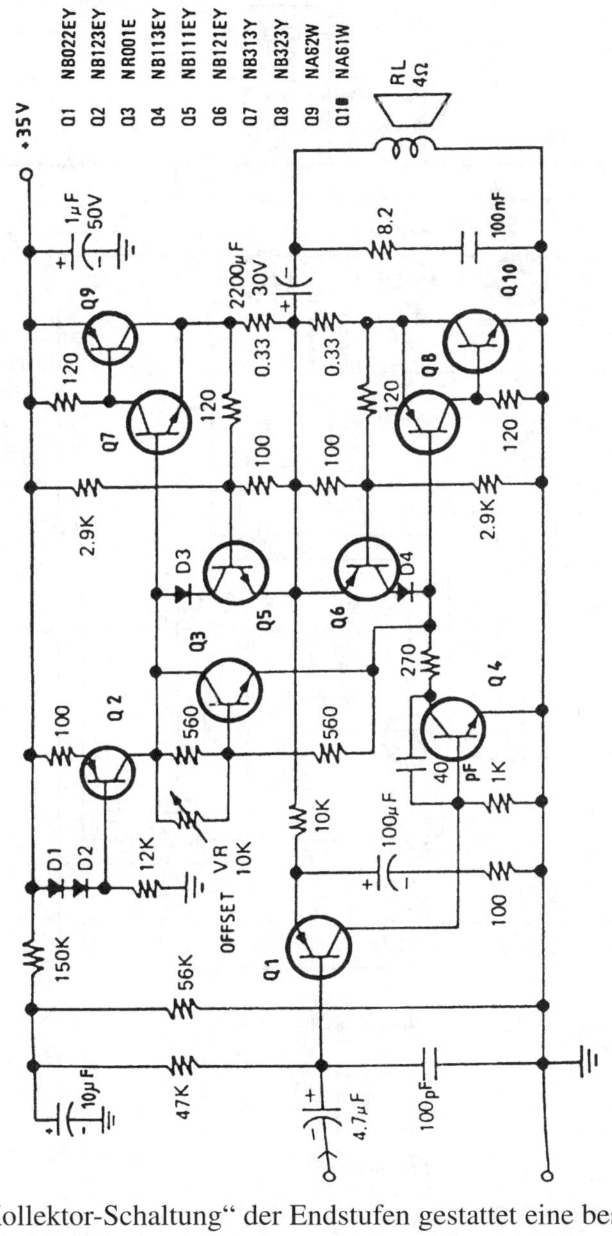

Die „Super-Kollektor-Schaltung“ der Endstufen gestattet eine bessere Ausnutzung der Speiseenergie als bei Darlington-Transistoren. [Discrete Databook, *National Semiconductor.*]

295. MOSFET-Verstärker für 25 W

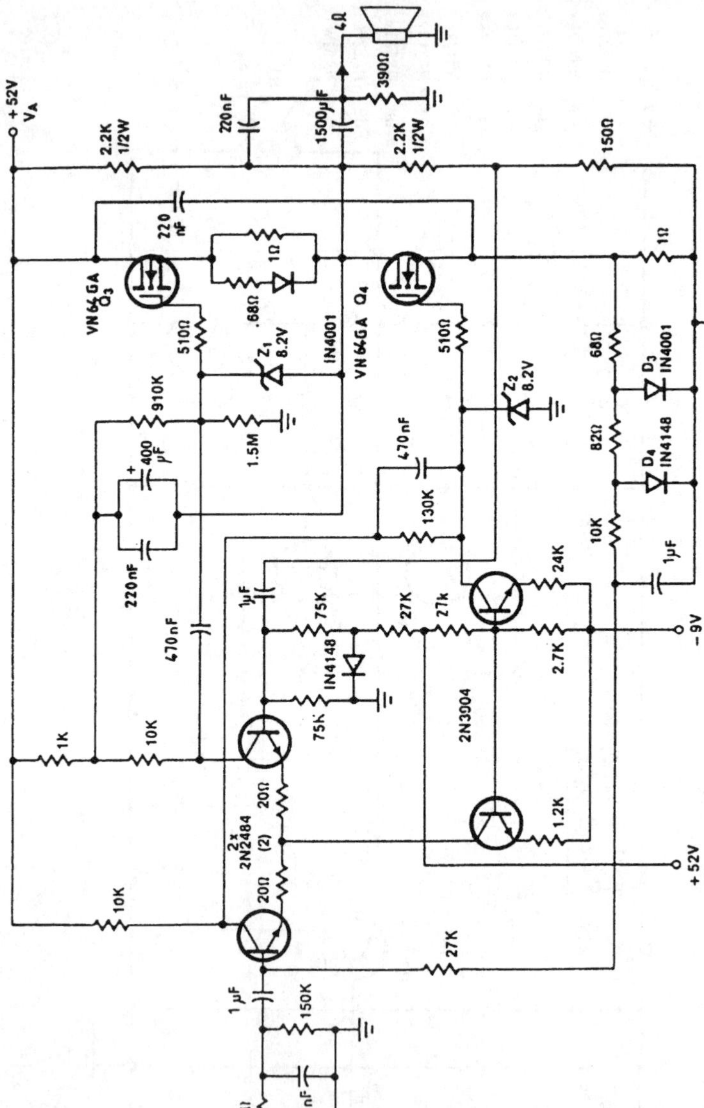

Bei 25 W beträgt der Klirrfaktor < 0,05% für 500 Hz und < 0,5% zwischen 20 Hz und 20 kHz. Wirkungsgrad: 53%. Bandbreite bei – 0,5 dB: 19 Hz bis 100 kHz. [MOSPOWER Applications, *Siliconix*.]

296. Komplementär symmetrischer Verstärker für 25 W

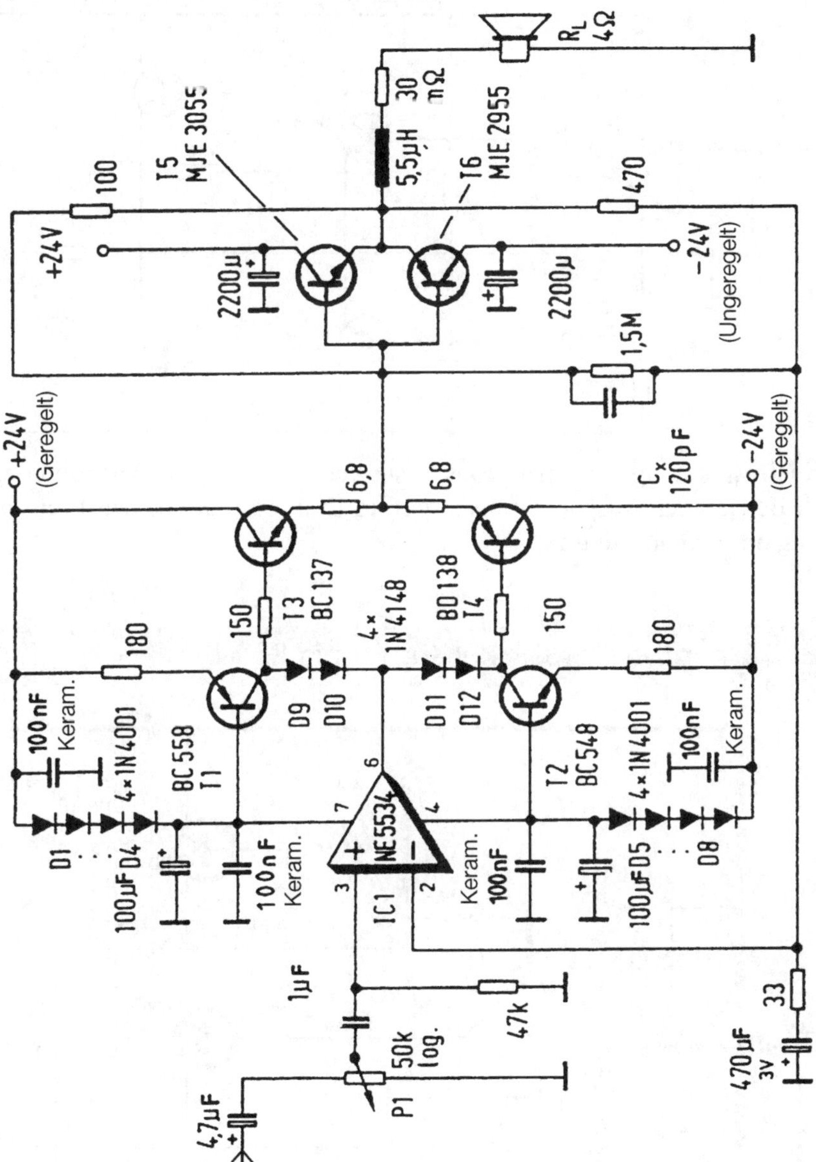

Spannungsgewinn: 23 dB. Eingangswiderstand: 20 kΩ. Klirrfaktor 0,045% bei 19 W und 1 kHz. [W. Göbel, *Funkschau*, München, Nr. 23/83, Seiten 90 bis 92.]

297. 25-W-Verstärker mit hohem Wirkungsgrad

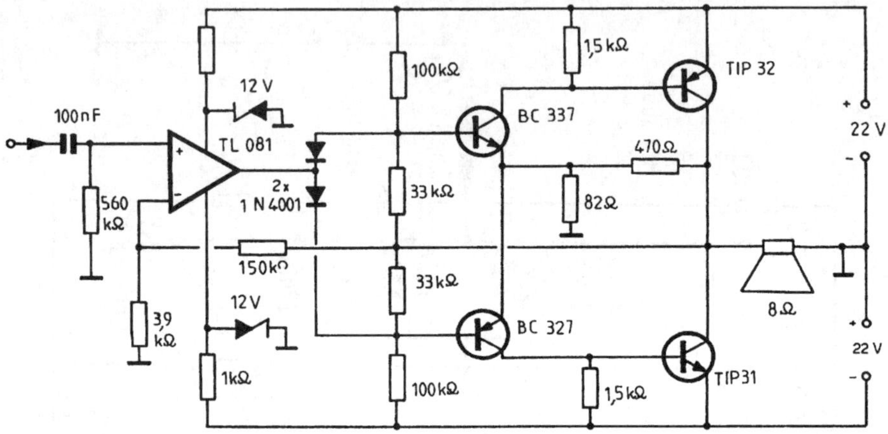

Die Speisespannung des Operationsverstärkers wird durch Z-Dioden begrenzt. Durch Betrieb der Ausgangstransistoren in Emitterschaltung wird die Speiseleistung optimal ausgenutzt.

298. Darlington-Verstärker für 10 bis 25 W

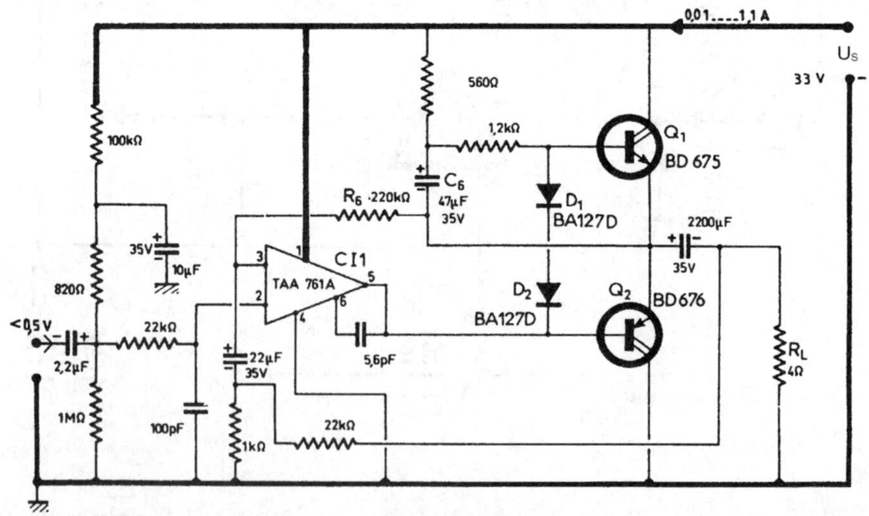

Bei 1% Klirrfaktor beträgt die Ausgangsleistung 10 W bei Speisung mit 22,5 V und 20 W mit 30 V. [Anwendungsschaltung *Siemens.*]

299. Brückenverstärker für 25 W, TDA 2008

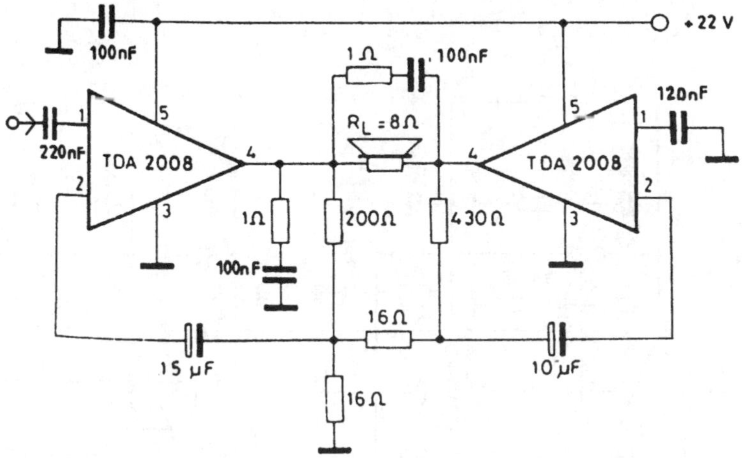

Bandbreite: 40 Hz bis 15 kHz. Spannungsgewinn: 40 dB. An den Eingang rückgeführte Rauschwerte: 1 µV und 60 pA. [Audio and Radio Products Databook, *SGS Thomson Microelectronics.*]

300. 26-W-Verstärker mit hohem Wirkungsgrad

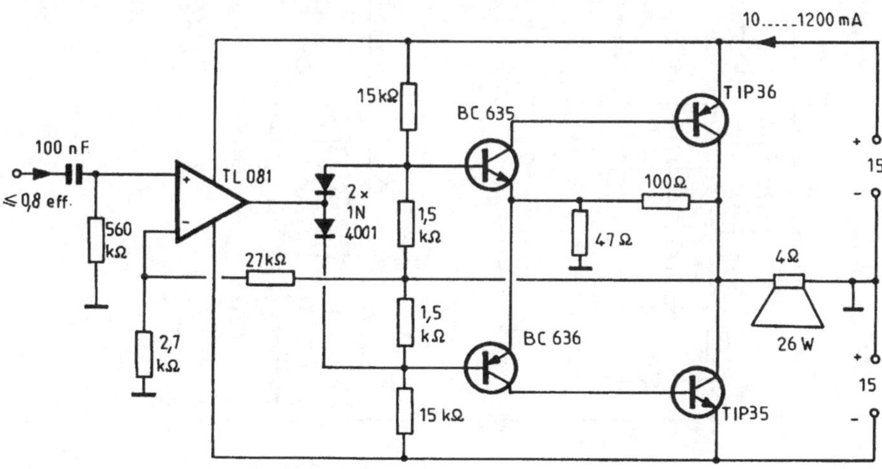

Starke Gegenkopplung ergibt einen Spannungsgewinn von nur 15 dB, aber geringe Verzerrung. Bei Kurzschluß am Ausgang kippt die Schaltung in einen Zustand verminderter Stromaufnahme. [*Electronique Applications*, Paris, Nr. 62, Seite 77 bis 82.]

301. Zweikanalverstärker, 25 und 10 W, 3 x TDA 2040

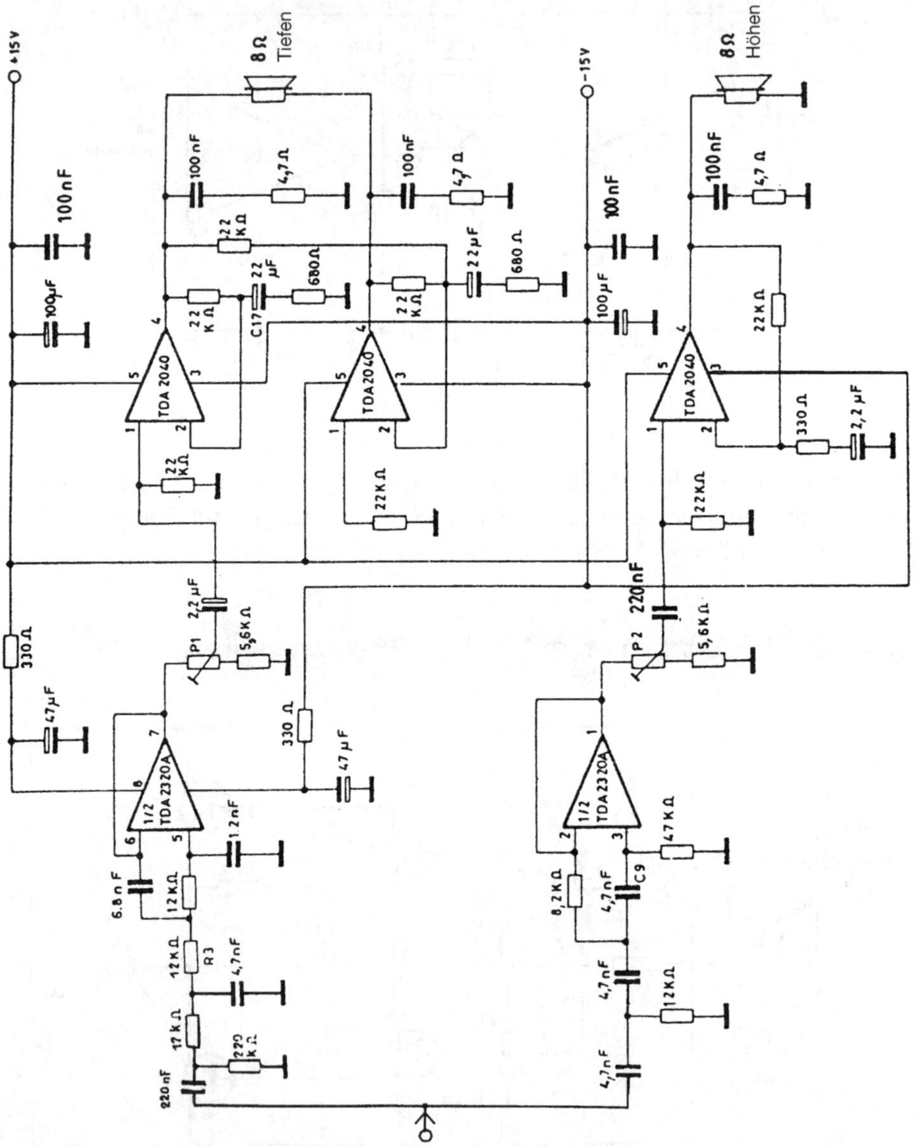

Aktive Filter dienen als Signalweichen für den Kanal des Baßlautsprechers (25 W) und den des Hochtöners (10 W). Die Übergangsfrequenz liegt bei 2,5 kHz. Klirrfaktor: < 0,5%. [Audio and Radio Products Databook, *SGS Thomson Microelectronics.*]

302. Röhrenverstärker für 30 W

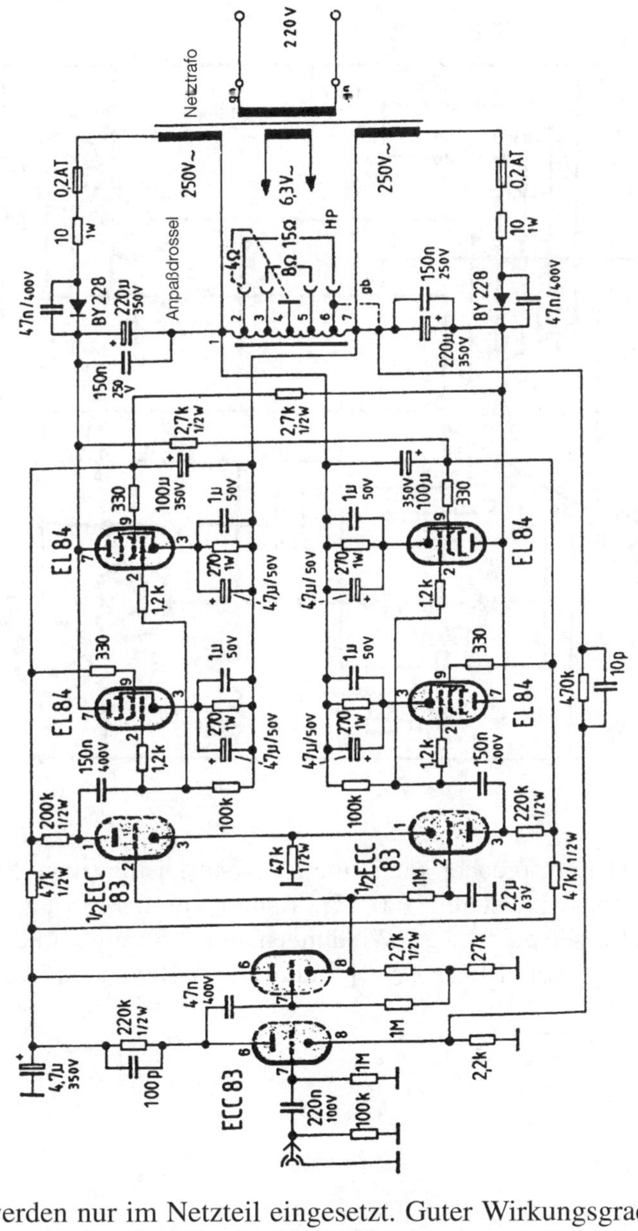

Halbleiter werden nur im Netzteil eingesetzt. Guter Wirkungsgrad durch Verwendung eines Autotransformators im Ausgang. [*Funkschau*, München, Nr. 24/87, Seite 67.]

303. Komplementär symmetrischer Verstärker für 30 W

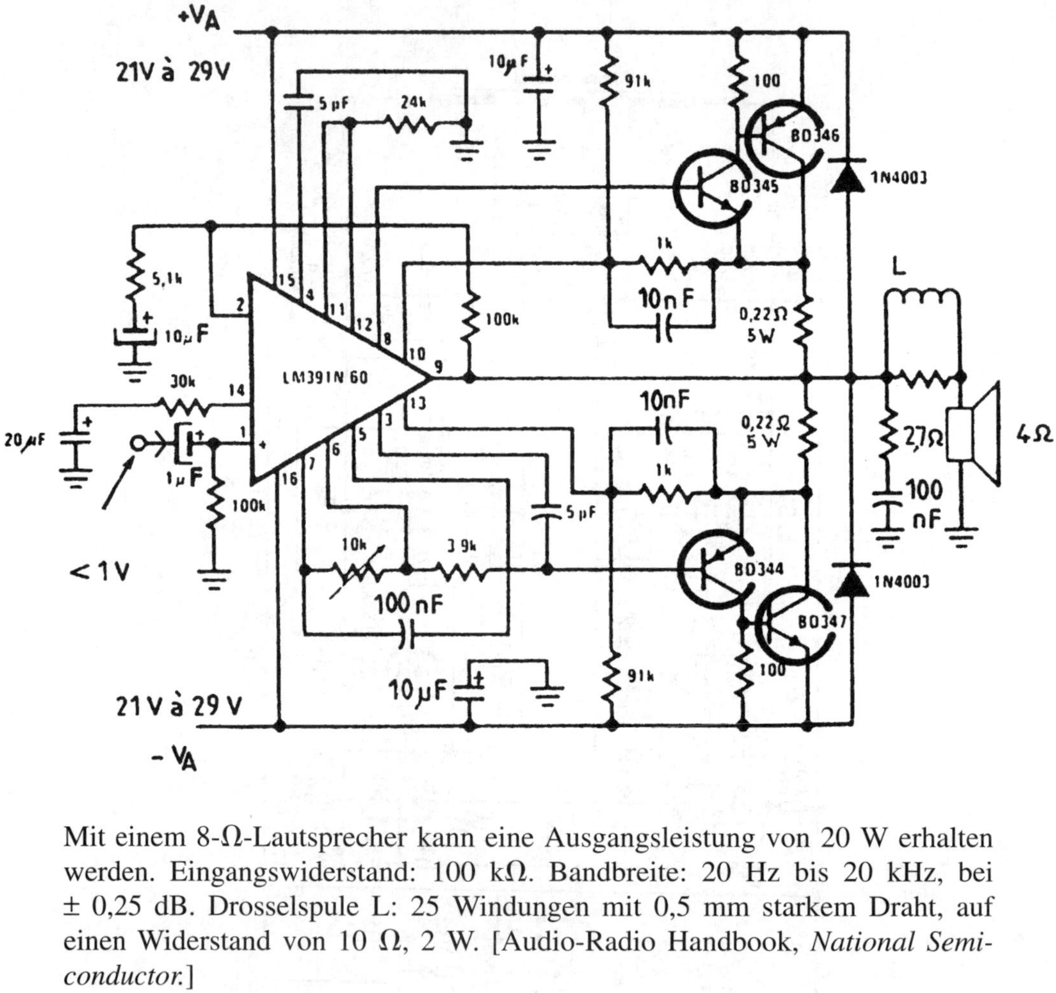

Mit einem 8-Ω-Lautsprecher kann eine Ausgangsleistung von 20 W erhalten werden. Eingangswiderstand: 100 kΩ. Bandbreite: 20 Hz bis 20 kHz, bei ± 0,25 dB. Drosselspule L: 25 Windungen mit 0,5 mm starkem Draht, auf einen Widerstand von 10 Ω, 2 W. [Audio-Radio Handbook, *National Semiconductor.*]

304. Brückenverstärker für 30 W, TDA 2040

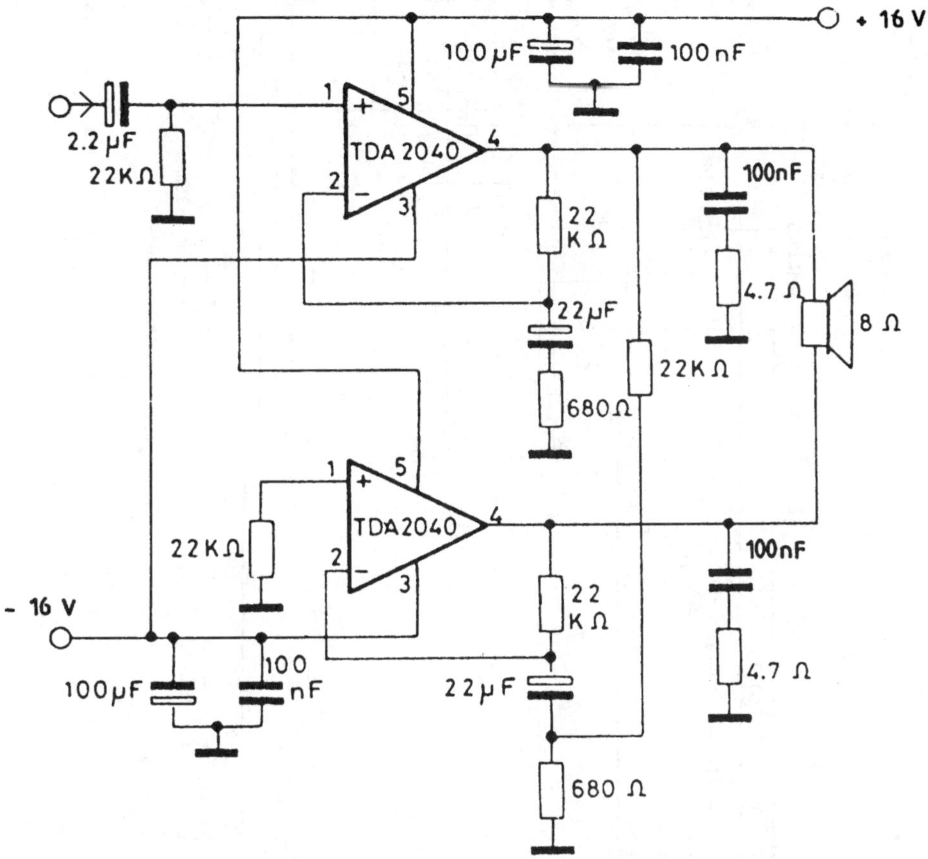

Klirrfaktor: 0,5%. Spannungsgewinn: 30 dB. Wirkungsgrad: 63% für $R_L = 4\ \Omega$. An den Eingang rückgeführte Rauschwerte: 3 µV und 80 pA. [Audio and Radio Products Databook, *SGS Thomson Microelectronics.*]

305. MOS-Brückenverstärker in Klasse D, 32 W, TDA 7260

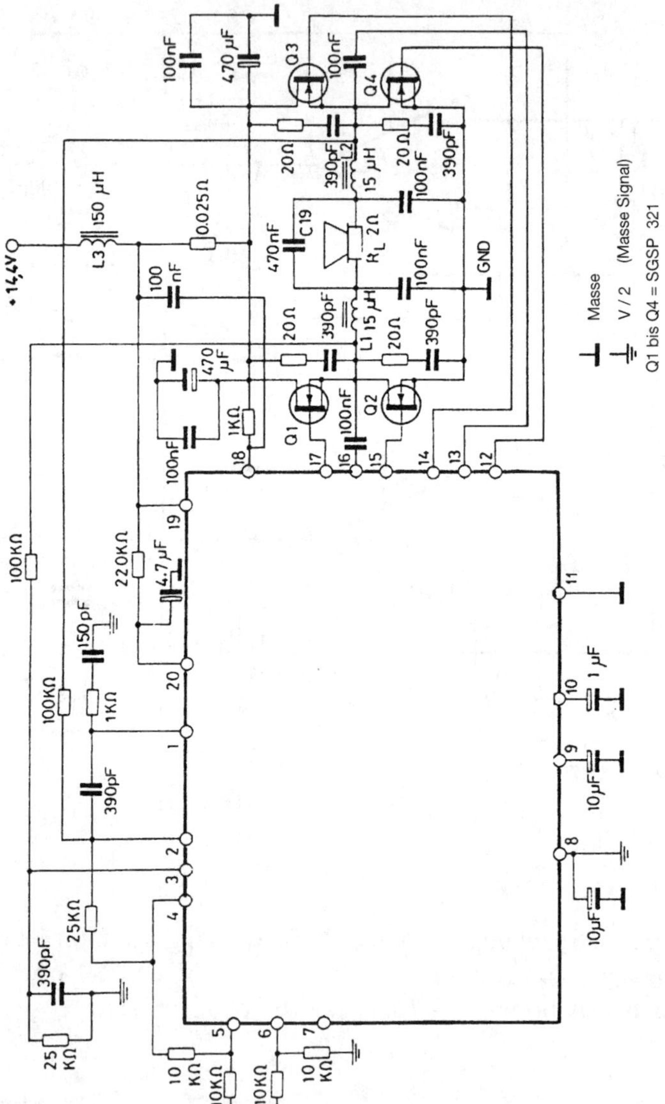

Mit einer Schaltfrequenz von 125 kHz arbeitender Zerhacker-Verstärker. Wirkungsgrad: 85%. Klirrfaktor: 2%. Spannungsgewinn: 12 dB. Rauschen am Ausgang: 150 µV. [Audio and Radio Products Databook, *SGS Thomson Microelectronics.*]

306. Brückenverstärker für 34 W, 2 x TDA 2030 A

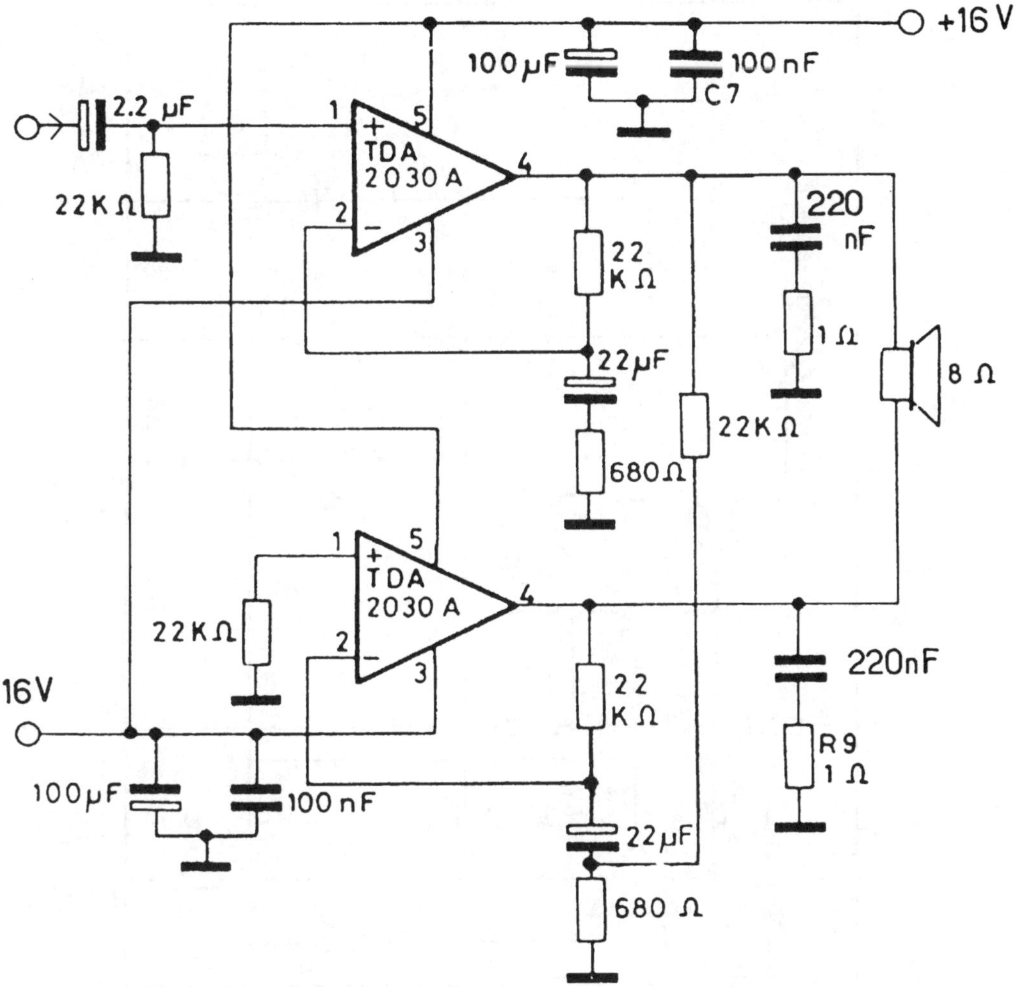

Spannungsgewinn: 30 dB. Eingangswiderstand: > 500 kΩ. An den Eingang rückgeführte Rauschswerte: 2 µV und 50 pA. Bei Nullsignal darf die (ungeregelte) Speisespannung 22 V nicht übersteigen. [Audio and Radio Products Databook, *SGS Thomson Microelectronics.*]

307. 45-W-Verstärker mit hohem Wirkungsgrad

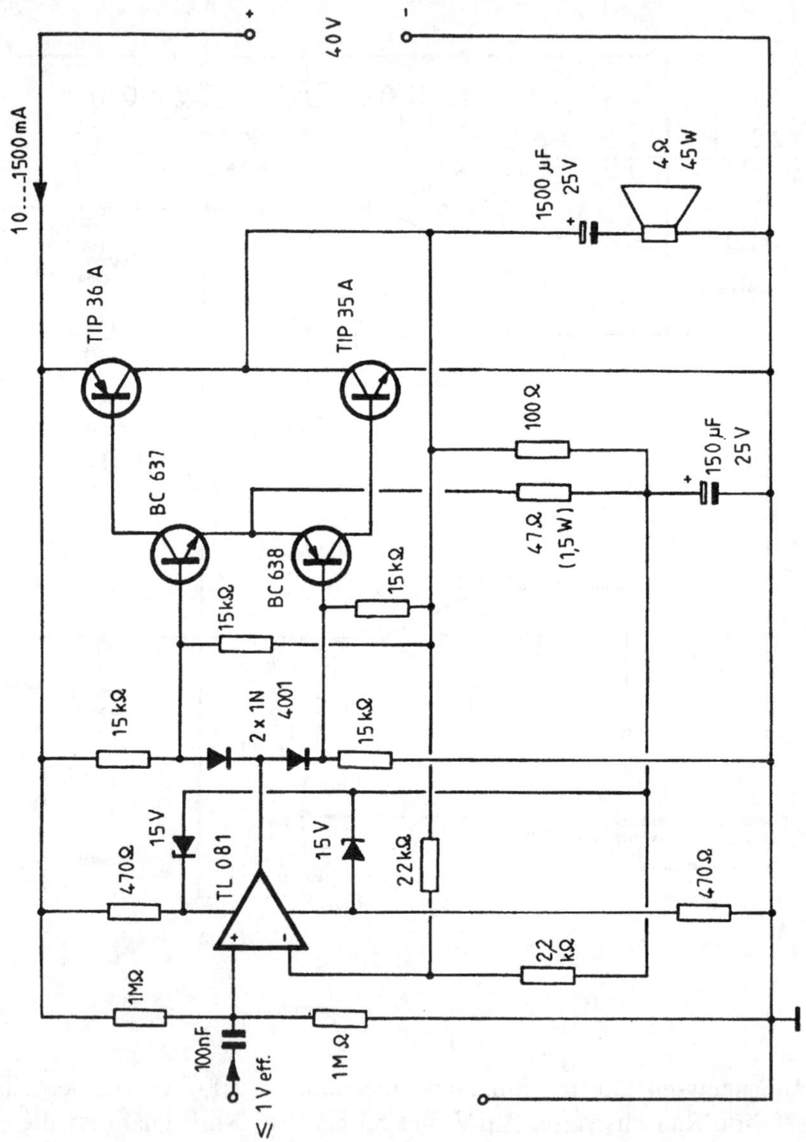

Starke Gegenkopplung ergibt einen Spannungsgewinn von nur 15 dB, aber geringe Verzerrung. Bei Kurzschluß am Ausgang kippt die Schaltung in einen Zustand verminderter Stromaufnahme. [*Electronique Applications,* Paris, Nr. 62, Seite 77 bis 82.]

308. 45-W-Verstärker mit TDA 2020 D und 2 x BD 708

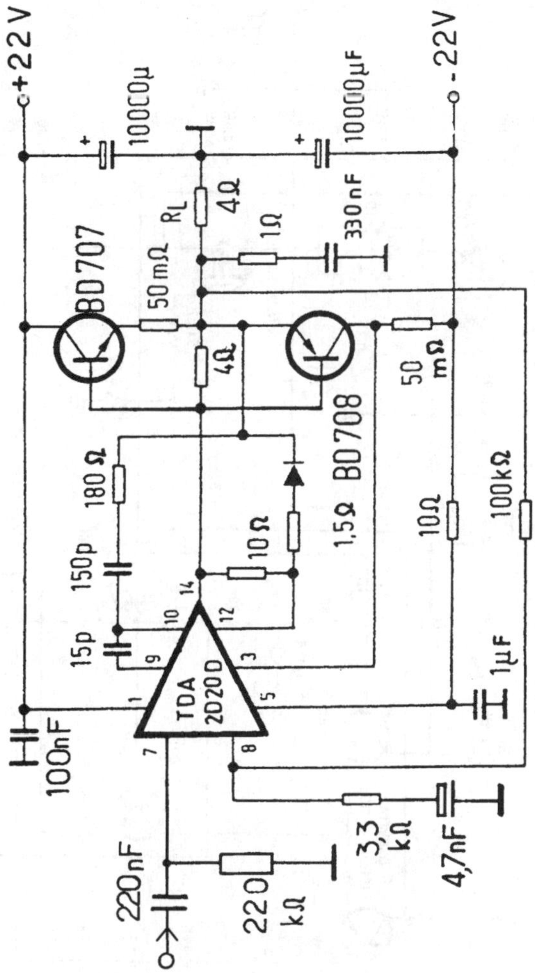

Klirrfaktor: 1%. Bei Speisung mit ± 18 V erreicht die Ausgangsleistung 30 W. Eingangswiderstand: > 200 kΩ. Bandbreite: 12 Hz bis 40 kHz. [Anwendungsbeispiel von *SGS Thomson Microelectronics.*]

309. MOSFET-Verstärker für 50 W

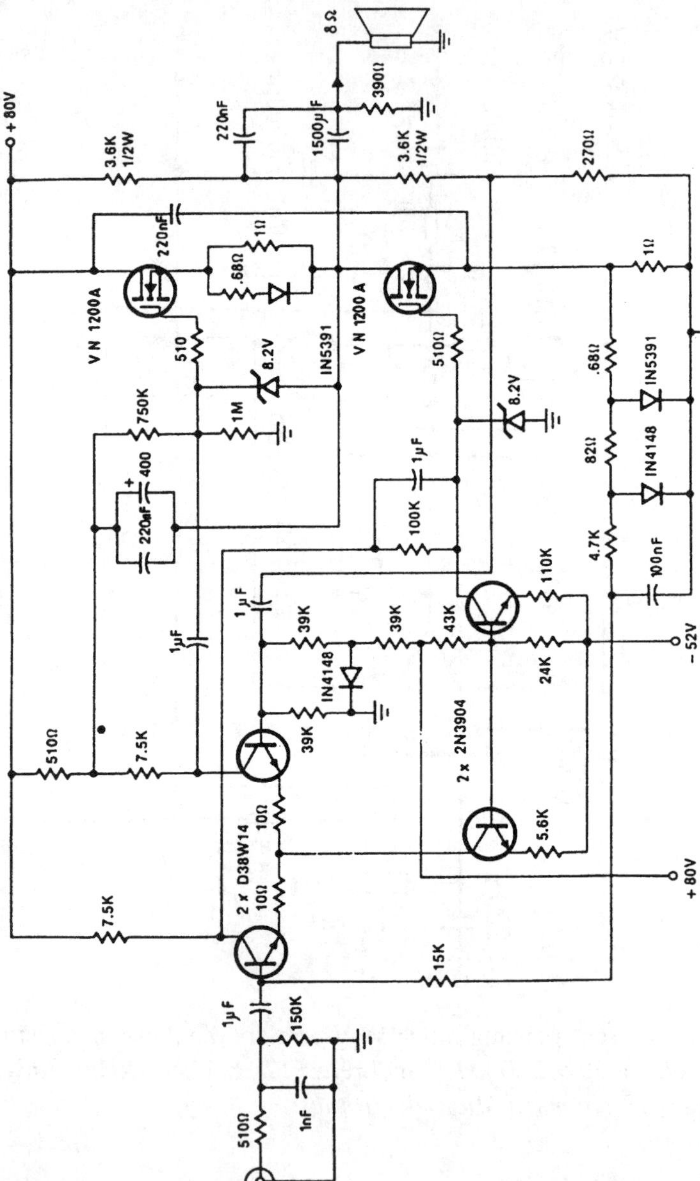

Bei 50 W beträgt der Klirrfaktor < 0,06% für 500 Hz und < 1% zwischen 20 Hz und 20 kHz. Wirkungsgrad: 63%. Bandbreite bei – 0,5 dB: 19 Hz bis 50 kHz. [MOSPOWER Applications, *Siliconix.*]

310. MOSFET-Verstärker für 50 W

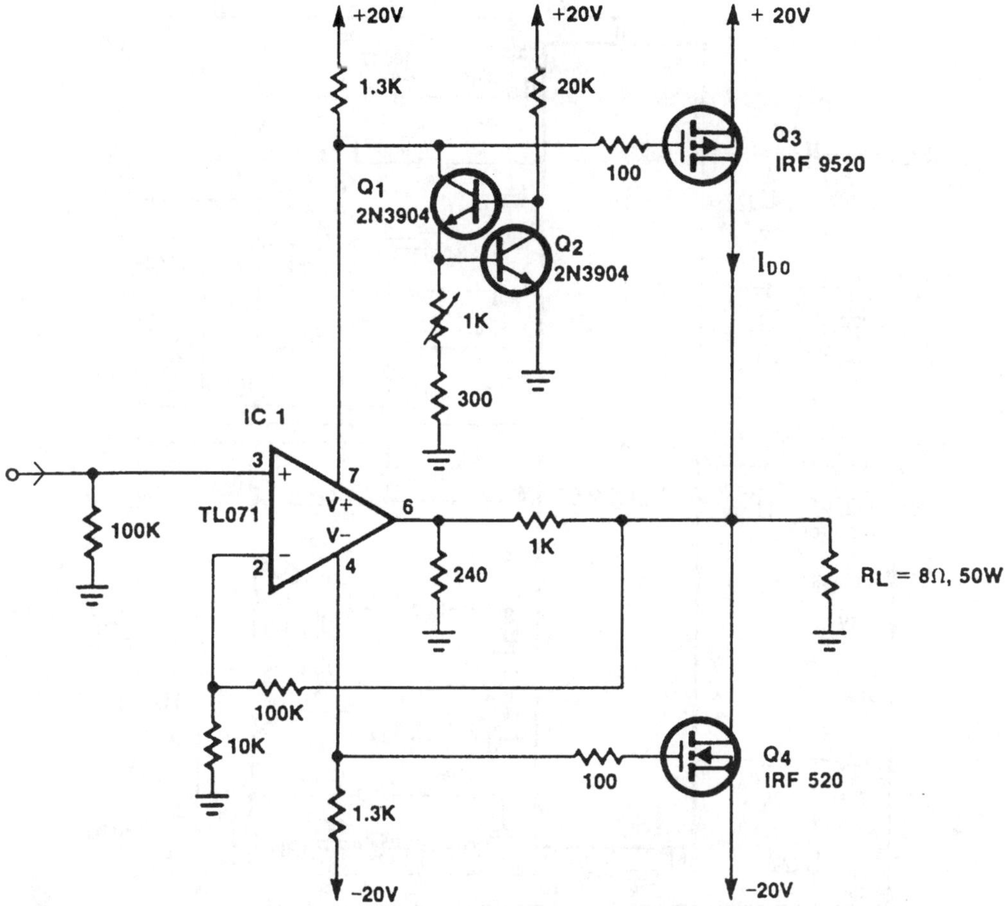

Bei 20 W beträgt der Klirrfaktor < 0,016% für 1 kHz und < 0,14% für 10 kHz. Wirkungsgrad: 63%. Spannungsgewinn: 21 dB. Anstiegszeit: 1 µs. Spannungshub am Ausgang: – 19 bis + 18,5 V. Trimmwiderstand 1 kΩ auf Ruhestrom von 50 mA einstellen. [MOSPOWER Applications, *Siliconix*.]

311. Stereoverstärker für 2 x 50 W

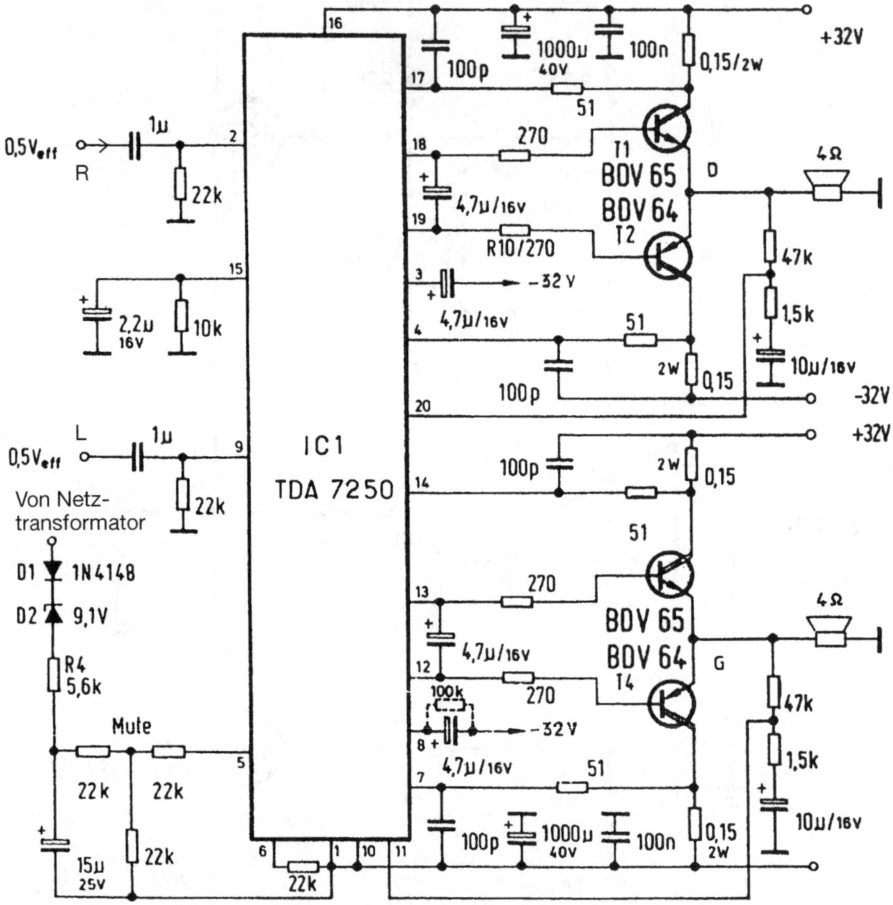

Die Stabilisierung der Ruhespannung am Ausgang erfolgt automatisch. Kurzschlußsicher. Eingangswiderstand: 22 kΩ. An den Eingang rückgeführte Rauschspannung: 3 µV. [C. Wiedemann, *Funkschau*, Nr. 16/88, Seiten 52 und 81.]

Verstärker mit Ausgangsleistungen von mehr als 50 W

312. 60-W-Verstärker mit hohem Wirkungsgrad

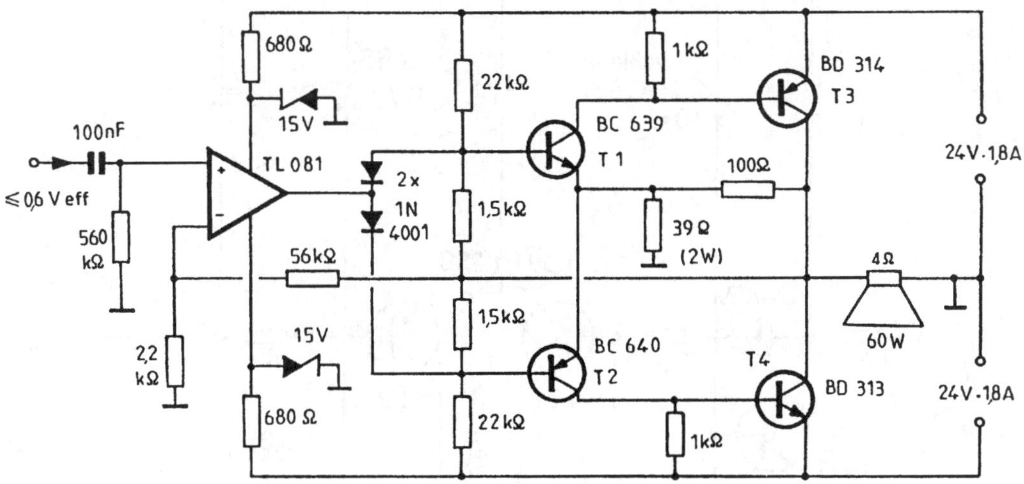

Starke Gegenkopplung ergibt einen Spannungsgewinn von nur 15 dB, aber geringe Verzerrung. Bei Kurzschluß am Ausgang kippt die Schaltung in einen Zustand verminderter Stromaufnahme. [*Electronique Applications*, Paris, Nr. 62, Seite 77 bis 82.]

313. Quasi-komplementärer 60-W-Verstärker

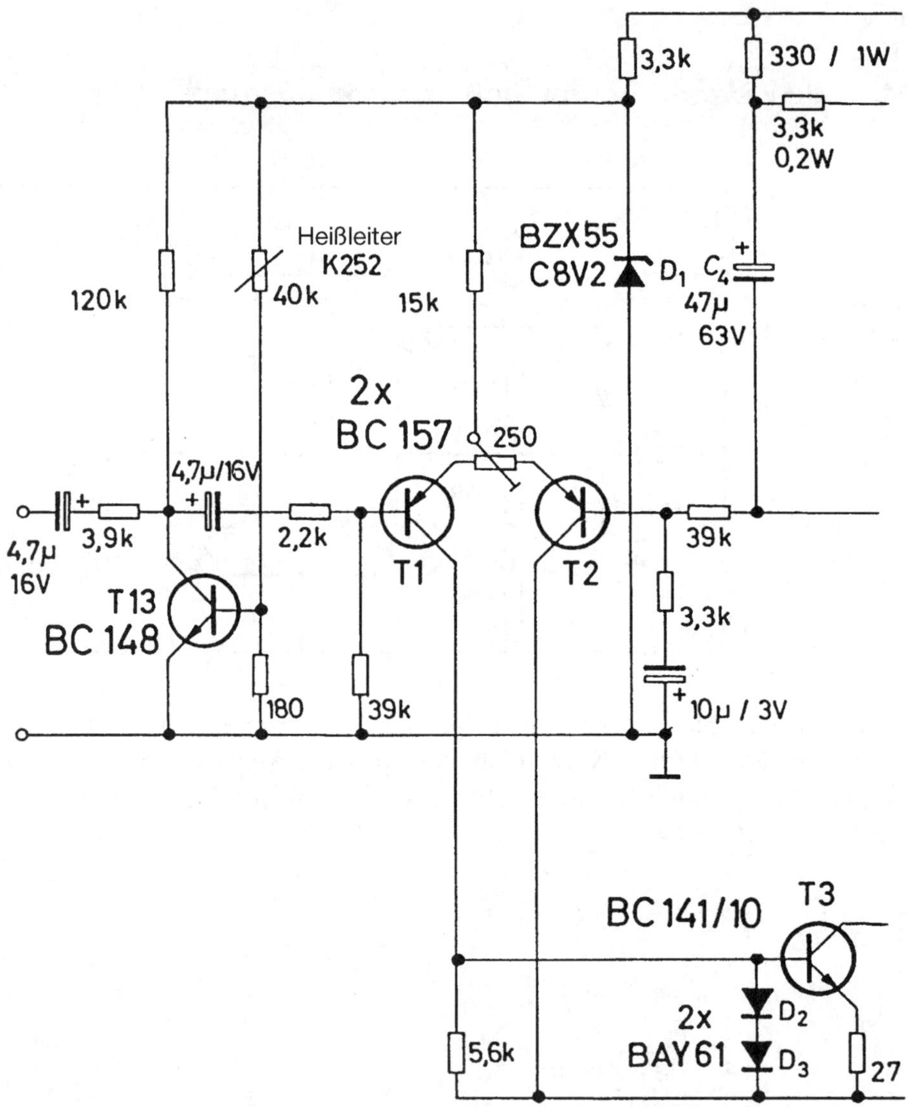

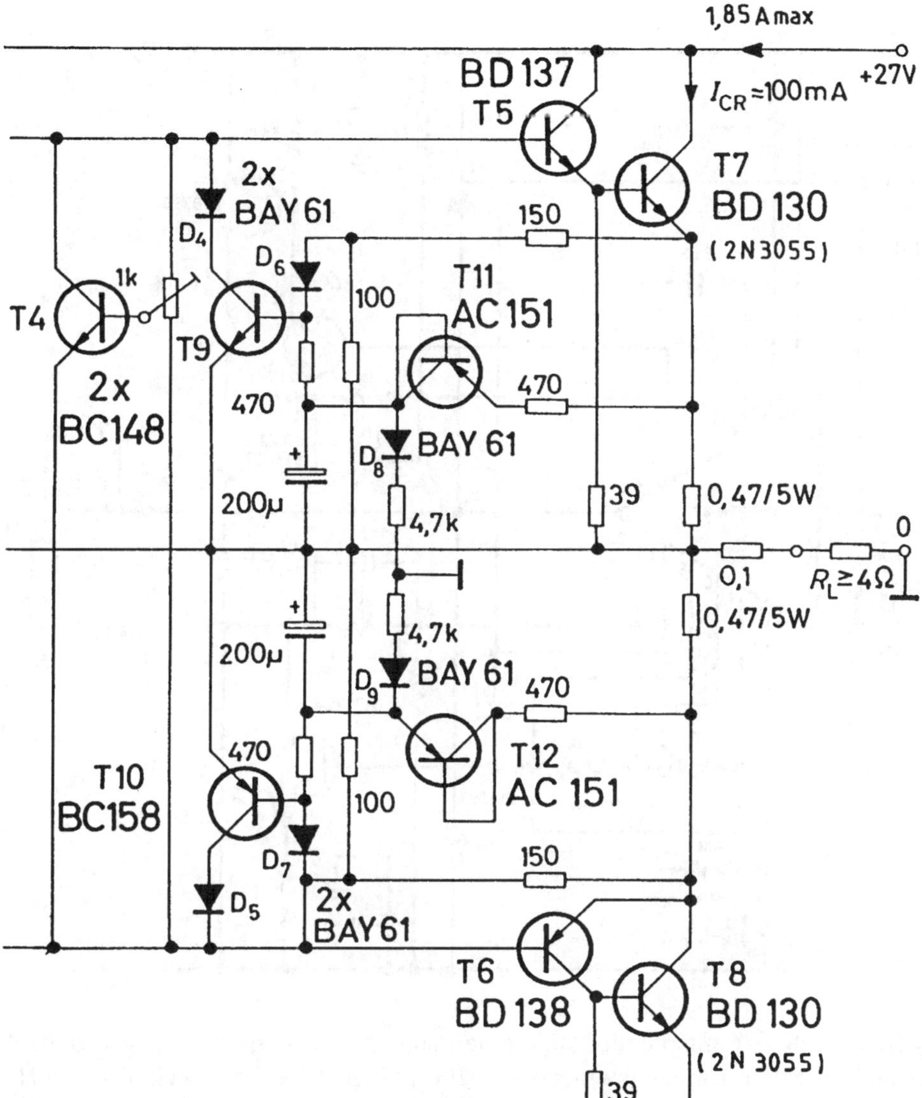

Kurzschlußsicher. Bei Speisung mit ± 27 V und R_L = 4 Ω entspricht die Nominalleistung, bei 1% Klirrfaktor, einer Eingangsspannung von 1,5 V. [Anwendungsschaltung *Siemens.*]

314. Komplementär symmetrischer Verstärker für 60 W

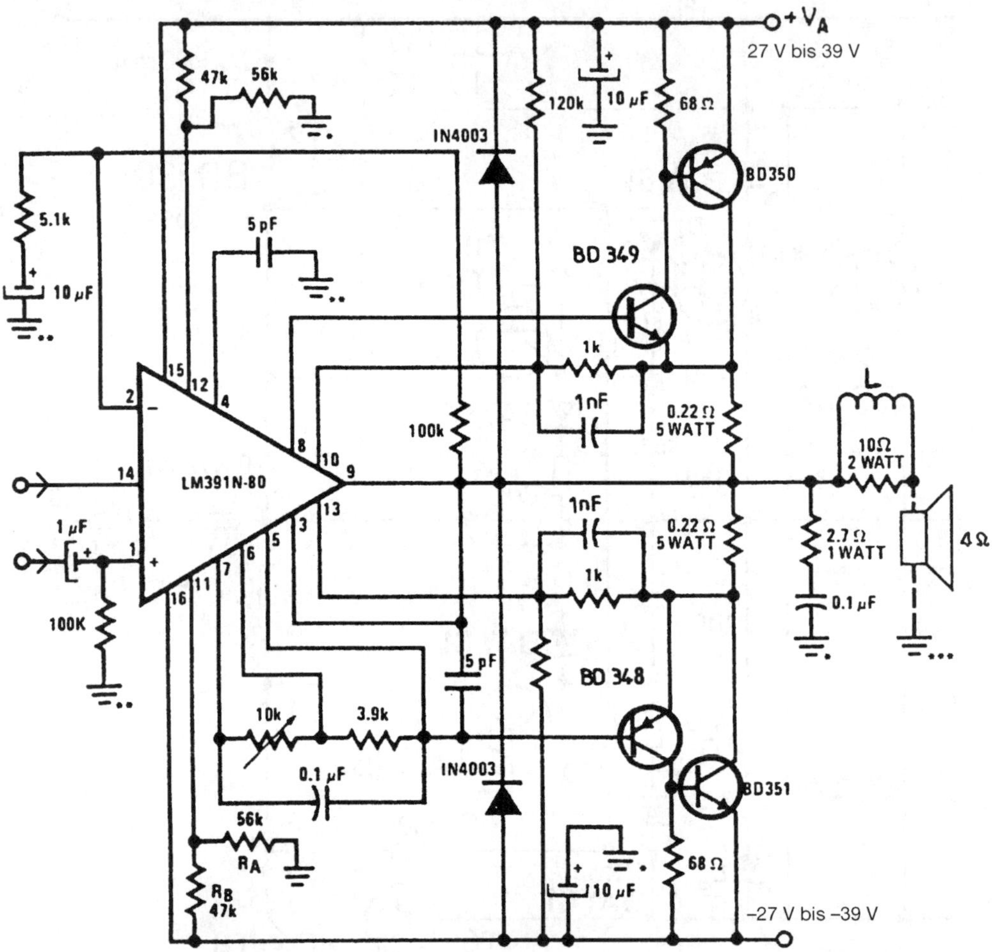

Mit einem 8-Ω-Lautsprecher kann eine maximale Ausgangsleistung von 40 W erreicht werden. Eingangswiderstand: 100 kΩ. Bandbreite: 20 Hz bis 20 kHz, bei ± 0,25 dB. Drossel L: 8 Windungen 0,5 mm starken Drahtes auf einen Widerstand von 10 Ω, 2 W. [Audio-Radio Handbook, *National Semiconductor.*]

315. Dreikanalverstärker für insgesamt 60 W, TDA 2030 A

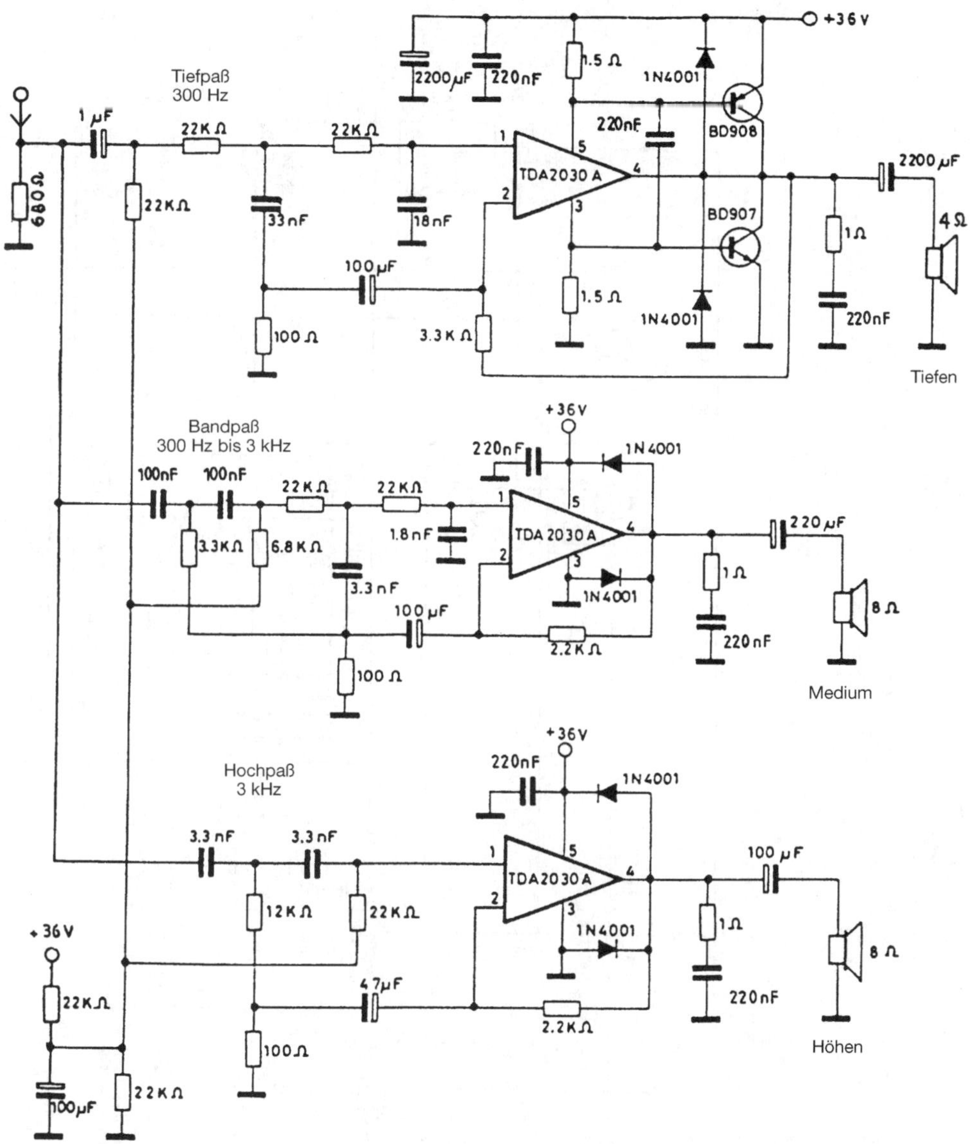

Der Baßlautsprecher wird mit maximal 30 W angesteuert, für die beiden anderen sind je 15 W vorgesehen. Die Filter der Kanalweichen besitzen eine Dämpfung von 12 bis 18 dB/Oktave. [Audio and Radio Products Databook, *SGS Thomson Microelectronics.*]

316. MOSFET-Verstärker für 60 W

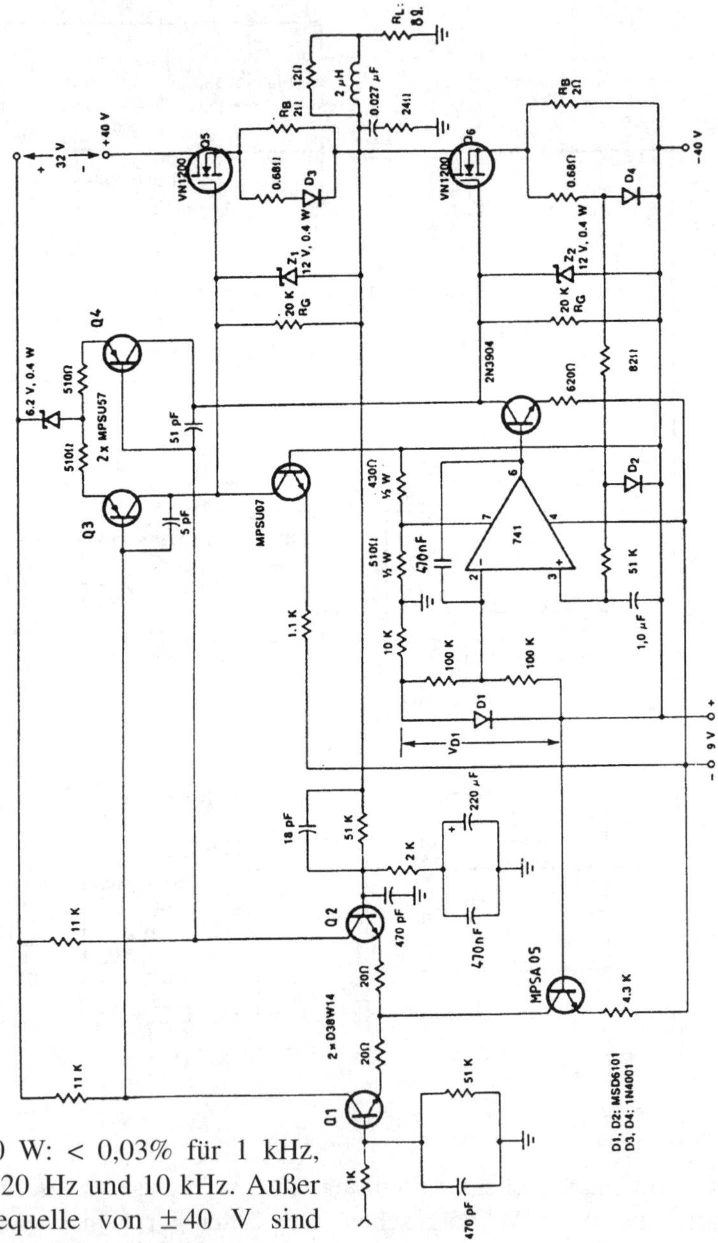

Klirrfaktor bei 60 W: < 0,03% für 1 kHz, < 0,1% zwischen 20 Hz und 10 kHz. Außer einer Hauptspeisequelle von ± 40 V sind Hilfsspannungen von 32 und 9 V vorzusehen. [MOSPOWER Applications, *Siliconix*.]

317. MOSFET-Verstärker für 65 W, zwei Speisequellen

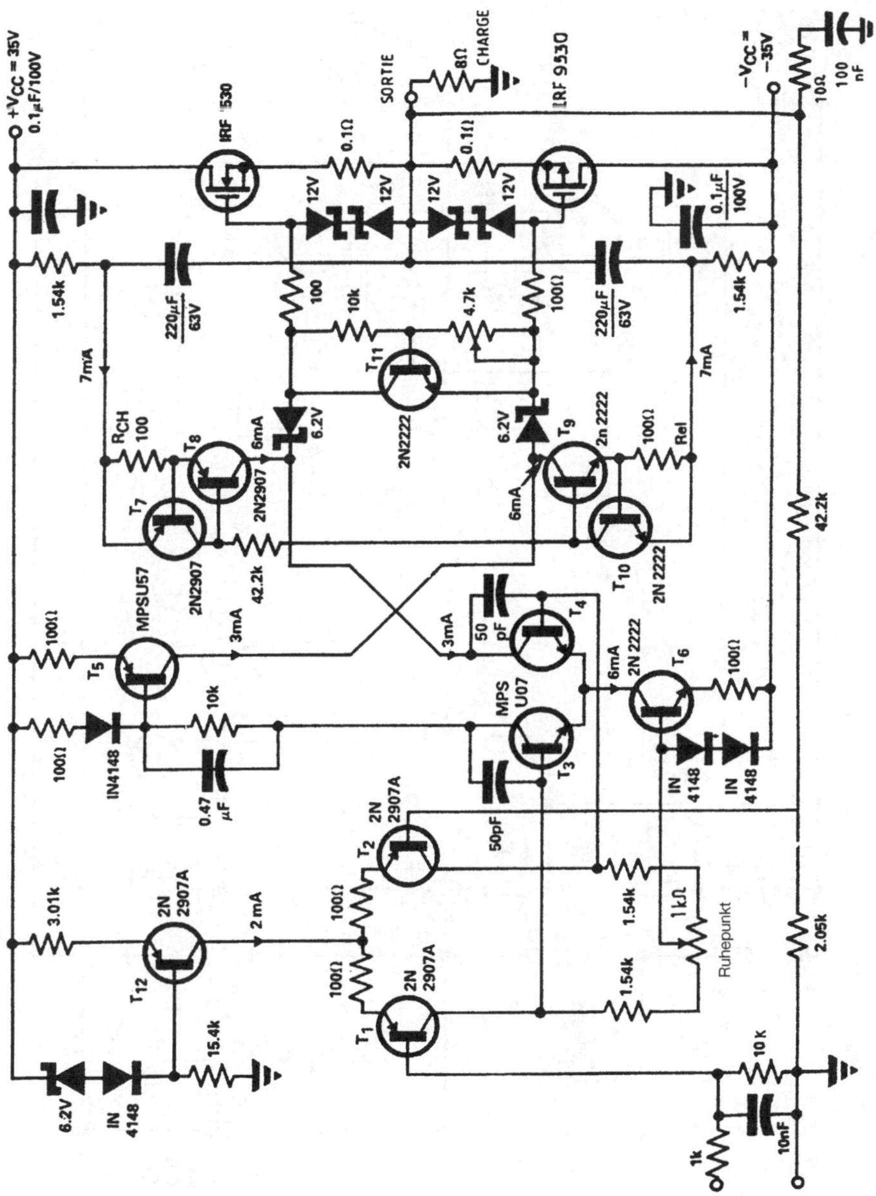

Guter Wirkungsgrad gestattet eine Ausgangsleistung von 65 W bei Speisung mit nur ± 35 V. Bandbreite: 20 Hz bis 20 kHz. [G. Stocchino, *Electronic Engineering*, April 1984.]

318. MOSFET-Verstärker für 65 W, eine Speisequelle

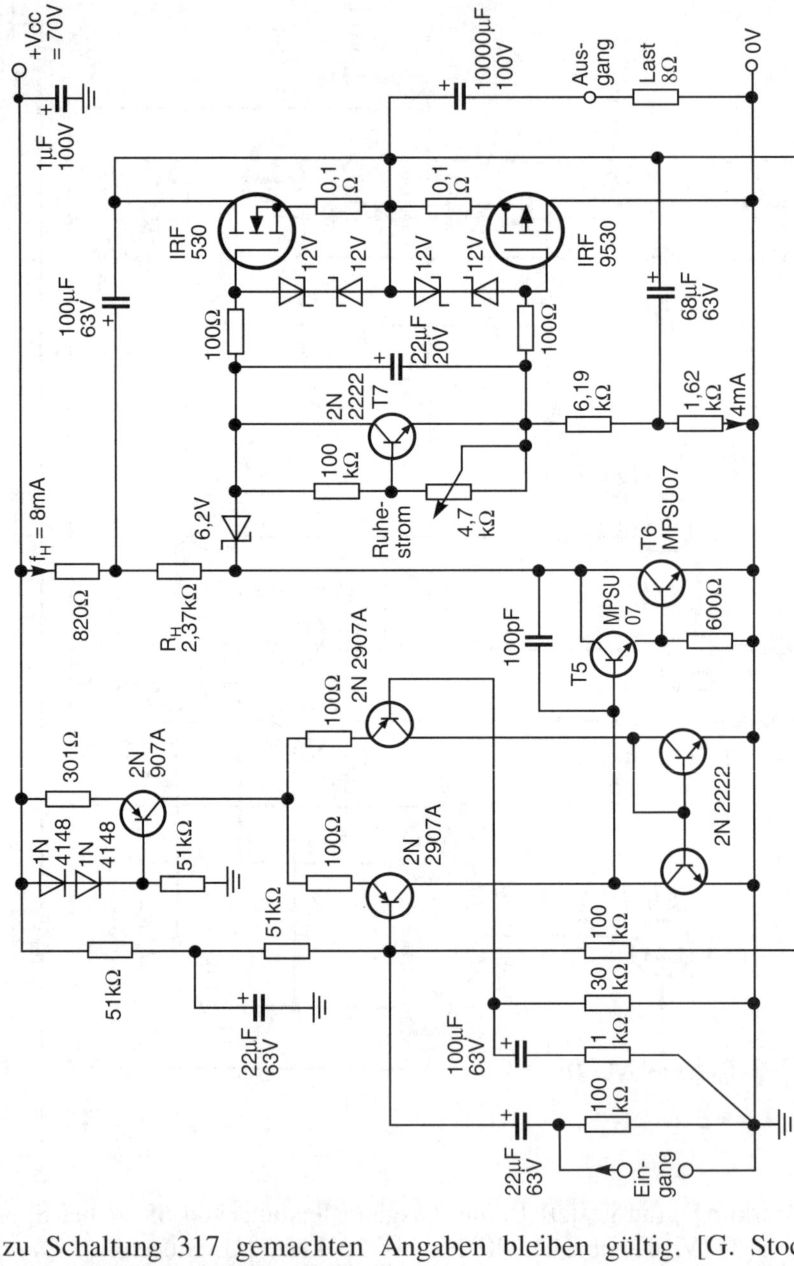

Die zu Schaltung 317 gemachten Angaben bleiben gültig. [G. Stocchino, *Electronic Engineering*, April 1984.]

319. Komplementär symmetrischer MOSFET-Verstärker für 60 W

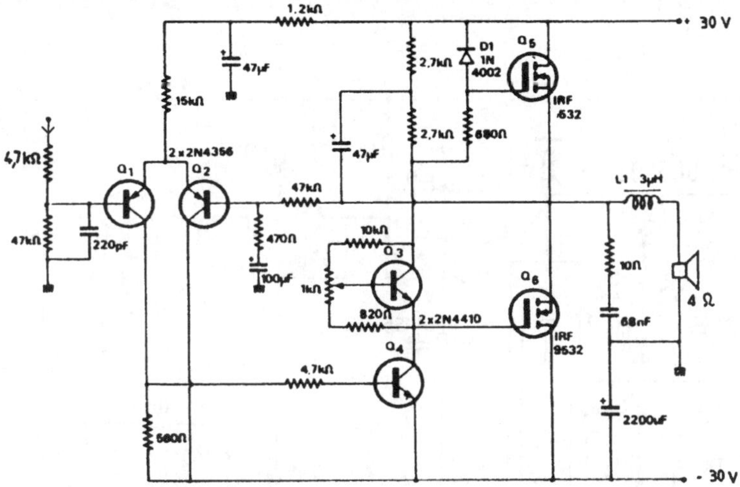

Klirrfaktor: 1%. Spannungsgewinn: 20 dB. Bandbreite: 30 Hz bis 400 kHz. Eingangswiderstand: 47 kΩ. [J. M. Seillon, *Electronique Applications,* Paris, Nr. 40, Seiten 41 bis 44.]

320. Komplementär symmetrischer Verstärker für 80 W

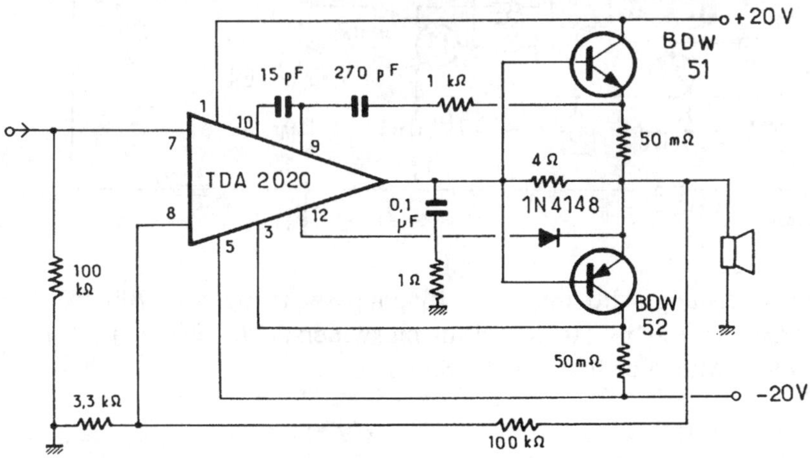

Eingangswiderstand: 50 kΩ. Kurzschlußsicher. Der Widerstand von 50 mΩ kann aus 20 cm Kupferdraht mit 0,3 mm Durchmesser bestehen. [Anwendungsbeispiel von *SGS Thomson Microelectronics.*]

321. Komplementär symmetrischer MOSFET-Verstärker für 80 W

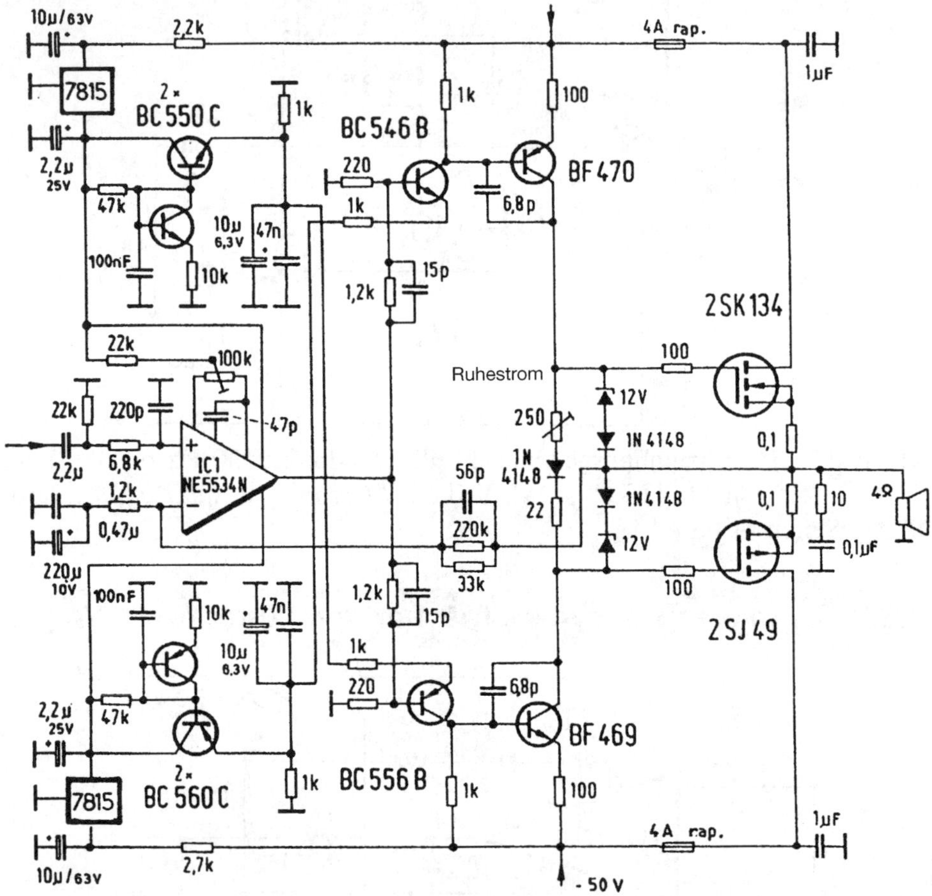

Die Nennleistung wird mit einer Eingangsspannung von 700 mV erreicht. Bandbreite: 7 Hz bis 50 kHz. Eingangswiderstand: 22 kΩ. [I. Linnenberg, *Funkschau*, München, Nr. 2 und 3/86.]

322. Stereoverstärker für 2 x 100 W, TDA 7250, TIP 142/147

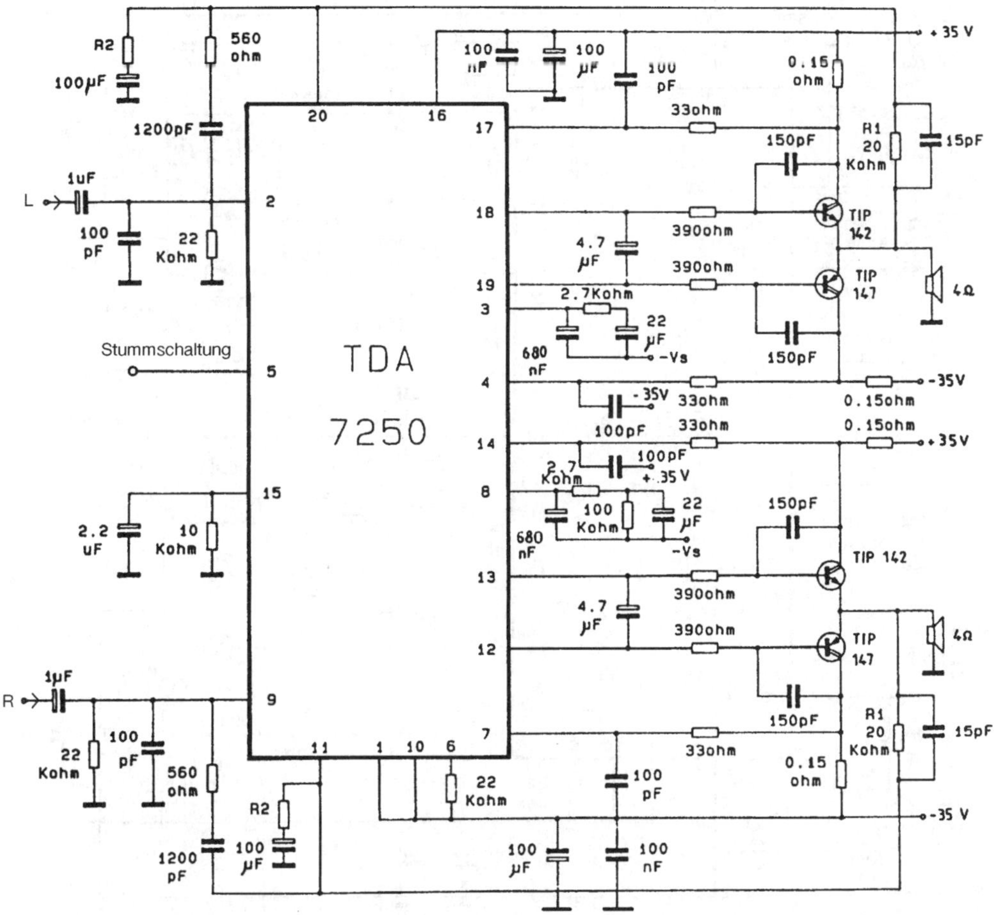

An 8-Ω-Lautsprechern erhält man maximal 2 x 60 W (80 W bei Speisung mit ± 40 V). Spannungsgewinn: $(560 + R_2)/R_2$. Pin 5 dient zur Stummschaltung (< 3 V). [Audio and Radio Products Databook, *SGS Thomson Microelectronics.*]

323. Stereoverstärker für 2 x 100 W, TDA 7250, BD 911/912

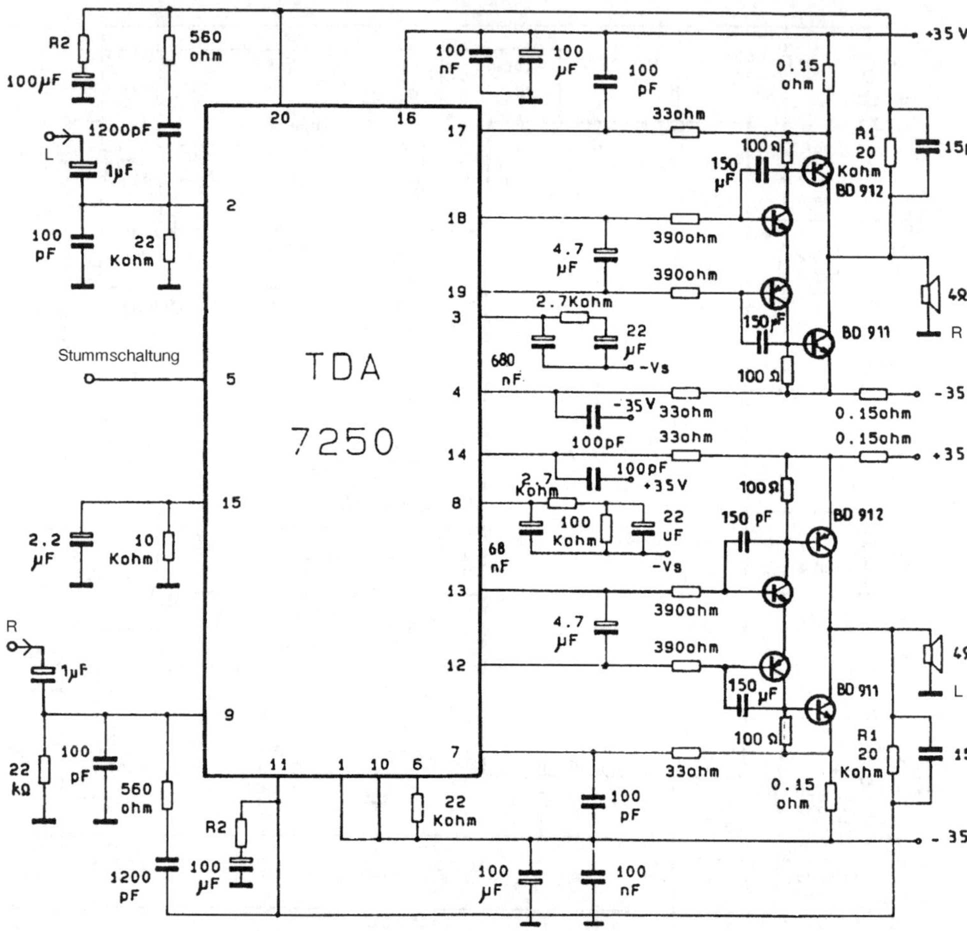

Gleiche Kennwerte wie bei Schaltung 322, aber mit „Super-Kollektor-Schaltung“ im Ausgang, anstelle von Darlington-Transistoren. [Audio and Radio Products Databook, *SGS Thomson Microelectronics.*]

324. Brückenverstärker für 150 W

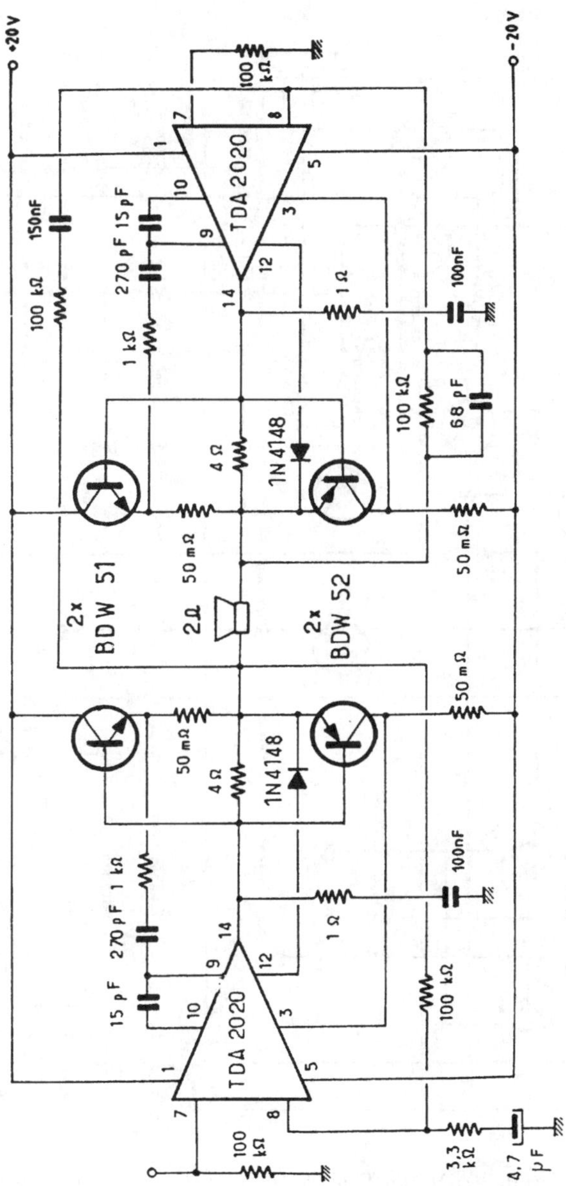

Eingangswiderstand: 50 kΩ. Kurzschlußsicher. Der Widerstand von 50 mΩ kann aus 20 cm Kupferdraht mit 0,3 mm Durchmesser bestehen. [Anwendungsbeispiel von *SGS Thomson Microelectronics.*]

325. MOSFET-Verstärker für 80 oder 160 W

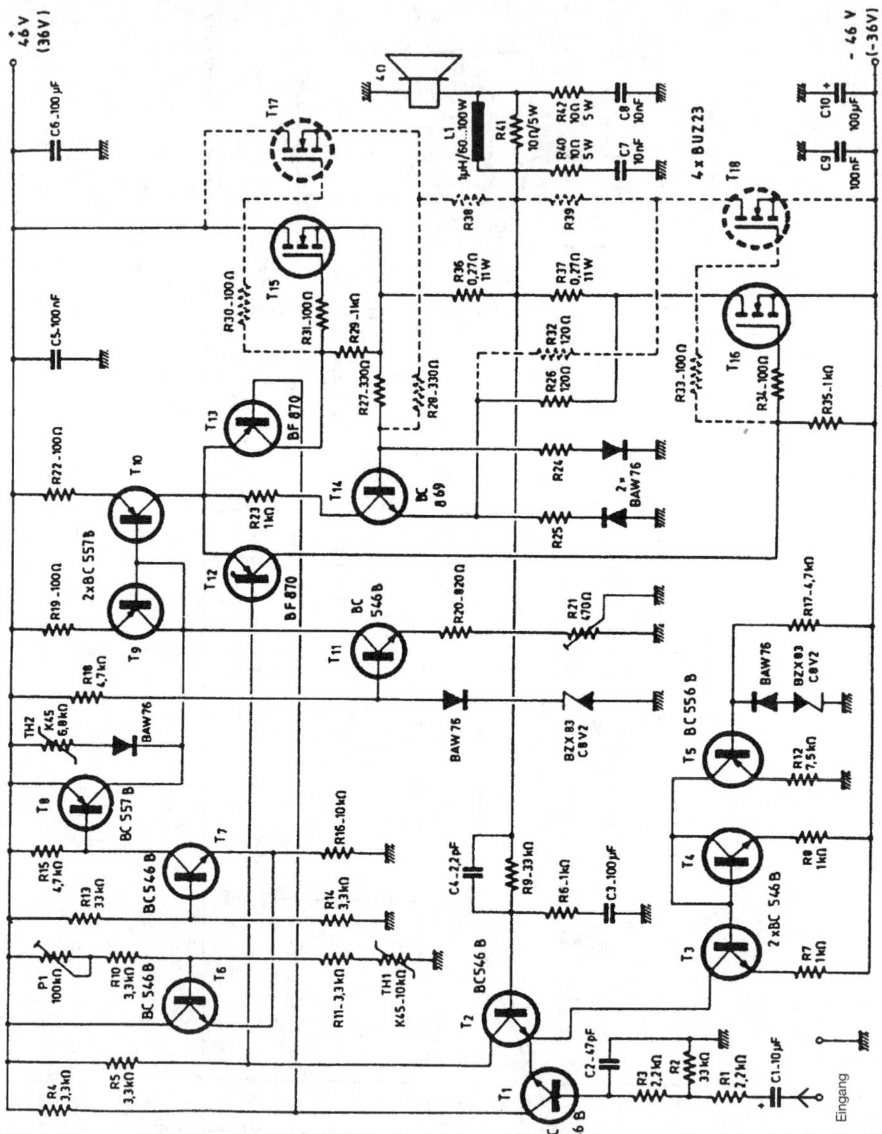

Man erhält maximal 80 W bei Speisung mit ± 36 V, oder 160 W mit ± 46 V, maximal ± 55 V bei Leerlauf. Die gestrichelt eingezeichneten Bauteile sind nur für die 160-W-Ausführung erforderlich. [Anwendungsbeispiel SIPMOS, *Siemens.*]

326. Brückenverstärker für 200 W

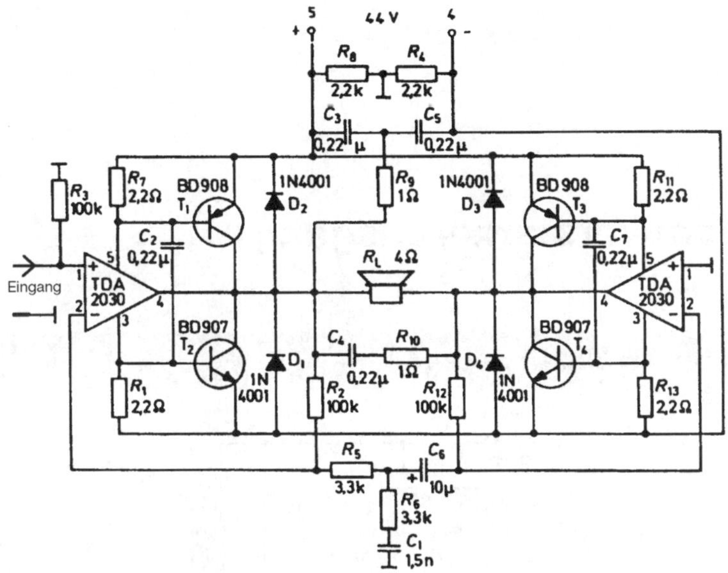

Spannungsgewinn: 36 dB. Auch im Leerlauf darf die Speisespannung 44 V nicht übersteigen. Bei einem Klirrfaktor von 1% erhält man 180 W bei Speisung mit 44 V, 145 W mit 40 V oder 110 W mit 35 V. [Anwendungsbeispiel von *SGS Thomson Microelectronics.*]

3 Weiterhin für Audio wichtig

Filter am Verstärkerausgang

327. Filter für Baßlautsprecher

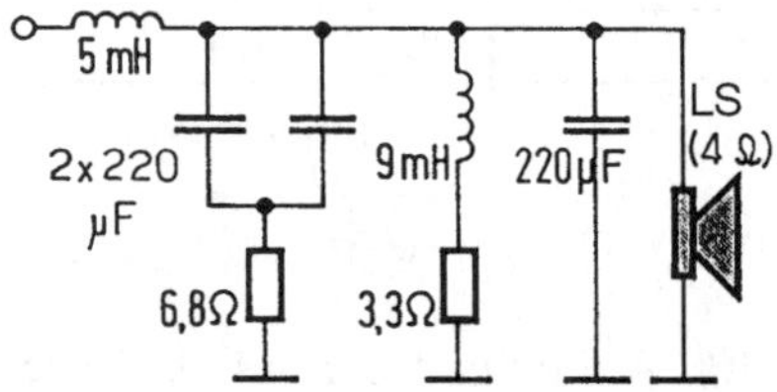

Kann eingesetzt werden, wenn man eine bestehende Anlage mit einem zusätzlichen Verstärker für höheren Baßreserven ausstatten will. [*ELO*, München, Nr. 7/88, Seite 73.]

328. Baßfilter für partielle Stereo-Zusammenführung

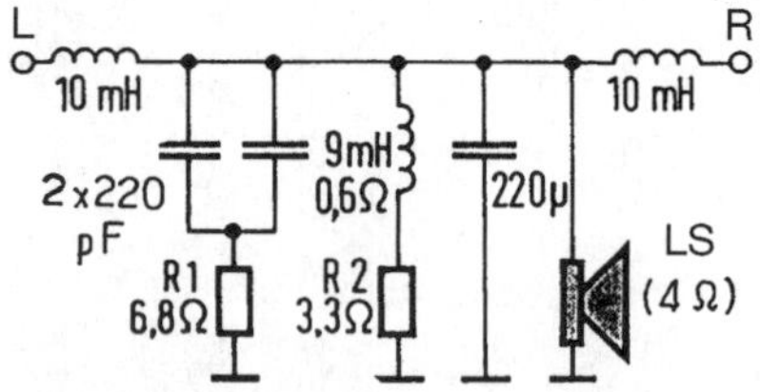

Vorgesehen für Anlagen, bei denen der Baßanteil der beiden Stereokanäle in einem Lautsprecher zusammengeführt werden soll. Die Höhen bleiben getrennt, da das Ohr für sie mehr richtungsempfindlich ist. [*ELO*, München, Nr. 7/88, Seite 73.]

329. Frequenzweiche für drei Lautsprecher.

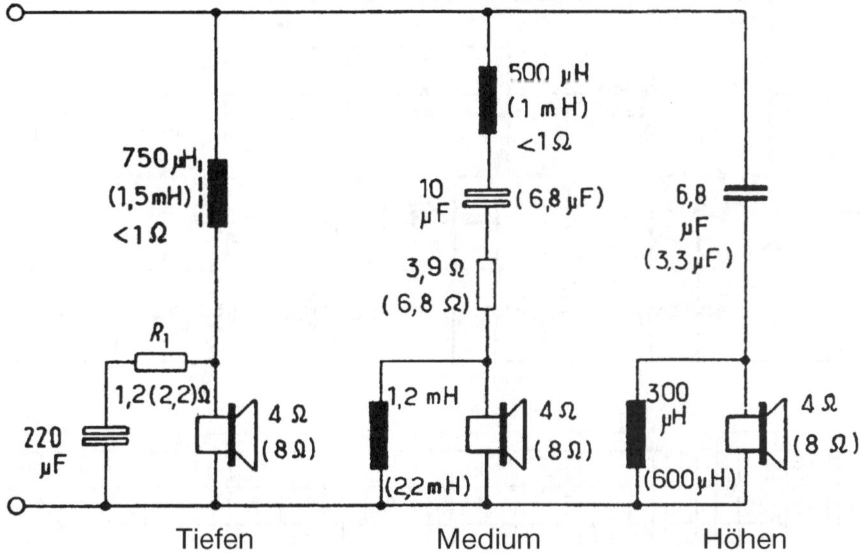

Die Angaben in Klammern gelten für 8-Ω-Lautsprecher. Die Frequenzgebiete sind: 30 bis 700 Hz für tief, 700 bis 5000 Hz für mittel, 5 bis 16 kHz für hoch. [Anwendungsschaltung *Siemens.*]

330. Passiver und umschaltbarer Kopfhörerfilter

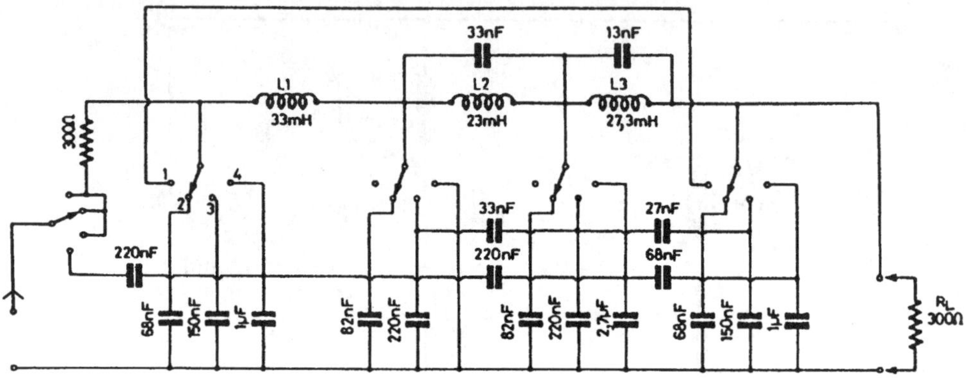

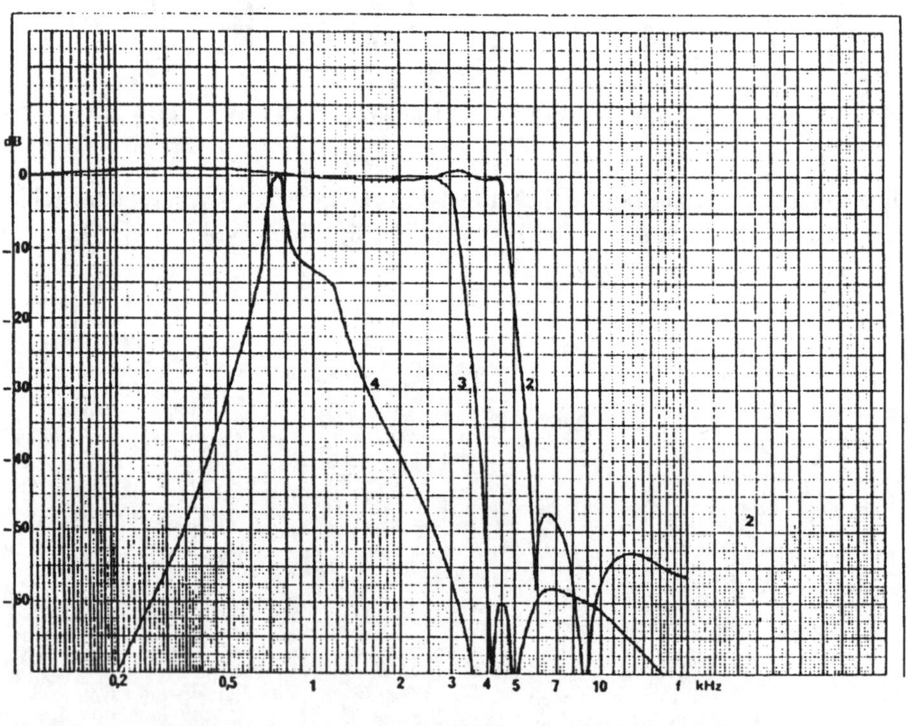

Besonders für Kurzwellenhörer zu empfehlen. In Stellung 1 bleibt das Signal unverändert, Stellungen 2 und 3 schneiden die Höhen scharf ab (siehe Kurven) und Stellung 4 ergibt einen Bandpaß zum Telegraphieempfang. [*Le Haut-Parleur*, Paris, Nr. 1631, Seiten 266 bis 267.]

331. Frequenzweiche für vier Lautsprecher

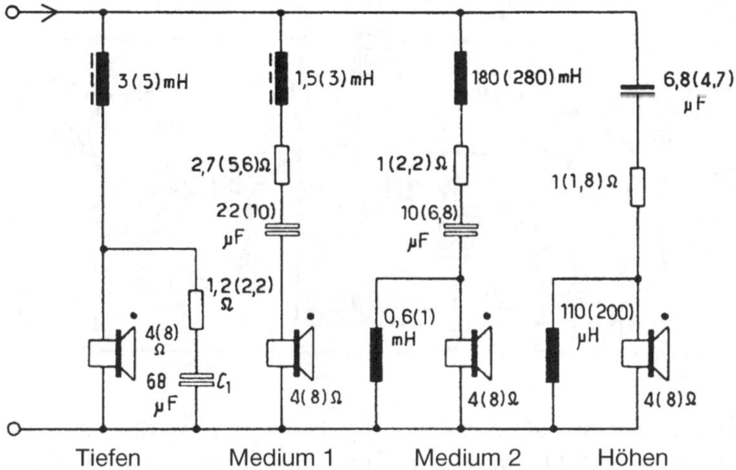

Die Angaben in Klammern gelten für 8-Ω-Lautsprecher. Die Frequenzgebiete sind: 30 bis 300 Hz für tief, 300 bis 1500 Hz für mitteltief, 1,5 bis 6 kHz für mittelhoch, 6 bis 16 kHz für hoch. [Anwendungsschaltung *Siemens.*]

Anzeigeschaltungen mit Leuchtdioden

332. Akustische Pegelanzeige

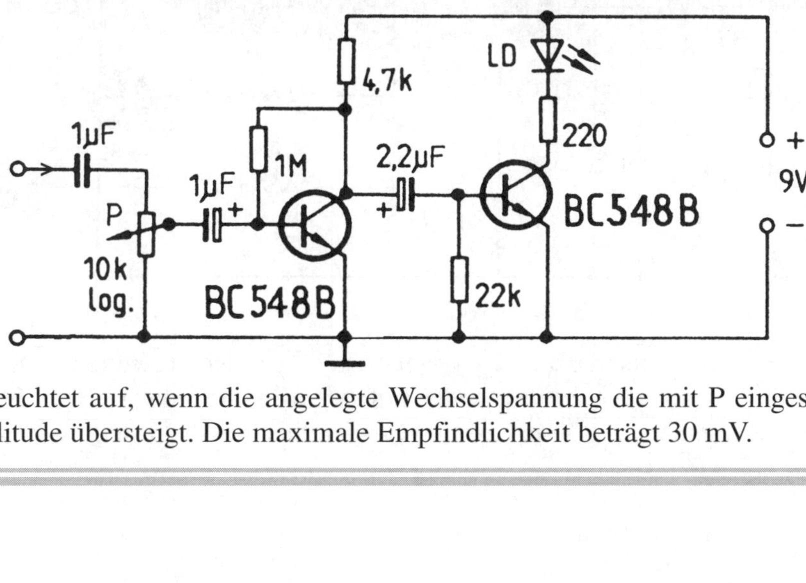

LD leuchtet auf, wenn die angelegte Wechselspannung die mit P eingestellte Amplitude übersteigt. Die maximale Empfindlichkeit beträgt 30 mV.

333. Empfindliche Pegelanzeige mit hohem Eingangswiderstand

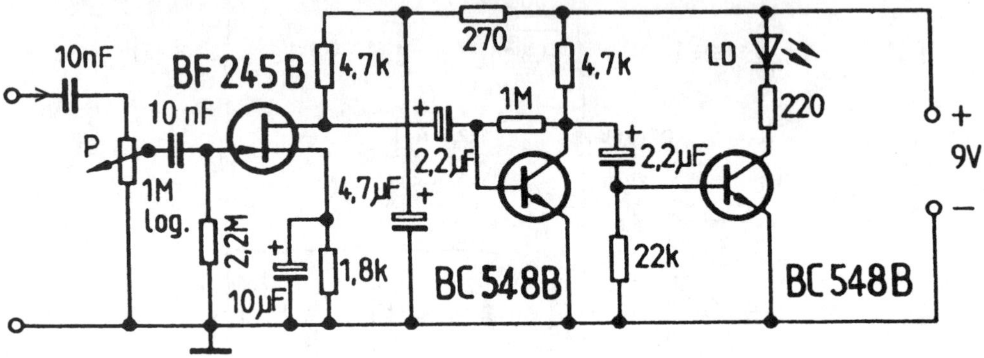

LD leuchtet auf, wenn die angelegte Wechselspannung die mit P eingestellte Amplitude übersteigt. Die maximale Empfindlichkeit beträgt 5 mV.

334. Dreistufige Pegelanzeige

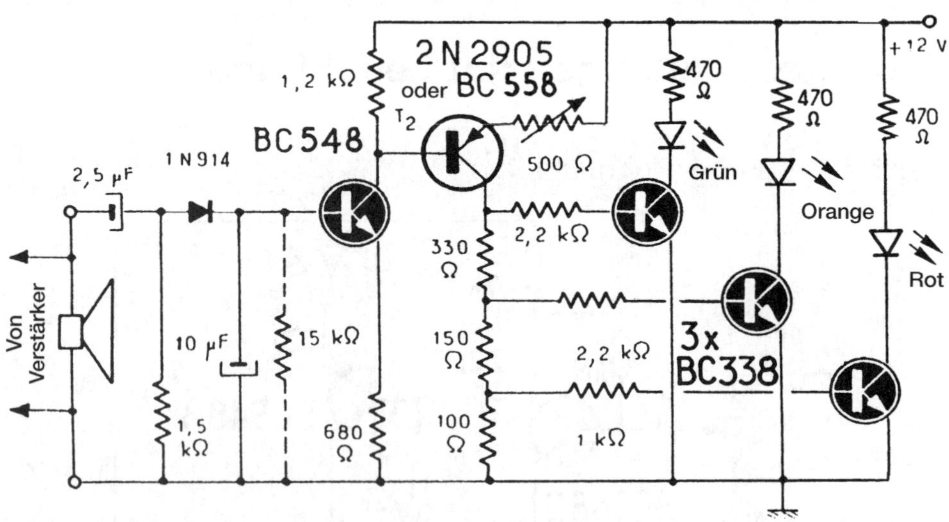

Kann an den Lautsprecher eines Verstärkers geschaltet werden. Die drei Leuchtdioden leuchten nacheinander auf, wenn das Signal steigt. Mit dem Trimmwiderstand von 500 Ω kann die Empfindlichkeit eingestellt werden.

335. Quasi-logarithmische Pegelanzeige mit UAA 180

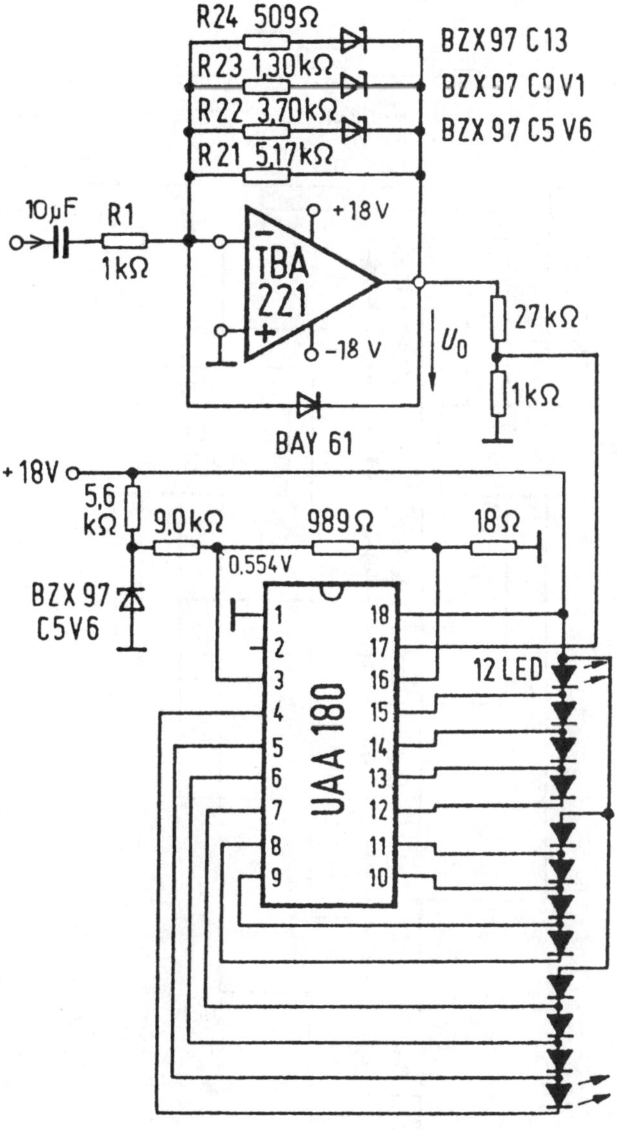

Auf den ersten drei Stufen ist die Anzeige eine lineare Funktion der Steuerspannung. Danach ergeben die Z-Dioden im Gegenkoppelkreis des Operationsverstärker eine etwa logarithmische Anzeige. [Anwendungsschaltung *Siemens.*]

336. Logarithmische Pegelanzeige mit U 267 BG und U 257 BG

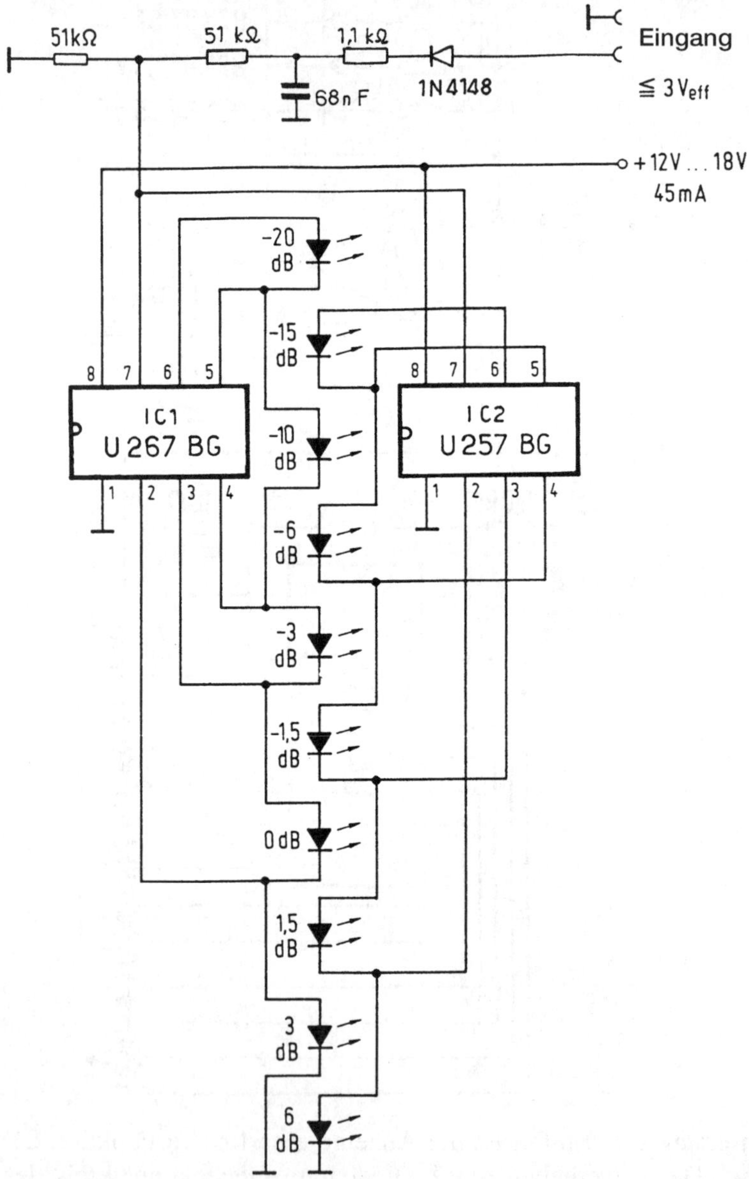

Der Pegel 0 dB entspricht einer Eingangswechselspannung von 1 V, +6 dB gilt für 2 V und –20 dB für 0,1 V. [Anwendungsschaltung *Temic.*]

337. Logarithmische Pegelanzeige mit UAA 180

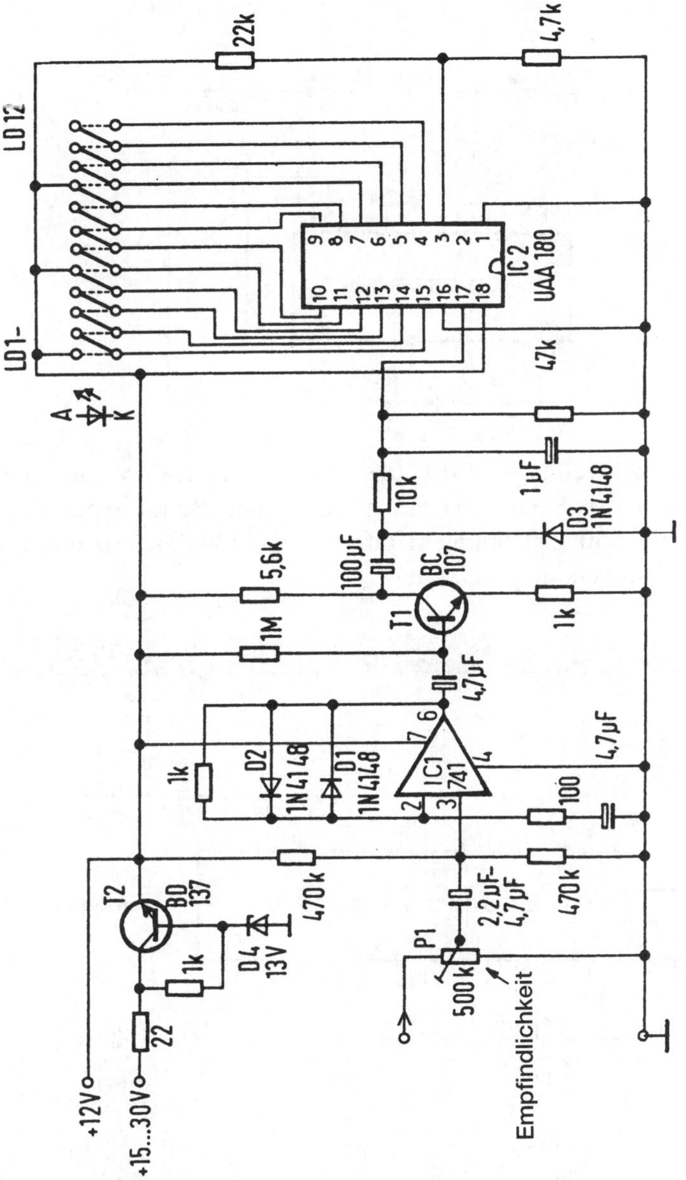

Die Diodenbeschaltung des Operationsverstärkers ergibt eine etwa logarithmische Kennlinie. T2 kann entfallen, wenn eine geregelte Speisespannung (12 V) verfügbar ist.

338. Logarithmische Pegelanzeige in 5 Stufen, mit U 267 BG

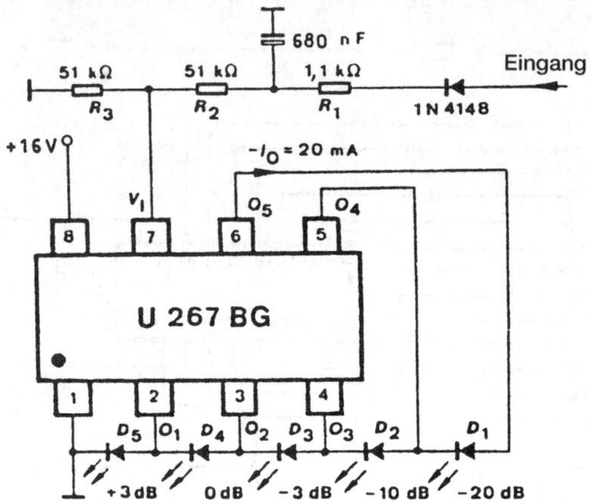

Die Funktionsschwellen sind 0,1, 0,3, 0,71, 1 und 1,41 V. Die Leuchtdioden werden mit 20 mA Konstantstrom gespeist. Die Betriebsspannung muß die Summe der Durchlaßspannungen der 5 Leuchtdioden um mindestens 2 V übersteigen. [Anwendungsschaltung *Temic.*]

339. Logarithmische Stereo-Pegelanzeige mit U 2066/2067 B

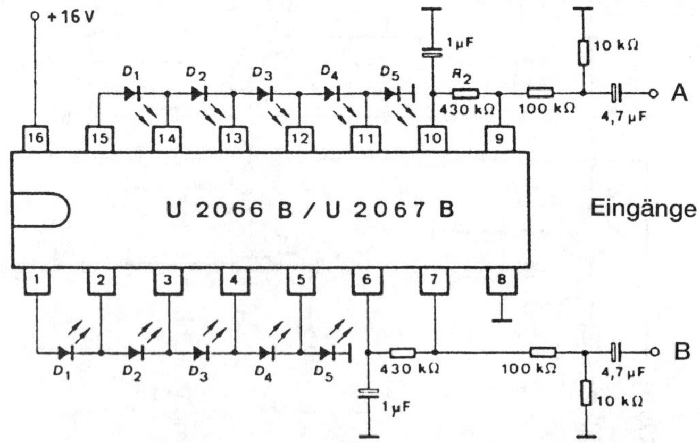

U 2066 B läßt die Dioden bei 34, 60, 106, 150 und 212 mV aufleuchten, U 2067 B bei 84, 106, 134, 168 und 212 mV. Die Leuchtdioden werden mit 15 mA Konstantstrom gespeist. Die Betriebsspannung muß die Summe der Durchlaßspannungen der 5 Leuchtdioden um mindestens 2 V übersteigen. [Anwendungsschaltung *Temic.*]

340. Logarithmische Stereo-Pegelanzeige mit U 2068 B

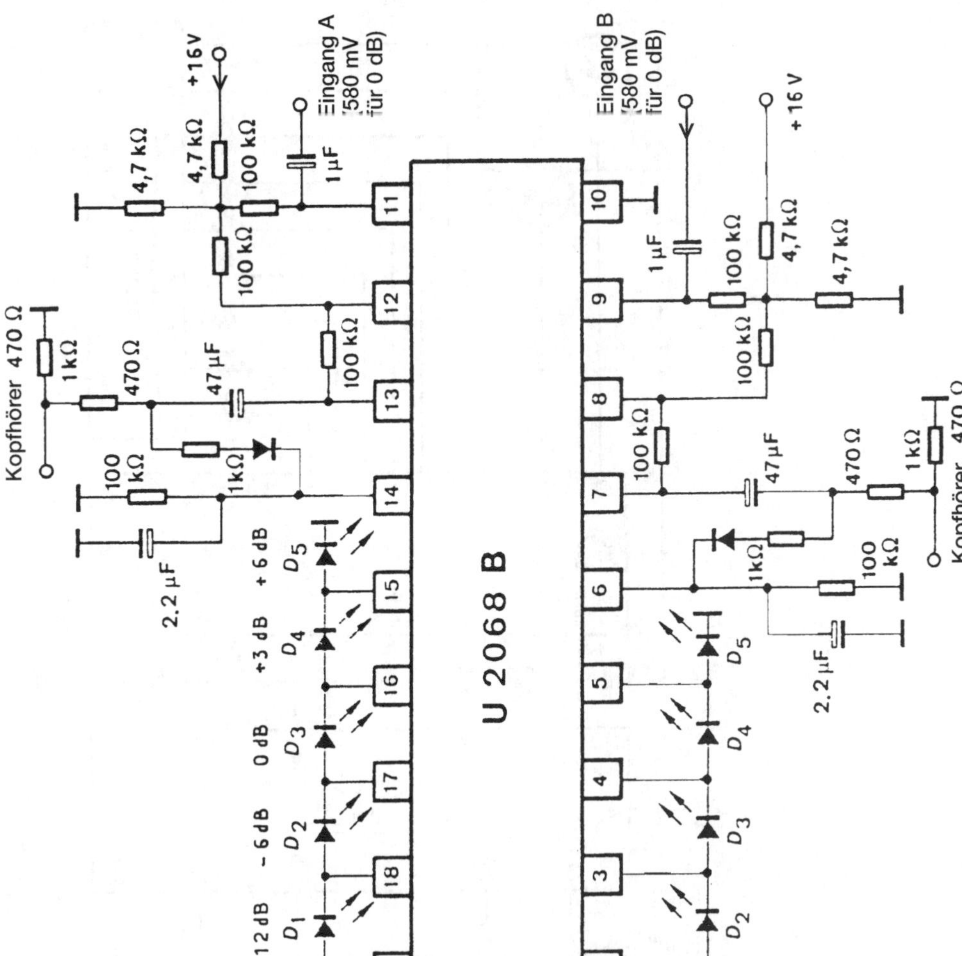

Die zwei integrierten Operationsverstärker sind, wenn erforderlich, für Kopfhöreranschluß einsetzbar. Die Leuchtdioden werden mit 15 mA Konstantstrom gespeist. Die Betriebsspannung muß die Summe der Durchlaßspannungen der 5 Leuchtdioden um mindestens 2 V übersteigen. [Anwendungsschaltung *Temic.*]

341. Digitale Pegelanzeige

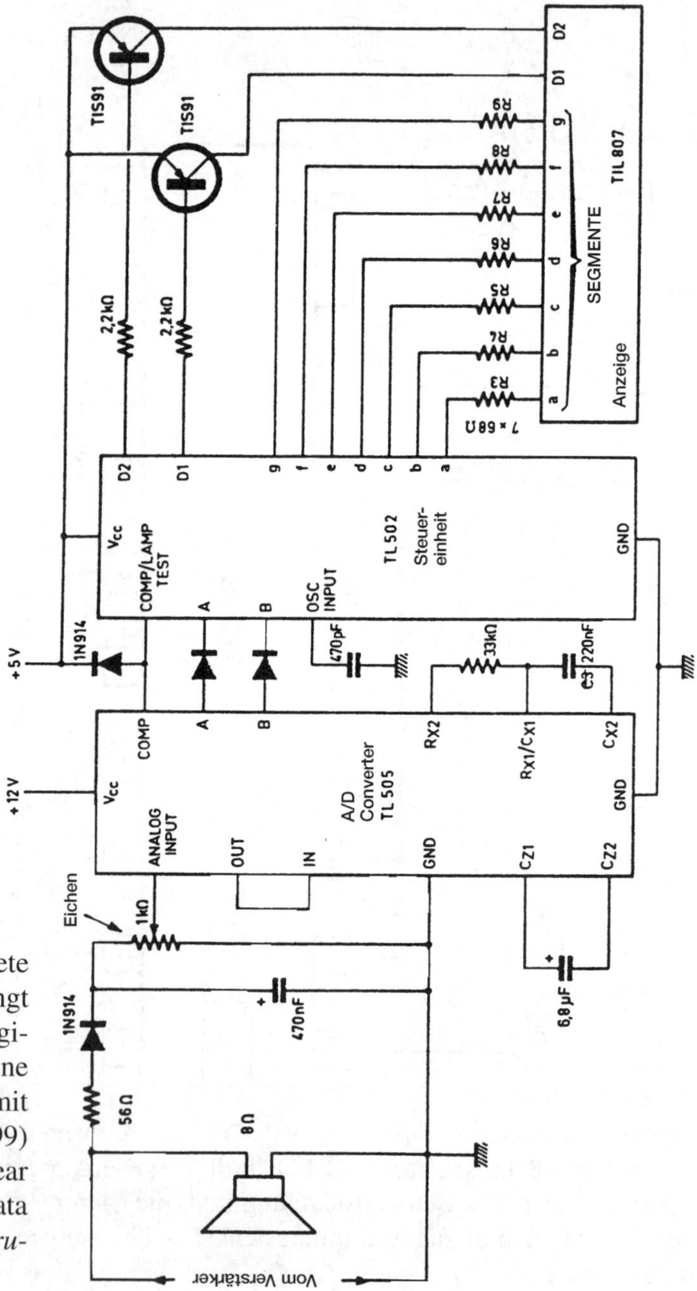

Die gleichgerichtete Meßspannung gelangt an einen Analog-Digital-Wandler, der eine Leuchtanzeige mit zwei Ziffern (0 bis 99) ansteuert. [The Linear Control Circuits Data Book, *Texas Instruments.*]

Anzeigeschaltungen mit Zeigerinstrumenten

342. Logarithmische Anzeige der Ausgangsspannung

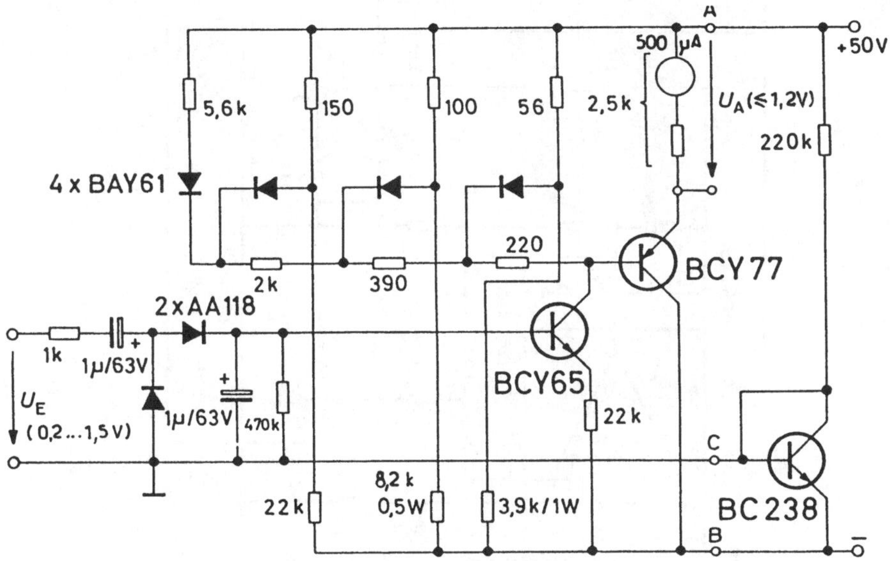

Eignet sich für einen Anzeigebereich (Spannung) von zwei Dekaden. [Anwendungsschaltung *Siemens.*]

343. Nf-Millivoltmeter, 10 mV bis 30 V, 20 Hz bis 50 kHz

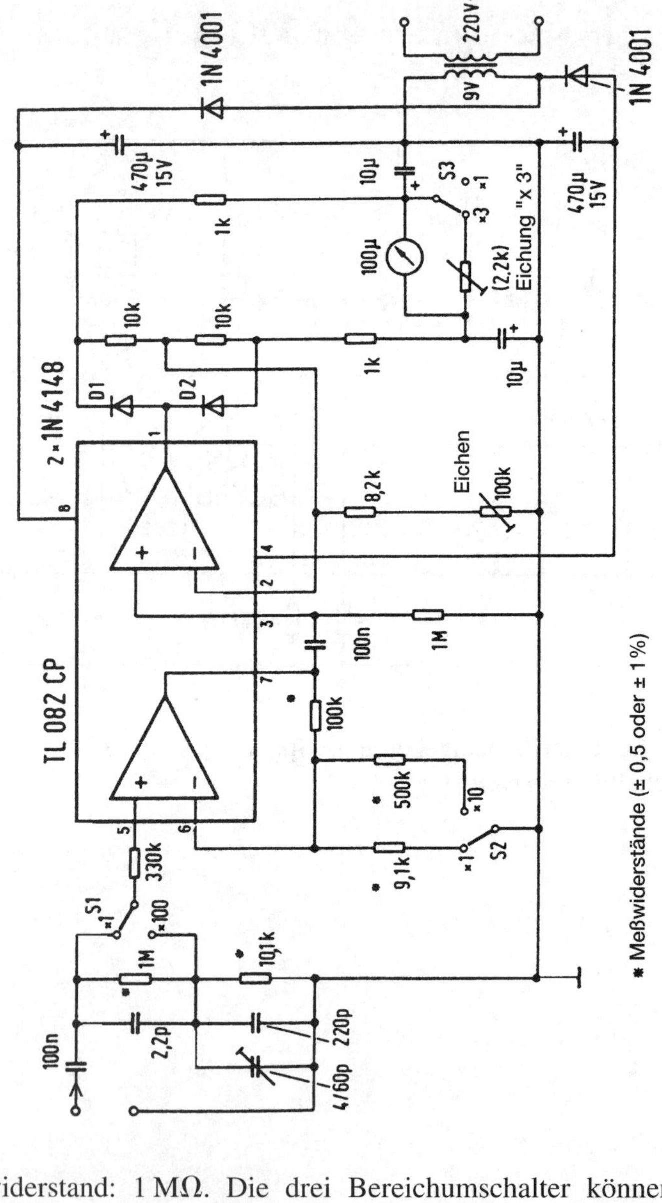

Eingangswiderstand: 1 MΩ. Die drei Bereichumschalter können in einem Rasterschalter mit 6 Stellungen und drei Schaltebenen (oder entsprechendem Tastenschalter) zusammengefaßt werden.

344. Nf-Millivoltmeter, 3 mV bis 100 V, 20 Hz bis 100 kHz

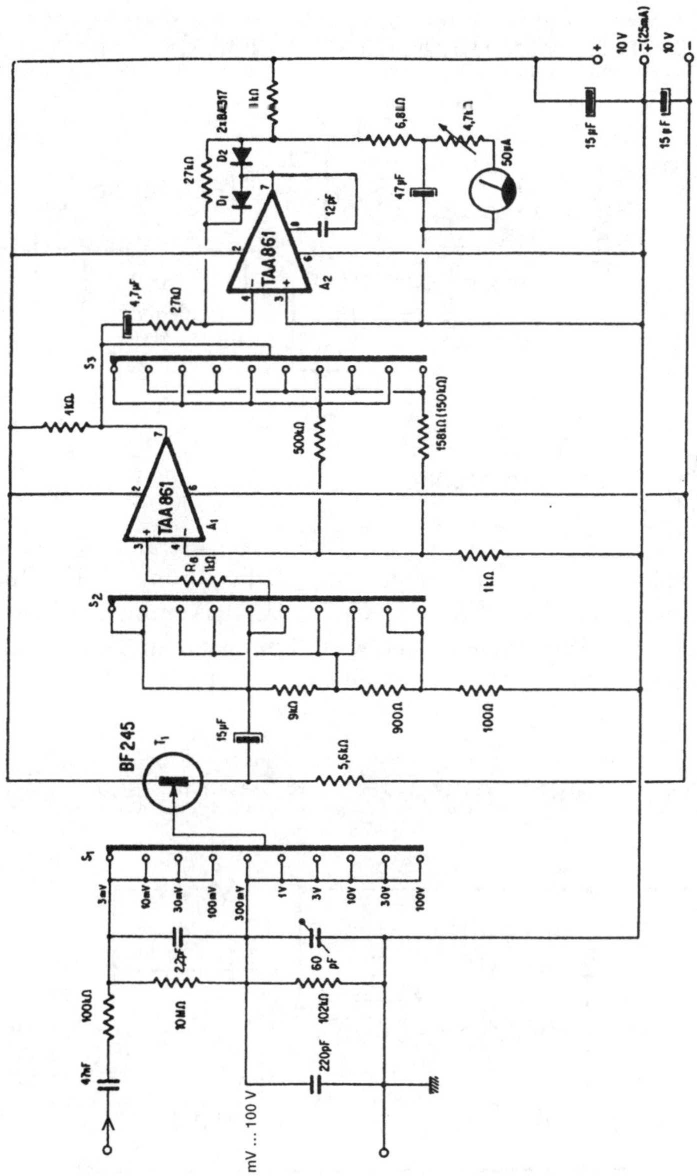

Der Trimmkondensator dient zum Frequenzabgleich auf den Bereichen 1 V bis 100 V. Die Eichung erfolgt mit dem Trimmwiderstand 4,7 kΩ, in Reihe mit dem Anzeigeinstrument.

Schutzschaltungen

345. Entstörung von Halbleiterverstärkern

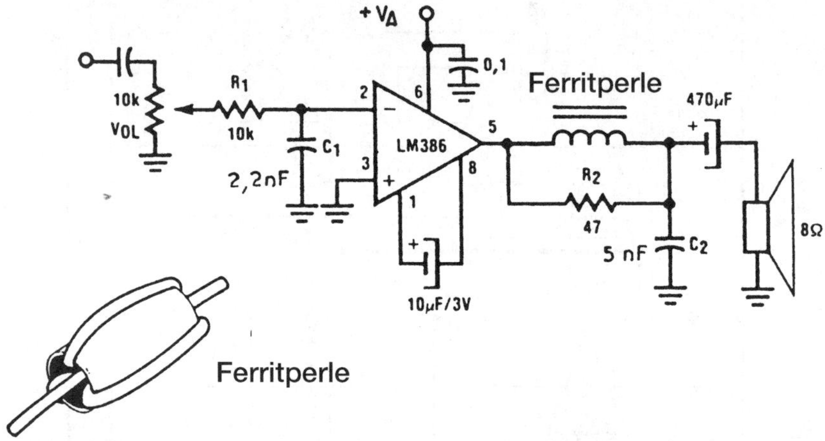

Leistungsverstärker erzeugen gelegentlich Radiostörungen. Im Beispielsfall wird dem abgeholfen durch R_1 und C_1 im Verstärkereingang, sowie R_2, C_2 nebst Ferritperle (3 Windungen von etwa 0,5 mm starkem Draht) im Ausgang. [Audio-Radio Handbook, *National Semiconductor.*]

346. Überlastungsschutz für Lautsprecher

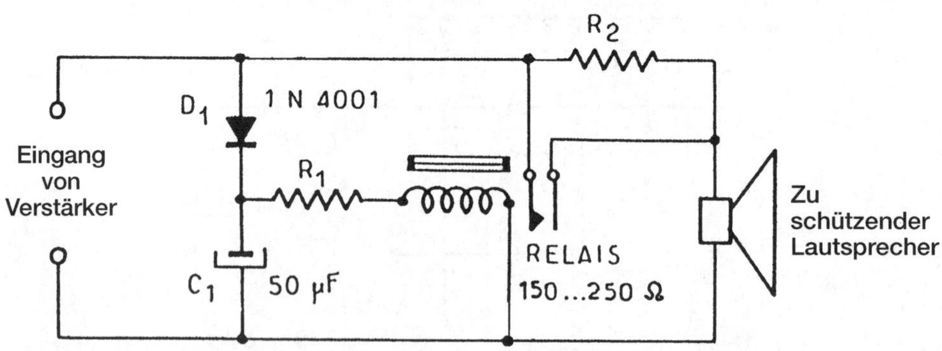

Im Überlastungsfall schaltet das Relais einen der Lastimpedanz etwa gleichen Widerstand R_2 in Reihe mit dem Lautsprecher. Die Einschaltschwelle ist durch geeignete Wahl von R_1 experimentell festzulegen.

Telefon und Wechselsprechanlagen

347. Zweiter Telefonhörer

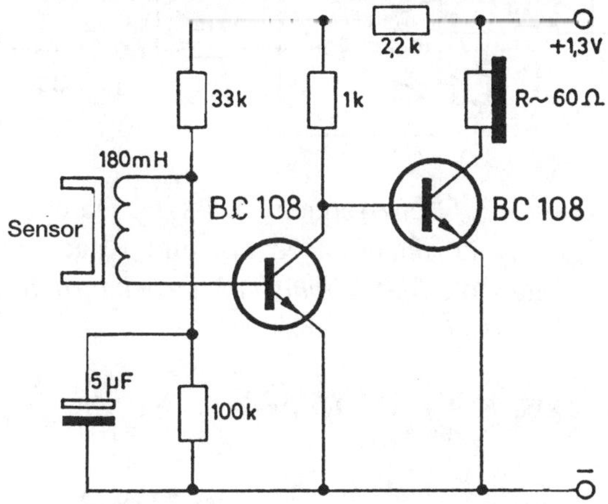

Die Sensorspule wird mit einer Saugschale am Telefongerät in der Nähe des dort eingebauten Transformators befestigt. [Anwendungsschaltung *ITT-Intermetall.*]

348. Telefonverstärker

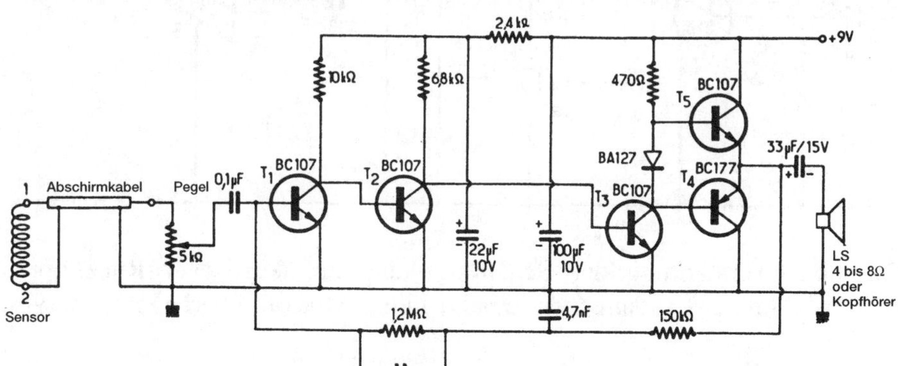

Den Sensor kann man mit einem Stück Ferritmaterial (Antennenstab, 3 bis 4 cm lang) herstellen, auf das man 3000 bis 5000 Windungen höchstens 0,1 mm starken lackisolierten Drahtes wickelt. [*Le Haut-Parleur*, Paris, Nr. 1482, Seiten 300 bis 302.]

349. Telefonfilter mit TDA 2320 A

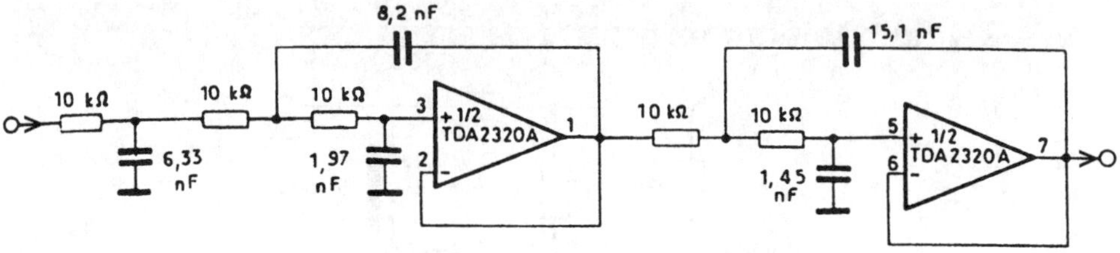

Tiefpaß fünfter Ordung mit Grenzfrequenz 3,4 kHz. Dämpft die gelegentlich bei Telefonverbindungen auftretenden Kratz- und Knackgeräusche. [Audio and Radio Products Databook, *SGS Thomson Microelectronics.*]

350. Telefonverstärker mit LM 380

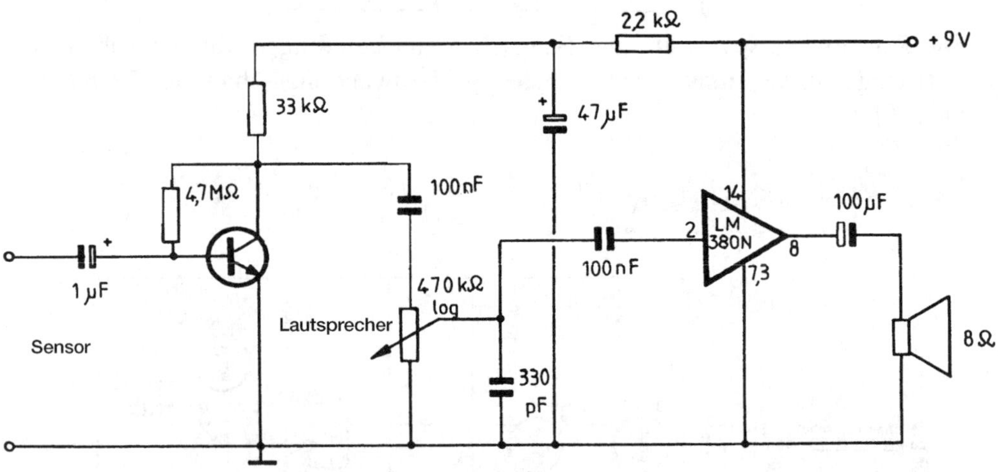

Die hohe Verstärkung der Schaltung kann zu akustischer Rückkopplung führen, wenn der Lautsprecher zu nahe an das Mikrofon herangebracht wird.

Eine Verstärkung von 50 dB gestattet Verzicht auf Transformatoranpassung des als Mikrofon dienenden Lautsprechers. Eine Sprech/Hör-Taste gibt es nur an der Hauptstelle. [Audio-Radio Handbook, *National Semiconductor.*]

351. Wechselsprechanlage, 1,3 W, LM 380

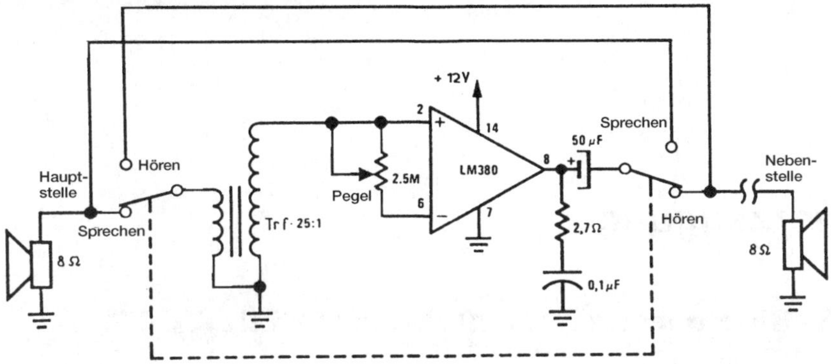

Die Lautsprecher wirken auch als Mikrofone. Unter Berücksichtigung der 25fachen Spannungsübersetzung durch den Transformator erhält man einen gesamten Spannungsgewinn von 1250. Eine Sprech/Hör-Taste gibt es nur an der Hauptstelle. [Audio-Radio Handbook, *National Semiconductor.*]

352. Wechselsprechanlage, 2,2 W, LM 380

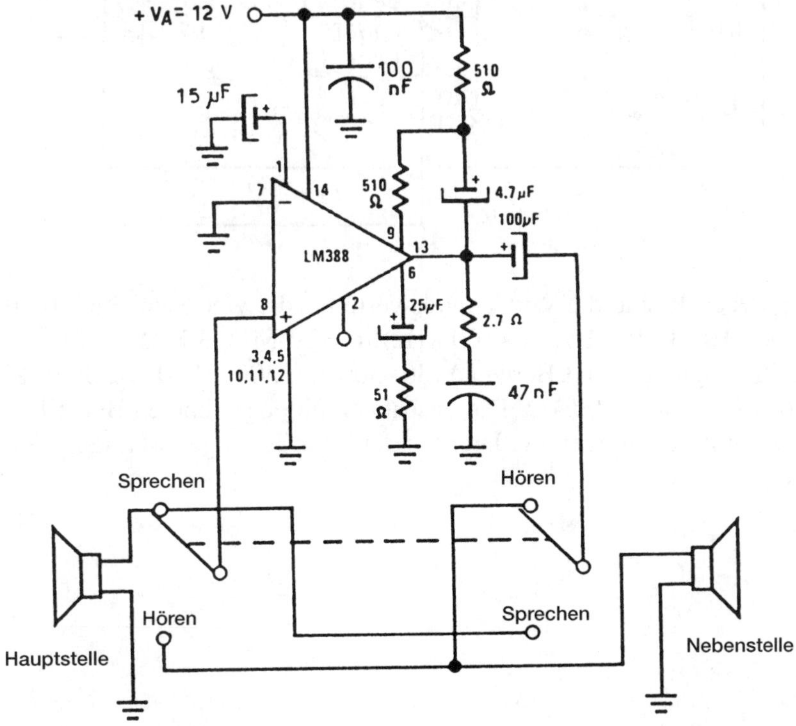

4 Akustische Effekte

Tonerzeugung

353. Sinusgenerator für 10 Hz bis 100 kHz, TL 071

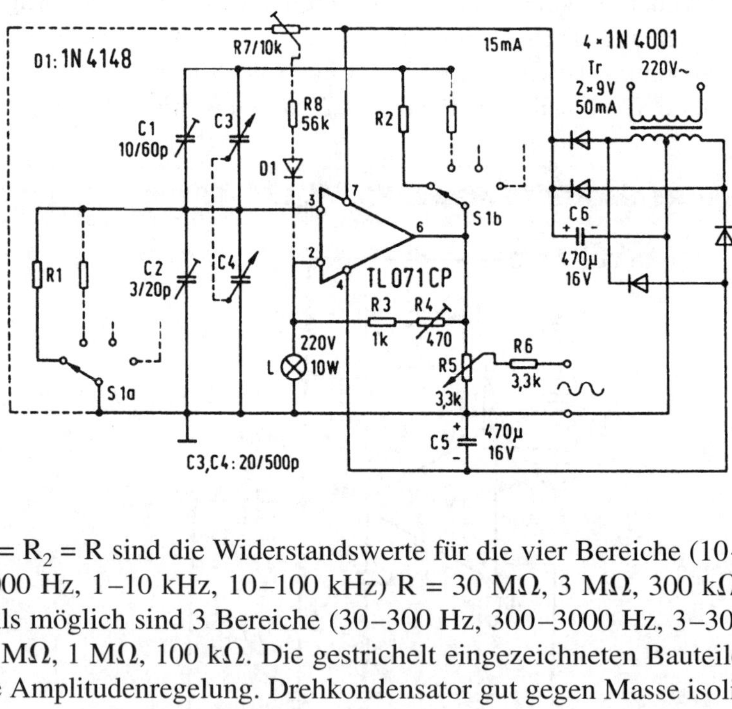

Mit $R_1 = R_2 = R$ sind die Widerstandswerte für die vier Bereiche (10–100 Hz, 100–1000 Hz, 1–10 kHz, 10–100 kHz) R = 30 MΩ, 3 MΩ, 300 kΩ, 30 kΩ. Ebenfalls möglich sind 3 Bereiche (30–300 Hz, 300–3000 Hz, 3–30 kHz mit R = 10 MΩ, 1 MΩ, 100 kΩ. Die gestrichelt eingezeichneten Bauteile verbessern die Amplitudenregelung. Drehkondensator gut gegen Masse isolieren!

354. Sinusgenerator für 10 Hz bis 100 kHz, TL 071 + 2 N 2219

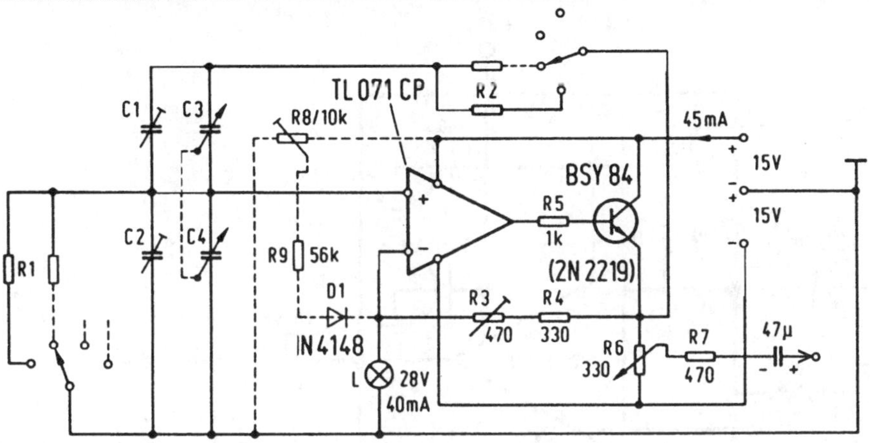

Der Schaltung 353 wurde ein Transistor nachgeschaltet. Er gestattet einen geringeren Ausgangswiderstand und, bei 1 kHz, einen Klirrfaktor von nur 0,01%, wenn R_3 und R_8 sorgfältig abgeglichen werden.

355. Sinusgenerator, 700 mW, mit LM 386

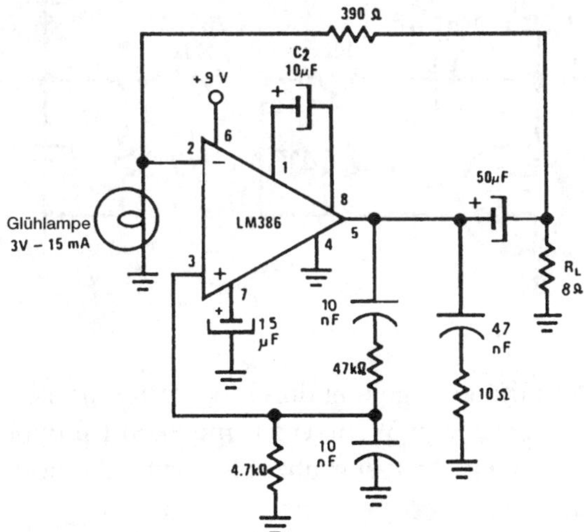

Die Frequenz (1 kHz mit den angegebenen Werten) läßt sich durch Änderung der 10-nF-Kondensatoren verschieben. Die Glühfadentemperatur der 3-V-Lampe regelt die Amplitude. [Audio-Radio Handbook, *National Semiconductor.*]

356. Sinusgenerator, 2 W, mit LM 378

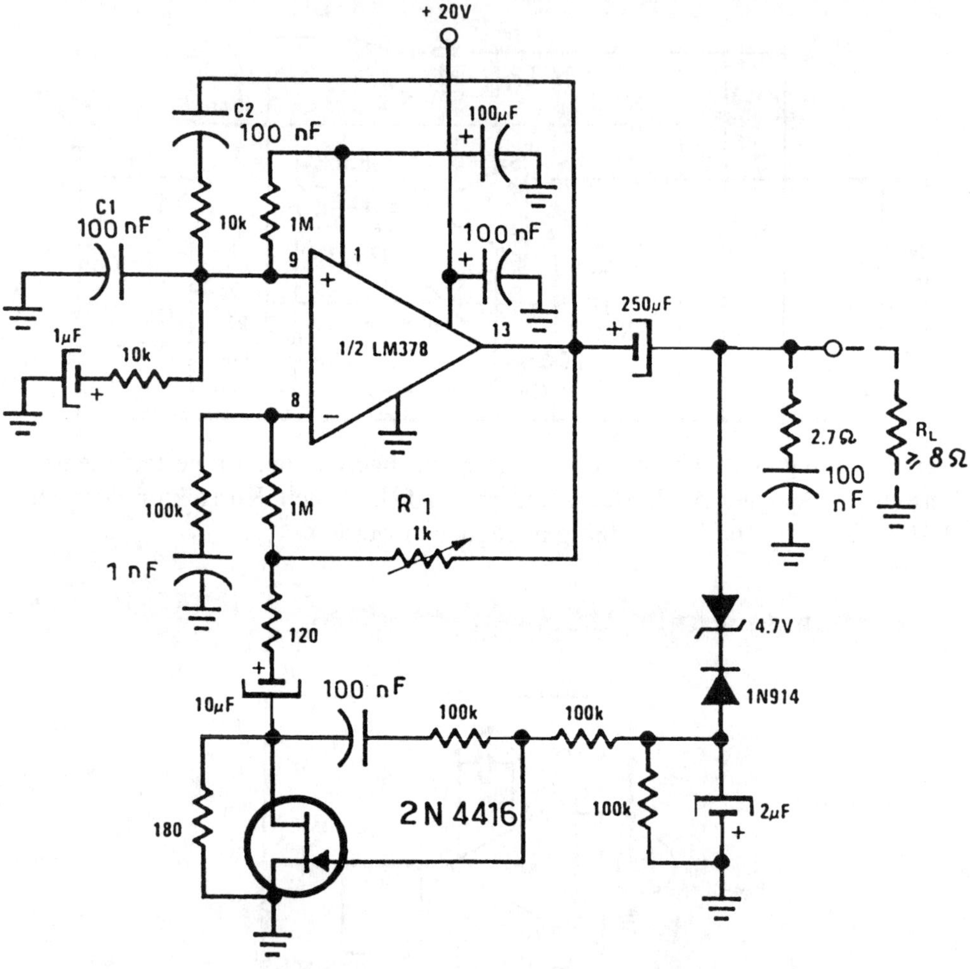

Wienbrücke mit Amplitudenregelung durch Feldeffekttransistor. Die Frequenz (160 Hz mit den angegebenen Werten) ist umgekehrt proportional zu C_1 und C_2. R_1 ist auf 5,3 V_{eff} am Ausgang abzugleichen. [Audio-Radio Handbook, *National Semiconductor.*]

357. Rechteckgenerator, 1 W, LM 386

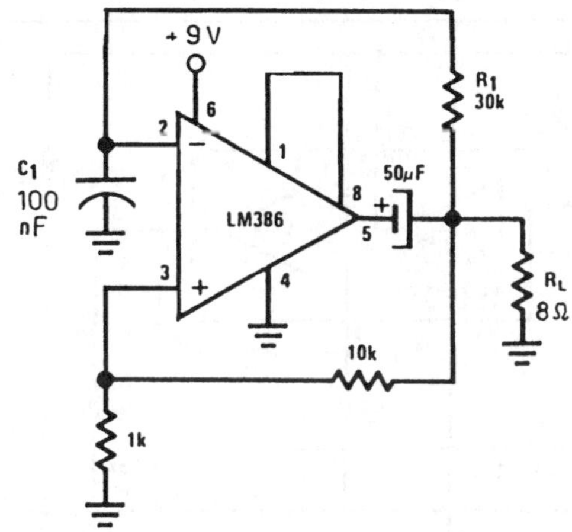

Die Frequenz ist f = 1/(0,36 R_1 C_1), 1 kHz mit den angegebenen Werten. Von Pin 2 kann eine Dreieckspannung abgenommen werden, wegen hohen Innenwiderstands am besten über eine Pufferstufe. [Audio-Radio Handbook, *National Semiconductor.*]

358. Dreieck-Rechteckgenerator, TL 082

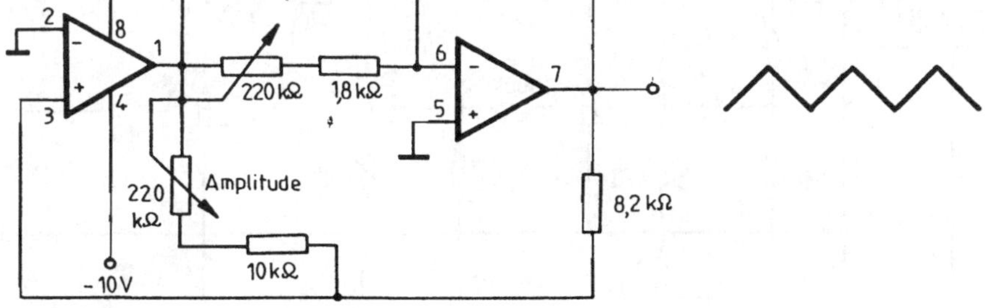

Die Schaltung ist bis mindestens 30 kHz verwendbar. Der Frequenzbereich (100 bis 5000 Hz mit den angegebenen Werten) ist umgekehrt proportional zu C. Die Amplitudeneinstellung wirkt nur auf den Dreieckausgang und beeinflußt auch die Frequenz. [Anwendungsschaltung *Texas Instruments.*]

359. Dreieck-Rechteckgenerator, 3 Hz bis 30 kHz, TL 082

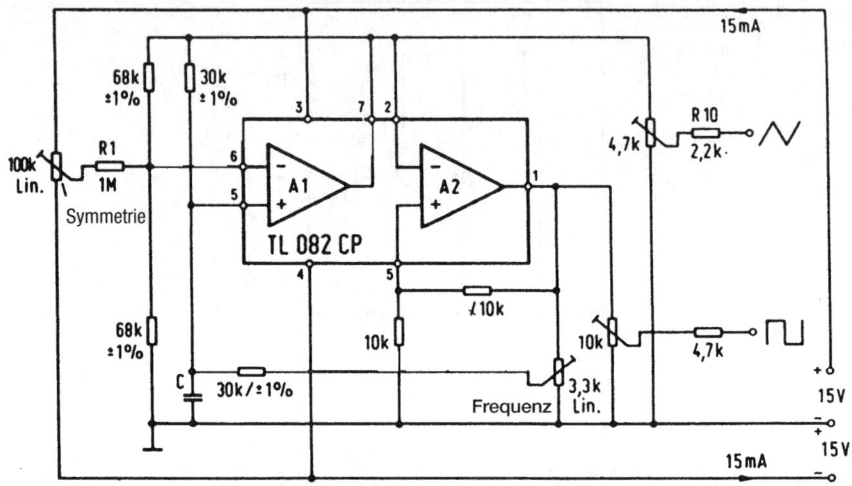

Die Bereiche 3–30 Hz, 30–300 Hz, 300–3000 Hz und 3–30 kHz werden durch Umschalten von C auf jeweils 1 µF, 100 nF, 10 nF und 900 pF erhalten. Die folgende Schaltung gestattet eine Sinusformung der Dreieckspannung.

360. Sinusformung einer Dreieckspannung

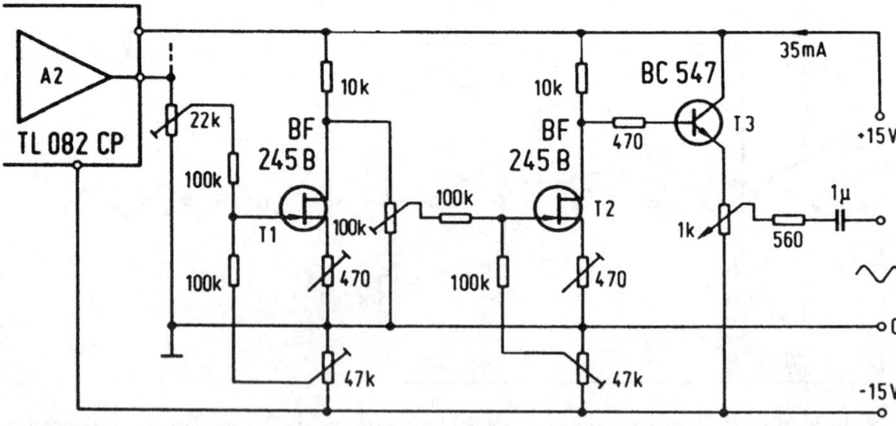

Zusatz zu Schaltung 359. Wirkt durch progressive Übersteuerung der Feldeffekttransistoren. Bei richtigem (und geduldigem) Abgleich der 6 Trimmwiderstände kann der Klirrfaktor auf 0,5% reduziert werden.

361. Spannungsgesteuerter Oszillator (VCO), TL 082

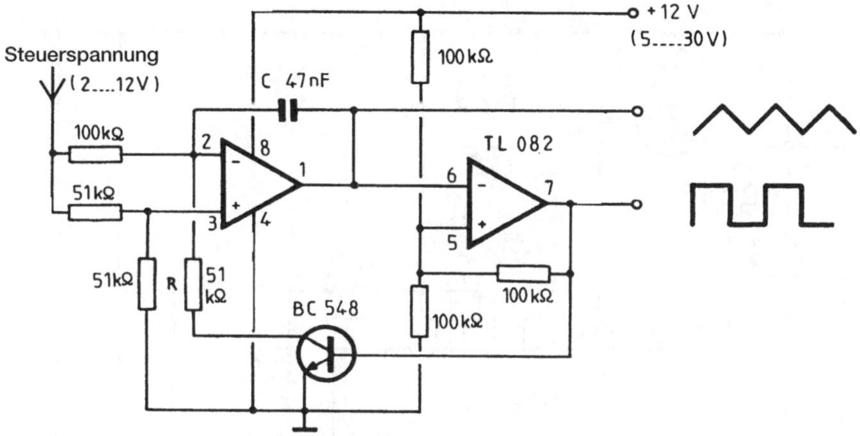

Der Frequenzbereich (20 bis 200 Hz mit den angegebenen Werten) ist umgekehrt proportional zu C. Eine Verringerung von R vermindert das Taktverhältnis. Man erhält dann Sägezahn- anstelle von Dreieckschwingungen. [Anwendungsschaltung *Texas Instruments.*]

362. Breitbandiger spannungsgesteuerter Oszillator (VCO)

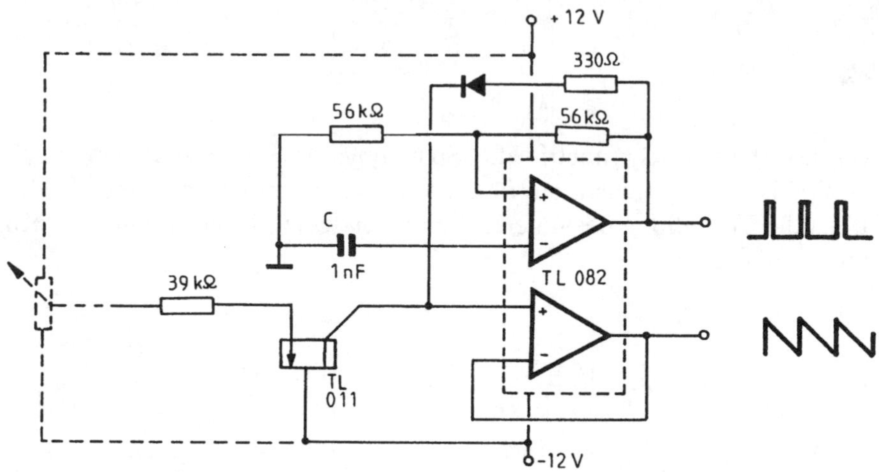

Der Frequenzbereich (2 Hz bis 100 kHz mit den angegebenen Werten) ist umgekehrt proportional zu C. Der Stromspiegel (TL 011) ergibt gute Linearität im Sägezahn.

363. Funktionsgenerator 20 Hz bis 20 kHz, mit 8038

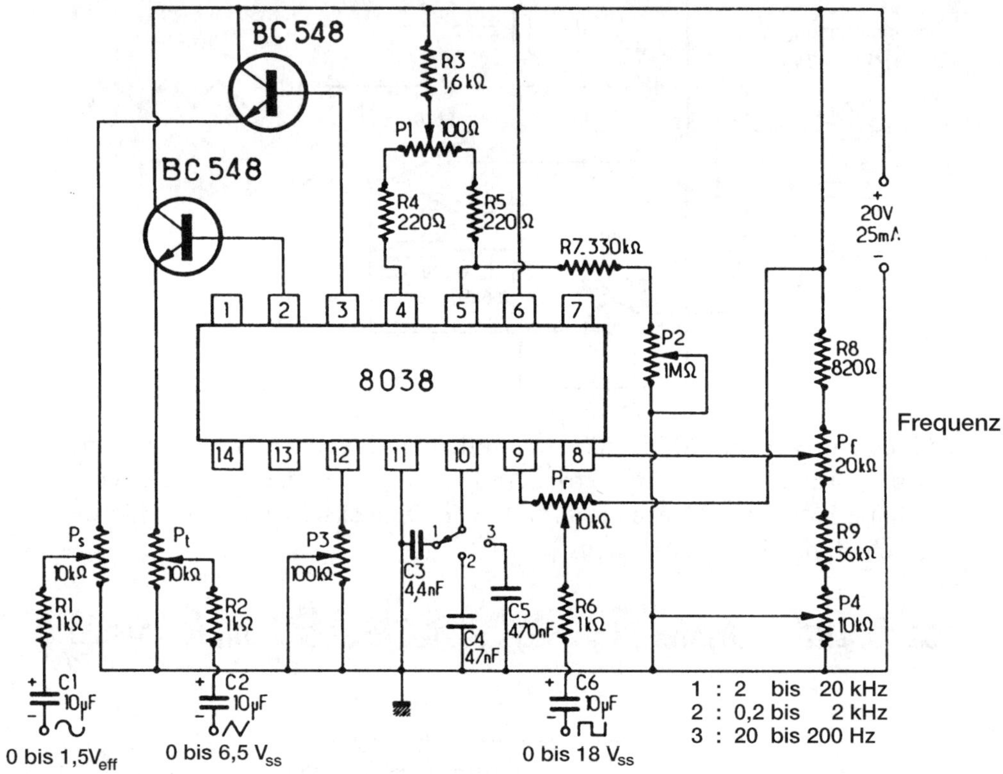

Das Taktverhältnis (Symmetrie der Spannungsformen) ist auf dem Bereich 200–2000 Hz abzugleichen, mit P_1 am oberen und mit P_2 am unteren Ende. P_4 gestattet die Einstellung des unteren Bereichendes, P_3 ist auf minimalen Klirrfaktor abzugleichen.

364. Elektronische Sirene für 400 mW, LM 389

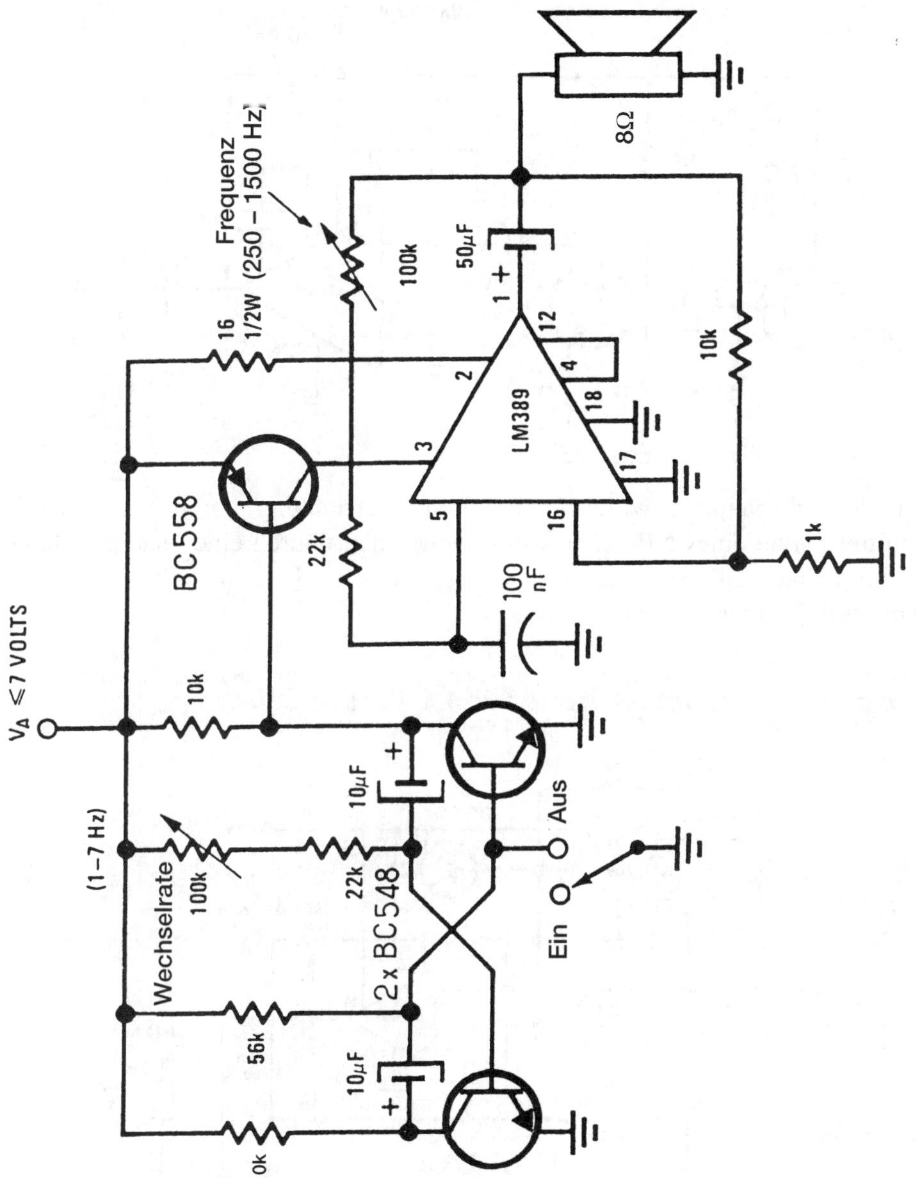

Ein Multivibrator steuert einen PNP-Transistor an, der den als Tonoszillator arbeitenden LM 389 periodisch unterbricht. [Audio-Radio Handbook, *National Semiconductor.*]

365. Rauschgenerator mit LM 389

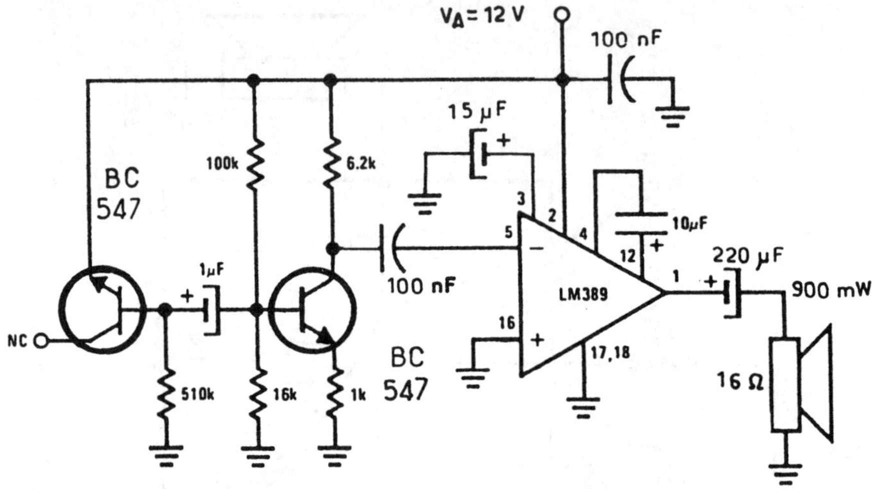

Die Rauschspannung wird durch die in Sperrichtung vorgespannte Basis-Emitter-Diode eines NPN-Transistors gewonnen. Durch einen nachgeschalteten Equalizer läßt sich das Rauschen verfärben. [Audio-Radio Handbook, *National Semiconductor.*]

366. Elektronische Sirene für 1,5 W, LM 380

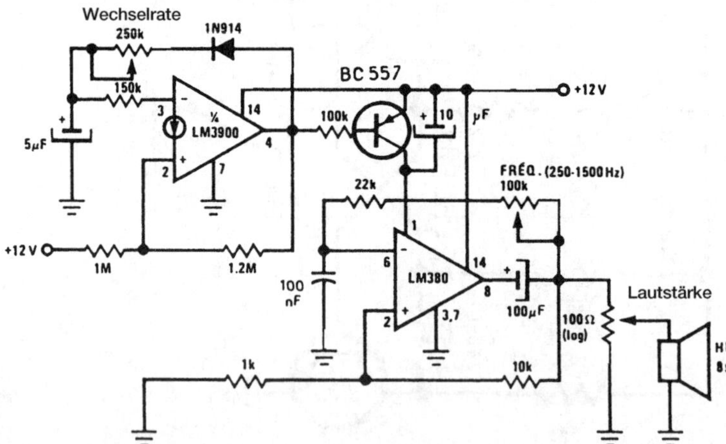

Der als Multivibrator geschaltete LM 3900 steuert einen PNP-Transistor an, der den als Tonoszillator arbeitenden LM 380 periodisch unterbricht. [Audio-Radio Handbook, *National Semiconductor.*]

367. Einfacher elektronischer Gong, SAB 0600

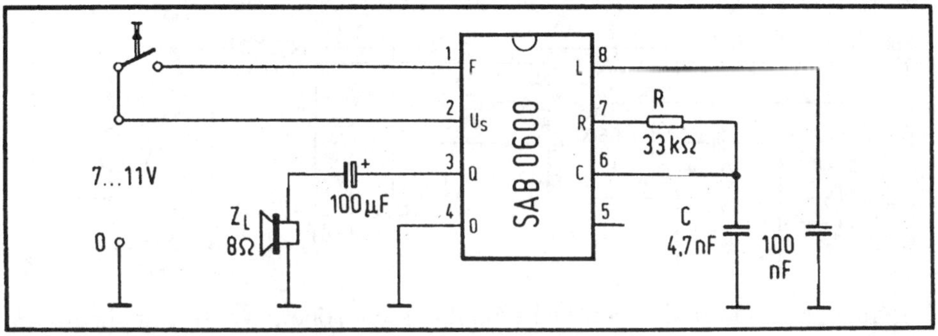

Die verfügbare Ausgangsleistung beträgt 160 mW. Der Dreiklang entspricht Frequenzen von 660, 550 und 440 Hz. Diese Frequenzen können durch andere Wahl von C oder R (10 bis 100 kΩ) verschoben werden. [Anwendungsschaltung *Siemens.*]

368. Elektronischer Gong mit Schwebungseffekt, SAB 0600

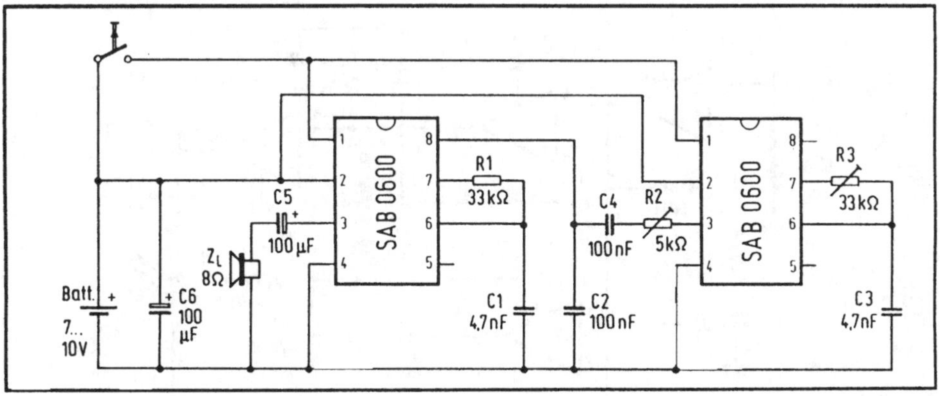

Die geringen Frequenzunterschiede (einstellbar mit R_3) zwischen den beiden Signalgeneratoren ergeben eine den Klang anreichernde Schwebung. [Anwendungsschaltung *Siemens.*]

369. Elektronischer Gong mit Doppelprogramm, SAB 0600

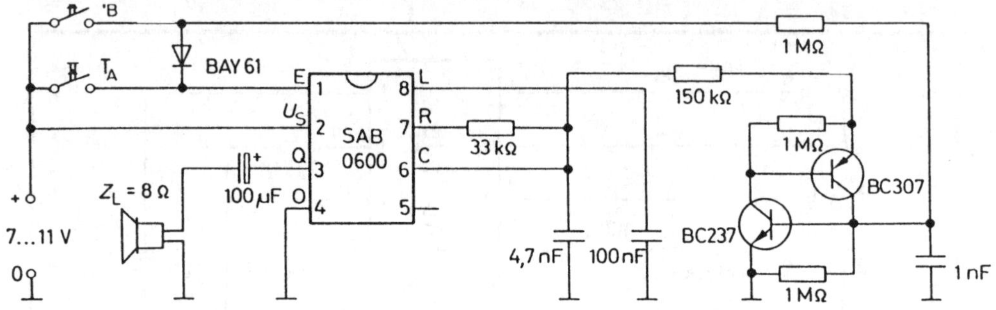

Mit Taste B erhält man einen Dreiklang, dessen Töne tiefer liegen als die mit Taste A erhaltenen. Das Transistorpaar hat die Funktion eines Thyristors. [Anwendungsschaltung *Siemens.*]

Amplitudensteuerungen

370. Akustisch geschalteter Verstärker mit TCA 3003 (LM 346)

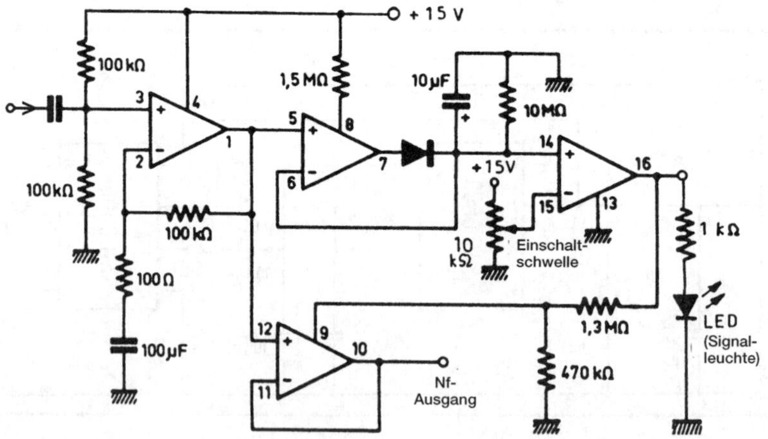

Spannungsgewinn: 60 dB. Die Endstufe wird nur aktiv, wenn das Eingangssignal den mit dem 10-kΩ-Potentiometer eingestellten Pegel übersteigt. [Quad Operational Amplifiers, *Motorola.*]

371. Akustischer Prioritätsschalter (Fader, Talk Over, Autofade)

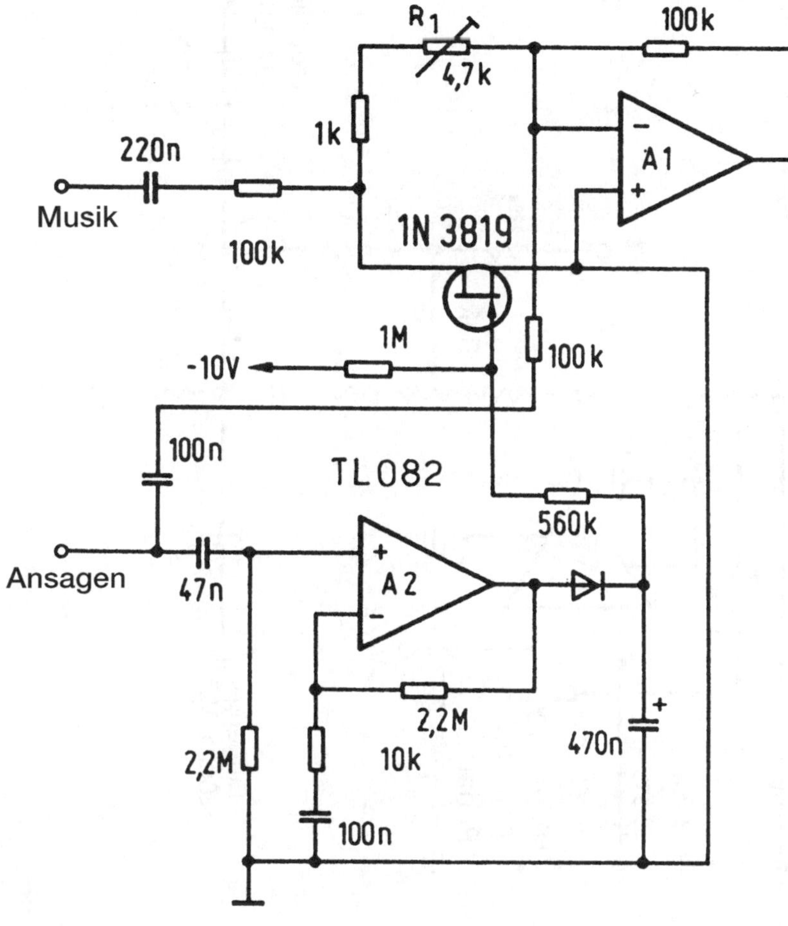

Wenn ein Signal von mehr als 100 mV an den Eingang „Sprache“ gelangt, dann wird die Verstärkung im Kanal „Musik“ verringert. Bei $R_1 = 1\ k\Omega$ beträgt diese Dämpfung 20 dB. Speisespannung: ± 10 V.

372. Tremolo-Generator mit LM 324

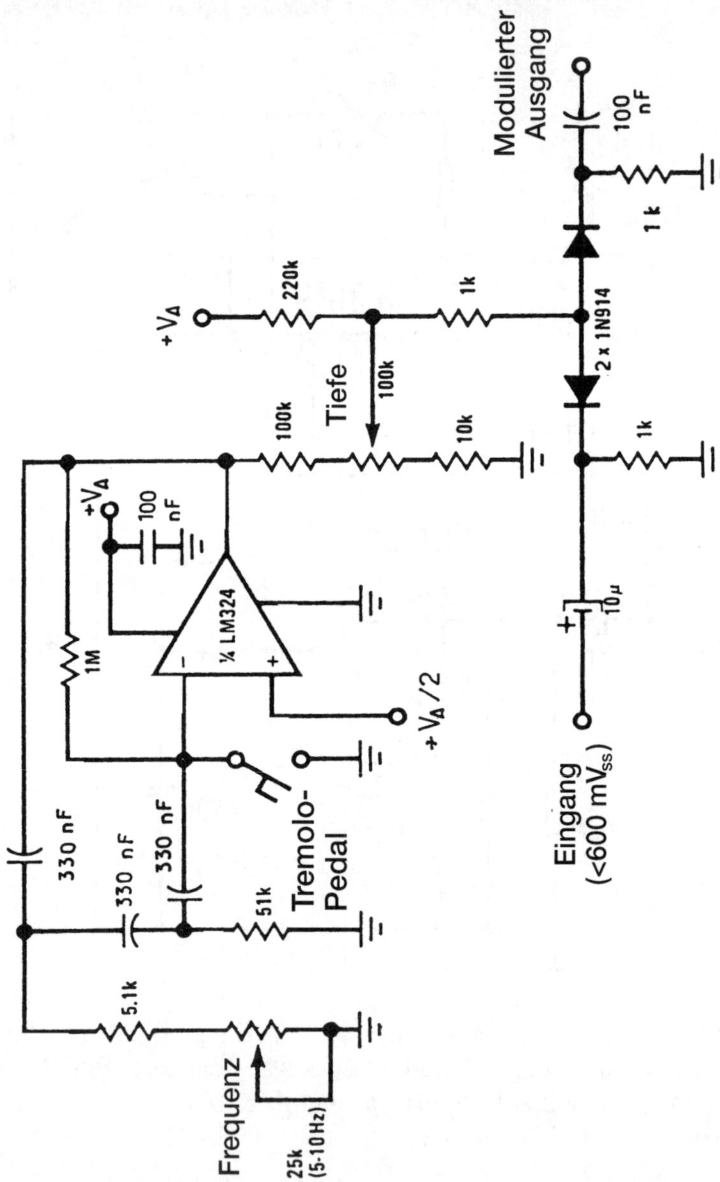

Ein Tiefstfrequenzoszillator steuert einen Diodenmodulator an. Dieser dämpft periodisch den Transfer von Eingang zu Ausgang. [Audio-Radio Handbook, *National Semiconductor.*]

373. Tremolo-Generator 0,9 W, mit LM 389

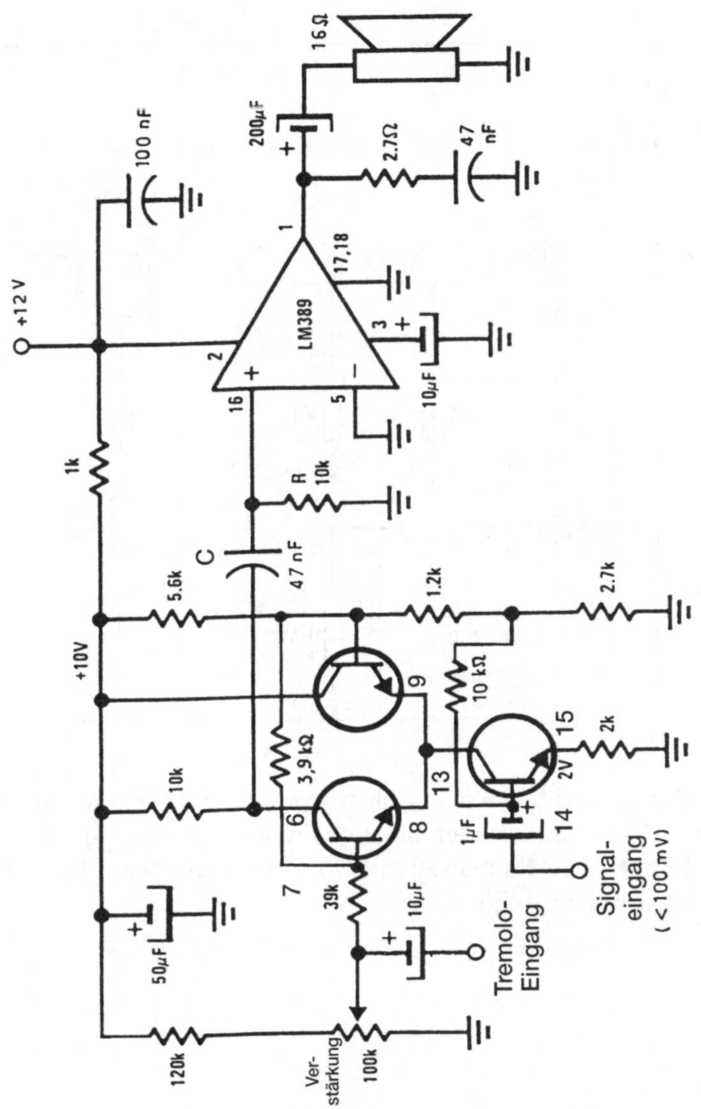

Die drei NPN-Transistoren sind im LM 389 integriert. Sie arbeiten als elektrische Verstärkungseinstellung durch die angelegte Tremolofrequenz. Die untere Grenzfrequenz für das Audiosignal beträgt 1/[2 π C (R + 10 kΩ)]. Das entspricht 160 Hz bei den angegebenen Werten. [Audio-Radio Handbook, *National Semiconductor.*]

374. Anreicherung bei hohen Tönen

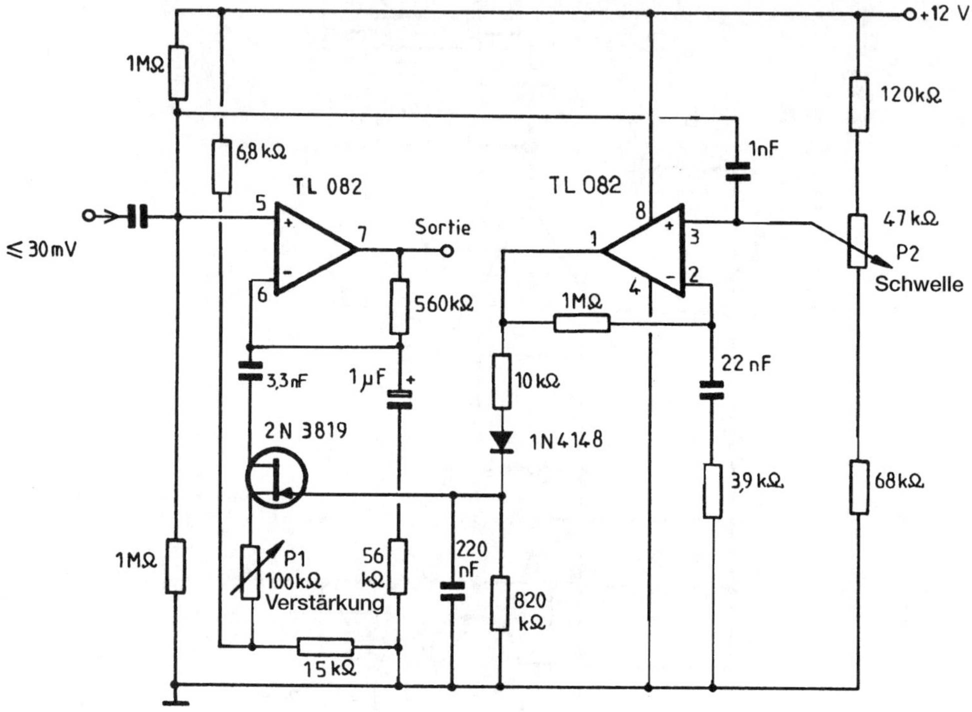

Wenn das Eingangssignal keine hohen Töne (> 3 kHz) enthält, beträgt die Verstärkung 10. Beim Auftreten höherer Frequenzen steigt der Spannungsgewinn (bis 100mal bei Minimalstellung von P1), wenn deren Pegel den mit P2 eingestellten Wert übersteigt.

375. Höhenanreicherung mit optoelektronischer Steuerung

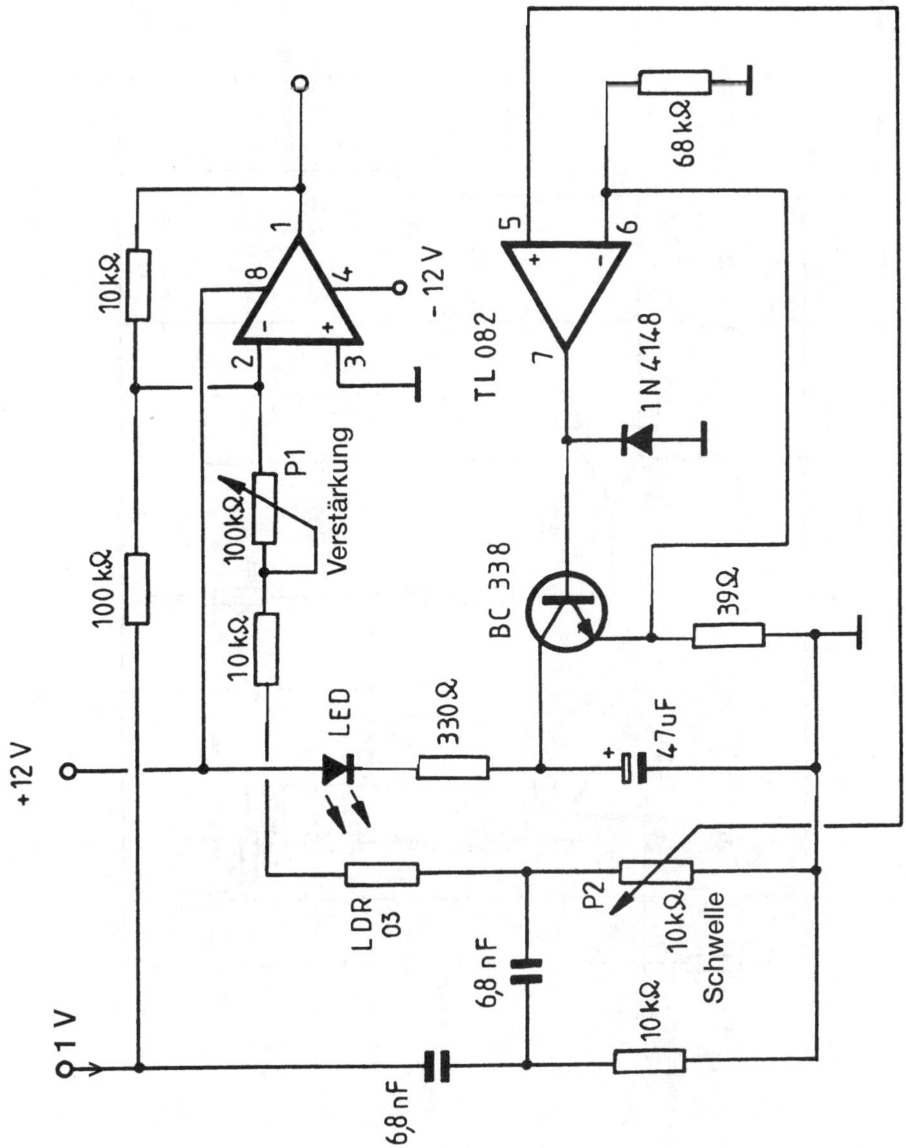

In Abwesenheit hoher Töne (> 3 kHz) bewirkt die Schaltung eine Signaldämpfung von 20 dB. Andernfalls erhält man eine mit P1 einstellbare Verstärkung. Mit P2 wird die Ansprechschwelle eingestellt.

376. Störgeräuschabhängige Lautstärke, TL 082, 12 V

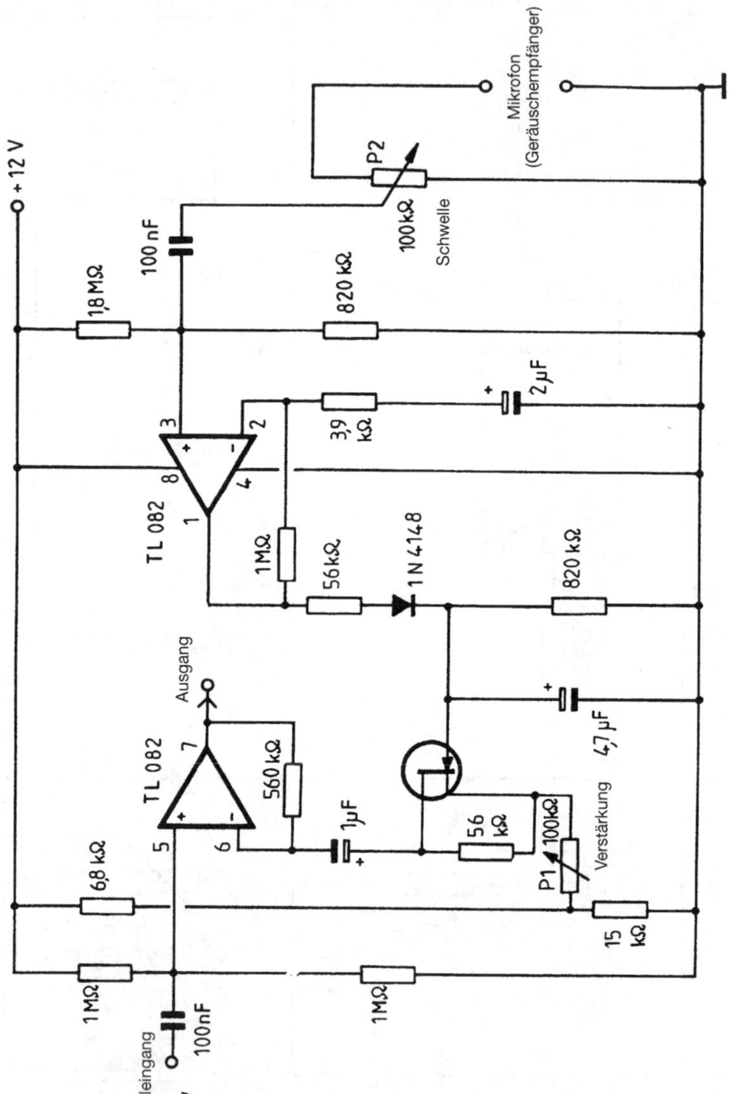

Im Ruhezustand beträgt die Verstärkung 20 dB. Je nach Lauststärke des Störgeräusches und Pegeleinstellung (P2), steigt die Verstärkung, bis auf 40 dB bei Minimalstellung von P1. Für Autoradios anwendbar. Mikrofon weit vom Lautsprecher aufstellen, um Mitkopplung zu vermeiden.

377. Störgeräuschabhängige Lautstärke, TL 082, ± 12 V

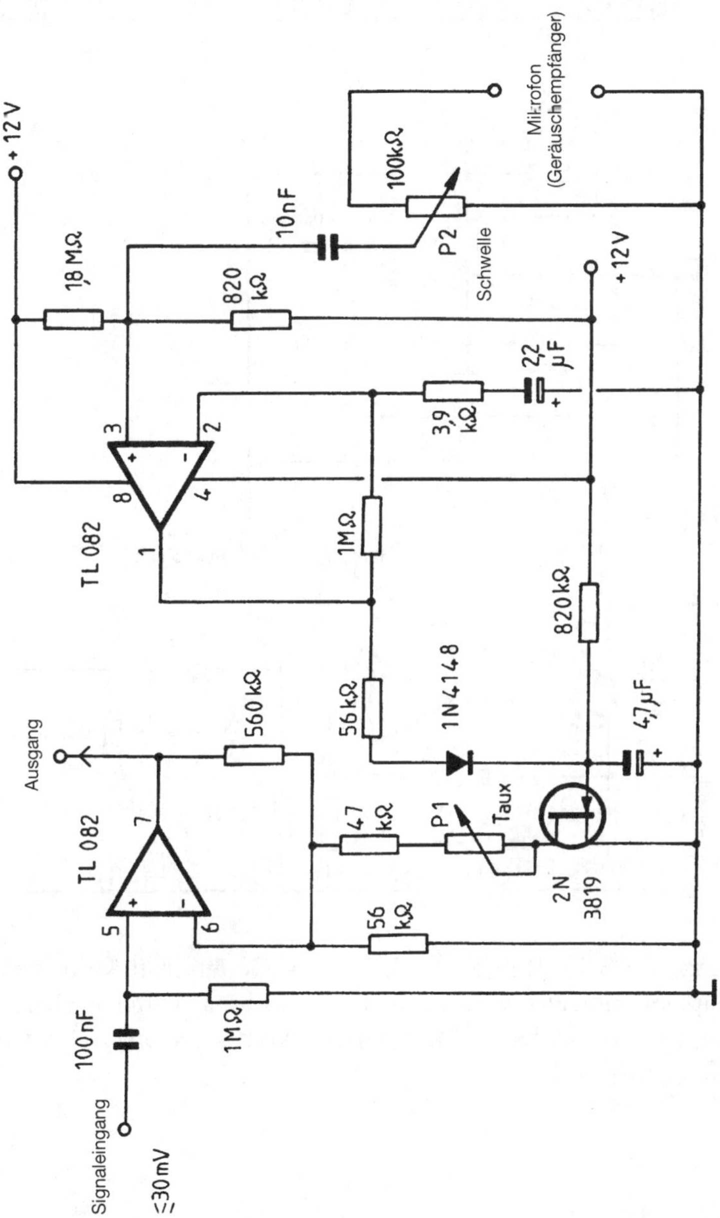

Symmetrisch gespeiste Version der Schaltung 376. Die oben gemachten Angaben bleiben gültig.

378. Progressive Lautstärkesteuerung durch Störgeräusch, LM 358

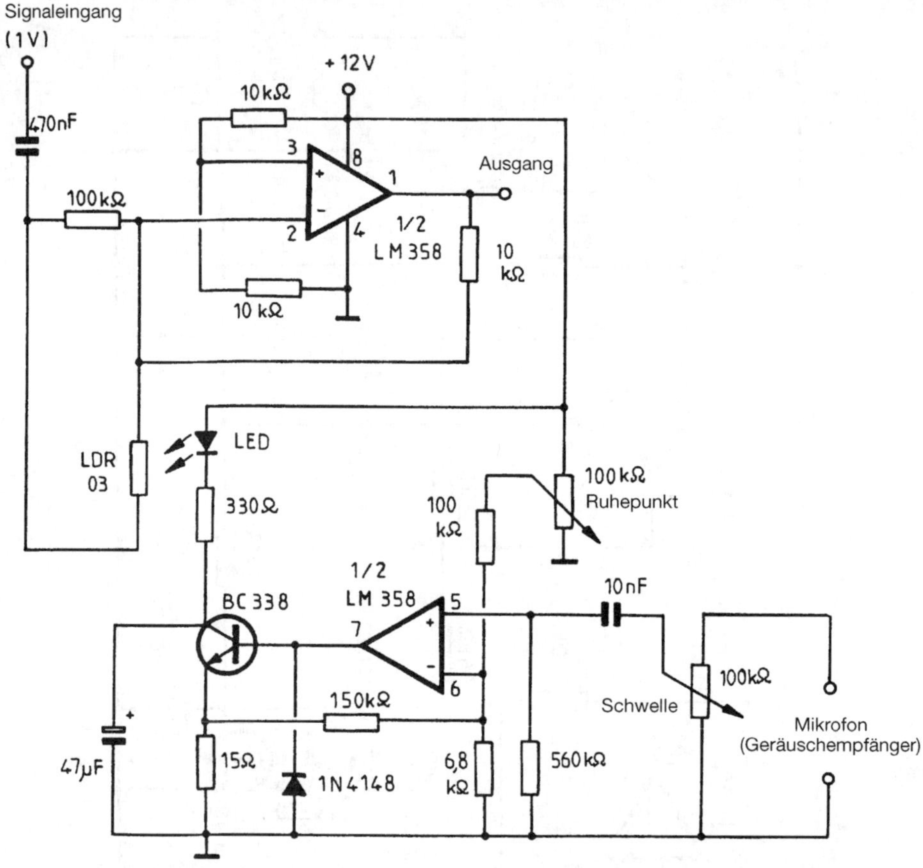

Dämpft um 20 dB im Ruhezustand. Je nach Geräuschstärke und Einstellung des Pegelpotentiometers wird diese Dämpfung nach und nach aufgehoben. Für Autoradios anwendbar. Mikrofon weit vom Lautsprecher aufstellen, um Mitkopplung zu vermeiden.

379. Progressive Lautstärkesteuerung durch Störgeräusch, TL 082

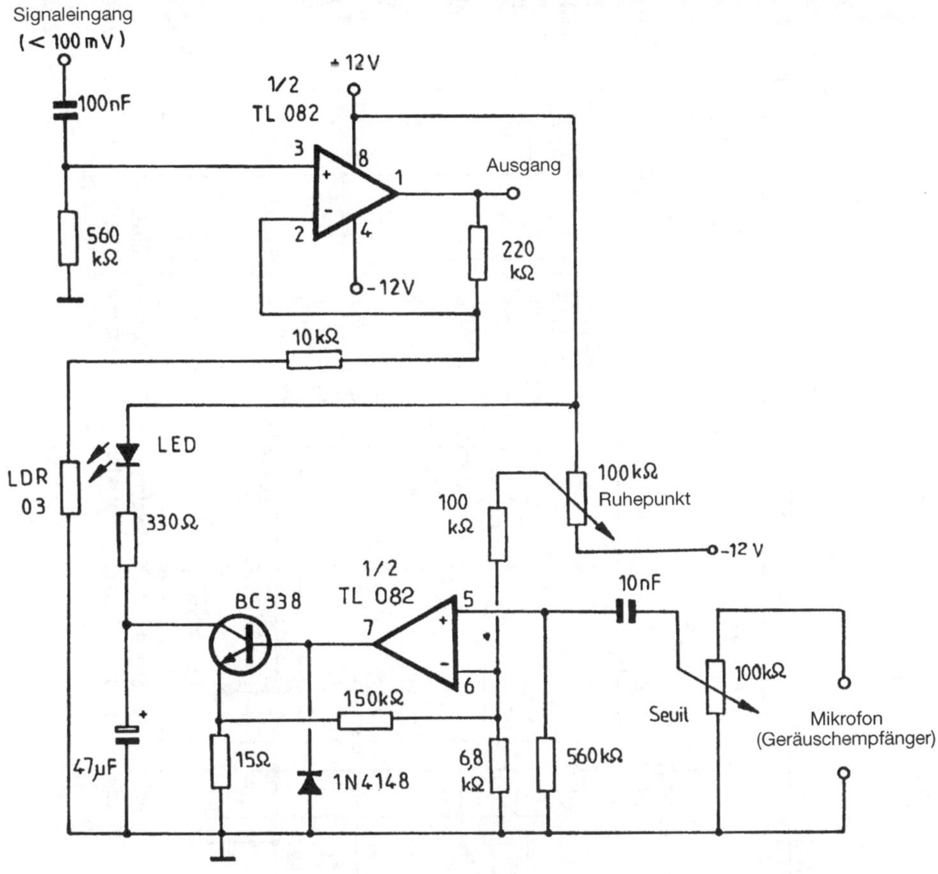

Im Ruhezustand arbeitet die Schaltung mit Einheitstransfert. Je nach Geräuschstärke und Einstellung des Pegelpotentiometers steigt die Verstärkung nach und nach bis auf 20 dB. Speisung mit 2 x 8 V bis 2 x 15 V.

Elektronische Sprachsperren

380. Sprachsperre nach Pausenmethode

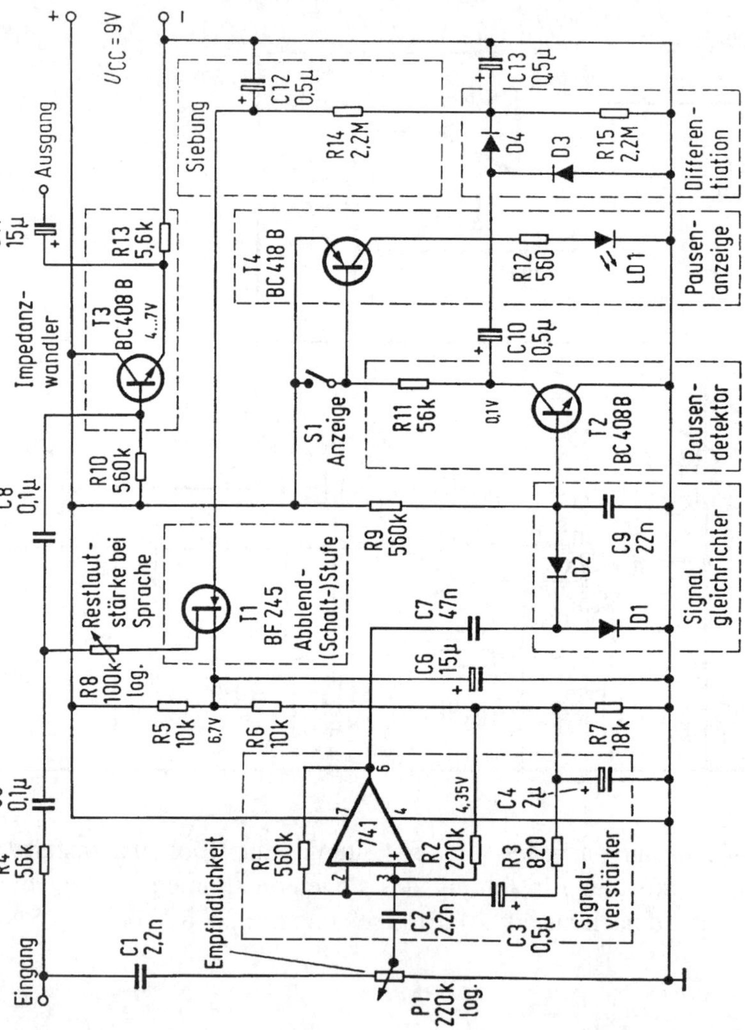

Die Schaltung untersucht die Häufigkeit der Pausen (bei Sprache höher als bei Musik), um nach Spracherkennung abzuschalten oder die Verstärkung zu verringern (Einstellung der Restlautstärke). Versagt bei sehr leiser Musik oder Hintergrundgeräusch bei Sprache. [*Funkschau*, Nr. 2/78, Seiten 76 bis 82.]

381. Sprachsperre nach Rauheitsmethode, Prinzip

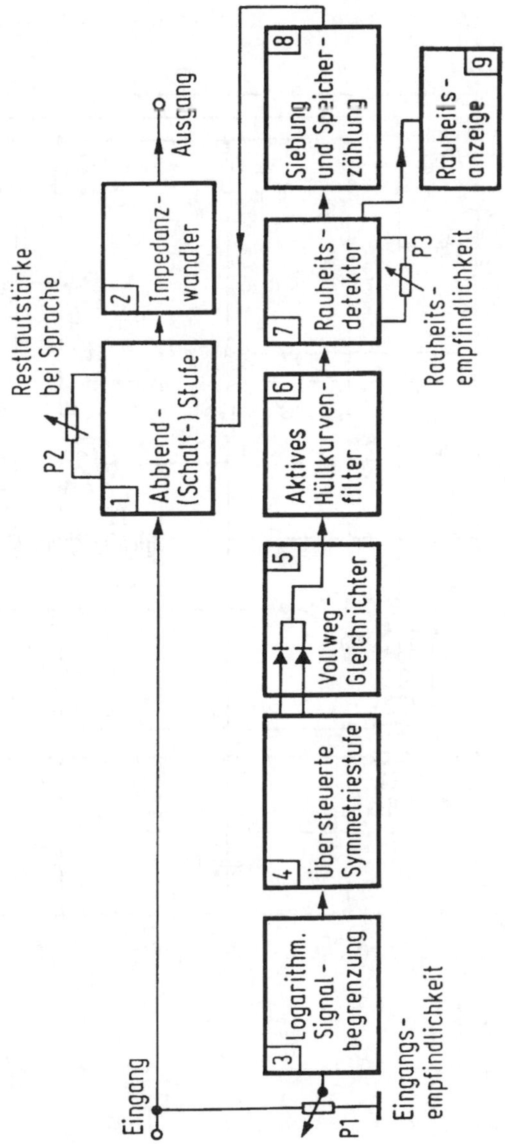

Die Schaltung untersucht die Anstiegsgeschwindigkeit der Hüllkurve (bei Sprache höher als bei Musik), um nach Spracherkennung abzuschalten oder die Verstärkung zu verringern (Einstellung der Restlautstärke). Etwas wirkungsvoller als die Pausenmethode.

382. Sprachsperre nach Rauheitsmethode, Schaltung

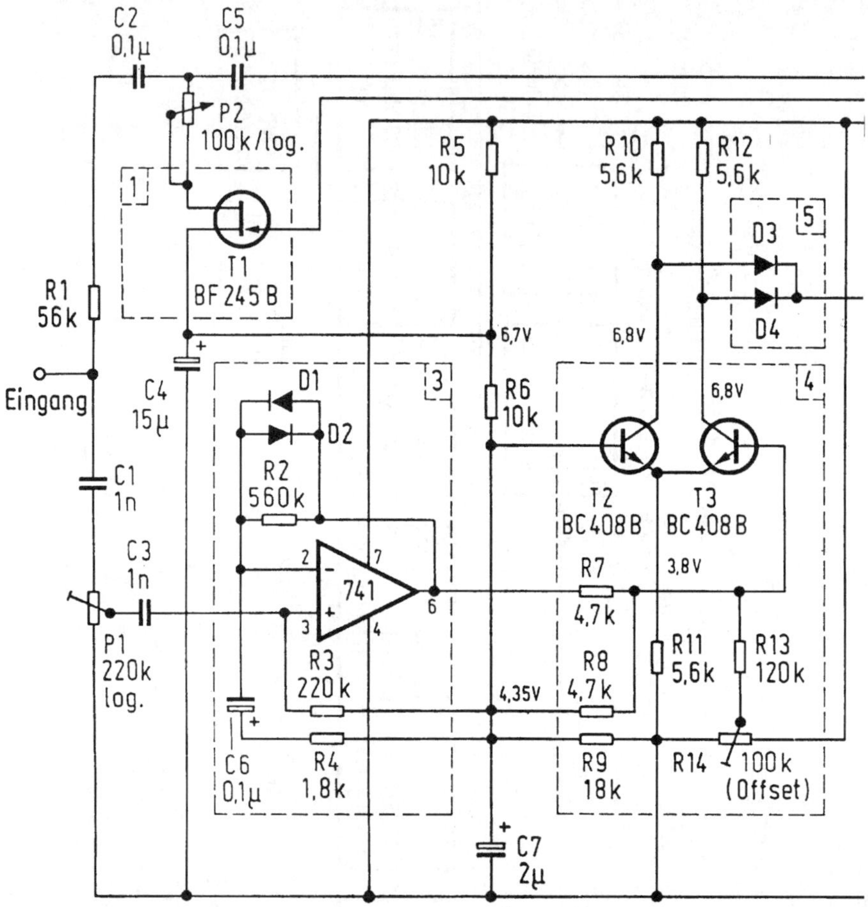

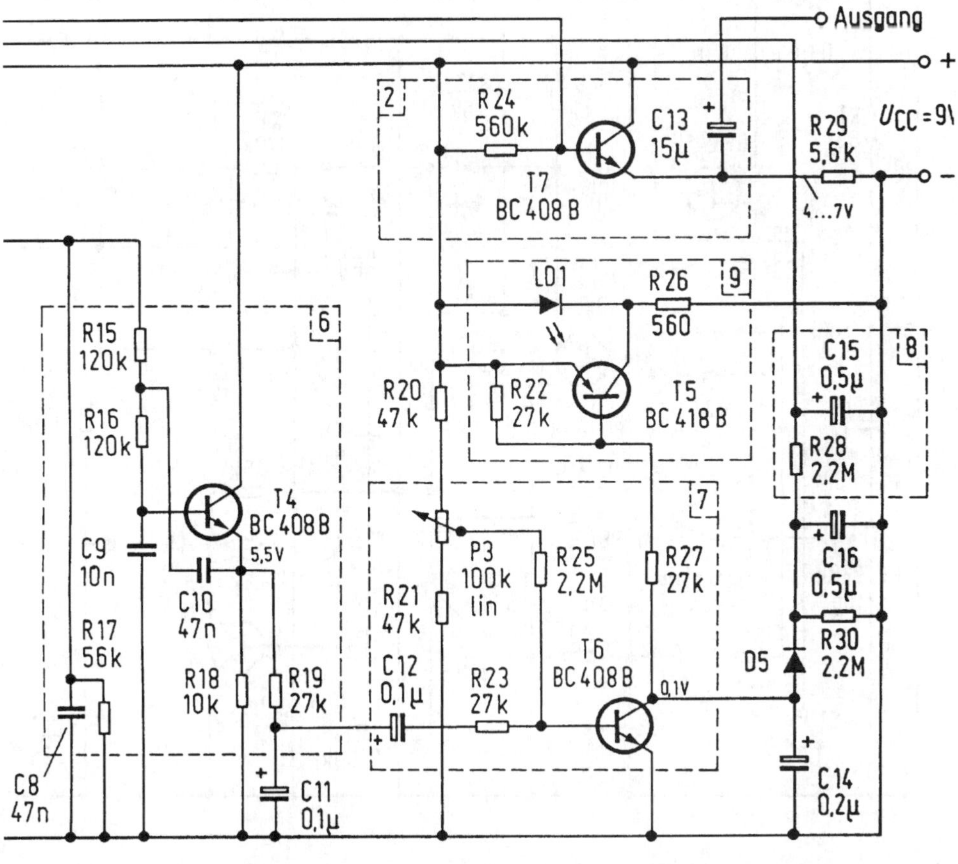

Die verschiedenen, gestrichelt umrandeten Schaltungseinheiten entsprechen den Funktionsblocks der Schaltung 381. [*Funkschau*, Nr. 2/78, Seiten 76 bis 82.]

383. Sprachsperre mit kombinierter Auswertung

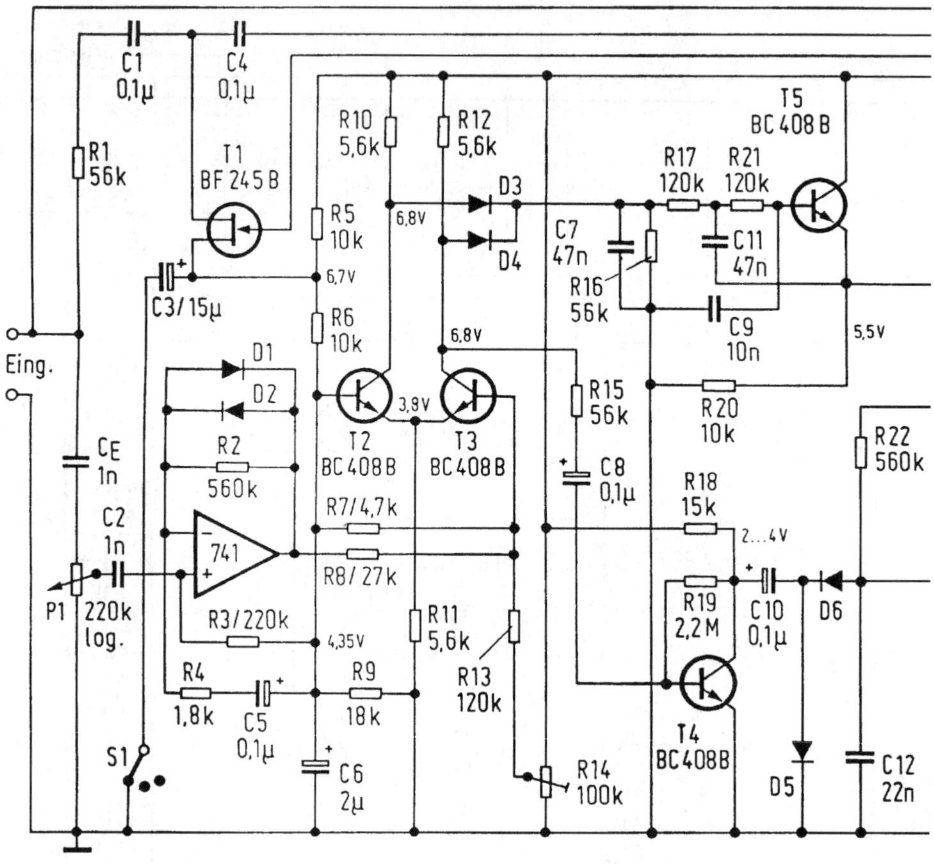

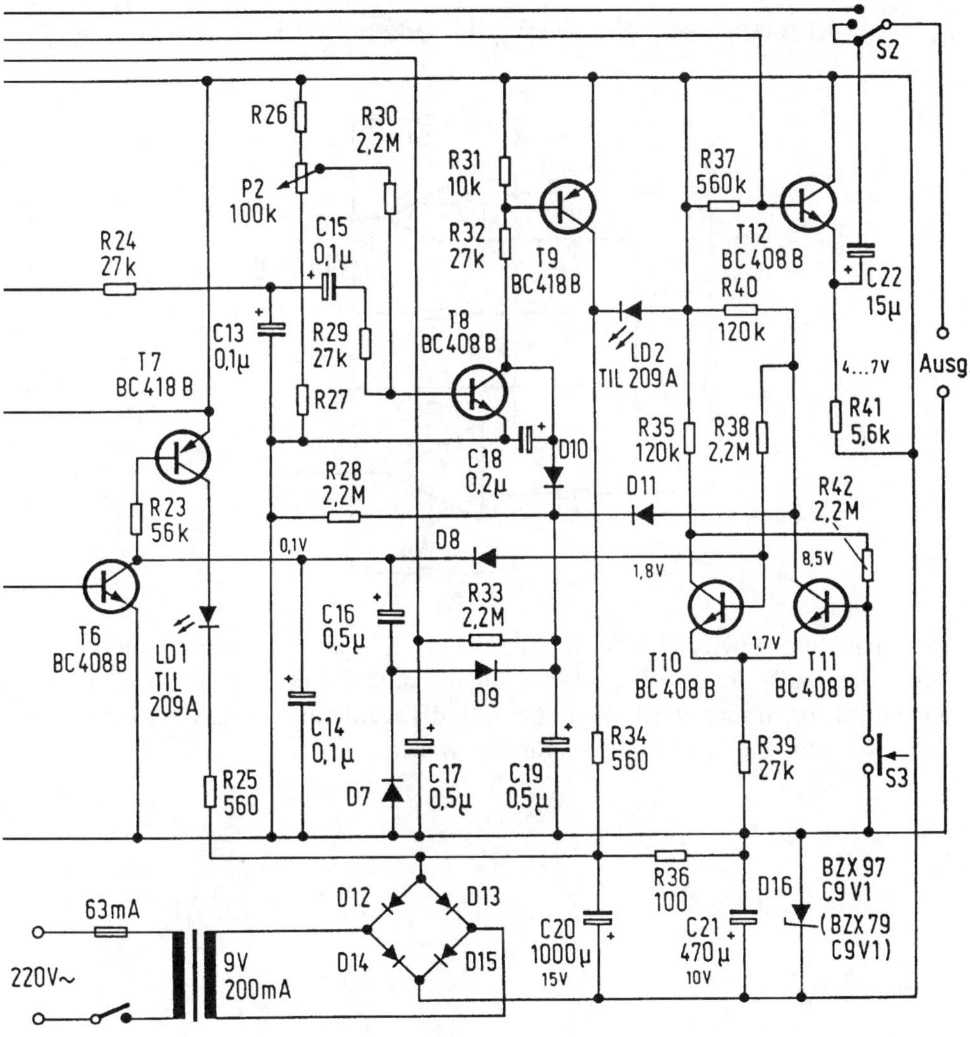

Kombiniert die oben genannten Pausen- und Rauheitsmethoden. S1 und S2 (gekoppelt): Restlautstärke bei Sprache –50 oder –20 dB, oder auch Umgehung der Sperre. S3: Austasten eines Musikstücks bis zur nächsten Pausenwahrnehmung.

Geräuschbegrenzung

384. Rauschsperre (Squelch), TL 082

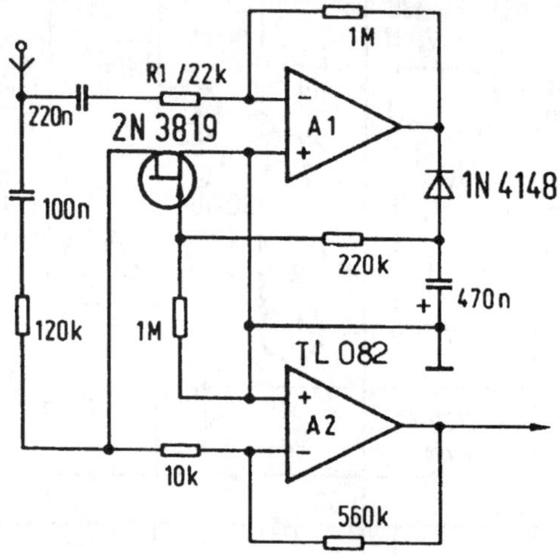

Der Spannungsgewinn beträgt 4, solange die Eingangsspannung über 30 mV liegt. Unterhalb dieses Wertes wird angenommen, daß es sich um Rauschen handelt. Das Signal wird dann um 20 dB gedämpft (Transfert 0,4). Die Umschaltschwelle kann mit R_1 verändert werden.

385. Bandbreitenanzeige für Rauschbegrenzer mit LM 3915

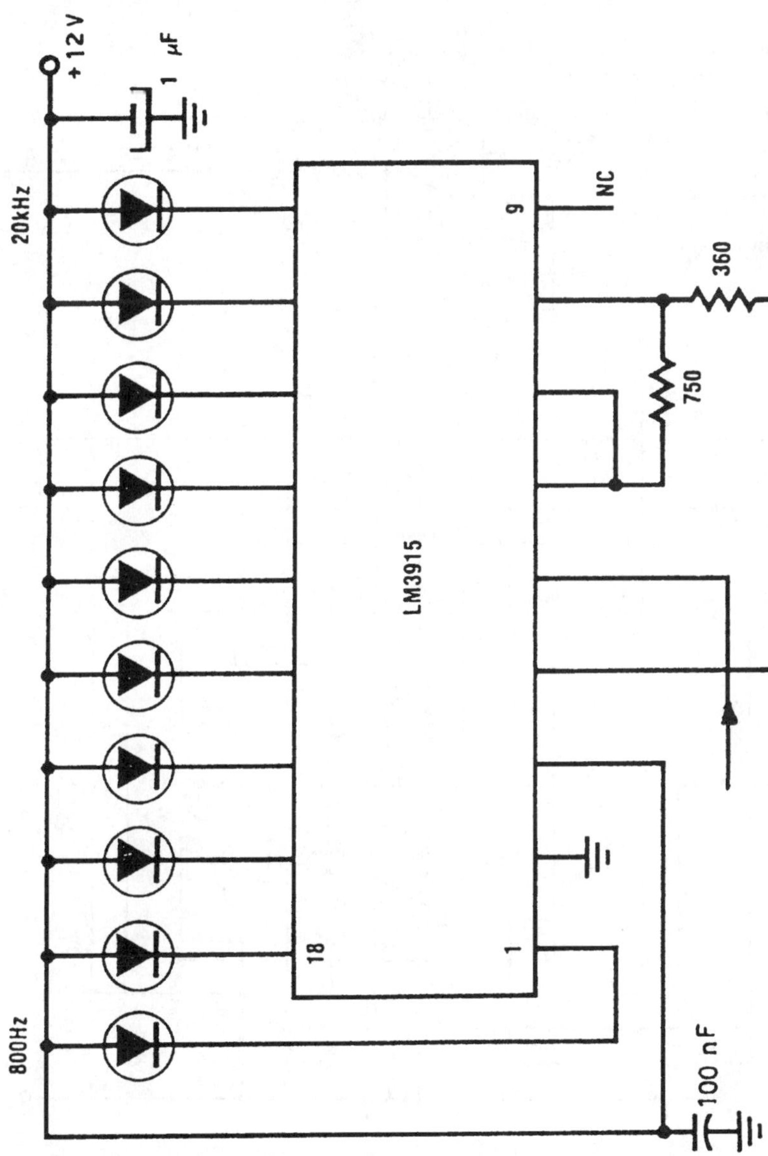

Zusatz zu Schaltung 386. Benutzt die Steuergleichspannung des Rauschbegrenzers zu einer Leuchtzeilenanzeige der jeweils wirksamen Bandbreite. [Audio-Radio Handbook, *National Semiconductor.*]

386. Geräuschbegrenzer, LM 13600

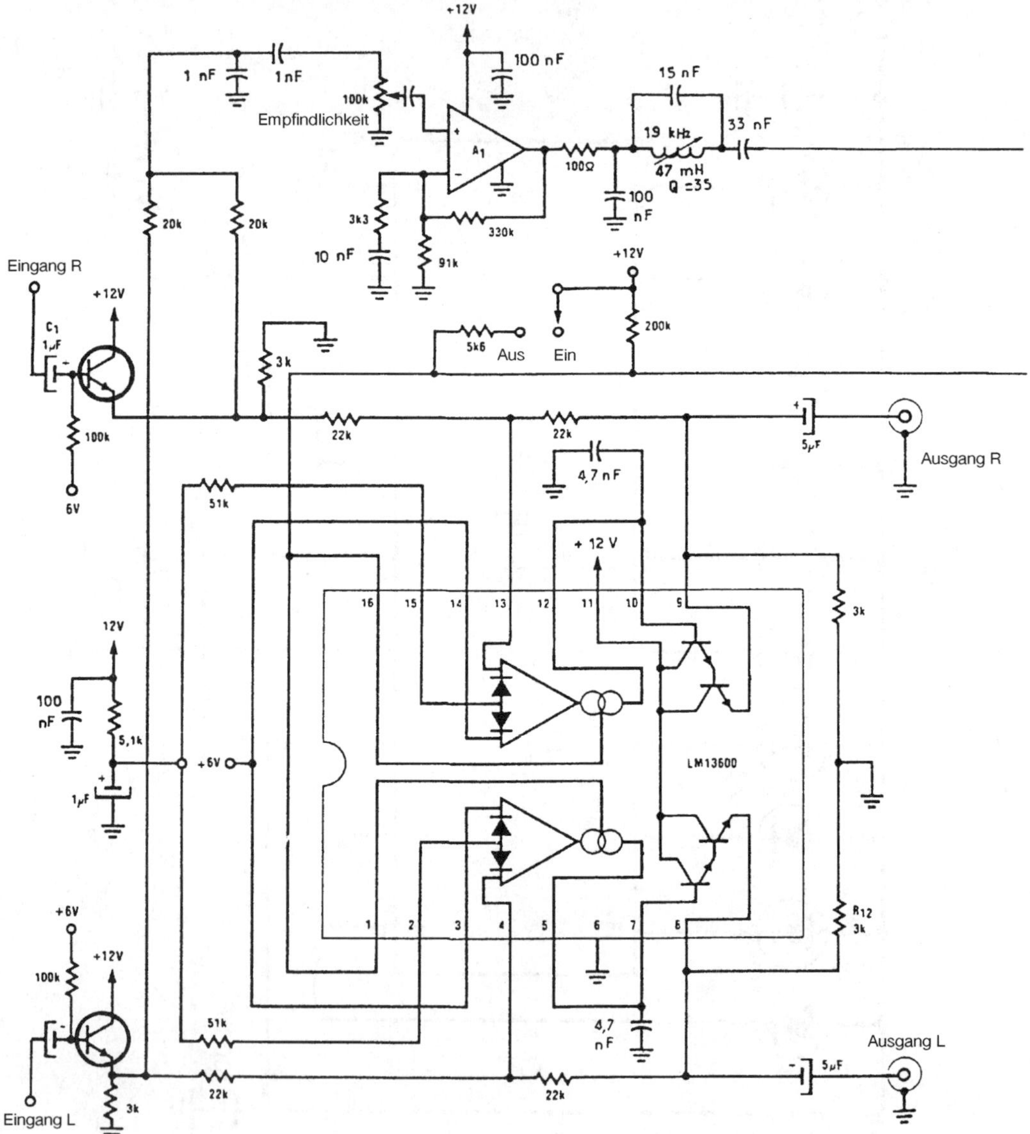

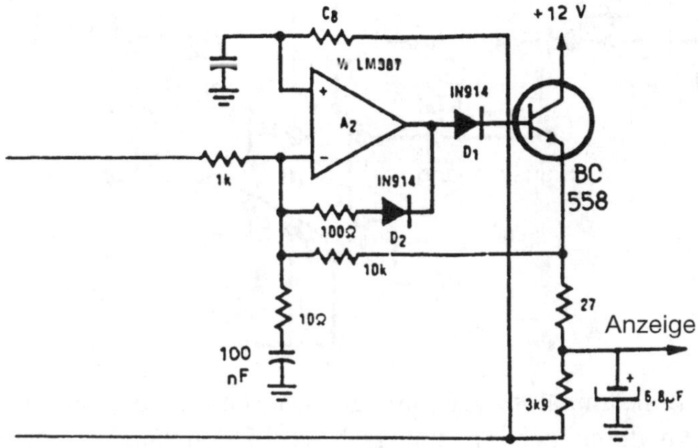

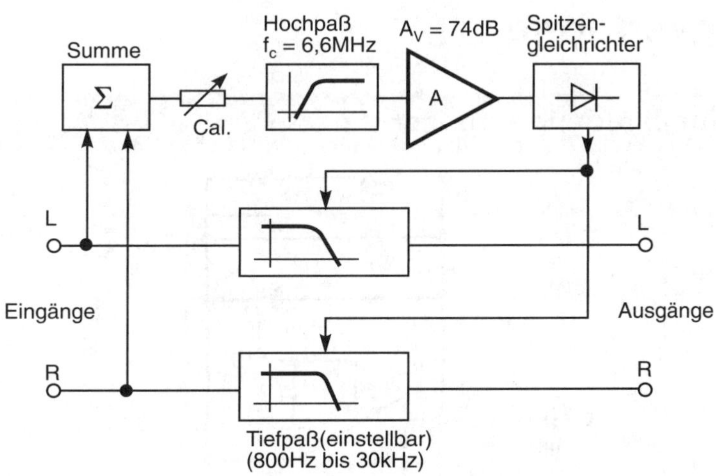

Eine amplitudenabhängige Steuerung verringert die obere Grenzfrequenz eines Tiefpasses bis auf 800 Hz, wenn das Eingangssignal schwächer wird. Gestattet bei verrauschten Tonträgern ein bis 14 dB besseres Signal/Rausch-Verhältnis. [Audio-Radio Handbook, *National Semiconductor.*]

387. Stummabstimmung (Squelch) für FM-Empfänger

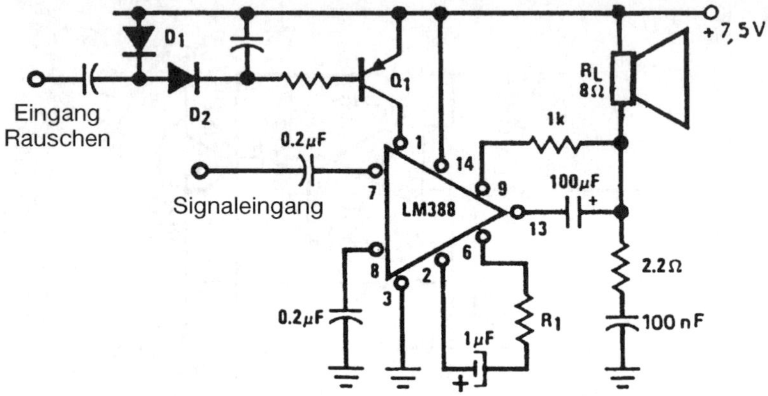

Die am FM-Diskriminator abgenommene Rauschspannung sperrt den Verstärker, wenn ein durch den Spannungsabfall an den Dioden gegebener Wert überschritten wird. Der Spannungsgewinn (26 bis 46 dB) wird durch R_1 festgelegt. Maximale Ausgangsleistung: 0,5 W. Ruhestrom: 0,8 mA. [Audio-Radio Handbook, *National Semiconductor.*]

Klangverformer

388. Amplitudenbegrenzer (Fuzz)

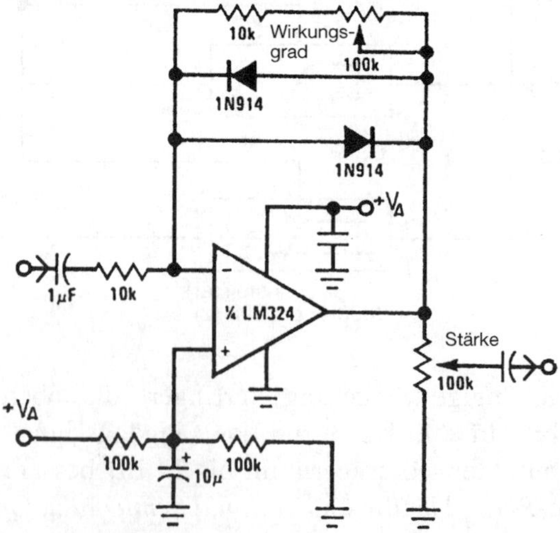

Die erzielte Verzerrung erinnert etwas an den Ton einer Klarinette. Die Ausgangsspannung ist mit dem Originalsignal zu mischen. [Audio-Radio Handbook, *National Semiconductor.*]

389. Roboterstimme

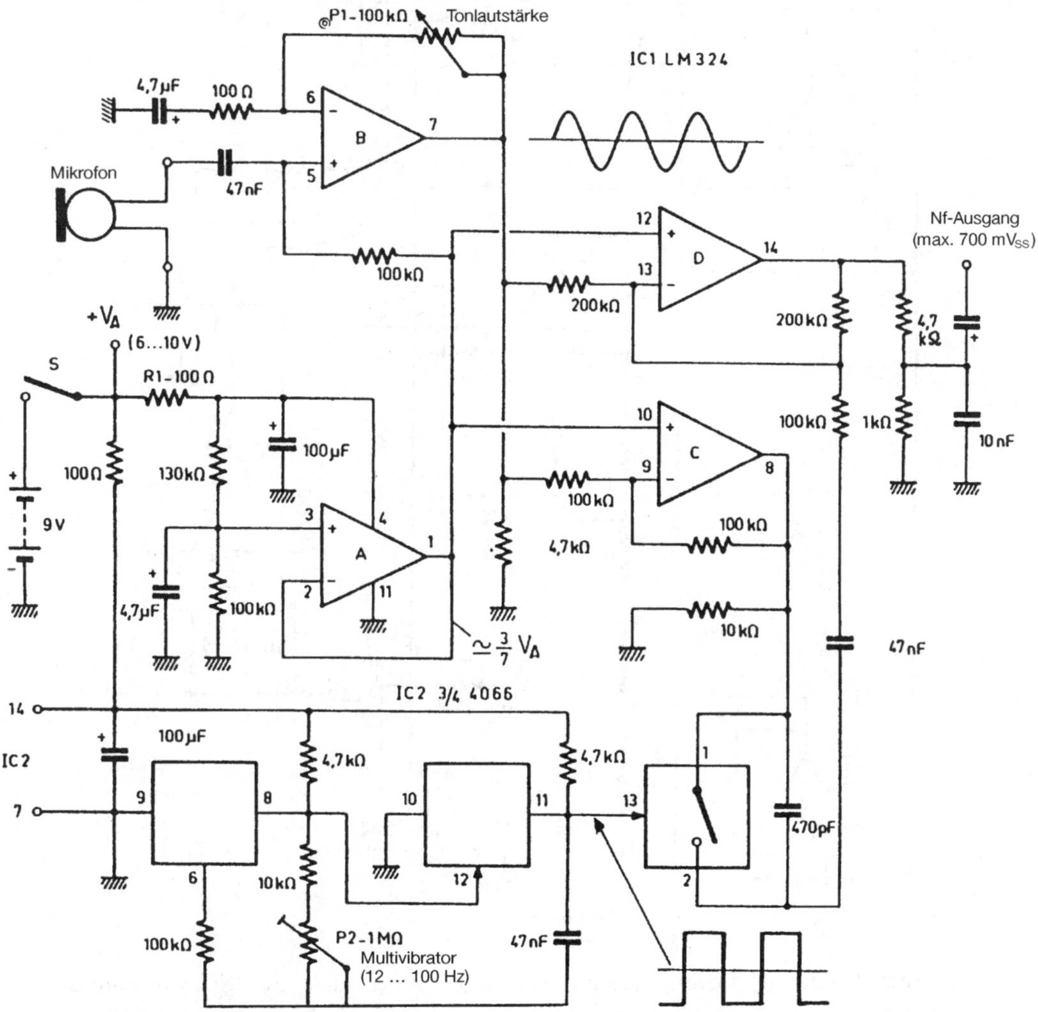

Klangverformung durch rhythmische Umkehr der Phasenlage, gesteuert durch einen Multivibrator einstellbarer Frequenz. [W. Knobloch, H. Wollner, *ELO*, München, Nr. 12/83, Seite 60.]

390. Rotationseffekt

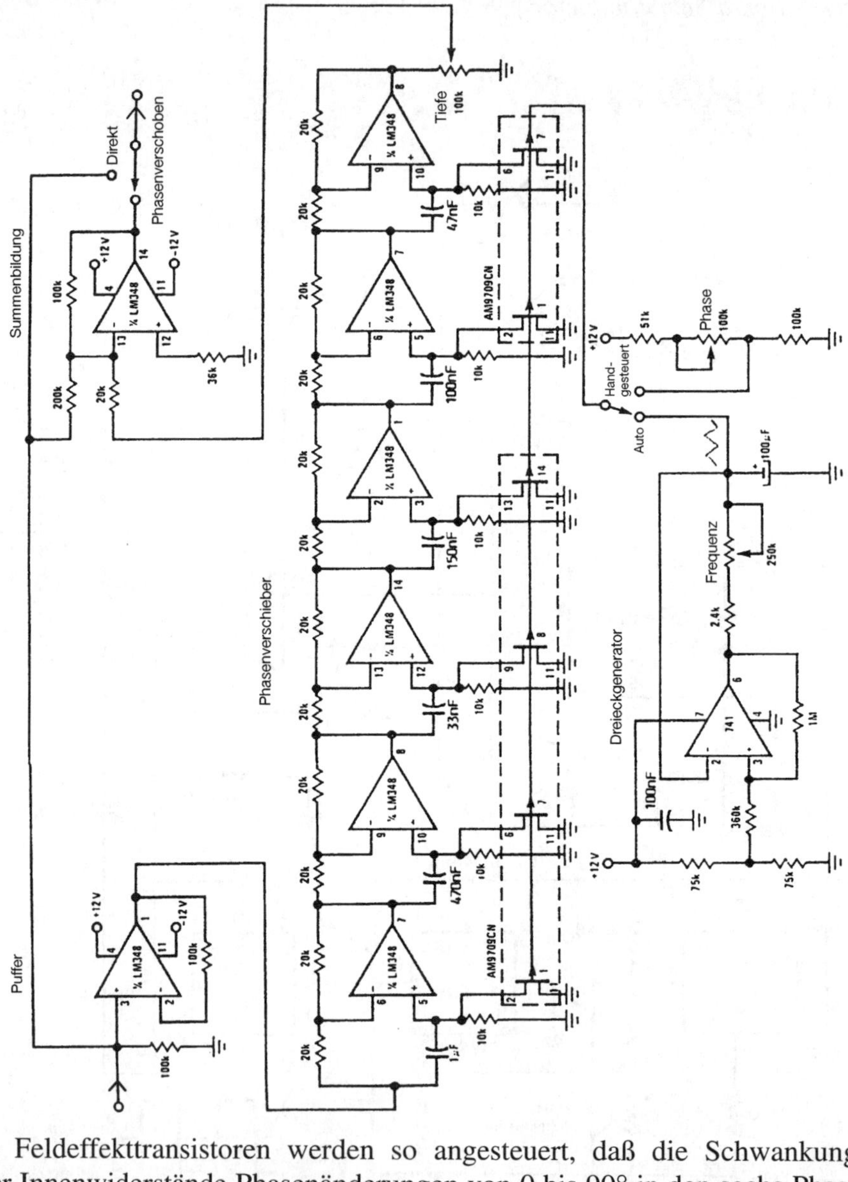

Die Feldeffekttransistoren werden so angesteuert, daß die Schwankungen ihrer Innenwiderstände Phasenänderungen von 0 bis 90° in den sechs Phasenschiebern hervorrufen. Die Steuerung kann von Hand oder mit im µA 741 erzeugten Dreieckschwingungen erfolgen. [Audio-Radio Handbook, *National Semiconductor.*]

Künstlicher Nachhall

391. Nachhallschaltung mit µA 741

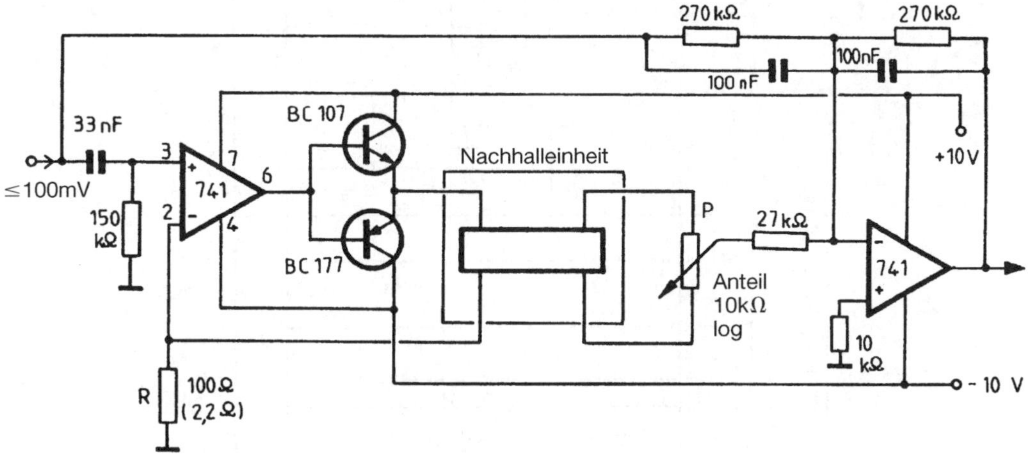

Mit R = 100 Ω erhält man Anpassung an eine Nachhalleinheit mit einer Eingangsimpedanz von Z ≈ 2 kΩ, R = 2,2 Ω eignet sich für Z ≈ 16 Ω. Mit P stellt man den Nachhallanteil im Ausgangssignal ein. [U. Scholz, *Funkschau*, München, Nr. 20/80, Seite 92.]

392. Nachhallschaltung mit TL 072

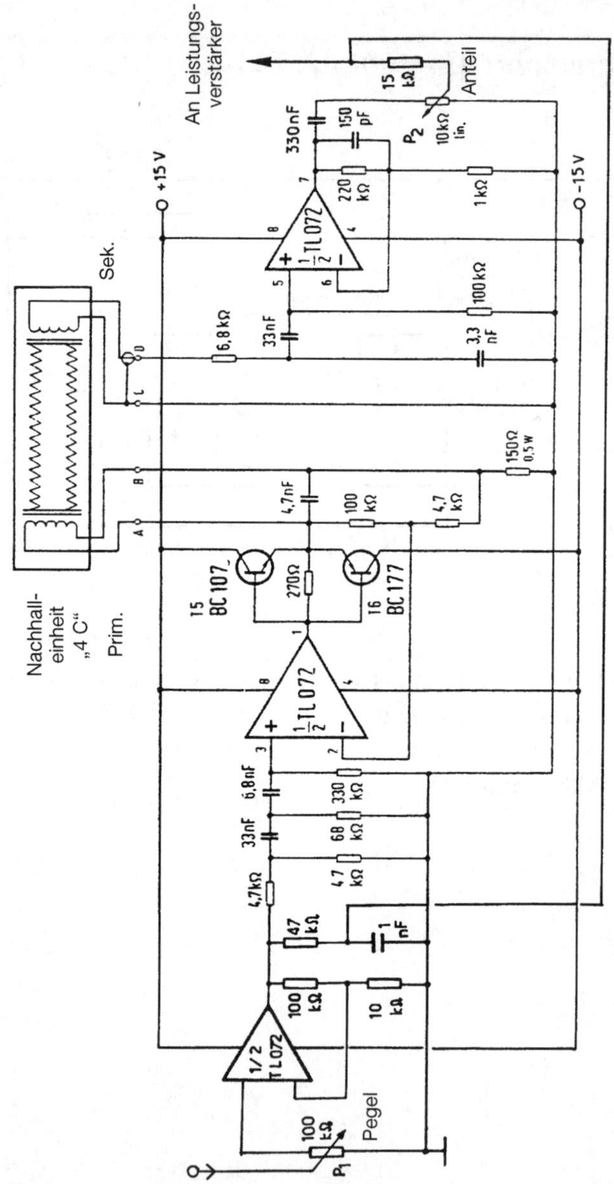

P2 dient zur Einstellung des Nachhallanteils im Ausgangssignal. Eine Pufferstufe ist nachzuschalten, wenn der Endverstärker keinen hohen Eingangswiderstand besitzt. [H. Lemme, *ELO*, München, Nr. 9/83, Seite 69.]

393. Stereo-Nachhall mit Klangkorrektur

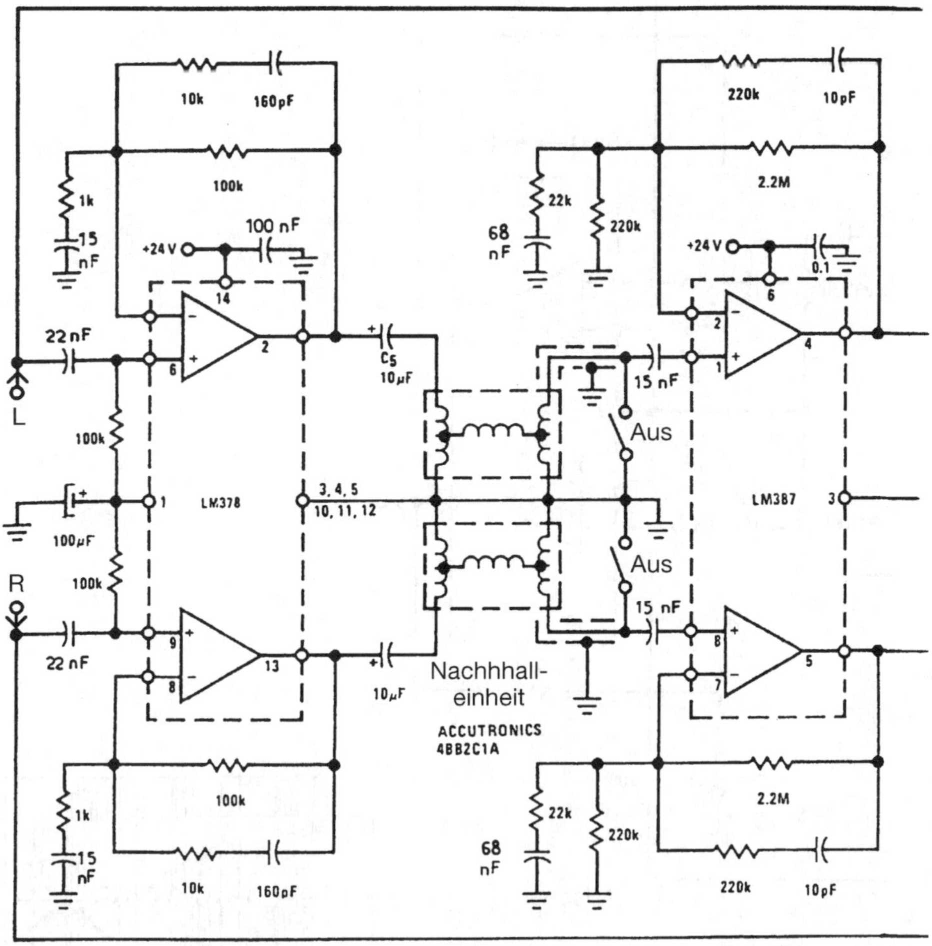

Der Nachhalleffekt wird optimiert, indem man den Frequenzgang des die Nachhalleinheit ansteuernden Verstärkers (Sender) anders auslegt als den des nachfolgenden Verstärkers (Empfänger). Der Unterschied ist aus den dargestellten Kurven zu entnehmen. Der Nachhallanteil im Ausgangssignal kann für beide Kanäle getrennt eingestellt werden. [Audio-Radio Handbook, *National Semiconductor.*]

Fortsetzung auf der nächsten Seite

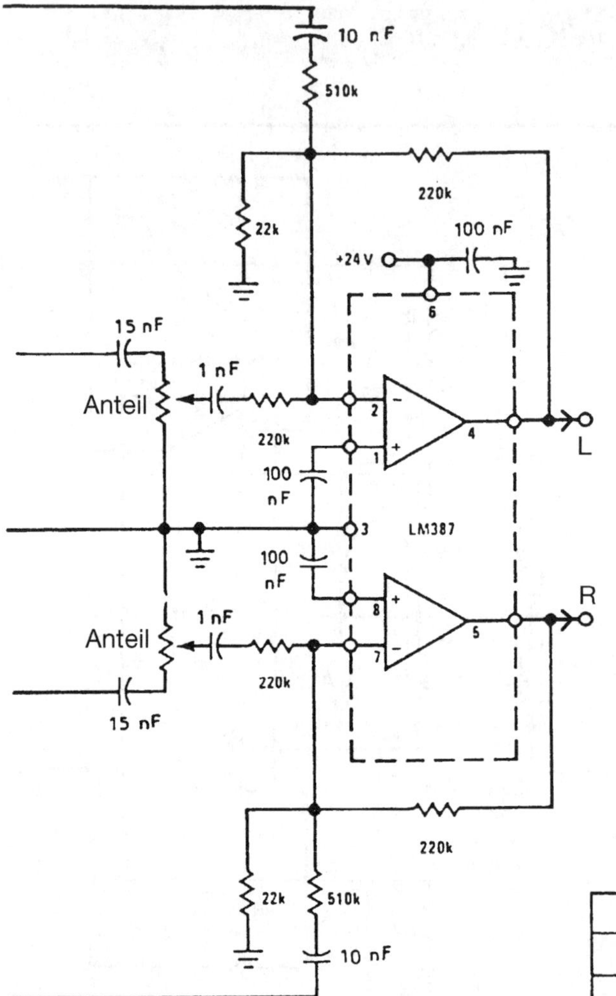
10 nF
510k
220k
22k
100 nF
+24 V
6
15 nF
1 nF
Anteil
2
4
L
220k
1
100
nF
3
LM387
100
nF
R
8
1 nF
Anteil
5
7
220k
15 nF
220k
22k
510k
10 nF

Mischer

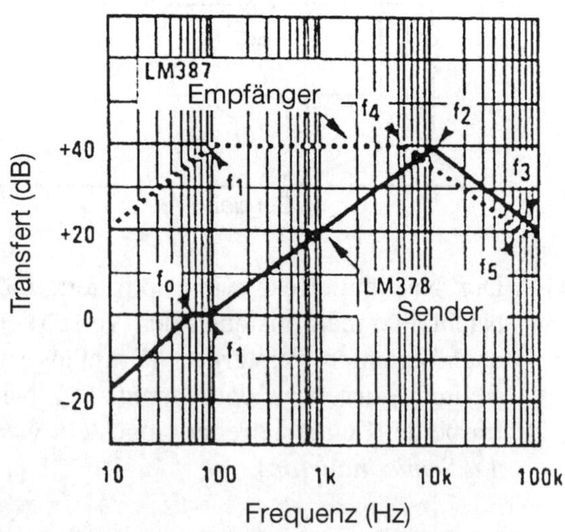
LM387
Empfänger
f4
f2
+40
f1
f3
Transfert (dB)
+20
f5
f0
LM378
0
Sender
f1
-20
10
100
1k
10k
100k
Frequenz (Hz)

394. Nachhall mit Raumklangeffekt

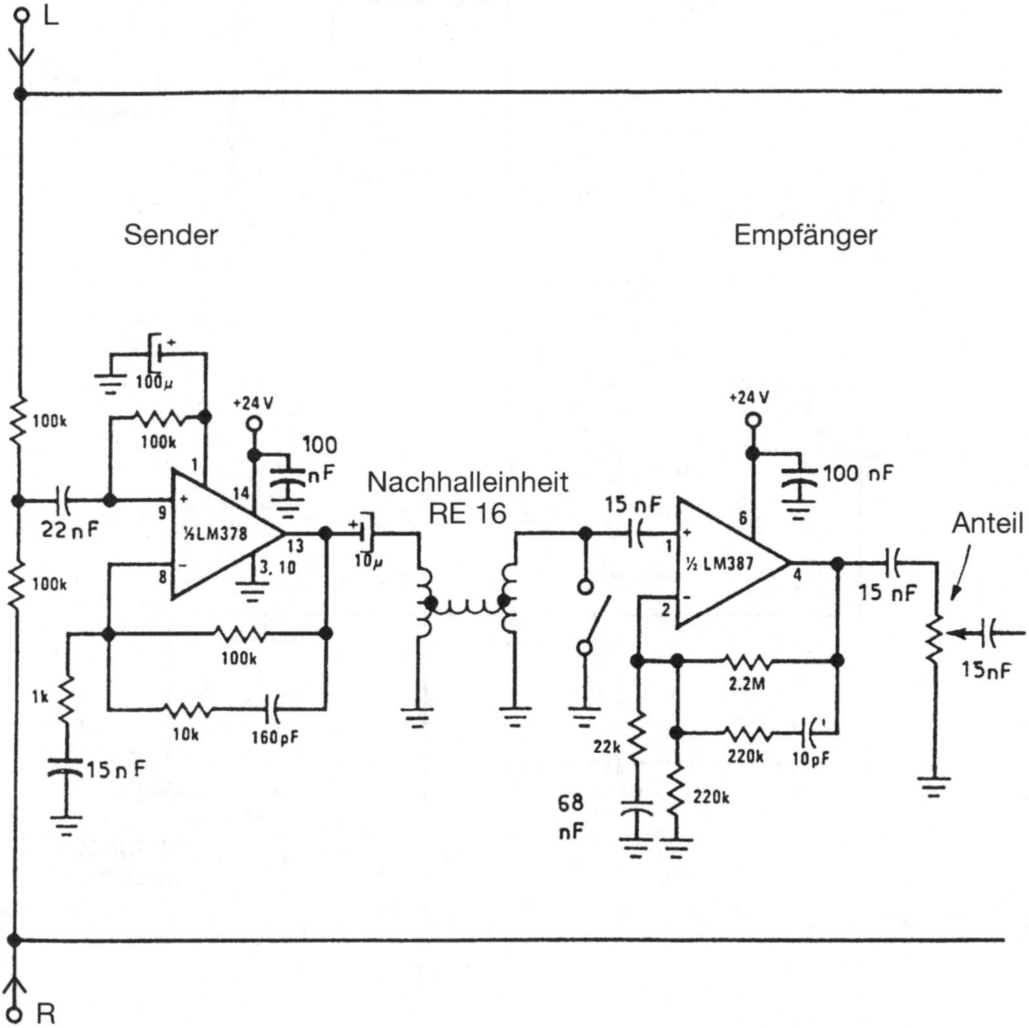

Fortsetzung auf der nächsten Seite

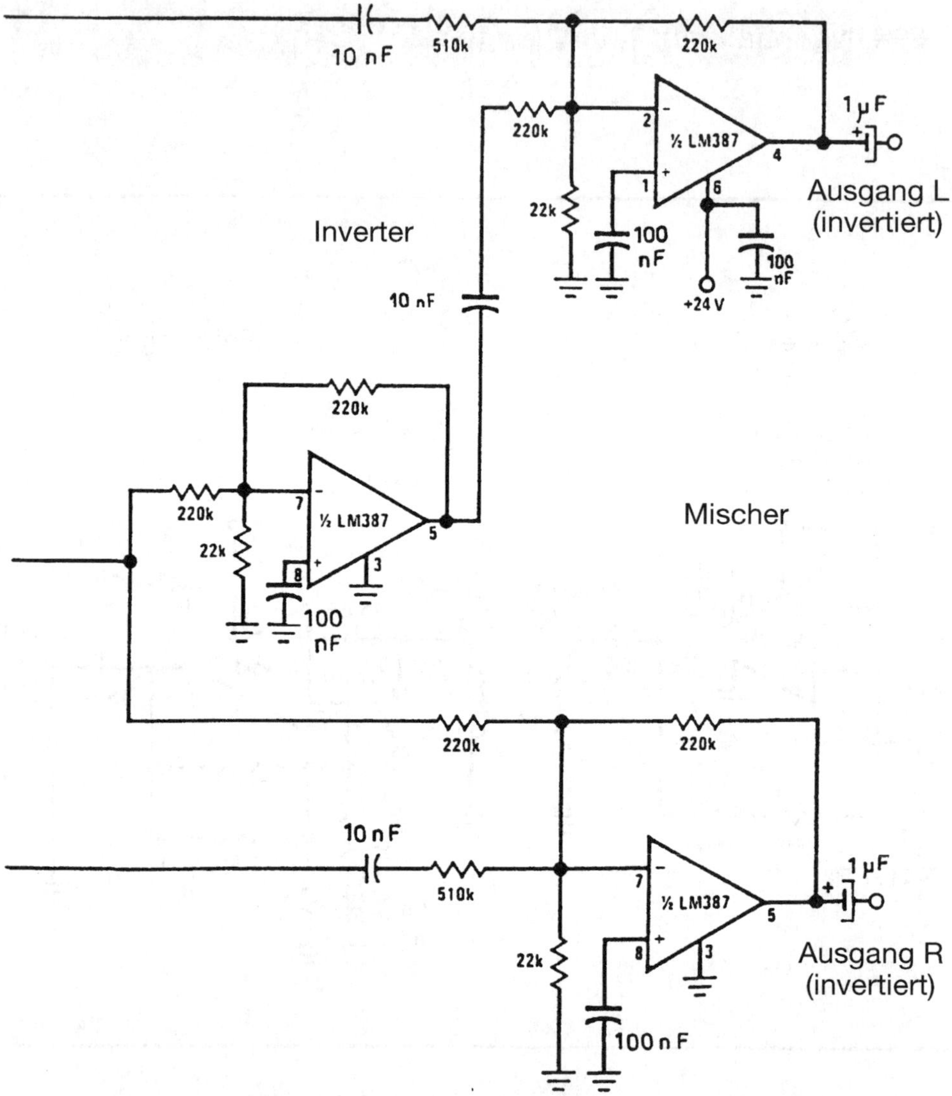

Ein Inverter führt das Nachhallsignal dem linken Kanal phasenverkehrt zu, während es dem rechten Kanal direkt zugemischt wird. Bei monophonischem Betrieb erhalten die beiden Ausgänge Zumischungen in gegensätzlicher Phasenlage. [Audio-Radio Handbook, *National Semiconductor.*]

395. Leistungsverstärker für Nachhall mit Raumklangeffekt

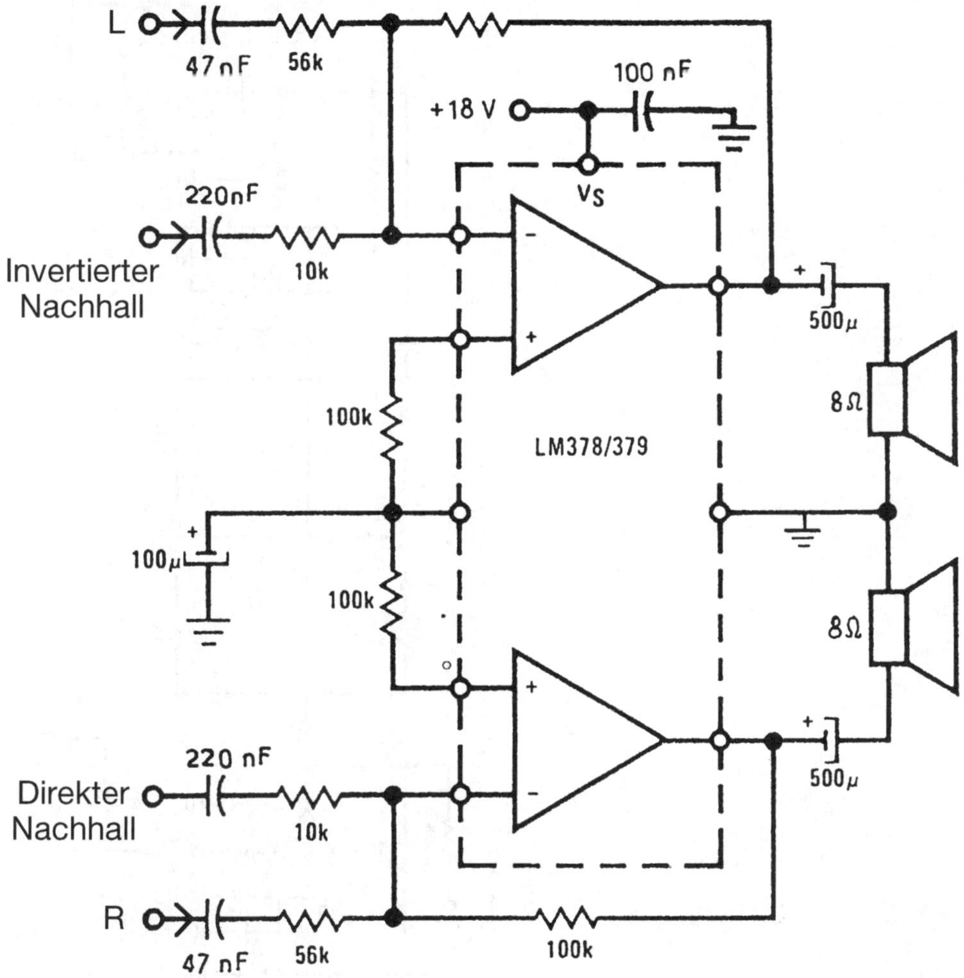

Der dargestellte Verstärker gestattet die Verbreiterung der Stereo-Basisbreite (Raumklangeffekt). Er ersetzt, in Schaltung 394, die Ausgangsstufen der beiden Kanäle. Die Ausgangsleistung beträgt 3 W bei Speisung 18 V und 8-Ω-Lautsprechern, oder 3,5 W bei Speisung 24 V und 16-Ω-Lautsprechern. [Audio-Radio Handbook, *National Semiconductor.*]

396. Vorverstärker und Klangeinstellung für Tonsensor

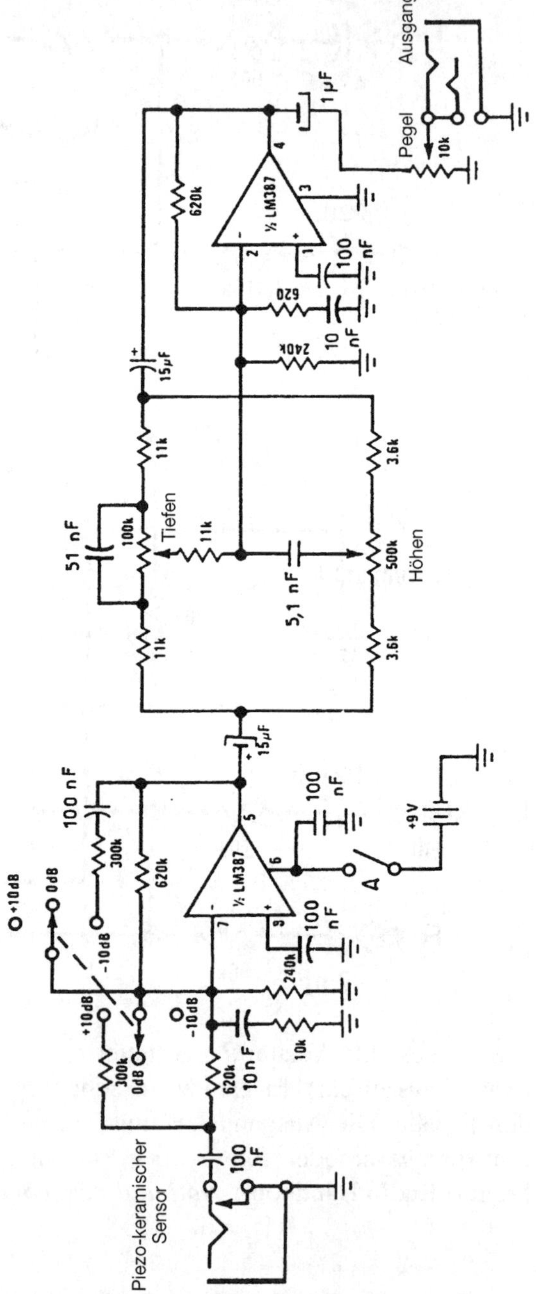

Eignet sich für piezo-keramische Sensoren, die auf Resonanzböden von Musikinstrumenten (Gitarre, Klavier) befestigt werden. Auch für Resonanzflächen verwendbar, die für Nachhalleffekte eingesetzt werden.

Stereophonische Klangeffekte

397. Konzertsaaleffekt

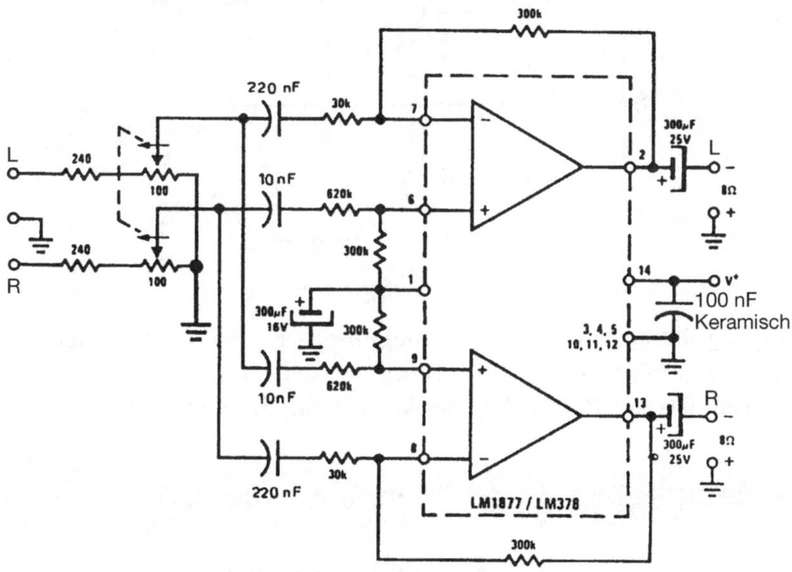

Die Eingänge werden auf die Lautsprecher des Hauptverstärkers geschaltet. Die vom Gerät gesteuerten Nebenlautsprecher erhalten Differenzsignale (R – L, L – R). Sie sind, entsprechend den Polungsangaben, phasenverkehrt gegenüber den Lautsprechern der Hauptkanäle zu schalten. [Audio-Radio Handbook, *National Semiconductor.*]

398. Panoramischer Stereoeffekt

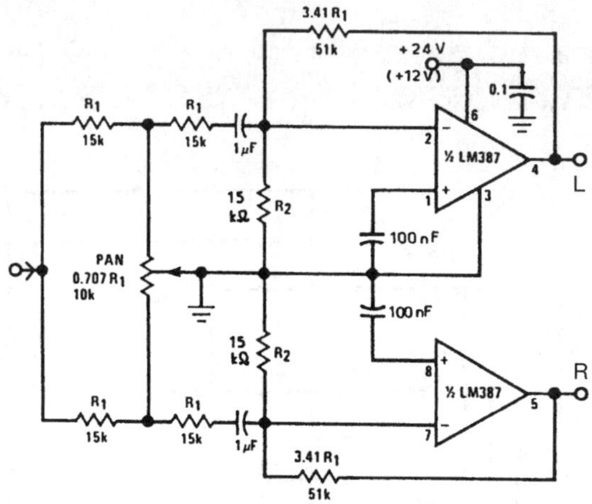

Das Eingangssignal kann durch Verstellen des PAN-Potentiometers vom linken Ausgang zum rechten „transportiert“ werden. Bei Speisung an 12 V ist R_2 wegzulassen. [Audio-Radio Handbook, *National Semiconductor.*]

399. Pseudo-stereo- und Raumklangeffekt, SN 29910 N

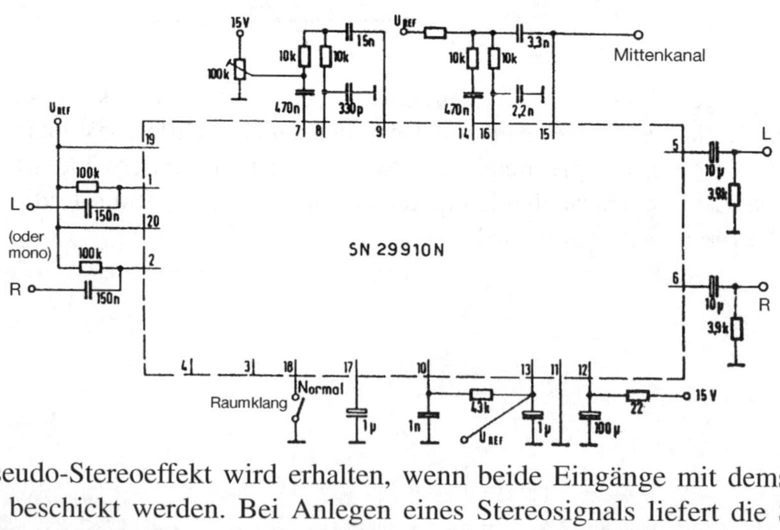

Ein Pseudo-Stereoeffekt wird erhalten, wenn beide Eingänge mit demselben Signal beschickt werden. Bei Anlegen eines Stereosignals liefert die Schaltung einen Kanal „Mitte“. Bei Schließen des entsprechenden Schalters entsteht ein Raumklangeffekt (Verbreiterung der Stereobasis). Alle Anschlüsse U_{ref} sind miteinander zu verbinden. [*ELO*, München, Nr. 4/86, Seite 55.]

400. Pseudo-stereo- und Raumklangeffekt, TDA 3810

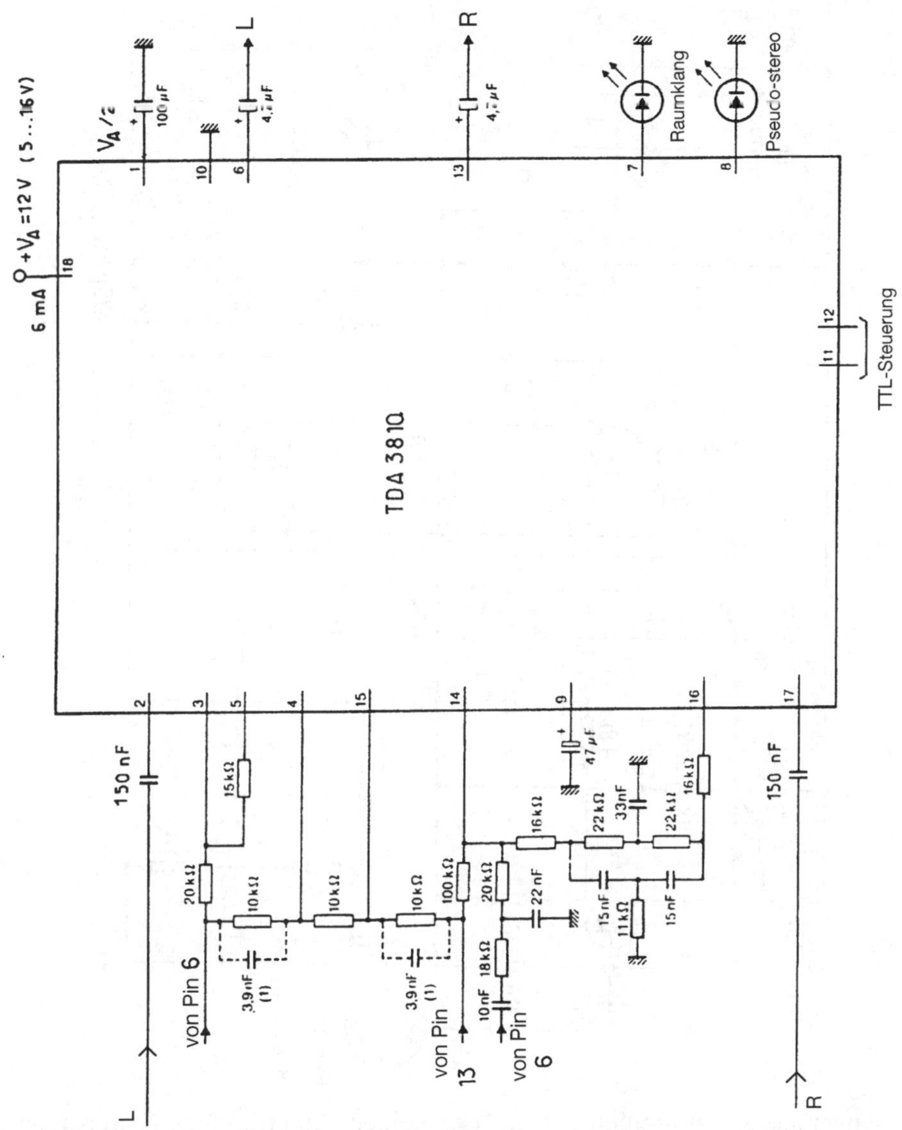

Ein TTL-Signal (Pins 11 und 12) bestimmt die drei Funktionsweisen. Bei Binärzahl 10: Wandlung von Mono in Pseudo-Stereo. Binärzahl 11: Stereo mit Raumklangeffekt (Verbreiterung der Stereobasis). Die Kombinationen 00 und 01 geben normalen Stereobetrieb. Die mit (1) bezeichneten Kapazitäten heben bei Raumklangbetrieb die Höhen an. [Anwendungsschaltung *Philips.*]

401. Mittenausblendung für Stereosignal

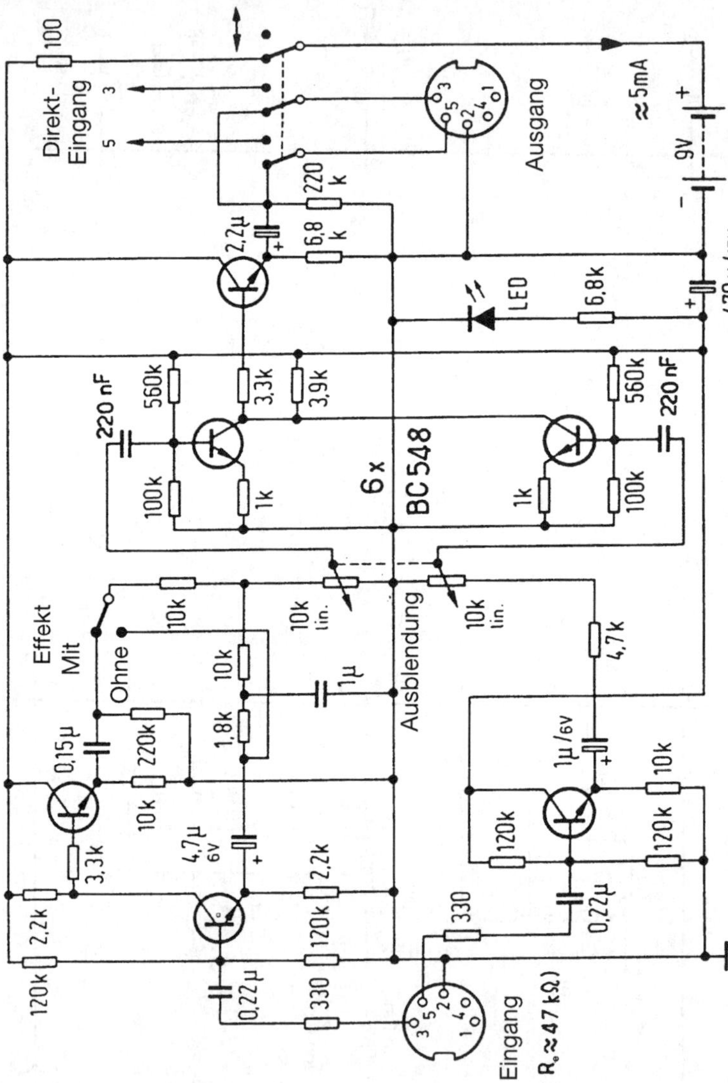

Phasenverkehrte Zusammenführung der beiden Anteile eines Stereosignals ergibt eine Ausblendung (oder zumindest Schwächung) einer in der Mitte befindlichen und räumlich eng begrenzten Tonquelle. Es kann sich dabei um einen Solisten oder Sänger handeln, an dessen Stelle man dann eine andere Person aufnehmen kann. [R. van Rijn, *Funkschau*, München, Nr. 21/78, Seite 1053.]

Verstärkerdaten

Audioverstärker – Aufstellung nach Leistung, Lastwiderstand und Speisespannung

Ausgangs-leistung (W)	Speise-spannung (V)	R_L (Ω)	Anmerkungen	Schaltbild Nr.
0,011*	6 (6...24)	200	Diskret	143
0,016	1,3	32	TDA 7326	144
0,04 (2 x 0,002)	3	16	U 2822 B, U 2432 B	156, 157
0,04 (2 x 0,02)	3	32	TDA 7282 + TDA 2822M	145
0,04 (2 x 0,02)	3	32	TDA 2822	171, 172
0,06 (2 x 0,03)	2	16	TDA 7050	146
0,06	2	2	TDA 7050, Brücke	147
0,07	3	8	TDA 7233	167
0,077	3	32	U 2823, U 2433 B, Brücke	162, 163
0,08 (2 x 0,04)	3	16	TDA 7282 + TDA 2822M	145
0,11	3	4	TDA 7231	179
0,12 (2 x 0,06)	3	8	TDA 7282 + TDA 2822M	145
0,12 (2 x 0,024)	4,5	16	U 2822 B, U 2432 B	156, 157
0,12 (2 x 0,06)	4,5	32	TDA 2822	171, 172
0,13 (2 x 0,065)	3	8	U 2822 B, U 2432 B	156, 157
0,15	4,5	64	TDA 7050, Brücke	147
0,2 (2 x 0,1)	3,3	16	TDA 7050	146
0,2	3,5	32	TDA 7050, Brücke	147
0,2 (2 x 0,1)	4,5	16	TDA 2822	171, 172
0,22 (2 x 0,11)	3	4	TDA 7282 + TDA 2822M	145, 148
0,22 (2 x 0,02)	3	4	TDA 2822	171, 172
0,225	3	8	U 2823, U 2433 B, Brücke	162, 163
0,23	4,5	32	U 2823, U 2433 B, Brücke	162, 163
0,24 (2 x 0,12)	4,5	16	TDA 7050	146
0,24 (2 x 0,12)	6	32	TDA 2822	171, 172
0,3	6	8	Diskret	154
0,32	6	8	LM 389 + diskret	149

Ausgangs-leistung (W)	Speise-spannung (V)	R_L (Ω)	Anmerkungen	Schaltbild Nr.
0,4 (2 x 0,2)	4,5	8	U 2822 B, U 2432 B	156, 157
0,4	6	8	TDA 7233	167
0,4	6	8	TDA 7231	179
0,44 (2 x 0,22)	6	16	TDA 2822	171, 172
0,45	20 (2 x 10)	100	TAA 861 + diskret	150
0,5	6	8	Diskret	151
0,5	9	16	LM 386	152
0,5	12	8	LM 386	153
0,5	14	50	Diskret	154
0,52	9	8	LM 389	155
0,53	9	16	Diskret	154
0,53	12	32	Diskret	154
0,55	20	100	Diskret	154
0,6	4,5	8	U 2823, U 2433 B, Brücke	162, 163
0,6 (2 x 0,3)	9	32	TDA 2822	171, 172
0,64 (2 x 0,32)	4,5	4	TDA 2822	181
0,7	6	4	TDA 7233	167
0,7	6	4	TDA 7231	179
0,7	6	4	TDA 1904	214
0,7	9	8	LM 386 (Phono)	158
0,75	6	4	TBA 820 M	182, 183
0,76 (2 x 0,38)	6	8	TDA 2822	171, 172
0,8	12	16	MOSFET	159
0,9	6	16	U 2823, U 2433 B, Brücke	162, 163
0,9 *	9	8	Diskret	160
0,9	9	8	Diskret	160
0,9	12	16	LM 389 + diskret (Phono)	161
1	6	4	LM 2000 + diskret	165
1	6	4	LM 390	166
1	6	4	LM 390 (cassette)	170
1	6	4	2 x LM 388, Brücke	199
1	6	4	TDA 1012	205
1	6	4	TDA 1010	208
1	6	4	TBA 810 S	228
1	6	4	TBA 810 T	233
1	9	8	Diskret	164
1	9	8	TDA 7233	167
1	9	8	TAA 861 + diskret	192
1 (2 x 0,5)	9	16	TDA 2822	171, 172

Ausgangs-leistung (W)	Speise-spannung (V)	R_L (Ω)	Anmerkungen	Schaltbild Nr.
1	16	8	U 413 B, U 420 B	168, 169
1	16	8	U 821 B	173
1,1 *	12	15	TL 071 + diskret	174
1,1	16	8	U 412 B, U 820 B	175, 176
1,2	9	8	TBA 820 M	182, 183
1,3 (2 x 0,65)	6	4	TDA 2822	171, 172
1,3 (2 x 0,65)	6	4	TDA 2822	181
1,3 (2 x 0,65)	9	12	U 2822 B, U 2432 B	156, 157
1,5	6	2	LM 2000 + diskret	198
1,6	9	4	TDA 7233	167
1,6	9	4	TDA 7231	179
1,6	9	4	TBA 820 M	182, 183
1,6	25	50	Diskret	180
1,7 *	12	8	Diskret	160
1,9	12	8	TDA 7233	167
2 (2 x 1)	4,5	4	TDA 2824 S	178
2	6	8	LM 1896, Brücke	184
2 (2 x 1)	9	8	TDA 2822	171, 172
2	12	8	TDA 7231	179
2	12	8	TBA 820 M	182, 183
2	15	8	Diskret	185
2 (2 x 2)	18	8	LM 1877	212, 213
2	25	25	Diskret	186
2,2 (2 x 1,1)	6	4	LM 1896, LM 2896	177
2,2	12	8	LM 388	188, 189, 191
2,3 *	9	4	TL 071 + diskret	204
2,3	9	4	TDA 1012	205
2,3	9	4	TDA 1010	208
2,5	9	4	TDA 1905	218 bis 220
2,5	9	4	TBA 810 S	228
2,5	9	4	TDA 1908	231
2,5	18	16	TAA 861 + diskret	192
2,5	31	50	Diskret	190
2,7 (2 x 1,35)	6	8	TDA 2824 S	178
2,7	17	16	TDA 1037 D	226
3	18	16	TDA 1037 D	226
3	24	16	Diskret	193
3	24	16	LM 378	194, 195
3,1	12	4	TDA 1904	214

Ausgangs-leistung (W)	Speise-spannung (V)	R_L (Ω)	Anmerkungen	Schaltbild Nr.
3,4 (2 x 1,7)	9	4	TDA 2822	181
3,4	14,4	8	TDA 1010	225
3,5	12	4	LM 2000 + diskret	198
3,5	12	8	2 x LM 388, Brücke	199
3,5	19	16	TDA 1037 D	226
3,6	40	50	Diskret	200
3,8	20	16	TDA 1037 D	226
4 *	12	4	TL 071 + diskret	204
4	12	4	TDA 1010	208
4 *	14	4	Diskret	201
4 (2 x 2)	18	8	LM 1877	187
4 (2 x 2)	18 (2 x 9)	8	LM 1877	196
4	18	8	Diskret	202
4	18	8	LM 380	206, 207
4	18	8	TDA 1013	209
4 *	20	16	LM 370, Brücke	210, 211
4	23	16	Diskret	203
4,2	14	4	TDA 1012	205
4,5	12	4	TDA 1037	229
4,5	14	4	TDA 1904	214
4,5	20 (2 x 10)	8	TL 081 + diskret	227
4,5	24	16	TDA 1037	229
4,6	24	16	TDA 1037 D	226
5	14,4	4	LM 383	217
5	17	8	TDA 1037 D	226
5 *	22	8	LM 384	215
5	24	16	TBA 800	216
5,3	24	16	TDA 1905	218 bis 220
5,3	24	16	TDA 1908	231
5,4	18	8	TDA 1037 D	226
5,5	14	4	TDA 1905	218 bis 220
5,5	14	4	TDA 1908	231
5,5	14,4	4	TDA 2870	234
5,5	18	8	TDA 1905	218 bis 220
5,5	18	8	TDA 1037	229
5,5 *	20	4	Diskret	221
6	14	4	Diskret	201
6	14,4	4	TBA 810 T	233
6 *	14,4	8	TDA 7240 A, Brücke	283

Ausgangs-leistung (W)	Speise-spannung (V)	R_L (Ω)	Anmerkungen	Schaltbild Nr.
6 *	14,4	8	TDA 7241, Brücke	285
6	17	4	TDA 1010 + diskret (Phono)	224
6	20	8	TDA 2611 A (Phono)	223
6 (2 x 3)	24 (2 x 12)	8	LM 378	196
6 (2 x 3)	24	8	LM 378	197
6 (2 x 3)	24	8	LM 378	212, 213
6	24	8	Diskret	222
6,1	19	8	TDA 1037 D	226
6,2	14,4	4	TDA 1010	225
6,4 (2 x 3,2)	9	8	TDA 2824 S	178
6,4	14,4	2	TDA 1010	225
6,5	16	4	TDA 1010	208
6,5	16	4	TDA 2003	250
6,7	20	8	TDA 1037 D	226
7	16	4	TBA 810 S	228
7	16	4	TDA 1037	229
7	18	16	2 x LM 380, Brücke	230
7	24 (2 x 12)	8	TL 081 + diskret	227
8 (2 x 4)*	18	8	TDA 2009	239, 240
8	22	8	TDA 1908	231
8	22	8	TDA 2008	253
8	24	8	TDA 2006	251
8	24 (2 x 12)	8	TDA 2006	252
8 (2 x 4)	28	8	LM 379	212, 213
9 (2 x 4,5)	12	4	TDA 2004	255
9	18	4	TDA 1908	231
9 *	28	8	TDA 2030	265
9 *	28 (2 x 14)	8	TDA 2030	266
10	14,4	2	TDA 2870	234
10	20	4	Diskret	221
10	20	4	TBA 810 T	233
10 *	22,5	4	TAA 761 A + diskret	298
10	24	4	TL 091 + diskret	278
10	26	4	LM 378 + diskret	232
12	13	4	LM 378	244
12 *	14,4	4	TDA 7240 A, Brücke	283
12 *	14,4	4	TDA 7241, Brücke	285
12	14,4	8	TDA 7240 A, Brücke	283
12	14,4	8	TDA 7241, Brücke	285

Ausgangs- leistung (W)	Speise- spannung (V)	R_L (Ω)	Anmerkungen	Schaltbild Nr.
12	16	2	TDA 2003	250
12 (2 x 6)*	18	4	TDA 2007	256
12 *	18	8	TDA 2007, Brücke	256
12	22	4	TDA 2008	253
12 (2 x 6)*	22	8	TDA 2007	256
12 *	24	4	TDA 1910	245 bis 249
12	24	4	TDA 2006	251
12	24 (2 x 12)	4	TDA 2006	252
12 *	28	4	TEA 1022 SP	254
12	30	8	Diskret	242
12 *	32	8	TDA 2030	274
12 *	32 (2 x 16)	8	TDA 2040	286
12 *	32	8	TDA 2040	287
12	50	15	MOSFET	243
12,5 *	30	8	TL 081 + diskret	261
13 (2 x 6,5)*	18	4	TDA 2009	239, 240
13 (2 x 6,5)*	23	8	TDA 2009	239, 240
14 (2 x 7)	12	2	TDA 2004	255
14 (2 x 7)*	18	4	TDA 2009 A	262 bis 264
14 (2 x 7)*	24	8	TDA 2009 A	262 bis 264
14 *	28	4	TDA 2030	265
14 *	28 (2 x 14)	4	TDA 2030	266
15 *	14,4	4	TDA 2005 M, Brücke	280, 281
15	24	4	TDA 3000	267
16 (2 x 8)	16	4	TDA 2004	255
16 (2 x 8)*	19	4	TDA 4930	236
16 *	19	8	TDA 4930, Brücke	282
16	24 (2 x 12)	16	2 x TDA 2006, Brücke	289
16 *	30	4	Diskret	268
16 *	30	4	Diskret	270
16 *	38 (2 x 19)	8	TDA 2030	273
17 *	24	4	Diskret	269
18	14,4	4	2 x TDA 2003, Brücke	275
18 *	18	2	Diskret	272
18 *	23	8	TDA 2009	276
18	30	4	Diskret	270
18	30	4	Diskret	270, 271

Ausgangs- leistung (W)	Speise- spannung (V)	R_L (Ω)	Anmerkungen	Schaltbild Nr.
18 *	32 (2 x 16)	4	TDA 2030	273
18 *	32	4	TDA 2030	274
19 *	48 (2 x 24)	4	NE 5534 + diskret	296
20 (2 x 10)	14,4	2	TDA 2005 S	237, 238
20 (2 x 10)	14,4	2	TDA 2005 S	259
20	14,4	4	TDA 2005 M, Brücke	280
20	14,4	4	TDA 7240 A, Brücke	283
20	14,4	4	TDA 7241, Brücke	285
20 (2 x 10)*	15	2	TDA 1510	235
20 (2 x 10)	19	4	TDA 4930	236
20	19	8	TDA 4930, Brücke	282
20 *	30	4	Diskret	277
20 *	30	4	TAA 761 A + diskret	298
20	32	4	TL 091 + diskret	278
20 *	33	4	TDA 1520	279
20 *	40 (2 x 20)	8	MOSFET	310
20 *	42	8	TDA 1520	279
20	42 (2 x 21)	8	LM 391 + diskret	303
22 (2 x 11)	14,4	2	TDA 7255	241
22	14,4	4	TDA 7255, Brücke	288
22 (2 x 11)*	23	4	TDA 2009	239, 240
22	24 (2 x 12)	8	2 x TDA 2006, Brücke	289
22 *	32 (2 x 16)	4	TDA 2040	286
22 *	32	4	TDA 2040	287
22	60 (2 x 30)	40	µA 741 + diskret	284
24 (2 x 12)	15	2	TDA 1510	235
24 (2 x 12)	16	2	TDA 2004	255
24 (2 x 12)	16	2	TDA 2005 S	259
24 (2 x 12)*	24	4	TDA 4935	260
24 *	24	8	TDA 4935, Brücke	291
24 *	28 (2 x 14)	8	2 x TDA 2030, Brücke	290
24 (2 x 12)*	32 (2 x 16)	8	TDA 1521	257
24 (2 x 12)*	32	8	TDA 1521	258
25	22	8	TDA 2008, Brücke	299
25 (2 x 12,5)*	24	4	TDA 2009 A	262 bis 264
25 *	33	4	TAA 761 A + diskret	298
25	35	4	Diskret	294
25	40	8	Diskret	293
25 *	44 (2 x 22)	8	TI 081 + diskret	297

Ausgangs-leistung (W)	Speise-spannung (V)	R_L (Ω)	Anmerkungen	Schaltbild Nr.
25	48 (2 x 24)	4	NE 5534 + diskret	296
25	48	8	Diskret	292
25 *	52	4	MOSFET	295
26 *	30 (2 x 15)	4	TL 081 + diskret	300
30 *	32 (2 x 16)	8	2 x TDA 2040, Brücke	304
30 *	36 (2 x 18)	4	TDA 2020 D + diskret	308
30	42 (2 x 21)	4	LM 391 + diskret	303
30	250		Röhren	302
32	14,4	2	MOSFET Klasse D, Brücke	305
34 *	32 (2 x 16)	8	2 x TDA 2030, Brücke	306
35 (25 + 10)*	30 (2 x 15)	8	3 x TDA 2040	301
40 *	54 (2 x 27)	8	LM 391 + diskret	314
45 *	40	4	TL 081 + diskret	307
45 *	44 (2 x 22)	4	TDA 2020 D + diskret	308
50	40 (2 x 20)	8	MOSFET	310
50 *	80	8	MOSFET	309
60 (Dreifach)	36	4	3 x TDA 2030	315
60 *	48 (2 x 24)	4	TL 081 + diskret	312
60 *	54 (2 x 27)	4	Diskret	313
60 *	54 (2 x 27)	4	LM 391 + diskret	314
60 *	60 (2 x 30)	4	MOSFET	319
60 *	112 (Vierfach)	8	MOSFET	316
65 *	70 (2 x 35)	8	MOSFET	317
65 *	70	8	MOSFET	318
80	40 (2 x 20)	2	TDA 2020 + diskret	320
80	72 (2 x 36)	4	MOSFET	325
80 *	100 (2 x 50)	4	MOSFET	321
100 (2 x 50)	64 (2 x 32)	4	TDA 7250 + diskret	311
150	40 (2 x 20)	2	2 x TDA 2020, diskr., Brücke	324
160	92 (2 x 46)	4	MOSFET	325
200	44	4	2 x TDA 2020, diskr., Brücke	326
200 (2 x 100)	70 (2 x 35)	4	TDA 7250 + diskret	322, 323

*Für niedrige Klirrfaktorwerte (<1 %) definierte Angaben

Audioverstärker – Aufstellung nach Speisespannung, Leistung und Lastwiderstand

Speise-spannung (V)	Ausgangs-leistung (W)	R_L (Ω)	Anmerkungen	Schaltbild Nr.
1,3	0,016	32	TDA 7326	144
2	0,06 (2 x 0,03)	16	TDA 7050	146
2	0,06	32	TDA 7050, Brücke	147
3	0,04 (2 x 0,002)	16	U 2822 B, U 2432 B	156, 157
3	0,04 (2 x 0,02)	32	TDA 7282 + TDA 2822M	145
3	0,04 (2 x 0,02)	32	TDA 2822	171, 172
3	0,07	8	TDA 7233	167
3	0,077	32	U 2823, U 2433 B, Brücke	162, 163
3	0,08 (2 x 0,04)	16	TDA 7282 + TDA 2822M	145
3	0,11	4	TDA 7231	179
3	0,12 (2 x 0,06)	8	TDA 7282 + TDA 2822M	145
3	0,13 (2 x 0,065)	8	U 2822 B, U 2432 B	156, 157
3	0,22 (2 x 0,11)	4	TDA 7282 + TDA 2822M	145, 148
3	0,22 (2 x 0,02)	4	TDA 2822	171, 172
3	0,225	8	U 2823, U 2433 B, Brücke	162, 163
3,3	0,2 (2 x 0,1)	16	TDA 7050	146
3,5	0,2	32	TDA 7050, Brücke	147
4,5	0,12 (2 x 0,024)	16	U 2822 B, U 2432 B	156, 157
4,5	0,12 (2 x 0,06)	32	TDA 2822	171, 172
4,5	0,15	64	TDA 7050, Brücke	147
4,5	0,2 (2 x 0,1)	16	TDA 2822	171, 172
4,5	0,23	32	U 2823, U 2433 B, Brücke	162, 163
4,5	0,24 (2 x 0,12)	16	TDA 7050	146
4,5	0,4 (2 x 0,2)	8	U 2822 B, U 2432 B	156, 157
4,5	0,6	8	U 2823, U 2433 B, Brücke	162, 163
4,5	0,64 (2 x 0,32)	4	TDA 2822	181
4,5	2 (2 x 1)	4	TDA 2824 S	178
6 (6...24)	0,011*	200	Diskret	143
6	0,24 (2 x 0,12)	32	TDA 2822	171, 172
6	0,3	8	Diskret	154
6	0,32	8	LM 389 + diskret	149
6	0,4	8	TDA 7233	167
6	0,4	8	TDA 7231	179
6	0,44 (2 x 0,22)	16	TDA 2822	171, 172
6	0,5	8	Diskret	151

Speise-spannung (V)	Ausgangs-leistung (W)	R_L (Ω)	Anmerkungen	Schaltbild Nr.
6	0,7	4	TDA 7233	167
6	0,7	4	TDA 7231	179
6	0,7	4	TDA 1904	214
6	0,75	4	TBA 820 M	182, 183
6	0,76 (2 x 0,38)	8	TDA 2822	171, 172
6	0,9	16	U 2823, U 2433 B, Brücke	162, 163
6	1	4	LM 2000 + diskret	165
6	1	4	LM 390	166
6	1	4	LM 390 (Cassette)	170
6	1	4	2 x LM 388, Brücke	199
6	1	4	TDA 1012	205
6	1	4	TDA 1010	208
6	1	4	TBA 810 S	228
6	1	4	TBA 810 T	233
6	1,3 (2 x 0,65)	4	TDA 2822	171, 172
6	1,3 (2 x 0,65)	4	TDA 2822	181
6	1,5	2	LM 2000 + diskret	198
6	2	8	LM 1896, Brücke	184
6	2,2 (2 x 1,1)	4	LM 1896, LM 2896	177
6	2,7 (2 x 1,35)	8	TDA 2824 S	178
9	0,5	16	LM 386	152
9	0,52	8	LM 389	155
9	0,53	16	Diskret	154
9	0,6 (2 x 0,3)	32	TDA 2822	171, 172
9	0,7	8	LM 386 (phono)	158
9	0,9 *	8	Diskret	160
9	0,9	8	Diskret	160
9	1	8	Diskret	164
9	1	8	TDA 7233	167
9	1	8	TAA 861 + diskret	192
9	1 (2 x 0,5)	16	TDA 2822	171, 172
9	1,2	8	TBA 820 M	182, 183
9	1,3 (2 x 0,65)	12	U 2822 B, U 2432 B	156, 157
9	1,6	4	TDA 7233	167
9	1,6	4	TDA 7231	179
9	1,6	4	TBA 820 M	182, 183
9	2 (2 x 1)	8	TDA 2822	171, 172
9	2,3 *	4	TL 071 + diskret	204

Speise-spannung (V)	Ausgangs-leistung (W)	R_L (Ω)	Anmerkungen	Schaltbild Nr.
9	2,3	4	TDA 1012	205
9	2,3	4	TDA 1010	208
9	2,5	4	TDA 1905	218 bis 220
9	2,5	4	TBA 810 S	228
9	2,5	4	TDA 1908	231
9	3,4 (2 x 1,7)	4	TDA 2822	181
9	6,4 (2 x 3,2)	8	TDA 2824 S	178
12	0,5	8	LM 386	153
12	0,53	32	Diskret	154
12	0,8	16	MOSFET	159
12	0,9	16	LM 389 + diskret (Phono)	161
12	1,1 *	15	TL 071 + diskret	174
12	1,7 *	8	Diskret	160
12	1,9	8	TDA 7233	167
12	2	8	TDA 7231	179
2	2	8	TBA 820 M	182, 183
12	2,2	8	LM 388	188, 189, 191
12	3,1	4	TDA 1904	214
12	3,5	4	LM 2000 + diskret	198
12	3,5	8	2 x LM 388, Brücke	199
12	4 *	4	TL 071 + diskret	204
12	4	4	TDA 1010	208
12	4,5	4	TDA 1037	229
12	9 (2 x 4,5)	4	TDA 2004	255
12	14 (2 x 7)	2	TDA 2004	255
13	12	4	LM 378	244
14	0,5	50	Diskret	154
14	4 *	4	Diskret	201
14	4,2	4	TDA 1012	205
14	4,5	4	TDA 1904	214
14	5,5	4	TDA 1905	218 bis 220
14	5,5	4	TDA 1908	231
14	6	4	Diskret	201
14,4	3,4	8	TDA 1010	225
14,4	5	4	LM 383	217
14,4	5,5	4	TDA 2870	234
14,4	6	4	TBA 810 T	233
14,4	6 *	8	TDA 7240 A, Brücke	283

Speise-spannung (V)	Ausgangs-leistung (W)	R_L (Ω)	Anmerkungen	Schaltbild Nr.
14,4	6 *	8	TDA 7241, Brücke	285
14,4	6,2	4	TDA 1010	225
14,4	6,4	2	TDA 1010	225
14,4	10	2	TDA 2870	234
14,4	12 *	4	TDA 7240 A, Brücke	283
14,4	12 *	4	TDA 7241, Brücke	285
14,4	12	8	TDA 7240 A, Brücke	283
14,4	12	8	TDA 7241, Brücke	285
14,4	15 *	4	TDA 2005 M, Brücke	280, 281
14,4	18	4	2 x TDA 2003, Brücke	275
14,4	20 (2 x 10)	2	TDA 2005 S	237, 238
14,4	20 (2 x 10)	2	TDA 2005 S	259
14,4	20	4	TDA 2005 M, Brücke	280
14,4	20	4	TDA 7240 A, Brücke	283
14,4	20	4	TDA 7241, Brücke	285
14,4	22 (2 x 11)	2	TDA 7255	241
14,4	22	4	TDA 7255, Brücke	288
14,4	32	2	MOSFET Kl. D, Brücke	305
15	2	8	Diskret	185
15	20 (2 x 10)*	2	TDA 1510	235
15	24 (2 x 12)	2	TDA 1510	235
16	1	8	U 413 B, U 420 B	168, 169
16	1	8	U 821 B	173
16	1,1	8	U 412 B, U 820 B	175, 176
16	6,5	4	TDA 1010	208
16	6,5	4	TDA 2003	250
16	7	4	TBA 810 S	228
16	7	4	TDA 1037	229
16	12	2	TDA 2003	250
16	16 (2 x 8)	4	TDA 2004	255
16	24 (2 x 12)	2	TDA 2004	255
16	24 (2 x 12)	2	TDA 2005 S	259
17	2,7	16	TDA 1037 D	226
17	5	8	TDA 1037 D	226
17	6	4	TDA 1010 + diskret (Phono)	224
18	2 (2 x 2)	8	LM 1877	212, 213
18	2,5	16	TAA 861 + diskret	192
18	3	16	TDA 1037 D	226

Speise-spannung (V)	Ausgangs-leistung (W)	R_L (Ω)	Anmerkungen	Schaltbild Nr.
18	4 (2 x 2)	8	LM 1877	187
18 (2 x 9)	4 (2 x 2)	8	LM 1877	196
18	4	8	Diskret	202
18	4	8	LM 380	206, 207
18	4	8	TDA 1013	209
18	5,4	8	TDA 1037 D	226
18	5,5	8	TDA 1905	218 bis 220
18	5,5	8	TDA 1037	229
18	7	16	2 x LM 380, Brücke	230
18	8 (2 x 4)*	8	TDA 2009	239, 240
18	9	4	TDA 1908	231
18	12 (2 x 6)*	4	TDA 2007	256
18	12 *	8	TDA 2007, Brücke	256
18	13 (2 x 6,5)*	4	TDA 2009	239, 240
18	14 (2 x 7)*	4	TDA 2009 A	262 bis 264
18	18 *	2	Diskret	272
19	3,5	16	TDA 1037 D	226
19	6,1	8	TDA 1037 D	226
19	16 (2 x 8)*	4	TDA 4930	236
19	16 *	8	TDA 4930, Brücke	282
19	20 (2 x 10)	4	TDA 4930	236
19	20	8	TDA 4930, Brücke	282
20 (2 x 10)	0,45	100	TAA 861 + diskret	150
20	0,55	100	Diskret	154
20	3,8	16	TDA 1037 D	226
20	4 *	16	LM 370, Brücke	210, 211
20 (2 x 10)	4,5	8	TL 081 + diskret	227
20	5,5 *	4	Diskret	221
20	6		TDA 2611 A (Phono)	223
20	6,7	8	TDA 1037 D	226
20	10	4	Diskret	221
20	10	4	TBA 810 T	233
22	5 *	8	LM 384	215
22	8	8	TDA 1908	231
22	8	8	TDA 2008	253
22	12	4	TDA 2008	253
22	12 (2 x 6)*	8	TDA 2007	256
22	25	8	TDA 2008, Brücke	299
22,5	10 *	4	TAA 761 A + diskret	298
23	4	16	Diskret	203

Speise-spannung (V)	Ausgangs-leistung (W)	R_L (Ω)	Anmerkungen	Schaltbild Nr.
23	13 (2 x 6,5)*	8	TDA 2009	239, 240
23	18 *	8	TDA 2009	276
23	22 (2 x 11)*	4	TDA 2009	239, 240
24	3	16	Diskret	193
24	3	16	LM 378	194, 195
24	4,5	16	TDA 1037	229
24	4,6	16	TDA 1037 D	226
24	5	16	TBA 800	216
24	5,3	16	TDA 1905	218 bis 220
24	5,3	16	TDA 1908	231
24 (2 x 12)	6 (2 x 3)	8	LM 378	196
24	6 (2 x 3)	8	LM 378	197
24	6 (2 x 3)	8	LM 378	212, 213
24	6	8	Diskret	222
24 (2 x 12)	7	8	TL 081 + diskret	227
24	8	8	TDA 2006	251
24 (2 x 12)	8	8	TDA 2006	252
24	10	4	TL 091 + diskret	278
24	12 *	4	TDA 1910	245 bis 249
24	12	4	TDA 2006	251
24 (2 x 12)	12	4	TDA 2006	252
24	14 (2 x 7)*	8	TDA 2009 A	262 bis 264
24	15	4	TDA 3000	267
24 (2 x 12)	16	16	2 x TDA 2006, Brücke	289
24	17 *	4	Diskret	269
24 (2 x 12)	22	8	2 x TDA 2006, Brücke	289
24	24 (2 x 12)*	4	TDA 4935	260
24	24 *	8	TDA 4935, Brücke	291
24	25 (2 x 12,5)*	4	TDA 2009 A	262 bis 264
25	1,6	50	Diskret	180
25	2	25	Diskret	186
26	10	4	LM 378 + diskret	232
28	8 (2 x 4)	8	LM 379	212, 213
28	9 *	8	TDA 2030	265
28 (2 x 14)	9 *	8	TDA 2030	266
28	12 *	4	TEA 1022 SP	254
28	14 *	4	TDA 2030	265
28 (2 x 14)	14 *	4	TDA 2030	266
28 (2 x 14)	24 *	8	2 x TDA 2030, Brücke	290

Speise-spannung (V)	Ausgangs-leistung (W)	R_L (Ω)	Anmerkungen	Schaltbild Nr.
30	12	8	Diskret	242
30	12,5 *	8	TL 081 + diskret	261
30	16 *	4	Diskret	268
30	16 *	4	Diskret	270
30	18	4	Diskret	270
30	18	4	Diskret	270, 271
30	20 *	4	Diskret	277
30	20 *	4	TAA 761 A + diskret	298
30 (2 x 15)	26 *	4	TL 081 + diskret	300
30 (2 x 15)	35 (25 + 10)*	8	3 x TDA 2040	301
31	2,5	50	Diskret	190
32	12 *	8	TDA 2030	274
32 (2 x 16)	12 *	8	TDA 2040	286
32	12 *	8	TDA 2040	287
32 (2 x 16)	18 *	4	TDA 2030	273
32	18 *	4	TDA 2030	274
32	20	4	TL 091 + diskret	278
32 (2 x 16)	22 *	4	TDA 2040	286
32	22 *	4	TDA 2040	287
32 (2 x 16)	24 (2 x 12)*	8	TDA 1521	257
32	24 (2 x 12)*	8	TDA 1521	258
32 (2 x 16)	30 *	8	2 x TDA 2040, Brücke	304
32 (2 x 16)	34 *	8	2 x TDA 2030, Brücke	306
33	20 *	4	TDA 1520	279
33	25 *	4	TAA 761 A + diskret	298
35	25	4	Diskret	294
36 (2 x 18)	30 *	4	TDA 2020 D + diskret	308
36	60 (Dreifach)	4	3 x TDA 2030	315
38 (2 x 19)	16 *	8	TDA 2030	273
40	3,6	50	Diskret	200
40 (2 x 20)	20 *	8	MOSFET	310
40	25	8	Diskret	293
40	45 *	4	TL 081 + diskret	307
40 (2 x 20)	50	8	MOSFET	310
40 (2 x 20)	80	2	TDA 2020 + diskret	320
40 (2 x 20)	150	2	2 x TDA 2020 + diskret, Brücke	324
42	20 *	8	TDA 1520	279
42 (2 x 21)	20	8	LM 391 + diskret	303
42 (2 x 21)	30	4	LM 391 + diskret	303

Speise-spannung (V)	Ausgangs-leistung (W)	R_L (Ω)	Anmerkungen	Schaltbild Nr.
44 (2 x 22)	25 *	8	TI 081 + diskret	297
44 (2 x 22)	45 *	4	TDA 2020 D + diskret	308
44	200	4	2 x TDA 2020 + diskret, Brücke	326
48 (2 x 24)	19 *	4	NE 5534 + diskret	296
48 (2 x 24)	25	4	NE 5534 + diskret	296
48	25	8	Diskret	292
48 (2 x 24)	60 *	4	TL 081 + diskret	312
50	12	15	MOSFET	243
52	25 *	4	MOSFET	295
54 (2 x 27)	40 *	8	LM 391 + diskret	314
54 (2 x 27)	60 *	4	Diskret	313
54 (2 x 27)	60 *	4	LM 391 + diskret	314
60 (2 x 30)	22	40	µA 741 + diskret	284
60 (2 x 30)	60 *	4	MOSFET	319
64 (2 x 32)	100 (2 x 50)	4	TDA 7250 + diskret	311
70 (2 x 35)	65 *	8	MOSFET	317
70	65 *	8	MOSFET	318
70 (2 x 35)	200 (2 x 100)	4	TDA 7250 + diskret	322, 323
72 (2 x 36)	80	4	MOSFET	325
80	50 *	8	MOSFET	309
92 (2 x 46)	160	4	MOSFET	325
100 (2 x 50)	80 *	4	MOSFET	321
112 (Vierfach)	60 *	8	MOSFET	316
250	30		Röhren	302

* Für niedrige Klirrfaktorwerte (<1 %) définierte Angaben

Audioverstärker – Aufstellung nach Lastwiderstand, Leistung und Speisespannung

R_L (Ω)	Ausgangs-leistung (W)	Speise-spannung	Anmerkungen	Schaltbild Nr.
2	1,5	6	LM 2000 + diskret	198
2	6,4	14,4	TDA 1010	225
2	10	14,4	TDA 2870	234
2	12	16	TDA 2003	250
2	14 (2 x 7)	12	TDA 2004	255
2	18 *	18	Diskret	272
2	20 (2 x 10)	14,4	TDA 2005 S	237, 238
2	20 (2 x 10)	14,4	TDA 2005 S	259
2	20 (2 x 10)*	15	TDA 1510	235
2	22 (2 x 11)	14,4	TDA 7255	241
2	24 (2 x 12)	15	TDA 1510	235
2	24 (2 x 12)	16	TDA 2004	255
2	24 (2 x 12)	16	TDA 2005 S	259
2	32	14,4	MOSFET Kl. D, Brücke	305
2	80	40 (2 x 20)	TDA 2020 + diskret	320
2	150	40 (2 x 20)	2 TDA 2020 + diskret, Br.	324
4	0,11	3	TDA 7231	179
4	0,22 (2 x 0,11)	3	TDA 7282 + TDA 2822M	145, 148
4	0,22 (2 x 0,02)	3	TDA 2822	171, 172
4	0,64 (2 x 0,32)	4,5	TDA 2822	181
4	0,7	6	TDA 7233	167
4	0,7	6	TDA 7231	179
4	0,7	6	TDA 1904	214
4	0,75	6	TBA 820 M	182, 183
4	1	6	LM 2000 + diskret	165
4	1	6	LM 390	166
4	1	6	LM 390 (Tonband)	170
4	1	6	2 x LM 388, Brücke	199
4	1	6	TDA 1012	205
4	1	6	TDA 1010	208
4	1	6	TBA 810 S	228
4	1	6	TBA 810 T	233
4	1,3 (2 x 0,65)	6	TDA 2822	171, 172
4	1,3 (2 x 0,65)	6	TDA 2822	181
4	1,6	9	TDA 7233	167

R_L (Ω)	Ausgangs-leistung (W)	Speise-spannung	Anmerkungen	Schaltbild Nr.
4	1,6	9	TDA 7231	179
4	1,6	9	TBA 820 M	182, 183
4	2 (2 x 1)	4,5	TDA 2824 S	178
4	2,2 (2 x 1,1)	6	LM 1896, LM 2896	177
4	2,3 *	9	TL 071 + diskret	204
4	2,3	9	TDA 1012	205
4	2,3	9	TDA 1010	208
4	2,5	9	TDA 1905	218 bis 220
4	2,5	9	TBA 810 S	228
4	2,5	9	TDA 1908	231
4	3,1	12	TDA 1904	214
4	3,4 (2 x 1,7)	9	TDA 2822	181
4	3,5	12	LM 2000 + diskret	198
4	4 *	12	TL 071 + diskret	204
4	4	12	TDA 1010	208
4	4 *	14	Diskret	201
4	4,2	14	TDA 1012	205
4	4,5	12	TDA 1037	229
4	4,5	14	TDA 1904	214
4	5	14,4	LM 383	217
4	5,5	14	TDA 1905	218 bis 220
4	5,5	14	TDA 1908	231
4	5,5	14,4	TDA 2870	234
4	5,5 *	20	Diskret	221
4	6	14	Diskret	201
4	6	14,4	TBA 810 T	233
4	6	17	TDA 1010 + diskret (Phono)	224
4	6,2	14,4	TDA 1010	225
4	6,5	16	TDA 1010	208
4	6,5	16	TDA 2003	250
4	7	16	TBA 810 S	228
4	7	16	TDA 1037	229
4	9 (2 x 4,5)	12	TDA 2004	255
4	9	18	TDA 1908	231
4	10	20	Diskret	221
4	10	20	TBA 810 T	233
4	10 *	22,5	TAA 761 A + diskret	298
4	10	24	TL 091 + diskret	278

R_L (Ω)	Ausgangs-leistung (W)	Speise-spannung	Anmerkungen	Schaltbild Nr.
4	10	26	LM 378 + diskret	232
4	12	13	LM 378	244
4	12 *	14,4	TDA 7240 A, Brücke	283
4	12 *	14,4	TDA 7241, Brücke	285
4	12 (2 x 6)*	18	TDA 2007	256
4	12	22	TDA 2008	253
4	12 *	24	TDA 1910	245 bis 249
4	12	24	TDA 2006	251
4	12	24 (2 x 12)	TDA 2006	252
4	12 *	28	TEA 1022 SP	254
4	13 (2 x 6,5)*	18	TDA 2009	239, 240
4	14 (2 x 7)*	18	TDA 2009 A	262 bis 264
4	14 *	28	TDA 2030	265
4	14 *	28 (2 x 14)	TDA 2030	266
4	15 *	14,4	TDA 2005 M, Brücke	280, 281
4	15	24	TDA 3000	267
4	16 (2 x 8)	16	TDA 2004	255
4	16 (2 x 8)*	19	TDA 4930	236
4	16 *	30	Diskret	268
4	16 *	30	Diskret	270
4	17 *	24	Diskret	269
4	18	14,4	2 x TDA 2003, Brücke	275
4	18	30	Diskret	270
4	18	30	Diskret	270, 271
4	18 *	32 (2 x 16)	TDA 2030	273
4	18 *	32	TDA 2030	274
4	19 *	48 (2 x 24)	NE 5534 + diskret	296
4	20	14,4	TDA 2005 M, Brücke	280
4	20	14,4	TDA 7240 A, Brücke	283
4	20	14,4	TDA 7241, Brücke	285
4	20 (2 x 10)	19	TDA 4930	236
4	20 *	30	Diskret	277
4	20 *	30	TAA 761 A + diskret	298
4	20	32	TL 091 + diskret	278
4	20 *	33	TDA 1520	279
4	22	14,4	TDA 7255, Brücke	288
4	22 (2 x 11)*	23	TDA 2009	239, 240
4	22 *	32 (2 x 16)	TDA 2040	286
4	22 *	32	TDA 2040	287

R_L (Ω)	Ausgangs-leistung (W)	Speise-spannung	Anmerkungen	Schaltbild Nr.
4	24 (2 x 12)*	24	TDA 4935	260
4	25 (2 x 12,5)*	24	TDA 2009 A	262 bis 264
4	25 *	33	TAA 761 A + diskret	298
4	25	35	Diskret	294
4	25	48 (2 x 24)	NE 5534 + diskret	296
4	25 *	52	MOSFET	295
4	26 *	30 (2 x 15)	TL 081 + diskret	300
4	30 *	36 (2 x 18)	TDA 2020 D + diskret	308
4	30	42 (2 x 21)	LM 391 + diskret	303
4	45 *	40	TL 081 + diskret	307
4	45 *	44 (2 x 22)	TDA 2020 D + diskret	308
4	60 (Dreifach)	36	3 x TDA 2030	315
4	60 *	48 (2 x 24)	TL 081 + diskret	312
4	60 *	54 (2 x 27)	Diskret	313
4	60 *	54 (2 x 27)	LM 391 + diskret	314
4	60 *	60 (2 x 30)	MOSFET	319
4	80	72 (2 x 36)	MOSFET	325
4	80 *	100 (2 x 50)	MOSFET	321
4	100 (2 x 50)	64 (2 x 32)	TDA 7250 + diskret	311
4	160	92 (2 x 46)	MOSFET	325
4	200	44	2 x TDA 2020 + diskret, Brücke	326
4	200 (2 x 100)	70 (2 x 35)	TDA 7250 + diskret	322, 323
8	0,07	3	TDA 7233	167
8	0,12 (2 x 0,06)	3	TDA 7282 + TDA 2822M	145
8	0,13 (2 x 0,065)	3	U 2822 B, U 2432 B	156, 157
8	0,225	3	U 2823, U 2433 B, Brücke	162, 163
8	0,3	6	Diskret	154
8	0,32	6	LM 389 + diskret	149
8	0,4 (2 x 0,2)	4,5	U 2822 B, U 2432 B	156, 157
8	0,4	6	TDA 7233	167
8	0,4	6	TDA 7231	179
8	0,5	6	Diskret	151
8	0,5	12	LM 386	153
8	0,52	9	LM 389	155
8	0,6	4,5	U 2823, U 2433 B, Brücke	162, 163
8	0,7	9	LM 386 (Phono)	158
8	0,76 (2 x 0,38)	6	TDA 2822	171, 172
8	0,9 *	9	Diskret	160
8	0,9	9	Diskret	160

R_L (Ω)	Ausgangs- leistung (W)	Speise- spannung	Anmerkungen	Schaltbild Nr.
8	1	9	Diskret	164
8	1	9	TDA 7233	167
8	1	9	TAA 861 + diskret	192
8	1	16	U 413 B, U 420 B	168, 169
8	1	16	U 821 B	173
8	1,1	16	U 412 B, U 820 B	175, 176
8	1,2	9	TBA 820 M	182, 183
8	1,7 *	12	Diskret	160
8	1,9	12	TDA 7233	167
8	2	6	LM 1896, Brücke	184
8	2 (2 x 1)	9	TDA 2822	171, 172
8	2	12	TDA 7231	179
8	2	12	TBA 820 M	182, 183
8	2	15	Diskret	185
8	2 (2 x 2)	18	LM 1877	212, 213
8	2,2	12	LM 388	188-9, 191
8	2,7 (2 x 1,5)	6	TDA 2824 S	178
8	3,4	14,4	TDA 1010	225
8	3,5	12	2 x LM 388, Brücke	199
8	4 (2 x 2)	18	LM 1877	187
8	4 (2 x 2)	18 (2 x 9)	LM 1877	196
8	4	18	Diskret	202
8	4	18	LM 380	206, 207
8	4	18	TDA 1013	209
8	4,5	20 (2 x 10)	TL 081 + diskret	227
8	5	17	TDA 1037 D	226
8	5 *	22	LM 384	215
8	5,4	18	TDA 1037 D	226
8	5,5	18	TDA 1905	218 bis 220
8	5,5	18	TDA 1037	229
8	6 *	14,4	TDA 7240 A, Brücke	283
8	6 *	14,4	TDA 7241, Brücke	285
8	6	20	TDA 2611 A (Phono)	223
8	6 (2 x 3)	24 (2 x 12)	LM 378	196
8	6 (2 x 3)	24	LM 378	197
8	6 (2 x 3)	24	LM 378	212, 213
8	6	24	Diskret	222
8	6,1	19	TDA 1037 D	226
8	6,4 (2 x 3,2)	9	TDA 2824 S	178

R_L (Ω)	Ausgangs-leistung (W)	Speise-spannung	Anmerkungen	Schaltbild Nr.
8	6,7	20	TDA 1037 D	226
8	7	24 (2 x 12)	TL 081 + diskret	227
8	8 (2 x 4)*	18	TDA 2009	239, 240
8	8	22	TDA 1908	231
8	8	22	TDA 2008	253
8	8	24	TDA 2006	251
8	8	24 (2 x 12)	TDA 2006	252
8	8 (2 x 4)	28	LM 379	212, 213
8	9 *	28	TDA 2030	265
8	9 *	28 (2 x 14)	TDA 2030	266
8	12	14,4	TDA 7240 A, Brücke	283
8	12	14,4	TDA 7241, Brücke	285
8	12 *	18	TDA 2007, Brücke	256
8	12 (2 x 6)*	22	TDA 2007	256
8	12	30	Diskret	242
8	12 *	32	TDA 2030	274
8	12 *	32 (2 x 16)	TDA 2040	286
8	12 *	32	TDA 2040	287
8	12,5 *	30	TL 081 + diskret	261
8	13 (2 x 6,5)*	23	TDA 2009	239, 240
8	14 (2 x 7)*	24	TDA 2009 A	262 bis 264
8	16 *	19	TDA 4930, Brücke	282
8	16 *	38 (2 x 19)	TDA 2030	273
8	18 *	23	TDA 2009	276
8	20	19	TDA 4930, Brücke	282
8	20 *	40 (2 x 20)	MOSFET	310
8	20 *	42	TDA 1520	279
8	20	42 (2 x 21)	LM 391 + diskret	303
8	22	24 (2 x 12)	2 x TDA 2006, Brücke	289
8	24 *	24	TDA 4935, Brücke	291
8	24 *	28 (2 x 14)	2 x TDA 2030, Brücke	290
8	24 (2 x 12)*	32 (2 x 16)	TDA 1521	257
8	24 (2 x 12)*	32	TDA 1521	258
8	25	22	TDA 2008, Brücke	299
8	25	40	Diskret	293
8	25 *	44 (2 x 22)	TI 081 + diskret	297
8	25	48	Diskret	292
8	30 *	32 (2 x 16)	2 x TDA 2040, Brücke	304
8	34 *	32 (2 x 16)	2 x TDA 2030, Brücke	306

R_L (Ω)	Ausgangs-leistung (W)	Speise-spannung	Anmerkungen	Schaltbild Nr.
8	35 (25 + 10)*	30 (2 x 15)	3 x TDA 2040	301
8	40 *	54 (2 x 27)	LM 391 + diskret	314
8	50	40 (2 x 20)	MOSFET	310
8	50 *	80	MOSFET	309
8	60 *	112 (Vierfach)	MOSFET	316
8	65 *	70 (2 x 35)	MOSFET	317
8	65 *	70	MOSFET	318
12	1,3 (2 x 0,65)	9	U 2822 B, U 2432 B	156, 157
15	1,1 *	12	TL 071 + diskret	174
15	12	50	MOSFET	243
16	0,04 (2 x 0,002)	3	U 2822 B, U 2432 B	156, 157
16	0,06 (2 x 0,03)	2	TDA 7050	146
16	0,08 (2 x 0,04)	3	TDA 7282 + TDA 2822M	145
16	0,12 (2 x 0,024)	4,5	U 2822 B, U 2432 B	156, 157
16	0,2 (2 x 0,1)	3,3	TDA 7050	146
16	0,2 (2 x 0,1)	4,5	TDA 2822	171, 172
16	0,24 (2 x 0,12)	4,5	TDA 7050	146
16	0,44 (2 x 0,22)	6	TDA 2822	171, 172
16	0,5	9	LM 386	152
16	0,53	9	Diskret	154
16	0,8	12	MOSFET	159
16	0,9	6	U 2823, U 2433 B, Brücke	162, 163
16	0,9	12	LM 389 + diskret (Phono)	161
16	1 (2 x 0,5)	9	TDA 2822	171, 172
16	2,5	18	TAA 861 + diskret	192
16	2,7	17	TDA 1037 D	226
16	3	18	TDA 1037 D	226
16	3	24	Diskret	193
16	3	24	LM 378	194, 195
16	3,5	19	TDA 1037 D	226
16	3,8	20	TDA 1037 D	226
16	4 *	20	LM 370, Brücke	210, 211
16	4	23	Diskret	203
16	4,5	24	TDA 1037	229
16	4,6	24	TDA 1037 D	226
16	5	24	TBA 800	216
16	5,3	24	TDA 1905	218 bis 220
16	5,3	24	TDA 1908	231

R_L (Ω)	Ausgangs-leistung (W)	Speise-spannung	Anmerkungen	Schaltbild Nr.
16	7	18	2 x LM 380, Brücke	230
16	16	24 (2 x 12)	2 x TDA 2006, Brücke	289
25	2	25	Diskret	186
32	0,016	1,3	TDA 7326	144
32	0,04 (2 x 0,02)	3	TDA 7282 + TDA 2822M	145
32	0,04 (2 x 0,02)	3	TDA 2822	171, 172
32	0,06	2	TDA 7050, Brücke	147
32	0,077	3	U 2823, U 2433 B, Brücke	162, 163
32	0,12 (2 x 0,06)	4,5	TDA 2822	171, 172
32	0,2	3,5	TDA 7050, Brücke	147
32	0,23	4,5	U 2823, U 2433 B, Brücke	162, 163
32	0,24 (2 x 0,12)	6	TDA 2822	171, 172
32	0,53	12	Diskret	154
32	0,6 (2 x 0,3)	9	TDA 2822	171, 172
40	22	60 (2 x 30)	µA 741 + diskret	284
50	0,5	14	Diskret	154
50	1,6	25	Diskret	180
50	2,5	31	Diskret	190
50	3,6	40	Diskret	200
64	0,15	4,5	TDA 7050, Brücke	147
100	0,45	20 (2 x 10)	TAA 861 + diskret	150
100	0,55	20	Diskret	154
200	0,011*	6 (6...24)	Diskret	143

* Für niedrige Klirrfaktorwerte (<1 %) definierte Angaben

Die folgenden drei Tabellenseiten gehören zu Teil 2 Hf-Anwendungen

Hf-Leistungsverstärker – Aufstellung nach Frequenz, Leistung, Speisespannung

Frequenz (MHz)	Leistung (W)	Speisung (V)	Anmerkungen	Schaltbild Nr.
2...28	150	13,5	Gegentakt	694
2...30	25	30	Gegentakt – SSB	696
28	8	26	Klasse A – SSB	690
28	30	28	Klasse AB – SSB	691
28	45	28	Klasse AB – SSB	692
28	100	28	Klasse AB	693
28	200	50	Klasse AB – SSB	695
30...90	100	28	Gegentakt MOS	697
87,5	130	28	Klasse B	698
108	8	28	Klasse B	700
143...156	80	13,5	Klasse B	703
145	0,15	12	Mit Verdoppler, AM	700
145	0,15	12	Mit Verdreifacher, AM	701
150	100	28	Klasse B	702
170...230	80	35	Klasse AB, Fernsehen	710
175	4	28	Klasse B	705
175	8	13,5	Klasse B	707
175	15	13,5	Klasse B	708
175	80	28	Klasse B	709
219...225	25	12,5	Klasse B	704
224	16	25	Klasse A, Fernsehen	711
225...400	60	30	Gegentakt, Klasse C	713
225...400	100	28	Gegentakt, Klasse C	714
300	2	56	Gegentakt, Klasse C	712
450...512	25	12,5	Klasse C	718
470...860	8	25	Gegentakt, Klasse A	719
470	7	12,5	Klasse B	715
470	8	13	Klasse C	716
470	10	12,5	Klasse B	717
600...860	50	28	Gegentakt, Fernsehen	721
860	0,5	25	Klasse A, Fernsehen	720

Hf-Leistungsverstärker – Aufstellung nach Frequenz, Leistung, Speisespannung

Leistung (W)	Frequenz (MHz)	Speisung (V)	Anmerkungen	Schaltbild Nr.
0,15	145	12	Mit Verdoppler, AM	700
0,15	145	12	Mit Verdreifacher, AM	701
0,5	860	25	Klasse A, Fernsehen	720
2	300	56	Gegentakt, Klasse C	712
4	175	28	Klasse B	705
7	470	12,5	Klasse B	715
8	28	26	Klasse A – SSB	690
8	108	28	Klasse B	700
8	175	13,5	Klasse B	707
8	470...860	25	Gegentakt, Klasse A	719
8	470	13	Klasse C	716
10	470	12,5	Klasse B	717
15	175	13,5	Klasse B	708
16	224	25	Klasse A, Fernsehen	711
25	2...30	30	Gegentakt – SSB	696
25	219...225	12,5	Klasse B	704
25	450...512	12,5	Klasse C	718
30	28	28	Klasse AB – SSB	691
45	28	28	Klasse AB – SSB	692
50	600...860	28	Gegentakt, Fernsehen	721
60	225...400	30	Gegentakt, Klasse C	713
80	143...156	13,5	Klasse B	703
80	170...230	35	Klasse AB, Fernsehen	710
80	175	28	Klasse B	709
100	28	28	Klasse AB	693
100	30...90	28	Gegentakt MOS	697
100	150	28	Klasse B	702
100	225...400	28	Gegentakt, Klasse C	714
130	87,5	28	Klasse B	698
150	2...28	13,5	Gegentakt	694
200	28	50	Klasse AB – SSB	695

Hf-Leistungsverstärker – Aufstellung nach Speisespannung, Leistung, Frequenz

Speisung (V)	Leistung (W)	Frequenz (MHz)	Anmerkungen	Schaltbild Nr.
12	0,15	145	Mit Verdoppler, AM	700
12	0,15	145	Mit Verdreifacher, AM	701
12,5	7	470	Klasse B	715
12,5	10	470	Klasse B	717
12,5	25	219...225	Klasse B	704
12,5	25	450...512	Klasse C	718
13	8	470	Klasse C	716
13,5	8	175	Klasse B	707
13,5	15	175	Klasse B	708
13,5	80	143...156	Klasse B	703
13,5	150	2...28	Gegentakt	694
25	0,5	860	Klasse A, Fernsehen	720
25	8	470...860	Gegentakt, Klasse A	719
25	16	224	Klasse A, Fernsehen	711
26	8	28	Klasse A – SSB	690
28	4	175	Klasse B	705
28	8	108	Klasse B	700
28	30	28	Klasse AB – SSB	691
28	45	28	Klasse AB – SSB	692
28	50	600...860	Gegentakt, Fernsehen	721
28	80	175	Klasse B	709
28	100	28	Klasse AB	693
28	100	30...90	Gegentakt MOS	697
28	100	150	Klasse B	702
28	100	225...400	Gegentakt, Klasse C	714
28	130	87,5	Klasse B	698
30	25	2...30	Gegentakt – SSB	696
30	60	225...400	Gegentakt, Klasse C	713
35	80	170...230	Klasse AB, Fernsehen	710
56	2	300	Gegentakt, Klasse C	712

Teil 2

Hf-Anwendungen

5 Empfangsschaltungen

Antennenverstärker

402. Aktivantenne für 50 kHz bis 30 MHz

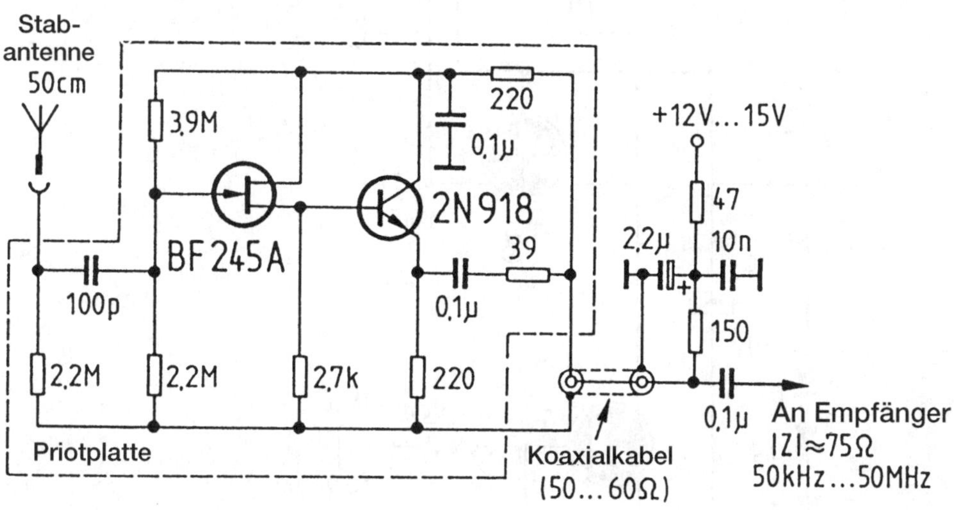

Die Schaltung dient zur Anpassung einer kleinen Stabantenne an die niedrige Impedanz eines Empfängereingangs. Die Speisung erfolgt über das Kabel. [H. Feichtinger, *Funkschau*, München, Nr. 4/80, Seiten 95 und 96.]

403. Vorverstärker für Ferritantenne

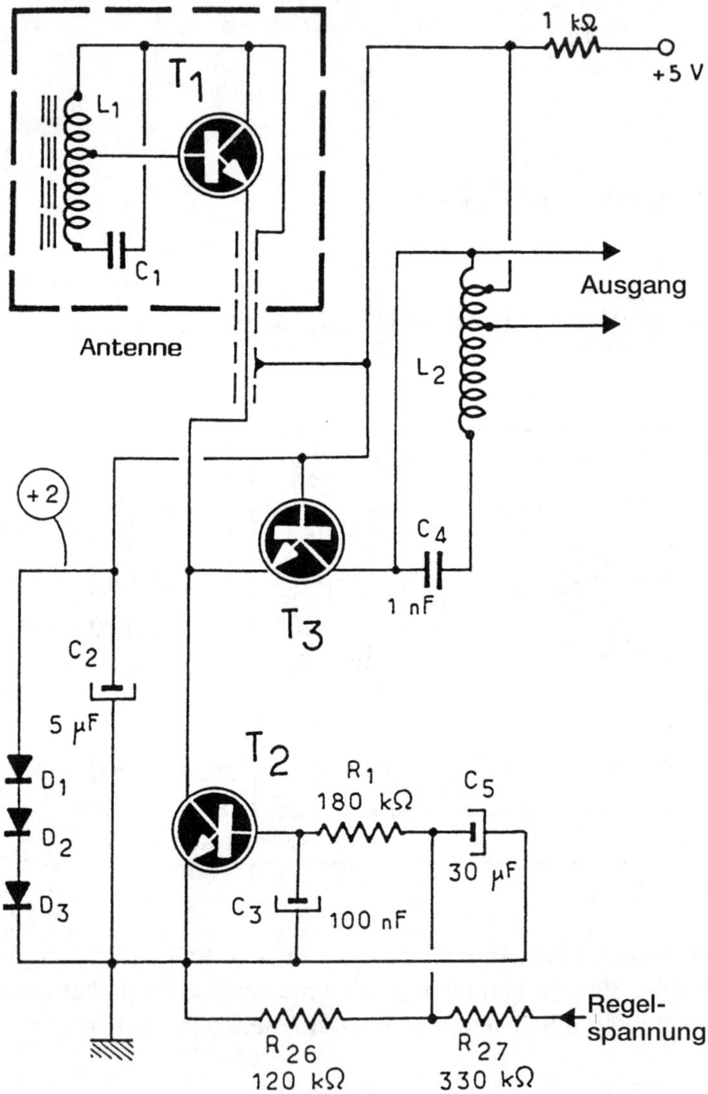

Durch Emitterfolger am Vorstufenausgang und Basisschaltung am Empfängereingang ist die Verbindung niederohmig une gestattet Kabellängen von mehr als 10 m. Die Verstärkungssteuerung (T_2) beeinflußt den Kollektorruhestrom. Die Schaltung wurde für Langwellen (Zeitzeichensender) entworfen. [*Toute l'Electronique*, Paris, Juli 1975, Seiten 50 bis 54.]

404. Aktive Ferritantenne

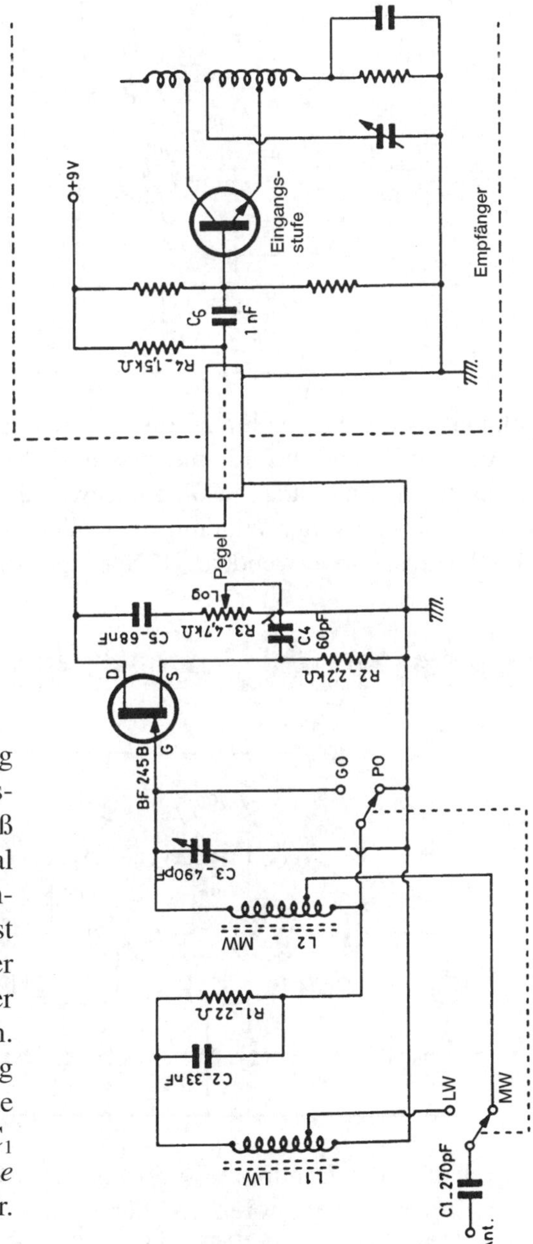

Mit C_4 ist die Rückkopplung auf der höchsten Empfangsfrequenz so einzustellen, daß die Trennschärfe maximal wird, ohne daß Schwingungen auftreten. Da die Last (R_4) sich im Empfänger befindet, kann der FET über das Kabel gespeist werden. C_6 besorgt die Ankopplung an die Mischstufe. Eine Drahtantenne kann mit C_1 angekoppelt werden. [*Le Haut-Parleur*, Paris, Nr. 1583, Seiten 134 bis 140.]

405. Antennenverstärker für FM

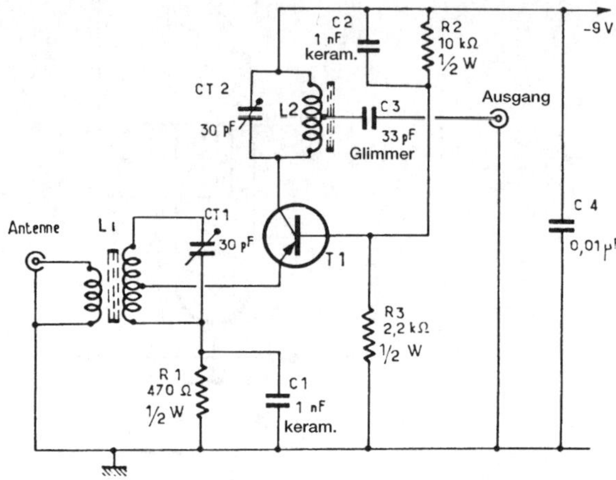

Verstärkung: 14 dB. Spulendurchmesser: 6 mm. Sekundärwicklung L_1: 5 Windungen 0,7-mm-Draht, auf 12 mm gedehnt. Primär: 2 Windungen 0,7-mm-Draht, am kalten Ende über Sekundär gewickelt. L_2: 5 Windungen 0,7-mm-Draht, Abgriff bei zweiter Windung ab Kollektor. Für Germanium- oder Silizium-PNP-Transistor verwendbar. [F. Spriggs, *Hi-Fi News*, Nr. 10/66.]

406. Spulenloser VHF-Antennenverstärker (Fernsehen)

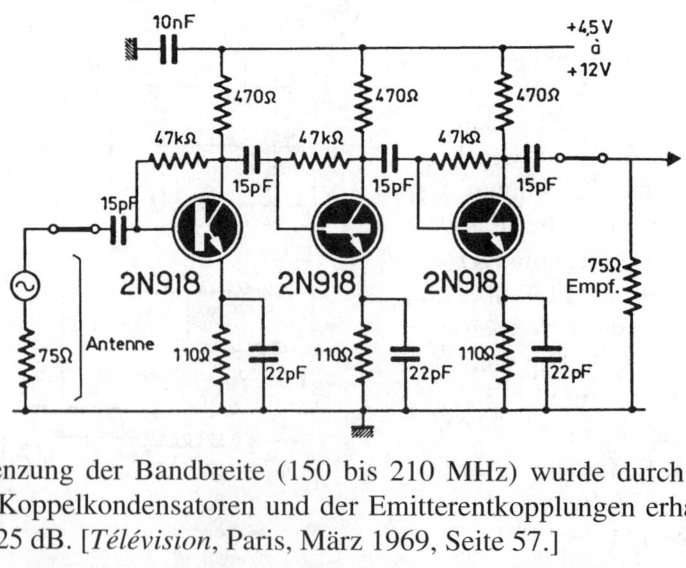

Die Begrenzung der Bandbreite (150 bis 210 MHz) wurde durch geeignete Wahl der Koppelkondensatoren und der Emitterentkopplungen erhalten. Verstärkung: 25 dB. [*Télévision*, Paris, März 1969, Seite 57.]

407. Antennenverstärker für VHF und UHF

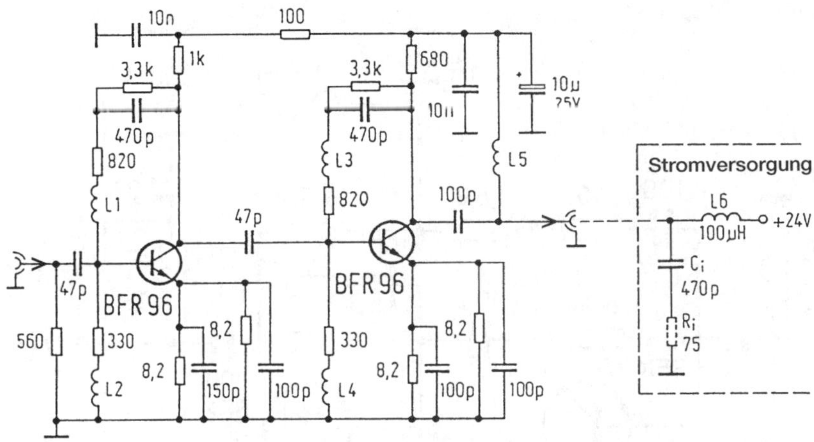

Die Speisung erfolgt über das Kabel. Die Verstärkung beträgt 20 dB zwischen 30 und 500 MHz, etwa 10 dB bei 800 MHz. Rauschfaktor: 7 dB. Spulendurchmesser 4 mm, Drahtdurchmesser 0,3 bis 0,5 mm, 5 Windungen für L_1, L_2, L_4, 2 Windungen für L_3. [K. Lehle, *Funkschau*, München, Nr. 3/85, S. 69 und 70.]

408. Verstärker für Aktivantenne, 150 kHz bis 850 MHz

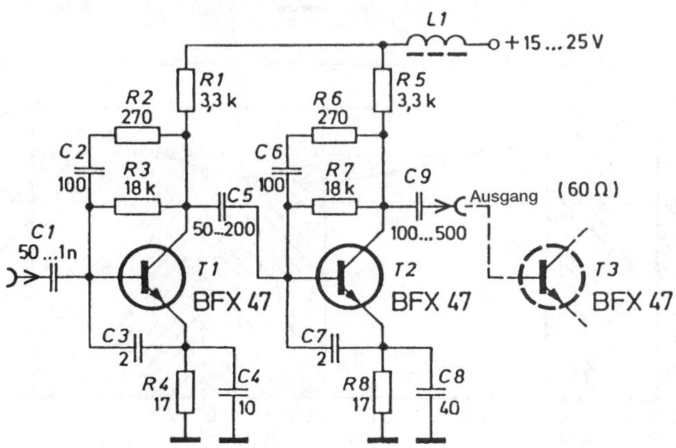

Für kleine Stabantennen. Wenn für C_1, C_2 und C_9 die Minima der angegebenen Werte eingesetzt werden, dann erhält man eine untere Grenzfrequenz von etwa 40 MHz. Der Leistungsgewinn ist 7 dB pro Stufe. L_1: 40 Windungen, Drahtdurchmesser 0,18 mm, auf Ferritkern von 3 mm Durchmesser. [S. Seyffert, *Funk-Technik*, München, Nr. 14/71, Seite 533.]

409. Antennenverstärker für 40 bis 900 MHz, BFX 89

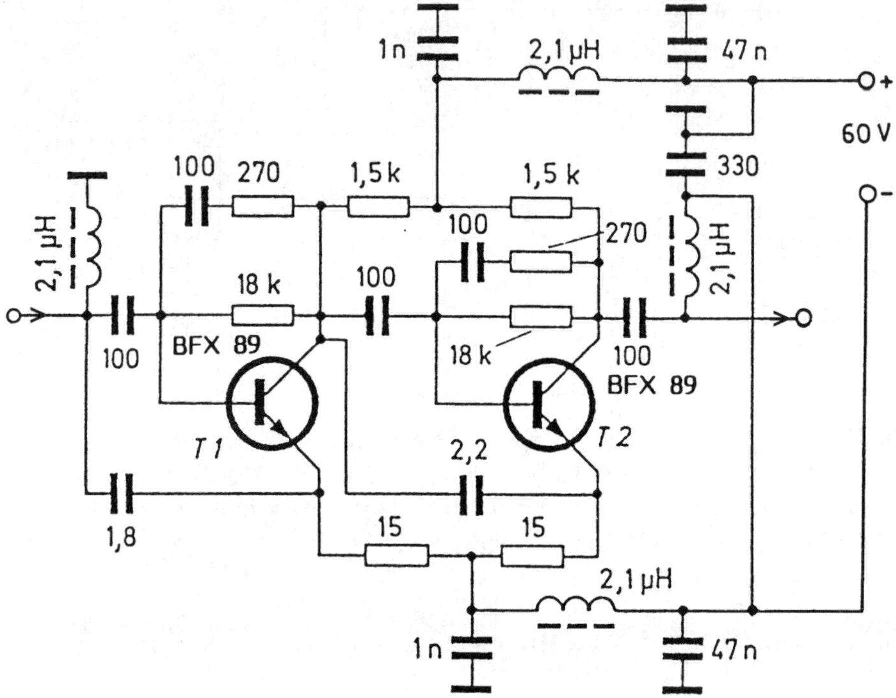

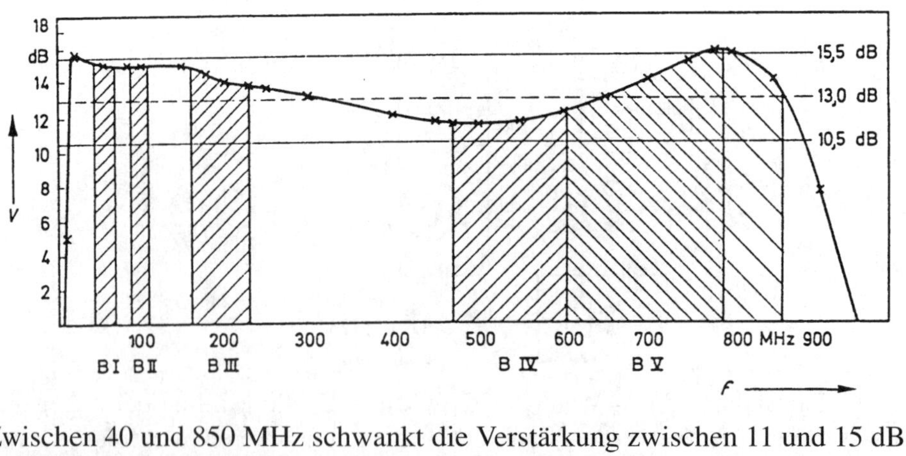

Zwischen 40 und 850 MHz schwankt die Verstärkung zwischen 11 und 15 dB. Die Schaltung arbeitet linear, solange die Signalspannung am Eingang (60 Ω) 10 mV nicht übersteigt. [S. Nome, *Funk-Technik*, Berlin, Nr. 19/68, Seiten 735 und 736.]

410. Antennenverstärker für 40 bis 890 MHz

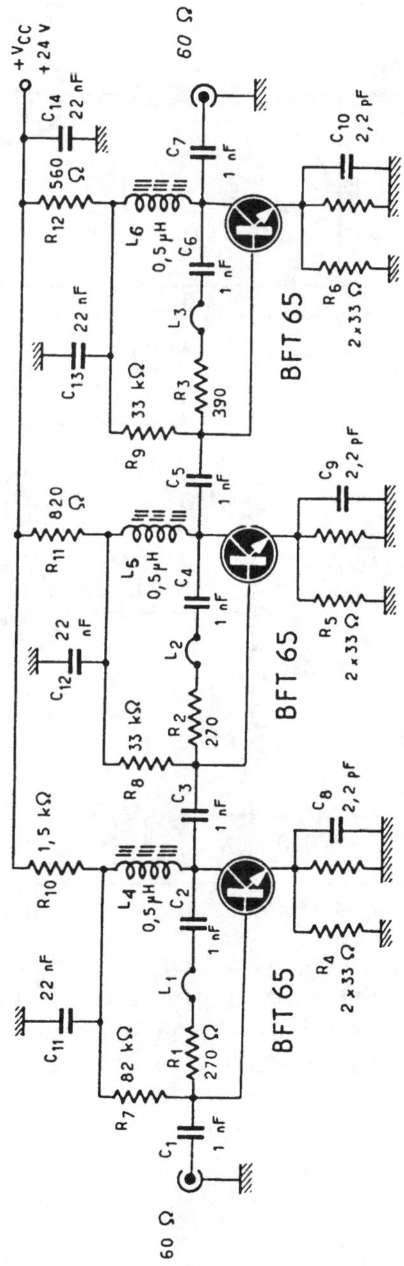

Liefert eine Ausgangsspannung von 200 mV und kann bis 20 Empfänger mit Signal versorgen. Verstärkung: 27 bis 29 dB, Rauschfaktor: 5 dB. Verbraucht 60 mA an 24 V. L_1 bis L_3: Aus den Anschlußdrähten von R_1 bis R_3 gebildete Schleife. L_4 bis L_6: Ferritkern Siemens U17, Wickelkörper Vogt 4,3 mm. [J.-M. Zulauf, *Toute l'Electronique*, Oktober 1976, Seite 81.]

411. Fernsehkanal-Verstärker, Bereiche IV und V, 0,8 W

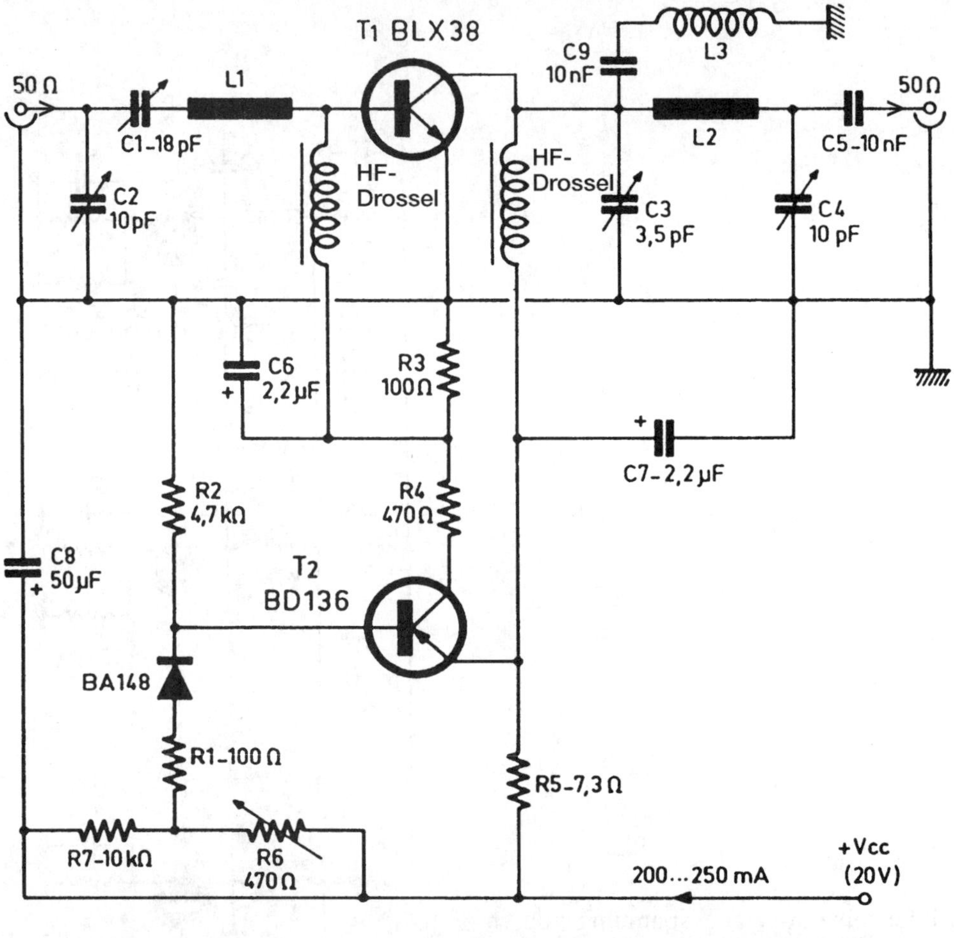

Leistungsverstärkung: 5,7 dB bei 860 MHz. L_1: Stripline 4,2 x 25 mm, Z_C = 50 Ω, L_2: Stripline 4,2 x 25 mm, Teflonprintplatte. L_3: 3 Windungen, Drahtdurchmesser 0,3 mm, Innendurchmesser 1,5 mm, Länge 5 mm. [Anwendungsschaltung *Philips.*]

412. Antennenverstärker für 40 bis 890 MHz, BFT 95

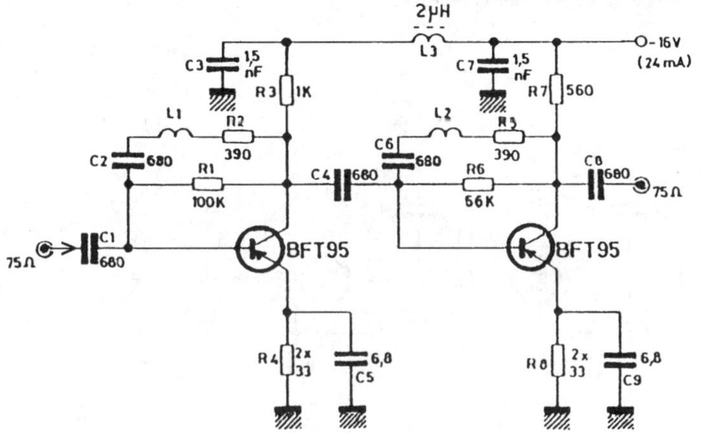

Zur Versorgung von 4 bis 8 Empfängern. Für C_5 und C_9 Trapezkondensatoren verwenden. Die Spulen sind freitragend, Drahtdurchmesser 0,5 mm, Innendurchmesser 3,5 mm, 8 Windungen für L_1 und 6 für L_2. [Anwendungsbeispiel von *SGS Thomson Microelectronics.*]

413. Antennenverstärker für 40 bis 860 MHz, NPN-Transistoren

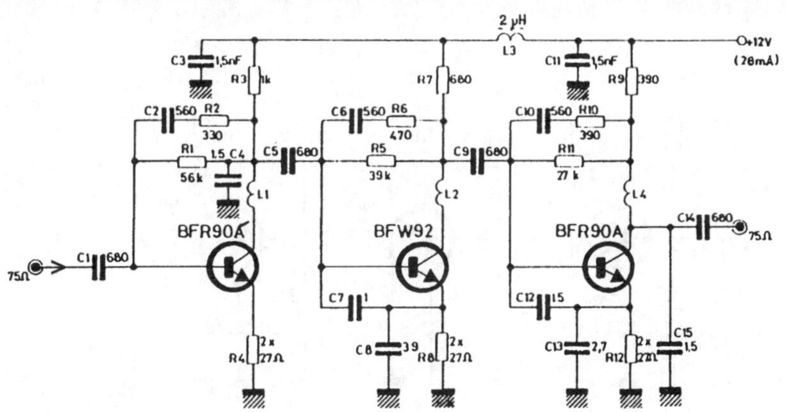

Zur Versorgung von bis zu 10 Empfängern. Leistungsverstärkung 30 dB im Bereich V, etwa 25 dB außerhalb. Die Spulen sind freitragend, Drahtdurchmesser 0,5 mm, Innendurchmesser 3,5 mm, 2 Windungen für L_1, L_2 und L_4. Die beiden Emitterwiderstände sind jeweils auf einen Emitteranschluß des Transistors zu legen. [Anwendungsbeispiel von *SGS Thomson Microelectronics.*]

414. Antennenverstärker für 40 bis 860 MHz, mittlere Leistung

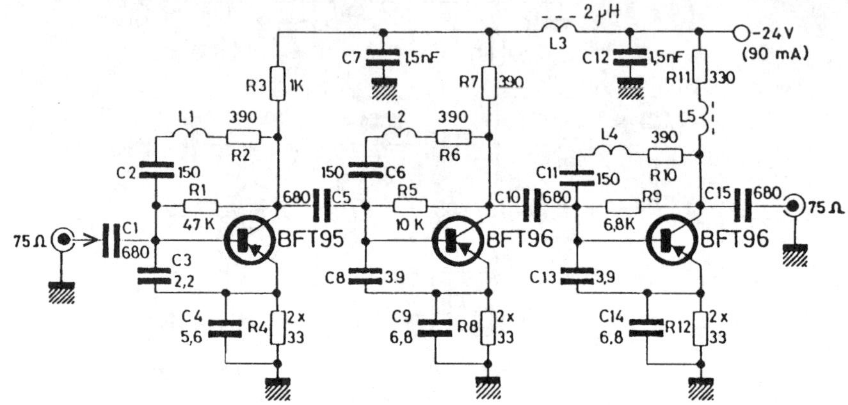

Zur Versorgung von bis zu 20 Empfängern. Leistungsverstärkung 27 dB. Für die Emitterentkopplung werden Trapezkondensatoren empfohlen. Die BFT 96 sind mit aufsteckbaren Kühlkörpern zu versehen. Die Abstimmspulen sind freitragend, Drahtdurchmesser 0,5 mm, Innendurchmesser 3,5 mm, 8 Windungen für L_1, 7 für L_2, 6 für L_4. [Anwendungsbeispiel von *SGS Thomson Microelectronics.*]

415. Antennenverstärker für Bereich V

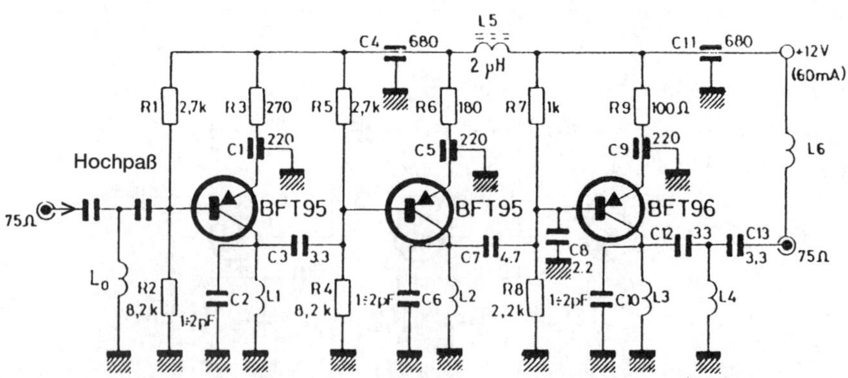

600 bis 900 MHz. Leistungsverstärkung: 29 dB, Rauschfaktor: 3,5 dB bei 800 MHz. L_0 bis L_4: Drahtdurchmesser 0,7 mm, 14 mm gerade gespannt. L_5: 10 Windungen, Drahtdurchmesser 0,5 mm, Spulendurchmesser (innen) 3,5 mm. BFT 96 ist mit aufsteckbarem Kühlkörper zu versehen. [Anwendungsbeispiel von *SGS Thomson Microelectronics.*]

416. Antennenverstärker für 40 bis 900 MHz, drei Eingänge

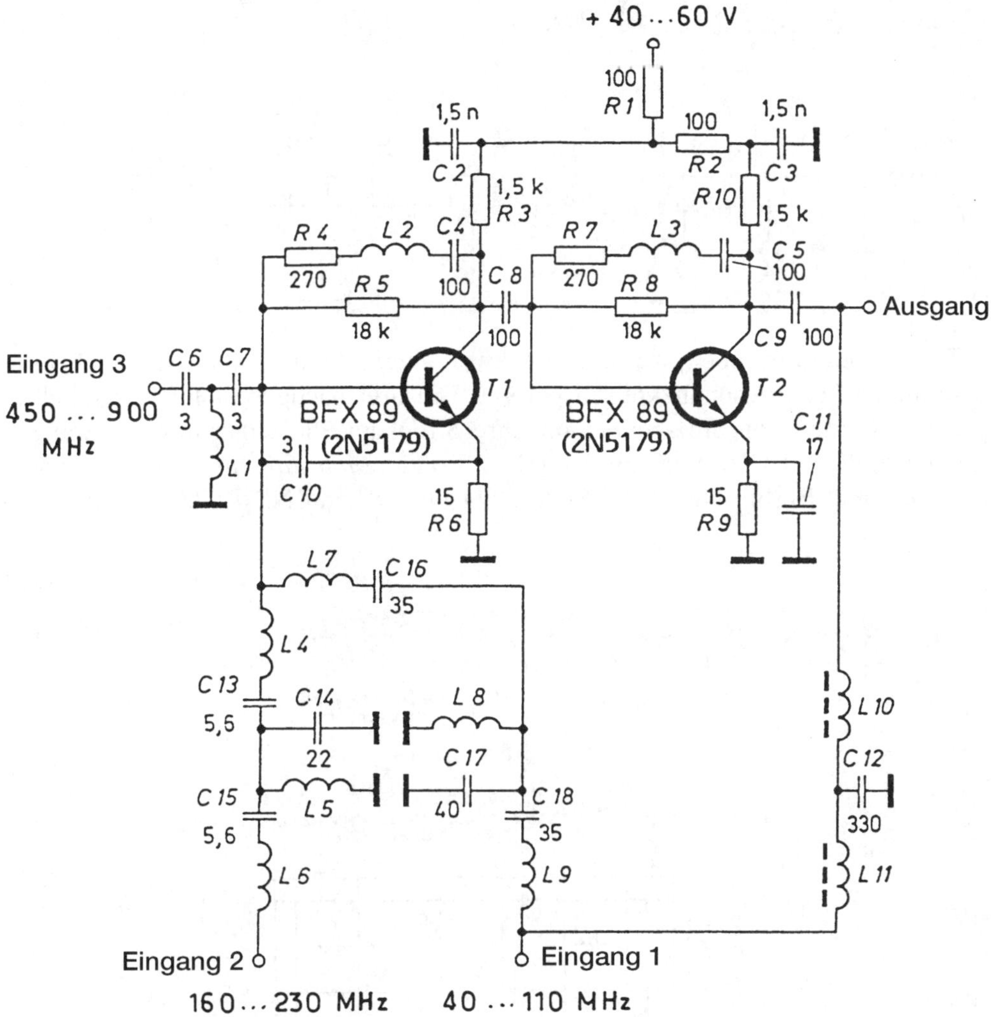

Die nicht genutzten Frequenzbereiche werden herausgefiltert. L_1 bis L_9: freitragend, Drahtdurchmesser 0,2 mm, gewickelt auf 2-mm-Isolierstab für L_2 und L_3, auf 3-mm-Isolierstab für die anderen. Windungszahlen für L_1 bis L_9: 1,5, 2,5, 2,5, 9,5, 2,5, 8,5, 14,5, 9,5, 11,5. L_{10} und L_{11}: 13,5 Windungen, Drahtdurchmesser 0,6 mm, Karbonyleisenkern 4 x 10 mm. [H. Worch, *Funk-Technik*, Berlin, Nr. 19/69, Seiten 761 und 763.]

Antennenfilter

417. Bandpaß 2 bis 30 MHz

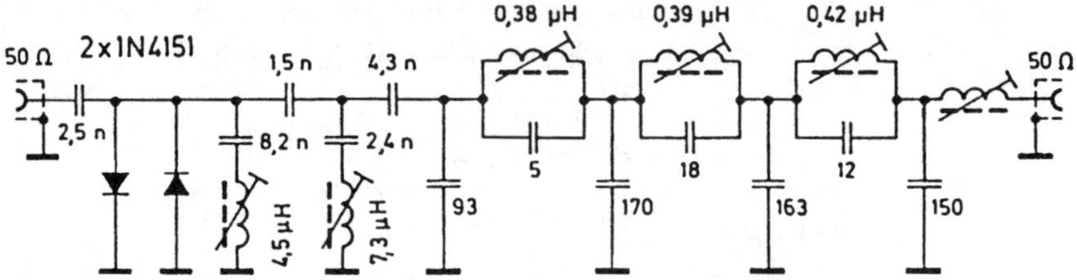

Zwei Begrenzerdioden werden von zwei unterhalb des Nutzbandes abgestimmten Serienresonanzkreisen gefolgt. Die drei nachgeschalteten Parallelkreise werden von einer nur durch ihre Streukapazität abgestimmten Spule ergänzt, die auf UHF wirksam ist. [U. L. Rohde, *Internationale Electronische Rundschau*, Berlin, Nr. 11/73, Seiten 244 bis 248 und Nr. 12/73, Seiten 276 bis 280.]

418. Tiefpaß 30 MHz

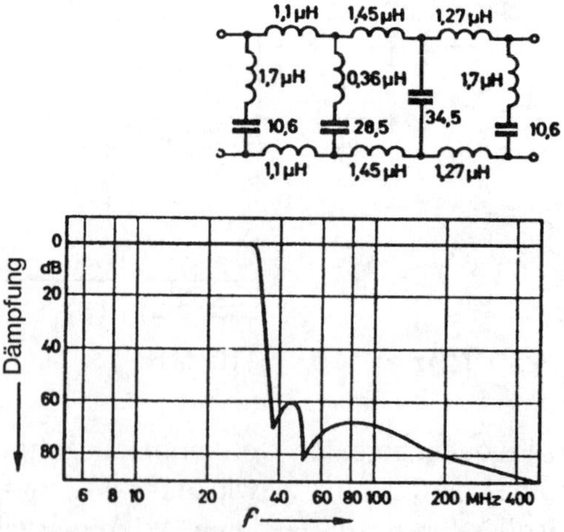

Kann Kurzwellen- oder Fernsteuersendern nachgeschaltet werden, um davon ausgehende Oberwellenstörungen auf UKW oder Fernsehen zu unterbinden. [*Funk-Technik*, Berlin, Nr. 6/66, Seite 207.]

419. und 420. Hochpaß 40 MHz

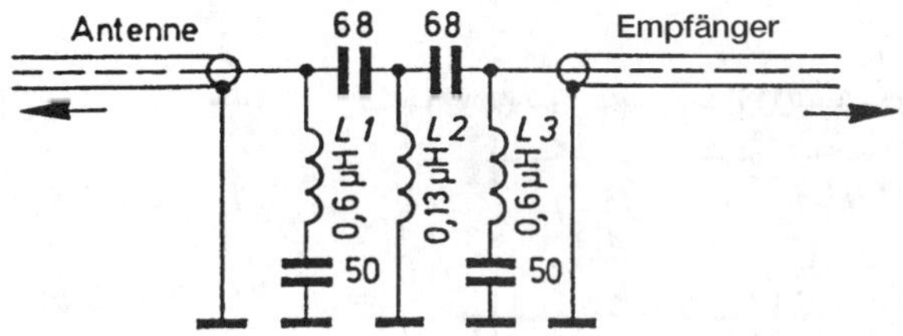

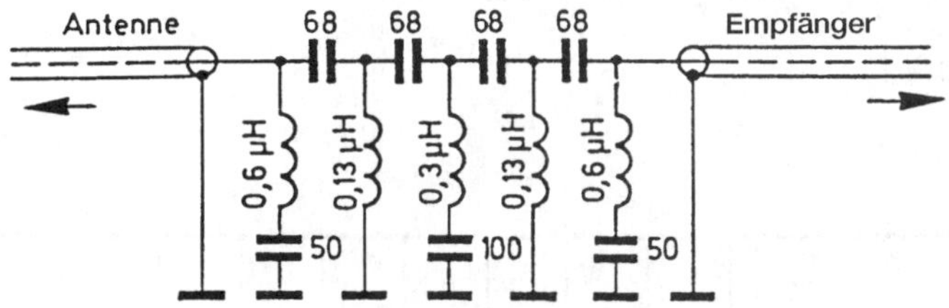

Wird Antennenverstärkern vorgeschaltet, um darin anfallende Oberwellenbildung durch auf niedrigeren Frequenzen arbeitende Sender zu filtern. Die obere Schaltung ergibt eine Dämpfung von 20 dB bei 30 MHz und von 40 dB bei 3,5 MHz. Bei der unteren wird der Bereich unter 30 MHz um mehr als 40 dB abeschwächt. In keinem der Filter darf Verkopplung zwischen den Spulen auftreten. [S. Nome, *Funk-Technik*, Berlin, Nr. 19/68, Seiten 735 und 736.]

421. Bandsperre für 83 bis 100 MHz

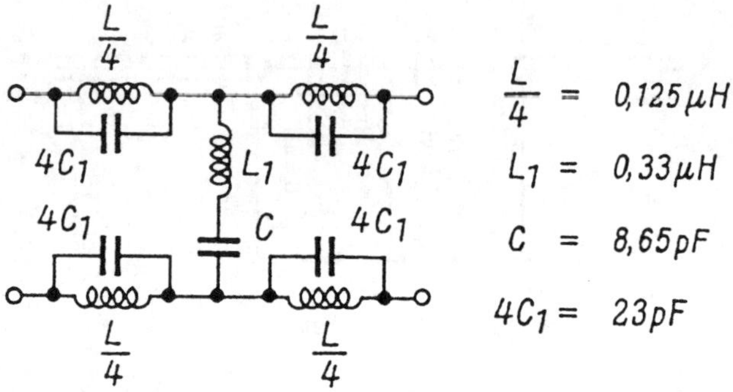

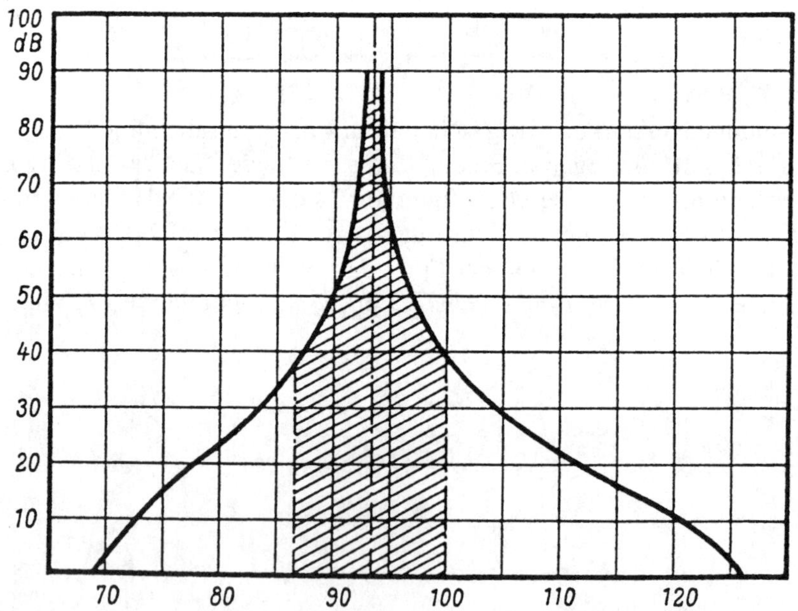

Verwehrt UKW-Sendern den Eintritt in AM-Empfänger, wo sie durch Mischung mit Oszillatoroberwellen stören können. Die Dämpfung im Sperrband beträgt mindestens 30 dB. [S. Radike, *Funkschau*, München, Nr. 12/60, Seiten 307 bis 310.]

422. Bandpaß für 35 bis 75 MHz

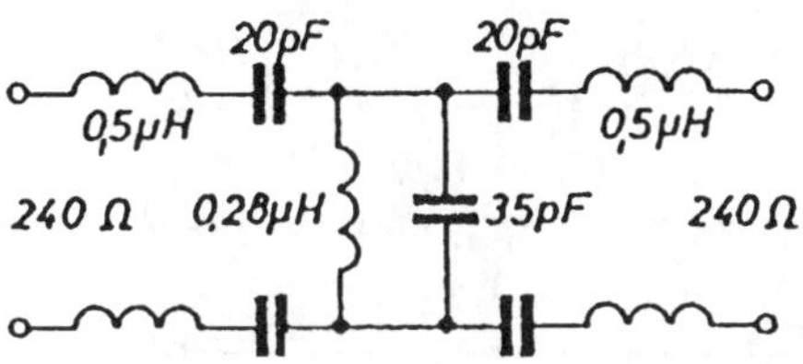

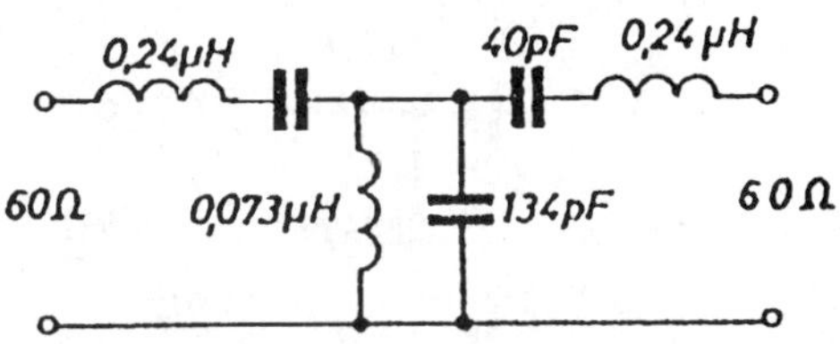

Die links dargestellte Ausführung eignet sich für eine symmetrische 240-Ω-Antenne. Rechts eine Schaltung für einseitig geerdete 60-Ω-Antenne. [H. Demtröder, *Funk-Technik*, Berlin, Nr. 1/59, Seiten 9 und 10.]

423. Hochpaß für 140 MHz

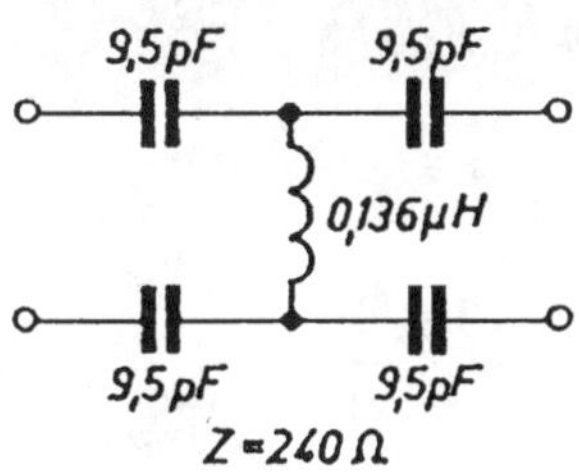

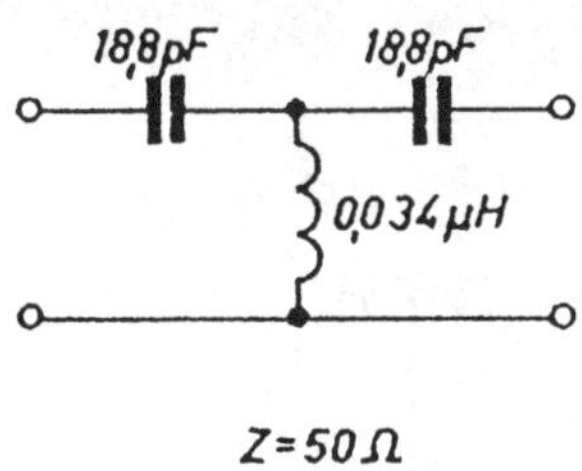

Die links dargestellte Ausführung eignet sich für eine symmetrische 240-Ω-Antenne. Rechts eine Schaltung für einseitig geerdete 60-Ω-Antenne. [H. Demtröder, *Funk-Technik*, Berlin, Nr. 1/59, Seiten 9 und 10.]

424. Bandsperre für 130 bis 260 MHz

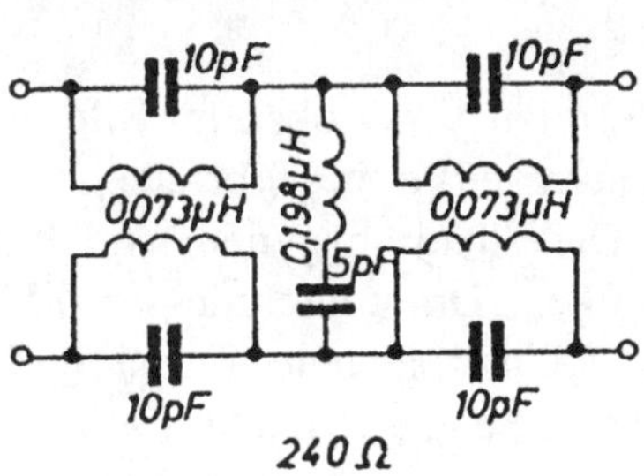

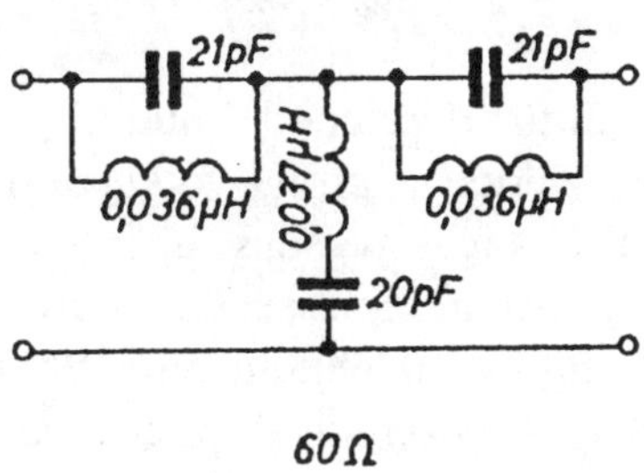

Die links dargestellte Ausführung eignet sich für eine symmetrische 240-Ω-Antenne. Rechts eine Schaltung für einseitig geerdete 60-Ω-Antenne. [H. Demtröder, *Funk-Technik*, Berlin, Nr. 1/59, Seiten 9 und 10.]

425. Bandpaß für 202 bis 223 MHz

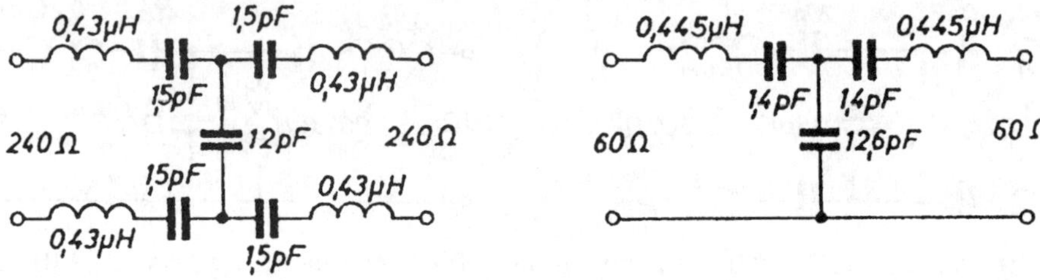

Die links dargestellte Ausführung eignet sich für eine symmetrische 240-Ω-Antenne. Rechts eine Schaltung für einseitig geerdete 60-Ω-Antenne. [H. Demtröder, *Funk-Technik*, Berlin, Nr. 1/59, Seiten 9 und 10.]

426. UHF-Hochpaß für 75-Ω-Kabel

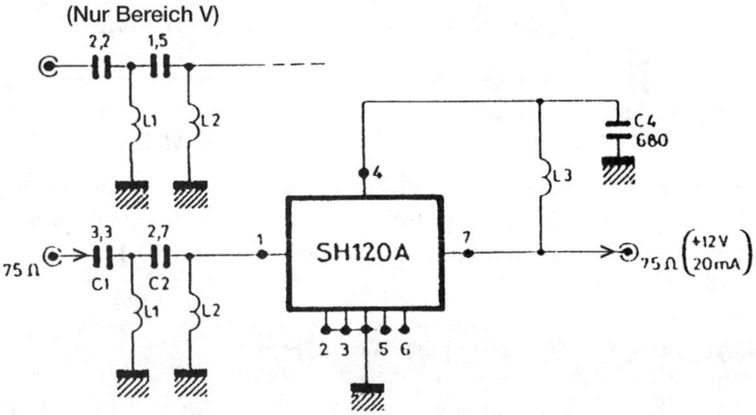

Hochpaß für Bereiche IV und V (oder nur Bereich V mit oben im Bild dargestellten Werten), gefolgt von einem Antennenverstärker in Hybridtechnik, mit 75-Ω-Eingang, Speisung über das Kabel. Die Abstimmspulen sind freitragend, Innendurchmesser 3,5 mm, 2 Windungen, Drahtdurchmesser 0,5 mm für L_1 und L_2, 10 Windungen 0,25 mm für L_3. [Unterlagen der Firma SGS und F. Juster, *Electronique Applications*, Paris, Nr. 7, Seiten 51 bis 59.]

Antennenanpassung

427. Anpassung von 240 nach 60 Ω

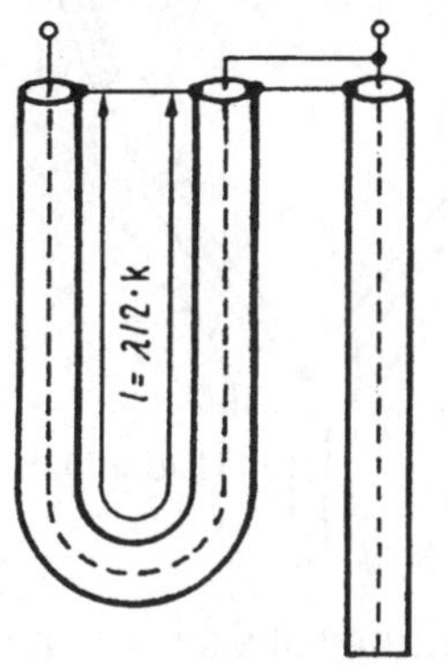

Gestattet den Anschluß eines einseitig geerdeten 60-Ω-Kabels an eine symmetrische 240-Ω-Antenne. Der Faktor k der Formel (Fortpflanzungsgeschwindigkeit) liegt zwischen 0,65 und 0,8, je nach Kabeltyp. [A. Hock, *Funkschau*, München, Nr. 14/76, Seite 597.]

428. Parallelschaltung von zwei 144-MHz-Antennen

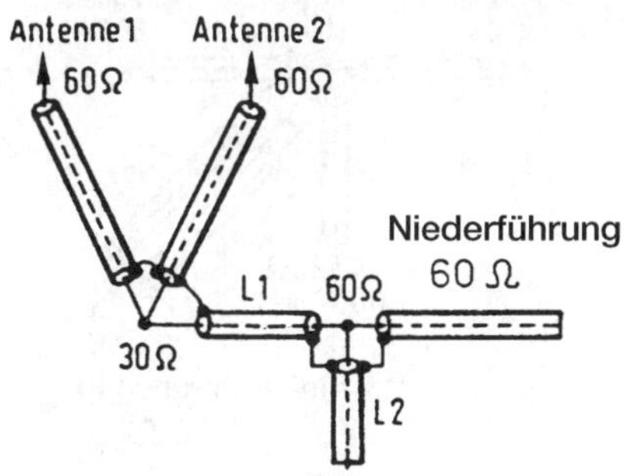

Die Anschlußkabel zu den beiden Antennen müssen kurz sein und gleiche Länge aufweisen. L_1 ist 108 mm lang, L_2 (beides 60-Ω-Kabel) 133 mm. [A. Hock, *Funkschau*, München, Nr. 14/76, Seite 597.]

429. Parallelschaltung von vier VHF-Antennen

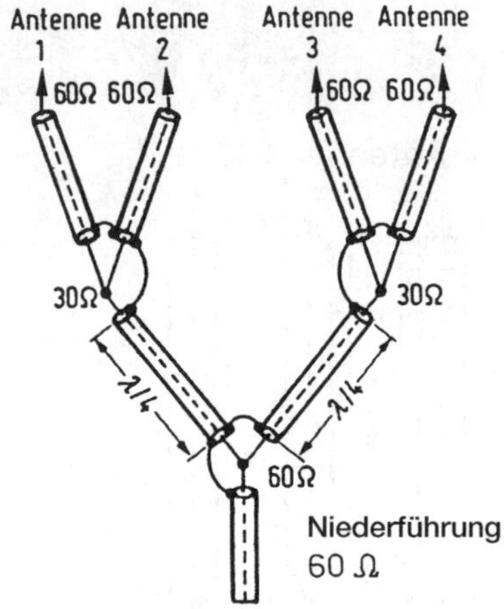

Die mit λ/4 bezeichneten Leitungsabschnitte müssen, je nach Fortpflanzungsgeschwindigkeit des benutzten Kabels, 20 bis 35% kürzer sein als $^{1}/_{4}$ der Wellenlänge. [A. Hock, *Funkschau*, München, Nr. 14/76, Seite 597.]

430. Richtwirkungsfreie Verbindung von vier VHF-Antennen

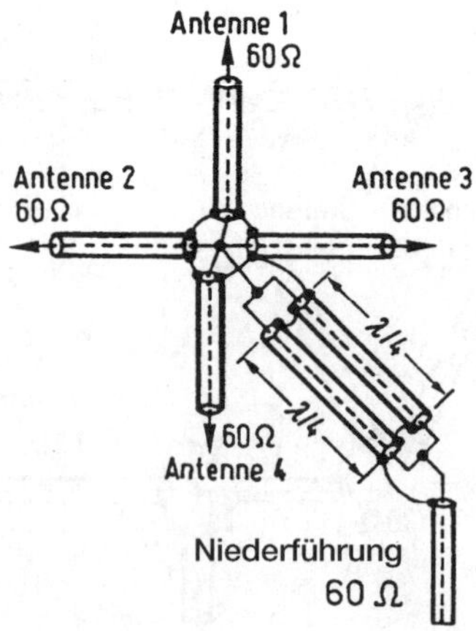

Die Anschlußkabel zu den beiden Antennen haben gleiche Länge. Die mit λ/4 bezeichneten Leitungsabschnitte müssen, je nach Fortpflanzungsgeschwindigkeit des benutzten Kabels, 20 bis 35% kürzer sein als $^{1}/_{4}$ der Wellenlänge. [A. Hock, *Funkschau*, München, Nr. 14/76, Seite 597.]

Hf-Verstärker

431. Verstärker mit FET und Stromspiegel

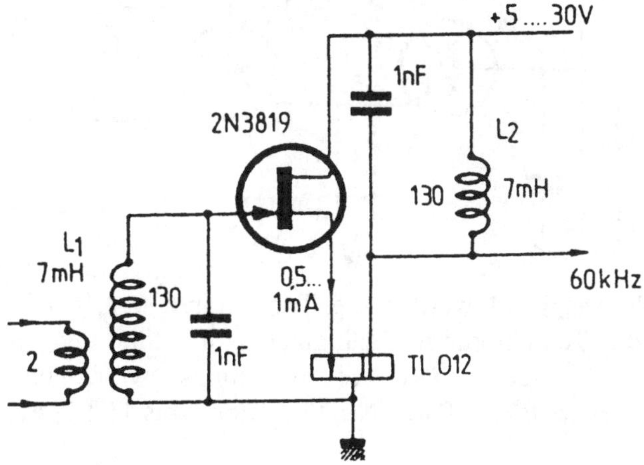

Eine Aktivschaltung ohne Widerstand! Ihr Spannungsgewinn beträgt 10 000. Die Kombination FET + Stromspiegel verbindet sehr hohe Ein- und Ausgangsimpedanz mit geringster Rückwirkung. Aufgrund der hohen Impedanzen ist die Anwendung besonders bei Lang- und Längstwellen günstig. [*Electronique Applications*, Paris, Nr. 26, Seiten 7 bis 11.]

432. Asymmetrischer Differenzverstärker mit Stromspiegel

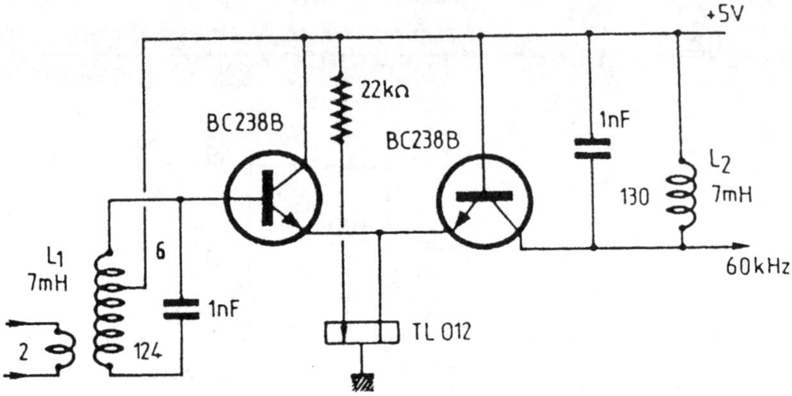

Durch den Stromspiegel werden die Transistoren der Schaltung mit weitgehend von der Temperatur unabhängigen Kollektorströmen betrieben. Mit den angegebenen Werten wird ein Spannungsgewinn von 200 erreicht. [*Electronique Applications*, Paris, Nr. 26, Seiten 7 bis 11.]

433. Abgestimmter Vorverstärker für Autoradio

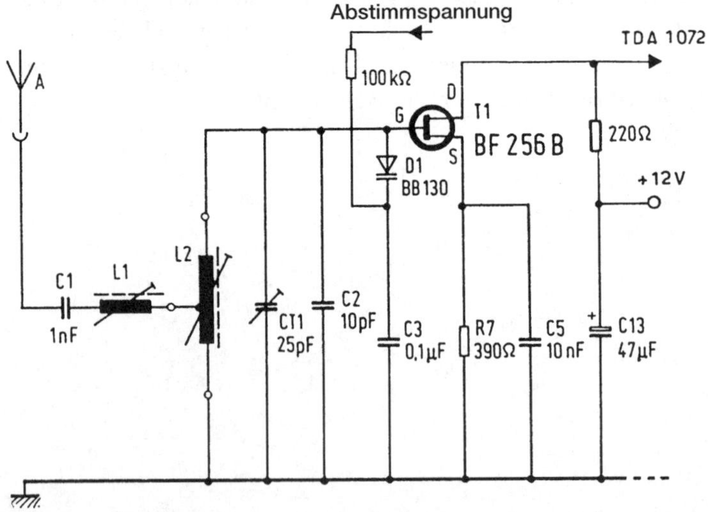

Von 150 kHz bis 30 MHz verwendbar, wenn L_1 und L_2 entsprechend der Frequenzbereiche umgeschaltet werden. Der Wert von L_1 ist der verwendeten Antenne anzupassen. [D. Nührmann, *ELO*, München, Nr. 12/85, Seiten 27 bis 31.]

434. Direktgekoppelter Selektivverstärker

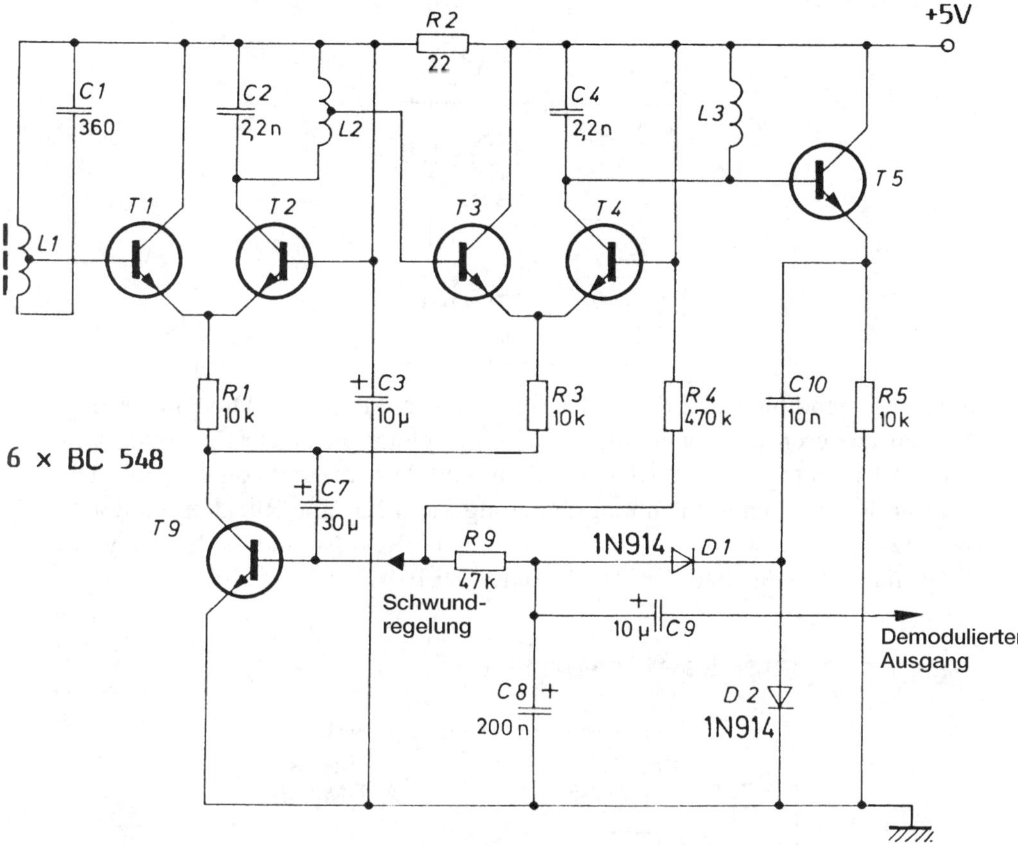

Vermeidet Koppel- sowie Emitterkondensatoren, die sich bei starken Impulsstörungen aufladen und damit den Empfang kurzzeitig sperren können. Das Beispiel zeigt einen LW-Telegraphieempfänger, dessen Ferritantenne durch L_1 dargestellt wird. Die Methode eignet sich auch für andere Anwendungen. [*Funk-Technik*, München, Nr. 9/74, Seite 330.]

435. Mit Stromverteilung geregelter FET-Verstärker

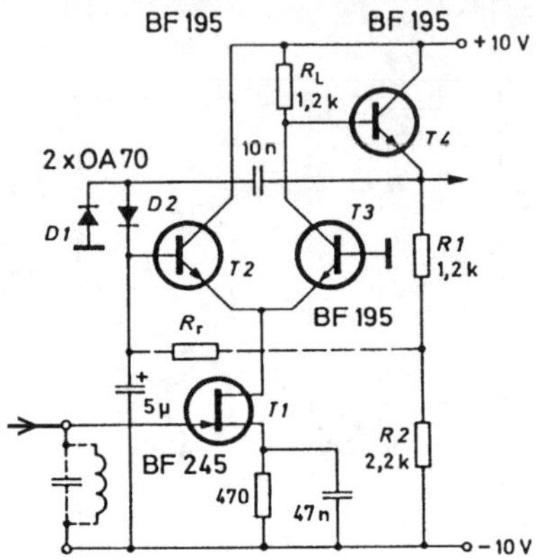

Im Ruhezustand bleibt T2 durch den Spannungsabfall an den Dioden gesperrt. Die von letzteren bei hoher Signalamplitude gleichgerichtete Spannung verteilt den Kollektorstrom von T3 auf T2 und die Verstärkung von T3 sinkt. Die dabei an R_2 anfallende Spannungsänderung kann für eine Rückkopplung (R_r, 180 kΩ) benutzt werden, womit eine höhere Regelsteilheit erhalten wird. [*Funk-Technik*, München, Nr. 24/71, Seite 926.]

436. Regelbarer Selektivverstärker

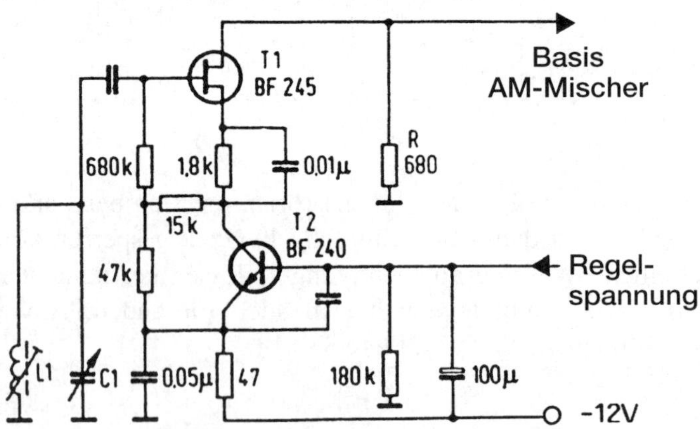

Verwendbar bis 30 MHz. Der im Ruhezustand gesättigte T2 wird bei steigender Signalamplitude nach und nach gesperrt. T1 arbeitet dann mit Gegenkopplung durch Source-Widerstand. Das verringert die Verstärkung bei gleichzeitiger Verbesserung der Großsignalfestigkeit. [*Funkschau*, München, Nr. 17/71, S. 543.]

437. Kurzwellenvorstufe, 5 bis 30 MHz

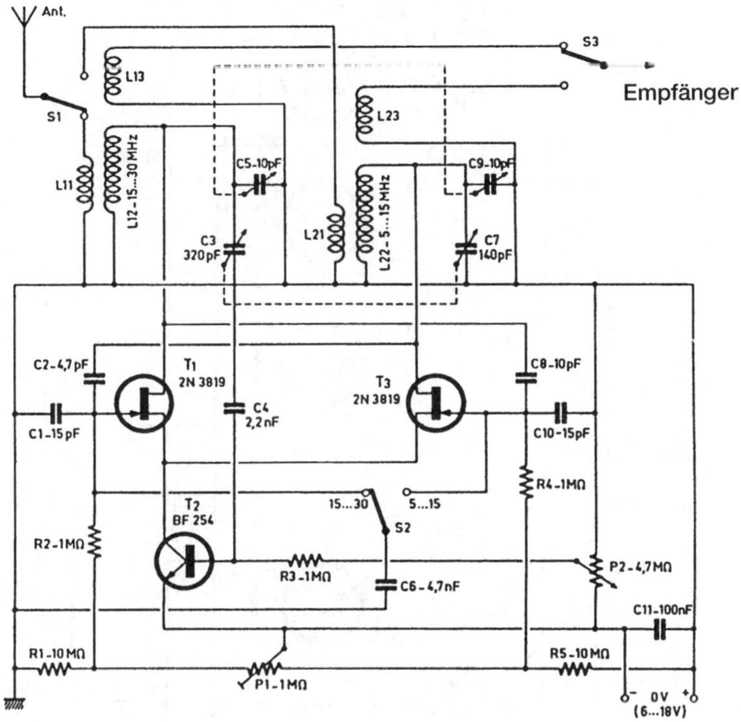

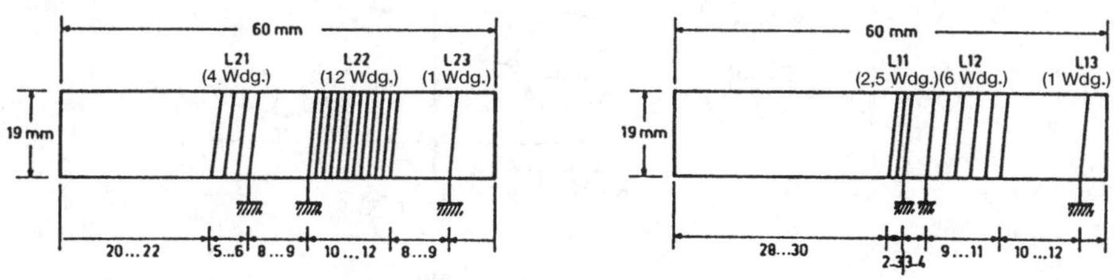

Die Bereichsumschaltung (5 bis 15 und 14 bis 30 MHz) erfolgt indirekt, durch Benutzung des einen oder des anderen FET des Differenzverstärkers. P_2 wirkt auf Verstärkung und Entdämpfung, welche bei zu starker Einstellung zu Schwingungen führen kann. P_1 ist auf gleiche Drainströme in T1 und T3 abzugleichen. [*Le Haut-Parleur*, Paris, Nr. 1728, Mai 1986, Seiten 147 bis 152.]

438. Linearer Vorverstärker für Kurzwellen

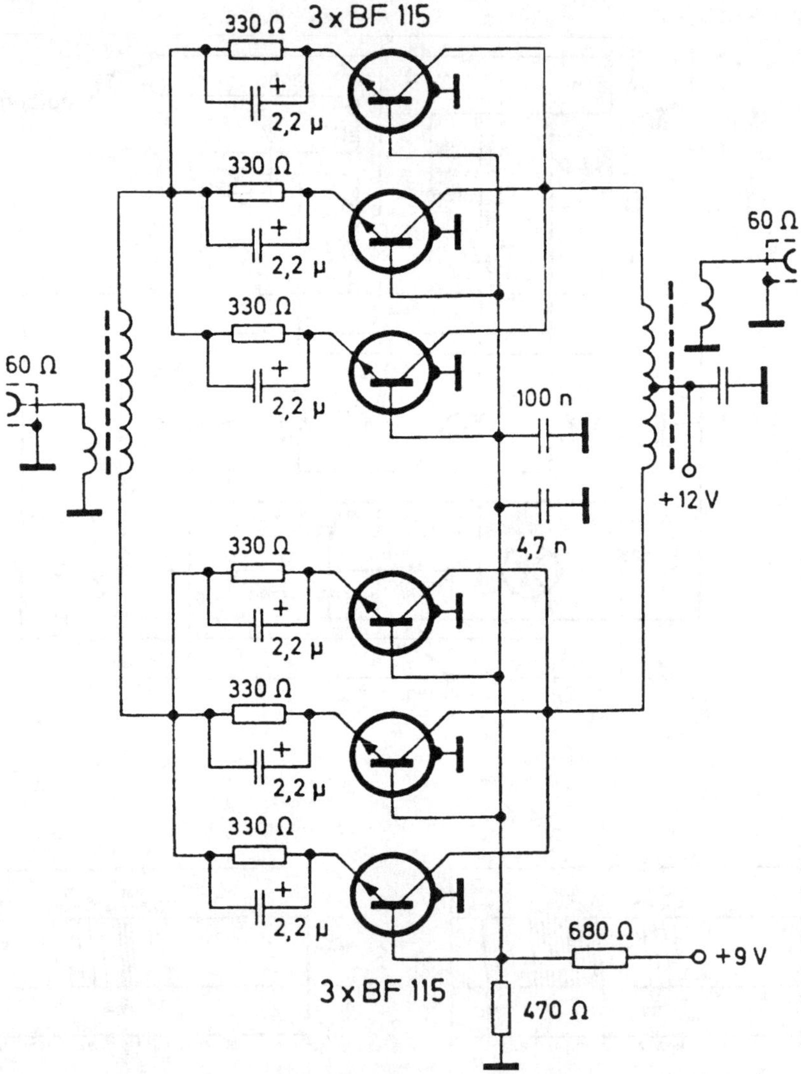

Geringe Intermodulation wird erhalten, indem man die Transistoren mit relativ hohen Kollektorströmen betreibt. Um in jedem Zweig des Gegentaktverstärkers mit 30 mA arbeiten zu können, werden jeweils drei Transistoren parallel geschaltet [U. L. Rohde, *Internationale Elektronische Rundschau*, Berlin, Nr. 11/73, Seiten 244 bis 248 und Nr. 12/73, Seiten 276 bis 280.]

439. Geregelter Cascode-Vorverstärker für 100 MHz

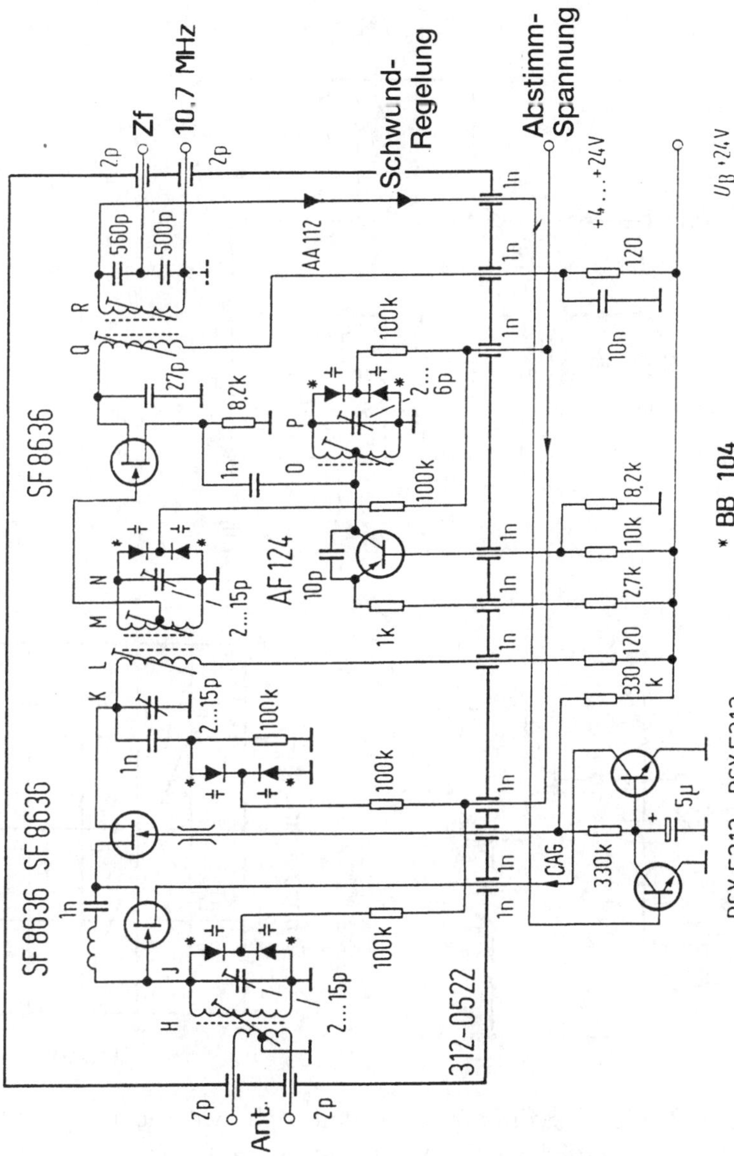

Die Schaltung enthält einen Resonanzkreis im Eingang und zwei nach der ersten Stufe. Die Verstärkung beträgt 30 dB bei einer Rauschzahl von weniger als 2 kT_0. [Unterlagen der Firma Görler, H. J. Haase, *Funkschau*, München, Nr. 8/78, Seiten 343 bis 346.]

440. Verstärkungssteuerung mit Stromverteilung, NE 510

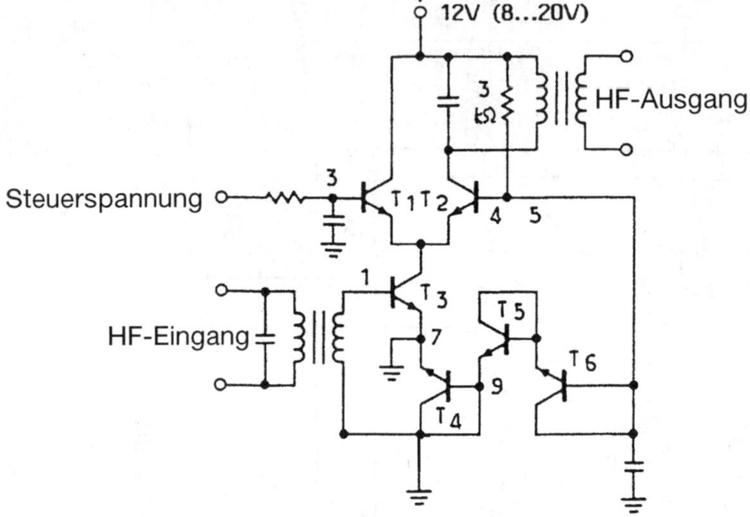

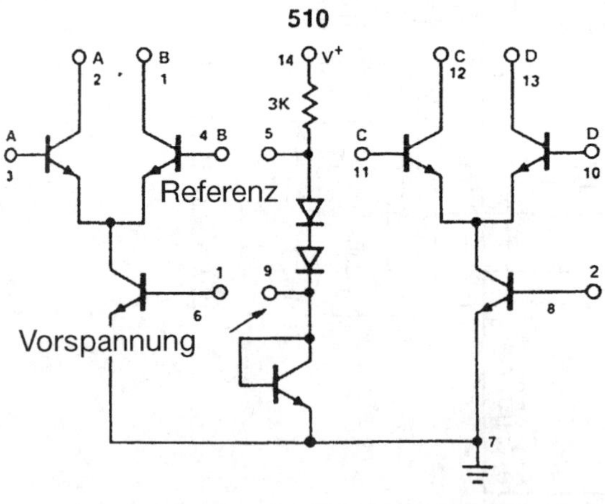

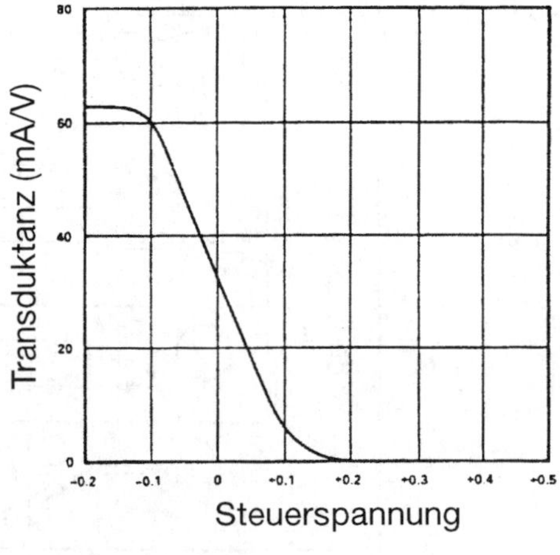

Der konstante Kollektorstrom von T3 verteilt sich, bei Änderung der Steuerspannung, verschiedentlich auf T1 und T2. In der Grafik ist diese Spannung in bezug auf eine Referenzspannung angeführt, die durch die als Dioden geschalteten T4 und T5 gegeben ist und an der Verbindung der Pins 4 und 5 abgenommen werden kann. [Analog Data Manual *Signetics*, 1978, Seiten 373, 743 und 746.]

441. Selektiver VHF-Verstärker für Fernseher

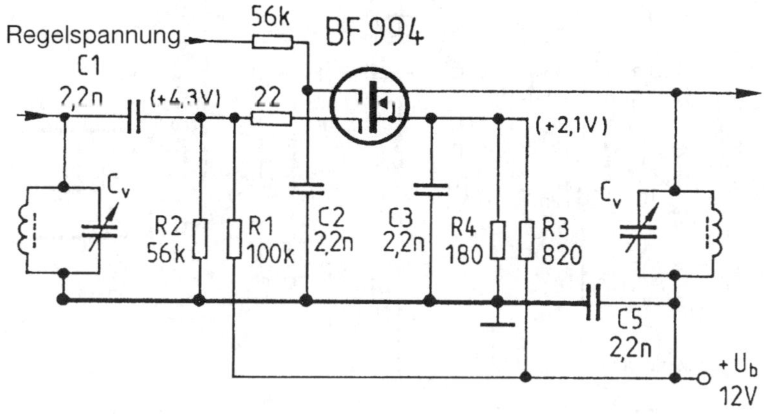

Die Verstärkungssteuerung erfolgt über Gate 2 des Feldeffekttransistors und umfaßt 40 dB. [A. Köhler, R. Schiffel, *Funkschau*, München, Nr. 5/88.]

442. Selektivverstärker für 60 MHz, NE 510

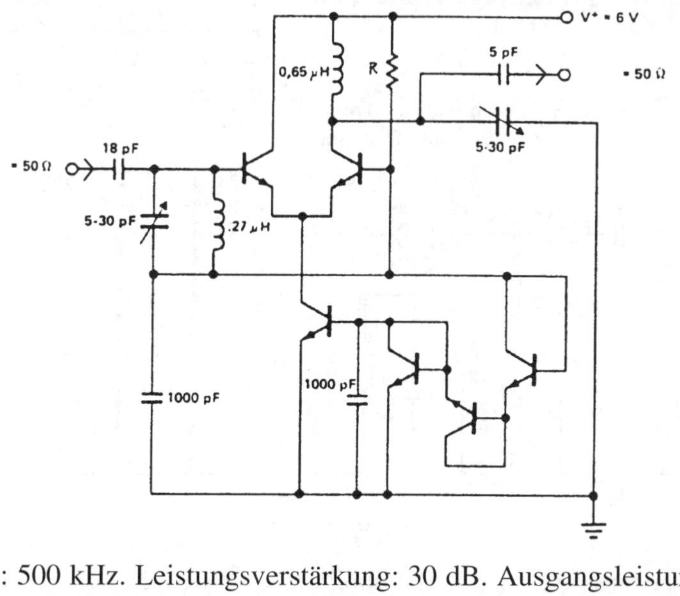

Bandbreite: 500 kHz. Leistungsverstärkung: 30 dB. Ausgangsleistung: 1,8 W. Rauschfaktor: 7 dB. R (3 kΩ) ist im NE 510 integriert. [Analog Data Manual *Signetics*, 1978, Seite 749.]

443. MOSFET-Verstärker für 144 MHz

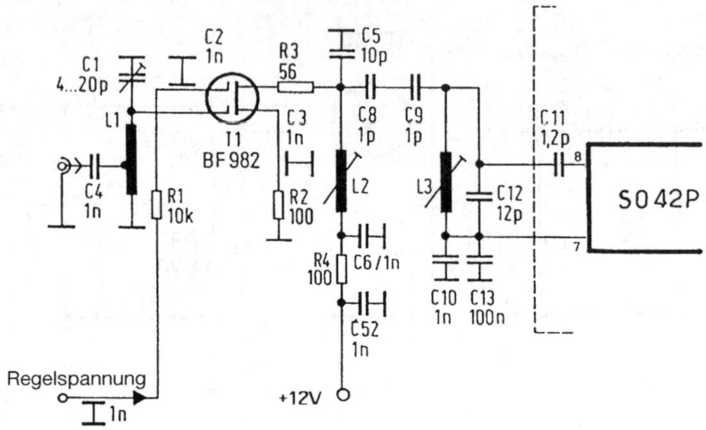

Eingangsspule: 5 Windungen, Drahtdurchmesser 1,2 mm, Abgriff an der ersten Windungen von Masse, Spulendurchmesser 6 mm. L_2 und L_3: *Neosid*, BV 5118. [G. Borchert, *Funkschau*, München, Nr. 23/88, Seiten 105 bis 108.]

444. UHF-Tuner für Fernseher

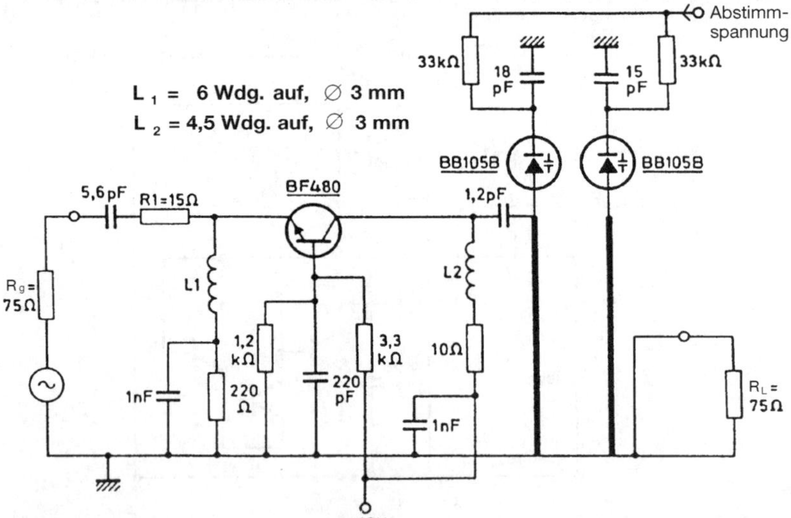

Leistungsverstärkung: 10 dB. Bandbreite bei –3 dB: 25 MHz. Emitterstrom: 10,3 mA. Rauschfaktor: 6,5 dB [Katalog Kleinsignaltransistoren, *RTC Philips Composants*, 1984, Seiten 227 bis 233.]

445. Selektivverstärker 800 MHz mit GaAs-Transistoren

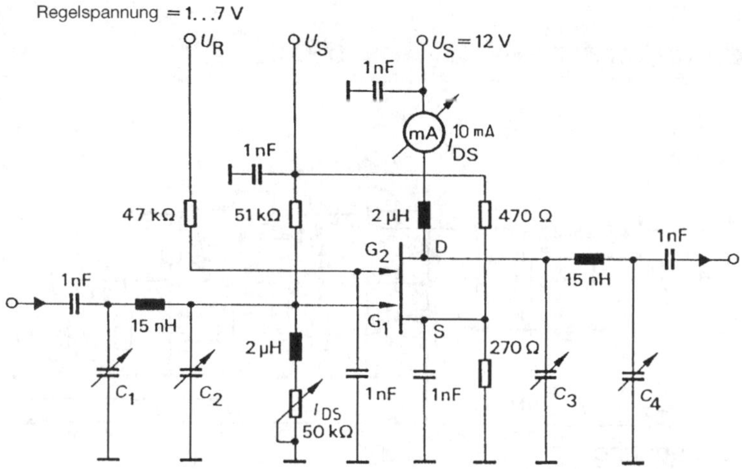

Leistungsverstärkung: 21 dB mit Transistor CF 300, 18 dB mit CF 100 S. Rauschfaktor: 1 dB. Bandbreite: 15 MHz. Die Kapazität der vier Drehkondensatoren beträgt 0,5...25 pF. [Halbleiter-Informationsdienst 1/86 *Telefunken electronic*, Seite 6.]

446. Selektivverstärker 1 GHz mit GaAs-Transistoren

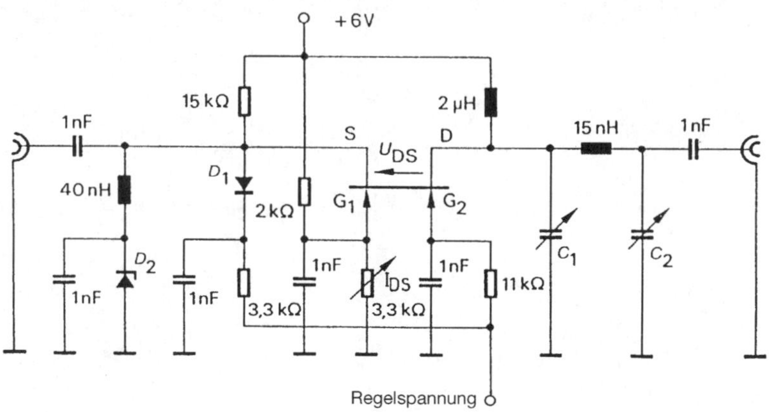

Leistungsverstärkung: 11 dB mit Transistor CF 400. Bandbreite: 30 MHz. Rauschfaktor: 3,5 dB. Regelumfang: 35 dB bei U_{G2}-Änderung zwischen –6,5 und +2,5 V. Die Kapazität der zwei Drehkondensatoren beträgt 0,5...25 pF. [Halbleiter-Informationsdienst 1/86 *Telefunken electronic*, Seite 7.]

Zf-Verstärker

447. Verstärker für 9-MHz-Quarzfilter

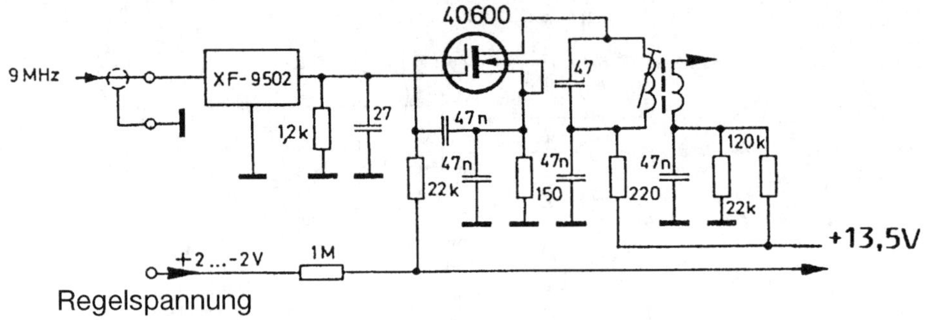

Regelbare Pufferstufe nach Quarzfilter, vor Demodulator oder vor Mischstufe für niedrigere Zf. [E. Koch, *Funk-Technik*, Nr. 12/71, Seiten 459 à 462.]

448. 455-kHz-Verstärker mit NE 510

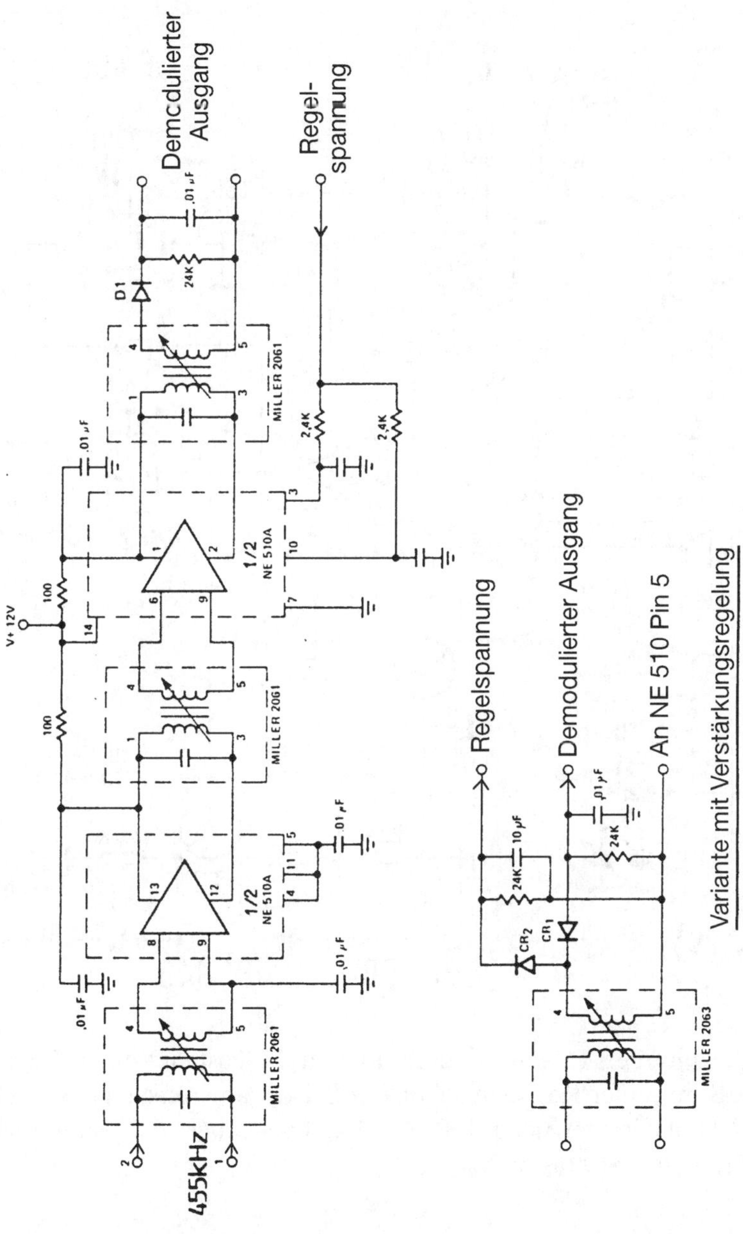

Die Maximalverstärkung beträgt 67 dB, die Bandbreite 3 kHz bei –3 dB. [Analog Data Manual *Signetics*, 1978, Seite 747.]

449. Regelverstärker für TCA 440

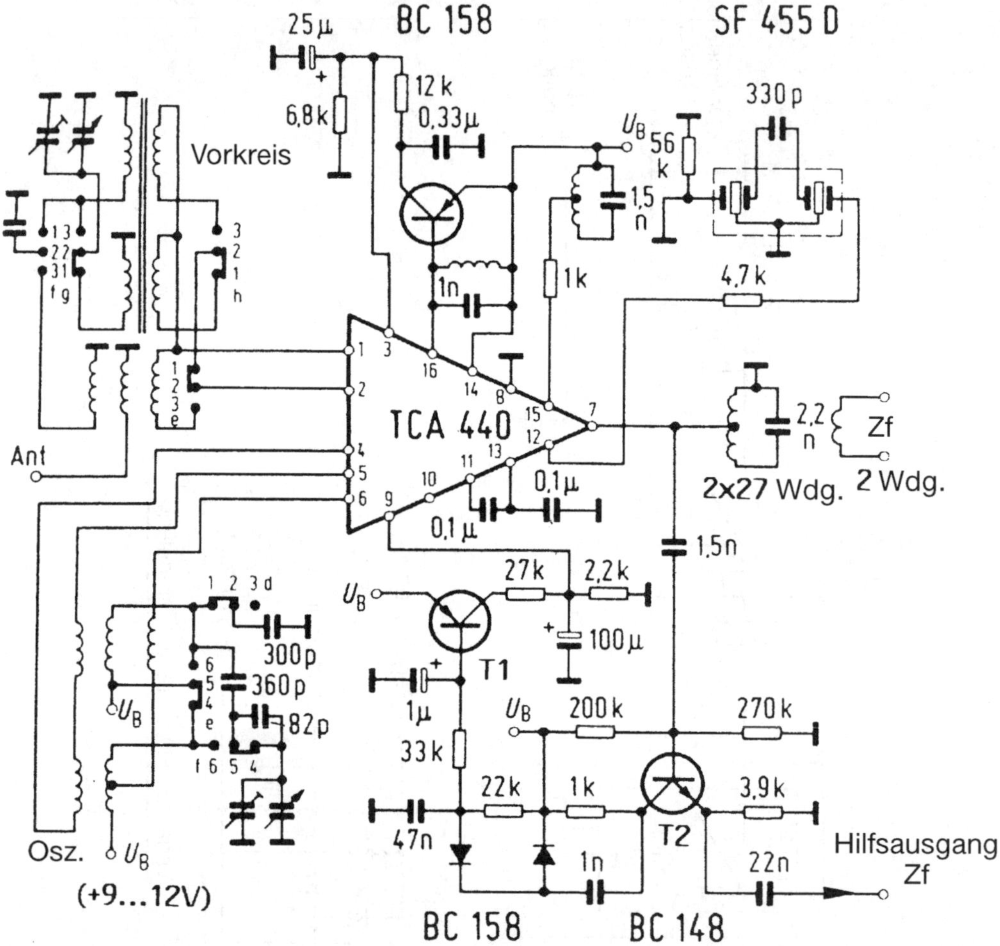

Die Ergänzung des TCA 440 durch T1 und T2 gestattet einen Regelumfang von 80 dB mit einer Restschwankung von 1 dB am Ausgang. Die Amplitude an Pin 7 bleibt immer unter 100 mV. [K. Langecker, *Funkschau*, München, Nr. 16/74, Seiten 619 bis 622.]

450. Zf-Verstärker für SSB-Empfänger, SL 6700 C

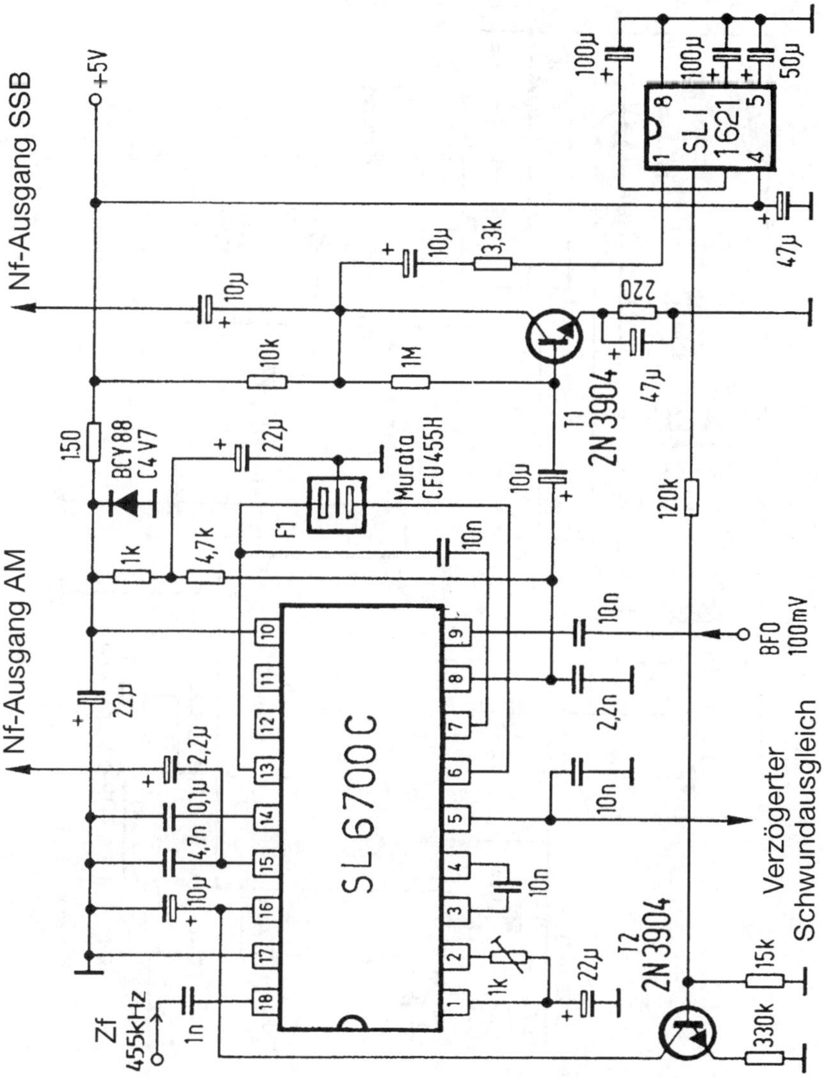

Die in der IS vorgesehene Mischstufe wird als Produktdetektor eingesetzt. T1 verstärkt das Schwebungssingal. SL 1621 und T_2 dienen als Regelverstärker. Bei Verwendung eines entsprechenden Filters kann die Schaltung bis zu Zwischenfrequenzen von 1,6 MHz verwendet werden. [B. Dance, *Funkschau*, München, Nr. 5/82, Seiten 82 bis 84.]

451. FM-Verstärker und Demodulator für 10,7 MHz, TEA 5560

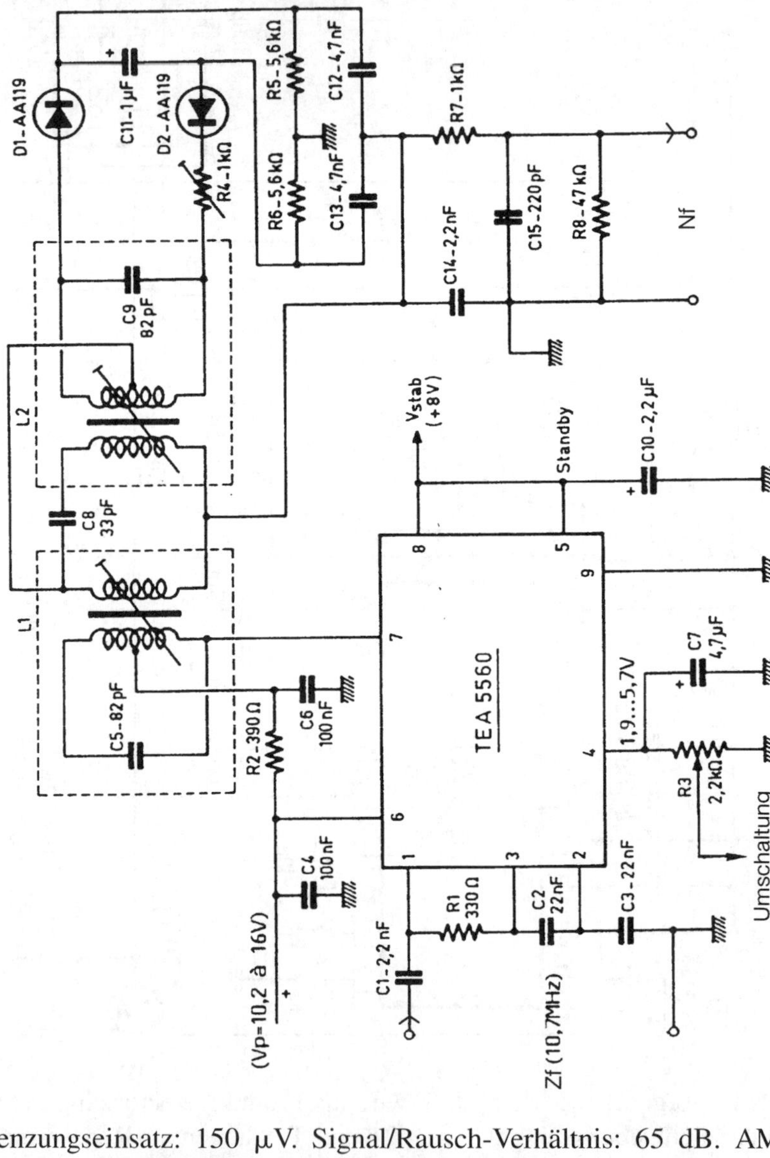

Begrenzungseinsatz: 150 µV. Signal/Rausch-Verhältnis: 65 dB. AM-Unterdrückung: 40 dB. Klirrfaktor: 0,3% bei einem Frequenzhub von 22,5 kHz. L_1: TOKO 85 ACS-4238 A. L_2: TOKO 85 ACS-4260 SEJ. [Integrated Circuits Book IC 01 *Philips*, 1988, Seiten 1027 bis 1038.]

452. FM-Demodulator 10,7 MHz, mit Vorverstärker

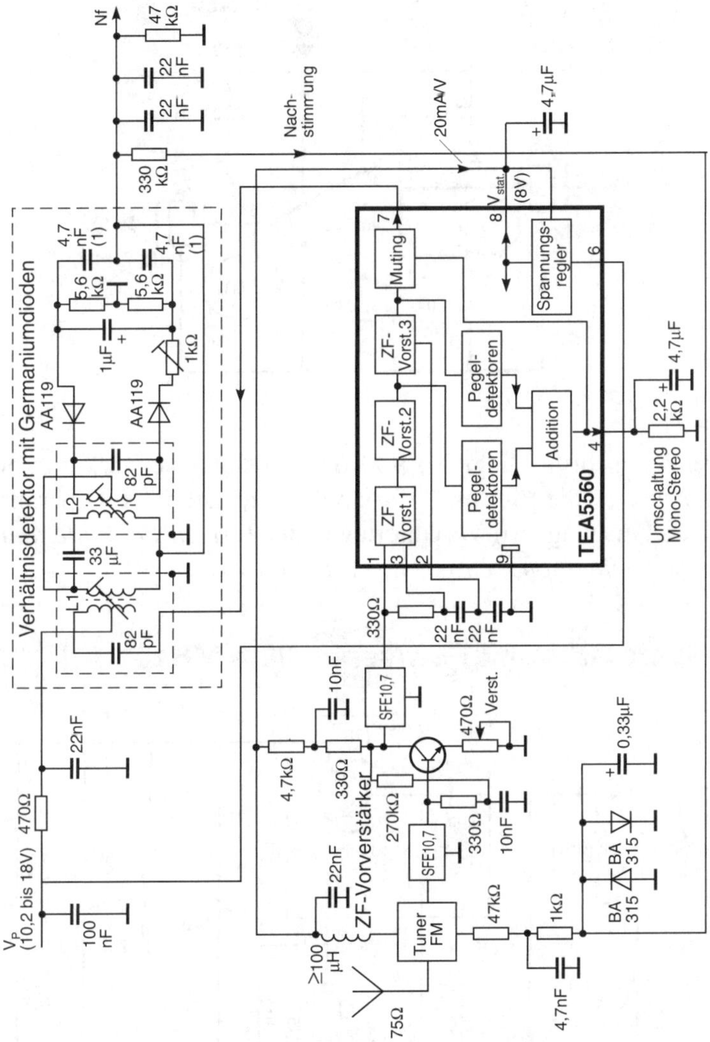

Auf den FM-Tuner folgt ein selektiver Vorverstärker in Diskretschaltung. Im Demodulator (Verhältnisdetektor) werden Germanium-Dioden verwendet. Bei 10 mV am Eingang erhält man ein Signal/Rausch-Verhältnis von 80 dB. AM-Unterdrückung: 50 dB. Klirrfaktor: 0,3% bei einem Frequenzhub von 22,5 kHz. L_1: TOKO 85ACS-4238A. L_2: TOKO 85ACS-4260SEJ. (1) 220 pF bei Stereoanwendungen. (2) 390 pF bei Stereoanwendungen. [Integrated Circuits Book IC 01, *Philips*, 1988, Seiten 1027 bis 1038.]

453. FM-Zf-Verstärker mit µA 753 (ULN 2209)

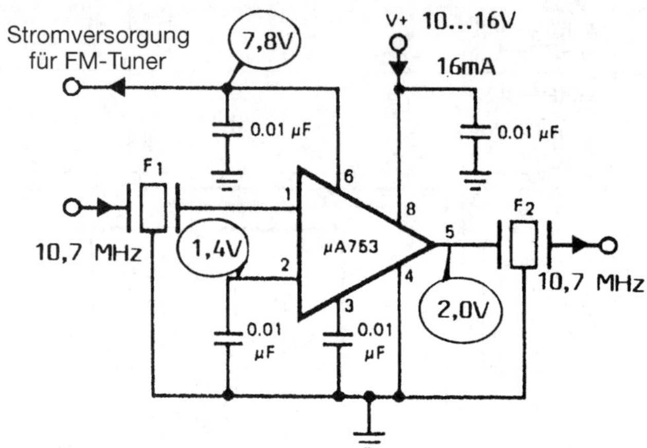

Der Begrenzungseinsatz liegt bei 900 µV. Leistungsverstärkung: 50 dB. Bei 10,7 MHz betragen die Ein- und Ausgangsimpedanzen 300 Ω parallel zu 9 pF. Rauschen am Ausgang: 5 mV. [Unterlagen der *Firmen Fairchild und Sprague. Electronique Applications*, Paris, Nr. 11, Seiten 107 und 108.]

454. Zf-Verstärker für Fernseher, 36,4 MHz

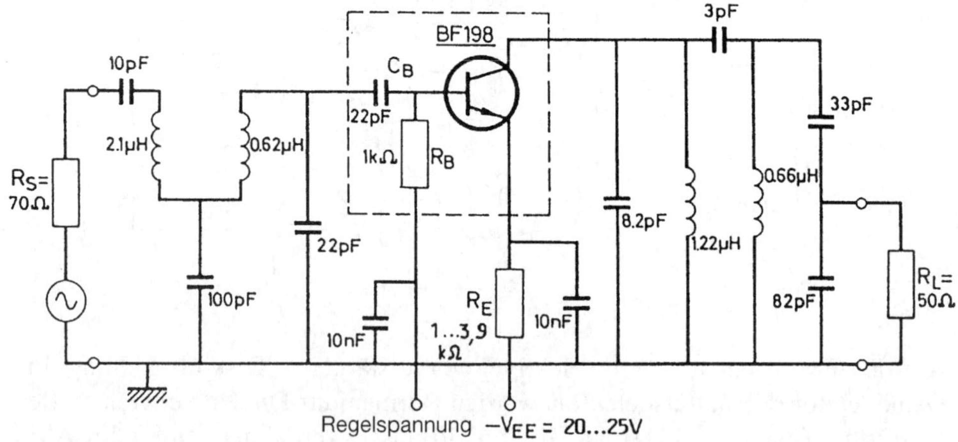

Leistungsverstärkung: 25,5 dB. Die Verstärkungsabregelung erfolgt durch steigenden Kollektorstrom. Dabei erhöht sich der Spannungsabfall an R_E auf Kosten der Kollektor-Emitter-Spannung. Der Regelumfang beträgt 60 dB. [Handbuch Kleinleistungstransistoren, *RTC Philips Composants*, 1984, Seiten 213 bis 225.]

455. Zf-Verstärker und Demodulator für Fernseher, 36,4 MHz

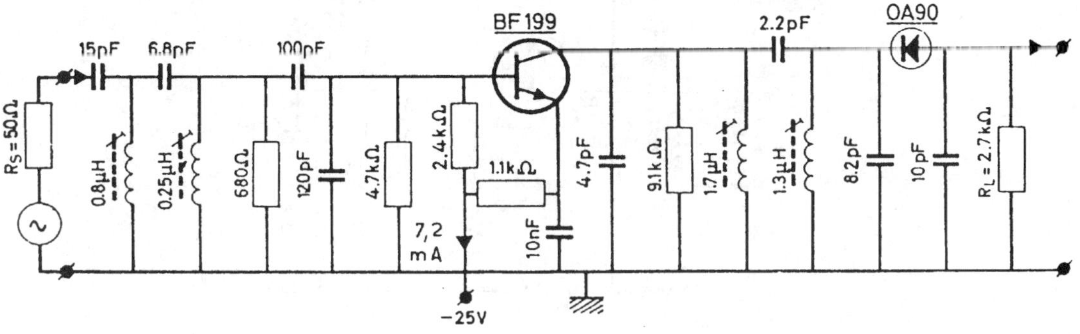

Leistungsverstärkung: 25,5 dB. Die Amplitude der demodulierten Spannung beträgt mindestens 6 V. [Handbuch Kleinleistungstransistoren, *RTC Philips Composants*, 1984, Seiten 213 bis 225.]

456. Zf-Verstärker und Demodulator für Fernseher

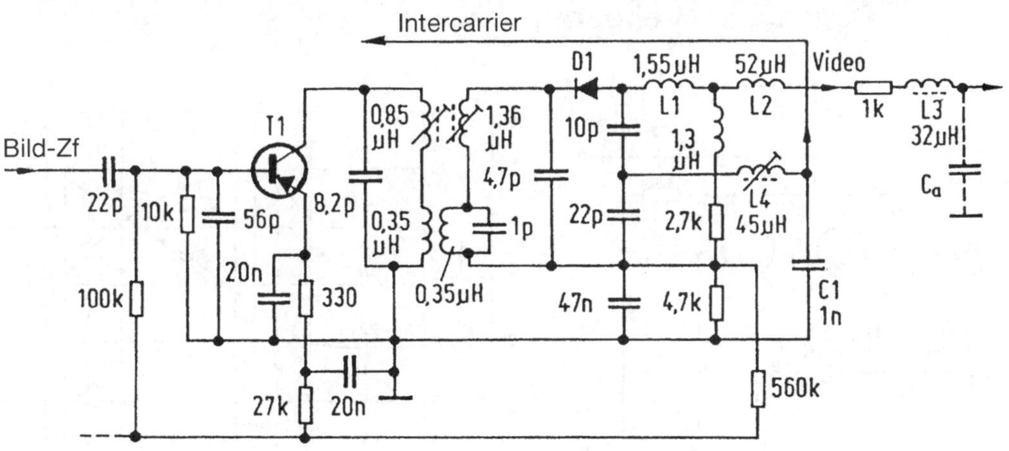

Bandbreite: 33,4 bis 38,9 MHz. Die Polung von D_1 ist für negative Modulation gültig. Die der Diode nachfolgenden Spulen bilden einen Tiefpaß, der Zf-Reste vom Videoverstärker fernhält. [A. Köhler, R. Schiffel, *Funkschau*, München, Nr. 4/87, Seiten 51 bis 54.]

457. Zf-Verstärker mit MOSFET, 44 MHz

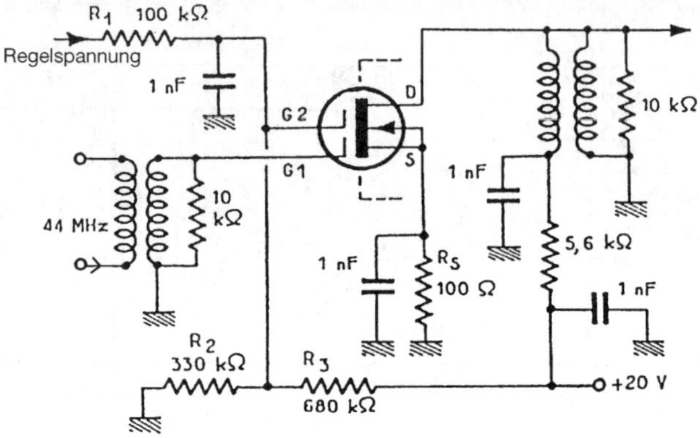

Die Spulen dieses für Fernsehanwendungen bestimmten Verstärkers werden durch die Ein- und Ausgangskapazitäten des Transistors abgestimmt.

Breitbandverstärker

458. Regelbarer Breitbandverstärker

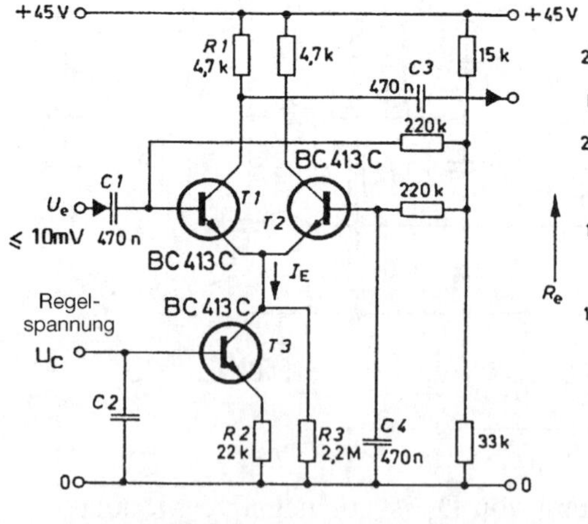

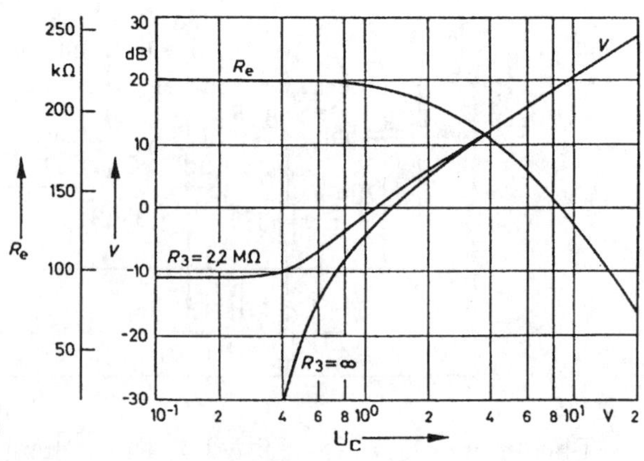

Die Bandbreite beträgt mindestens 200 kHz. Die Kurven geben die Verstärkung (V) und den Eingangswiderstand (R_e) in Abhängigkeit von der Steuerspannung (U_{st}). [J. Hollmann, *Funk-Technik*, München, Nr. 8/72, Seite 285.]

459. Cascode mit 1/2 NE 511

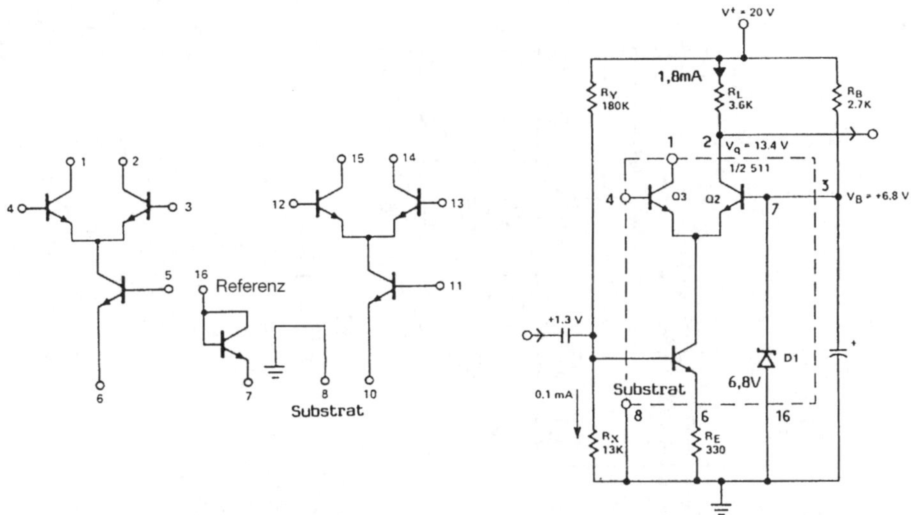

Spannungsgewinn: 20 dB. Bandbreite: 2 MHz bei einer Lastkapazität von 10 pF. Maximale Ausgangsamplitude: 6 V. [Analog Data Manual *Signetics*, 1978, Seite 746.]

460. Videoverstärker für Monitor

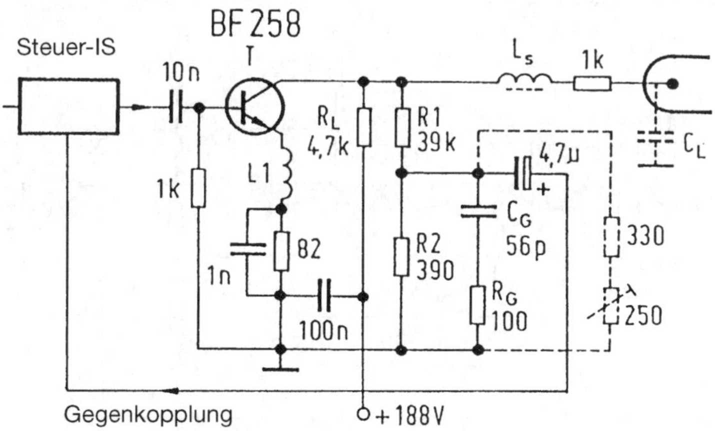

Die gestrichelt eingezeichneten Bauteile sind nur für die Stufen der Farbsignale blau und grün vorzusehen. [A. Köhler, R. Schiffel, *Funkschau*, München, Nr. 22/87, Seiten 83 bis 86.]

461. Videoverstärker für Fernseher

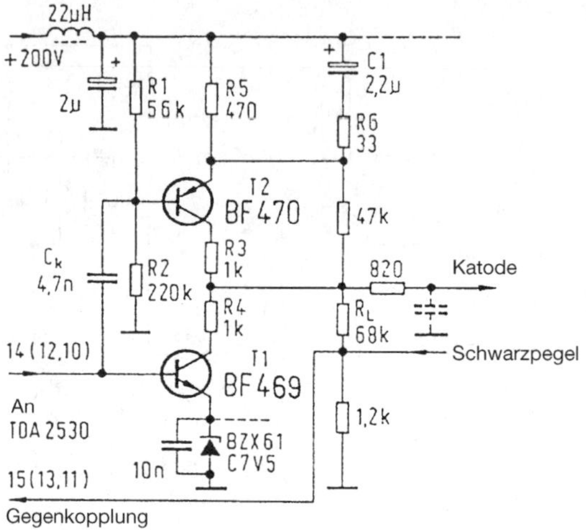

Das komplementäre Transistorpaar arbeitet in Emitterschaltung. Der Spannungsgewinn beträgt mindestens 26 dB. [A. Köhler, R. Schiffel, *Funkschau*, München, Nr. 23/87, Seiten 53 bis 56.]

462. Videoverstärker in Cascodeschaltung

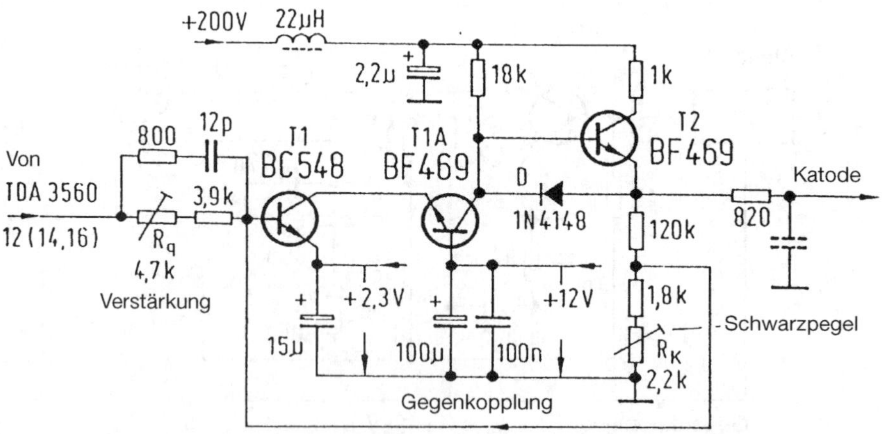

Die Schaltung arbeitet in Klasse AB. T1A verstärkt die positiven Halbwellen, T2 die negativen. [A. Köhler, R. Schiffel, *Funkschau*, München, Nr. 23/87, Seiten 53 bis 56.]

463. Vertikalverstärker für Oszilloskop

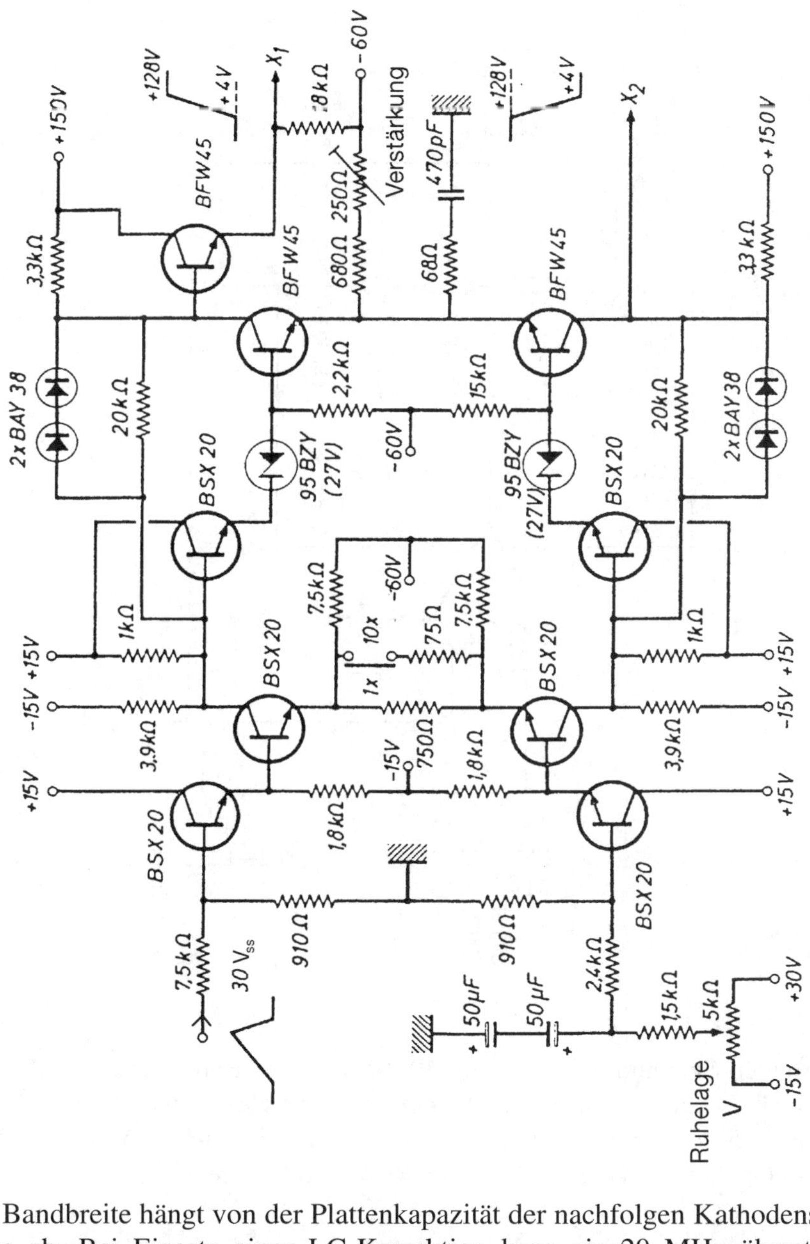

Die Bandbreite hängt von der Plattenkapazität der nachfolgen Kathodenstrahlröhre ab. Bei Einsatz einer LC-Korrektion kann sie 20 MHz übersteigen. [Datenblatt des Transistors BFW 45, *Philips.*]

464. Breibandverstärker mit CA 3100

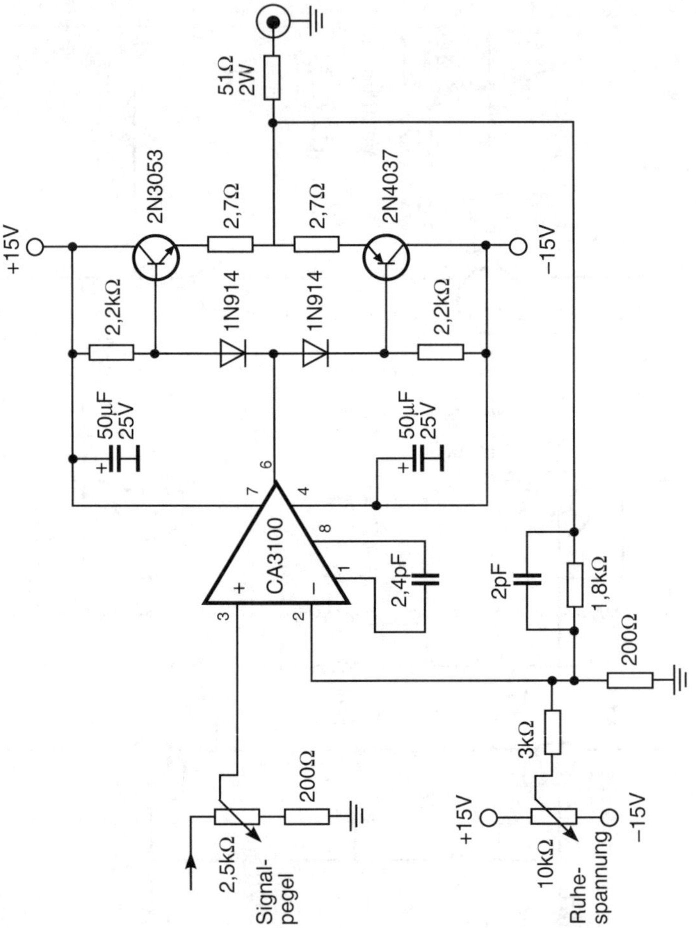

Besitzt einen Spannungsgewinn von 20 dB und eine Bandbreite von 10 MHz bei einer Anstiegszeit von 35 ns. An der Last erhält man eine Maximalamplitude von 4,5 V. Der Spannungshub am Ausgang ist auf 28 V/µs begrenzt. [BiMOS Op Amps – Circuit Ideas, *GE-RCA*, 1987, Seite 22.]

465. Vorverstärker für Frequenzzähler, 0,15 bis 33 MHz

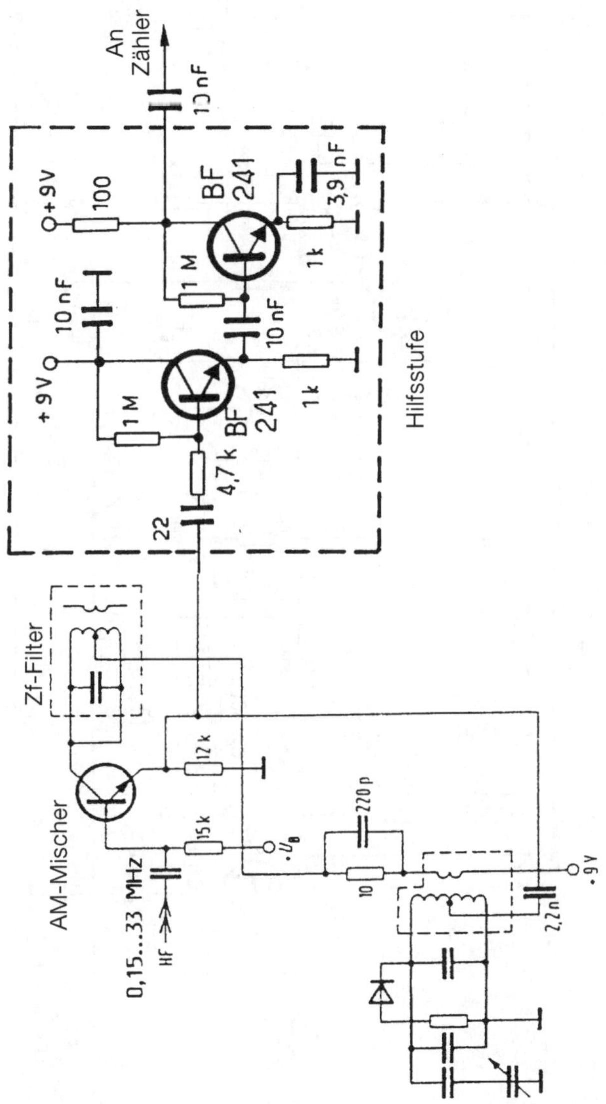

Aufgrund ihrer Ausgangsspannung oder -impedanz können Oszillatoren von AM-Empfängern nicht immer direkt mit dem Eingang eines Frequenzzählers verbunden werden. Der vorgeschlagene Adapter ist für 0,15 bis 33 MHz geeignet und mit zwei BF 241 bestückt. [*ELO*, München, Nr. 5/81, Seiten 59 und 60.]

466. Regelbarer Breitbandverstärker

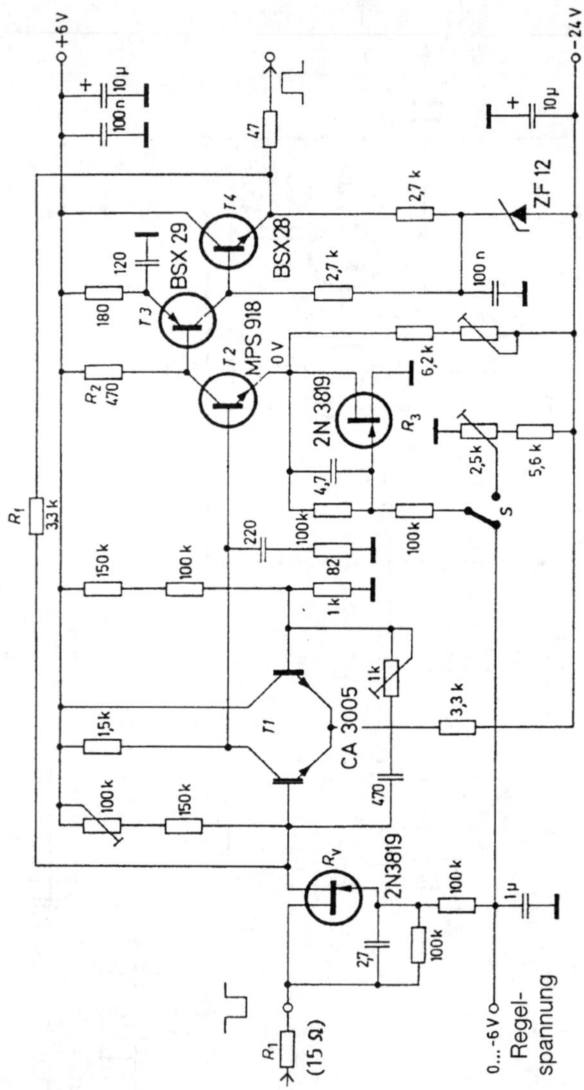

Die Verstärkungssteuerung (zwischen 0,5 und 10) erfolgt über zwei als veränderliche Widerstände benutzte Feldeffekttransistoren, R_v und R_3. Die Bandbreite (10 MHz) bleibt dabei konstant, wenn der Innenwiderstand der Steuerquelle etwa 15 Ω beträgt. Mit S kann auf ungeregelte Verstärkung umgeschaltet werden. [J. Lauch, *Internationale Elektronische Rundschau*, Berlin, Nr. 2/73, Seiten 37 bis 40.]

467. Schneller Spannungsfolger

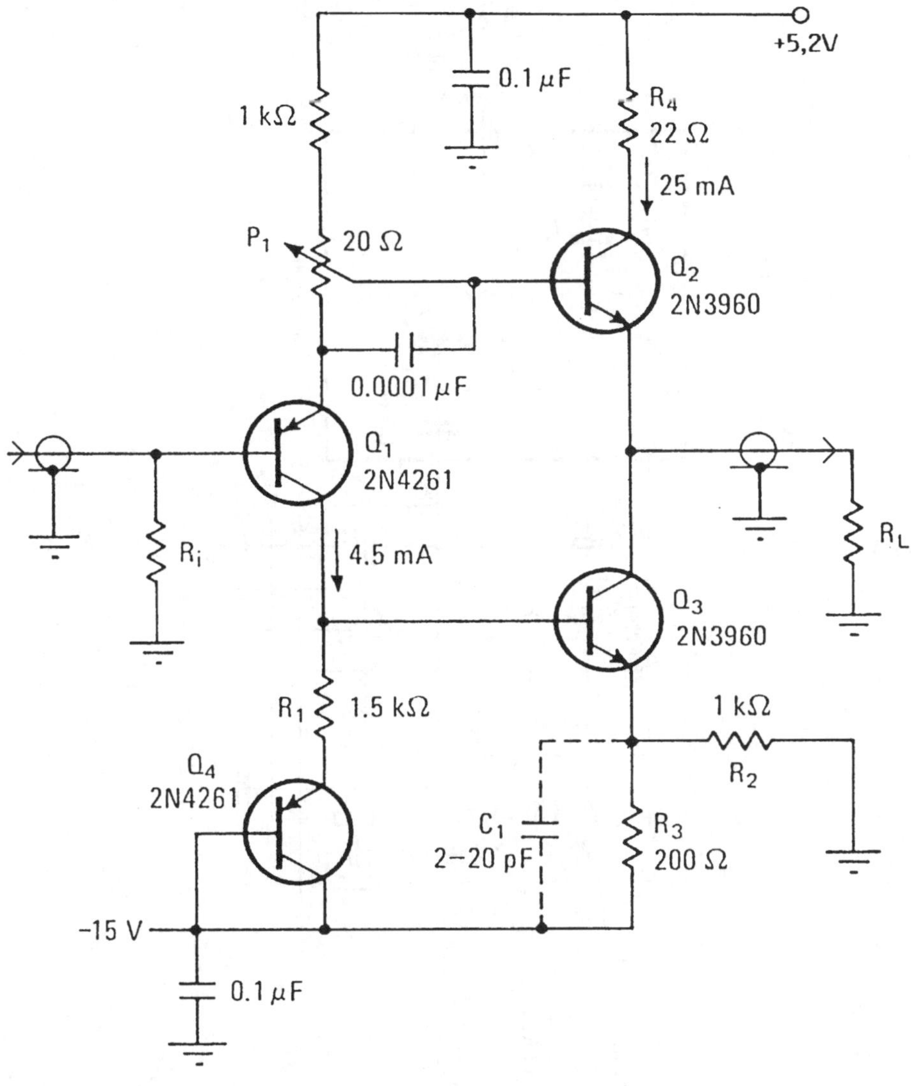

Doppelte und komplementäre Kollektorschaltung. Bandbreite: 200 MHz, Anstiegsgeschwindigkeit: 1 ns, Transfert: 0,99, Spannungshub: 2 kV/µs. P_1 ist auf einen Strom von 25 mA in R_4 abzugleichen. [O. A. Horna, *Electronics*, New York, 19. Juli 1973, Seite 115.]

468. Vorverstärker für Frequenzzähler, FM-Empfänger

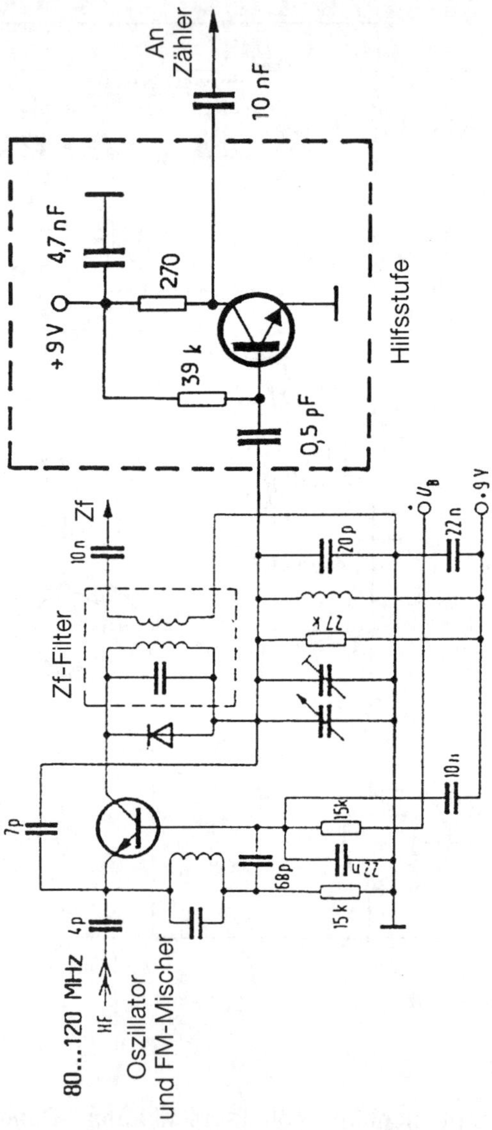

Aufgrund ihrer Ausgangsspannung oder -impedanz können Oszillatoren von FM-Empfängern nicht immer direkt mit dem Eingang eines Frequenzzählers verbunden werden. Der vorgeschlagene Adapter ist für 80 bis 120 MHz geeignet und mit einem BFW 92 bestückt. [*ELO*, München, Nr. 5/81, Seiten 59 und 60.]

469. Regelbarer Breitbandverstärker, SG 1401

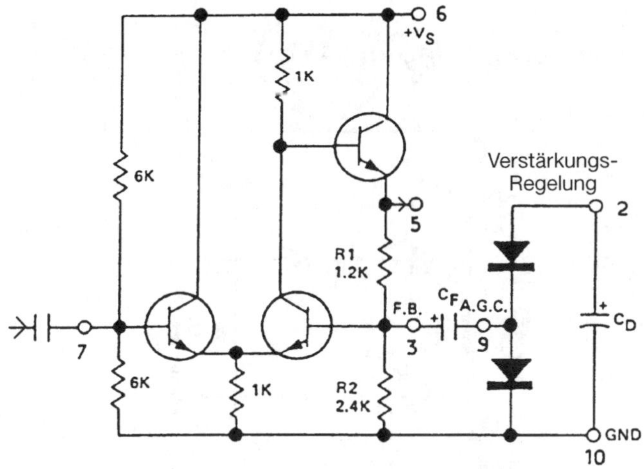

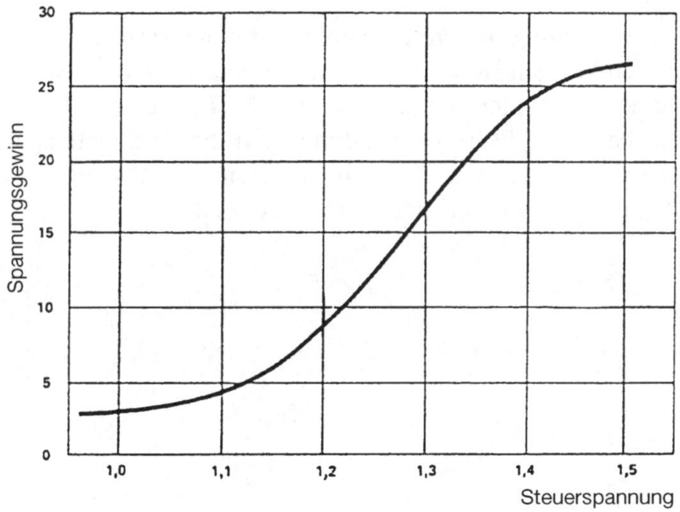

Die Schaltung zeigt die in der SG 1401 integrierten Bauteile. Ein Spannungsgewinn von 20 dB kann bis 100 MHz erreicht werden. Ein Kondensator zwischen Pins 3 und 9 gestattet den Einsatz der integrierten Dioden für eine Verstärkungssteuerung. Die Kurve zeigt deren Wirkung. [*Silicon General* Product Catalog, 1984-85, Seiten 241 und 242.]

Umschalter

470. Spulenumschaltung mit Dioden

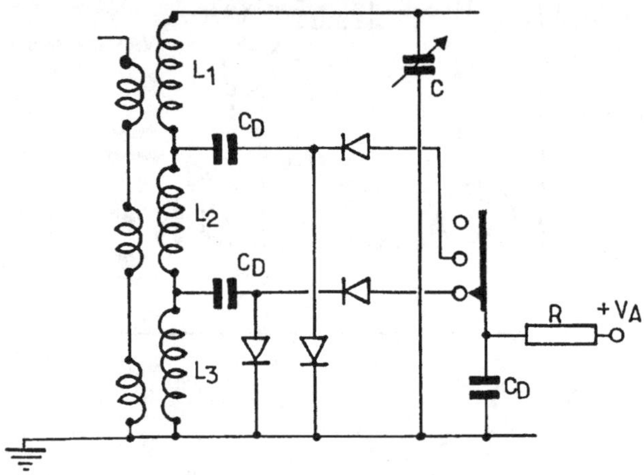

Hintereinanderschaltung mehrerer Spulen, die nacheinander durch Dioden kurzgeschlossen werden. R ist für einen Diodenstrom von 10 bis 20 mA zu wählen. Die Reaktanz der Kondensatoren C_d soll bei der Betriebsfrequenz einige Ohm betragen. Bei Verwendung von Ferrit-Schalenkernen ist die Kopplung zwischen den Transformatorwicklungen so stark, daß Sekundär-Kurzschluß auch virtuellen Primär-Kurzschluß bedeutet.

471. Bandbreitenumschaltung für 10,7 MHz

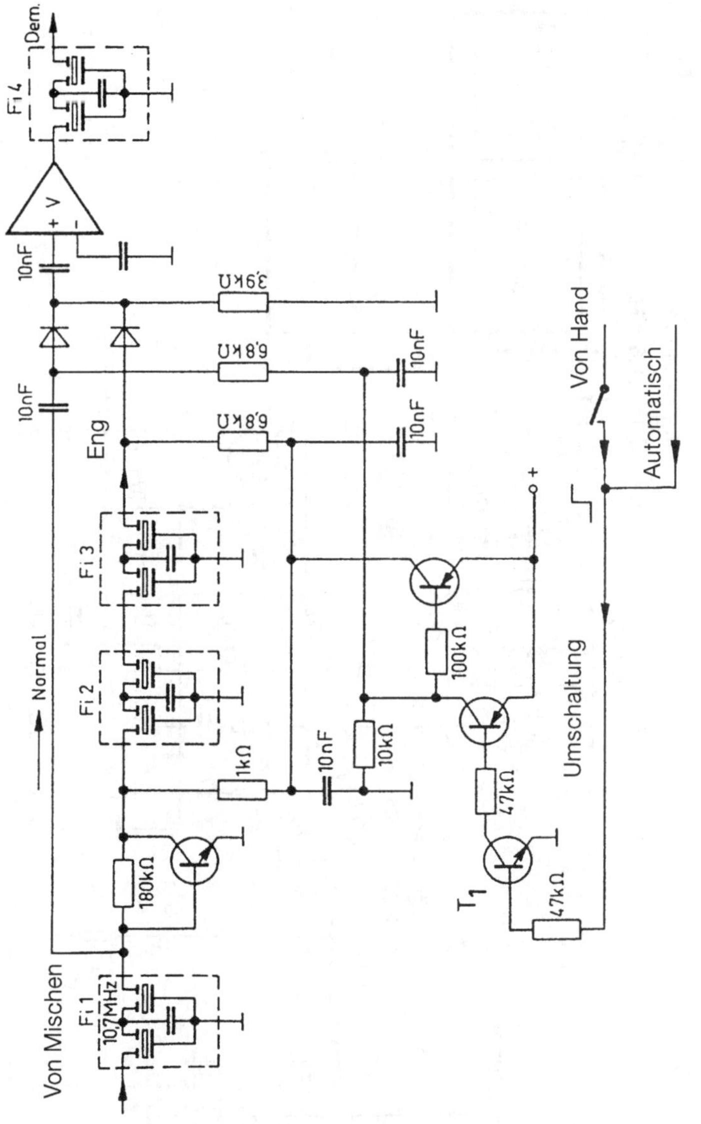

Solange T1 gesperrt bleibt, werden die zusätzlichen Zf-Filter, Fi2 und Fi3, vom Zf-Signal umgangen. Die Bandbreite ist dann maximal. Die Umschaltung kann von Hand aus oder durch eine auf die Signalamplitude basierende Automatik erfolgen. [H.-J. Haase, *Funk-Technik*, München, Nr. 8/86, Seiten 339 bis 341.]

472. Bereichumschaltung in einem Kurzwellenempfänger

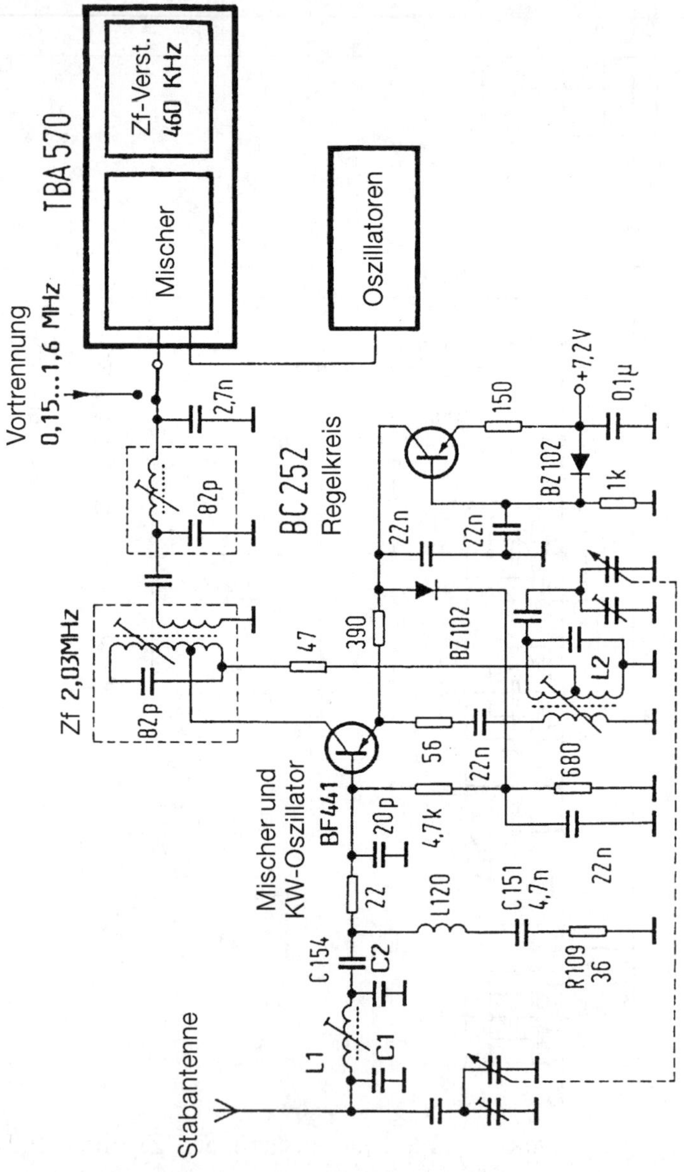

Die mechanische Umschaltung betrifft das Pi-Filter im Vorkreis (L_1, C_1, C_2) sowie die im Oszillator (L_2) frequenzbestimmenden Bauteile. [Auszug aus der Schaltung des „Touring Professional 107 A“, *ITT.*]

473. Funktionsumschaltung für 10 Wellenbereiche

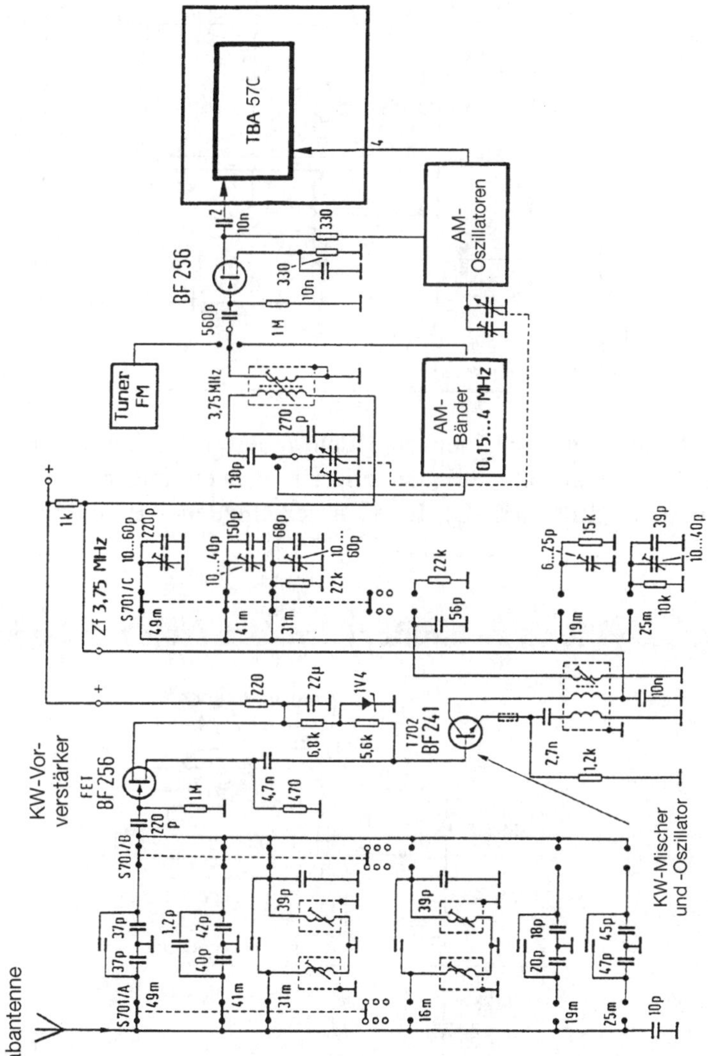

Zwei Zweikreis-Bandfilter werden, durch Umschaltung der Kapazitäten, jeweils für drei KW-Bereiche eingesetzt. Für den nachfolgenden ersten Zf-Verstärker (3,75 MHz) werden die für den Empfang der Bereiche bis 4 MHz vorgesehenen Kreise mitverwendet. Die zweite Zf beträgt 455 kHz. [Auszug aus der Schaltung des „Partner International 101“, *AEG-Telefunken.*]

474. Umschaltung von fest abgestimmten Schwingkreisen

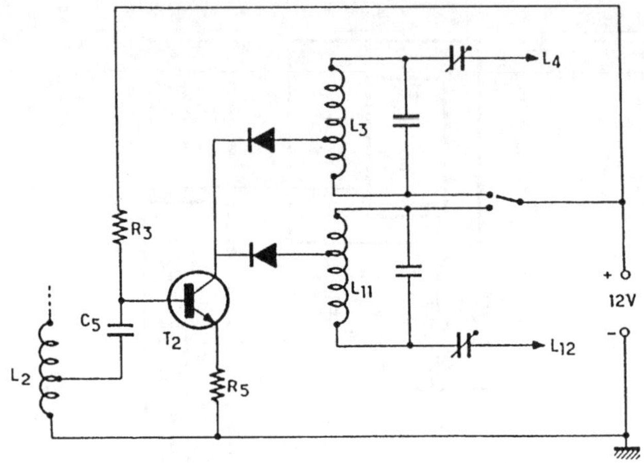

Der Umschalter legt den einen oder den anderen der Schwingkreise in den Lastkreis des Transistors. Bei der zitierten Anwendung handelt es sich um zweikreisige Bandfilter (L_3-L_4, L_{11}-L_{12}) verschiedener Bandbreite. [*Le Haut-Parleur*, Paris, Nr. 1437, Seiten 266 bis 270.]

475. Umschaltung zwischen Fernsehbereichen I und III

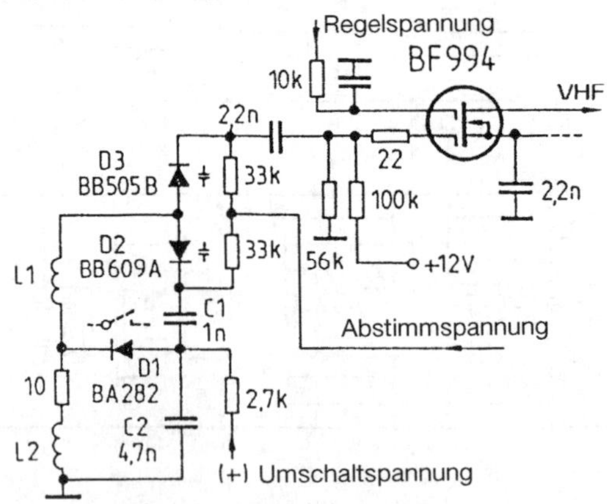

Die Abstimmung auf Bereich III erfolgt durch L_1 und D_2, wenn D_1 durch eine positive Vorspannung leitend gemacht wird. Auf Band I werden zwei in Reihe geschaltete Spulen durch D_2 abgestimmt. Mit D_3 erhält man eine frequenzabhängige kapazitive Ankopplung, die die Anpassung an den Transistoreingang optimiert. [A. Köhler, R. Schiffel, *Funkschau*, München, Nr. 5/88.]

Mischstufen

476. Selbstschwingende Mischstufe nach Ferritantenne

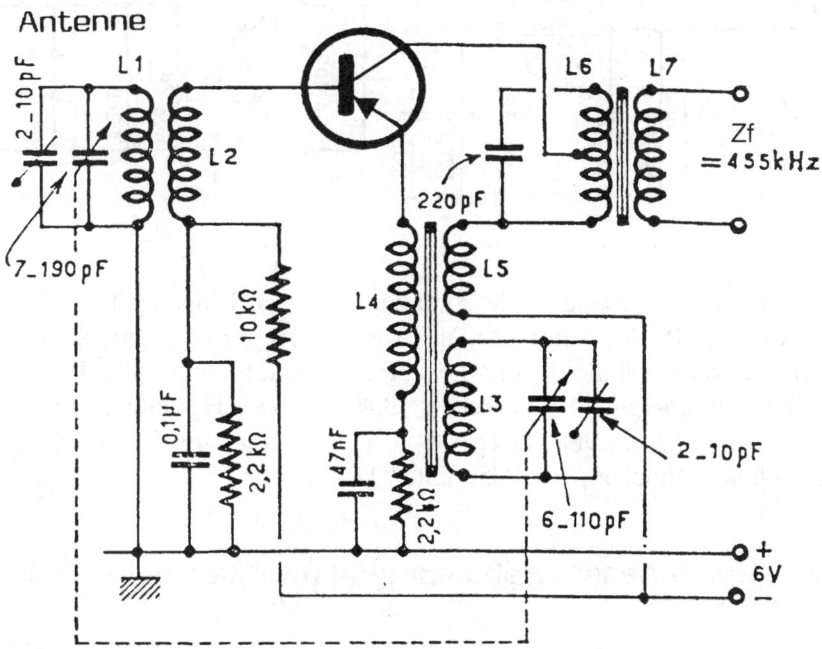

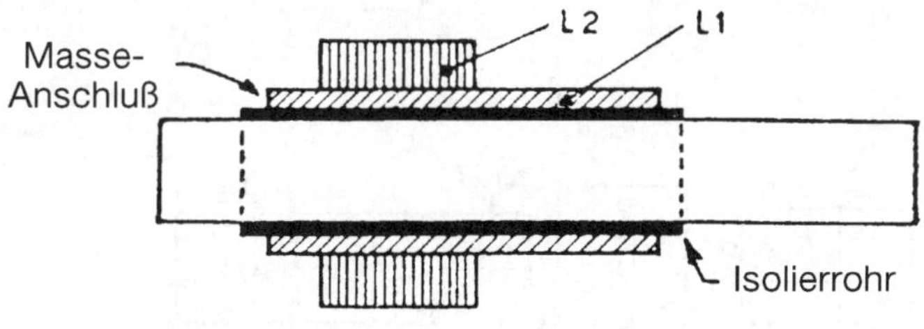

Vorgesehen für 510 bis 1610 kHz. Antenne: 20 cm langer Ferritstab, Durchmesser 10 mm, Primär (L_1) 77 Windungen Hf-Litze 15 x 0,05 CuL, Sekundär: 5 Windungen, Drahtdurchmesser 0,3 mm. Oszillator: Ferritschalenkern 3 D 3, A_L = 63, 54 Windungen Hf-Litze für L_3, 2 und 5 Windungen, Durchmesser 0,3 mm, für L_4 und L_5.]

477. Mittelwellenabstimmung durch Induktivitätsveränderung

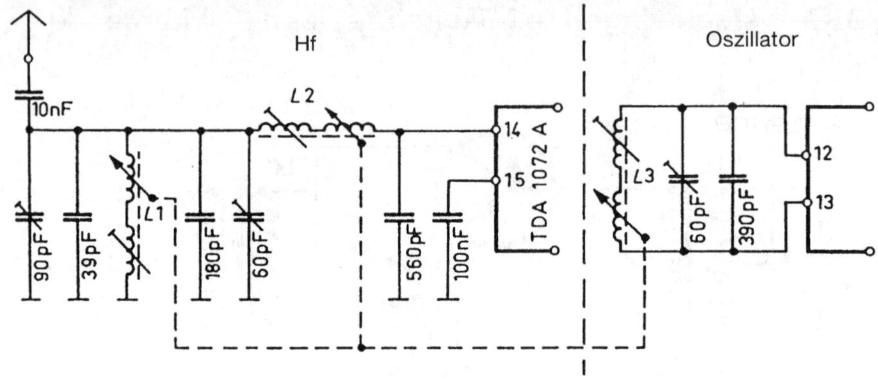

Für Autoradios vorgesehen. Die Anpassung an den Eingang der TDA 1072 übernimmt das Pi-Filter mit L_2. Die Abstimmung erfolgt durch Tauchkern oder mit Variometerspule. L_1 und L_2 sind zwischen 61 und 640 μH veränderbar, die Oszillatorspule L_3 zwischen 13,4 und 64 μH. [Integrated Circuits Book IC 01, *Philips*, 1988, Seite 581. J.A. Schuylenburg und W. Zetzmann, *Funk-Technik*, München, Nr. 3/85, Seiten 110 bis 114.]

478. Drehkondensatorabstimmung für Mittelwelle

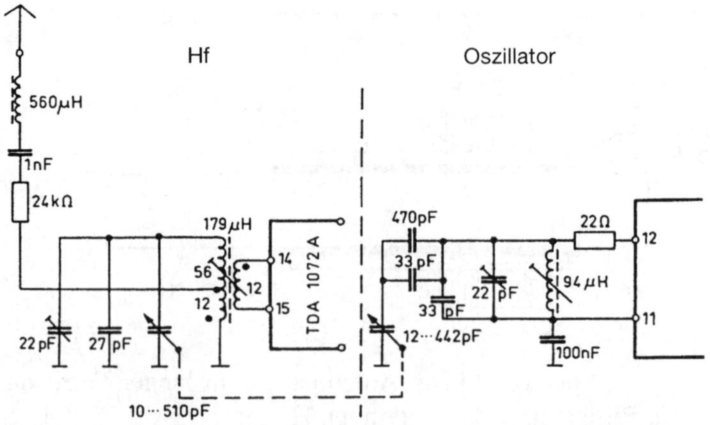

Für Autoradios vorgesehen. Die Anpassung an den Eingang der TDA 1072 übernimmt ein Transformator. Die Zahlenangaben an den Wicklungen bezeichnen die Transformationsverhältnisse. [J.A. Schuylenburg und W. Zetzmann, *Funk-Technik*, München, Nr. 3/85, Seiten 110 bis 114.]

479. Mittelwellenabstimmung durch Kapazitätsdioden

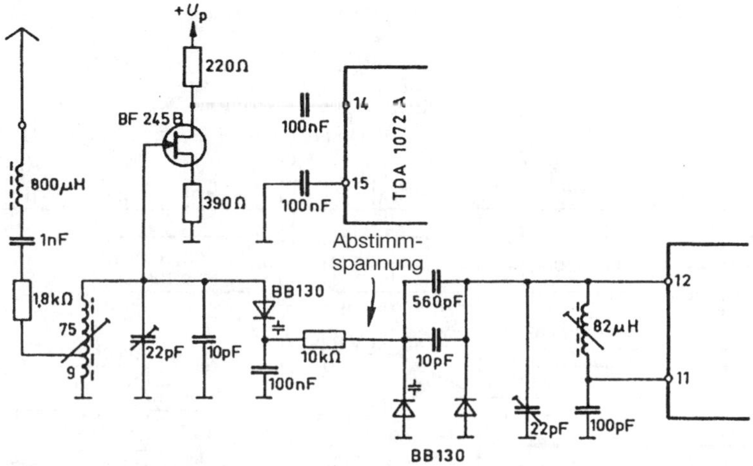

Für Autoradios vorgesehen. Die Anpassung an den Eingang der TDA 1072 übernimmt ein Feldeffekttransistor. Die Zahlenangaben an den Wicklungen bezeichnen die Transformationsverhältnisse. [J. A. Schuylenburg und W. Zetzmann, *Funk-Technik*, München, Nr. 3/85, Seiten 110 bis 114.]

480. Kurzwellenmischer mit geringer Intermodulation

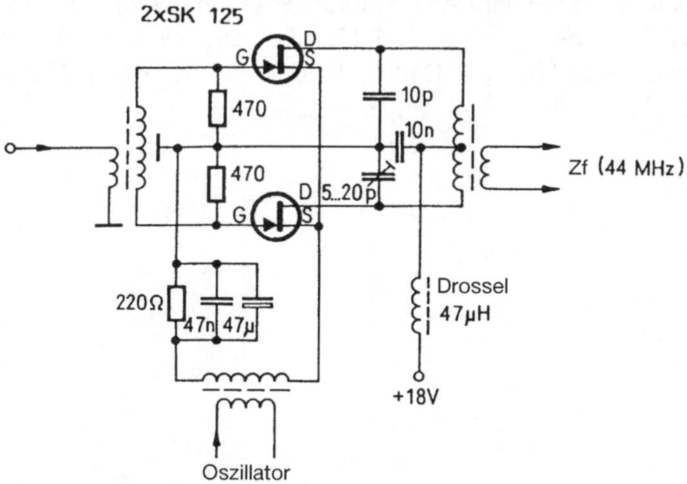

Die beiden Feldeffekttransistoren werden symmetrisch angesteuert. Ein Trimmkondensator gestattet den Abgleich des Ausgangskreises. [R. Schiffel, A. Köhler, *Funkschau*, München, Nr. 22/83, Seite 61.]

481. Zweite Zf und Demodulation für Doppelüberlagerung

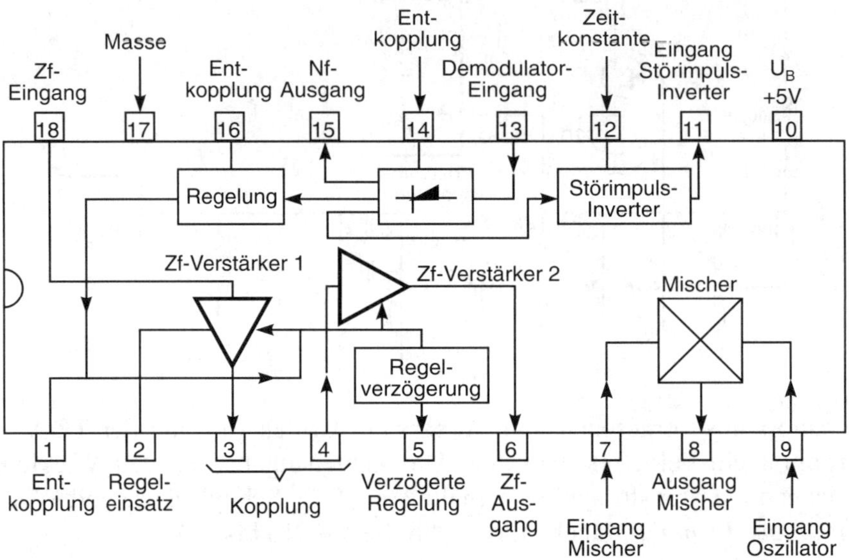

Schaltungsauszug aus einem AM-Empfänger mit erster Zf von 10,7 MHz. Der Mischer erzeugt eine zweite Zf von 455 kHz, die anschließend eine Hüllkurvendemodulation erfährt. [B. Dance, *Funkschau*, München, Nr. 5/82, Seiten 82 bis 84.]

482. Kurzwellenmischer mit S 042 P

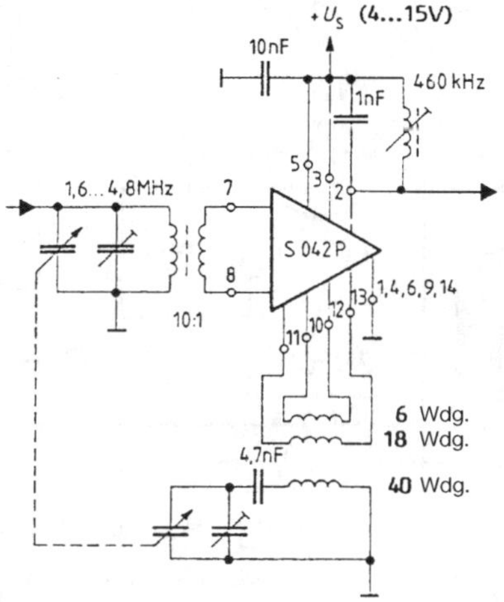

Die selbstschwingende, symmetrische Mischung erfordert eine Oszillatorspule mit drei Wicklungen. Das Prinzip ist von 100 kHz bis über 30 MHz anwendbar. [ICs for Entertainment Electronics, *Siemens*, 1986/87, Seite 48.]

483. Multiplikative Mischung mit getrenntem Oszillator

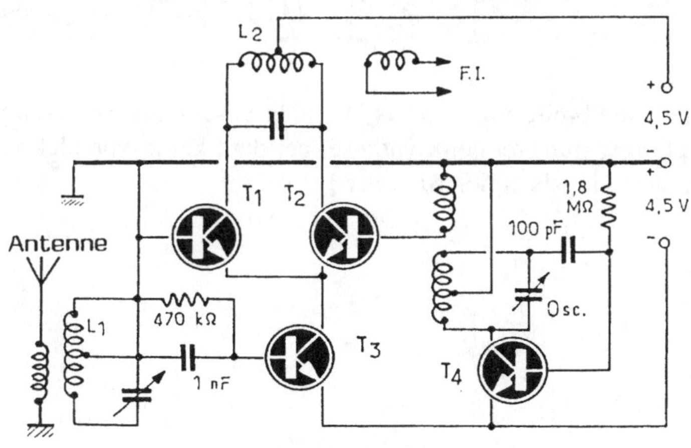

Bis über 40 MHz verwendbar. Die Mischung erfolgt durch analoge Multiplikation. Die Empfangssignalanteile erscheinen im Gleichtakt an den Klemmen von L_2 und heben sich somit auf. Nur das Mischprodukt gelangt zum Zf-Verstärker.

484. Breitbandmischer mit geringer Intermodulation

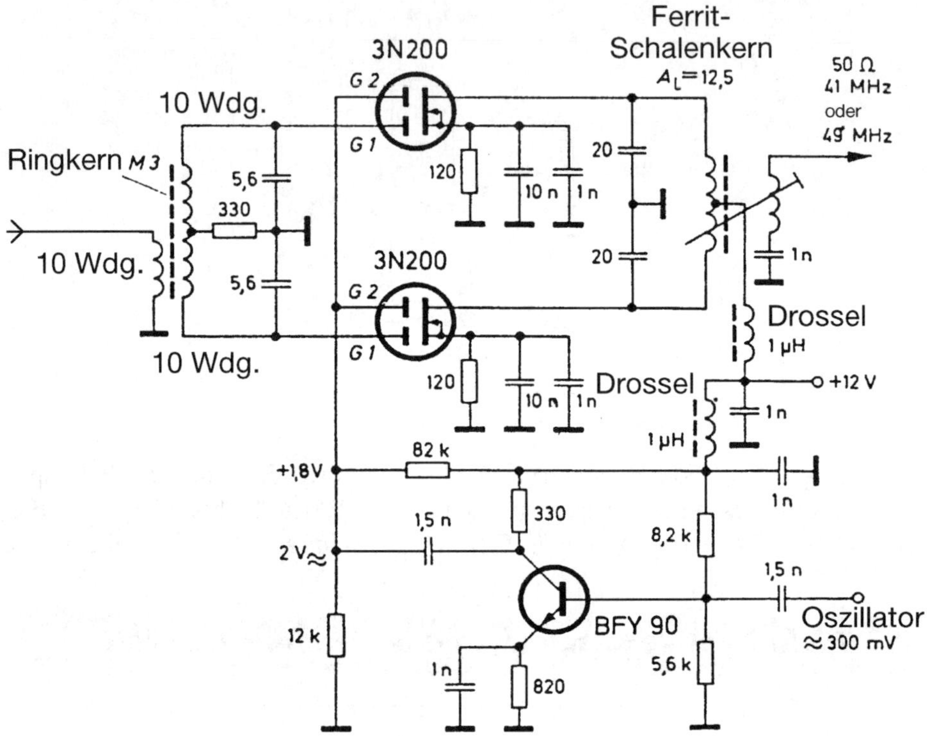

Die für eine Bandbreite von 1,5 bis 30 MHz ausgelegte Schaltung gehört zu einem Empfänger mit Frequenzsynthese, bei dem keine Vorselektion vorgesehen ist. [Anwendungsbeispiel *Siliconix.*]

485. Symmetrischer Breitbandmischer, 2 bis 30 MHz

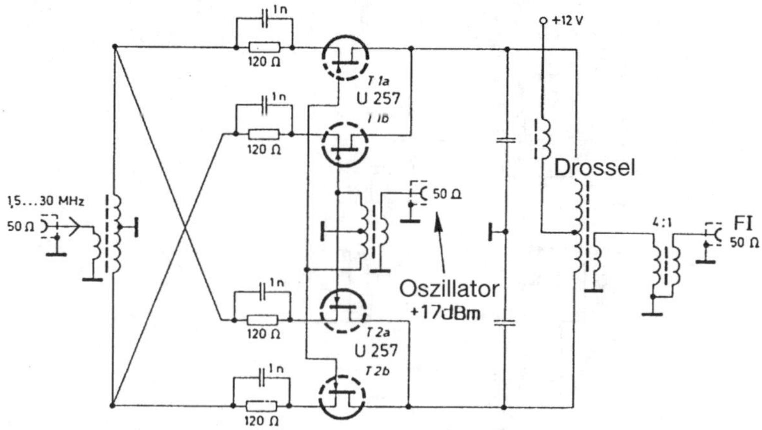

Teilschaltung eines Empfängers mit Frequenzsynthese, dessen breitbandige Vorselektion bereichsweise erfolgt. Die Verstärkung beträgt 2 dB bei einer Last von 1 kΩ. [U. L. Rohde, *Internationale Electronische Rundschau*, Berlin, Nr. 11/73, Seiten 244 bis 248 und Nr. 12/73, Seiten 276 bis 280.]

486. Selbstschwingende multiplikative Mischung mit NE 510

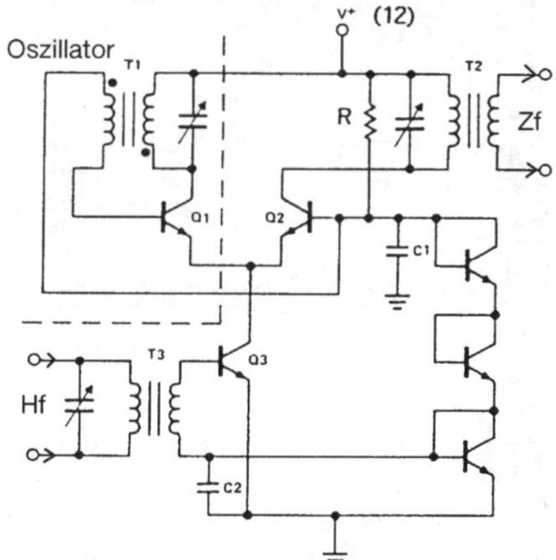

Die Verstärkung von Q2 entspricht dem Produkt aus den Augenblickswerten der Hf-Eingangsspannung und der von T1 erzeugten Oszillatorspannung. Die Schaltung ist mindestens bis 100 MHz verwendbar. Bei Erstellung mit Einzeltransistoren ist ein Wert von 3,3 kΩ anstelle des integrierten Widerstand R einzusetzen. [Analog Data Manual, *Signetics*, 1978, Seite 750.]

487. Mischer von 41 (oder 49) MHz auf 9 MHz

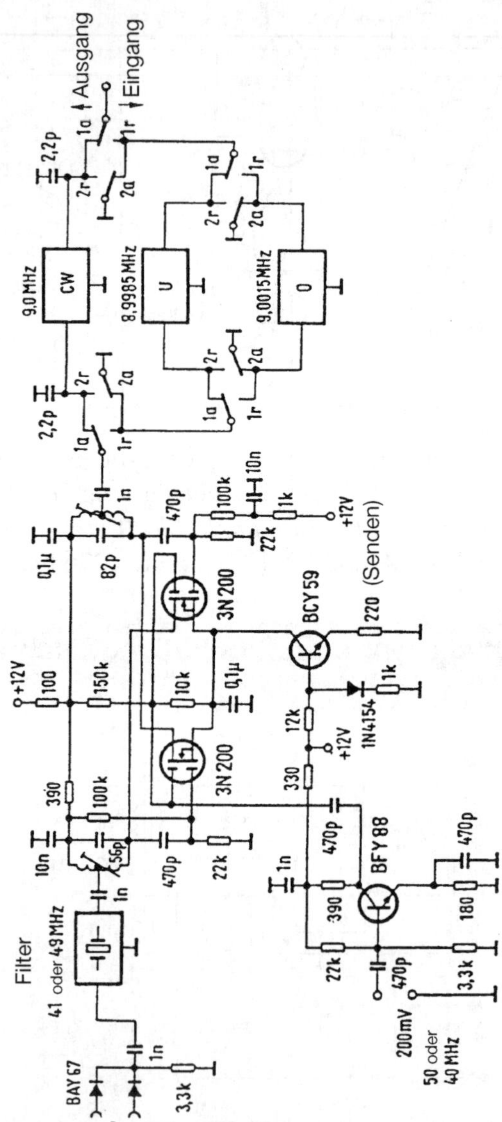

Die Schalter im Ausgangskreis sind Relais, die bei Senden und Empfang die Übertragungsrichtung des symmetrischen Mischers umschalten. Die ausgangsseitigen Quarzfilter gestatten die Wahl des oberen oder unteren Seitenbandes, sowie Schmalbandbetrieb für Telegrafie (CW). [U. L. Rohde und H. Eichel, *Funkschau*, München, Nr. 24/72, Seiten 885 bis 888.]

488. Vorstufe und Mischer für drahtloses Telefon

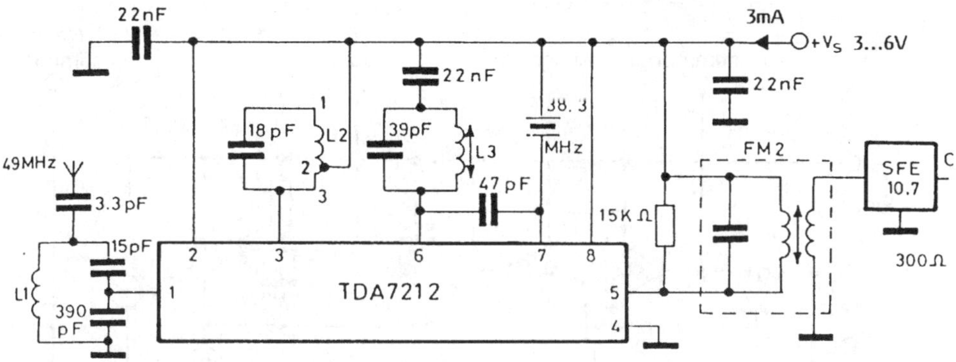

L_1 (Vorselektion) und L_3 (Oszillator): TOKO E 521 LN 110033. L_2 (abgestimmt auf 49 MHz): 12 Windungen mit Abgriff bei 3. Spannungsgewinn: 40 dB bei einer Oszillatorspannung von 200 mV_{eff} an Pin 6. [Audio and Radio Products Databook, *SGS Thomson Microelectronics*, 1987, Seiten 683 bis 687.]

489. Additive Mischung für 85 bis 108 MHz

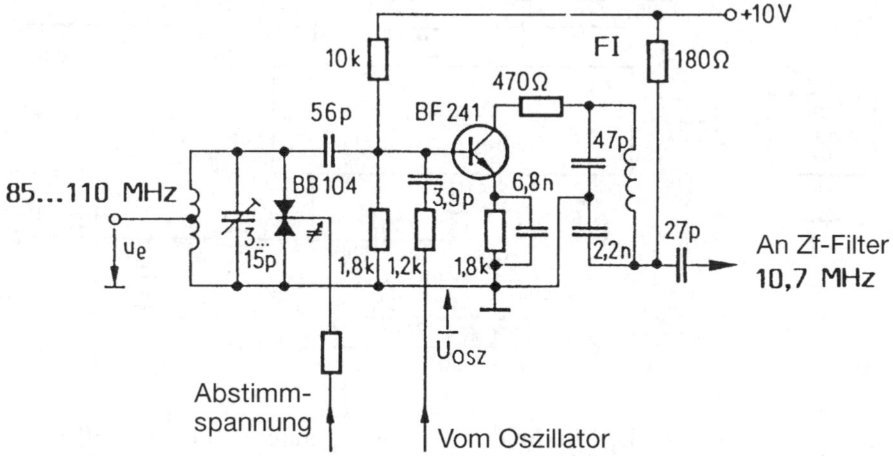

Das Empfangssignal und die Oszillatorspannung gelangen zusammen an die Basis des Mischtransistors. [R. Schiffel, A. Köhler, *Funkschau*, München, Nr. 22/83, Seite 61.]

490. Vorstufe und Mischer für 85 bis 108 MHz, TDA 7211

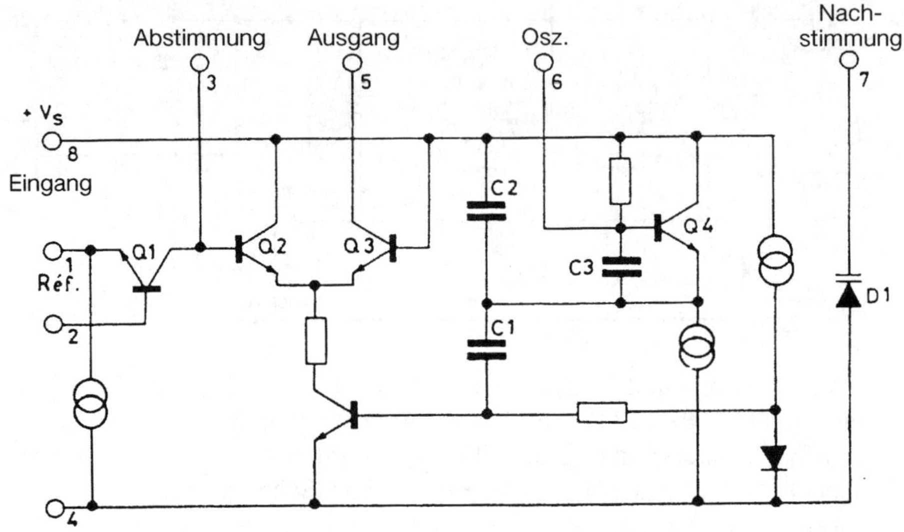

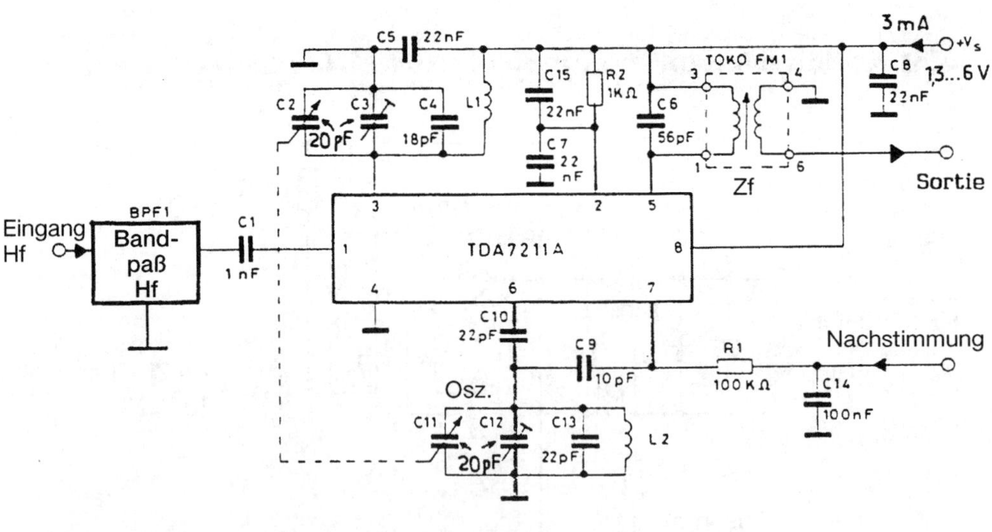

Mischverstärkung: 34 dB. Maximale Oszillatorspannung (Pin 6): 330 mV_{eff}. BPF 1: TAIYO YUDEN B 10861 K. L_1 (Vorkreisabstimmung) und L_2 (Oszillator): 5 und 4 Windungen, Drahtdurchmesser 0,6 mm, Spulendurchmesser 4 mm. [Audio and Radio Products Databook, *SGS Thomson Microelectronics*, 1987, Seiten 675 bis 681.]

491. Vorverstärker und Mischer mit geringer Intermodulation

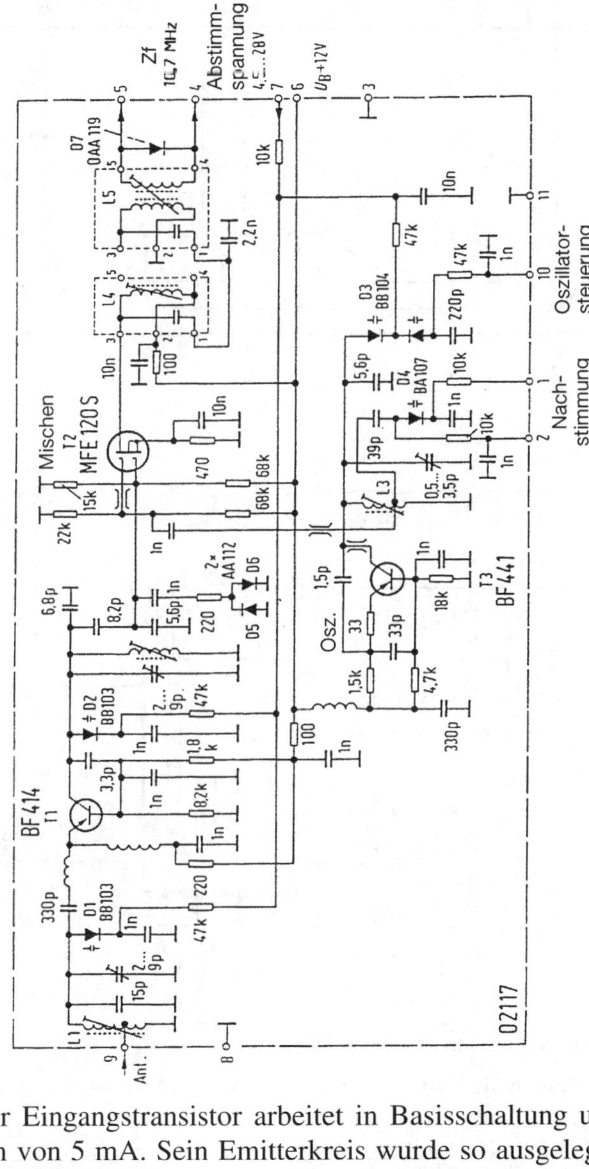

Für UKW. Der Eingangstransistor arbeitet in Basisschaltung und mit einem Kollektorstrom von 5 mA. Sein Emitterkreis wurde so ausgelegt, daß Antennensignale mit Amplituden bis zu 1 V linear verstärkt werden können. [Unterlagen *Görler* 02117 und H.J. Haase, *Funkschau*, München, Nr. 8/78, Seiten 343 bis 346.]

492. Universelle Mischstufe mit TDA 1571

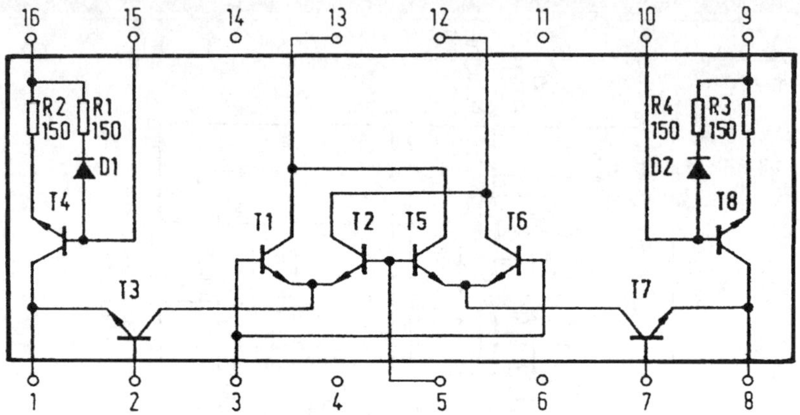

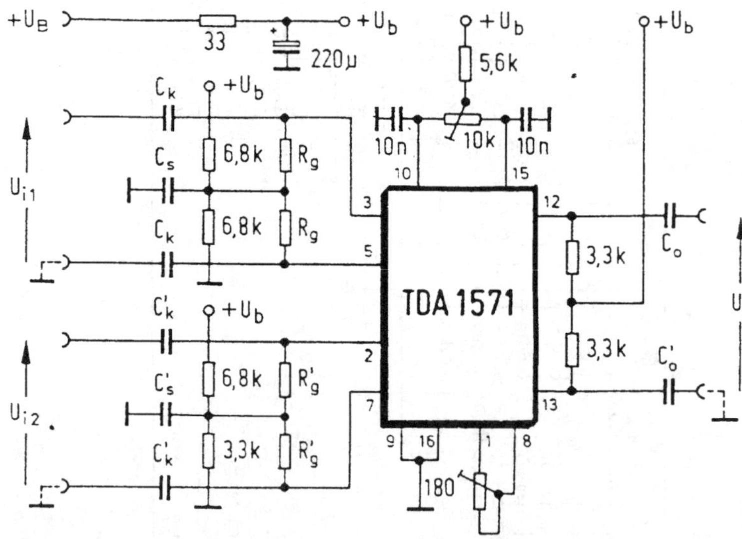

Arbeitet als Analog-Multiplikator. Am Ausgang (u_0) erhält man das Produkt der Eingangsgrößen (u_1 und u_2). Die nicht angegebenen Werte hängen von der Frequenz und vom Innenwiderstand der Signalquellen ab. 10-kΩ-Potentiometer: Symmetrie. 180-Ω-Potentiometer: Verstärkung (10 bis 20 dB). Anwendungen: Mischung, Frequenzvervielfachung, Modulation, Demodulation bis zu 100 MHz. [Unterlagen der Firma *Philips* und W. Zetzmann, *Funkschau*, München, Nr. 21/83, Seite 68.]

493. 100 MHz-Mischer mit S 042 P

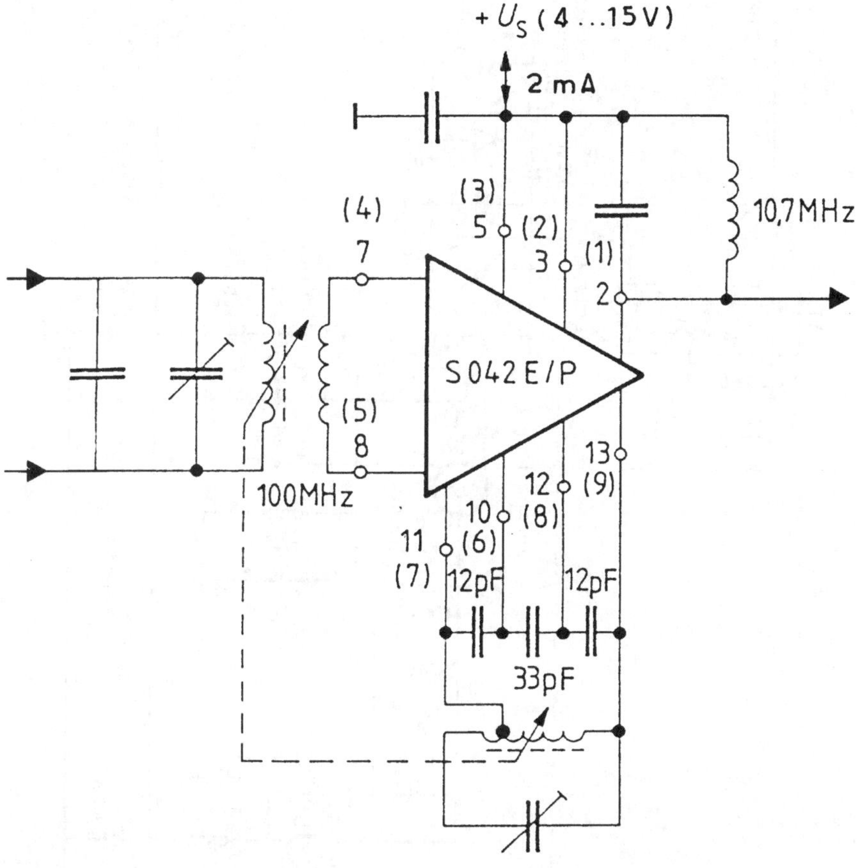

Die Abstimmung erfolgt mit Tauchkernen. Die in Klammern angegebenen Zahlen sind für S 042 E (Metallgehäuse) gültig. [ICs for Entertainment Electronics, *Siemens*, 1986/87, Seite 47.]

494. Vorverstärker und Mischer für UKW-Empfänger

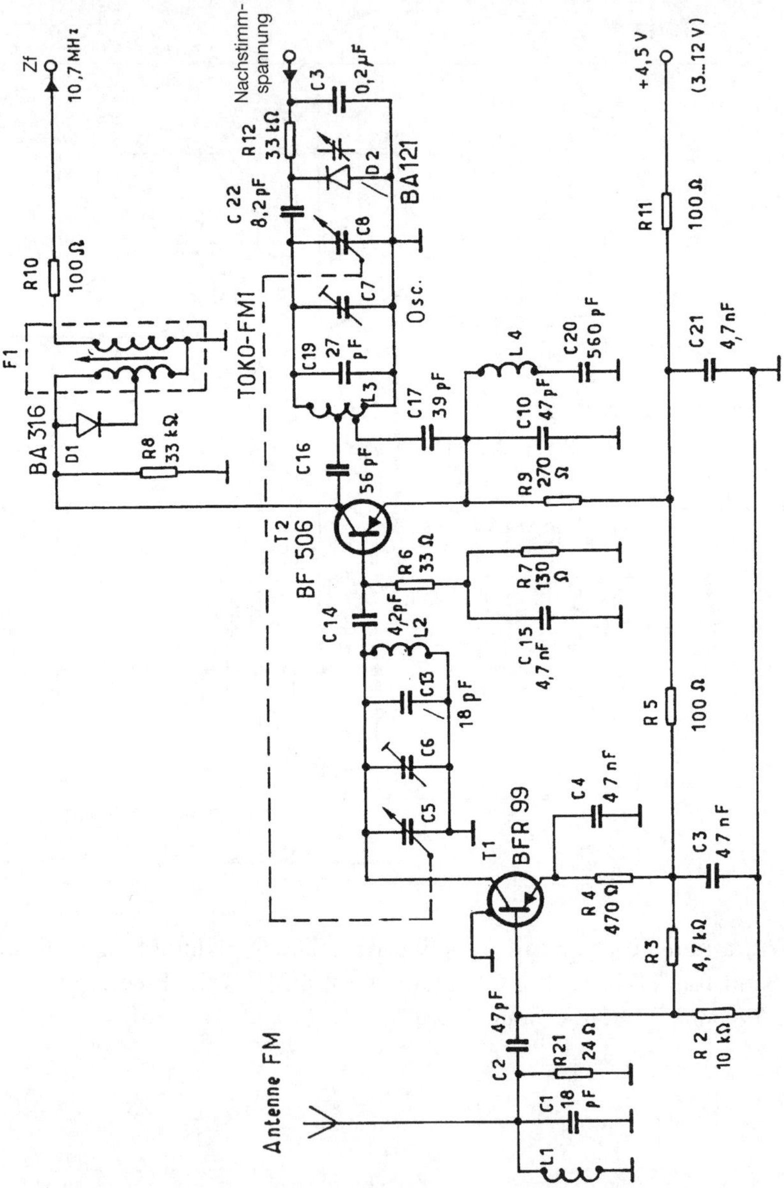

Im Kollektor von T1 liegt ein abgestimmter Vorkreis. Die Spannung zur automatischen Nachstimmung kommt vom FM-Diskriminator. [Unterlagen der Firma *SGS* und *ELO*, München, Nr. 6/83, Seiten 59 und 60.]

495. 100-MHz-Mischer mit LM 171

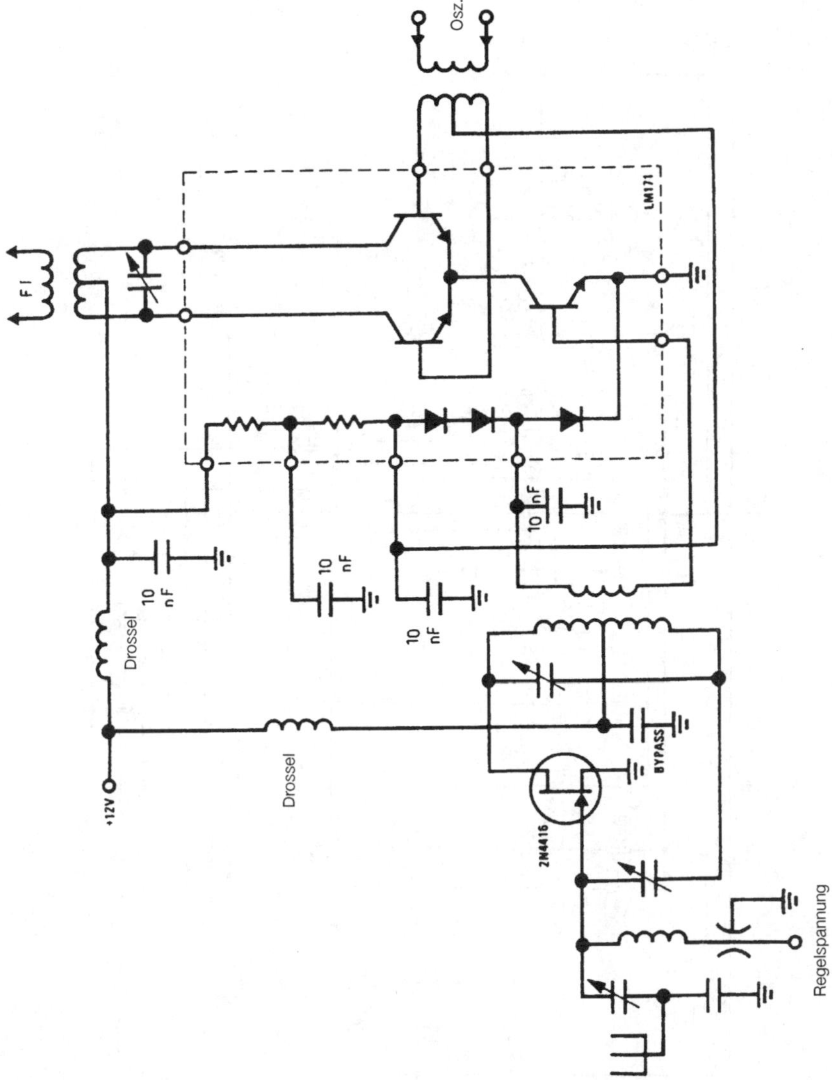

Der Feldeffekttransistor 2 N 4416 liefert eine Verstärkung von 20 dB bei geringer Intermodulation. Sein Rauschfaktor liegt unter 3 dB. Die nach dem Prinzip der analogen Multiplikation arbeitende Mischung erzeugt nur sehr wenig unerwünschte Nebenprodukte. [Linear Applications Handbook, *National Semiconductor*, 1986, Seite 109.]

496. Geregelter 100-MHz-Vorverstärker und Mischer mit S 041

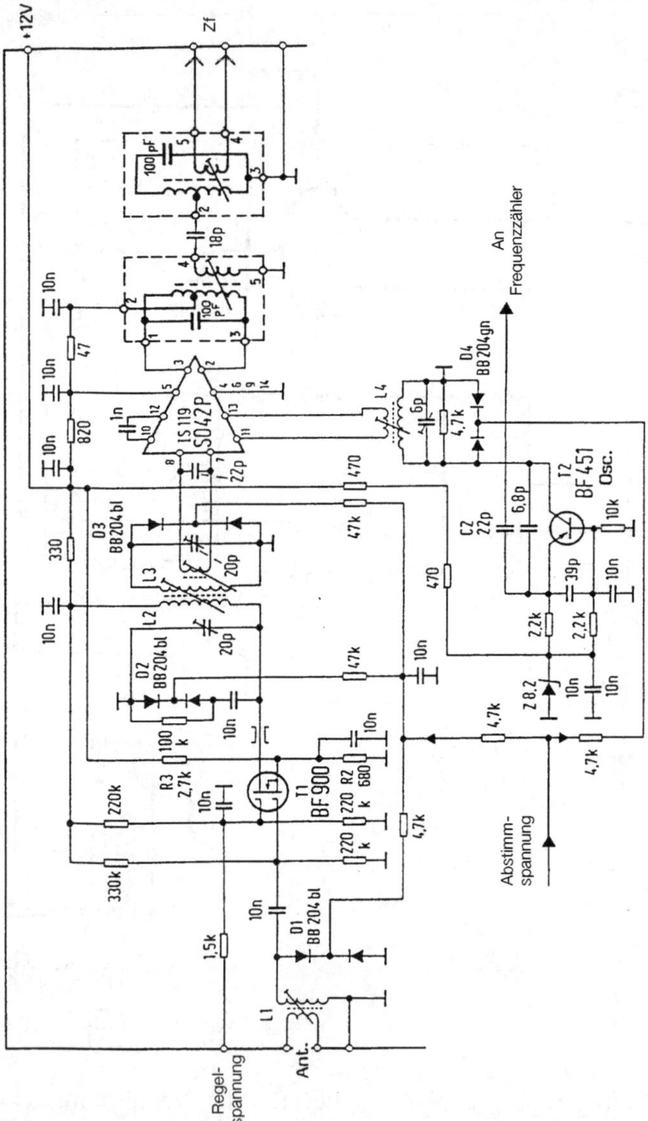

Die Schaltung enthält einen abgestimmten Vorkreis am Antenneneingang und ein zweikreisiges Filter vor der Mischstufe. [Firmenschrift *Görler* 02131 und H.J. Haase, *Funkschau*, München, Nr. 8/78, Seiten 343 bis 346.]

497. 145-MHz-Mischer mit geringer Intermodulation

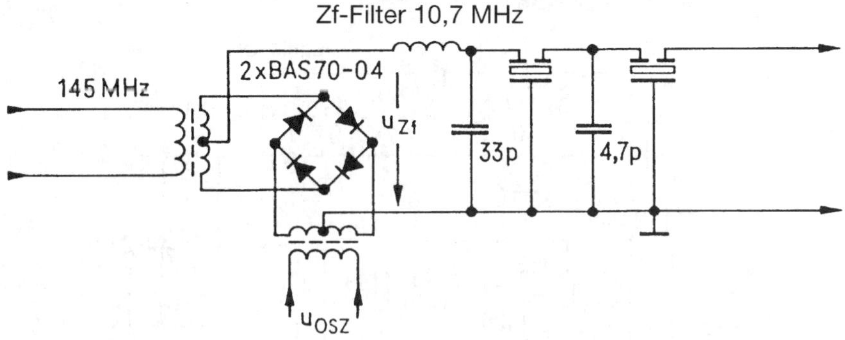

Der mit zwei Doppeldioden BAS 7004 aufgebaute Ringmodulator wird von einem 10,7-MHz-Bandfilter (doppeltes Quarzfilter 10 M 15 AN) gefolgt. Die Schaltung erfordert eine relativ hohe Oszillatorleistung. [R. Schiffel, A. Köhler, *Funkschau*, München, Nr. 22/83, Seite 61.]

498. Mischer für 100 bis 150 MHz, mit TDA 1571

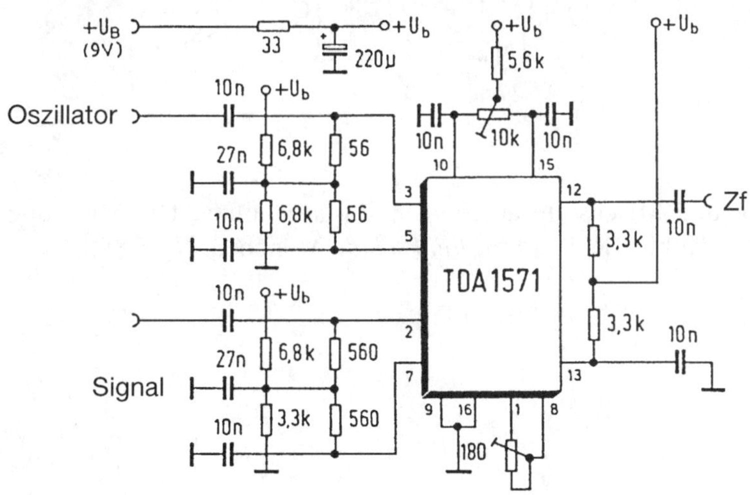

Arbeitet als Analog-Multiplikator. 10-kΩ-Potentiometer: Symmetrie. 180-Ω-Potentiometer: Verstärkung (10 bis 20 dB). Anwendungen: Mischung, Frequenzvervielfachung, Modulation, Demodulation bis zu 100 MHz. [Unterlagen der Firma *Philips* und W. Zetzmann, *Funkschau*, München, Nr. 21/83, Seite 68.]

499. UHF-Mischer für Fernseher

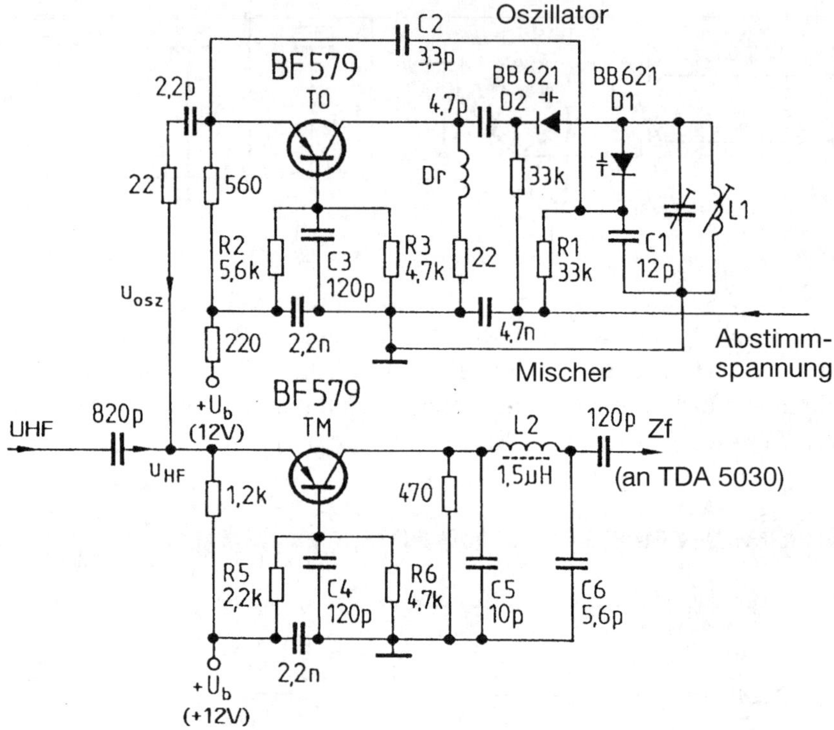

Oszillator und Mischstufe arbeiten in Basisschaltung. Die Mischung erfolgt additiv. [A. Köhler, R. Schiffel, *Funkschau*, München, Nr. 5/88.]

Filter

500. Bandsperre 4,5 MHz, LH 0033

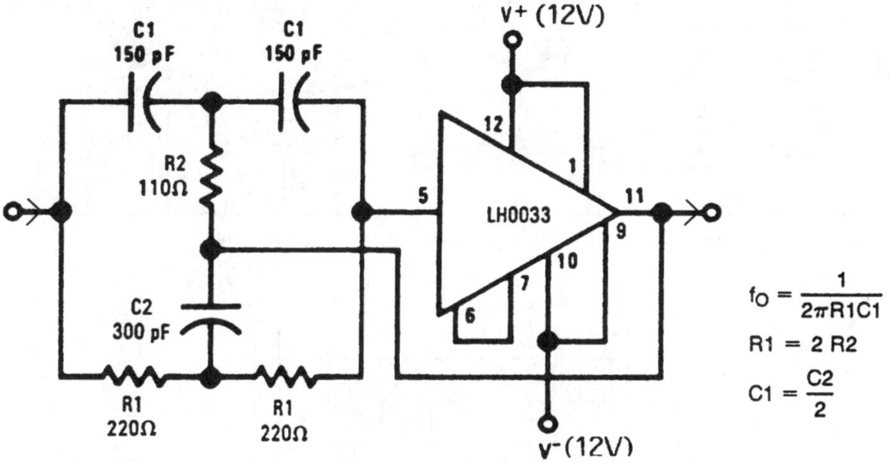

Die Sperrfrequenz beträgt $1/(2\ \pi\ R_1\ C_1)$, mit $R_1 = 2\ R_2$ und $C_1 = C_2/2$. Mit Signalquelle geringen Innenwiderstandes verwenden. Wenn Trimmer für zwei Bauteile eingesetzt werden, können Frequenz und Sperrtiefe genau eingestellt werden. [Linear Applications Handbook, *National Semiconductor*, 1986, Seite 161.]

501. Steilflankiges Zf-Filter, 455 ± 4,25 kHz

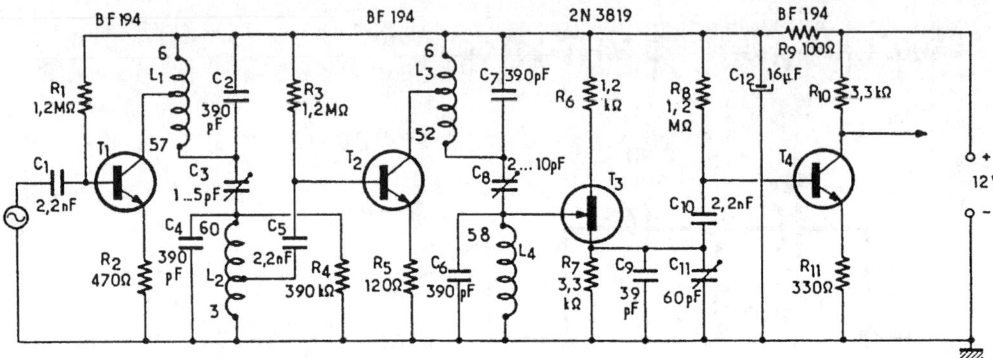

2 Schalenkerne 14/8, 3D3, AL=63 2 Schalenkerne 18/11, 3D3, AL=100

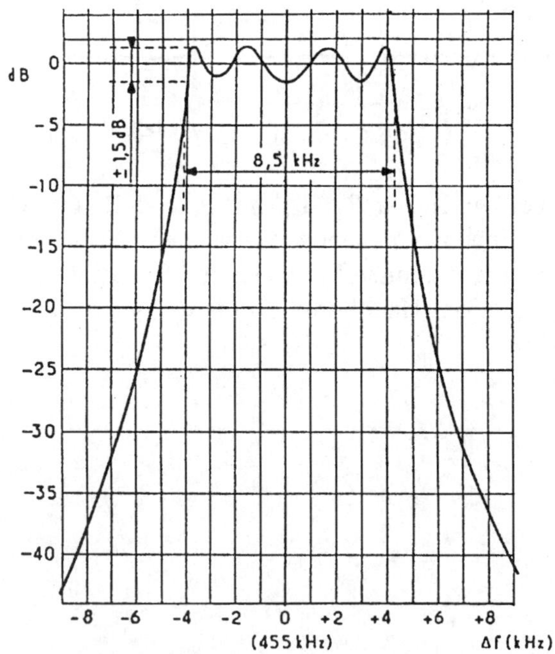

Spannungsgewinn: 54 dB. Der Abstand der Kurvenhöcker ist 3,2 kHz beim ersten Zweikreisfilter und 7,8 kHz beim zweiten. Die gewünschten Bandbreiten werden einerseits durch Dämpfung von L_2 mit R_2 und andererseits durch Entdämpfung (mit C_{11} einstellbar) von L_4 durch T_3 erhalten. [*Le Haut-Parleur*, Paris, Nr. 1437, Seiten 266 bis 270.]

502. Steilflankiges Zf-Filter, 455 ± 2,5 kHz

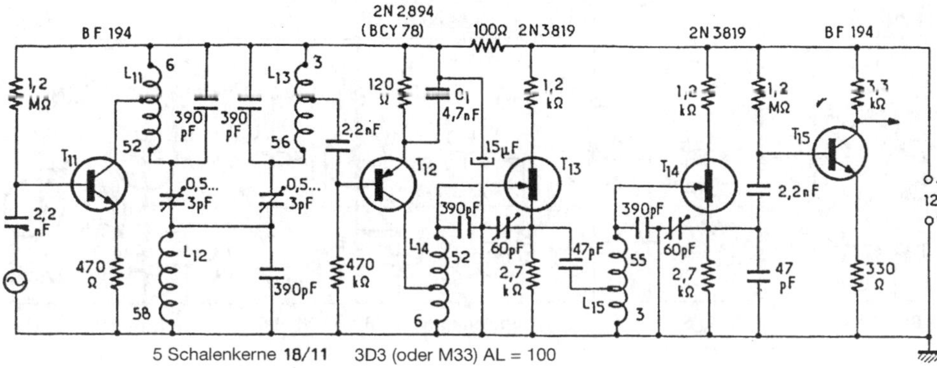

5 Schalenkerne 18/11 3D3 (oder M33) AL = 100

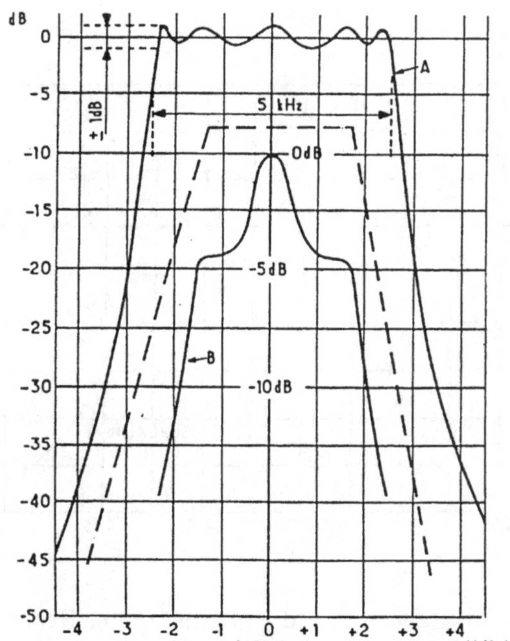

Spannungsgewinn: 54 dB. An Basis T12 erhält man die Kurve B bei richtigem Abgleich der davorliegenden Kreise. L_{14} und L_{15} sind so gegeneinander zu verstimmen, daß die Außenhöcker der Kurve A erhalten werden. Die dabei nötige Entdämpfung wird mit den 60-pF-Trimmern eingestellt. [*Le Haut-Parleur*, Paris, Nr. 1437, Seiten 266 bis 270.]

503. Einseitenband-Empfangsfilter, 455 kHz

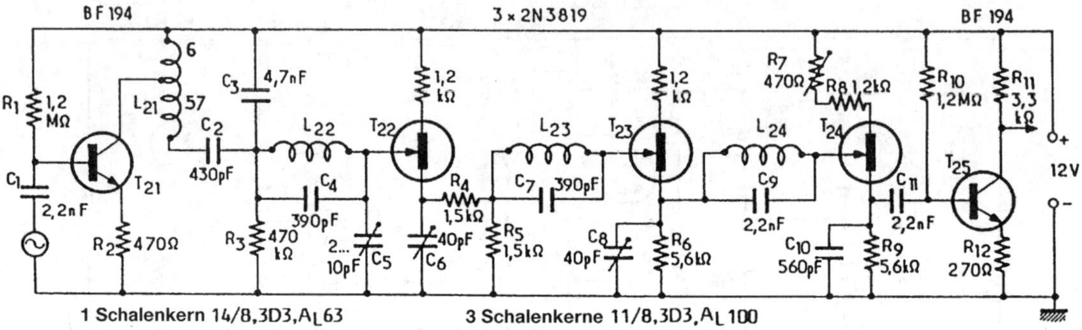

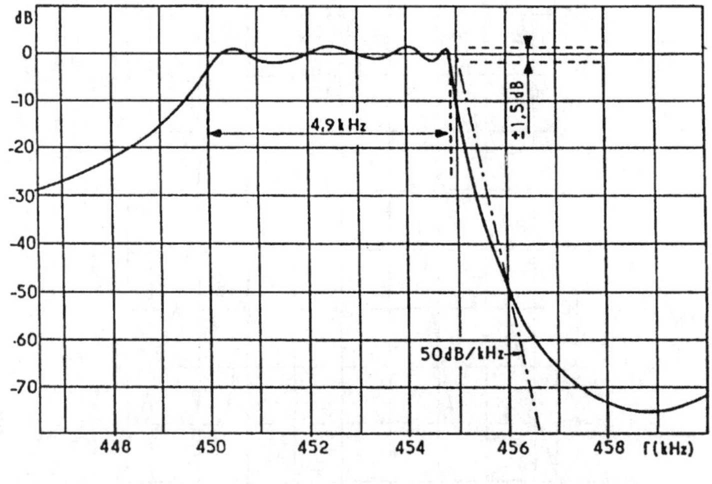

L_{22} bis L_{24} gehören zu Bandfiltern, die oberhalb ihrer Resonanz eine Sperrfrequenz aufweisen. Mit Pufferstufen in Drainschaltung werden sie gegeneinander entkoppelt und erfahren gleichzeitig eine durch die Kondensatoren im Source-Kreis einstellbare Entdämpfung. [*Le Haut-Parleur*, Paris, Nr. 1437, Seiten 266 bis 270.]

504. Mit Kapazitätsdioden einstellbare Bandbreite

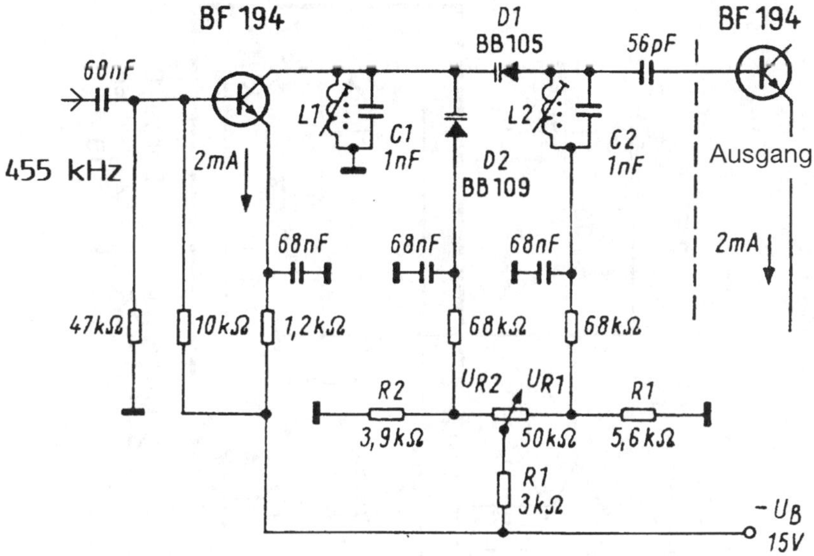

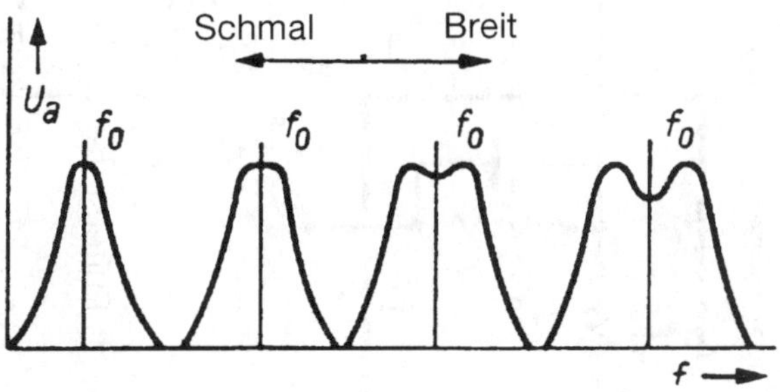

D1 verändert die Kopplung zwischen den beiden Resonanzkreisen, D2 korrigiert die dabei auftretende Verstimmung. Spulen: 100 µH, Qualitätsfaktor etwa 100 (ohne Belastung). Die Bandbreite läßt sich zwischen 7 und 16 kHz verändern. [E. Gelder, *Funk-Technik*, Berlin, Nr. 6/69, Seite 163.]

505. Filter für Stereo-Hilfsträger (19 kHz)

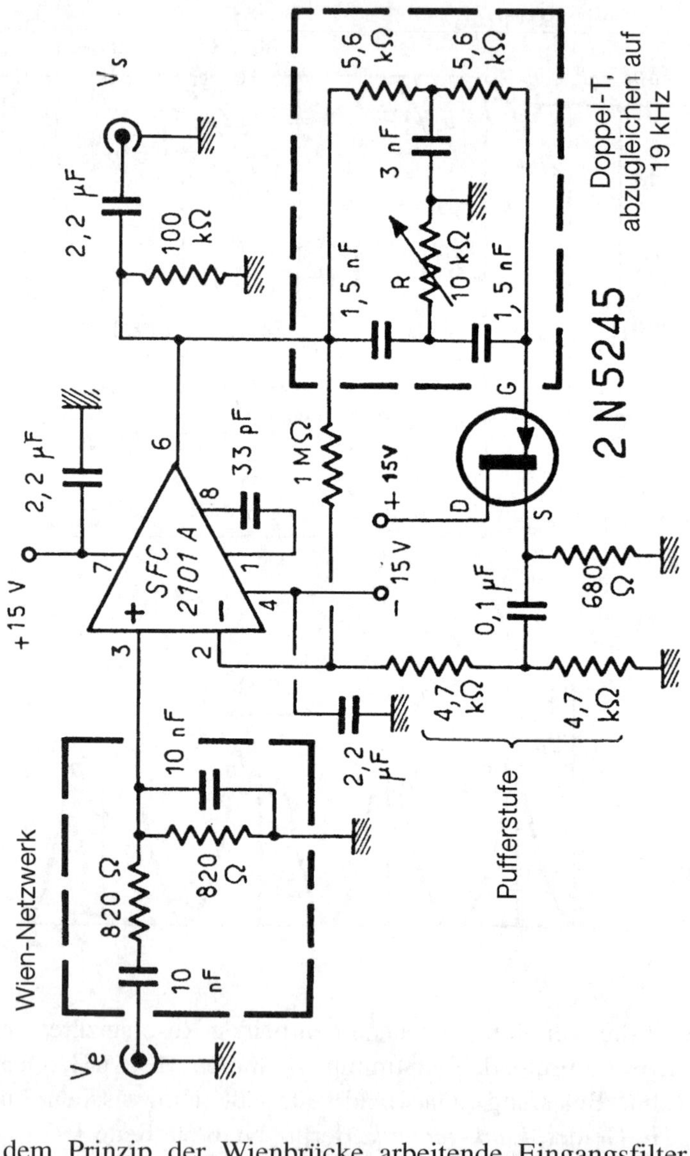

Das nach dem Prinzip der Wienbrücke arbeitende Eingangsfilter wird im Gegenkoppelkreis durch ein Doppel-T-Filter ergänzt. Der Spannungsgewinn beträgt 34 dB, die Bandbreite 7 kHz bei – 3 dB. [*Toute l'Electronique*, Paris, August 1979, Seite 69.]

Abschwächer

506. Video-Abschwächer mit MOS-Transistoren

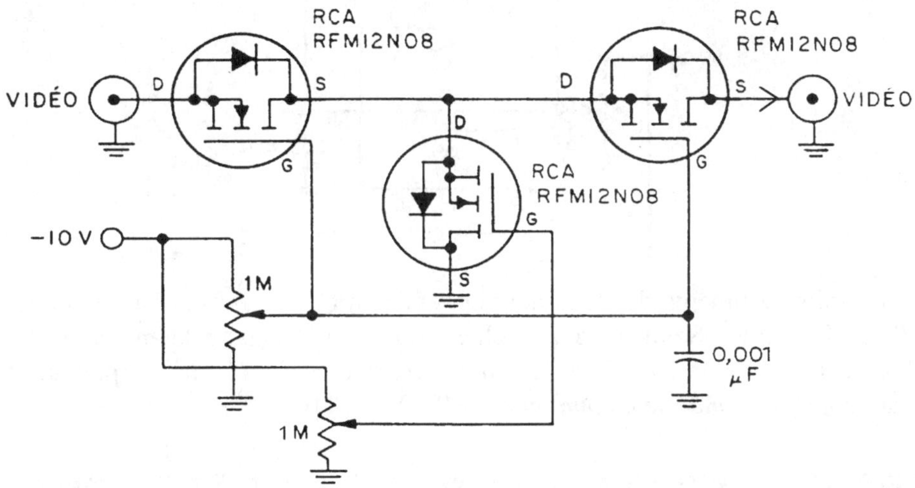

Die Steuerspannung beeinflußt den Innenwiderstand der Transistoren. Die Abschwächung kann 100 dB bei 10 MHz erreichen. Das Doppelpotentiometer ist so zu beschalten, daß die Gatespannung in den in Reihe liegenden Transistoren zunimmt, wenn sie in dem nach Masse geschalteten abnimmt. [Circuit Ideas Power MOSFET, *GE-RCA*, Seite 34.]

507. Video-Abschwächer mit JFET

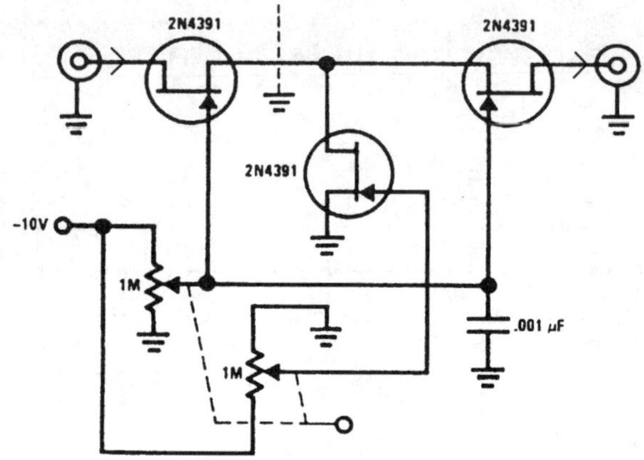

Der minimale Innenwiderstand der verwendeten Feldeffekttransistoren beträgt 30 Ω. Bei guter Schirmung zwischen Ein- und Ausgang kann damit eine Abschwächung von 100 dB bei 10 MHz erreicht werden. [Linear Applications Handbook, *National Semiconductor*, 1986, Seite 110.]

508. Diodenabschwächer für Videofrequenzen

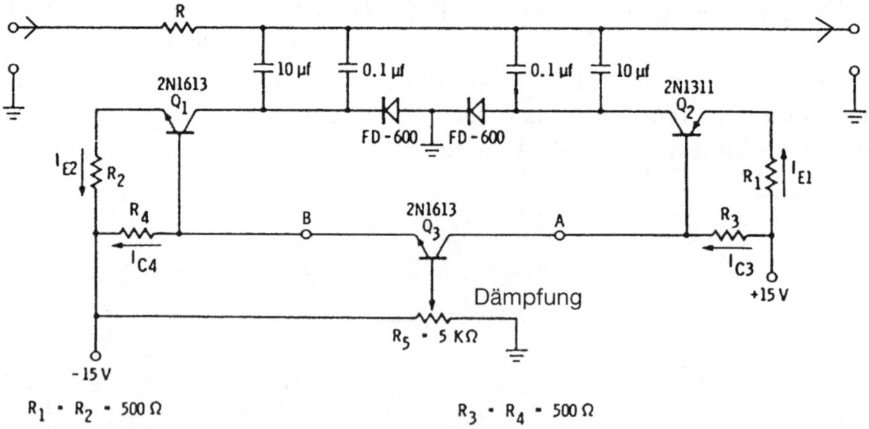

Die beiden Dioden arbeiten mit entgegengesetzten Vorspannungen. Ihr Widerstand hängt von den Kollektorströmen in Q_1 und Q_3 ab. Mit 10 mA erhält man eine Abschwächung um 50 dB, wenn R = 1 kΩ, 30 dB bei R = 100 Ω. Bei Anwendungen bis 30 MHz soll R < 1,2 kΩ sein. Bis 6 MHz kann mit R = 4 kΩ gearbeitet werden. [Anwendungsbericht *SGS* AR 22 BAS 22 – APP 57.]

509. Umschaltbarer Abschwächer, 70 dB bei 80 MHz

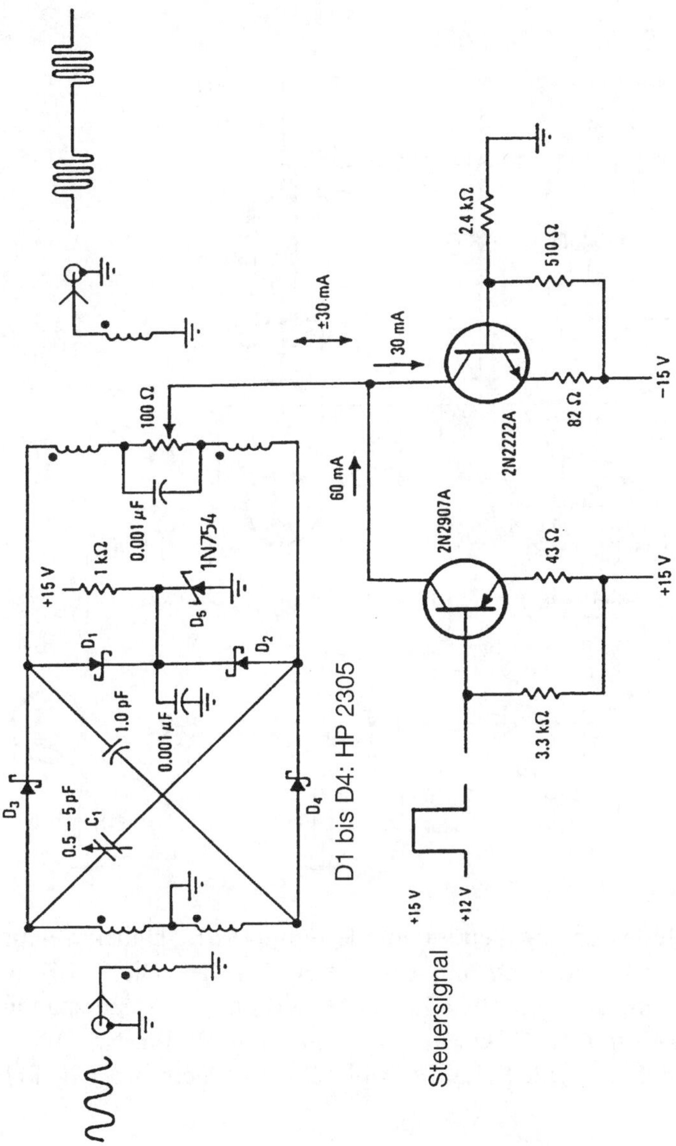

Eine Brücke aus eng tolerierten Schottky-Dioden wird von einem von –30 auf +30 mA umschaltbaren Strom durchflossen. Die Z-Diode stabilisiert die Sperrspannung der Dioden. [R. J. Turner, *Electronics*, New York, 14 novembre 1984, Seite 121.]

510. Abschwächer mit PIN-Dioden, 1 bis 30 MHz

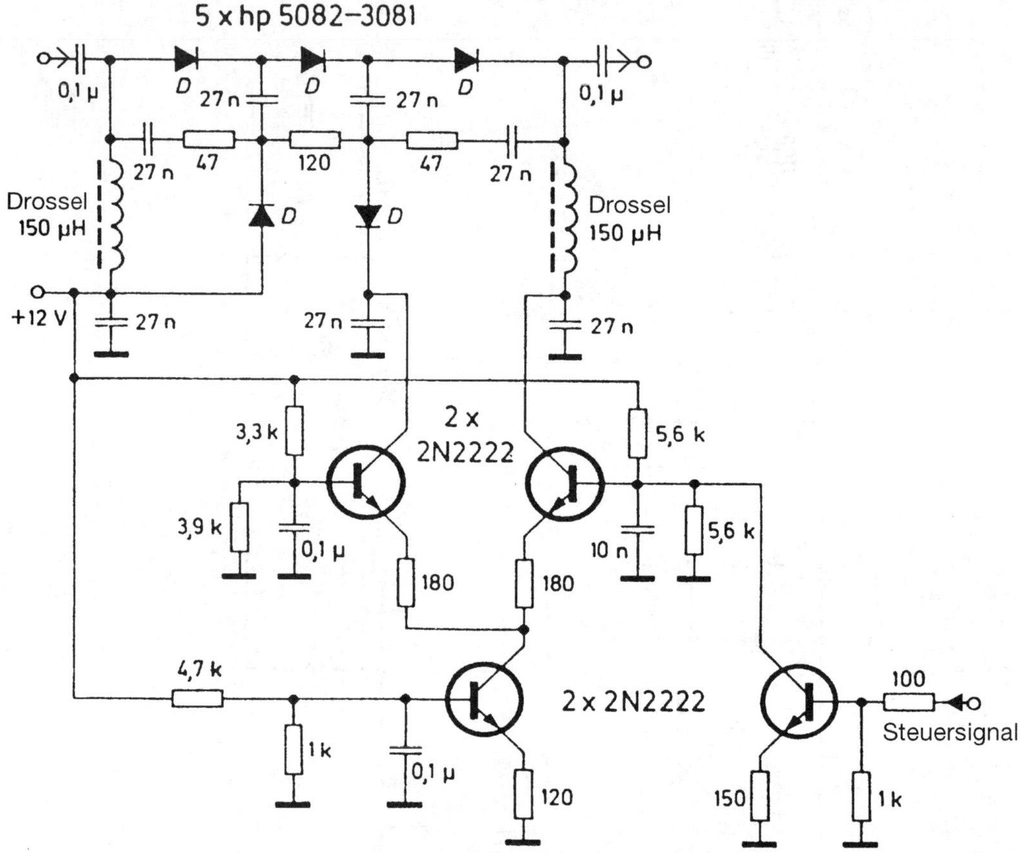

Der Dämpfungsumfang beträgt mindestens 60 dB. Dabei weichen die Ein- und Ausgangsimpedanzen nur wenig von 50 Ω ab. Die in dB ausgedrückte Abschwächung ist eine etwa lineare Funktion der Steuerspannung. [U. L. Rohde, *Internationale Elektronische Rundschau*, Berlin, Nr. 11/73, Seiten 244 bis 248 und Nr. 12/73, Seiten 276 bis 280. – Electronics, 20 Februar 1975, Seite 88.]

511. Abschwächer mit PIN-Dioden, TDA 1061, TDA 1053

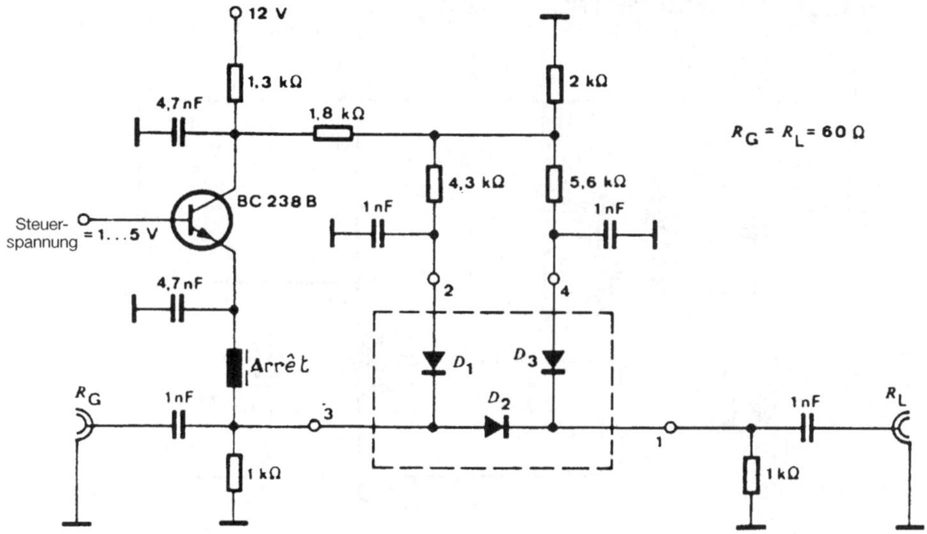

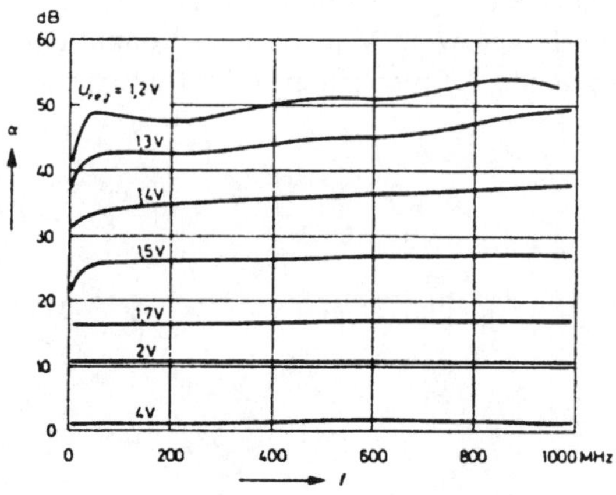

Der Steuertransistor erlaubt einen Strom bis zu 20 mA in den Dioden. Wenn sein Basisstrom gering ist, leiten D_1 und D_3, D_2 ist gesperrt und die Abschwächung ist maximal (50 dB). Anwendbar bis 1 GHz. Die Kurven zeigen das Frequenzverhalten. [*Funk-Technik*, München, Nr.13/78, Seite 225.]

AM-Demodulatoren

512. Gemeinsame Vorspannung

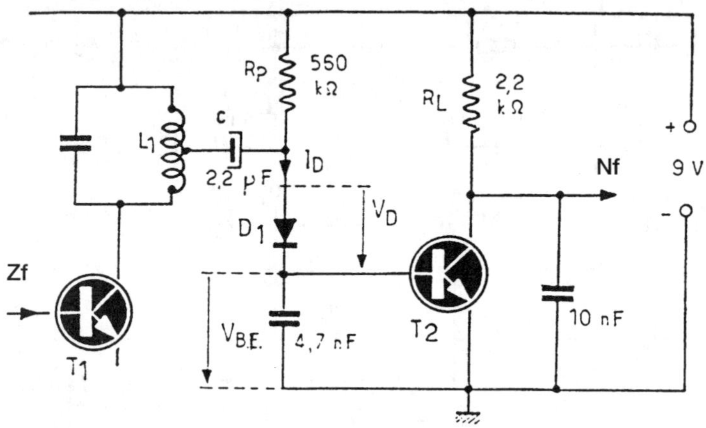

R_P bestimmt den Strom in D_1 und den Basistrom von T_2. Beide Halbleiter werden damit in einem günstigen und aneinander angepaßten Arbeitspunkt betrieben. Der hohe Wert des Koppelkondensators C bedingt Kurzschluß des Eingangs bei tiefen Frequenzen. Man vermeidet damit das bei offenem Transistoreingang auftretende, 1/f proportionale Nf-Rauschen.

513. AM-Demodulator mit Komplementärdiode

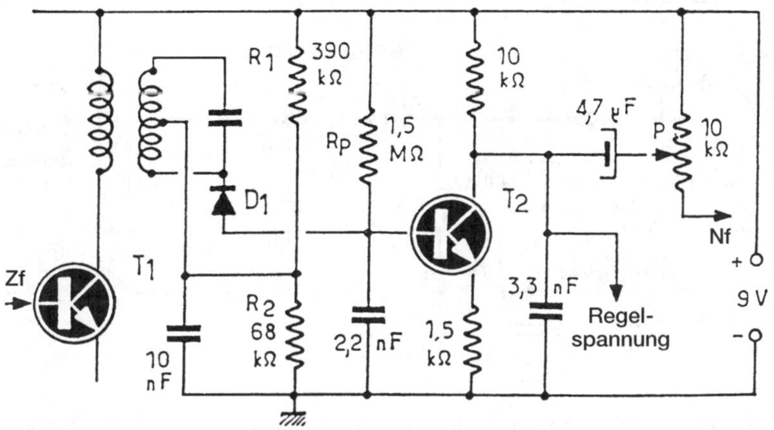

Der durch R_P bestimmte Strom verteilt sich auf D_1 und die Basis von T_2. Für das Demodulationssignal erhält man damit entgegengesetzt verlaufende Kennlinienkrümmungen, was bessere Linearität als in der vorhergehenden Schaltung bedeutet.

514. AM-Demodulator mit Vorspannungsteiler

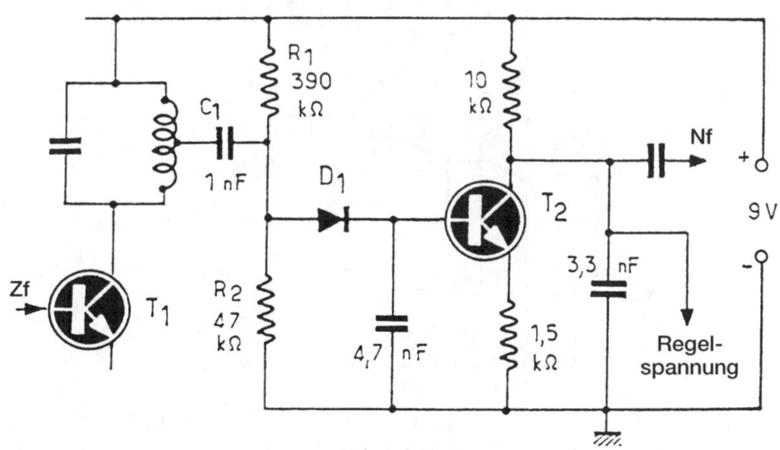

Im Gegensatz zu Schaltung 512 wird die Spannung an der Anode von D_1 durch einen Teiler festgehalten. Damit verstärkt T_2 auch die für eine Vorstufenregelung verwendbare Gleichkomponente der Demodulation.

515. AM-Demodulator in einem AM/FM-Empfänger

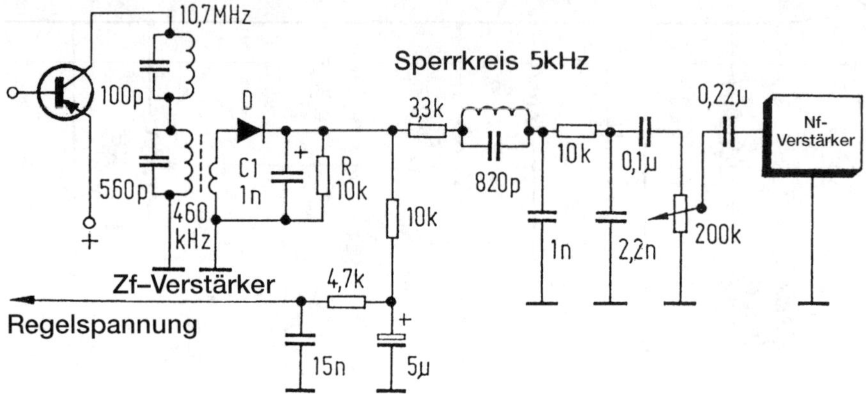

Die für PNP-Transistoren ausgelegte Schaltung gestattet eine etwa lineare Demodulation, wenn der Regelspannungsausgang mit einer Vorspannung für die Diode belegt wird. Der auf 5 kHz abgestimmte Sperrkreis unterdrückt Störgeräusche und bedingt damit eine subjektive Verbesserung der Trennschärfe. [A. Köhler, R. Schiffel, *Funkschau*, München, Nr. 17/83, Seiten 59 bis 66.]

516. AM-Demodulation bei TDA 1038

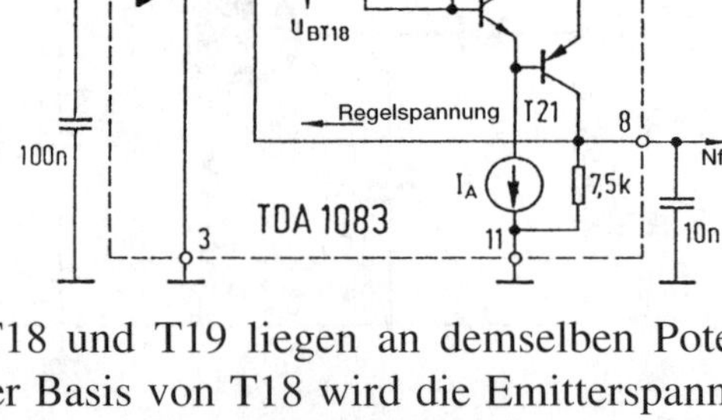

Die Basen von T18 und T19 liegen an demselben Potential. Bei negativen Amplituden an der Basis von T18 wird die Emitterspannung von T19 festgehalten. Diese Emitterspannung folgt dagegen positiven Änderungen an der Basis von T18. [Unterlagen der Firma *AEG Telefunken* und A. Köhler, R. Schiffel, *Funkschau*, München, Nr. 17/83, Seiten 59 bis 66.]

517. Breitbanddemodulator, 20 bis 80 MHz, LM 1211

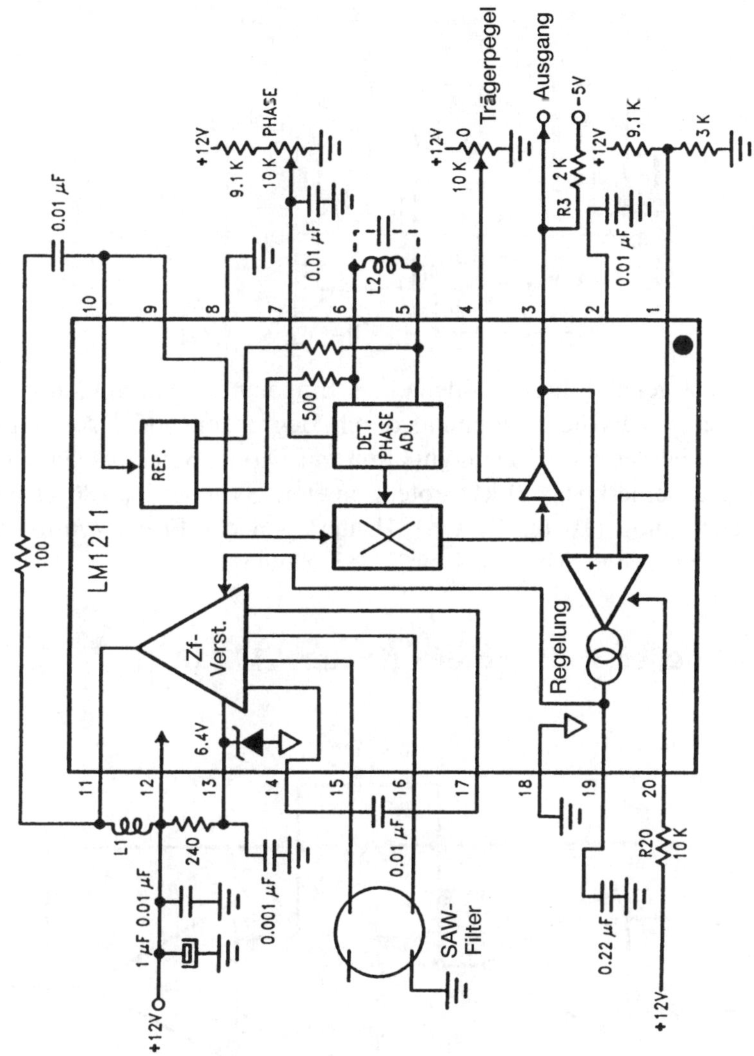

Regelumfang: 40 dB. Bandbreite am Demodulatorausgang: bis 25 MHz. Eingangsimpedanz: 60 Ω. Zf-Verstärkung: 30 dB. Intermodulation für 10 mV am Eingang: –40 dB. Verstärkung im Demodulator: 24 dB. Als multiplikative Demodulation mit Trägerüberlagerung ist die Schaltung für AM und FM verwendbar. [Linear Databook 3, *National Semiconductor*, 1988, Seiten 5-82 bis 5-91.]

518. Synchrondemodulation mit TDA 1571

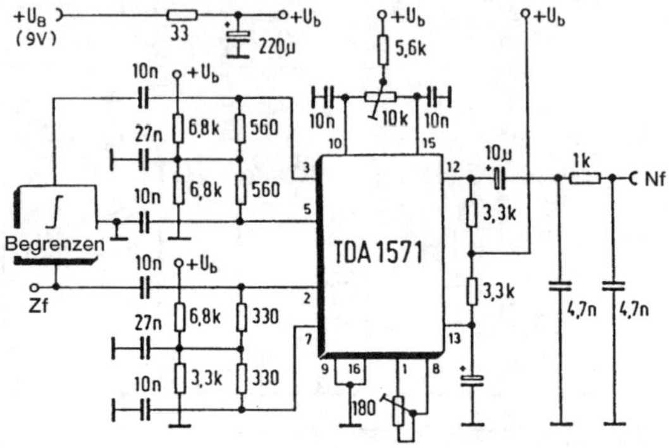

Das Zf-Signal gelangt direkt an den einen Eingang des Multiplikators, an den anderen nach Trägerrückgewinnung durch Begrenzung oder Ausfiltern. Die Linearität ist besser als bei Demodulation mit Diode, Selektivschwund macht sich weniger bemerkbar. 10-kΩ-Potentiometer: Symmetrie. 180-Ω-Potentiometer: Verstärkung (10 bis 21 dB). [Unterlagen der Firma *Philips* und W. Zetzmann, *Funkschau*, München, Nr. 21/83, Seite 68.]

519. Schneller Spitzengleichrichter, LM 118

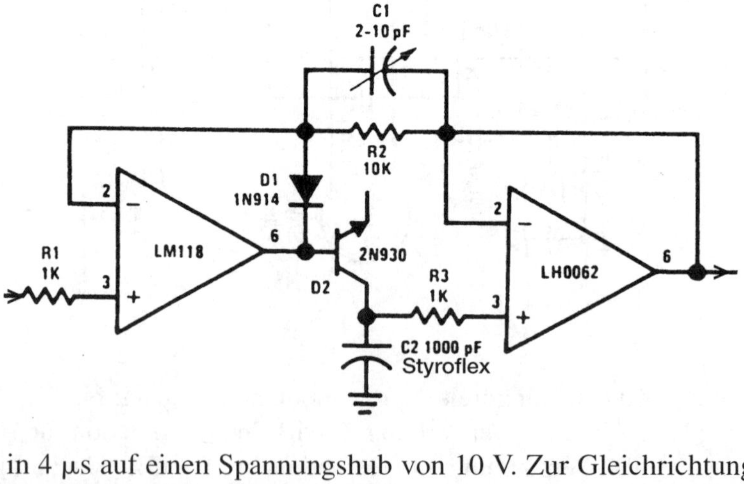

Reagiert in 4 µs auf einen Spannungshub von 10 V. Zur Gleichrichtung negativer Spannungen sind die beiden Dioden umzupolen. Der 2 N 930 stellt eine Diode mit geringem Leckstrom dar. [Linear Applications Handbook, *National Semiconductor*, 1986, Seite 277.]

520. Einseitenbanddemodulator mit LM 1496

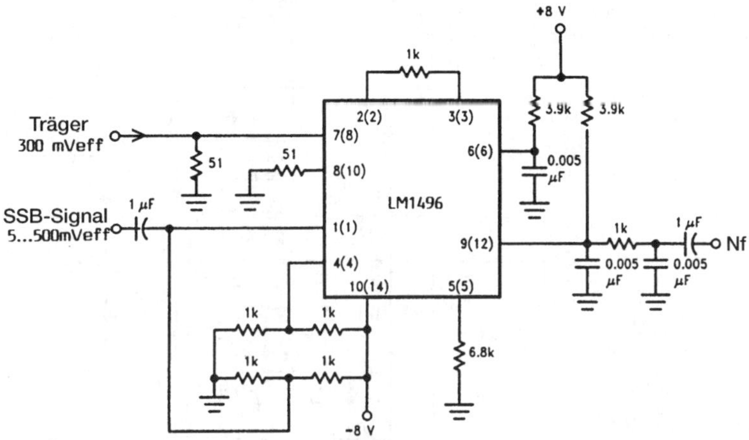

Arbeitet nach dem Prinzip des analogen Multiplikators. Mindestens bis 10 MHz anwendbar. Impedanz des Signaleingangs, bei 5 MHz: 200 kΩ und 2 pF. Die Zahlen in Klammern gelten für das DIP-Gehäuse. [Linear Databook 3, *National Semiconductor*, 1988, Seiten 5-92 bis 5-96.]

521. Einseitenbanddemodulator mit TDA 1571

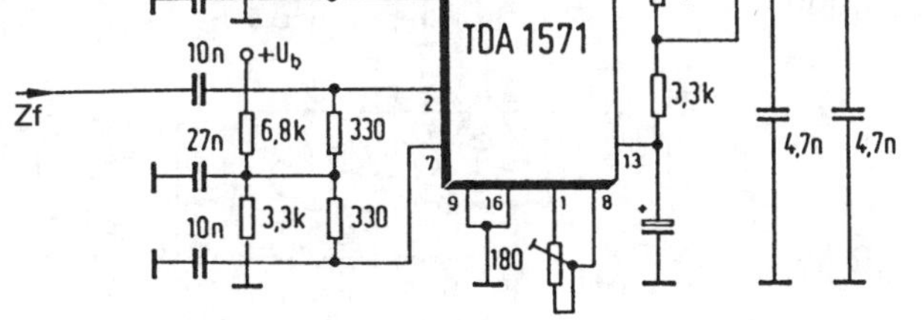

Der eine Eingang des Analogmultiplikators erhält das Zf-Signal, am anderen liegt der Überlagerungsoszillator (BFO). 10-kΩ-Potentiometer: Symmetrie. 180-Ω-Potentiometer: Verstärkung (10 bis 21 dB). [Unterlagen der Firma *Philips* und W. Zetzmann, *Funkschau*, München, Nr. 21/83, Seite 68.]

522. Einseitenband- und Telegrafieadapter für TCA 440

Die Standard-Anwendungsschaltung des TCA 440 wurde ergänzt durch: Zusätzliches Zf-Filter am Ausgang (Pin 7), Puffer T1 zum Produktdetektor (IC2), Puffer T2 zum Diodendemodulator, Regelverstärker (IC3), Überlagerungsoszillator (BFO) mit T4 (P3 überstreicht ±3 kHz), gefolgt von Puffer T3. Für die Spulen eignen sich kleine Zf-Filter (455 kHz), mit etwa 200 pF abgestimmt und Impedanzwerten (bei Resonanz) von 20 bis 70 kΩ. [C. Simm, *Funkschau*, München, Nr. 22/83, Seite 80 bis 82.]

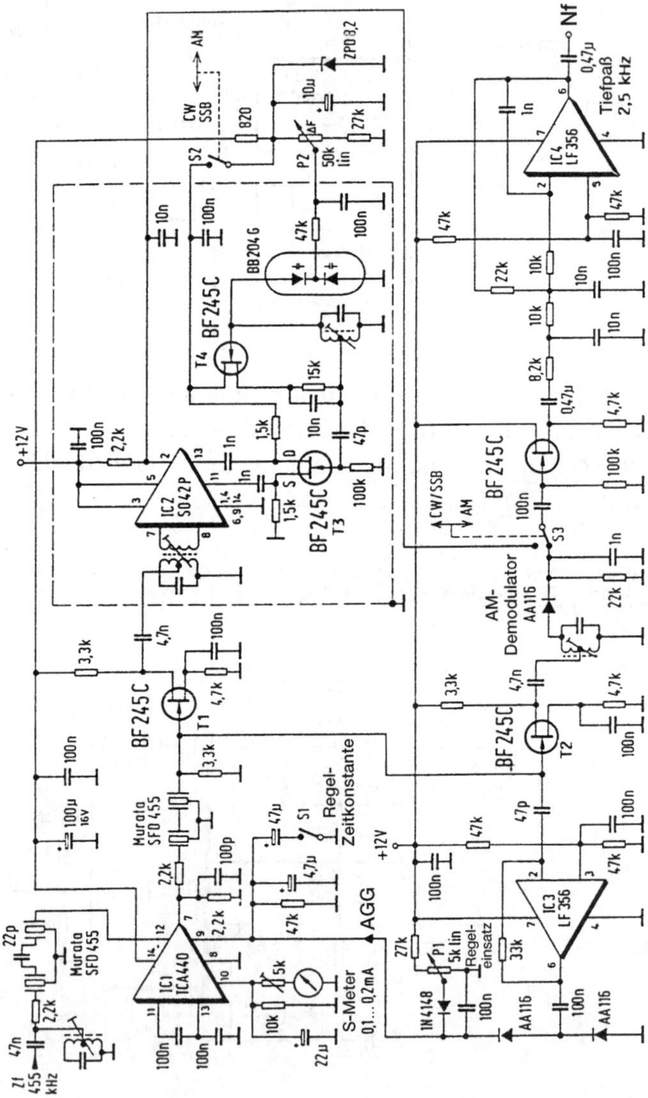

523. AM-Tondemodulation für Mehrnorm-Fernseher, TDA 1120 B

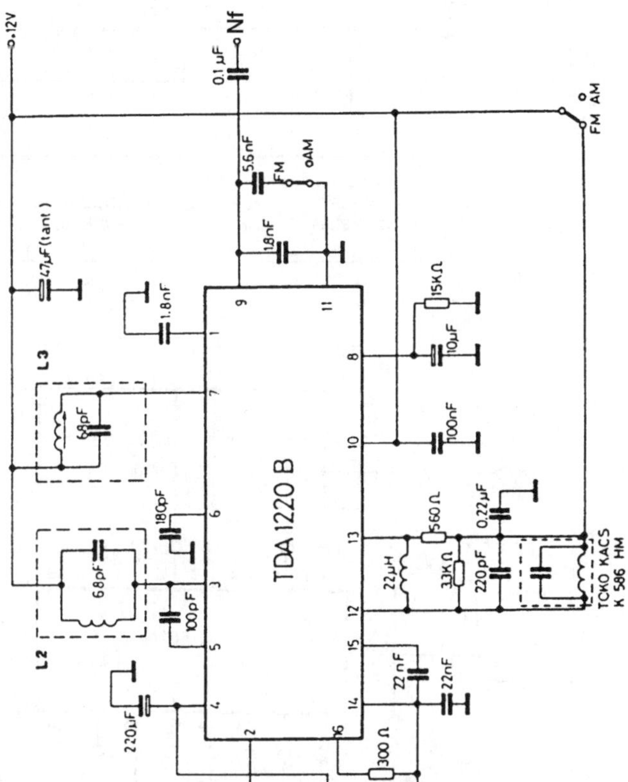
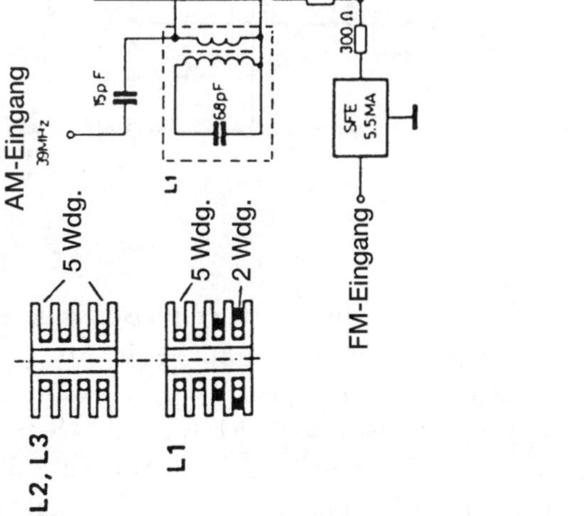

Signal/Rausch-Verhältnis: 55 dB bei 1 mV am Eingang. Nf-Spannung am Ausgang: 60 mV. L_1 bis L_3: Spulenkörper TOKO 10 K, 5 Windungen, Drahtdurchmesser 0,16 mm. Bei L_1 2 Sekundärwindungen auf der kalten Seite über Primär wickeln. [Audio and Radio Products Databook, *SGS Thomson Microelectronics*, 1987, Seiten 433 bis 448.]

524. Synchrondemodulation mit NE 561 N

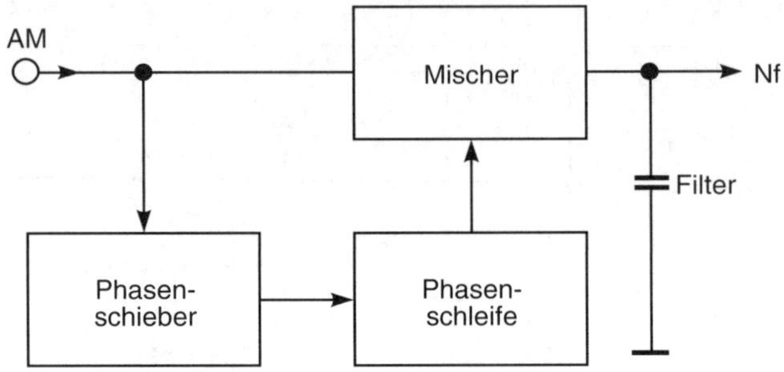

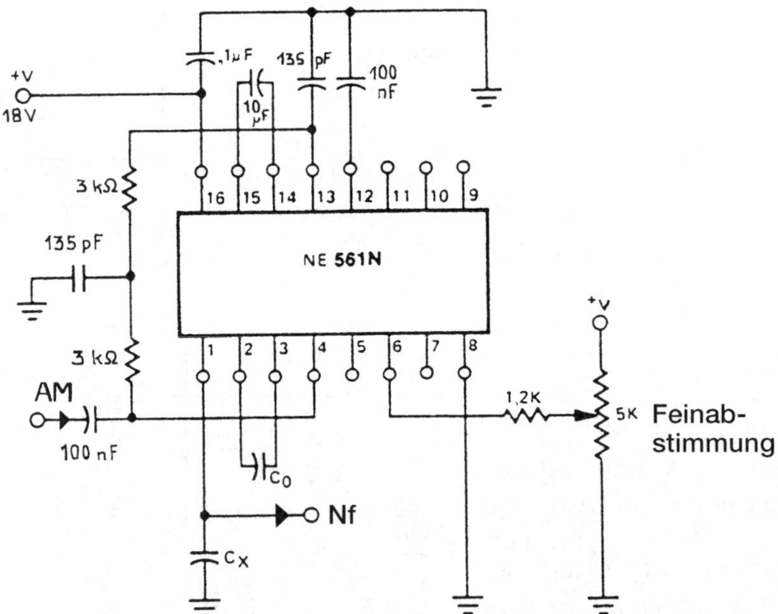

Der Träger wird mittels einer Phasenschleife zurückgewonnen und tastet das Eingangssingal ab. Empfohlen für Anwendungen zwischen 400 und 1600 kHz. Der Wert von C_0 ist 300 pF/f_0, wenn f_0 die in MHz ausgedrückte Empfangsfrequenz ist. Bei AM wird der Selektivschwund mit dieser Methode besonders dann reduziert, wenn nur ein Seitenband des Signals benutzt wird. [Analog Data Manual *Signetics*, 1978, Seite 843.]

525. Abtastdemodulator mit MC 1496 K

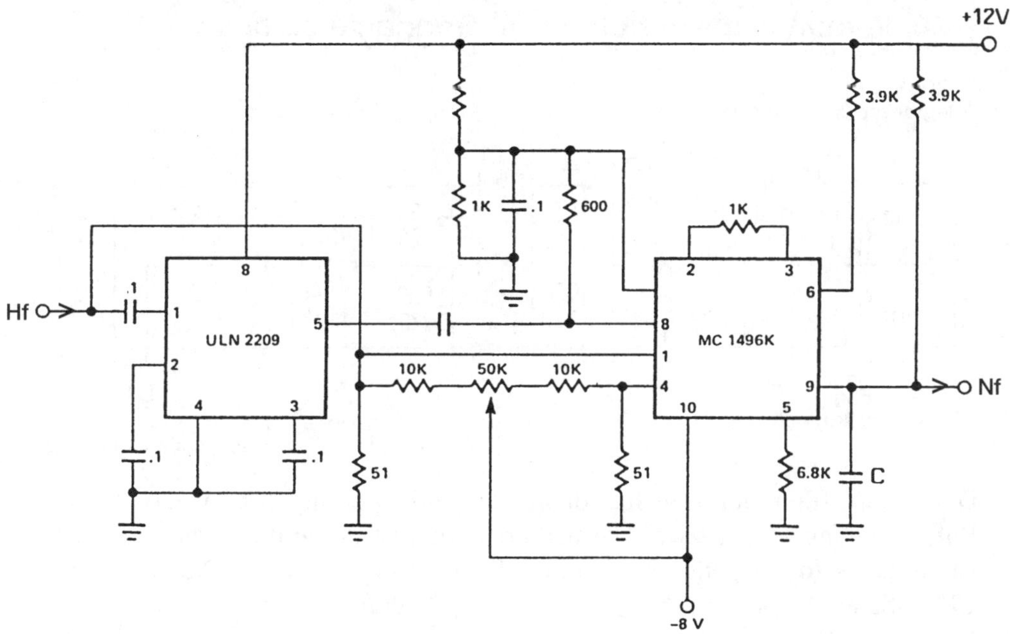

Synchrondemodulation, bei der das modulierte Signal direkt an Pin 1 der MC 1496 K gelangt, während Pin 8 es erst nach Verstärkung und Begrenzung (ULN 2209) erhält. Der so zurückgewonnene Träger wird mit dem Empfangssignal multipliziert. Durch (absichtliche) Übersteuerung erhält man nach Abtastung Impulse, deren Höhe die Hüllkurve der Modulation beschreibt und aus denen nach Siebung (C) das Audio-Signal gewonnen wird. [Analog Data Manual *Signetics*, 1978, Seite 758.]

FM-Demodulatoren

526. Verhältnisgleichrichter mit Germaniumdioden

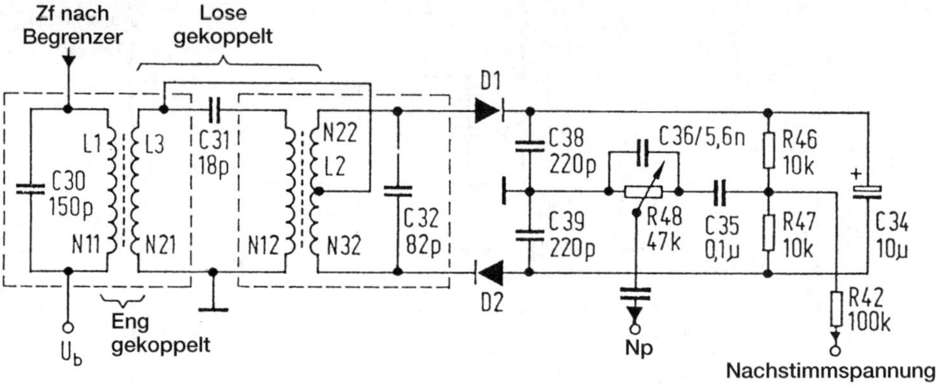

Das Koppelfilter am Eingang dient zur Verbesserung der Linearität. Die Ruhespannung an den zwei Germaniumdioden ist durch die Ladung des 10-µf-Kondensators gegeben. [A. Köhler, R. Schiffel, *Funkschau*, München, Nr. 19/83, Seiten 59 bis 66.]

527. Verhältnisgleichrichter mit Siliziumdioden

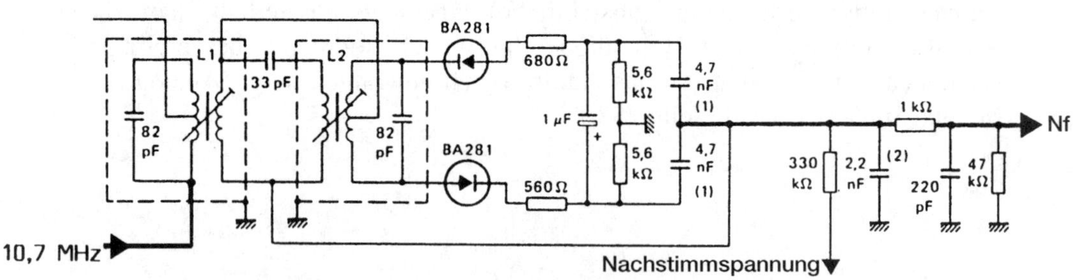

Bei sorgfältigem Abgleich des Koppelfilters kann ein Klirrfaktor von nur 0,02% erreicht werden. Dazu zunächst L_2 kurzschließen und L_1 auf minimale Verzerrung durch die zweite Oberwelle abstimmen. Dann L_2 in derselben Weise abgleichen. (1): 220 pF bei Stereoanwendungen. (2): 390 pF bei Stereoanwendungen. L_1: TOKO 85ACS-4238A. L_2: TOKO 85ACS-4260SEJ. [Integrated Circuits Book IC 01, *Philips*, 1988, Seiten 1027 bis 1038.]

528. FM-Demodulator mit Phasenschleife, HA 2800

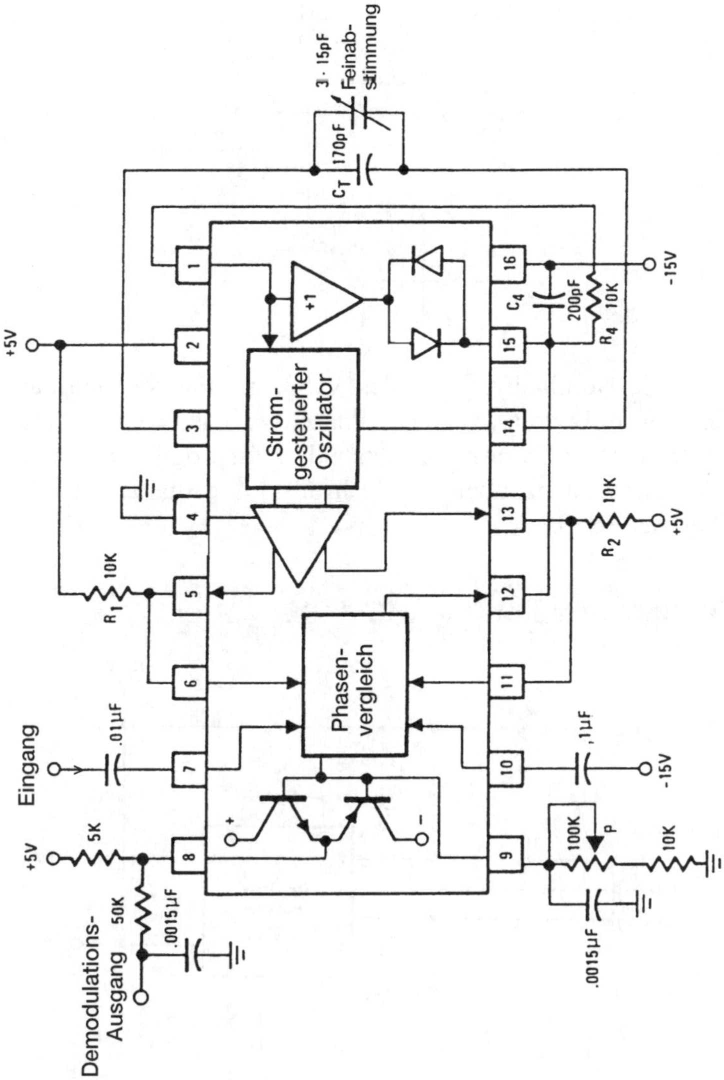

Die Betriebsfrequenz, 10,7 MHz bei C_T = 170 pF, kann bei entsprechender Vergrößerung von C_T bis auf 100 kHz gesenkt werden. Mit P kann die Ausgangsamplitude zwischen 3 und 30 mV eingestellt werden. Der Fangbereich beträgt 0,1% bei 10 µV am Eingang und 20% bei 1 mV. Man kann ihn durch Erhöhung von R_4 verringern. [Anwendungsschrift 604, *Harris Semiconductor.*]

529. FM-Demodulator mit Phasenschleife, NE 546

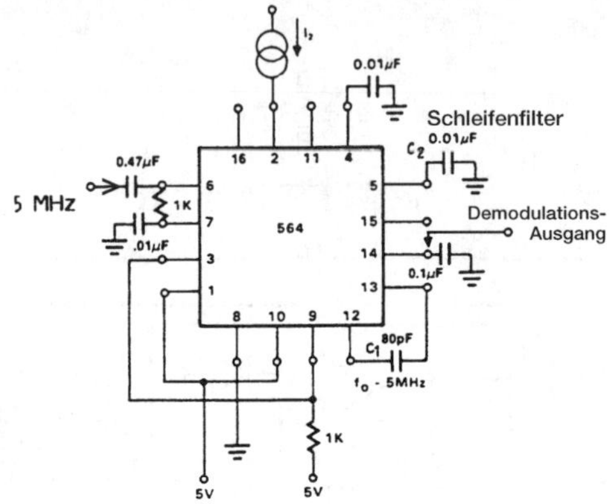

C_1 bestimmt die Nominalfrequenz des VCO, der Fangbereich hängt von C_2 ab. Verstärkung im Begrenzer und im Phasenvergleich werden durch an Pin 2 geführten Strom I_2 bestimmt. Wird besonders für Logik-Anwendungen empfohlen, und bei Frequenzhüben von mehr als 1%. [Analog Data Manual *Signetics*, 1978, Seite 830.]

530. Phasenvergleich mit MC 1496

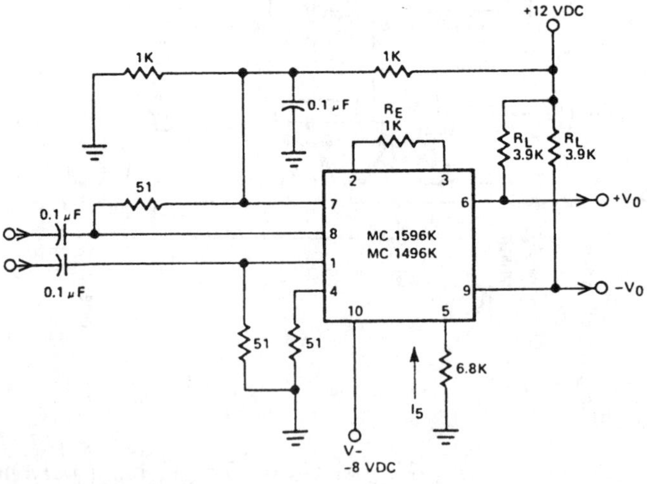

Die beiden Eingänge erhalten Signale gleicher Frequenz, aber unterschiedlicher Phasenlage. Die eine der Ausgangsspannungen ist zu dieser Phasenverschiebung direkt, die andere umgekehrt proportional. [Analog Data Manual *Signetics*, 1978, Seite 758.]

531. FM-Demodulator mit CA 3075 (LM 3075)

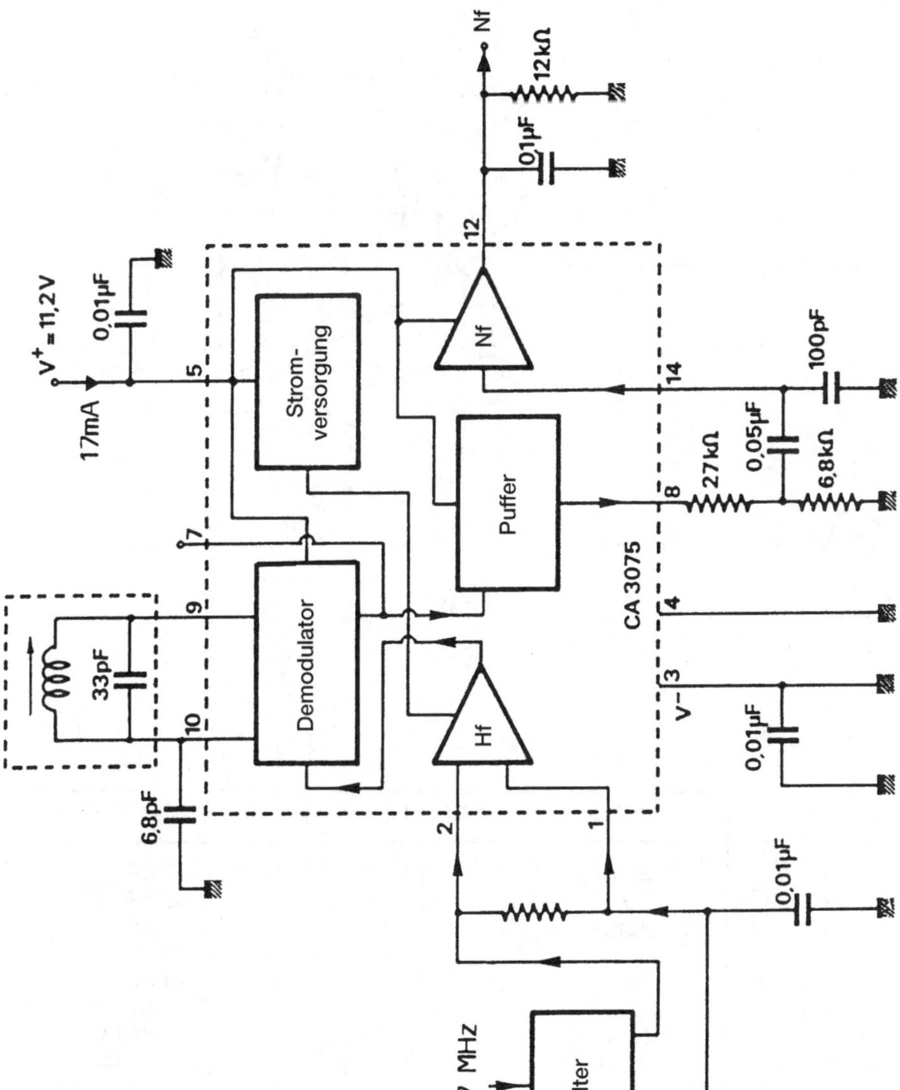

Begrenzungseinsatz: 600 µV am Eingang. AM-Unterdrückung: 55 dB. Eingangsimpedanz bei 10,7 MHz: 4,5 kΩ parallel zu 4,5 pF. Klirrfaktor: 1% im Demodulator, 1,5% im Nf-Vorverstärker. [Anwendungsschaltung *RCA*.]

532. FM-Demodulator mit TBA 120, TBA 120 A

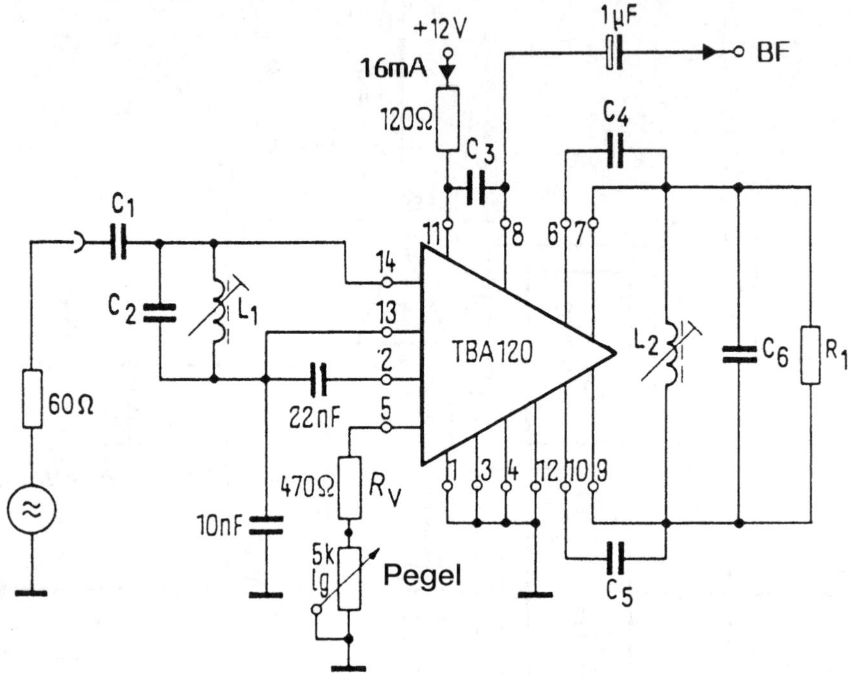

	5.5 MHz	10.7 MHz Mono	10.7 MHz Stereo
C_1	47 pF	27 pF	47 pF
C_2	220 pF	120 pF	150 pF
C_3	22 nF	22 nF	470 pF
C_4	56 pF	27 pF	30 pF
C_5	56 pF	27 pF	30 pF
C_6	1,5 nF	470 pF	330 pF
L_1	20 Wdg.	20 Wdg.	15 Wdg.
L_2	8 Wdg.	8 Wdg.	12 Wdg.
R_1	∞	∞	1k

Begrenzungseinsatz: 50 µV am Eingang. Eingangsimpedanz bei 10,7 MHz: 7,2 kΩ parallel zu 6,2 pF. Verstärkungseinstellung: 60 dB. AM-Unterdrückung: 55 dB. [Integrierte Schaltungen für die Unterhaltungselektronik, *Siemens*, 1980/81, Seiten 59 bis 66.]

533. FM-Demodulator mit TBA 120 S und LC-Vorkreis

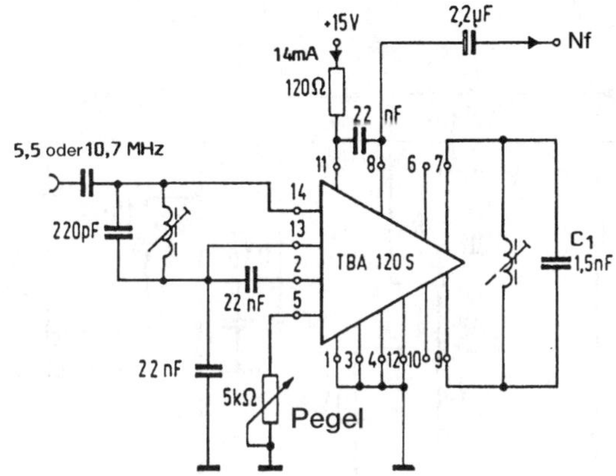

Spannungsgewinn: 68 dB. Begrenzungseinsatz: 50 µV am Eingang. Eingangsimpedanz bei 10,7 MHz: 20 kΩ parallel zu 4 pF. Verstärkungseinstellung: 75 dB. AM-Unterdrückung: 50 dB. Signal/Rausch-Verhältnis bei 10 mV am Eingang: 85 dB. Klirrfaktor: 1,3%. C1: 1,5 nF bei 5,5 MHz, 470 pF bei 10,7 MHz. [Integrierte Schaltungen für die Unterhaltungselektronik, *Siemens*, 1980/81, Seiten 313 bis 320.]

534. FM-Demodulator mit TBA 120 S und Keramikfilter

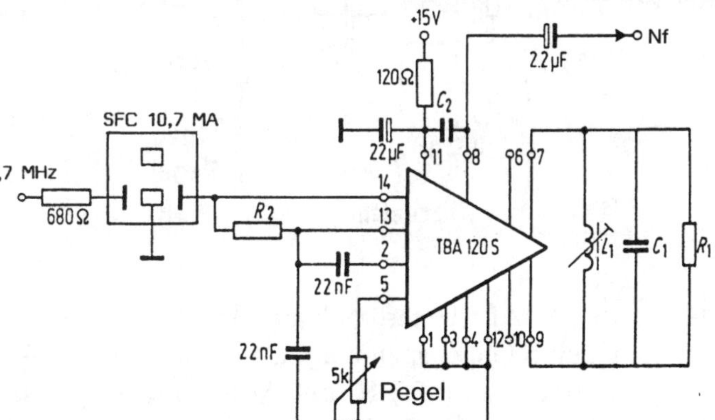

Gleiche Kenndaten wie vorher. Werte für Mono-FM: C_1 = 470 pF, C_2 = 22 nF, L_1 = 8 Windungen, R_1 ist wegzulassen. Werte für Stereo-FM: C_1 = 330 pF, C_2 = 470 nF, L_1 = 12 Windungen, R_1 = 1 kΩ. [Integrierte Schaltungen für die Unterhaltungselektronik, *Siemens*, 1980/81, Seiten 313 bis 320.]

535. FM-Demodulator mit SL 665

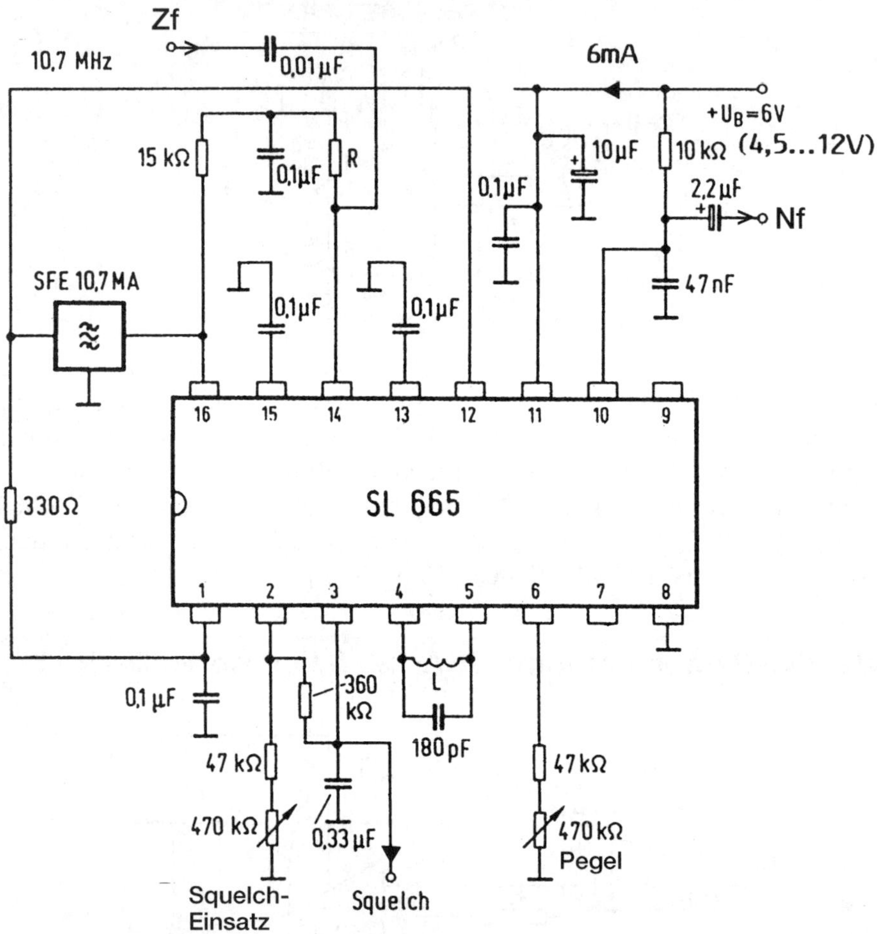

Empfindlichkeit: 10 µV. AM-Unterdrückung: 35 dB. Klirrfaktor: < 3%. Verstärkungssteuerung durch Gleichspannung, Umfang 70 dB. Nf-Ausgangsspannung: 25 mV_{eff} an 10 kΩ. L: 0,5 µH, mit Abgleichkern. [Presseinformation *Plessey*, 2/78. *ELO*, München, Nr. 9/79, Seite 66.]

536. FM-Demodulator mit Audio-Verstärker, SL 664

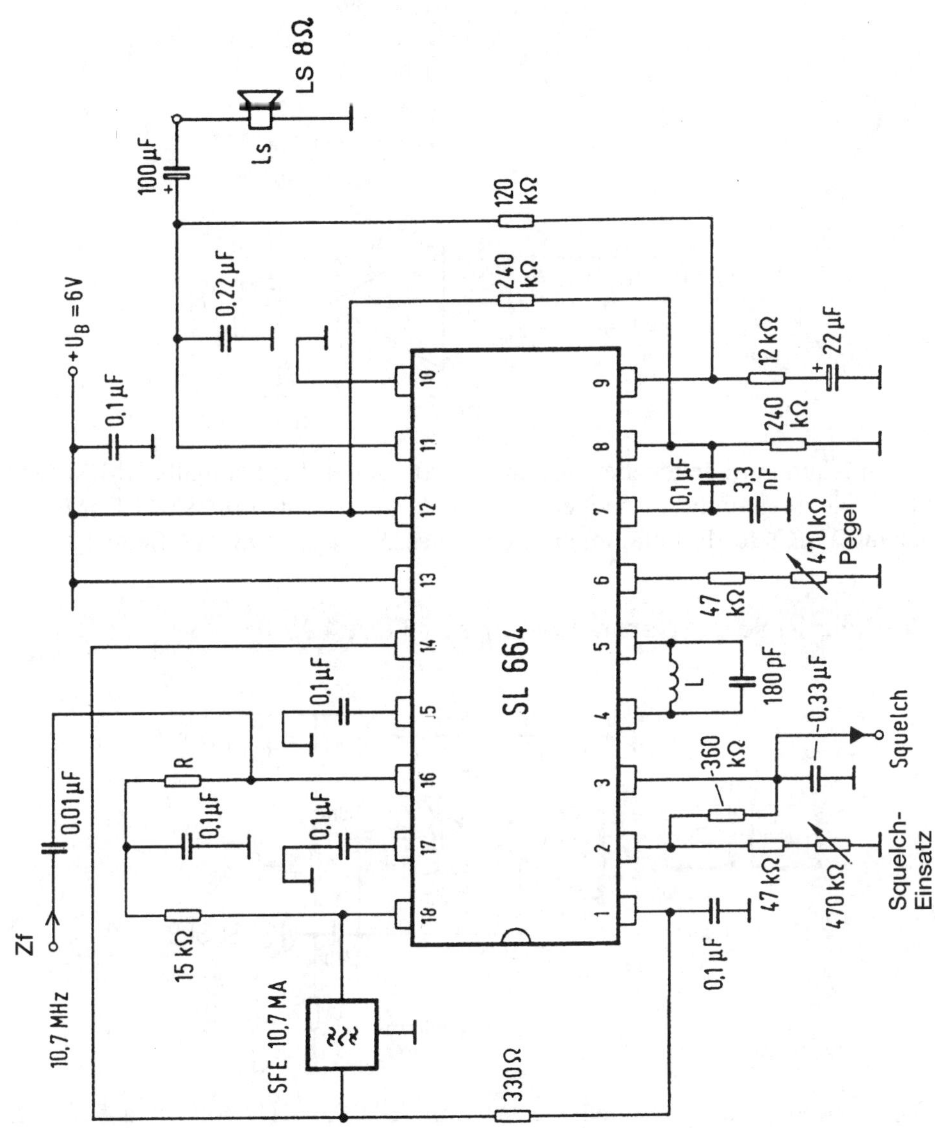

Empfindlichkeit: 10 µV. AM-Unterdrückung: 35 dB. Klirrfaktor: < 3%. Verstärkungssteuerung durch Gleichspannung, Umfang 70 dB. Nf-Ausgangsleistung: 175 mW an 8 Ω. L: 0,5 µH, mit Abgleichkern. [Presseinformation *Plessey*, 2/78. *ELO*, München, Nr. 9/79, Seite 66.]

537. FM-Demodulator für 10,7 oder 0,45 MHz, S 041

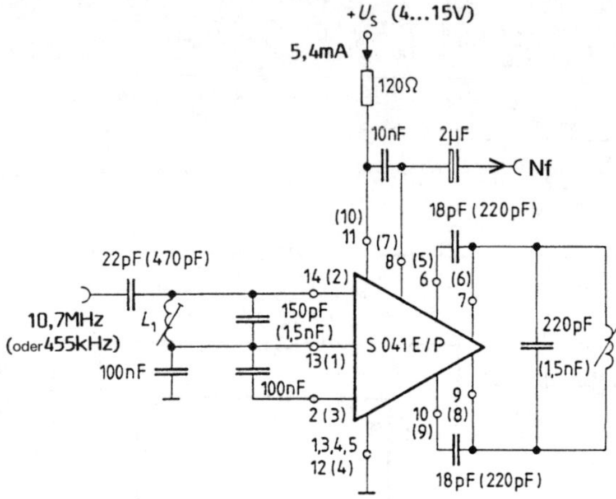

Die in Klammern angegebenen Bauteilwerte gelten für Schmalband-FM (455 kHz). Die in Klammern angegebenen Pinnummern gelten für S 041 E (Metallgehäuse). [ICs for Entertainment Electronics, *Siemens*, 1986/87, Seite 40.]

538. Koinzidenzdemodulator mit TDA 420 A

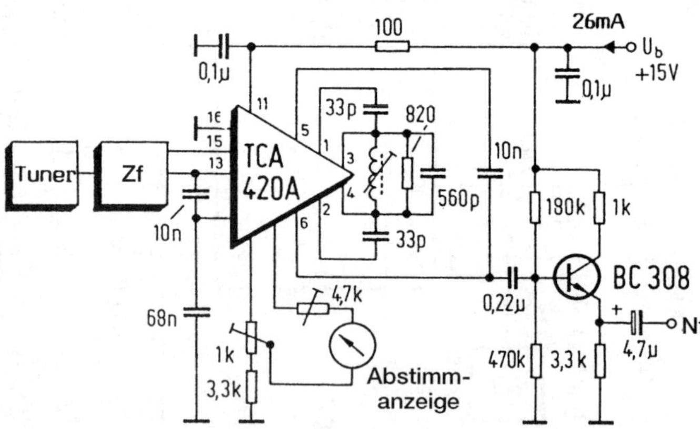

Die Bandbreite des Resonanzkreises (mit L ≈ 0,4 µH) soll etwa 500 kHz betragen. Bei 1 mV am Eingang und einem Hub von ± 75 kHz erhält man am Ausgang (Pin 6) eine Nf-Spannung von 550 mV mit einem Klirrfaktor von 0,45%. Signal/Rausch-Verhältnis: 26 dB bei 30 µV am Eingang. [Handbuch IC Radio und Audio, 1980, *Philips*, und A. Köhler, R. Schiffel, *Funkschau*, München, Nr. 20/83, Seiten 59 bis 66.]

539. Zf-Verstärker und FM-Demodulator, TDA 1576

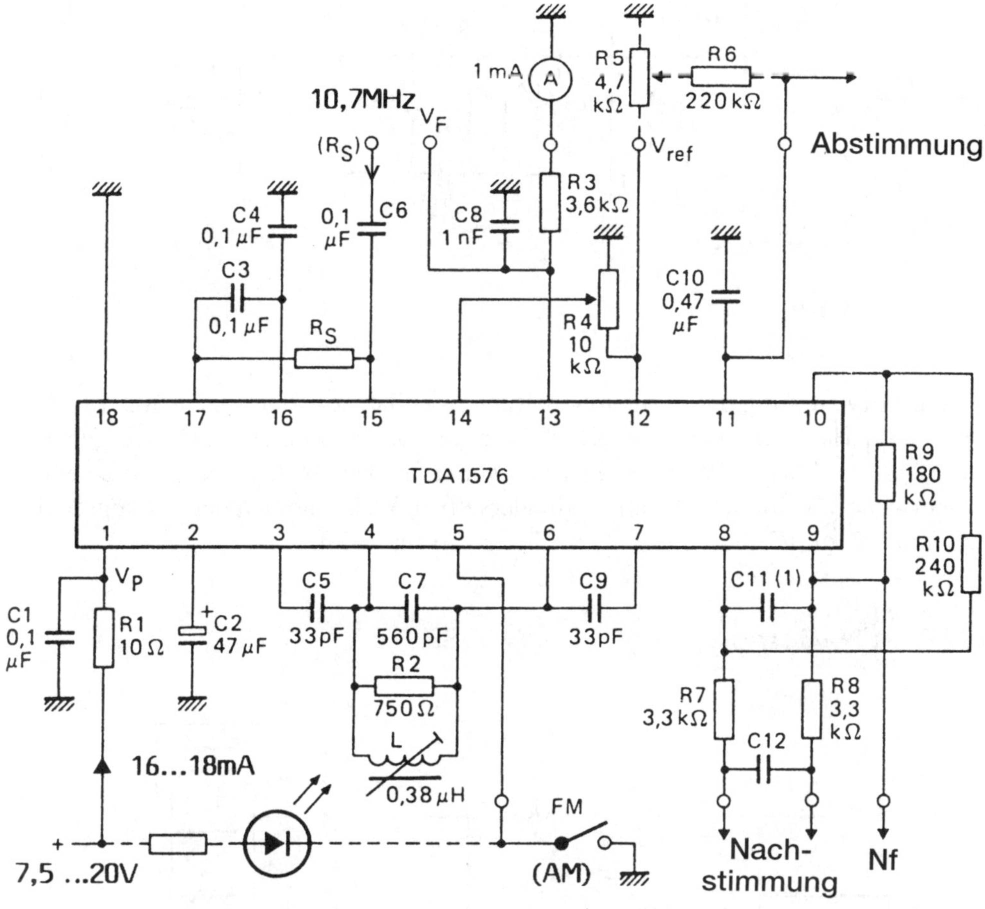

Für 8 und 35 µV am Eingang werden Signal/Rausch-Verhältnisse von 26 bzw. 46 dB erhalten. Klirrfaktor: 0,1%. Umfang der Signalanzeige (Pin 13): 90 dB. AM-Unterdrückung: 50 dB. C_{11}: 6,8 nF bei Mono, 56 pF bei Stereo. [Integrated Circuits Book IC 01, *Philips*, 1988, Seiten 733 bis 743.]

540. Lineare FM-Demodulation mit TDA 1576

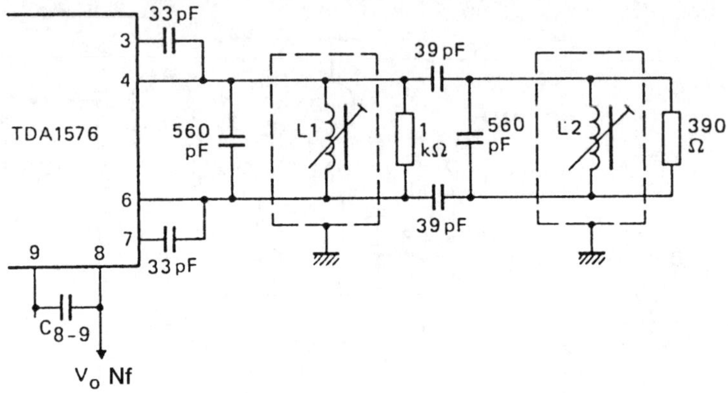

Durch Erweiterung der vorigen Schaltung um einen zweiten Resonanzkreis (L = 0,38 μH) kann man den Klirrfaktor auf 0,02% senken. Zum Abgleich zunächst L_2 kurzschließen und L_1 auf minimale Verzerrung durch die zweite Oberwelle abstimmen. Dann L_2 in derselben Weise abgleichen. [Integrated Circuits Book IC 01, *Philips*, 1988, Seite 733 bis 743.]

541. FM-Demodulator mit CA 3089

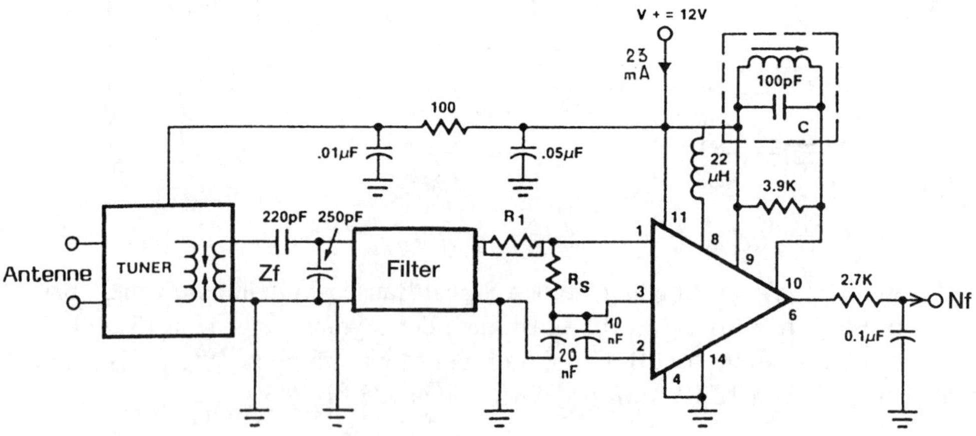

Begrenzungseinsatz: 10 μV. Klirrfaktor: 0,5%. Der aus R_1 und R_S gebildete Teiler ($R_1 + R_S > 330\ \Omega$) gestattet die Vermeidung von Schwingneigungen, die bei engem Aufbau durch unerwünschte kapazitive Mitkopplung auftreten können. [Analog Data Manual *Signetics*, 1978, Seite 487 bis 491.]

542. Schmalbanddemodulator 455 kHz, mit TDA 1220 B

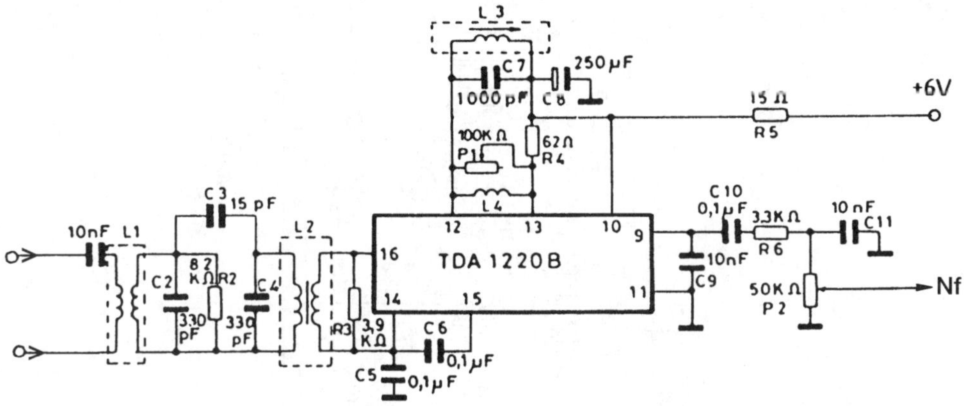

Bandbreite: 10 kHz. L_1 und L_2: TOKO OAM 320. L_3: TOKO OAM 120. L_4: Wickelkörper TOKO 7 PA mit 200 Windungen, Drahtdurchmesser 0,06 mm. [Audio and Radio Products Databook, *SGS Thomson Microelectronics*, 1987, Seiten 433 bis 448.]

543. Demodulator für Schmalband-FM

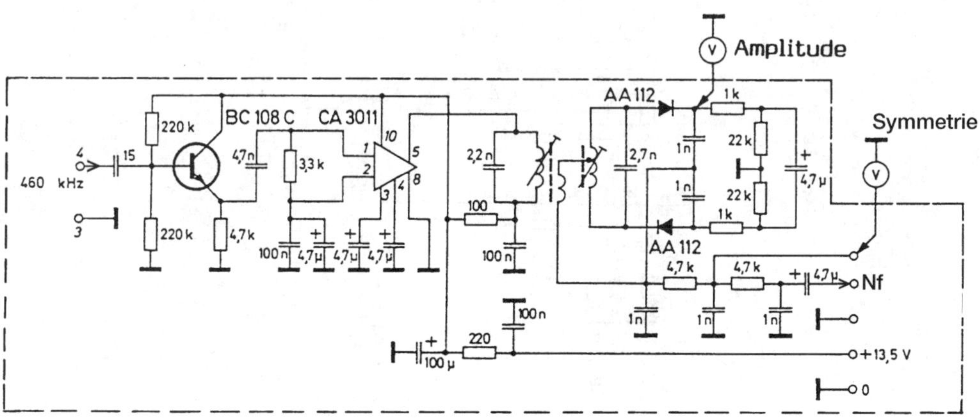

Bandbreite: 8 kHz. AM-Unterdrückung bei 1 mW am Eingang: 40 dB. Ausgangsamplitude bei einem Hub von 3,5 kHz: 60 mV an 20 kΩ. Speisung: 22 mA an 13,3 V. [E. Koch, *Funk-Technik*, Nr. 12/71, Seiten 459 bis 462.]

544. Schmalbanddemodulator 10,7 MHz, mit CA 3098

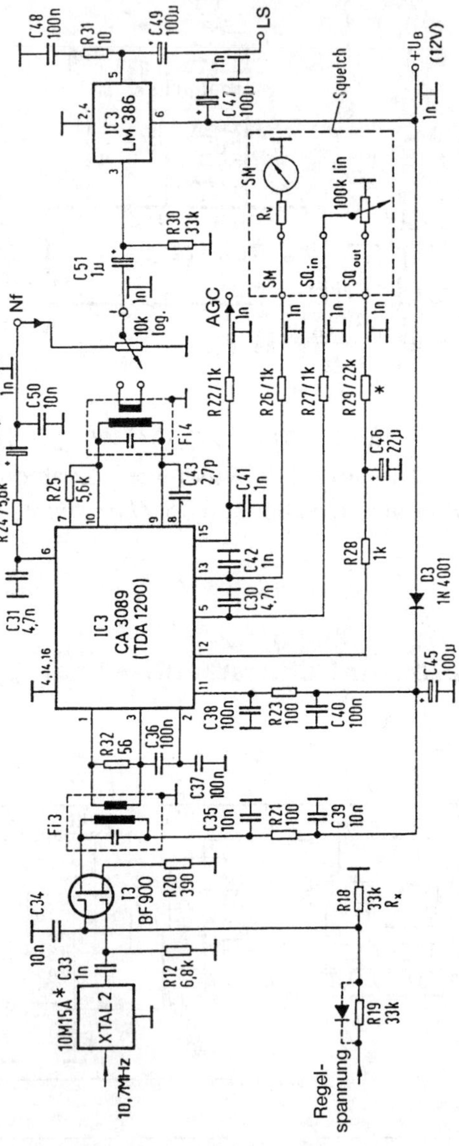

Die Zf-Bandbreite wird durch ein Quarzfilter (Xtal 2) bestimmt. Es wird gefolgt von einem geregelten MOSFET-Verstärker. FI 3 und FI 4 sind handelsübliche Zf-Transformatoren für 10,7 MHz. [G. Borchert, *Funkschau*, München, Nr. 23/88, Seiten 105 bis 108.]

545. Rauschbegrenzer für FM-Empfänger, TDA 1001 B

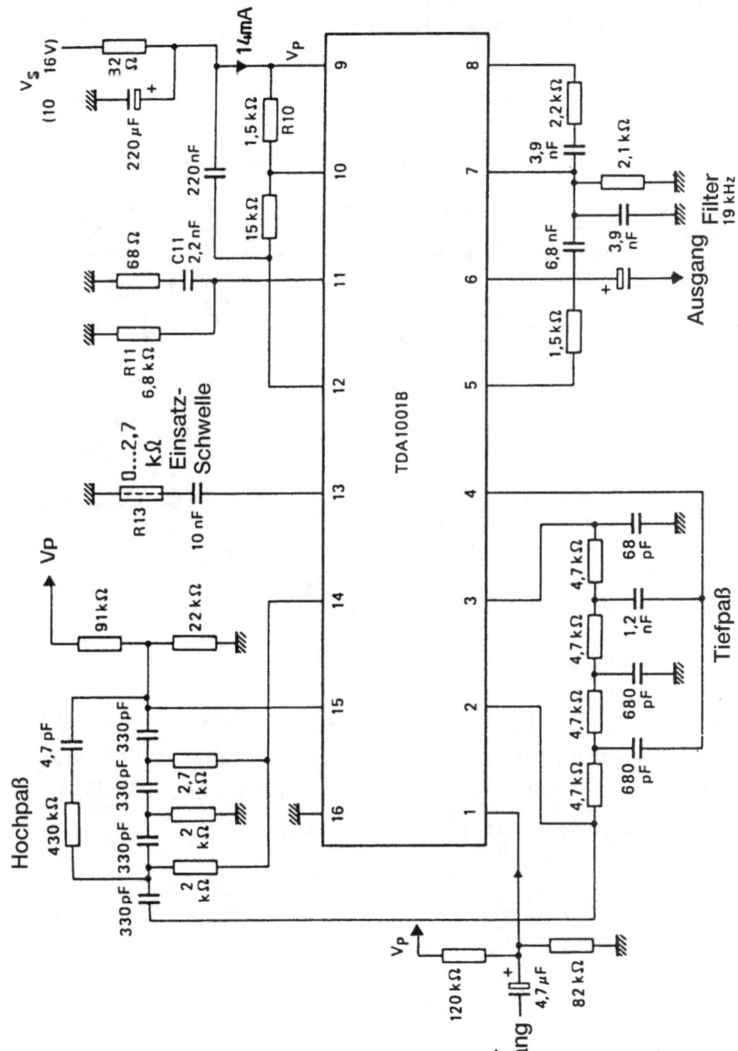

Mit Quadratur- oder Verhältnisgleichrichtern anwendbar. Filtert alle Impulse aus, deren Amplitude (am Eingang) 19 mV übersteigt. Klirrfaktor: 0,25%. Bandbreite: 70 kHz. [Integrated Circuits Book IC 01, *Philips,* 1988, Seiten 445 bis 453.]

Stereodekoder

546. Stereodekoder mit NE 511

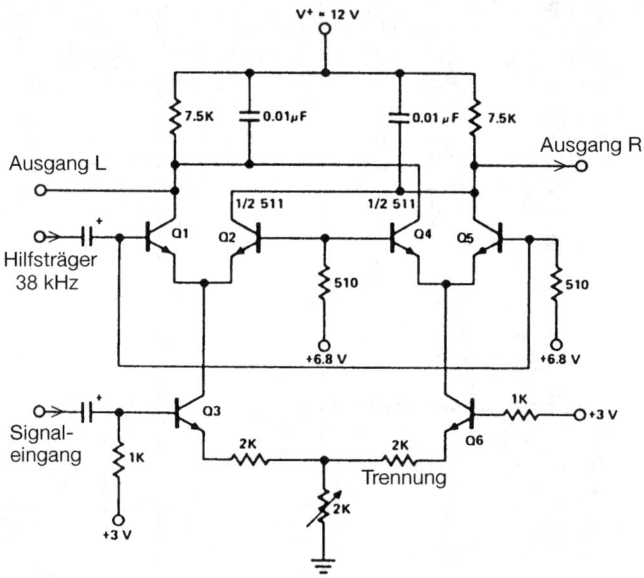

Der Hilfsträger von 38 kHz muß mit dem Pilotsignal von 19 kHz phasenverriegelt sein. Er demultiplexiert das Eingangssignal durch abwechselndes Umschalten auf die beiden Ausgänge. Kanaltrennung: 40 dB. [Analog Data Manual *Signetics*, 1978, Seite 751.]

547. Stereodekoder mit Phasenschleife, LM 1800

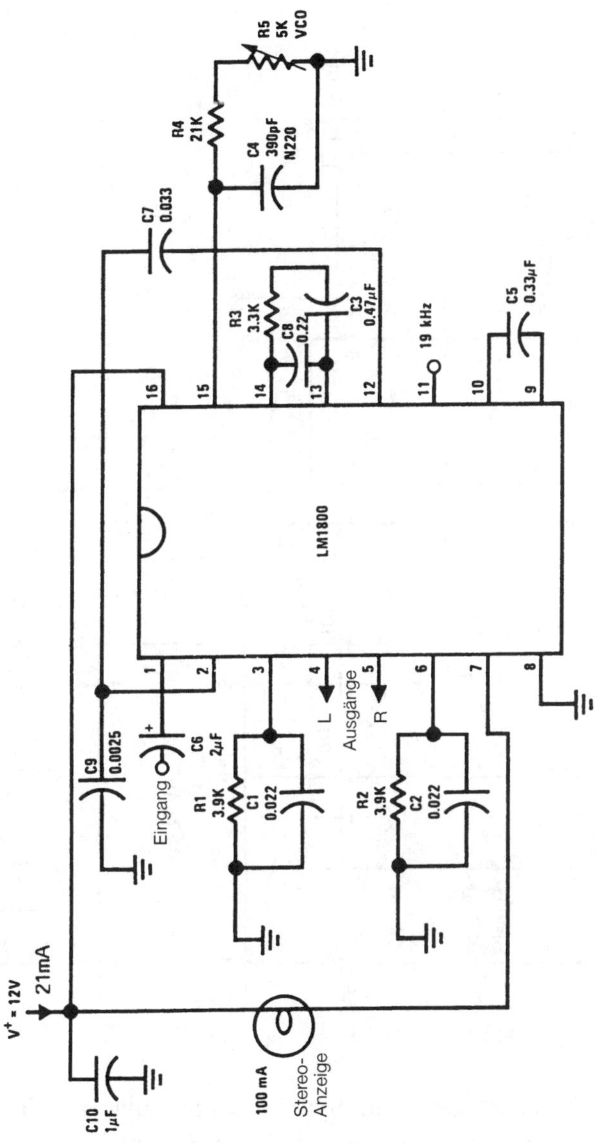

Automatische Umschaltung von Mono auf Stereo, bei 16 mV am Eingang, Hysteresis 6 dB. Kanaltrennung: 45 dB. Eingangsimpedanz: 45 kΩ. Klirrfaktor: 0,5%. Ultraschalldämpfung: 33 dB. [Linear Applications Handbook, *National Semiconductor*, 1986, Seite 301.]

548. An 1,8 bis 6 V gespeister Stereodekoder, TDA 4070 T

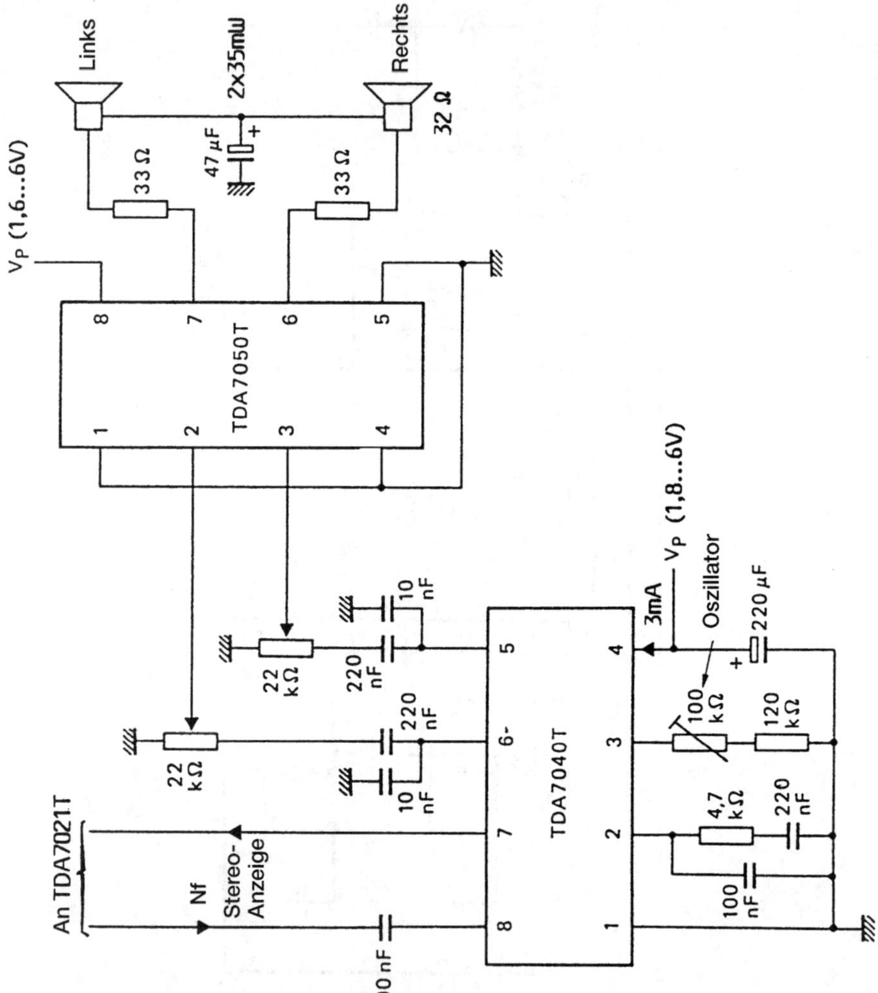

Arbeitet mit Phasenschleife und Synchrondemodulation. Enthält einen 70-kHz-Tiefpaß am Eingang und einen 228-kHz-Oszillator (12mal Pilotfrequenz). Signal/Rausch-Verhältnis: 70 dB bei 120 mV am Eingang. Fangbereich: ±3%. Klirrfaktor: 0,3%. Kanaltrennung: 40 dB. Eignet sich besonders für die FM-Empfängerschaltung TDA 7021 T. [Integrated Circuits Book IC 01, *Philips*, 1988, Seiten 891 bis 897.]

549. Stereodekoder mit TCA 4500 (LM 4500 A)

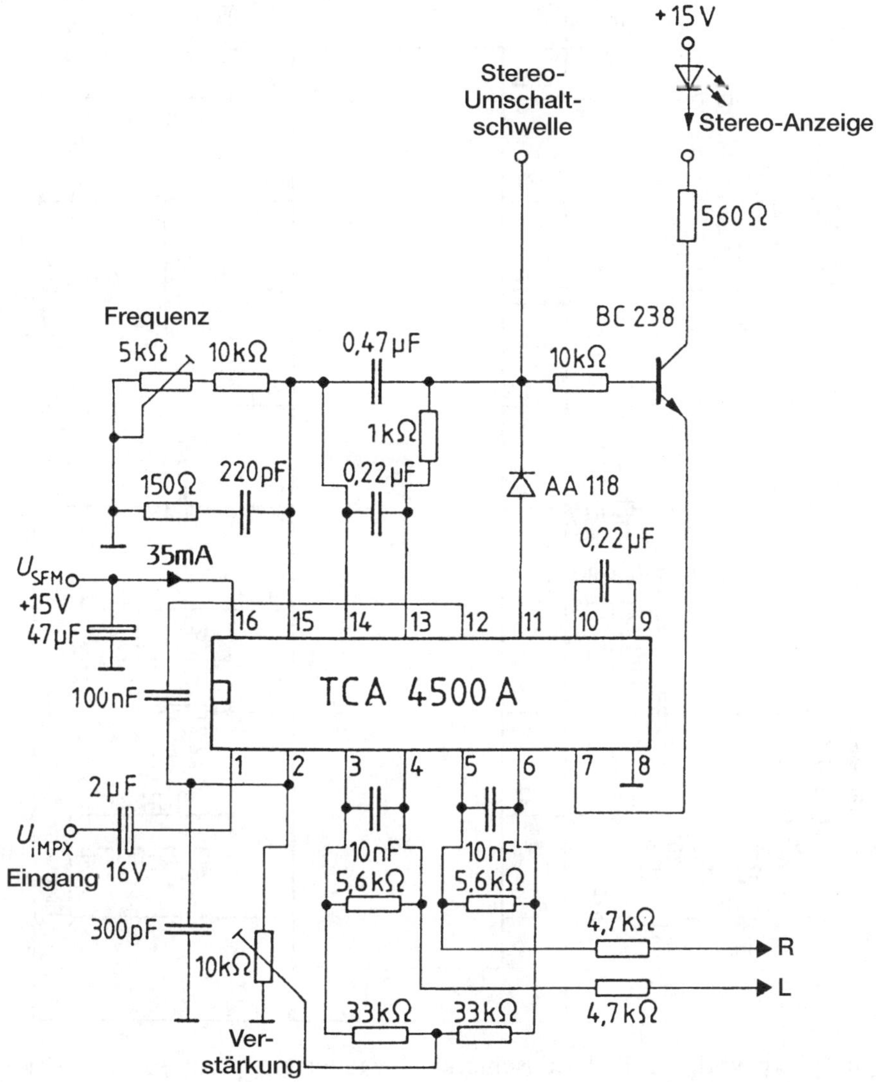

Arbeitet mit Phasenschleife. Fangbereich: 19 kHz ±5%. Klirrfaktor: 0,2%. Kanaltrennung: > 30 dB. Automatische Umschaltung von Mono auf Stereo bei 16 mV am Eingang, Hysteresis 6 dB. Eingangsimpedanz: 50 kΩ. Ausgangswiderstand: 100 kΩ. [ICs for Entertainment Electronics, *Siemens*, 1986/87, Seite 379.]

550. Stereodekoder mit TCA 4511

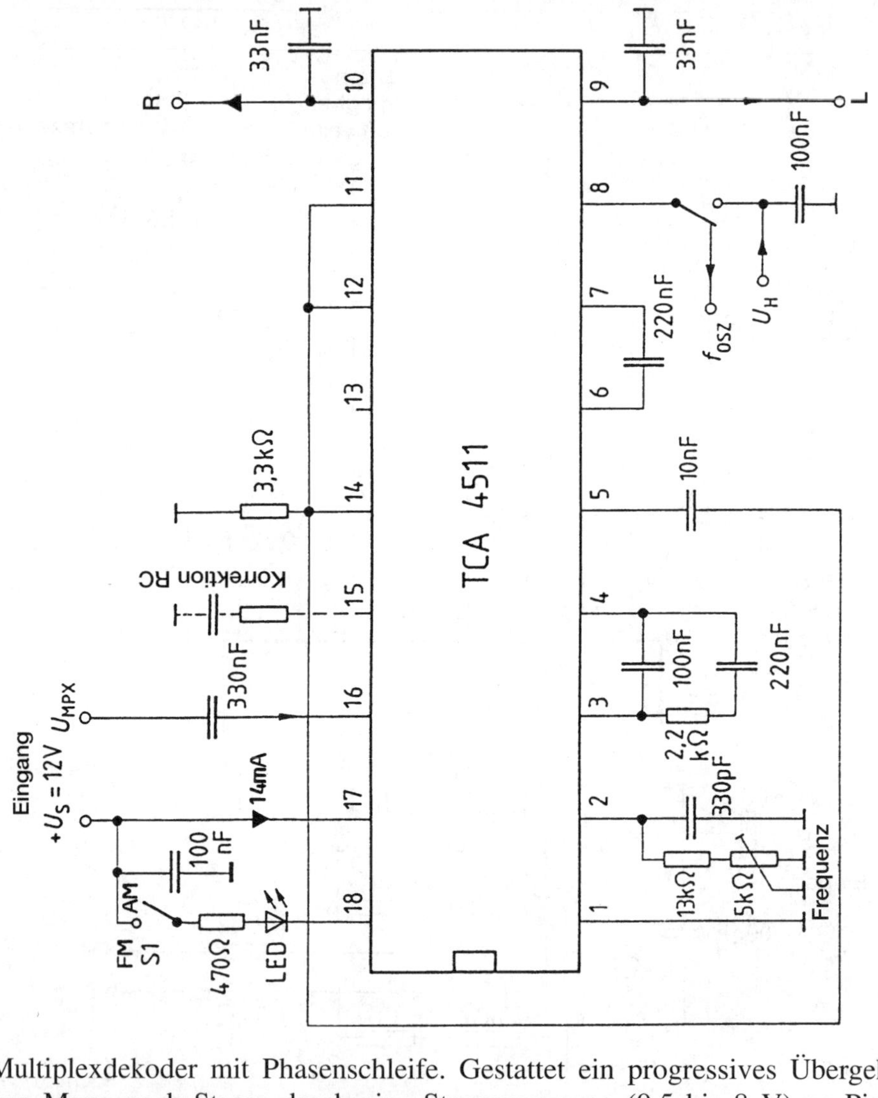

Multiplexdekoder mit Phasenschleife. Gestattet ein progressives Übergehen von Mono nach Stereo durch eine Steuerspannung (0,5 bis 8 V) an Pin 3. Kanaltrennung: > 30 dB. Klirrfaktor: < 0,5%. An den Eingang rückgeführte Rauschspannung: 30 μV. Automatische Umschaltung von Mono auf Stereo bei 30 mV am Eingang, Hysteresis 15 mV. Eingangsimpedanz: 120 kΩ. Fangbereich: 19 kHz ±5%. [ICs for Entertainment Electronics, *Siemens*, 1986/87, Seite 372.]

551. Stereodekoder mit TEA 1330

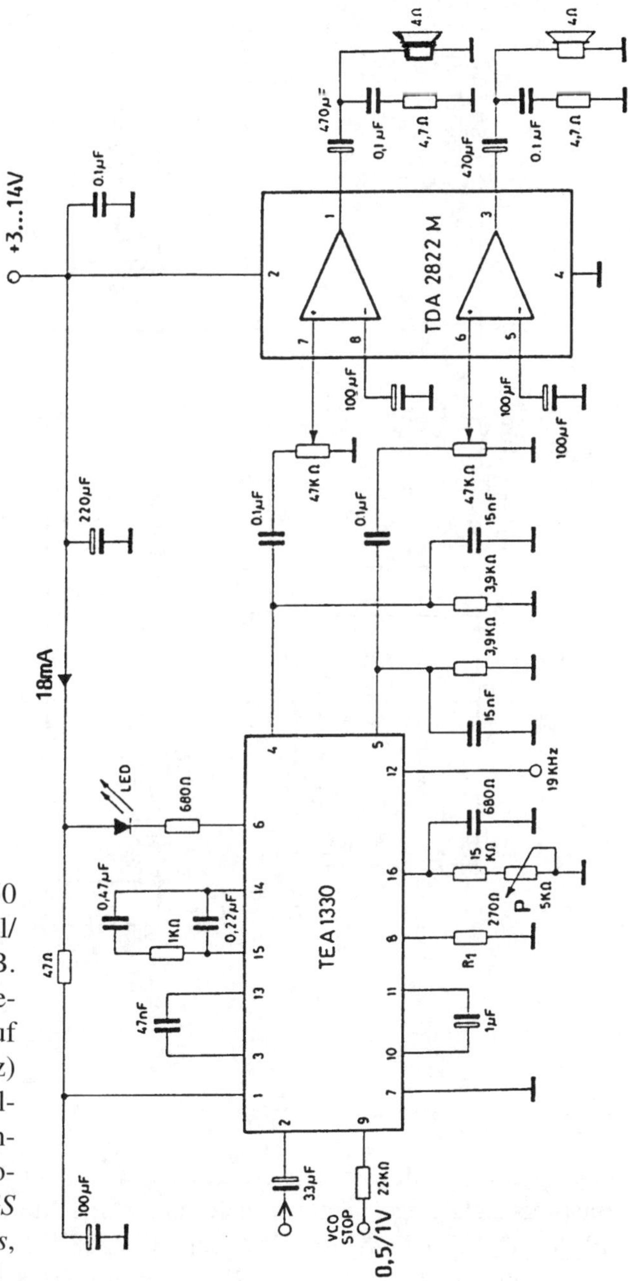

Klirrfaktor: 0,3% mit 150 mV am Eingang. Signal/Rausch-Verhältnis: 80 dB. Mit P ist die Freilauffrequenz des Oszillators auf 19 kHz (Pilotfrequenz) abzugleichen. Die Kanaltrennung ist von R_1 abhängig. [Audio and Radio Products Databook, *SGS Thomson Microelectronics*, 1987, Seiten 861 bis 866.]

552. Stereodekoder mit TEA 5580

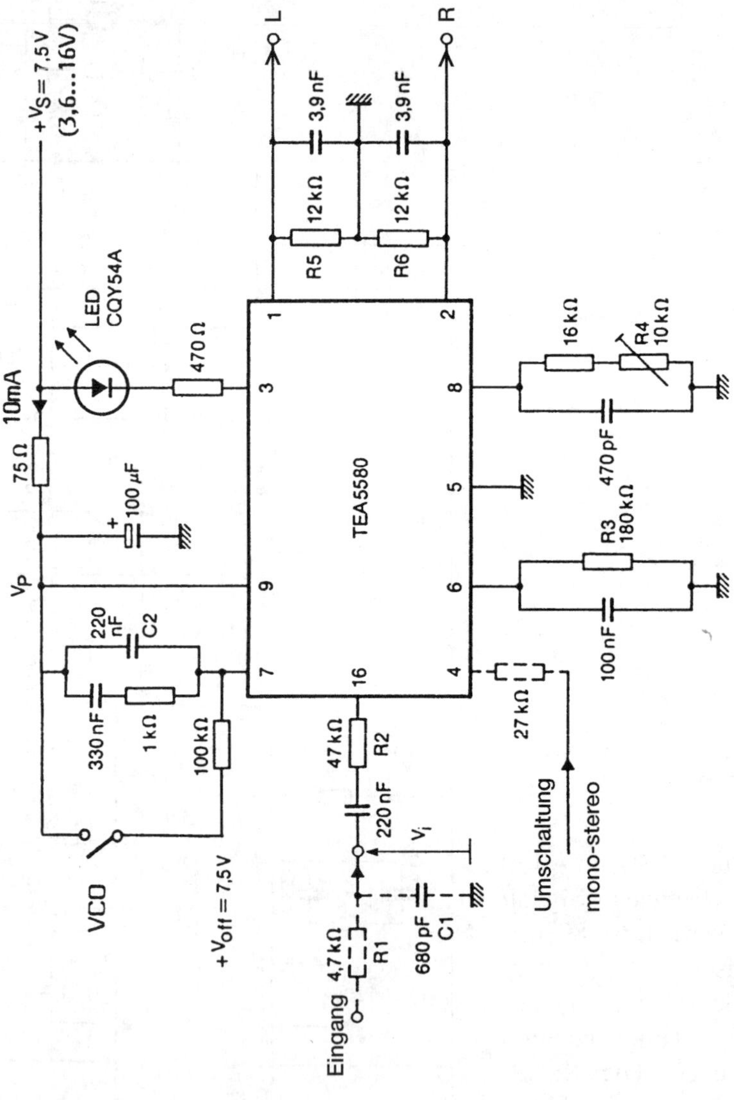

Phasenschleife mit Pilotdetektor zur Umschaltung von Mono nach Stereo. Der entsprechende Pegel hängt von R_3 ab. Klirrfaktor: 0,2%. Kanaltrennung: 40 dB. Mit R_4 kann die Nominalfrequenz des 228-kHz-Oszillators eingestellt werden. [Integrated Circuits Book IC 01, *Philips*, 1988, Seiten 1053 bis 1061.]

553. Stereodekoder mit TEA 5581

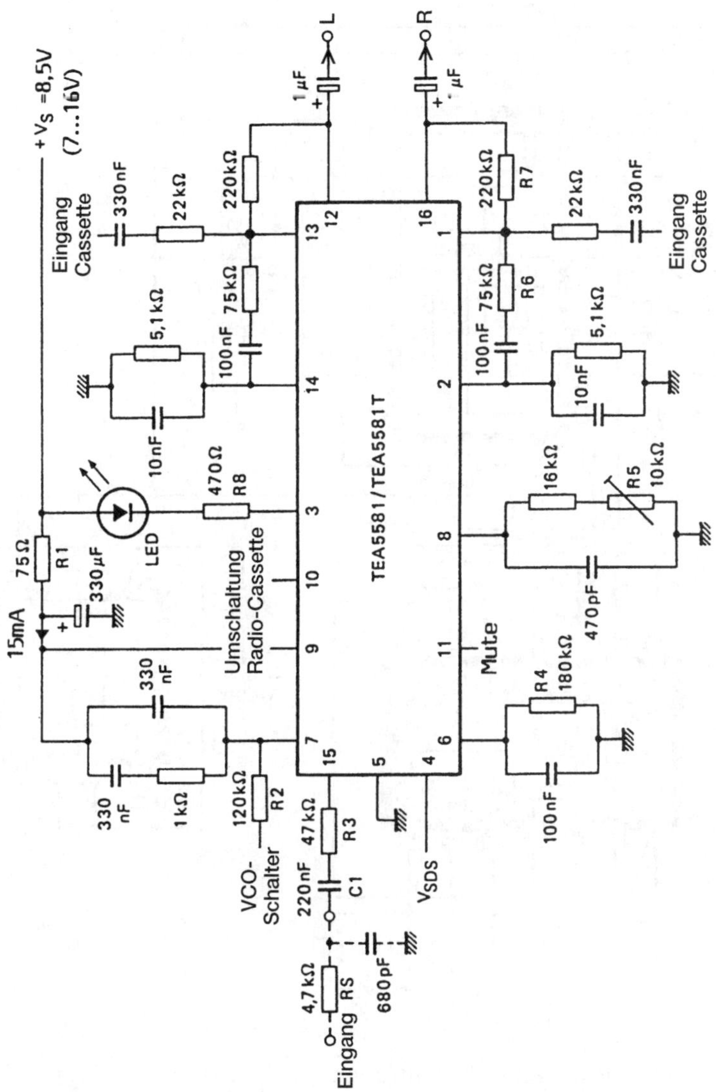

Unterscheidet sich vom vorigen Beispiel durch eine Stummschaltung (Mute) und einen integrierten Nf-Vorverstärker. Klirrfaktor: 0,1%. Kanaltrennung: 40 dB. Der Umschaltpegel Mono-Stereo hängt von R_4 ab. Mit R_5 kann die Nominalfrequenz des 228-kHz-Oszillators eingestellt werden. [Integrated Circuits Book IC 01, *Philips*, 1988, Seiten 1063 bis 1073.]

554. Stereodekoder mit ULN 3809 A

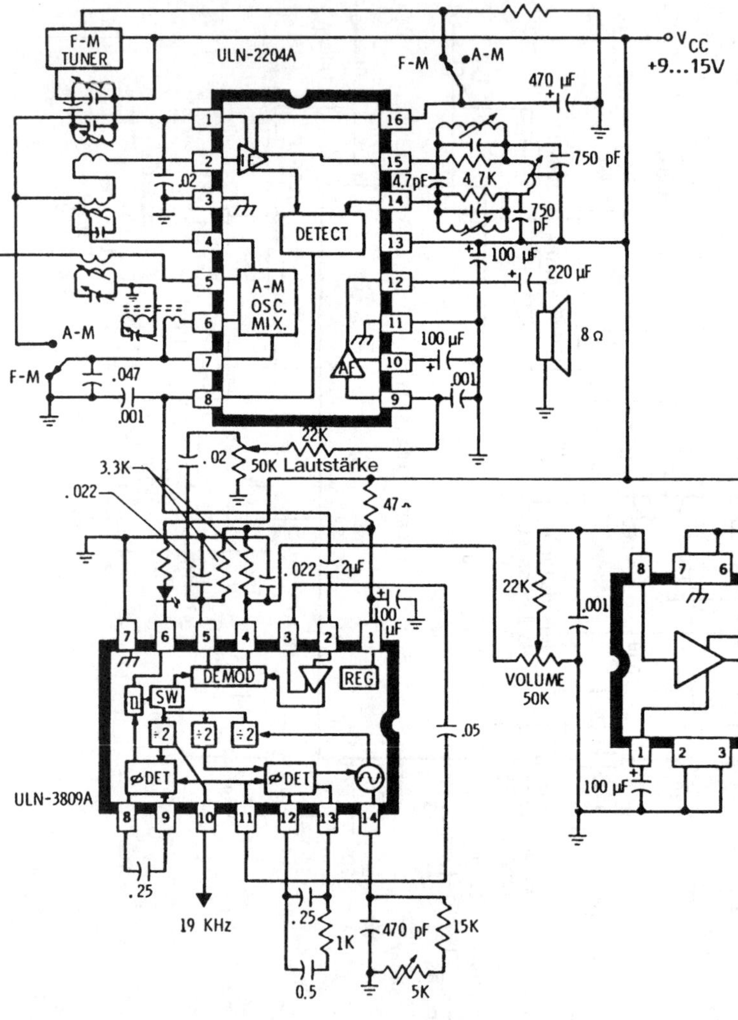

Prinzip der Phasenschleife. Kanaltrennung: 47 dB. Klirrfaktor: 0,06%. Die Schaltung zeigt den Dekoder in Verbindung mit einem AM/FM-Empfänger ULN 2204 A und einem zusätzlichen Nf-Verstärker ULN 2283 B. [Integrated Circuit Engineering Bulletin 27109.112, *Sprague*, 1981.]

555. Stereodekoder mit LM 4500 A

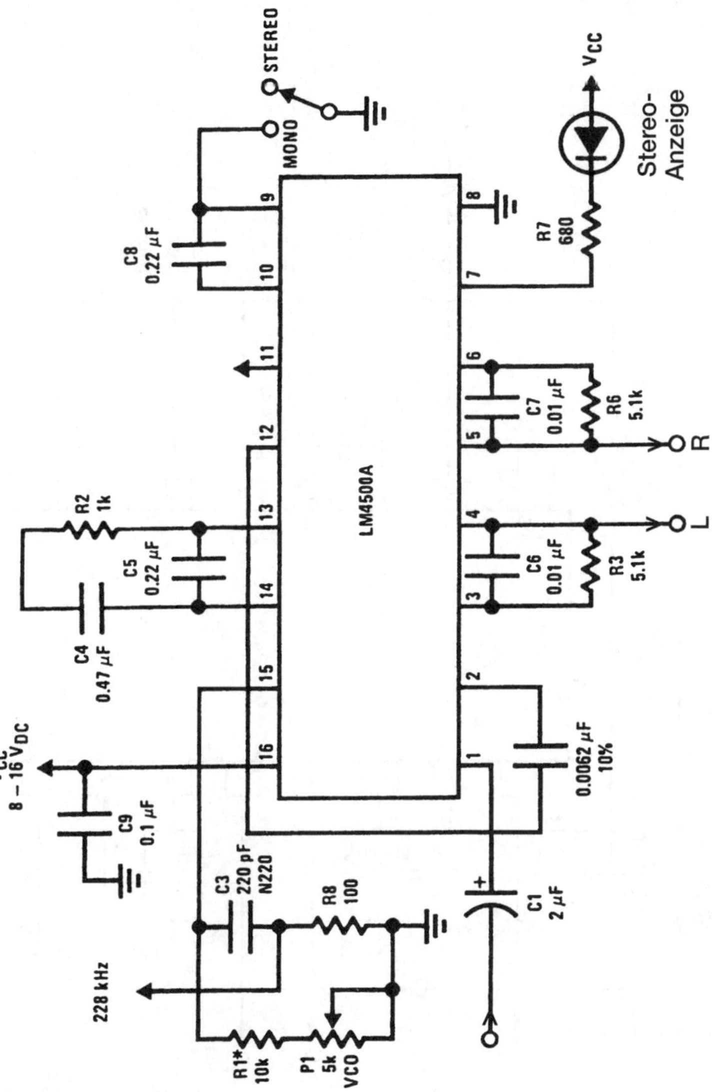

Klirrfaktor: 0,1%. Kanaltrennung: 30 dB (40 dB mit Abgleich). Signal/Rausch-Verhältnis: 83 dB. 19-kHz-Unterdrückung: 31 dB. Automatische Umschaltung von Mono auf Stereo bei 16 mV am Eingang, Hysteresis 6 dB. Brummunterdrückung: 57 dB. Fangbereich der Phasenschleife: ± 4%. [Linear Databook 3, *National Semiconductor*, 1988, Seiten 2-118 bis 2-124.]

556. Stereodekoder mit µA 758

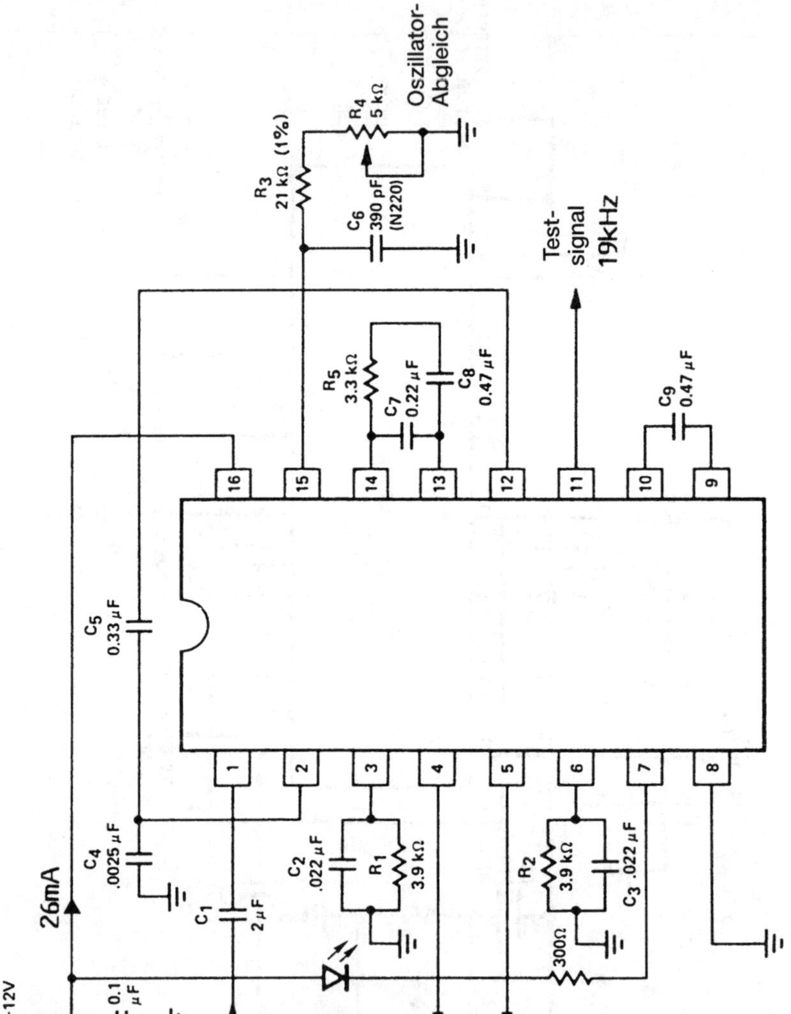

Multiplex-Dekoder mit Phasenschleife. Klirrfaktor: 0,4%. Kanaltrennung: 45 dB. Automatische Umschaltung von Mono auf Stereo bei 15 mV am Eingang, Hysteresis 7 mV. Fangbereich der Phasenschleife: ± 4%. [Analog Data Manual *Signetics*, 1978, Seiten 495 bis 498.]

Demodulatoren für Telegrafieempfang

557. FSK-Demodulator mit LM 565

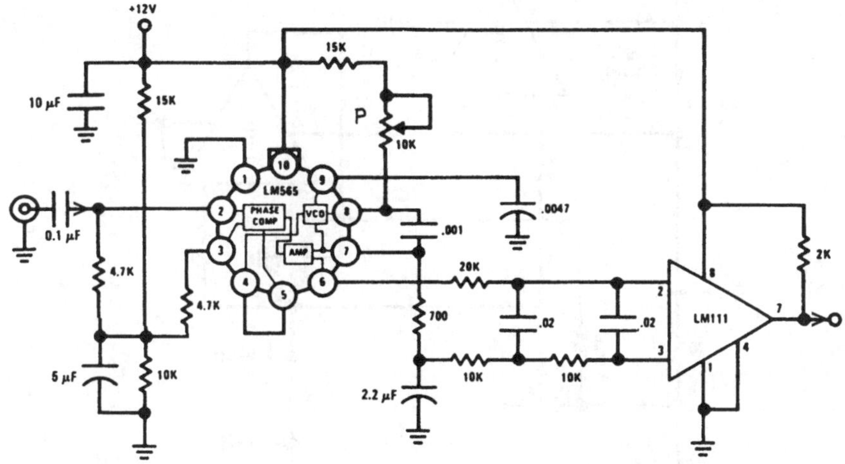

Für mit Frequenzumschaltung (frequency shift keying) zwischen 2025 und 2225 Hz übertragene Telegrafie, Geschwindigkeit 300 Baud (150 Hz). Auf eine Phasenschleife folgt ein RC-Filter und ein Komparator LM 111. Die an dessen Eingang anfallende Spannungsänderung von 150 mV ist mit P so zu verschieben, daß symmetrisches Auslösen und damit geringste Störanfälligkeit erhalten wird. [Linear Applications Handbook, *National Semiconductor*, 1986, Seite 153.]

558. FSK-Demodulator mit Nachbildung der Gleichkomponente

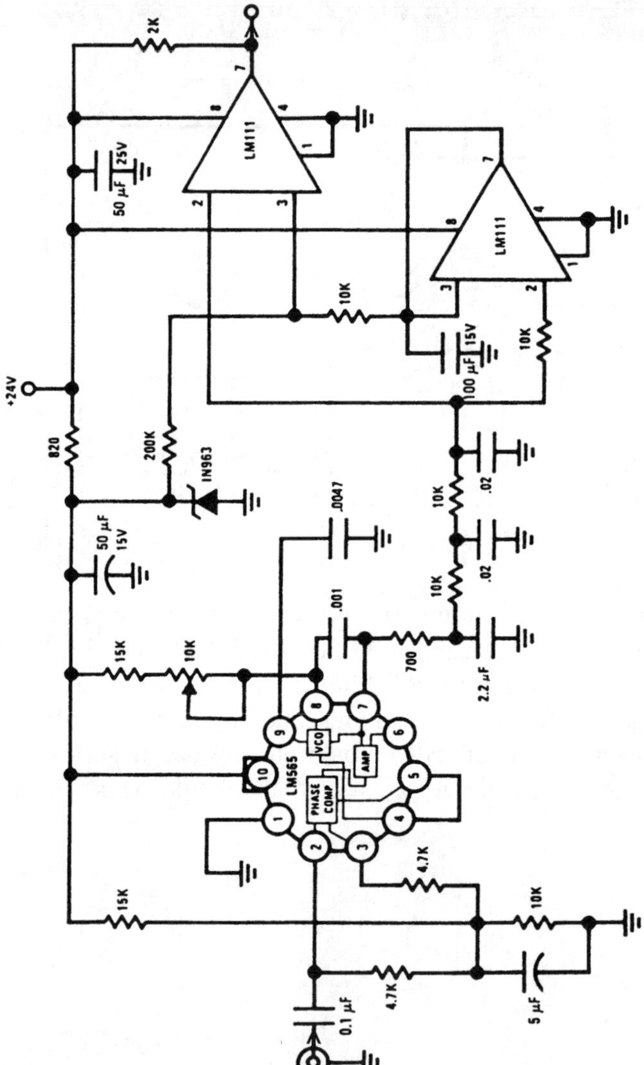

Unterscheidet sich von der vorigen Schaltung durch einen zweiten LM 111, der im Falle von Frequenzdrift die Vorspannung des ersten so nachregelt, daß die Umschaltpegel erhalten bleiben. [Linear Applications Handbook, *National Semiconductor*, 1986, Seite 153.]

559. FSK-Demodulator mit Aktivfiltern

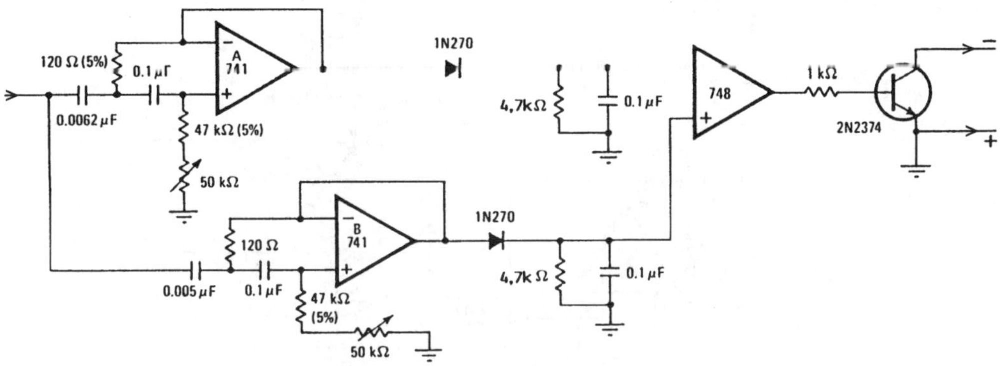

Die Komponenten der Zweitontelegrafie werden mit den Filtern A (2225 Hz) und B (2025 Hz) getrennt. Maximalgeschwindigkeit: 110 Baud. Der Frequenzabgleich erfolgt mit den 50-kΩ-Potentiometern. [M. J. Gordon, *Electronics*, New York, 19 juillet 1973, Seite 116.]

560. FSK-Demodulator mit NE 565

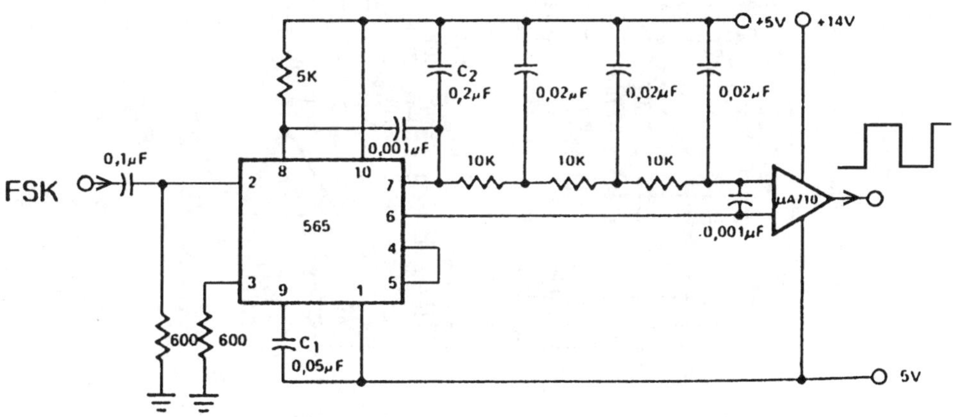

Phasenschleife für Zweitontelegrafie auf 1070 und 1270 Hz. Der ausgangsseitige Komparator liefert die Logikpegel 0 und 1. [Analog Data Manual *Signetics*, 1978, Seite 845.]

561. RTTY-Konverter

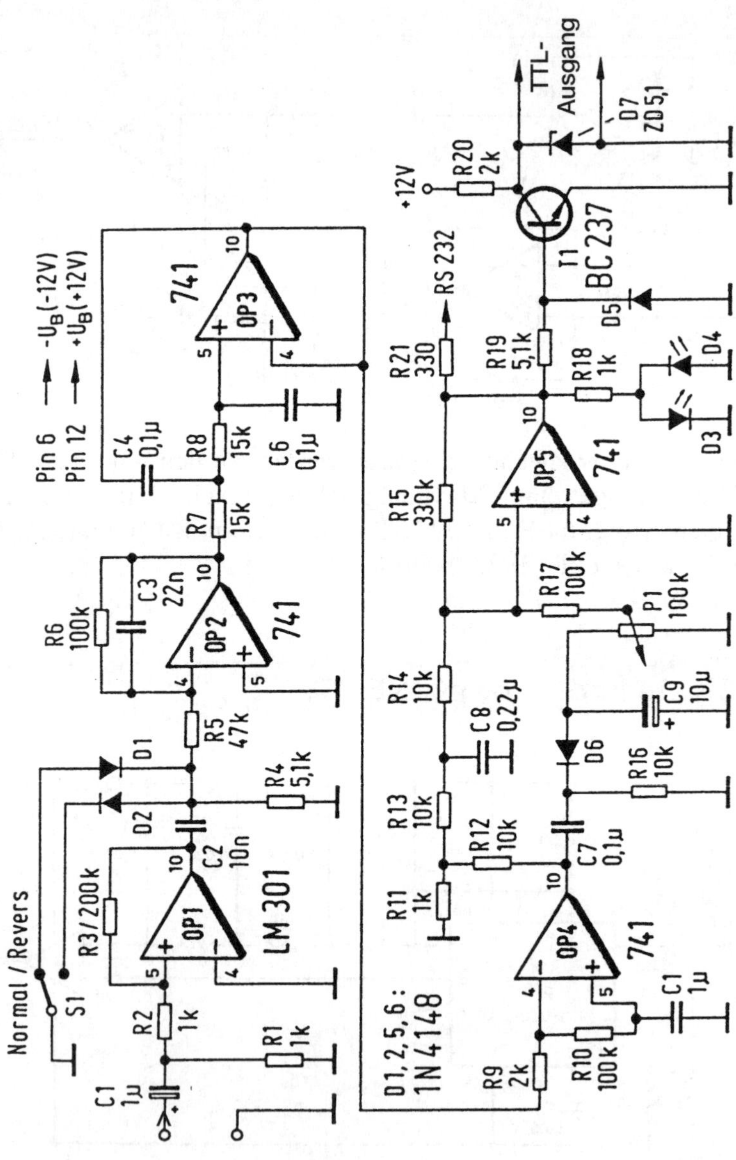

Gestattet die Aufbereitung eines gering gestörten RTTY-Signals (beispielsweise auf FM) zur Ansteuerung eines Druckers, nötigenfalls unter Zwischenschaltung einer Datenverarbeitung. [P. Schreiner, *Funkschau*, München, Nr. 26/85, Seite 85.]

AM-Empfänger

562. Spulenloser Empfänger für Lang- und Mittelwellen

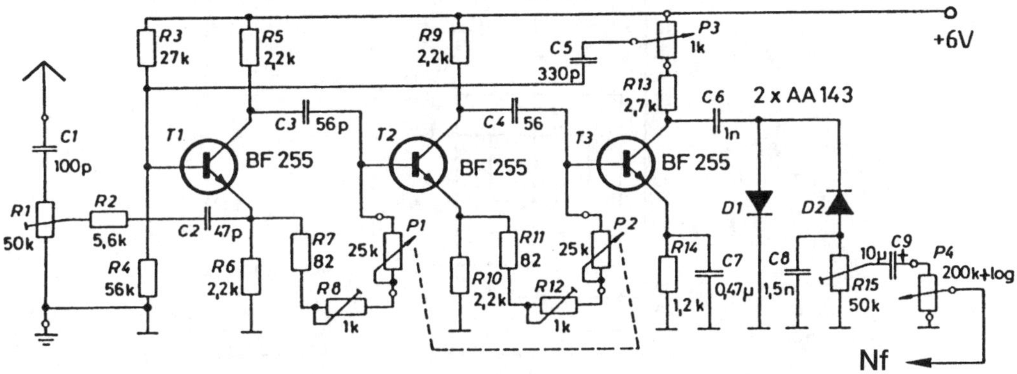

Ein RC-Oszillator, abstimmbar mit P_1 und P_2, synchronisiert sich durch Mitziehen auf das Empfangssignal, wenn seine Frequenz diesem ausreichend genähert wird. Dabei ist P_3 so einzustellen, daß der Oszillator immer in Nähe des Schwingungseinsatzes arbeitet. [*Funk-Technik*, München, Nr. 4/74, Seite 140.]

563. AM-Empfäger mit getrenntem Demodulator, NE 546

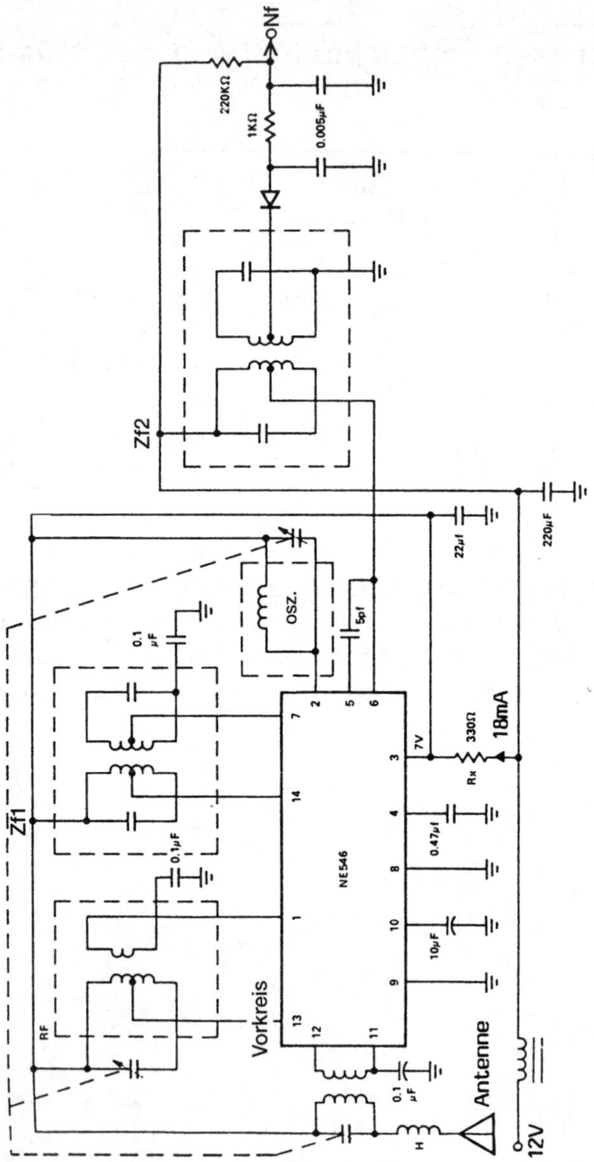

Signal/Rausch-Verhältnis: 34 dB bei 100 µV am Eingang. Klirrfaktor: < 3% bis 100 mV am Eingang. Regelumfang: 80 dB. [Analog Data Manual *Signetics*, 1978, Seiten 495 bis 498.]

564. MW-Empfänger mit getrenntem Demodulator, SL 6700

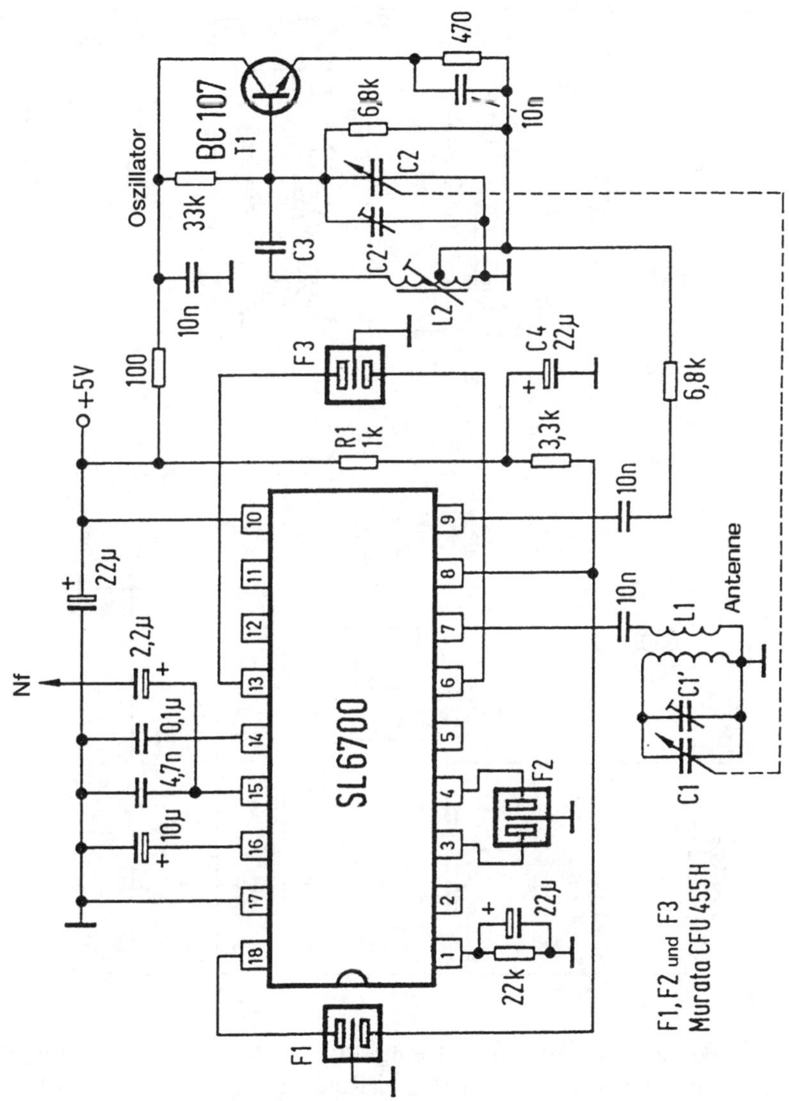

Empfindlichkeit: 5 µV mit einem Signal/Rausch-Verhältnis von 10 dB bei einem Modulationsgrad von 30%. Verarbeitet Eingangssignale bis 100 mV. Ein verzögerter Schwundausgleich wird erhalten, wenn man 10 nF zwischen Pin 5 und Masse schaltet. [B. Dance, *Funkschau*, München, Nr. 5/82, Seiten 82 bis 84.]

565. MW-Empfänger mit Drehkoabstimmung, TCA 440

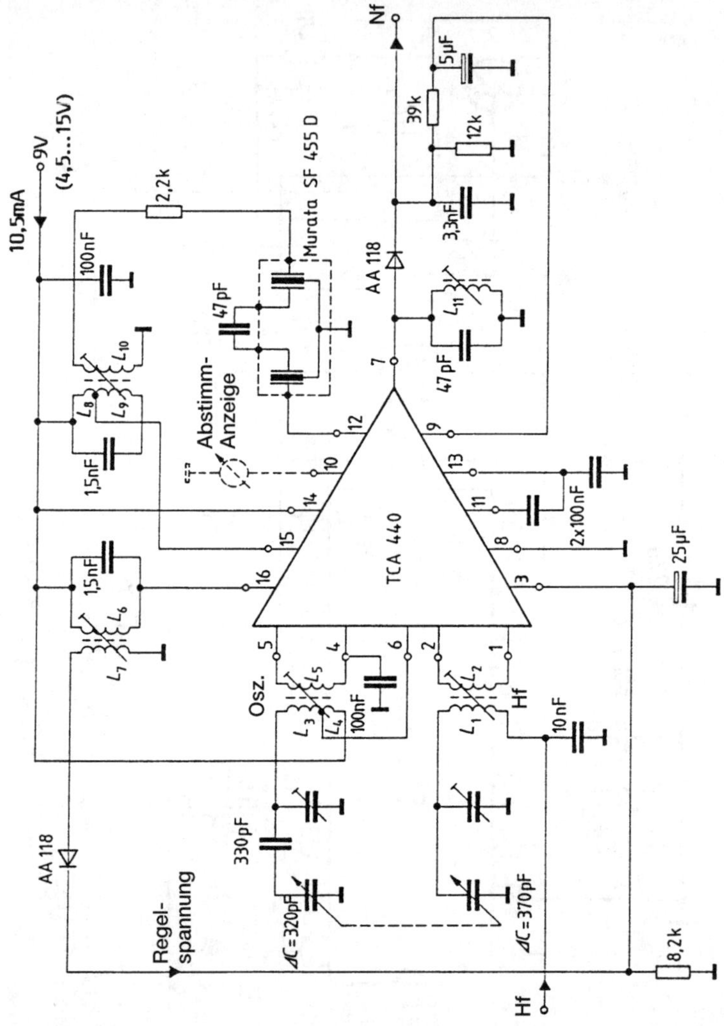

Für die Eingangsstufe ist eine gesonderte Schwundregelung vorgesehen. Empfindlichkeit: 1 µV bei einem Signal/Rausch-Verhältnis von 6 dB. Regelumfang: 38 dB in der Eingangsstufe, 62 dB im Zf-Verstärker. L_1: 105 Wdg. 12 x 0,04 Cu L S, L_2: 7 Wdg. 0,1 CuL, L_3: 80 Wdg. 12 x 0,04 Cu L S, L_4: 35 Wdg. 12 x 0,04 Cu L S, L_5: 15 Wdg. 0,1 Cu l, L_6: 70 Wdg. 12 x 0,04 Cu L S, L_7: 35 Wdg. 12 x 0,04 Cu L S, L_8 20 Wdg. 12 x 0,04 Cu L S, L_9 50 Wdg. 12 x 0,04 Cu L S, L_{10}: 22 Wdg. 12 x 0,04 Cu L S, L_{11}: 400 Wdg. 0,06 Cu L S. L_1 und L_2 auf Vogt-Bausatz D 21-2375.1, L_3 bis L_{11} auf Vogt-Bausatz D 41-2519. [ICs for Entertainment Electronics, *Siemens*, 1986/87, Seiten 359 bis 366.]

566. MW-Empfänger mit Varicapabstimmung, TCA 440

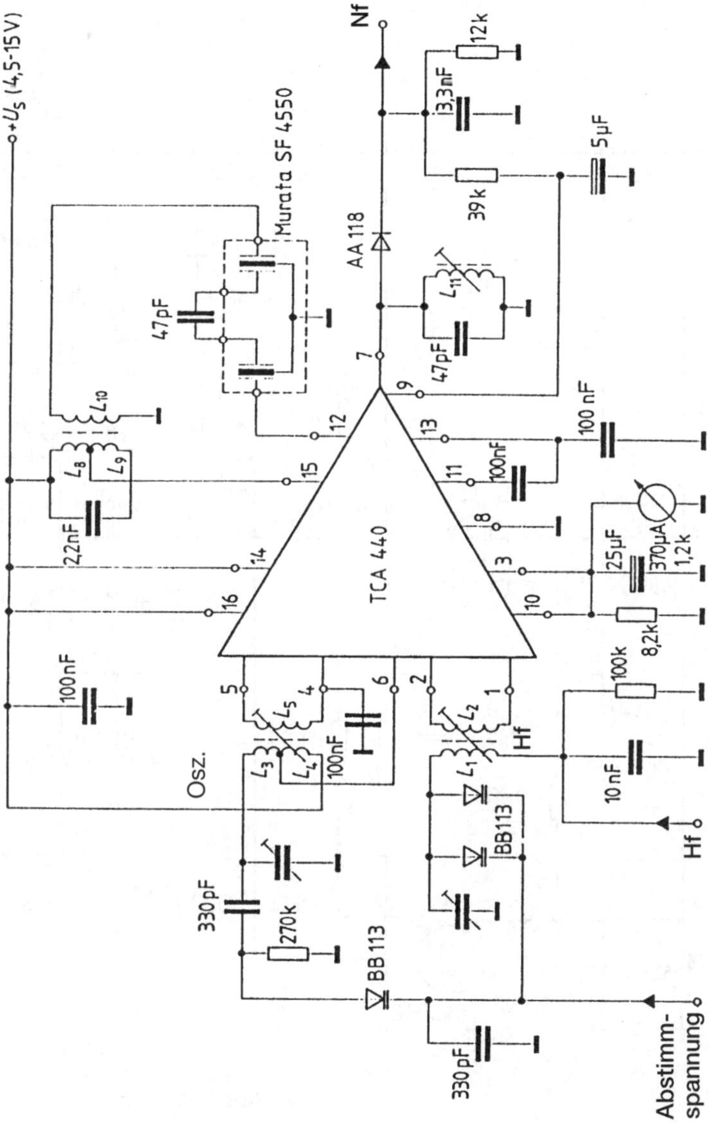

Gemeinsame Schwundregelung für Vorstufe und Zf. Empfindlichkeit: 1 µV bei einem Signal/Rausch-Verhältnis von 6 dB. Regelumfang: 38 dB in der Eingangsstufe, 62 dB im Zf-Verstärker. Spulendaten wie vorher. [ICs for Entertainment Electronics, *Siemens*, 1986/87, Seiten 359 bis 366.]

567. AM-Empfänger mit TDA 4001

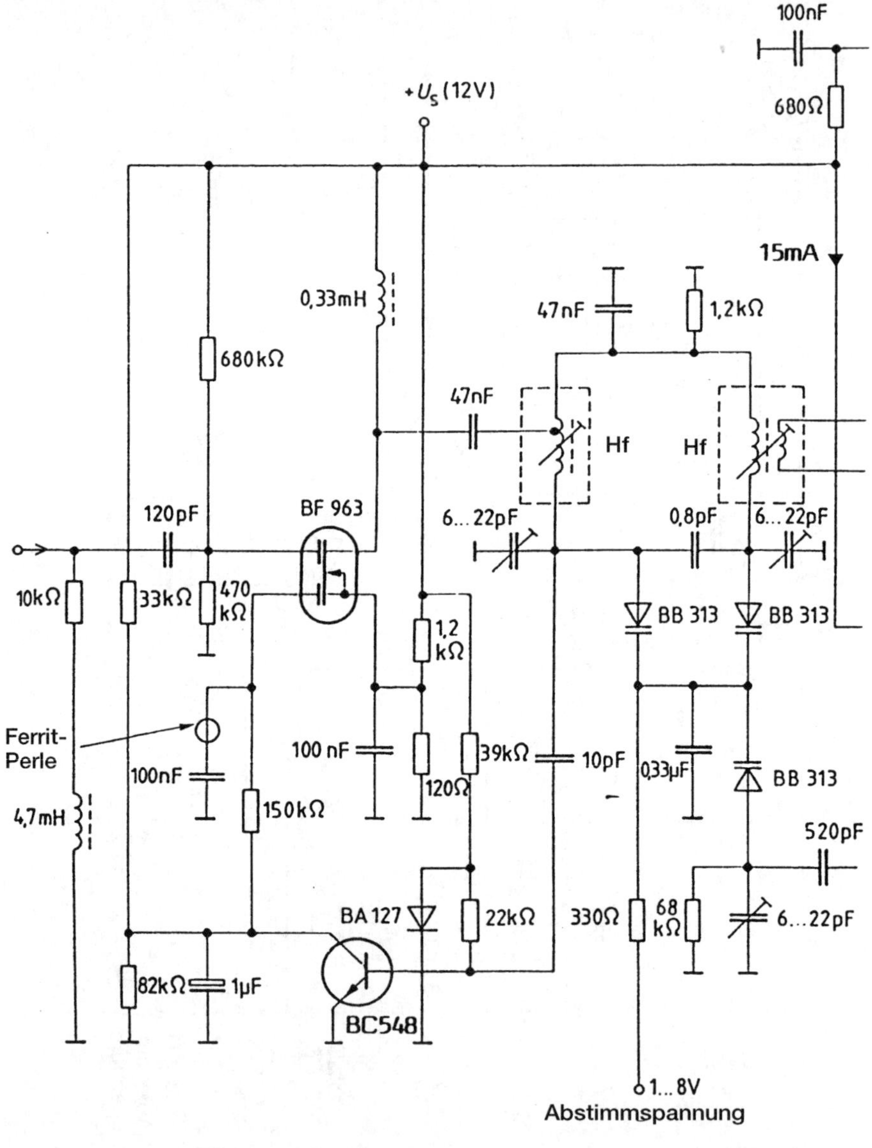

Nicht abgestimmte Vorstufe (BF 963), gefolgt von Koppelfilter mit zwei abgestimmten Kreisen. Im TDA 4001 erfolgt die Demodulation durch eine Koinzidenzschaltung. Nf-Spannung am Ausgang: 0,3 bis 0,8 V. Signal/Rausch-Verhältnis: 6 dB bei 10 µV zwischen Pins 4 und 5. Regelumfang:

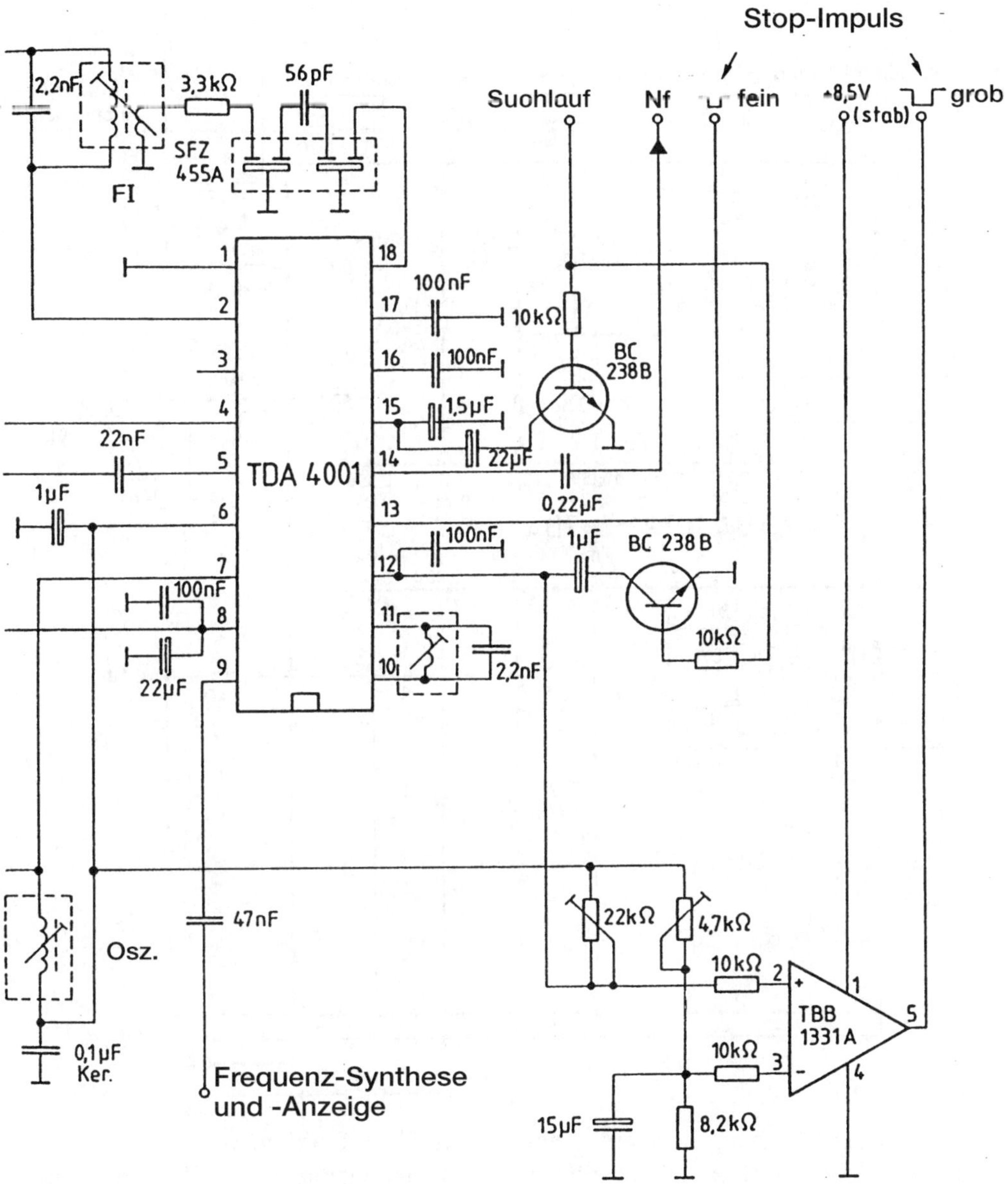

60 dB. Klirrfaktor: 2% bei einem Modulationsgrad von 80%. [ICs for Entertainment Electronics, *Siemens*, 1986/87, Seite 439.]

568. AM-Empfänger, 150 kHz bis 30 MHz, TDA 1072

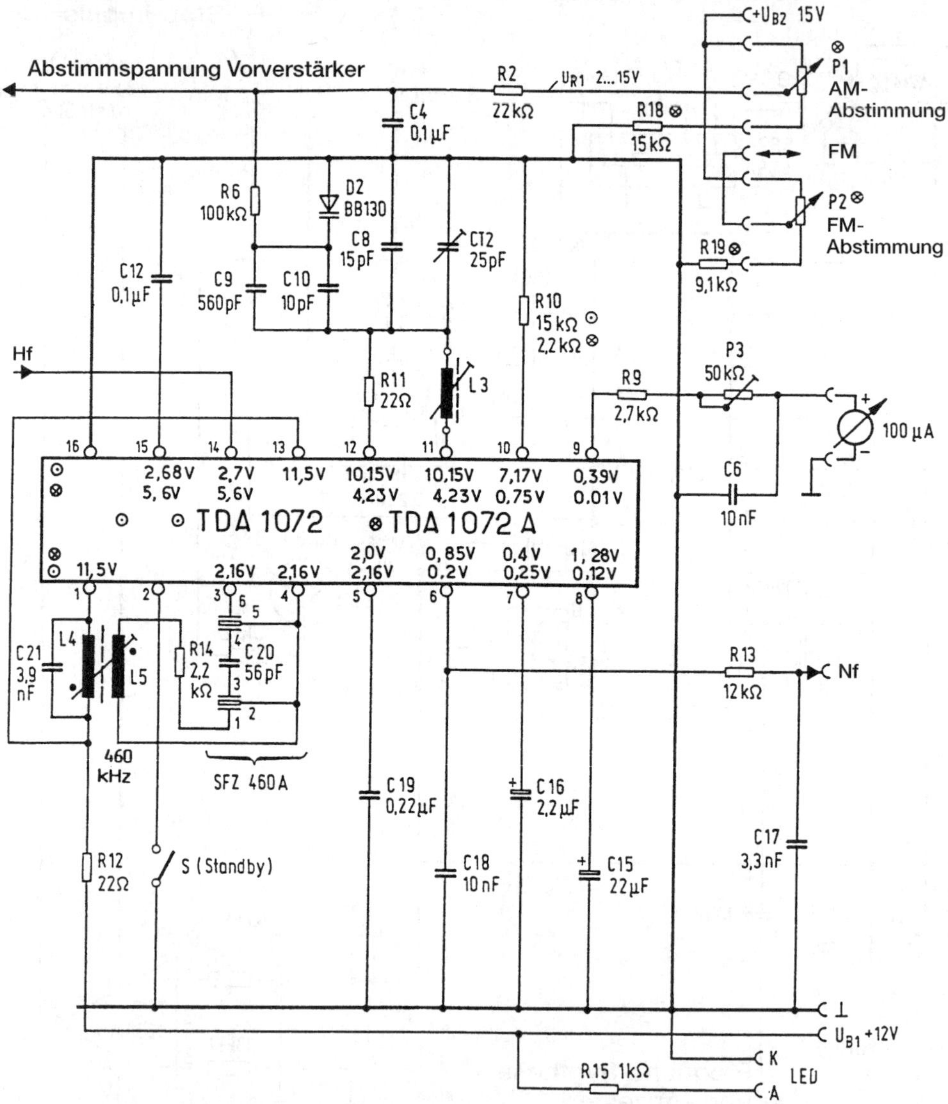

Vor dem HF-Eingang liegt ein abgestimmter Hf-Verstärker, vorzugsweise mit Feldeffekttransistoren. Die Oszillatorspule L_3 ist entsprechend den vorgesehenen Frequenzbereichen umzuschalten. Das Übersetzungsverhältnis zwischen L_4 und L_5 soll 5/2 betragen. [Anwendungsbeispiel *Philips*, D. Nührmann, *ELO*, München, Nr. 12/85, Seiten 27 bis 31.]

569. AM-Autoradio mit TEA 5550

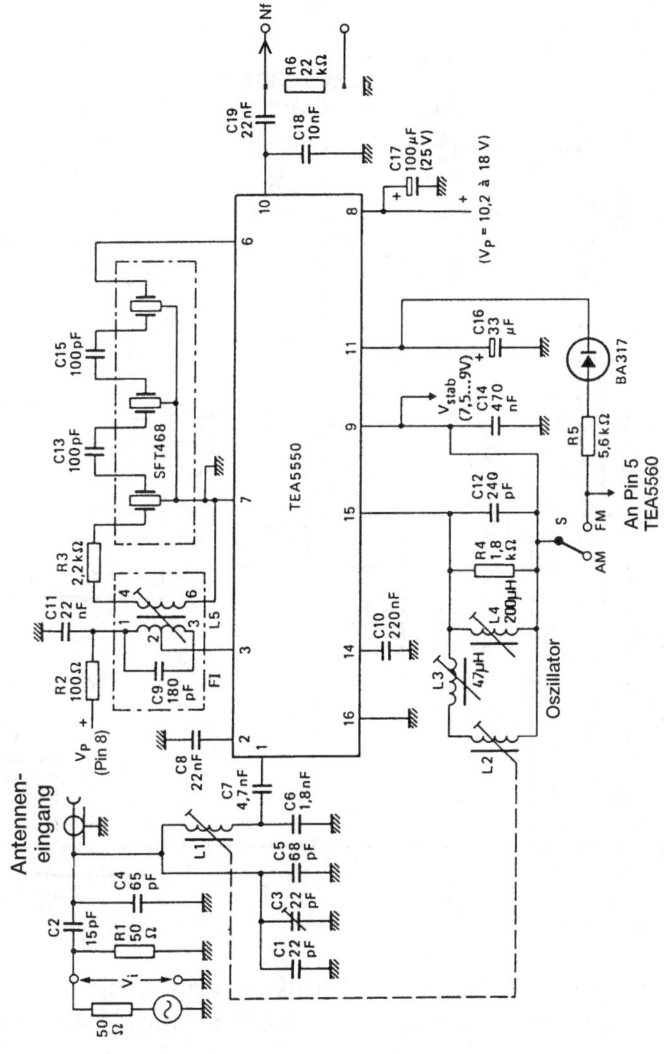

Beispiel eines MW-Empfängers mit Abstimmung der Vorstufe durch L-Änderung. L_1, L_2: ALPS, Einheit MMK IIEII. L_5: Referenz 3122 138 91481. Empfindlichkeit: 16 µV für ein Signal/Rausch-Verhältnis von 26 dB, 160 µV für 46 dB. Klirrfaktor: 1,2%. Maximale Eingangsspannung: 400 mV. Regelumfang: 86 dB. [Integrated Circuits Book IC 01, *Philips*, 1988, Seiten 1015 bis 1026.]

570. AM-Autoradio mit doppelter Vorselektion, TEA 5550

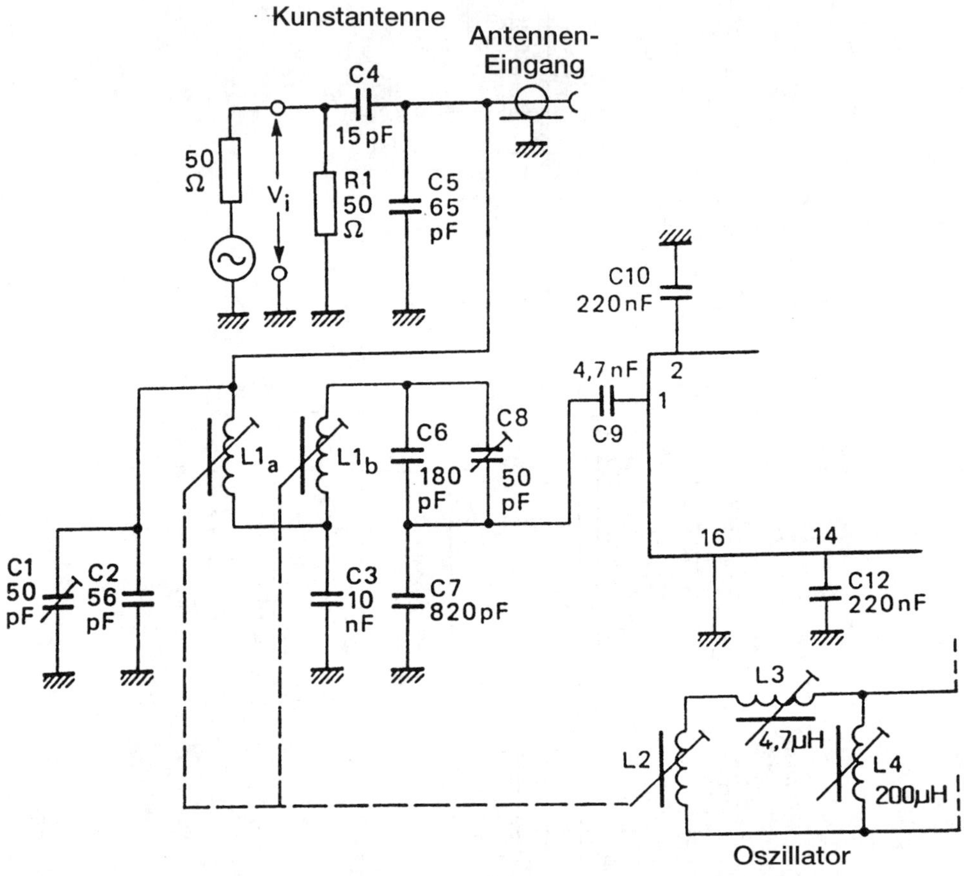

Variante der vorigen Schaltung mit zweikreisigem Koppelfilter im Eingang. [Integrated Circuits Book IC 01, *Philips*, 1988, Seiten 1015 bis 1026.]

571. LW- und MW-Empfänger mit TDA 5570

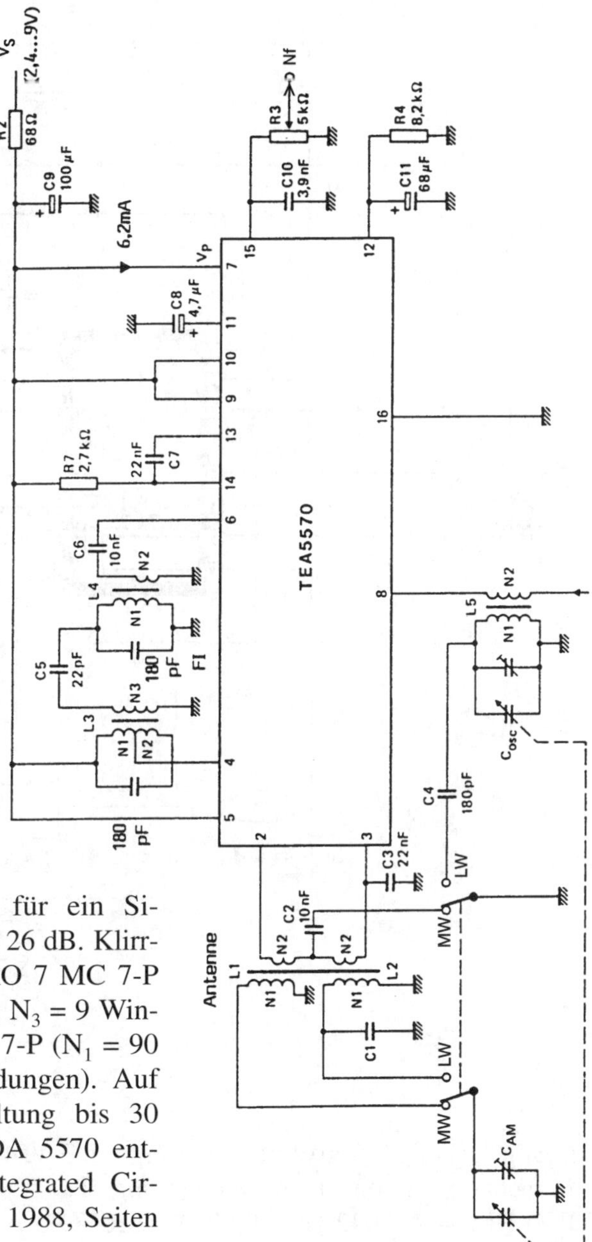

Empfindlichkeit: 16 µV für ein Signal/Rausch-Verhältnis von 26 dB. Klirrfaktor: 0,5%. L_3, L_4: TOKO 7 MC 7-P ($N_1 = N_2 = 73$ Windungen, $N_3 = 9$ Windungen). L_5: TOKO 7 RR 7-P ($N_1 = 90$ Windungen, $N_2 = 7$ Windungen). Auf Kurzwellen ist die Schaltung bis 30 MHz verwendbar. Die TDA 5570 enthält auch FM-Kreise. [Integrated Circuits Book IC 01, *Philips*, 1988, Seiten 1039 bis 1051.]

572. Mit 3 V betriebener AM-Empfänger, ULN 3839 A

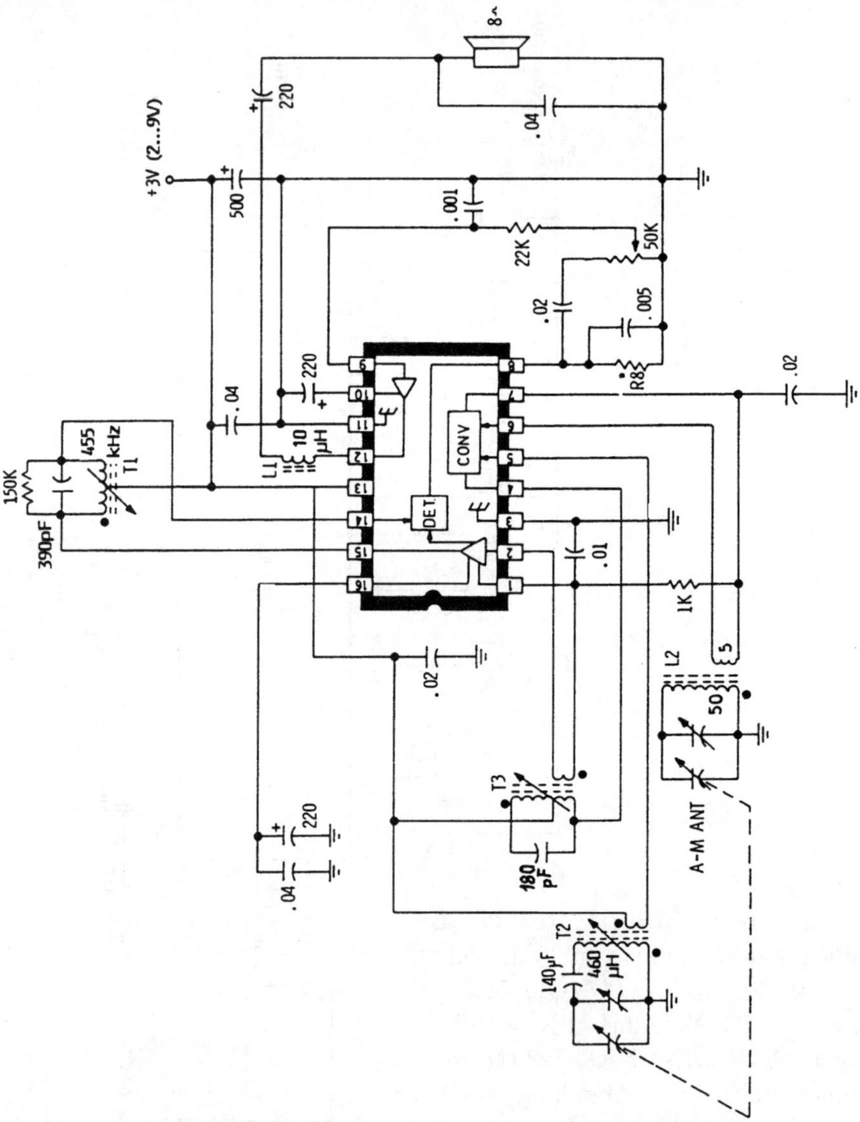

Ausgangsleistung: 75 mW bei Speisung mit 3 V, 400 mW mit 6 V. R8 (75 kΩ oder mehr) bestimmt die Zf-Verstärkung. T_1: TOKO RMC-2 A 7641 A. T_2: TOKO RLE-4 A 7642 GO. T_3: TOKO RWO-6 A 7640 BM. [Integrated Circuit Engineering Bulletin 27121.53 A, *Sprague*, 1986.]

573. Einfacher Empfänger für 27 MHz, TDA 1220 B

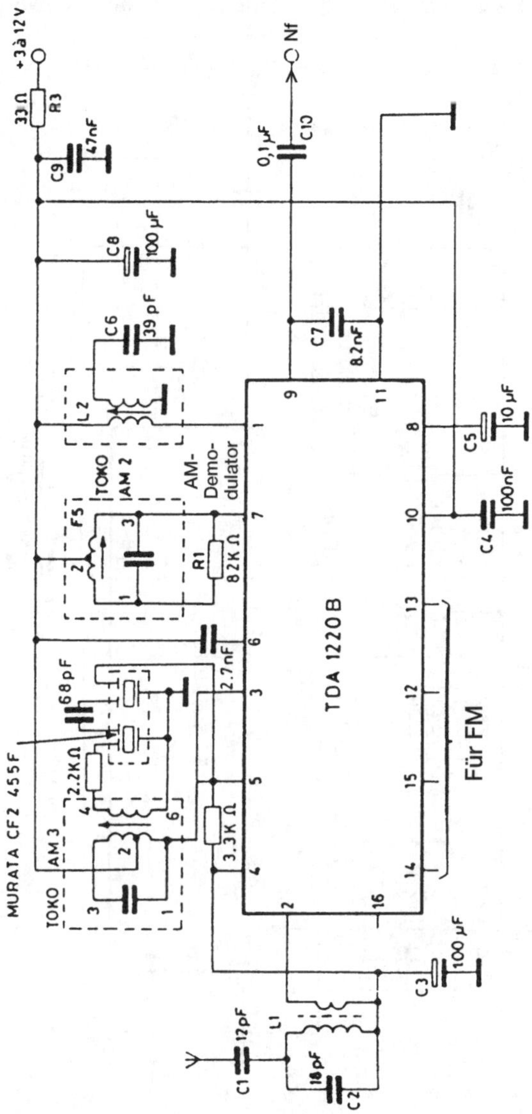

Zwischenfrequenz: 455 kHz. Antennenspule (L_1): Primär 10, sekundär 2 Windungen, Drahtdurchmesser 0,16 mm, Wickelkörper TOKO 10 K. Oszillatorspule (L_2): Primär 10, sekundär 4 Windungen, Drahtdurchmesser 0,16 mm, Wickelkörper TOKO 10 K. [Audio and Radio Products Databook, *SGS Thomson Microelectronics*, 1987, Seiten 433 bis 448.]

574. 27-MHz-Empfänger mit getrenntem Oszillator, TDA 1120 B

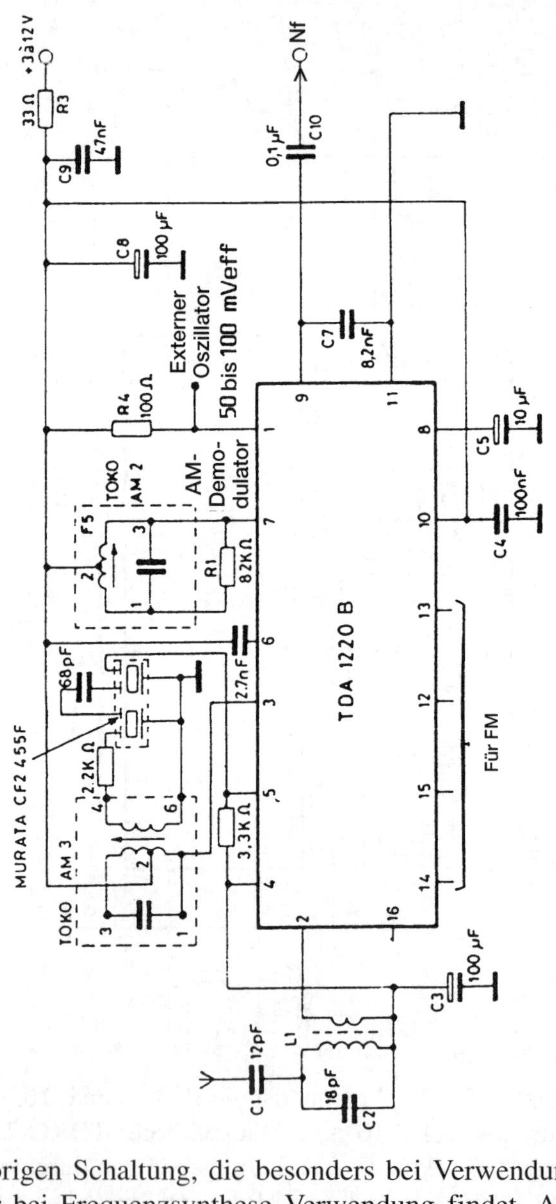

Variante der vorigen Schaltung, die besonders bei Verwendung eines Quarzoszillators oder bei Frequenzsynthese Verwendung findet. Audio and Radio Products Databook, *SGS Thomson Microelectronics*, 1987, Seiten 433 bis 448.]

575. Konverter für Amateurbänder 2 m und 70 cm

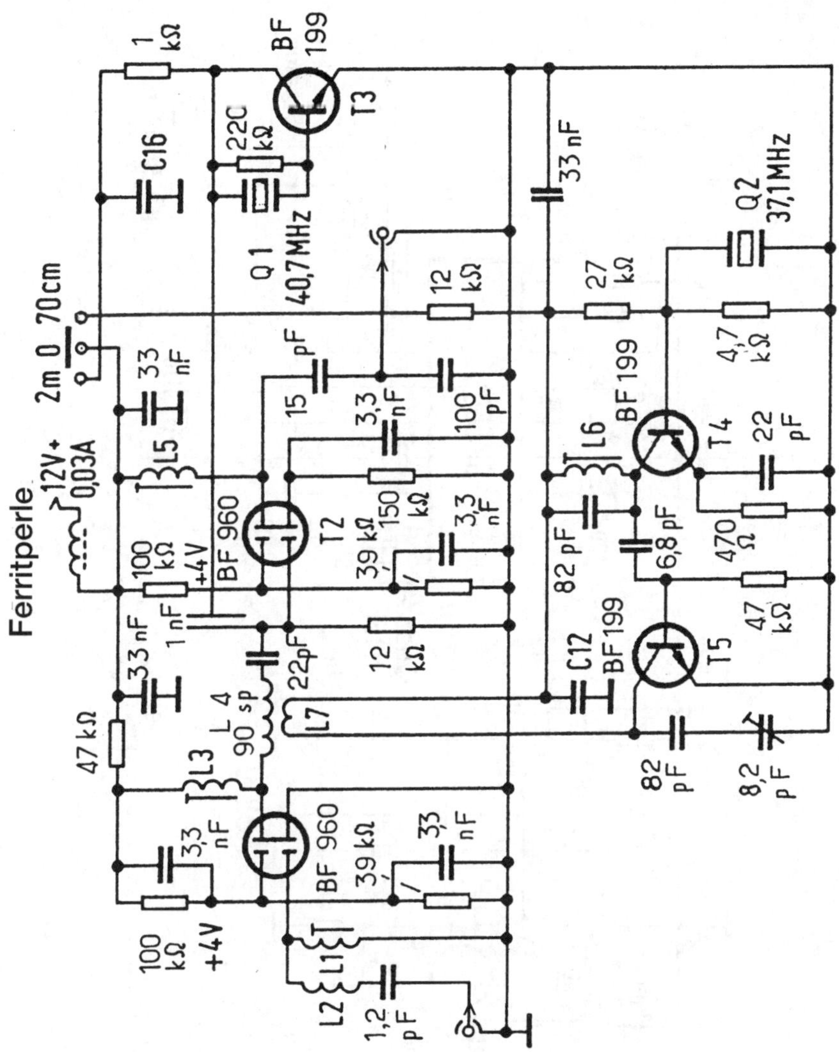

Transponiert die beiden Bänder auf den Empfangsbereich 103,3 bis 105,3 MHz eines FM-Empfängers. Nur der Oszillator wird umgeschaltet. Auf 2 m wird L_1 von der Gatekapazität des Eingangstransistors abgestimmt, während L_2 auf 70 cm in Serienresonanz wirksam ist. Der entsprechende Oszillator (31,7 MHz) arbeitet auf der dritten Oberwelle seines Quarzes und wird von einer Frequenzverdreifachung gefolgt. [H. Bensch, *Funkschau*, München, Nr. 13/83, Seiten 85 bis 88.]

576. Empfänger für 430 bis 440 MHz

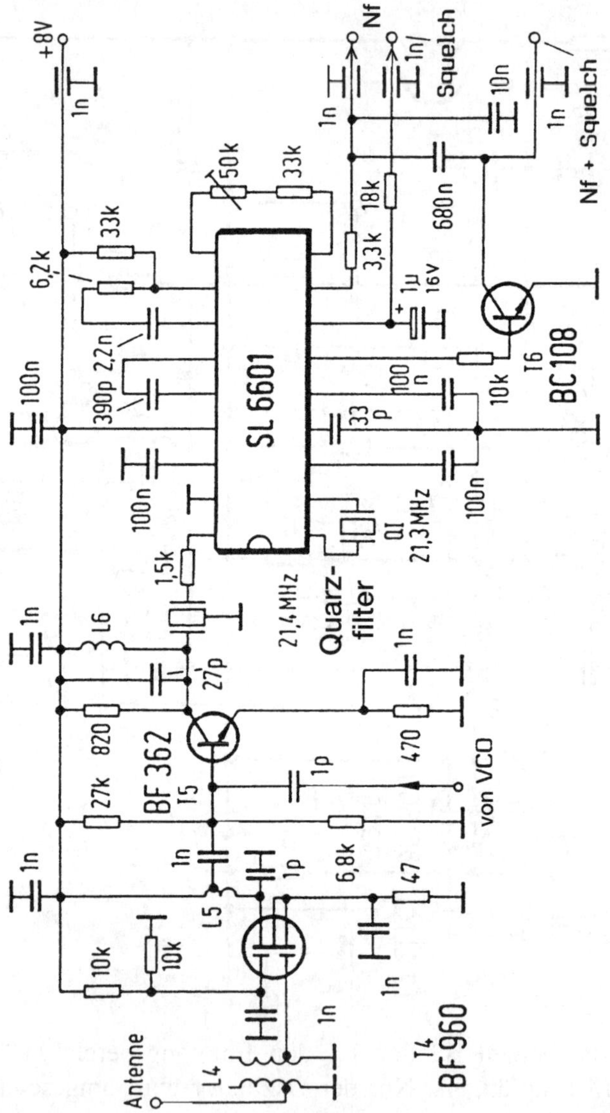

Die Mischung erfolgt in T5 mit einer durch Frequezsynthese gewonnenen Hf-Spannung. L_4: Filter TOKO 252 MT – 1001 A. L_5: TOKO 301 AN 01 mit Alu-Kern. L_6: Neosid 5056 grün-blau. Kondensator 390 pF: Styroflex. [H. Westerwelle, *Funkschau*, München, Nr. 13/85, Seiten 76 bis 79.]

FM-Empfänger

577. Schmalband-FM-Empfänger mit S 1469

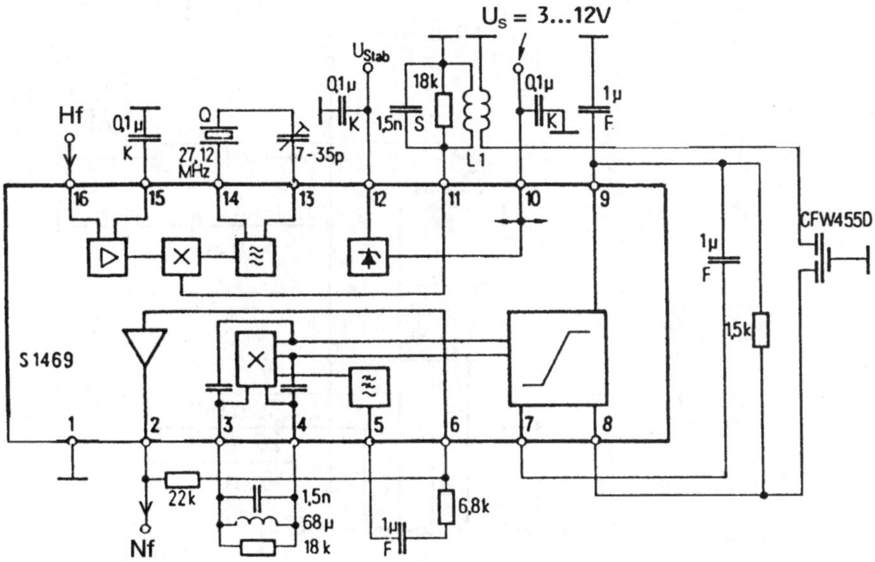

Bandbreite: 50 kHz. Begrenzungseinsatz in der Zf: 20 µV. Vorverstärkung: 40 dB. F: Folienkondensatoren. K: Keramikkondensatoren. S: Styroflexkondensatoren. [A. Dietze, H. Kriedt, *Funkschau*, München, Nr. 9/82, Seite 73.]

578. FM-Empfänger mit Drehkoabstimmung, TDA 700

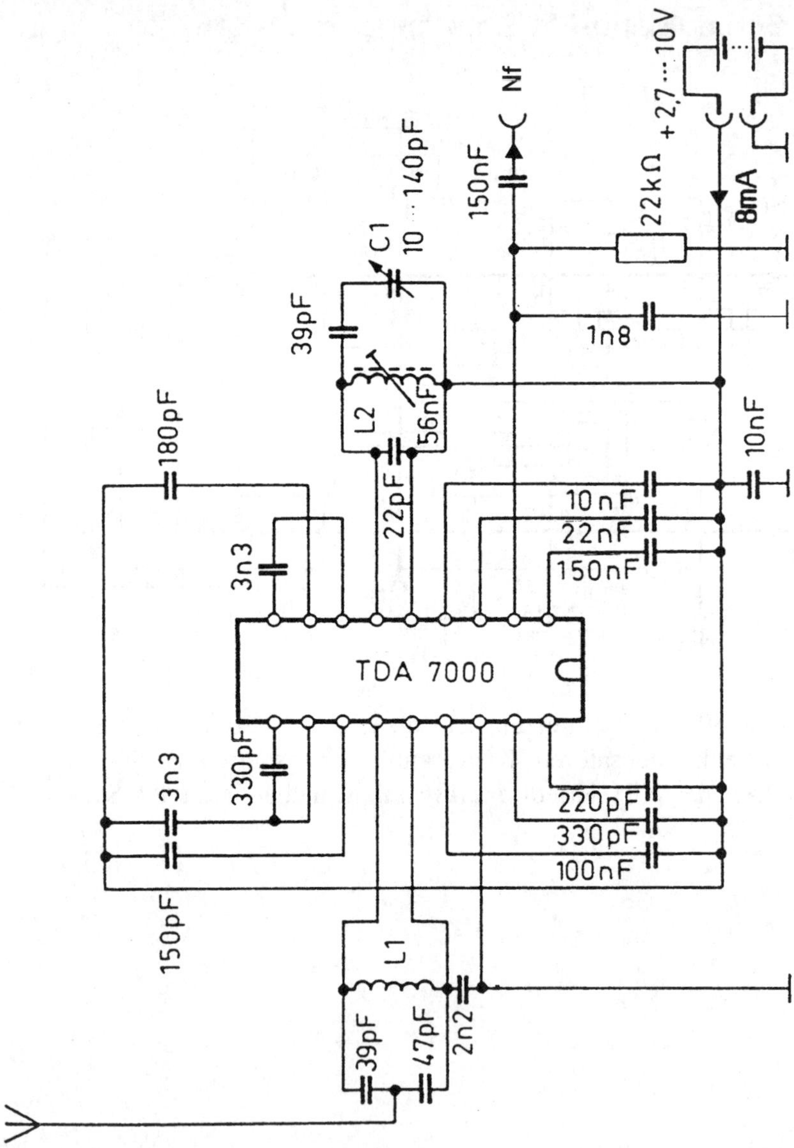

Arbeitet mit einer Zf von 70 kHz, die mit Aktivfiltern aufbereitet wird. Klirrfaktor: 0,7%. L_1 ist eine gedruckte Spule. L_2: TOKO MC 108. [Unterlagen der Firma *Valvo* und *Funk-Technik*, München, Nr. 7/83, Seiten 281 bis 283.]

579. FM-Empfänger mit Diodenabstimmung, TDA 7000

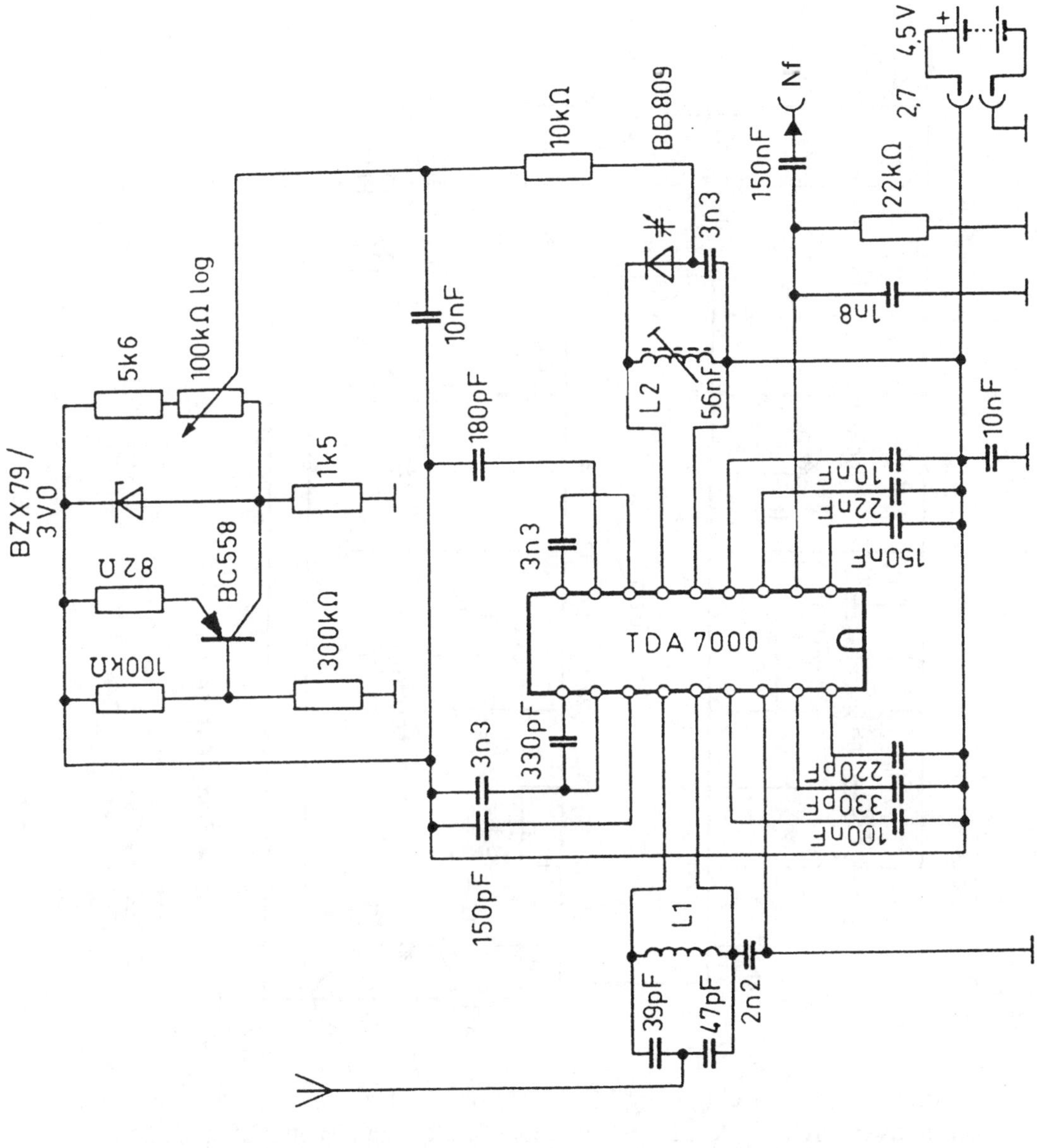

Variante der vorigen Schaltung. Die Steuerspannung der Abstimmdioden wird von einer Z-Diode (3 V) stabilisiert. [Unterlagen der Firma *Valvo* und *Funk-Technik*, München, Nr. 7/83, Seiten 281 bis 283.]

580. FM-Empfänger mit TDA 7021 T

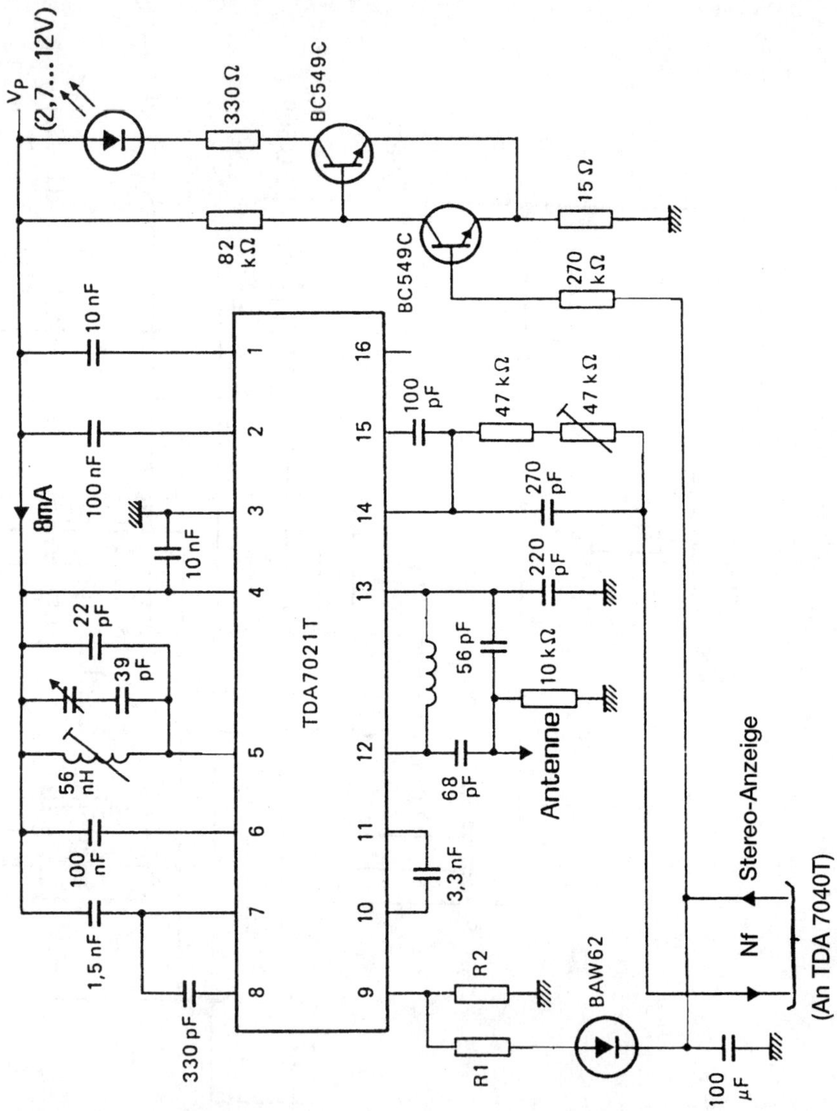

Arbeitet mit Phasenschleife und einer Zf von 70 kHz, die mit Aktivfiltern aufbereitet wird. Klirrfaktor: 0,7% bei einem Frequenzhub von 22,5 kHz. Nur der Oszillatorkreis (Pin 5) wird abgestimmt. Empfindlichkeit: 5,5 μV bei einem Signal/Rausch-Verhältnis von 26 dB. Automatische Nachstimmung über ± 300 kHz. [Integrated Circuits Book IC 01, *Philips*, 1988, Seiten 873 bis 881.]

581. FM-Empfänger mit Hybridschaltung FTU 3110

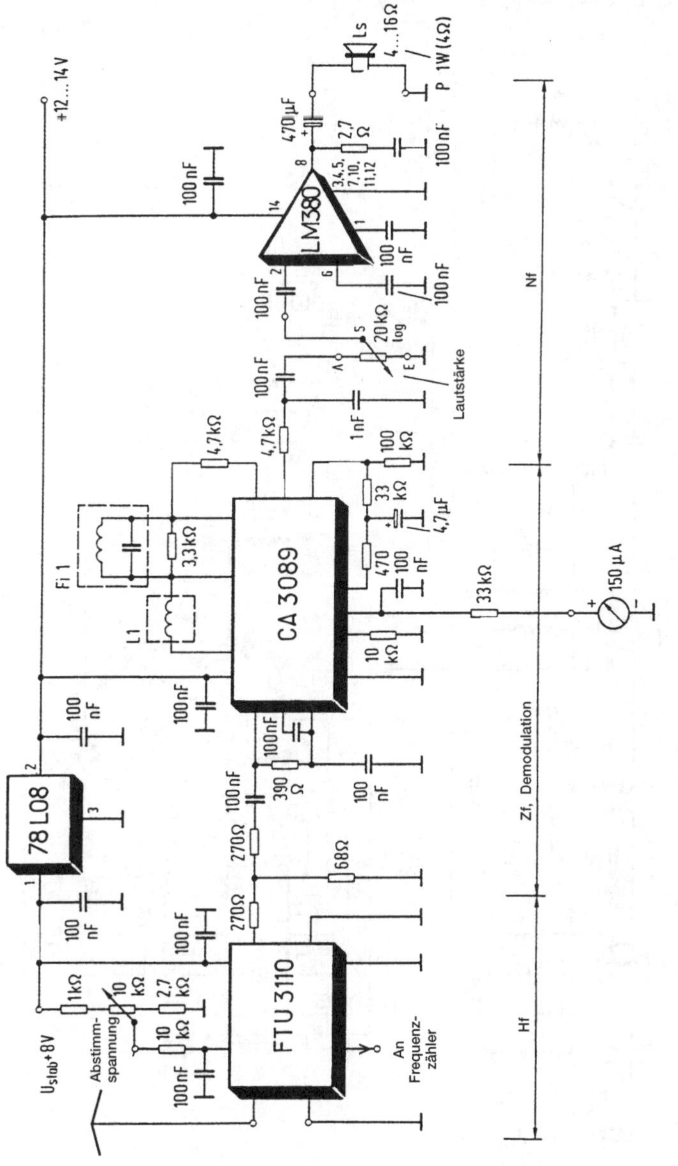

Das Eingangsmodul FTU 3110 enthält alle aktiven und passiven Bauteile eines Vorverstärkers (86 bis 108 MHz). Die Abstimmung erfolgt mit Kapazitätsdioden. L_1: TOKO KANS-K 1295-HM. Fi 1: TOKO KACS-K 586-HM. [H. Braubach und P. Flemming, *ELO*, München, Nr. 3/84, Seiten 51 und 52.]

582. FM-Empfänger für 145 MHz, MOS-Transistoren und SL 6600

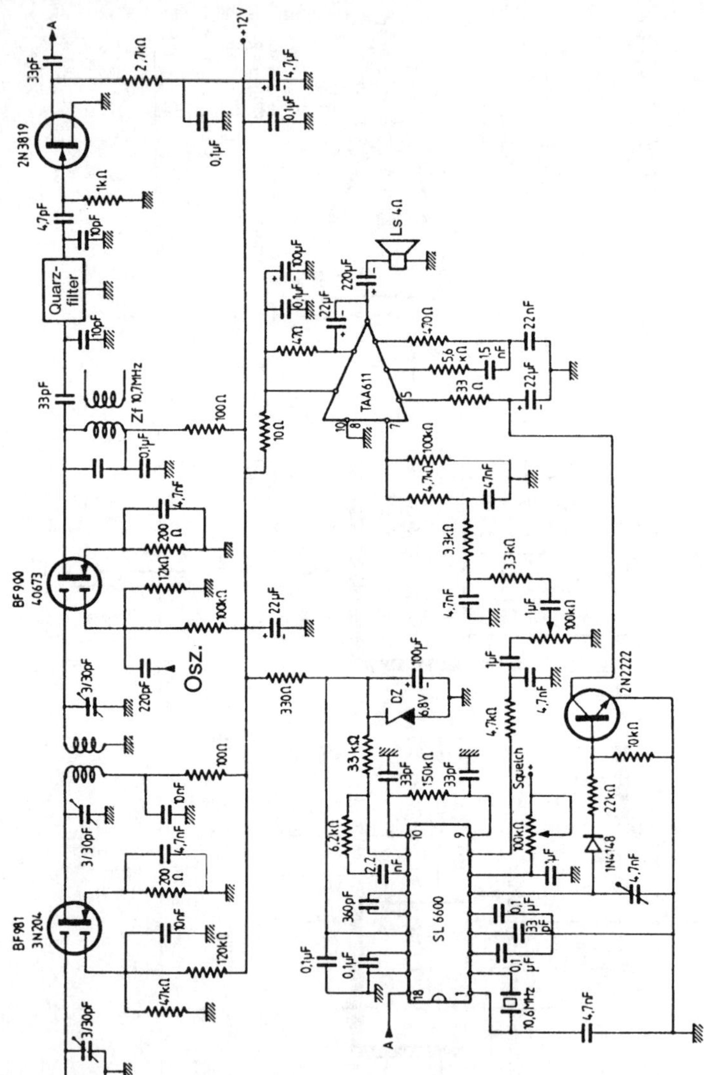

Auf die Vorstufe (BF 981) folgt der Mischer, dessen Oszillatorspannung mittels Frequenzsynthese erzeugt wird. Ein SL 6600 dient als FM-Demodulator. [R. Piat und M. Levrel, *Le Haut-Parleur*, Paris, Nr. 1710, November 1984, Seite 210.]

583. FM-Empfänger für 145 MHz, MOS-Transistoren und SL 664

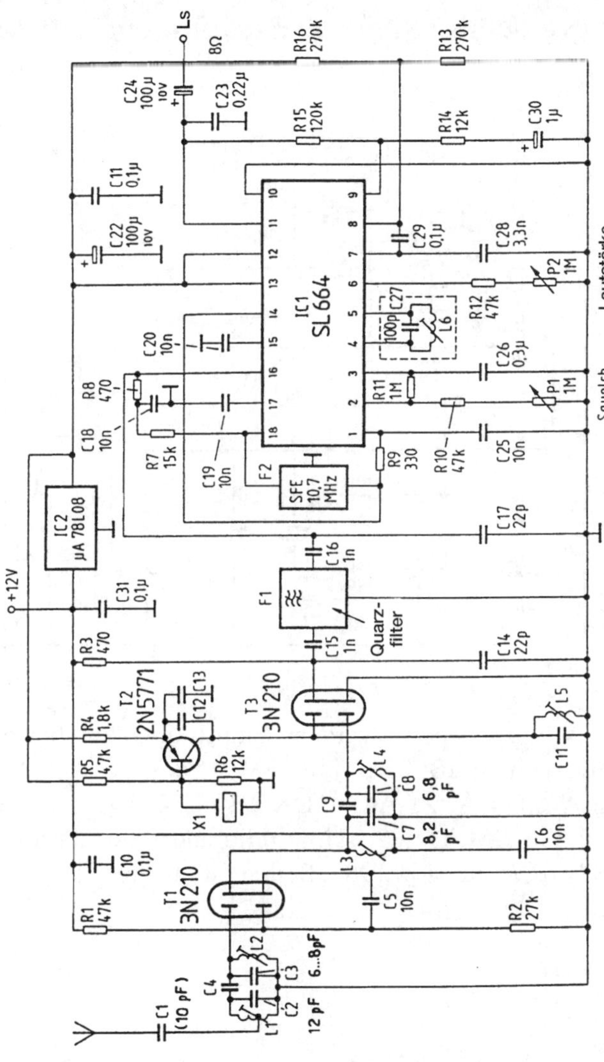

Die Empfangsfrequenz wird durch einen Quarzoszillator (X1, Overtone 7) bestimmt. Die SL 664 enthält einen Nf-Verstärker mittlerer Leistung. Empfindlichkeit: 0,4 µV bei einem Signal/Rausch-Verhältnis von 20 dB. Alle Spulen tragen 3,5 Windungen, Drahtdurchmesser 0,7 mm, Spulendurchmesser 6,5 mm (Toko S 18). C_4 und C_5 sind die Streukapazitäten zwischen den Spulen, deren Abstand 13 mm beträgt. [A. Kussmaul, *Funkschau*, München, Nr. 6/79, Seiten 335 bis 337.]

AM/FM-Empfänger

584. An 3 V gespeister AM/FM-Empfänger, TDA 7220

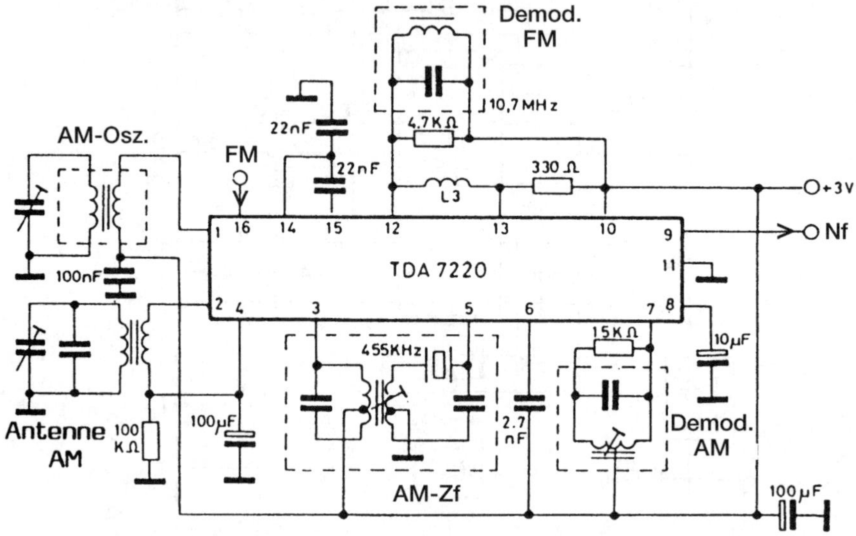

Kann mit 1,5 bis 6 V gespeist werden. Empfindlichkeit bei einem Signal/Rausch-Verhältnis von 26 dB: 25 µV bei FM, 15 µV bei AM. Oszillator AM: TOKO RWO 6 A 6574 A. Zf AM: TOKO CFZ 455 C. Demodulation FM: TOKO KACS K 586 HM. L_3: 22 µH. [Audio and Radio Products Databook, *SGS Thomson Microelectronics*, 1987, Seiten 689 bis 699.]

585. AM/FM-Empfänger mit TDA 1090

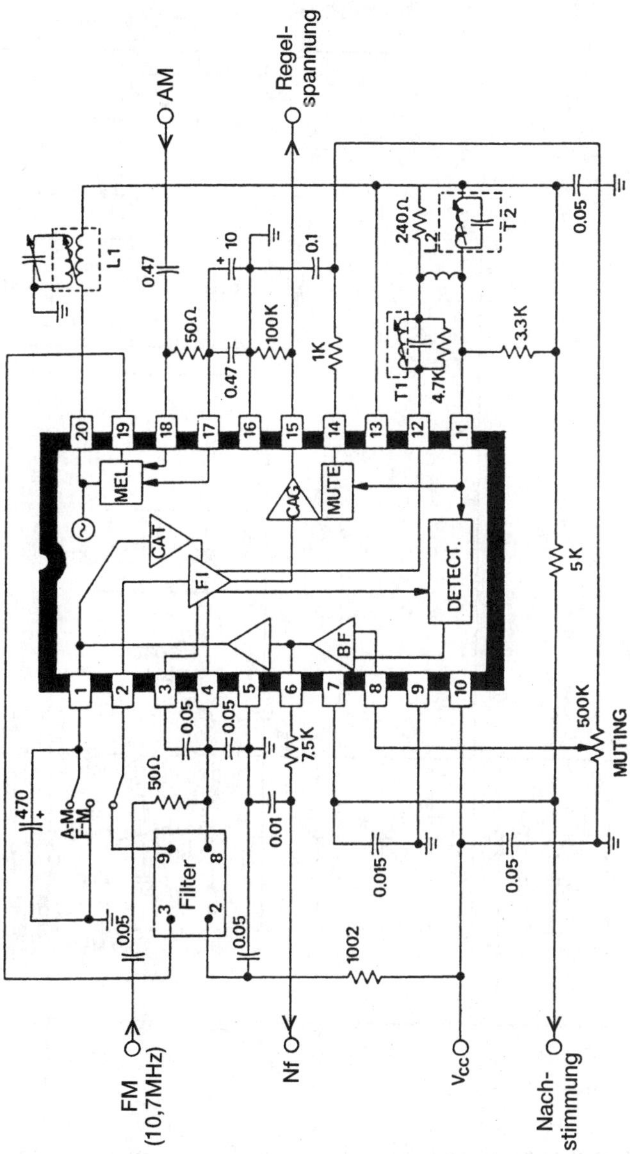

Vor dem AM-Eingang liegt ein Vorkreis oder ein abgestimmter Vorverstärker, vor dem FM-Eingang die FM-Zf. Der Begrenzungspegel beträgt 12 mV. L_1 ist die AM-Oszillatorspule. T_1 und T_2 sind auf 455 kHz abgestimmte Zf-Transformatoren. [Anwendungsschrift ZASP-17/78 *Sprague.*]

586. AM/FM-Empfänger mit integriertem Nf-Verstärker, TDA 1038

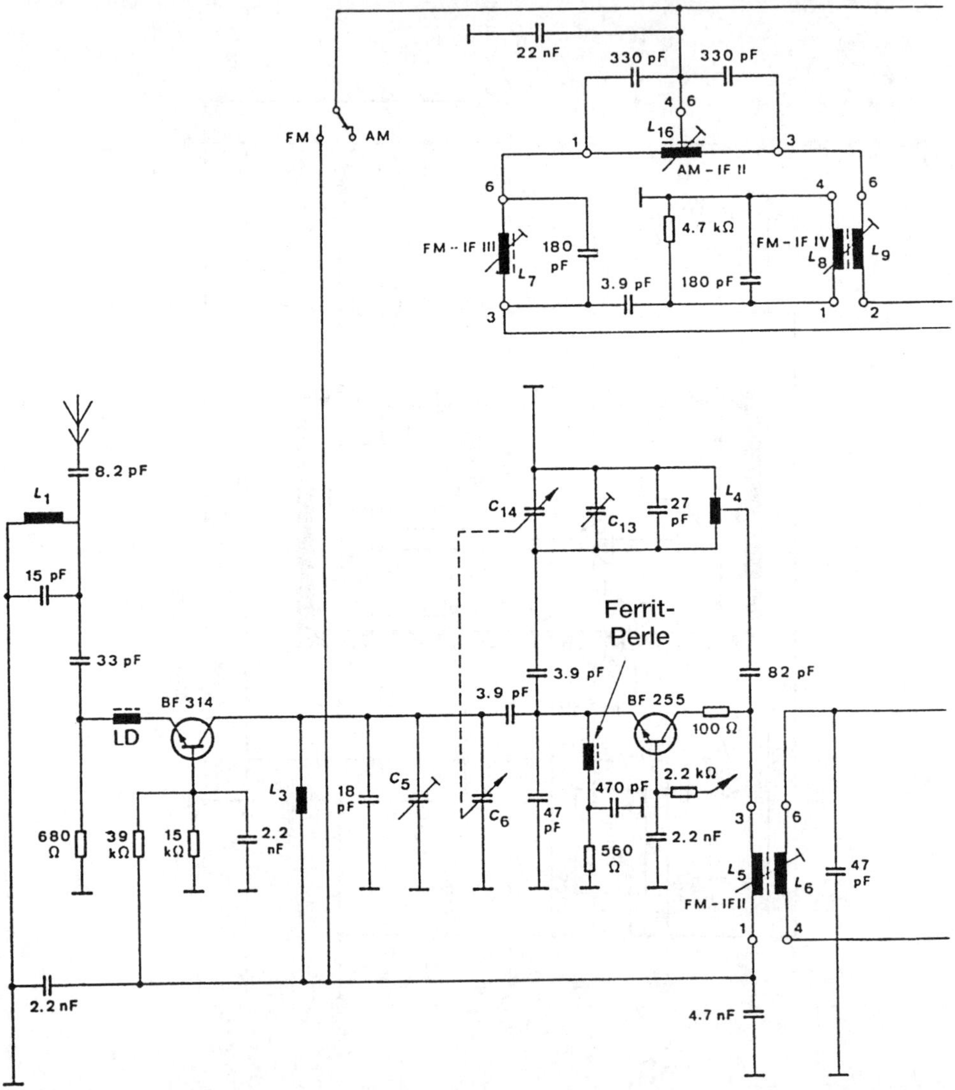

Ausgangsleistung: 0,4 W an 16 Ω. L1: 7 Wdg. 0,6 mm, Spulendurchmesser 4 mm. L_D: 20 Wdg. 0,25 mm, Spulendurchmesser 2,2 mm. L_3: 5 Wdg. 0,6 mm, Spulendurchmesser 3,5 mm. L_4: 3 + 3 Wdg. 0,6 mm, Spulendurchmesser 2,2 mm. L_5/L_6: 12/2 Wdg. 0,12 mm (TOKO 154 ESS-7 A 6686). L_7: 7,5 Wdg. 0,16 mm (TOKO 154 ACS-7 A 6392). L_8/L_9: 7,5/5,5 Wdg. 0,12 mm (TOKO

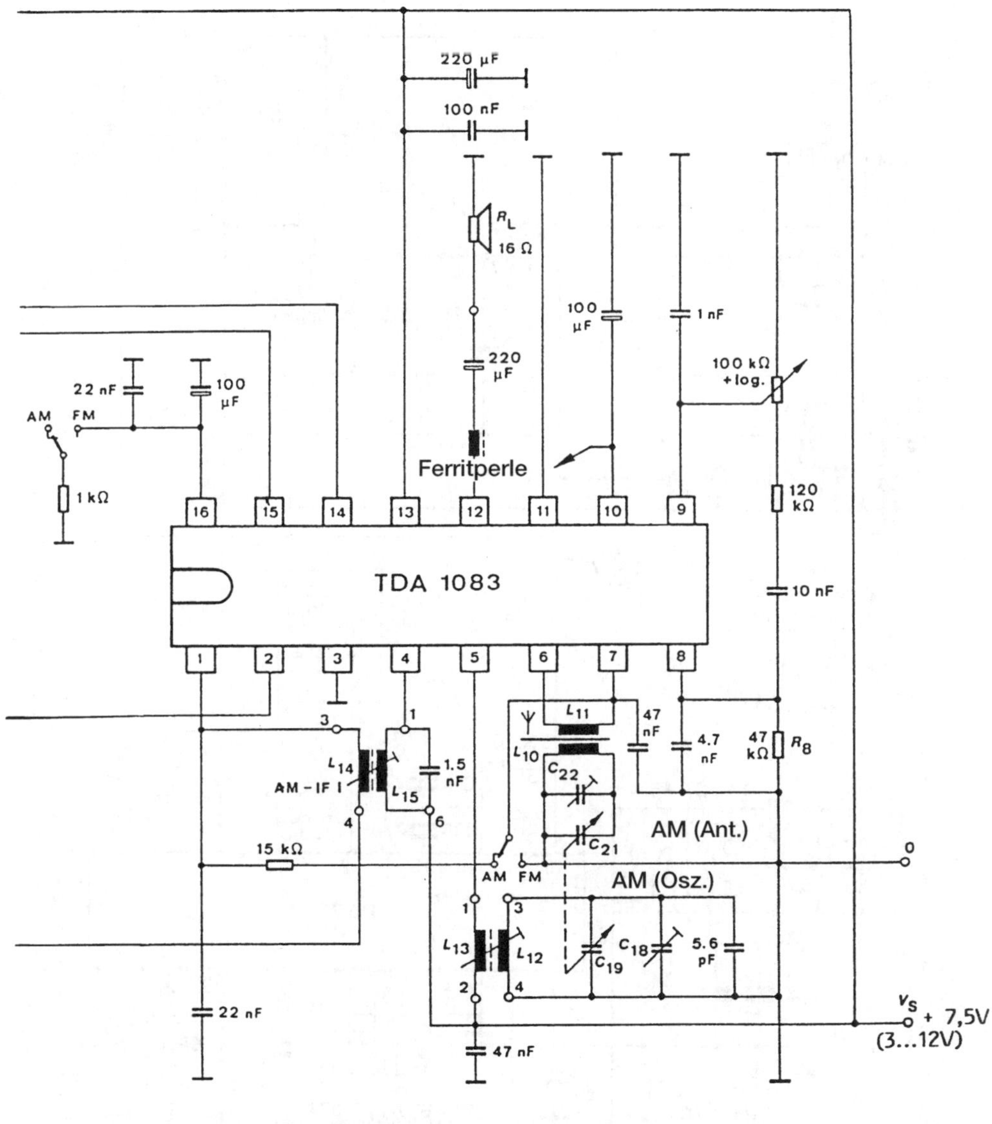

154 ACS-7 A 6391). L_{10}/L_{11}: Ferritstab Draloric 8 x 130 mm, 96/9 Wdg., 10 x 0,05 mm. L_{12}/L_{13}: 78/7 Wdg. 0,09 mm (TOKO RWOS-6 A 7609). L_{14}/L_{15}: 55/10 Wdg. 0,09 mm (TOKO 154 AN). L_{16}: 48 + 48 Wdg. 0,09 mm (TOKO RHNS-1 A 8082). [Semiconductor Information 2. 81, *Telefunken electronic.*]

587. An 3 V gespeister AM/FM-Empfänger, TDA 7211 A, TDA 7220

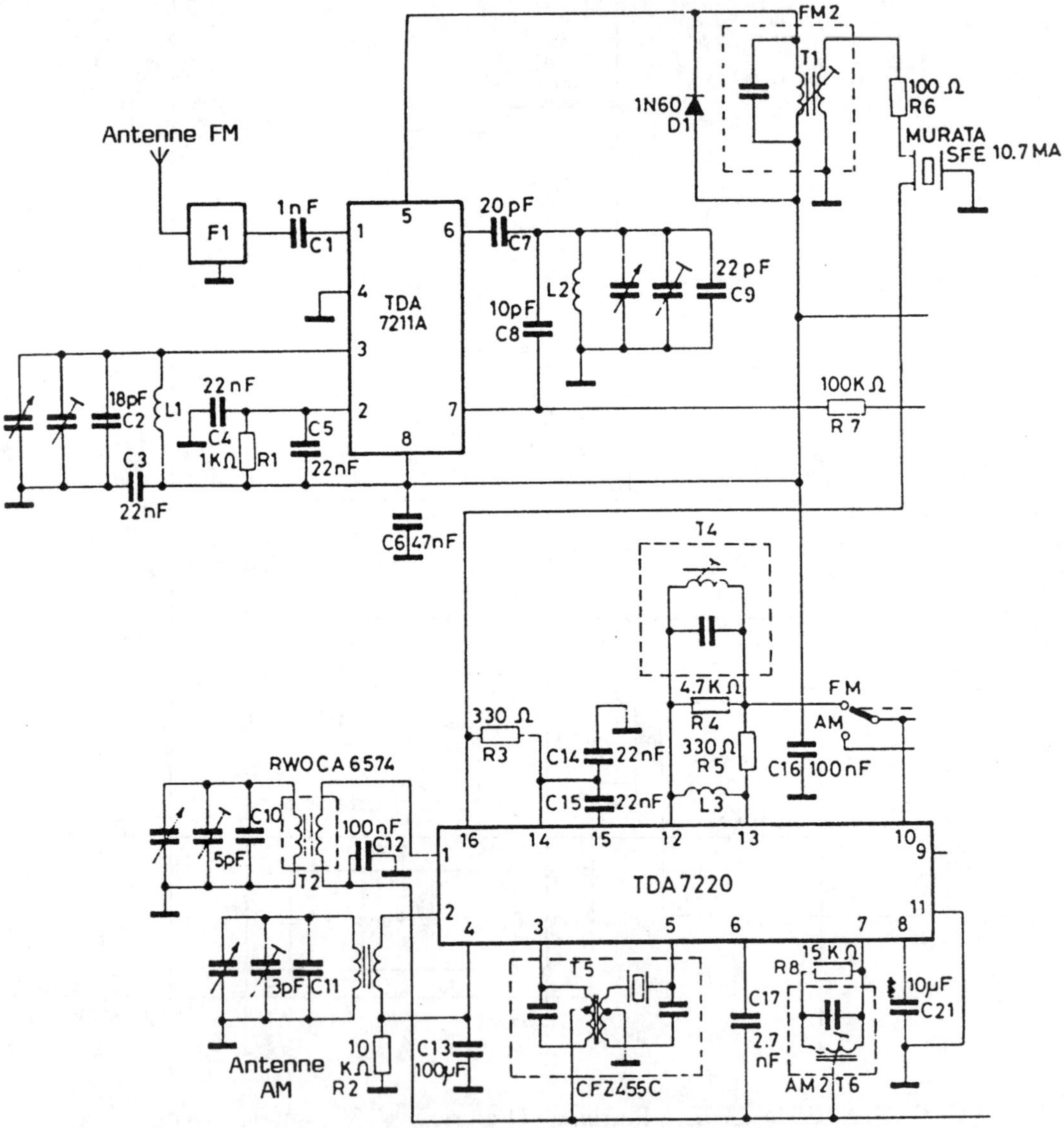

Maximale Oszillatorspannung (Pin 6): 300 mV_{eff}. F1: TAIYO YUDEN B 10861 K. T4 (FM-Demodulator): TOKO KAKS K 586 HM. L_3: 22 µH.

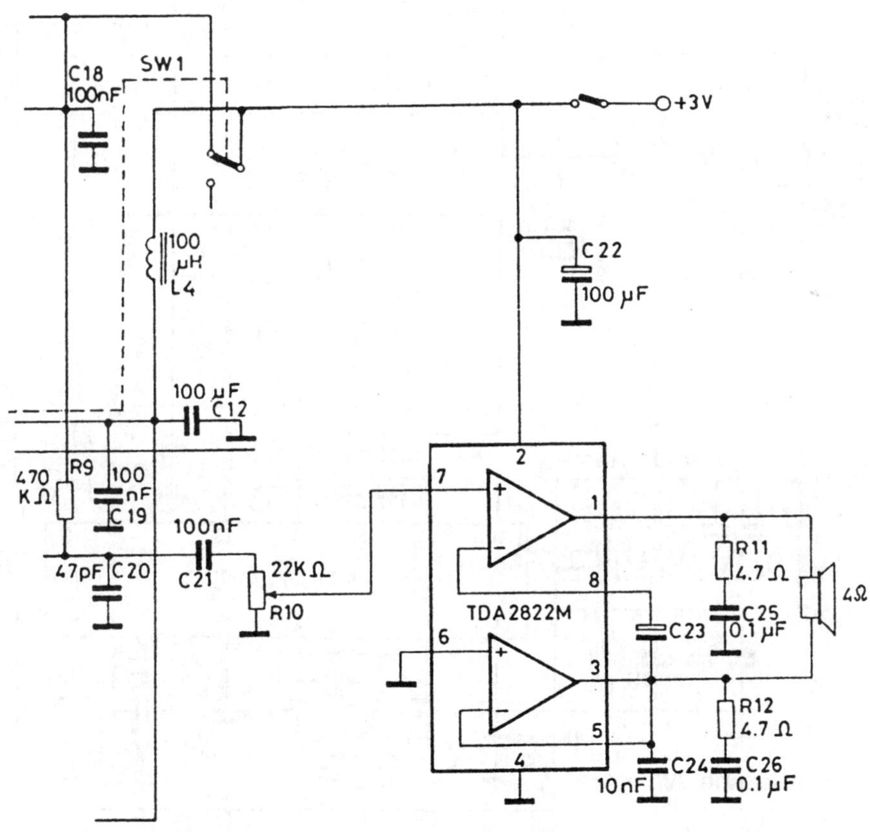

[Audio and Radio Products Databook, *SGS Thomson Microelectronics*, 1987, Seiten 689 bis 699.]

588. An 3 V gespeister AM- und FM-Stereo-Empfänger

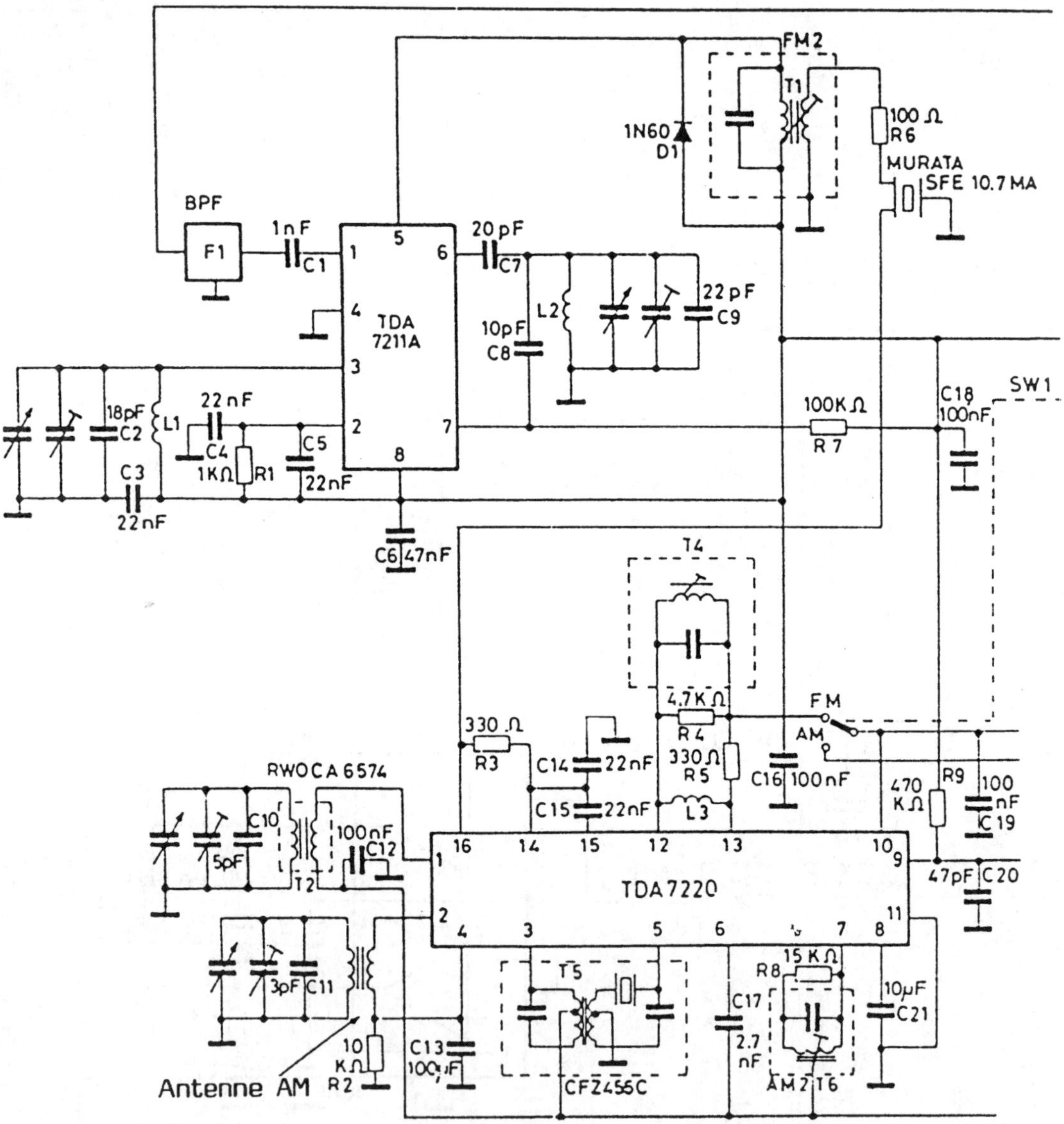

Variante der vorigen Schaltung mit Stereo-Zusatz. Die TDA 7230 A dient als Dekoder. Die Anschlußlitze des Kopfhörers wird als Antenne benutzt. [Audio

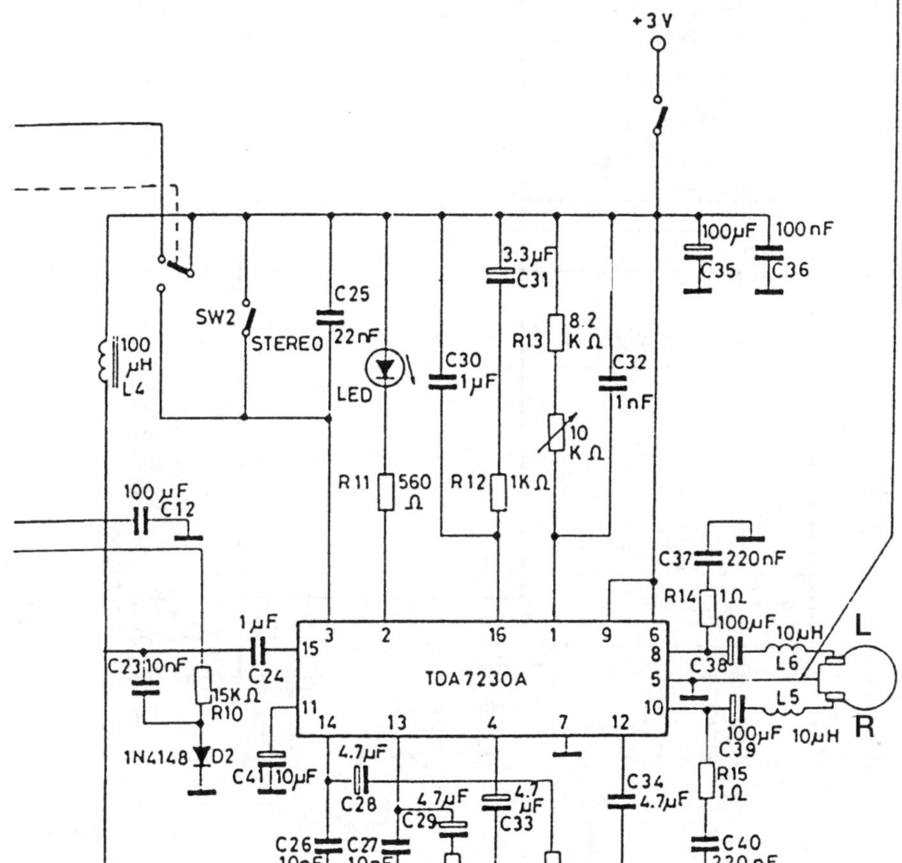

and Radio Products Databook, *SGS Thomson Microelectronics*, 1987, Seiten 689 bis 699.]

589. AM/FM-Empfänger mit TEA 5570

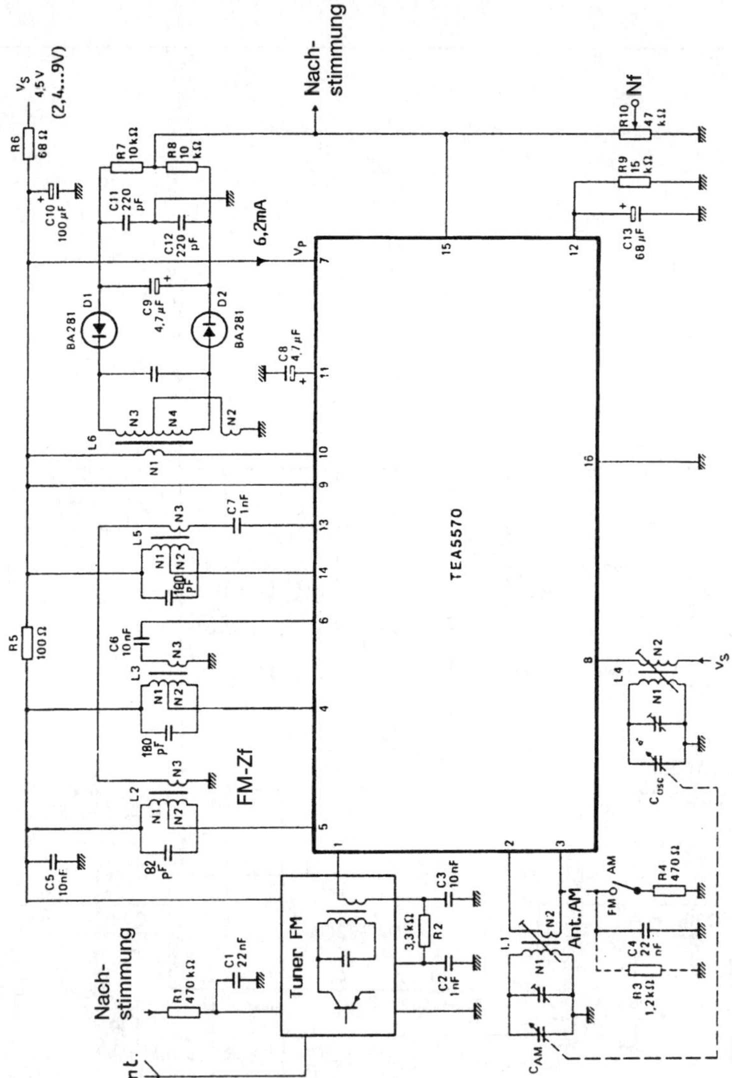

Signal/Rausch-Verhältnis bei FM: 65 dB bei 1 mV am Eingang, Klirrfaktor: 0,3%. Übersetzungsverhältnisse der Spulenwicklungen: L_1: $N_1 = 3$, $N_2 = 8$, $N_3 = 1$ Wdg. $L_3 = L_5$: $N_1 = 33$, $N_2 = 113$, $N_3 = 9$ Wdg. L_4 (TOKO 7 RR 7-P): $N_1 = 90$ Wdg., $N_2 = 6$ Wdg. L_6: $N_1 = N_2 = 50$, $N_3 = 4{,}5$, $N_4 = 6{,}5$ Wdg. [Integrated Circuits Book IC 01, *Philips*, 1988, Seiten 1039 bis 1051.]

590. AM/FM-Empfänger mit TEA 5591

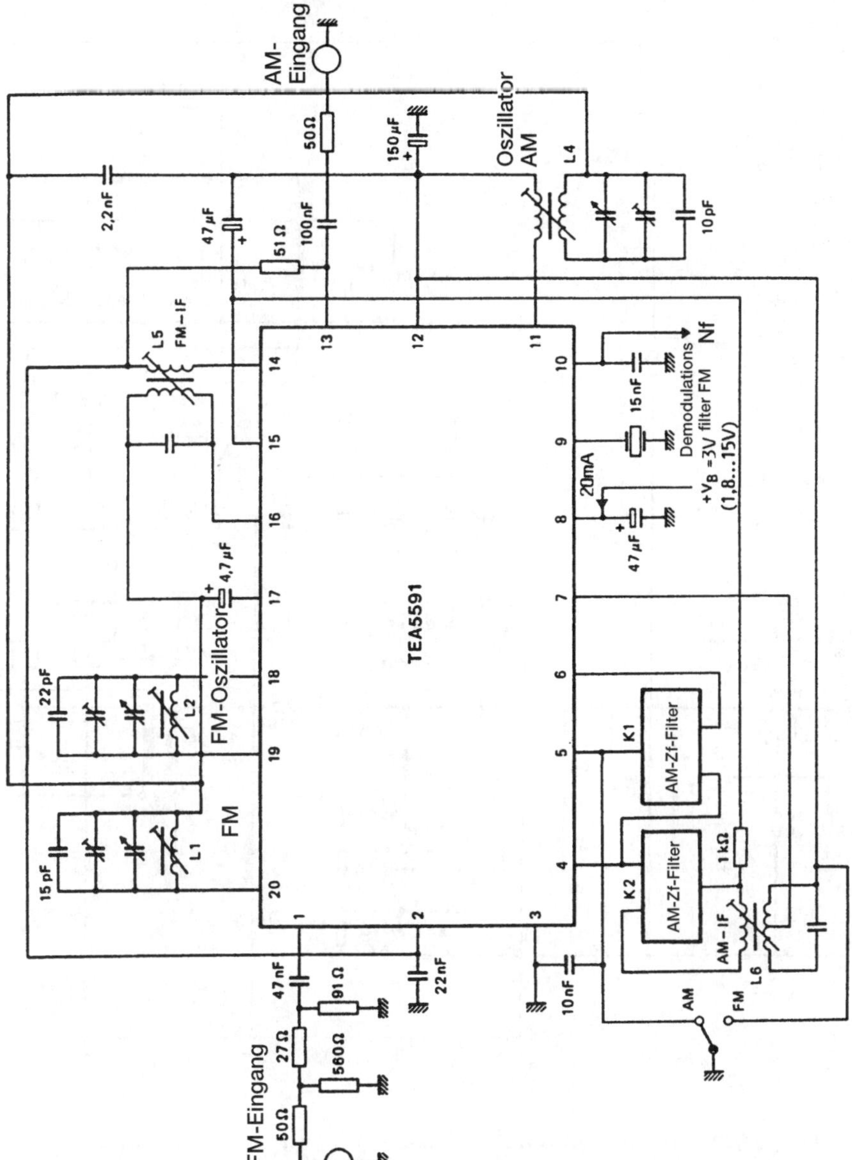

Signal/Rausch-Verhältnis bei FM: 60 dB bei 1 mV am Eingang, Klirrfaktor: 1%. Signal/Rausch-Verhältnis bei AM: 48 dB bei 1 mV am Eingang, Klirrfaktor 1%. [Integrated Circuits Book IC 01, *Philips*, 1988, Seiten 1075 bis 1085.]

591. AM/FM-Stereo-Empfänger mit U 416 B

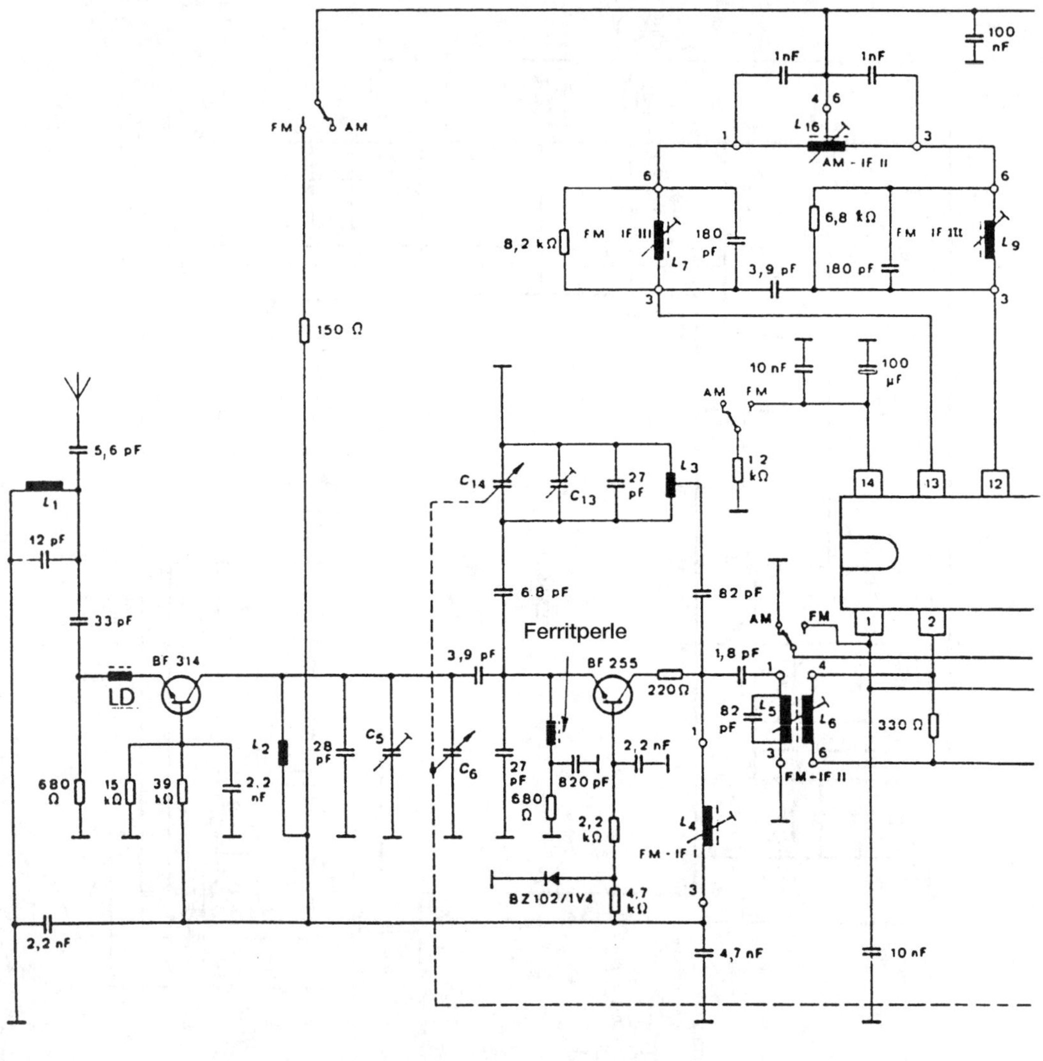

L_1: 7 Wdg. 0,6 mm, Spulendurchmesser 4 mm. L_D: 20 Wdg. 0,25 mm, Spulendurchmesser 2,2 mm. L_3: 5 Wdg. 0,6 mm, Spulendurchmesser 3,5 mm. L_4: 3 + 3 Wdg. 0,6 mm, Spulendurchmesser 2,2 mm. L_5/L_6: 12/2 Wdg. 0,12 mm (TOKO 154 ESS-7 A 6686). L_7: 7,5 Wdg. 0,16 mm (TOKO 154 ACS-7 A 6392). L_8/L_9: 7,5/5,5 Wdg. 0,12 mm (TOKO 154 ACS-7 A 6391). L_{10}/L_{11}:

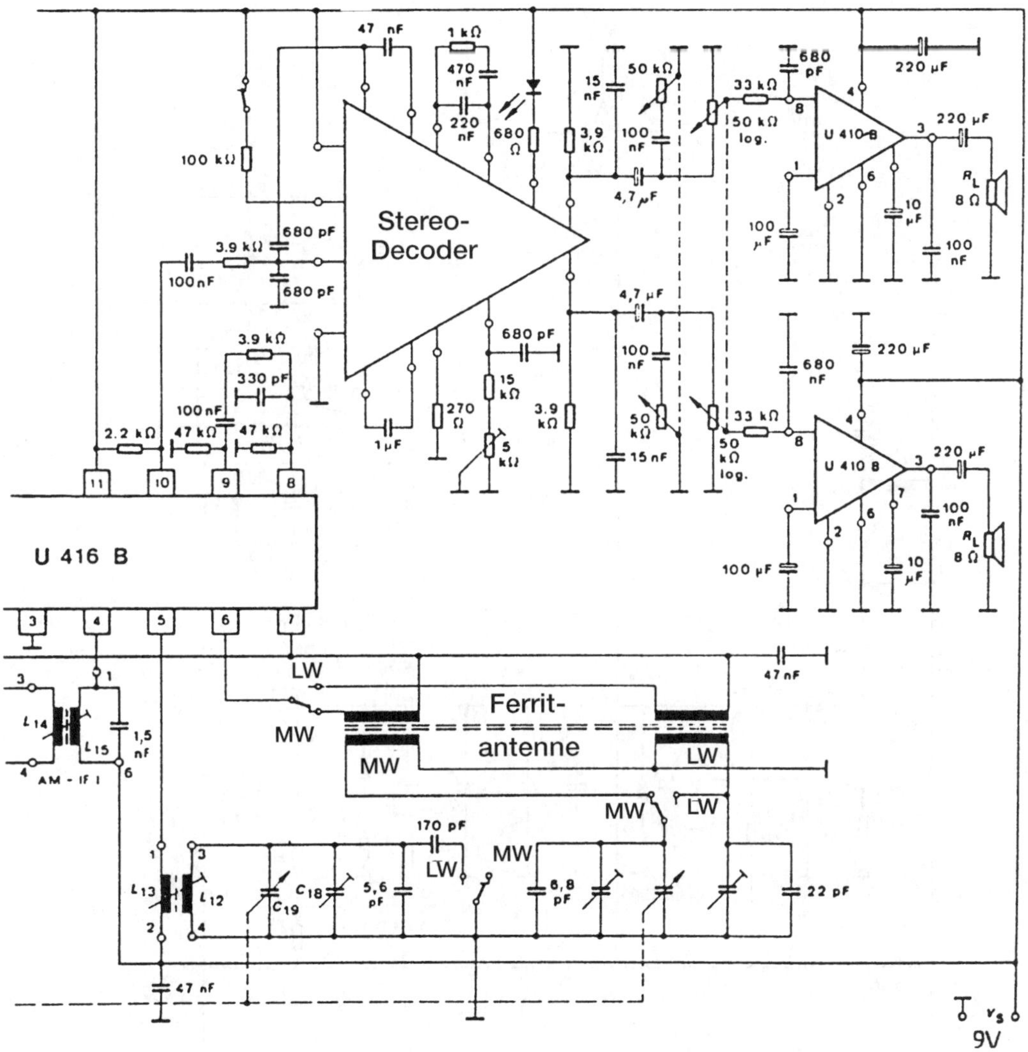

Ferritstab Draloric 8 x 130 mm, 96/9 Wdg., 10 x 0,05 mm. L_{12}/L_{13}: 78/7 Wdg. 0,09 mm (TOKO RWOS-6 A 7609). L_{14}/L_{15}: 55/10 Wdg. 0,09 mm (TOKO 154 AN). L_{16}: 48 + 48 Wdg. 0,09 mm (TOKO RHNS-1 A 8082). [Semiconductor Information 2. 81, *Telefunken electronic*, Integrated Circuits Radio and Audio Applications, *Telefunken electronic*, 1986, Seiten 85 bis 89.]

592. AM/FM-Empfänger mit integriertem Nf-Verstärker, U 418 B

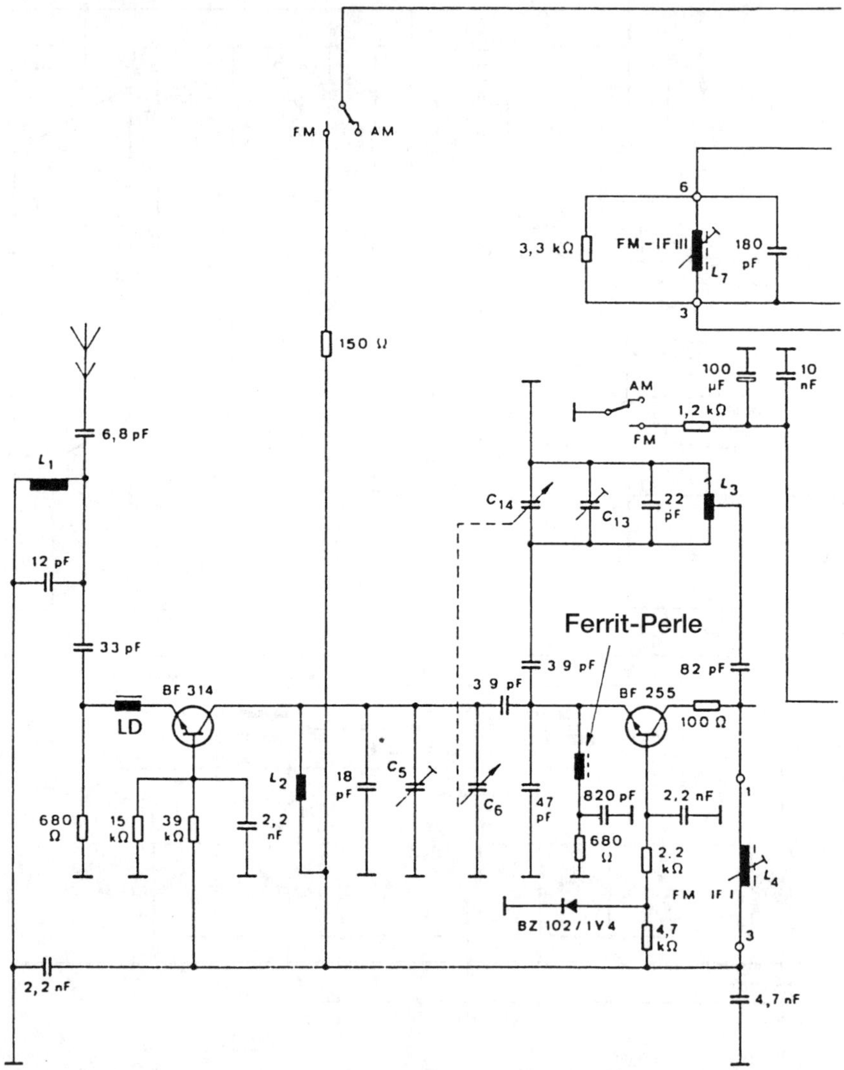

Ausgangsleistung: 1 W an 8 Ω. L_1: 7 Wdg. 0,6 mm, Spulendurchmesser 4 mm. L_D: 20 Wdg. 0,25 mm, Spulendurchmesser 2,2 mm. L_3: 5 Wdg. 0,6 mm, Spulendurchmesser 3,5 mm. L_4: 3 + 3 Wdg. 0,6 mm, Spulendurchmesser 2,2 mm. L_5/L_6: 12/2 Wdg. 0,12 mm (TOKO 154 ESS-7 A 6686). L_7: 7,5 Wdg. 0,16 mm (TOKO 154 ACS-7 A 6392). L_8/L_9: 7,5/5,5 Wdg. 0,12 mm (TOKO

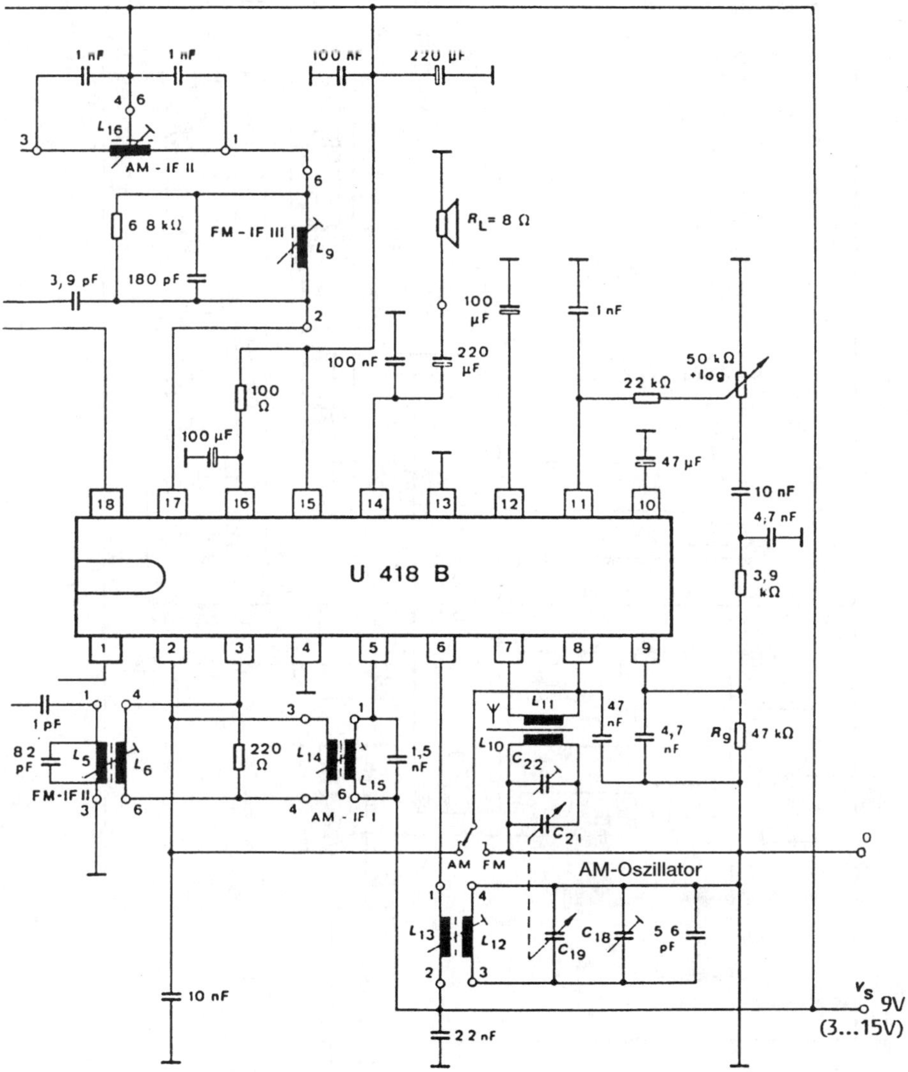

154 ACS-7 A 6391). L_{10}/L_{11}: Ferritstab Draloric 8 x 130 mm, 96/9 Wdg., 10 x 0,05 mm. L_{12}/L_{13}: 78/7 Wdg. 0,09 mm (TOKO RWOS-6 A 7609). L_{14}/L_{15}: 55/10 Wdg. 0,09 mm (TOKO 154 AN). L_{16}: 48 + 48 Wdg. 0,09 mm (TOKO RHNS-1 A 8082). [Semiconductor Information 2. 81, *Telefunken electronic.*]

593. KW-MW-LW-UKW-Empfänger mit Nf-Verstärker, U 418 B

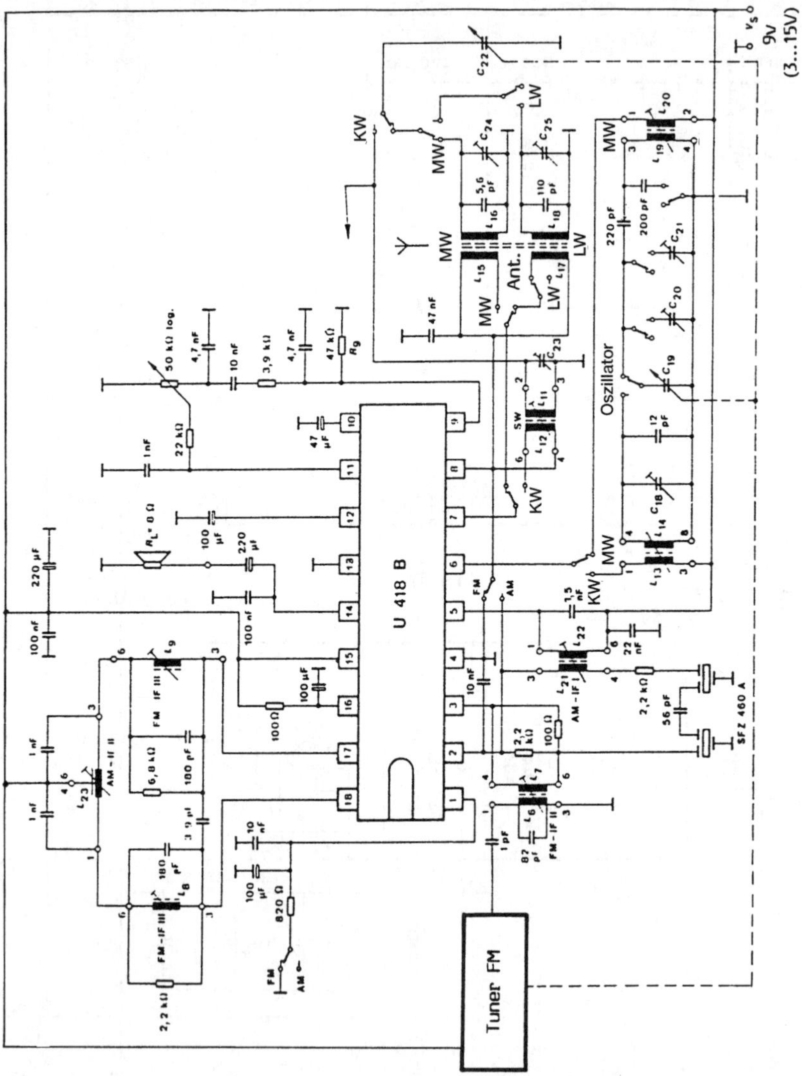

Die Schaltung des FM-Tuners ist mit der des vorhergehenden Beispiels identisch. Der AM-Teil hat drei Frequenzbereiche und arbeitet mit Keramikfiltern in der Zf. [Semiconductor Information 2. 81, *Telefunken electronic*. Integrated Circuits Radio and Audio Applications, IC *Telefunken electronic*, 1986, Seiten 97 bis 102.]

594. Empfänger mit Frequenznachstimmung bei UKW, U 418 B

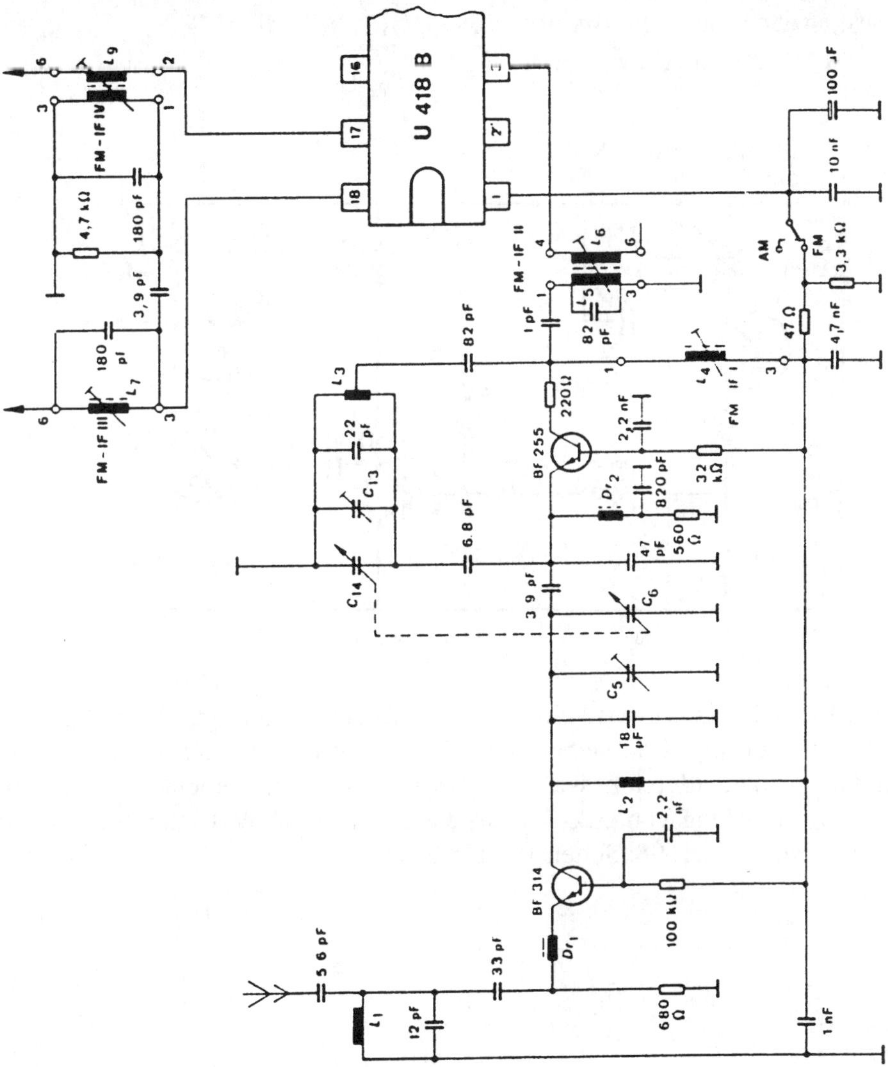

Variante zu Schaltungen 591 und 592. Eine Frequenznachstimmung ohne Kapazitätsdiode wird erhalten, indem man den FM-Tuner mit einer von Pin 1 der IS abgenommenen Spannung speist. [Semiconductor Information 2. 81, *Telefunken electronic*. Integrated Circuits Radio and Audio Applications, IC *Telefunken electronic*, 1986, Seiten 97 bis 102.]

Fernsteuerempfänger

595. Superregenerativempfänger für 27 MHz mit passiven Filtern

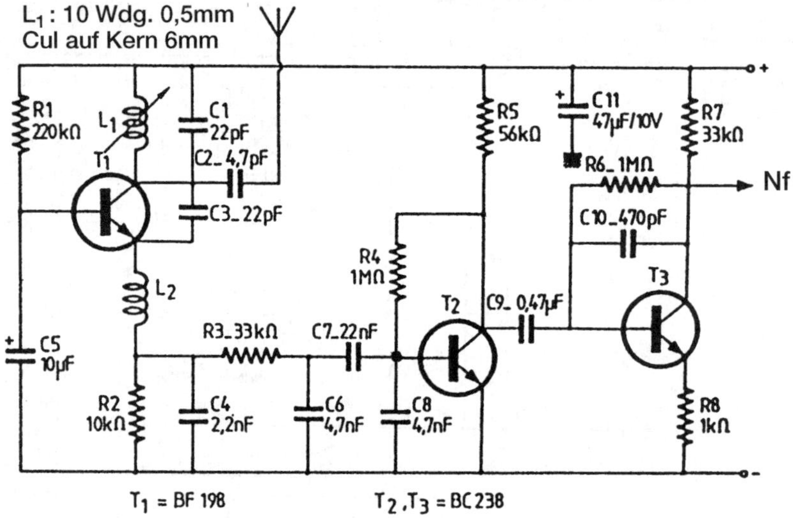

Die Demodulatorstufe wird von zwei Transistoren gefolgt, deren RC-Bausteine das Nutzsignal aussieben. Die Trennschärfe ist gering. L_2: 50 bis 100 Windungen, Drahtdurchmesser 0,15 bis 0,2 mm, aufgebracht auf einen für eine Verlustleistung von 0,25 W ausgelegten 100-kΩ-Widerstand. [*Le Haut-Parleur*, Paris, Nr. 1698, Seiten 191 bis 192.]

596. Superregenerativempfäger für 27 MHz mit Aktivfiltern

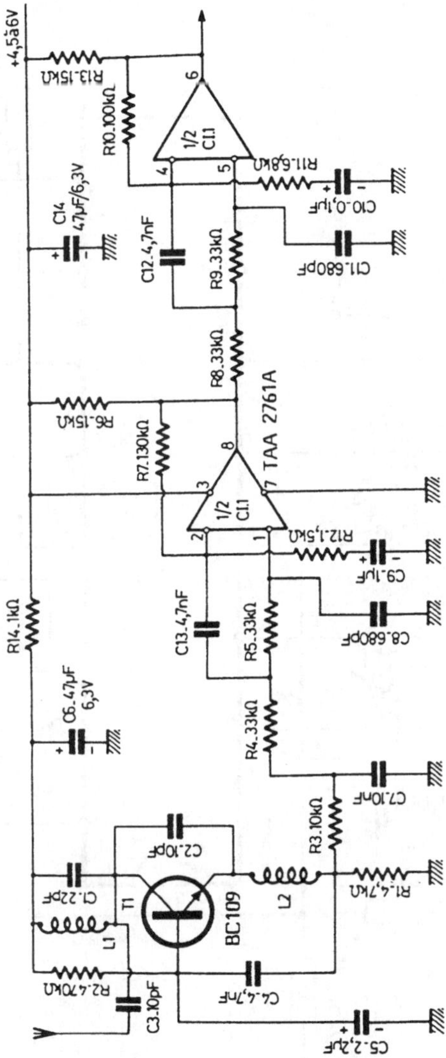

Auf die Demodulatorstufe folgen zwei Doppel-Operationsverstärker als Aktivfilter. Der Durchlaßbereich erstreckt sich annähernd von 500 bis 1000 Hz. Die Trennschärfe ist gering. L_1: 8 Windungen, Drahtdurchmesser 0,4 mm, Spulendurchmesser 6 mm, mit Abgleichkern. L_2: 60 Windungen, Drahtdurchmesser 0,2 mm, gewickelt auf Widerstand 0,25 W, 1 MΩ. [*Le Haut-Parleur*, Paris, Nr. 1619, Seiten 49 bis 53.]

597. Fernsteuerempfänger 27 MHz, mit TDA 1072 A

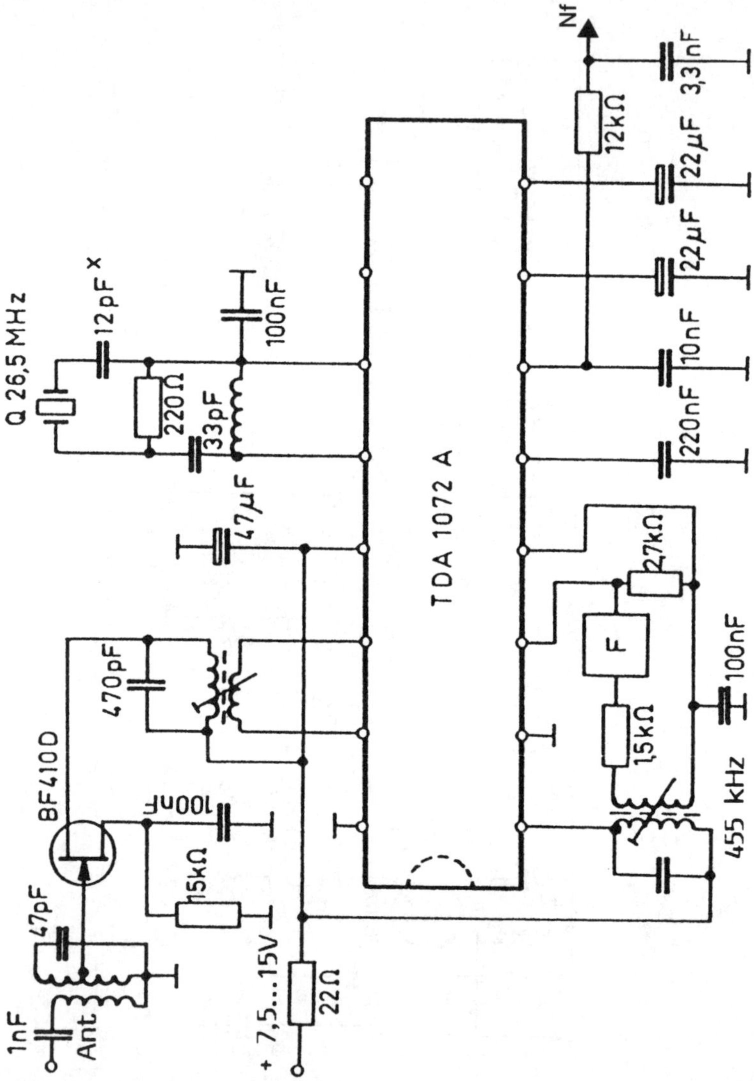

Die Gate- und Drainkreise des BF 410 D sind auf die Empfangsfrequenz abzustimmen. Diese unterscheidet sich um 455 kHz von der Quarzfrequenz. F: Keramikfilter für 455 kHz. [Integrated Circuits Book IC 01, 1988, Seite 581. J.A. Schuylenburg und W. Zetzmann, *Funk-Technik*, München, Nr. 3/85, Seiten 110 bis 114.]

598. Fernsteuerempfänger 27 MHz, mit TCA 440

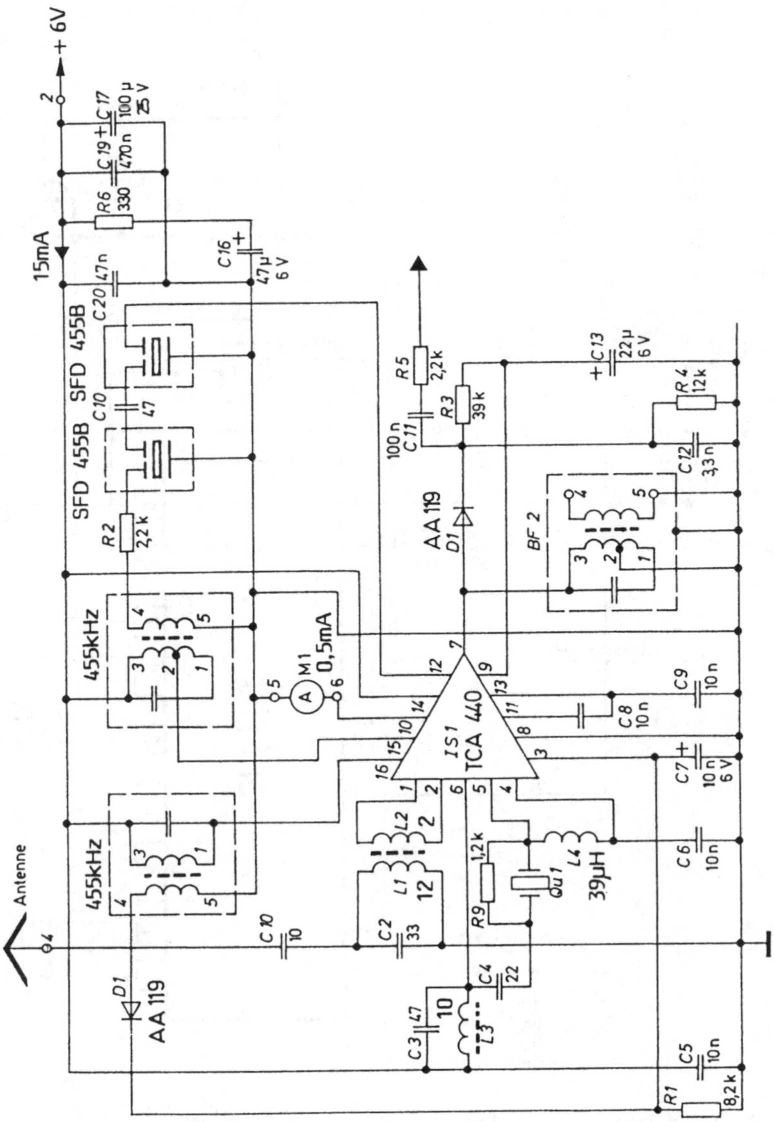

Die Frequenz des Oszillatorquarzes unterscheidet sich um 455 kHz von der Empfangsfrequenz. Die neben den Spulen eingetragenen Windungszahlen gelten für 27 MHz, einen Spulendurchmesser von 10 bis 12 mm und einen Drahtdurchmesser von 0,5 mm. [G. O. W. Fischer, *Funk-Technik*, München, Nr. 24/74, Seiten 875 und 876.]

599. Fernsteuerempfänger 27 MHz, mit SL 6700

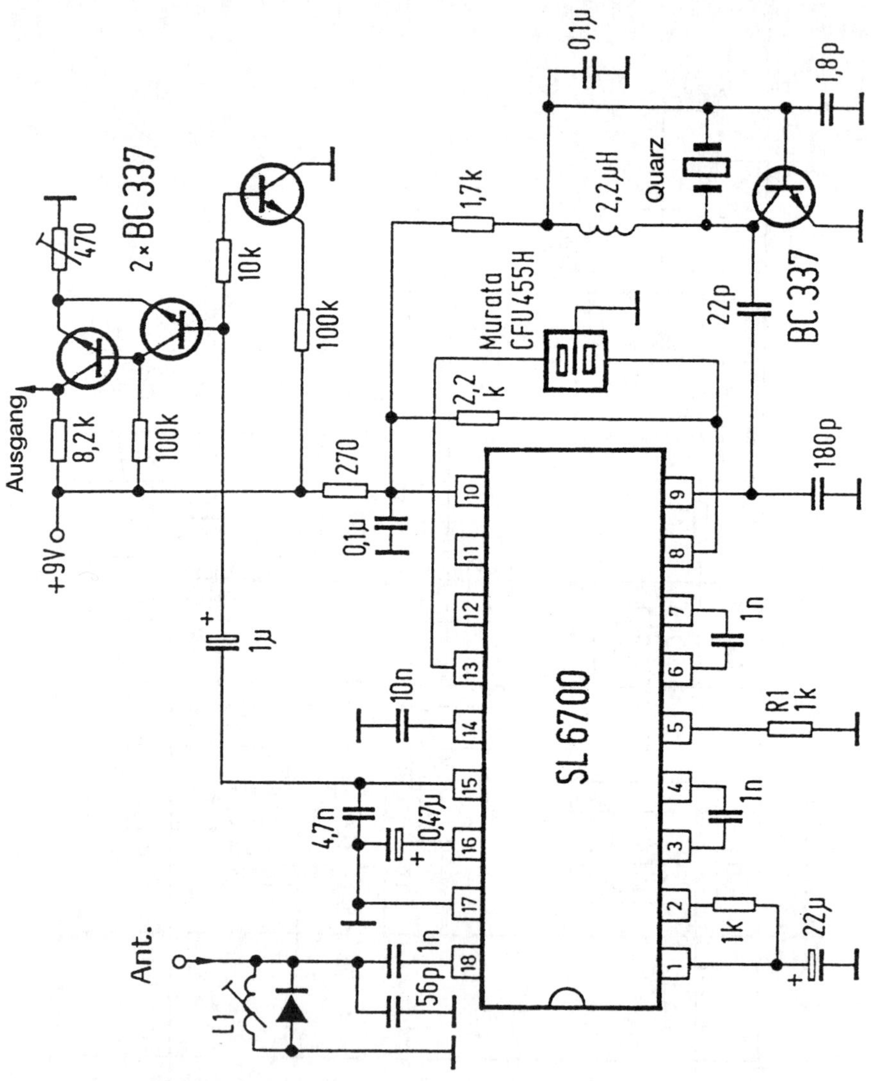

Spule im Antennenkreis: 10 Windungen auf Wickelkörper von 4 mm Durchmesser. Die 1-Nf-Kondensatoren zwischen Pins 3 und 4 sowie 6 und 7 besorgen die Kopplung zwischen den Hf-Stufen, sowie von deren Ausgang zum Eingang der symmetrischen Mischstufe. Die Frequenz des Oszillatorquarzes unterscheidet sich um 455 kHz von der Empfangsfrequenz. [B. Dance, *Funkschau*, München, Nr. 6/82, Seiten 65 und 66.]

600. Empfänger für Infrarot-Fernsteuerung, TDE 4061

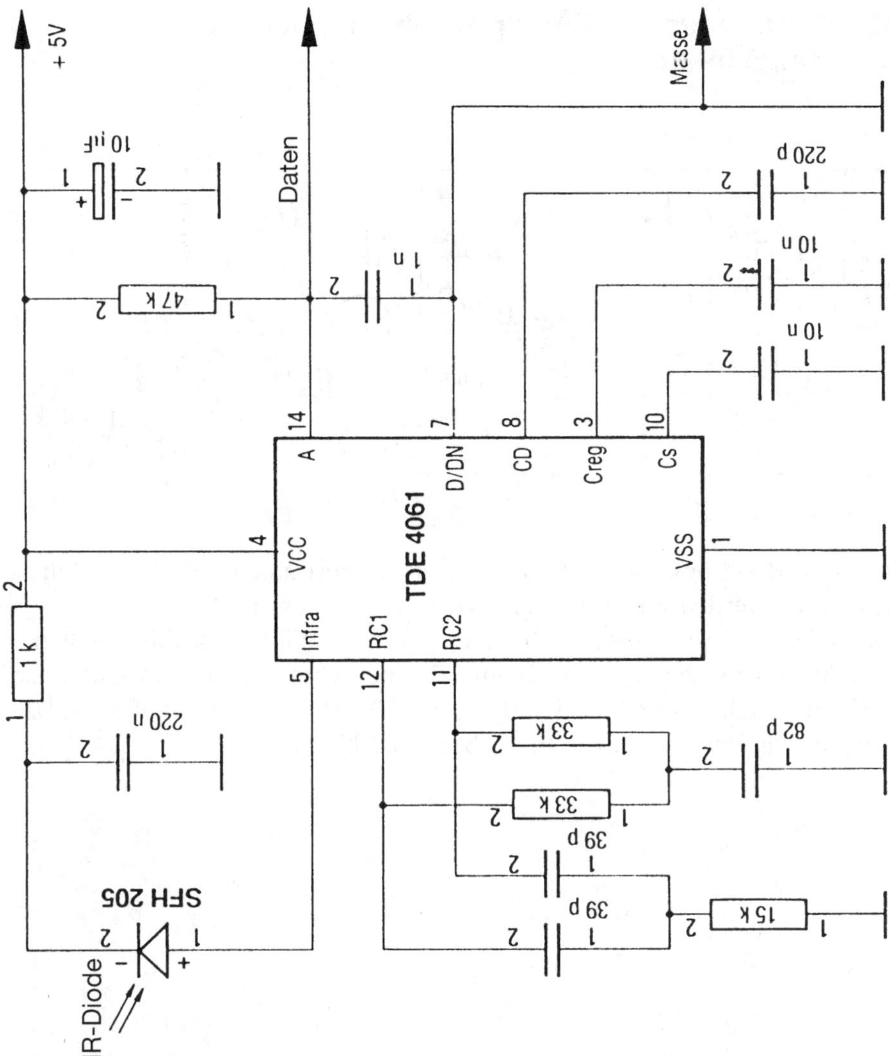

Die IS enthält hinter Pin 5 eine Stromsenke, die bei langsamen Änderungen der Beleuchtungsstärke (Tageslicht, 100-Hz-Brumm durch netzgespeiste Beleuchtung) in der Fotodiode entstehende Stromänderungen nicht wirksam werden läßt. Arbeitsfrequenz: 125 kHz. [Anwendungsschaltung *Siemens*, 1989.]

Langwellenempfänger

601. Geradeausempfänger für phasenmodulierte Zeitzeichen

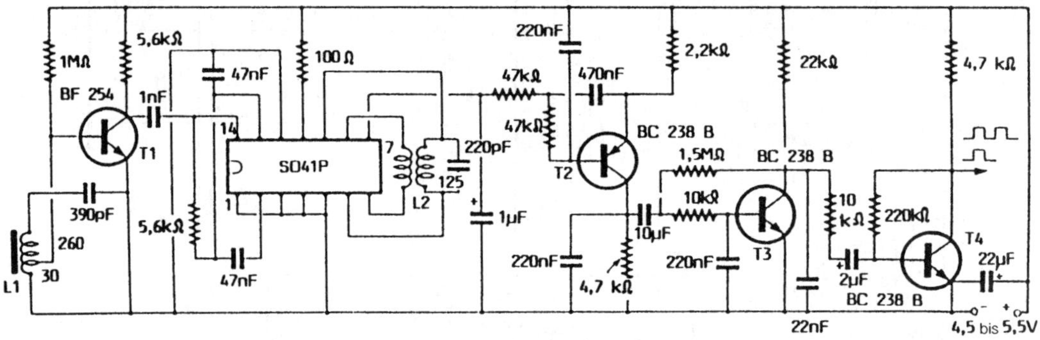

Die vom Rundfunksender *France Inter* ausgestrahlten phasenmodulierten Zeitzeichen werden im Empfänger wie eine Frequenzmodulation des Trägers (162 kHz) wahrgenommen. Die angegebenen Windungszahlen gelten für einen Antennenstab von 4,1 x 50 mm (Drahtdurchmesser 0,1 mm), und bei L_2 für Ferrit-Schaltenkern 14 x 8 mm, A_l = 250, Hf-Litze 10 x 0,05 mm. [*Electronique Applications*, Paris, Nr. 22, Seiten 55 bis 61.]

602. Geradeausempfänger für Längstwellen (77,5 kHz)

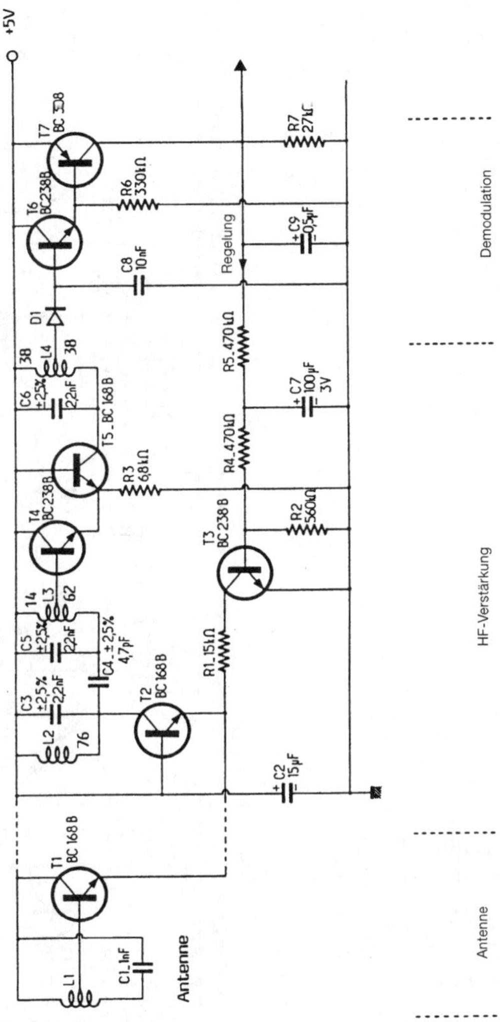

Eingangsstufe mit Ferritantenne kann über mehr als 10 m Kabel angeschlossen werden, da die Verbindung (zwischen T1 in Kollektorschaltung und T2 in Basisschaltung) niederohmig erfolgt. Für Zeitzeichen DCF (77,5 kHz): 20 cm langer Antennenstab, 225 Windungen Hf-Litze 7 x 0,05 mm, aufgeteilt in drei nebeneinander liegende Wicklungen, Gesamtlänge 60 mm, Abgriff bei 75 Windungen von +5 V. Die anderen Spulen sind Schalenkerne 18/11 mm, A_L = 315, 76 Windungen Hf-Litze 30 x 0,05 mm. [*Le Haut-Parleur*, Paris, Nr. 1641, Seiten 203 bis 205.]

603. Überlagerungsempfänger für Längstwellen (77,5 kHz)

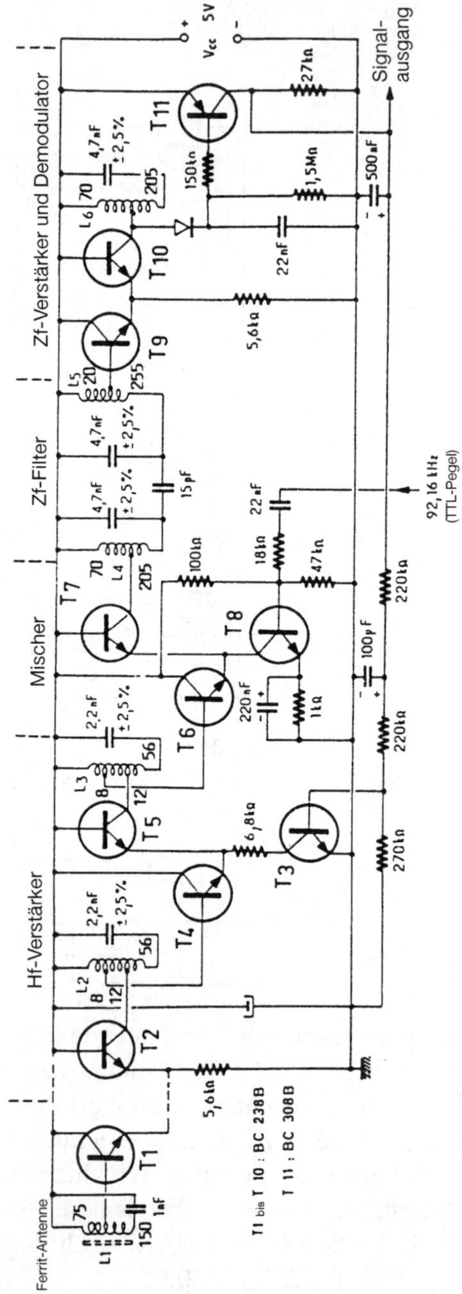

Die dem Eingangssignal überlagerte Freqeunz von 92,16 kHz wird über Frequenzteilung von einem Quarzoszillator erhalten. Die angegebenen Windungszahlen gelten für 77,5 kHz. Antennenstab: 20 cm. Die anderen Spulen sind Schalenkerne 18/11 mm, A_L = 315, Hf-Litze 30 x 0,05 mm vor der Mischstufe, Lackdraht von 0,12 bis 0,18 mm Durchmesser in den Zf-Spulen. [*Le Haut-Parleur*, Nr. 1641, Seiten 203 bis 206.]

604. Überlagerungsempfänger für phasenmodulierte Zeitzeichen

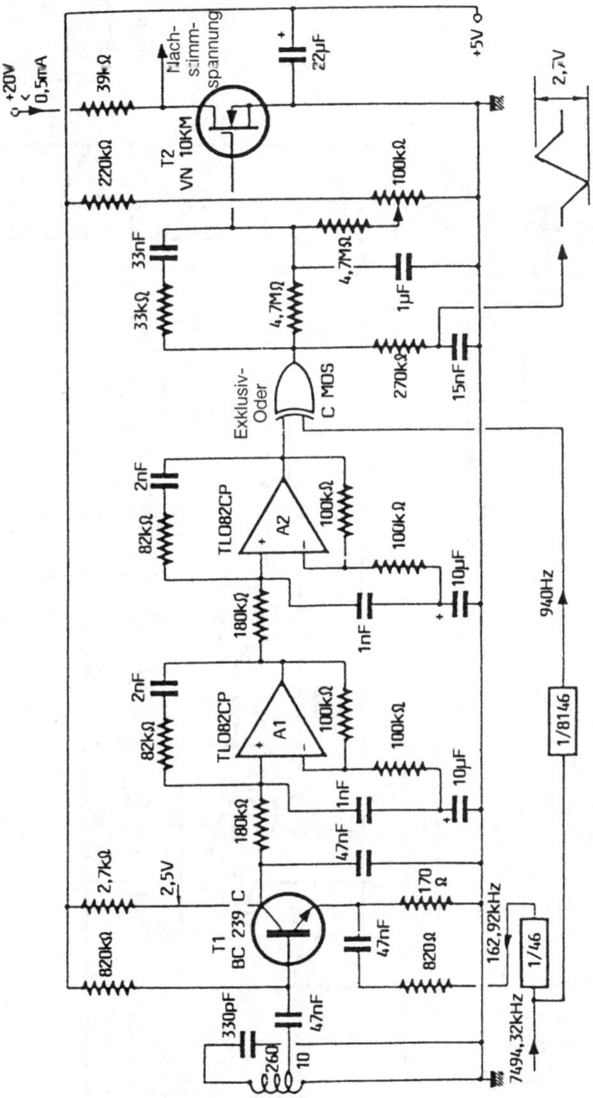

Arbeitet auf einer durch Aktivfilter aufbereiteten Zf von 940 Hz und mit Synchrondemodulation. Der Nachstimmausgang führt zur Frequenz- und Phasenkorrektur des auf 7494,32 betriebenen Quarzoszillators. [*Electronique Applications*, Paris, Nr. 22, Seiten 55 bis 61.]

605. Empfänger für Haustelefon über Lichtnetz

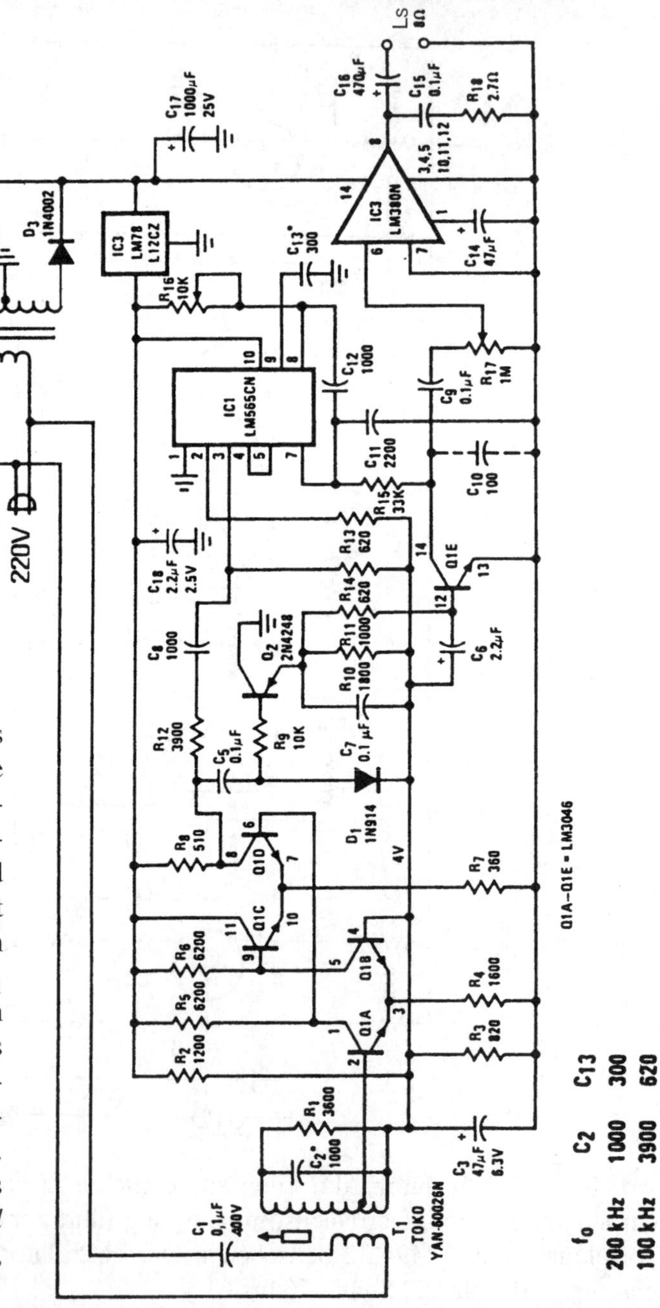

Bandbreite: 20 Hz bis 20 kHz. Obenstehende Tabelle gibt die C-Werte für Trägerfrequenzen von 100 und 200 kHz. Benötigt mindestens 12 mV an der Basis von Q_{1A}. R_1 gestattet den Abgleich der Nennfrequenz des VCO der Phasenschleife. Dazugehöriger Sender: Schaltung 689. [Linear Applications Handbook, *National Semiconductor*, 1986, Seite 391.]

6 Oszillatoren und Sendeschaltungen

LC-Oszillatoren

606. Stromsparender Oszillator in Kollektorschaltung

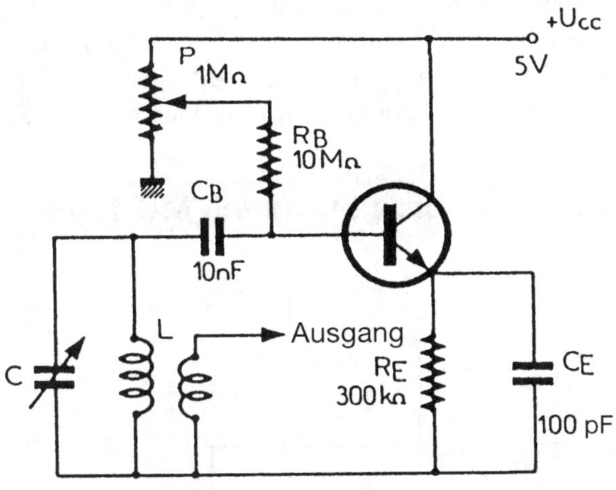

Der überstrichene Frequenzbereich hängt von der Eingangskapazität des Transistors ab. Die Frequenzen an den Bereichsenden stehen in einem Verhältnis von 3 mit einem Drehkondensator von 360 pF und einem BC 548, oder von 3,8 (460 bis 1750 kHz) bei Einsatz eines BF 495. I_C = 10 μA, wenn P auf etwa 50 mV_{eff} an L eingestellt wird. [*Electronique Applications*, Paris, Nr. 31, Seiten 45 bis 51.]

607. Hoher Frequenzumfang und geringe Spannung an C

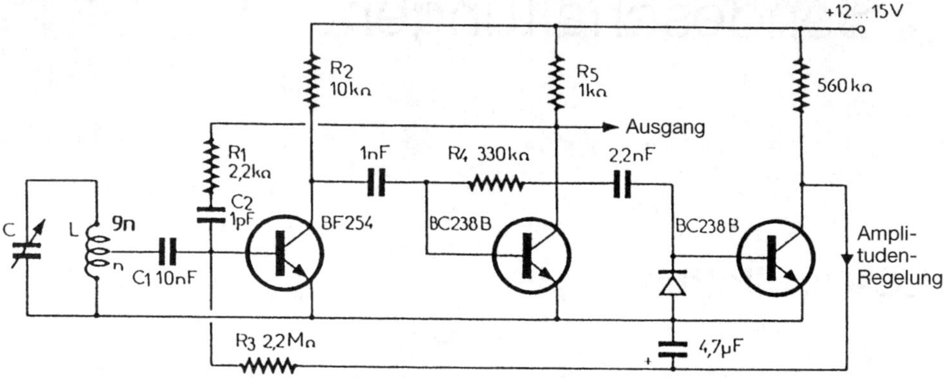

Zwischen 200 kHz und einigen MHz verwendbar. Die durch Regelung auf 20 mV festgehaltene Spannung an C gestattet gute Ausnutzung der mit einer Kapazitätsdiode möglichen Abstimmweite. Spulenanzapfung: bei etwa 1/10 der Windungszahl. Die Ausgangsspannung wird durch die Regelung auf etwa 300 mV_{eff} stabilisert. [*Electronique Applications*, Paris, Nr. 31, Seiten 45 bis 51.]

608. Oszillator für 10 bis 12 MHz mit MC 1648

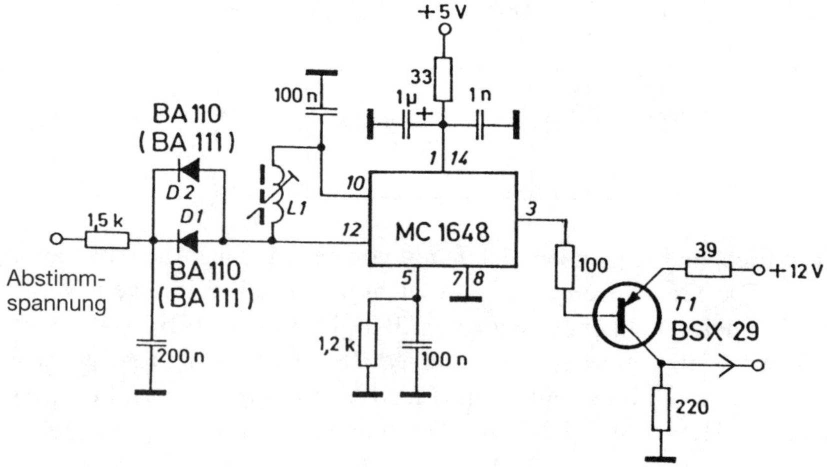

Zwei parallelgeschaltete Varicapdioden bestreichen den genannten Frequenzbereich. Spule: 22 Windungen, Spulendurchmesser 6 mm, mit Abgleichkern. Die Steuerspannung darf nicht unter 1,6 V sinken. [D. Briggmann, *Funk-Technik*, München, Nr. 4/74, Seite 135.]

609. Oszillator für Kurzwellenbereiche

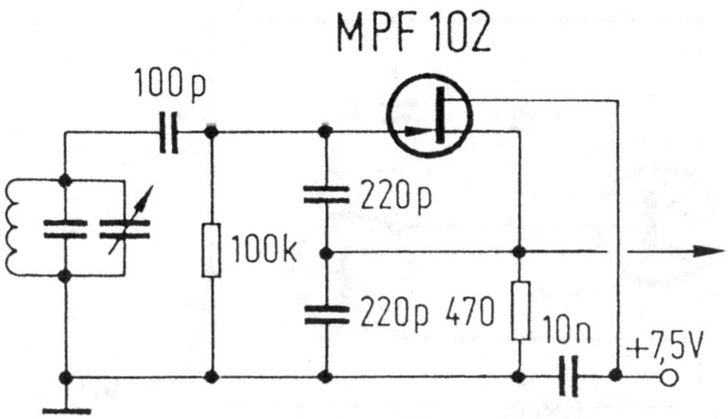

Die Mitkopplung erfolgt durch kapazitive Kopplung des (stromverstärkten) Source-Signals an den Gate-Kreis. Die dazu benötigten Kapazitäten verringern die mit dem Drehkondensator mögliche Abstimmbreite. [A. Köhler, R. Schiffel, *Funkschau*, München, Nr. 20/82, Seiten 69 bis 72.]

610. Geregelter VCO mit hohem Abstimmumfang

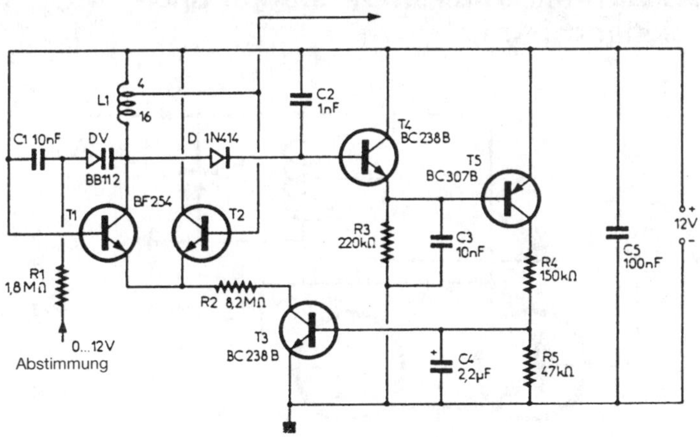

Eine Amplitudenregelung hält die Wechselspannung an der Kapazitätsdiode klein und gestattet einen Abstimmbereich im Verhältnis von mehr als 1:5,5 (beispielsweise zwischen 3,9 und 22 MHz). Der Wert von R_E hängt von der Impedanz des Schwingkreises ab und ist so zu wählen, daß im ganzen Abstimmbereich stabiler Betrieb erhalten wird. Verwendbar bis mindestens 30 MHz. [*Electronique Applications*, Paris, Nr. 40, Seiten 89 bis 94.]

611. Oszillator mit Differenzverstärker

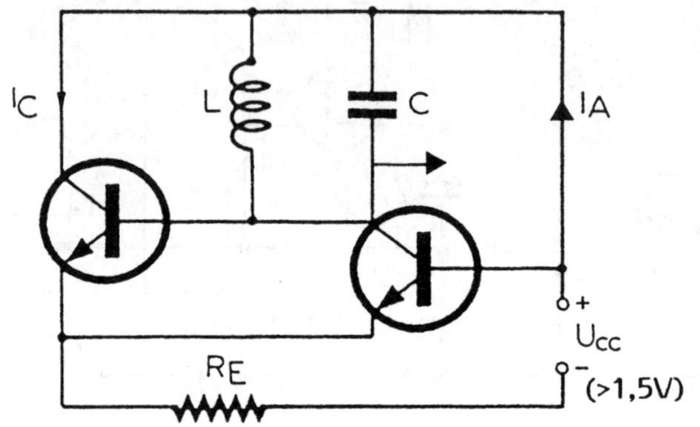

Verwendbar bis mindestens 40 MHz. Oft in IS verwendet, da außer den Transistoren nur ein Widerstand zu integrieren ist. In erster Annäherung ist R_E so zu wählen, daß $I_A = K/R$, wenn R der Resonanzwiderstand des Parallelkreises LC ist und K (0,1 bis 0,5) einen mit Frequenz und Belastung des Oszillators sinkenden Faktor darstellt. [*Electronique Applications*, Paris, Nr. 31, Seiten 45 bis 51.]

612. Oszillator mit Differenzverstärker und Spulenanzapfung

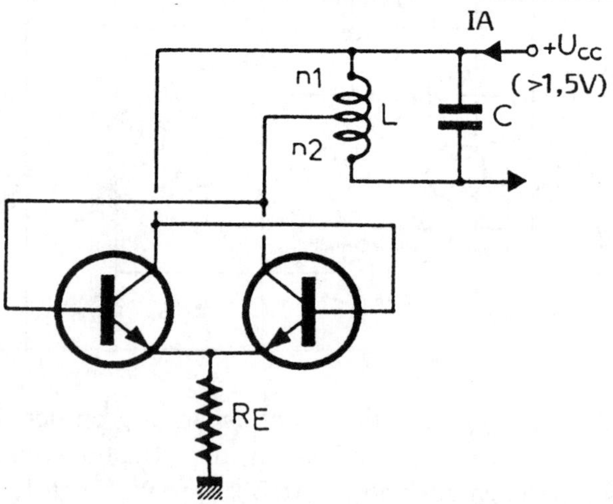

Verwendbar bis mindestens 40 MHz. Die zu Schaltung 611 angegebene Formel bleibt gültig, wenn für R die an der Teilwicklung n_1 bei Resonanz erhaltene Impedanz eingesetzt wird. [*Electronique Applications*, Paris, Nr. 31, Seiten 45 bis 51.]

613. Geregelter Oszillator mit FET-Differenzverstärker

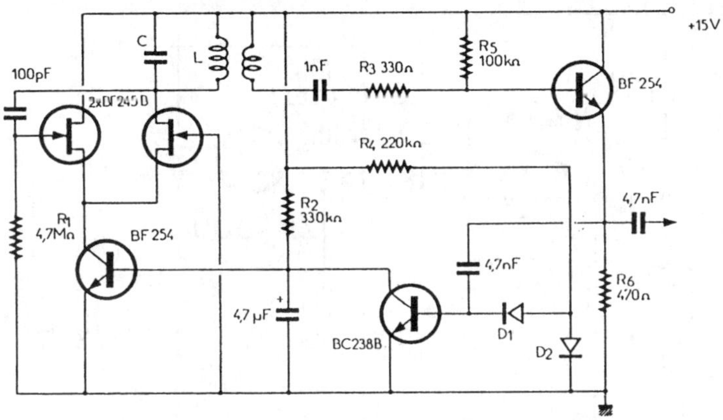

Verstärkung und Regelwirkung sind hoch genug, um Betrieb auch mit hohen L/C-Verhältnissen zu gestatten. Verwendbar zwischen 10 kHz und mindestens 10 MHz. Die Sekundärwicklung (1/10 bis 1/5 der Windungszahl von L) kann ab 1 MHz entfallen, wenn der 10-nF-Kondensator direkt an das drainseitige Ende von L gelegt wird. [*Electronique Applications*, Paris, Nr. 31, Seiten 45 bis 51.]

614. Oszillator mit komplementärem Differenzverstärker

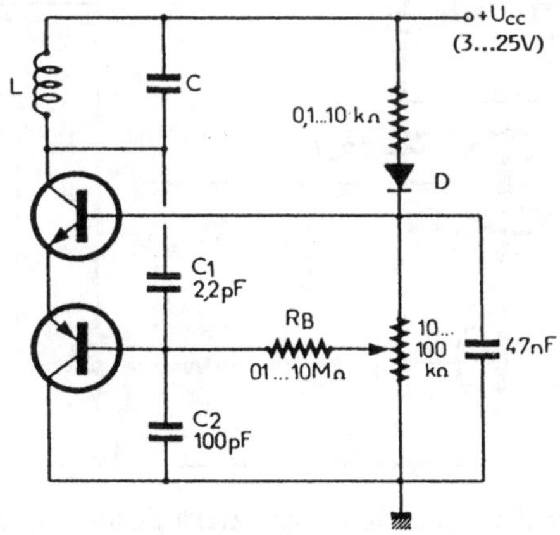

Anwendbar bis mindestens 30 MHz. Mit dem Potentiometer wird der Kollektorstrom eingestellt. In erster Annäherung soll er $I_C = (C_1 + C_2)/(20\ C_1\ R)$ betragen, wenn R die Parallelimpedanz (bei Resonanz) des LC-Kreises darstellt. Die Diode D verbessert den Temperaturgang. [*Electronique Applications*, Paris, Nr. 31, Seiten 45 bis 51.]

615. Franklin-Oszillator für Kurzwellen

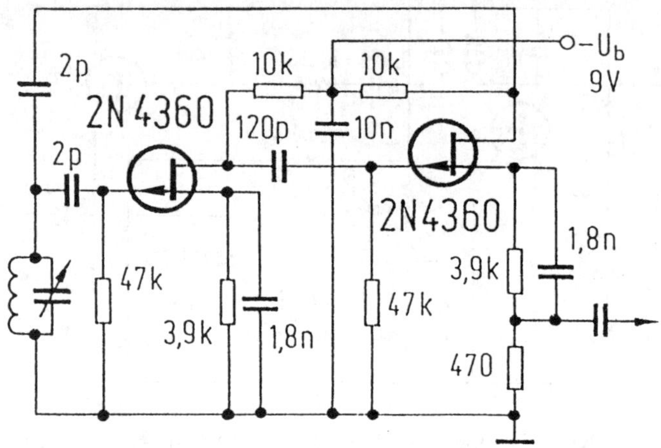

Arbeitet mit P-Kanal-Feldeffekttransistoren und zeichnet sich durch gute Frequenzstabilität sowie geringe Ausgangsimpedanz aus. Empfohlen für 1 bis 30 MHz. [A. Köhler, R. Schiffel, *Funkschau*, München, Nr. 20/82, S. 69 bis 72.]

616. Komplementär-Oszillator, symmetrisch gespeist

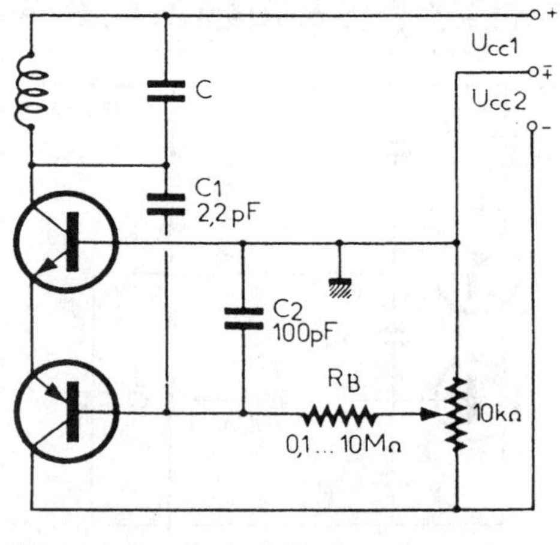

Mindestens bis 30 MHz verwendbar. Mit dem Potentiometer wird der Kollektorstrom eingestellt, nachdem R_B experimentell an den Frequenzbereich angepaßt wurde. In erster Annäherung soll $I_C = (C_1 + C_2)/(20\ C_1\ R)$ betragen, wenn R die Parallelimpedanz (bei Resonanz) des LC-Kreises darstellt. [*Electronique Applications*, Paris, Nr. 31, Seiten 45 bis 51.]

617. Geregelter Oszillator in Drainschaltung

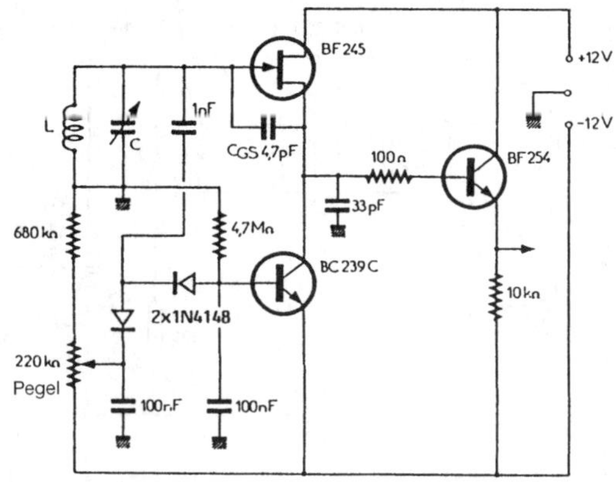

Mit den angegebenen Werten zwischen 4 und 40 MHz verwendbar. Zur Anpassung an niedrigere Frequenzen sind die beiden auf Source des BF 245 geschalteten Kondensatoren zu erhöhen. An L erhält man eine Sinusspanung, während die Kollektorstufe eine etwa sägezahnförmige Spannungsform ausliefert. [*Electronique Applications*, Paris, Nr. 31, Seiten 45 bis 51.]

618. VCO mit begrenzter Amplitude

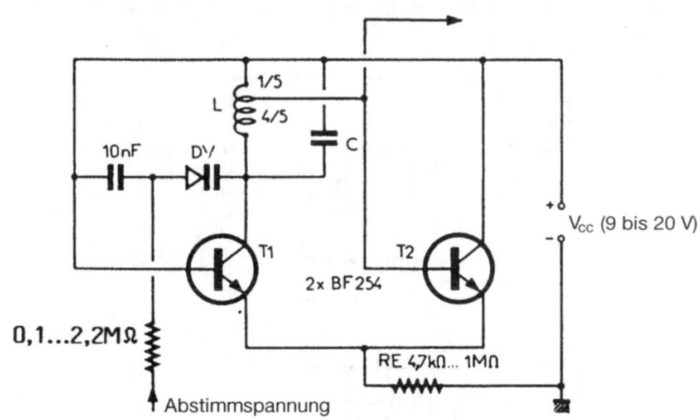

Da die Gleichspannungen an Kollektor und Basis identisch sind, kann die Amplitude an der Kapazitätsdiode 0,7 V nicht übersteigen. Somit ist Betrieb auch mit geringen Steuerspannungen möglich. R_E ist von der Schwingkreisimpedanz abhängig und so zu wählen, daß die Ausgangsspannung auf dem gesamten Einstellbereich sinusförmig bleibt. Bis 50 MHz verwendbar. [*Electronique Applications*, Paris, Nr. 40, Seiten 89 bis 94.]

619. VCO mit geringem Phasenrauschen, 135 bis 137 MHz

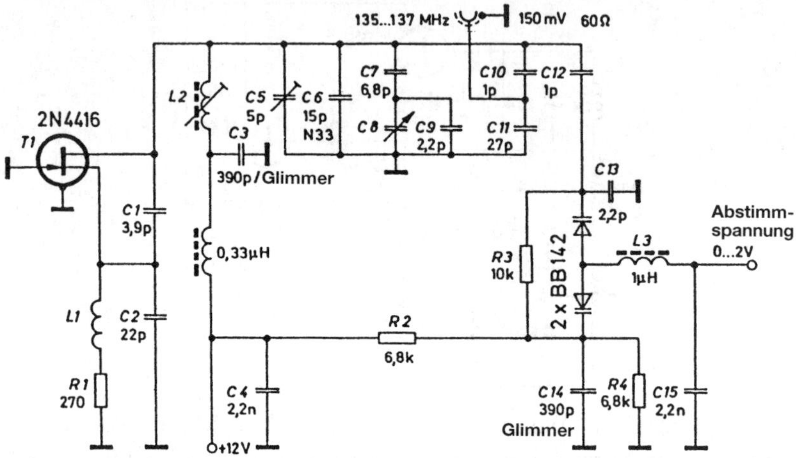

Da Amplitudenregelung durch Gleichrichtung an der Gate-Diode Rauschen verursacht, wird hier mit Stromeinprägung durch den Widerstand in der Source-Leitung gearbeitet. [U. L. Rohde, *Internationale Electronische Rundschau*, Berlin, Nr. 5/73, Seiten 103 bis 108.]

620. Oszillator mit Basis-Emitter-Kopplung

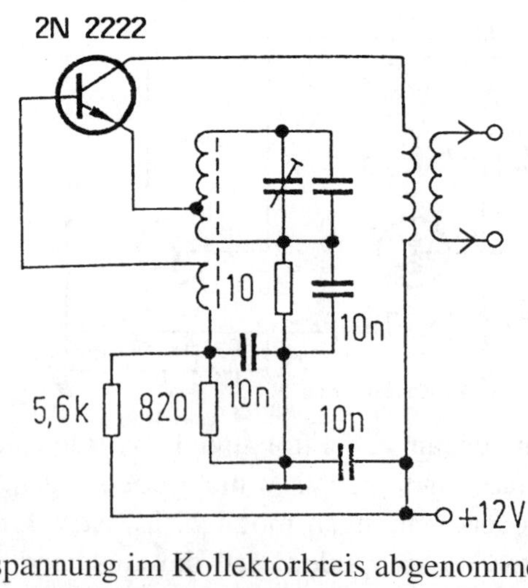

Da die Oszillatorspannung im Kollektorkreis abgenommen wird, wird die Frequenz nur wenig von der Last beeinflußt. Anwendbar bis 150 MHz. [A. Köhler, R. Schiffel, *Funkschau*, München, Nr. 20/82, Seiten 69 bis 72.]

621. Hartley-Oszillator für 150 MHz

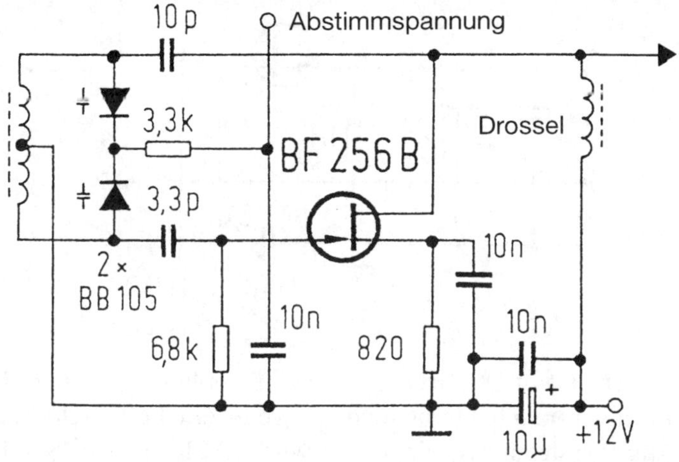

Die Abstimmung mit Kapazitätsdioden umfaßt etwa 20% der Nennfrequenz. Die Last ist mit nur einigen pF anzukoppeln, wenn ihre Änderung die Frequenz nur wenig verstimmen soll. [A. Köhler, R. Schiffel, *Funkschau*, München, Nr. 20/82, Seiten 69 bis 72.]

622. Emittergekoppelter VHF-Oszillator

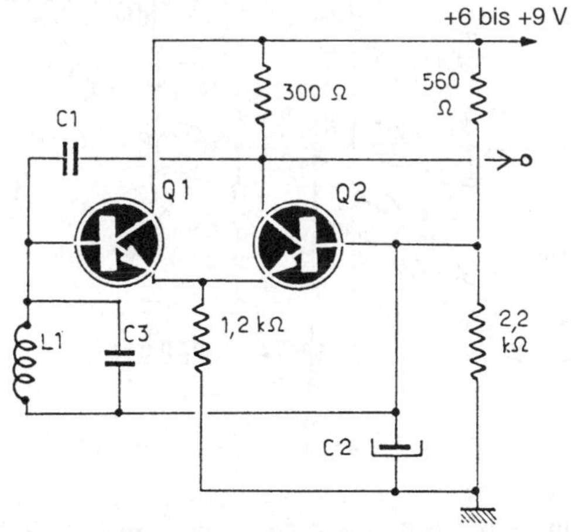

C_1 soll $C_3/10$ nicht übersteigen und ist so zu wählen, daß der Oszillator in der Nähe des Schwingungseinsatzes arbeitet. [F. Maynard, *Radio-Electronics*, New York, Mai 1970.]

623. VHF-Oszillator mit Feldeffekttransistor

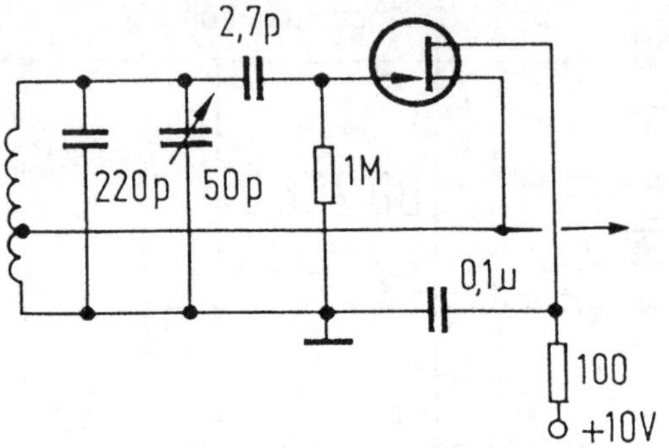

Der Oszillator arbeitet in Drainschaltung mit Kopplung zwischen Source und Gate. Der Stromverbrauch bleibt niedrig, wenn ein Feldeffekttransistor mit geringem Sättigungsstrom I_{DSS} eingesetzt wird. [A. Köhler, R. Schiffel, *Funkschau*, München, Nr. 20/82, Seiten 69 bis 72.]

624. VCO für Frequenzsythese auf 430 bis 440 MHz

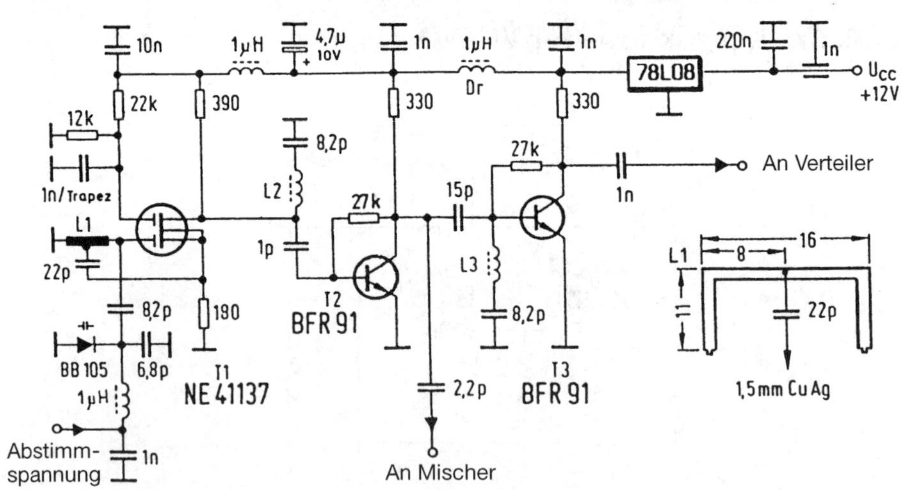

Die Steuerspannung wird von der Syntheseschaltung geliefert. L_1: entsprechend obiger Zeichnung, Kupferband oder -draht, versilbert, Durchmesser 1,5 mm. L_2 und L_3: TOKO 301 AN 02, mit Alu-Kern. [H. Westerwelle, *Funkschau*, München, Nr. 13/85, Seiten 76 bis 79.]

Quarzoszillatoren

625. 20-kHz-Oszillator mit Impedanzwandler

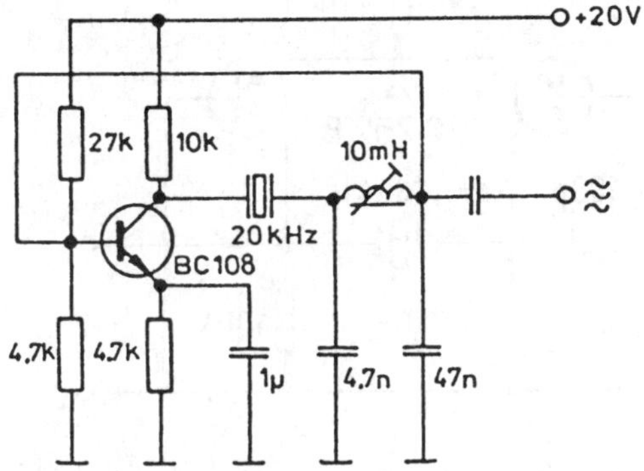

Niederfrequente Quarze weisen Impedanzen in der Größenordnung von 1 MΩ auf. Die Anpassung am Ausgang erfolgt durch ein Pi-Filter. [B. Neubig, *Toute l'Electronique*, Paris, März 1983, Seiten 18 bis 29.]

626. Colpitts-Oszillator mit Feldeffekttransistor

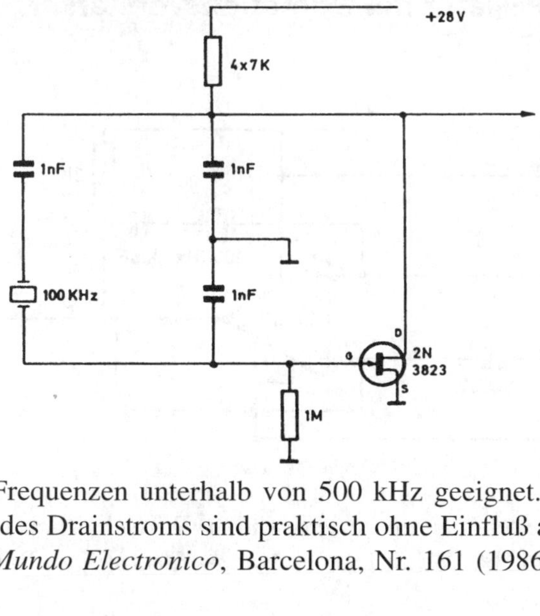

Besonders für Frequenzen unterhalb von 500 kHz geeignet. Temperatur und Schwankungen des Drainstroms sind praktisch ohne Einfluß auf die Frequenz. [Brian Dance, *Mundo Electronico*, Barcelona, Nr. 161 (1986), Seiten 113 bis 118.]

627. Stromsparender Oszillator für Quarzuhr

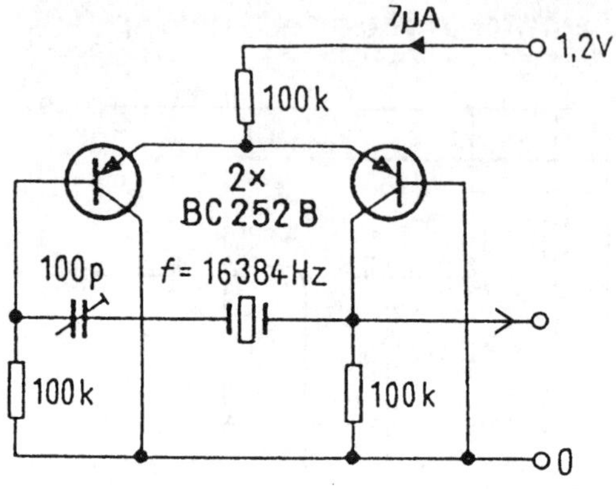

Der Quarz wird auf seiner Serienresonanz betrieben. Um auch bei höherer Speisespannung einen geringen Stromverbrach zu erhalten, sind die drei Widerstände der Schaltung in gleichen Proportionen zu erhöhen. [G. Peltz, *Funkschau*, München, Nr. 15/71, Seiten 465 bis 467.]

628. Quarzoszillator mit Operationsverstärker

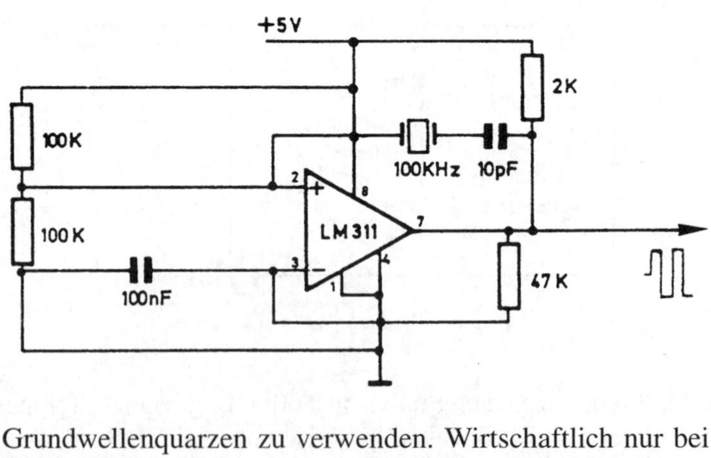

Nur mit Grundwellenquarzen zu verwenden. Wirtschaftlich nur bei Frequenzen bis etwa 300 kHz. [Brian Dance, *Mundo Electronico*, Barcelona, Nr. 161 (1986), Seiten 113 bis 118.]

629. Quarzoszillator für 100 bis 500 kHz

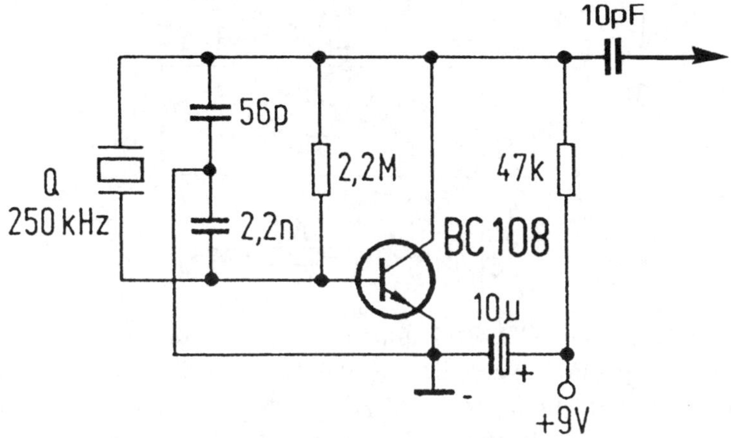

Diese Colpitts-Schaltung arbeitet mit kapazitivem Spannungsteiler zwischen Kollektor und Basis. [A. Köhler, R. Schiffel, *Funkschau*, München, Nr. 21/82, Seiten 75 bis 82.]

630. CMOS-Quarzoszillator mit CD 4011

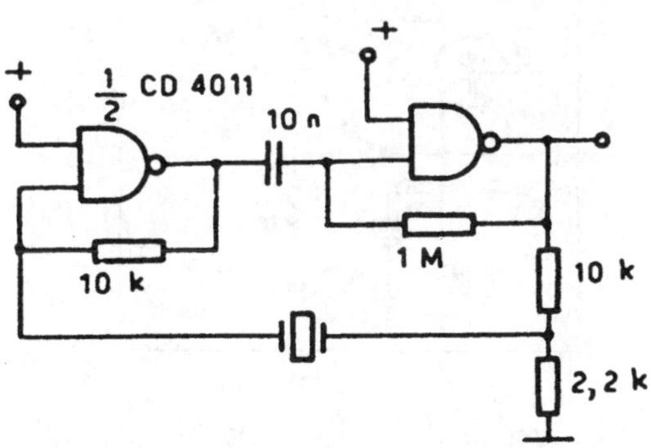

Die maximal mögliche Oszillatorfrequenz (einige MHz) steigt mit der Speisespannung. Der Spannungsteiler (10 und 2,2 kΩ) vermeidet Oberwellenerregung des Quarzes. [B. Neubig, *Toute l'Electronique*, Paris, März 1983, Seiten 18 bis 29.]

631. 1-MHz-Oszillator mit CMOS-Gattern

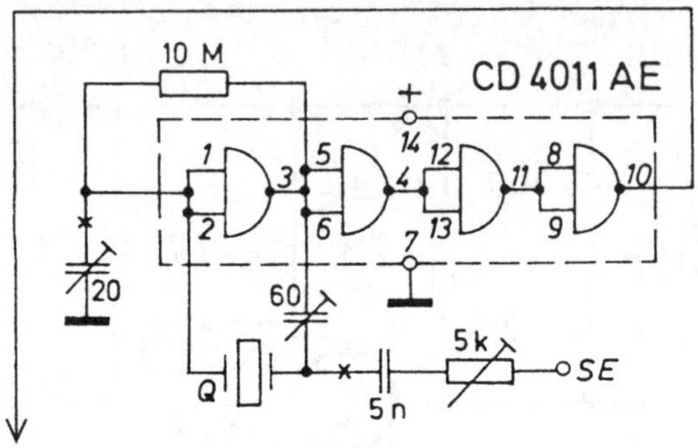

Zwei der vier Gatter des CD 4011 bilden den Oszillator, die anderen dienen zur Impulsformung durch Versteilerung der Flanken. Der Synchronisationseingang (SE) gestattet Mitziehen der Oszillatorfrequenz, auf einem sehr engen Bereich, durch ein Fremdsignal. [M. Arnoldt, *Funk-Technik*, München, Nr. 20/74, Seite 722.]

632. VCO mit Emitterentkopplung durch Quarz in Serienresonanz

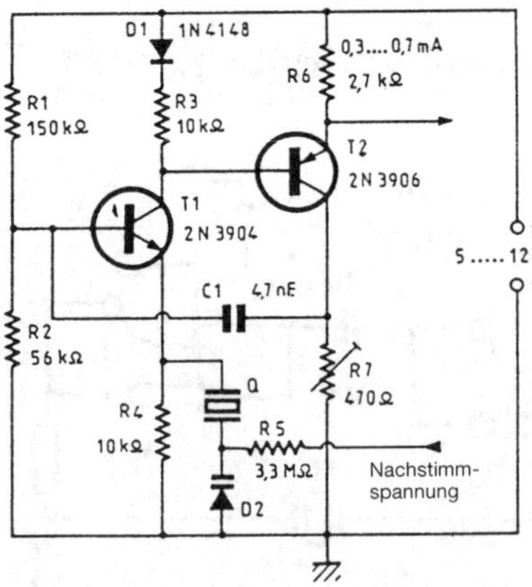

Emitter- und Kollektorwiderstände sind so gewählt, daß die Verstärkung unter 1 liegt. Der Quarz überbrückt den Emitterwiderstand von T_1 und erhöht auf seiner Serienresonanz die Verstärkung so weit, daß Schwingungen einsetzen. Mit einem 4-MHz-Quarz erhält man einen Nachstimmbereich von etwa 1 kHz. R_7 beeinflußt die Amplitude und gestattet auch eine Verschiebung der Mitte des Nachstimmbereiches. [*Electronique Applications*, Paris, Nr. 54, Seiten 93 bis 94.]

633. VCO mit Basisentkopplung durch Quarz in Serienresonanz

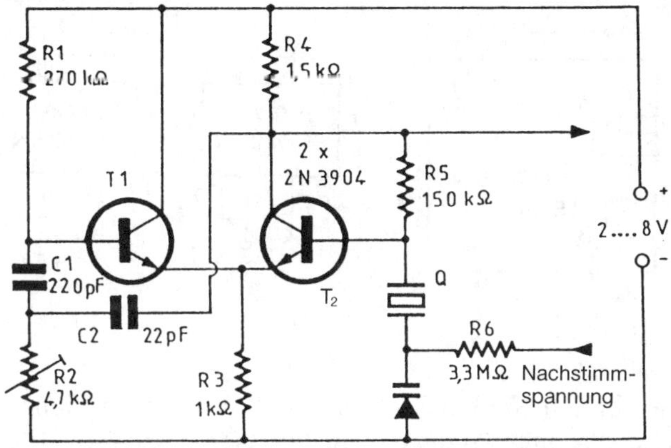

Der Quarz leitet auf seiner Resonanzfrequenz die durch die Kollektor-Basis-Kapazität an der Basis entstehende Hf-Spannung gegen Masse ab. Die Gegenkopplung durch die genannte Kapazität (Miller-Effekt) wird damit für die Resonanzfrequenz minimal, und Schwingungen setzen ein. Verwendbar von 2 bis 30 MHz. Mit einem 4-MHz-Quarz erhält man einen Nachstimmbereich von etwa 1 kHz. [*Electronique Applications*, Paris, Nr. 54, Seiten 93 bis 94.]

634. 5-MHz-Oszillator, Oberwelle 3

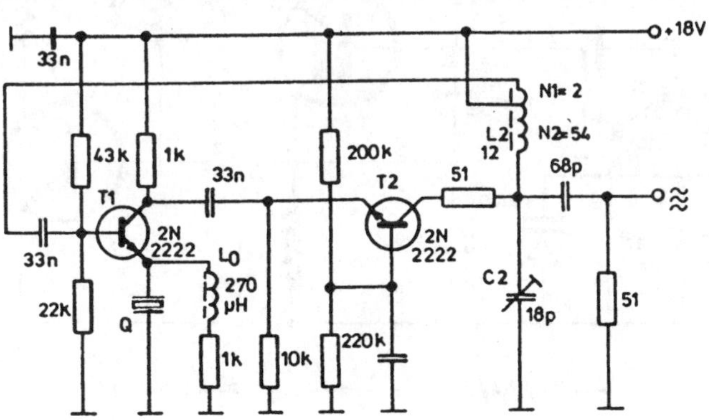

Arbeitet in Serienresonanz. L_0 ist mit der Quarzkapazität auf das Dreifache der Nennfrequenz des Quarzes abgestimmt. Geringes Phasenrauschen. Die Kollektorströme betragen etwa 5 mA für T1 und 0,8 mA für T2. [B. Neubig, *Toute l'Electronique*, Paris, März 1983, Seiten 18 bis 29.]

635. 6,4-MHz Oszillator mit SN 7400

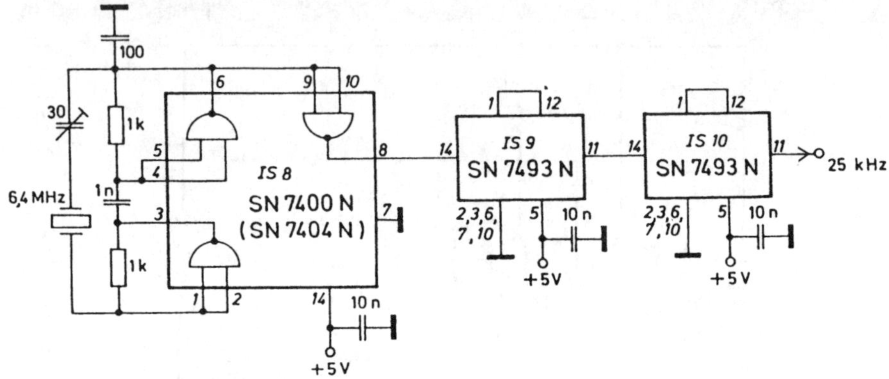

Funktionsweise ähnlich wie bei Schaltung 630. Ein Gatter dient als Puffer vor den Teilerstufen, die eine Frequenz von 25 kHz ausliefern. [D. Briggmann, *Funk-Technik*, München, Nr. 4/74, Seite 135.]

636. Quarz-VCO mit zwei Kapazitätsdioden

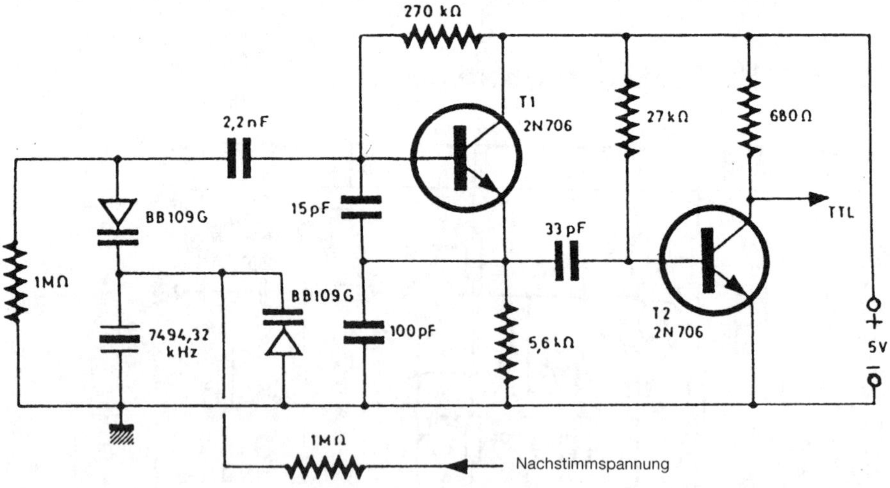

Der Nachstimmbereich wird erhöht, indem die eine Kapazitätsdiode parallel, die andere in Reihe zum Quarz gelegt wird. Die Steuerspannung soll nicht unter 2 V sinken. Die Pufferstufe mit T2 liefert eine an TTL angepaßte Rechteckspannung. [*Electronique Applications*, Paris, Nr. 22, Seite 60.]

637. Quarzoszillator mit direktgekoppeltem Multivibrator

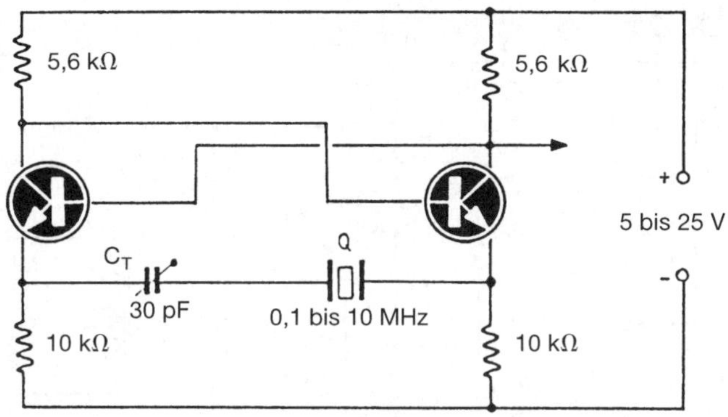

Da sie ohne Kondensator auskommt, wird diese Schaltung oft in IS verwendet. Die Ausgangsamplitude beträgt 0,7 V und verändert sich nur wenig mit der Speisespannung. Letztere beeinflußt jedoch die Frequenz (Änderung von 0,01% zwischen 5 und 15 V). Oberhalb 5 MHz kann es nötig sein die angegebenen Widerstandswerte zu verringern und die Speisespannung herabzusetzen.

638. Leistungsoszillator mit VMOS-Transistor

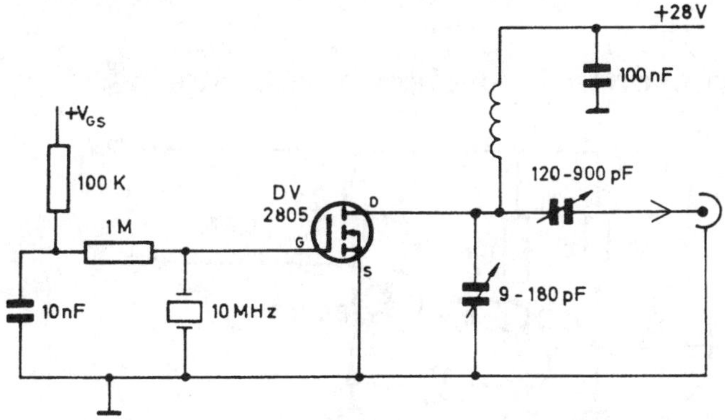

Trotz einer Ausgangsleistung von 5 W, auf 10 MHz, beträgt die Verlustleistung im Quarz nur 1 mW. Die Mitkopplung erfolgt über die Drain-Gate-Kapazität. Beim Experimentieren vermeidet man Überlastungsgefahr, indem man einen mit 10 nF überbrückten Widerstand (20 bis 100 Ω) in die Source-Leitung legt oder zwei gegenseitig gepolte Z-Dioden (5,6 V) zwischen Gate und Source schaltet. [Brian Dance, *Mundo Electronico*, Barcelona, Nr. 161 (1986), Seiten 113 bis 118.]

639. Symmetrischer 1-W-Oszillator für 14 MHz

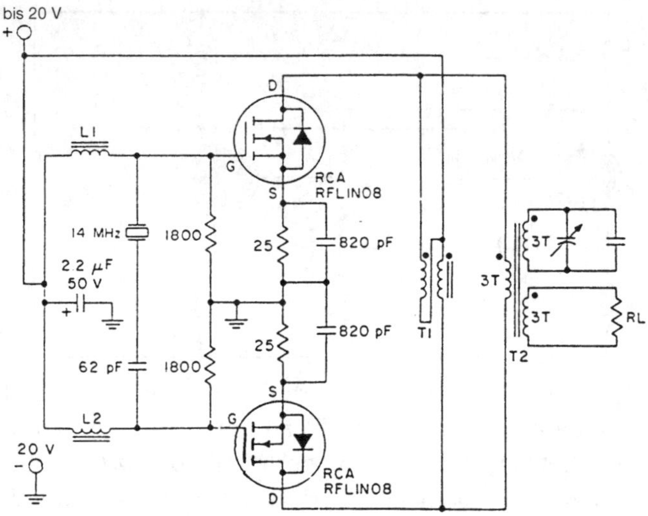

Bei Speisung an 12 V beträgt die Ausgangsleistung 1 W, mit 15 V erhält man 1,5 W. L_1, L_2: 7 Windungen auf Ferritkern. T_1: Mit zwei Drähten parallel 7 Windungen auf Ferritkern aufbringen. T_3: Dreimal drei Windungen auf Ferritkern. [Circuit Ideas MDI-470, *GE-RCA*, Seite 13.]

640. Serienresonanz zwischen zwei Emittern

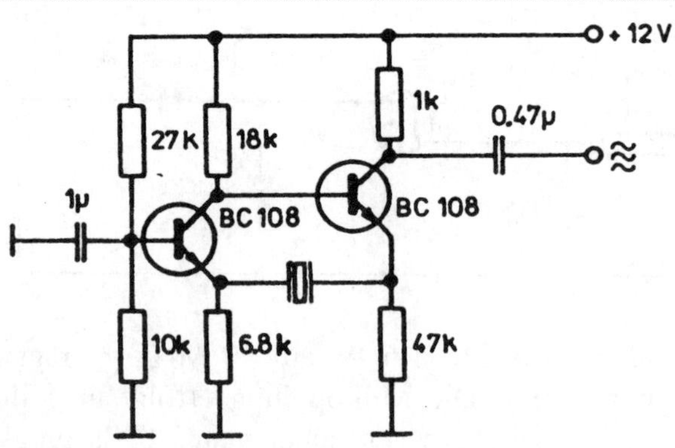

Ohne Schwierigkeit zwischen 10 kHz und 15 MHz verwendbar, auch mit Quarzen hohen Resonanzwiderstands, denn die daraus entstehenden Verluste werden durch die hohe Verstärkung der zwei Stufen ausgeglichen. [B. Neubig, *Toute l'Electronique*, Paris, März 1983, Seiten 18 bis 29.]

641. Pierce-Oszillator mit Feldeffekttransistor, 2 bis 20 MHz

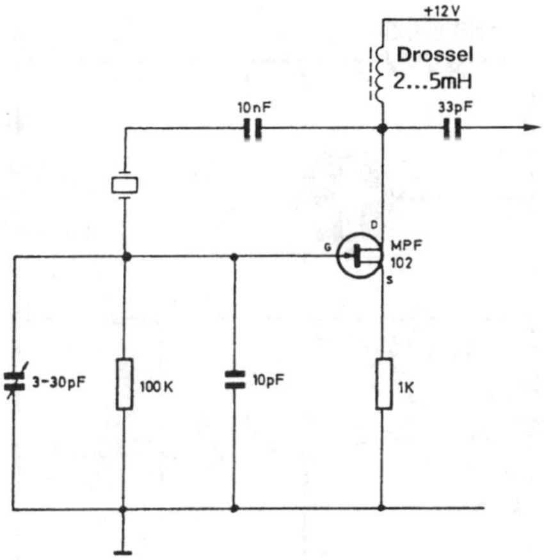

Besonders für Quarze mit AT-Schnitt geeignet. Da der Trimmkondensator (3 bis 30 pF) an Masse liegt, sind Abgleichschwierigkeiten durch Handkapazität kaum zu befürchten. [Brian Dance, *Mundo Electronico*, Barcelona, Nr. 161 (1986), Seiten 113 bis 118.]

642. Oszillator für 1 bis 25 MHz mit geringem Phasenrauschen

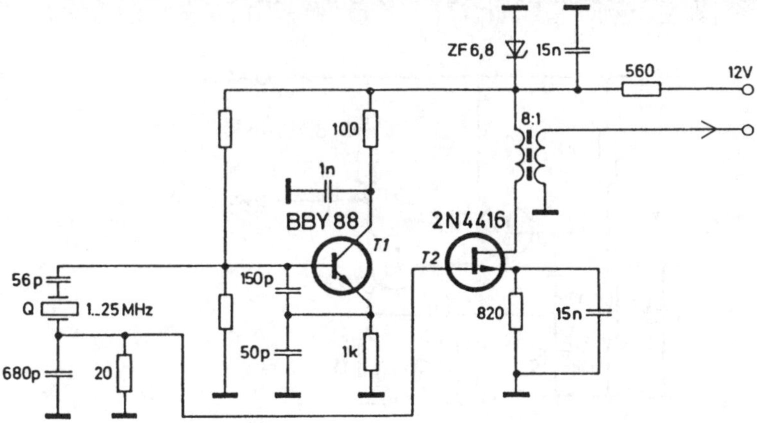

Der Transistor des Oszillators verursacht Verzerrung und Rauschen, die man vermeiden kann, indem man die Hf-Spannung mit einem Feldeffekttransistor direkt am Quarz abnimmt. [U. L. Rohde, *Internationale Elektronische Rundschau*, Berlin, Nr. 5/73, Seiten 103 bis 108.]

643. Quarzoszillator in Kollektorschaltung

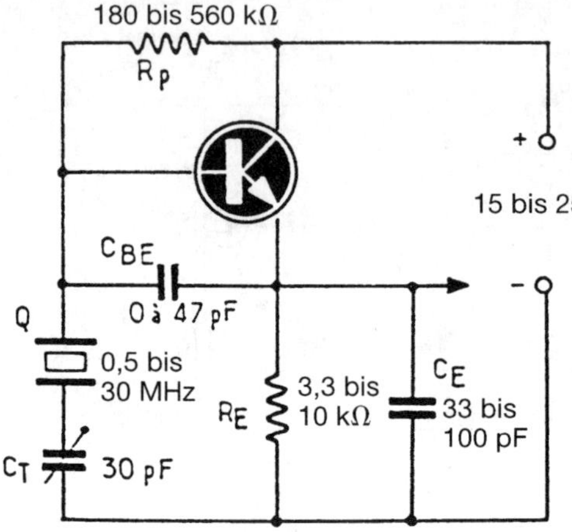

Arbeitet in Parallelresonanz. Für hohe Frequenzen sind die kleinsten der angegebenen Werten für R und C einzusetzen. Oberwellenerregung ist möglich, auch bei geringer Speisespannung, wenn man R_E bis auf 1 kΩ verringert und R_P bis auf 33 kΩ.

644. Colpitts-Oszillator für 3 bis 30 MHz

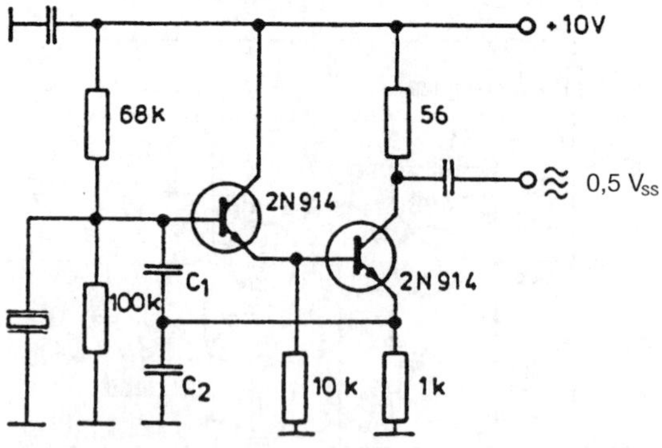

Die Werte für C_1 und C_2 betragen: 560 und 470 pF für 3 bis 6 MHz, 560 und 220 pF für 6 bis 15 MHz, 220 und 100 pF für 15 bis 30 MHz. Zum Abgleich auf Nominalfrequenz ist ein Trimmer von 30 pF in Reihe mit dem Quarz zu schalten. [B. Neubig, *Toute l'Electronique*, Paris, März 1983, Seiten 18 bis 29.]

645. Pierce-Oszillator für 39 MHz

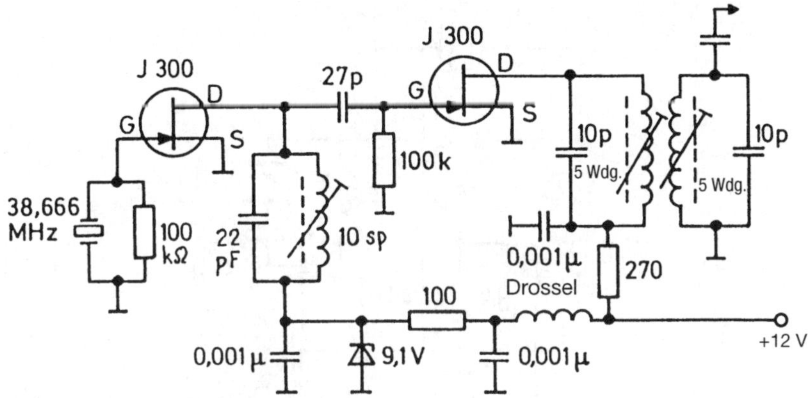

Die Mitkopplung erfolgt durch die Drain-Gate-Kapazität. Auf die Pufferstufe mit Feldeffekttransistor folgt ein Zweikreisfilter, das eine rein sinusförmige Ausgangsspannung gewährt. [E. Roske, *Funk-Technik*, München, Nr. 11/84, Seiten 463 bis 466.]

646. Overton-Oszillator für 15 bis 40 MHz

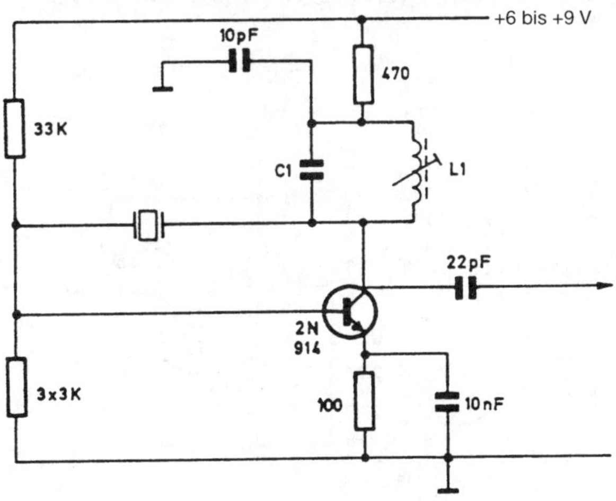

Der LC-Kreis im Kollektor ist auf das Dreifache oder das Fünffache der Grundfrequenz des Quarzes abzustimmen. Der Kollektorstrom beträgt 3 bis 5 mA. [Brian Dance, *Mundo Electronico*, Barcelona, Nr. 161 (1986), Seiten 113 bis 118.]

647. Overton-Oszillator für 48 MHz

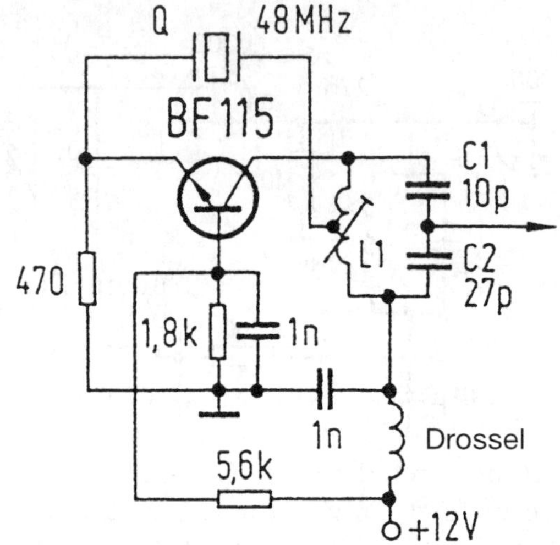

Der Transistor arbeitet in Basisschaltung. Der LC-Kreis im Kollektor ist auf die gewünschte Quarzoberwelle abzustimmen. [A. Köhler, R. Schiffel, *Funkschau*, München, Nr. 21/82, Seiten 75 bis 82.]

648. Overton-Oszillator für 62,5 MHz, mit Verdoppler

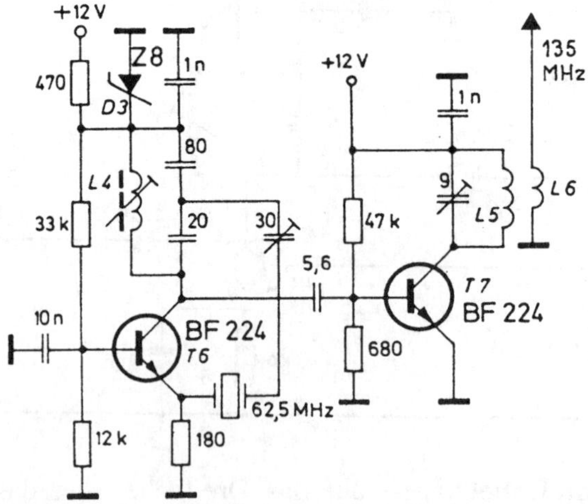

Zur Oberwellenerregung des Quarzes ist L_4 auf 62,5 MHz abzustimmen. Der Trimmer parallel zu L_5 ist auf maximale Ausgansspannung bei 135 MHz einzustellen. [D. Briggmann, *Funk-Technik*, München, Nr. 4/74, Seite 135.]

649. Overton-Oszillator mit Feldeffekttransistor

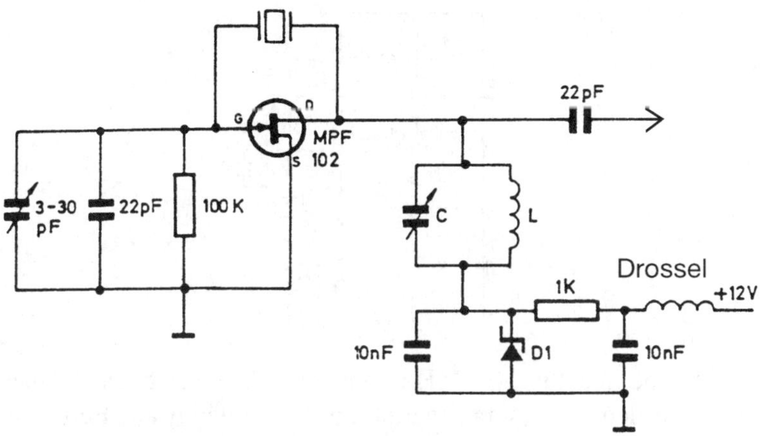

Verwendbar von 25 bis 65 MHz. Der LC-Kreis im Drain ist auf das Dreifache der Grundfrequenz des Quarzes abzustimmen. [Brian Dance, *Mundo Electronico*, Barcelona, Nr. 161 (1986), Seiten 113 bis 118.]

650. Overton-Oszillator für 70 bis 100 MHz

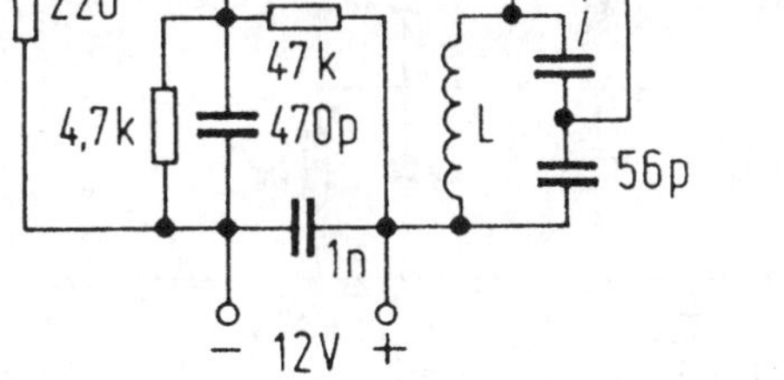

Der Transistor arbeitet in Basisschaltung. Der Quarz dient als Mitkopplungsglied. Der LC-Kreis im Kollektor ist auf die gewünschte Quarzoberwelle abzustimmen. [A. Köhler, R. Schiffel, *Funkschau*, München, Nr. 21/82, Seiten 75 bis 82.]

651. Quarzoszillator mit FET-Cascode

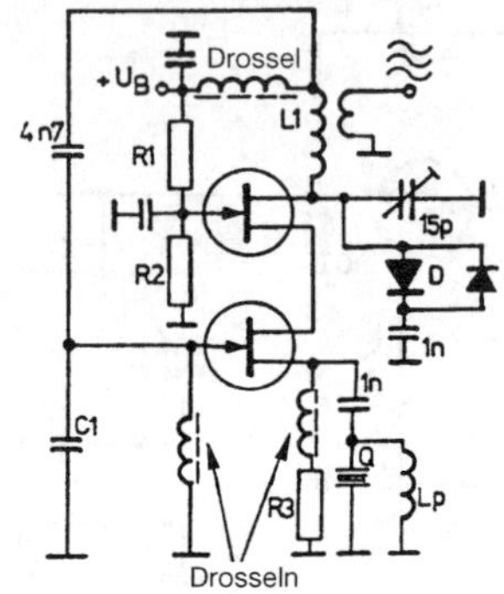

Bei Oberwellenbetrieb bis 100 MHz benutzbar. Die verfügbare Ausgangsleistung hängt von den Widerstandswerten ab. L_P schwingt auf Betriebsfrequenz mit der Eigenkapazität des Quarzes. L_1: etwa 250 nH. C_1: so hoch, daß Schwingungen gerade noch einsetzen. Zwei Dioden begrenzen die Amplitude im Ausgangskreis. Beim Abgleich sind sie abzuklemmen, der Quarz ist kurzzuschließen, mit dem Trimmkondensator ist die Schwingfrequenz auf Sollwert einzustellen. [B. Neubig, *Toute l'Electronique*, Paris, März 1983, S. 18 bis 29.]

652. Overtonoszillator für 50 bis 150 MHz

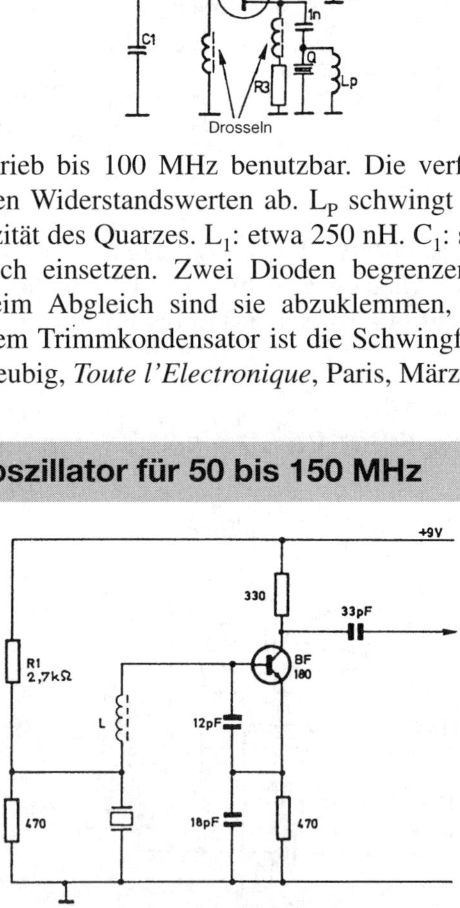

Arbeitet auf dem Fünffachen der Grundfrequenz des Quarzes und in Serienresonanz. Bei Abgleich Quarz zunächst kurzschließen und die Schwingfrequenz mit L etwa auf Sollwert einstellen, dann Kurzschluß aufheben und nachgleichen. Oberhalb 85 MHz kann es nötig sein, R_1 auf 1,2 kΩ zu verringern. [Brian Dance, *Mundo Electronico*, Barcelona, Nr. 161 (1986), Seiten 113 bis 118.]

653. Quarzoszillator für 135,5 bis 135,7 MHz

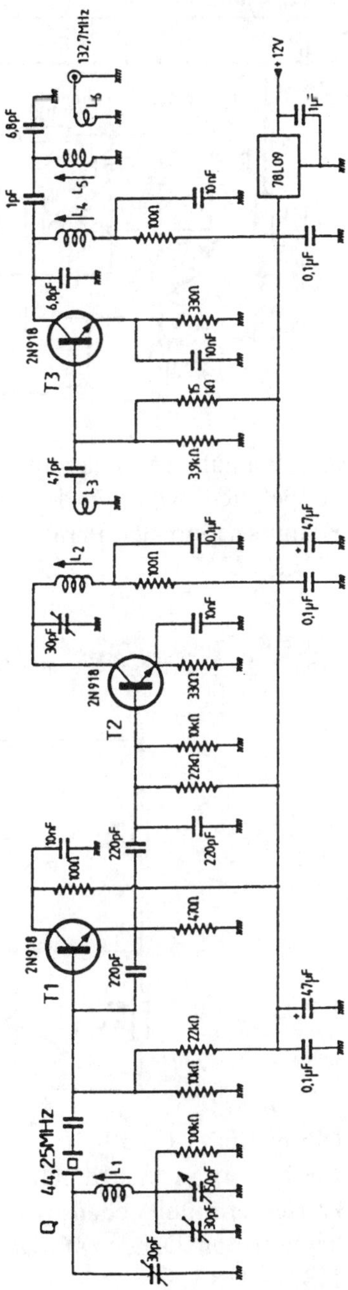

Mit 50-pF-Drehkondensator auf einer mit den Trimmkondensatoren verschiebbaren Breite von etwa 200 kHz abstimmbar. Auf den mit Overtone 3 betriebenen Oszillator (T1) folgt ein Verstärker (T2) und ein Frequenzverdreifacher (T3). Spulendurchmesser: 6 mm. L_1: 40 Windungen, Drahtdurchmesser 0,3 mm. L_2: 15 Wdg., 0,4 mm, daran gekoppelt (auf der kalten Seite) L_3: 3 Wdg. L_4 und L_5: 5 Wdg., 0,6 mm, L_6: 1,5 Wdg., auf der kalten Seite von L_5. [M. Levrel und R. Piat, *Le Haut-Parleur*, Paris, Nr. 1703, April 1984, Seiten 73 bis 80.]

654. Butler-Oszillator für 135 MHz

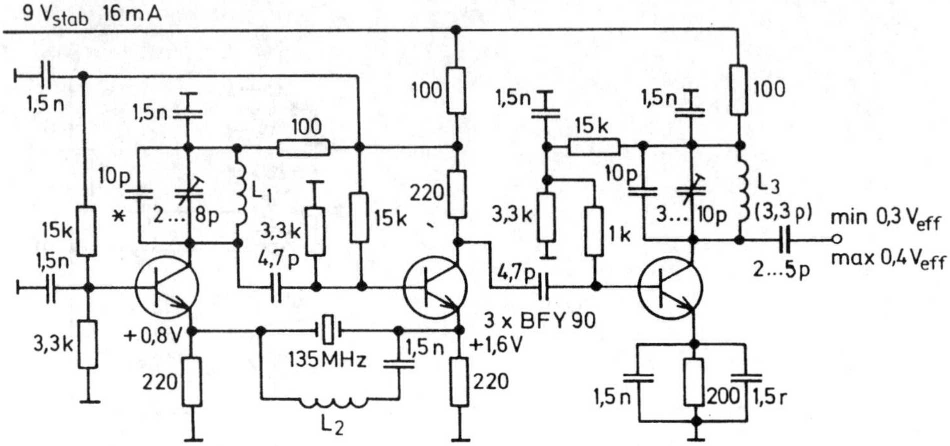

Arbeitet auf dem Siebenfachen der Grundwelle des Quarzes, welcher als Mitkoppelglied zwischen den Emittern von zwei Transistoren liegt. L_2 dient zur Kompensation der Parallelkapazität des Quarzes. [E. Roske, *Funk-Technik*, München, Nr. 11/84, Seiten 463 bis 466.]

655. Bis 250 MHz anwendbarer Overtone-Oszillator

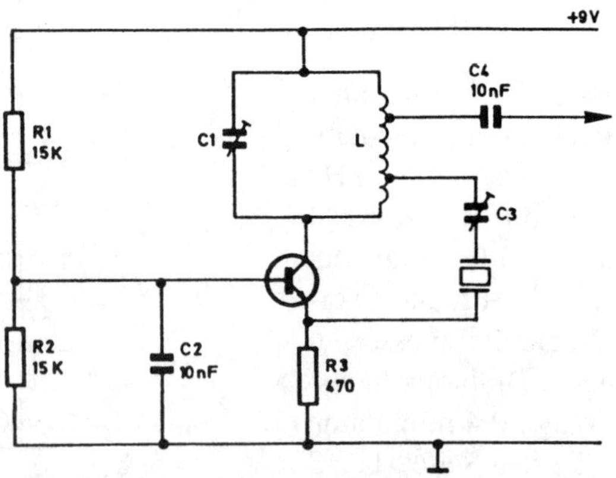

Dieser Butler-Oszillator kann bis zum Elffachen der Grundwelle angewendet werden, wenn man durch Versuche das beste L/C-Verhältnis des Kollektorkreises ermittelt, ebenso wie die günstigste Lage des Abgriffs, an dem C_3 liegt. [Brian Dance, *Mundo Electronico*, Barcelona, Nr. 161 (1986), Seiten 113 bis 118.]

Frequenzsynthese

656. Phasenvergleich mit MS-Flip-Flop

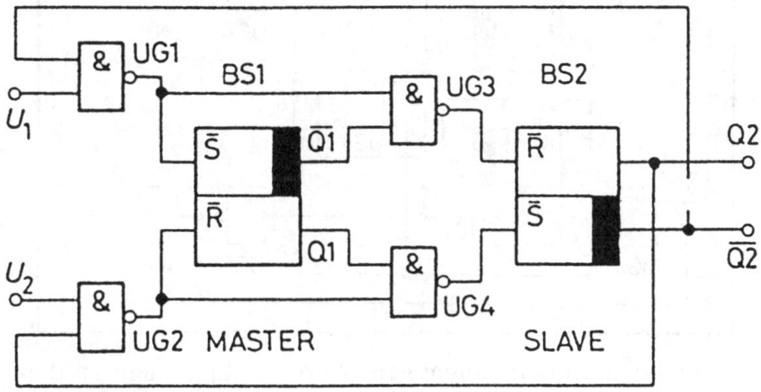

Bei Phasengleichheit an den Eingängen liefert der Ausgang eine symmetrische Rechteckschwingung halber Eingangsfrequenz. Das Tastverhältnis dieser Rechteckschwingung ändert sich linear mit der Phasendifferenz zwischen den Eingängen. [*Funk-Technik*, München, Nr. 1/83, Seite 35 bis 38.]

657. Phasen- und Frequenzvergleich mit MS-Flip-Flop

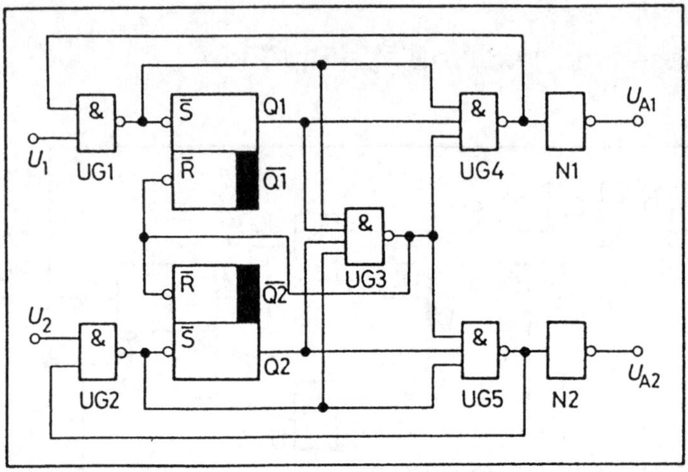

Bei Phasengleichheit an den Eingängen bleibt die Spannung an den Ausgängen null. Bei Phasen- oder Frequenzdifferenz erhält man mit Eingangsfrequenz synchrone Impulse entweder an Ausgang 1 (nacheilender Phasenwinkel) oder an Ausgang 2 (voreilender Phasenwinkel). [*Funk-Technik*, München, Nr. 1/83, Seite 35 bis 38.]

658. Konverter für Frequenzsynthese, 135 bis 137 MHz

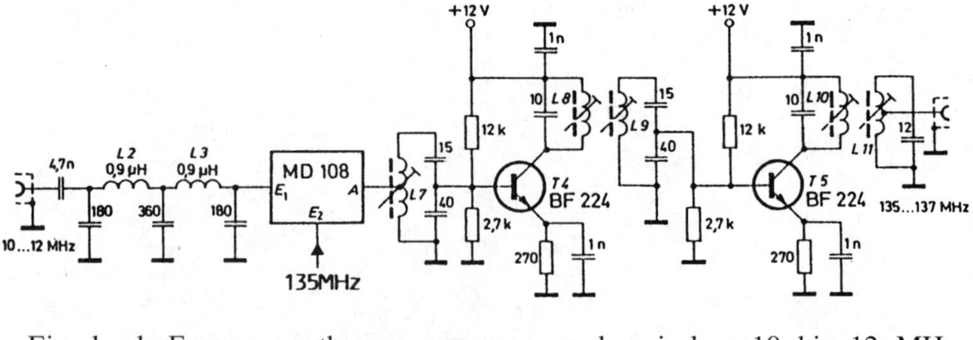

Ein durch Frequenzsynthese gewonnenes und zwischen 10 bis 12 MHz abstimmbares Signal wird zunächst in Sinusform gebracht (Filter mit L_2 und L_3), dann einem Ringmodulator MD 108 zugeführt. Diesem folgt ein zweistufiger Bandpaß-Verstärker. [D. Briggmann, *Funk-Technik*, München, Nr. 4/74, Seite 135.]

659. Abtastverfahren für Frequenzsynthese, mit 4046

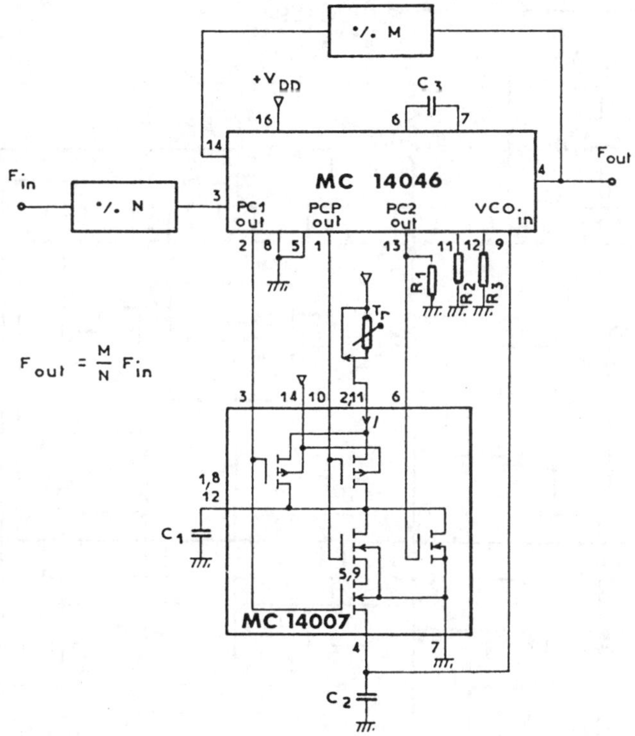

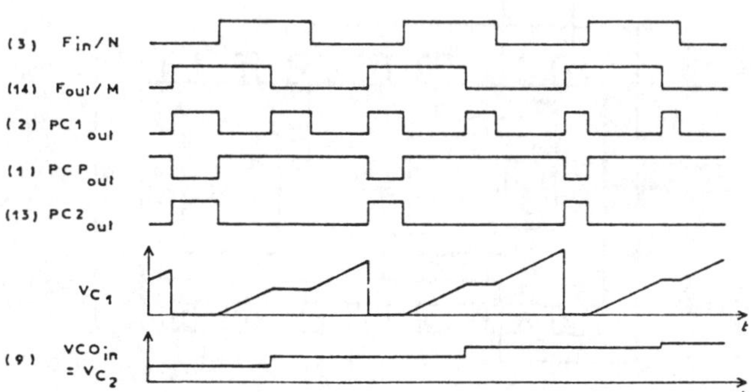

Durch stromkonstante Ladung von C_1 wird ein Sägezahn erhalten, der mit der Signalfrequenz abgetastet wird. Nach Glättung durch C_2 wird die so erhaltene Gleichspannung zur Steuerung eines VCO verwendet. [G. Normand, *Toute l'Electronique*, Paris, März 1981, Seite 82.]

660. Frequenzsynthese mit HA 2800/2805

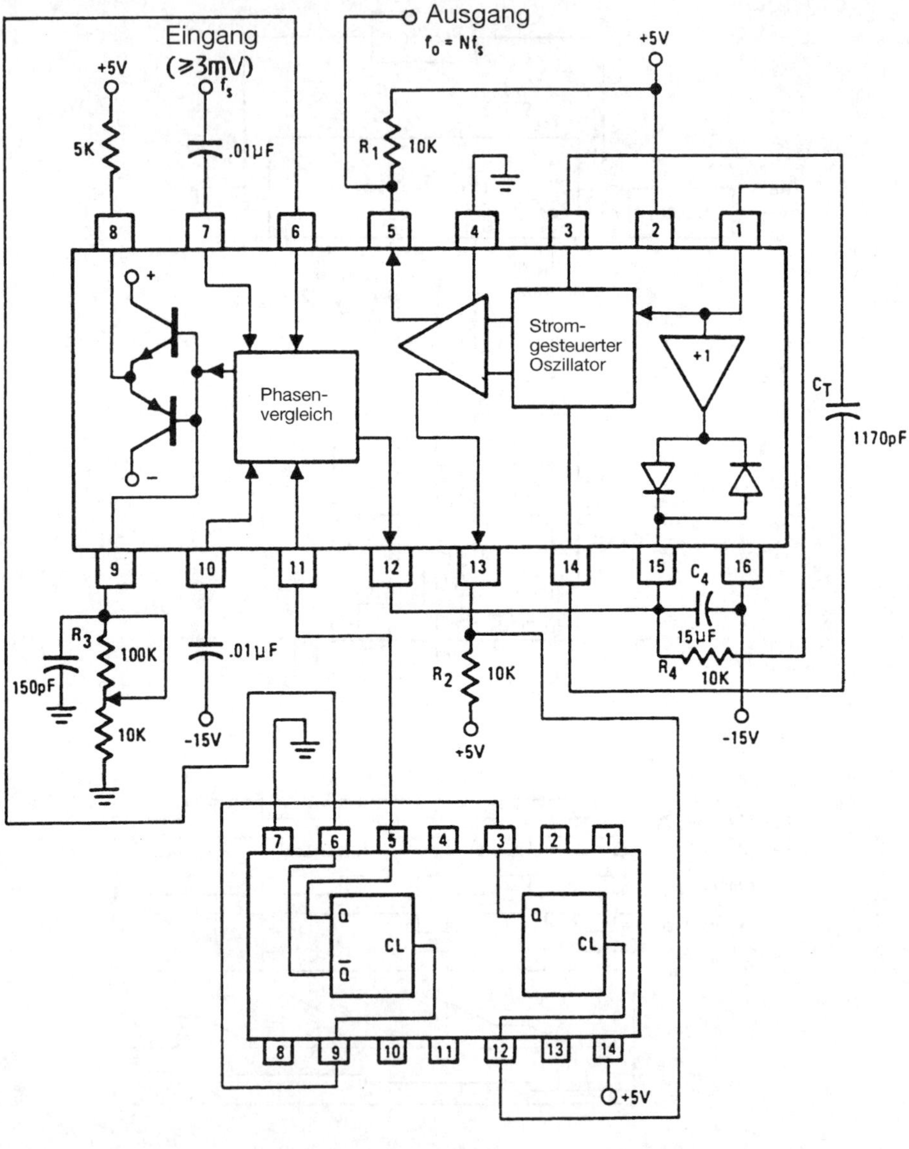

Das Beispiel zeigt eine Frequenzsynthese im Verhältnis 1:4 mit SN 74107 als Teiler. Dessen Komplementärausgänge liegen an den symmetrischen Eingängen der Phasenvergleichsschaltung. Der Wert von C_T entspricht einer Nominalfrequenz von 1,6 MHz. [Anwendungsbericht 604, *Harris Semiconductor.*]

661. Fraktionelle Frequenzsynthese mit HA 2800/2805

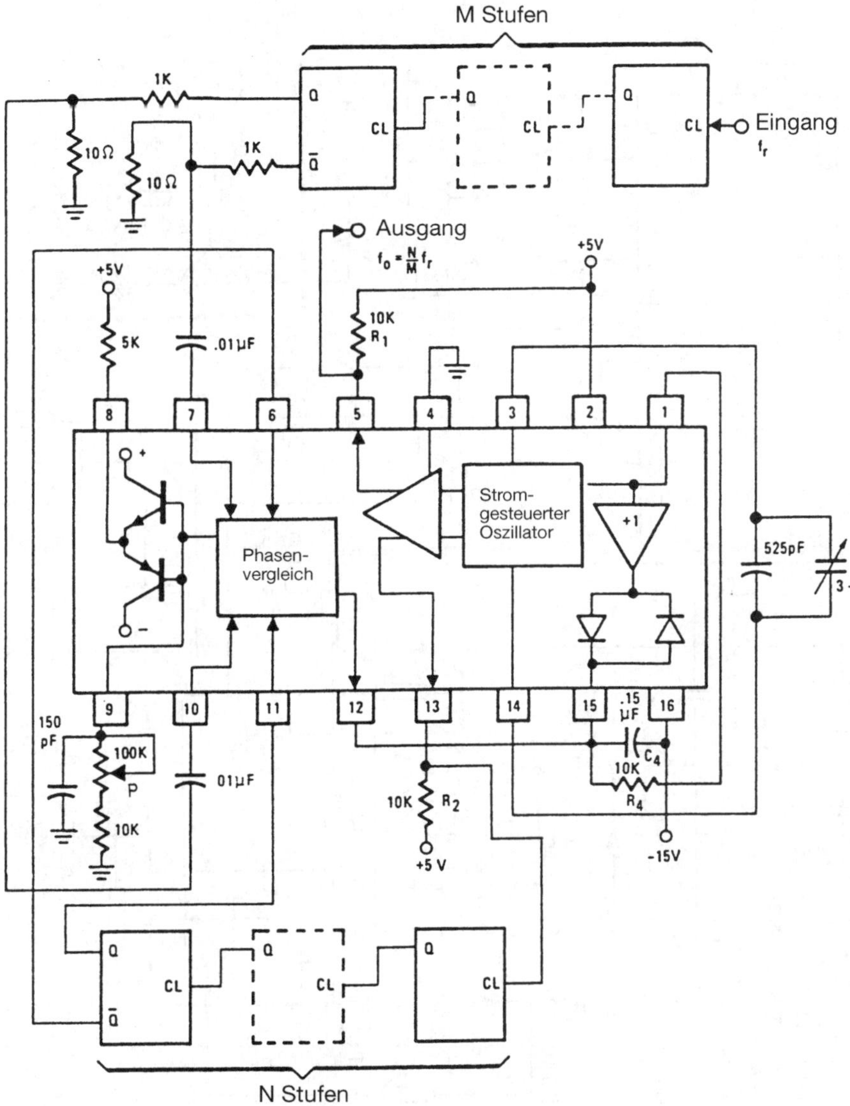

Ausweitung des vorigen Beispiels auf Anwendung mit zwei Zählern, M und N. Die Eingangsfrequenz erscheint am Ausgang multipliziert mit M/N. Die Abschwächer (1 kΩ und 10 Ω) passen den Ausgang des Zählers M an den Eingang der Phasenvergleichsschaltung an. P dient zur Einstellung der Empfindlichkeit. [Anwendungsbericht 604, *Harris Semiconductor.*]

662. Frequenzsynthese für 27 MHz, mit MC 145-151

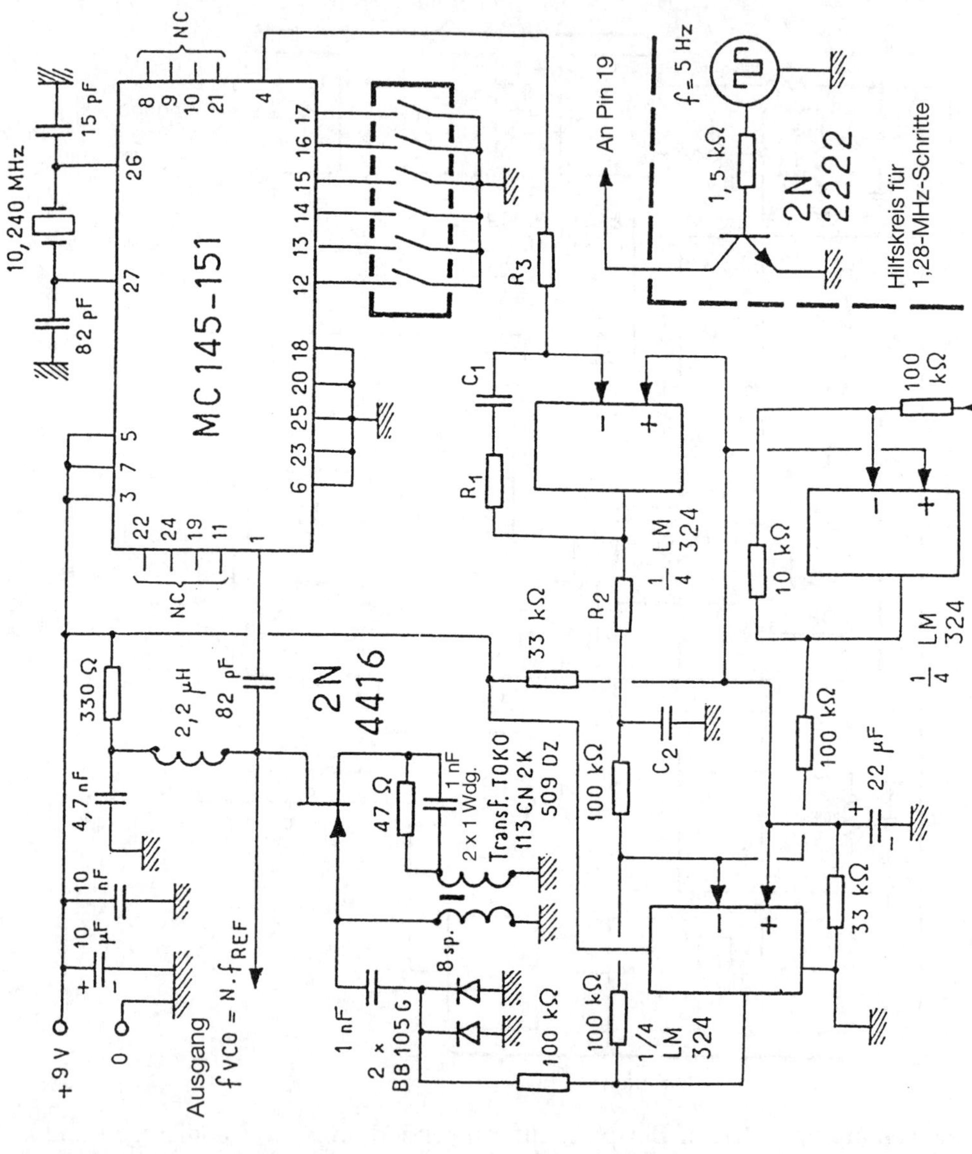

Arbeitet mit 5-kHz-Raster. Die IS enthält Binärzähler (6 und 10 Bits), sowie im Eingang einen Teiler durch P oder P + 1, wobei P zwischen 3 und 64 gewählt werden kann. [F.-S. de Dieuleveut, *Toute l'Electronique*, Paris, November 1981, Seiten 23 bis 33.]

663. Frequenzsynthese für 27 MHz, mit S 187

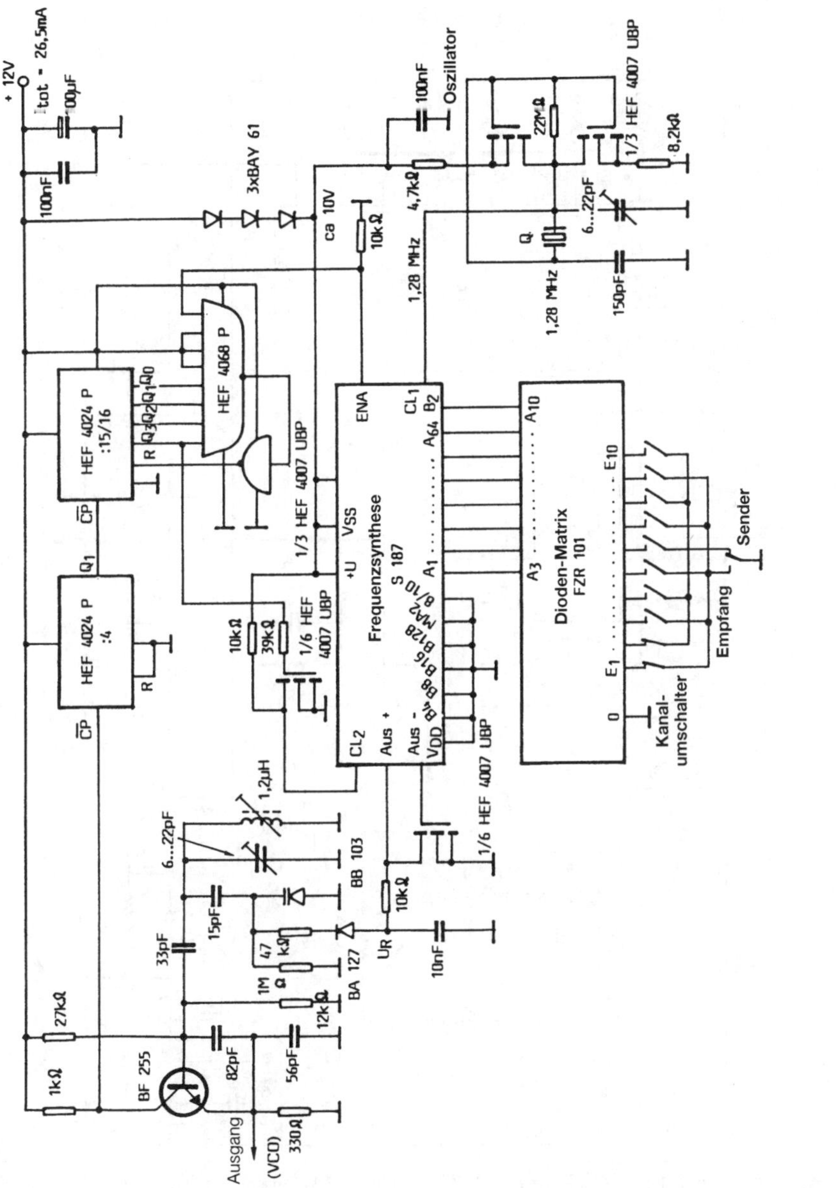

Gestattet die Synthese von fünf Sende- und Empfangsfrequenzen im 27-MHz-Band. Bei Steuerung mit Mikroprozessor ist eine wesentlich höhere Kanalzahl möglich. [Anwendungsschaltung *Siemens.*]

664. Frequenzsynthese für 22 bis 27 MHz

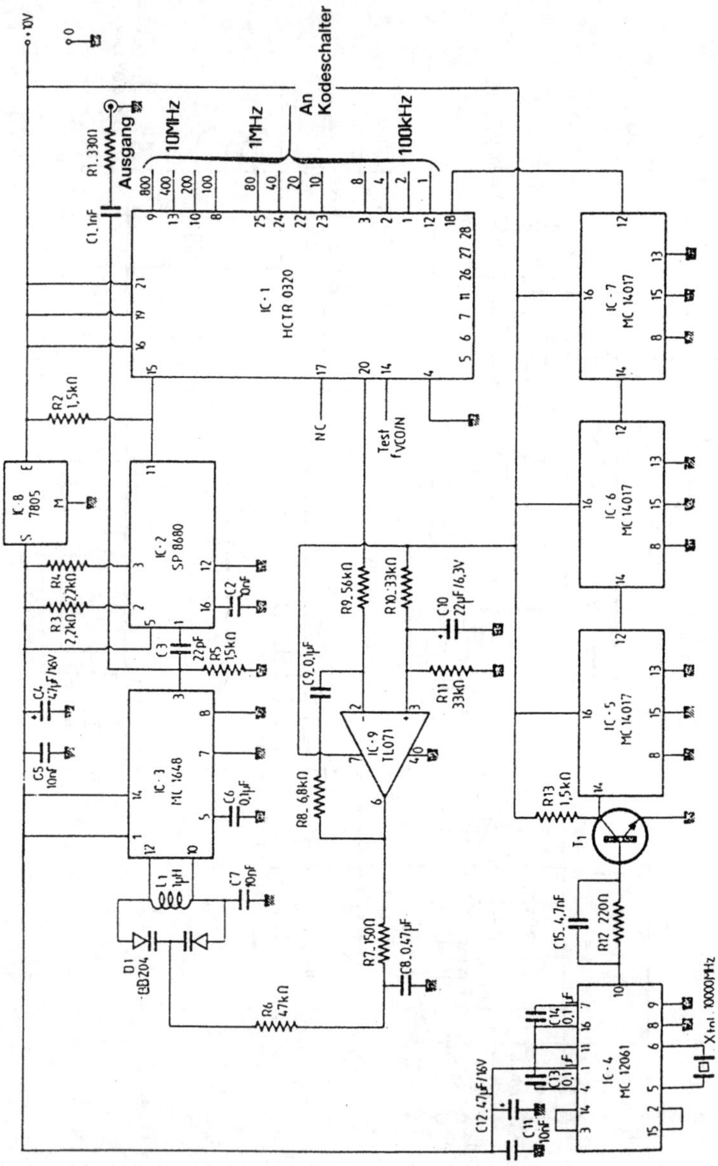

Arbeitet mit 100-kHz-Raster. MC 12061: Quarzoszillator (besitzt auch symmetrische ECL-Ausgänge). MC 1468: VCO. SP 8600: Teiler (1/10). HCTR 0320: Phasenvergleich und weitere Teiler. [F.-S. de Dieuleveut, *Le Haut-Parleur*, Mai 1983, Seiten 151 bis 156.]

665. Verdrahtung der Kodeschalter für Schaltung 664

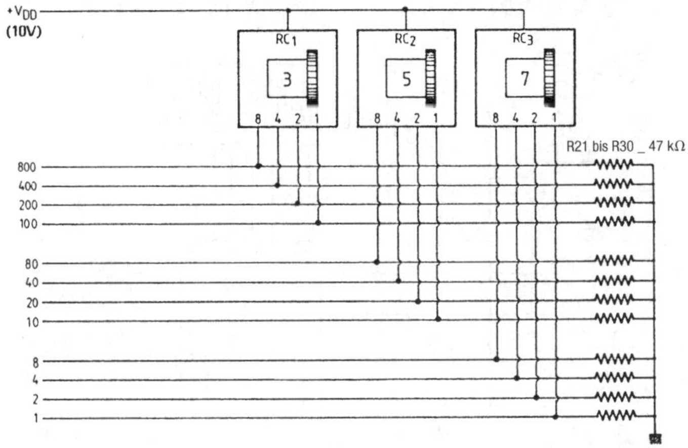

RC1 und RC2 entsprechen den Megahertz-Zehnern und -Einern, RC3 den 100-kHz-Schritten. [F.-S. de Dieuleveut, *Le Haut-Parleur*, Paris, Mai 1983, Seiten 151 bis 156.]

666. Frequenzsynthese für AM/FM-Empfänger

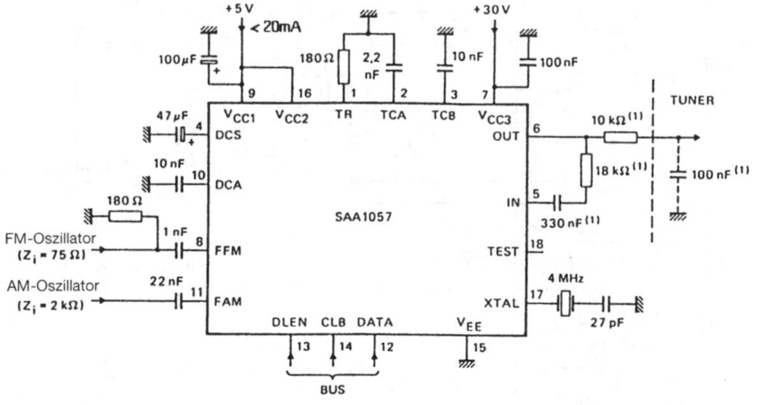

Enthält Oszillator, Teiler, VCO und Steuerverstärker. Rasterabstand 1 oder 1,25 kHz zwischen 0,512 und 32 MHz, 10 oder 12,5 kHz zwischen 70 und 120 MHz. Die Bus-Signale liefert ein durch Zahleneingaben gesteuerter Microcontroler. Die mit (1) bezeichneten Werte hängen von den Daten der verwendeten Kapazitätsdioden für Hf und VHF ab. [Integrated Circuits Book IC 01, *Philips*, 1988, Seiten 219 bis 228.]

667. Frequenzsynthese für FM-Empfänger, Speisespannung 3 V

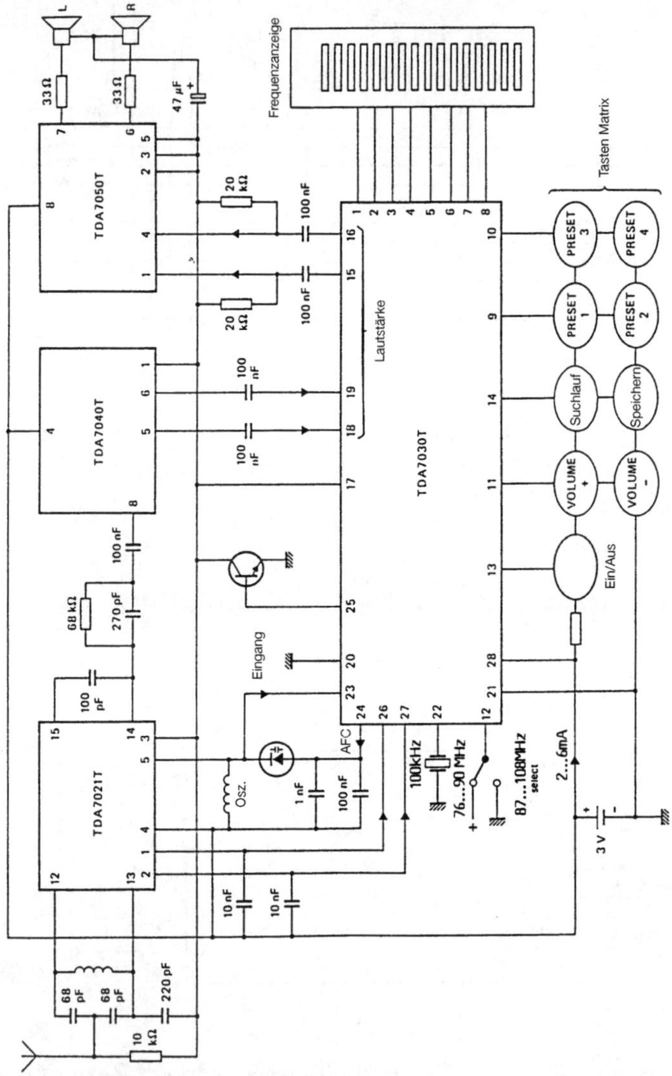

Besitzt einen Speicher für vier Kanäle (PRESET), eine Rückschaltung auf den zuletzt benutzten Kanal (MEM), einen automatisichen Suchlauf, eine Lautstärkeeinstellung mit 16 Rasterschritten, eine Anzeigsteuerung für eine 16stellige Leuchtzeile. [Integrated Circuits Book IC 01, *Philips*, 1988, Seiten 883 bis 889.]

668. Frequenzsynthese für Empfänger, 430 bis 440 MHz

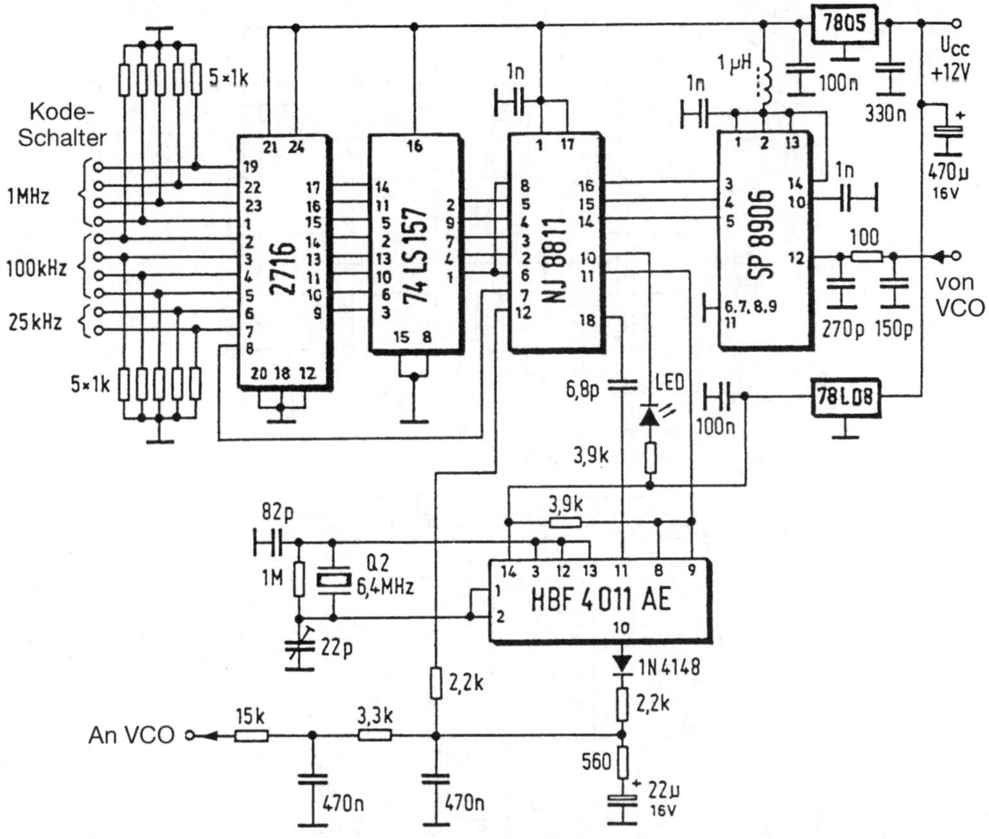

Die durch Kodeschalter im EPROM 2716 abgerufenen Daten werden im Baustein 74 SL 157 multiplexiert und steuern danach die Frequenzsynthese im NJ 8811. Ein HBF 4011 A (Typ B ist ungeeignet) dient als Referenzoszillator und als Verstärker in der Phasenschleife. [H. Westerwelle, *Funkschau*, München, Nr. 13/85, Seiten 76 bis 79.]

669. Digitale Abstimmung mit TTL-Logik

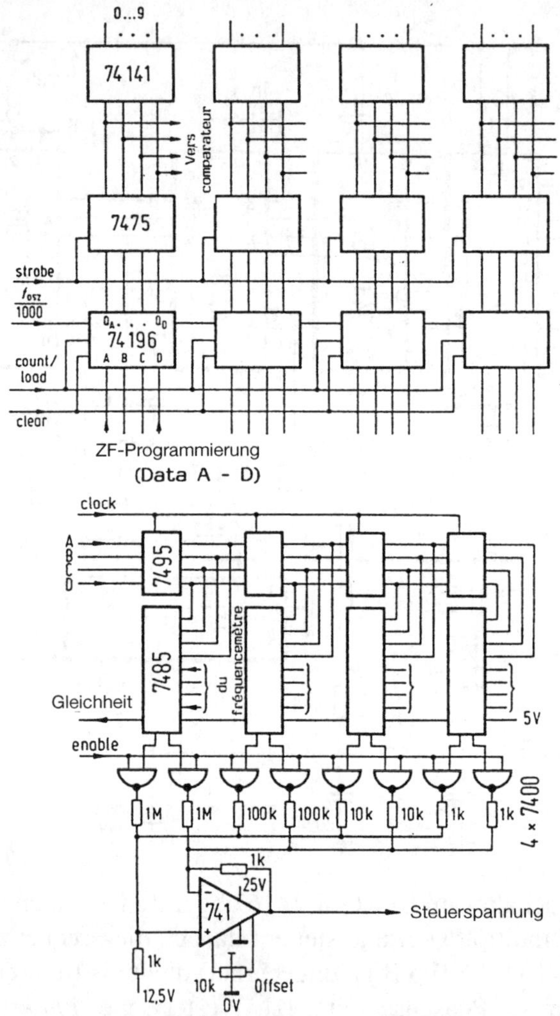

Besteht aus einem Frequenzzähler (oben) und einer logischen Vergleichsschaltung (unten). Die 74196 werden auf den Wert der Zf programmiert. Die Puffer 7574 führen die Istfrequenz zur Vergleichsschaltung. Die mit Tasten eingegebenen Zahlenwerte stehen in den 7495. Der Vergleich (7485) wertet die Inhaltsunterschiede in den einzelnen Dekaden aus. Der Ausgang „Gleichheit" geht auf „1", wenn die Istfrequenz dem mit der Zahleneingabe geforderten Wert entspricht. Enable gestattet Öffung der Schleife für automatischen Suchlauf. [H. Herfel, *Funkschau*, München, Nr. 3/74, Seite 93.]

670. Frequenzvervielfacher für Syntheseanwendungen

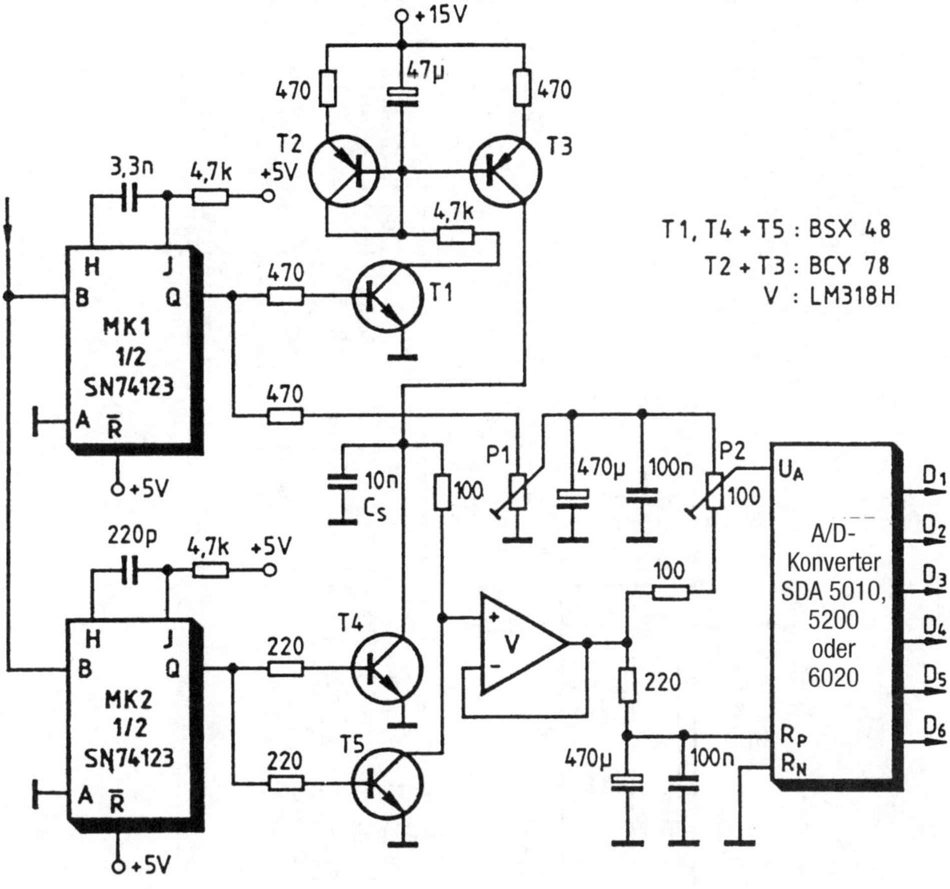

Vervielfacht phasenstarr. Die zwei Flip-flop sowie T1 bis T4 geben dem Eingangssignal (< 200 kHz) Sägezahnform, bevor es an den A/D-Konverter gelegt wird, gleichzeitig mit einer durch P_1 einstellbaren Spannung zur Korrektur der Linearität. Ein erster Multiplikationsfaktor wird mit P_2 eingestellt. Weiterhin erhält man an den Ausgängen des Konverters 1-, 2-, 4-, 8-, 16- und 32mal höhere Frequenzen. [H. Maguerre, *Elektronik*, München, September 1985, Seite 108.]

671. Einrastanzeige für Phasenschleife

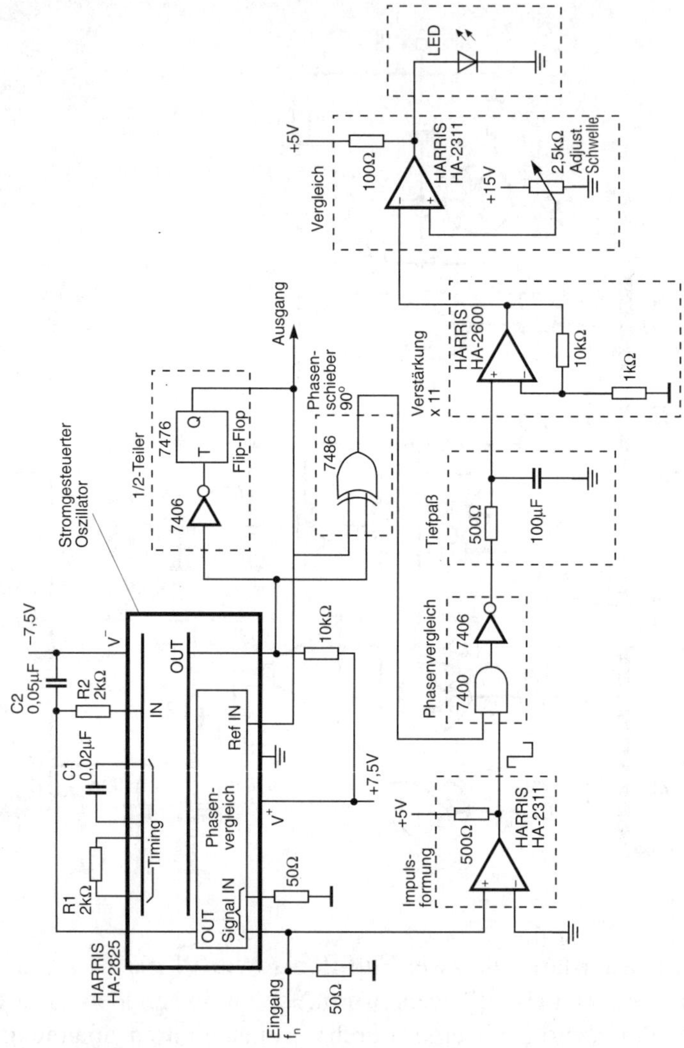

Da die vorgesehene Phasenschleife mit Phasenverschiebung von 90° zwischen Eingang und Ausgang einrastet, erzeugt man eine gleiche Phasenverschiebung durch Frequenzhalbierung, gefolgt von einem Exklusiv-Oder-Gatter. Nach Vergleich durch ein NAND-Gatter muß noch gesiebt und verstärkt werden, bevor der Signalpegel durch Vergleich mit einer einstellbaren Gleichspannung festgestellt werden kann. [J.A. Connelly und G.E. Prescott, *Electronics*, New York, September 1974.]

Amplitudenmodulatoren

672. Amplitudenmodulator mit NE 510

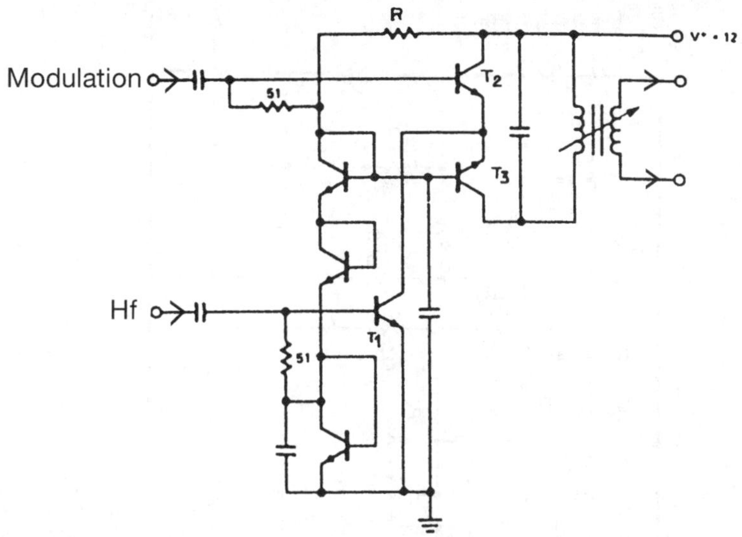

T1 beeinflußt über den Kollektorstrom die Transkonduktanz von T2 und T3 und damit deren Verstärkung. Die drei anderen Transistoren dienen zur Vorspannungserzeugung. Anwendbar bis mindestens 100 MHz. Bei Erstellung mit Einzeltransistoren ist ein Wert von 3,3 kΩ für den im NE 510 integrierten Widerstand R einzusetzen. [Analog Data Manual, *Signetics*, 1978, Seite 749.]

673. Linearer Amplitudenmodulator

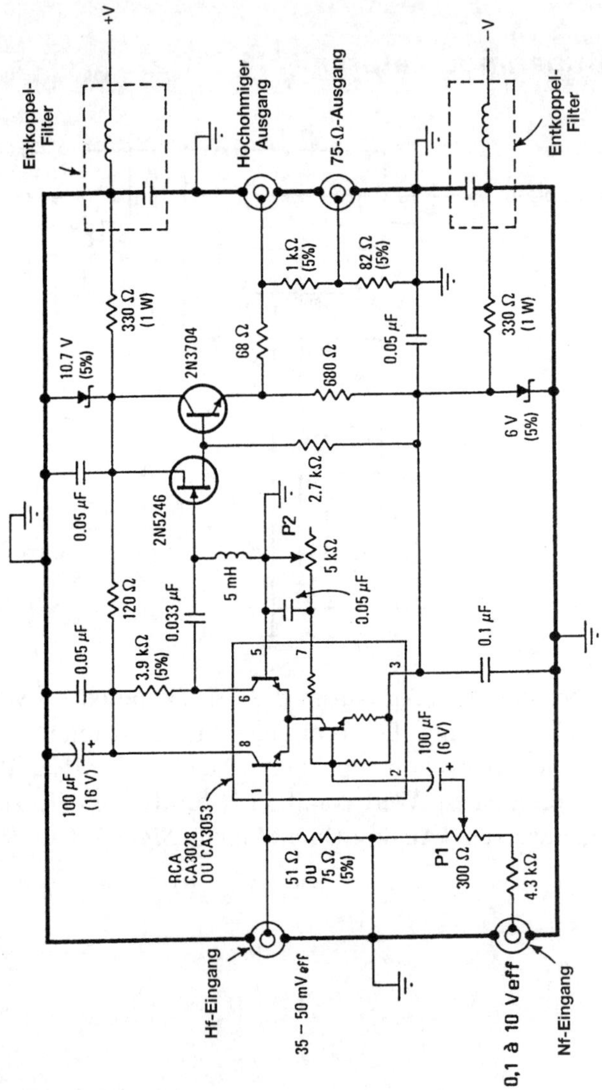

Bei einem Modulationsgrad von 30% wird ein Klirrfaktor von 0,11% erhalten. Anwendbar zwischen 150 kHz und 2 MHz. Transkonduktanz und Verstärkung im Differentialpaar der IS sind eine lineare Funktion des Emitterstroms. Mit P_1 wird der Modulationsgrad eingestellt. P_2 dient zum Abgleich auf symmetrische Begrenzung des Ausgangssignals bei Übersteuerung. [M. J. Salvanti, *Electronics*, New York, 15. Februar 1973, Seite 104.]

674. Amplitudenmodulator mit Trägerunterdrückung, NE 510

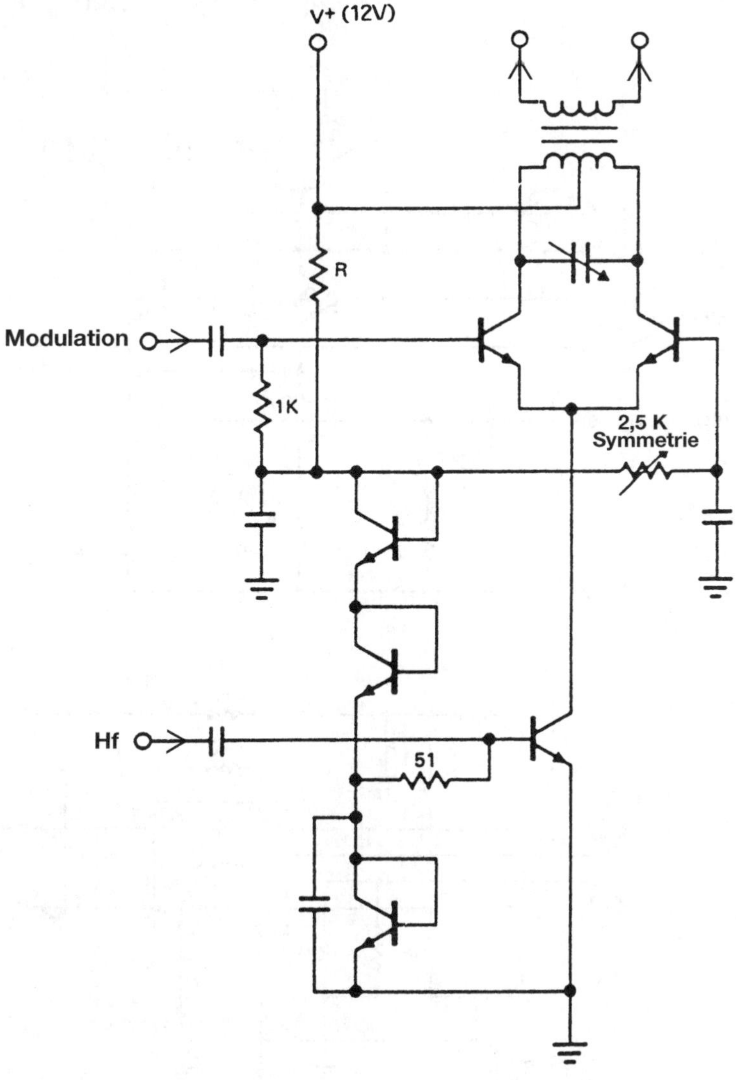

Bei kurzgeschlossenem Modulationseingang ist der Symmetrieabgleich auf Ausgangsspannung null einzustellen. Anwendbar bis mindestens 100 MHz. Bei Erstellung mit Einzeltransistoren ist ein Wert von 3,3 kΩ für den im NE 510 integrierten Widerstand R einzusetzen. [Analog Data Manual, *Signetics*, 1978, Seite 749.]

675. Spulenloser Modulator mit Trägerunterdrückung, NE 510

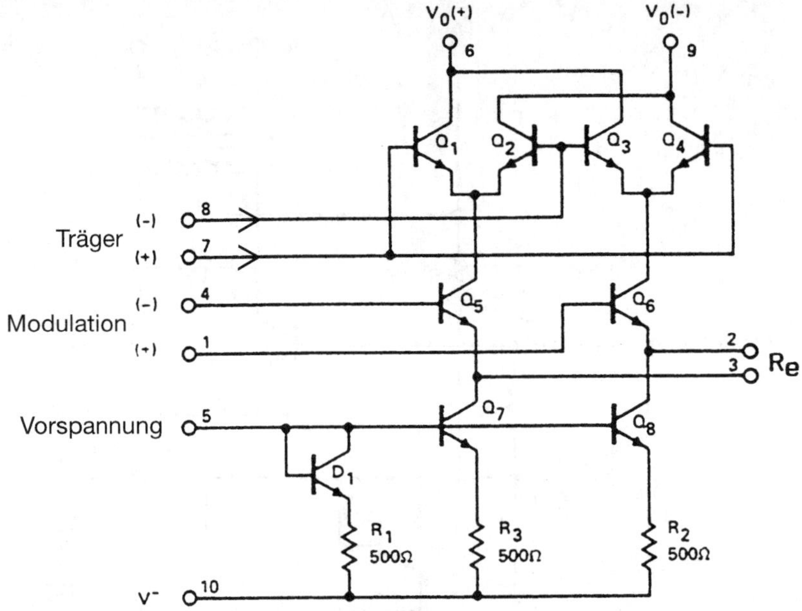

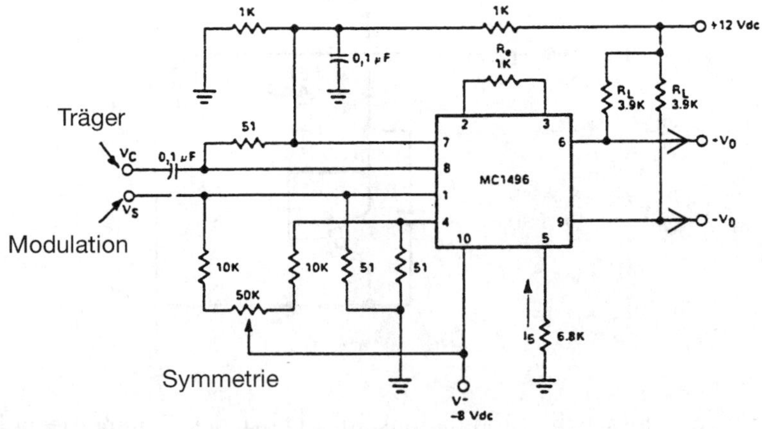

Bei kurzgeschlossenem Modulationseingang ist der Symmetrieabgleich auf Ausgangsspannung null einzustellen. Anwendbar bis mindestens 10 MHz. Bei Betrieb mit höheren Frequenzen sind die Lastwiderstände durch einen Schwingkreis zu ersetzen. [Analog Data Manual, *Signetics*, 1978, Seite 749.]

676. Amplitudenmodulator mit Trägerunterdrückung, TDA 1571

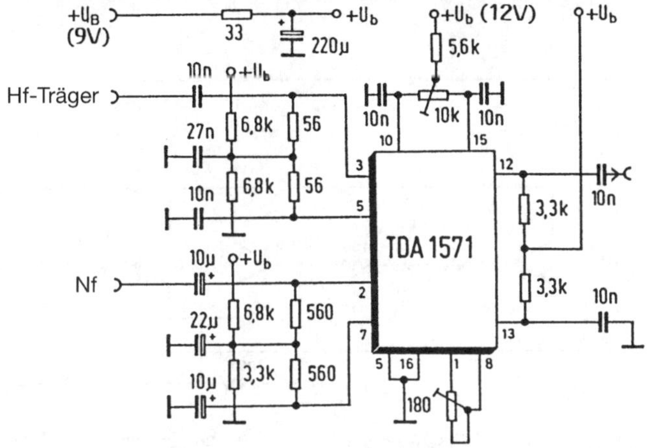

Wie bei den vorhergehenden Beispielen werden die Eingangsfrequenzen miteinander multipliziert. Anwendbar bis mindestens 2 MHz. Mit dem 10-kΩ-Potentiometer wird die Trägerunterdrückung eingestellt, mit dem von 180 Ω die Verstärkung (10 bis 21 dB). [Anwendungsschaltung *Philips* und W. Zetzmann, *Funkschau*, München, Nr. 21/83, Seite 68.]

677. Amplitudenmodulator mit Trägerunterdrückung, NE 511

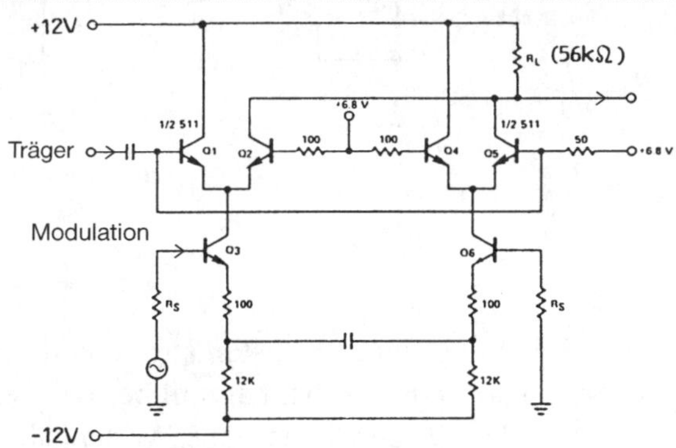

Außer dem Produkt der beiden Eingangsspannungen liefert der Ausgang nur meist vernachlässigbare Signalanteile. Bis 100 MHz anwendbar, wenn R_L durch einen Schwingkreis ersetzt wird. [Analog Data Manual, *Signetics*, 1978, Seite 751.]

678. Linearer Modulator mit Trägerunterdrückung, NE 511

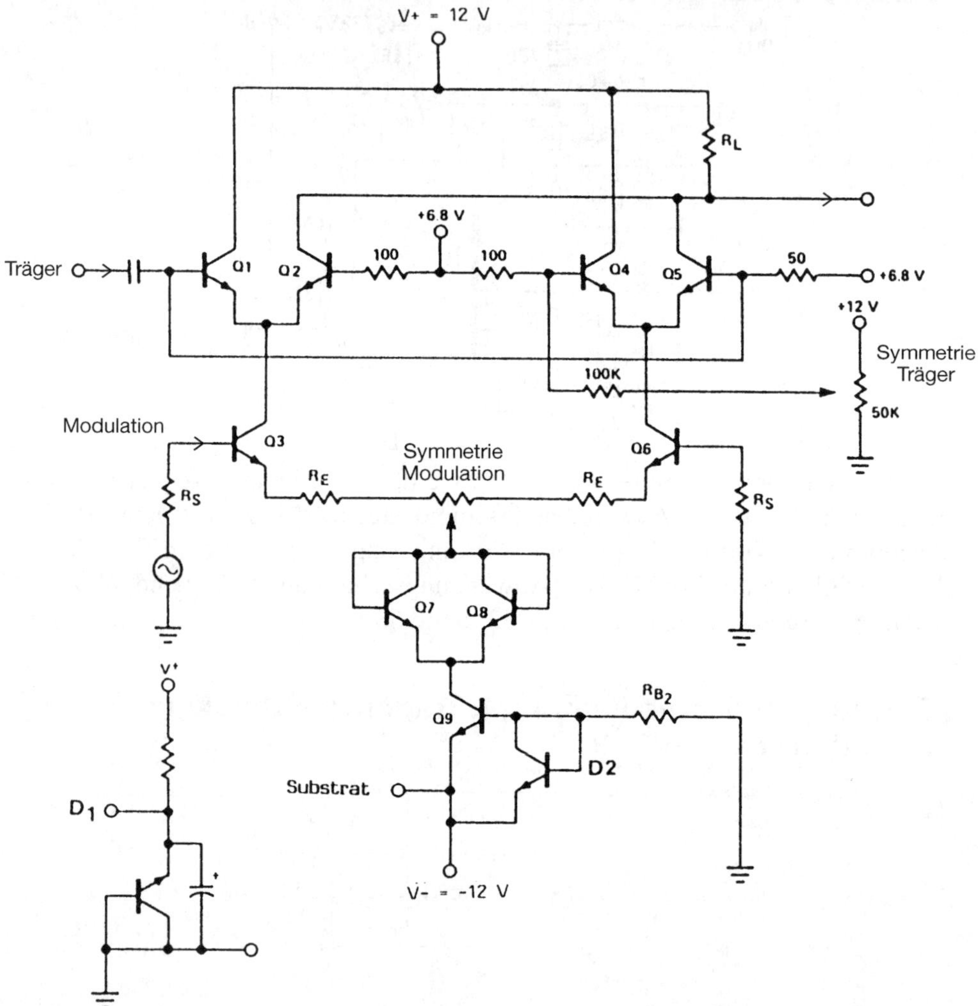

Ergänzung der vorigen Schaltung durch Konstantstromquelle im Emitterkreis und Abgleichmöglichkeiten auf Ausgangssignal null bei Kurzschluß des einen oder des anderen Eingangs. Die Widerstände ohne Wertangabe sind entsprechend der gewünschten Ausgangsleistung zu wählen. [Analog Data Manual, *Signetics*, 1978, Seite 750.]

679. MOSFET-Modulator mit Trägerunterdrückung

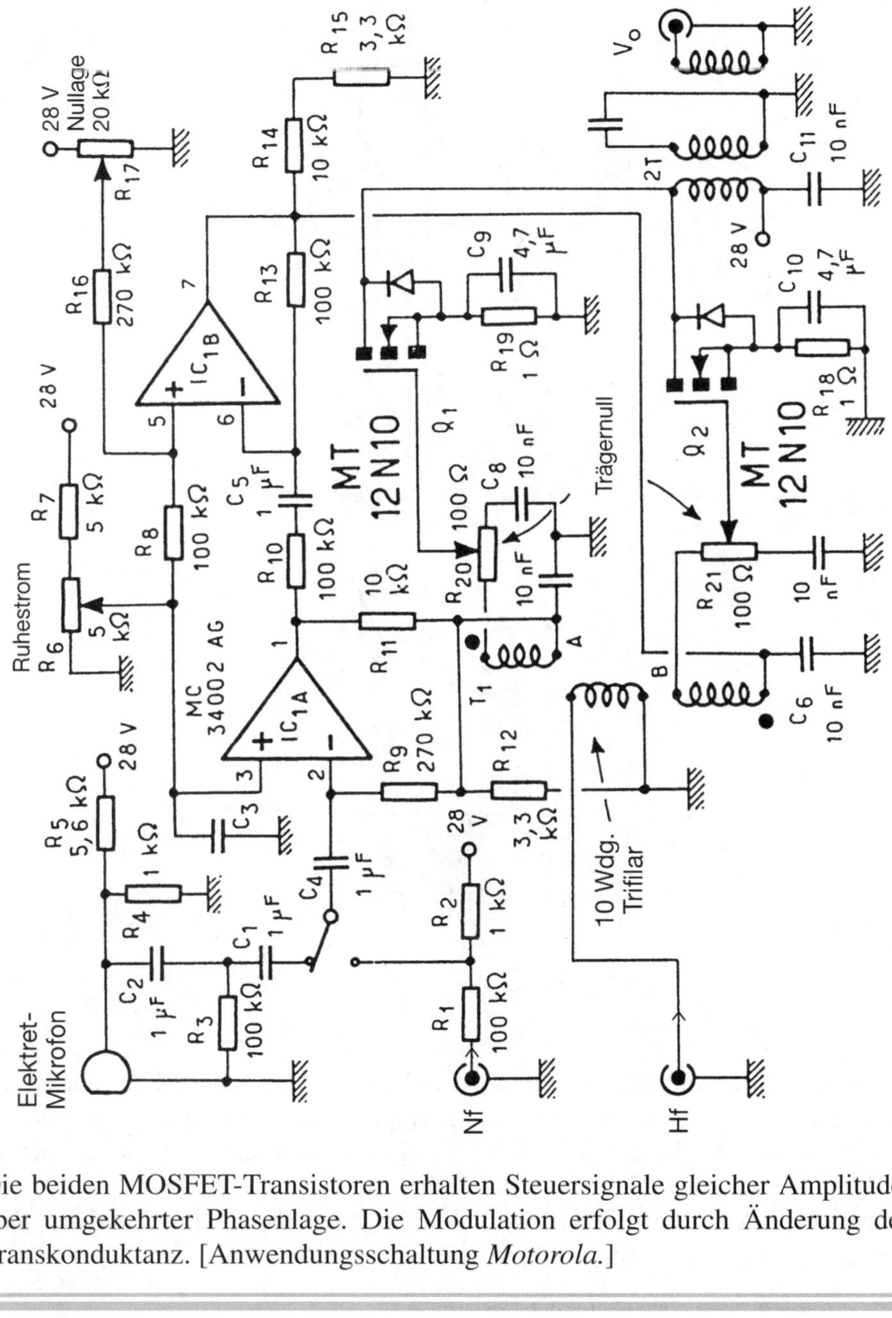

Die beiden MOSFET-Transistoren erhalten Steuersignale gleicher Amplitude, aber umgekehrter Phasenlage. Die Modulation erfolgt durch Änderung der Transkonduktanz. [Anwendungsschaltung *Motorola.*]

680. Phasenschieber für Einseitenbandanwendungen

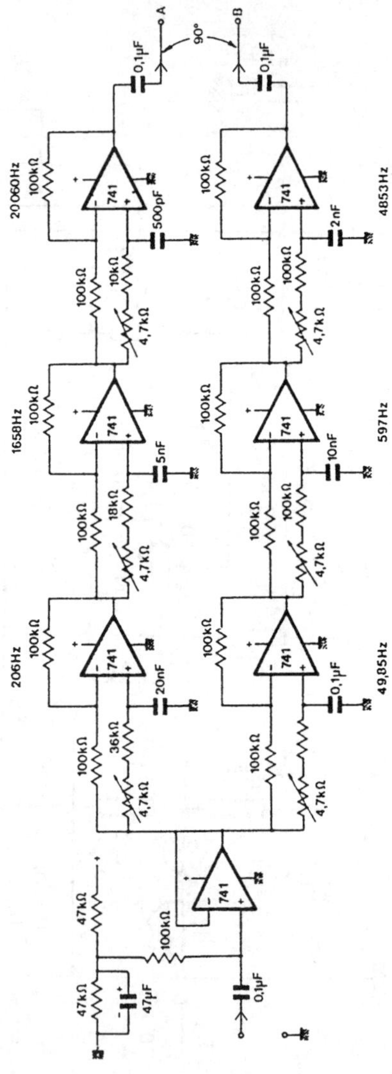

Zwischen 40 Hz und 22 kHz liefert die Schaltung zwei um 90 ± 2° phasenverschobene Spannungen, mit denen man Amplitudenmodulatoren ansteuert, die um ebenfalls 90° phasenverschobene Hf-Spannungen erhalten. Bei Summenbildung der so modulierten Signale wird ein Seitenband sowie der Träger unterdrückt. Auch bei Einseitenbandempfang anwendbar. [D. Heyden, *Electronique Applications*, Nr. 7, Seiten 61 bis 69.]

681. Einseitenbandmodulator mit SL 6700

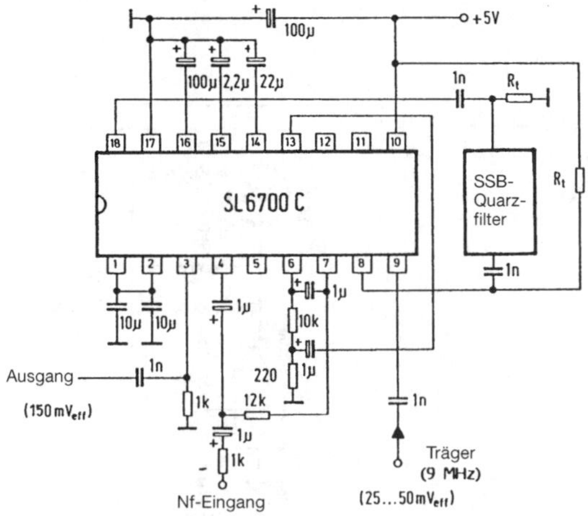

Zunächst erfolgt eine Amplitudenmodulation mit Trägerunterdrückung nach dem Prinzip der Analog-Multiplikation. Eins der Seitenbänder wird dann durch ein Quarzfilter beseitigt. Anwendbar zwischen 0,4 und 12,5 MHz. Die Speisespannung soll 7 V nicht übersteigen. [B. Dance, *Funkschau*, München, Nr. 6/82, Seiten 65 und 66.]

682. Einseitenbandmodulator für 9 MHz

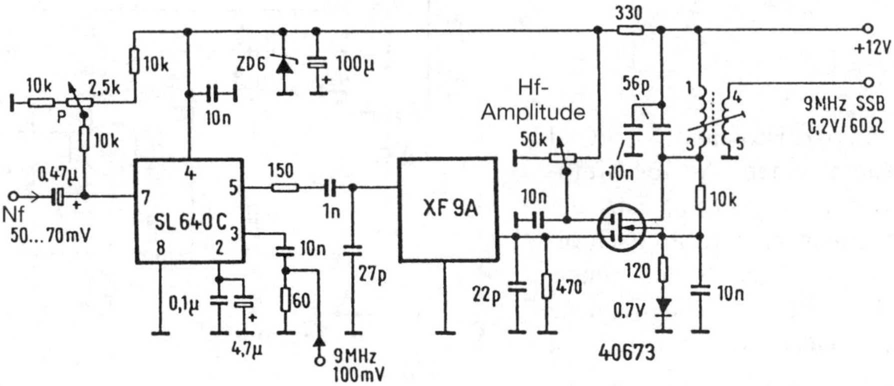

Ein Analog-Multiplikator SL 640 C besorgt eine Amplitudenmodulation mit Trägerunterdrückung. P ist auf minimale Trägeramplitude im Ausgang einzustellen. Nach dem Quarzfilter XF 9 A ist nur noch ein Seitenband vorhanden. [U. L. Rohde und H. Eichel, *Funkschau*, München, Nr. 1/73, Seiten 21 bis 24.]

683. Einseitenbandmodulator mit Oszillator, 9 MHz

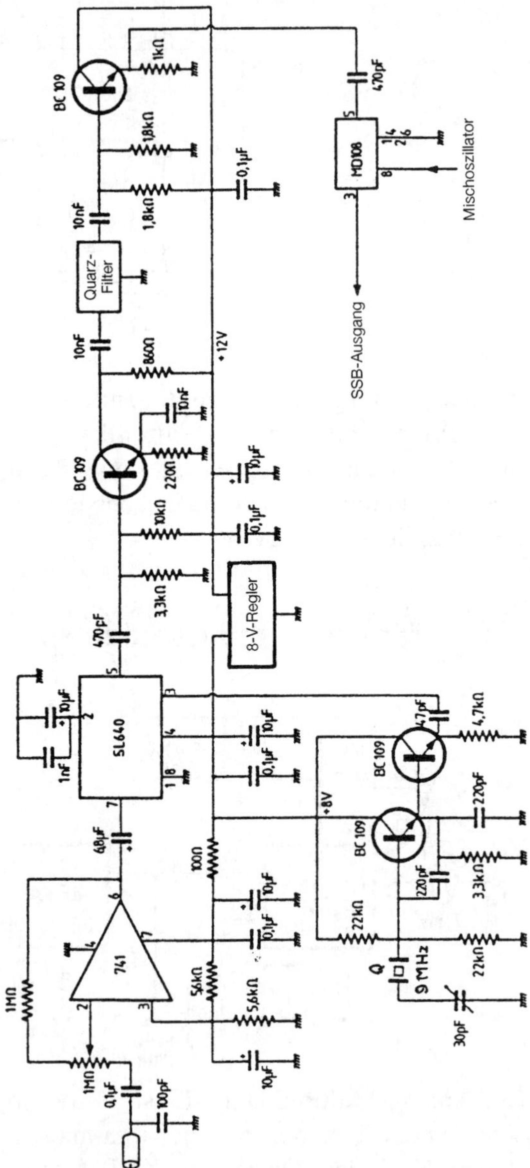

Quarzoszillator und Nf-Signal steuern einen Analog-Multiplikator SL 640 an. Eins der Seitenbänder wird im nachfolgenden Quarzfilter unterdrückt. Die Sendefrequenz wird danach durch einen mit Schottky-Dioden bestückten Mischer MD 108 erzeugt. [M. Levrel und R. Piat, *Le Haut-Parleur*, Paris, Nr. 1703, April 1984, Seiten 73 bis 80.]

684. Fernsehmodulator mit TDA 5660 P

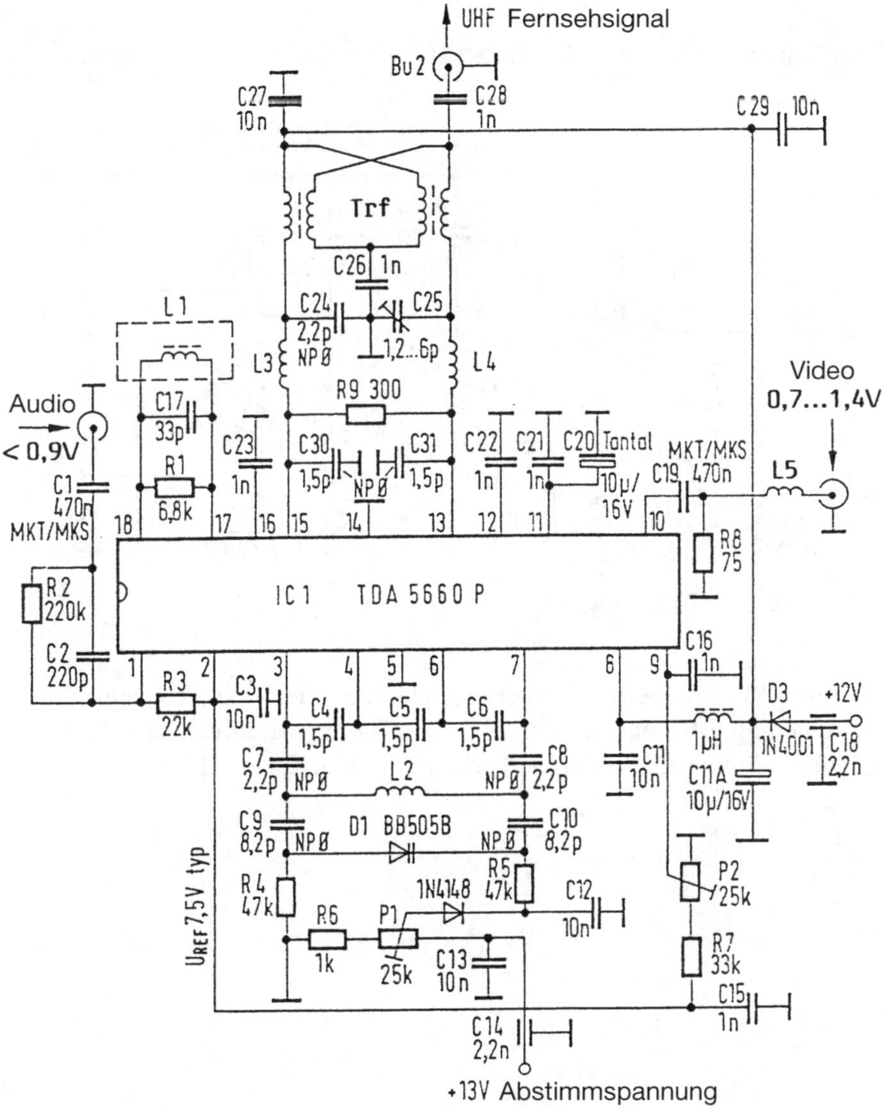

Frequenzmodulation für Ton, negative Amplitudenmodulation für Bild. Trf: 2 x 2,5 bifilar gewickelte Windungen, Drahtdurchmesser 0,3 mm, auf Ferritring 61-202. L_1: TOKO F 291 BNS 2575 BS. L_2: 2 Wdg., 0,6 mm, L_3: 5 Wdg., 0,6 mm. L_4: 4 Wdg., 0,6 mm. L_5: 5 Wdg. gedehnt auf 10 mm, Drahtdurchmesser 0,3 mm. Spulendurchmesser 3 mm für L_3 bis L_5.

Frequenzmodulatoren

685. Experimentierschaltung für Frequenzmodulation

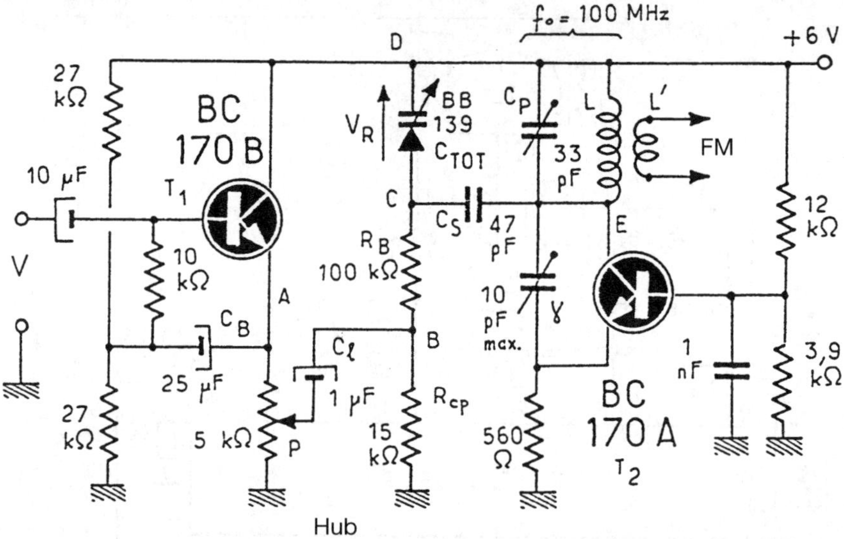

Eine über T1 gesteuerte Kapazitätsdiode moduliert die Frequenz eines in Basisschaltung arbeitenden und auf 100 MHz abgestimmten Oszillators. [R.-Ch. Houzé, *Toute l'Electronique*, Paris, Mai 1978, Seiten 41 bis 46.]

686. Frequenzmodulation auf 20 MHz mit Kapazitätsdiode

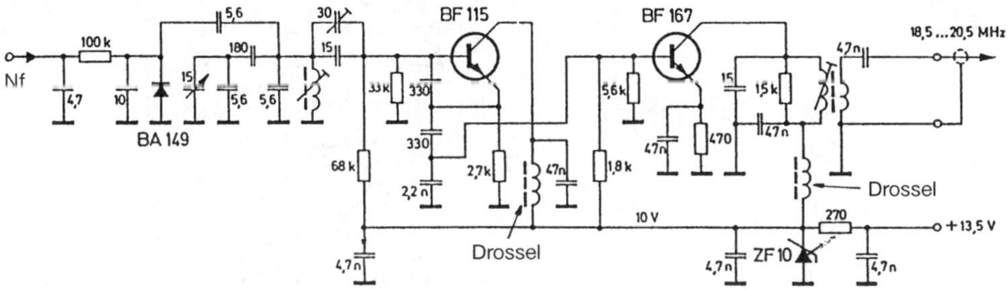

Das die Kapazitätsdiode umgebende Kondensatornetzwerk dient zur Verbesserung der Linearität. Eine annehmbare Frequenzstabilität kann erreicht werden, wenn man Kondensatoren verwendet, deren Temperaturgang den der Spule ausgleicht. Der 15-pF-Drehkondensator überstreicht einen Frequenzbereich von etwa 2 MHz. [E. Koch, *Funk-Technik*, Nr. 12/71, Seiten 459 bis 462.]

687. Frequenzmodulierter Quarzoszillator, 10,7 MHz

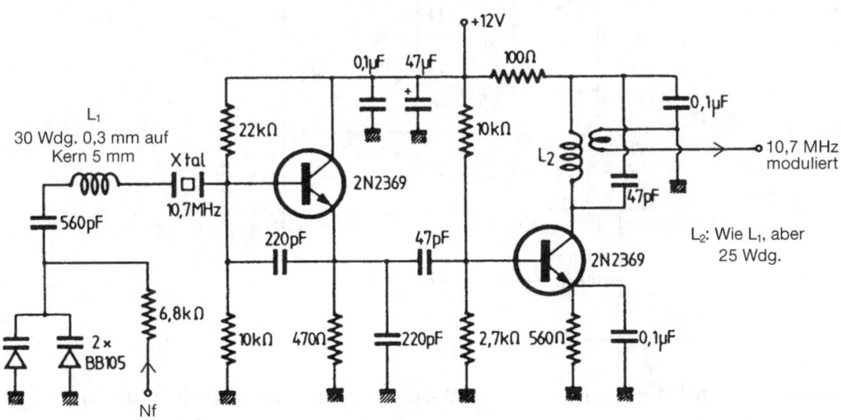

Durch die mit dem Quarz in Reihe liegende Spule erreicht man einen Frequenzhub von 7 bis 10 kHz. Der Abgleichkern der Spule ist auf optimalen Hub einzustellen. [M. Levrel und R. Piat, *Le Haut-Parleur*, November 1983, Seiten 271 bis 247.]

688. Frequenzmodulator mit Gegenkopplung

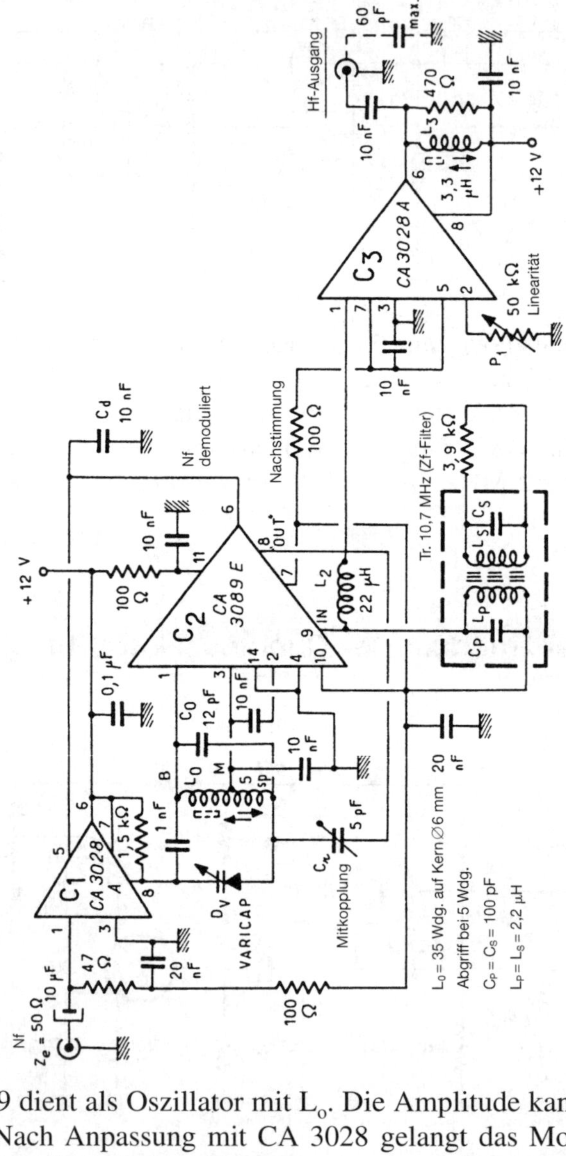

Die IS CA 3089 dient als Oszillator mit L_0. Die Amplitude kann mit C_r eingestellt werden. Nach Anpassung mit CA 3028 gelangt das Modulationssignal an eine Kapazitätsdiode. Eine Korrektion durch Gegenkopplung wird erhalten, indem man das Eingangssignal mit einer durch Demodulation des Ausgangssignals gewonnenen Hilfsspannung vergleicht. [Anwendungsschaltung *RCA* und *Toute l'Electronique*, Paris, August 1979, Seite 71.]

Leistungsverstärker oder Sender bis 30 MHz

689. FM-Sender für Haustelefon über Lichtnetz

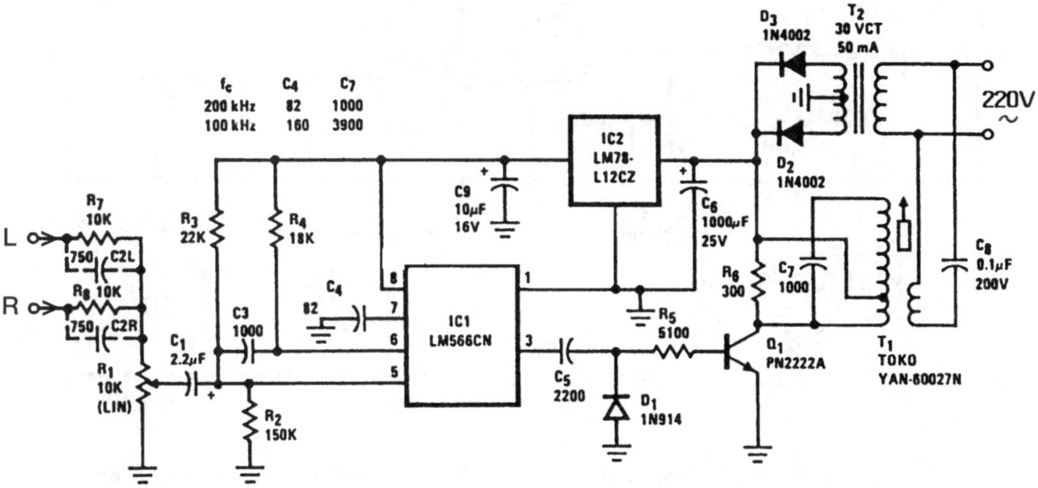

Der Eingangskreis dient zur Zusammenführung der Komponenten eines eventuellen Stereosignals. Bandbreite: 20 Hz bis 20 kHz. Trägerfrequenz: 100 oder 200 kHz, entsprechend den in der Tabelle angegebenen Werten. R_1 auf eine Amplitude von 100 mV am Schleifer einstellen. Am Kollektor von Q1 verfügt man über etwa 17 V_{eff}. Passender Empfänger: Schaltung 605. [Linear Applications Handbook, *National Semiconductor*, 1986, Seite 391.]

690. 8-W-Verstärker für 28 MHz, Klasse A

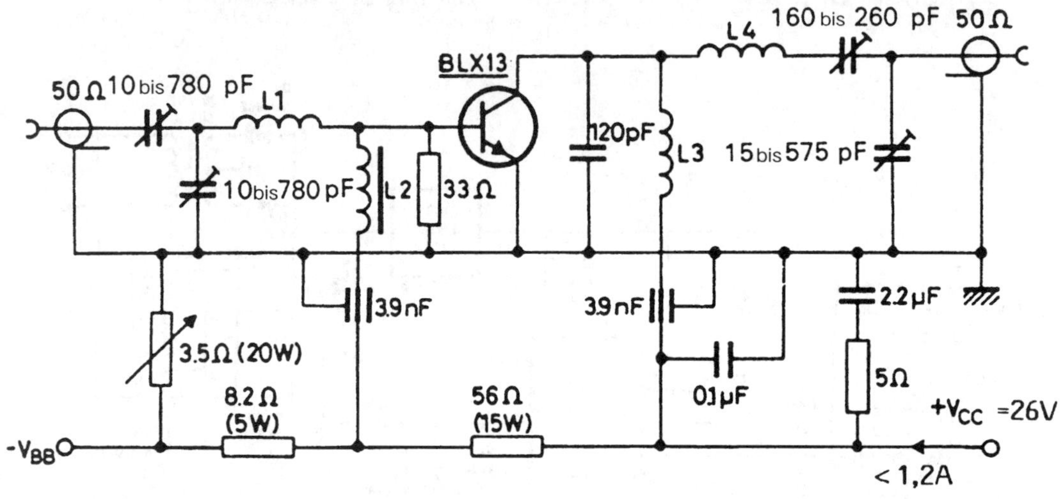

L_1: 3 Wdg. 1,5 mm CuL, Windungsabstand 2,5 mm, Spulendurchmesser 7 mm.
L_2: 7 Wdg. 0,7 mm CuL, Ferritring Ferroxcube 3 H 1, 60 µH.
L_3: 4 Wdg. 1,5 mm Cul, Windungsabstand 2,5 mm, Spulendurchmesser 10 mm.
L_4: 7 Wdg. 1,5 mm Cul, Windungsabstand 2,5 mm, Spulendurchmesser 12 mm.

Für lineare Verstärkung (SSB). Leistungsverstärkung: > 18 dB. BLX 13 ist auch in Klasse B verwendbar. Speisung an 28 V gestattet dann eine Ausgangsleistung von 25 W bei 70 MHz. [Transistors et Modules d'Emission RF, *RTC Philips Composants*, 1984, Seiten 459 bis 469.]

691. 30-W-Verstärker für 28 MHz, Klasse AB

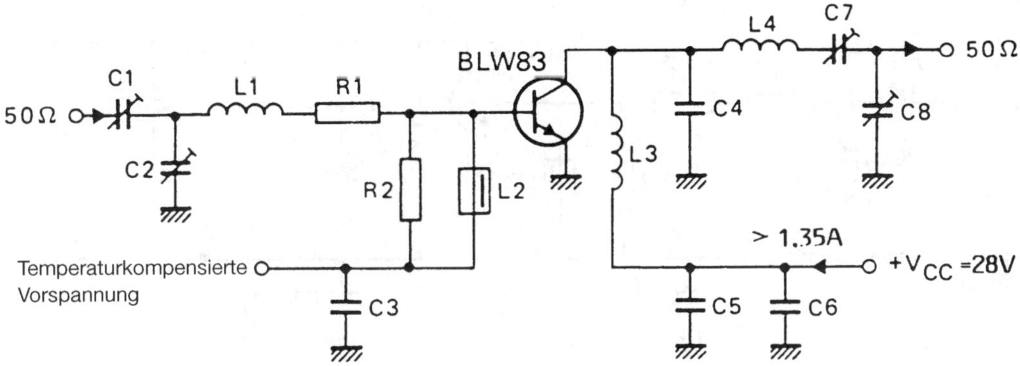

$C_1 = C_2$: 10...780 pF, Trimmer mit Kunststoff-Dielektrikum.
$C_3 = C_5 = C_6$: 220 nF, Folienkondensator.
C_4: 56 pF, Keramik.
$C_7 = C_8$: 15...575 pF, Trimmer mit Kunststoff-Dielektrikum.
L_1: 4 Wdg. 1,6 mm CuL, Spulendurchmesser 7 mm, Anschlüsse 5 mm lang.
L_2: Breitband-Hf-Drossel auf Ferritkern, *Ferroxcube* 3 B.
L_3: 4 Wdg. 1,6 mm CuL, Spulendurchmesser 10 mm, Länge 9,5 mm, Anschlüsse 5 mm lang.
L_4: 7 Wdg. 1,6 mm CuL, Spulendurchmesser 12 mm, Länge 17,2 mm, Anschlüsse 5 mm lang.
R_1: 1,2 Ω, Parallelschaltung von 4 Schichtwiderständen 4,7 Ω.
R_2: Schichtwiderstand 39 Ω.

Für SSB-Anwendungen. Leistungsverstärkung: 21 dB. Die Intermodulationsprodukte (d_3, d_5) liegen bei –30 dB in Klasse AB und bei –40 dB in Klasse A. [Transistors et Modules d'Emission RF, *RTC Philips Composants*, 1984, Seiten 353 bis 361.]

692. 45-W-Verstärker für 28 MHz, Klasse AB

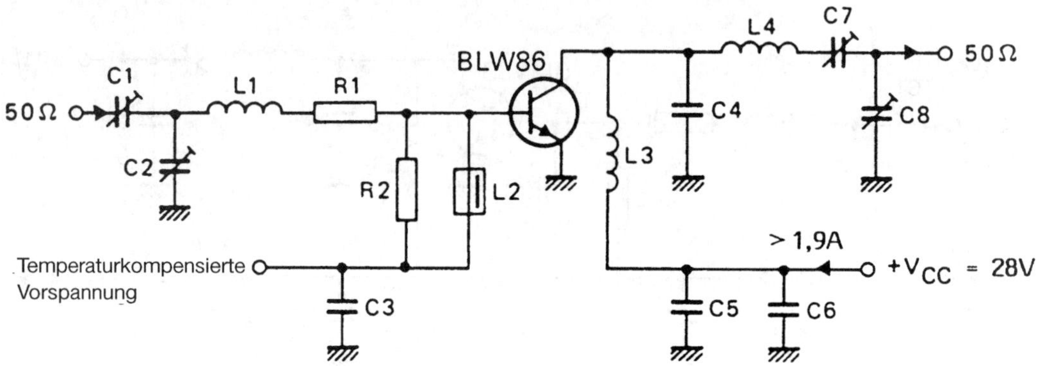

$C_1 = C_2$: 10...780 pF, Trimmer mit Kunststoff-Dielektrikum.
$C_3 = C_5 = C_6$: 220 nF, Folienkondensator.
C_4: 56 pF, Keramik.
$C_7 = C_8$: 15...575 pF, Trimmer mit Kunststoff-Dielektrikum.
L_1: 4 Wdg. 1,6 mm CuL, Spulendurchmesser 7 mm, Anschlüsse 5 mm lang.
L_2: Breitband-Hf-Drossel auf Ferritkern, *Ferroxcube* 3 B.
L_3: 4 Wdg. 1,6 mm CuL, Spulendurchmesser 10 mm, Länge 9,4 mm, Anschlüsse 5 mm lang.
L_4: 4 Wdg. 1,6 mm CuL, Spulendurchmesser 12 mm, Länge 17,2 mm, Anschlüsse 5 mm lang.
R_1: 1,2 Ω, Parallelschaltung von 4 Schichtwiderständen von 4,7 Ω.
R_2: Schichtwiderstand 39 Ω.

Für SSB-Anwendungen. Leistungsverstärkung: 19 dB. Wirkungsgrad: 45%. Der BLW 86 ist auch in Klasse B verwendbar. Auf 175 MHz liefert er dann 100 W bei einer Leistungsverstärkung von >7,5 dB und einem Wirkungsgrad von 70%. [Transistors et Modules d'Emission RF, *RTC Philips Composants*, 1984, Seiten 315 bis 327.]

693. 100-W-Verstärker für 28 MHz, Klasse AB

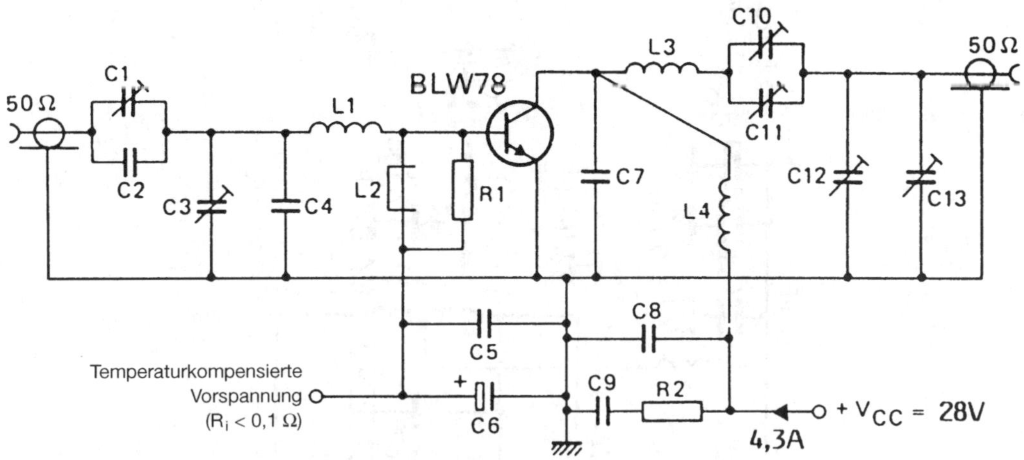

$C_1 = C_3 = C_{11}$: Lufttrimmer 150 pF, Rotor isoliert.
$C_2 = C_{12}$: 27 pF, Keramik, 500 V.
C_4: 180 pF, Keramik, 500 V.
$C_5 = C_8$: 3,9 nF, Keramik, 500 V.
C_6: 150 mF, 6 V, Tantal.
C_7: 150 pF, Keramik, 500 V.
C_9: 100 nF, Polyester.
$C_{10} = C_{13}$: 750 pF, glimmerisoliert.
L_1: 3 Wdg. 1 mm CuL, Spulendurchmesser 12 mm, Länge 12 mm.
L_2: Hf-Drossel mit Ferritkern, *Ferroxcube* 3 B.
L_3: 3 Wdg. 2 mm CuL, Spulendurchmesser 12 mm, Länge 12 mm.
L_3: 2 Wdg. 2 mm CuL, Spulendurchmesser 12 mm, Länge 8 mm.
R_1: 27 Ω, Schichtwiderstand 0,5 Ω.
R_1: 4,7 Ω, Schichtwiderstand 0,5 Ω.

Leistungsverstärkung: 19 dB. BLW 78 ist auch in Klasse B verwendbar. Auf 150 MHz liefert er dann 100 W bei einer Leistungsverstärkung von >6 dB und einem Wirkungsgrad von 70%. [Transistors et Modules d'Emission RF, *RTC Philips Composants*, 1984, Seiten 315 bis 327.]

694. Linearer 150-W-Verstärker für 2 bis 28 MHz

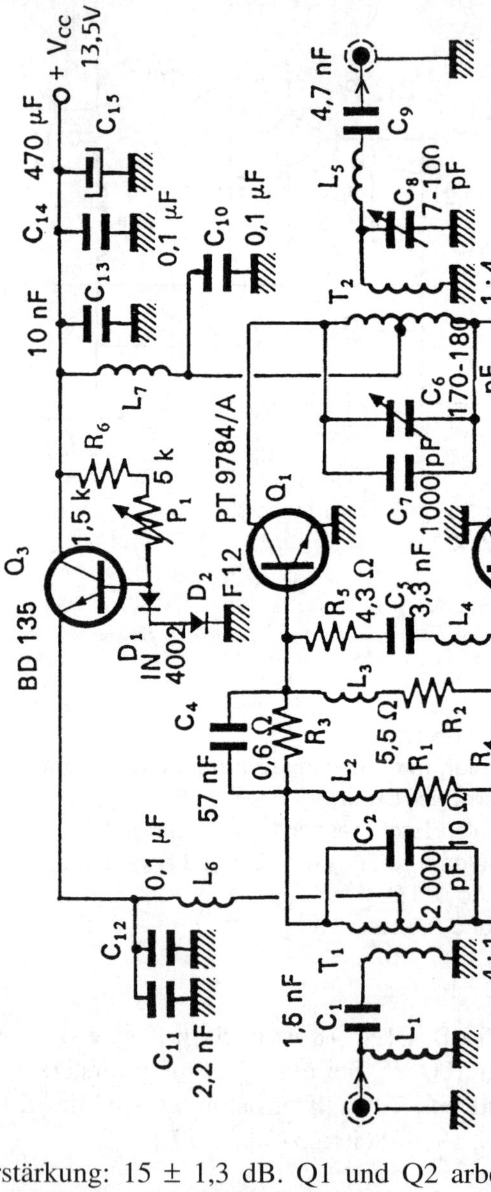

Leistungsverstärkung: 15 ± 1,3 dB. Q1 und Q2 arbeiten im Gegentakt. Q3 dient zur Temperaturkompensation des Basisruhestroms. Für die Transformatoren werden Ferritringe 14/9/5 – 4C6 (*Valvo*) verwendet. [RF Semiconductors *TRW*, 1981, Seiten 548 bis 563.]

695. 200-W-Verstärker für 28 MHz, Klasse AB

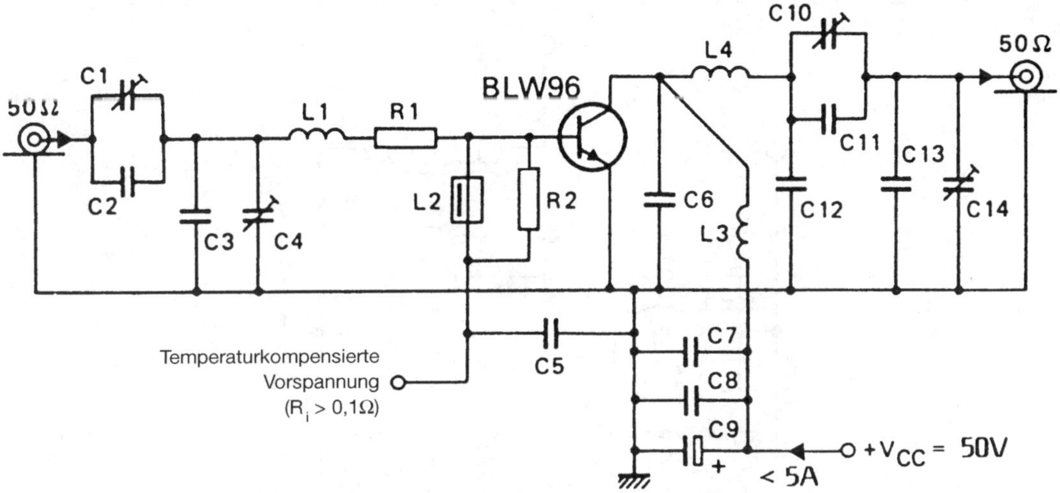

$C_1 = C_4 = C_{10} = C_{14}$: 100 pF, folienisolierte Trimmer.
C_2: 27 pF, Keramik, 500 V.
C_3: 270 pF, Styroflex, 630 V.
$C_5 = C_7 = C_8$: 220 nF,
C_6: 27 pF, Keramikchip, 500 V.
C_9: 47 mF, 63 V.
C_{11}: 2 x 36 pF parallel, Keramikchips, 500 V.
C_{12}: 2 x 43 pF parallel, Keramikchips, 500 V.
C_{13}: 43 pF, Keramikchip, 500 V.
L_1: 88 nH, 3 Wdg. 1 mm CuL, Spulendurchmesser 9 mm, Länge 6,1 mm, Anschlüsse 5 mm lang.
L_2: Breitbandige Hf-Drossel, *Ferroxcube* 3 B.
L_3: 150 nH, 5 Wdg. 2 mm CuL, Spulendurchmesser 10 mm, Länge 18,7 mm, Anschlüsse 5 mm lang.
L_4: 197 nH, 5 Wdg. 2 mm CuL, Spulendurchmesser 12 mm, Länge 18,6 mm, Anschlüsse 5 mm lang.
R_1: 0,66 Ω, 5 Metallschichtwiderstände, 1,6 W, parallel.
R_2: 27 Ω, Kohleschichtwiderstand 0,5 W.

Für SSB-Anwendungen. Leistungsverstärkung: 13,5 dB. Wirkungsgrad: 40%. In Klasse A liefert BLW 96, an 40 V gespeist, 50 W auf 28 MHz. In Klasse B sind 200 W auf 108 MHz erreichbar, bei einer Leistungsverstärkung von 6,5 dB und einem Wirkungsgrad von mehr als 67%. [Transistors et Modules d'Emission RF, *RTC Philips Composants*, 1984, Seiten 437 bis 447.]

696. Komplementär symmetrischer 25-W-Verstärker, 2 bis 30 MHz

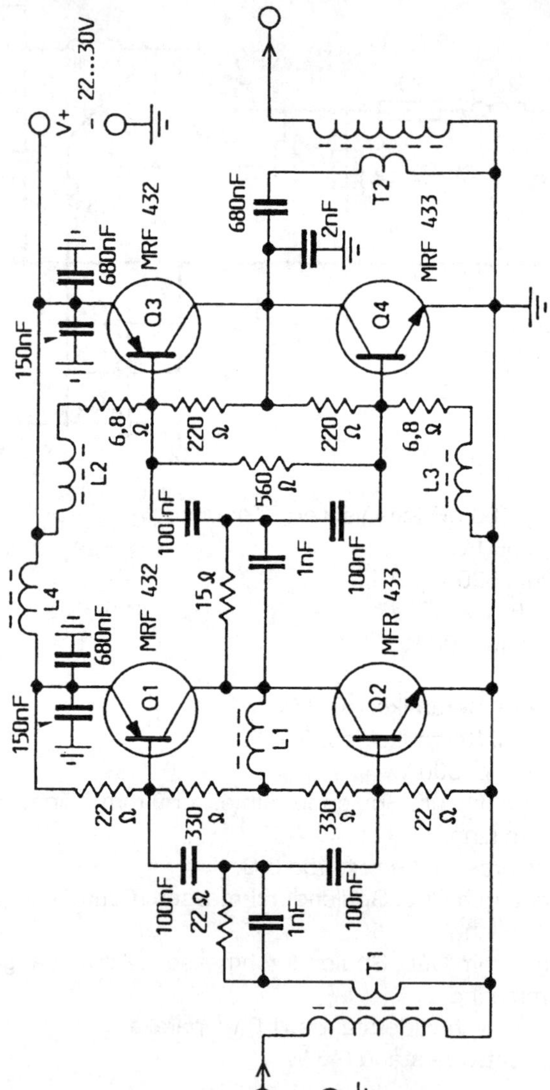

Für SSB-Anwendungen. Leistungsverstärkung: 35 dB. Die erste Stufe wird in Klasse A betrieben, die zweite in Klasse AB. L_1: 680 nH. L_2: 6,8 µH. L_4: Vier Ferritperlen, Ferroxcube 3 B. T1, T2: Ferrittransformatoren, Übersetzungsverhältnis 1/16. [RF Data Manuel, *Motorola*, First edition, Seite 247.]

Leistungsverstärker oder Sender von 30 bis 300 MHz

697. Breitband MOSFET-Verstärker für 100 W

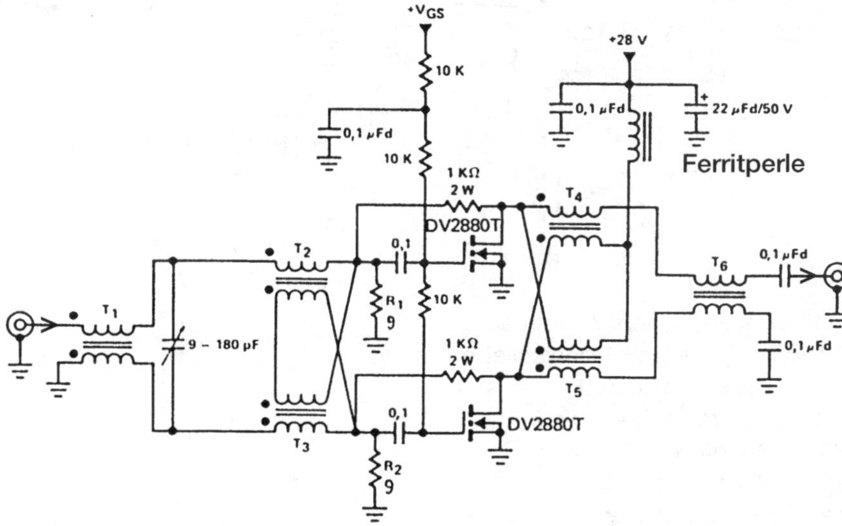

Bandbreite: 30 bis 90 MHz. Leistungsverstärkung: 12 dB. Die Transformatoren dienen zur Symmetrieanpassung. Auch bei Fehlanpassung am Ausgang arbeitet die Schaltung sicher. [VMOS Power FETs Design Catalogue, *Siliconix*, August 1980.]

698. 130-W-Verstärker für 87,5 MHz, Klasse B

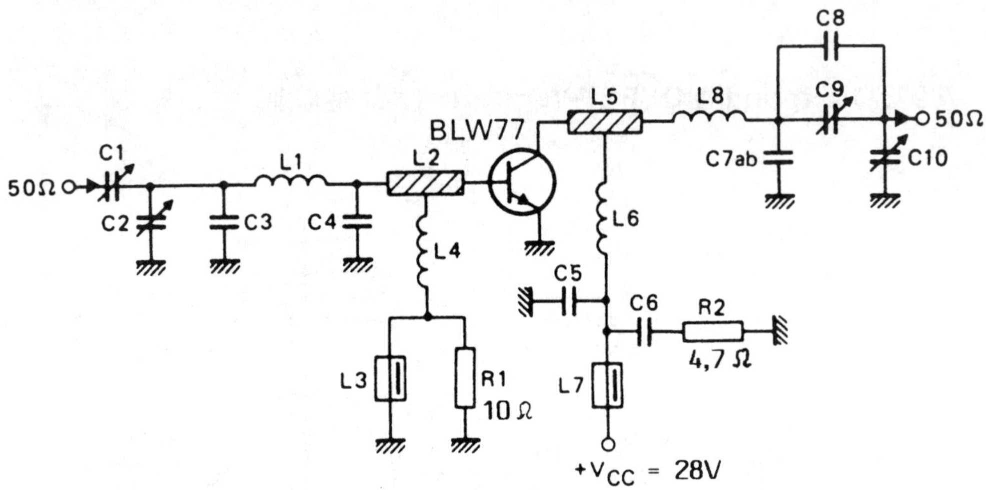

C_1: 4...40 pF, folienisolierter Trimmer.
$C_2 = C_9 = C_{10}$: 7...100 pF, folienisolierte Trimmer.
$C_3 = C_8$: 22 pF, Keramik, 500 V.
C_4: 4 x 82 pF parallel, Keramik, 500 V.
C_5: 390 pF, Styroflex.
C_6: 220 nF, Plastikfolie.
C_{7a}: 2 x 10 pF parallel, Keramik, 500 V.
C_{7b}: 2 x 8,2 pF parallel, Keramik, 500 V.
L_1: 25 nH, 2 Wdg. 1,6 mm CuL, Spulendurchmesser 5 mm, Länge 4,6 mm, Anschlüsse 5 mm.
$L_2 = L_5$: 2,4 nH, Kupferstreifen 12 x 6 mm, auf Printplatte, Abgriffe bei 5 mm von den Transistoranschlüssen.
$L_3 = L_7$: Hf-Drossel auf Ferritkern.
L_4: 100 nH, 7 Wdg. 0,5 mm CuL, Spulendurchmesser 3 mm, Anschlüsse 5 mm.
L_6: 46 nH, 2 Wdg. 2 mm CuL, Spulendurchmesser 9 mm, Länge 6 mm, Anschlüsse 5 mm.
L_8: 44 nH, 2 Wdg. 2 mm CuL, Spulendurchmesser 9 mm, Länge 6,7 mm, Anschlüsse 5 mm.

Leistungsverstärkung: 7,5 dB. Wirkungsgrad: 70%. BLW 77 eignet sich auch für SSB-Anwendungen in Klasse AB, wobei 130 W auf 28 MHz möglich sind. [Transistors et Modules d'Emission RF, *RTC Philips Composants*, 1984, Seiten 303 bis 314.]

699. 80-W-Verstärker für 108 MHz, Klasse B

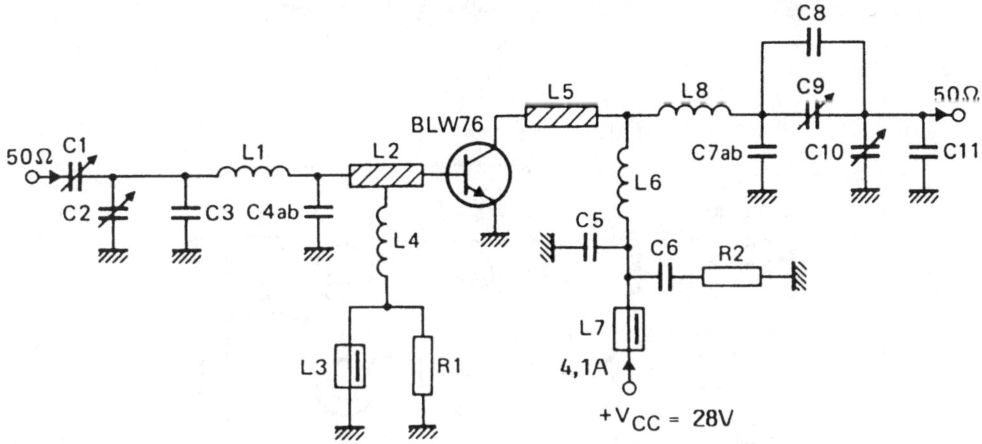

$C_1 = C_9 = C_{10}$: 4...40 pF, folienisolierte Trimmer.
C_2: 5...60 pF, folienisolierter Trimmer.
C_3: 22 pF, Keramik, 500 V.
C_{4ab} : 2 x 82 pF parallel, Keramik, 500 V.
C_5: 270 pF, Styroflex.
C_6: 100 nF, Plastikfolie.
C_{7a}: 8,2 pF, Keramik, 500 V.
C_{7b} = C11: 10 pF, Keramik, 500 V.
C_8: 5,6 pF, Keramik, 500 V.
L_1: 21 nH, 2 Wdg. 1 mm CuL, Spulendurchmesser 4 mm, Länge 3,5 mm, Anschlüsse 5 mm.
$L_2 = L_5$: 2,4 nH, Kupferstreifen auf Printplatte, 12 x 6 mm, Abgriff bei 6 mm vom Transistoranschluß.
$L_3 = L_7$: Hf-Drossel auf Ferritkern.
L_4: 100 nH, 7 Wdg. 0,5 mm CuL, Spulendurchmesser 3 mm, Anschlüsse 5 mm.
L_6: 49 nH, 2 Wdg. 1,6 mm CuL, Spulendurchmesser 9 mm, Länge 4,7 mm, Anschlüsse 5 mm.
L_8 56 nH, 2 Wdg. 1,6 mm CuL, Spulendurchmesser 10 mm, Länge 4,5 mm, Anschlüsse 5 mm.
$R_1 = R_2$: Kohleschichtwiderstand 10 Ω.

Leistungsverstärkung: 7,9 dB. Wirkungsgrad: 70%. BLW 76 eignet sich auch für SSB-Anwendungen in Klasse AB, wobei 80 W auf 28 MHz möglich sind. [Transistors et Modules d'Emission RF, *RTC Philips Composants*, 1984, Seiten 291 bis 302.]

700. 145-MHz-Sender mit Verdoppler und Amplitudenmodulator

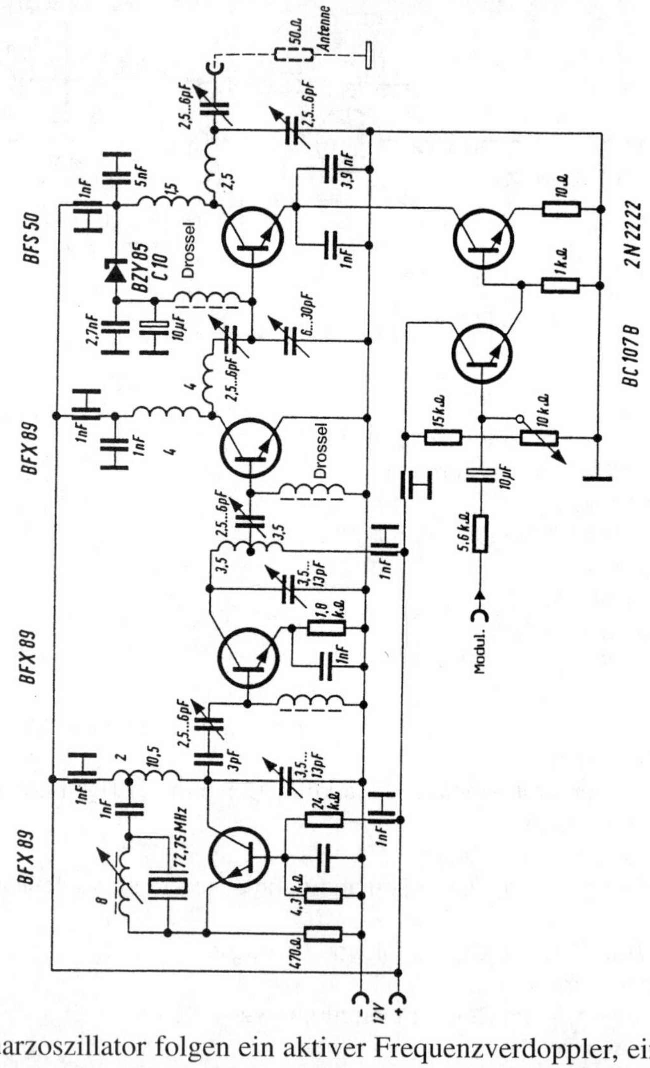

Auf den Quarzoszillator folgen ein aktiver Frequenzverdoppler, ein Bandfilter und zwei Leistungsstufen. Ausgangsleistung: 150 mW. Modulationsbandbreite: 300 bis 3400 Hz. Klirrfaktor: 3% bei einem Modulationsgrad von 60%. Stromaufnahme: < 60 mA. Spulen: die angegebenen Windungszahlen gelten für einen Drahtdurchmesser von 1 mm und einen Spulendurchmesser von 6 mm. [Anwendungsschaltung *Telefunken*: AM-modulierbare Sende-Endstufe mit BFS 50.]

701. 145-MHz-Sender mit Verdreifacher und Amplitudenmodulator

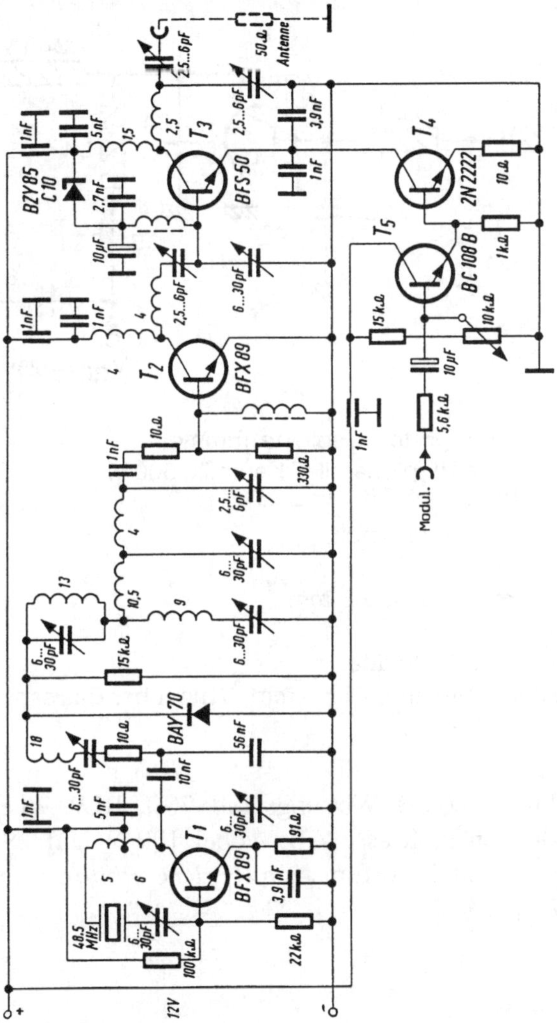

Auf den Quarzoszillator folgt ein aktiver Frequenzverdreifacher, ein Bandfilter und zwei Leistungsstufen. Ausgangsleistung: 150 mW. Modulationsbandbreite: 300 bis 3400 Hz. Klirrfaktor: 3% bei einem Modulationsgrad von 60%. Stromaufnahme: < 60 mA. Spulen: die angegebenen Windungszahlen gelten für einen Drahtdurchmesser von 1 mm und einen Spulendurchmesser von 6 mm. [Anwendungsschaltung *Telefunken*: AM-modulierbare Sende-Endstufe mit BFS 50.]

702. 100-W-Verstärker für 150 MHz, Klasse B

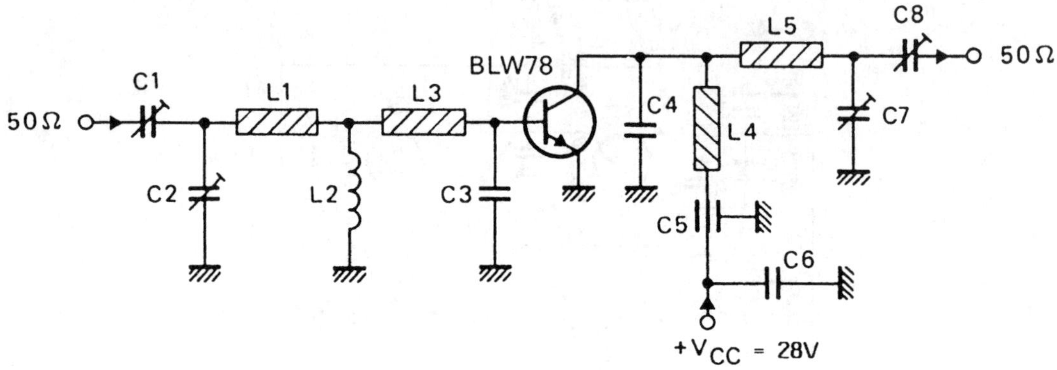

$C_1 = C_2 = C_7 = C_8$: 5...100 pF, folienisolierte Trimmer.
C_3: 203 pF, 2 x 82 pF und 39 pF parallel, Keramik, 500 V.
C_4: 39 pF, Keramik, 500 V.
C_5: 1 nF, Durchführungskondensator.
C_6: 100 nF, Plastikfolie.
L_1: U-förmiger Kupferstreifen, 30 x 8 mm.
L_2: Hf-Drossel, 1 μH.
L_3, L_4: Kupferstreifen auf Printplatte.
L_5: Kupferstreifen auf Printplatte, 75 x 8 mm, 5 mm über Basisanschluß.

Leistungsverstärkung: > 6 dB. Wirkungsgrad: 70%. BLW 76 eignet sich auch für SSB-Anwendungen in Klasse AB, wobei 100 W auf 28 MHz möglich sind. [Transistors et Modules d'Emission RF, *RTC Philips Composants*, 1984, Seiten 315 bis 327.]

703. 80-W-Verstärker für 143...156 MHz

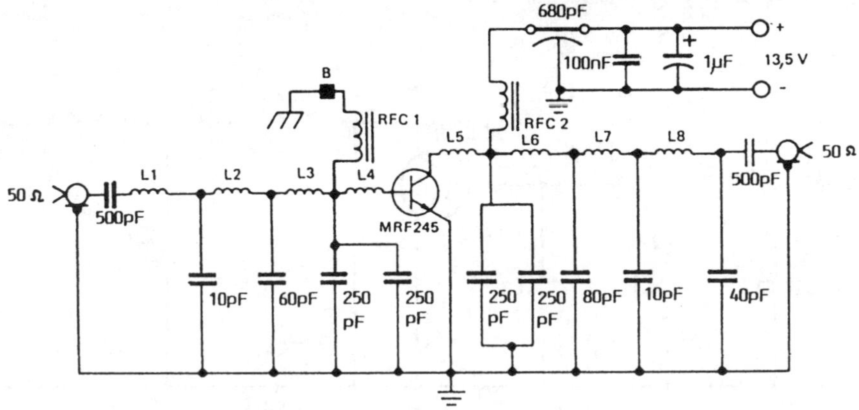

Leistungsverstärkung: 9,4 dB. L_1 bis L_8 sind 3 mm breite Kupferstreifen auf der Printplatte. Die jeweilige Länge beträgt 12, 35, 40, 3, 3, 8 und 30 mm. RFC 1: Hf-Drossel, 150 nH. RFC 2: 10 Windungen 1 mm CuL, Spulendurchmesser 6 mm. B: 3 Ferritperlen, *Ferroxcube* 3 B. [RF Data Manuel, *Motorola*, first edition, Seite 964.]

704. 25-W-Verstärker für 219...225 MHz

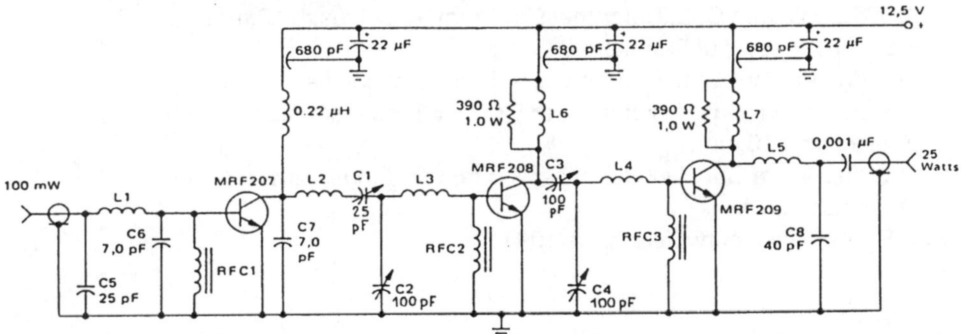

Leistungsverstärkung: > 24 dB. Wirkungsgrad: 50%. Die zweite Oberwelle wird auf –37 dB gedämpft, die weiteren auf –50 dB. L_1: 1 Wdg. 0,8 mm CuL, auf Spulendurchmesser 6 mm. L_2: 3 Wdg. 0,8 mm CuL, auf 6 mm. L_3: 0,3 Wdg. 1,3 mm CuL, auf 9 mm. L_4: 0,3 Wdg. 1 mm CuL, auf 6 mm. L_5: 1 Wdg. 0,8 mm CuL, auf 6 mm. L_6, L_7: 5 Wdg. 0,8 mm CuL, auf 6 mm. RFC 1 bis RFC 3: Hf-Drosseln, Ferroxcube VK 200. [RF Data Manuel, *Motorola*, first edition, Seite 105.]

705. 4-W-Verstärker für 175 MHz, Klasse B, Speisespannung 28 V

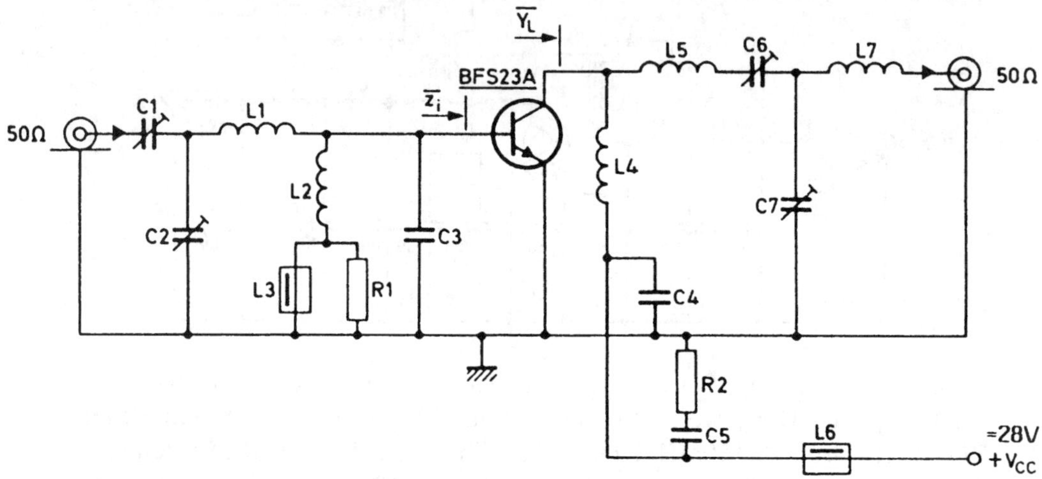

$C_1 = C_2 = C_6 = C_7$: 4...29 pF, Lufttrimmer.
C_3: 39 pF, Keramik.
C_4: 100 pF, Keramik.
C_5: 15 nF, Plastikfolie.
L_1: 1 Wdg., 1 mm CuL, Durchmesser 10 mm, Anschlüsse 10 mm.
L_2: 6 Wdg., 0,7 mm CuL, Durchmesser 4 mm, Anschlüsse 10 mm.
$L_3 = L_6$: Hf-Drossel auf Ferritkern.
L_4: 8 Wdg., 0,7 mm CuL, Durchmesser 4 mm, Anschlüsse 10 mm.
L_5: 5 Wdg., 1 mm CuL, Durchmesser 8 mm, Windungsabstand 1 mm, Anschlüsse 10 mm.
L_7: 4 Wdg., 1 mm CuL, Durchmesser 6 mm, Windungsabstand 1 mm, Anschlüsse 5 mm.
$R_1 = R_2$: Kohleschichtwiderstände 10 Ω.

Leistungsverstärkung: > 10 dB. Wirkungsgrad: 65%. Eingangsimpedanz: (2,3 + j 1,6)Ω. Ausgangsadmittanz: (8,9 – j 18,1)mS. Der Widerstand in der Emitterleitung schützt vor Überlastung auch bei erheblicher Fehlanpassung. [Transistors et Modules d'Emission RF, *RTC Philips Composants*, 1984, Seiten 79 bis 85.]

706. 4-W-Verstärker für 175 MHz, Klasse B, Speisespannung 13,5 V

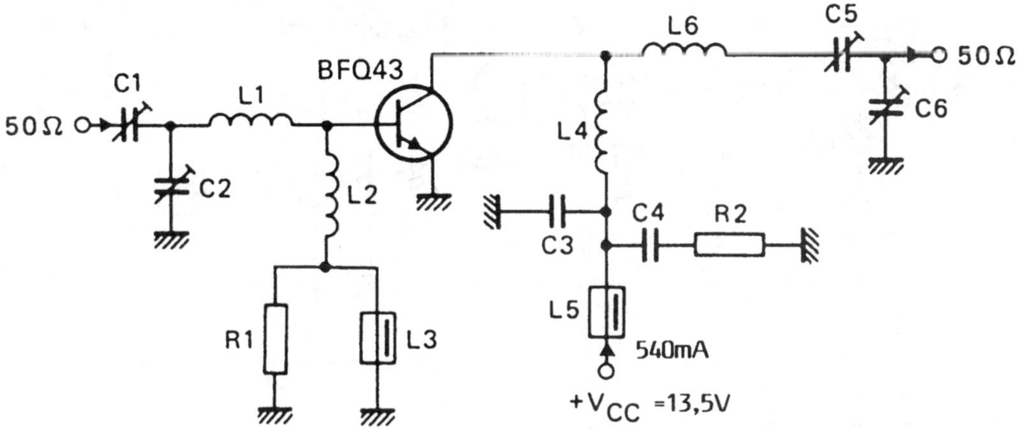

$C_1 = C_5$: 2,5...20 pF, folienisolierte Trimmer.
$C_2 = C_6$: 4...40 pF, folienisolierte Trimmer.
C_3: 100 pF, Keramik.
C_4: 100 nF, Plastikfolie.
L_1: 2 Wdg., 1 mm CuL, Durchmesser 4 mm, Länge 3 mm, Anschlüsse 5 mm.
L_2: 7 Wdg., 0,5 mm CuL, Durchmesser 3 mm, Länge 4 mm, Anschlüsse 5 mm.
L_3 = L5: Hf-Drossel auf Ferritkern.
L_4: 4 Wdg., 1 mm CuL, Durchmesser 3 mm, Länge 5 mm, Anschlüsse 5 mm.
L_6: 5 Wdg., 1 mm CuL, Durchmesser 5,5 mm, Länge 7,5 mm, Anschlüsse 5 mm.
$R_1 = R_2$: Kohleschichtwiderstände 10 Ω.

Leistungsverstärkung: > 12 dB. Wirkungsgrad: > 55%. Anwendbar zur Ansteuerung von 30-W-Verstärkern. [Transistors et Modules d'Emission RF, *RTC Philips Composants*, 1984, Seiten 63 bis 70.]

707. 8-W-Verstärker für 175 MHz, Klasse B

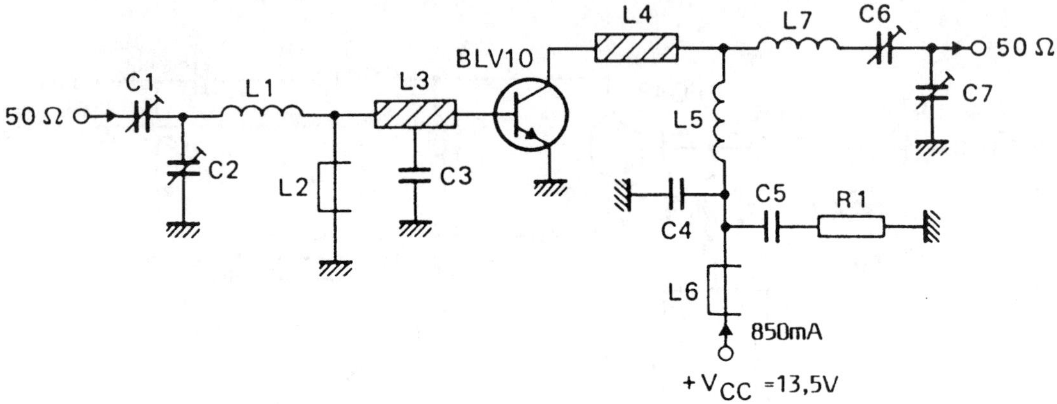

C_1: 2,5...20 pF, folienisolierte Trimmer.
$C_2 = C_6$: 4...40 pF, folienisolierte Trimmer.
C_3: 47 pF, Keramik, 500 V.
C_4: 120 pF, Keramik.
C_5: 100 nF, Plastikfolie.
C_7: 5...60 pF, folienisolierte Trimmer.
L_1: 2 Wdg., 1,6 mm CuL, Durchmesser 4,5 mm, Länge 5,7 mm, Anschlüsse 5 mm.
$L_2 = L_6$: Breitband-Hf-Drossel auf Ferritkern, *Ferroxcube* 3 B.
$L_3 = L_4$: Kupferstreifen 12 x 6 mm, auf Printplatte, Abgriff 5 mm von Transistoranschluß.
L_5: 3 Wdg., 1,6 mm CuL, Durchmesser 7,5 mm, Länge 7,5 mm, Anschlüsse 5 mm.
L_7: 3 Wdg., 1,6 mm CuL, Durchmesser 6,5 mm, Länge 7,4 mm, Anschlüsse 5 mm.
R_1: Kohleschichtwiderstand 10 Ω.

Leistungsverstärkung: > 9 dB. Wirkungsgrad: > 70%. Überlastungsfest bei Fehlanpassung sowie bei kurzzeitig bis 16,5 V steigender Speisespannung. [Transistors et Modules d'Emission RF, *RTC Philips Composants*, 1984, Seiten 159 bis 166.]

708. 15-W-Verstärker für 175 MHz, Klasse B

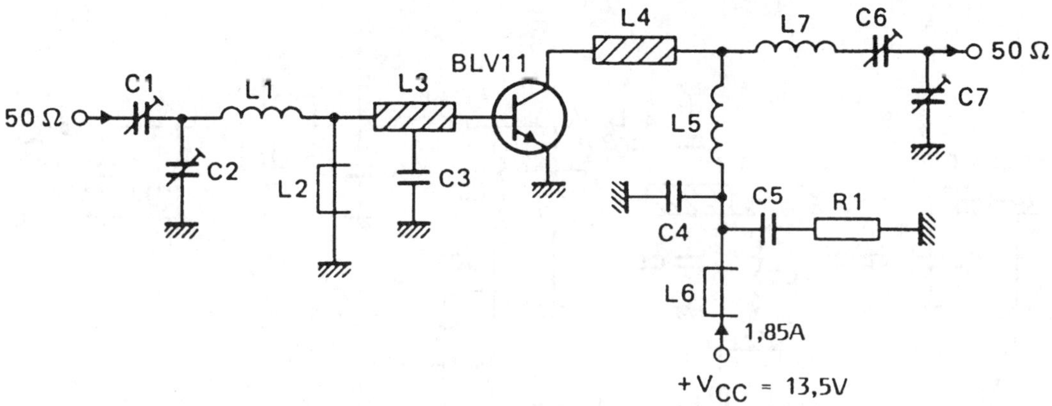

C_1: 2,5...20 pF, folienisolierte Trimmer.
$C_2 = C_6$: 4...40 pF, folienisolierte Trimmer.
C_3: 47 pF, Keramik, 500 V.
C_4: 120 pF, Keramik.
C_5: 100 nF, Plastikfolie.
C_7: 5...60 pF, folienisolierte Trimmer.
L_1: 2 Wdg., 1,6 mm CuL, Durchmesser 4,5 mm, Länge 5,7 mm, Anschlüsse 5 mm.
$L_2 = L_6$: Breitband-Hf-Drossel auf Ferritkern, *Ferroxcube* 3 B.
$L_3 = L_4$: Kupferstreifen 12 x 6 mm, auf Printplatte, Abgriff 5 mm von Transistoranschluß.
L_5: 3 Wdg., 1,6 mm CuL, Durchmesser 7,5 mm, Länge 7,5 mm, Anschlüsse 5 mm.
L_7: 3 Wdg., 1,6 mm CuL, Durchmesser 6,5 mm, Länge 7,4 mm, Anschlüsse 5 mm.
R_1: Kohleschichtwiderstand 10 Ω.

Leistungsverstärkung: > 8 dB. Wirkungsgrad: > 60%. Überlastungsfest bei Fehlanpassung, sowie bei kurzzeitig bis 16,5 V steigender Speisespannung. [Transistors et Modules d'Emission RF, *RTC Philips Composants*, 1984, Seiten 167 bis 174.]

709. 80-W-Verstärker für 175 MHz, Klasse B

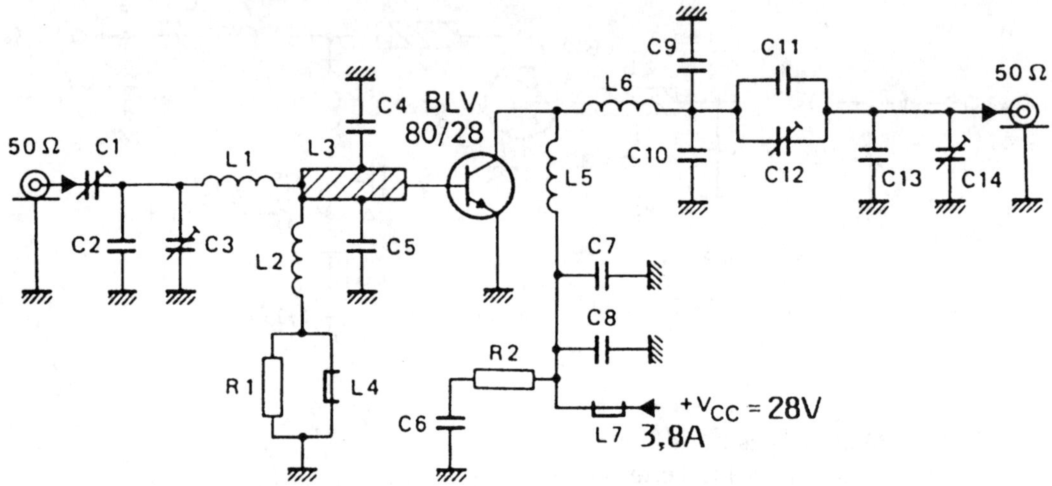

$C_1 = C_{12} = C_{14}$: 4...40 pF, folienisolierte Trimmer.
C_2: 30 pF, Keramikchip, 500 V.
C_3: 5...60 pF, folienisolierte Trimmer.
$C_4 = C_5$: 56 pF, Keramikchip, 500 V.
C_6: 100 nF, Keramikchip, 50 V.
$C_7 = C_8$: 220 pF, Keramikchip, 50 V.
$C_9 = C_{10}$: 10 pF, Keramikchip, 500 V.
C_{11}: 24 pF, Keramikchip, 500 V.
C_{13}: 13 pF, Keramikchip, 500 V.
L_1: 15 mm langes Drahtstück, Durchmesser 1,8 mm.
L_2: 100 nH, 7 Wdg., 0,5 mm CuL, Spulendurchmesser 3 mm, Anschlüsse 7 mm.
L_3: Kupferstreifen 15 x 8 mm, auf Printplatte, Abgriffe 5 mm von Transistoranschluß.
$L_4 = L_7$: Breitband-Hf-Drossel auf Ferritkern, *Ferroxcube* 3 B.
L_5: 1 Wdg., 1,8 mm CuL, Durchmesser 9 mm, Anschlüsse 10 mm.
L_6: 0,5 Wdg., 1,8 mm CuL, Durchmesser 13 mm, Anschlüsse 5 mm.
$R_1 = R_2$: Kohleschichtwiderstände 10 Ω, 0,25 W.

Leistungsverstärkung: > 6,5 dB. Wirkungsgrad: > 70%. Diese Angaben gelten bei Dauerstrichbetrieb auf enger Bandbreite. [Transistors et Modules d'Emission RF, *RTC Philips Composants*, Additif 1984, Seiten 125 bis 132.]

710. Verstärker für Fernsehsender, 170 bis 230 MHz, 80 bis 130 W

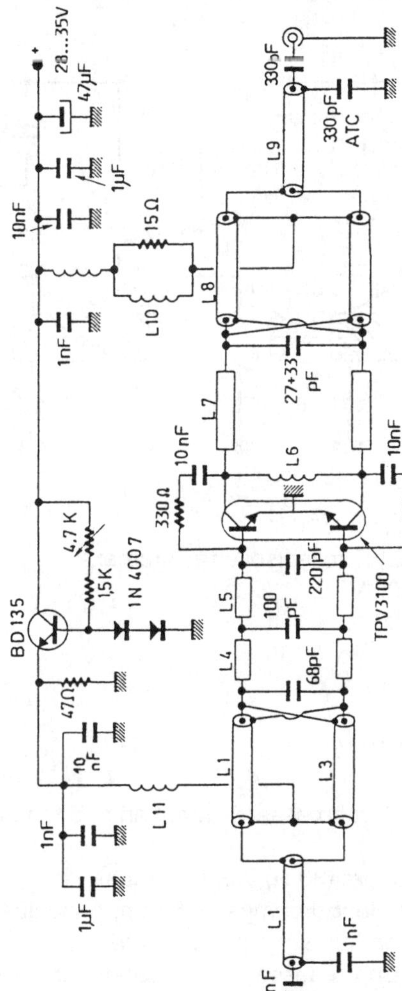

Arbeitet in Klasse AB. Leistungsverstärkung: 11 dB. L_1 und L_9: 80 mm Koaxialkabel 50 Ω. L_2, L_3, L_8: 80 mm Koaxialkabel 25 Ω. L_4: 40-Ω-Leitung, Länge: λ x 0,025. L_5: 40-Ω-Leitung, Länge: λ x 0,065. L_6: 3 Wdg., 1 mm CuL, Durchmesser 4 mm, Länge 5 mm. L_7: 40-Ω-Leitung, Länge: λ x 0,035. L_{10}: 11 Wdg., 1 mm CuL, Durchmesser 4 mm. L_{11} : 0,22 μH. [RF Semiconductors, *TRW*, 1981, Seiten 344 bis 349.]

711. Verstärker für Fernsehsender, 224 MHz, 16 W, Klasse A

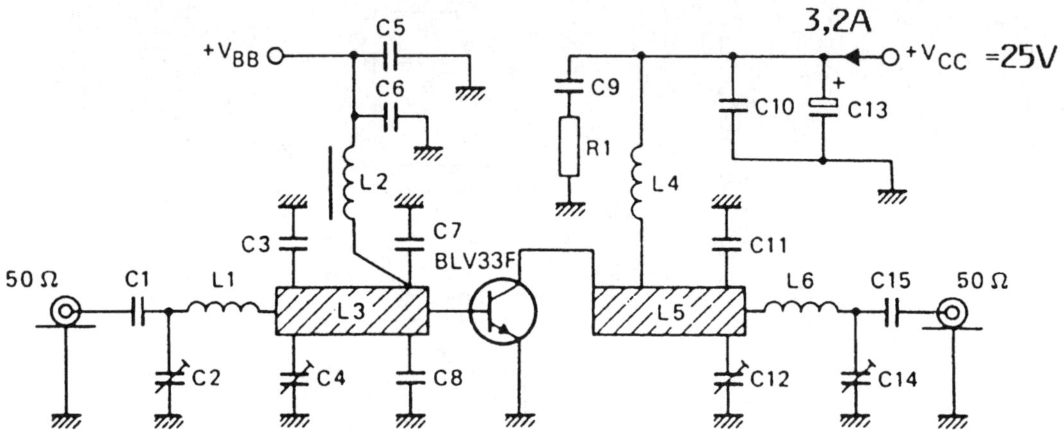

$C_1 = C_{15}$: 560 pF, Keramikchip, 500 V.
$C_2 = C_4 = C_{12} = C_{14}$: 4...40 pF, folienisolierte Trimmer.
C_3: 10 pF, Keramikchip, 500 V.
C_5: 470 nF, Keramikchip, 50 V.
C_6 = C10: 680 pF, Keramikchip, 50 V.
C_7 = C8: 47 pF, Keramikchip, 500 V.
C_9: 330 nF, Plastikfolie.
C_{11}: 68 pF, Keramikchip, 500 V.
C_{13}: 6,8 mF, 35 V, Tantal.
L_1: 2 Wdg., 1,6 mm CuL, Durchmesser 5 mm, Länge 5 mm, Anschlüssen 3 mm.
L_2: Drossel 1 mH.
L_3: Kupferstreifen 32,7 x 6 mm (30 Ω), auf Printplatte.
L_4: 2 Wdg., 1 mm CuL, Spulendurchmesser 5 mm, Anschlüsse 10 mm.
L_5: Kupferstreifen 24 x 6 mm (30 Ω), auf Printplatte.
L_6: 2 Wdg., 1,6 mm CuL, Durchmesser 4 mm, Länge 4,5 mm Anschlüsse 3 mm.
R_1: Kohleschichtwiderstand 10 Ω.

Leistungsverstärkung: > 13,5 dB. Bei Speisung an 28 V ist in Klasse AB eine Spitzenleistung von 85 W möglich. [Transistors et Modules d'Emission RF, *RTC Philips Composants*, Additif 1984, Seiten 93 bis 106.]

Leistungsverstärker oder Sender über 300 MHz

712. Symmetrischer 2-W-Verstärker, 320 MHz

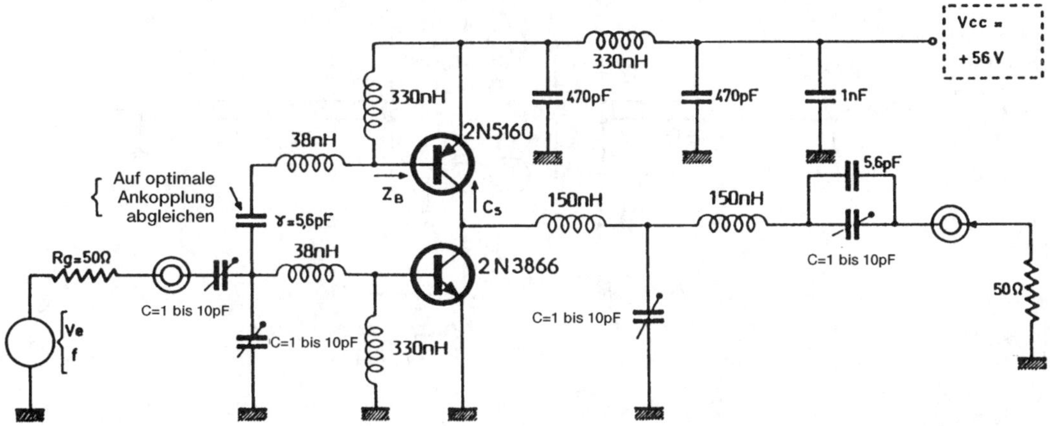

Die Symmetrie kann durch Änderung der Kapazitäten im Basiskreis abgeglichen werden. Die Frequenz wird mit den Trimmkondensatoren C eingestellt. [*Le Haut-Parleur*, Nr. 1521, Seite 372.]

713. 60-W-Verstärker für 225 bis 400 MHz, Klasse C

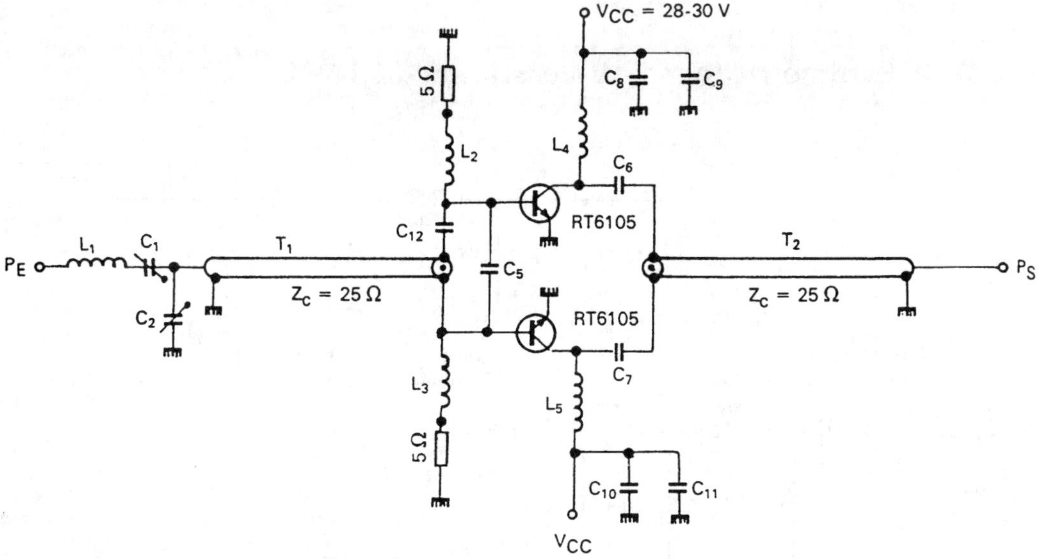

C_1: 2...10 pF, Trimmkondensator.
C_2: 5...25 pF, Trimmkondensator.
$C_3 = C_4$: 10 nF, fakultativ.
C_5: 56 pF.
$C_6 = C_7 = C_8 = C_{10} = C_{12}$: 1 nF.
$C_9 = C_{11}$: 10 nF.
L_1: 5 mm Kupferdraht, Durchmesser 1 mm.
$L_2 = L_3$: 6 Wdg., 0,8 mm CuL, Spulendurchmesser 4 mm
L_4: 20 mm Kupferdraht, Durchmesser 1 mm.
$T_1 = T_2$: 90 mm Koaxialkabel, 25 Ω.

Leistungsverstärkung: > 9 dB. Wirkungsgrad: 60%. Der Transistor RT 6105 ist auch für Linearverstärkung (Klassen A oder B) verwendbar. [Transistors et Modules d'Emission RF, *RTC Philips Composants*, Additif 1984, Seiten 231 bis 237.]

714. 100-W-Verstärker für 225 bis 400 MHz, Klasse C

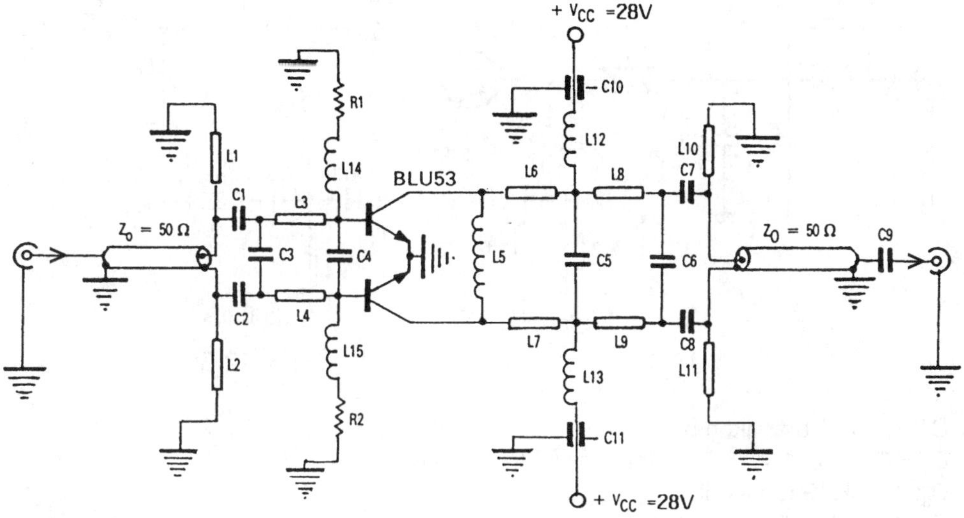

$C_1 = C_2 = C_3$: 33 pF, Keramikchip.
C_4: 51 pF, Keramikchip.
$C_5 = C_7 = C_8$: 36 pF, Keramikchip.
C_6: 16 pF, Keramikchip.
C_9: 27 pF, Keramikchip.
$C_{10} = C_{11}$: 1,7 nF.
$L_1 = L_2$: Kupferstreifen 36 x 1 mm, auf Substrat.
$L_3 = L_4$: Kupferstreifen 10 x 2 mm, auf Substrat.
L_5: 5 mm Kupferdraht, Durchmesser 0,5 mm.
$L_6 = L_7$: Kupferstreifen 5 x 2 mm, auf Substrat.
$L_8 = L_9$: Kupferstreifen 8 x 2 mm, auf Substrat.
$L_{10} = L_{11}$: Kupferstreifen 40 x 1,2 mm, auf Substrat.
$L_{12} = L_{13}$: 20 mm Kupferdraht, Durchmesser 0,5 mm.
$L_{14} = L_{15}$: 100 nH.
$R_1 = R_2$: 2,5 Ω.

Leistungsverstärkung: > 7 dB. Wirkungsgrad: > 55%. Breitbandanwendungen, auch bei FM. Der Transistor BLU 53 ist ab 100 MHz anwendbar. [Transistors et Modules d'Emission RF, *RTC Philips Composants*, Additif 1984, Seiten 209 bis 219.]

715. 7-W-Verstärker für 470 MHz, Klasse B

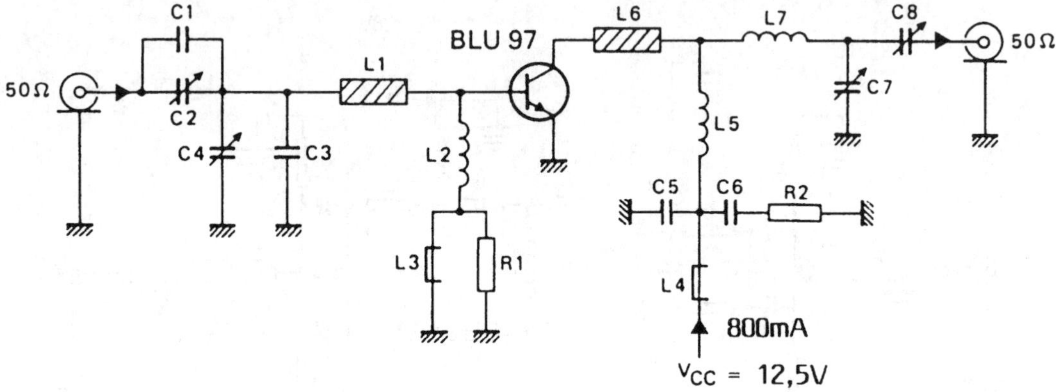

C_1: 2,7 pF, Keramikchip.
$C_2 = C_7 = C_8$: 1,4...5,5 pF, folienisolierte Trimmer.
C_3: 7,5 pF, Keramikchip.
C_4: 2...9 pF, folienisolierter Trimmer.
C_5: 100 pF, Keramikchip.
C_6: 100 nF, Plastikfolie.
L_1: Kupferstreifen 22,5 x 6 mm, auf Printplatte.
L_2: 15 nH, 1 Wdg., 1 mm CuL, Spulendurchmesser 5 mm, Anschlüsse 5 mm.
$L_3 = L_4$: Breitband-Hf-Drossel auf Ferritkern, *Ferroxcube* 3 B.
L_5: 29 nH, 2 Wdg., 1 mm CuL, Durchmesser 6 mm, Länge 3,5 mm, Anschlüsse 5 mm.
L_6: Kupferstreifen 10 x 6 mm, auf Printplatte.
L_7: 7 nH, 0,5 Wdg., 1 mm CuL, Durchmesser 5 mm, Anschlüsse 5 mm.
$R_1 = R_2$: Metallschichtwiderstände 10 Ω, 0,25 W.

Leistungsverstärkung: > 8,5 dB. Wirkungsgrad: > 55%. Diese Angaben gelten bei Dauerstrichbetrieb auf enger Bandbreite. [Transistors et Modules d'Emission RF, *RTC Philips Composants*, Additif 1984, Seiten 43 bis 50.]

716. 8-W-Verstärker für 470 MHz

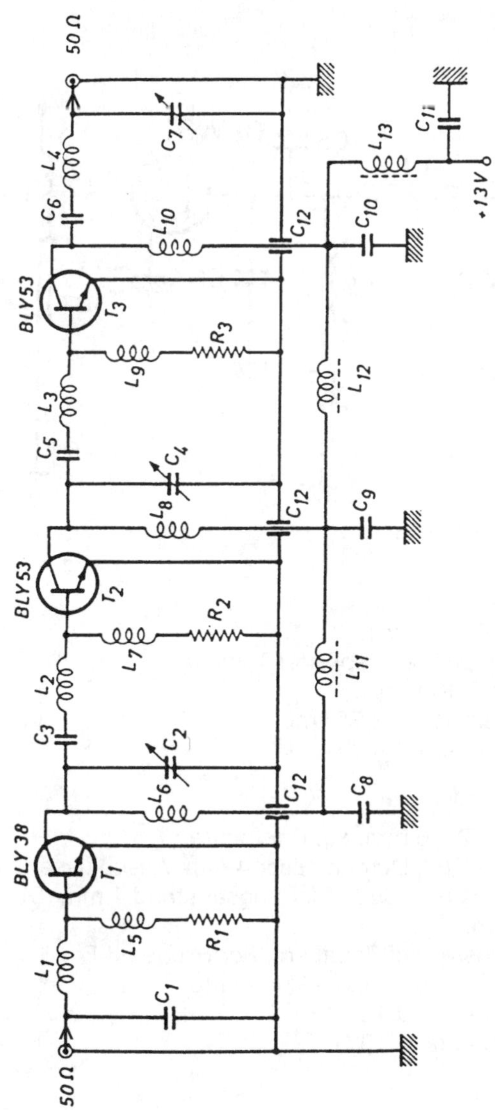

Ansteuerleistung: 350 mW. Wirkungsgrad: 47%. L_1 bis L_3: Gedruckte Spulen, jeweils 30, 25, 18 und 8 nH. L_5 bis L_7: 3 Wdg, 0,5 mm CuL, Durchmesser 4 mm. L_8 bis L_{10}: 4 Wdg, 0,5 mm CuL, Durchmesser 4 mm. L_{11} bis L_{13}: Hf-Drosseln VK 200 10/4B, RTC. [Anwendungsschaltung RN 108, *RTC Philips Composants.*]

717. 10-W-Verstärker für 470 MHz, Klasse B

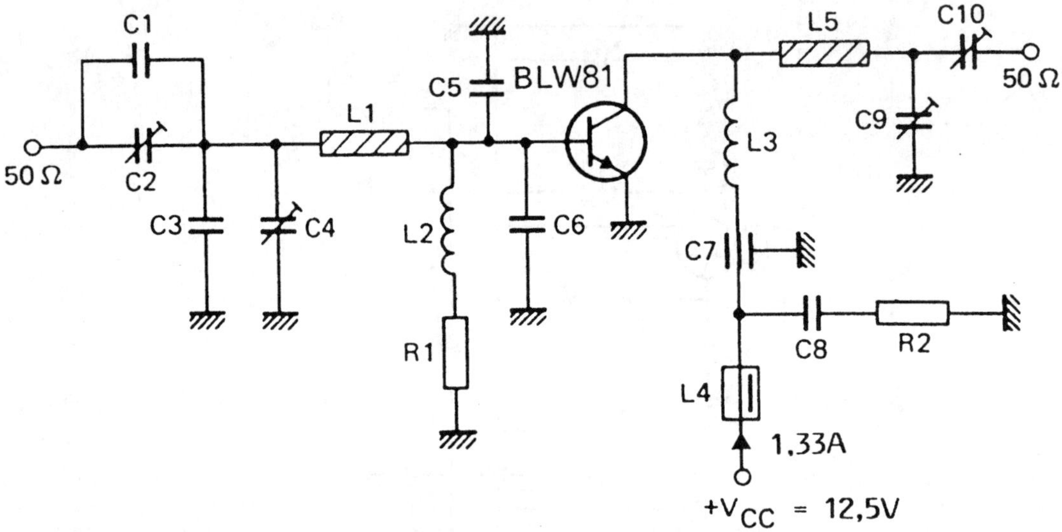

C_1: 2,2 pF (± 0,25 pF), Keramik.
$C_2 = C_9 = C_{10}$: 2...18 pF, folienisolierter Trimmer.
C_3: 3,9 pF (± 0,25 pF), Keramik.
C_4: 1,4...5,5 pF, folienisolierter Trimmer.
$C_5 = C_6$: 15 pF, Keramik.
C_7: 100 pF, Keramik.
C_8: 100 nF, Plastikfolie.
L_1: Kupferstreifen 27,9 x 6 mm, auf Printplatte.
L_2: 13 Wdg., 0,5 mm CuL, Durchmesser 4 mm, Anschlüsse 5 mm.
L_3: 17 nH, 1,5 Wdg., 1 mm CuL, Windungsabstand 1 mm, Durchmesser 6 mm, Anschlüsse 5 mm.
L_4: Breitband-Hf-Drossel auf Ferritkern, *Ferroxcube* 3 B.
L_5: Kupferstreifen 45,8 x 6 mm, auf Printplatte.
R_1: Kohleschichtwiderstand 1 Ω, 5%.
R_2: Kohleschichtwiderstand 10 Ω, 5%.

Leistungsverstärkung: > 6 dB. Wirkungsgrad: > 60%. BLW 81 eignet sich auch für B-Verstärkung auf 175 MHz, wobei 10 W mit einer Leistungsverstärkung von 13,5 dB und einem Wirkungsgrad von 60% möglich sind. [Transistors et Modules d'Emission RF, *RTC Philips Composants*, 1984, Seiten 345 bis 352.]

718. 25-W-Verstärker für 450 bis 512 MHz

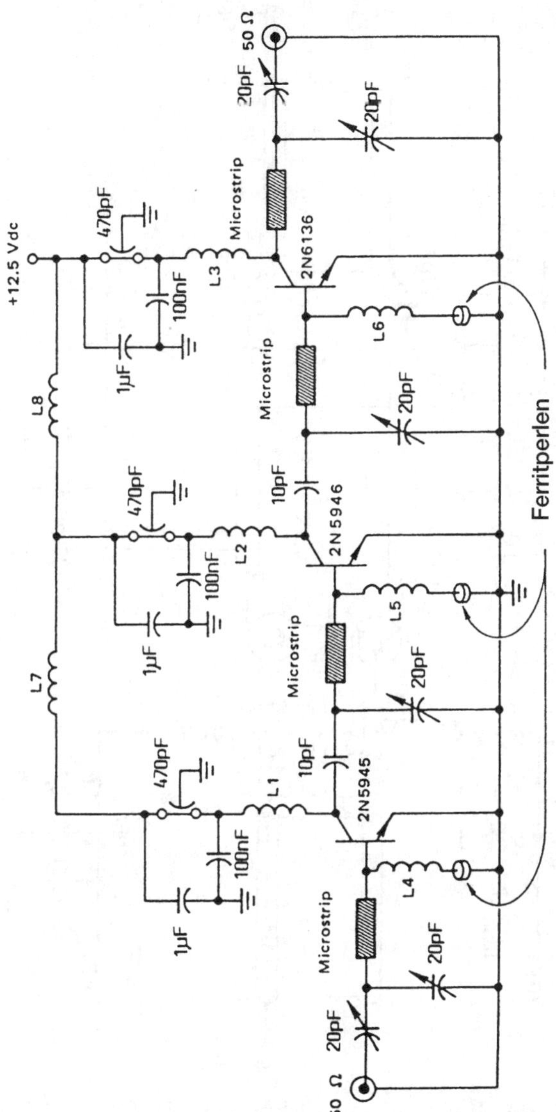

Leistungsverstärkung: 16 dB. Bandbreite: 8 MHz bei –1 dB. Oberwellendämpfung: 20 dB. Wirkungsgrad: 48,5%. L_1 bis L_3: 4 Wdg., 0,8 mm CuL, Durchmesser 5 mm. L_4 bis L_6: 150 nH. L_7 und L_8: Hf-Drosseln VK 200, *Ferroxcube* 4 B. Ferritperlen: *Ferroxcube* 3 B. [RF Data Manuel, Motorola, first edition, Seite 1256.]

719. Verstärker für Fernsehsender, 470 bis 860 MHz, 8 W

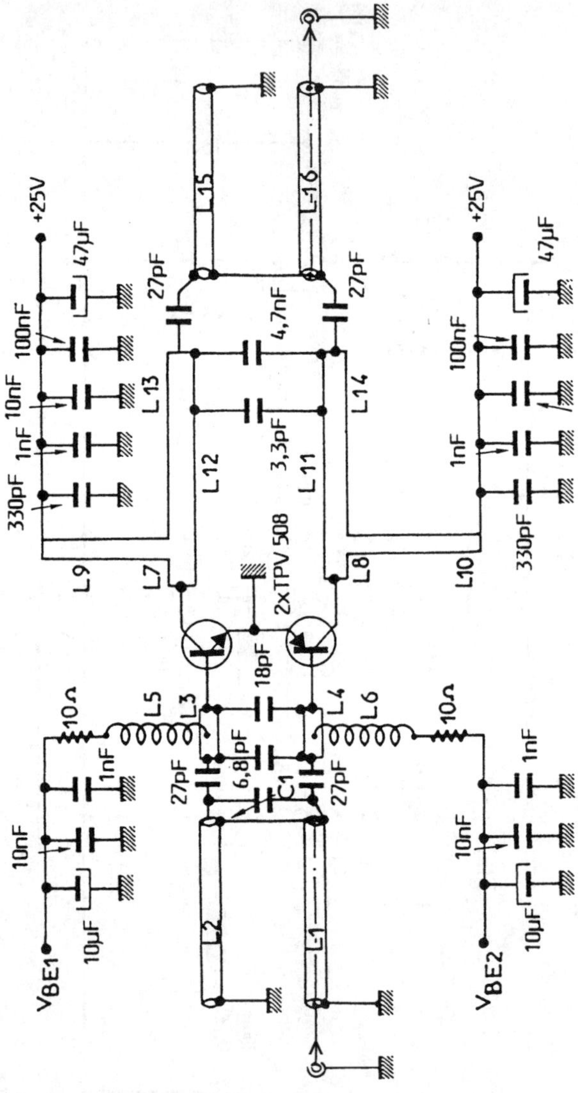

Arbeitet in Klasse A. Leistungsverstärkung: 8 dB. C_1: 0,4...5,5 pF. L_1, L_2, L_{15}, L_{16}: 60 mm Koaxialkabel 50 Ω. L_3, L_4: 50-Ω-Leitung, Länge λ x 0,055. L_5, L_6: 3 Wdg., Spulendurchmesser 3 mm. L_7, L_8: 50-Ω-Leitung, Länge λ x 0,015. L_9, L_{10}: 50-Ω-Leitung, Länge λ x 0,049. L_{11}, L_{12}: 50-Ω-Leitung, Länge λ x 0,02. L_{13}, L_{14}: 50-Ω-Leitung, Länge λ x 0,015. [RF Semiconductors *TRW*, 1981, Seiten 344 bis 349.]

720. 0,5-W-Verstärker für 860 MHz, Klasse A

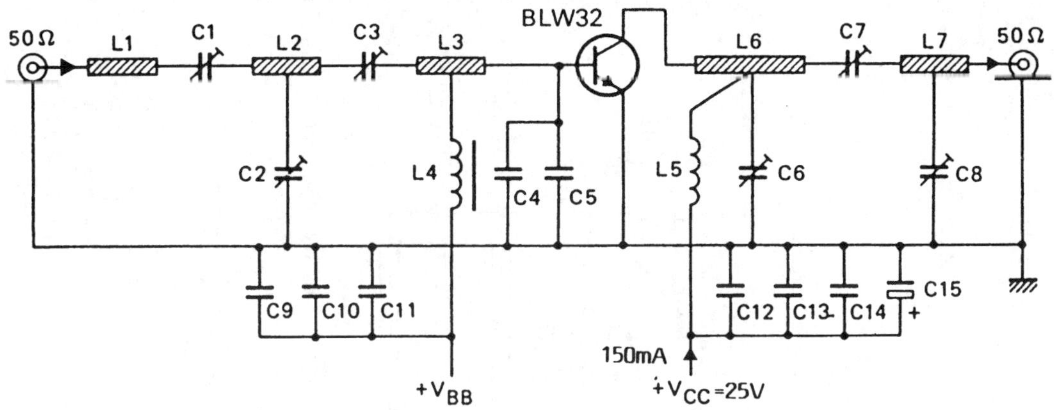

$C_1 = C_7$: 2...18 pF, folienisolierte Trimmer.
$C_2 = C_6 = C_8$: 1...3,5 pF, folienisolierte Trimmer.
C_3: 1,8...10 pF, folienisolierter Trimmer.
$C_4 = C_5$: 3 pF, Keramikchip.
C_9: 1 nF, Keramikchip.
C_{10}: 100 nF, Plastikfolie.
$C_{11} = C_{13}$: 470 nF, Plastikfolie.
C_{14}: 10 nF, Plastikfolie.
C_{15}: 3,3 µF, Aluminium-Elektrolytkondensator.
L_1: Kupferstreifen 5 x 4,5 mm, auf Printplatte.
L_2: Kupferstreifen 13,2 x 4,5 mm, auf Printplatte.
L_3: Kupferstreifen 15 x 4,5 mm, auf Printplatte.
L_4: 470 nH.
L_5: 4 Wdg., 1 mm CuL, Durchmesser 5,5 mm, Anschlüsse 4 mm.
L_6: Kupferstreifen 37 x 4,5 mm, auf Printplatte.
L_7: Kupferstreifen 13,5 x 4,5 mm, auf Printplatte.

Linearverstärker für Fernsehanwendungen. Die Basisvorspannung VBB muß den temperaturbedingten Änderungen der Basis-Emitterspannung folgen und so gewählt werden, daß sich ein Kollektorruhestrom von 150 mA ergibt. Leistungsverstärkung: 12 dB. [Transistors et Modules d'Emission RF, *RTC Philips Composants*, 1984, Seiten 233 bis 242.]

721. 50-W-Verstärker für Fernsehanwendungen, 600 bis 860 MHz

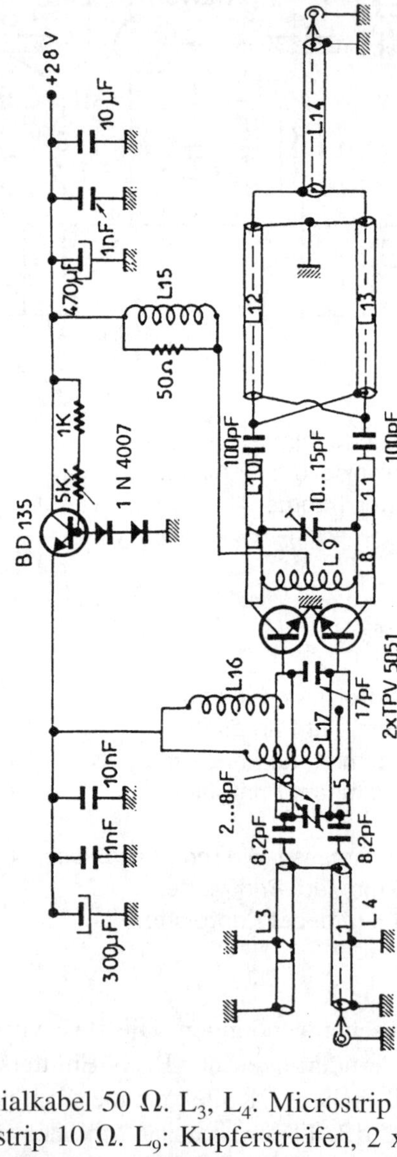

L_1, L_2: 70 mm Koaxialkabel 50 Ω. L_3, L_4: Microstrip 50 Ω. L_5, L_6: Microstrip 40 Ω. L_7, L_8: Microstrip 10 Ω. L_9: Kupferstreifen, 2 x 6 mm. L_{10}, L_{11}: Microstrip 12 Ω. L_{12}, L_{13}: 50 mm Koaxialkabel 50 Ω. L_{14}: 47 mm Koaxialkabel 50 Ω. L_{15}: 3 Wdg., 1 mm CuL, Durchmesser 5 mm. L_{16}, L_{17}: 6 Wdg., 0,5 mm CuL, Durchmesser 2 mm. [RF Semiconductors *TRW*, 1981, Seiten 374 bis 377.]

Fernsteuersender

722. Fernsteuersender für 27 MHz, BF 495

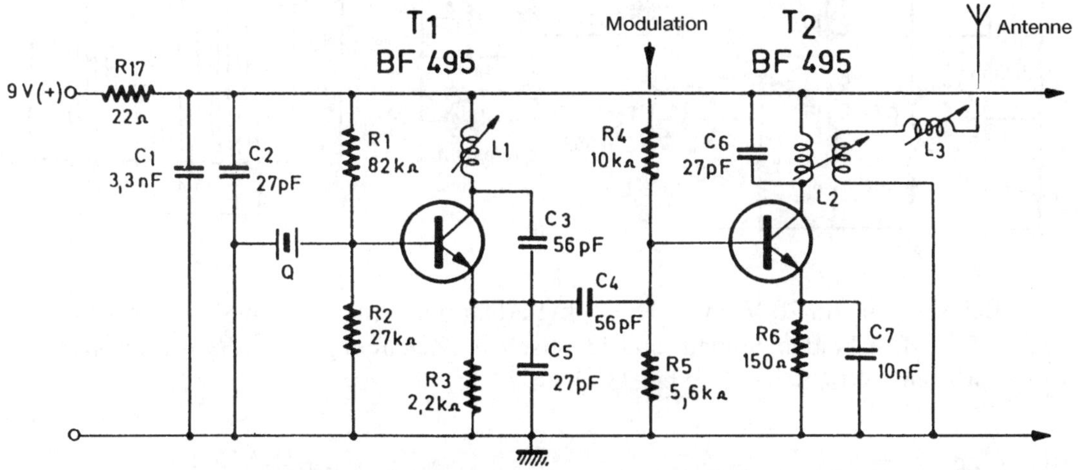

Quarzoszillator (T1) mit nachfolgendem Leistungsverstärker (T2). Für Tastbetrieb oder Rechteckmodulation. [Anwendungsschaltung *RTC* und *Le Haut-Parleur*, Paris, Nr. 1653, Seite 225.]

723. Fernsteuersender für 27 MHz, 2,5 W

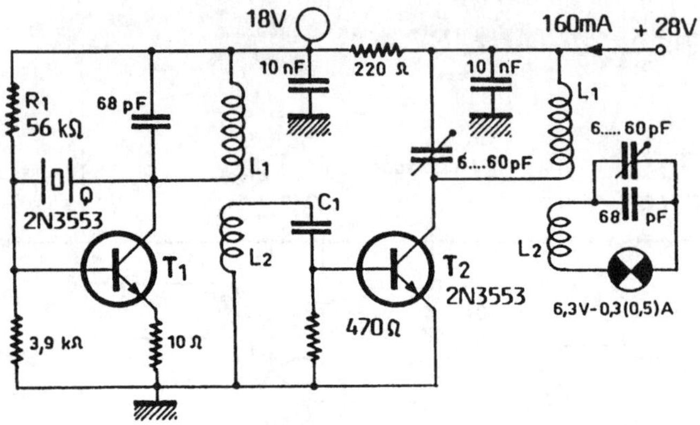

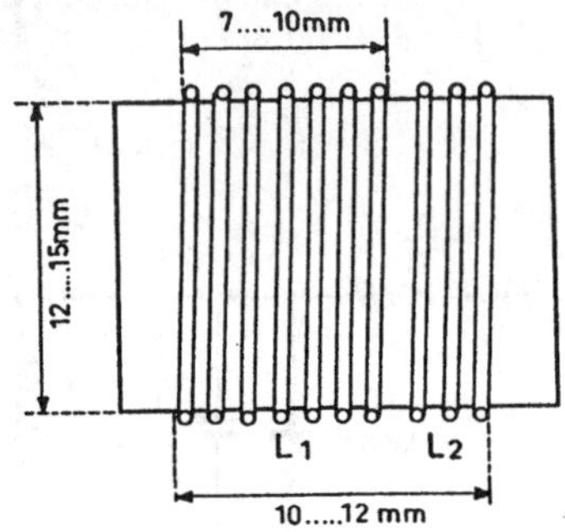

Bei Speisung an 20 V und R1 = 47 kΩ erhält man eine Ausgangsleistung von 1,5 W. Die beiden Spulen sind identisch (s. Zeichnung). [*Le Haut-Parleur*, Paris, Nr. 1401, Seiten 229 bis 231.]

724. Amplitudenmodulation für Schaltung 723

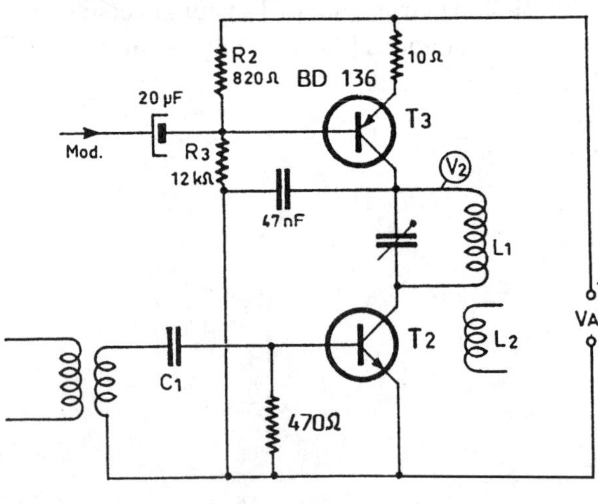

Die vorige Schaltung kann mit Amplitudenmodulation betrieben werden, wenn man sie durch einen PNP-Transistor ergänzt, der die Speisespannung der Endstufe im Rhythmus der Modulationsspannung ändert. [Le Haut-Parleur, Paris, Nr. 1401, Seiten 229 bis 231.]

725. Fernsteuersender für 27 MHz, 0,4 W

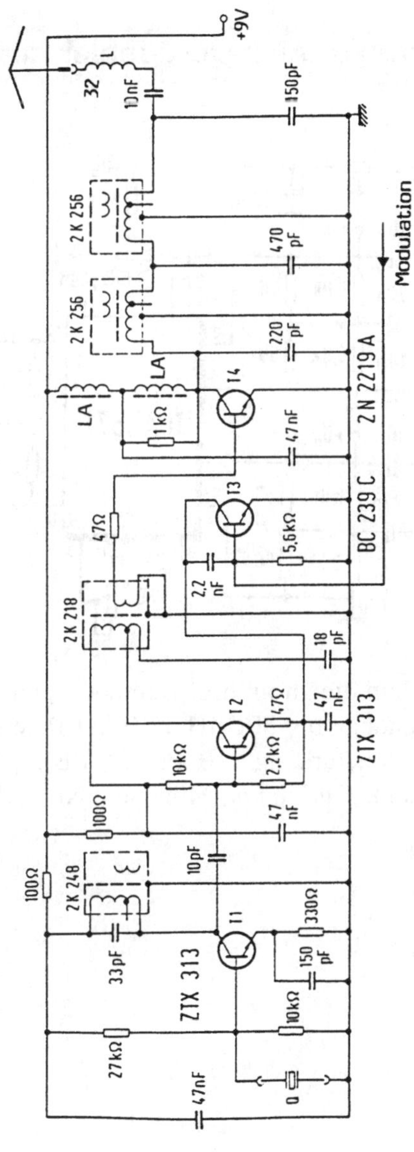

Enthält im Ausgang ein Doppelfilter, das die abgestrahlte Oberwellenleistung auf 0,4 nW begrenzt. L_A: Hf-Drosseln, 1 μH. L: 32 Windungen, 0,2 mm CuL, Wickelkörper 3,5 mm, Länge 15 mm. [C. Rockrohr, *ELO*, München, Nr. 9/77, Seiten 62 bis 65.]

Frequenzverdopplung und -verdreifachung

726. Breitbandiger Frequenzverdoppler mit TDA 1571

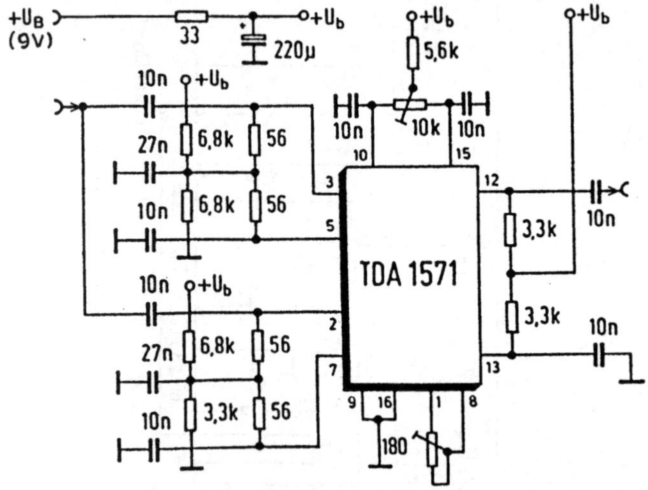

Analogmultiplikator, dem die zu multiplizierende Spannung an beide Eingänge gelegt wird. Anwendbar bis 30 MHz. 10-kΩ-Potentiometer: Symmetrie. 180-Ω-Potentiometer: Verstärkung (10 bis 21 dB). [Anwendungsschaltung Philips und W. Zetzmann, *Funkschau*, München, Nr. 21/83, Seite 68.]

727. Verdoppler von 2 auf 4 MHz, MOSFET

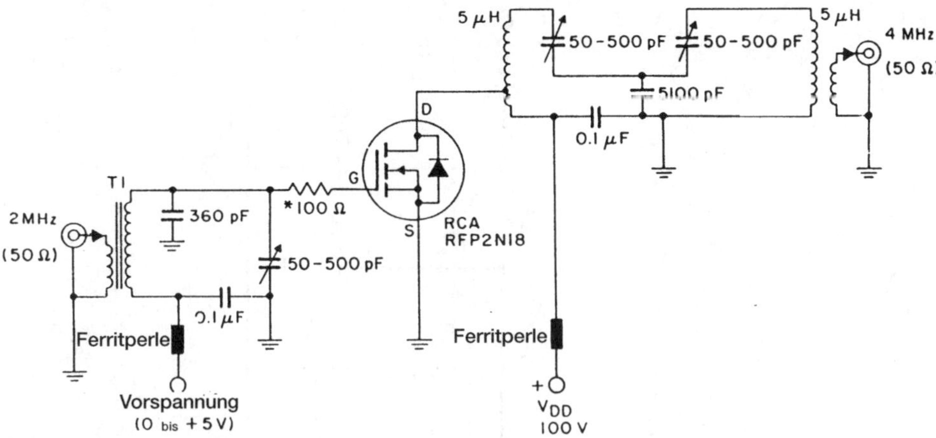

Das doppelte Bandfilter im Ausgang sorgt für gute Oberwellendämpfung. T1: Primär 4, sekundär 42 Windungen, Ferritkern. [Circuit Ideas MDI-470, *GE-RCA*, Seite 11.]

728. Breitbandiger Frequenzverdoppler, LM 1496

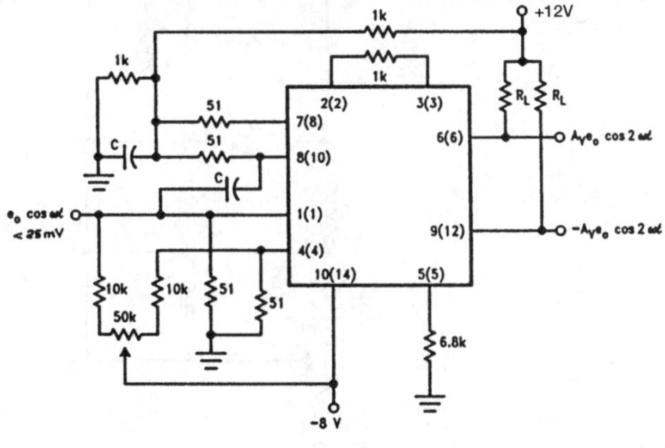

Arbeitet nach dem Prinzip des Analogmultiplikators. Verwendbar bis mindestens 10 MHz. Impedanz des Signaleingangs: 200 kΩ und 2 pF bei 5 MHz. Innenwiderstand am Ausgang: 40 kΩ und 5 pF bei 10 MHz. Die in Klammern angegebenen Pinnummern gelten für das DIP-Gehäuse. Die Reaktanz von C soll bei der Eingangsfrequenz klein gegen 50 Ω sein. [Linear Databook 3, *National Semiconductor*, 1988, Seiten 592 bis 596.]

729. Verdreifacher von 150 auf 450 MHz, 85 mW

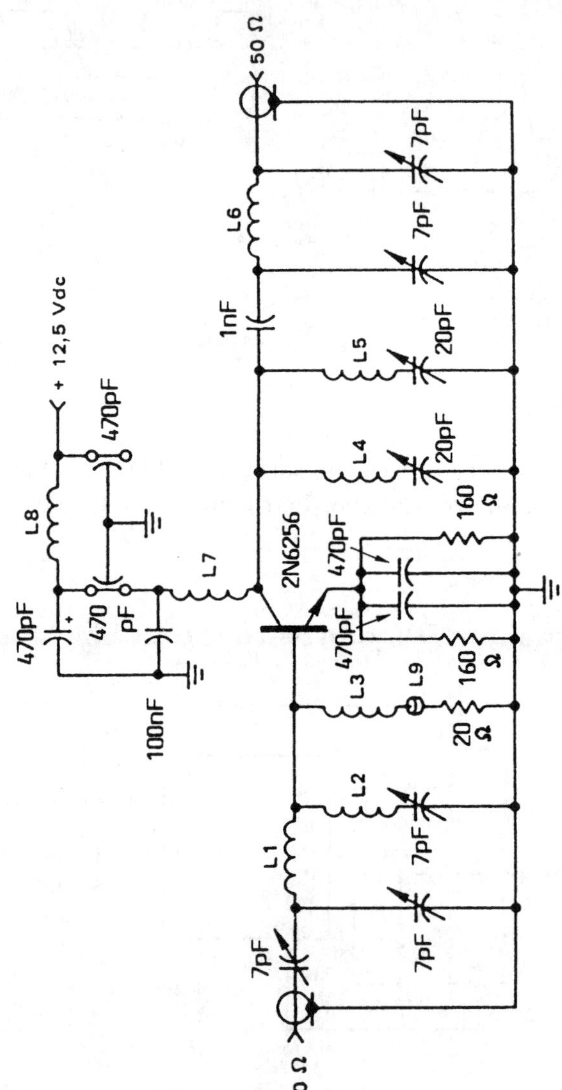

Ansteuerleistung: 30 mW. Wirkungsgrad: 25%. Oberwellendämpfung: > 30 dB. L_1: 7 Windungen, Durchmesser 6 mm. L_2: 6,4 Windungen, 3 mm. L_3: 680 nH. L_4: 5 Windungen, 6 mm. L_5: 6 Windungen, 3 mm. Alle freitragend, außer L_3. L_7: 1 µH. L_8: Hf-Drossel VK 200, *Ferroxcube* 4 B. [RF Data Manuel, *Motorola*, first edition, Seite 1214.]

7 Hf-Meßtechnik

730. Aktiver Tastkopf für Oszilloskop, 10 Hz...20 MHz

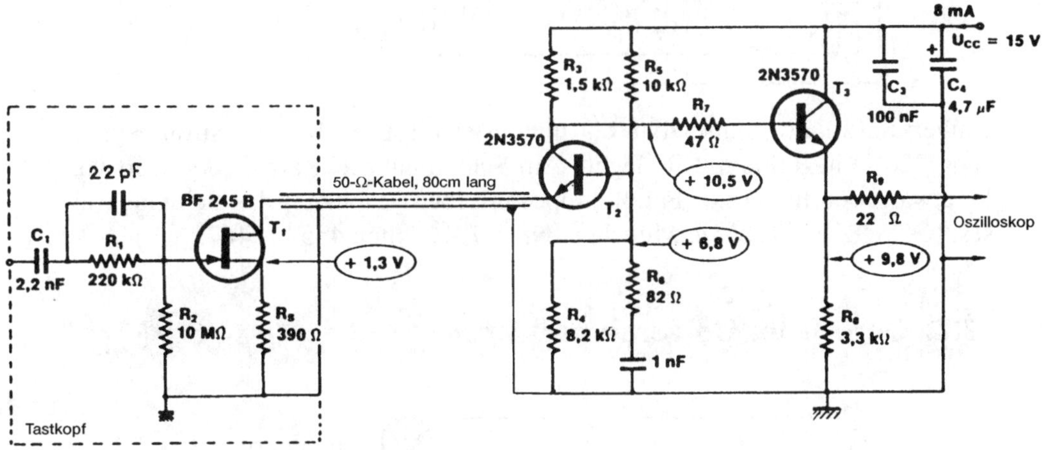

Spannungsgewinn: 2. Zwischen einem Ausgang hohen Innenwiderstandes (T1 in Sourceschaltung) und einem niederohmigen Eingang (T_2 in Basisschaltung) verbessert das Kabel den Frequenzgang. Max. Ausgangsamplitude: 1 V bei 10 MHz, 4 V bis 2 MHz. [*Electronique Applications*, Paris, Nr. 44, Seiten 49 bis 51.]

731. Schwingkreisprüfer

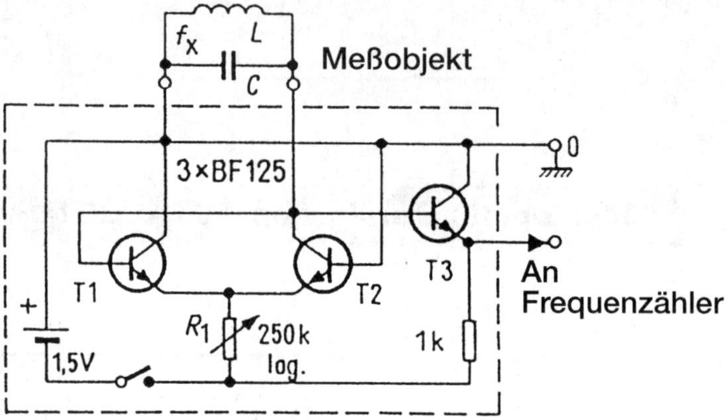

Universaloszillator, einsetzbar bis mindestens 100 MHz. Zur Strombegrenzung 220 Ω in Reihe mit R_1 legen. Am Schwingungseinsatz ist der Wert von R_1 etwa proportional zur Parallelimpedanz (bei Resonanz) des Schwingkreises. [G. Peltz, *Funkschau*, München, Nr. 15/71, Seiten 465 bis 467.]

732. Geregelter Universaloszillator

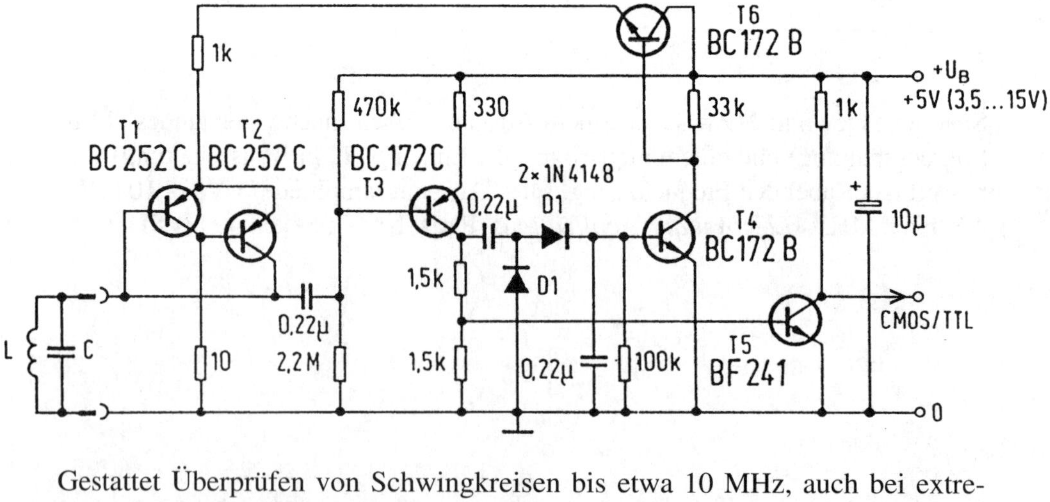

Gestattet Überprüfen von Schwingkreisen bis etwa 10 MHz, auch bei extremen L/C-Verhältnissen, wie 50 µH und 5 µF bei 10 kHz. [G. Peltz, *Funkschau*, München, Nr. 18/78, Seite 88.]

733. Bestimmung der Eigenkapazität einer Spule

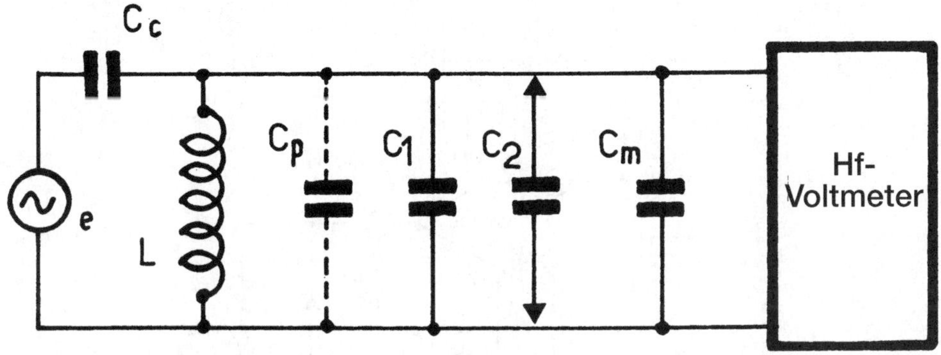

Genau bekannt sein müssen: Die Abstimmkapazität C_1, die Koppelkapazität C_c (etwa $C_1/100$), die Eingangskapazität des Meßgerätes (Spannungsanzeige) C_m und die Zusatzkapazität C_2 (etwa gleich C_1). Man bestimmt die Resonanzfrequenz zunächst ohne, dann mit C_2. Dadurch erhält man zwei Gleichungen, mit denen man L und C_P berechnen kann.

734. Messung des Qualtitätsfaktors einer Spule

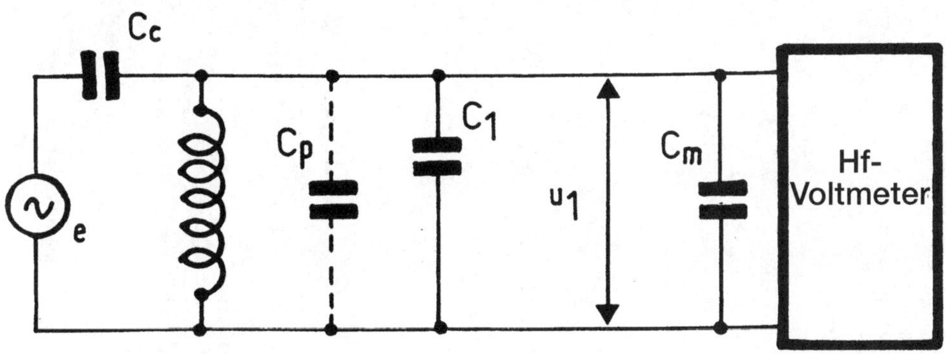

C_c soll 1/100 bis 1/10 der Abstimmkapazität C_1 betragen. C_P ist die Eigenkapazität der Spule, C_m die Eingangskapazität des Hf-Voltmeters. Zunächst e und u_1 bei Resonanz messen, dann die Summe $C_A = C_1 + C_P + C_m$ bestimmen und den Qualitätsfaktor mit

$$Q = \frac{u_1 C_A}{e C_c}$$ berechnen.

735. Voltmeter für 20 Hz bis 1 MHz

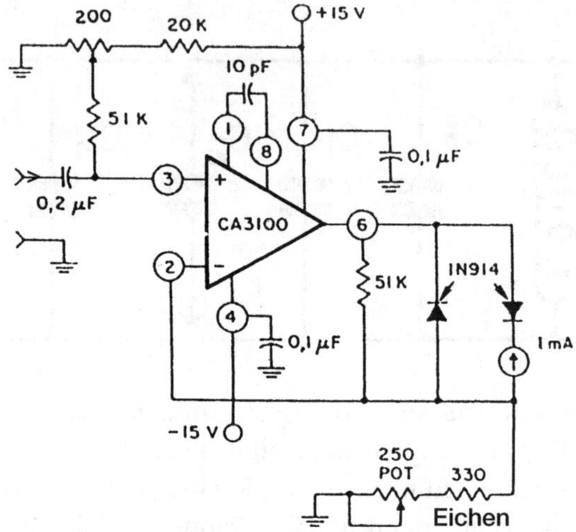

Der Operationsverstärker linearisiert die Diodengleichrichtung. Eingangswiderstand: 50 kΩ. Verstärkung so abgleichen, daß Vollausschlag bei 1 V_{eff} am Eingang erhalten wird. [BiMOS Op Amps – Circuit Ideas, *GE-RCA*, 1987, Seite 21.]

736. Breitband-Meßverstärker

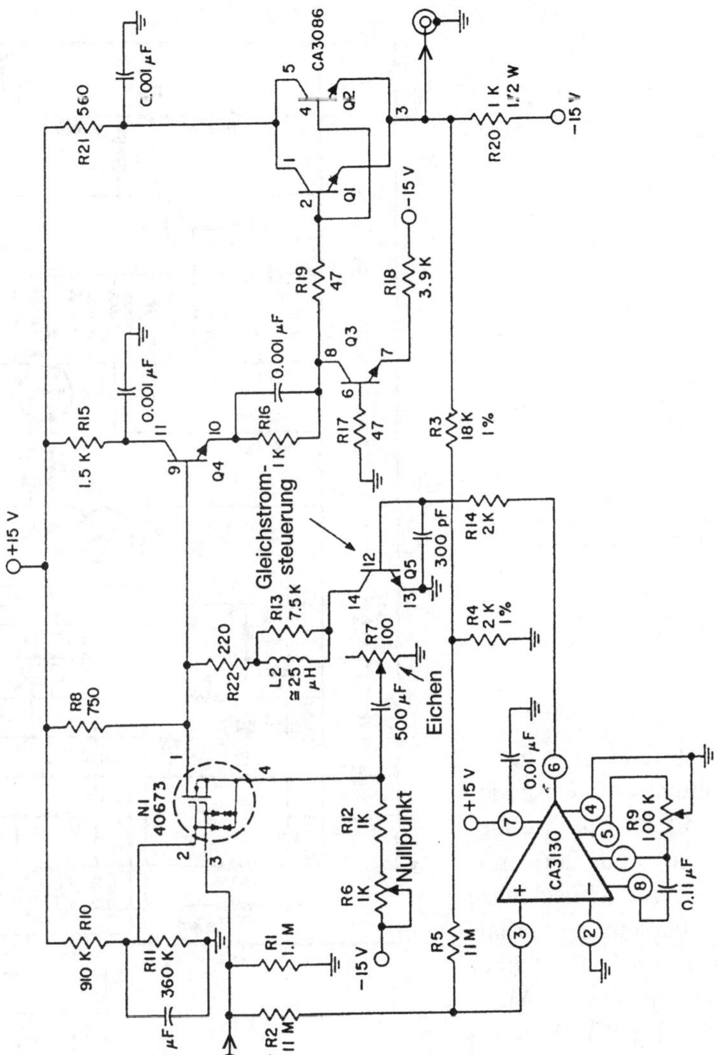

Eingangswiderstand: 1 MΩ. Bandbreite: 35 MHz für einen Spannungsgewinn von 10. CA 3130 übernimmt die Nf-Verstärkung, während der MOSFET auf Hf wirksam ist. Die Bipolar-Transistoren sind die einer CA 3086. Bei kurzgeschlossenem Eingang R_9 auf Nullspannung am Ausgang einstellen. [BiMOS Op Amps – Circuit Ideas, *GE-RCA*, 1987, page 19.]

737. Meßverstärker für Hf-Voltmeter, 50 kHz bis 50 MHz

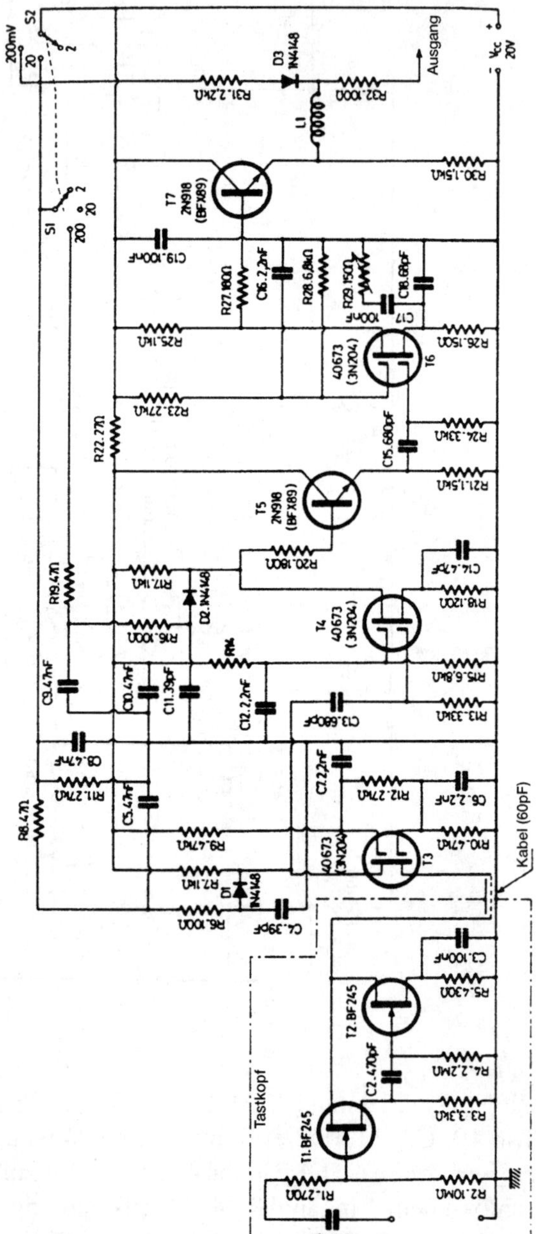

Die Transistoren im aktiven Tastkopf bilden eine Cascode-Schaltung mit T3. Die Meßbereiche, 2, 20 und 200 mV, werden durch Umschalten einer Gleichspannung erhalten. Die Anzeige erfolgt über einen kompensierten Meßgleichrichter. L_1: 14 Windungen, 0,4 mm CuL, Spulendurchmesser 6 mm, Abgleichkern auf gleiche Verstärkung bei 45 MHz wie bei 1 MHz einstellen. [*Le Haut-Parleur*, Paris, Nr. 1614, Seiten 240 bis 245.]

738. Kompensierter Meßgleichrichter, 10 kHz bis 50 MHz

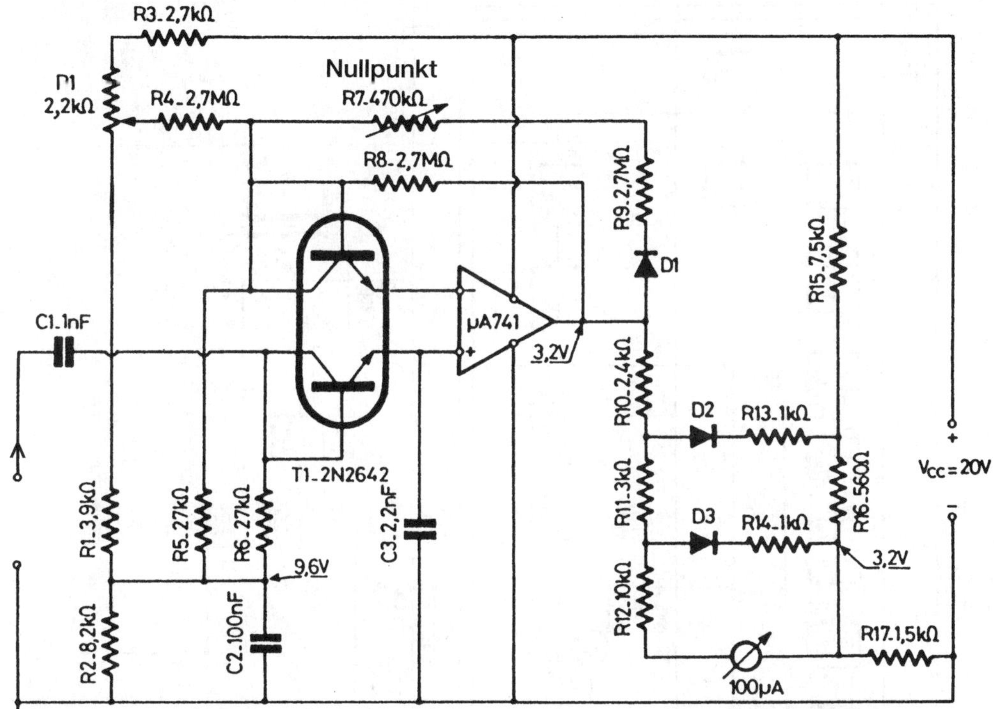

D1 bis D3: 1N4148

Die eine der Basis-Emitter-Dioden von T_1 dient zur Signalgleichrichtung, die andere als Referenz. Das Diodennetzwerk am Ausgang ergibt eine einigermaßen logarithmische Anzeigefunktion (eine Dekade). [*Le Haut-Parleur*, Paris, Nr. 1614, Seiten 240 bis 245.]

739. Frequenzzähler 1 GHz

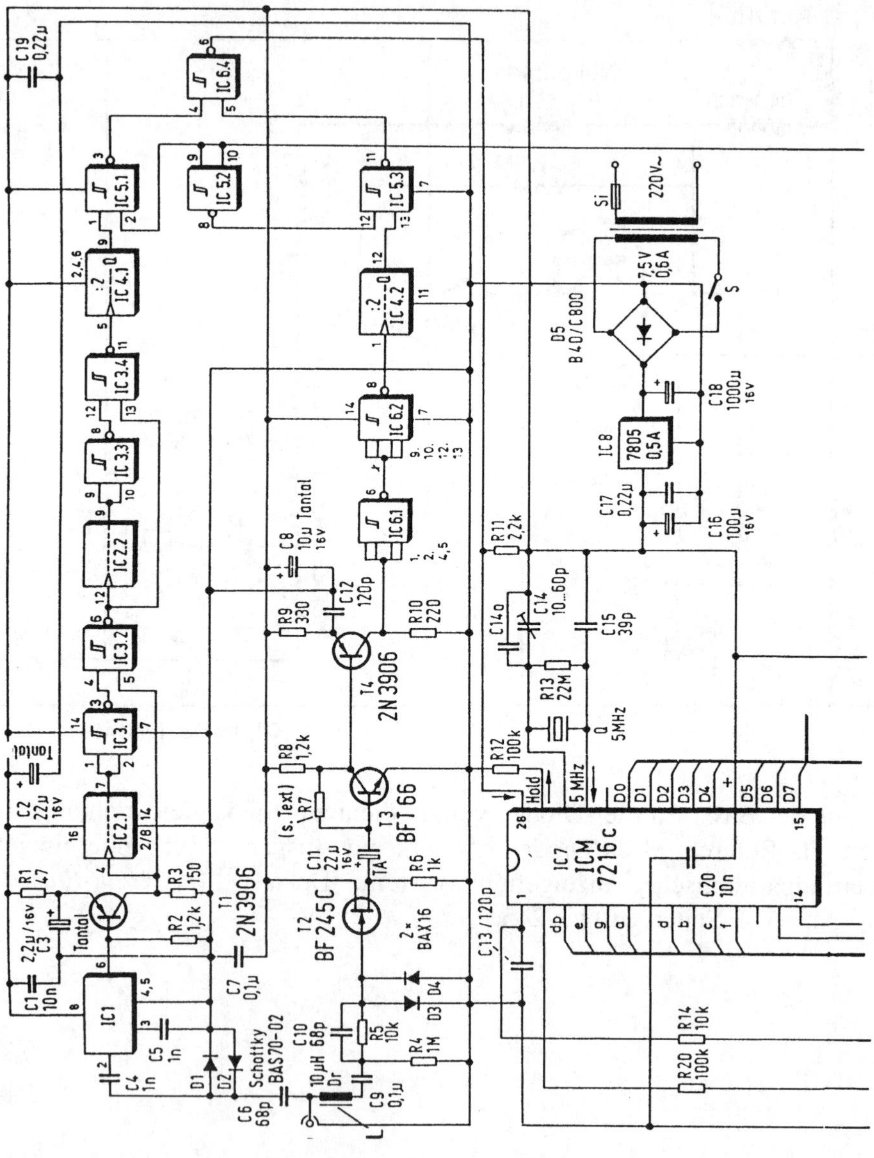

Empfindlichkeit etwa 15 mV bei 1 GHz. R_7: So auswählen (etwa 100 kΩ), daß ein Tastverhältnis von 0,5 erhalten wird. Die kHz/MHz-Umschalter sind unabhängig von denen der Zähldauer (20, 200, 2000 mS). L: Ferritperle mit

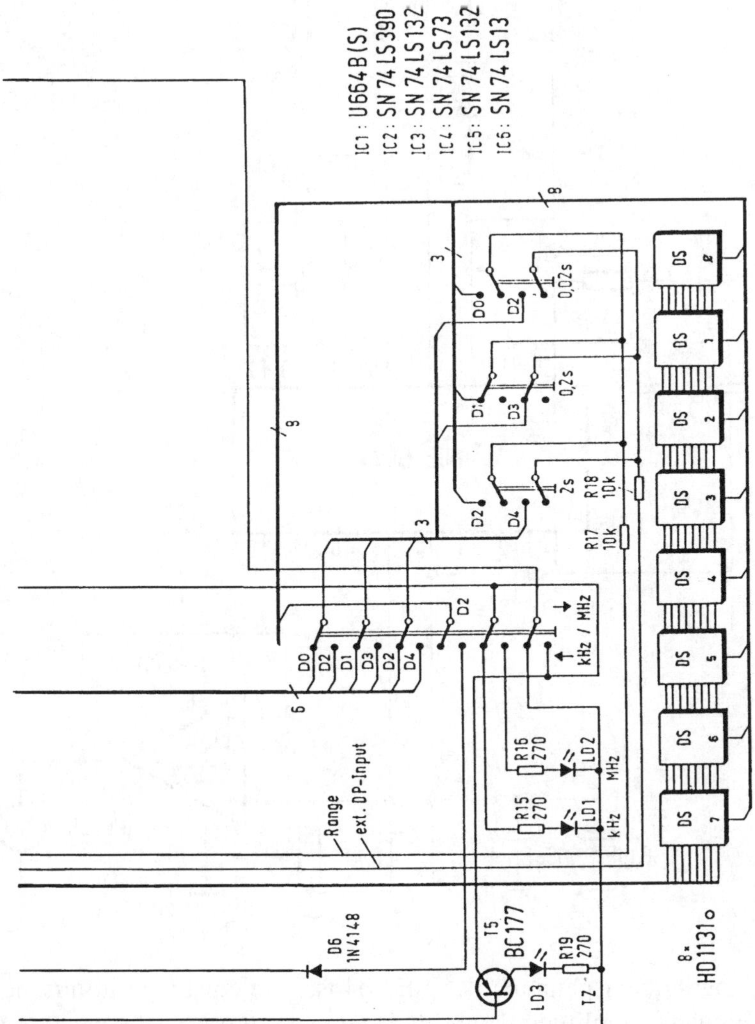

drei Windungen, 0,18 mm CuL. [B. Wehkamp, *Funkschau*, München, Nr. 9/86, Seite 69.]

740. Logarithmische Spannungsanzeige

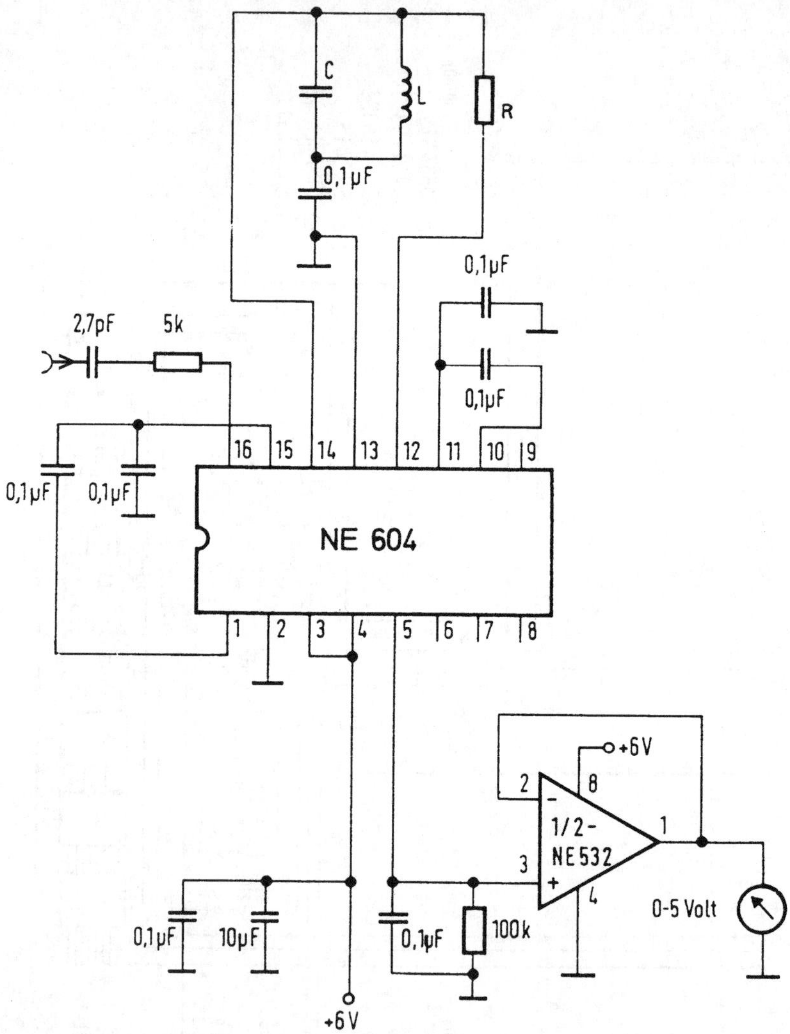

Die Ausgangssgleichspannung der NE 604 ist eine etwa logarithmische Funktion der Eingangsamplitude. L und C bestimmen die Meßfrequenz, R (10 bis 100 kΩ) beeinflußt die Bandbreite. Ruhespannung null am Ausgang kann erhalten werden, wenn man 10 kΩ in die Gegenkopplung des Operationsverstärkers (zwischen Pins 1 und 2) legt und durch eine veränderliche, über weitere 10 kΩ an Pin 2 geführte Gleichspannung entsprechend abgleicht. [Anwendungsschaltung *Signetics* und *ELO*, München, Nr. 10/87, Seite 66.]

741. Frequenzzähler für AM/FM-Empfänger

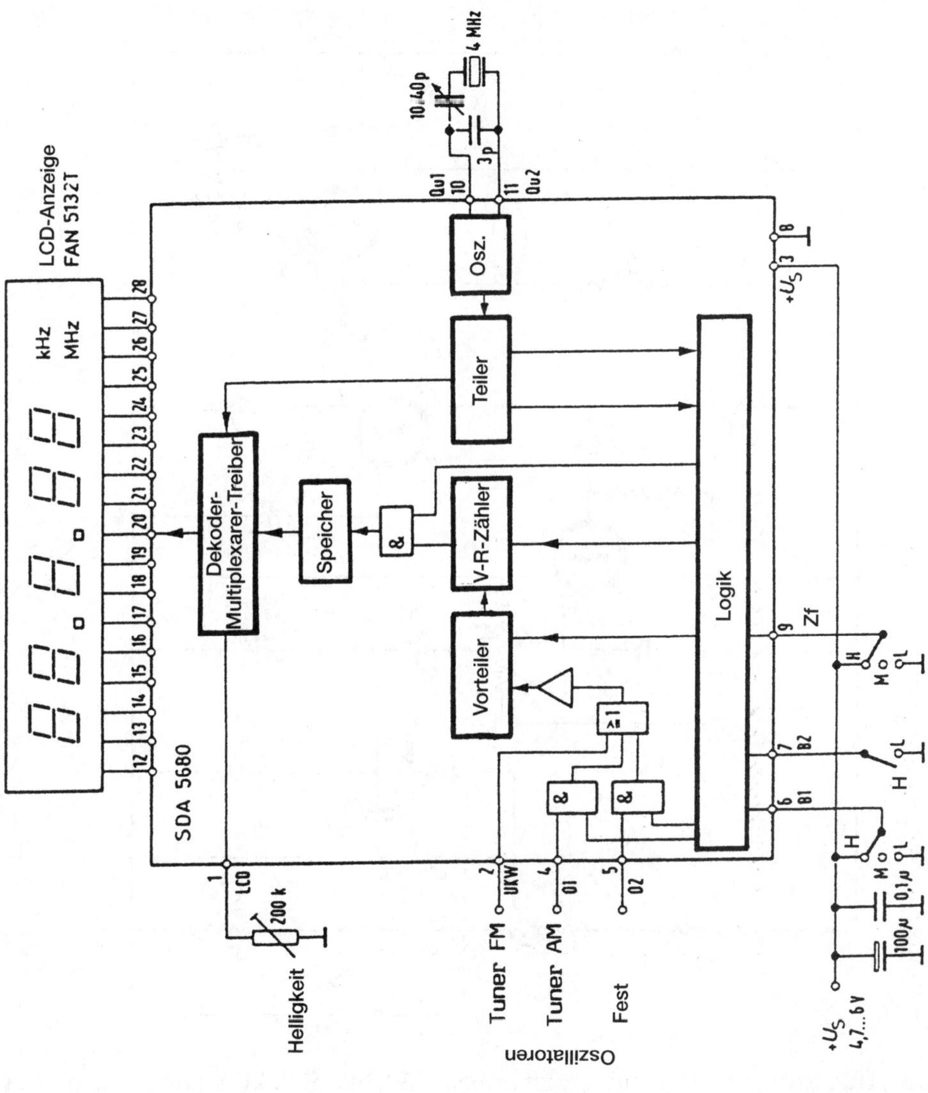

Die Umschaltung LHM an Pin 9 gestattet Programmierung verschiedener Zf-Werte, (451 bis 461 kHz bei AM, 10,675 bis 10,725 bei FM). Der Eingang „Festoszillator“ ist für Anwendungen mit doppelter Überlagerung bestimmt. Die Abstimmoszillatoren müssen etwa 150 mV_{eff} an den Eingang der Schaltung liefern. [Integrierte Schaltungen für die Unterhaltungselektronik, *Siemens*, 1980/81, Seiten 403 bis 408.]

742. Wobbler mit Kapazitätsdiode

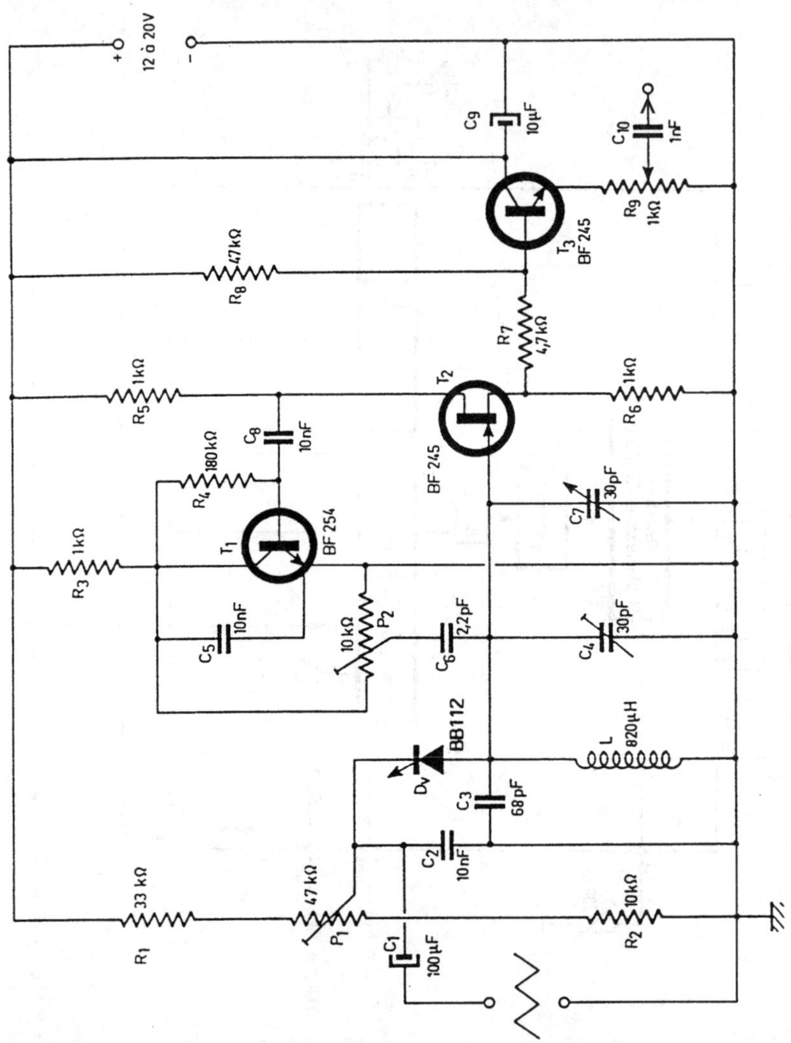

Die Trägerfrequenz ist mit P_1 zwischen 430 bis 500 kHz abstimmbar. Ein zweistufiger Oszillator wird von einer Pufferstufe in Kollektorschaltung gefolgt. P_2 ist kurz über den Schwingungseinsatz einzustellen. Zur Modulation ist die Dreieckspannung eines Funktionsgenerators (2 bis 30 Hz) brauchbar. L: Ferritschalenkern, 3 D 3 (oder M 33), A_L = 100 nH/w², zwei Wickelkammern, 90 Windungen 10 x 0,05 mm CuLS. [*Le Haut-Parleur*, Paris, Nr. 1570, Seiten 355 bis 356.]

743. und 744. Umschaltbare Abschwächer

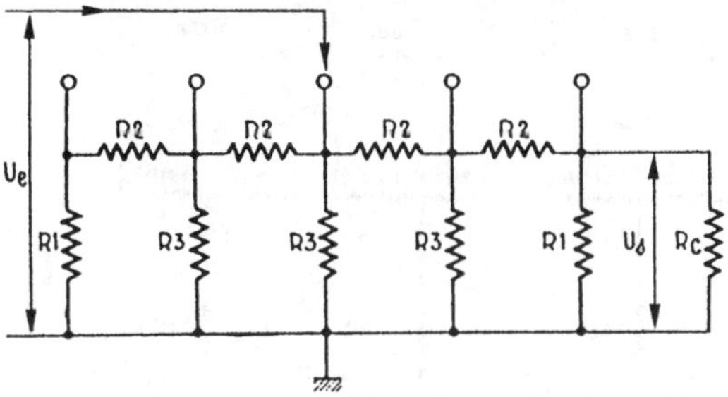

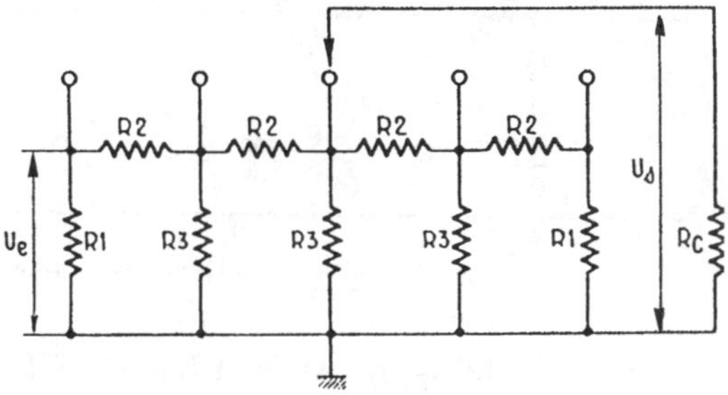

Beide Schaltungen werden auf gleiche Art berechnet. Wenn jede Sektion um den Faktor k abschwächen soll, dann sind $R_2/R_1 = k - 1$ und $R_3 = k\,R_1/(k - 1)$ zu wählen. Der Eingangswiderstand beträgt $R_e = k\,R_1/(k + 1)$. Die Berechnung ist nur gültig, wenn der Lastwiderstand R_C groß gegen R_1 ist.

745. Kompensierter Abschwächer

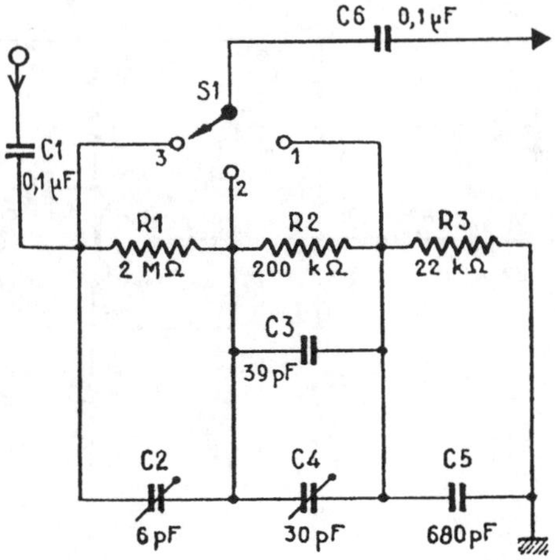

Bei Anwendung für Oszilloskop sind C_2 und C_4 auf korrekte Wiedergabe einer Rechteckschwingung von etwa 1 kHz einzustellen. Im Falle eines Hf-Voltmeters erfolgt der Abgleich auf gleiche Spannungsteilung bei 1 kHz und bei 100 kHz.

746. Abschwächer für 600-W-Leitung

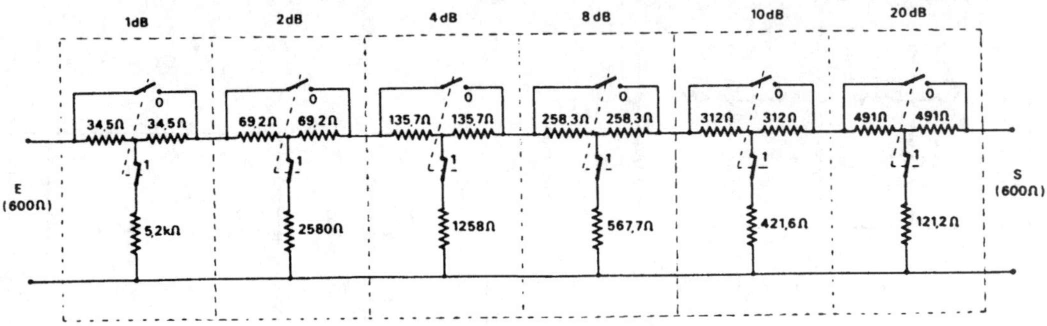

Bei sorgfältigem Aufbau bis 10 MHz einsetzbar. Die Elemente der Doppelschalter haben gegenteilige Funktionen: Bei Abschalten jedes Parallelwiderstandes werden die entsprechenden Reihenwiderstände kurzgeschlossen. [R. Ch. Houzé, *Electronique Applications*, Paris, Nr. 14, Seiten 57 bis 65.]

747. Vorverstärker für Frequenzzähler, 500 kHz

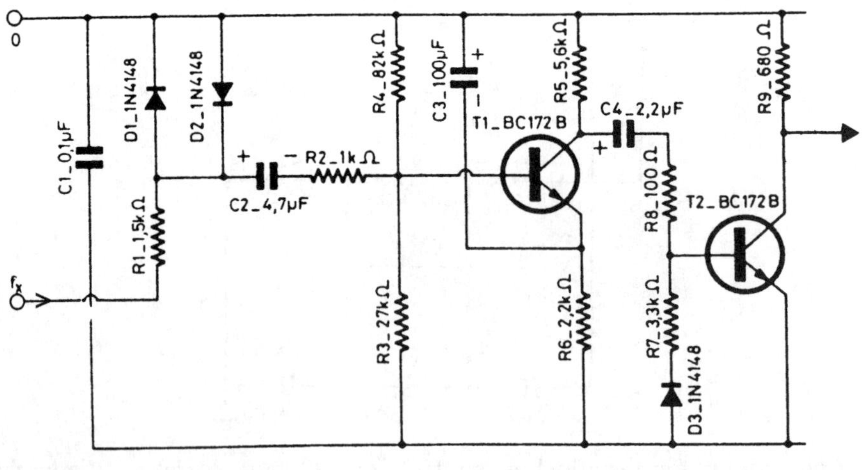

D1 und D2 schützen den Eingang vor Überlastung. Der Eingangswiderstand beträgt etwa 1 MΩ, die Grenzempfindlichkeit 50 mV. T_2 dient zur Rechteckformung. [*Le Haut-Parleur*, Nr. 1624, page 79.]

748. Vorverstärker für Frequenzzähler, 4 Hz bis 10 MHz

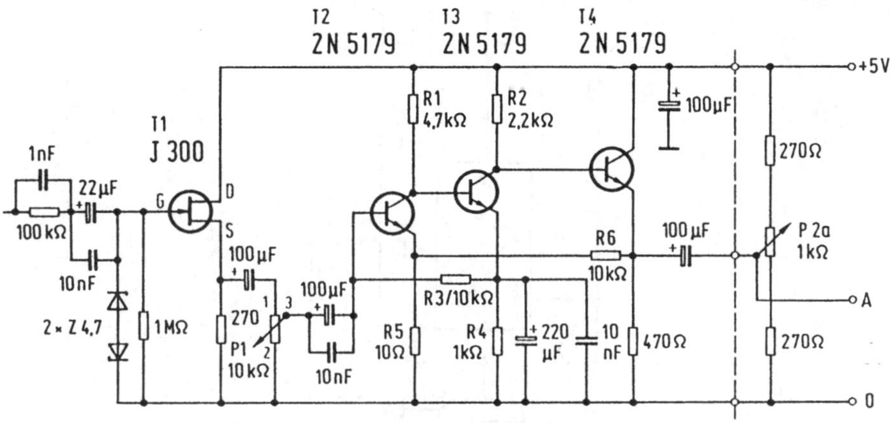

Hochohmiger Eingang. Grenzempfindlichkeit 1 mV zwischen 10 Hz und 1 MHz, 5 mV bei 10 MHz. Die Verstärkung wird mit P_1 eingestellt, die im Falle eines Frequenzzählers mit Triggereingang notwendige Gleichspannung mit P_2. [L. Findeisen, W. Wolf, *ELO*, München, Nr. 5/81, Seite 58.]

749. Hochohmiger Tastkopf für Frequenzzähler, 10 Hz bis 50 MHz

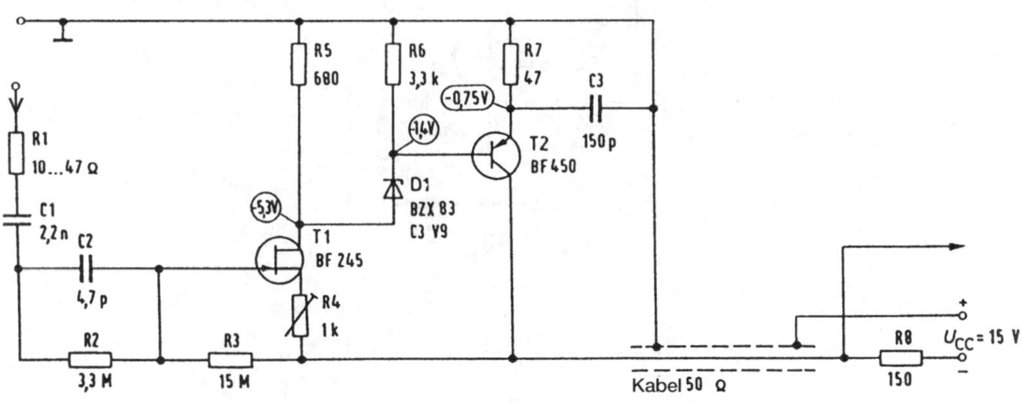

Totale Gegenkopplung der beiden Transistoren ergibt einen Spannungstransfert von 1. Die Speisung erfolgt über das 50-Ω-Kabel. Eingangswiderstand: 15 MΩ bei Nf, > 1 MΩ bis 5 MHz, > 200 kΩ bis 50 MHz. [*Funk-Technik*, München, Nr. 14/78, Seite 242.]

750. 80-MHz-Vorverstärker für Frequenzzähler

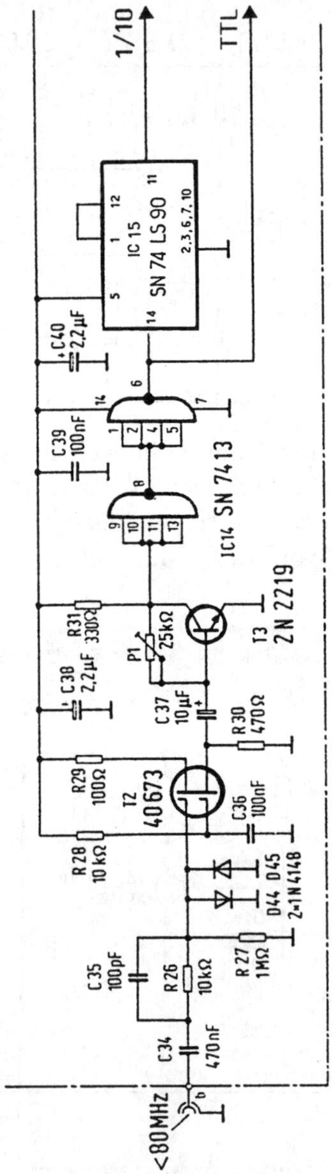

Auf die Impedanzanpassung durch MOSFET erfolgt Verstärkung durch T3, Rechteckformung mit Trigger (SN 7413) und Frequenzteilung durch 10. [B. König, *ELO*, München, Nr. 9/83, Seiten 58 bis 61.]

751. 1-GHz-Vorverstärker für Frequenzzähler

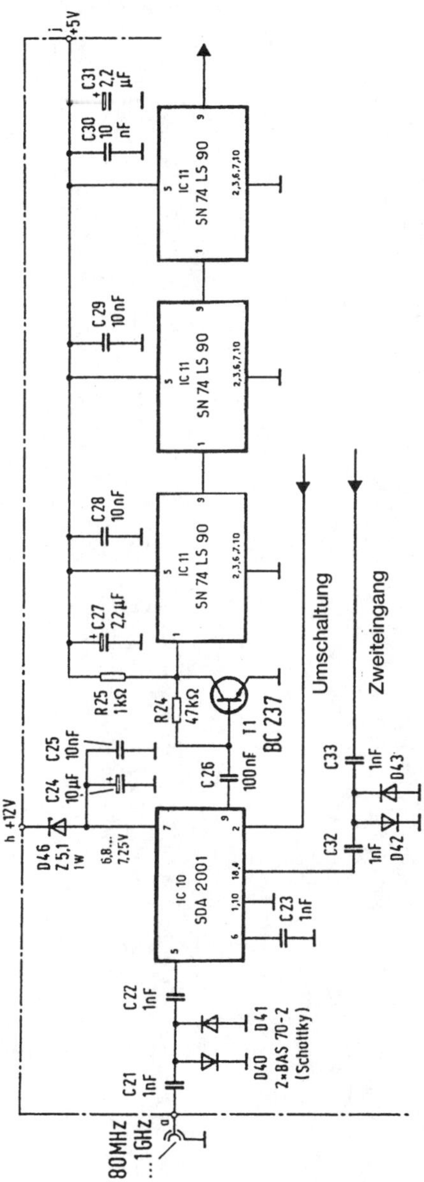

Die ECL-Schaltung SDA 2001 teilt durch 64. Da die nachfolgenden drei SN 74 LS 90 für Teilung durch 2,5 beschaltet sind, erhält man eine Gesamtfrequenzteilung durch 1000. [B. König, *ELO*, München, Nr. 9/83, Seiten 58 bis 61.]

Teil 3

Strom-versorgung

8 Gleichrichter und Vervielfacher

752. Halbwellengleichrichter mit Glättungskondensator

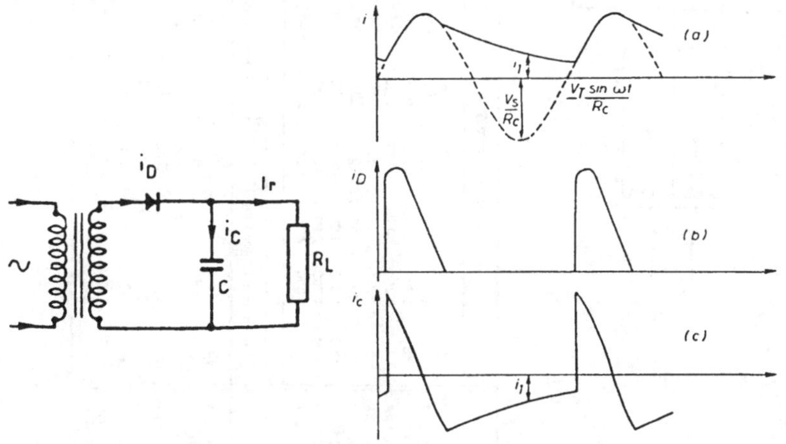

Nur bei geringen Strömen günstig, da der Gleichstrom in der Transformatorwicklung den Wirkungsgrad senkt. Wenn I_r in mA ausgedrückt wird und die zulässige Restwelligkeit U_w in V_{ss}, dann berechnet man C (in µF) mit: $C = 15\ I_r/U_w$. Die angegebenen Spannungsformen sind in ihrem Prinzip für alle Arten der Gleichrichtung bei kapazitiver Last gültig. [Application des Semiconducteurs, cahier XIX, Firmenschrift *RTC.*]

753. Halbwellengleichrichter mit zwei Dioden

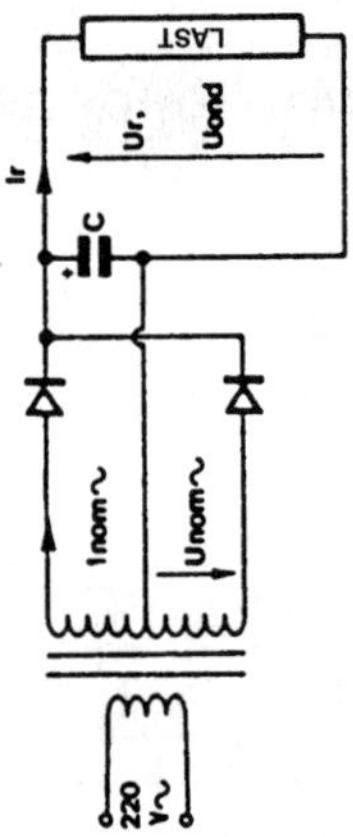

		Transformatorleistung 3,5 W						Transformatorleistung 5 W				
U_{nom} (alternatif)	V	12	18	24	30	36	48	12	18	24	30	36
I_{nom} (alternatif)	A	0,3	0,2	0,15	0,13	0,1	0,06	0,45	0,28	0,2	0,17	0,14
I_{rM} (continu max.)	A	0,48	0,32	0,24	0,2	0,16	0,12	0,68	0,44	0,33	0,27	0,22
I_r (continu moyen.)	A	0,4	0,25	0,2	0,16	0,13	0,1	0,55	0,35	0,26	0,22	0,18
U_r (pour I_{rM})	V	5,5	8,5	12	15	18	24	5,7	8,7	12	15	18
U_{ro} (pour $I_r = 0$)	V	9	13	18	22	27	36	9	13	18	22	27
C, ondulation 5 %	µF	4 000	1 800	1 000	680	470	220	6 000	2 700	1 500	1 000	680
C, ondulation 2 %	µF	10 000	4 700	2 200	1 500	1 000	680	15 000	6 800	3 300	2 200	1 500
C, ondulation 1 %	µF		10 000	4 700	3 300	2 200	1 200		12 000	6 800	4 700	3 300

		Transformatorleistung 12 W				Transformatorleistung 24 W				Transformatorleist. 50 W		
U_{nom} (alternatif)	V	12	18	24	30	12	18	24	30	12	18	24
I_{nom} (alternatif)	A	1	0,67	0,5	0,4	2	1,3	1	0,8	4	2,8	2
I_{rM} (continu max.)	A	1,4	1	0,7	0,56	2,8	2	1,4	1,1	7	4,5	3,5
I_r (continu moyen.)	A	1,15	0,8	0,55	0,45	2,2	1,6	1,1	0,9	5,5	3,5	2,7
U_r (pour I_{rM})	V	6	9,5	12,5	16	6,3	10	13	17	6,3	10	13
U_{ro} (pour $I_r = 0$)	V	9	13	18	22	9	13	18	22	9	13	18
C, ondulation 5 %	µF	10 000	5 000	2 700	1 800	22 000	10 000	5 000	3 300	47 000	27 000	15 000
C, ondulation 2 %	µF		12 000	6 800	4 700			12 000	6 800			

Muster für Tabelle zu 752 und 753:

		Transformatorleistung 3,5 VA					
$U_{nom\ eff}$	(V)	12	18	24	30	36	……
$I_{nom\ eff}$	(A)						
I_{rM}	(A)						
I_r	(A)						
U_r bei I_r	(V)						
C, W = 5%	(µF)						
C, W = 2%	(µF)	10000	4700	2200	1500	1000	……
C, W = 1%	(µF)						

Günstig bei geringen Spannungen, da der Spannungsabfall in den Dioden kleiner ist als beim Brückengleichrichter. I_r gilt für Dauerbetrieb. I_{rM} ist während 60 s zulässig, wenn die mittlere Stromentnahme weniger als I_r beträgt. W bedeutet Welligkeit (Brummüberlagerung). [*Electronique Pratique*, Paris, Nr. 65, Seite 101.]

754. Brückengleichrichter

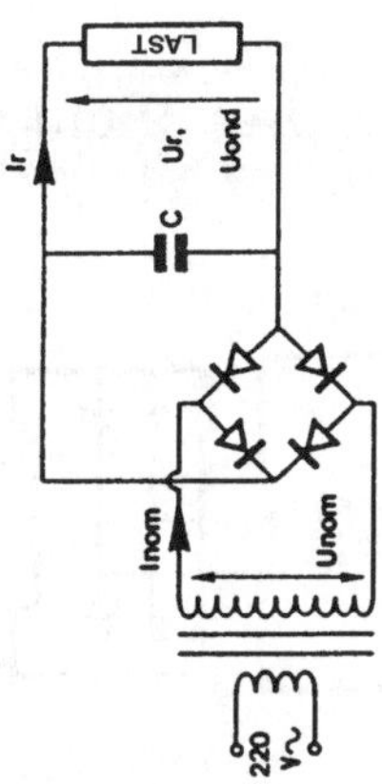

	Transformatorleistung 5 W					Transformatorleistung 12 W					
U_{nom} (alternatif) V	18	24	30	36	50	15	18	24	30	36	48
I_{nom} (alternatif) A	0,3	0,2	0,17	0,14	0,1	0,8	0,7	0,5	0,4	0,35	0,25
I_{rM} (continu max.) A	0,22	0,17	0,13	0,11	0,08	0,56	0,5	0,35	0,28	0,23	0,18
I_r (continu moyen.) A	0,16	0,14	0,1	0,9	0,07	0,45	0,4	0,28	0,22	0,18	0,14
U_r (pour I_{rM}) V	18	24	30	36	50	15	18	25	31	38	50
U_{ro} (pour I_r = 0) V	27	36	46	55	75	23	28	38	47	55	75
C, ondulation 5 % µF	640	330	220	150	100	1 800	1 200	680	390	330	150
C, ondulation 2 % µF	1 500	1 000	560	390	220	4 700	3 300	1 800	1 000	820	470
C, ondulation 1 % µF	3 300	1 800	1 000	680	470	10 000	6 800	3 300	2 200	1 500	820

	Transformatorleistung 24 W					Transformatorleistung 50 W					
U_{nom} (alternatif) V	18	24	30	36	50	18	24	30	36	50	70
I_{nom} (alternatif) A	1,4	1	0,8	0,7	0,5	2,8	2	1,7	1,4	1	0,7
I_{rM} (continu max.) A	1	0,7	0,56	0,5	0,35	2	1,4	1,2	1	0,7	0,5
I_r (continu moyen.) A	0,8	0,55	0,45	0,4	0,28	1,6	1,1	1	0,8	0,55	0,4
U_r (pour I_{rM}) V	19	26	32	40	55	19	26	32	40	55	75
U_{ro} (pour I_r = 0) V	28	38	48	60	80	28	38	48	60	80	110
C, ondulation 5 % µF	2 200	1 200	820	560	330	4 700	2 200	1 500	1 000	680	470
C, ondulation 2 % µF	5 600	2 700	1 800	1 500	820	10 000	4 700	3 300	2 200	1 800	1 000
C, ondulation 1 % µF	12 000	5 600	3 900	3 300	1 500	22 000	10 000	6 800	4 700	3 900	2 200

Günstig bei mittleren und hohen Stromstärken. I_r gilt für Dauerbetrieb. I_{rM} ist während 60 s zulässig, wenn die mittlere Stromentnahme weniger als I_r beträgt. W bedeutet Welligkeit (Brummüberlagerung). [*Electronique Pratique*, Paris, Nr. 65, Seite 102.]

755. Brückengleichrichter mit zwei Ausgängen

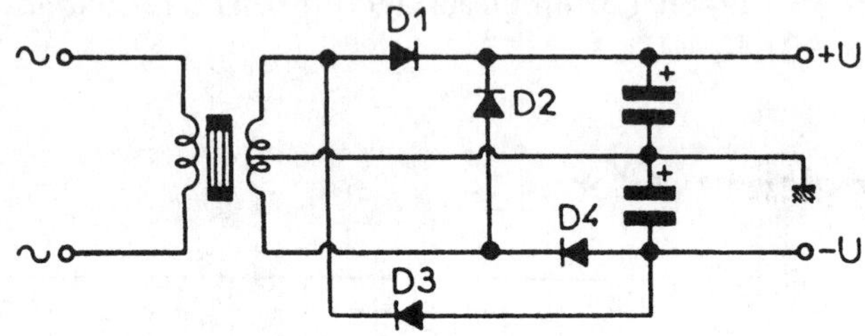

Doppelanwendung von Schaltung 753, für symmetrische Stromversorgung. Kann mit Einzeldioden oder mit Brücken-Modul erstellt werden. [*Electronique Pratique*, Paris, Nr. 66, Seite 105.]

756. und 757. Drehstromgleichrichter mit drei Wicklungen

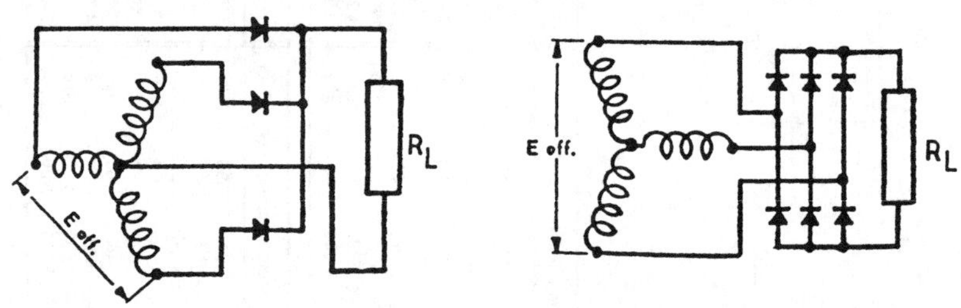

756: Halbwellenschaltung, Leerlaufgleichspannung 0,82 E_{eff}, Welligkeit 17,7 % beim Dreifachen der Netzfrequenz. 757: Vollwellenschaltung, Leerlaufgleichspannung 1,38 E_{eff}, Welligkeit 4 % beim Sechsfachen der Netzfrequenz. [Application des Semiconducteurs, cahier XIX, *RTC*.]

758. und 759. Drehstromgleichrichter mit sechs Wicklungen

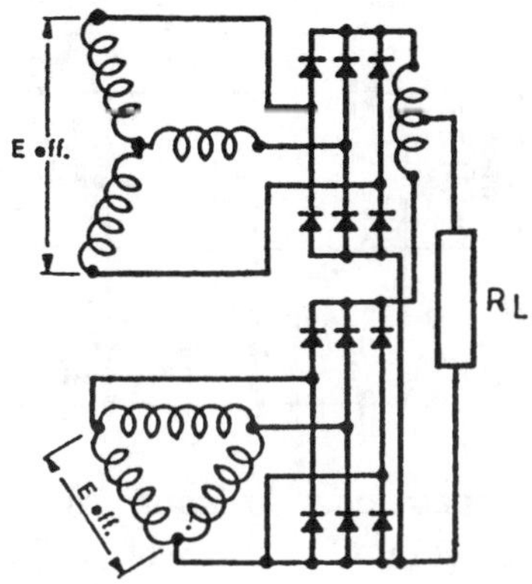

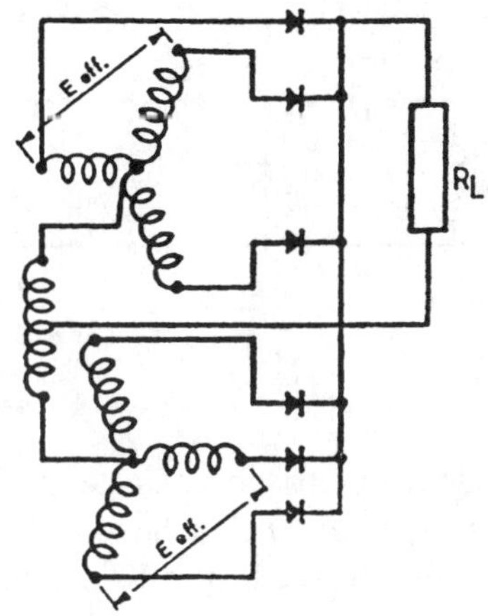

758: Sechsphasengleichrichter, Leerlaufgleichspannung 0,82 E_{eff}, Welligkeit 4 % beim Sechsfachen der Netzfrequenz. 759: Zwölfphasengleichrichter, Leerlaufgleichspannung 1,4 E_{eff}, Welligkeit 2 % beim Zwölffachen der Netzfrequenz. [Application des Semiconducteurs, cahier XIX, *RTC.*]

760. und 761. Verdoppler nach Greinacher, Latour, Delon

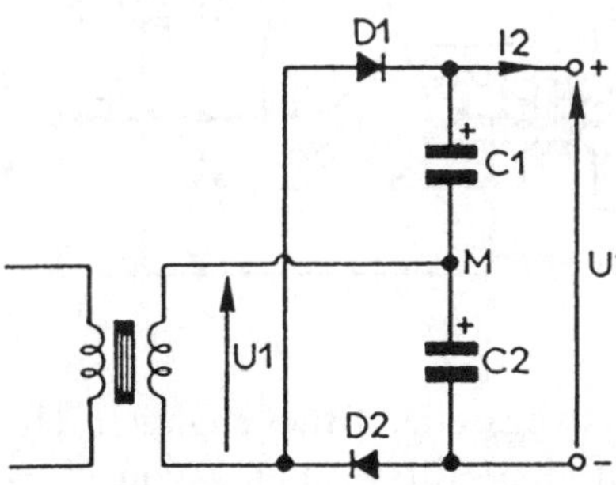

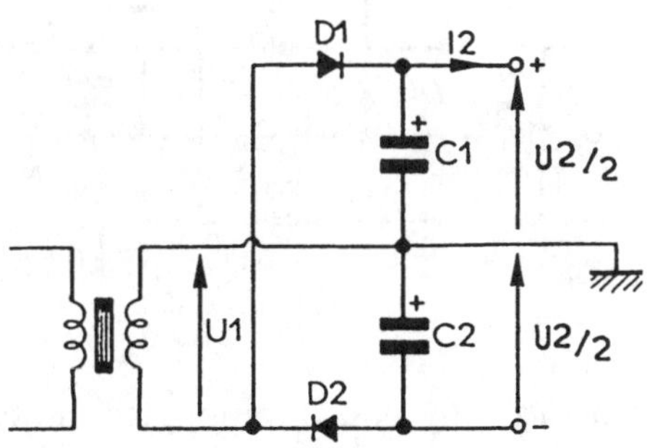

760: Reihenschaltung zweier Gleichrichter. 761: Symmetrischer Ausgang. Die Dioden müssen für das Dreifache von U_{1eff} ausgelegt sein, die Kondensatoren für 1,5 U_{1eff}, bei 50 Hz soll ihre Kapazität (in µF) etwa 100 I_2/U_1 betragen (I_2 in mA, U_1 in V). Der Transformator muß für einen Sekundärstrom von 5 I_2 ausgelegt sein. [*Electronique Pratique*, Paris, Nr. 66, Seite 105.]

762. und 763. Verdoppler nach Schenkel, Villard

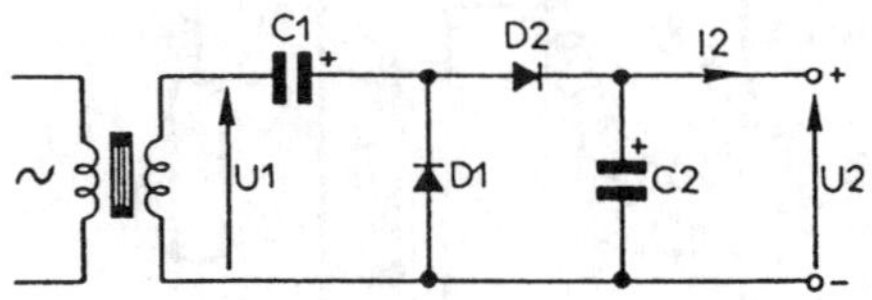

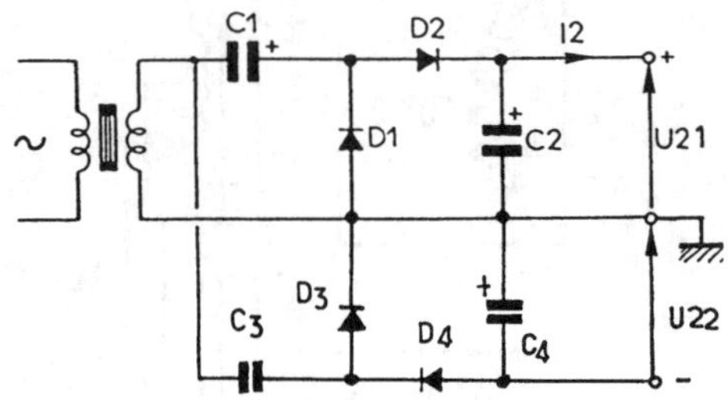

762: Unsymmetrischer Ausgang. 763: Erdsymmetrischer Ausgang. Die Dioden müssen für das Dreifache von U_{1eff} ausgelegt sein, C_1 für 1,5 U_{1eff}, C_2 für 3 U_{1eff}, bei 50 Hz soll ihre Kapazität (in µF) etwa 100 I_2/U_1 betragen (I_2 in mA, U_1 in V). Der Transformator muß für einen Sekundärstrom von 5 I_2 ausgelegt sein. [*Electronique Pratique*, Paris, Nr. 66, Seite 105.]

764. und 765. Hilfsspannungen für geringe Stromstärken

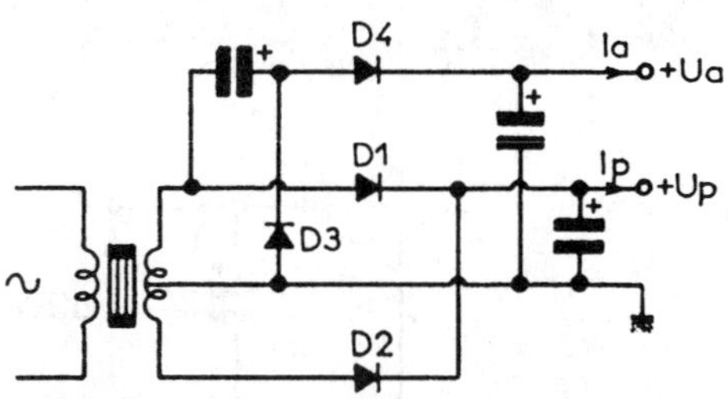

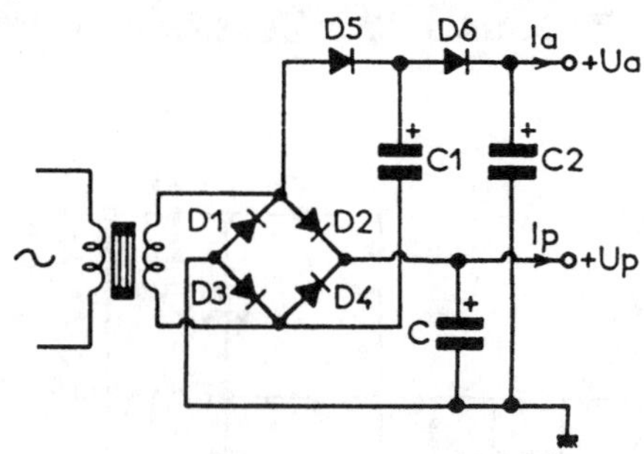

Hinzufügung eines Verdopplers an einen Zweiweg- oder Brückengleichrichter. Neben der Hauptspannung U_p erhält man eine Hilfsspannung von $U_a \approx 2\ U_p$. Nur sinnvoll, wenn $I_a < 0{,}2\ I_p$. [*Electronique Pratique*, Paris Nr. 66, Seite 105.]

766. Vervielfacher nach Greinacher, Latour, Delon

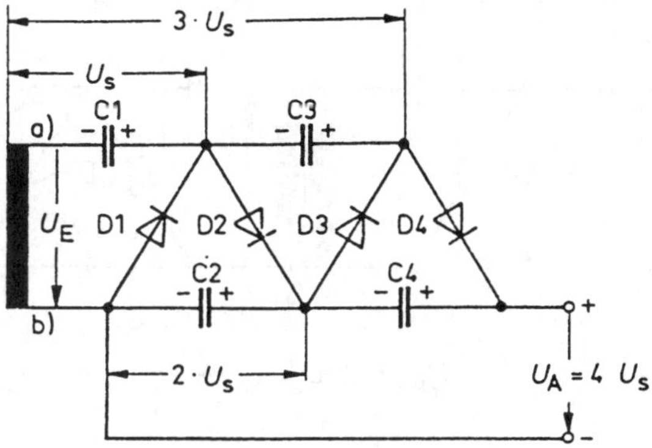

Beispiel mit vier Zellen, im Prinzip beliebig erweiterbar. Die Dioden müssen für das Dreifache von U_{1eff} ausgelegt sein, C_1 für 1,5 U_{1eff}, die anderen Kondensatoren für 3 U_{1eff}, bei 50 Hz soll ihre Kapazität (in µF) etwa 100 I_2/U_1 betragen (I_2 in mA, U_1 in V). [*Electronique Pratique*, Paris, Nr. 66, Seite 106.]

767. Vervielfacher nach Schenkel, Villard

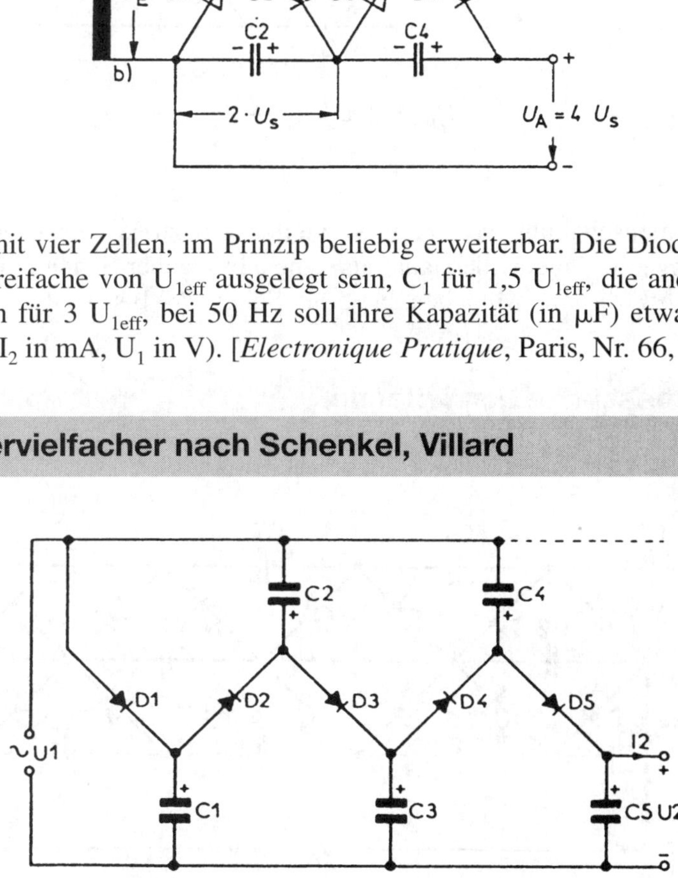

Beispiel mit fünf Zellen, im Prinzip beliebig erweiterbar. Die Dioden müssen für das Dreifache von U_{1eff} ausgelegt sein. Der Innenwiderstand ist geringer als bei der vorigen Methode, die Kondensatoren müssen jedoch für von Zelle zu Zelle steigende Spannung ausgelegt sein, 1,5 U_{1eff} für C_1 und U_2 für C_5. [*Electronique Pratique*, Paris, Nr. 66, Seite 106.]

768. Symmetrischer Spannungsvervielfacher

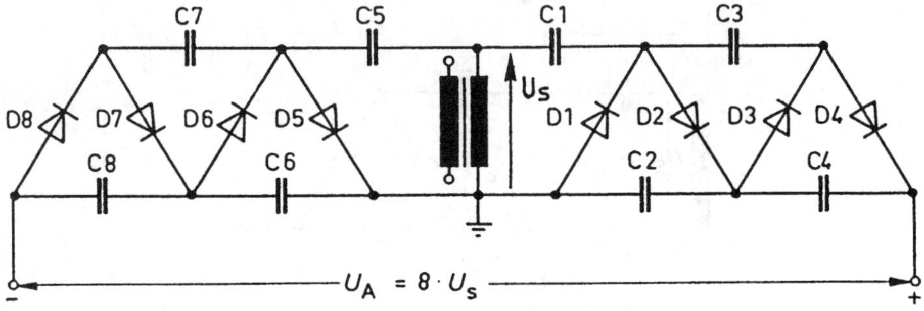

Die Zusammenschaltung von zwei Vervielfachern zu je vier Dioden ergibt einen geringeren Innenwiderstand als eine Greinacher-Schaltung mit acht Dioden. [*Funk-Technik*, München, Nr. 5/82, Seiten 204 bis 207.]

769. Verbesserter Vervielfacher

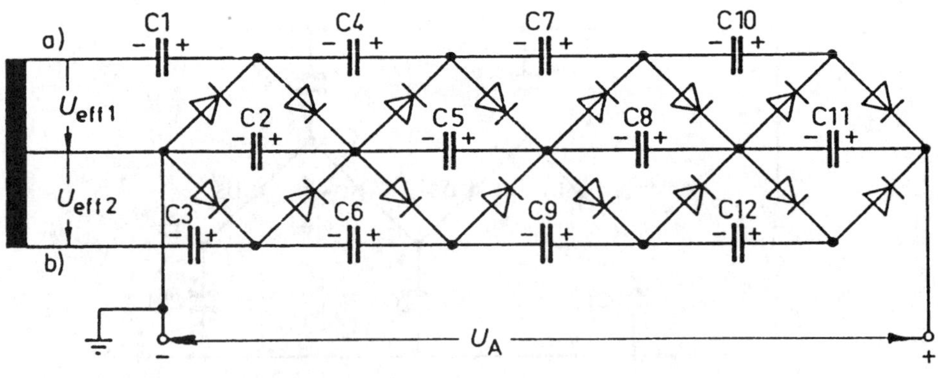

Bei dieser in Vollweggleichrichtung arbeitenden Schaltung erhält man eine bedeutend geringere Welligkeit und nur $^1/_4$ des Innenwiderstands eines einfachen Vervielfachers. [*Funk-Technik*, München, Nr. 5/82, Seiten 204 bis 207.]

770. Hybrider Vervielfacher

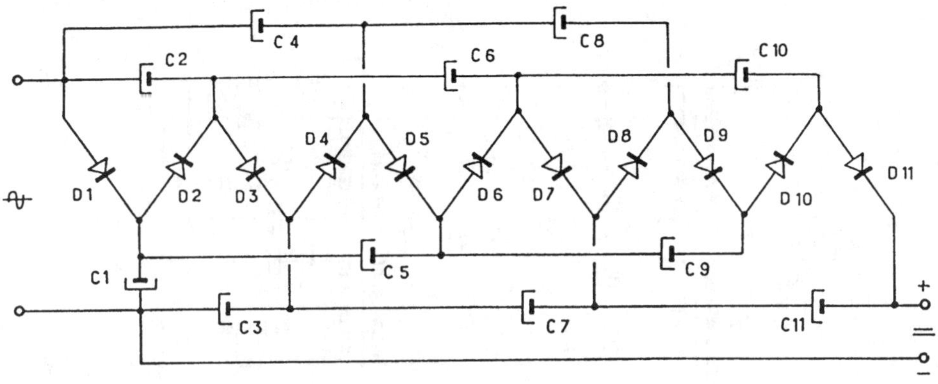

Indem man die Kondensatoren an weiter zurückliegende Punkte der Schaltung legt, versorgt man sie mit mehr Spannung als im herkömmlichen Vervielfacher und erhält damit einen geringeren Innenwiderstand. Man muß jedoch Kondensatoren entsprechend höherer Betriebsspannung verwenden. [*Télévision*, Paris, Dezember 1961, Seite 306.]

771. Drei Spannungen mit zwei Wicklungen

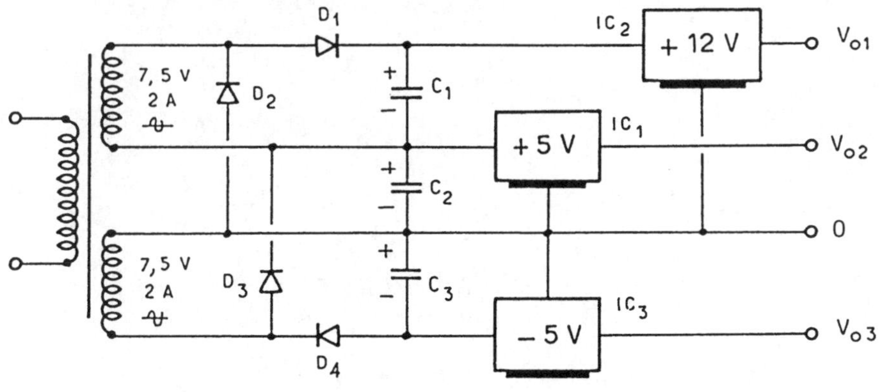

Kombiniert eine Vollwellengleichrichtung (D_2 und D_3 laden C_2) mit zwei Einwellenschaltungen (D_1 mit C_1 und D_4 mit C_3). Diese Maßnahme führt zu minimaler Verlustleistung in den Spannungsreglern. [EDN, Nr. 31, octobre 1985.]

772. Hochspannung mit Niederspannungstransformatoren

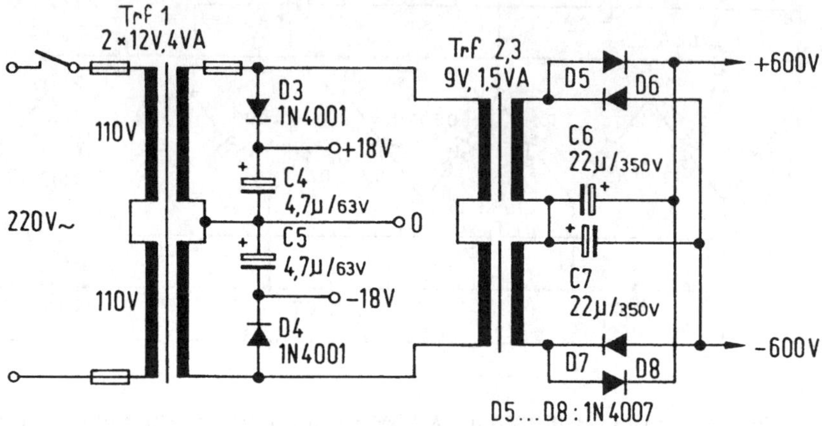

Der erste Transformator liefert 2 x 12 V. Die beiden anderen übersetzen aufwärts (von 9 auf 220 V) und die nachfolgenden Verdoppler führen zu einer Potentialdifferenz von 1,2 kV. Der erste Transformator dient auch, mit einer Einwellengleichrichtung von 18 V (im Leerlauf), zur Speisung von Operationsverstärkern. [F.A. Heinrich, *Funkschau*, München, Nr. 21/88, Seite 99.]

9 Spannungsreferenzen

773. Z-Diode, Grundanwendung und Ersatzschaltung

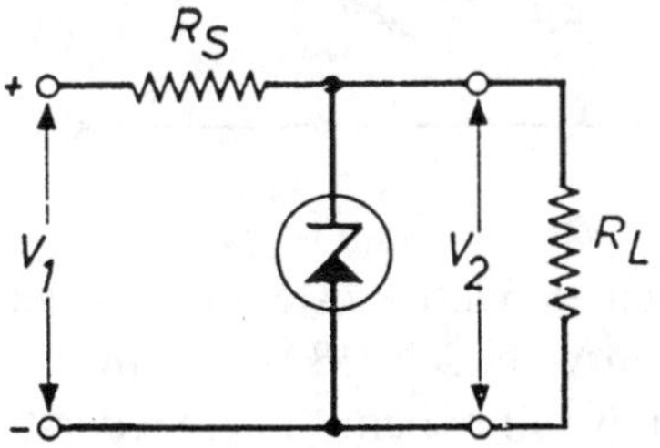

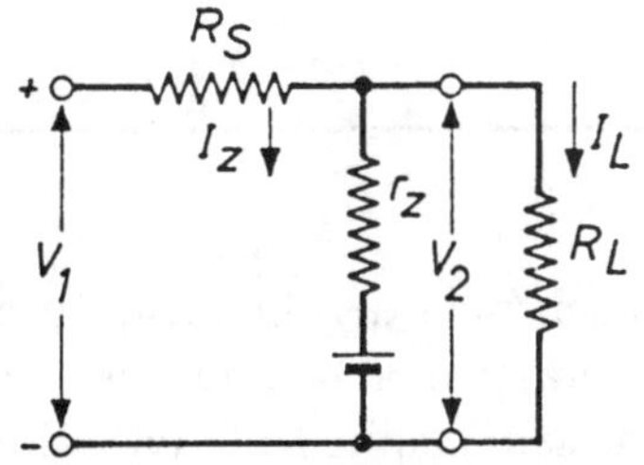

Funktionsbedingung: $(V_1 - V_2)/R_S > V_2/R_L$. Stabilitätsfaktor: $\Delta V_2/\Delta V_1 = 1/[1 + (R_S/r_z) + (r_z/R_L)]$. Innenwiderstand (am Ausgang): etwas geringer als r_Z, Eigenwiderstand der Z-Diode. [Firmenschrift *RTC*: Diodes Régulatrices.]

774. und 775. Stabilisierung mit zwei Z-Dioden

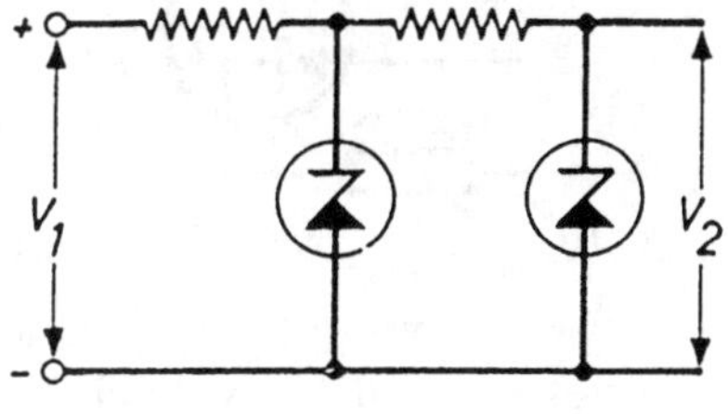

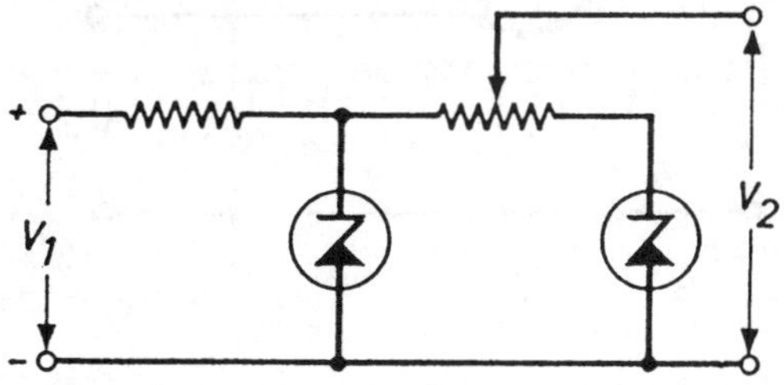

774: Verbesserung des Stabilitätsfaktors durch Kaskade von Z-Dioden.
775: In engen Grenzen einstellbare Referenzquelle mit relativ geringem Innenwiderstand. [Firmenschrift *RTC*: Diodes Régulatrices.]

776. Konstantstrom mit Feldeffekttransistor

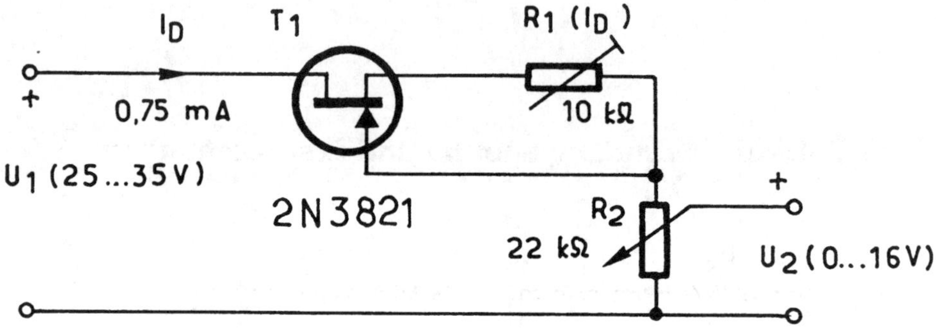

Mit R_1 kann man den Drainstrom auf einen Wert einstellen, bei dem er von der Temperatur unabhängig wird (0,75 mA bei 2 N 3821). Damit erhält man an R_1 eine sehr stabile Referenz, allerdings mit hohem Innenwiederstand. [Firmenschrift *Texas Instruments.*]

777. und 778. Feldeffekttransistor und Z-Diode

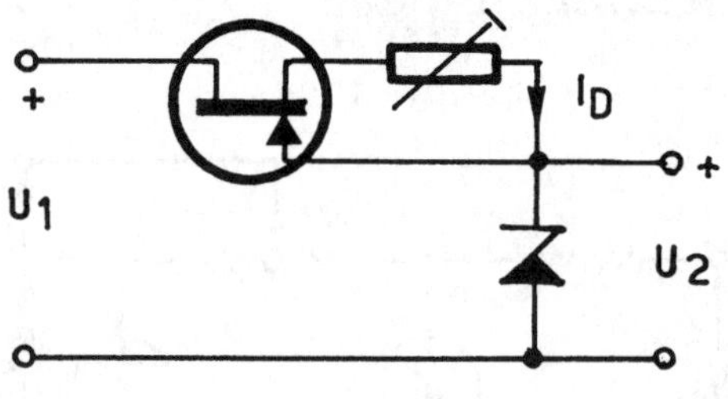

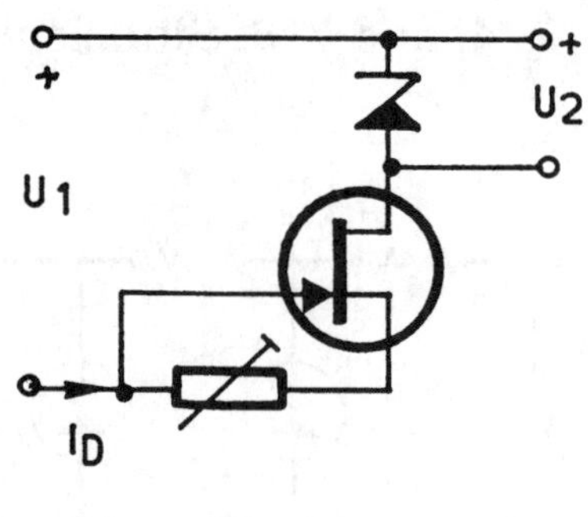

Da der Feldeffekttransistor einen Konstantstrom liefert, wird U_2 weitgehend unabhängig von den Schwankungen von U_1. Als Dipol kann der Transistor sowohl in die positive (777) als auch in die negative (778) Zuleitung zur Z-Diode gelegt werden. [Firmenschrift *Texas Instruments.*]

779. Konstantstrom in der Referenzdiode

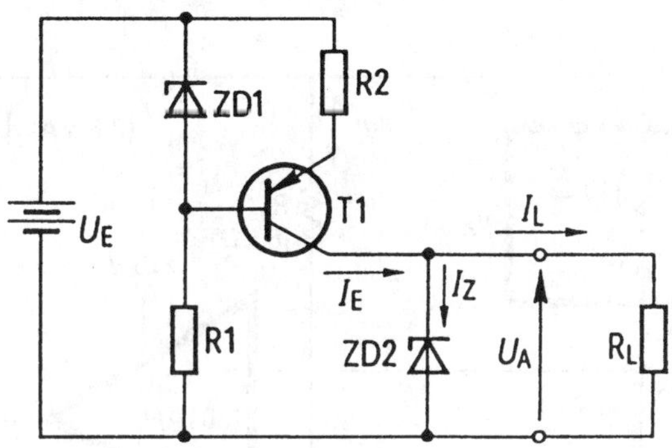

Mit Hilfe von ZD1 benutzt man T1 als Konstantstromquelle für die Speisung von ZD2. [Firmenschrift *Siemens.*]

780. und 781. Programmierbare Z-Diode, TL 430, TL 431

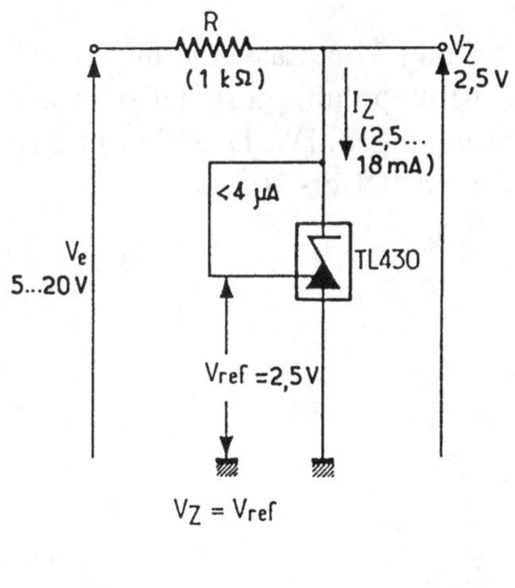

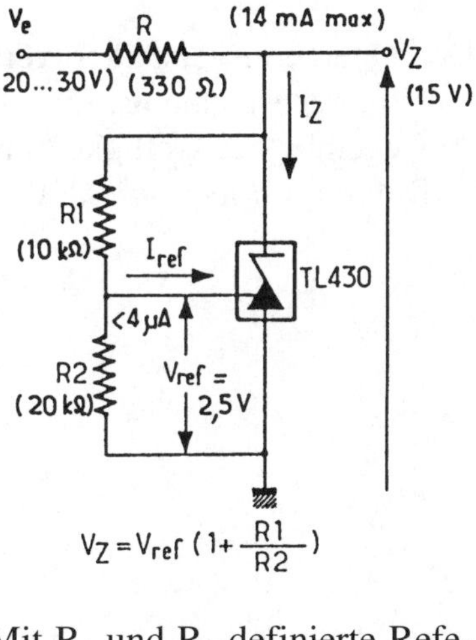

780: Feste Referenzspannung von 2,5 V. 781: Mit R_1 und R_2 definierte Referenzspannung. Bauteilstreuung: V_{ref} kann 2,44 bis 2,55 V betragen. Maximale Verlustleistung: 750 mW. Grenzwerte für I_Z: 1 bis 100 mA. I_{ref}: 2 µA (<4 µA). Die in Klammern angegebenen Werte sind Beispiele [Unterlagen für TL 430/1 (*Texas Instruments, Fairchild*) – *Le Haut-Parleur*, Paris, Nr. 1642, Seiten 268 bis 271.]

782. Referenzdiode mit Stromregelung

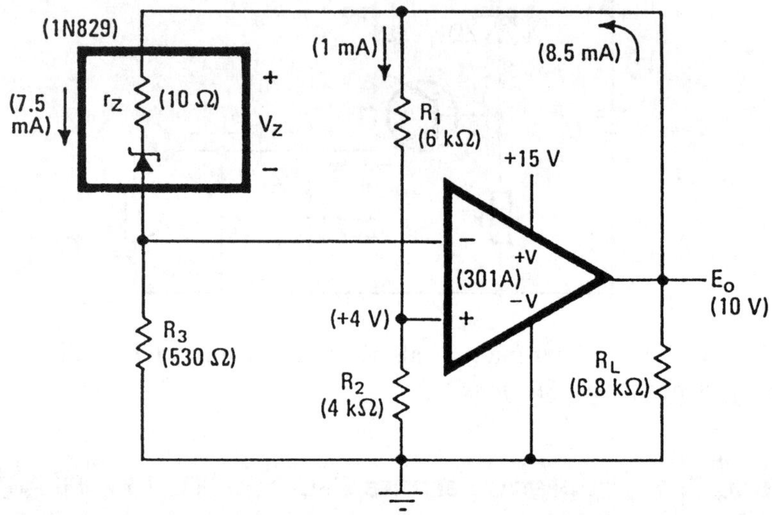

Der Operationsverstärker vermeidet Rückwirkung von Laständerungen auf die Referenzspannung. Eine leichte positive Mitkopplung gestattet optimale Ausregelung der Welligkeit und anderer Schwankungen. [W. D. Miller und R. E. DeFreitas, *Electronics*, 20. Februar 1975, Seiten 101 bis 105.]

783. Referenz für 10 V, 30 mA

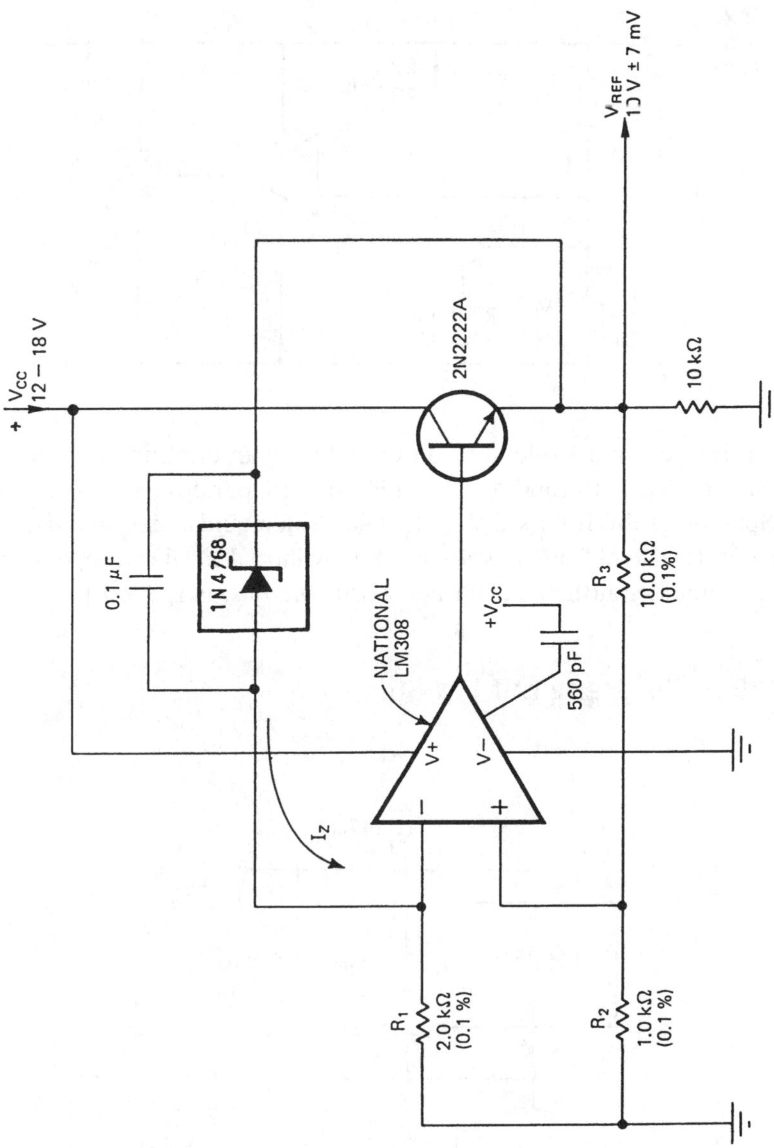

Erweiterung der vorigen Schaltung durch einen Transistor, der Lastströme bis 30 mA gestattet. Gleichzeitige Temperaturänderung von 75 °C und Schwankung von UCC um 10 % ergeben eine Änderung von nur 7 mV in der Ausgangsspannung. [W. Goldfarb, *Electronics*, New York, 7. Juni 1973.]

784. Prinzip einer „band gap"-Referenz

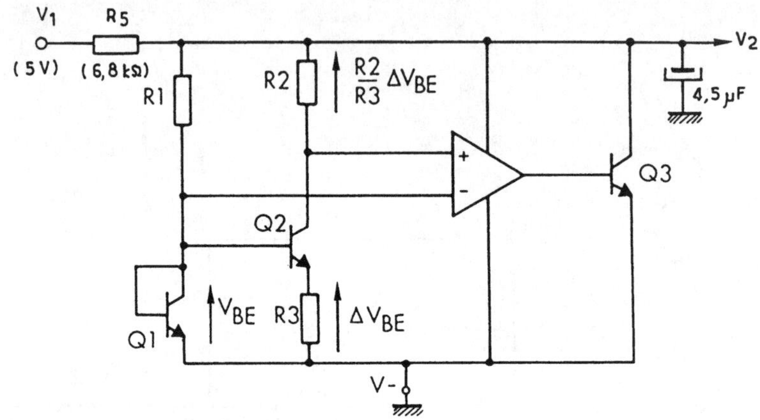

Zwischen Emitter und Kollektor von Q3 erhält man die Summe von U_{BE} und des Abfalls an R_1. Aufgrund des mitintegrierten Operationsverstärkers beträgt dieser Spannungsabfall R_2 x $\Delta V_{BE}/R_3$. Die Widerstandswerte und die Abmessungen der Basiselektroden werden so gewählt, daß die Temperaturdriften sich gegeneinander aufheben. [Firmenschrift *Intersil*, ICL 8069.]

785. 10-V-Referenz mit LM 369

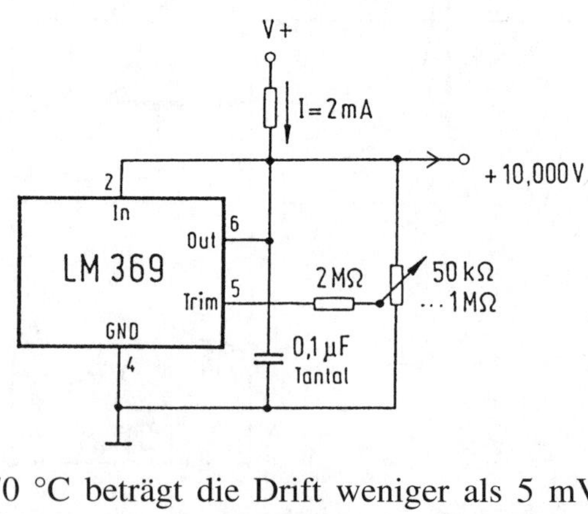

Zwischen 0 und 70 °C beträgt die Drift weniger als 5 mV. Anwendbar mit Lastströmen bis 10 mA. Der von dem Potentiometer überstrichene Trimmbereich beträgt ± 10 mV. Mit 100 nF zwischen Pin 5 und Masse kann das Rauschverhalten verbessert werden. [Linear Databook 2, *National Semiconductor*, 1987. – *ELO* Praxis, München, Nr. 5/89, Seite 9.]

786. Symmetrische 10-V-Referenz mit LM 369

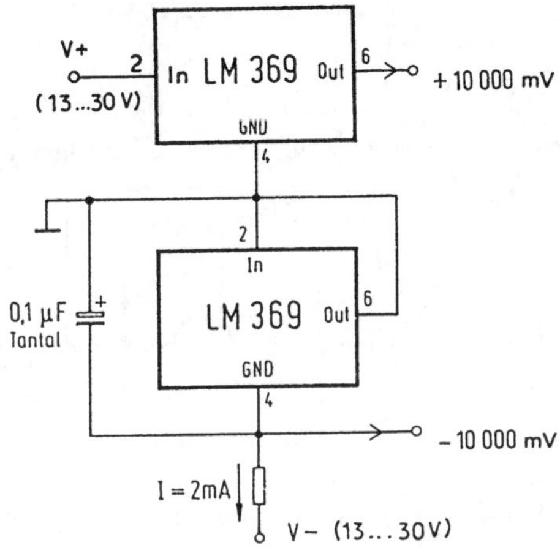

Zwischen 0 und 70 °C beträgt die Drift weniger als 5 mV. Anwendbar mit Lastströmen bis 10 mA. [Linear Databook 2, *National Semiconductor*, 1987. – *ELO* Praxis, München, Nr. 5/89, Seite 9.]

787. Differentielle Referenzspannung

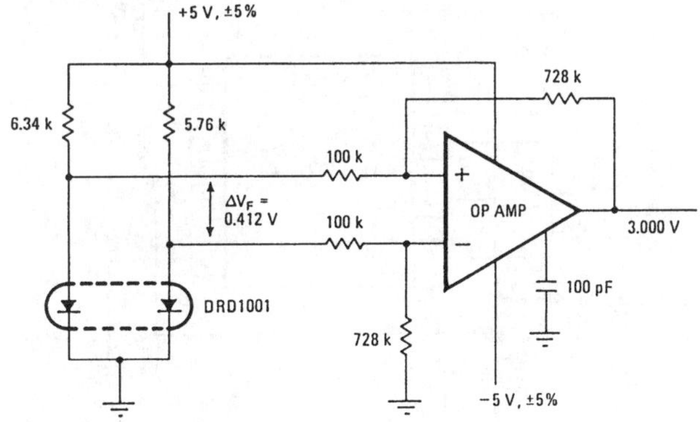

Zwei verschieden dopierte und zusammen integrierte Dioden zeigen Schwellspannungen, deren Differenz nicht von der Temperatur abhängt. Ein annäherndes Ergebnis kann mit einer Silizium- und einer Leuchtdiode erhalten werden. Die Methode ist vorteilhaft, wenn man nur über eine niedrige Speisespannung verfügt. [J. DuBow, *Electronics*, 7. Februar 1974, Seite 133.]

788. Stabilisierung mit programmierbarer Stromquelle

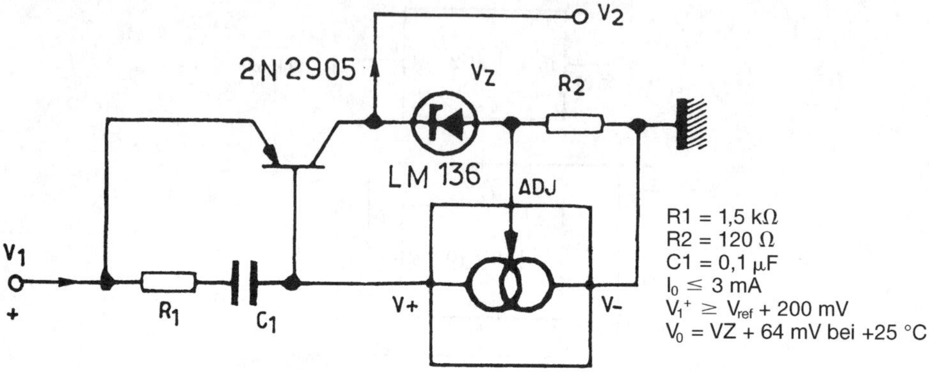

Eine Referenzdiode für 2,5 V (LM 136) erhält stromkonstante Ansteuerung durch einen Transistor, dessen Basisstrom aus einer programmierbaren Stromquelle (LM 134/234/334) stammt, die wiederum vom Spannungsabfall an R_2 gesteuert wird. [Industry Standard Analog IC Databook, *SGS Thomson Microelectronics*, 1989, Seiten 481 bis 489.]

789. Präzisionsspannungsteiler mit LTC 1044

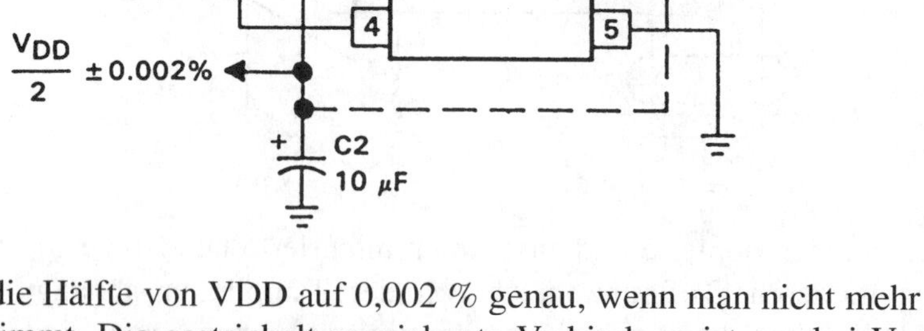

Liefert die Hälfte von VDD auf 0,002 % genau, wenn man nicht mehr als 100 nA entnimmt. Die gestrichelt gezeichnete Verbindung ist nur bei $V_{DD} < 6$ V auszuführen. [Linear Circuits Data Book, Vol. 3, *Texas Instruments*, 1989, Seite 269.]

10 Stromreferenzen

790. Konstantstrom mit Verarmungs-MOSFET

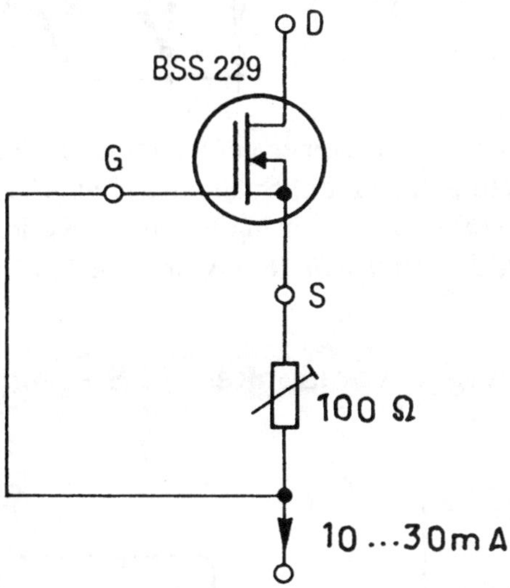

Die Spannung am dargestellten Zweipol muß mindestens 2 V betragen. Mit einem Junction-Feldeffekttransistor ist höherer Spannungsabfall und, zumindest bei mehr als 10 mA, stärkere Drift zu erwarten. [Composants Actualités *Siemens*, Paris, März 1988, Seite 15.]

791. Umschaltbare Stromsenke

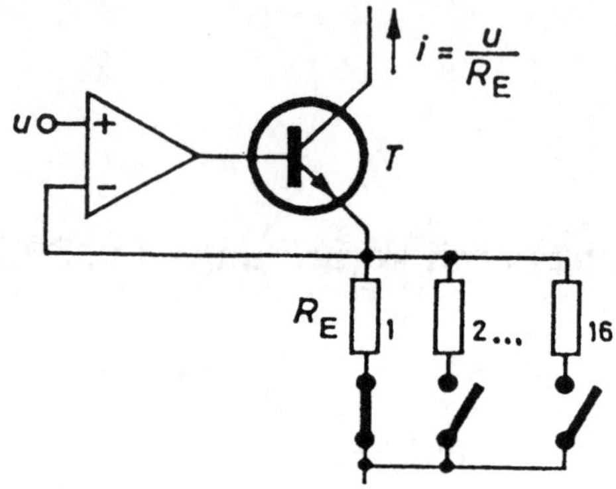

Der Operationsverstärker wird mit einer geregelten oder auch veränderlichen (beispielsweise temperaturabhängigen) Spannung U angesteuert. Der Kollektorstrom von T beträgt U/R_E, fast unabhängig von der Kollektorspannung. [R. Claussen, *Internationale Elektronische Rundschau*, Nr. 2/71, Seite 49.]

792. und 793. Präzise Stromsenke und Stromquelle

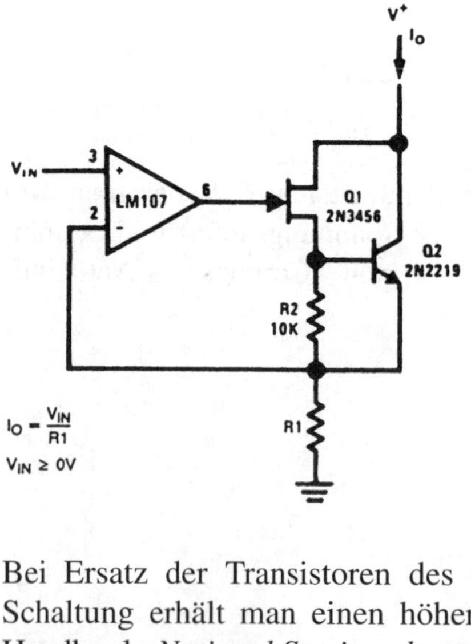

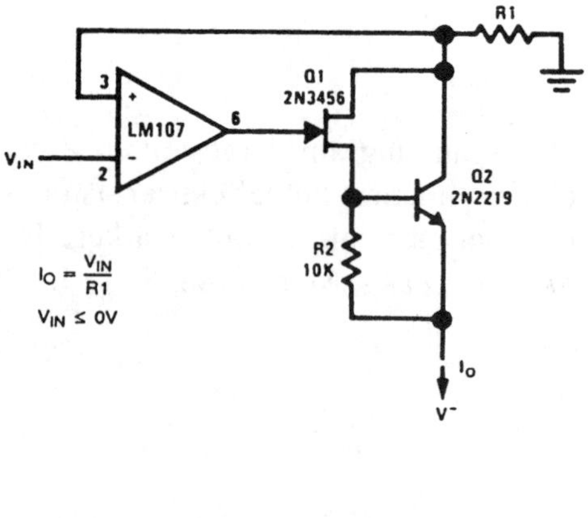

Bei Ersatz der Transistoren des vorigen Beispiels durch eine Darlington-Schaltung erhält man einen höheren Innenwiderstand. [Linear Applications Handbook, *National Semiconductor*, 1986, Seite 25.]

794. und 795. Konstantstrom mit programmierbarer Z-Diode

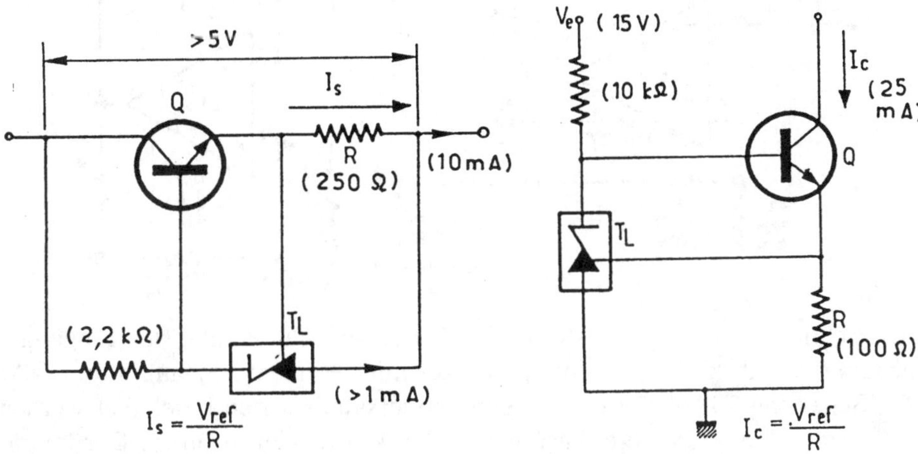

Beide Schaltungen arbeiten mit TL 430/1.

794: Konstantstromzweipol.

795: Stromsenke. Die Werte in Klammern gelten als Beispiel. [Firmenschriften TL 430/1 (*Texas Instruments, Fairchild*) – *Le Haut-Parleur*, Paris, Nr. 1642, Seiten 268 bis 271.]

796. Konstantstrom mit Spannungsregler

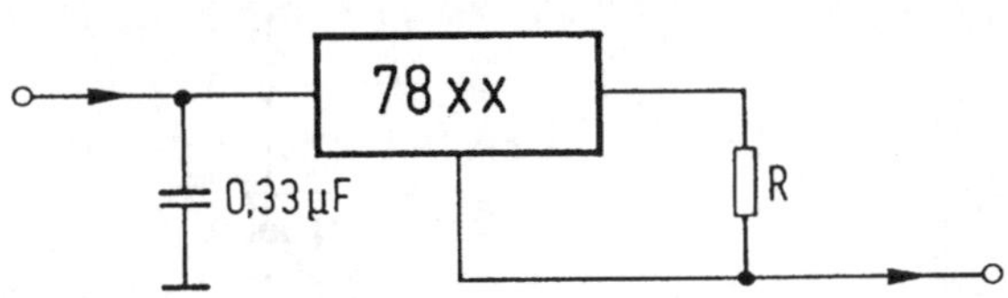

Mit einem für eine Spannung U ausgelegten Regler erhält man einen Strom von U/R. Brauchbar ab 10 mA. Der Überlastungsschutz bleibt erhalten. Auch anwendbar mit LM 109 oder ähnlichen Spannungsreglern. [Linear Applications Handbook, *National Semiconductor*, 1986, Seite 140.]

797. und 798. Bipolare Stromquelle, LM 101, LM 108

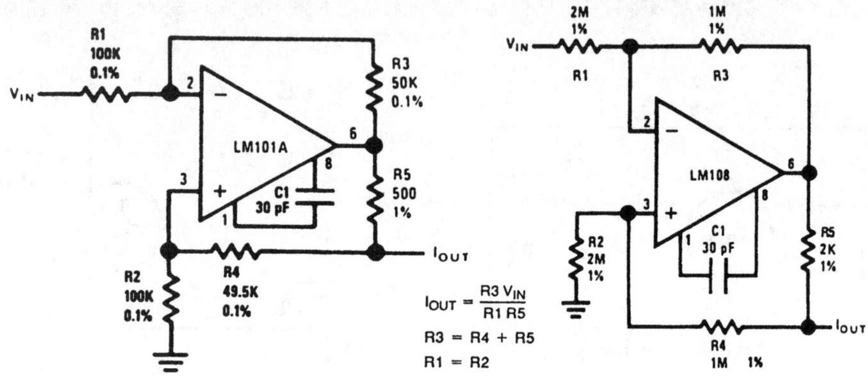

Die Richtung des Ausgangsstroms I_{out} hängt von der Polung der Eingangsspannung V_{in} ab. Ein Operationsverstärker mit geringem Eingangsstrom (LM 108, Schaltung 798) kann mit höheren Widerstandswerten beschaltet werden und gestattet damit bessere Ausregelung bei schwachen Strömen. Der Innenwiderstand hängt von der Symmetrie der Teiler ab und kann negative Werte annehmen. [Linear Applications Handbook, *National Semiconductor*, 1986, Seiten 70 et 86.]

799. Konstantstromzweipol

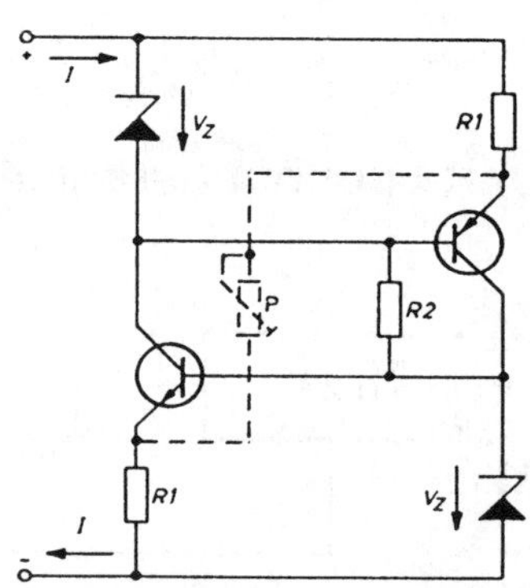

Zwei komplementäre Konstantstromregler, mit $I = (U_z - U_{BE})/R_1$ werden zusammengeschaltet. R_2 (etwa 1 MΩ) führt den Anlaufstrom. Mit P kann man die Regelung durch Mitkopplung optimisieren oder durch Einstellen auf negativen Widerstand einen positiven Widerstand im Nutzkreis kompensieren. [Discrete Semiconductor Circuit Examples, *ITT-Intermetall*, 1973, Seite 33.]

800. Konstantstromquelle mit weitem Einstellbereich

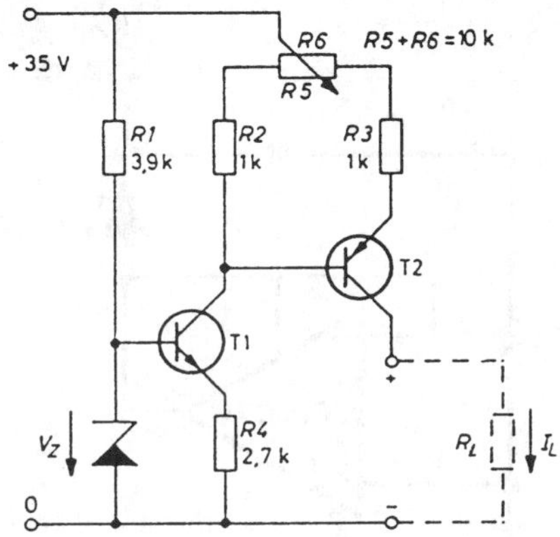

Zwei Konstantstromquellen sind hintereinander geschaltet.
$I_L = (AB - 0{,}6\ V)/C$, wenn $A = (V_Z - 0{,}6\ V)/R_4$, $B = R_2 + R_5$, $C = R_3 + R_6$.
Mit den angegebenen Werten ist I_L zwischen 0,15 und 24 mA einstellbar.
[Discrete Semiconductor Circuit Examples, *ITT-Intermetall*, 1973, Seite 35.]

801. und 802. Programmierbarer Konstantstrom

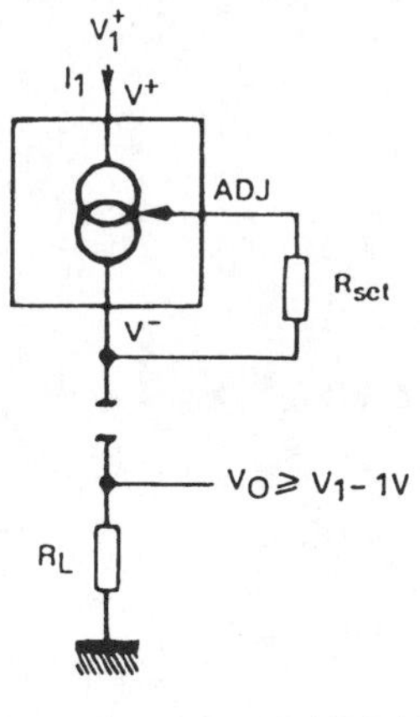

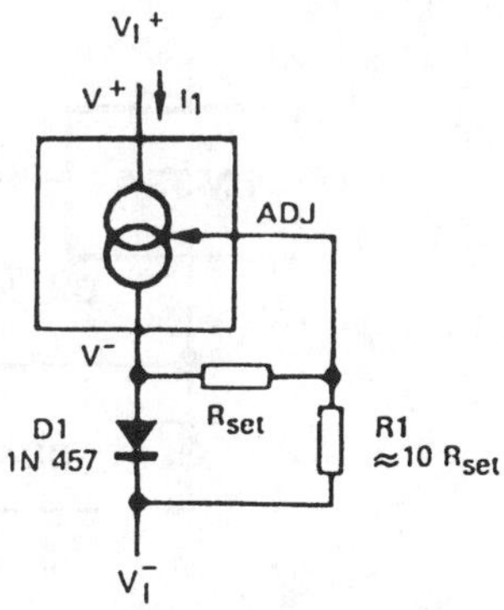

Anwendbar für LM 134/234/334 sowie für Ströme zwischen 1 µA und 10 mA. $I_1 = 67{,}7\ mV/R_{set}$ bei 25 °C und mindestens 1 V am Zweipol, Maximum 30 V für LM 334, 40 V für LM 134 und LM 234. Die Temperaturdrift beträgt 0,33 %/°C und wird in Schaltung 802 durch Zuschalten einer Diode und eines Widerstandes kompensiert. [Industry Standard Analog IC Databook, *SGS Thomson Microelectronics*, 1989, Seiten 481 bis 489.]

803. Konstantstrom mit LT 1004

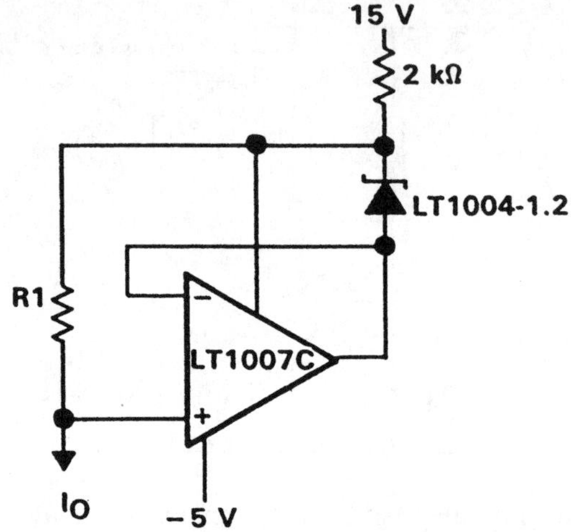

Der geregelte Ausgangsstrom beträgt $I_0 = 1{,}235\ V/R_1$. Anwendbar bis 5 mA. Bei weniger als 0,5 mA ist der zu +15 V führende Widerstand zu erhöhen. [Linear Circuits Data Book, Vol. 3, *Texas Instruments*, 1989, Seite 2-49.]

804. Konstantstromzweipol mit LM 334 und LT 1004

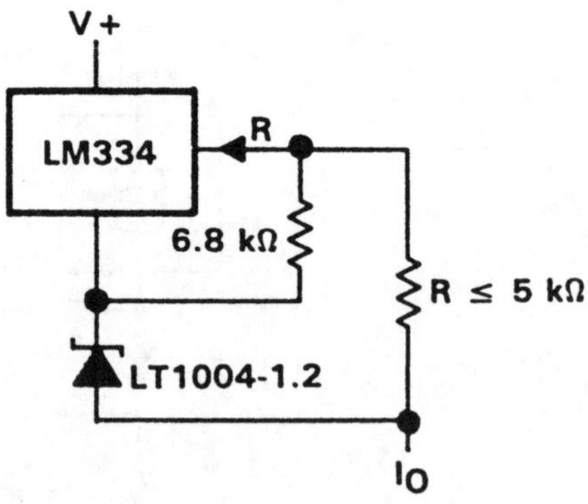

$$I_O \approx \frac{1.3\ V}{R}$$

Der geregelte Ausgangsstrom beträgt $I_0 = 1{,}3\ V/R$. Für Ströme in der Größenordnung von 1 mA. Geringe Temperaturdrift. [Linear Circuits Data Book, Vol. 3, *Texas Instruments*, 1989, Seite 2-49.]

11 Lineare Spannungsregler

Regler mit diskreten Bauteilen

805. Netzteil ohne Transformator, mit zwei Dioden

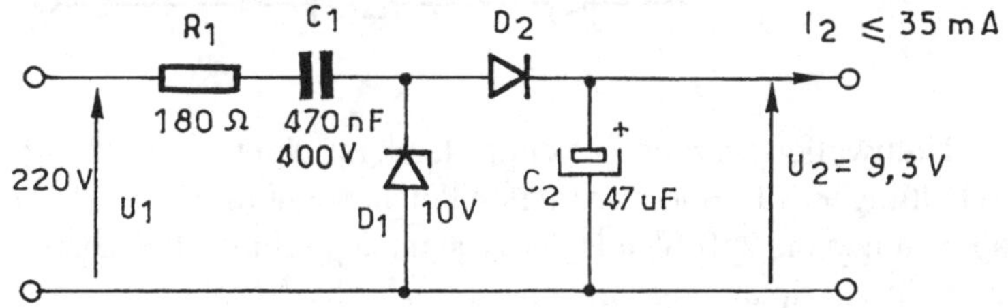

D_1 dient in der einen Stromrichtung als Gleichrichter, in der anderen zur Begrenzung der gleichgerichteten Spannung. Letztere ist, aufgrund der Schwellspannung von D_2, um 0,7 V niedriger als die Nennspannung von D_1. Die verfügbare Stromstärke ist etwa proportional zu dem Wert von $C_1 \cdot R_1$, schützt die Bauteile gegen Überlastung durch Spannungsspitzen. [50 Hobby-Schaltungen mit Leuchtdioden, Seiten 60 bis 73, *Franzis-Verlag*, München.]

806. Netzteil ohne Transformator, mit drei Dioden

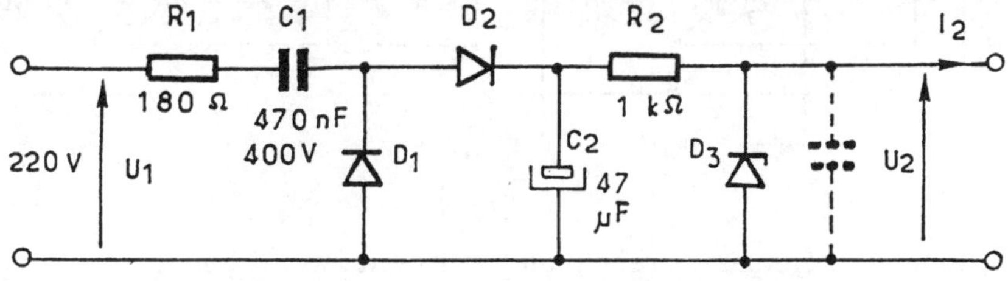

Die Trennung zwischen den Funktionen des Gleichrichters und der Spannungsbegrenzung führt zu einer geringeren Welligkeit als bei der vorigen Schaltung. [50 Hobby-Schaltungen mit Leuchtdioden, Seiten 60 bis 73, *Franzis-Verlag*, München.]

807. Symmetrische Gleichspannung ohne Transformator

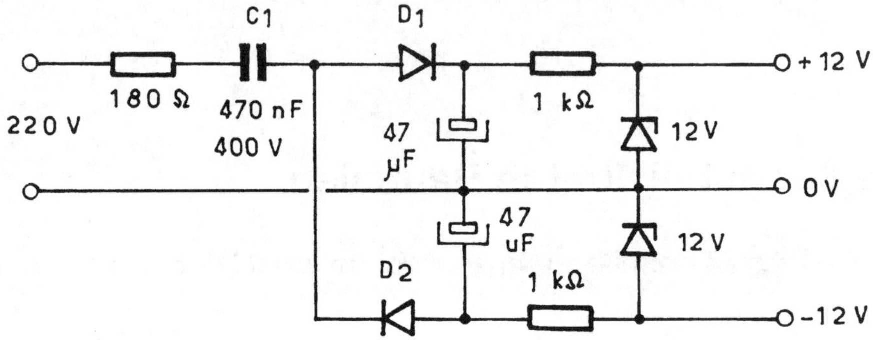

Die beiden Halbwellen werden getrennt gleichgerichtet. C_1 muß, wie bei den vorigen Schaltungen, für eine maximale Gleichspannung von 400 V oder eine Wechselspannung von 250 V ausgelegt sein. R_1 schützt die Bauteile gegen Überlastung durch Spannungsspitzen. [50 Hobby-Schaltungen mit Leuchtdioden, Seiten 60 bis 73, *Franzis-Verlag*, München.]

808. und 809. Brückengleichrichter mit Z-Dioden

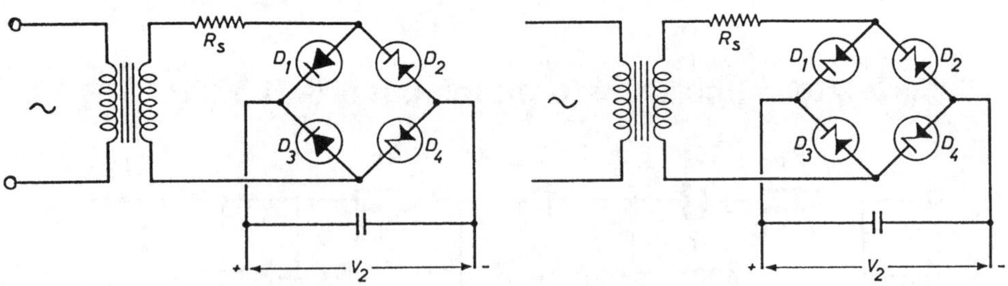

Eine Spannungsbegrenzung erhält man bereits mit zwei Z-Dioden.
Mit vier Z-Dioden wird die Verlustleistung gleichmäßiger aufgeteilt (809), wenn die Arbeitsspannungen eng beieinander liegen. Nur rationell für Stromstärken bis etwa 20 mA. [Firmenschrift RTC, Diodes Régulatrices de Tension. – Firmenschrift *ITT-Intermetall.*]

810. Spannungsregler für Batteriezellen

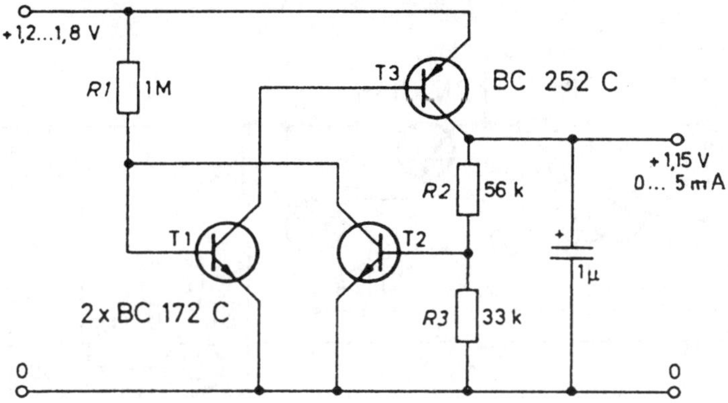

Die Basis-Emitter-Spannung von T2, etwa 420 mV bei I_C = 1 µA, dient als Referenz. R_1 ist so zu wählen, daß T3 sättigt, wenn T2 sperrt. Der Leerlaufverbrauch beträgt 15 µA. [Discrete Semiconductor Circuit Examples, *ITT-Intermetall*, 1973, Seite 47.]

811. 2-V-Regler mit geringem Eigenverbrauch

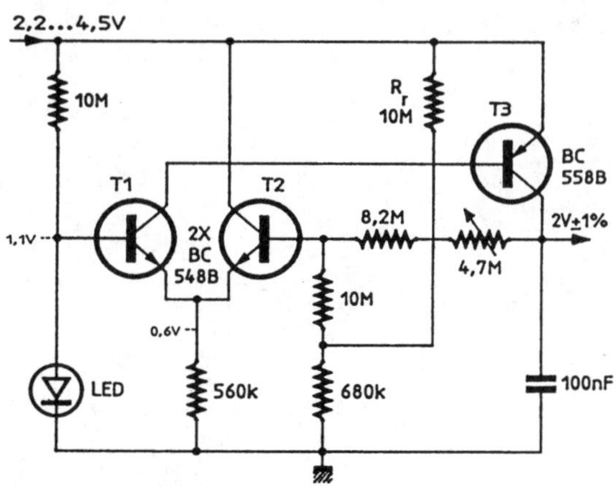

Bei 30 µA im Ausgang beträgt der Eingangsstrom 31,5 µA. Die als Referenz dienende Leuchtdiode läßt die Ausgangsspannung bei Temperaturerhöhung leicht zurückgehen. Eine Mitkopplung (R_r) bewirkt eine Ausregelung auf 1% bei Eingangsspannungen von 2,2 bis 4,5 V oder auf 0,1% bei 3 V ± 10%. [*Electronique Applications*, Paris, Nr. 67, Seite 23.]

812. Spannungsregler für 12 V, 3 A

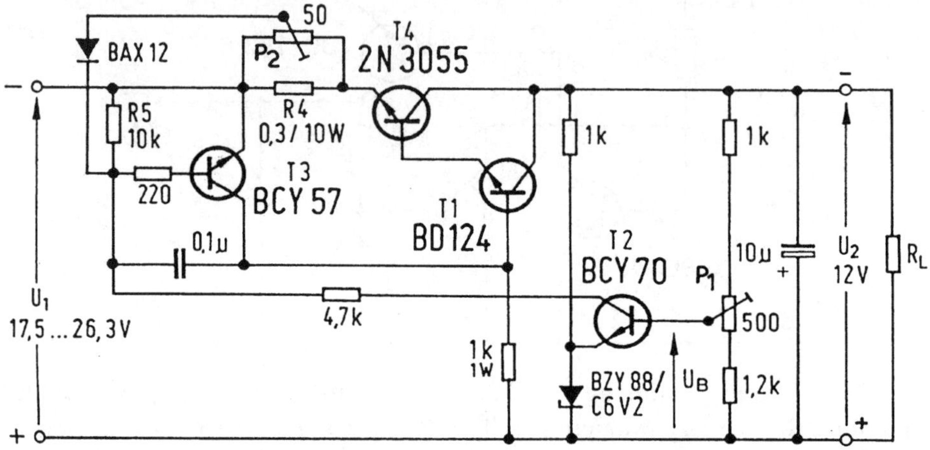

Mit P_1 wird die Ausgangsspannung eingestellt, mit P_2 die Einsatzschwelle der Strombegrenzung. Die am Schleifer von P_2 liegende Diode kompensiert die Temperaturdrift dieser Schwelle. Für 2 N 3055 ist ein Kühlkörper vorzusehen. [A. Köhler, R. Schiffel, *Funkschau*, München, Nr. 10/86, Seite 53.]

813. Regler mit Differenzverstärker, 12 bis 24 V, 3 A

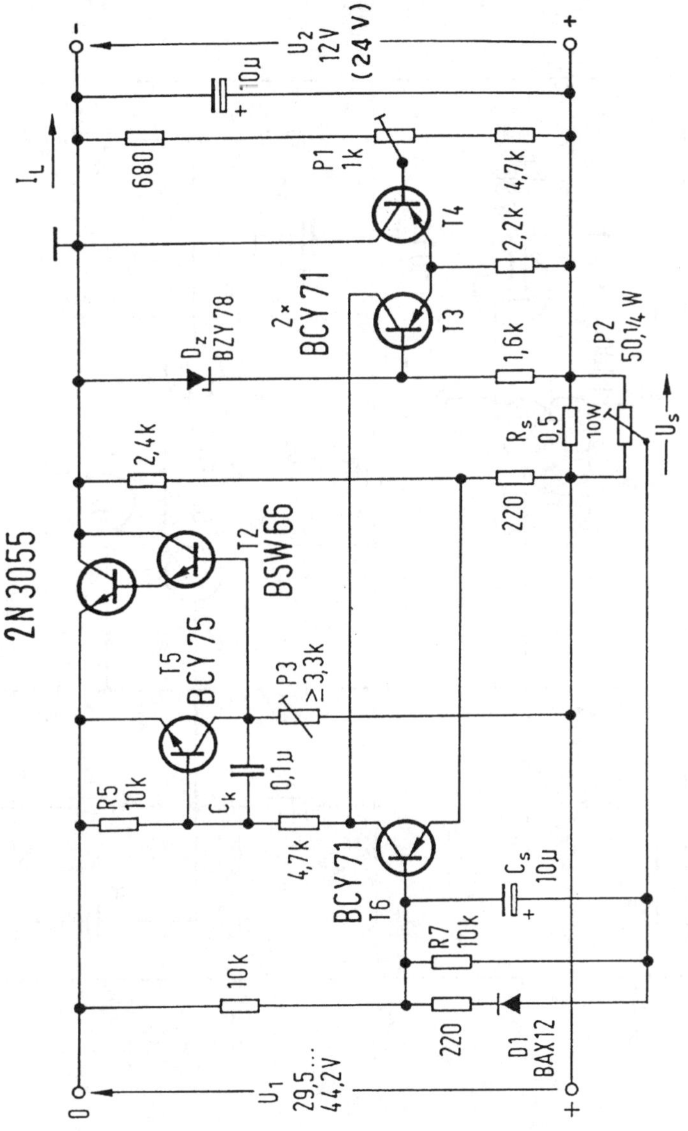

Die Ausgangsspannung hängt von D_Z und von der Einstellung von P_1 ab. Mit P_2 wird die Einsatzschwelle der Strombegrenzung eingestellt. Für 2 N 3055 ist ein Kühlkörper vorzusehen. [A. Köhler, R. Schiffel, *Funkschau*, München, Nr. 10/86, Seite 53.]

814. Positiv-Regler mit MOSFET

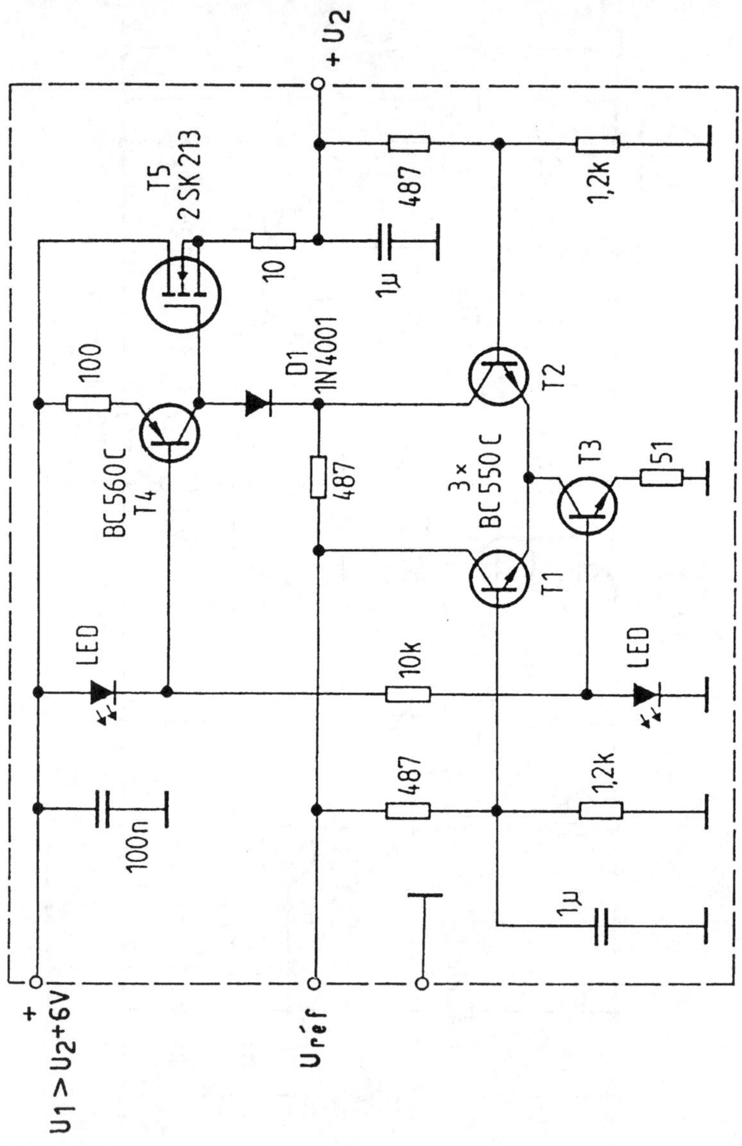

Die Referenzspannung liefert ein Festregler vom Typ 78XX. U_2 kann von U_{ref} verschieden sein, wenn man einen Teil des Spannungsteilers im Ausgang durch ein Potentiometer ersetzt. Anwendbar bis 40 V, 200 mA. [I. Linnenberg, *Funkschau*, München, Nr. 7/89, Seiten 97 bis 99.]

815. Negativ-Regler mit MOSFET

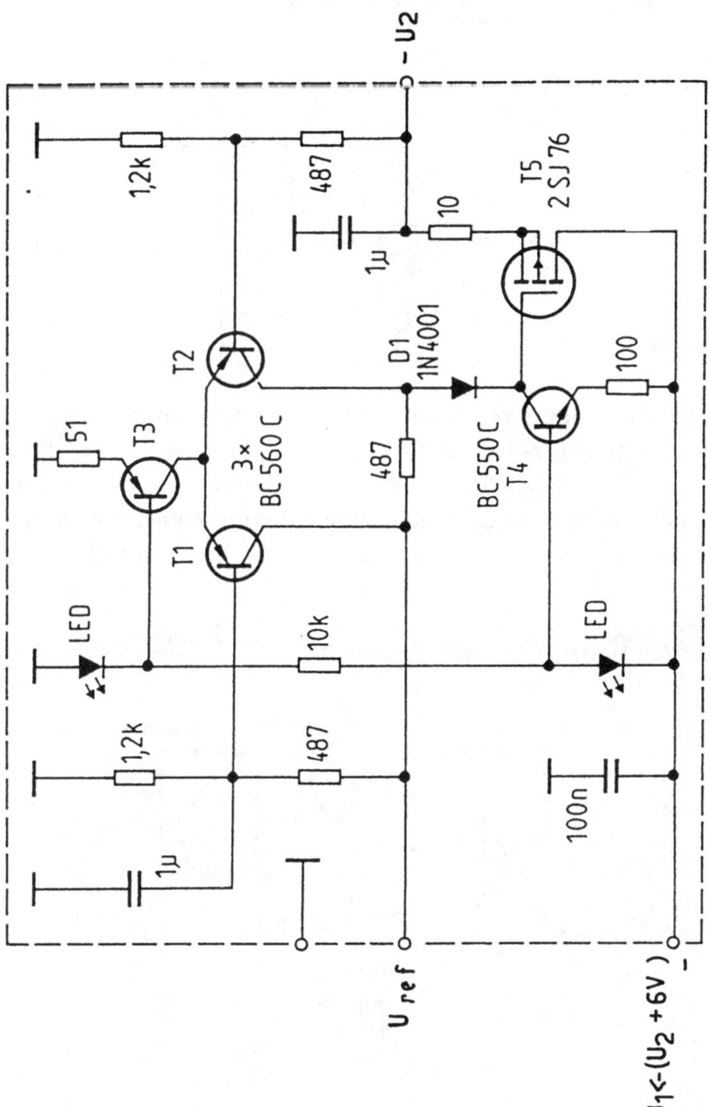

Die Referenzspannung liefert ein Festregler vom Typ 78XX. U_2 kann von U_{ref} verschieden sein, wenn man einen Teil des Spannungsteilers im Ausgang durch ein Potentiometer ersetzt. Anwendbar bis 40 V, 200 mA. [I. Linnenberg, *Funkschau*, München, Nr. 7/89, Seiten 97 bis 99.]

816. Negativ-Regler mit Strombegrenzung

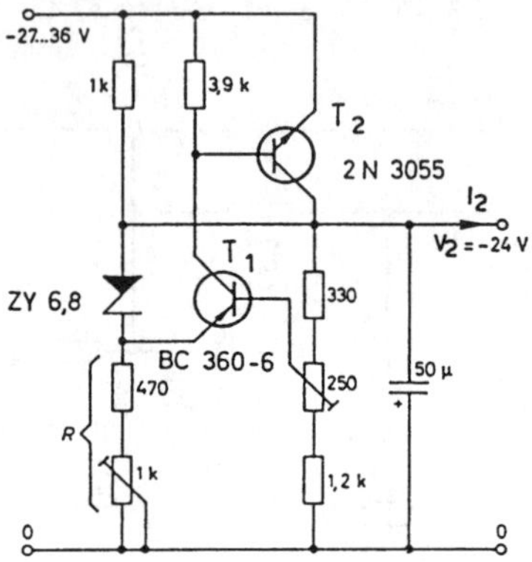

Eine rückläufige Begrenzung setzt ein, wenn der Emitterstrom von T1 höher wird als die in der Z-Diode fließende Stromstärke. Diese Bedingung entspricht $I_2 = (V_2 - V_Z)B_2/R$, wobei B_2 die Stromverstärkung von T2 ist. Die angegebenen Werte ergeben eine Begrenzungsschwelle von etwa 1 A. [Discrete Semiconductor Circuit Examples, *ITT-Intermetall*, 1973, Seite 39.]

817. Zwei Längstransistoren mit TL 430/1

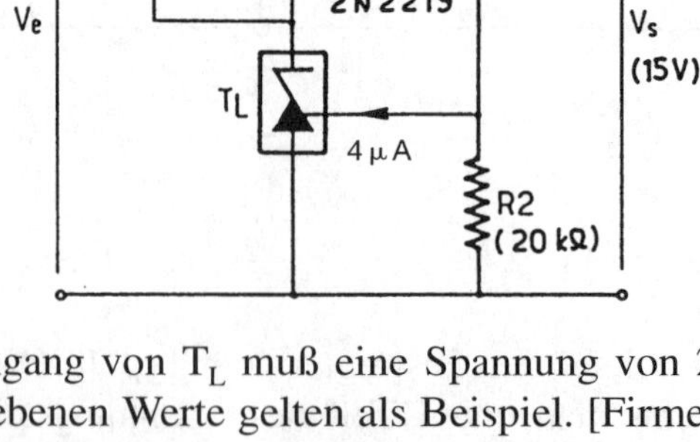

Am Vergleichseingang von T_L muß eine Spannung von 2,5 V liegen. Die in Klammern angegebenen Werte gelten als Beispiel. [Firmenschriften TL 430/1 (*Texas Instruments, Fairchild*) – *Le Haut-Parleur*, Paris, Nr. 1642, Seiten 268 bis 271.]

818. Darlingtontransistor mit TL 430/1

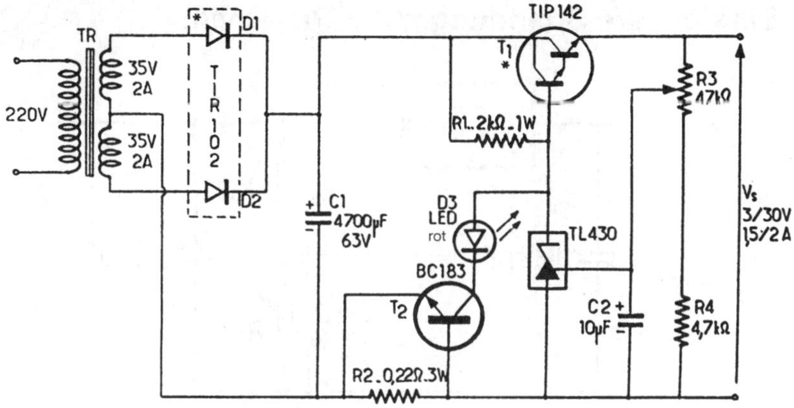

* auf Kühlkörper

Maximaler Ausgangsstrom: 2 A bei $V_E = 15$ V. T_1 dient zur Strombegrenzung. Deren Einsatz zeigt eine Leuchtdiode an. [Firmenschriften TL 430/1 (*Texas Instruments, Fairchild*) – *Le Haut-Parleur*, Paris, Nr. 1642, Seiten 268 bis 271.]

819. Parallelregler oder Leistungs-Z-Diode, TL 430/1

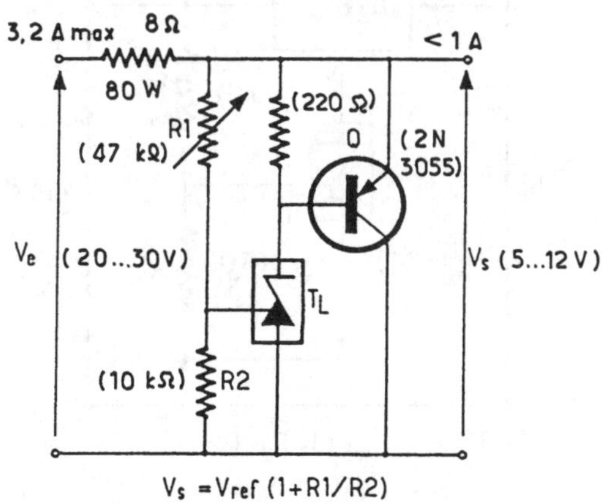

Eine programmierbare Z-Diode steuert einen Leistungstransistor. Auch als Schutz gegen Überspannungen einsetzbar. Die in Klammern angegebenen Werte gelten als Beispiel. [Firmenschriften TL 430/1 (*Texas Instruments, Fairchild*) – *Le Haut-Parleur*, Paris, Nr. 1642, Seiten 268 bis 271.]

Lineare Regler mit integrierten Schaltungen

820. Einstellbare Spannung mit 3-Pin-Regler

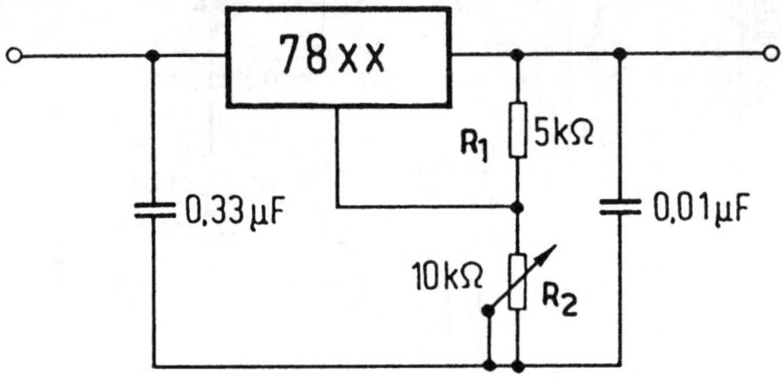

Bei einem für eine Spannung V_{ref} ausgelegten Regler beträgt die Ausgangsspannung V_{ref} $[1 + (R_1/R_2)]$. Mit R_1 = 240 Ω auch für LM 117 und LM 317 anwendbar. Die Welligkeit kann mit 10 µF parallel zu R_2 verringert werden. [Linear Databook 1, *National Semiconductor*, 1987, Seite 1 bis 66.]

821. Mit TL 430/1 gesteuerter Regler

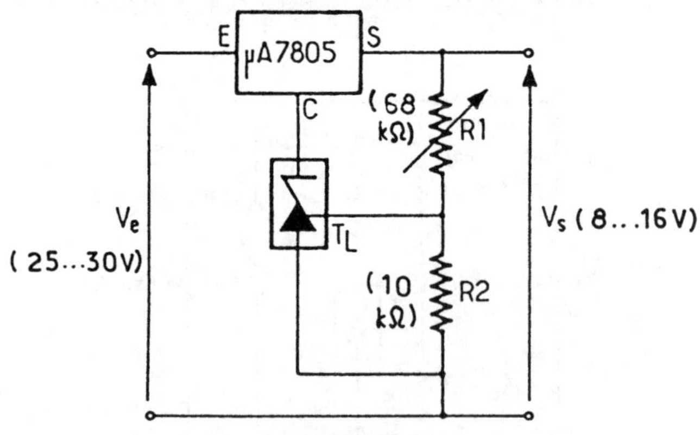

Die beiden IS liegen in Reihe. Die bei in T_L erfolgtem Vergleich ermittelte Fehlergröße steuert µA 7805. Die in Klammern angegebenen Werte gelten als Beispiel. [Firmenschriften TL 430/1 (*Texas Instruments, Fairchild*) – *Le Haut-Parleur*, Paris, Nr. 1642, Seiten 268 bis 271.]

822. 3-Pin-Regler und Operationsverstärker

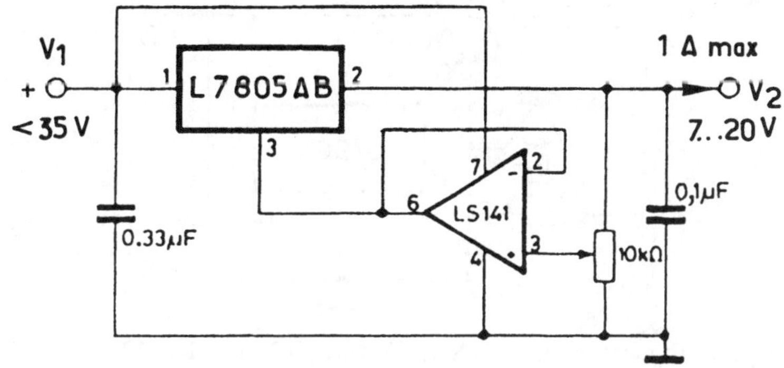

Die Festspannungsregler L 78XX (5, 6, 8, 12, 15, 18 und 24 V, Gehäuse TO3 oder TO220) liefern bis zu 1 A. Durch Anfügen eines Operationsverstärkers kann die Ausgangsspannung einstellbar gemacht werden, wenn $V_1 - V_2 > 2$ V. Bei der dargestellten Schaltung muß auch der Minimalwert der Ausgangsspannung die Nennspannung des Reglers um 2 V übersteigen. [Industry Standard Analog IC Databook, *SGS Thomson Microelectronics*, 1989, Seite 305.]

823. PNP-Längstransistor für L 78XX A

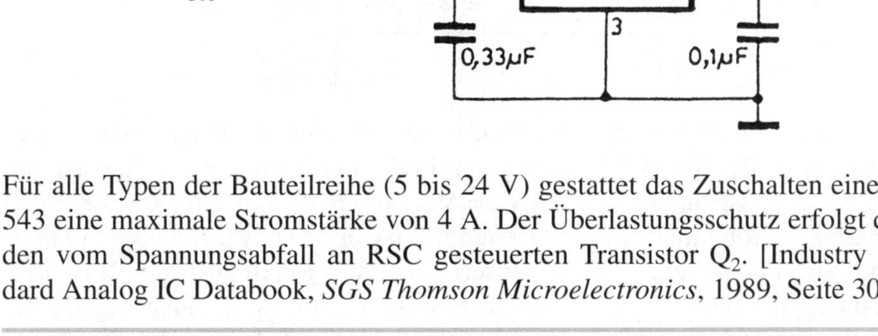

Für alle Typen der Bauteilreihe (5 bis 24 V) gestattet das Zuschalten eines BD 543 eine maximale Stromstärke von 4 A. Der Überlastungsschutz erfolgt durch den vom Spannungsabfall an RSC gesteuerten Transistor Q_2. [Industry Standard Analog IC Databook, *SGS Thomson Microelectronics*, 1989, Seite 305.]

824. Negativregler 5 V, 4 A, mit L 7905

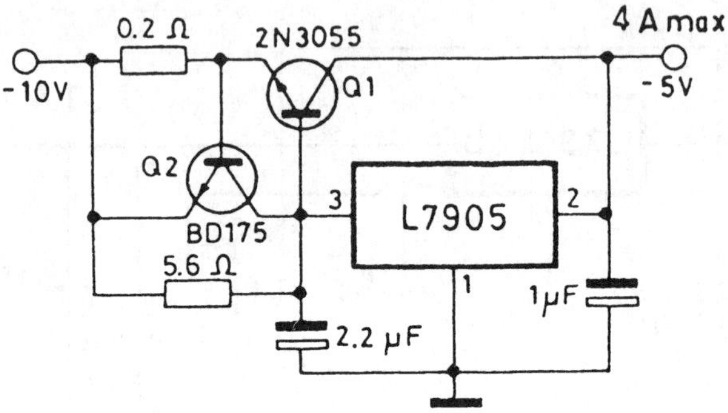

Die Festspannungsregler L 79XX S (5, 6, 8, 12, 15, 18, 22, 24 V) liefern bis zu 1,5 A. Ihre Eingangsspannung muß mindestens 3 V über der Ausgangsspannung liegen. Letztere ändert sich um weniger als 2%, wenn der Laststrom von 5 mA auf 1,5 A steigt oder wenn die Eingangsspannung vom Mindestwert auf den 35 V betragenden Maximalwert geht. Durch Anfügen von Q_1 kann ein Ausgangsstrom von 4 A erreicht werden. Der Überlastungsschutz erfolgt durch Q_2. [Industry Standard Analog IC Databook, *SGS Thomson Microelectronics*, 1989, Seite 346.]

825. Digitale Einstellung der Ausgangsspannung, L 200

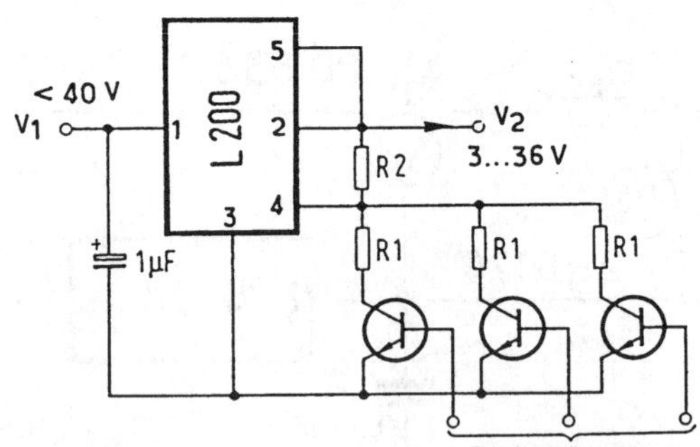

Die Digitaleingänge können einzeln oder zu mehreren mit einem Steuerstrom belegt werden. Bei Vernachlässigung der Sättigungsspannung der Transistoren ist die Ausgangsspannung jeweils $V_2 = V_{ref} (1 + R_2/R_1)$, mit $R_1 < 1{,}6\ k\Omega$ und $V_{ref} = 2{,}77$ V (toleranzbedingte Streuung: 2,64 bis 2,86 V). Solange die thermische Strombegrenzung nicht einsetzt, ist der Maximalstrom 2 A. Die Schwankungen der Eingangsspannung werden auf $^1/_{1000}$ ausgeregelt, der Innenwiderstand beträgt 2,5 mΩ. [Industry Standard Analog IC Databook, *SGS Thomson Microelectronics*, 1989, Seiten 95 bis 103.]

826. Spannungs- und Stromregler, 25 V, 1,5 A, mit LM 200

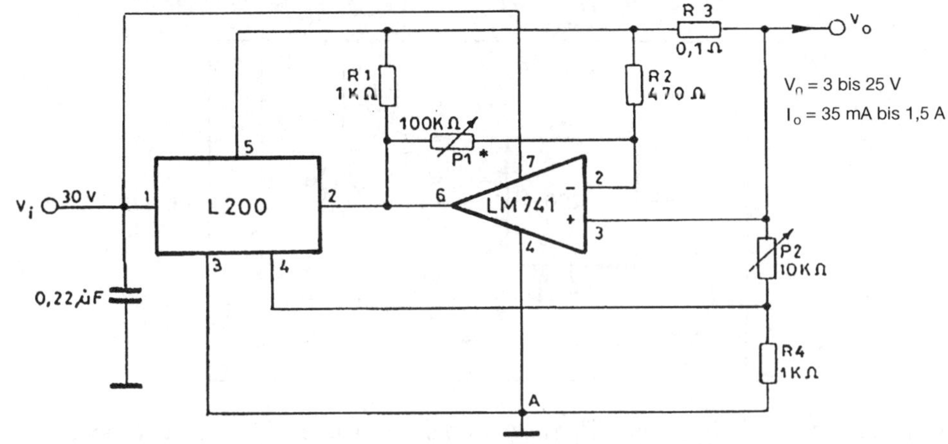

Die Einstellung der Stromstärke (P_1) kann zur Strombegrenzung dienen oder zur Festsetzung eines Konstantstromes, wobei die maximal an der Last abfallende Spannung mit P_2 begrenzt werden kann. [Industry Standard Analog IC Databook, *SGS Thomson Microelectronics*, 1989, Seiten 95 bis 103.]

827. L 200 mit PNP-Leistungstransistor

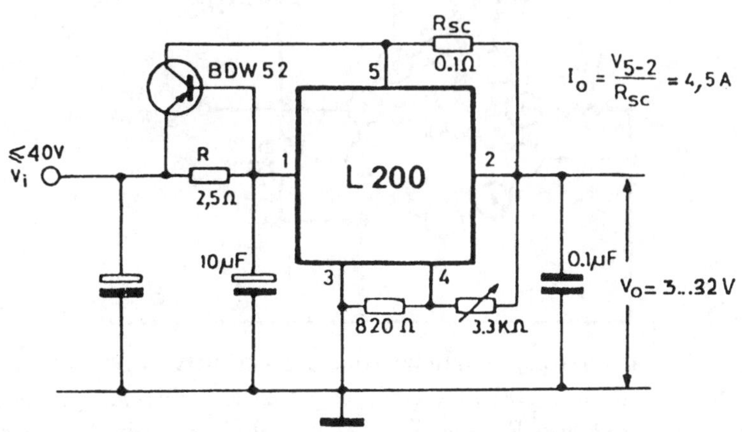

Die Einsatzschwelle der Strombegrenzung ist durch einen Spannungsabfall von 450 mV (Streubereich 380 bis 520 mV) an RSC gegeben. [Industry Standard Analog IC Databook, *SGS Thomson Microelectronics*, 1989, Seiten 95 bis 103.]

828. L 200 mit NPN-Leistungstransistor

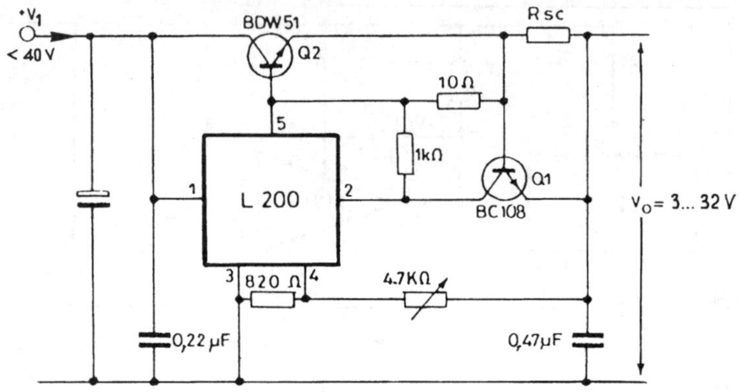

Bei Stellglied mit NPN ist ein zusätzlicher Transistor, T_1, zur Strombegrenzung notwendig. Die Einsatzschwelle entspricht 0,7 V an R_{SC}. Bei I_{Cmax} = 5 A ist deshalb R_{SC} = 0,14 Ω zu wählen. [Industry Standard Analog IC Databook, *SGS Thomson Microelectronics*, 1989, Seiten 95 bis 103.]

829. Negativregler mit LM 104

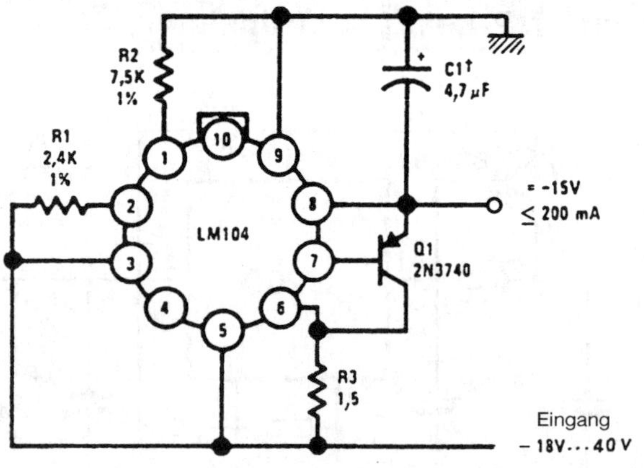

Der mit LM 104 maximal mögliche Ausgangsstrom von 25 mA kann durch Zuschalten von Q_1 auf 200 mA gesteigert werden. Die Ausgangsspannung beträgt 2 V pro kΩ von R_2. Die Einsatzschwelle der Strombegrenzung entspricht 0,3 V an R_3. Laständerungen werden auf 0,05 % ausgeregelt, eine Änderung der Eingangsspannung von 20 % auf 0,2 %. [Linear Applications Handbook, *National Semiconductor*, 1986, Seiten 32 bis 40.]

830. Negativregler für 10 V mit LM 104

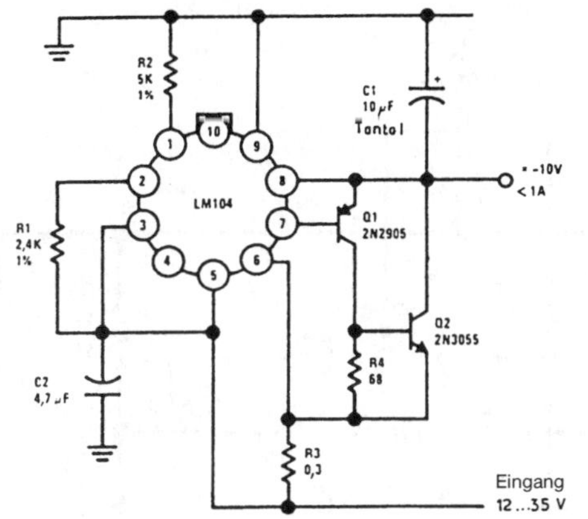

Die Zuschaltung eines NPN und eines PNP gestattet eine maximale Stromstärke von 1 A. Die Ausgangsspannung beträgt 2 V pro kΩ von R_2. Die Einsatzschwelle der Strombegrenzung entspricht 0,3 V an R_3. [Linear Applications Handbook, *National Semiconductor*, 1986, Seiten 32 bis 40.]

831. Negativregler für 12 V, 5 A mit LM 104

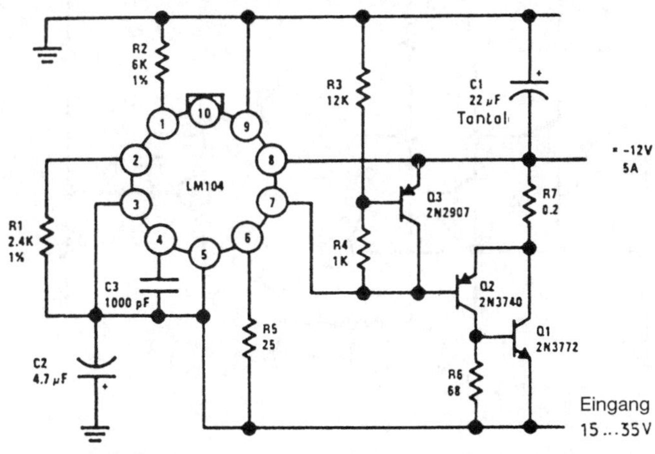

Rückläufige Strombegrenzung: Wenn die Spannungsabfälle an R_4 und R_7 gleiche Werte erreichen, wird Q_3 leitend und zweigt einen Teil des Basisstroms von Q_2 ab. [Linear Applications Handbook, *National Semiconductor*, 1986, Seiten 32 bis 40.]

832. und 833. Rückläufige Strombegrenzung mit LM 105

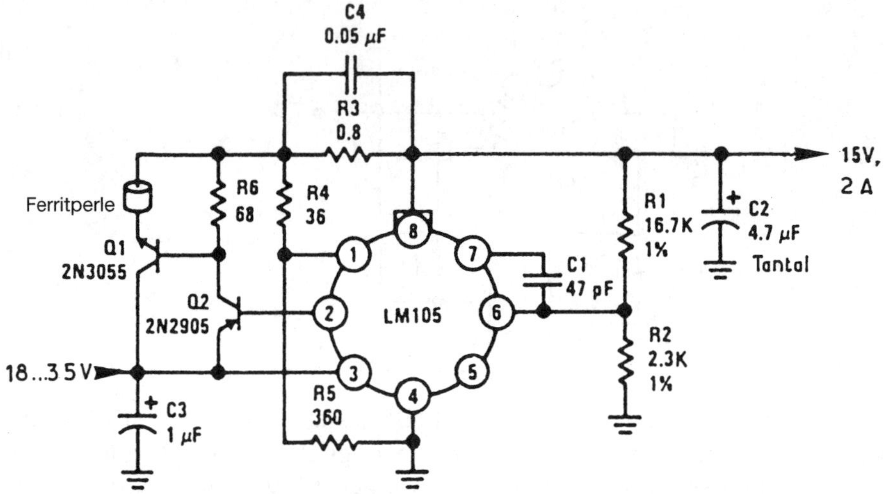

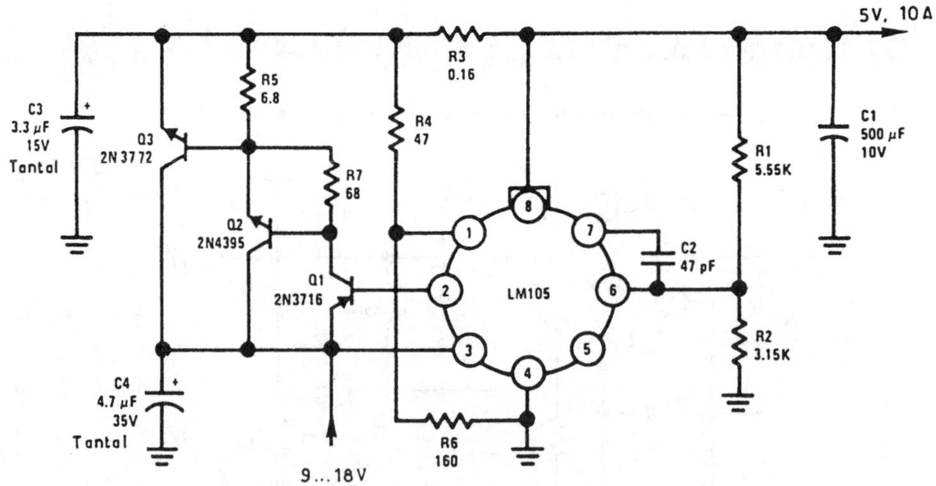

Die maximale Stromstärke ist 2 A bei Schaltung 832 und 10 A bei Schaltung 833. Der Spannungsabfall an R_3 steuert Pin 1 des Reglers an. Der Kurzschlußstrom beträgt etwa 25% des Maximalstroms. [Linear Applications Handbook, *National Semiconductor*, 1986, Seite 45.]

834. Von 0 bis 30 V einstellbarer Regler mit LM 117

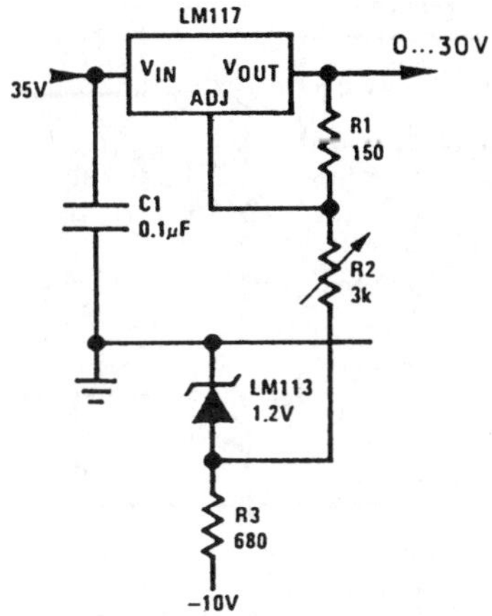

Die Strombegrenzung setzt bei einem Ausgangsstrom von 1,5 A ein. Bei hoher Differenz zwischen Ein- und Ausgangsspannung kann bereits bei geringeren Strömen eine thermische Begrenzung auftreten. [Linear Databook 1, *National Semiconductor*, 1987, Seite 1 bis 56.]

835. TTL-Schalter für LM 117

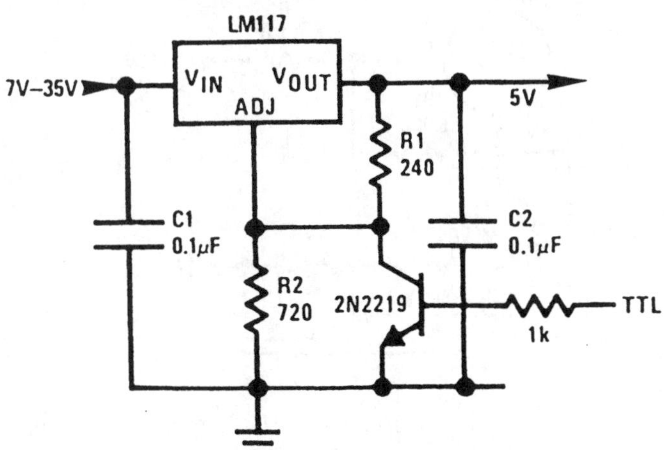

Der Regler liefert 5 V und maximal 1,5 A. Bei Ausschalten durch ein TTL-Signal geht die Ausgangsspannung auf 1,2 V zurück. [Linear Databook 1, *National Semiconductor*, 1987, Seite 1 bis 55.]

836. Sanftanlauf für LM 117

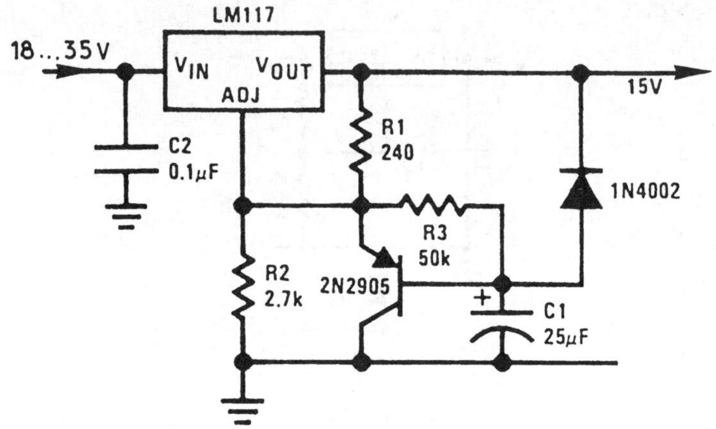

Die Zeitkonstante C_1 x R_3 bestimmt die Anlaufdauer dieses für 15 V und maximal 1,5 ausgelegten Reglers. [Linear Databook 1, *National Semiconductor*, 1987, Seite 1 bis 55.]

837. Schwachstromregler mit LM 134

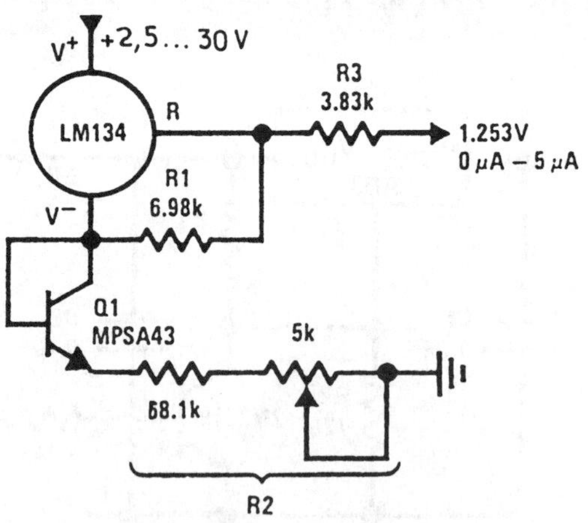

Liefert 1,253 V bei 0 bis 5 μA und einem Eigenverbrauch von etwa 10 μA. Der negative Temperaturgang der LM 134 wird durch die mit Q1 gebildete Diode ausgeglichen. Bei Abgleich von R_2 auf die Nominalspannung erhält man den geringsten Temperaturgang. [Linear Applications Handbook, *National Semiconductor*, 1986, Seiten 1156 und 1157.]

838. Spannungs- und Stromregler, 30 V, 5 A, LM 317.

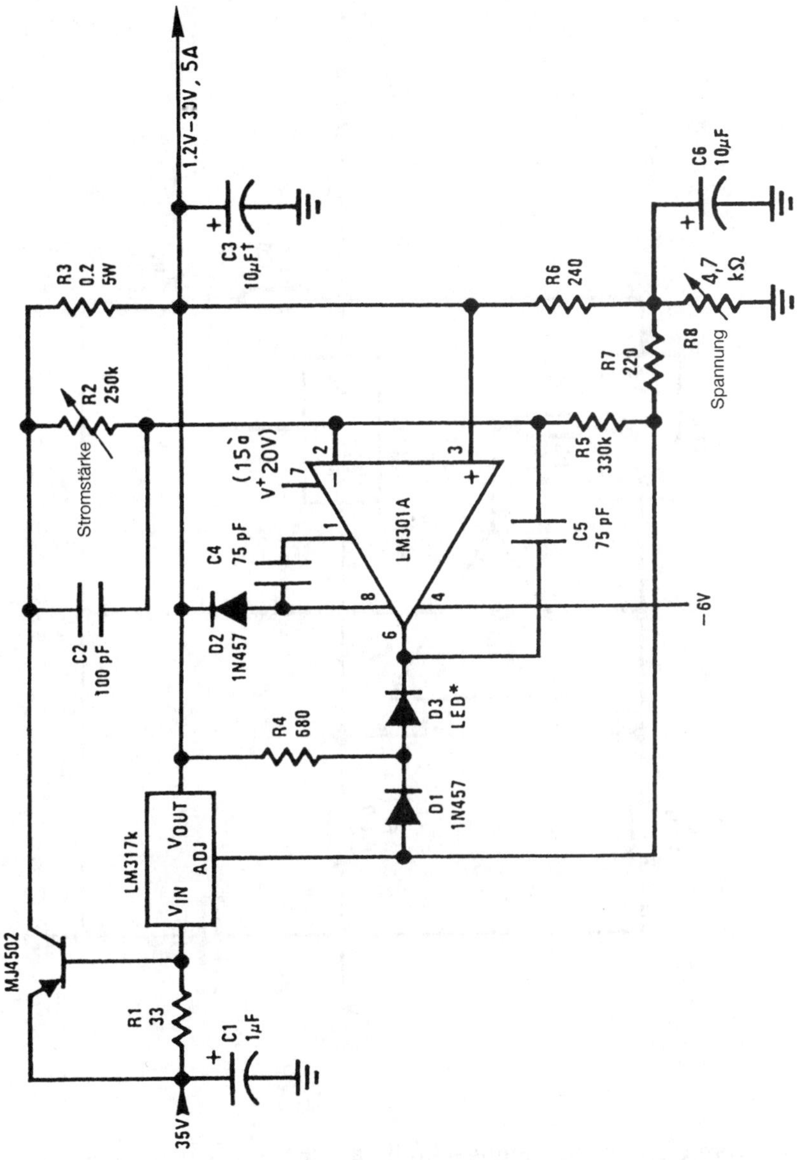

Die Einstellung der Stromstärke (R_2) kann zur Strombegrenzung dienen oder zur Festsetzung eines Konstantstromes, wobei die maximal an der Last abfallende Spannung mit R_8 begrenzt werden kann. [Linear Databook 1, *National Semiconductor*, 1987, Seite 1 bis 56.]

839. Parallelschaltung von zwei 5-A-Reglern LM 338

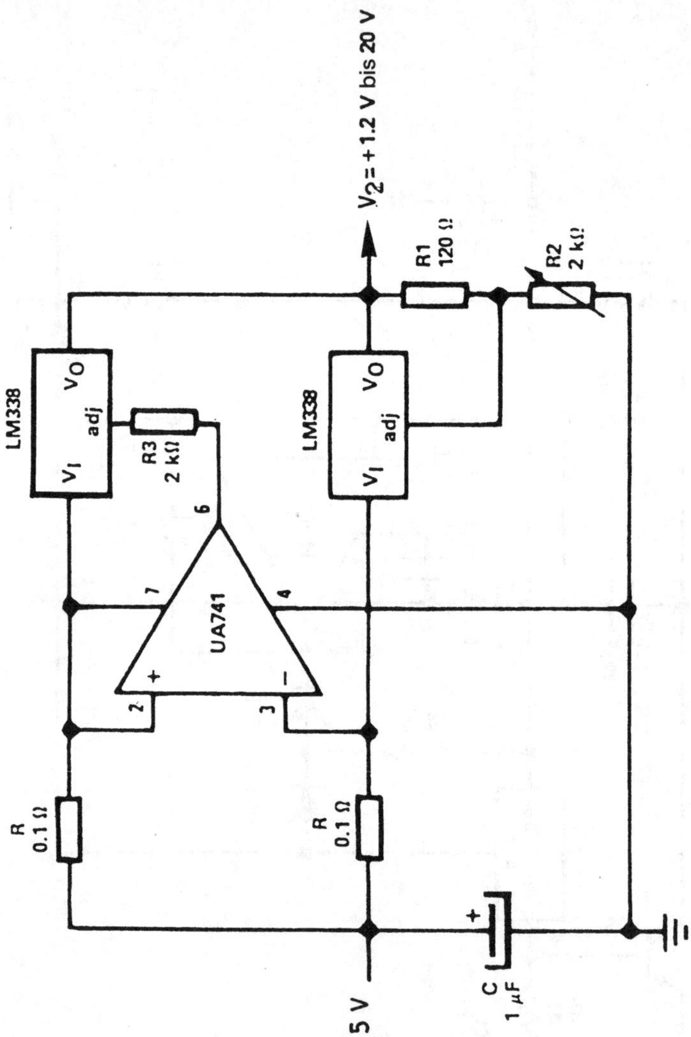

Durch Vergleich der Spannungsabfälle an den mit R bezeichneten Widerständen regelt der Operationsverstärker die Stromunterschiede in den beiden Reglern aus. Minimaler Laststrom: 0,1 A. $V_1 > 10$ V. Wenn $V_2 > 7$ V, muß die Differenz $V_2 - V_1$ mehr als 3,5 V betragen. [Industry Standard Analog IC Databook, *SGS Thomson Microelectronics*, 1989, Seiten 597 bis 606.]

840. und 841. 5-A-Regler für 5 und 15 V, LM 340

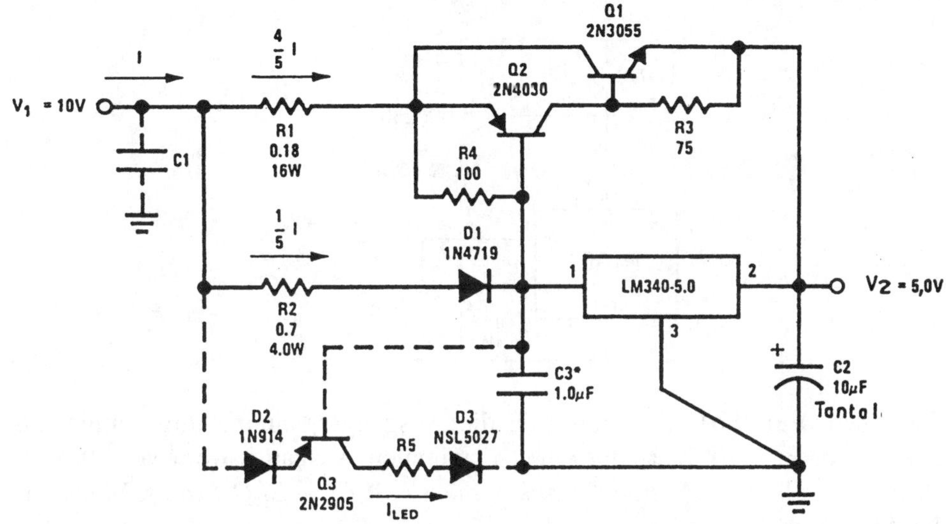

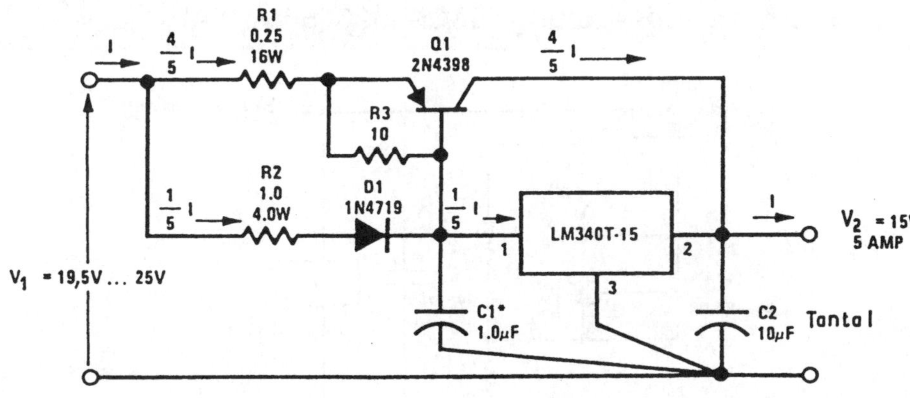

Die in der Zeichnung angegebene Stromverteilung gestattet einen Überlastungsschutz durch Strombegrenzung, wenn die thermische Kapazität des Kühlkörpers bei dem Transistor mindestens fünfmal höher ist als bei dem Regler. Das Eintreten der Begrenzung kann mit einer Leuchtdiode (D_3) angezeigt werden. Deren Betriebsstrom I_{LED} ist durch $R_5 \approx (V_1 - 2{,}7\ V)/I_{LED}$ bestimmt. [Linear Applications Handbook, *National Semiconductor*, 1986, Seite 346.]

842. Präzisionsregler für 10 V

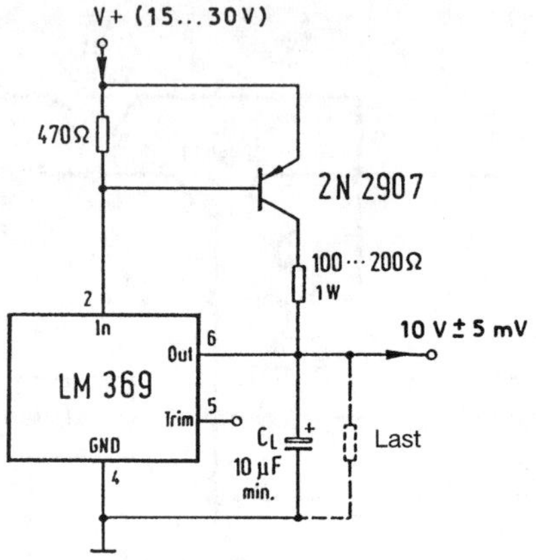

Zwischen 0 und 70 °C ändert sich die Ausgangsspannung um weniger als 5 mV. Der 2 N 2907 erlaubt einen maximalen Ausgangsstrom von 25 mA. [Linear Databook 2, *National Semiconductor*, 1987. – *ELO Praxis*, München, Nr. 5/89, Seite 9.]

843. Verbesserte Regelung für LM 396 (5 V, 10 A)

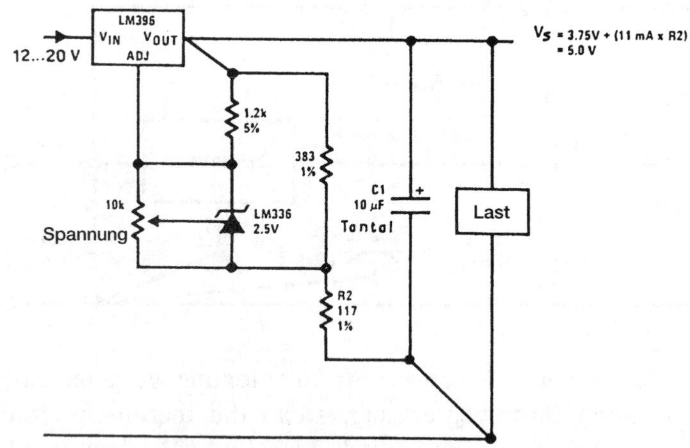

Die Zuschaltung der Referenzdiode LM 336 erhöht die Referenzspannung des Reglers auf 3,75 V. Regelgenauigkeit und Temperaturgang werden dadurch dreimal besser als bei der Standardschaltung eines 3-Pin-Reglers. [Linear Databook 1, *National Semiconductor*, 1987, Seite 1 bis 159.]

844. Geringer Spannungsabfall im Längstransistor

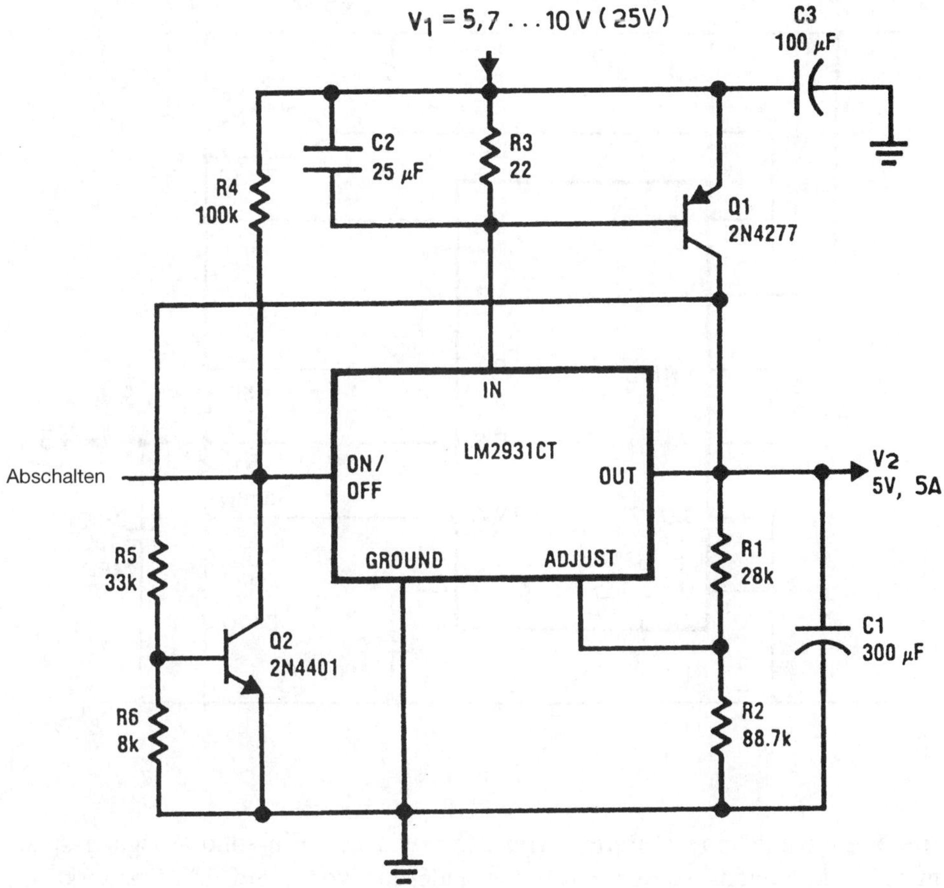

Die Verwendung eines Germaniumtransistors 2 N 4277 gestattet sicheres Arbeiten bei 5 A noch mit $V_1 - V_2 = 0{,}7$ V, oder bei 10 A mit $V_1 - V_2 = 1{,}3$ V. Nach entsprechender Änderung von R können Ausgangsspannungen von 3 bis 24 V erhalten werden. Bei Kurzschluß am Ausgang sperrt Q_2 und schaltet damit den Regler ab. [Linear Applications Handbook, *National Semiconductor*, 1986, Seite 1081.]

845. 5-V-Regler für 9 A, SG 1532

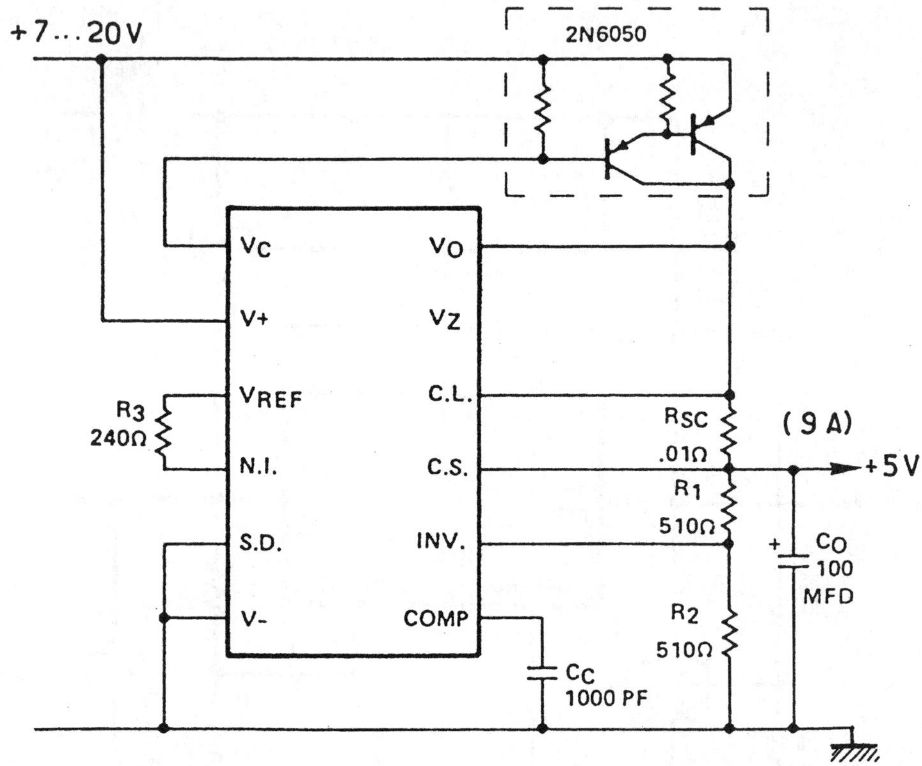

Bis 5 A genügt eine Differenz von 2 V zwischen Ein- und Ausgangsspannung. Eine eingangsseitige Spannungsänderung von 7 auf 20 V bewirkt am Ausgang nur eine Schwankung von 10 mV. Diese Schwankung beträgt 25 mV, wenn der Laststrom von 0 auf 5 A steigt. [Product Catalog, *Silicon General*, 1984/85, Seiten 54 bis 57.]

846. 12-V-Regler für 2 oder 3 A, mit µA 723

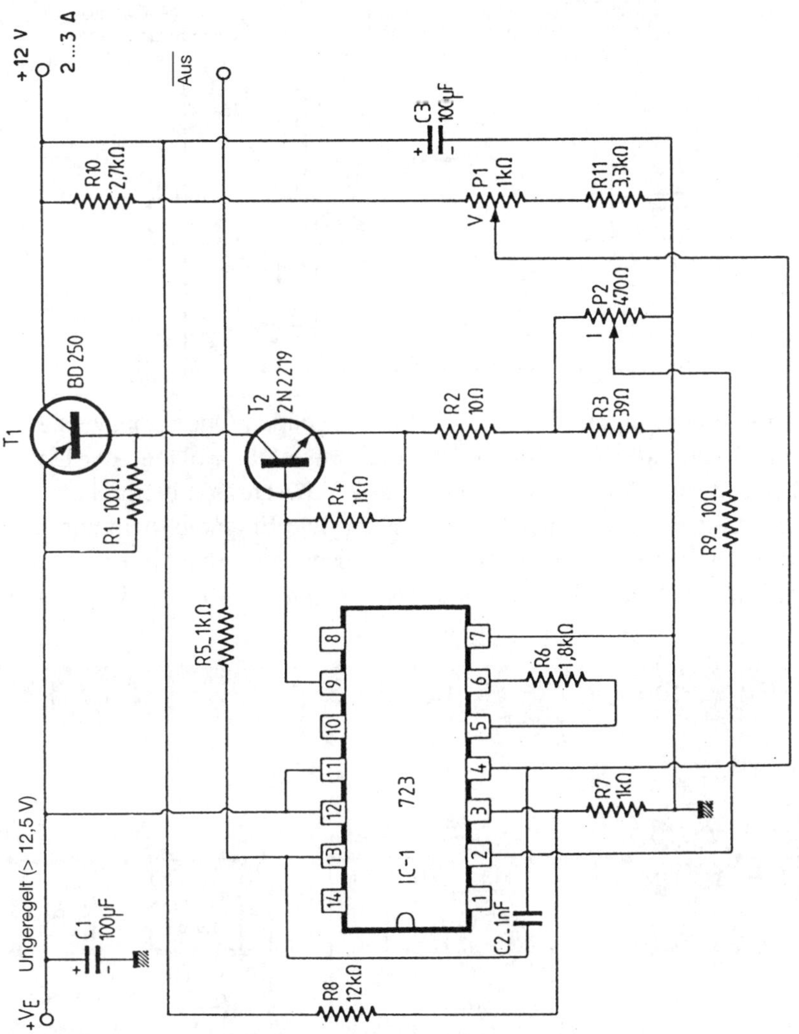

Der Ausgangsstrom kann bis zu 3 A betragen, wenn man den Unterschied zwischen Ein- und Ausgangsspannung soweit beschränken kann, daß in T1 keine unzulässige Verlustleistung auftritt. Mit P_1 wird die Ausgangsspannung eingestellt, mit P_2 die Einsatzschwelle der Strombegrenzung. Ausschalten ist durch Verbindung des Aus-Anschlusses mit Masse möglich. [*Le Haut-Parleur*, Paris, Nr. 1681, Seiten 67 bis 70. – The Voltage Regulator Handbook, *Texas Instruments*, 1977, Seite 147.]

847. Ausgleich des Spannungsabfalles an Zuleitungen

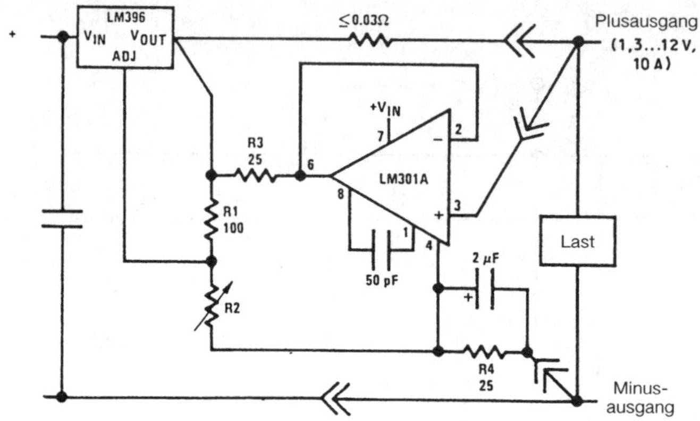

Erfolgt mit einem unmittelbar an der Last liegenden Operationsverstärker. Der Widerstand von 0,03 Ω stellt den der Zuleitungen dar. Solange der Unterschied zwischen Ein- und Ausgangsspannung auf 7 V beschränkt bleibt, kann der Regler eine Verlustleistung von 70 W vertragen. Die Eingangsspannung muß mindestens um 3 V höher liegen als die am Ausgang, deren Minimalwert 1,25 V beträgt. [Linear Databook 1, *National Semiconductor*, 1987, Seite 1 bis 161.]

848. Kurzschlußfester Regler für 13,8 V, 8 A, mit µA 723

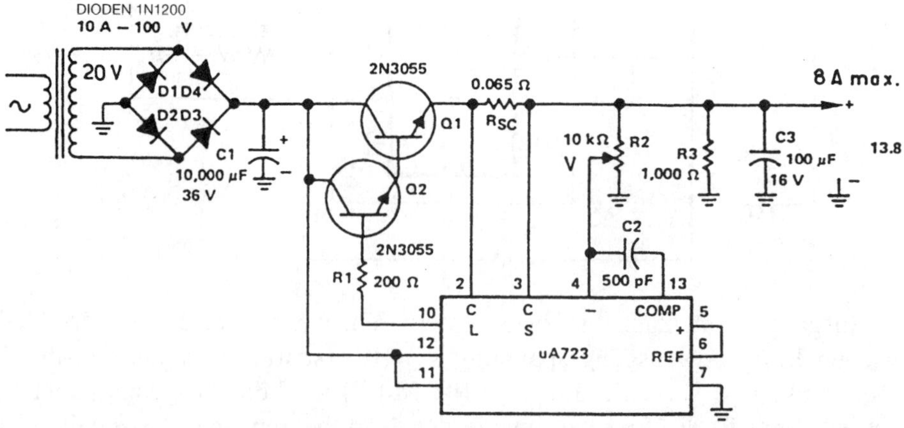

Die Ausgangsspannung kann mit R_2 zwischen etwa 7,5 und 15 V eingestellt werden. Der Wert von R_{SC} entspricht einer Einsatzschwelle der Strombegrenzung bei 10 A. [Product Applications, Vol. 1, *Texas Instruments*, 1986, Seite 571.]

849. Kurzschlußfester Regler für 1 bis 35 V, 1 A

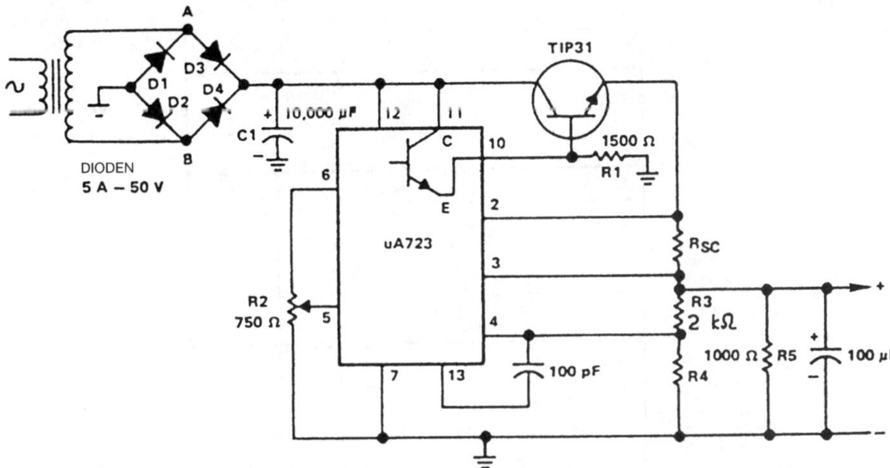

Für Ausgangsspannungen zwischen 1 und 14 V soll R_4 2 kΩ betragen, darüber 470 Ω. Die Einsatzschwelle der Strombegrenzung beträgt $I_{lim} = 0{,}65\ V/R_{SC}$. [Product Applications, Vol. 1, *Texas Instruments*, 1986, Seite 569.]

850. 5-V-Regler für Automobilanwendungen

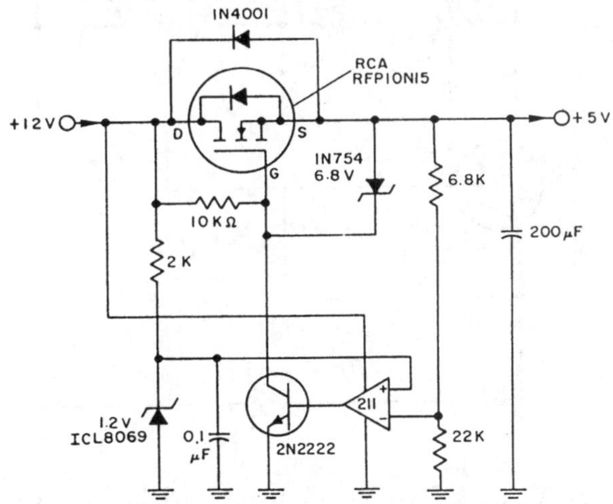

Da der vorgesehene MOSFET eine Verlustleistung von 60 W verträgt, ist ein Ausgangsstrom von mindestens 5 A möglich. [Power MOSFET Circuit Ideas, *GE-RCA*, Heft MDI-470, Seite 30.]

851. Kompensation der Restwelligkeit

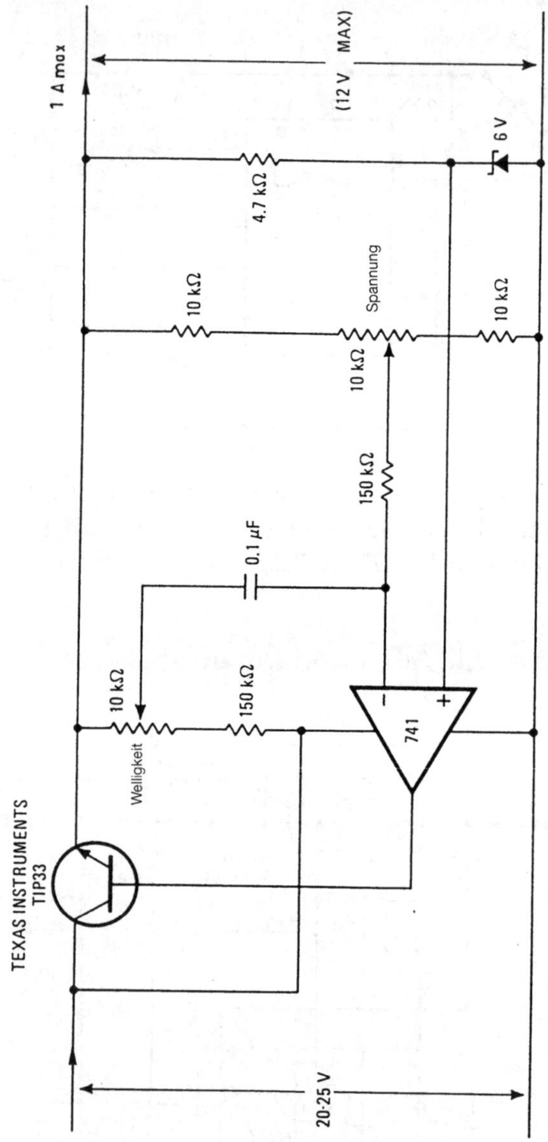

Der Schleifer des Welligkeits-Potentiometers erhält von Kollektor TIP 33 einen Teil der Eingangsspannung. Damit wird Kompensation durch eine phasenverkehrt eingeführte Hilfsspannung möglich. [R. Spencer, *Electronics*, New York, 8. November 1973.]

Lineare Regler für mehr als 40 V

852. Ansteuerung von Leistungstransistoren mit L 200

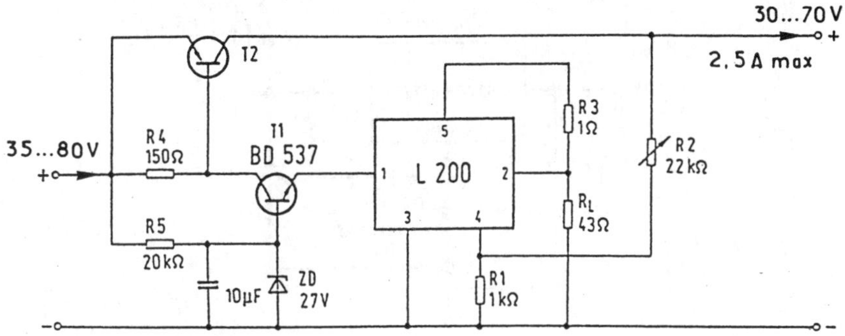

Der Regler L 200 stellt für T1 einen Emitterwiderstand dar, der über den Teiler R_1/R_2 von der Ausgangsspannung abhängig ist. R_3 begrenzt den Emitterstrom auf 450 mA. Funktionsbedingungen sind eine minimale Stromstärke in R_L sowie Werte von R_3 und R_L, die eine ausreichende Spannung am Eingang des Reglers gewähren. [Anwendungsschaltung SGS – *ELO*, München, Nr. 8/80, Seite 64.]

853. und 854. Komplementärtransistoren für TL 783 C

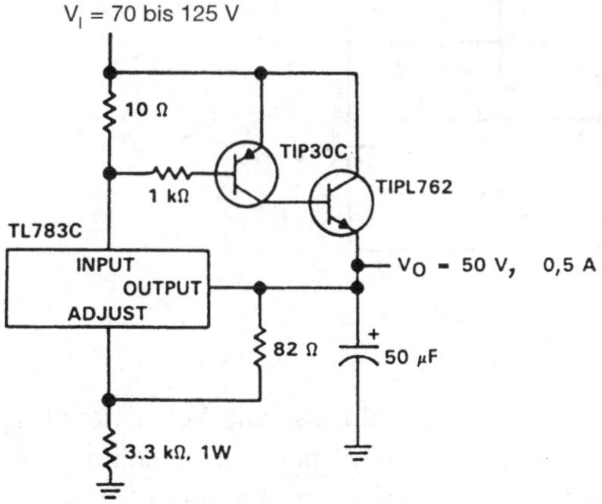

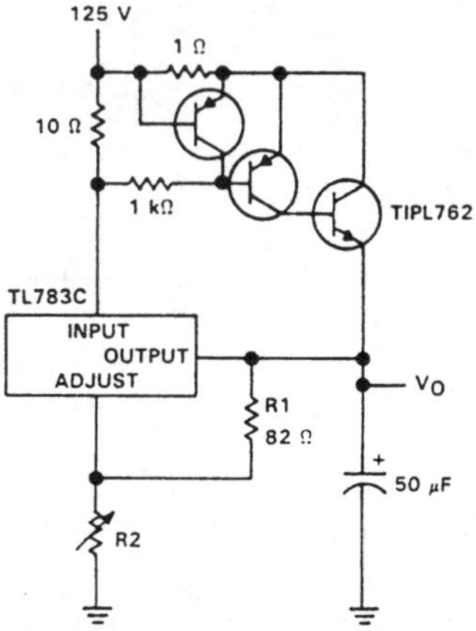

Die Schaltung 854 arbeitet mit einer bei 0,7 A einsetzenden Strombegrenzung. Die Ausgangsspannung berechnet man mit $(1 + R_1/R_2) \times 1{,}27$ V. [Linear Circuits Data Book, Vol. 3, *Texas Instruments*, 1989, Seite 2 bis 181.]

855. und 856. Regler für 1,25 bis 115 V, mit TL 783 C

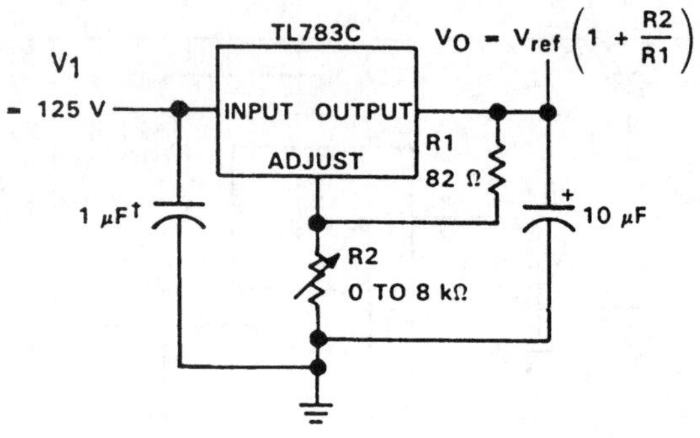

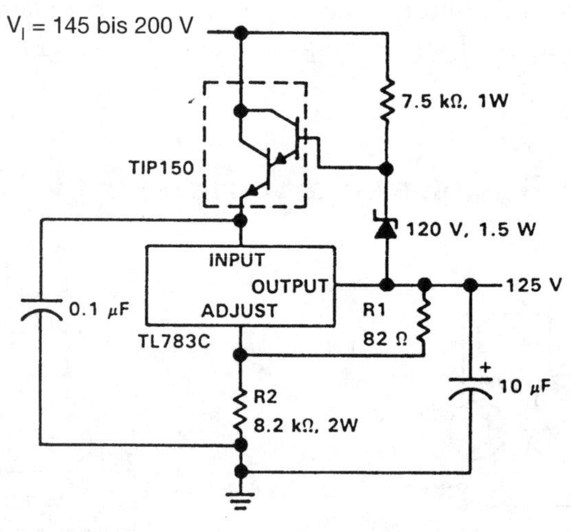

Der Ausgangsstrom ist durch die im Regler maximal mögliche Verlustleistung begrenzt. Sie beträgt 2 W ohne Kühlkörper und 20 W bei einer Gehäusetemperatur von 25 °C. Bei Schaltung 855 ist die Ausgangsspannung zwischen 1,25 und 115 V einstellbar. Die kurzschlußsichere Schaltung 856 liefert eine Festspannung von 120 V. [Linear Circuits Data Book, Vol. 3, *Texas Instruments*, 1989, Seite 2 bis 181.]

857. und 858. Spannungsregler für 160 V, 25 mA

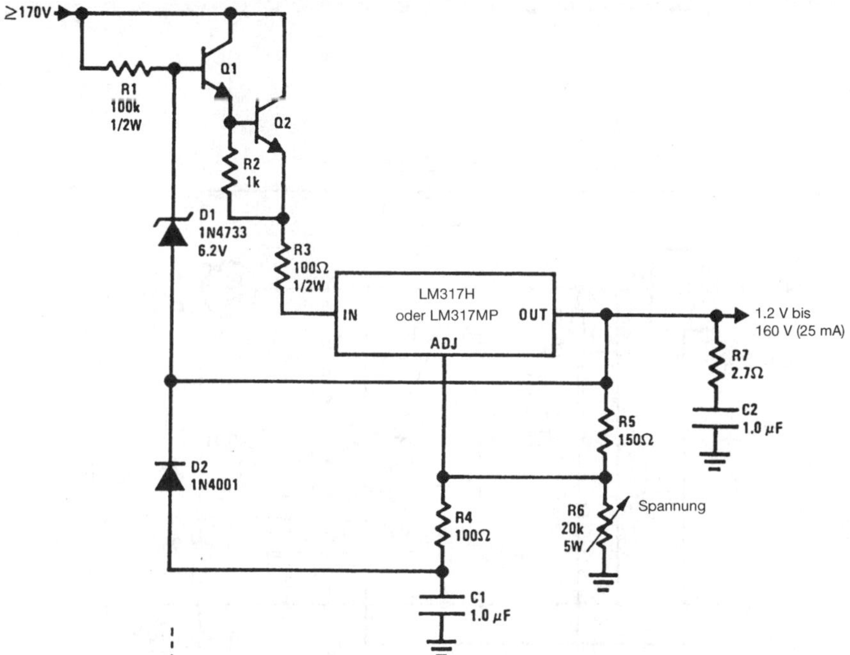

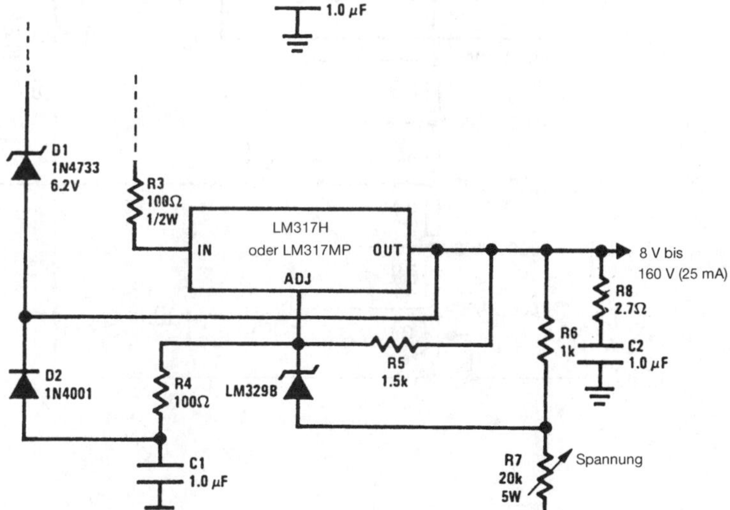

Die Regelfestigkeit der Grundschaltung (857) kann verbessert werden, wenn man eine zusätzliche Referenzdiode (LM 329 B, Schaltung 858) einführt. [Linear Applications Handbook, *National Semiconductor*, 1986, Seiten 1166 und 1167.]

859. In Bereichen zwischen 0 und 500 V umschaltbarer Regler

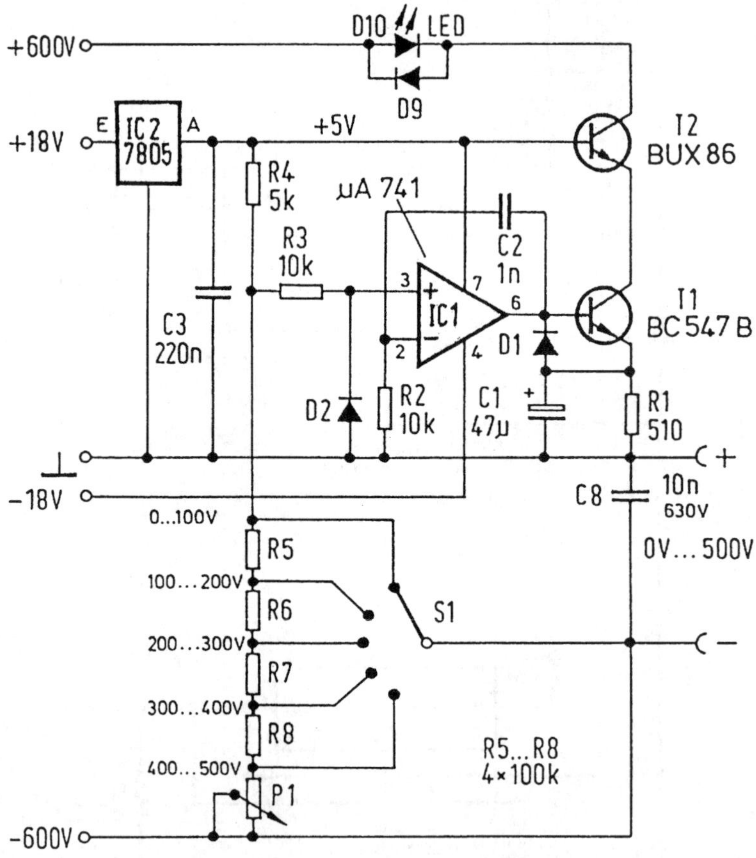

Die von IC2 gelieferte Spannung von 5 V dient als Referenz. Die Einsatzschwelle der Strombegrenzung beträgt 6 mA. Der Kondensator C_8 ist unmittelbar an die Ausgangsklemmen zu legen. [F.A. Heinrich, *Funkschau*, München, Nr. 21/88, Seite 99.]

Spannungsregler mit mehreren Ausgängen

860. Symmetrischer Spannungsregler für 2 A

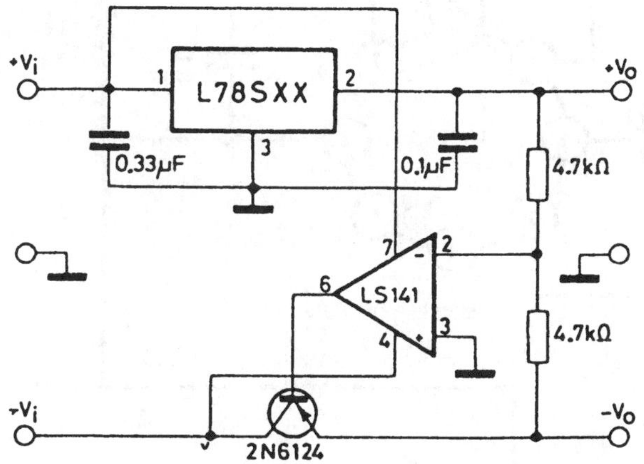

Der Festregler L 78XX S wird für Festspannungen von 5, 7,5, 9, 10, 12, 15, 18 und 24 V gefertigt. Die Differenz zwischen Ein- und Ausgangsspannung muß mindestens 2 V betragen. Innenwiderstand: 17 mΩ bis 1 kHz. Ausregelung: < 2 % zwischen dem Minimum der Eingangsspannung und dem Maximalwert von 35 V, sowie bei einer Änderung des Laststroms von 20 mA auf 2 A. Der Plusausgang dient als Referenz für den mit einem Operationsverstärker und einem Leistungstransistor aufgebauten Negativregler. [Industry Standard Analog IC Databook, *SGS Thomson Microelectronics*, 1989, Seite 335.]

861. Symmetriebeschaltung von LM 104 und LM 105

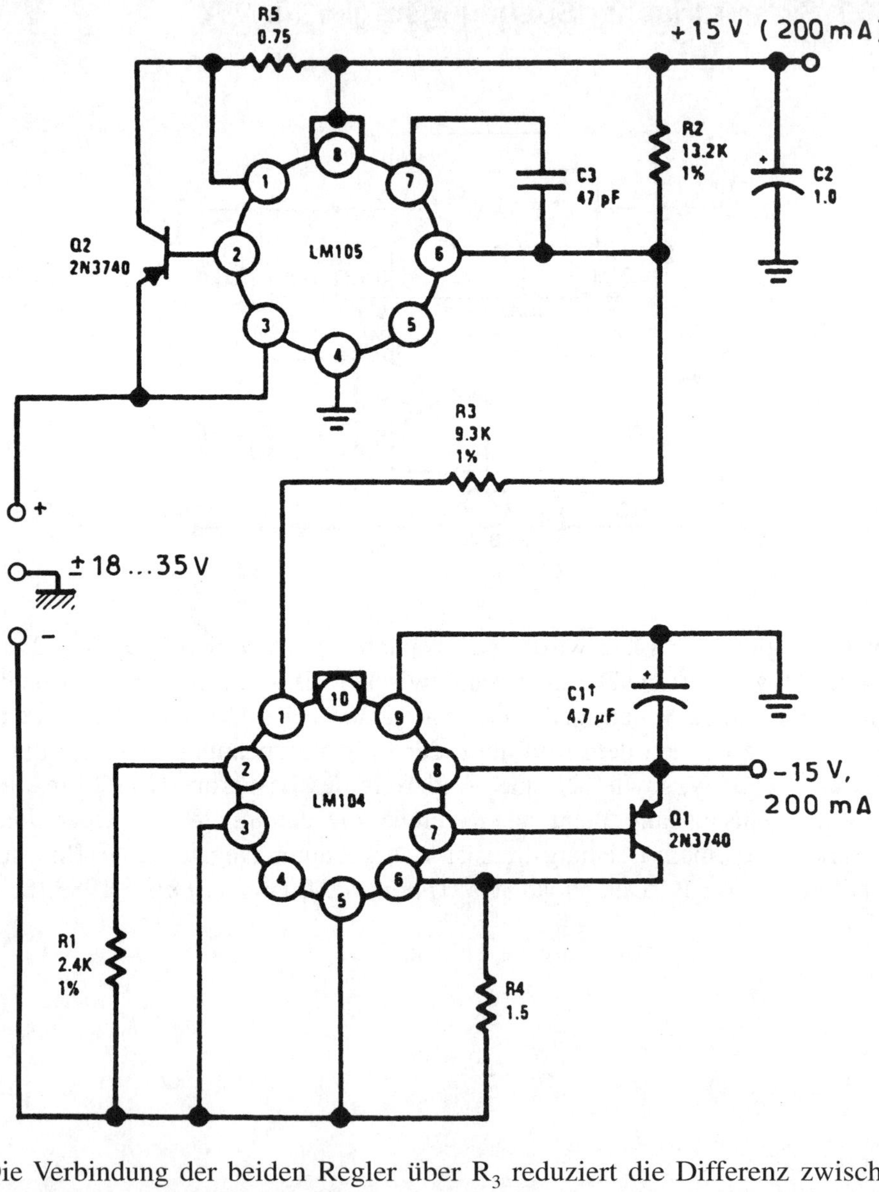

Die Verbindung der beiden Regler über R_3 reduziert die Differenz zwischen den Referenzspannungen auf $^1/_3$ des anfänglichen Wertes. Damit kann man beide Ausgangsspannungen gemeinsam über R_1 verändern. [Linear Applications Handbook, *National Semiconductor*, 1986, Seiten 32 bis 40.]

862. 15-V-Regler mit Ausgängen für 5 und 10 V

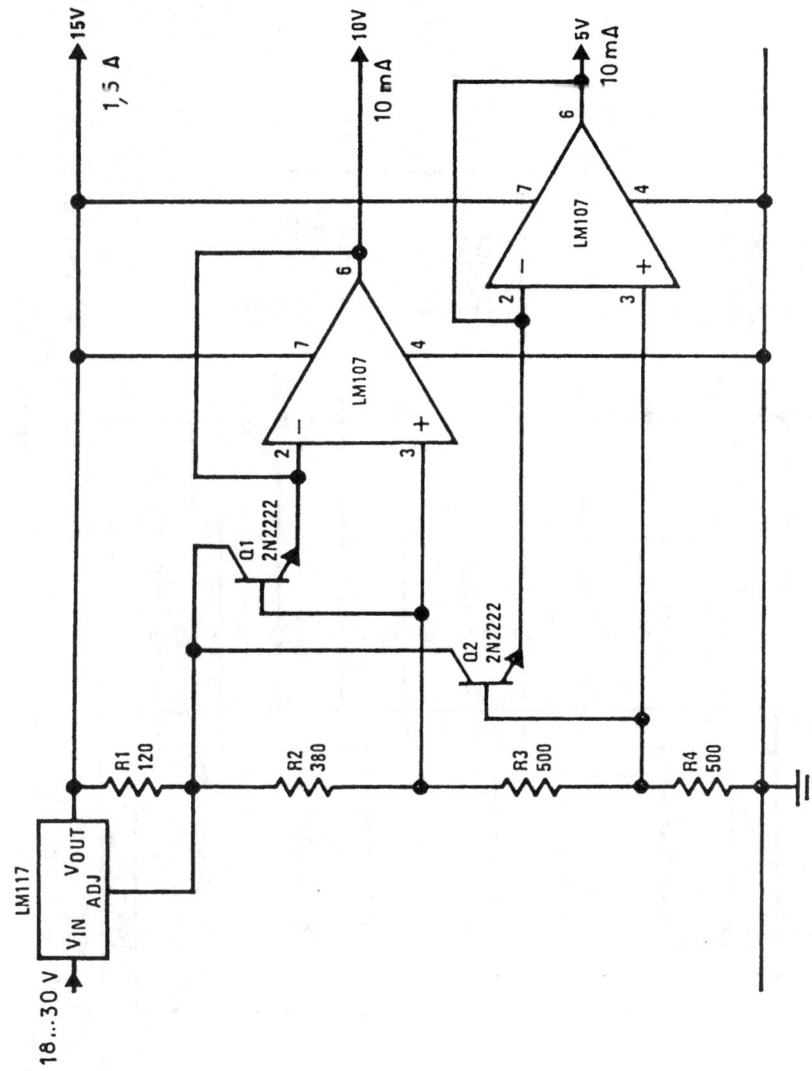

Aus der Ausgangsspannung des LM 117 werden durch Teilung (R_2 bis R_4) die Referenzspannungen für die Operationsverstärker gewonnen. Bei Kurzschluß an deren Ausgang tritt eine Spannungsdifferenz zwischen den Eingängen auf. Die dort angeschlossenen Transistoren werden dann leitend und verringern die Spannung am Hauptausgang. [Linear Applications Handbook, *National Semiconductor*, 1986, Seite 351.]

863. ± 12 V oder ± 15 V mit LM 126 oder LM 125

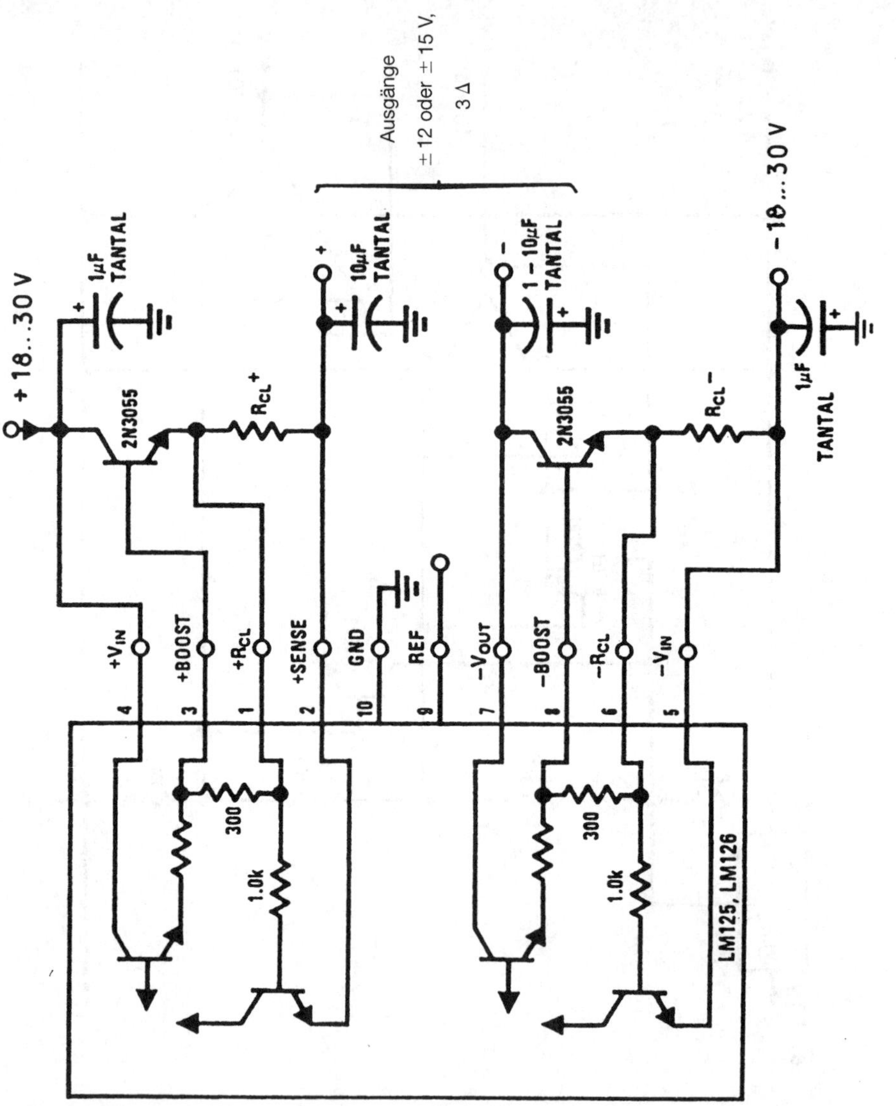

Ein Doppelregler (LM 125 für ± 15 V oder LM 126 für ± 12 V) steuert zwei Leistungstransistoren an. Die Einsatzschwelle der Strombegrenzung entspricht beim Negativregler einem Spannungsabfall von 0,6 V an R_{SC}. Beim Positivregler beträgt dieser Wert 0,7 V. [Linear Applications Handbook, *National Semiconductor*, 1986, Seiten 306 bis 321.]

864. Rückläufige Begrenzung bei ± 15 V, 10 A

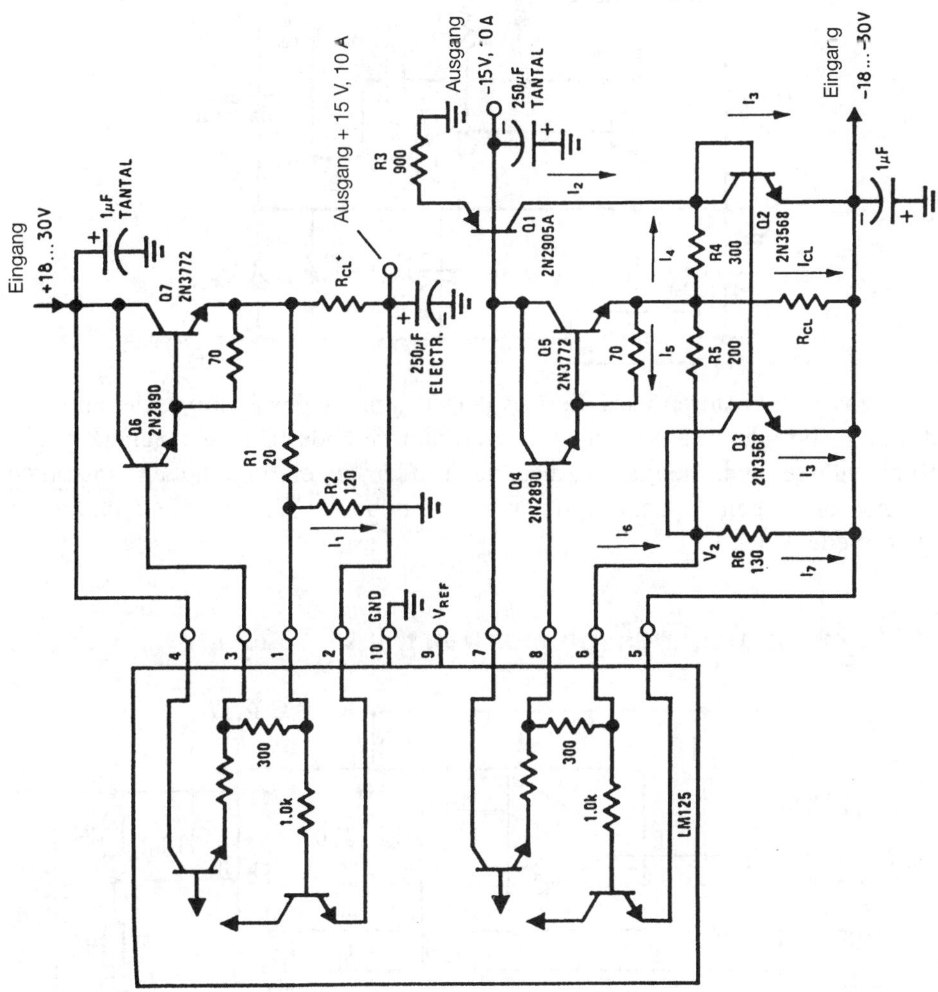

Die Einsatzschwelle der Strombegrenzung entpricht beim Negativregler einer Spannung von 0,6 V zwischen Pins 5 und 6. Beim Positivregler ist dieser Wert 0,7 V zwischen Pins 1 und 2. Der Kurzschlußstrom beträgt 2,9 A. [Linear Applications Handbook, *National Semiconductor*, 1986, Seiten 306 bis 321.]

865. ± 15 V mit LM 320 oder LM 340

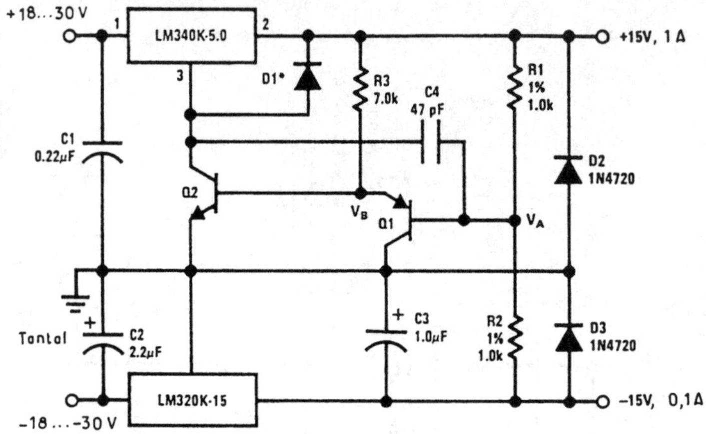

Über zwei Transistoren wird die Ausgangsspannung des Positivreglers mit der des Negativreglers verglichen. D1: Germaniumdiode. D2, D3: Schutz gegen Kurzschlüsse zwischen den Ausgängen oder gegen von außen angelegte Fremdspannungen. [Linear Applications Handbook, *National Semiconductor*, 1986, Seite 351.]

866. Zwei Ausgangsspannungen mit LT 1020

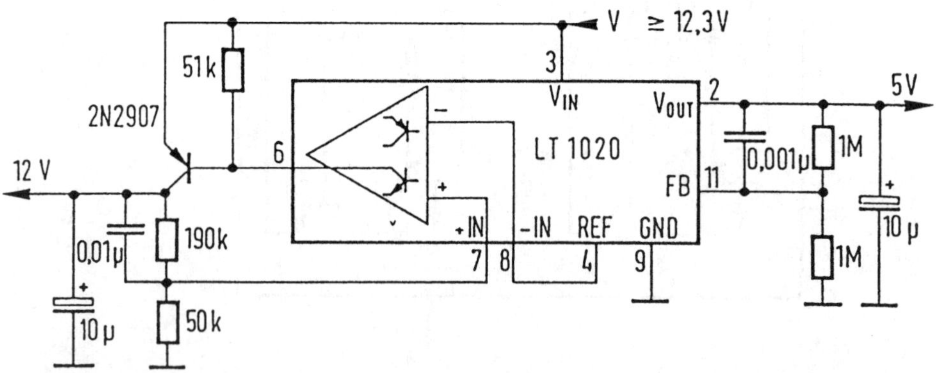

Die Ausgangsspannungen von 5 und 12 V werden durch Vergleich mit der inneren Referenz von 2,5 V erhalten. Der 5-V-Ausgang kann bis 125 mA liefern. Beim 12-V-Ausgang hängt der Maximalstrom vom Transistortyp oder seinem Kühlkörper ab. [Firmenschrift *Linear Technology*, Salon des Composants, Paris, 1987. – *ELO*, München, Nr. 6/87, Seite 30.]

867. Doppelregler für Mikroprozessor

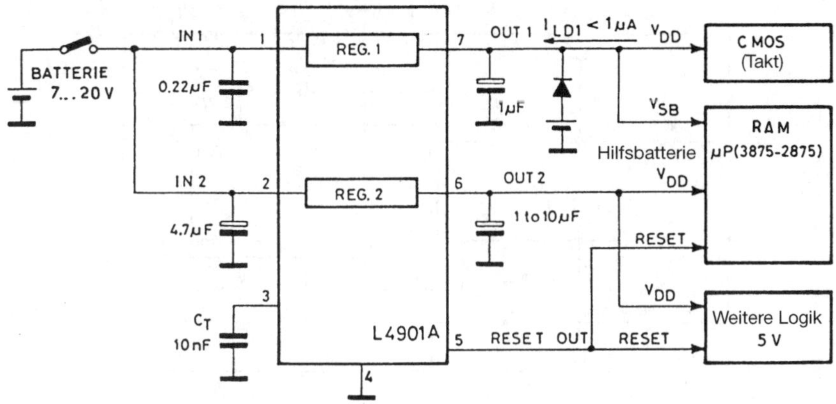

L 4901 A liefert 2 x 5 V mit maximal 400 mA. Bei Ausfall des Speisestroms führt er einen so geringen Rückstrom, daß man die Hilfsbatterie direkt an seinen Ausgang legen kann. Außerdem erzeugt er beim Einschalten einen Reset-Impuls zur Initialisierung des Mikroprozessors. [Industry Standard Analog IC Databook, *SGS Thomson Microelectronics*, 1989, Seite 162.]

868. ± 15 V mit LM 340 und LM 7915

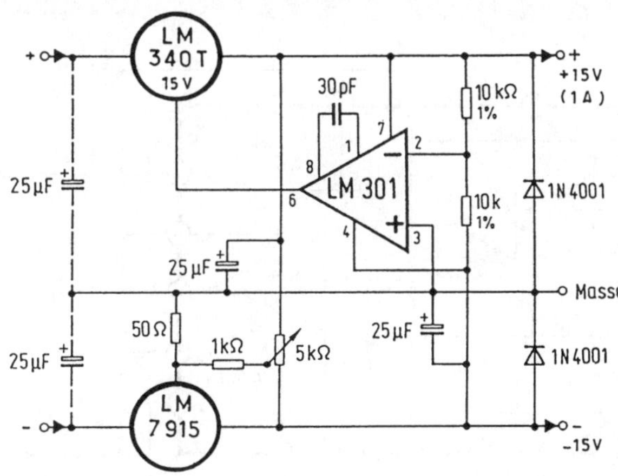

Ähnlich wie in Schaltung 865 wird die Ausgangsspannung des Positivreglers mit der des Negativreglers verglichen. Letztere ist mit dem 5-kΩ-Potentiometer einstellbar. [Industry Standard Analog IC Databook, *SGS-Thomson*, 1989, Seite 339. – *ELO*, München, Nr. 10/79, Seite 68.]

869. Symmetrischer Regler mit RC 4149

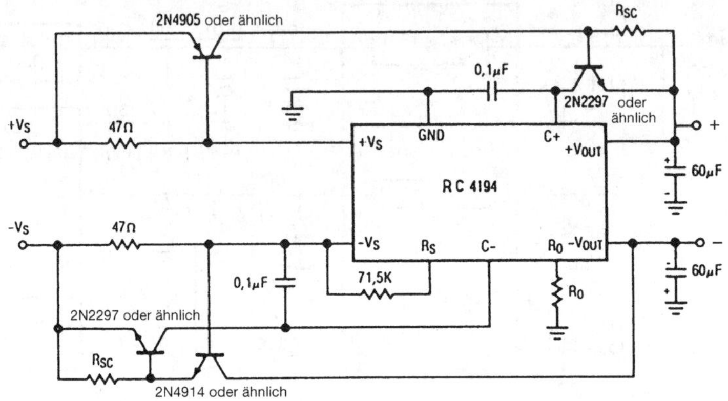

Die Ausgangsspannung wird mit 2,5 V pro Kiloohm von R_0 berechnet. Die Eingangsspannung darf 35 V nicht übersteigen. Der Spanungsabfall an der Regelschaltung beträgt 3 V. Bei einer Änderung des Laststroms von 2,5 A schwankt die Ausgangsspannung um 10 mV. Die Einsatzschwelle der Strombegrenzung entspricht einem Spannungsabfall von 0,7 V an R_{SC}. [Linear Integrated Circuits, *Raytheon*, Seite 11 bis 29.]

870. 5 V und 10 V mit AD 588

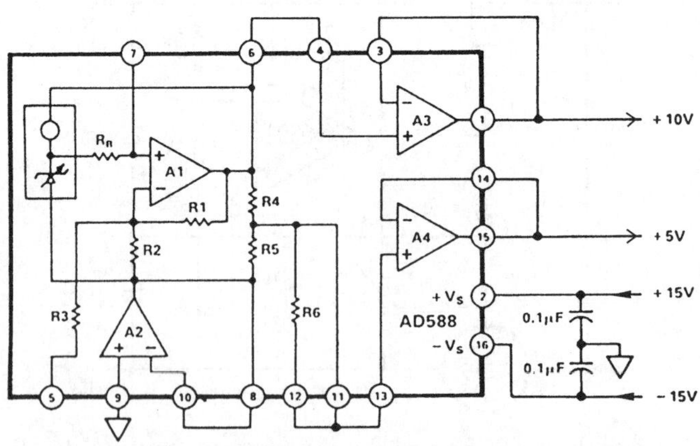

Der Regler AD 588 benötigt keine Zusatzbauteile, wenn er für Ausgangsspannungen von 5 und 10 V benutzt wird. Temperaturdrift: <1,5 x 10^{-6}/°C, Datenstreuung: <1 mV. [Firmenschrift *Analog Devices*, Salon des Composants, Paris, 1985. – *Electronique Applications*, Paris, Nr. 56, Seiten 87 und 88.]

871. ± 5 V mit AD 588

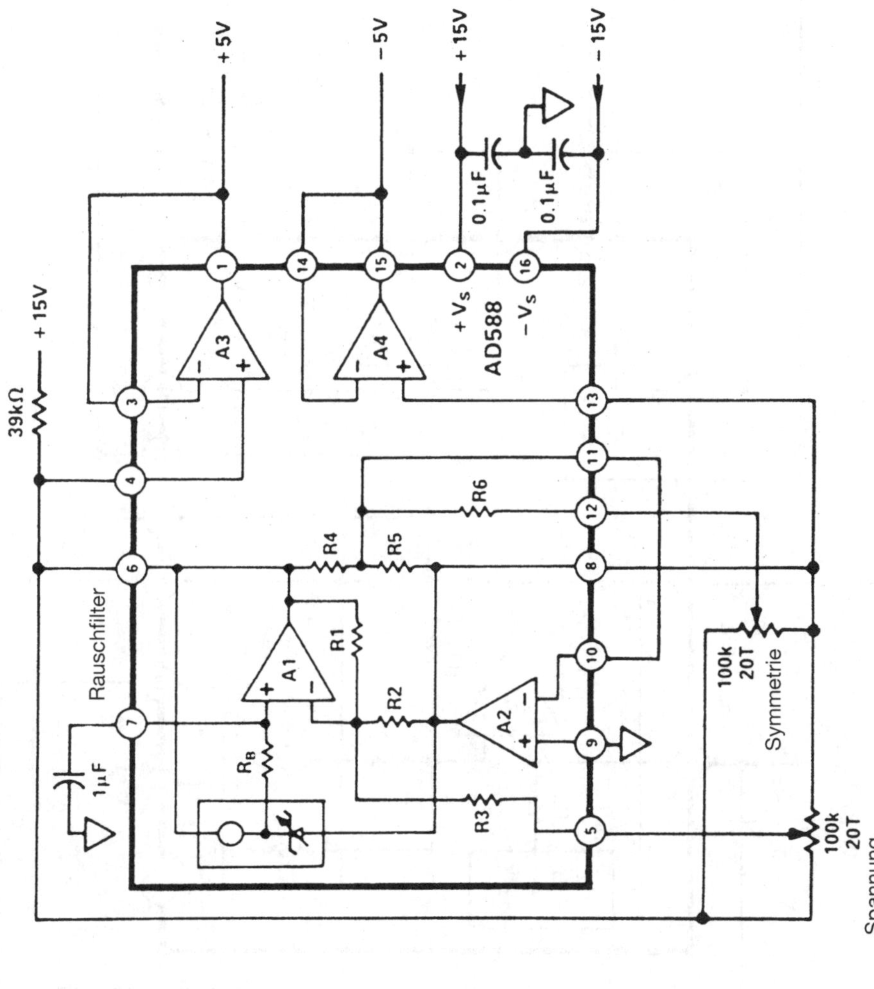

Die beiden Potentiometer der Schaltung gestatten eine genaue Einstellung der Nennspannung sowie einen Abgleich zwischen den beiden Ausgangsspannungen. Temperaturdrift: <1,5 x 10^{-6}/°C, Datenstreuung: <1 mV. [Firmenschrift *Analog Devices*, Salon des Composants, Paris, 1985. – *Electronique Applications*, Paris, Nr. 56, Seiten 87 und 88.]

872. Zwei negative Spannungen mit AD 588

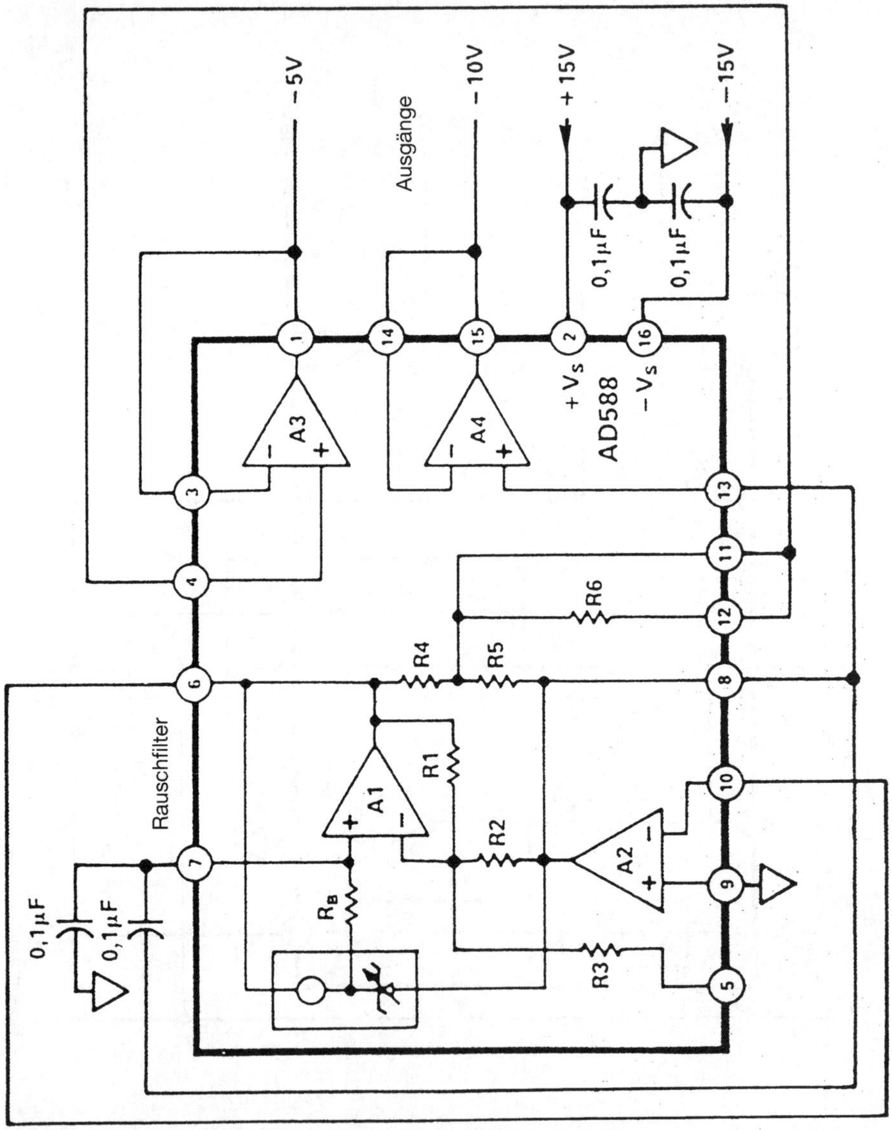

Eine gegenüber den vorhergehenden Beispielen veränderte Beschaltung der Anschlüsse des Reglers AD 588 gestattet die Erzeugung von Spannungen von – 10 und – 5 V. Temperaturdrift: <1,5 x 10^{-6}/°C, Datenstreuung: <1 mV. [Firmenschrift *Analog Devices*, Salon des Composants, Paris, 1985. – *Electronique Applications*, Paris, Nr. 56, Seiten 87 und 88.]

Stromregler

873. Stromregler für 100 bis 500 mA

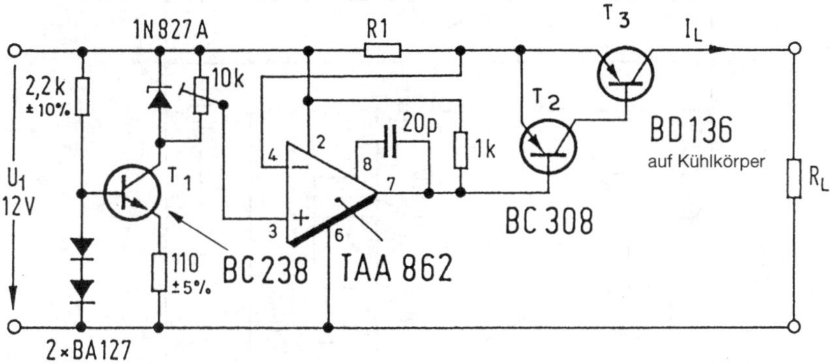

Eine mit T1 erstellte Konstantstromquelle speist eine Z-Diode, deren Referenzspannung mit dem Spannungsabfall an R_1 verglichen wird. $R_1 = 3\ \Omega$ für Stromstärken zwischen 200 und 500 mA, 10 Ω zwischen 100 und 200 mA, 39 Ω bei geringeren Strömen. [A. Köhler, R. Schiffel, *Funkschau*, München, Nr. 10/86, Seite 53.]

874. Stromregler für 1 bis 13,5 A

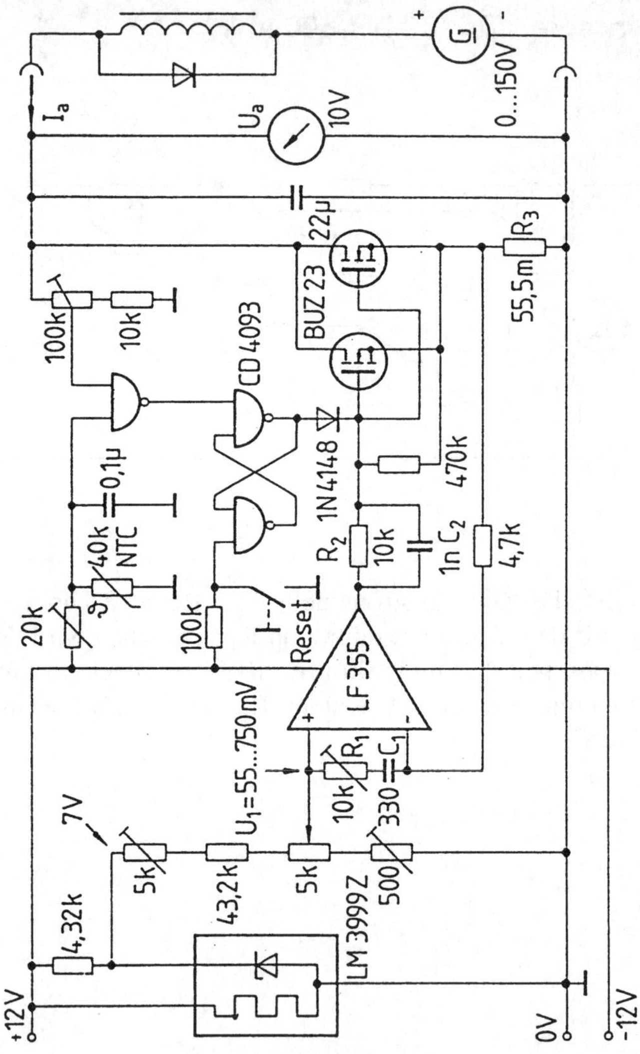

Bei Betrieb mit 12 A driftet die Stromstärke um ±0,12 mA in 24 h, wenn man für R_3 (55,5 mΩ) einen entsprechend temperaturkonstanten Widerstand verwendet. U_1 (55 bis 750 mV) steuert I_a (1 bis 13,5 A). Das Flipflop 4093 sperrt den Regler bei Überstrom oder zu hoher Temperatur. Anwendung: Speisung, zusätzlich zur Spannungsquelle G, eines Elektromagneten in einem Physik-Laboratorium. [B. Wartenberg et K. Heine, *Elektronik*, München, Nr. 4/83, Seiten 57 und 58.]

875. Spannungsgesteuerte Konstantstromquelle

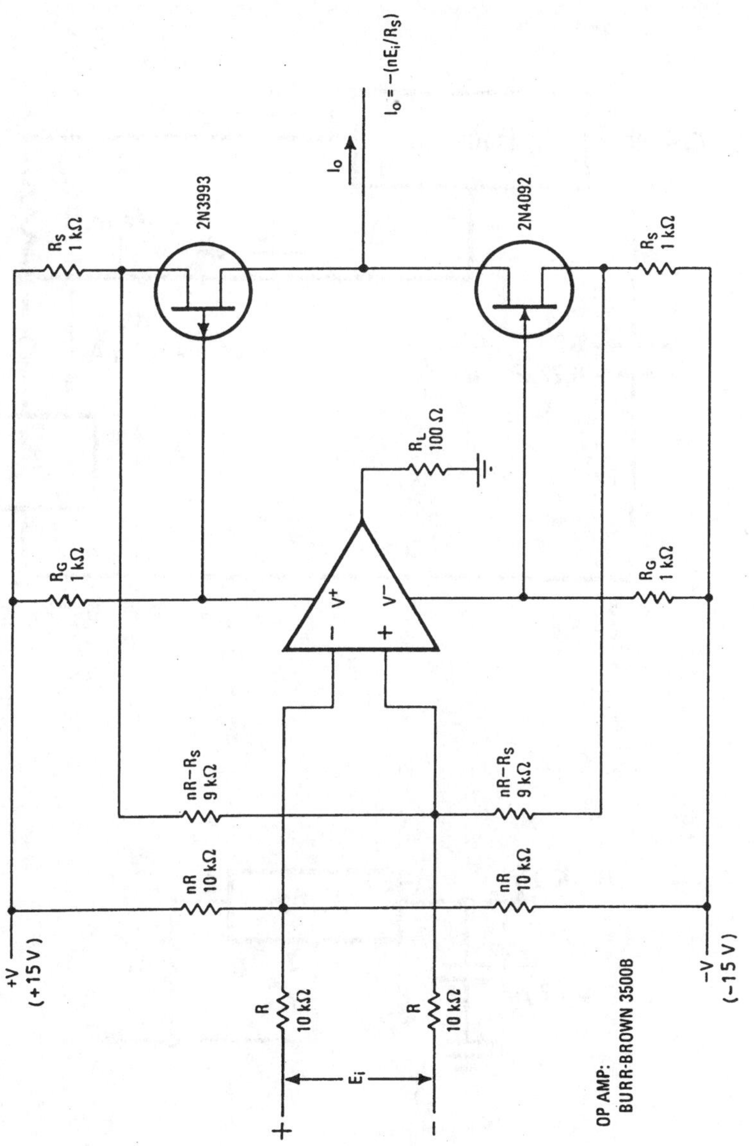

Die Ansteuerung kann mit einer einpolig geerdeten oder einer unabhängigen Spannung E_i erfolgen. Eine Spannungsänderung von ±10 V wird mit einer Genauigkeit von ±0,01% in eine Stromänderung von ±10 mA übertragen. [J. Graeme, *Electronics*, New York, 16. Mai 1974, Seiten 96 und 97.]

876. und 877. Konstantstrom mit Spannungsreglern

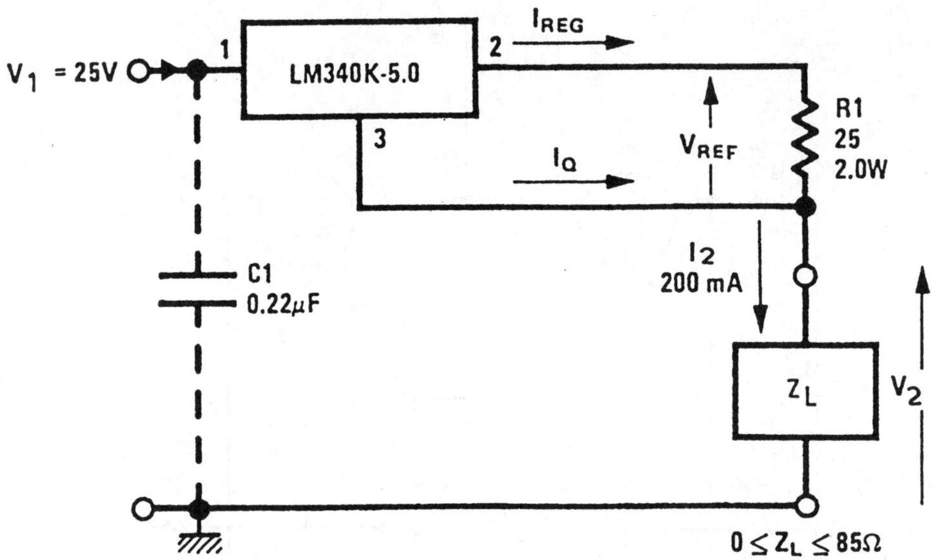

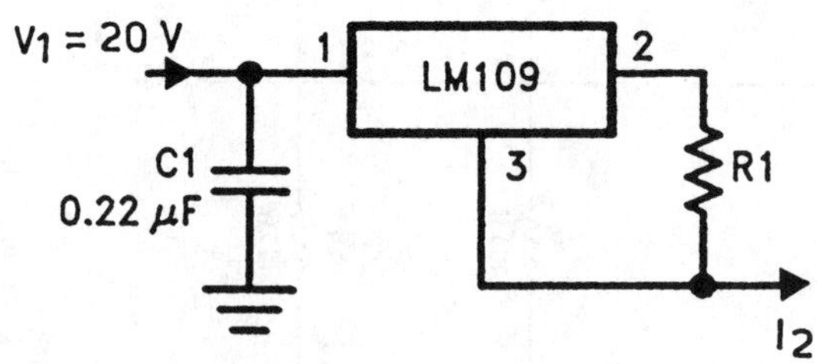

Die Stromstärke ist V_{REF}/R_1. Die maximal mögliche Ausgangsspannung, an der Last, ist um 7,5 V niedriger als die Eingangsspannung. Auch andere Festspannungsregler sind in dieser Schaltung verwendbar. [Linear Applications Handbook, *National Semiconductor*, 1986, Seiten 140 und 345.]

Labor-Stromversorgung

878. Doppelte Stromversorgung mit LM 317 und LM 337

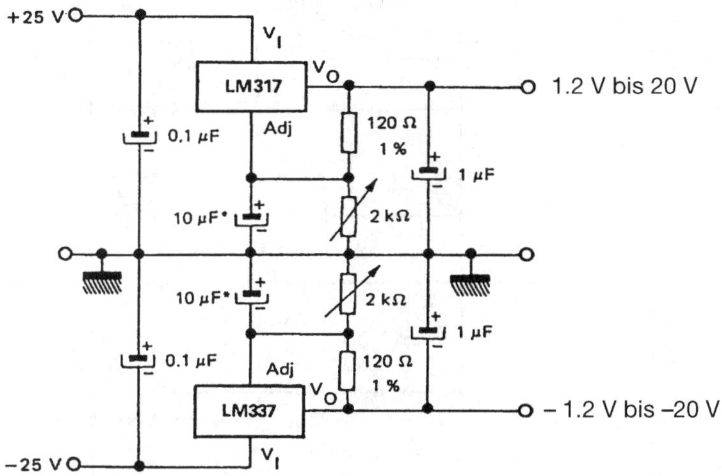

Maximale Stromstärke: 1,5 A. Die verwendeten IS sind überlastungssicher. Die Ausgangsspannung ändert sich um weniger als 1 % mit dem Laststrom. Schwankungen der Eingangsspannung werden bis auf 0,04 %/V ausgeregelt. [Industry Standard Analog IC Databook, *SGS Thomson Microelectronics*, 1989, Seiten 587 bis 595.]

879. Umschaltbare Strombegrenzung

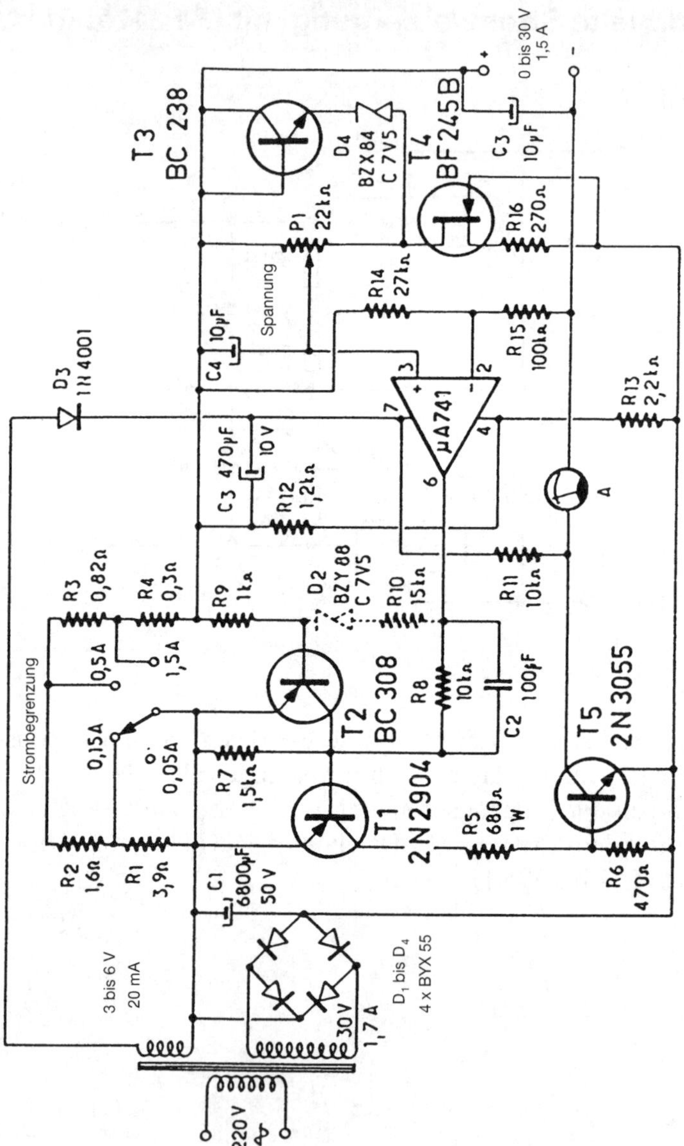

Die Umschaltung kann mit der Bereichswahl des Ampèremetres A gekoppelt werden. D_2 und R_6 gestatten eine auf 40 % des Nennstroms rücklaufende Strombegrenzung. Als Referenz dient eine durch T4 stromkonstant gespeiste und mit T3 temperaturkorrigierte Z-Diode.

880. Ab 0 V einstellbare Spannungsquelle, 3 A, LM 223

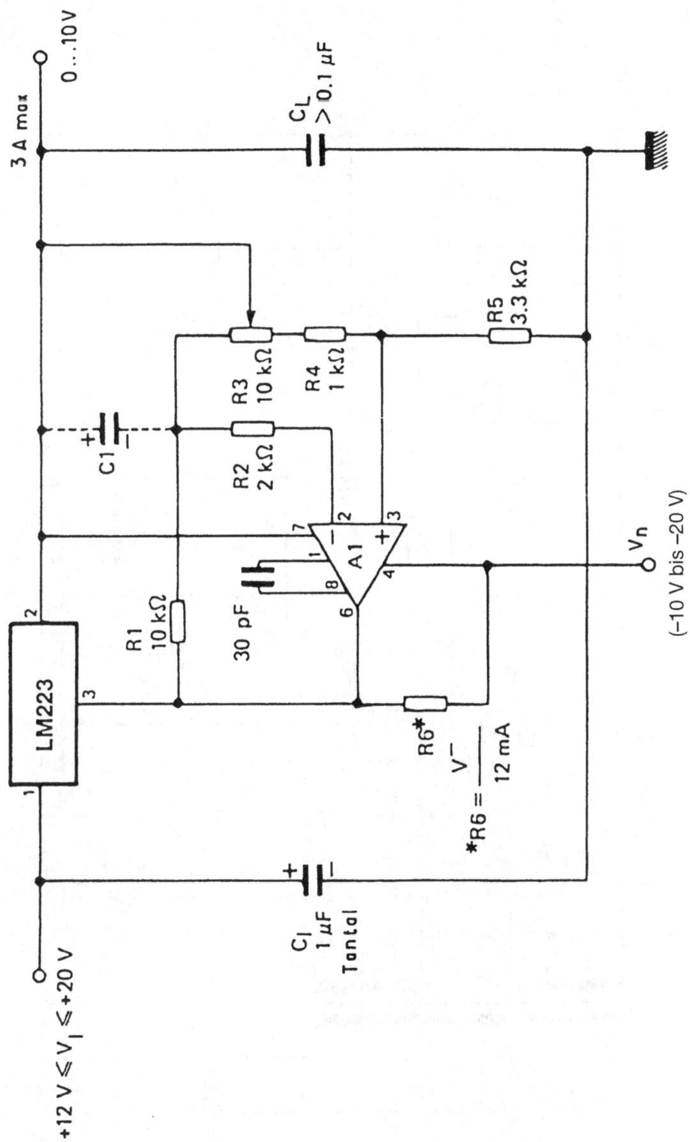

Die nicht geregelte Hilfsspannung V_n gestattet einen bis auf 0 V herabreichenden Einstellbereich. C_1 reduziert die Restwelligkeit. [Industry Standard Analog IC Databook, *SGS Thomson Microelectronics*, 1989, Seiten 571 bis 576.]

881. Ab 0 V einstellbare Spannungsquelle, 1 A, LM 723 C

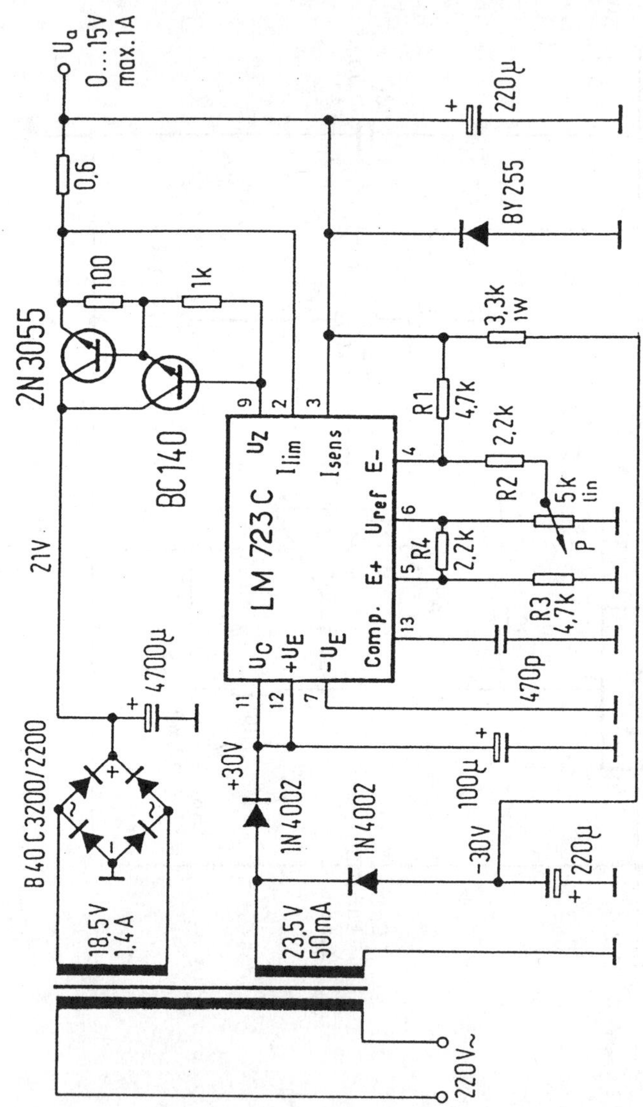

Einen bis auf 0 V herabreichenden Einstellbereich erhält man durch Speisung des Reglers LM 723 C mit einer Hilfsspannung von ±30 V. [D. Thoss, *Funkschau*, München, Nr. 13/79, Seite 102. – Linear Databook 1, *National Semiconductor*, 1987, Seite 1–186.]

882. Präzisionsspannungsquelle ±10 V, 1 A, mit LM 109

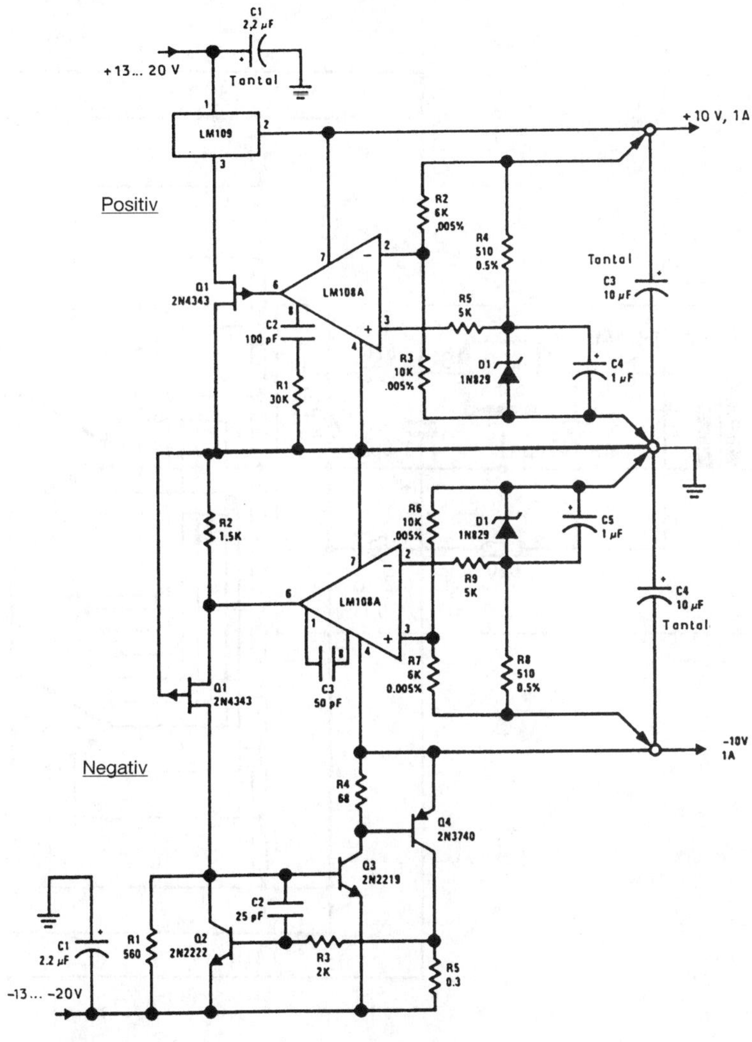

Bei Verwendung von präzisen und temperaturunabhängigen Passivbauteilen schwankt die Ausgangsspannung um weniger als 10 μV, wenn der Ausgangsstrom von 0 auf 10 A gesteigert wird. Die Temperaturdrift (zwischen –55 und +125 °C) kann weniger als 0,01% betragen, wenn man durch Veränderung von R_4 oder R_8 den Strom in D1 und damit das thermische Verhalten entsprechend abgleicht. [Linear Applications Handbook, *National Semiconductor*, 1986, Seiten 1116 und 1117.]

883. Universelle Spannungsreferenz, 10 mV bis 10 V

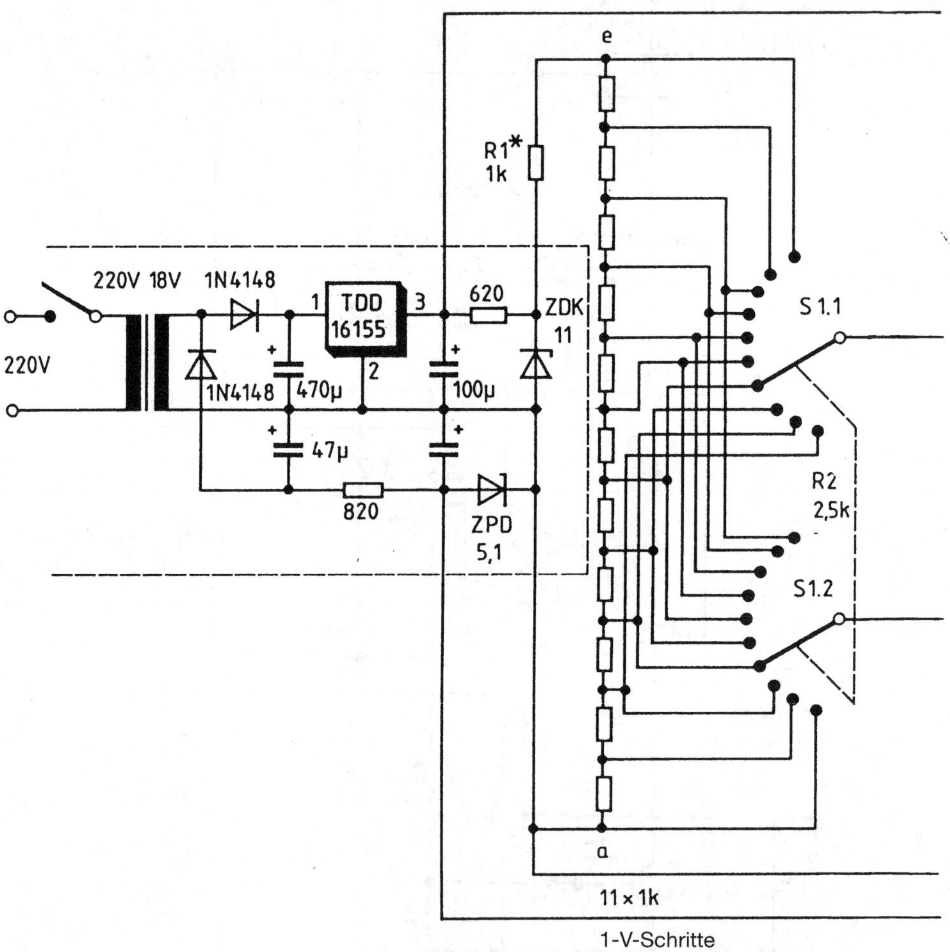

Hintereinanderschaltung von zwei Regelstufen, mit TDD 16155 und ZDK 11 (ITT-Intermetall). Temperaturgang: <0,001%/°C. Der Innenwiderstand ist unabhängig von der Schalterstellung. R_1 ist so zu bemessen, daß genau 10 V am ersten Teiler erhalten werden. P_1: Feineinstellung auf 10 mV. P_2: Offset-Abgleich. [G. Pelz, *Elektronik*, München, Nr. 11/85, Seiten 90 bis 92.]

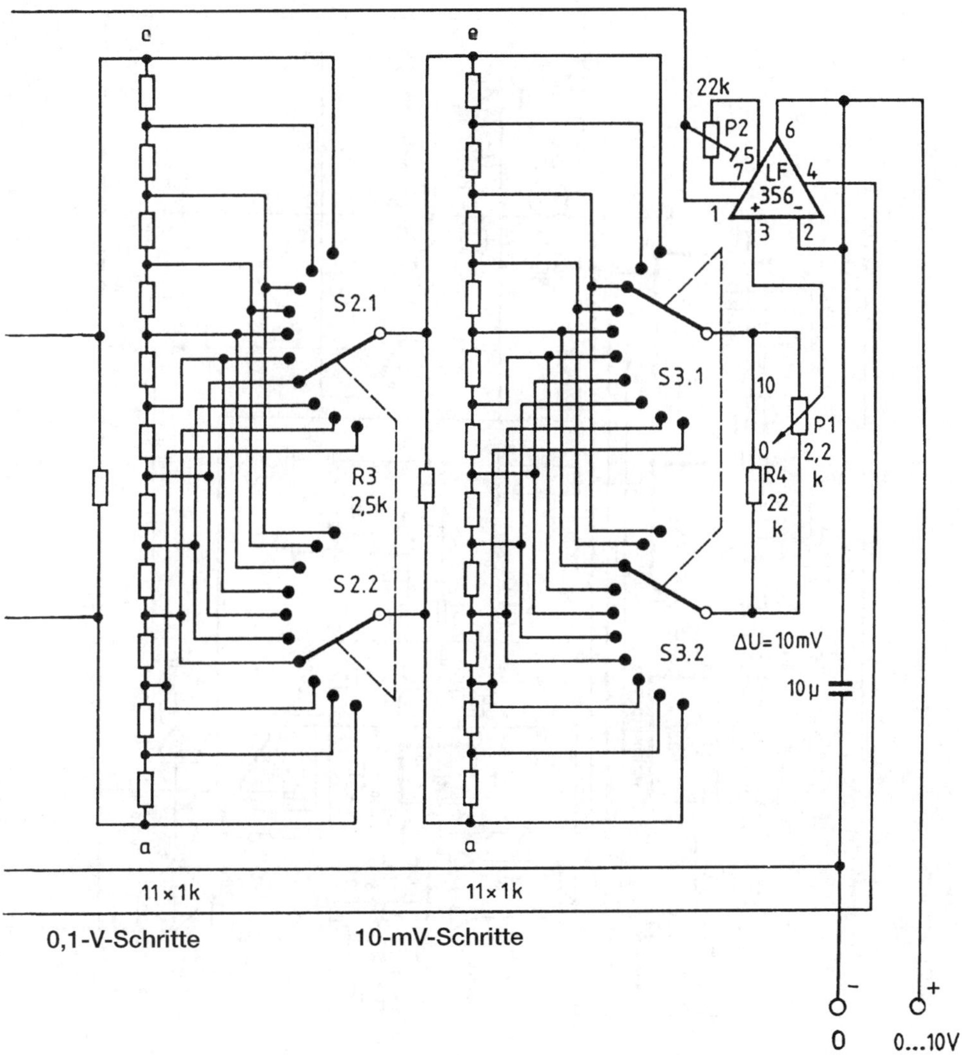

c
e
22k
P2
6
5
7
LF
356
4
1
3
2
S 2.1
S 3.1
10
P1
2,2
k
0
R4
22
k
R3
2,5k
S 2.2
S 3.2
ΔU=10mV
10µ
a
a
11×1k
11×1k
0,1-V-Schritte
10-mV-Schritte
−
+
0
0...10V

884. Spannungsreferenz mit Kodeschaltern, 0,1 bis 29,9 V

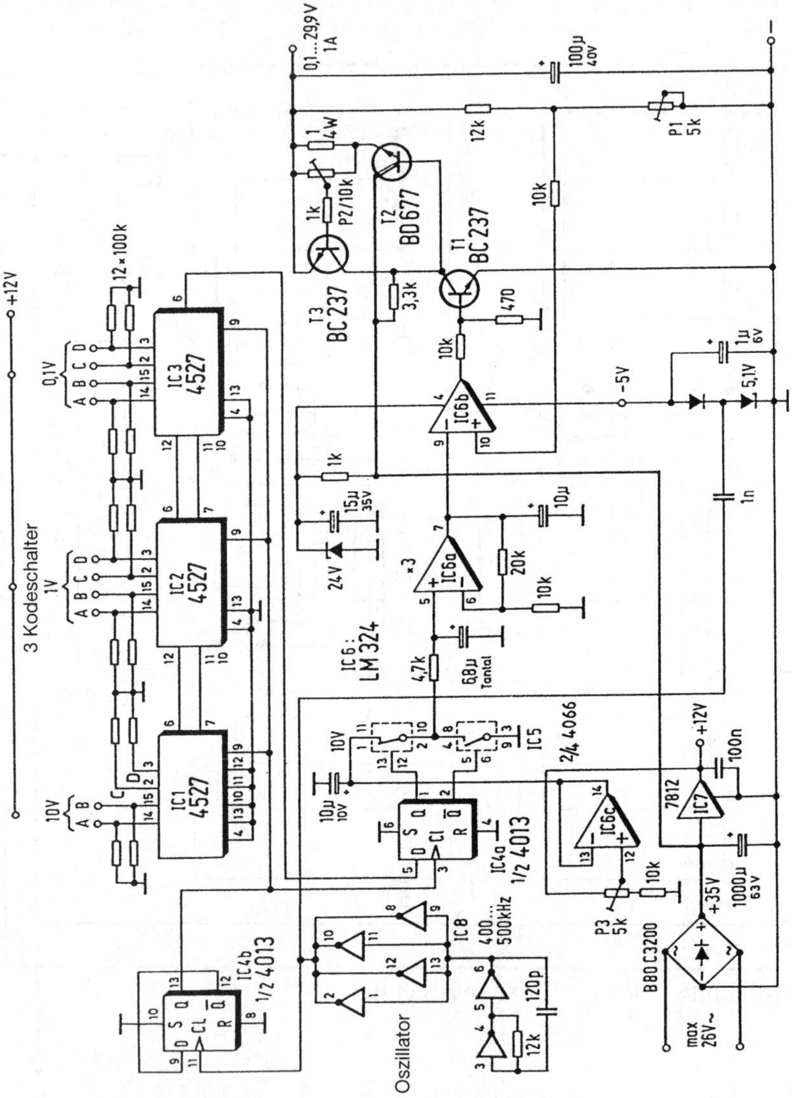

Die Ausgangsspannung wird, nach Siebung mit IC 6A, aus einer Impulsreihe gewonnen, aus der mit den CD 4527 Impulse ausgetastet werden. Die Kodeschalter bestimmen die Austastrate. P_1: Verstärkung der Endstufe. P_2: Strombegrenzung. P_3: Auf Nennspannung (10 V) an Ausgang IC 6C abgleichen. [M. Arnoldt, *Funkschau*, München, Nr. 16/84, Seite 70 bis 72.]

12 Geregelte Schaltwandler

Geregelte Aufwärtswandler

885. Aufwärtswandler für 35 V, 0,5 A, mit L 269

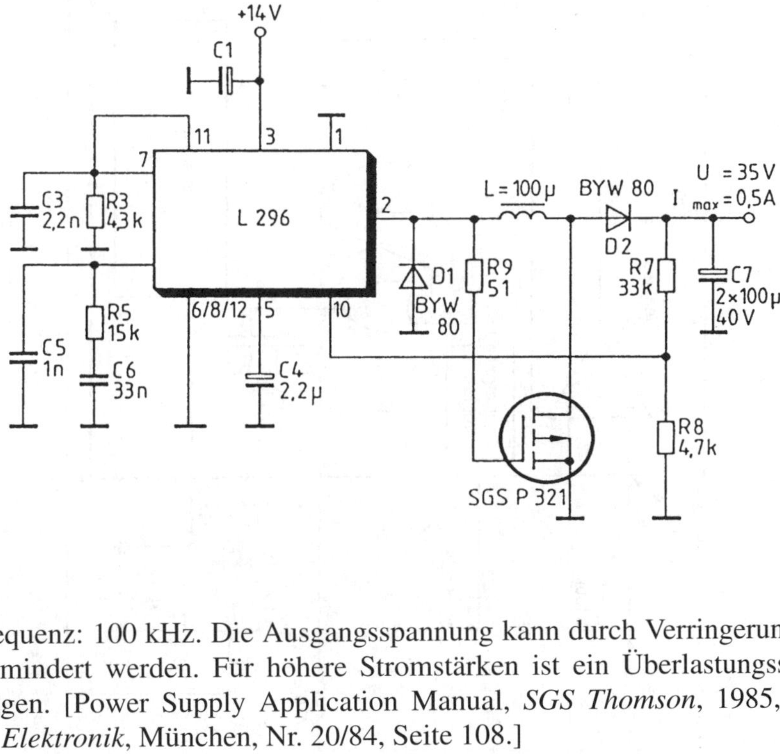

Taktfrequenz: 100 kHz. Die Ausgangsspannung kann durch Verringerung von R_7 vermindert werden. Für höhere Stromstärken ist ein Überlastungsschutz anzufügen. [Power Supply Application Manual, *SGS Thomson*, 1985, Seite 120. – *Elektronik*, München, Nr. 20/84, Seite 108.]

886. CMOS-Aufwärtswandler, MAX 630

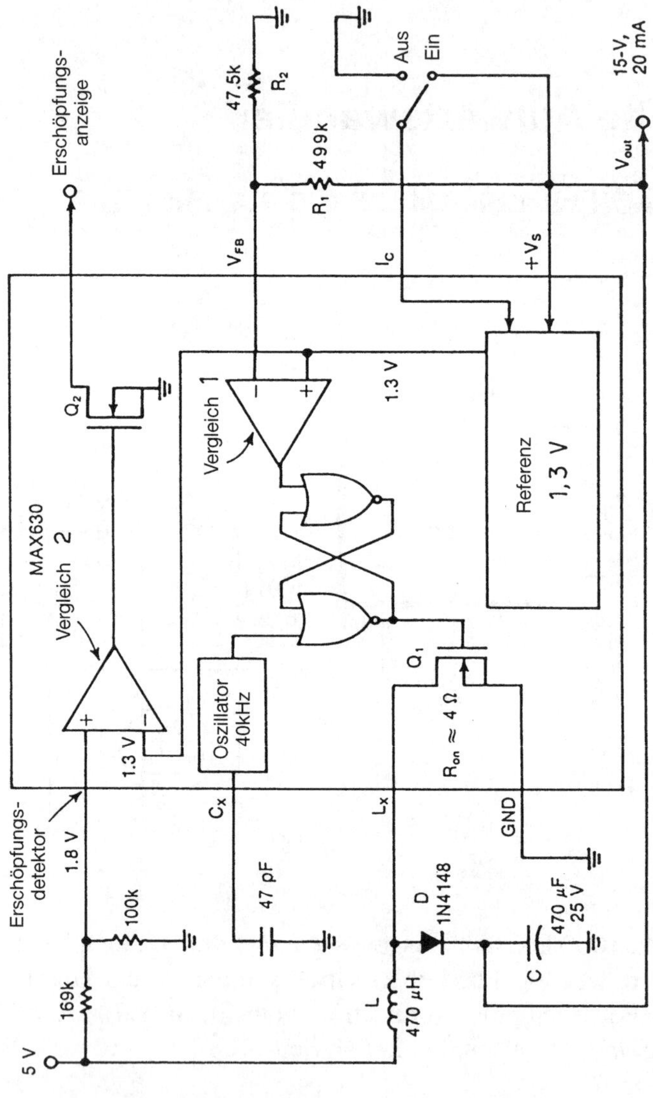

Begnügt sich mit einer Eingangsspannung von 1,8 V und einem Ruhestrom von 0,5 µA. Der die Erschöpfungsanzeige steuernde Transistor Q2 wird leitend, wenn die Eingangsspannung der Vergleichsschaltung 2 unter 1,8 V sinkt. [Seminar Applications Book, *MAXIM*, 1988/89, Seite 83. – *Electronique Radio Plans*, Paris, Nr. 104, Seiten 43 bis 49.]

887. Notstromversorgung mit MAX 630

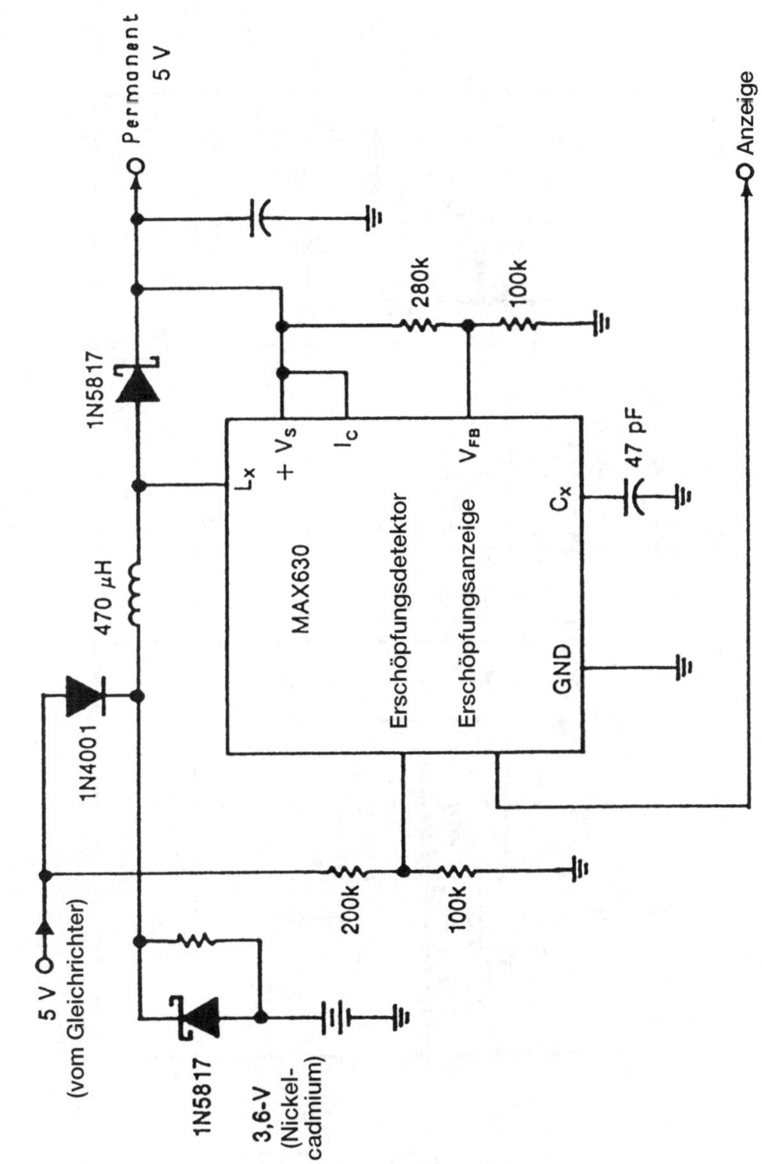

Im Normalbetrieb wird der Schaltregler von einer netzgespeisten 5-V-Quelle betrieben. Bei Netzausfall wird die Batterie beansprucht und die Ausfallanzeige wird eingeschaltet. [Seminar Applications Book, *MAXIM*, 1988/89, Seite 83.]

888. Aufwärtswandler von 3 V auf 5 V, MAX 630

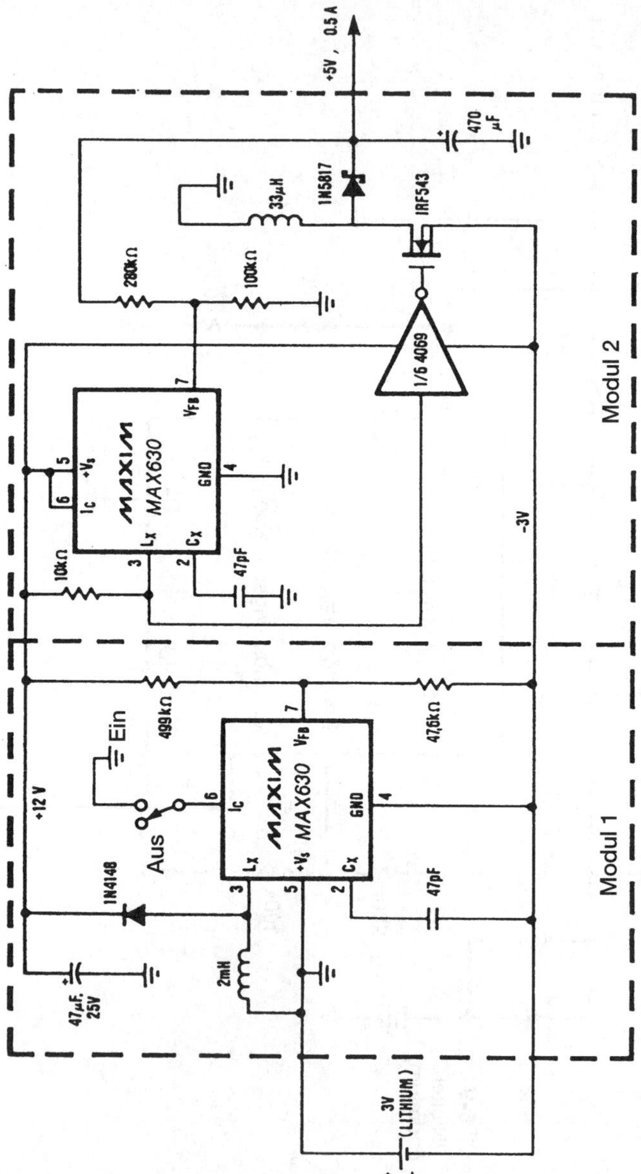

Das Modul 1 erstellt eine Hilfsspannung von 12 V zur Gate-Steuerung des MOSFET. Das Modul 2 arbeitet mit Polungsumkehr. [Firmenschrift *MAXIM*. – *Electronique Radio Plans*, Paris, Nr. 104, Seiten 43 bis 49.]

889. Aufwärtswandler für 2 bis 8 V, mit MAX 631/2/3

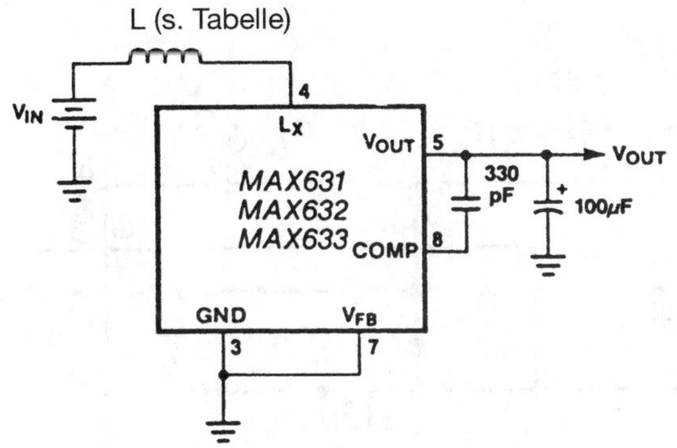

	V_{IN} (V)	V_{OUT} (V)	I_{OUT} (mA)	Wirkungs-grad (%)	Typ No.*	L µH	Ω
MAX631	2	5	5	78	6860-21	470	0.44
	2	5	10	74	6860-17	220	0.28
	2	5	15	61	6860-13	100	0.1
	3	5	25	82	6860-21	470	0.44
	3	5	40	75	7070-29	220	0.55
MAX632	3	12	5	79	6860-10	330	0.35
	3	12	10	79	7070-28	180	0.48
	5	12	12	88	6860-21	470	0.44
	5	12	25	87	6860-19	330	0.35
MAX633	3	15	5	73	7070-29	220	0.55
	3	15	8	71	7070-27	150	0.43
	5	15	10	85	6860-21	470	0.44
	5	15	15	85	6860-19	330	0.35
	8	15	35	90	6860-21	470	0.44

* Caddell-Burns, NY, (516) 746-2310

Die Ausgangsspannung wird durch einen integrierten Regler festgelegt. Die Tabelle gibt die Induktivitätswerte der Drossel an. [Seminar Applications Book, *MAXIM*, 1988/89, Seite 76.]

890. Aufwärtswandler von 3 V auf 5 V, MAX 641

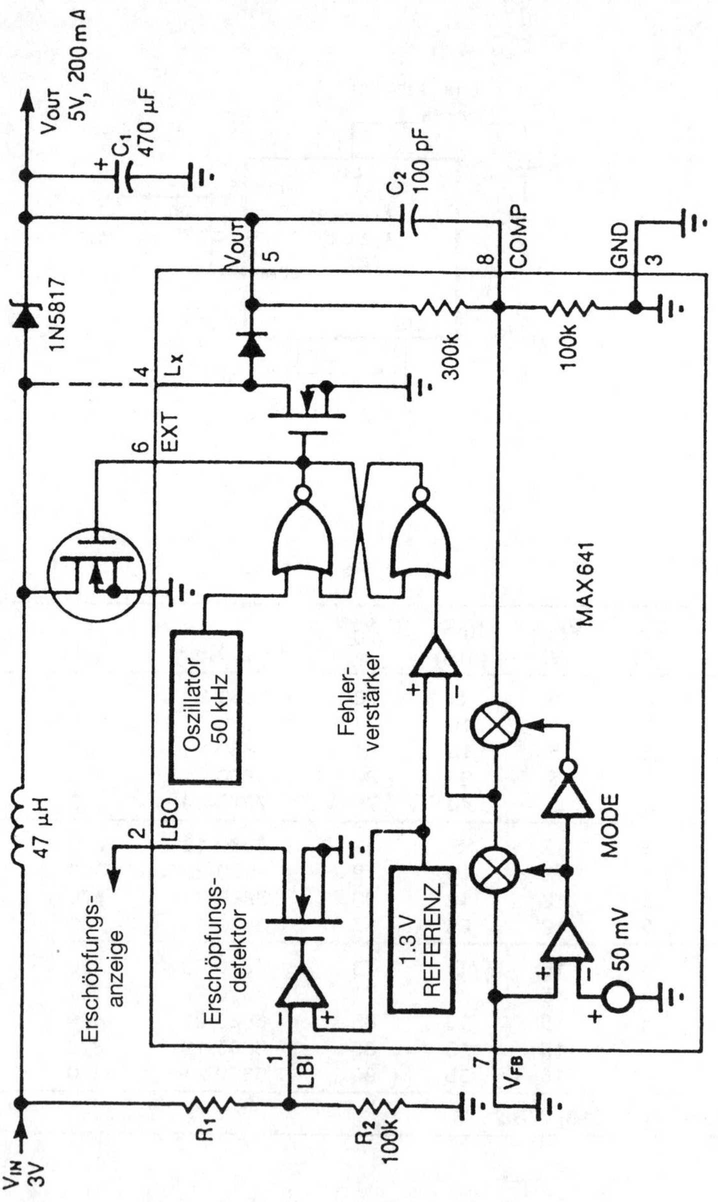

Der Spitzenstrom in der Drossel kann 1 A übersteigen. Die Erschöpfungsanzeige erfolgt für < 1,3 V an Pin 1. [Seminar Applications Book, *MAXIM*, 1988/89, Seite 150.]

891. Auf- und Abwärtswandler für 12 V, 0,1 A, MAX 641

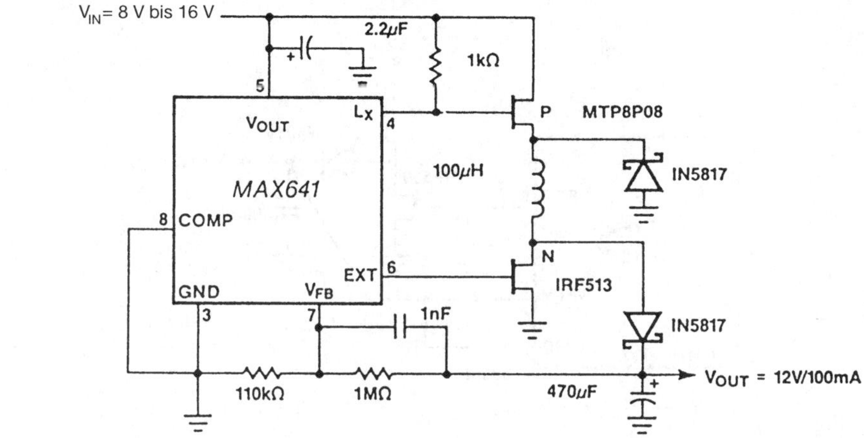

Ein integrierter und ein diskreter MOSFET dienen beiderseits der Drossel als Schalter. Der Spitzenschaltstrom kann 2 A erreichen. [Seminar Applications Book, *MAXIM*, 1988/89, Seite 78.]

892. Aufwärtswandler für geringe Eingangsspannungen

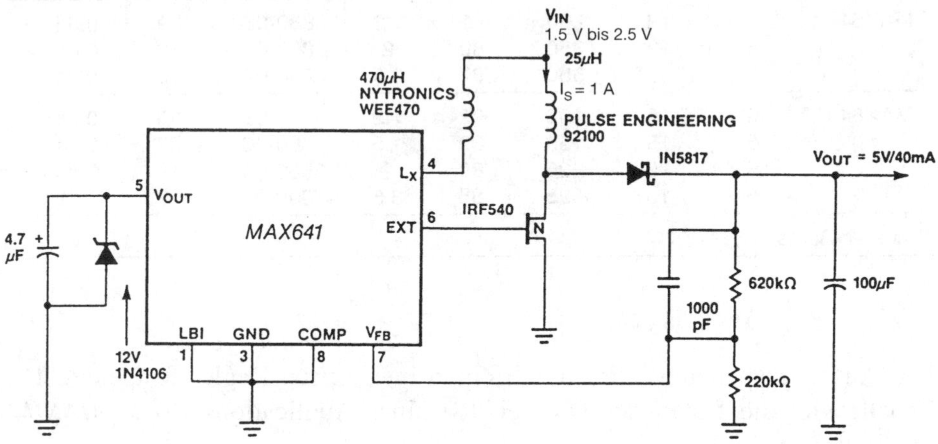

Liefert 40 mA mit 1,5 V am Eingang, oder 180 mA mit 2,4 V. Der Anschluß V_{out} dient nur zum Nachmessen einer Spannung (etwa 12 V), die in der IS und mit der 470-µH-Drossel erhalten wird und zur Gate-Ansteuerung des mitintegrierten MOSFET dient. [Seminar Applications Book, *MAXIM*, 1988/89, Seite 78.]

893. Aufwärtswandler für 12 und 15 V mit MAX 641/2

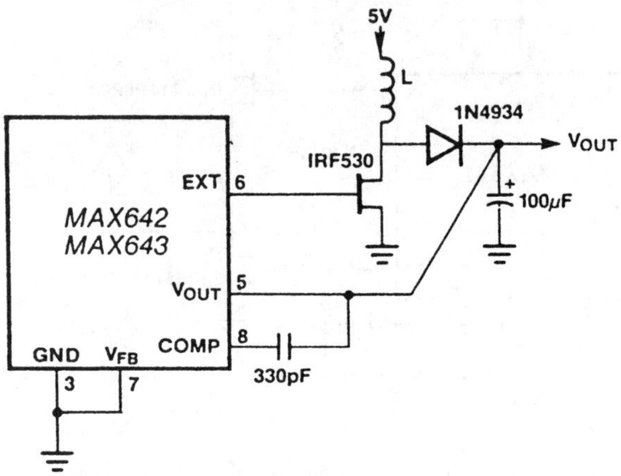

	V_{IN} (V)	V_{OUT} (V)	I_{OUT} (mA)	Wirkungsgrad (%)	I_{pk} (A)	L Type No.*	L μH	L Ω
MAX642	5	12	200	91	1.2	6860-08	39	0.05
	5	12	350	89	2	6860-04	18	0.03
	5	12	550	87	3.5	7200-02	12	0.01
MAX643	5	15	100	92	1.2	6860-08	39	0.05
	5	15	150	89	1.5	6860-06	27	0.04
	5	15	225	89	2	6860-04	18	0.03
	5	15	325	85	3.5	7200-02	12	0.01

* Caddell-Burns

Die Ausgangsspannung wird durch einen integrierten Regler festgelegt. Die Tabelle gibt die Daten der Drossel. [Seminar Applications Book, *MAXIM*, 1988/89, Seite 76.]

894. Aufwärtswandler für 1,5-V-Elemente

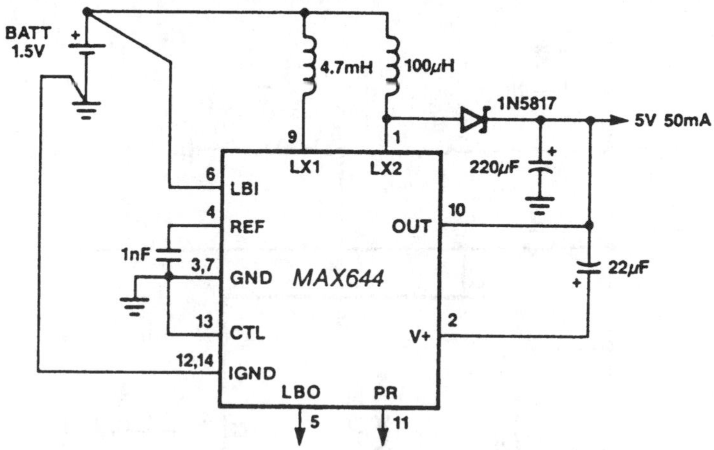

Benutzbar ab 0,5 V am Eingang. Pin 5: Anzeige der Batterieerschöpfung. Pin 11: Funktionsanzeige. Pin 2: Hilfsspannung 12 V, nur schwach belastbar. [Seminar Applications Book, *MAXIM*, 1988/89, Seite 71.]

895. Verlängerte Gebrauchsdauer einer Batterie, RC 4191

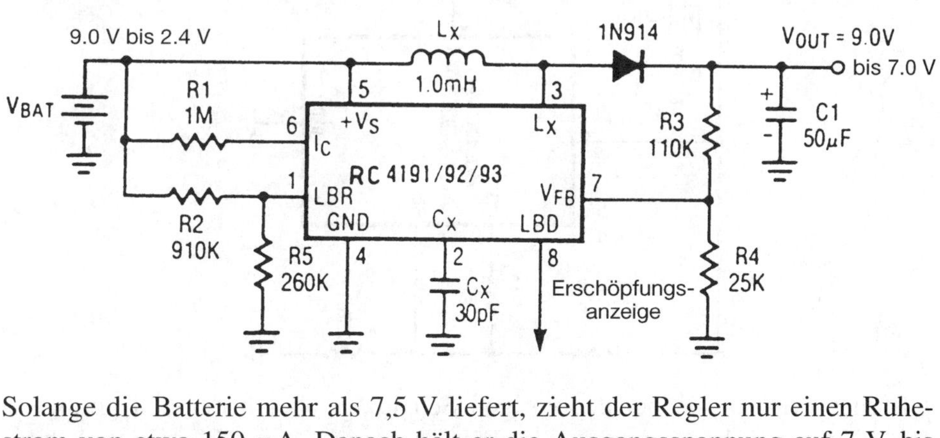

Solange die Batterie mehr als 7,5 V liefert, zieht der Regler nur einen Ruhestrom von etwa 150 µA. Danach hält er die Ausgangsspannung auf 7 V, bis die Batteriespannung auf 2,4 V zurückgeht. Bei 5 V am Eingang ist ein maximaler Laststrom von 10 mA bei einem Wirkungsgrad von 80 % möglich. [Linear Integrated Circuits, *Raytheon*, Seite 11 bis 18.]

896. Verlängerte Gebrauchsdauer einer Batterie, MAX 630

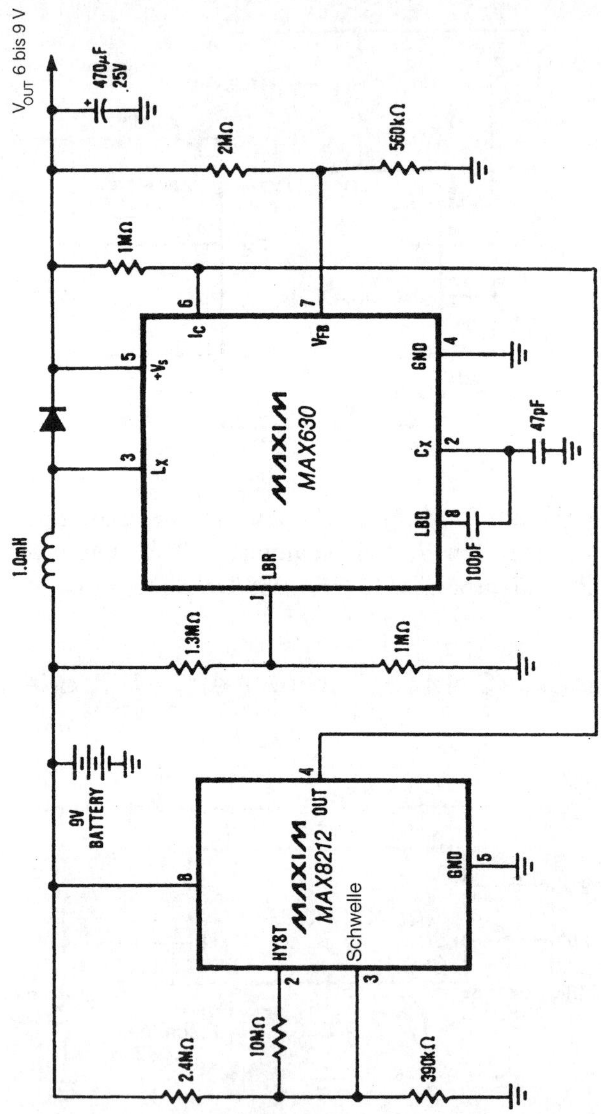

Gleiches Prinzip wie bei der vorigen Schaltung, aber bedeutend geringerer Ruhestrom durch Ansteuern des Wandlers mit einer Vergleichsschaltung MAX 8212. Die minimale Eingangsspannung beträgt 3 V. MAX 630 und RC 4193 sind weitgehend identisch. [Firmenschrift *MAXIM*. – *Electronique Radio Plans*, Paris, Nr. 104, Seiten 43 bis 49.]

897. Notstromversorgung 5 V, 50 mA

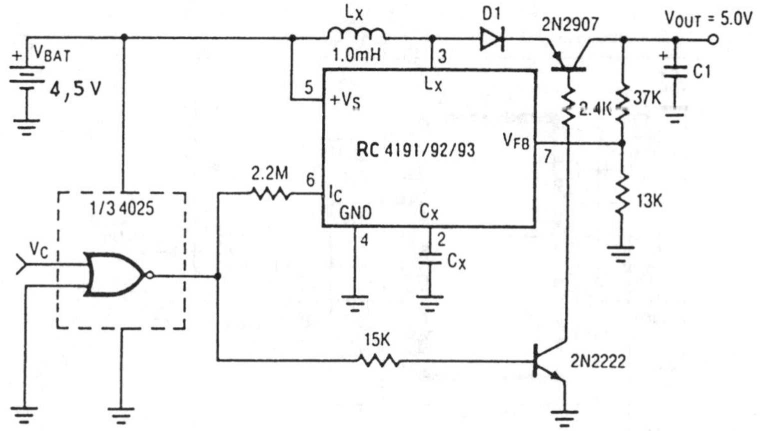

Das als Schalter dienende CMOS-Gatter CD 4025 liefert die Vorspannung des Reglers (Pin 6) und der Schalttransistoren. Dadurch bleibt der Ruhestrom auf weniger als 1 µA begrenzt. [Linear Integrated Circuits, *Raytheon*, Seite 11 bis 17.]

898. Aufwärtswandler 15 V, 75 mA, mit TL 497 A

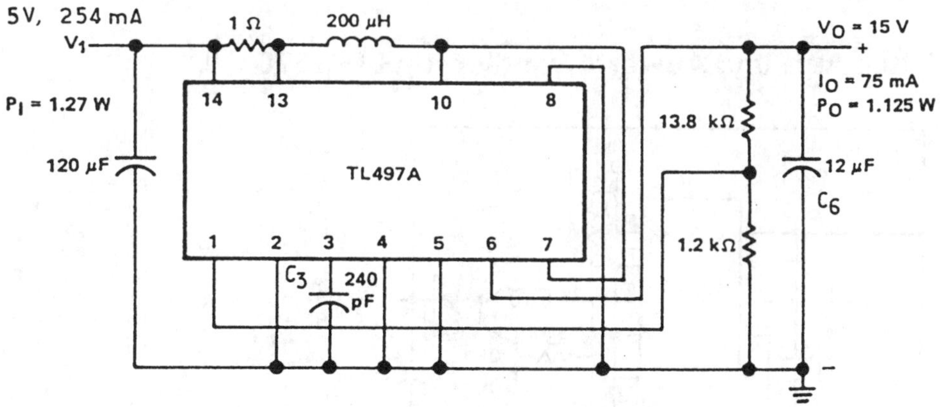

Die Spitzenstromstärke am Eingang ist $I_P = 2\ I_0\ (1 + V_0/V_1)$, also etwa 0,6 A. Je nach der verfügbaren Drossel (L = 50 bis 500 µH) bestimmt man $t_{on} = L\ I_P/V_1$, dann C_3 (in pF) = 12 t_{on} und R_1 (in kΩ) = $V_0 - 1{,}2$. Der Wert von C_6 hängt von der zulässigen Restwelligkeit ab. [Product Applications, Vol. 1, *Texas Instruments*, 1986, Seiten 629 bis 645.]

899. Aufwärtswandler 30 V, 150 mA, mit ULN 8163 A

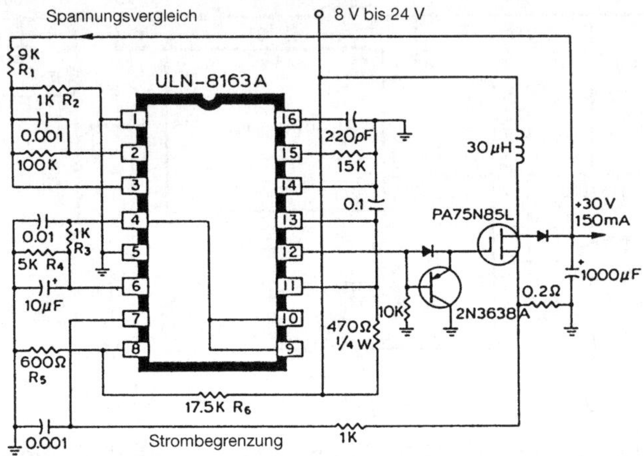

Besonders für Automobilanwendungen entworfen. Pin 7 dient zur Strombegrenzung, Pin 8 zum Schutz vor Überspannungen. Die Ansprechschwelle beträgt 600 mV. Die Schaltfrequenz liegt bei 100 kHz und wird durch die an Pins 15 und 16 liegenden Bauteile bestimmt. PA 75 N 85 L kann durch IR 520 oder MTP 10 N 10 ersetzt werden. [Integrated Circuits Data Book, *Sprague*, WR 504, 1987, Seite 737.]

900. Auf- und Abwärtswandler mit LM 1578

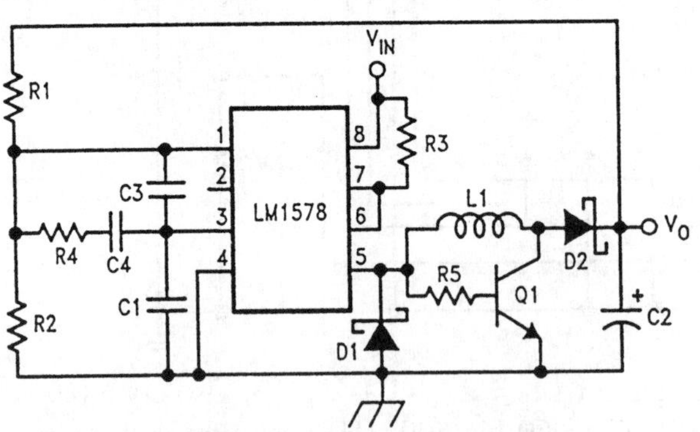

9V ≤ V_{in} ≤ 15V
V_o = 12V
I_o = 100 mA
V_{ond} = 50 mV
f_{osc} = 50 kHz
R1 = 110 k
R2 = 10 k
R3 = 0.1
R4 = 220 k
R5 = 270
C1 = 1820 pF
C2 = 220 µF
C3 = 20 pF
C4 = 0.0022 µF
L1 = 220 µH
D1, D2 = 1N5819
Q1 = D44

Liefert eine Ausgangsspannung von 12 V (0,1 A) mit 9 bis 15 V am Eingang. Die innere Referenz (Pin 1) beträgt 1 V. [Linear Datbook 1, *National Semiconductor*, 1987, Seiten 1195 bis 1207.]

901. Regler für drossellosen Wandler

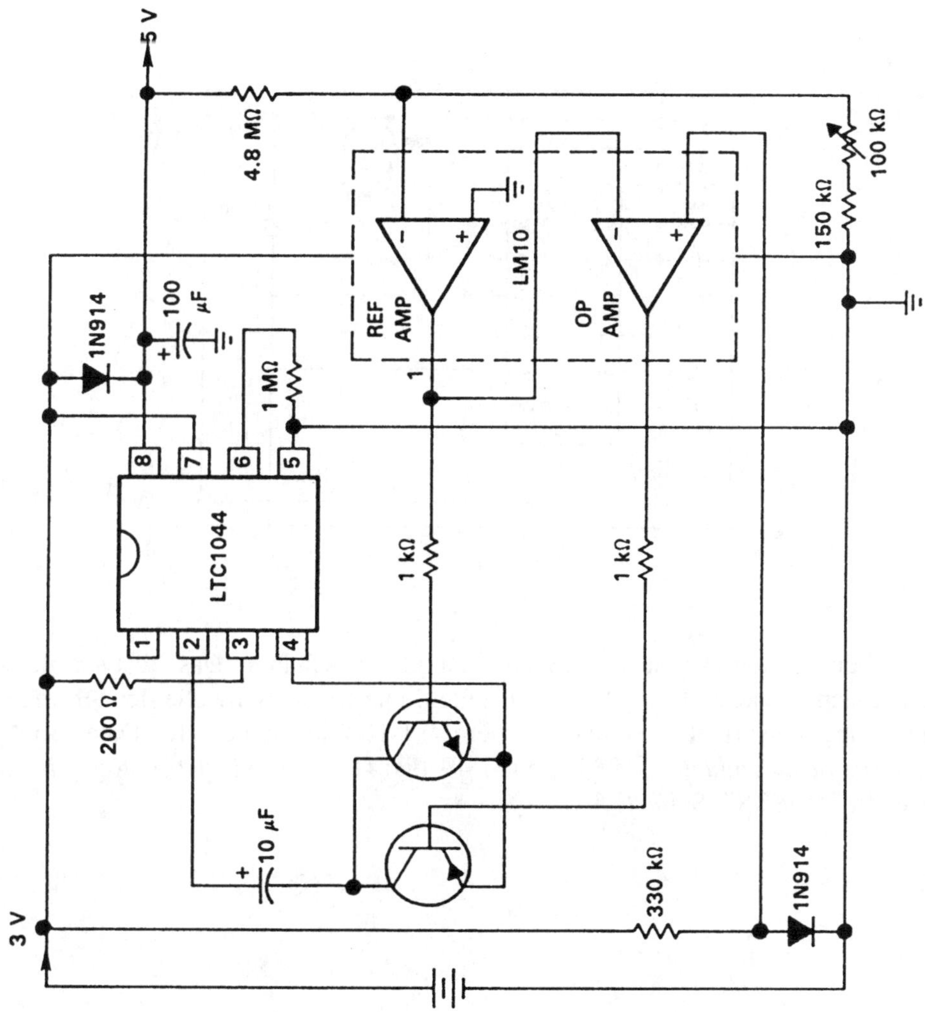

Gestattet die Speisung einer 5-V-Logik durch zwei 1,5-V-Batterieelemente. Maximaler Laststrom: 20 mA. Der Verstärker regelt das Tastverhältnis des Wandlers. [Linear Circuits Data Book, Vol. 3, *Texas Instruments*, 1989, Seite 273.]

Geregelte Abwärtswandler

902. Wandler für 5 V, 1 A, mit CS 3524 (SG 1524)

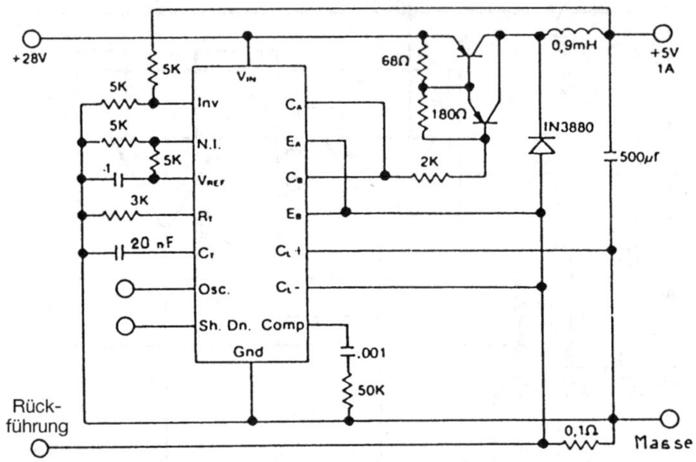

Die beiden Regelkreise der IS sind parallel geschaltet. Das Tastverhältnis kann sich zwischen 0 und 90 % einstellen. Die Einsatzschwelle der Strombegrenzung entspricht 200 mV an dem 0,1-Ω-Widerstand. [IC Data Book, *Cherry Semiconductor*, 1989, Seiten 49 bis 413. – Product Catalog *Silicon General*, 1984/85, Seite 83.]

903. Wandler für 5 V, 5 A, mit CS 320

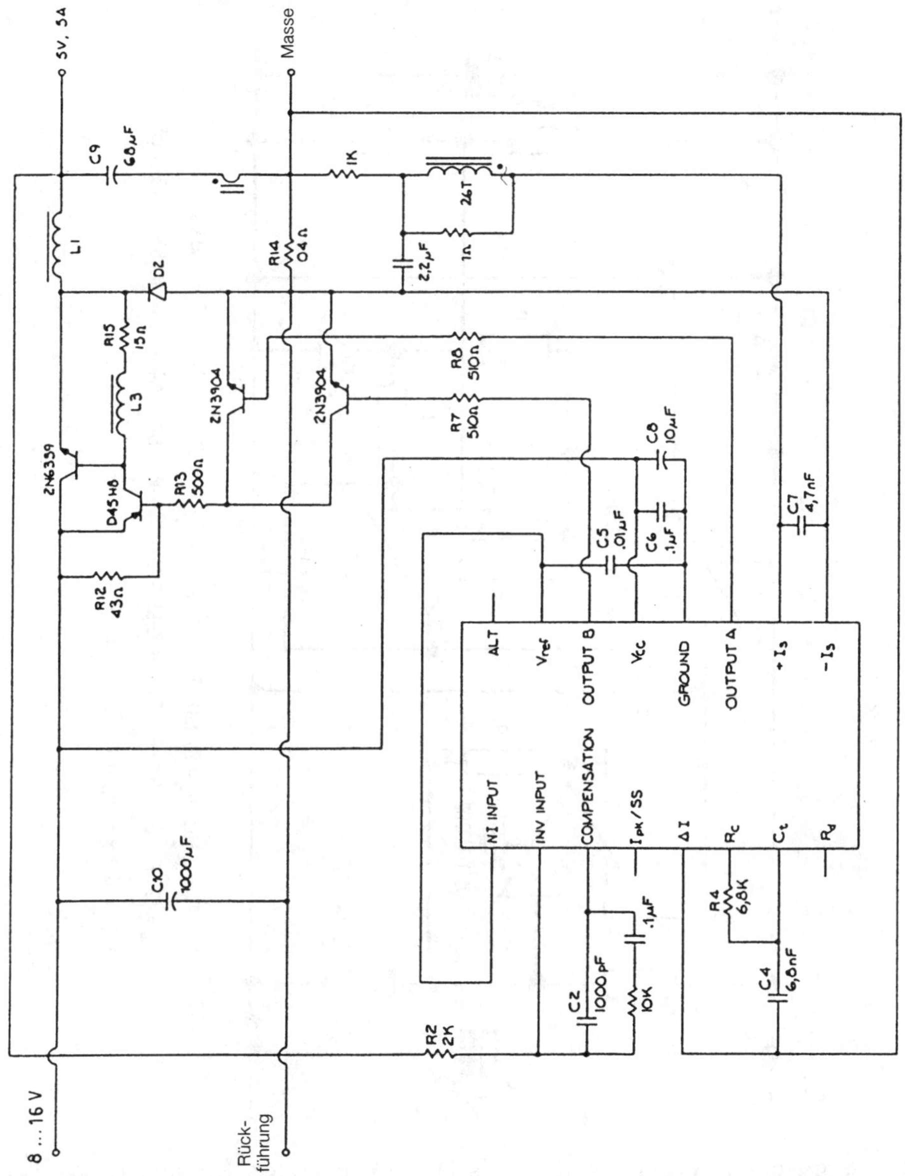

Die Schaltfrequenz wird durch die an Pins R_C und C_t liegenden Bauteile bestimmt. Sie kann 1 MHz erreichen. Die Drosseldaten sind entsprechend zu bemessen. [IC Data Book, *Cherry Semiconductor*, 1989, Seiten 419 bis 422.]

904. MOSFET-Wandler mit hohem Wirkungsgrad

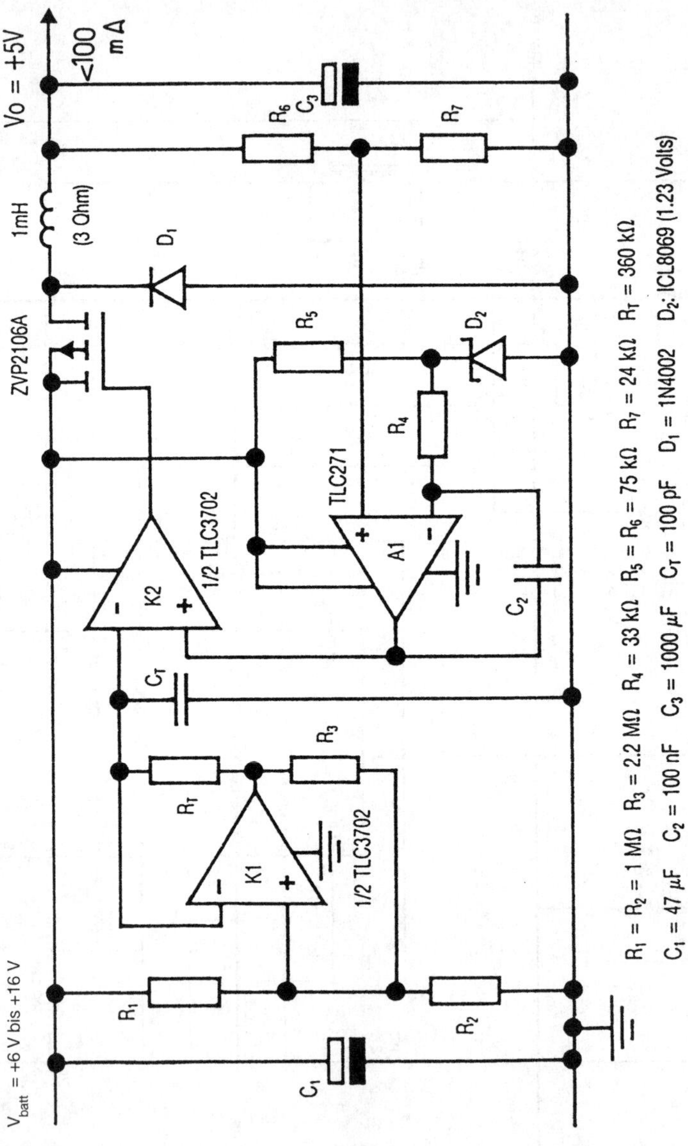

Die Vergleichsschaltung K1 dient als Dreieckgenerator. K2 steuert das Tastverhältnis mit Hilfe der von A1 gelieferten Nachregelspannung. Der Wirkungsgrad übersteigt 90 % bei 6 V am Eingang und Lastströmen zwischen 5 und 50 mA. [Linear Application Brief LL 49E-8/87, *Texas Instruments.*]

905. Thyristor-Schutzschalter in Wandler mit L 296

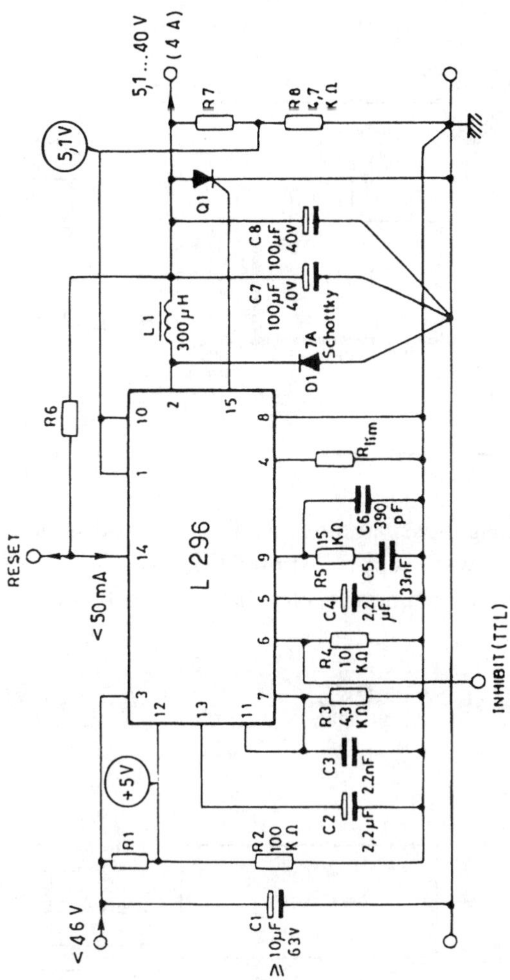

Ausgangsspannung 5,1 bis 40 V, maximal 4 A. Nach Erreichen der Nominalspannung an Pin 12 und einer von C_2 bestimmten Verzögerung wird ein Reset-Impuls ausgeliefert. Die Ausgangsspannung wird durch R_7 festgelegt. Wenn die an Pin 1 liegende Spannung ihren Nominalwert um 20 % übersteigt, schließt der Thyristor den Ausgang kurz. Mit R_{lim} = 22 kΩ setzt die Strombegrenzung bei 4,5 A ein und läuft bei Kurzschluß auf 2,5 A zurück. L_1 = 65 Windungen, Drahtdurchmesser 0,8 mm, auf Thomson GUP 20 x 16 x 7, Luftspalt 1 mm. Schaltfrequenz: 100 kHz. [Industry Standard Analog IC Databook, *SGS Thomson Microelectronics*, 1989, Seiten 111 bis 133.]

906. Schaltnetzgerät für 0 bis 30 V, 4 A, L 269

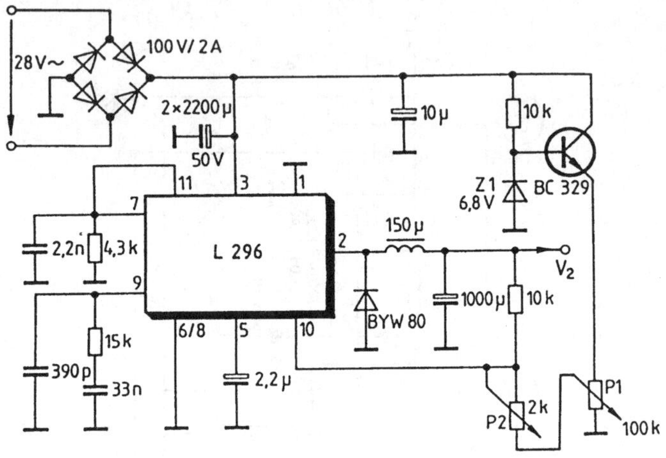

P_1 bestimmt die Ausgangsspannung, P_2 dient zum Abgleich auf den Maximalwert von 30 V. [Power Supply Application Manual, *SGS Thomson*, 1985, Seite 114. – *Elektronik*, München, Nr. 20/84, Seite 106.]

907. Schaltnetzgerät für 5,1 bis 15 V, 2,5 A, L 4960

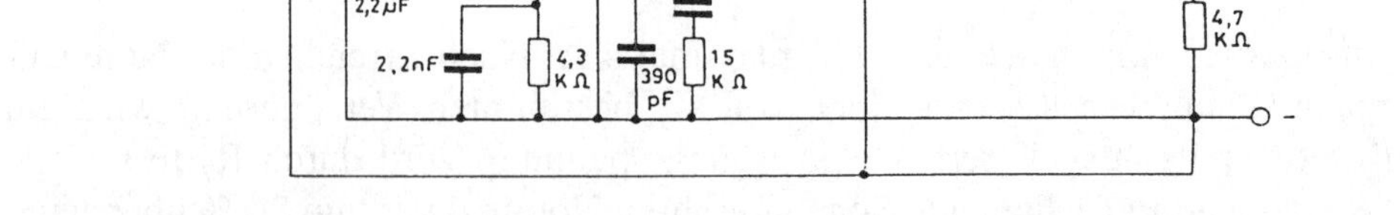

Der Regelfehler beträgt 10 mV für eine Änderung des Laststroms von 1 auf 2 A oder für eine Schwankung von 10 % der Eingangsspannung. Die Schaltung arbeitet mit einer Taktfrequenz von 100 kHz und innerer Strombegrenzung. [Industry Standard Analog IC Databook, *SGS Thomson Microelectronics*, 1989, Seiten 213 bis 255.]

908. Schaltnetzgerät für 0 bis 30 V, 0,2 bis 4 A, L 296

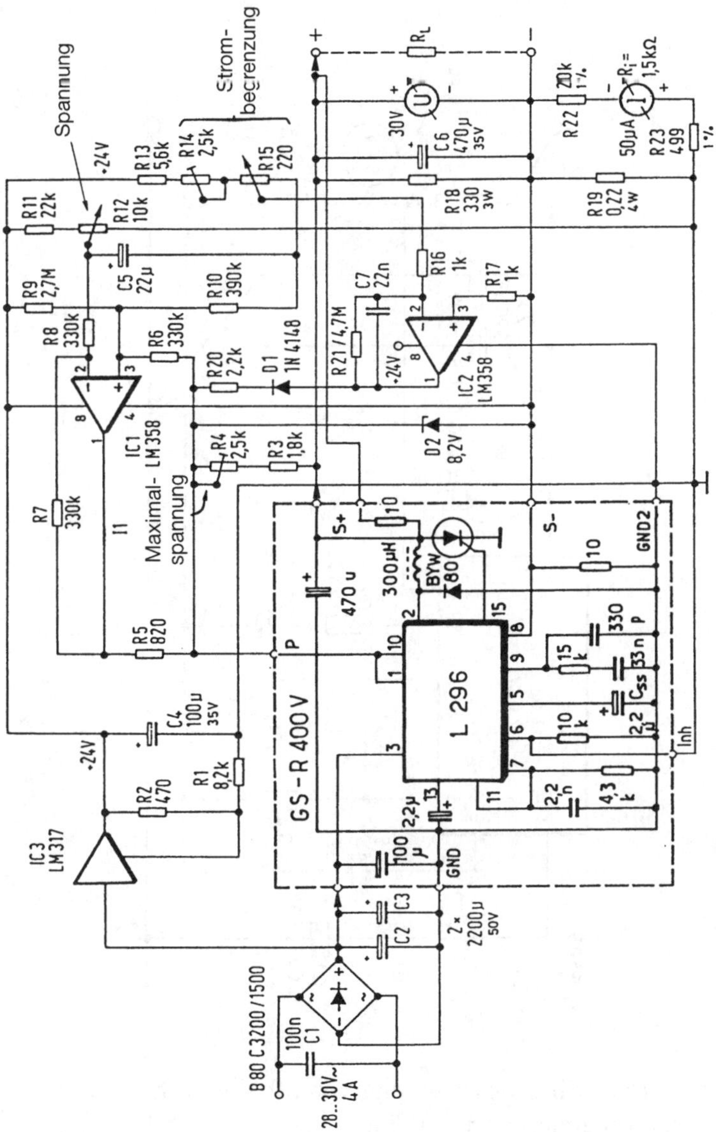

Erweiterung der Schaltung 906 (Modul GS R 400 V, SGS Thomson) besonders durch einstellbare Strombegrenzung. IC1 ist eine einstellbare Konstantstromquelle und gestattet ein Herunterregeln der Ausgangsspannung bis auf 0 V. [Ch. Wiedmann, *Funkschau*, München, Nr. 16/86, Seiten 61 bis 65.]

909. Wandler für 5,1 bis 40 V, 2,5 A, mit L 4960

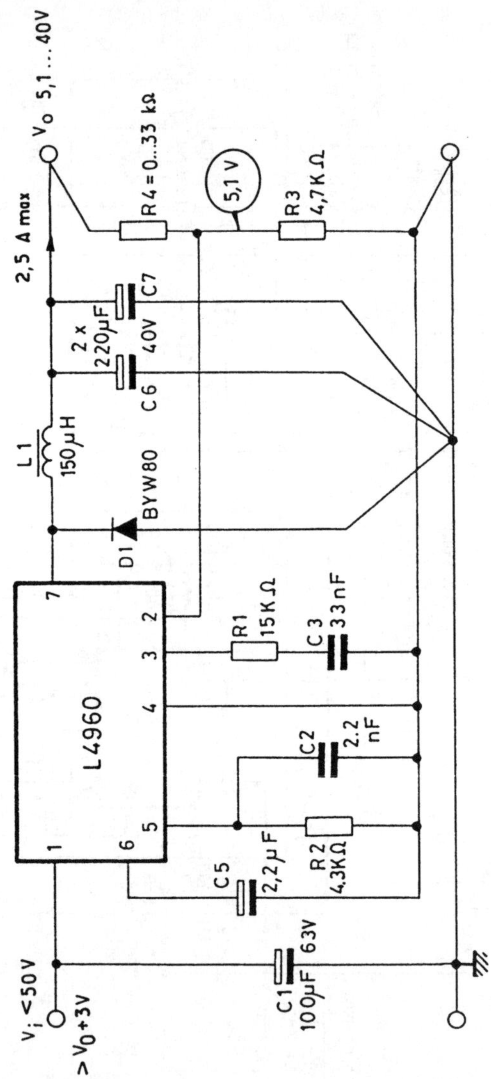

Eine Änderung der Eingangsspannung von 30 V wird bis auf 50 mV ausgeregelt. Bei Laststromänderung von 0,5 auf 2 A schwankt die Ausgangsspannung um 0,2 %. Mit R_2 = 4,3 kΩ beträgt die Schaltfrequenz 100 kHz. Die Strombegrenzung setzt bei 3 bis 5,5 A ein und führt bei Kurzschluß zu einem Reststrom von 30 mA. [Industry Standard Analog IC Databook, *SGS Thomson Microelectronics*, 1989, Seiten 213 bis 225.]

910. Wandler für 5 V, 4 A, mit LH 1605

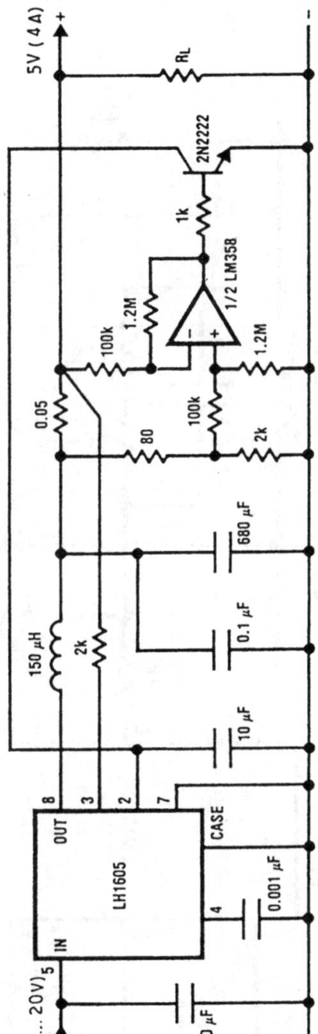

Der Operationsverstärker und der Transistor 2 N 2222 dienen zu einer Strombegrenzung, die bei 5 A einsetzt und bei Kurzschluß den Ausgangsstrom auf 1 A begrenzt. Die Schaltfrequenz, 25 kHz, kann über den Kondensator an Pin 4 verändert werden. Der Wirkungsgrad beträgt 69 %. [Linear Applications Handbook, *National Semiconductor*, 1986, Seite 934.]

911. Wandler für 4,5 bis 30 V, 6 A, mit L 105

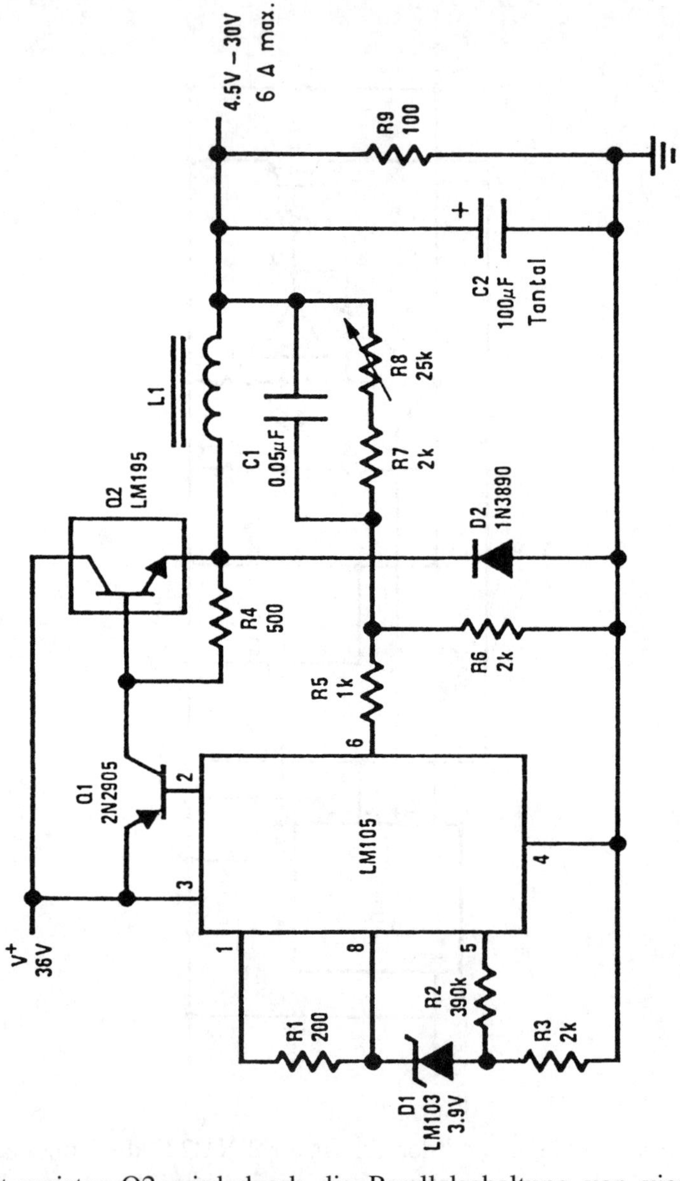

Der Längstransistor Q2 wird durch die Parallelschaltung von vier LM 195 gebildet. Diese CI haben eine Transistorfunktion und sind gegen thermische Überlastung geschützt. L_1: 60 Windungen auf Spulenkörper Arnold A 0830812. [Linear Applications Handbook, *National Semiconductor*, 1986, Seite 365.]

912. Wandler für 1,8 bis 32 V, 3 A, mit L 317

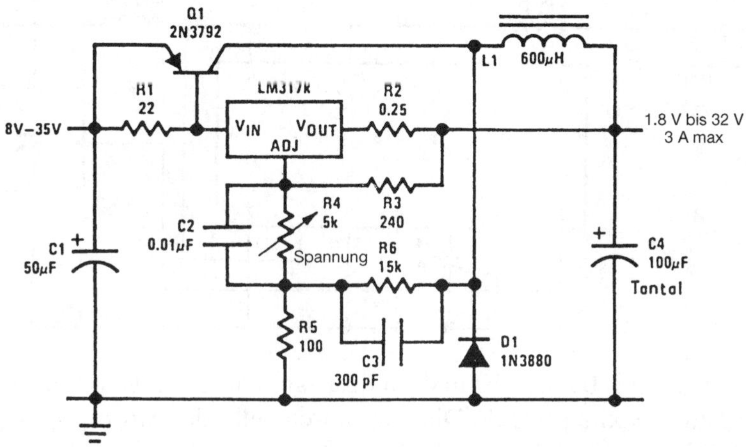

Der Regler LM 317 erhält Mitkopplung über R_6. Die an R_5 erhaltene Rechteckschwingung schaltet ihn ein und aus. Die Schaltung besitzt keinen Überlastungsschutz. [Linear Applications Handbook, *National Semiconductor*, 1986, Seite 456.]

913. Wandler von 15 auf 5 V, 1,5 A, mit LM 1578

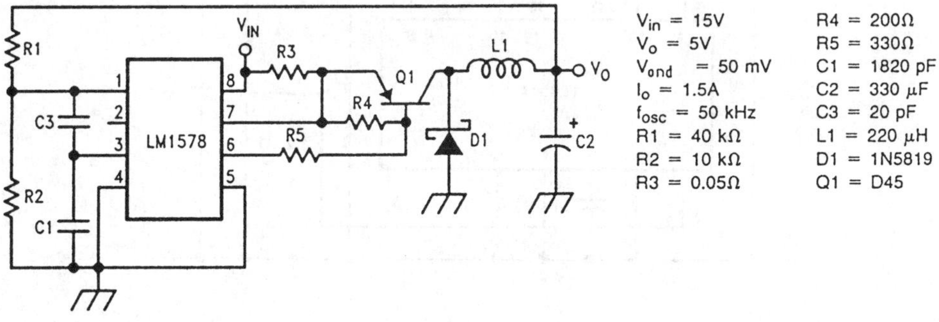

Durch Veränderung von R_1 können von 5 V leicht abweichende Ausgangsspannungen erhalten werden. [Linear Datbook 1, *National Semiconductor*, 1987, Seiten 1195 bis 1207.]

914. Wandler von 15 auf 5 V, 0,2 A, mit TL 497 A

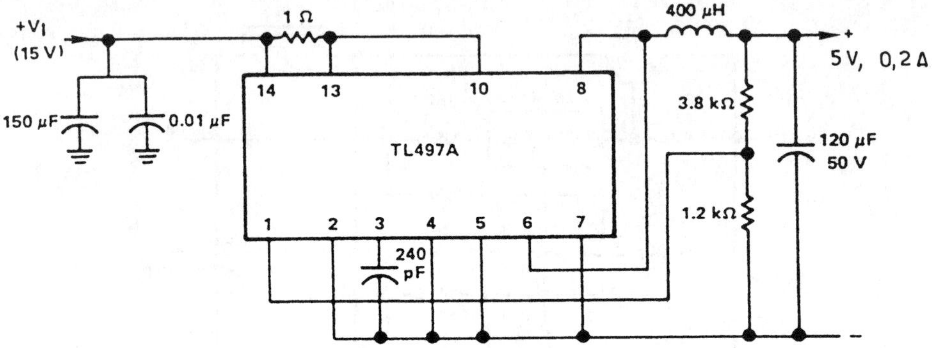

Die Restwelligkeit beträgt 50 mV. Bei Laständerung schwankt die Ausgangsspannung um maximal 0,5%. Die Einsatzschwelle der Strombegrenzung entspricht 0,7 V zwischen Pins 13 und 14. Die innere Referenzspannung beträgt 1,2 V. [Product Applications, Vol. 1, *Texas Instruments*, 1986, Seiten 629 bis 645.]

915. Wandler für 5 V, 2 A, mit TL 497 A

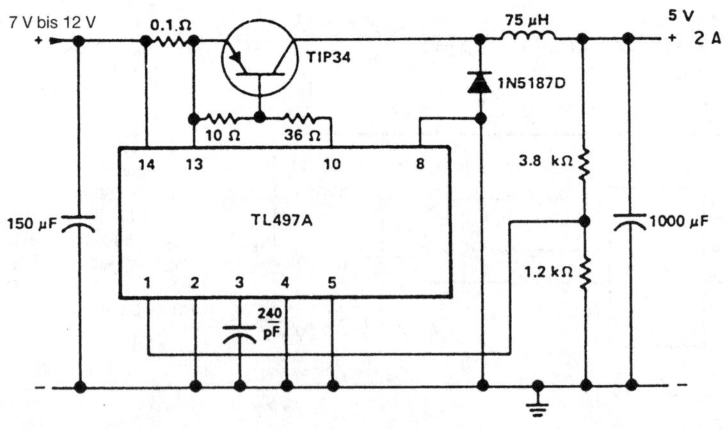

Die im Regler integrierte Diode (zwischen Pins 6 und 7) wird nicht benuzt und durch ein Diskretbauteil ersetzt. Die Einsatzschwelle der Strombegrenzung entspricht 0,7 V zwischen Pins 13 und 14. Die innere Referenzspannung beträgt 1,2 V. [Product Applications, Vol. 1, *Texas Instruments*, 1986, Seiten 629 bis 645.]

916. 50-W-Regler, mit TL 594

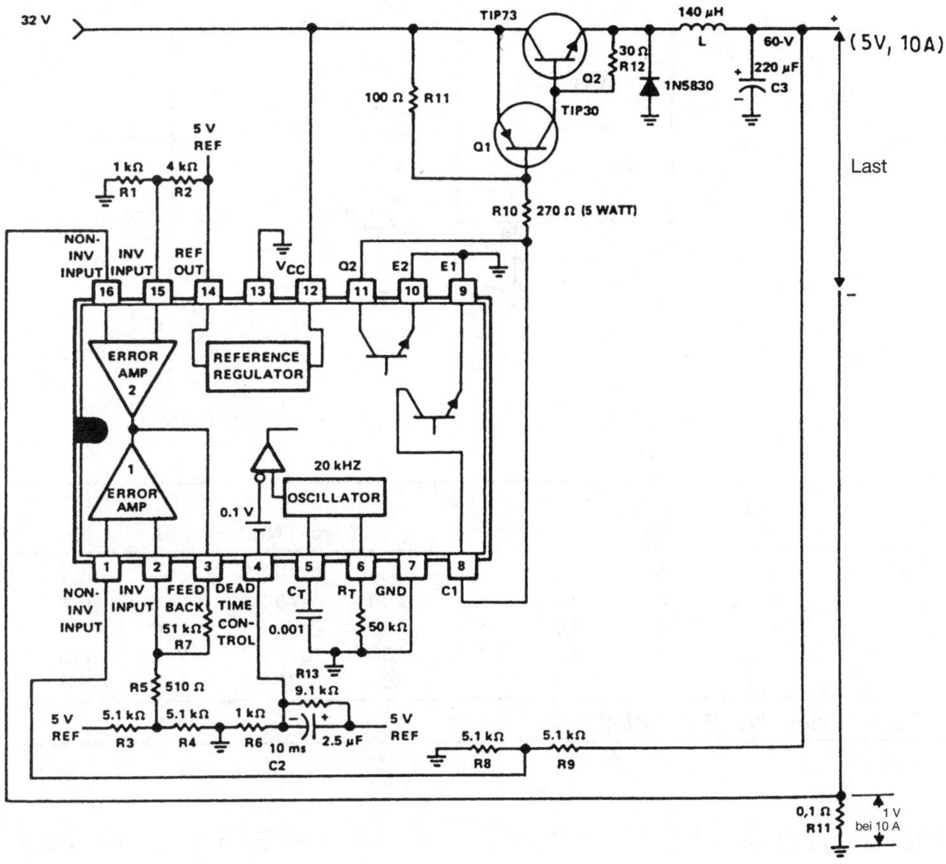

Der Fehlerverstärker 2 übernimmt die Strombegrenzung durch Vergleich der Spannung an R_{11} mit einer an R_1 erhaltenen Referenzspannung von 1 V. Schaltfrequenz: 20 kHz. Wirkungsgrad: etwa 70 %. Die Einschaltverzögerung kann durch höhere Werte von C_2 gesteigert werden. [Product Applications, Vol. 1, *Texas Instruments*, 1986, Seite 617.]

917. Wandler für 5 V mit MAX 638

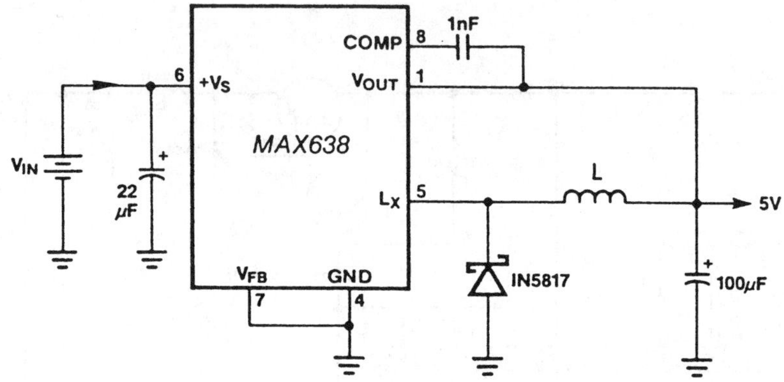

	V_{IN} (V)	V_{OUT} (V)	I_{OUT} (mA)	Wirkungs-grad (%)	I_{pk} (mA)	Typ No.*	L µH	Ω
MAX638	7-9.5	5	35	92	200	7070-27	150	0.4
	8-9.5	5	55	89	200	7070-27	150	0.4
	10-14	5	50	92	300	7070-30	270	0.6
	12	5	60	92	250	7070-30	270	0.6
	12	5	75	89	300	7070-28	180	0.5

* Caddell-Burns, NY, (516) 746-2310

Die Ausgangsspannung ist durch einen mitintegrierten Regelkreis festgelegt. Die Tabelle enthält die Drosseldaten. [Seminar Applications Book, *MAXIM*, 1988/89, Seite 76.]

918. Wandler für 5 V, 10 A, mit LT 1074

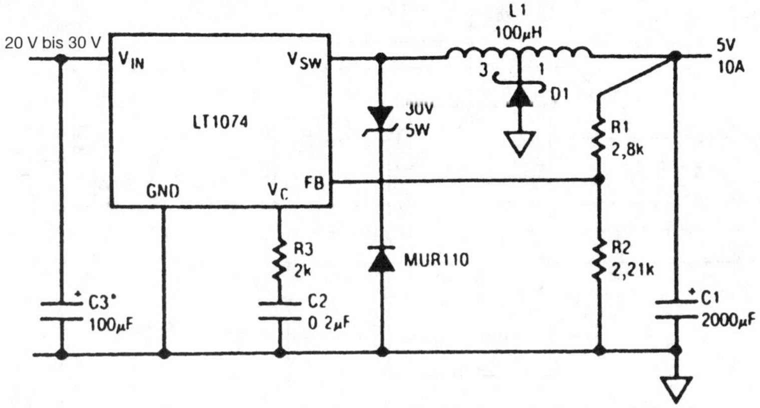

Durch Änderung der Bauteilwerte können Ausgangsspannungen von 2,5 bis 50 V erhalten werden. Die Regelung erfolgt über Änderung der Impulsbreite bei einer Taktfrequenz von etwa 100 kHz. [Firmenschrift *Linear Technology*, November 1989.]

Geregelte Spannungsinverter

919. Geregelter Spannungsinverter ohne Drossel, LTC 1044

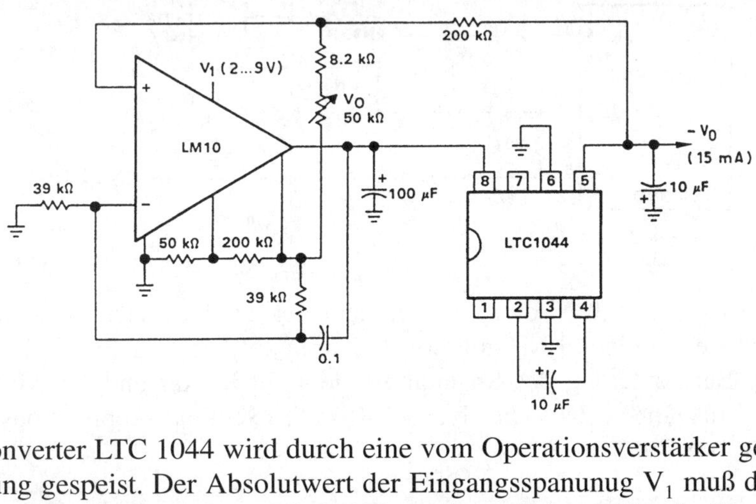

Der Konverter LTC 1044 wird durch eine vom Operationsverstärker geregelte Spannung gespeist. Der Absolutwert der Eingangsspanunug V_1 muß die Ausgangsspannung um mindestens 0,5 V übersteigen. [Linear Circuits Data Book, Vol. 3, *Texas Instruments*, 1989, Seite 273.]

920. Geregelter Spannungsinverter ohne Drossel, SG 2524

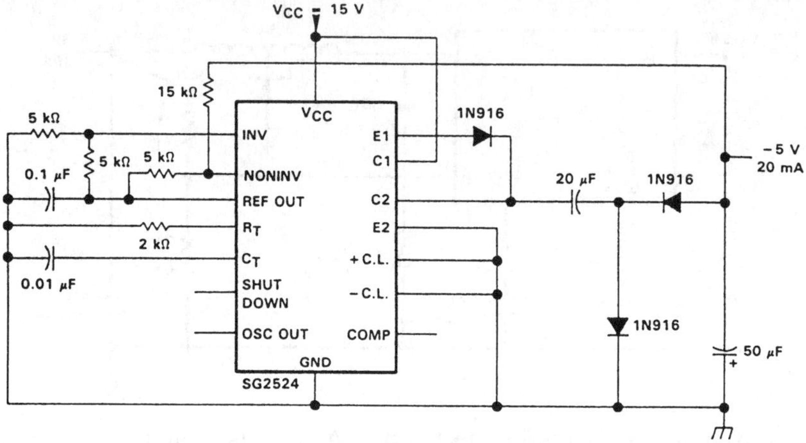

Die an Pin C_2 anfallende Wechselspannung wird mit einem Spannungsverdoppler gleichgerichtet. Die Ausgangsspannung steuert die Regelschleife. [Linear Circuits Data Book, Vol. 3, *Texas Instruments*, 1989, Seite 299.]

921. Spannungsinverter für 5 V, 200 mA, MAX 637

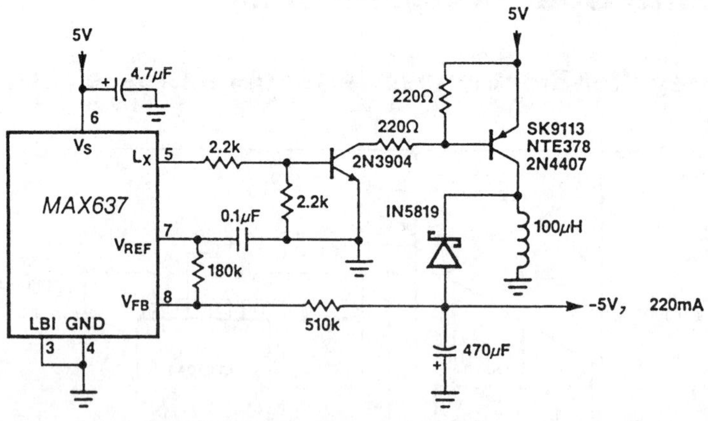

Der Transistor 2 N 3904 dient zur Umkehr der an Pin L_x anfallenden Spannung und steuert einen PNP mittlerer Leistung an. Die Regelung erfolgt über Pin V_{FB}. Bei Änderung des Spannungsteilers auf 82 kΩ und 1,5 MΩ erhält man am Ausgang – 24 V bei bis zu 40 mA. [Seminar Applications Book, *MAXIM*, 1988/89, Seite 80.]

922. Negative Spannungsquelle, –15 V, 0,2 A, mit LM 311

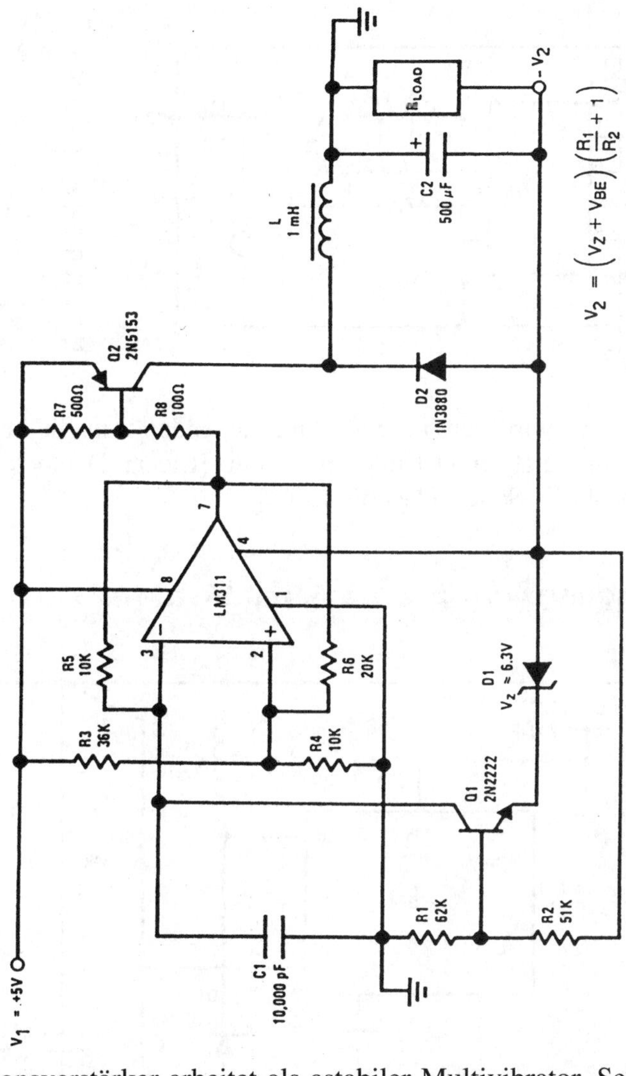

Der Operationsverstärker arbeitet als astabiler Multivibrator. Seine Frequenz, etwa 6 kHz, wird von C_1 und R_5 festgelegt, während Q1 das Taktverhältnis bestimmt. Der Wirkungsgrad erreicht 75 %, die Restwelligkeit beträgt 0,1 V bei 200 mA. Die Ausgangsspannung driftet um weniger als 3 %, wenn die am Eingang sich von 5 V auf 10 V erhöht oder wenn der Laststrom von 0 auf 100 mA steigt. [Linear Applications Handbook, *National Semiconductor*, 1986, Seite 1123.]

923. Polungsinvertierender Aufwärtskonverter, LM 1578

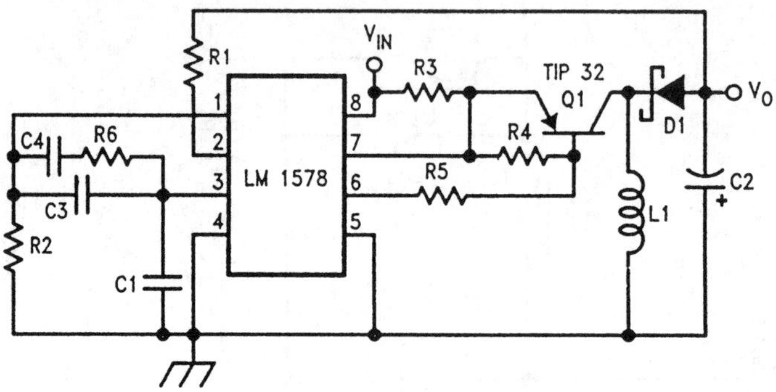

V_{in} = 5V
V_o = −15V
V_{ond} = 5 mV
I_o = 300 mA, I_{min} = 60 mA
f_{osc} = 50 kHz
R1 = 160 kΩ R2 = 10 kΩ
R3 = 0.01 Ω R4 = 190Ω
R5 = 82Ω R6 = 220 kΩ
C1 = 1820 pF
C2 = 1000 μF
C3 = 20 pF
C4 = 0.0022 μF
L1 = 150 μH
D1 = 1N5818

Die Schaltfrequenz wird durch die an Pin 3 liegenden Bauteile bestimmt. Die Strombegrenzung setzt ab 110 mV an R_3 ein. [Linear Datbook 1, National Semiconductor, 1987, Seiten 1195 bis 1207.]

924. Erzeugung von –5 V, 1,5 A, mit LT 1047

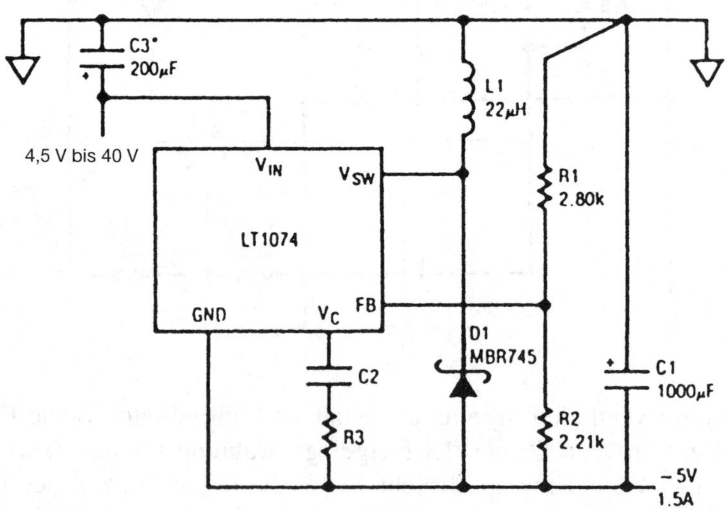

Die Regelung erfolgt über die Impulsbreite. Der mitintegrierte Schalttransistor ist für 60 V und 5 A ausgelegt. [Firmenschrift *Linear Technology*, November 1989.]

925. Spannungsinverter kleiner Leistung, mit MAX 635/6/7

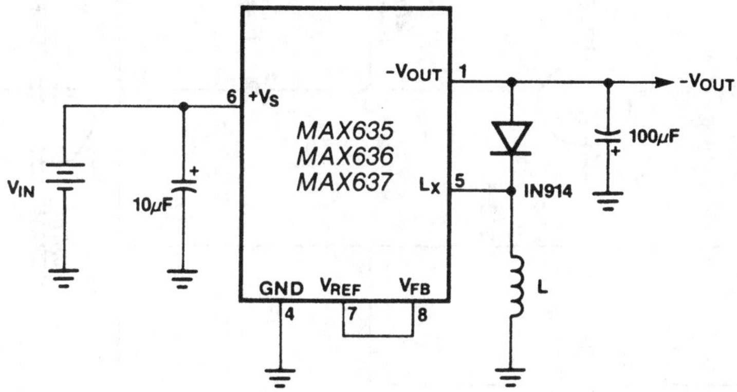

	V_{IN} (V)	V_{OUT} (V)	I_{OUT} (mA)	Wirkungs-grad (%)	Typ No.*	L µH	Ω
MAX635	+3	-5	5	60	6860-19	330	0.35
	+5	-5	25	76	6860-19	330	0.35
	+9	-5	40	79	6860-19	330	0.35
	+12	-5	45	85	6860-21	470	0.40
	+15	-5	50	90	6860-23	680	0.55
MAX636	+5	-12	12	74	6860-19	330	0.35
	+9	-12	30	84	6860-19	330	0.35
	+12	-12	40	89	6860-21	470	0.40
MAX637	+3	-15	2	65	6860-21	470	0.40
	+5	-15	8	77	6860-19	330	0.35
	+9	-15	25	85	6860-19	330	0.35

* Caddell-Burns, NY, (516) 746-2310

Die Ausgangsspannung wird durch einen mitintegrierten Regler festgelegt. Die Werte für die Speicherdrossel sind der Tabelle zu entnehmen. [Seminar Applications Book, *MAXIM*, 1988/89, Seite 80.]

926. Spannungsinverter mittlerer Leistung, mit MAX 635/6

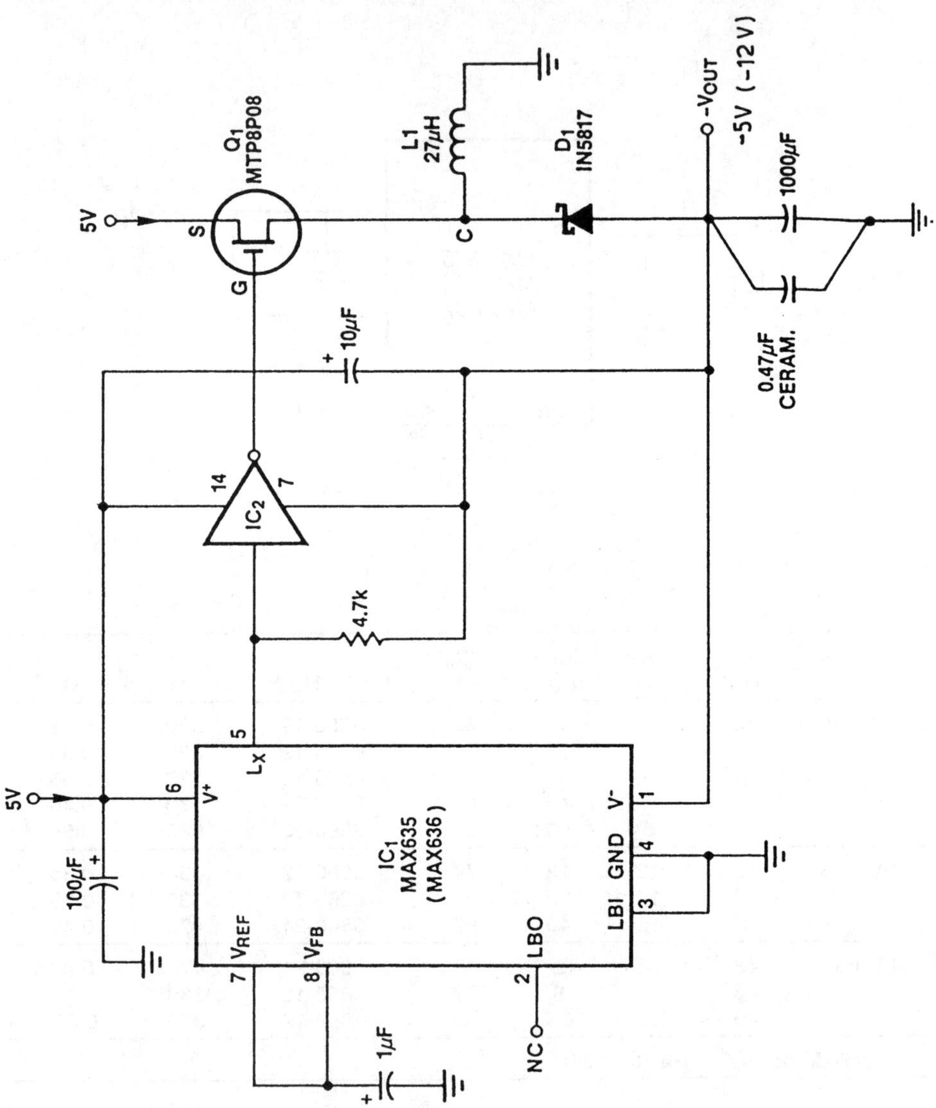

Mit den angegebenen Werten erhält man bis 400 mA bei – 5 V (MAX 635, Wirkungsgrad 70 %) oder bis 150 mA bei – 12 V (MAX 636, Wirkungsgrad 75 %). Mit L_1 = 18 µH sind um 25 % höhere Ausgangsströme möglich, dabei sinkt jedoch der Wirkungsgrad um 5 bis 6 %. IC2 enthält sechs parallelgeschaltete CMOS-Inverter. [Seminar Applications Book, *MAXIM*, 1988/89, Seite 80.]

927. Inverter für Telefonnetz, mit MAX 641

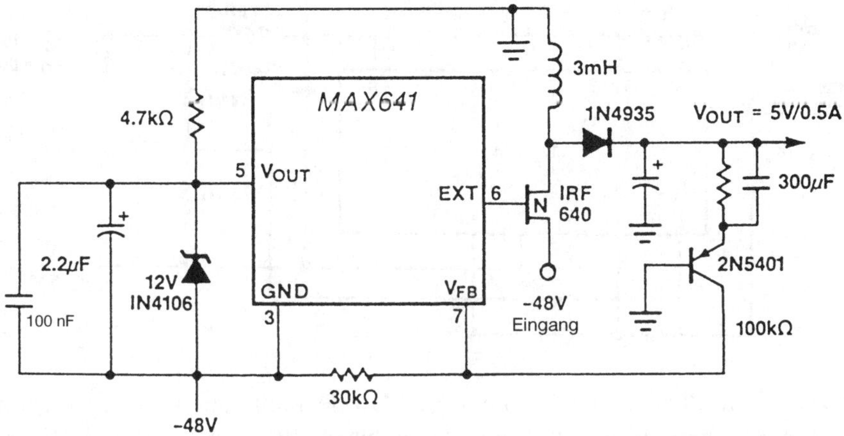

Liefert 5 V, 0,5 A bei Speisung mit –48 V. An Pin V_{out} verfügt man über eine mit Z-Diode und Kapazitäten zu glättende Hilfsspannung (12 V) für die Gatevorspannung des MOSFET. [Seminar Applications Book, *MAXIM*, 1988/89, Seite 82.]

928. Durch die Eingangsspannung gesteuerter Inverter

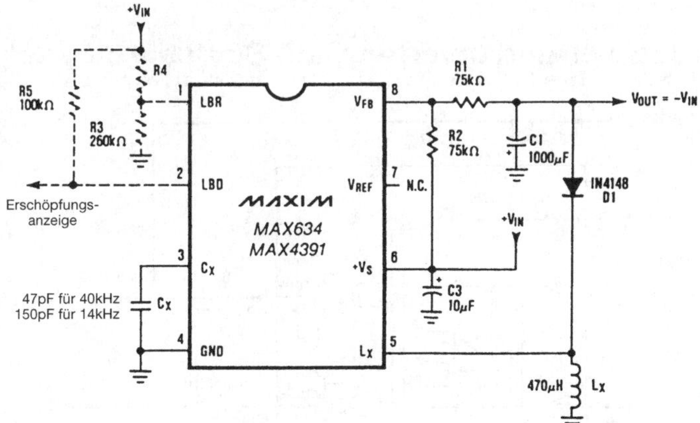

Der Spannungsteiler R_1/R_2 wird so gewählt, daß Aus- und Eingangsspannung im Absolutwert gleich sind. Lastströme bis 30 mA sind bei 5 V möglich, bei 9 V sind es 50 mA. [Firmenschrift MAXIM. – *Electronique Radio Plans*, Paris, Nr. 104, Seiten 43 bis 49.]

929. Spannungsinverter für 5 V, 100 mA, mit TL 497

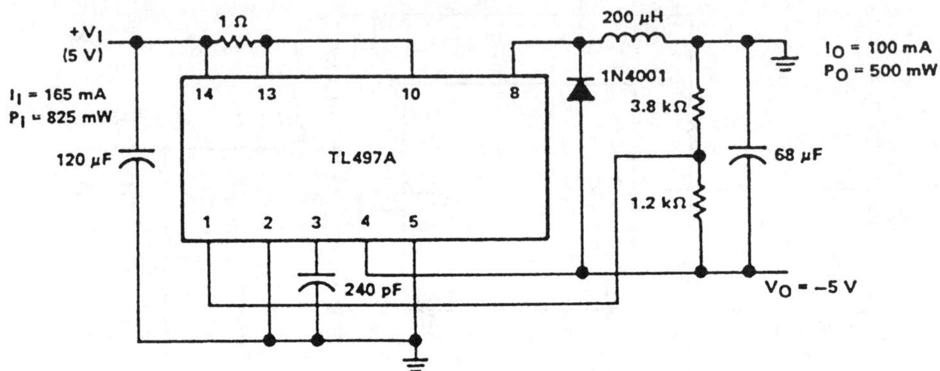

Die zwischen Pins 6 und 7 integrierte Diode kann bei Inverteranwendung nicht benutzt werden und muß mit Außenbeschaltung durch 1 N 4001 ersetzt werden. Die Restwelligkeit beträgt weniger als 50 mV, der Wirkungsgrad erreicht 61%. [Product Applications, Vol. 1, *Texas Instruments*, 1986, Seiten 629 bis 645.]

Schaltregler mit mehreren Ausgängen

930. Verdoppler und Inverter ohne Speicherdrossel

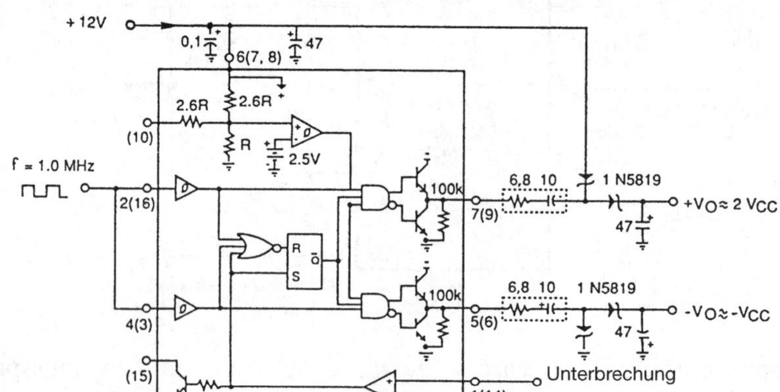

Verwendbar mit Schaltfrequenzen zwischen 100 kHz und 1 MHz. Mit MC 34153 (Power-Tab-Gehäuse) sind Lastströme von 30 bis 50 mA möglich. [Firmenschrift *Motorola*, Kompass 21, 1989.]

931. 2 x 5 V bei Speisung mit 9 V, ICL 7660

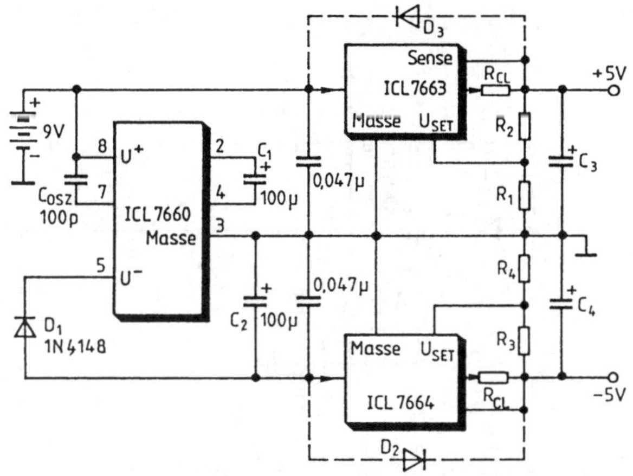

Liefert eine symmetrische Ausgangsspannung bei Speisung mit einer 9-V-Batterie. Anwendbar bis minimal 6,5 V. Die Werte von RCL (Strombegrenzung) und von R_1 bis R_4 (Programmierung der Ausgangsspannung) sind abhängig von den verwendeten 5-V-Reglern. [Data Book *Intersil*, 1981, Seiten 5161 bis 5166.]

932. 2 x 12 V mit MAX 632 und MAX 636

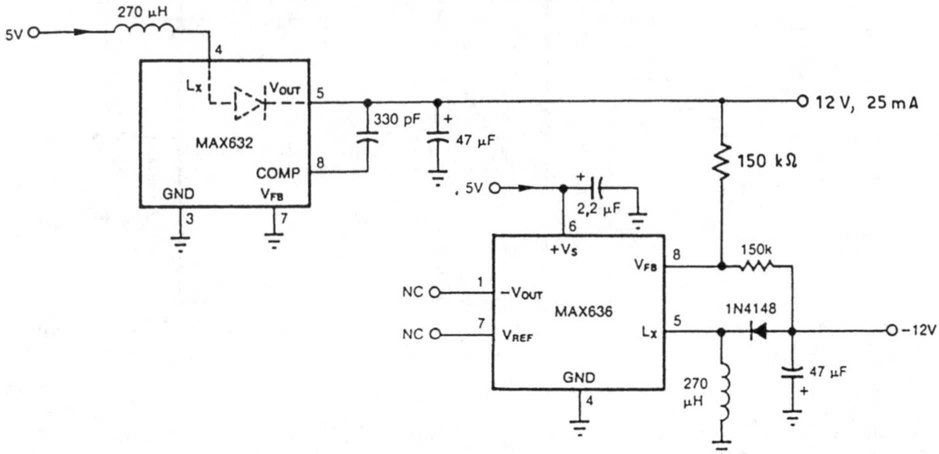

Der die negative Spannung liefernde Konverter wird, über Pin 8 und einen Teiler mit 2 x 150 kΩ, mit Hilfe der von MAX 632 abgegebene positive Ausgangsspannung geregelt. [Seminar Applications Book, *MAXIM*, 1988/89, Seite 147.]

933. Symmetrische Spannungsquelle ± 20 V, 35 W

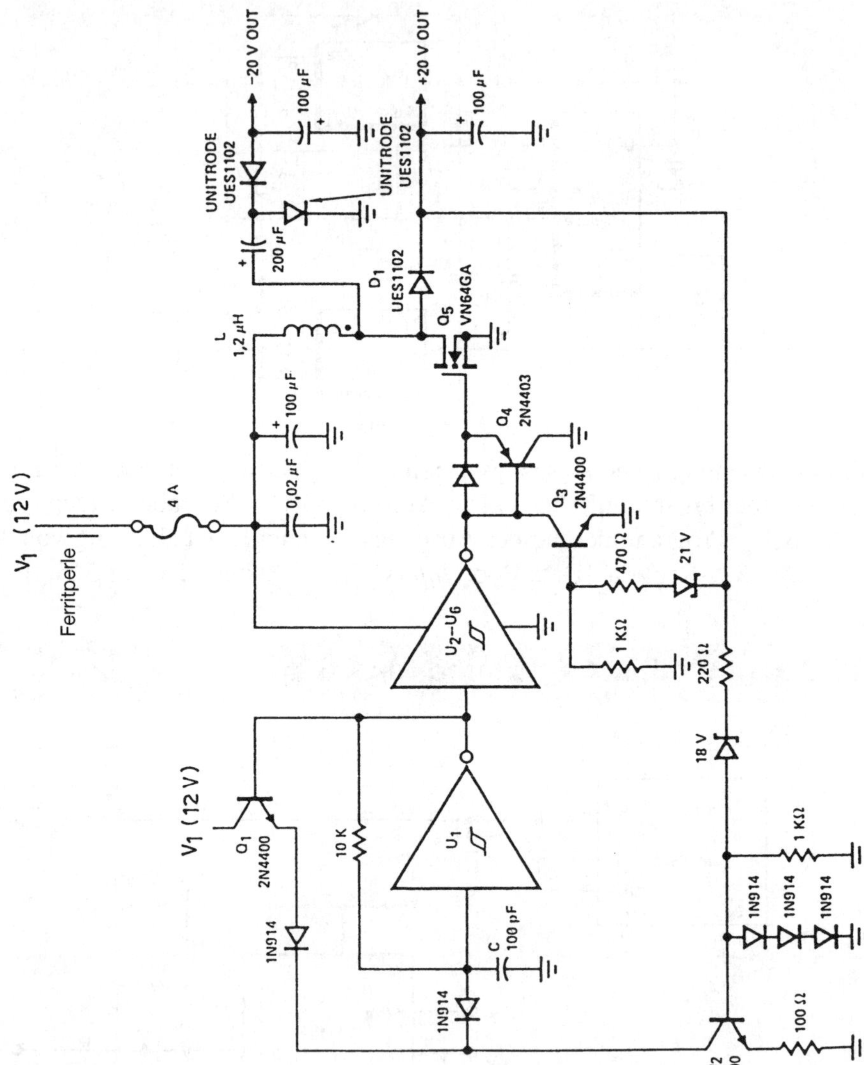

Der auf etwa 500 kHz schwingende Oszillator wird durch einen CMOS-Trigger gebildet. Q2 steuert das Tastverhältnis. Die fünf verbleibenden Trigger dienen zur Ansteuerung des MOSFET-Schalters. Q3 schützt gegen ausgangsseitig auftretende Überspannungen. [Mospower Applications, *Siliconix*, 1984, Seite 661.]

934. Vorregelung mit L 296

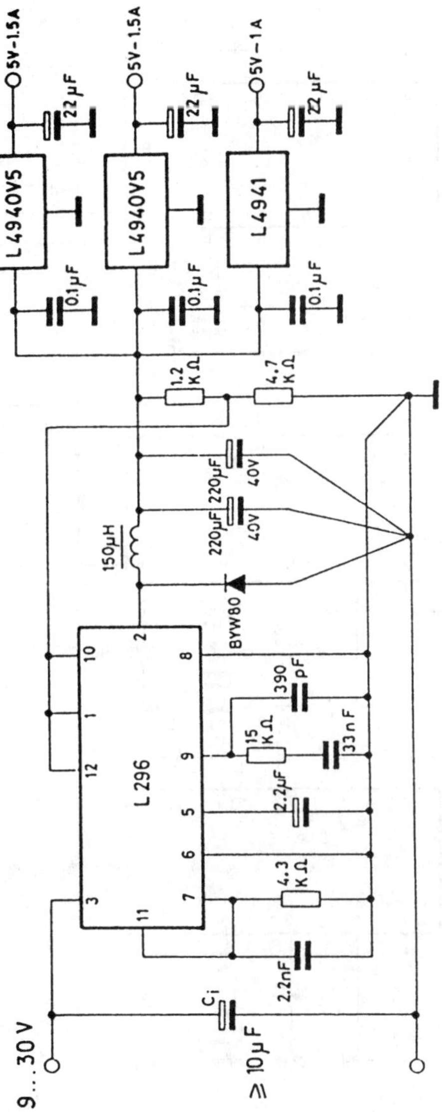

Der Schaltregler L 296 liefert 6,4 V an die Eingänge von drei Linearreglern mit geringem Spannungsabfall. Damit erhält man optimale Energienutzung und individuellen Überlastungsschutz der einzelnen Ausgänge. [Industry Standard Analog IC Databook, *SGS Thomson Microelectronics*, 1989, Seite 205.]

935. Synchronbetrieb von drei L 296

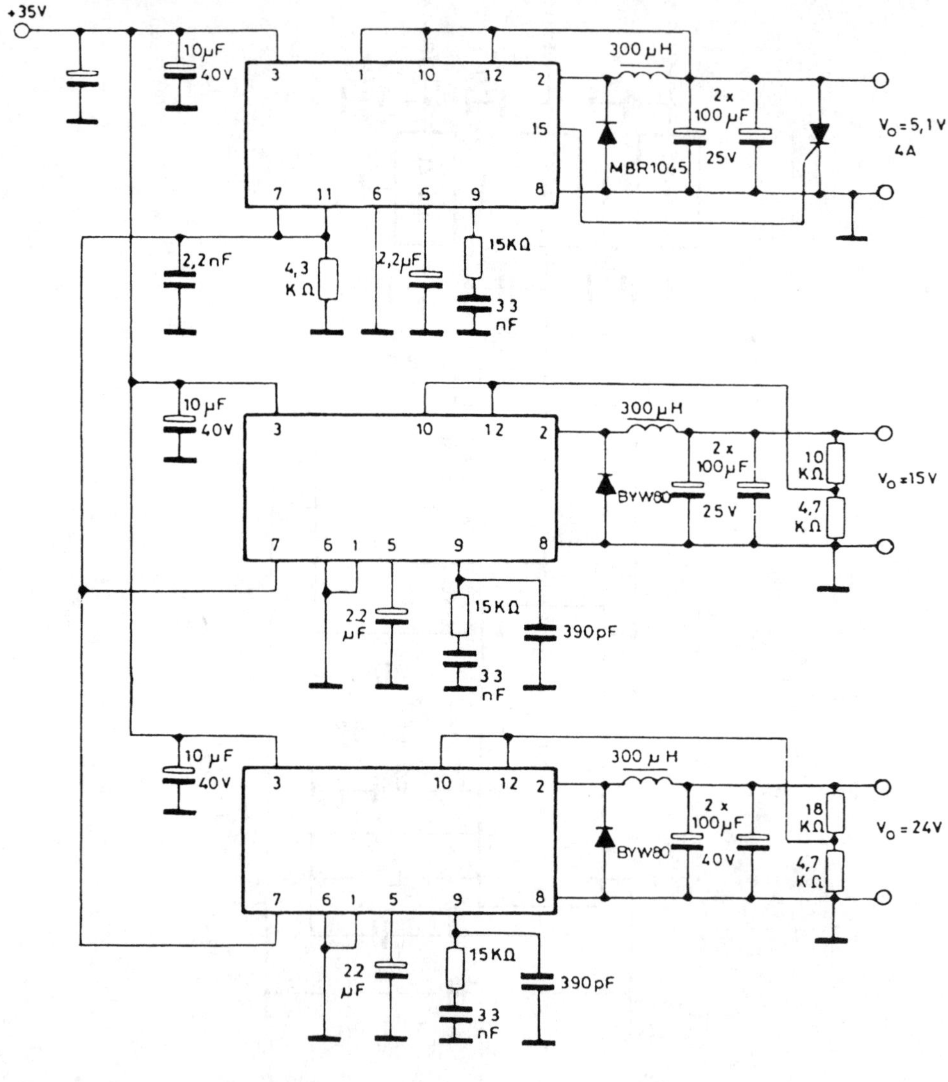

Der im Bild oben dargestellte Regler liefert seine durch den Widerstand an Pin 11 festgelegte Oszillatorfrequenz an Pin 7 der beiden anderen. Der als Überspannungsschutz vorgesehene Thyristor wird leitend, wenn die Ausgangsspannung ihren Nominalwert um 20 % übersteigt. [Industry Standard Analog IC Databook, *SGS Thomson Microelectronics*, 1989, Seiten 111 bis 133.]

936. Aufwärtswandler für 2 ± 15 V

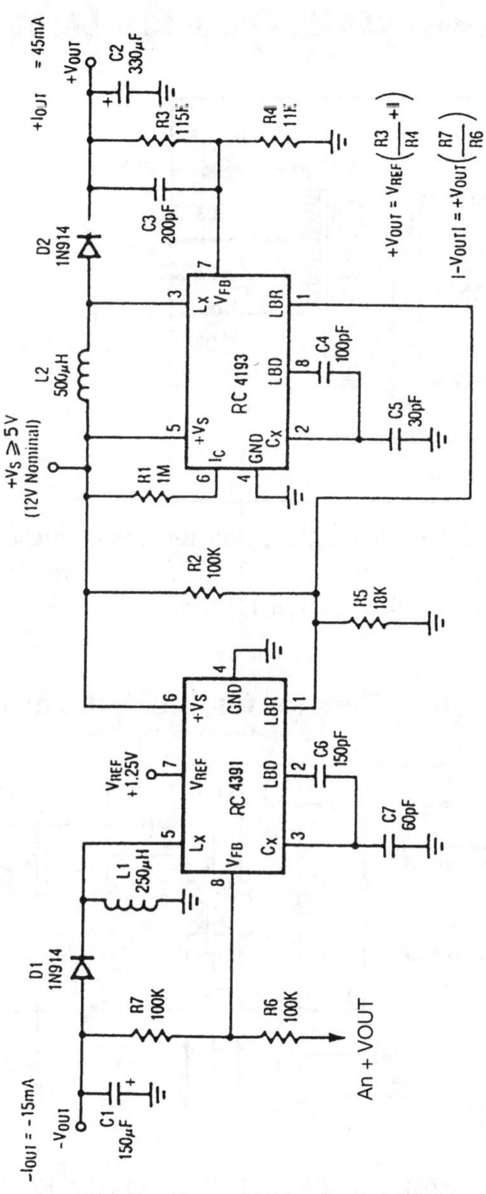

Die negative Ausgangsspannung kann mit bis 15 mA belastet werden, bei der positiven sind es 45 mA. Die Speisespannung V_S darf die Ausgangsspannung nicht übersteigen. [Linear Integrated Circuits, *Raytheon*, Seiten 1123 und 1143.]

Schaltregler mit Ausgangstransformator

937. Symmetrischer Wandler für ± 12 V, LM 1578

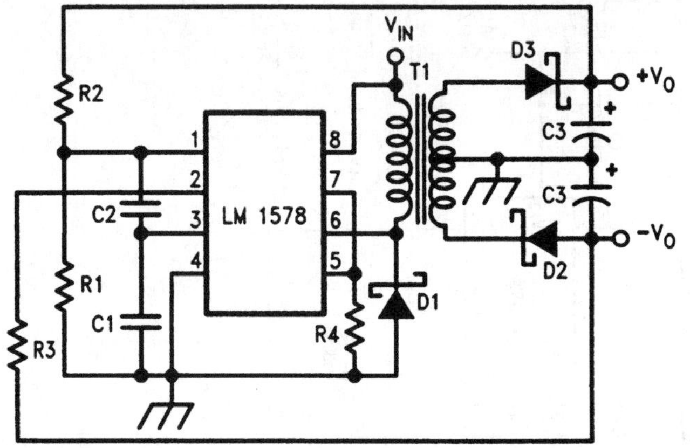

V_{in}	= 5V
V_o	= ±12V
I_o	= ±40 mA
f_{osc}	= 80 kHz
R1	= 10 kΩ
R2	= 240 kΩ
R3	= 240 kΩ
R4	= 0.1 Ω
C1	= 820 pF
C2	= 10 pF
C3	= 220 μF
D1, D2, D3	= 1N5819
T1	= PE-64287

Der Regelverstärker ist so beschaltet, daß die Spannungsdifferenz zwischen den beiden Ausgängen immer auf 24 V gehalten wird. [Linear Datbook 1, *National Semiconductor*, 1987, Seiten 1195 bis 1207.]

938. Symmetrischer Wandler für ± 15 V, 20 mA, MAX 630

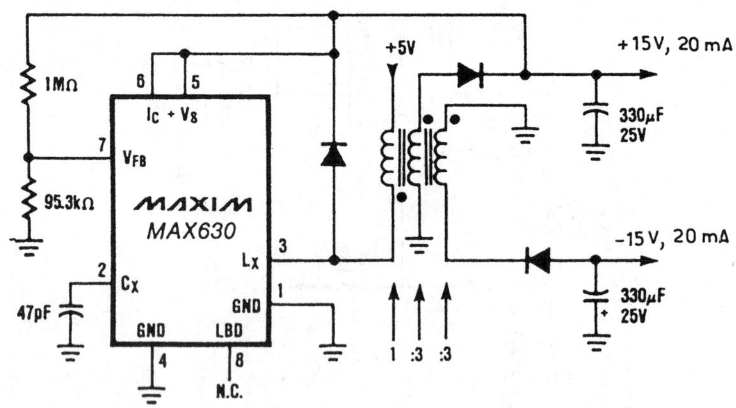

Die positive Ausgangsspannung dient als Referenz des Reglers. Der Transformator ist ein Ferritschalenkern von 14 x 8 mm mit einer Primärinduktivität von 220 μH. Dioden: 1 N 4148 oder gleichwertige Schottky-Typen. [Firmenschrift *MAXIM*. – Electronique Radio Plans, Paris, Nr. 104, Seiten 43 bis 49.]

939. Wandler kleiner Leistung für ± 12 V, mit MC 634

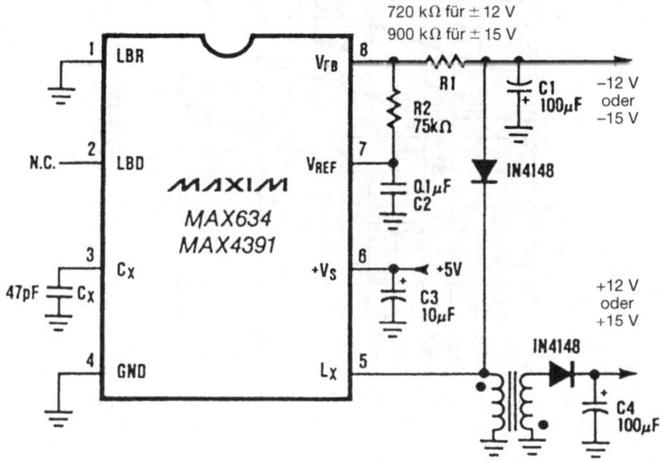

Dem Spannungsinverter MC 634 dient die Primärinduktivität (220 µH) eines Transformators (Schalenkern 14 x 8 mm) als Speicherdrossel. Der Negativausgang ist geregelt und kann mit 10 bis 15 mA belastet werden, wenn man dem positiven Ausgang eine nur sehr geringe Stromstärke entnimmt. [Firmenschrift *MAXIM*. – *Electronique Radio Plans*, Paris, Nr. 104, Seiten 43 bis 49.]

940. Geregelter Konverter für 5 V, 1 A, mit MAX 641

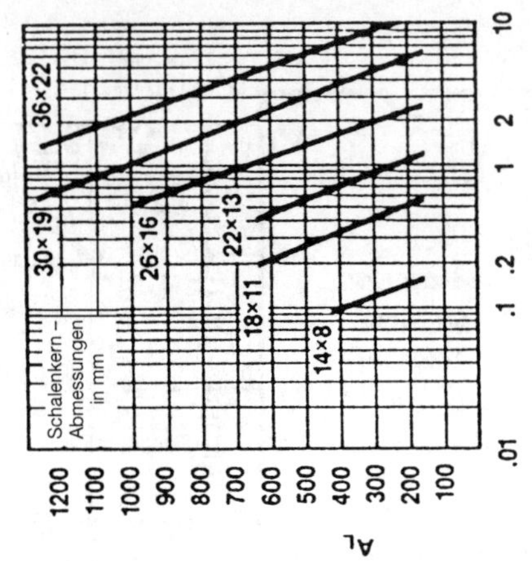

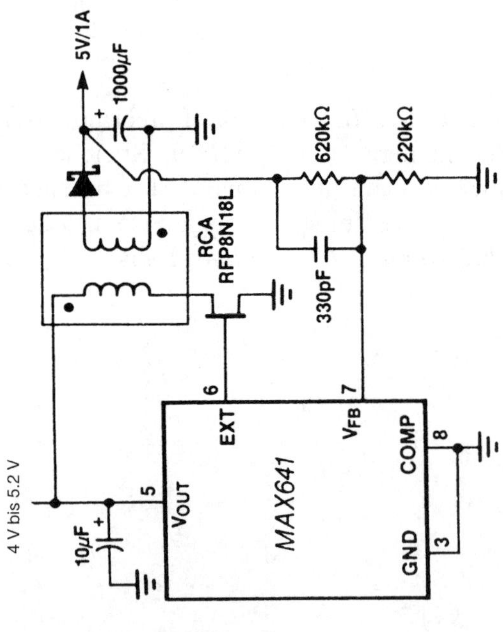

Oszillatorfrequenz: 50 kHz. Primärinduktivität des Transformators: 7,27 µH, Übersetzungsverhältnis 1:1. Spitzenstrom: 7,15 A. Die Kurvenschar gestattet die Auswahl eines den Anwendungsbedingungen entsprechenden Ferritschalenkerns durch Angabe der Abmessungen und der spezifischen Induktivität (in nH mal Quadrat der Windungszahl). [Seminar Applications Book, *MAXIM*, 1988/89, Seite 68.]

941. Geregelter Konverter für 5 V, 8 A, mit PWM 125

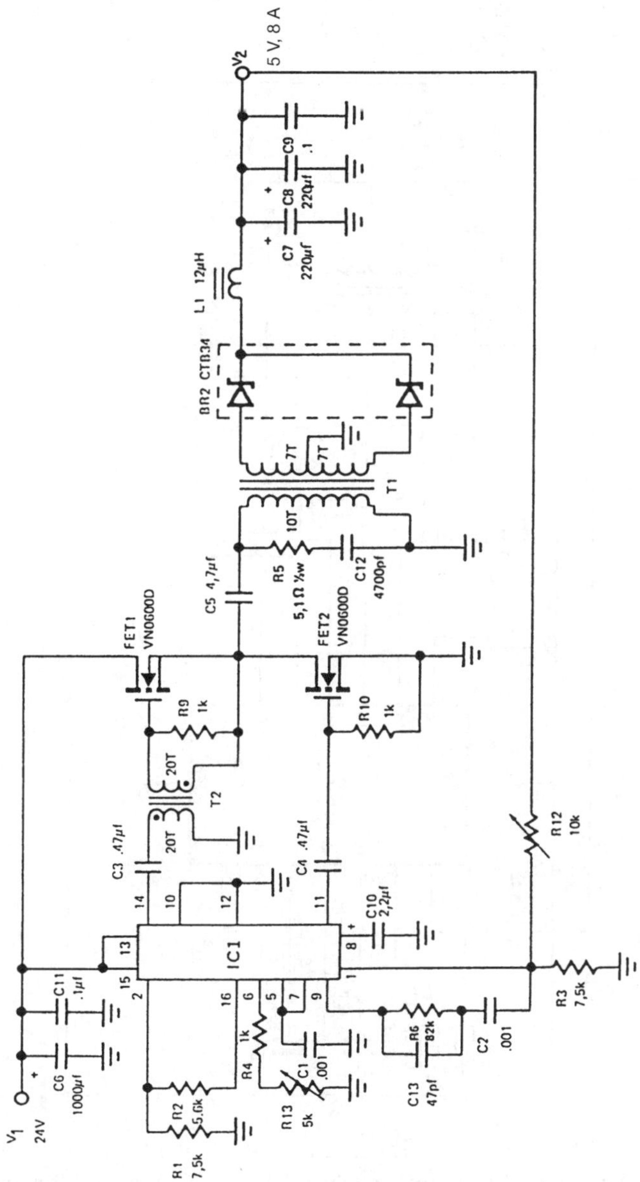

Die beiden MOSFET arbeiten im Gegentakt. Die Regelung erfolgt über das Tastverhältnis ihres Steuersignals. Die Schaltung enthält keinen Überlastungsschutz. [Mospower Applications, *Siliconix*, 1984, Seite 6-51.]

942. Geregelter Konverter für 5 V, 5 A, mit SG 1524

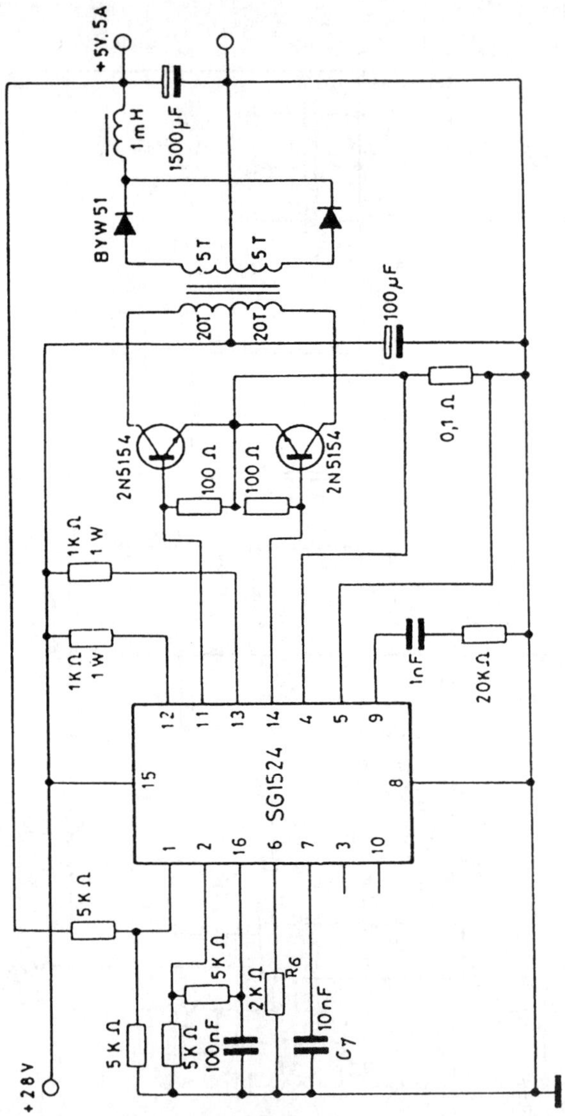

Pins 11 und 14 steuern einen Gegentaktverstärker. Die Regelung erfolgt über die Impulsbreite. Die Frequenz beträgt $1{,}18/(R_6C_7)$. Der Überlastungsschutz setzt bei 0,2 V am 0,1-Ω-Widerstand ein. SG 1524 ist identisch mit CS 3524 von Cherry Semiconductor. [Industry Standard Analog IC Databook, *SGS Thomson Microelectronics*, 1989, Seiten 755 bis 761.]

943. Geregelter Konverter für ±15 V, 0,2 A, mit SG 1524

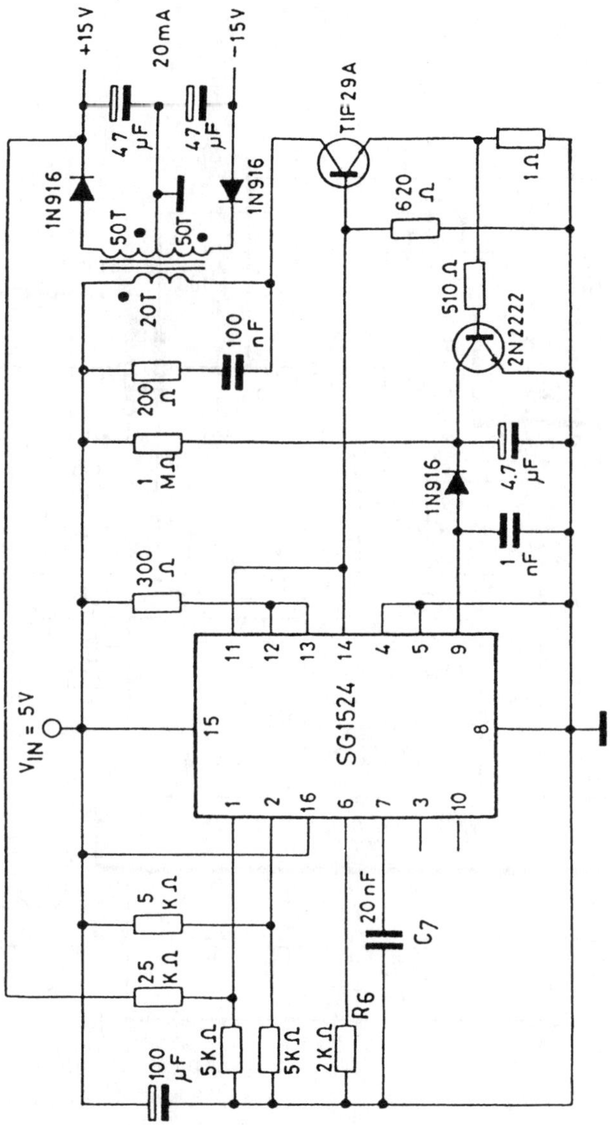

Die Regelung erfolgt über die Impulsbreite. Die Frequenz beträgt 1,18/(R_6 C_7). Der vom 2 N 2222 gesteuerte Überlastungsschutz setzt bei 0,7 A in der Primärwicklung des Transformators ein. [Industry Standard Analog IC Databook, *SGS Thomson Microelectronics*, 1989, Seiten 755 bis 761.]

944. Geregelter Konverter für 5 V, 10 A, mit TDA 4700

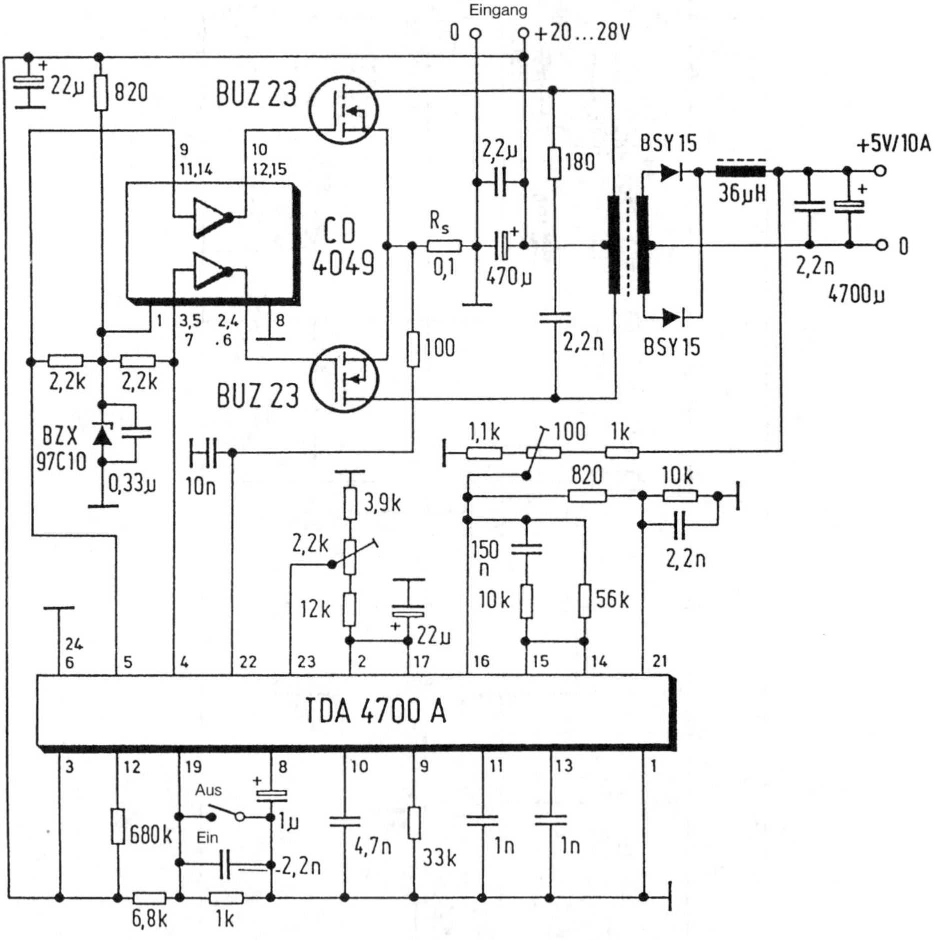

Jeder der zwei MOS-Leistungstransistoren wird durch drei parallelgeschaltete Elemente eines sechsfachen CMOS-Inverters angesteuert. [A. Köhler, R. Schiffel, *Funkschau*, München, Nr. 12 und 13/86, Seiten 51 bis 54.]

945. Geregelter Konverter für 270 W, mit TDA 4700

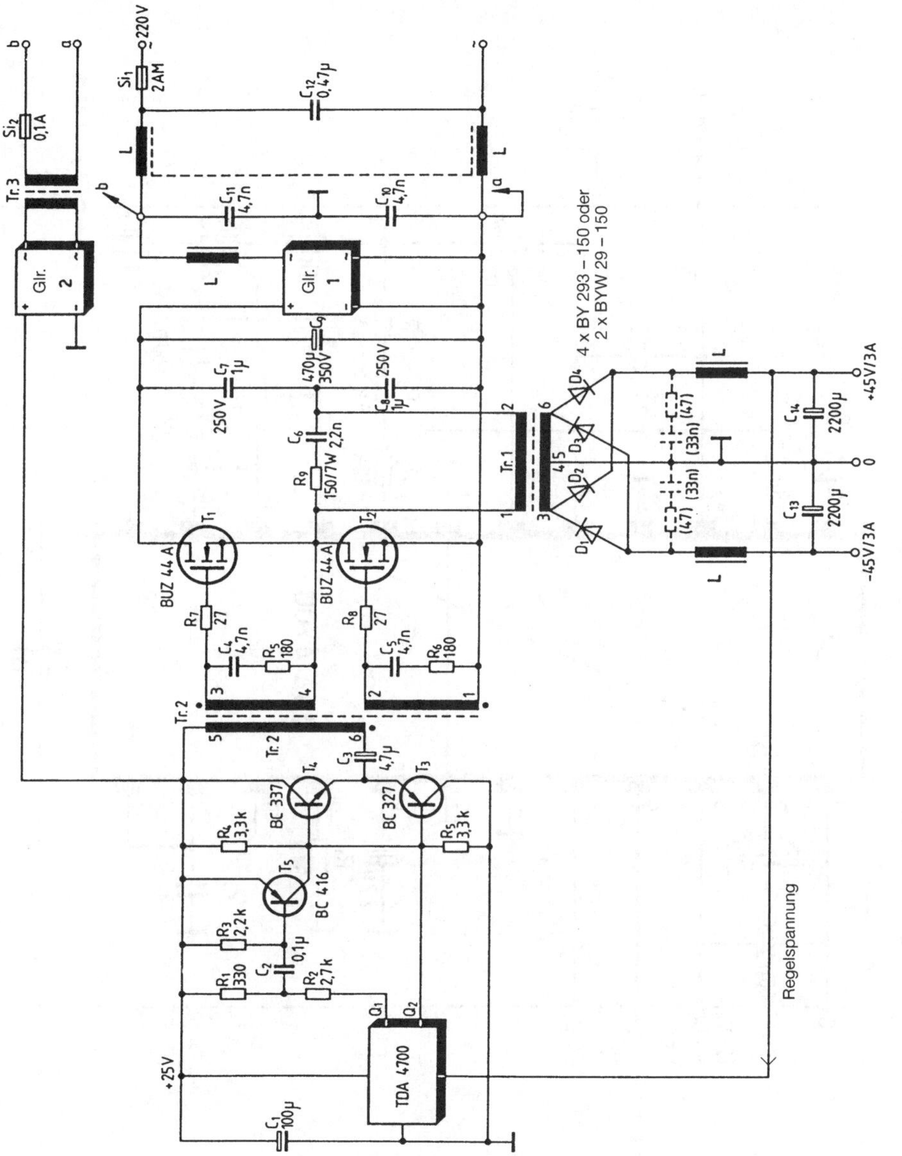

Die beiden MOSFET arbeiten im Gegentakt mit einer Schaltfrequenz von 20 kHz. Die Einzelheiten der mit TDA 4700 bezeichneten Steuereinheit sind in Schaltung 946 dargestellt. [W. Hirschmann, *Elektronik*, München, Nr. 6/82, Seiten 101 bis 104.]

946. Beschaltung für Steuereinheit mit TDA 4700

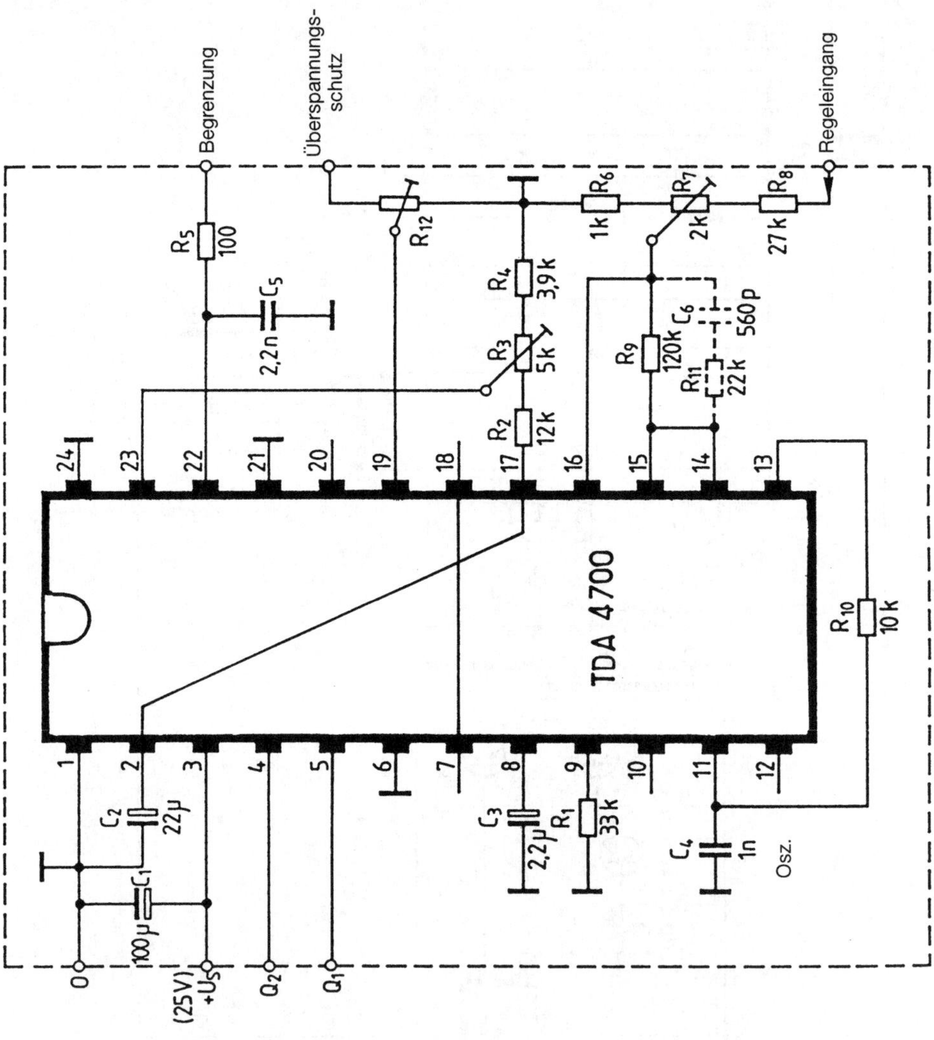

Vollständige Beschaltung der Regeleinheit im vorhergehenden Anwendungsbeispiel. Der Steuereingang für den Überspannungsschutz kann mit dem Eingang oder mit dem Ausgang verbunden werden. [W. Hirschmann, *Elektronik*, München, Nr. 6/82, Seiten 101 bis 104.]

947. Speiseeinheit für Diskettenleser, mit TL 593

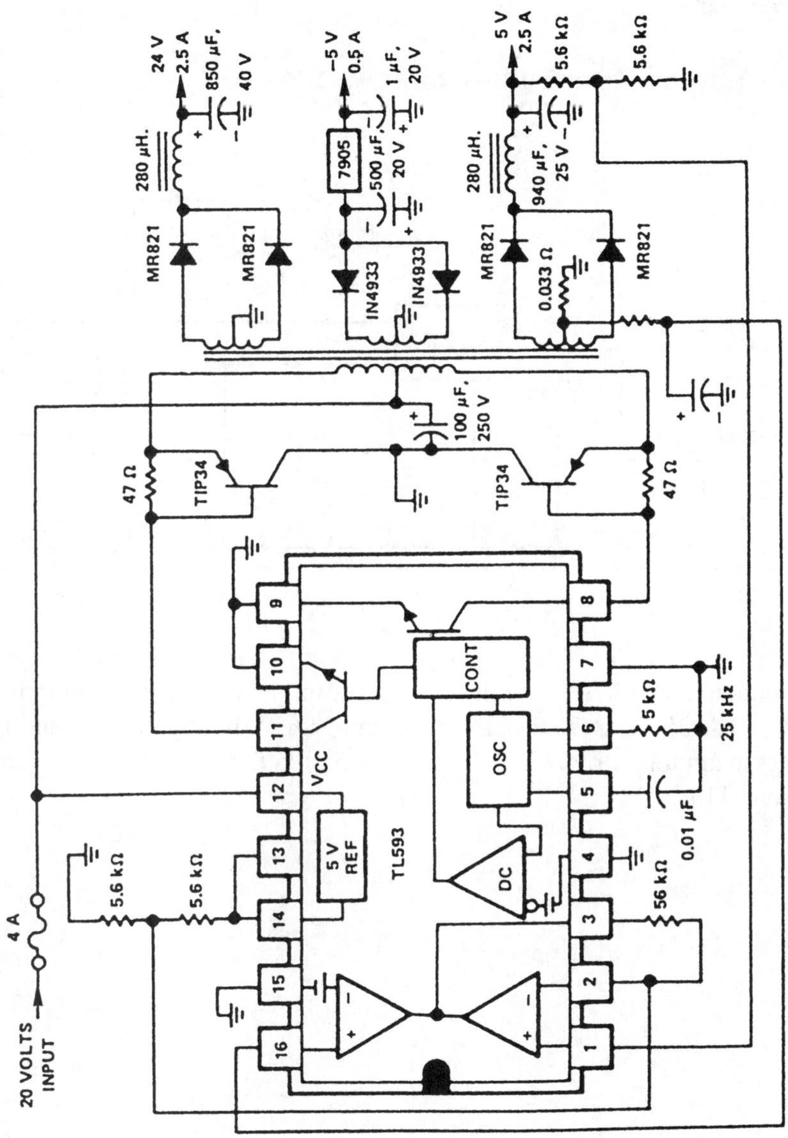

Liefert 24 V für den Motor und ±5 V für die Logik. Die Regelschleife vergleicht den 5-V-Ausgang mit einer Referenzspannung. Die Strombegrenzung setzt bei 80 mV am 33-mΩ-Widerstand (Pin 16) ein. [Product Applications, Vol. 1, *Texas Instruments*, 1986, Seite 625.]

Schaltwandler mit galvanisch getrenntem Ausgang

948. Regelung über Hilfswicklung, HS 7067

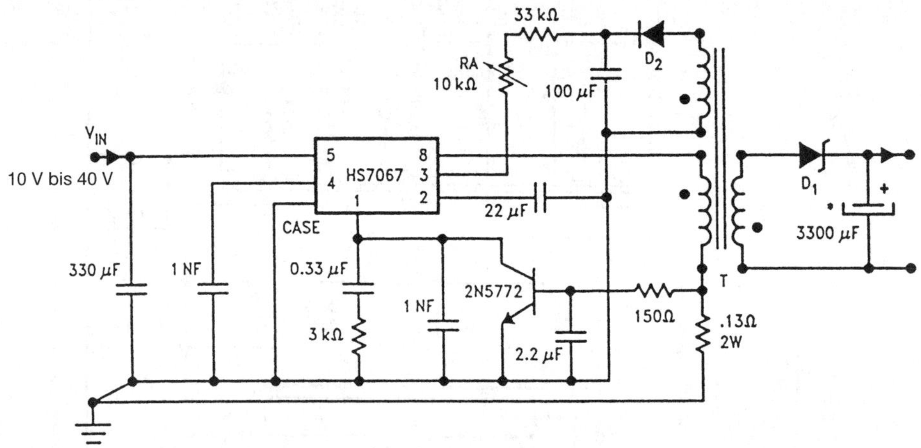

Schaltfrequenz: 100 kHz, nominaler Laststrom: 1 A. Transformator: Ferroxcube 1811 PA 250 3 B 7, Primär 8, Sekundär 6 Windungen. Anwendbar für Ausgangsspannungen bis 40 V. [Linear Datbook 1, *National Semiconductor*, 1987, Seite 114.]

949. 20-W-Regler für Speisung mit –48 V

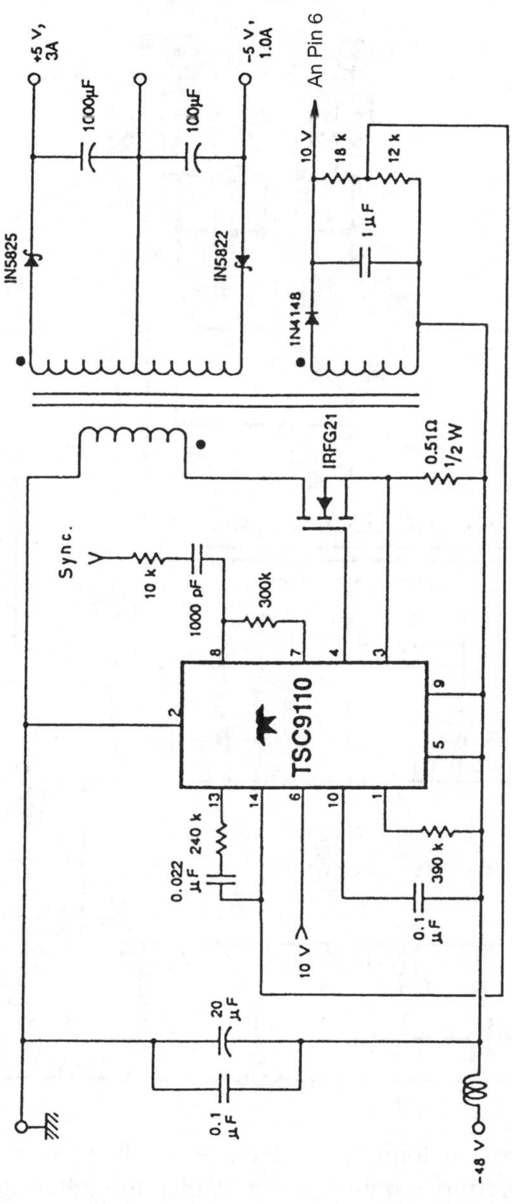

Der Vergleich mit der Referenz erfolgt über eine 10-V-Wicklung des Transformators. Dadurch ist Trennung zwischen Ein- und Ausgang möglich. [Firmenschrift *Teledyne Semiconductor.*]

950. Schaltregler für ±15 V (0,1 A) mit LM 3524

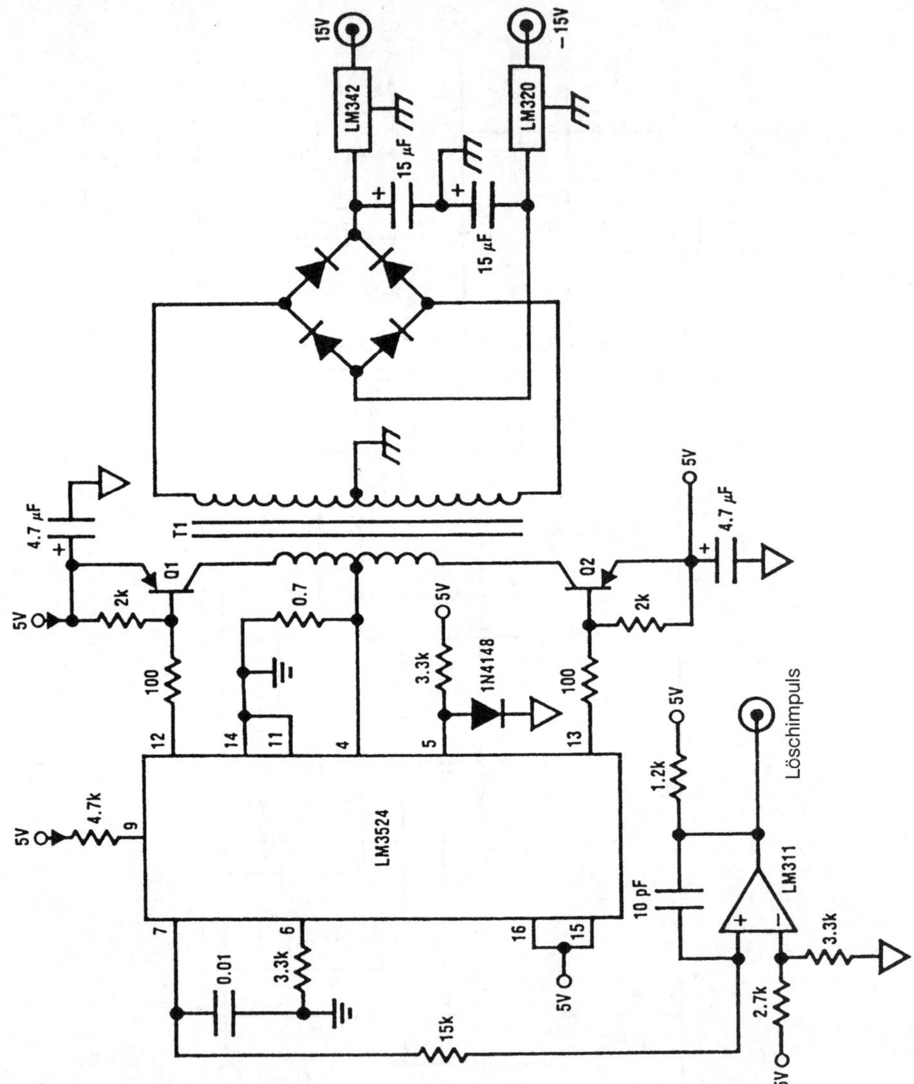

Da die Gegentakttransistoren im Endverstärker ohne Überlappung angesteuert werden, bleibt die Störstrahlung gering. Außerdem liefert die Schaltung einen Löschimpuls, durch den die mit dem Schaltverfahren verbundene Störwirkung im Nutzkreis kompensiert werden kann. [Linear Applications Handbook, *National Semiconductor*, 1986, Seite 850.]

951. Isolierter Schaltregler für 5 V, 3 A, mit HS 7067

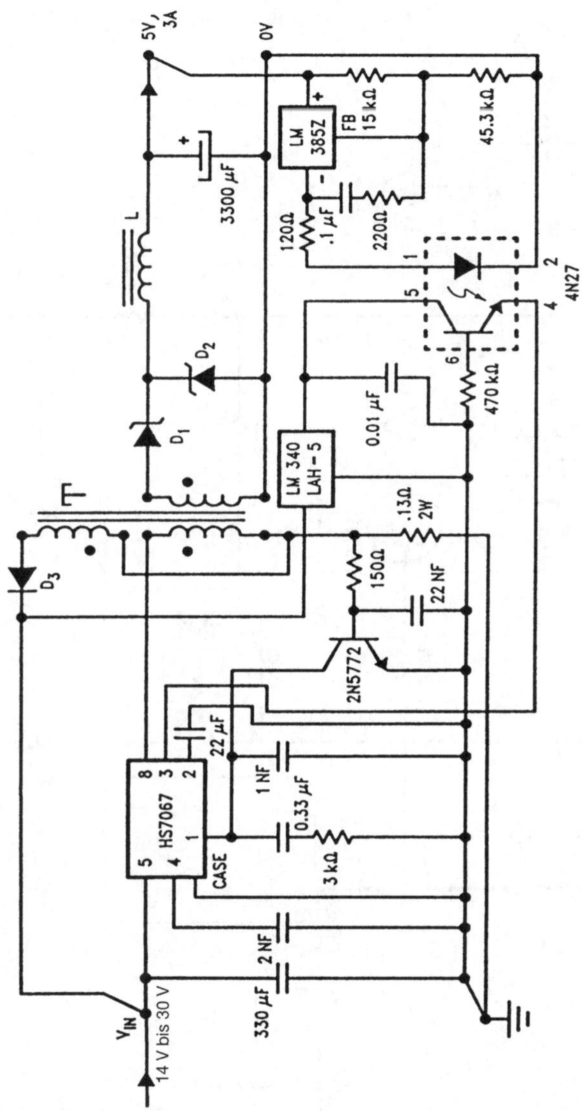

Der ausgangsseitige LM 385 verstärkt das Fehlersignal zur Ansteuerung der Diode des Optokopplers. Dessen Phototransistor arbeitet in Kollektorschaltung und mit durch LM 340 geregelter Betriebsspannung. Der Spannungsabfall am 0,13-Ω-Widerstand steuert die Strombegrenzung. [Linear Databook 1, *National Semiconductor*, 1987, Seiten 17 bis 116.]

952. Isolierter Schaltregler für 15 V, mit MAX 641

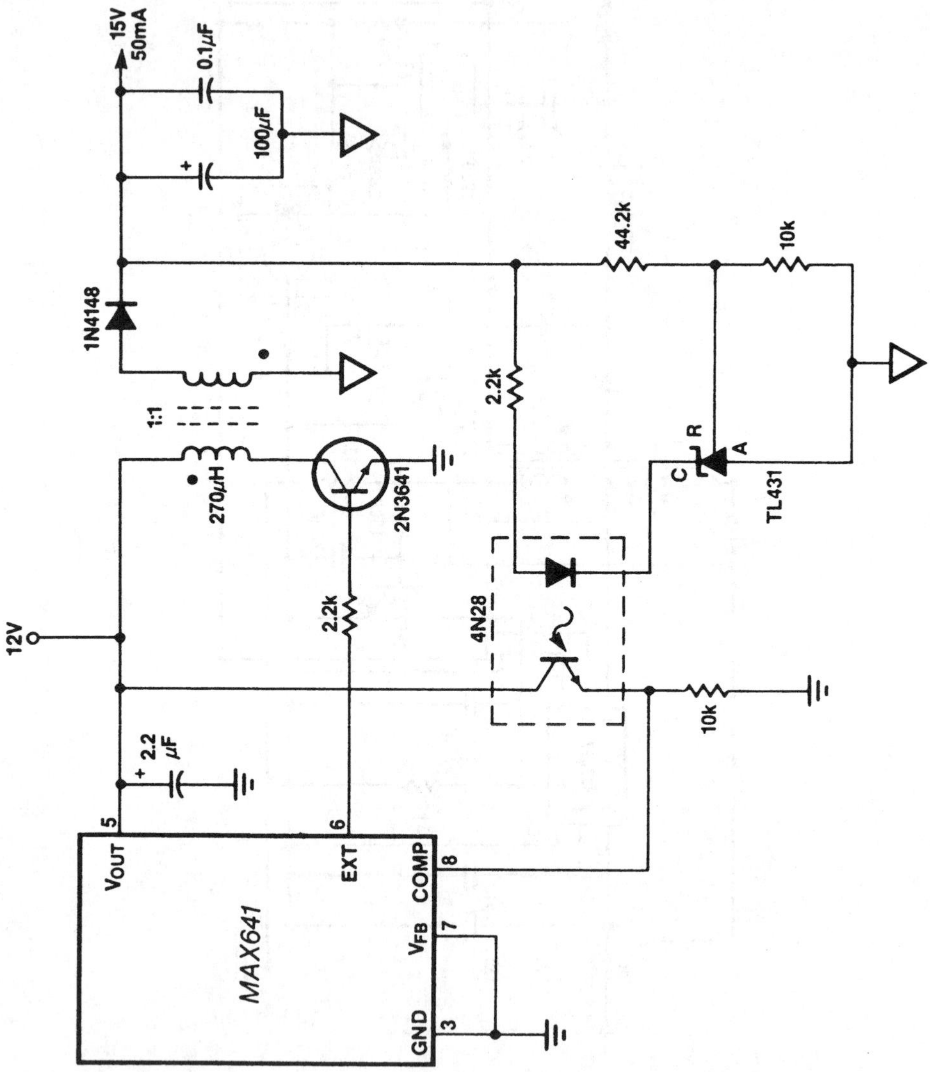

Als Referenz dient die im Ausgangskreis liegende programmierbare Z-Diode. Sie steuert die optoelektronische Regelstrecke. [Seminar Applications Book, *MAXIM*, 1988/89, Seite 82.]

953. Isolierter Schaltregler für 5 V

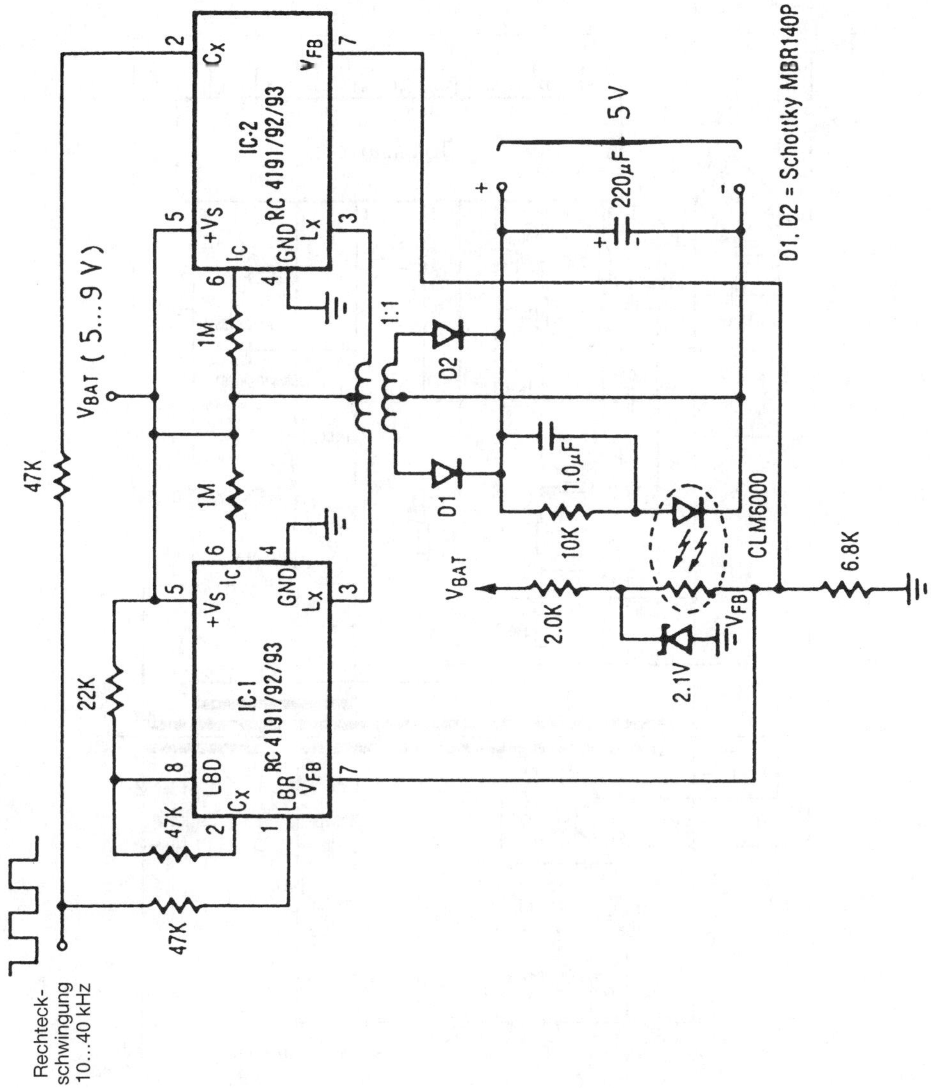

Eine Rechteckspannung steuert zwei Regeleinheiten im Gegentakt. Der Optokoppler enthält eine Leuchtdiode und einen Photowiderstand. Der Laststrom kann mindestens 50 mA betragen, bei einem Wirkungsgrad von 70 %. [Linear Integrated Circuits, *Raytheon*, Seite 1122.]

954. Optoelektronischer Regler mit TDA 4601

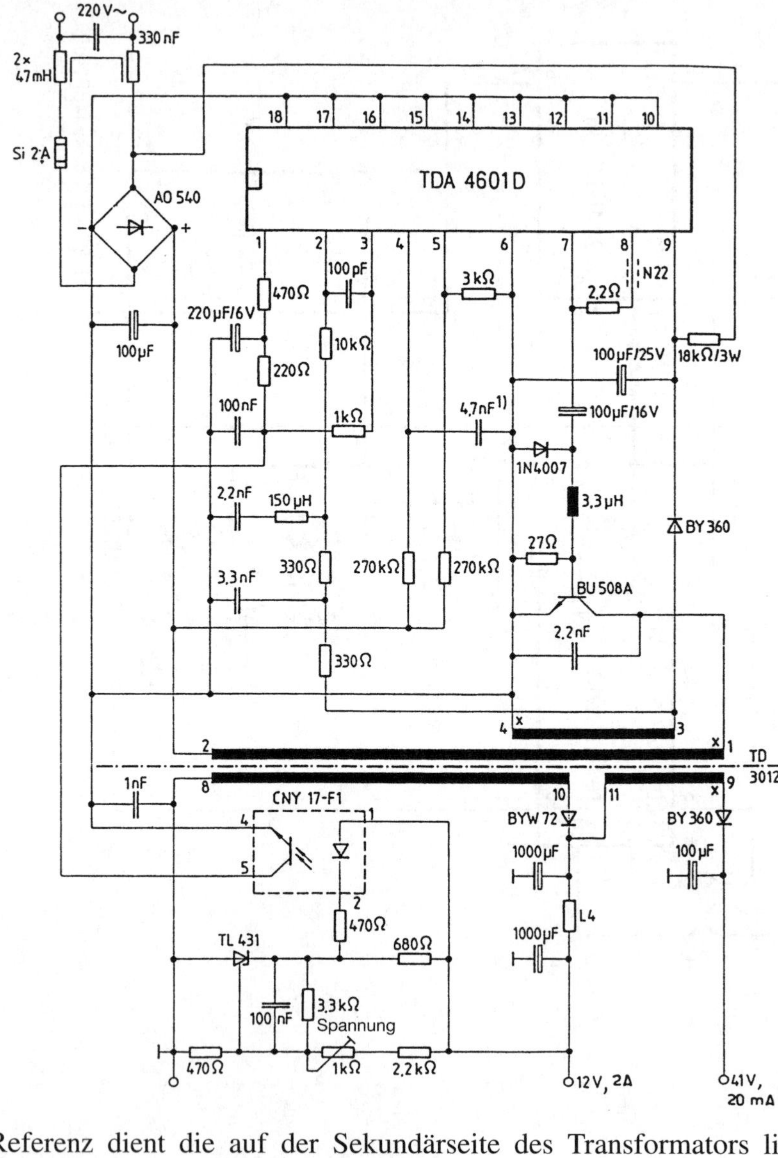

Als Referenz dient die auf der Sekundärseite des Transformators liegende programmierbare Z-Diode TL 431. Zusätzlich zu einer internen Simulierung des Ausgangsstroms ist ein 4,7-nF-Kondensator (1) für die Strombegrenzung verantwortlich. [ICs for Entertainment Electronics, *Siemens*, 1986/87, Seiten 499 bis 525.]

955. Optoelektronische Trennung für 50-W-Regler, TDA 4718

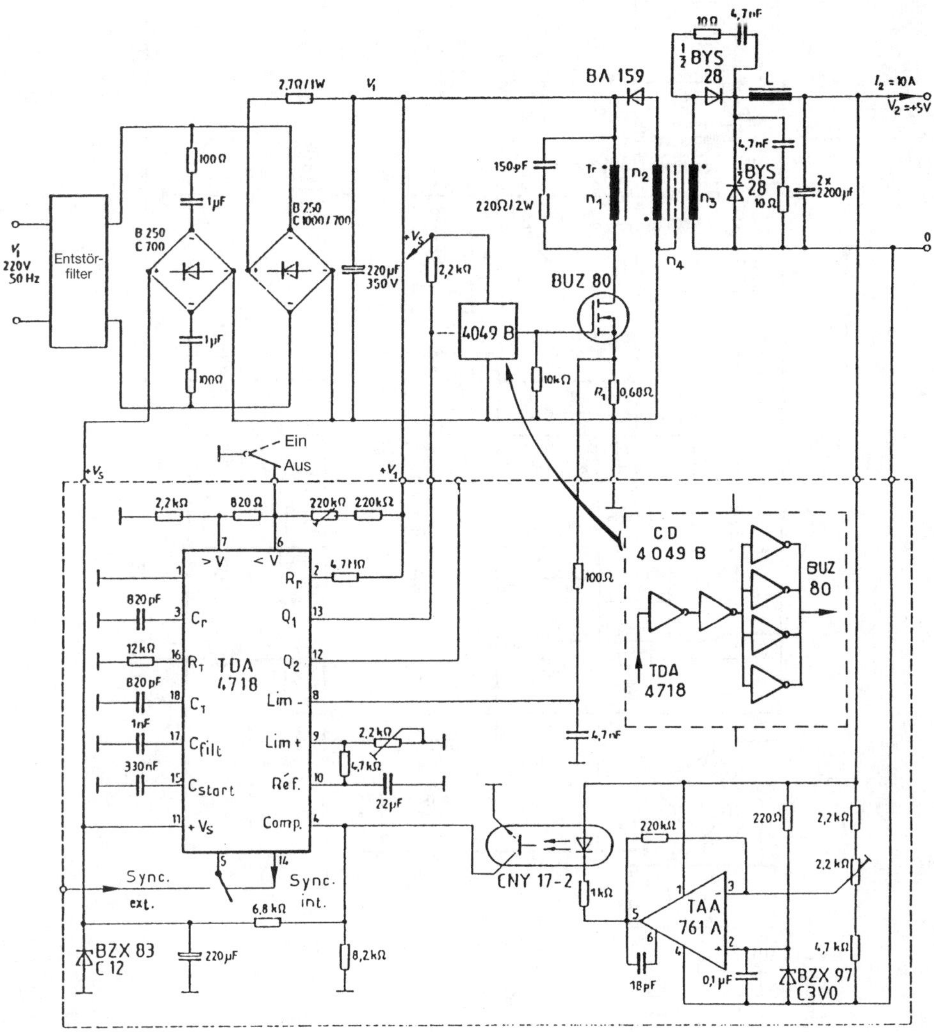

Der Schalttransistor verträgt Spitzenspannungen bis 730 V. Die Transformatorwicklung n_4 ist eine Abschirmung. Zwei der sechs Inverter der CD 4049 liegen hintereinander, die vier anderen folgen in Parallelbetrieb. [SIPMOS Transistors, *Siemens*, 1983, Seite 53.]

956. Wandler für 5 V, 7 A mit TDA 4919

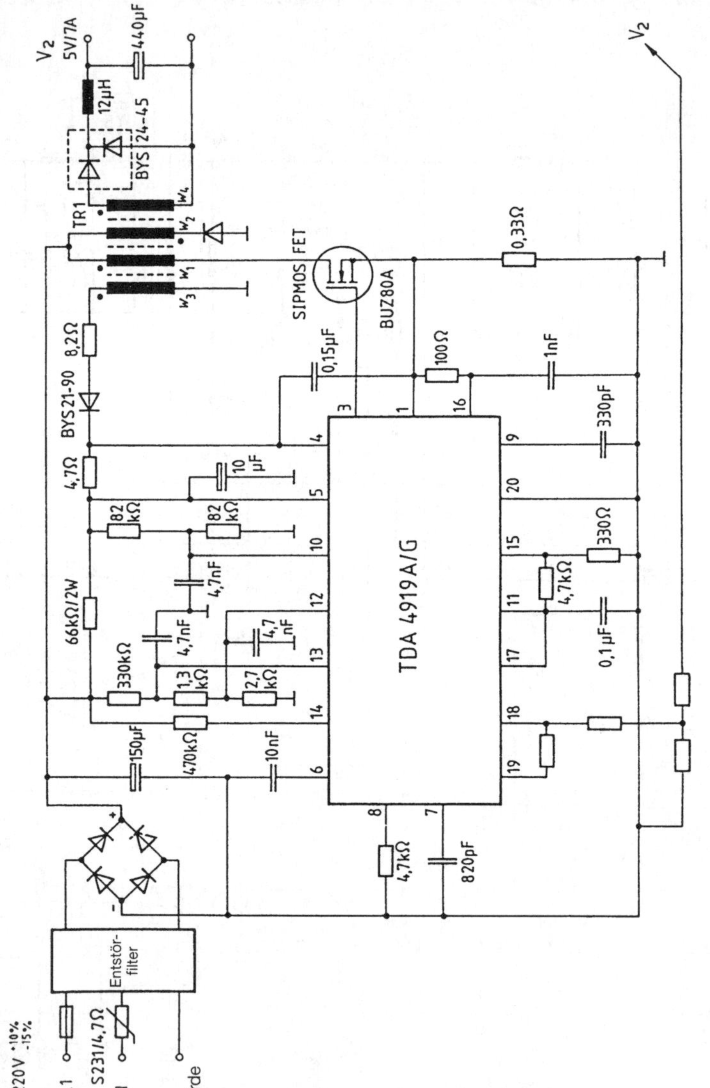

Die Werte der an Pins 18 und 19 liegenden Bauteile sind abhängig von der Art der optoelektronischen Verbindung, die zur Rückführung der Ausgangsgröße dient. L_1: Spulenkern ETD 39 N 27, A_L = 340 nH, 6 Wdg. (L = 12 µH). TR_1: Spulenkern ETD 39 N 67, ohne Luftspalt, $w_1 = w_2$ = 52 Wdg., $w_3 = w_4$ = 3 Wdg. [ICs für Industrielle Anwendungen, *Siemens*, 1989/90, Seiten 243 bis 260.]

957. Optoelektronische Rückführung für 50-W-Regler

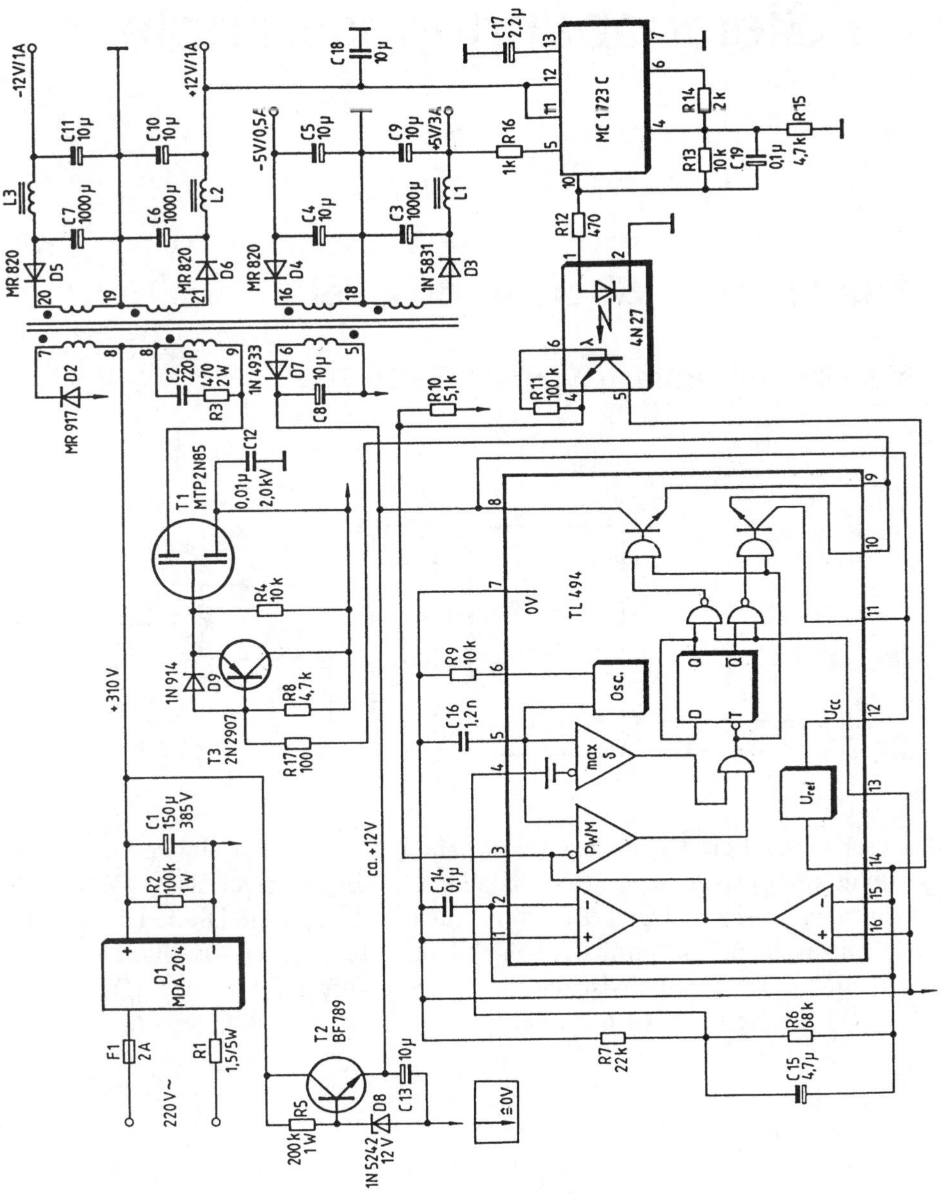

Schaltfrequenz: 100 kHz. Ein Vergleich der Ausgangsgröße mit einer Referenz (MC 1723) steuert die einen Optokoppler enthaltende Regelschleife. [C. Desai, *Elektronik*, München, 1984, Seiten 116 und 117.]

13 Ungeregelte Gleichspannungswandler

Wandler ohne Speicherdrossel

958. Negative Hilfsspannung mit ICL 7660

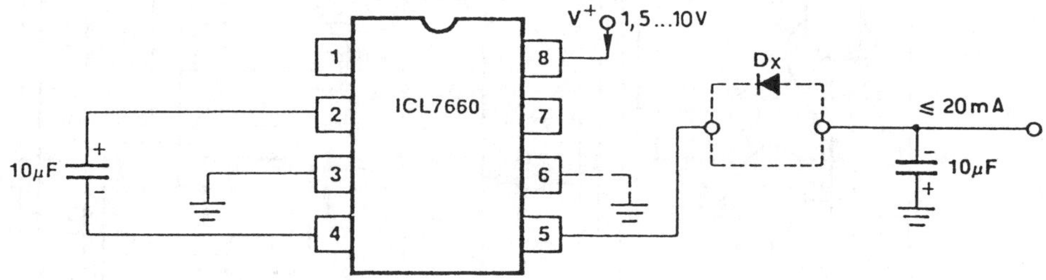

Die Schaltung liefert eine negative Spannung, deren Absolutwert etwa der positiven Speisespannung entspricht. Wenn letztere weniger als 3,5 V beträgt, ist Pin 6 an Masse zu legen. Bei Werten über 6,5 V ist die Diode Dx im Ausgang einzusetzen. Die normalerweise 10 kHz betragende Oszillatorfrequenz kann durch etwa 100 pF zwischen Pins 7 und 8 verringert werden. [Data Book *Intersil*, 1981, Seiten 5161 bis 5166.]

959. Negative Hilfsspannung mit LTC 1044

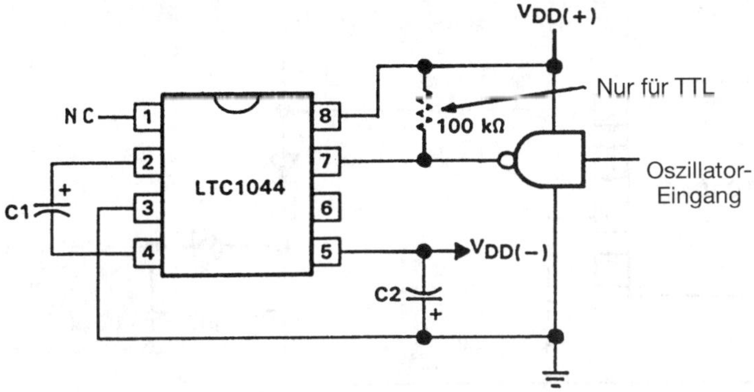

Gleiches Prinzip wie in der vorigen Schaltung, aber zwischen 1,5 und 9 V ohne Abänderung verwendbar. Der mitintegrierte Oszillator kann durch eine Rechteckspannung an Pin 7 ersetzt werden. $C_1 = C_2 = 10\ \mu F$ bei 10 kHz. Innenwiderstand am Ausgang: 80 Ω. [Linear Circuits Data Book, Vol. 3, *Texas Instruments*, 1989, Seite 267.]

960. Positive Hilfsspannung mit ICL 7660

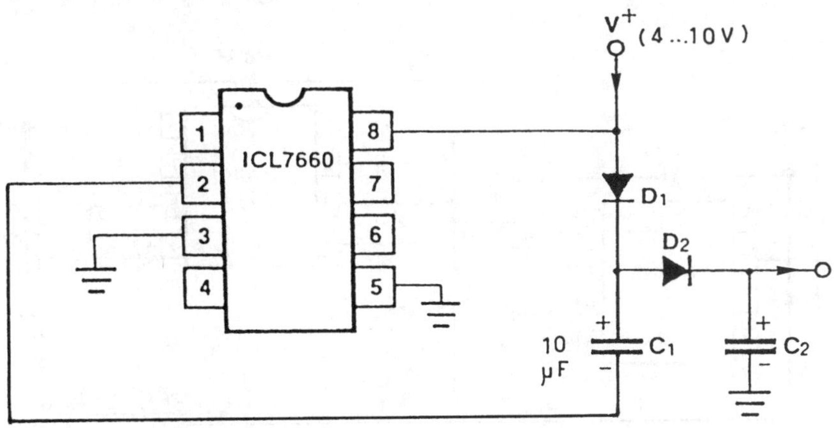

Die Schaltung liefert eine positive Spannung, deren Absolutwert der Speisespannung entpricht, abzüglich Spannungsabfall an den Dioden. Die normalerweise 10 kHz betragende Oszillatorfrequenz kann durch etwa 100 pF zwischen Pins 7 und 8 verringert werden. [Data Book *Intersil*, 1981, Seiten 5161 bis 5166.]

961. Positive Hilfsspannung mit LTC 1044

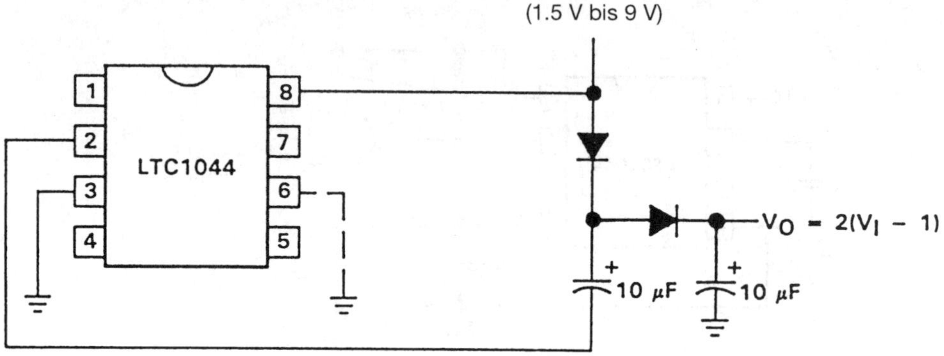

Gleiches Prinzip wie in der vorhergehenden Schaltung, aber für niedrigere Speisespannungen verwendbar. Die gestrichelt gezeichnete Verbindung ist nur bei UDD < 3 V auszuführen. [Linear Circuits Data Book, Vol. 3, *Texas Instruments*, 1989, Seite 269.]

962. Drei- oder vierfache Hilfsspannung mit LTC 1044

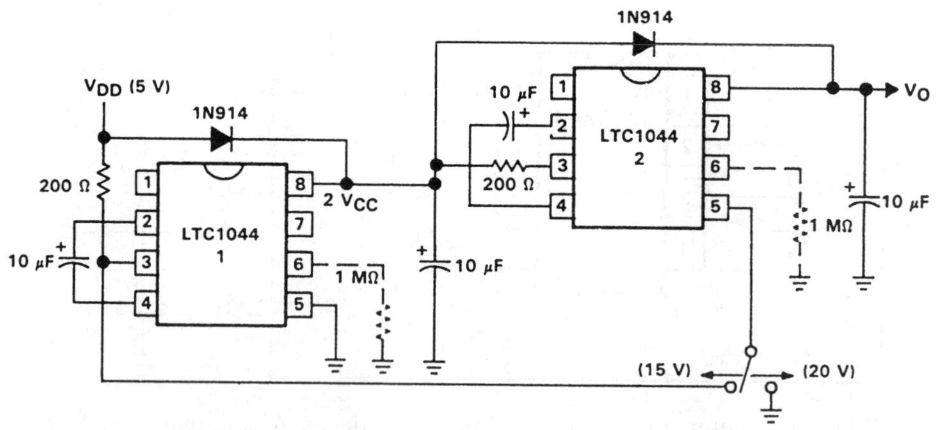

Verwendbar für Speisespannungen (V_{DD}) zwischen 2 und 9 V. Der gestrichelt gezeichnete 1-MΩ-Widerstand ist nur bei V_{DD} < 3 V einzusetzen. [Linear Circuits Data Book, Vol. 3, *Texas Instruments*, 1989, Seite 271.]

963. Negative Hilfsspannung mit RC 4193

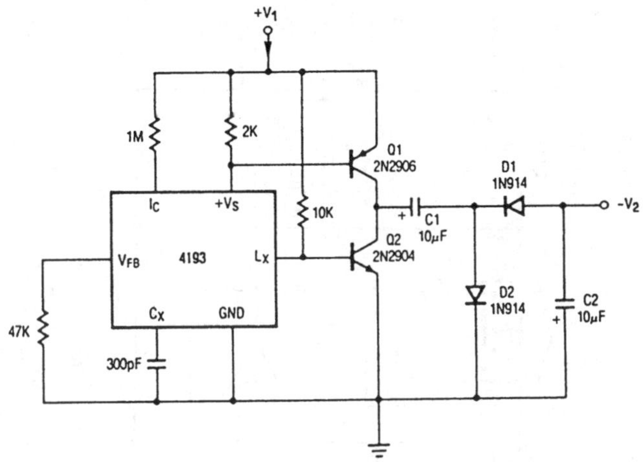

Der Absolutwert der Ausgangsspannung ist, abzüglich der Spannungsabfälle in den Dioden und Transistoren, gleich der Speisespannung V_1. Anwendbar bis 24 V, 10 mA. [Linear Integrated Circuits, *Raytheon*, Seite 1121.]

964. und 965. MOSFET-Konverter für 12 V, 110 mA

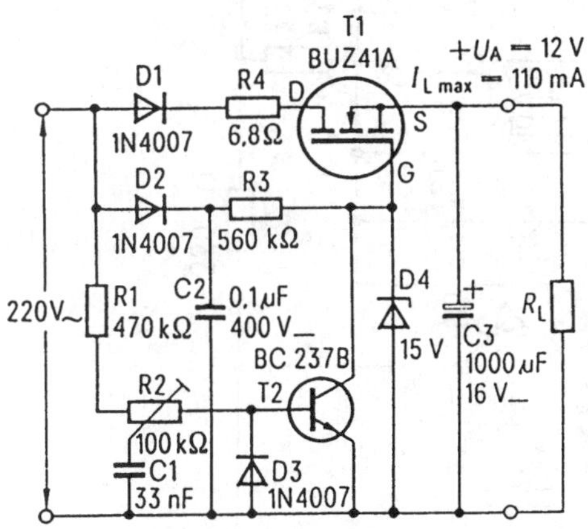

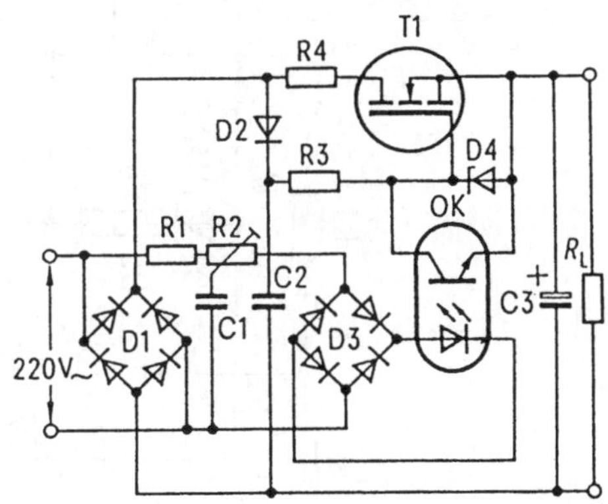

T1 arbeitet in Drainschaltung und speichert in C_3 eine um etwa 3 V unter dem Nennwert von D4 liegende Spannung. Durch Phasenschiebung (C_1) begrenzt T2 die Ladedauer von C_3. Die Variante mit Optokoppler (965) gestattet höhere Ausgangsspannungen und arbeitet mit geringerer Restwelligkeit. [*Siemens* Components Nr. 1/83 – *Funkschau*, München, Nr. 6/83, Seite 248.]

966. MOSFET-Konverter für 4,8 V, 110 mA

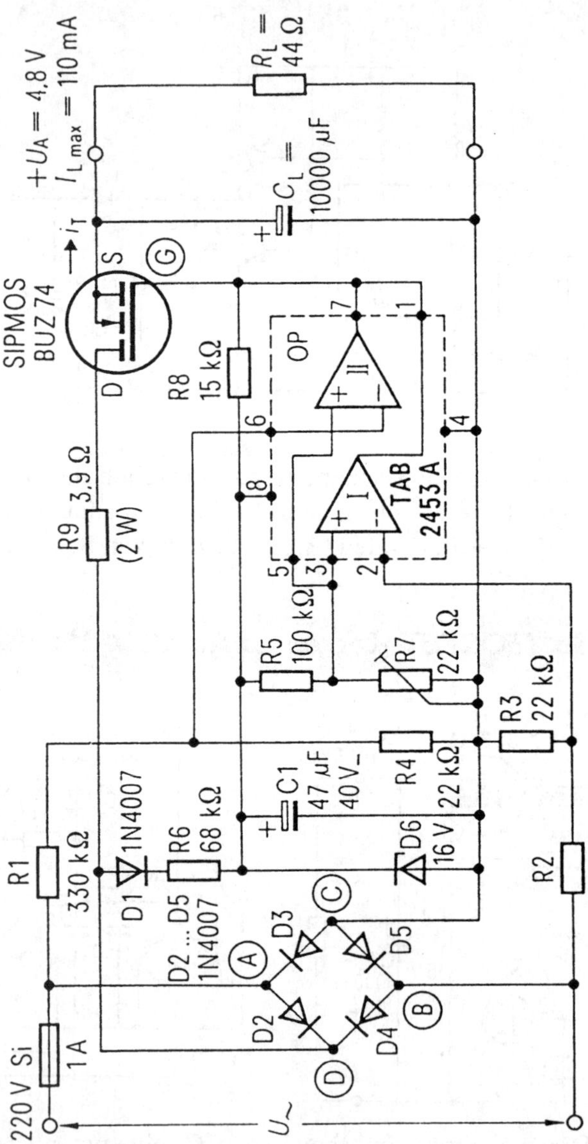

Bei dieser Variante zum vorhergehenden Beispiel ersetzt ein doppelter Operationsverstärker den Koppler. Dadurch kann der Nulldurchgang der 50-Hz-Speisespannungen genauer definiert werden. Verlustleistung: maximal 3 W. [*Siemens* Components Nr. 1/83 – *Funkschau*, München, Nr. 8/83, Seite 332.]

967. und 968. Spannungsverdoppler mit Komplementär-MOSFETs

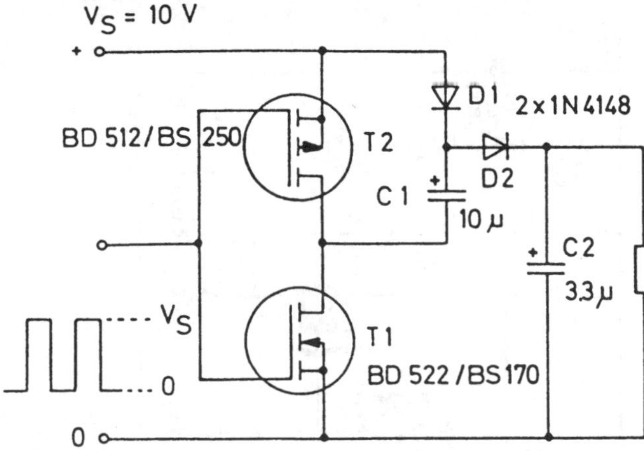

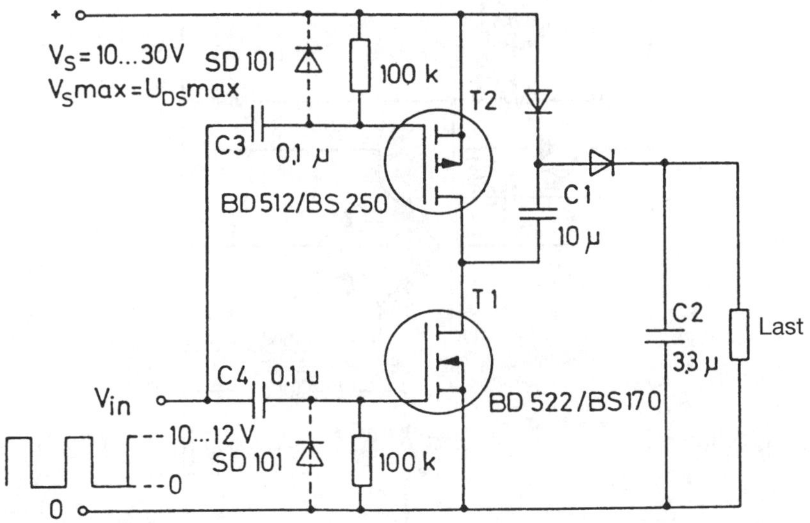

Die Amplitude der zur Ansteuerung erforderlichen Rechteckspannung kann gleich der Speisespannung V_S sein, wenn diese 10 V nicht übersteigt. Bei höheren Werten (Schaltung 968) sind Koppelkondensatoren (C_3, C_4) vorzusehen, um die Gateisolation gefährdende Spannungen zu vermeiden. Die Gate-Source-Dioden sind nur vorzusehen, wenn die Transistoren keine oder nicht genügend schnelle enthalten. [VMOS Application Ideas, Firmenschrift 6240 09 1 E, *ITT Intermetall*, Seite 7.]

969. Thyristor-Wandler für 30 V, 1 A

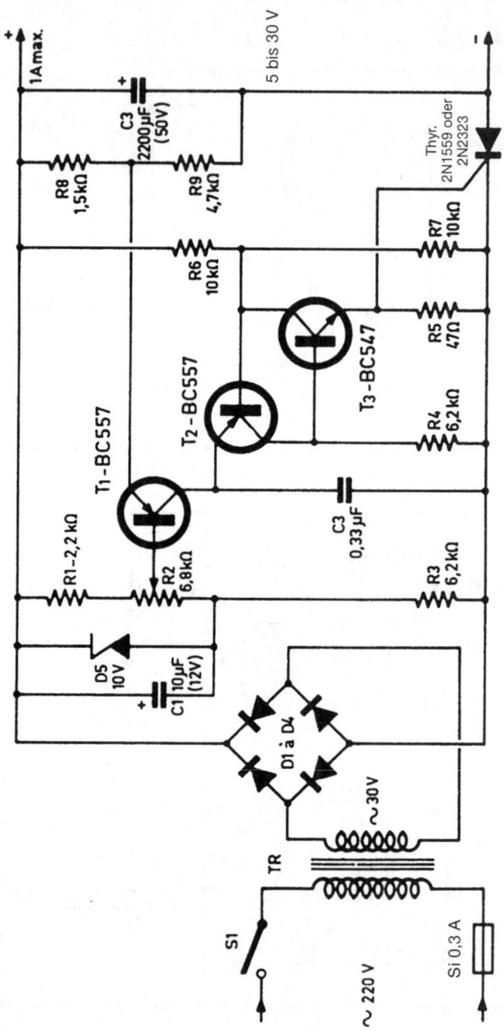

Die Ansteuerung erfolgt über eine gleichgerichtete und nicht gesiebte 50-Hz-Spannung. T2 und T3 arbeiten wie ein Thyristor, welcher den 2 N 1559 zündet, wenn, unter Berücksichtigung der Ladung von C_3, der Augenblickswert der gleichgerichteten Spannung die mit R_2 eingestellte Spannung übersteigt. Ein ausreichend hoher Innenwiderstand des Transformators soll stoßweisen Betrieb des Thyristors verhindern. [*Revista Espagnole de Electronica*, Barcelona, April 1983, Seite 41.]

970. Kaskade aktiver Spannungsverdoppler

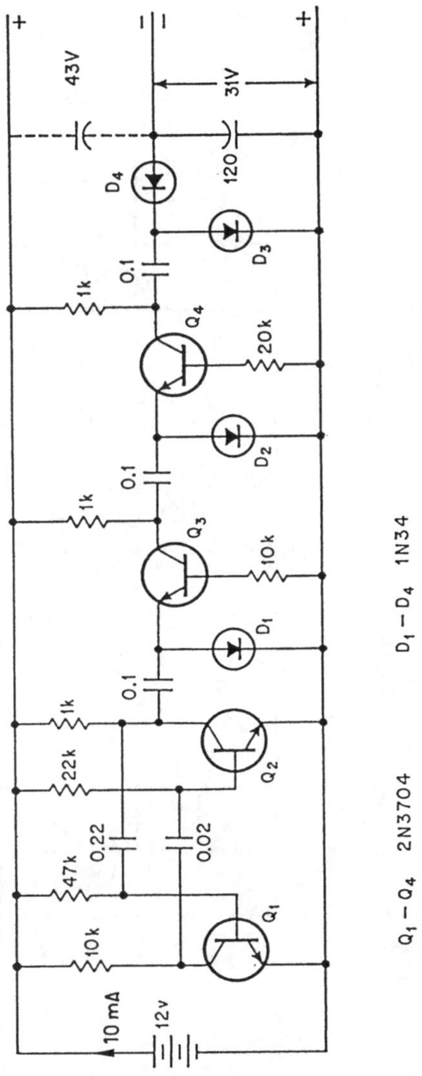

Wenn Q2 des Multivibrators in den gesperrten Zustand übergeht, werden die drei 100-nF-Kondensatoren parallel aufgeladen. Während der folgenden Halbwelle sind Q2 bis Q4 leitend. Damit befinden sich die drei Kondensatoren in Reihe und die Summenspannung lädt den Siebkondensator (120 µF). Die Spannungsangaben gelten für den Leerlauf. [H.R. Mallory, *Electronics*, New York, 2. März 1970, Seite 104.]

971. Aktiver Spannungvervielfacher für 4 kV

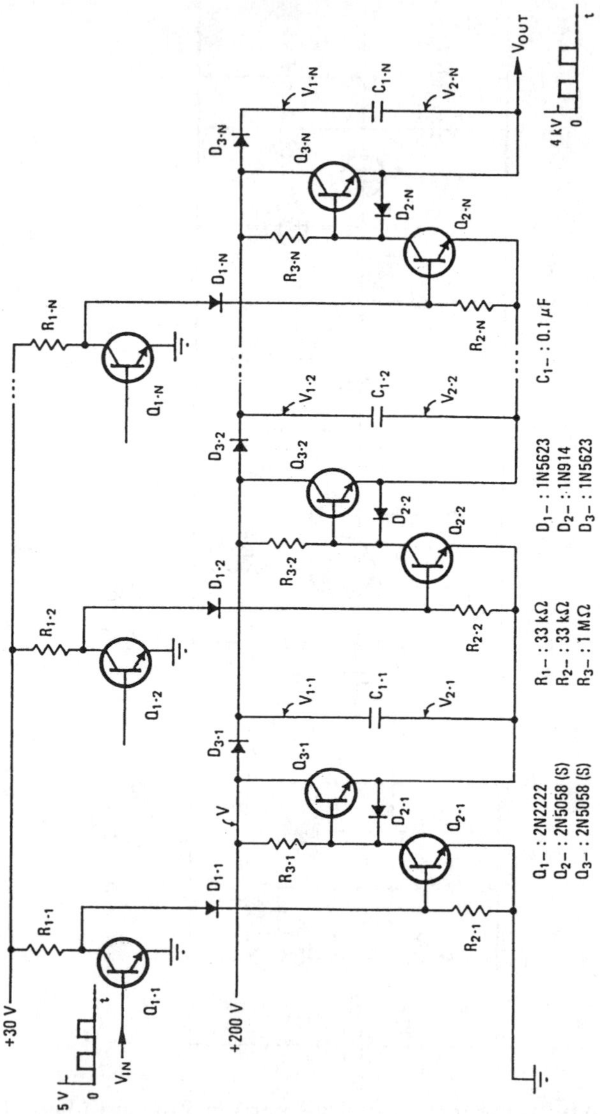

Für 4 kV werden 20 der dargestellten Stufen benötigt. Eine 400-Hz-Rechteckschwingung steuert jede Stufe so an, daß die Kondensatoren C1 eine massefrei „schwebende“ Speisespannung für die jeweils folgende Stufe darstellen. Nach Parallelladung werden sie in Serie geschaltet. [L.H. Bannister, *Electronics*, New York, 10. Juli 1975, Seite 95.]

Wandler mit Transformatorausgang

972. Primärregelung mit MAX 635

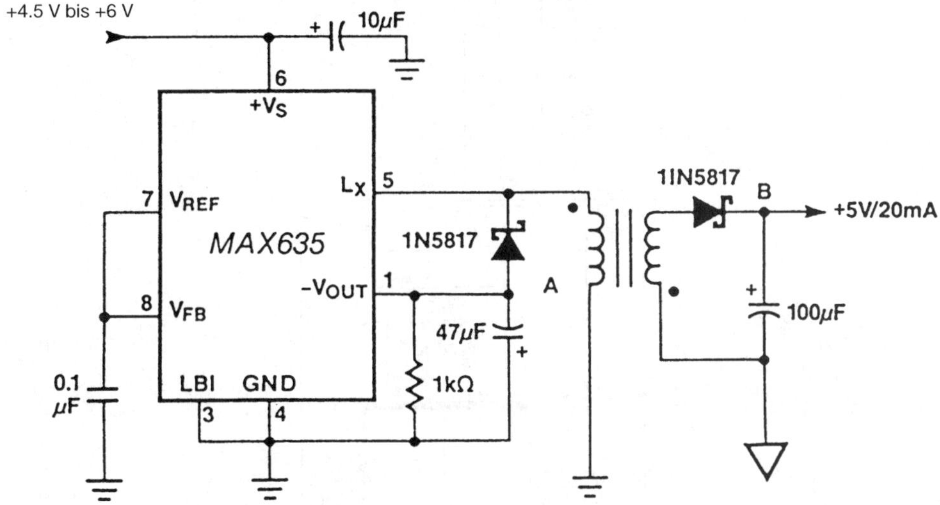

Primärseitig arbeitet die Schaltung wie ein geregelter Spannungsinverter, der im Punkt A eine Spannung von –5 V liefert. Sekundärseitig erhält man diese Spannung mit einer Abweichung bis zu 10 %. Transformator: Schalenkern 14 x 8, Primär und Sekundär 270 µH, < 0,5 Ω. [Seminar Applications Book, *MAXIM*, 1988/89, Seite 83.]

973. Wandler für ±5 V, mit Si 9100

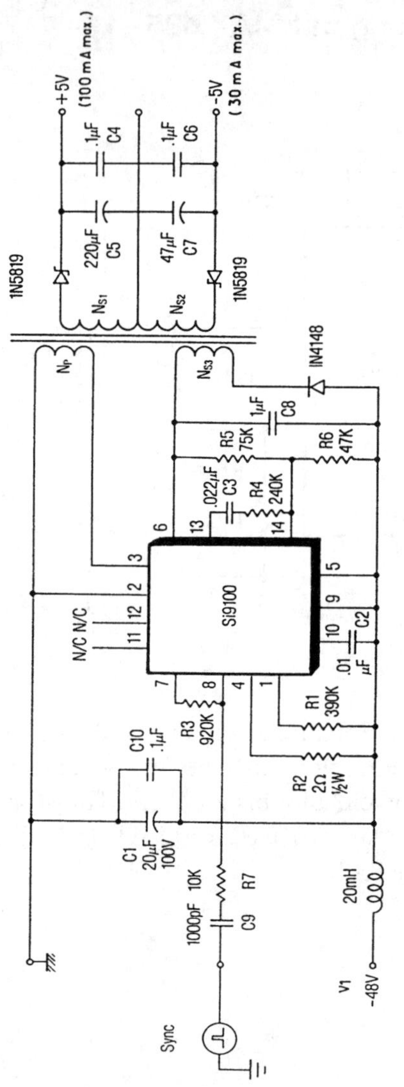

Maximalwert der Speisespannung V_1: 70 V. Zum Anlauf sind mindestens 44 V nötig, die Schaltung arbeitet danach bis herunter zu V_1 = 23 V weiter. Bei Kurzschluß bleibt der Laststrom auf 30 mA begrenzt. Laständerungen lassen die Speisespannung zwischen 5,05 und 5,75 V schwanken. Transformator: Ferroxcube RM 8 PA 630 3B7, N_P = 77 Wdg., N_{S1} = N_{S2} = 18 Wdg., N_{S3} = 35 Wdg. [Interface, Firmenschrift *Siliconix*, 1987/88, Seite 21.]

974. Wandler ohne Netzumschaltung, für 15 V, 0,5 A

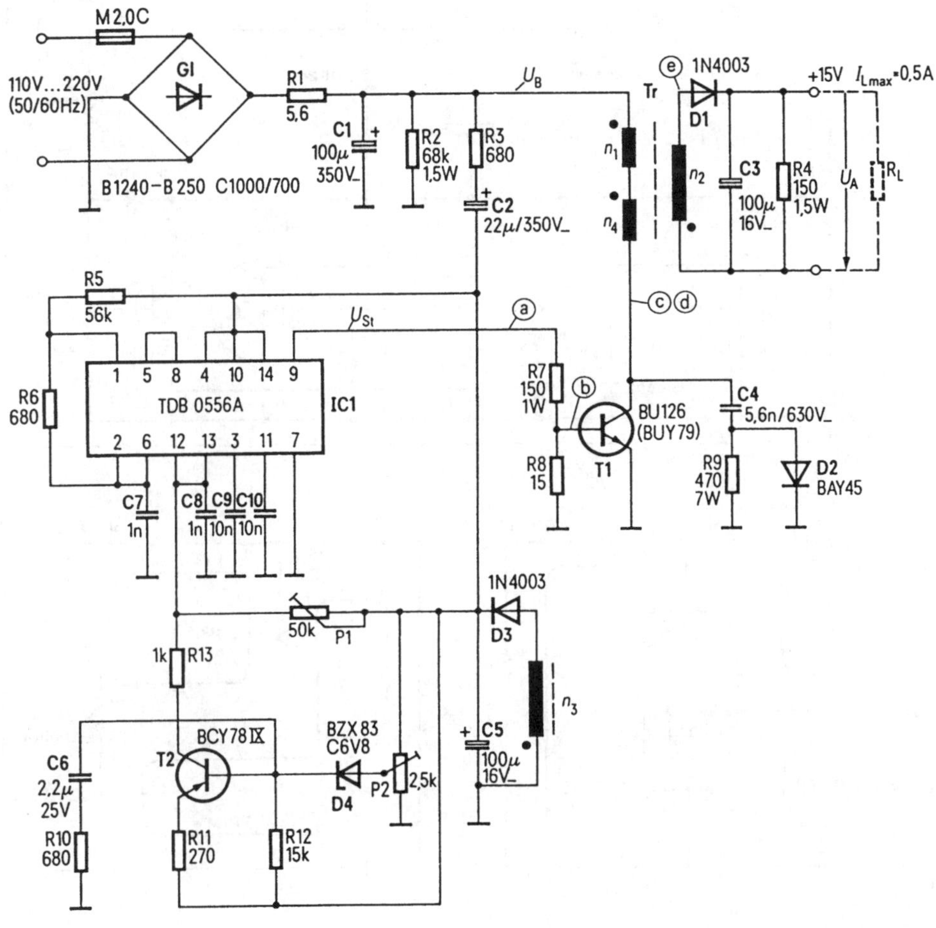

Geeignet für Betrieb mit 100 bis 230 V Netzspannung. Mit P_1 wird die maximale Tastdauer eingestellt, mit P_2 die Ausgangsspannung. Schaltfrequenz: etwa 16 kHz. [Bauteile Report 5/75, *Siemens*, Seiten 150 und 151.]

975. Teilung und Verdoppelung mit 50-W-Dreipol

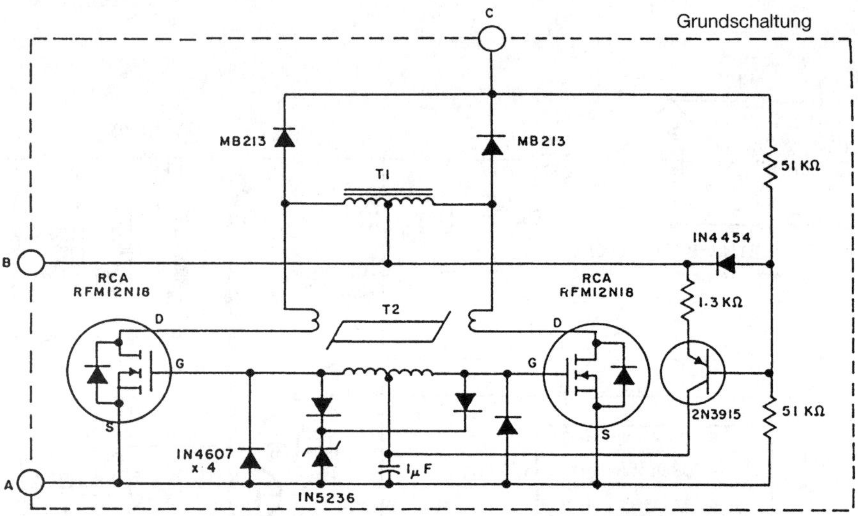

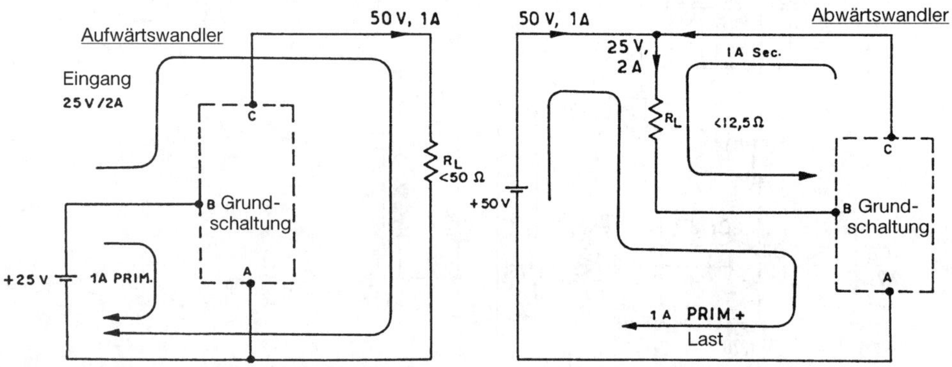

Je nach Beschaltung der drei Anschlüsse mit Speisespannung und Last erhält man einen Aufwärts- oder Abwärtswandler. Ein Transformator mit gesättigtem Kern sorgt für Stabilisierung der Ausgangsspannung. [Power MOSFET Circuit Ideas, *GE RCA*, MDI 470, Seite 7.]

976. Symmetrischer MOSFET-Wandler für 70 W

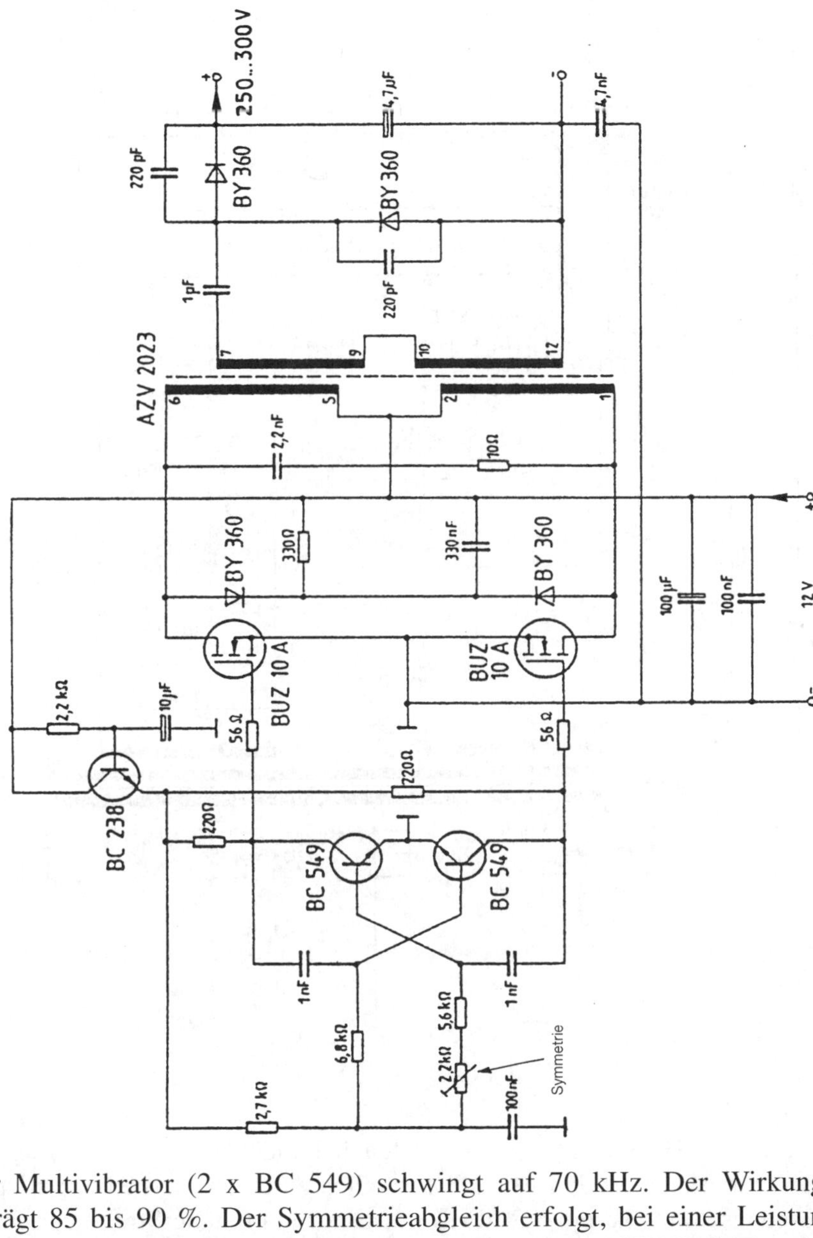

Der Multivibrator (2 x BC 549) schwingt auf 70 kHz. Der Wirkungsgrad beträgt 85 bis 90 %. Der Symmetrieabgleich erfolgt, bei einer Leistungsabgabe von etwa 50 W, auf minimalem Speisestrom. [SIPMOS Transistoren, *Siemens*, 1983, Seite 56.]

977. 25-W-Netzteil für Fernseher, mit TDA 4601

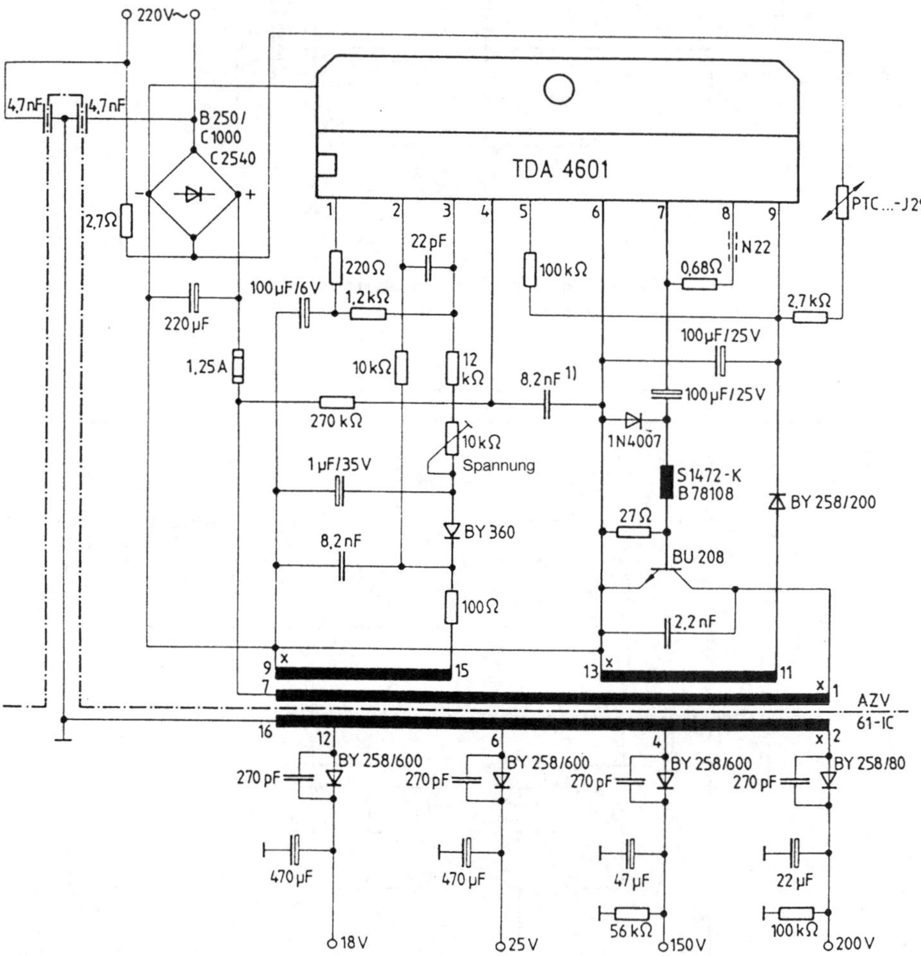

Der Kaltleiter PTC ist während der ersten Sekunden nach dem Einschalten wirksam und erleichtert den Anlauf. Zusätzlich zu einer internen Simulierung des Ausgangsstroms ist ein 8,2-nF-Kondensator (1) für die Strombegrenzung verantwortlich. [ICs for Entertainment Electonics, *Siemens*, 1986/87, Seiten 499 bis 525.]

978. 60-W-Netzteil für Fernseher, mit TEA 2019

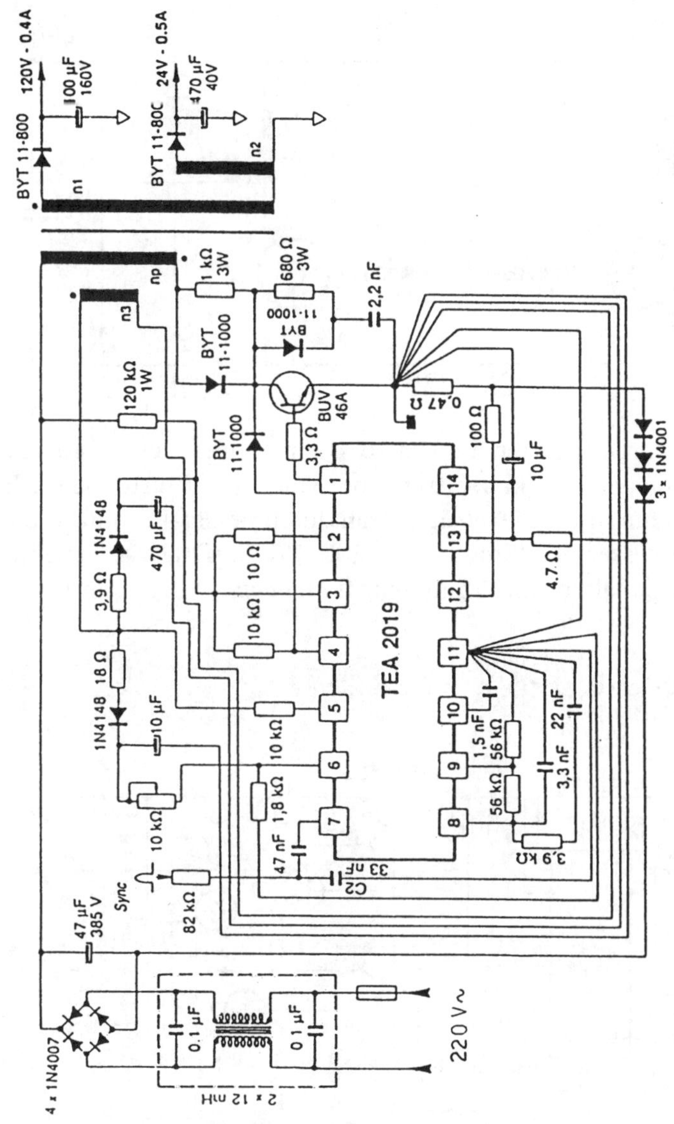

Die Schaltfrequenz (15 kHz) kann mit der Zeilenablenkung des Fernsehers synchronisiert werden. Die Einsatzschwelle der Strombegrenzung entspricht 1 V an Pin 12. [Video ICs Databook, *SGS Thomson Microelectronics*, 1989, Seiten 993 bis 1000. — T. Pierre, *Toute l'Electronique*, Nr. 12/88, Seiten 27 bis 31.]

979. 25-W-Konverter für Betrieb an 6-V-Batterie

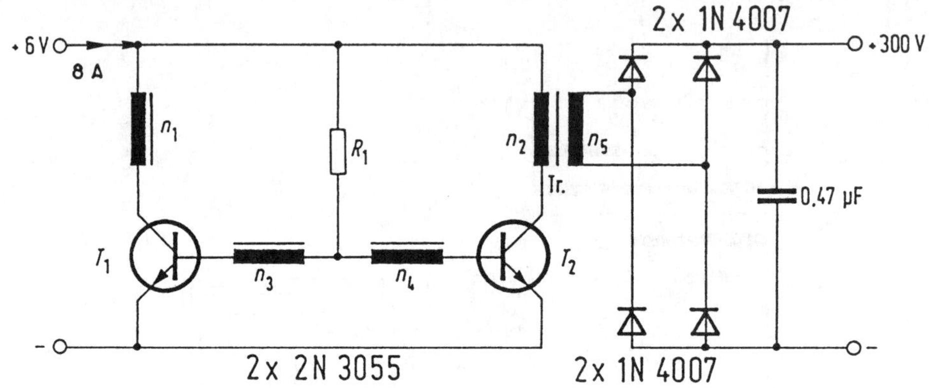

Die Transistoren arbeiten in Klasse B, mit einer Schaltfrequenz von etwa 3 kHz und einem Kollektorspitzenstrom von 9 A. Transformator: EE 42 N 27, Luftspalt 1 mm, n_1, n_2: 16 Wdg., Drahtdurchmesser 1,2 mm, n_3, n_4: 10 Wdg., Drahtdurchmesser 0,22 mm, n_5: 1200 Wdg., Drahtdurchmesser 0,2 mm. [Elektronik-Schaltungen, Firmenschrift *Siemens*, 1982, Seite 140.]

980. 100-W-Wandler mit SG 3524

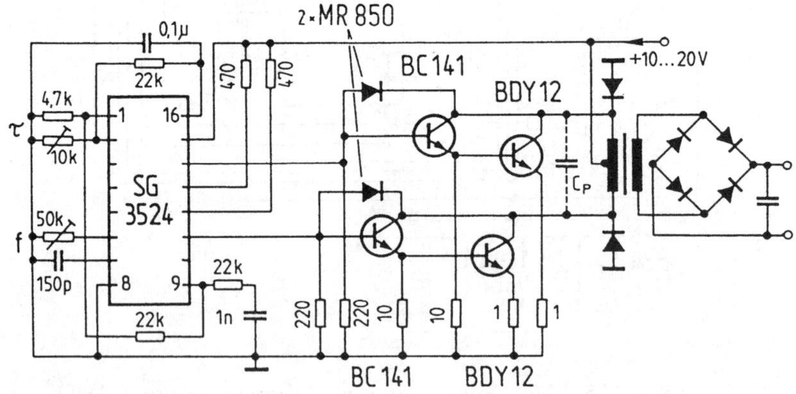

Die Trimmwiderstände von 10 und 50 kΩ wirken auf Tastverhältnis und Schaltfrequenz. Transformator: Schalenkern 36 x 22, A_L = 7600, Luftspalt 0,2 mm, Primärwicklung mit 2 x 50 Windungen. [G. Ortler, *Funkschau*, München, Nr. 7/81, Seiten 70 bis 72. – Power Supply Application Manual, *SGS Thomson*, 1985, Seiten 755 bis 761.]

981. Symmetrischer Wandler für 400 W

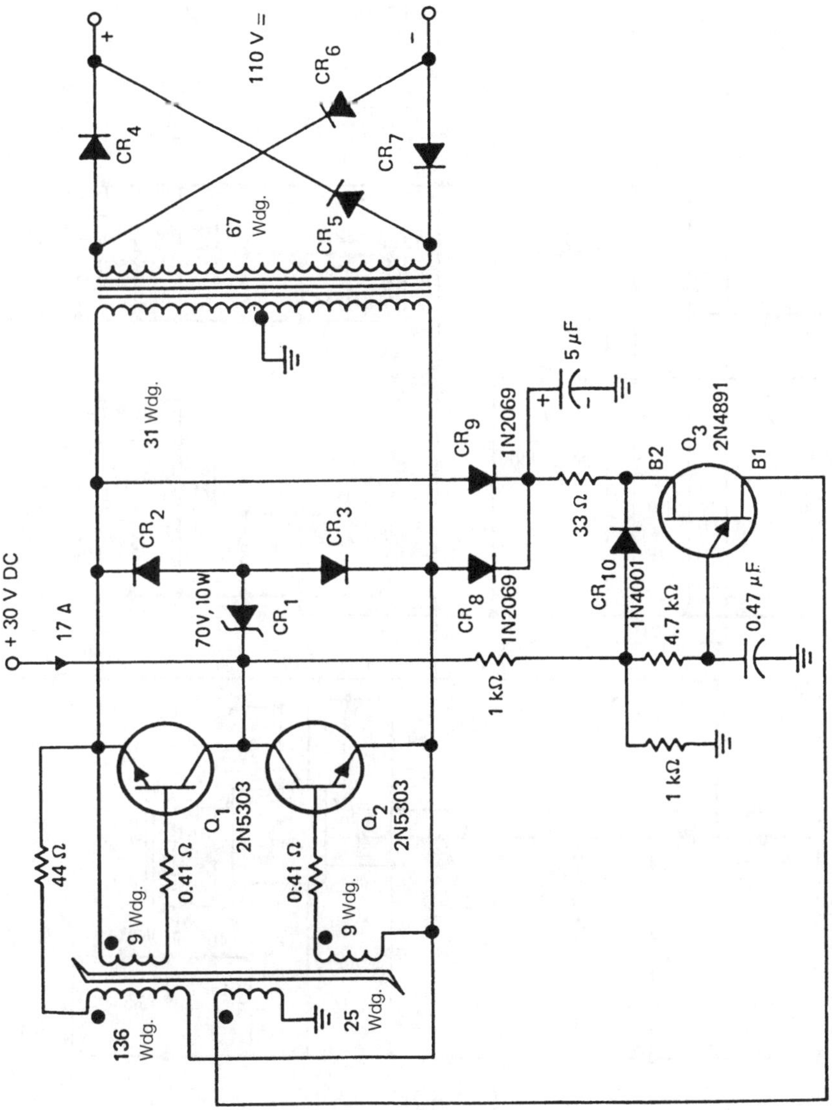

Die Dioden CR_2 und CR_3 müssen für 100 V und 3 A ausgelegt sein, die auf der Sekundärseite des Transformators für 200 V, 5 A. Der Eingangstransformator arbeitet mit Sättigungseffekt (Typ 52029 2 A, Magnetics, Inc.). Der am Ausgang besitzt einen Kernquerschnitt von 3 x 3,2 cm. Schaltfrequenz: 3 kHz. Wirkungsgrad: 80 %. [Anwendungsbericht CA 123, *Texas Instruments.*]

982. 500-W-Wandler mit CS 3842 A

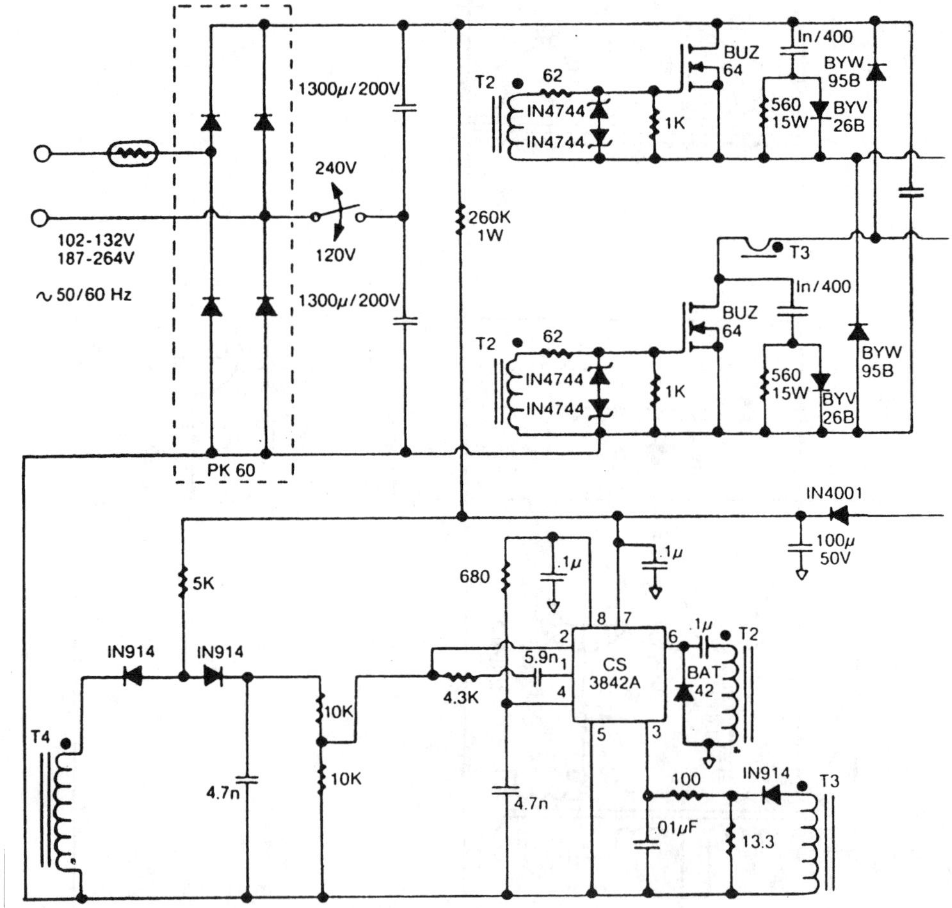

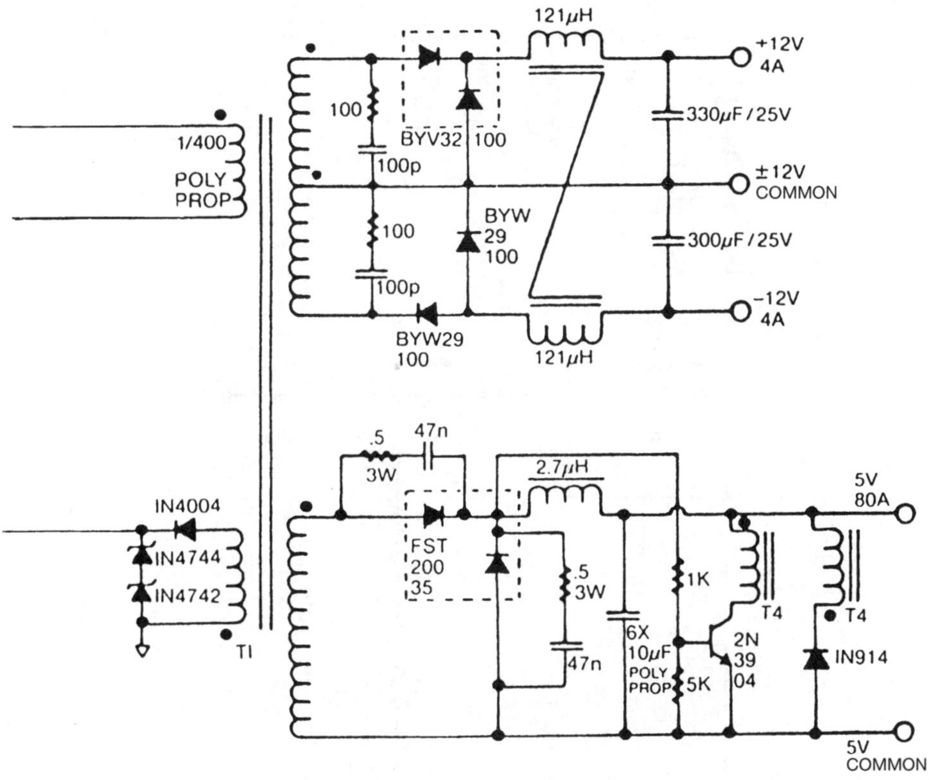

Die beiden MOSFETs arbeiten im Gleichtakt. Die Gesamtverlustleistung beträgt etwa 125 W. Die Wickeldaten können der nachstehend angegebenen Veröffentlichung entnommen werden. [IC Data Book, *Cherry Semiconductor*, 1989, Seiten 435 bis 448.]

983. 6-kV-Wandler, 50 µA

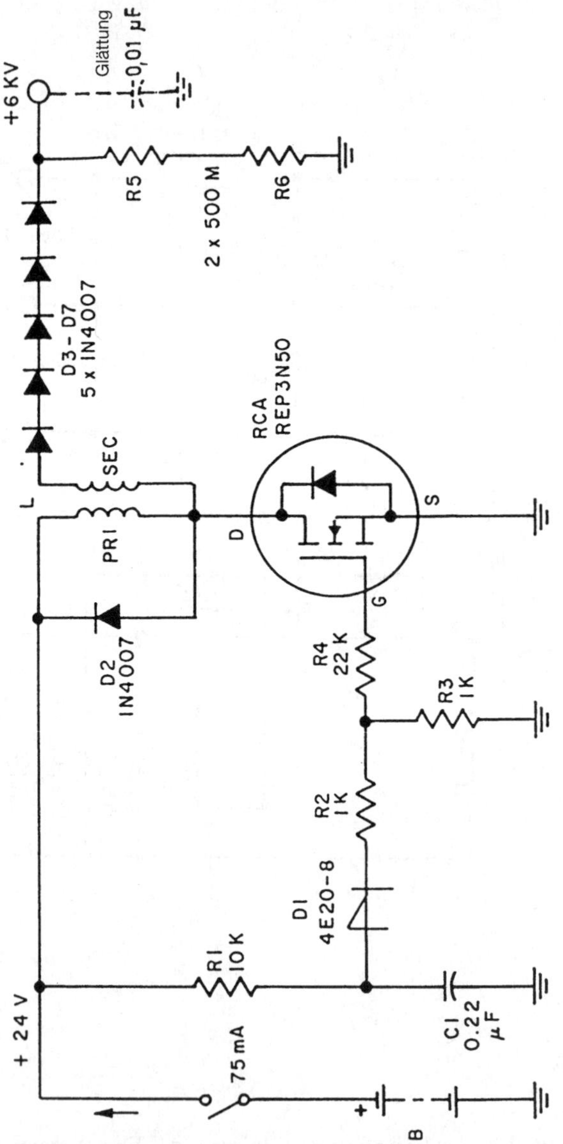

Als Transformator dient eine Automobil-Zündspule (12 V primär). Im Oszillator wird eine Vierschichtdiode (4 E 20 8, ITT-Intermetall) zusammen mit C_1 verwendet. [Power MOSFET Circuit Ideas, *GE RCA*, MDI 470, Seite 26.]

Wandler für Beleuchtungsanwendungen

984. Speisung einer 8-W-Leuchstoffröhre an 10 bis 16 V

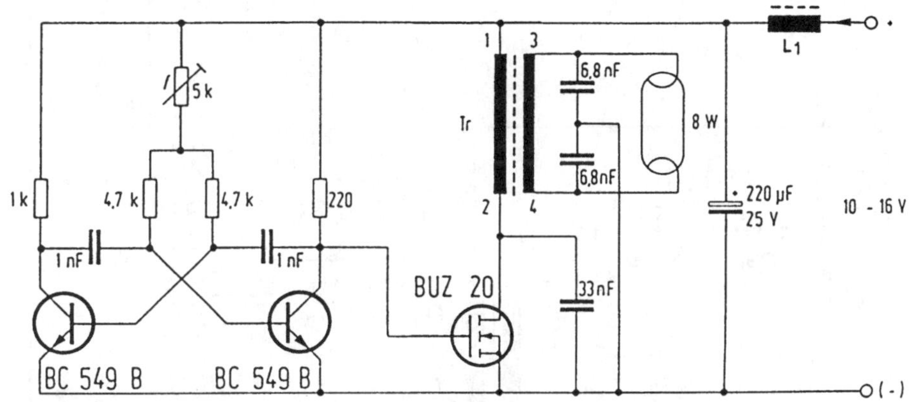

Die Schaltung arbeitet in Klasse B, auf 100 kHz, mit einem Resonanztransformator, dessen Wicklungen so weit von einander entfernt sind, daß die zum Anlauf notwendige Streuinduktivität erhalten wird. Transformator: Kern EE 20/0,5 L, Material N 27. Zwischen Klemmen 1 und 2: 30 Wdg., Litze 15 x 0,1 mm. Zwischen Klemmen 3 und 4: 180 Wdg., 0,18 mm. L_1: Ferritstab, Durchmesser 6 mm, 7 µH, 0,2 Ω. [Elektronik-Schaltungen, Firmenschrift *Siemens*, 1982, Seite 142.]

985. Speisung einer 4-W-Leuchstoffröhre an 12 V

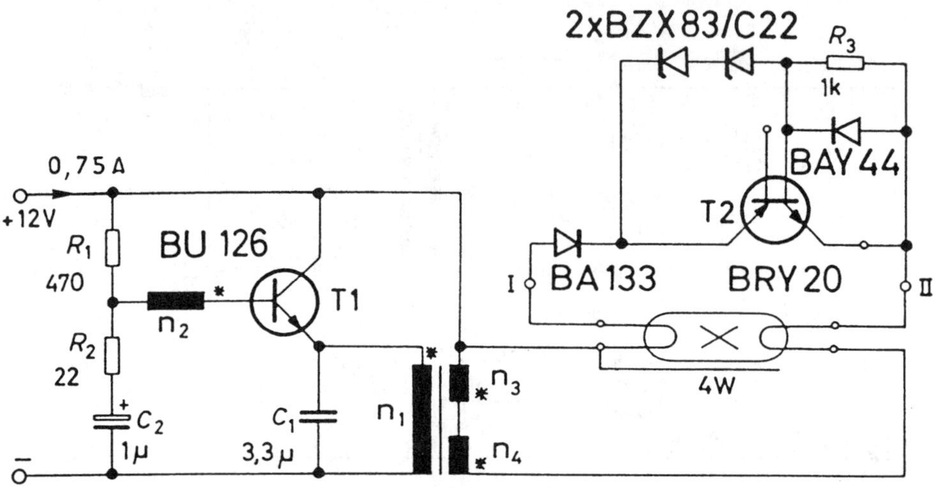

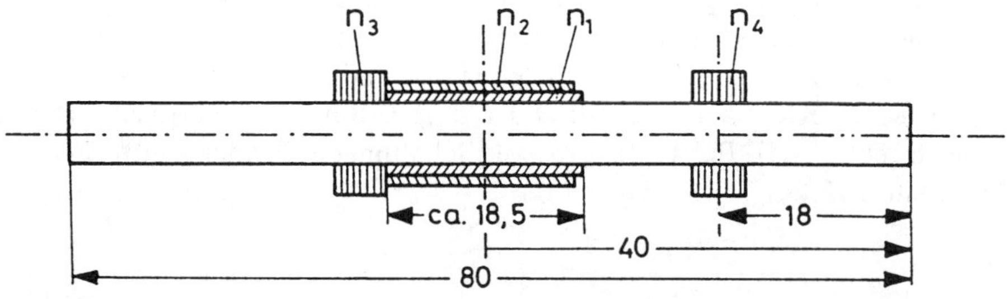

Der Oszillator (T1) arbeitet in Klasse B, auf 20 kHz, mit einem Kollektorspitzenstrom von 3,2 A. Die Anlaufschaltung liegt zwischen den Klemmen I und II. Der normalerweise benötigte Ballast wird durch einen schwach gekoppelten, auf einem Ferritstab (6 x 80 mm, Material M 25) erstellten Transformator ersetzt. Wickeldaten: n_1: 23 Wdg., Drahtdurchmesser 0,8 mm., n_2: 33 Wdg., Drahtdurchmesser 0,4 mm, n_3 und n_4: 220 Wdg., Drahtdurchmesser 0,17 mm. [Elektronik-Schaltungen, Firmenschrift *Siemens*, 1982, Seite 142.]

986. Speisung einer 65-W-Leuchtstoffröhre an 24 V

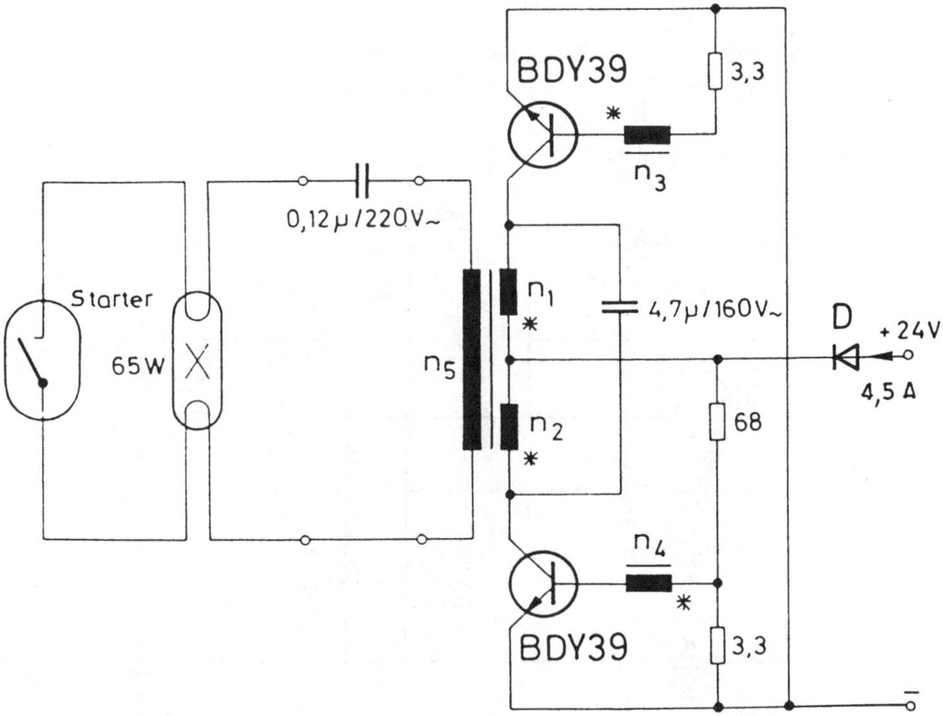

Die Schaltung arbeitet in Klasse B, auf 4 kHz. Der Glimmlicht-Starter bedingt eine Spitzenspannung von 700 V beim Einschalten. Transformator: Siferit 2 x E 55, Material N 27, n_1 und n_2: 10 Wdg., Drahtdurchmesser 1 mm., n_3 und n_4: 2 Wdg., Drahtdurchmesser 0,75 mm., n_5: 120 Wdg., Drahtdurchmesser 0,75 mm. [Elektronik-Schaltungen, Firmenschrift *Siemens*, 1982, Seite 142.]

987. Elektronischer Ballast für Leuchtstoffröhre, BUZ 41 A

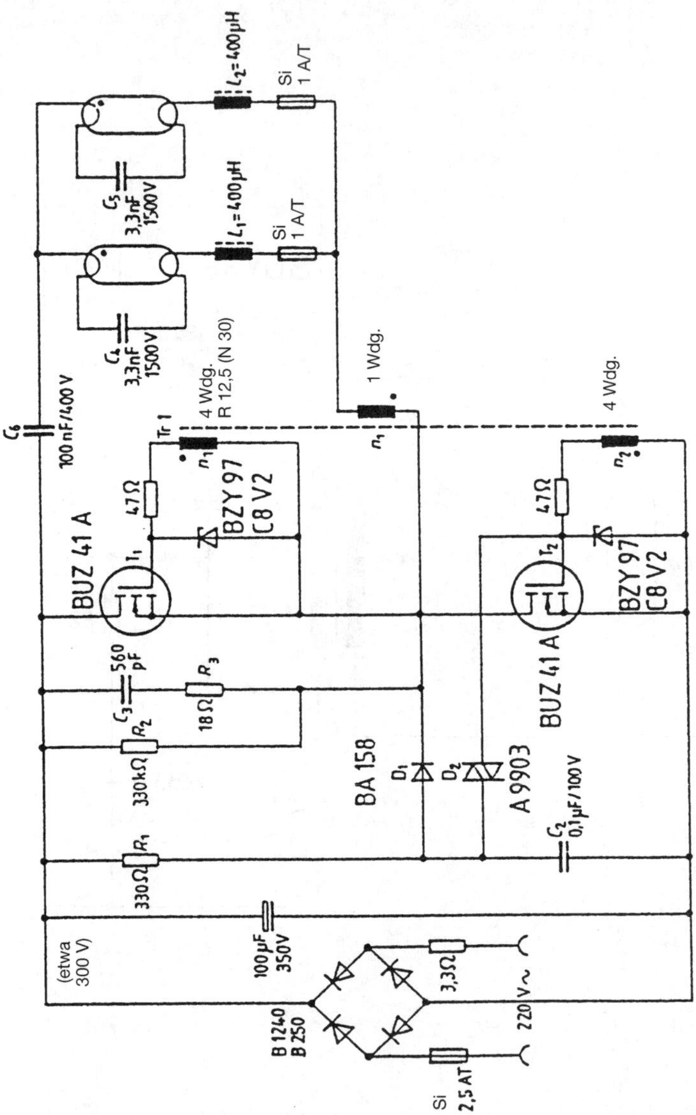

Leistungseinsparung von 25 % gegenüber herkömmlichen Schaltungen. Speist zwei 50-W-Röhren. Transformator: Ferritring R 12,5, Material N 30. Die Drosseln (Kern EF 25, Material N 27, Luftspalt 4 mm) tragen 117,5 Windungen Hf-Litze 15 x 0,1 mm. [SIPMOS Transistoren, Firmenschrift *Siemens*, 1983, Seite 34.]

988. Elektronischer Ballast mit 4 MOSFET

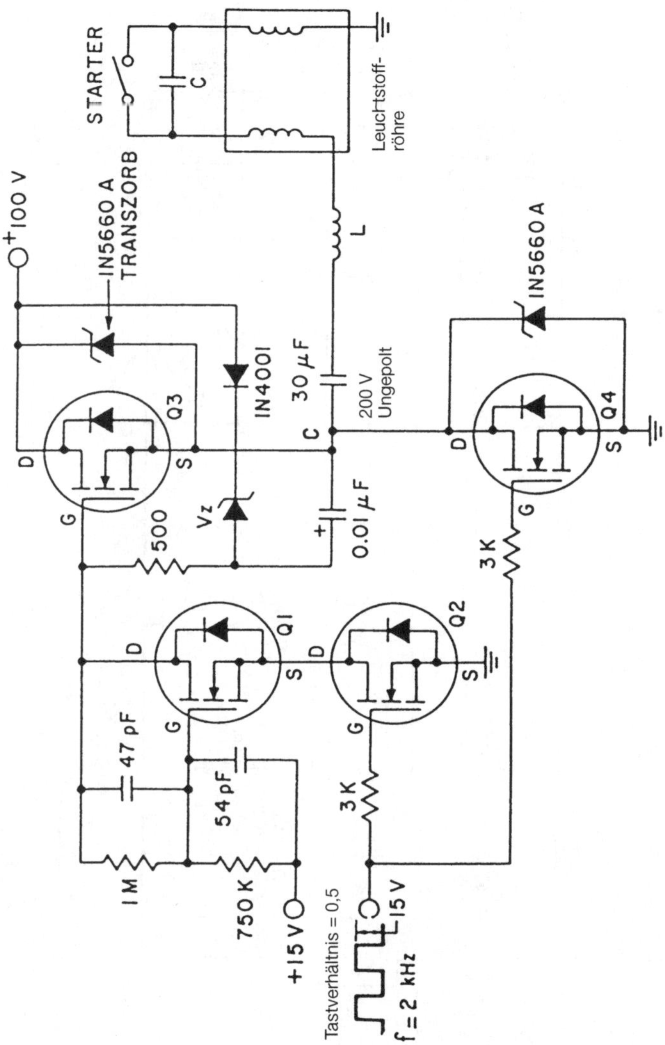

Cascodebetrieb von Q_1 und Q_2 gestattet korrekte Weitergabe der Schaltsignale. V_z bestimmt die Gatepolarisation von Q_3 und damit auch die Stromstärke, die sich bei Kurzschluß einstellt. Der Überspannungsschutz (1 N 5660 A) begrenzt Spannungsspitzen ab 100 V. L und C bilden einen Serienresonanzkreis vor der Leuchtstoffröhre. [Power MOSFET Circuit Ideas, Firmenschrift MDI 470, *GE RCA*, Seite 21.]

989. Beleuchtungsregler mit MOSFET

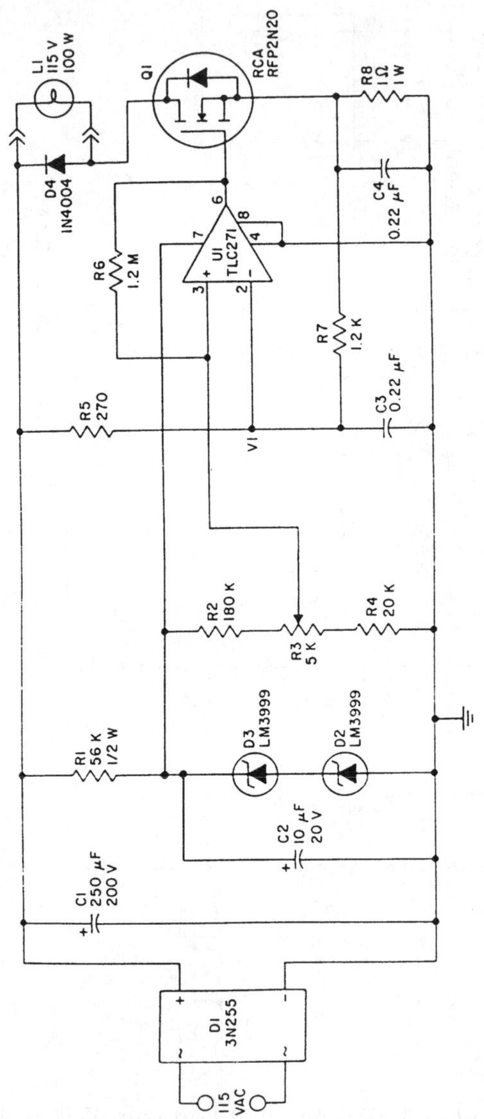

Anwendungen: Optik, Fotolabor. Vermeidet 100-Hz-Welligkeit des Lichtes einer Glühlampe. Die Schaltfrequenz beträgt etwa 5 kHz. Die Regelung basiert auf Vergleich der am Schleifer von R_3 anfallenden Spannung mit der Referenz V_1, in die auch die Spannung an R_8 eingeht. [Power MOSFET Circuit Ideas, Firmenschrift MDI 470, *GE RCA*, Seite 31.]

14 Regelung von Wechselspannungen

990. Brücke zur symmetrischen Begrenzung

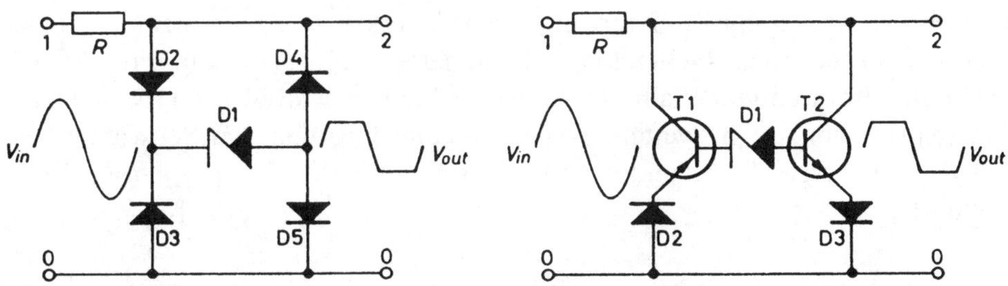

Die im Ausgang des Brückengleichrichters liegende Z-Diode bewirkt eine symmetrische Begrenzung der beiden Halbwellen. Die rechts dargestelle Schaltung eignet sich für größere Leistungen. Die Kollektor-Basis-Dioden der Transistoren ersetzen dort D2 und D4 der Schaltung links. [Discrete Semiconductor Circuit Examples, *ITT-Intermetall*, 1973, Seite 23.]

991. Begrenzung mit gleichbleibendem Effektivwert

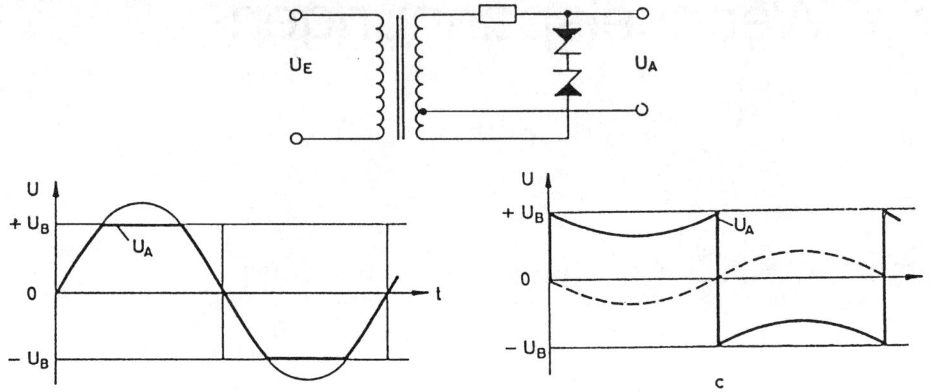

Der Transformatorabgriff liefert eine phasenverkehrte Komponente, mit der man bei der auf etwa Rechteckform begrenzten Wechselspannung das „Dach aushöhlt“. Bei richtiger Wahl des Abgriffes bleiben sowohl Effektiv- als auch Spitzenwert von U_A in weiten Grenzen unabhängig von den Schwankungen von U_E. [Discrete Semiconductor Circuit Examples, *ITT-Intermetall*, 1973, Seite 21.]

992. Konstanter Wechselstrom

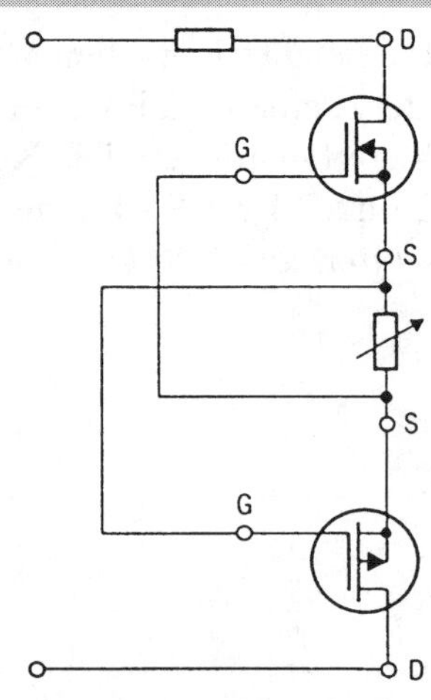

Der Zweipol enthält zwei Verarmungs-MOSFETs mit gemeinsamem Source-Widerstand. Empfohlene Typen: BSS 129, BSS 229, BSS 139. [[Anwendungsschaltung *Siemens*.]

993. Symmetrische Begrenzung auf 12 V_{ss}

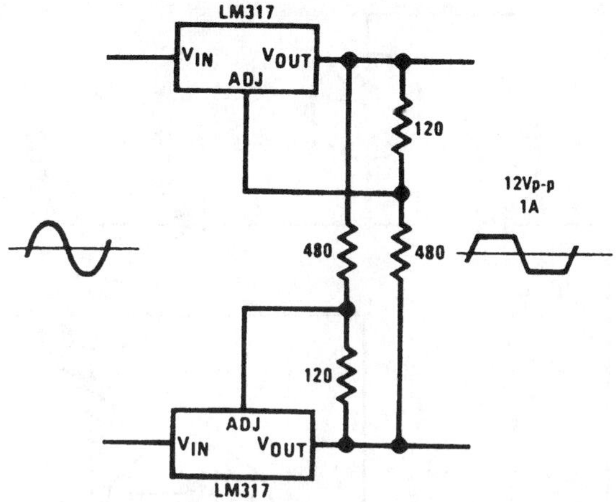

Die beiden Festspannungsregler arbeiten im Gegentakt und begrenzen eine zwischen 18 und 24 V_{ss} schwankende Eingangsspannung auf 12 V_{ss} am Ausgang. Maximaler Laststrom: 1 A. [Linear Databook 1, *National Semiconductor*, 1987, Seite 159.]

994. Sinuswandler 50 Hz, 10 W

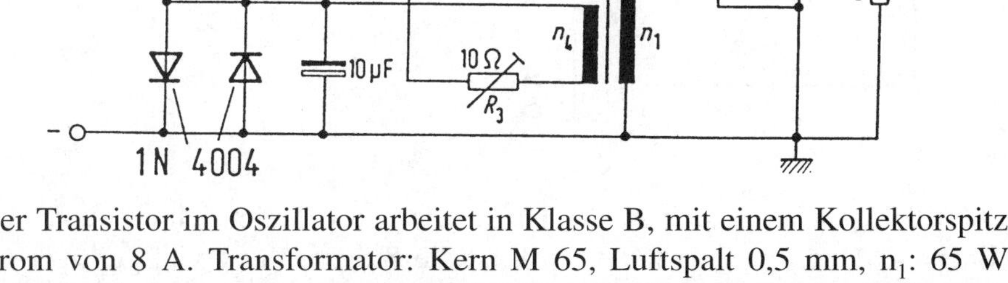

Der Transistor im Oszillator arbeitet in Klasse B, mit einem Kollektorspitzenstrom von 8 A. Transformator: Kern M 65, Luftspalt 0,5 mm, n_1: 65 Wdg. Drahtdurchmesser 1,2 mm, n_2: 650 Wdg., Drahtdurchmesser 0,29 mm, n_3: 2050 Wdg., Drahtdurchmesser 0,14 mm., n_4: 100 Wdg., Drahtdurchmesser 0,45 mm. [Elektronik-Schaltungen, Firmenschrift *Siemens*, 1982, Seite 138.]

995. Progressive Wechselstromsteuerung für 75 W

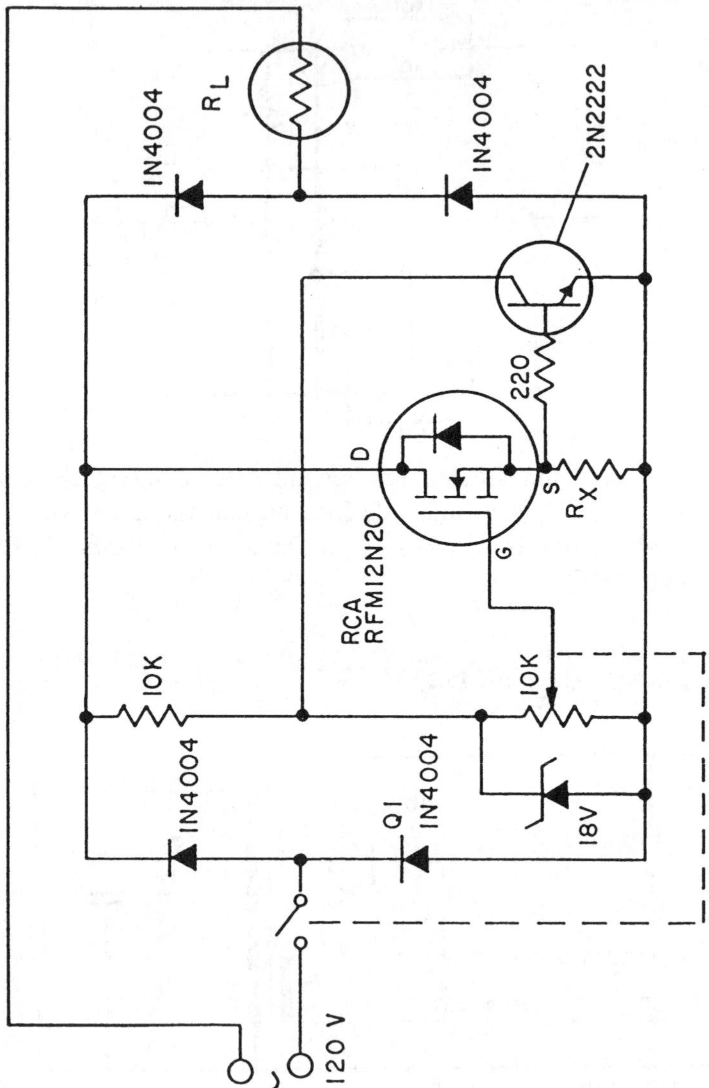

Der MOSFET befindet sich in der Diagonale einer Gleichrichterbrücke. Da mit linearer Steuerung gearbeitet wird, ist die Störstrahlung viel geringer als bei Verwendung eines Triacs. R_X kann entsprechend dem gewünschten Überlastungsschutz gewählt werden: 2 Ω für 10 W, 0,5 Ω für 75 W. [Power MOSFET Circuit Ideas, MDI 470, *GE RCA*, Seite 22.]

996. Sinusgenerator für 1000 Hz

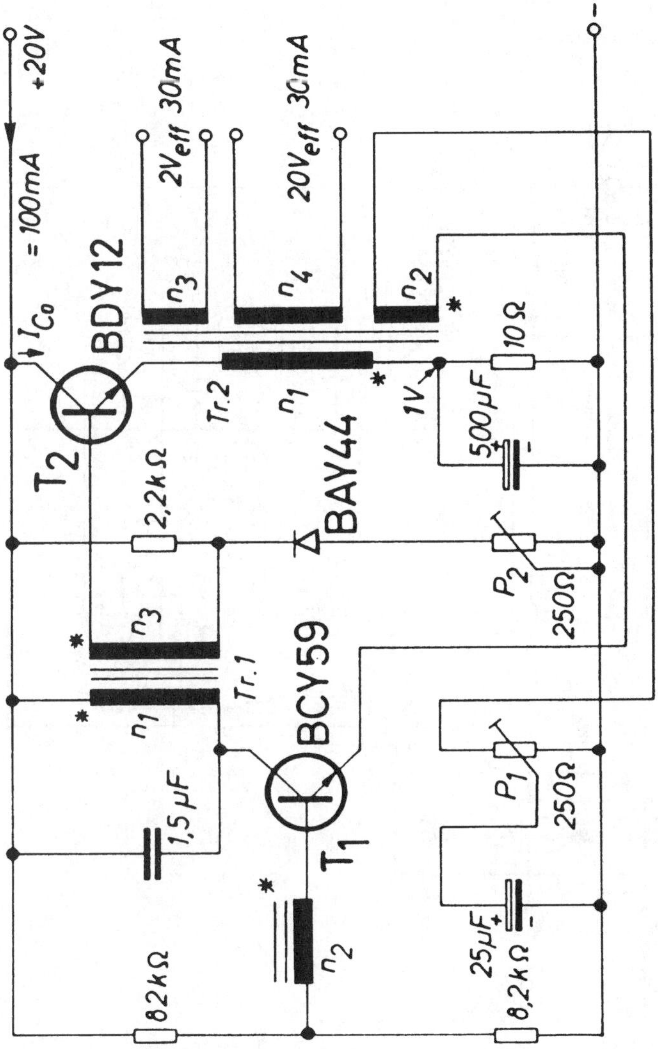

Leistungsverbrauch: 2,3 W. Oberwellengehalt: <5 %. TR. 1: Siferrit-Kern B 65666-A 0630-A 0630-A 028, n_1: 164 Wdg., Drahtdurchmesser 0,22 mm, n_2: 34 Wdg. und n_3: 170 Wdg., Drahtdurchmesser 0,18 mm. Tr. 2: Blechpaket M55/20, n_1 bis n_4: 200, 17, 34 und 340 Wdg., Drahtdurchmesser 0,5 mm für n_1, 0,2 mm für die anderen Wicklungen. [Elektronik-Schaltungen, Firmenschrift *Siemens*, 1982, Seite 139.]

997. Wechselstromregler für 1 kVA

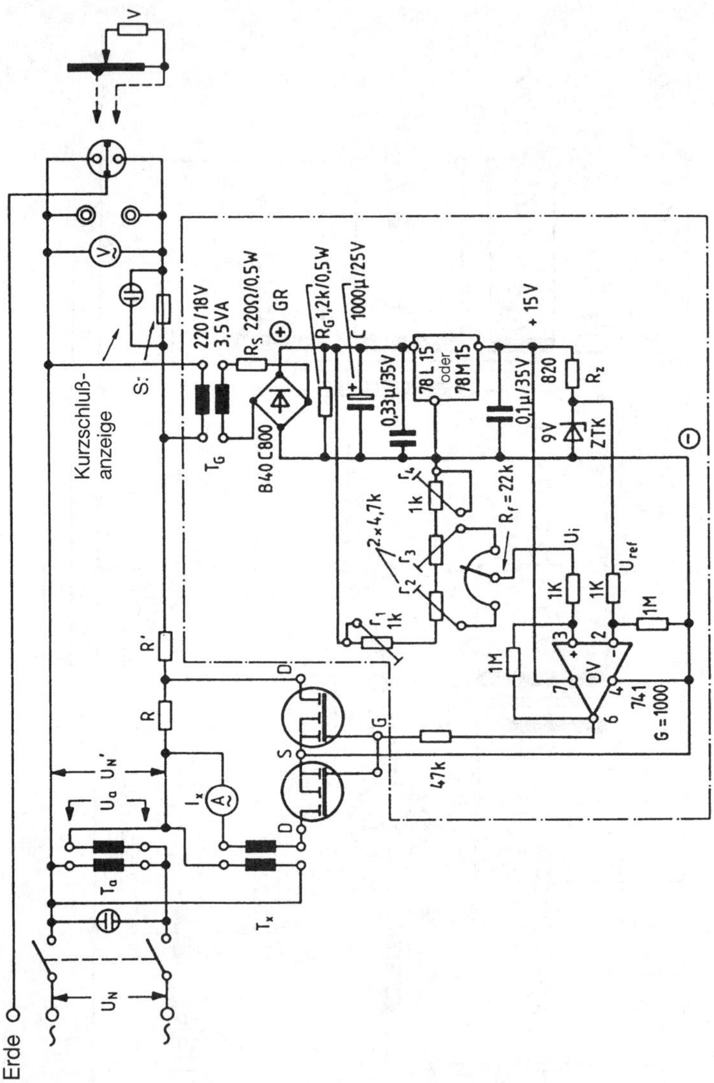

Die MOSFETs steuern den von T_x gelieferten Strom, der dem aus T_a kommenden Hauptstrom gegenphasig zugesetzt wird. Der Vergleich erfolgt über T_G. R (5 Ω, 100 W, für Anwendung 1 kVA, 11,2 Ω, 30 W für 100 VA) läßt einen Teil der Energie direkt zum Ausgang gelangen. R' (≈ R) dient für den Überlastungsschutz. Regelgenauigkeit: 0,1 %. Oberwellengehalt: 0,2 bis 1,25 %. [R. Putz, *Elektronik*, München, Nr. 2/87, Seiten 57 bis 62.]

15 Batterieladegeräte

998. Ladegerät mit Konstantstrom, LM 200

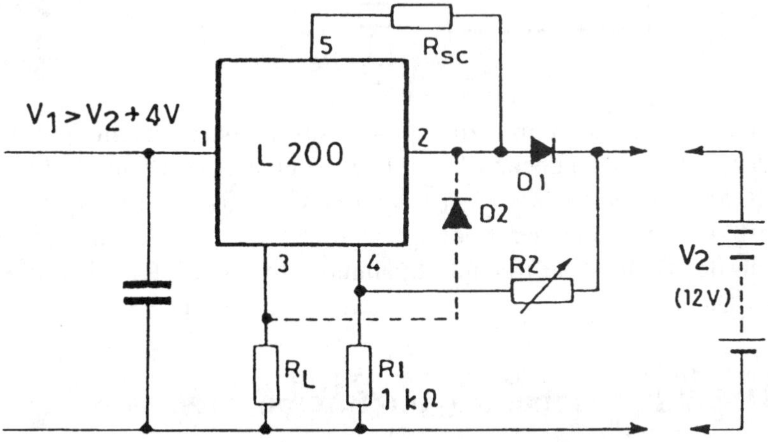

Die Ladung beginnt mit einer Stromstärke $0{,}45/R_{SC}$. Sie ist beendet, wenn die Spannung $2{,}77\ (1 + R_2/R_1)$ erreicht. D_1 vermeidet Batterieentladung durch die Regelschaltung. Bei Verpolung begrenzt R_L (>10 V_2) den in die Schaltung fließenden Strom. Dieser Widerstand kann, zumindest teilweise, durch eine als Warnsignal dienende Glühlampe ersetzt werden. [Industry Standard Analog IC Databook, *SGS Thomson Microelectronics*, 1989, Seiten 95 bis 103.]

999. und 1000. Ladeschaltungen mit LM 317

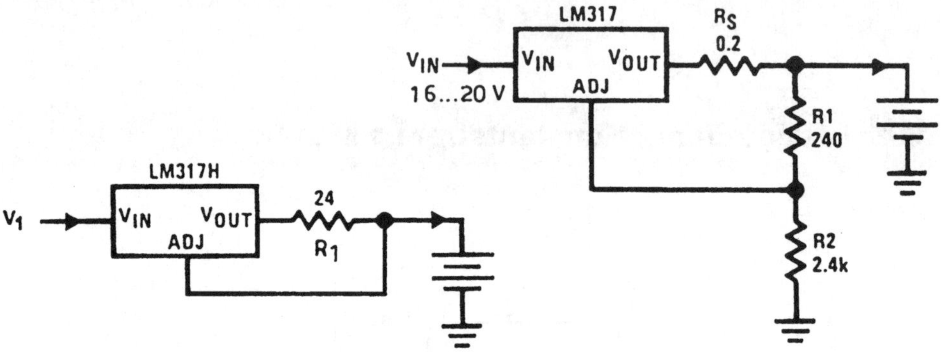

Schaltung 999 arbeitet mit zu R_1 verkehrt proportionalem Konstantstrom, 50 mA bei dem angegebenen Wert. Die für eine 12-V-Batterie gültige Schaltung 1000 weist einen Innenwiderstand von $Z = R_S[1 + (R_2/R_1)]$ auf, der die Stromstärke bei Ende der Ladung begrenzt. Die Speisespannung muß die dann an der Batterie auftretende Spannung um mindestens 3 V übersteigen. [Linear Databook 1, *National Semiconductor*, 1987, Seite 159.]

1001. 6-V-Ladeschaltung mit Strombegrenzung

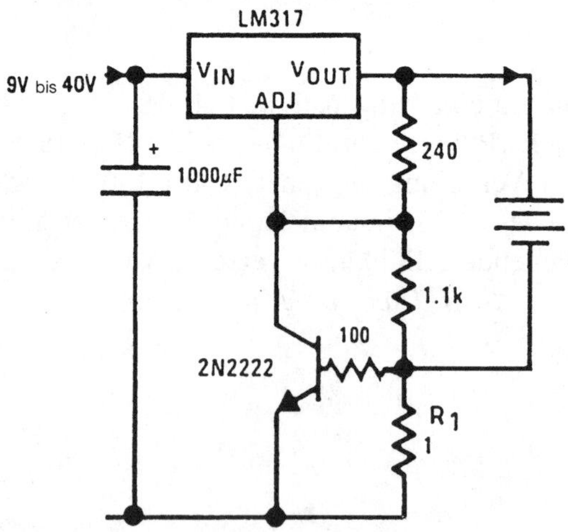

R_1 begrenzt den maximalen Ladestrom auf 600 mA. Bei Ende der Ladung geht diese Stromstärke zurück. Der 1000-µF-Kondensator fängt Überspannungsimpulse ab. [Linear Databook 1, *National Semiconductor*, 1987, Seite 159.]

1002. Ladegerät für 12 V, 2 A, mit LM 317 k

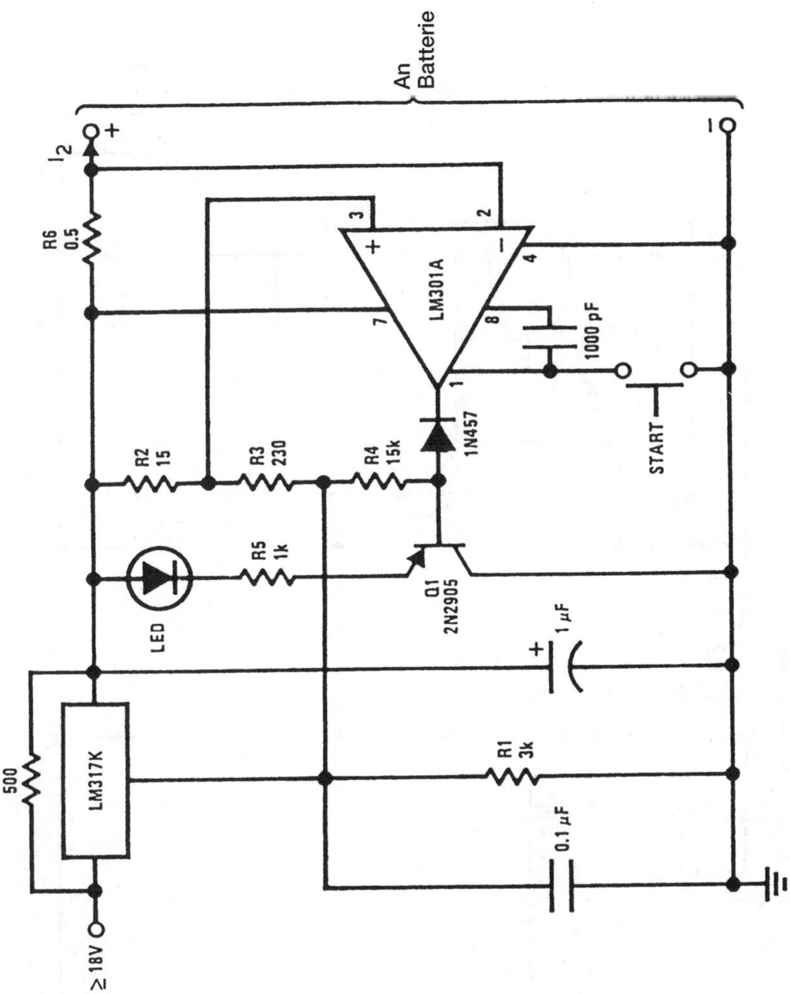

Der interne Überlastungsschutz der IS begrenzt I_2 auf 2 A bis 14,5 V. Bei Ende der Ladung (I_2 = 150 mA) geht der Spannungsabfall an R_6 so weit zurück, daß der als Trigger geschaltete Operationsverstärker anspricht, womit R_4 parallel zu R_1 gelegt wird. Dadurch geht die Ausgangsspannung auf 12,5 V zurück, und die Leuchtdiode wird eingeschaltet. Bei Entladung der Batterie beginnt das Wiederladen automatisch. Die Starttaste dient nur zum Auslösen einer Teilladung. [Linear Applications Handbook, *National Semiconductor*, 1986, Seite 457.]

1003. Geregelte Ladeeinheit für 12 V, 8 A

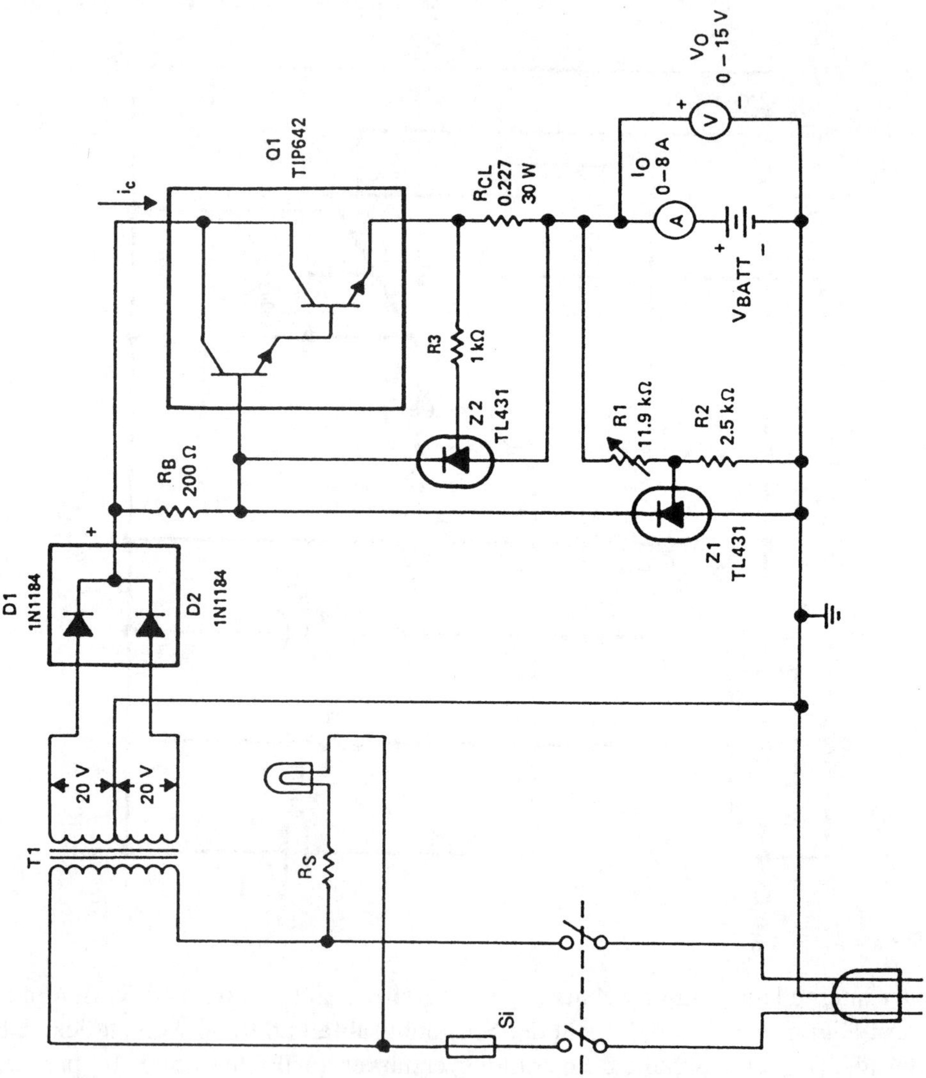

Arbeitet ohne Glättung nach der Gleichrichtung. R_{CL} legt die Stromstärke fest. Die Abschaltspannung (bei Ende der Ladung) kann mit R_1 eingestellt werden. [Product Applications, Vol. 1, *Texas Instruments*, 1986, Seite 559.]

1004. Ladekonverter mit Konstantstrom, L 296

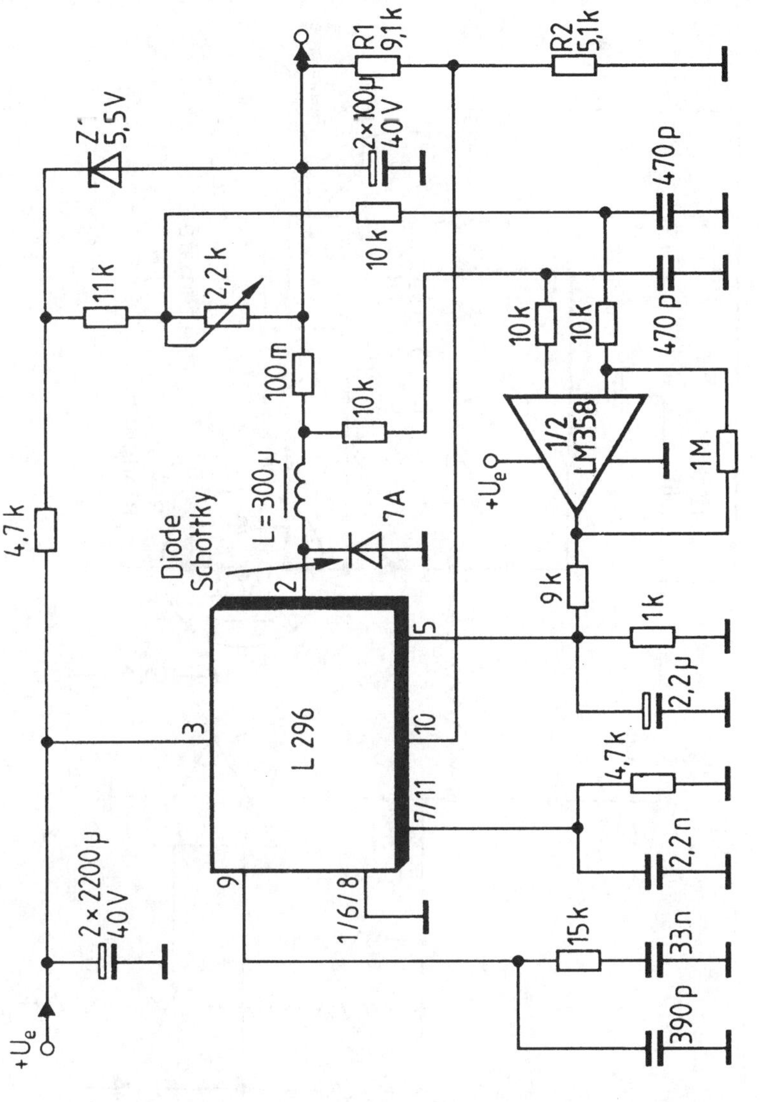

Der Ladestrom wird mit dem 2,2-kΩ-Potentiometer eingestellt. Da er maximal 4 A betragen kann, ist das Ladegerät für Batterien bis 45 Ah geeignet. Die für R_1 und R_2 angegebenen Werte entsprechen 12-V-Batterien. Man kann sie für 6 oder 24 V abändern, wenn man auch die Speisespannung (maximal 40 V) entsprechend wählt. [Power Supply Application Manual, *SGS Thomson*, 1985, Seite 117. – *Elektronik*, München, Nr. 20/84, Seite 108.]

1005. Regler mit MOSFET für Automobilanwendungen

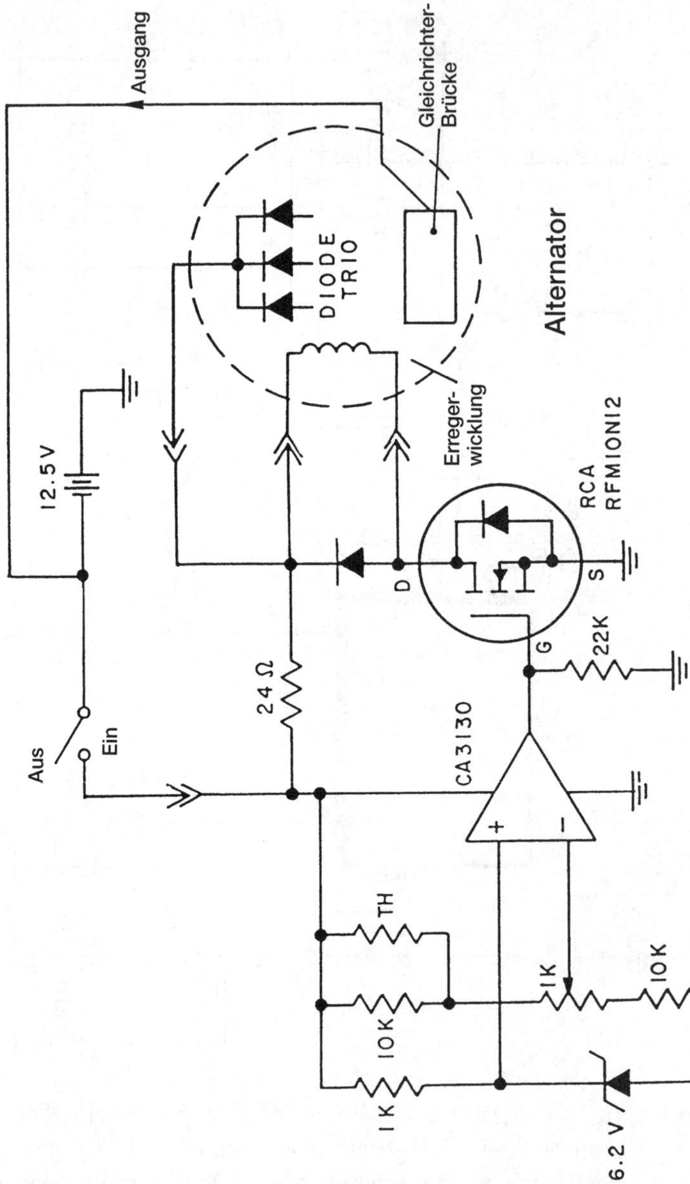

Geregelt wird der Strom in der Feldwicklung der Lichtmaschine, da er dort geringer ist als am Ausgang. [Power MOSFET Circuit Ideas, MDI-470, *GE-RCA*, Seite 16.]

16 Hilfs- und Anzeigeschaltungen

1006. Strombegrenzer (1,5 A) mit programmierbarer Z-Diode

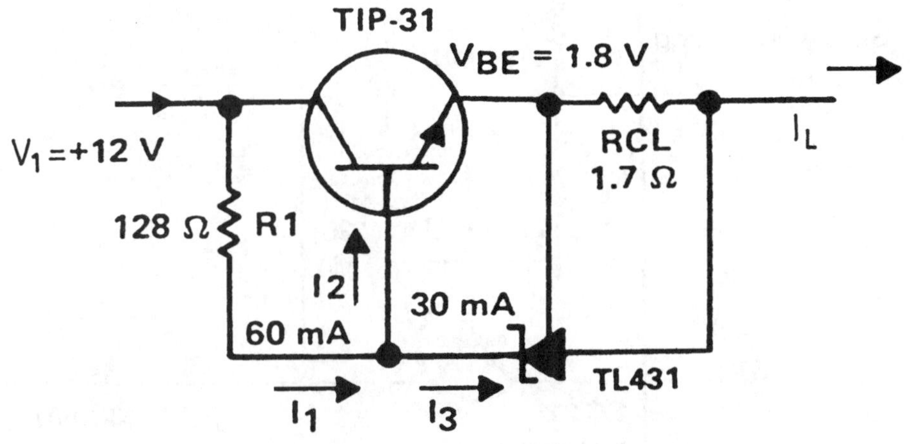

In der Nähe des Begrenzungseinsatzes weist die Schaltung einen Spannungsabfall von fast 4 V auf. Für andere Stromwerte: $R_1 = [V_1 - (V_{be} + V_{RCL})]/I_1$ und $R_{CL} = 2{,}5\ V/I_L$. [Product Applications, Vol. 1, *Texas Instruments*, 1986, Seite 556.]

1007. Rückläufiger Überlastungsschutz für Labornetzteil

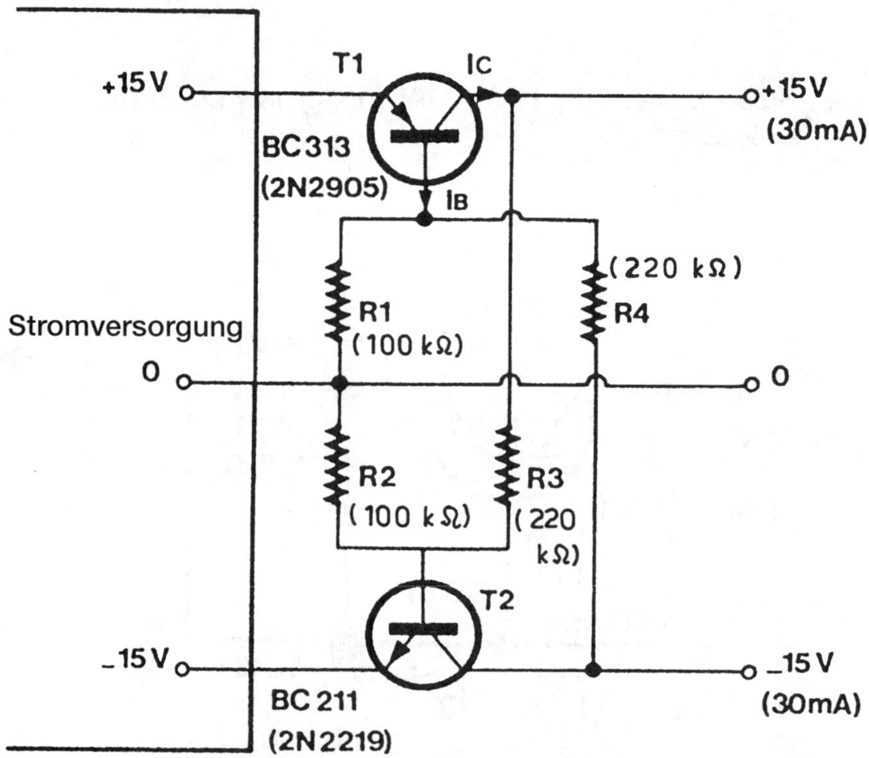

Bei Übersteigen des Nominalstroms verlassen die Transistoren den gesättigten Zustand und wirken wie Konstantstromquellen. Die in Klammern angegebenen Werte gelten für eine Stromverstärkung B = 100 und einen Begrenzungseinsatz bei 30 mA. [*Electronique Pratique*, Paris, Nr. 117, Seite 129.]

1008. Rückläufiger Überlastungsschutz mit Anzeige

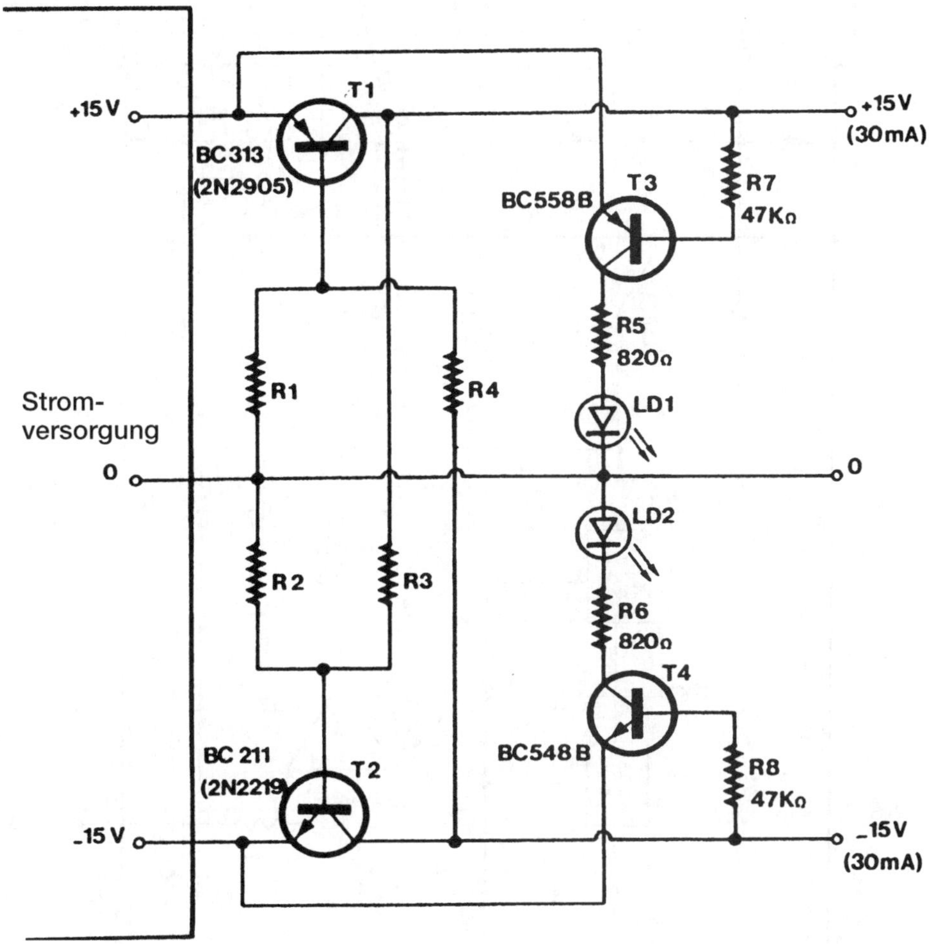

Erweiterung der vorhergehenden Schaltung durch Anzeige des überlasteten Zustands mit Leuchtdioden. [*Electronique Pratique*, Paris, Nr. 117, Seite 129.]

1009. Automatisch wiedereinschaltender Überlastungsschutz

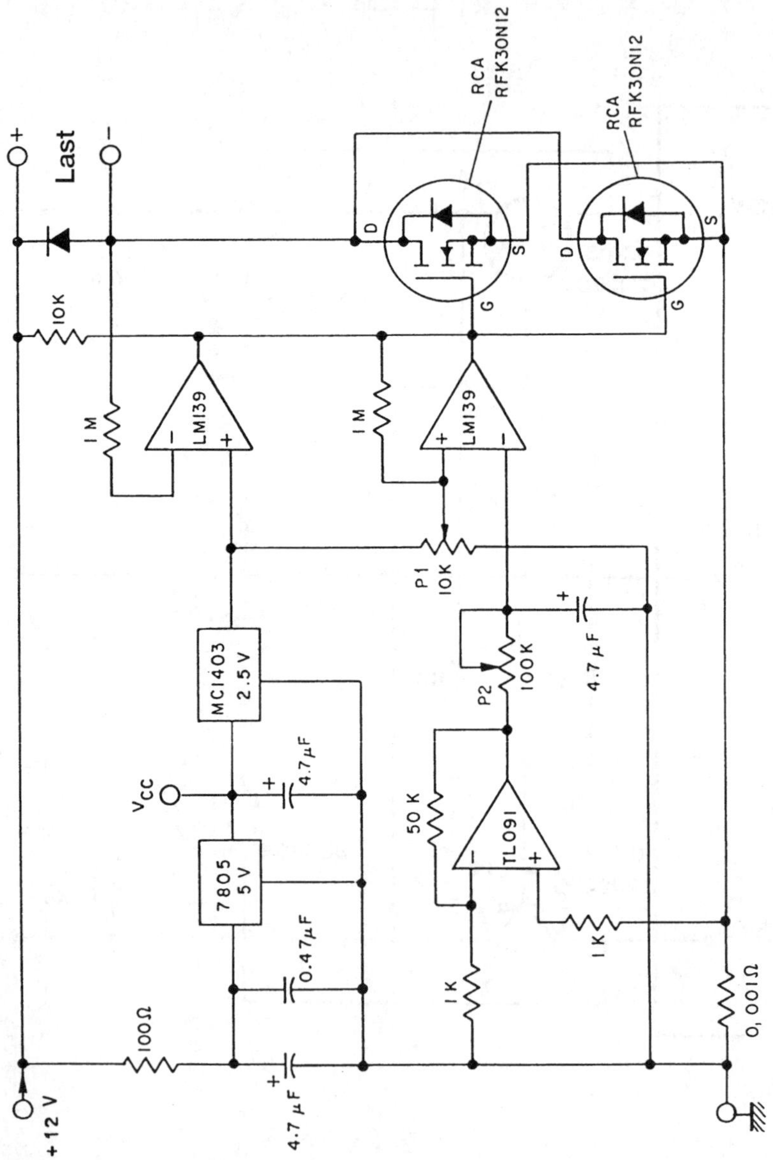

Das Wiedereinschalten erfolgt bei Abklemmen der Last. Mit P_1 wird der Grenzwert der Stromstärke (1 bis 50 A) eingestellt, mit P_2 die Abschaltverzögerung. [Power MOSFET Circuit Ideas, MDI 470, *GE RCA*, Seite 18.]

1010. Überspannungsschutz mit MC 3423

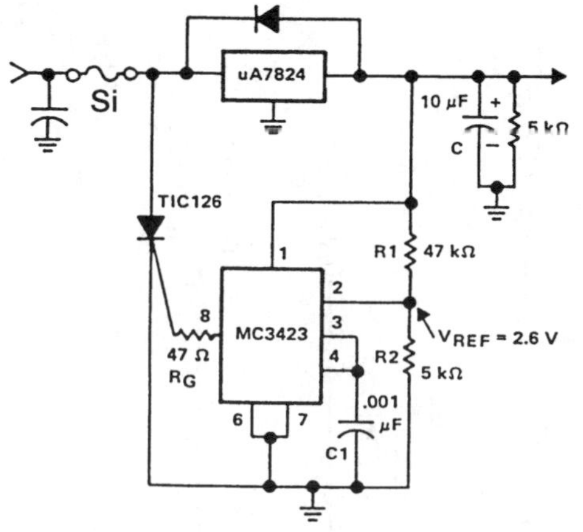

Anwendungsbeispiel für einen 24-V-Regler. Der Teiler mit R_1 und R_2 ist so zu wählen, daß bei Überhöhung am Ausgang der Wert V_{REF} an Pin 2 überstiegen wird. C_1 verzögert die Aktion des Thyristors auf die Schmelzsicherung. Der Wert von R_G ist proportional zur Speisespannung anzusetzen. [Product Applications, Vol. 1, *Texas Instruments*, 1986, Seite 712.]

1011. Überspannungsschutz für Drehstromgenerator

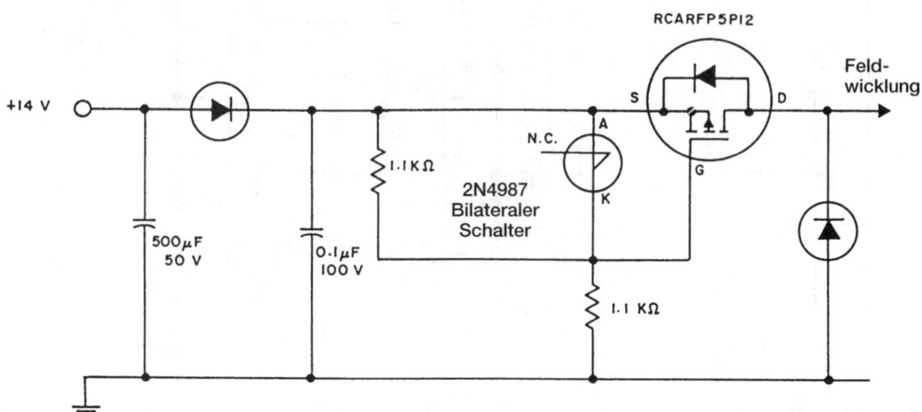

Für Flugzeug- und Automobilanwendungen. Wenn die Eingangsspannung 16,25 V übersteigt, kippt der bistabile Schalter 2 N 4987. Dadurch schaltet der MOSFET die Feldwicklung des Generators ab. [Power MOSFET Circuit Ideas, MDI 470, *GE RCA*, Seite 6.]

1012. Monitor für Stromversorgung von Logikschaltungen

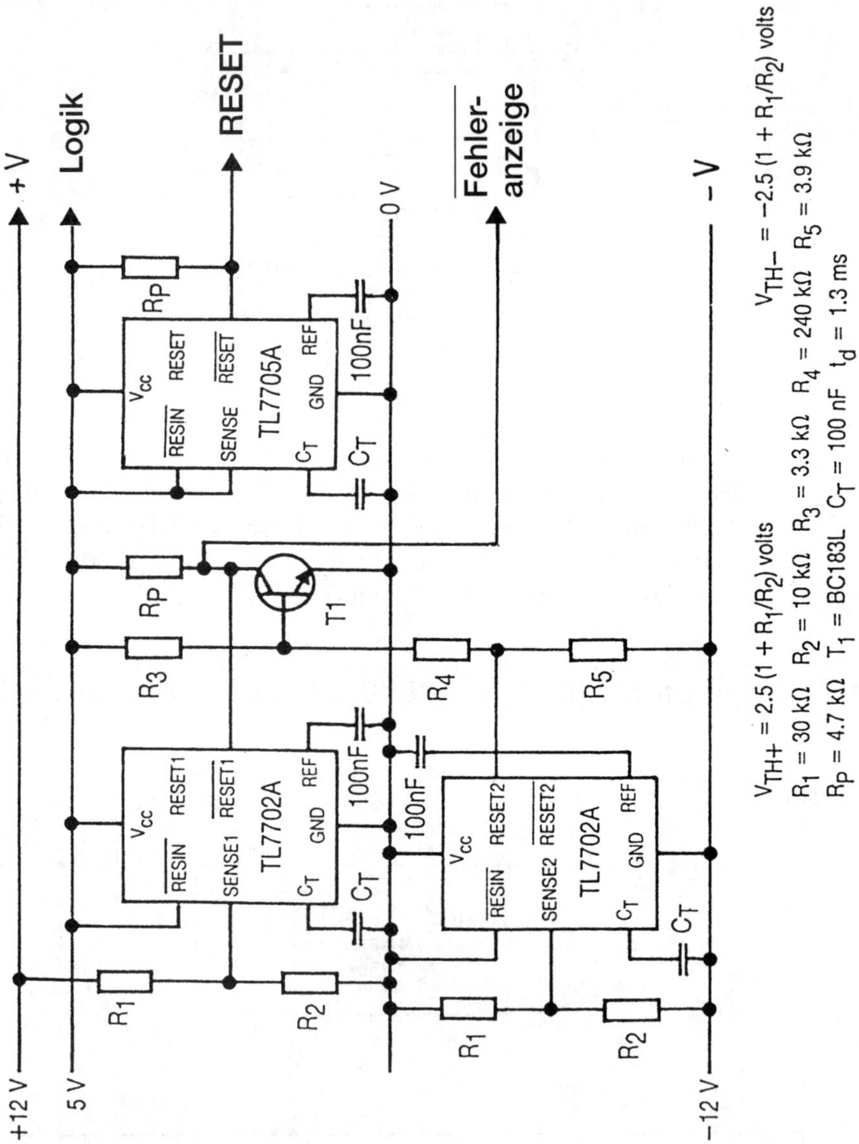

Der RESET-Ausgang wird aktiv, wenn die Speisespannung der Logik unter 4,55 V sinkt. Der Ausgang zur Fehleranzeige geht auf „0“, wenn eine der 12-V-Versorgungsspannungen unter einen mit R_1 und R_2 festgelegten Wert sinkt. [Linear Circuits Data Book, Vol. 3, *Texas Instruments*, 1989, Seite 2181.]

1013. und 1014. Über- und Unterspannungsschutz mit TL 431.

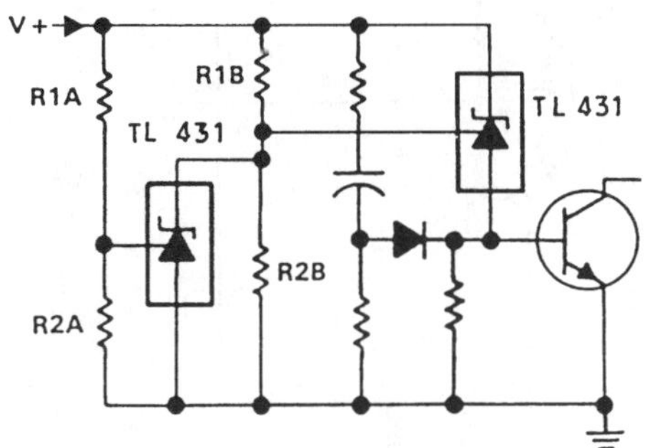

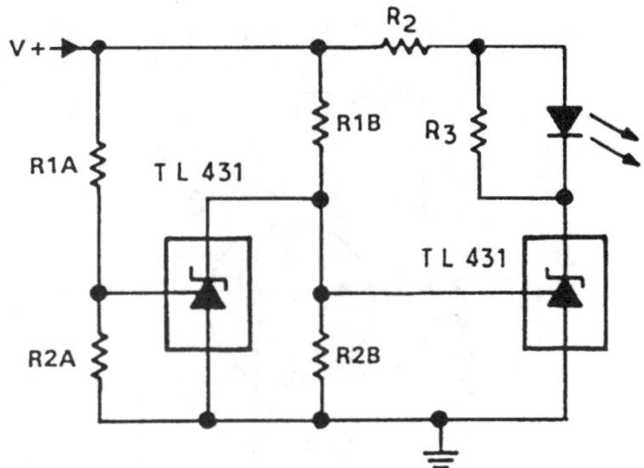

Transistor (links) oder LED (rechts) sind eingeschaltet, wenn: V_{ref} [1 + (R_{1B}/R_{2B})] + V_{BE} < V < V_{ref} [1 + R_{1A}/R_{2A})]. V_{ref} beträgt 2,5 V. Das vor der Diode liegende RC-Netzwerk bewirkt Schnellauslösung bei kurzzeitigen Spannungsspitzen. R_2 in Schaltung 1014: Für 20 mA in LED zu bemessen. R_3: Macht, bei Bedarf, die LED im Ruhezustand stromlos. [Linear Circuits Data Book, Vol. 3, *Texas Instruments*, 1989, Seite 2121.]

1015. Dreifachanzeige des Ladezustands, ICL 7665

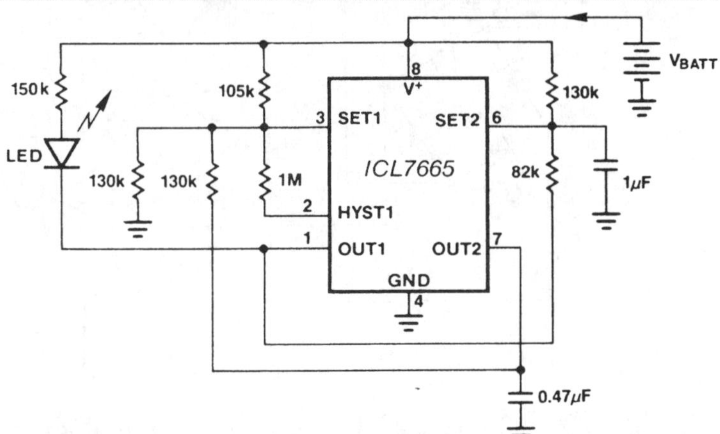

Bei einer Batteriespannung von mehr als 2,8 V ist die Leuchtdiode eingeschaltet. Sie blinkt bei geringerer Spannung und schaltet unterhalb 2,35 V ab. [Seminar Applications Book, *MAXIM*, 1988/89, Seite 83.]

1016. Umschalter für Hilfsbatterie

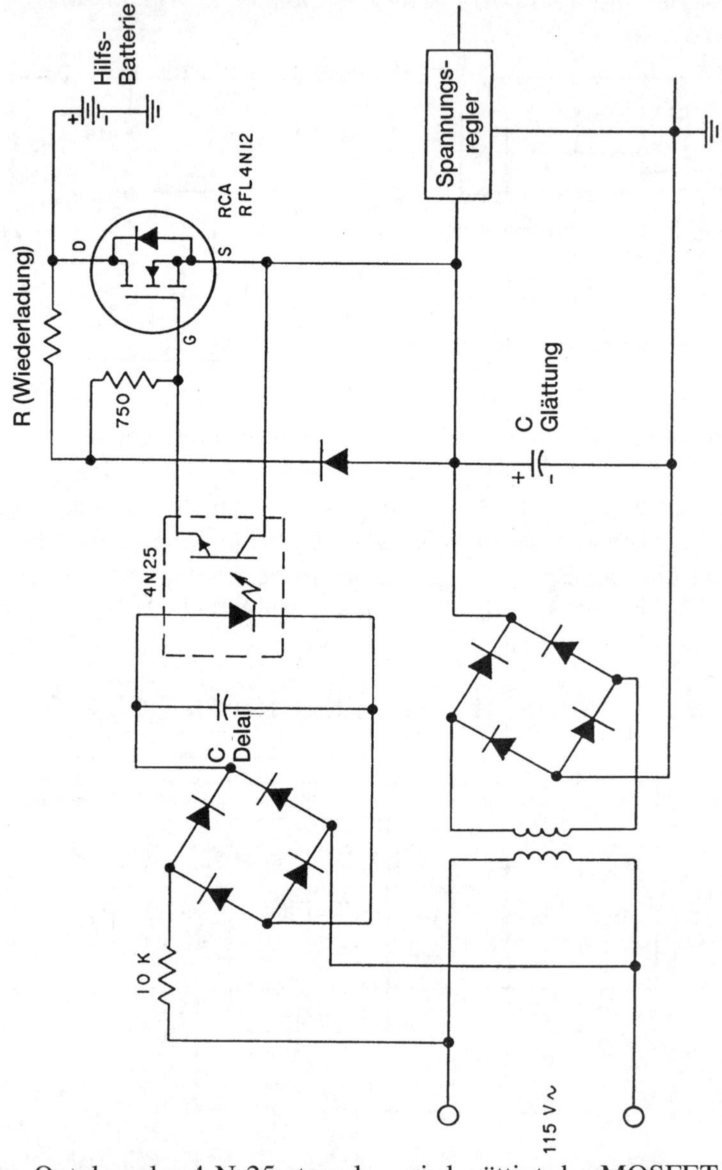

Sobald der Optokoppler 4 N 25 stromlos wird, sättigt der MOSFET und legt die Batterie auf den Spannungsregler. R ist so zu wählen, daß bei Normalbetrieb die Batterie langsam geladen wird. [Power MOSFET Circuit Ideas, MDI 470, *GE RCA*, Seite 19.]

1017. Lastkreis zur Prüfung von Stromversorgungen

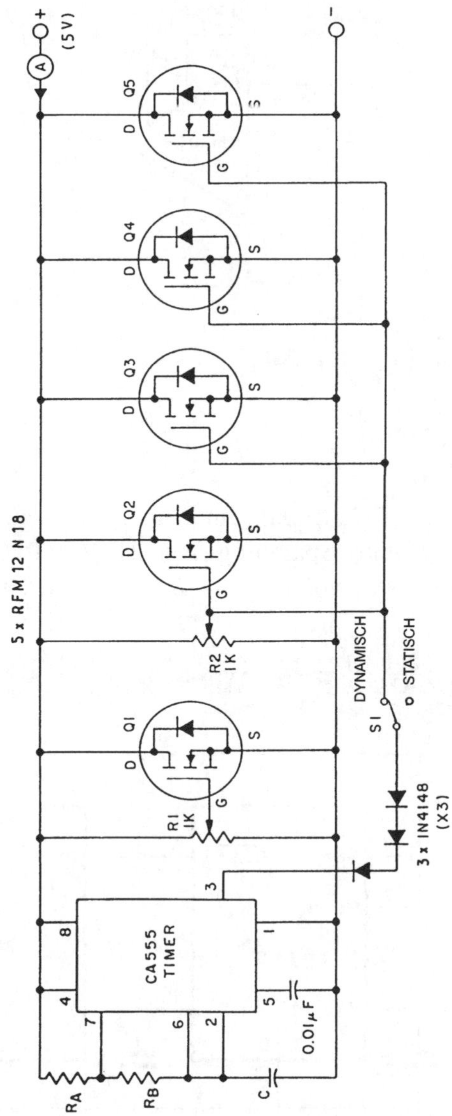

Maximale Stromaufnahme: 50 A. Bei statischem Betrieb mit R_1 bis 10 A einstellen, dann mit R_2. Bei Wechsellast (dynamisch) definiert R_1 das Minimum und R_2 das Maximum der Stromstärke. R_A, R_B und C sind den gewünschten Werten für Frequenz und Tastverhältnis der Belastungsänderungen anzupassen. [Power MOSFET Circuit Ideas, MDI 470, *GE RCA*, Seite 30.]

1018. Schreibspannungserzeugung für EPROM

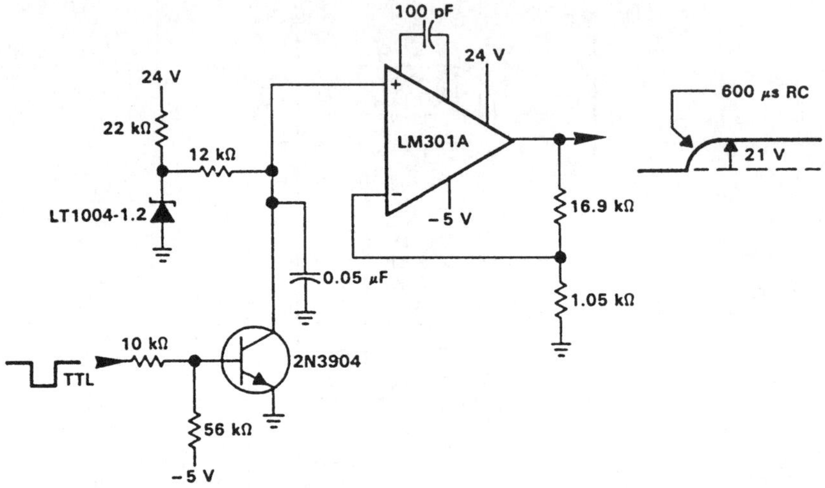

Ausgehend von einem TTL-Impuls und einer Referenzquelle LT 1004-1.2, erzeugt die Schaltung eine Spannung von 21 V mit 600 µs Anstiegszeit. [Linear Circuits Data Book, Vol. 3, *Texas Instruments,* 1989, Seite 247.]

1019. Reset-Auslösung für Mikroprozessor, mit TL 7712

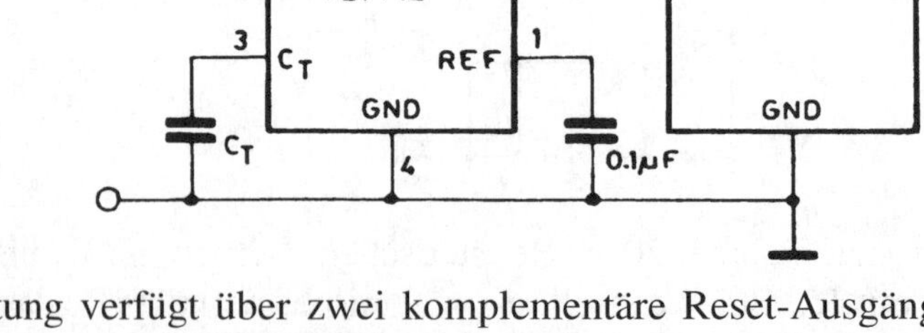

Die Schaltung verfügt über zwei komplementäre Reset-Ausgänge, die einen Impuls abgeben, wenn die Speisespannung ihren Nominalwert erreicht. [Industry Standard Analog Databook, *SGS Thomson Microelectronics,* 1989, Seite 968.]

1020. Dreifachanzeige des Ladezustands, TCA 965

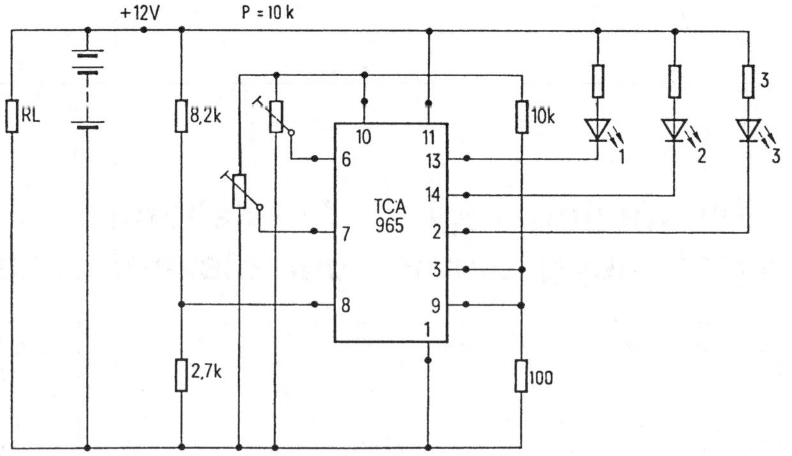

Der Fensterdiskriminator speist LED 2 bei < 11,5 V, LED 3 bei > 14,5 V und LED 1 zwischen den genannten Werten. Die Potentiometer P gestatten genaues Einstellen dieser Spannungen. [Elektronik-Schaltungen, *Siemens,* 1982, Seite 278.]

1021. Ausfallanzeige für Schmelzsicherung

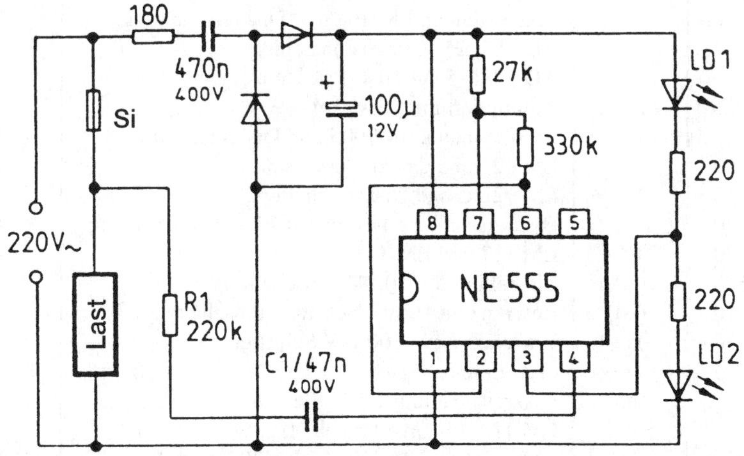

Bei Ausfall der Sicherung blinken die beiden Leuchtdioden wechselweise. [75 Montages à LED, *ETSF*, Paris, 1988, Seiten 84 und 85.]

Tabellen Stromversorgung

Linearspannungsregler – Aufstellung nach Spannungsbereich und Maximalstrom

U_{min} (V)	U_{max} (V)	Imax (A)	Anmerkungen	Schaltbild Nr.
–40	–5	0,2	Diskretschaltung, Längstransistor MOS	815
–30	–20	1	Diskretschaltung mit Begrenzung	816
–30	–3	2,5	RC 4149, symmetrisch	869
–15		0,1	LM 320 K 15, kombiniert mit +15 V, 1	865
–15		0,2	Kombiniert mit +15 V, 200 mA	861
–15		0,2	Festspannung, LM 104 und PNP	829
–15		1	LM 7915, mit LM 340 T, +15 V, 1 A	868
–15		3	LM 125, liefert auch +15 V, 3 A	863
–12		3	LM 126, liefert auch +12 V, 3 A	863
–12		5	Festspannung, LM 104 und Diskretschaltung	831
–10			AD 588, –5 et –10 V, Präzisionsregler	872
–10		1	LM 108 A (mit LM 109, +10 V, 1 A)	882
–10		1	Festspannung, LM 104 und Diskretschaltung	830
–5			AD 588, ±5 V, Präzisionsregler	871
–5			AD 588, –5 et –10 V, Präzisionsregler	872
–5		2	Kombiniert mit +5 V, 2 A	860
–5		4	Festspannung, µA 7905 und Diskretschaltung	824
0	10	3	LM 223 und Operationsverstärker	880
0	15	1	LM 723 C und Diskretschaltung	881
0	30	1,5	Diskretschaltung mit umschaltbarer Begrenzung	879
0	30	1,5	LM 117 und LM 113	834
0	500	0,006	Einstellbar mit 100-V-Umschaltung	859
0,01	10	0,01	Referenz, in 10-mV-Schritten umschaltbar	883
0,1	30	1	Umschaltbar in 100-mV-Schritten	884
1	35	1	µA 723 und NPN	849
1,15		0,005	Diskretschaltung 1,5-V-Element	810
1,2		5 µA	LM 134, Eigenverbrauch 10 µA	837
1,2	20	1,5	LM 317 (mit LM 337, 1,2 bis 20 V, 1,5 A)	878
1,2	20	1,5	LM 337 (mit LM 317, +1,2 bis +20 V, 1,5 A)	878
1,2	20	10	Zwei LM 338 parallel	839

U_{min} (V)	U_{max} (V)	Imax (A)	Anmerkungen	Schaltbild Nr.
1,2	30	5	LM 317 k, Spannung und Strom einstellbar	838
1,2	160	0,025	LM 317 H und Diskretschaltung	857
1,3	12	10	LM 396, kompensiert Leitungsverlust	847
1,3	115		TL 783 C	855
2		30 µA	Eigenverbrauch 1,5 µA	811
2,4	40	1,5	LM 317 und LM 337 in Reihe	878
3	25	1,5	L 200, Spannung und Strom einstellbar	826
3	30	2	Diskretschaltung, kurzschlußfest	818
3	30	2,5	RC 4149, symmetrisch	869
3	32	4,5	L 200 und PNP	827
3	32	4,5	L 200 und NPN	828
3	36	2	L 200 mit Digitalsteuerung	825
5			AD 588, ±5 V, Präzisionsregler	871
5			AD 588, 5 und 10 V, Präzisionsregler	870
5		0,125	LT 1020, kombiniert mit +12 V	866
5		0,4	L 4901 A, 2 ¥ 5 V, 0,4 A	867
5		1,5	LM 117 TTL-Ansteuerung	835
5		2	Kombiniert mit 5 V, 2 A	860
5		5	Festspannung, LM 340, kurzschlußfest	840
5		5	Längstransistor MOS, Automobilanwendungen	850
5		5	LM 2931, Abfall 0,7 V, PNP Germanium	844
5		9	SG 1523 und Darlington PNP	845
5		10	LM 105, rückläufige Begrenzung	833
5	12	1	Parallel, programmierbare Z-Diode, 2 N 3055	819
5	24	4	Festspannung, µA 78XX und Diskretschaltung	823
5	40	0,2	Diskretschaltung, Längstransistor MOS	814
5	45	2	Programmierbare Z-Diode und Darlington	817
6	12	1	Kompensation der Restwelligkeit	851
7	15	3	Diskretschaltung, kurzschlußfest	812
7	20	1	µA 7805 und Operationsverstärker	822
7	25	3	Diskretschaltung, kurzschlußfest	813
8	15	3	µA 723 und Diskretschaltung, abschaltbar	846
8	15	8	µA 723 und Darlington	848
8	16		µA 7805 und programmierbare Z-Diode	821
8	160	0,025	LM 317 h, LM 329 B und Diskretschaltung	858
10			AD 588, 5 und 10 V, Präzisionsregler	870
10		0,025	Festspannung, LM 369, Drift <5 mV	842
10		1	LM 109 (mit LM 108 A, 10 V, 1 A)	882
10		2	Symmetrisch, ±5 V	860
12		3	LM 126, liefert auch 12 V, 3 A	863
15		0,2	Kombiniert mit 15 V, 200 mA	861
15		1	LM 340 K, mit LM 320 k, 15 V, 0,1 A	865
15		1	LM 340 T, mit LM 7915, 15 V, 1 A	868

U_{min} (V)	U_{max} (V)	Imax (A)	Anmerkungen	Schaltbild Nr.
15		1,5	LM 117, Sanftanlauf	835
15		1,5	Kombiniert mit 5 V, 10 mA und 10 V, 10 mA	862
15		2	LM 105, rückläufige Begrenzung	832
15		3	LM 125, liefert auch 15 V, 3 A	863
15		5	Festspannung, LM 340, kurzschlußfest	841
15		10	LM 125, liefert auch 15 V, 10 A	864
15		10	LM 125, liefert auch +15 V, 10 A	864
24		3	LM 126, symmetrisch ±12 V	863
30		0,2	Symmetrisch ±15 V	861
30		1	Symmetrisch ±15 V, LM 340 T, LM 7915	868
30		3	LM 125, symmetrisch ±15 V	863
30		10	LM 125, symmetrisch ±15 V	864
30	70	5	L 200 und Diskretschaltung	852
30		0,2	Symmetrisch ±15 V	861
30		1	Symmetrisch ±15 V, LM 340 T, LM 7915	868
30		10	LM 125, symmetrisch ±15 V	864
50		0,5	TL 783 C und Diskretschaltung	853
50		0,5	TL 783 C und Diskretschaltung, Begrenzung	854
100	125		TL 783 C, kurzschlußfest	856

Einstellbare Linearspannungsregler – Aufstellung nach Maximalspannung und Maximalstrom

U_{max} (V)	U_{min} (V)	Imax (A)	Anmerkungen	Schaltbild Nr.
–20	–30	1	Diskretschaltung mit Begrenzung	816
–5	–40	0,2	Diskretschaltung, Längstransistor MOS	815
–3	–30	2,5	RC 4149, symmetrisch	869
10	0	3	LM 223 und Operationsverstärker	880
10	0,01	0,01	Referenz, in 10-mV-Schritten umschaltbar	883
12	1,3	10	LM 396, kompensiert Leitungsverlust	847
12	5	1	Parallel, programmierbare Z-Diode, 2 N 3055	819
12	6	1	Kompensation der Restwelligkeit	851
15	0	1	LM 723 C und Diskretschaltung	881

U_{max} (V)	U_{min} (V)	Imax (A)	Anmerkungen	Schaltbild Nr.
15	7	3	Diskretschaltung, kurzschlußfest	812
15	8	3	µA 723 und Diskretschaltung, abschaltbar	846
15	8	8	µA 723 und Darlington	848
16	8		µA 7805 und programmierbare Z-Diode	821
20	1,2	1,5	LM 317 (mit LM 337, 1,2 bis 20 V, 1,5 A)	878
20	1,2	1,5	LM 337 (mit LM 317, +1,2 bis +20 V, 1,5 A)	878
20	1,2	10	Zwei LM 338 parallel	839
20	7	1	µA 7805 und Operationsverstärker	822
24	5	4	Festspannung, µA 78XX und Diskretschaltung	823
25	3	1,5	L 200, Spannung und Strom einstellbar	826
25	7	3	Diskretschaltung, kurzschlußfest	813
30	0	1,5	Diskretschaltung mit umschaltbarer Begrenzung	879
30	0	1,5	LM 117 und LM 113	834
30	0,1	1	Umschaltbar in 100-mV-Schritten	884
30	1,2	5	LM 317 k, Spannung und Strom einstellbar	838
30	3	2	Diskretschaltung, kurzschlußfest	818
30	3	2,5	RC 4149, symmetrisch	869
32	3	4,5	L 200 und PNP	827
32	3	4,5	L 200 und NPN	828
35	1	1	µA 723 und NPN	849
36	3	2	L 200 mit Digitalsteuerung	825
40	2,4	1,5	LM 317 und LM 337 in Reihe	878
40	5	0,2	Diskretschaltung, Längstransistor MOS	814
45	5	2	Programmierbare Z-Diode und Darlington	817
70	30	5	L 200 und Diskretschaltung	852
115	1,3		TL 783 C	855
125	100		TL 783 C, kurzschlußfest	856
160	1,2	0,025	LM 317 H und Diskretschaltung	857
160	8	0,025	LM 317 H, LM 329 B und Diskretschaltung	858
500	0	0,006	Einstellbar mit 100-V-Schritt-Umschaltung	859

Linearspannungsregler – Aufstellung nach Maximalstrom und Spannungsbereich

Imax (A)	U_{min} (V)	U_{max} (V)	Anmerkungen	Schaltbild Nr.
5 μA	1,2		LM 134, Eigenverbauch 10 μA	837
30 μA	2		Eigenverbrauch 1,5 μA	811
0,005	1,15		Diskretschaltung für 1,5-V-Element	810
0,006	0	500	Einstellbar mit 100-V-Umschaltung	859
0,01	0,01	10	Referenz, in 10-mV-Schritten umschaltbar	883
0,025	1,2	160	LM 317 H und Diskretschaltung	857
0,025	8	160	LM 317 h, LM 329 B und Diskretschaltung	858
0,025	10		Festspannung, LM 369, Drift <5 mV	842
0,1	–15		LM 320 K 15, kombiniert mit +15 V, 1	865
0,125	5		LT 1020, kombiniert mit +12 V	866
0,2	–40	–5	Diskretschaltung, Längstransistor MOS	815
0,2	–15		Kombiniert mit +15 V, 200 mA	861
0,2	–15		Festspannung, LM 104 und PNP	829
0,2	5	40	Diskretschaltung, Längstransistor MOS	814
0,2	15		Kombiniert mit 15 V, 200 mA	861
0,2	30		Symmetrisch ±15 V	861
0,2	30		Symmetrisch ±15 V	861
0,4	5		L 4901 A, 2 ¥ 5 V, 0,4 A	867
0,5	50		TL 783 C und Diskretschaltung	853
0,5	50		TL 783 C und Diskretschaltung, Begrenzung	854
1	–30	–20	Diskretschaltung mit Begrenzung	816
1	–15		LM 7915, mit LM 340 T, +15 V, 1 A	868
1	–10		LM 108 A (mit LM 109, +10 V, 1 A)	882
1	–10		Festspannung, LM 104 und Diskretschaltung	830
1	0	15	LM 723 C und Diskretschaltung	881
1	0,1	30	Umschaltbar in 100-mV-Schritten	884
1	1	35	μA 723 und NPN	849
1	5	12	Parallel, programmierbare Z-Diode, 2 N 3055	819
1	6	12	Kompensation der Restwelligkeit	851
1	7	20	μA 7805 und Operationsverstärker	822
1	10		LM 109 (mit LM 108 A, 10 V, 1 A)	882
1	15		LM 340 K, mit LM 320 k, 15 V, 0,1 A	865
1	15		LM 340 T, mit LM 7915, 15 V, 1 A	868
1	30		Symmetrisch ±15 V, LM 340 T, LM 7915	868
1,5	0	30	Diskretschaltung mit umschaltbarer Begrenzung	879
1,5	0	30	LM 117 und LM 113	834
1,5	1,2	20	LM 317 (mit LM 337, 1,2 bis 20 V, 1,5 A	878
1,5	1,2	20	LM 337 (mit LM 317, +1,2 bis +20 V, 1,5 A	878
1,5	2,4	40	LM 317 und LM 337 in Reihe	878

Imax (A)	U_{min} (V)	U_{max} (V)	Anmerkungen	Schaltbild Nr.
1,5	3	25	L 200, Spannung und Strom einstellbar	826
1,5	5		LM 117 TTL–Ansteuerung	835
1,5	15		LM 117, Sanftanlauf	835
1,5	15		Kombiniert mit 5 V, 10 mA und 10 V, 10 mA	862
2	–5		Kombiniert mit +5 V, 2 A	860
2	3	30	Diskretschaltung, kurzschlußfest	818
2	3	36	L 200 mit Digitalsteuerung	825
2	5		Kombiniert mit 5 V, 2 A	860
2	5	45	Programmierbare Z-Diode und Darlington	817
2	10		Symmetrisch, ±5 V	860
2	15		LM 105, rückläufige Begrenzung	832
2,5	–30	–3	RC 4149, symmetrisch	869
2,5	3	30	RC 4149, symmetrisch	869
3	–15		LM 125, liefert auch +15 V, 3 A	863
3	–12		LM 126, liefert auch +12 V, 3 A	863
3	0	10	LM 223 und Operationsverstärker	880
3	7	15	Diskretschaltung, kurzschlußfest	812
3	7	25	Diskretschaltung, kurzschlußfest	813
3	8	15	µA 723 und Diskretschaltung, abschaltbar	846
3	12		LM 126, liefert auch 12 V, 3 A	863
3	15		LM 125, liefert auch 15 V, 3 A	863
3	24		LM 126, symmetrisch ±12 V	863
3	30		LM 125, symmetrisch ±15 V	863
3	30		LM 125, symmetrisch ±15 V	863
4	–5		Festspannung, µA 7905 und Diskretschaltung	824
4	5	24	Festspannung, µA 78XX und Diskretschaltung	823
4,5	3	32	L 200 und PNP	827
4,5	3	32	L 200 und NPN	828
5	–12		Festspannung, LM 104 und Diskretschaltung	831
5	1,2	30	LM 317 k, Spannung und Strom einstellbar	838
5	5		Festspannung, LM 340, kurzschlußfest	840
5	5		Längstransistor MOS, Automobilanwendungen	850
5	5		LM 2931, Abfall 0,7 V, PNP Germanium	844
5	15		Festspannung, LM 340, kurzschlußfest	841
5	30	70	L 200 und Diskretschaltung	852
8	8	15	µA 723 und Darlington	848
9	5		SG 1523 und Darlington PNP	845
10	1,2	20	Zwei LM 338 parallel	839
10	1,3	12	LM 396, kompensiert Leitungsverlust	847
10	5		LM 105, rückläufige Begrenzung	833
10	15		LM 125, liefert auch 15 V, 10 A	864
10	15		LM 125, liefert auch +15 V, 10 A	864
10	30		LM 125, symmetrisch ±15 V	864
10	30		LM 125, symmetrisch ±15 V	864

Schaltregler und Wandler ohne Transformator – Aufstellung nach Eingangsspannung, Ausgangsspannung, Maximalstrom

U_1 nom (V)	U_1 min (V)	U_2 nom (V)	I_2 max (A)	Anmerkungen	Schaltbild Nr.
–48		5	0,5	MAX 641 und MOSFET	927
–3		5	0,5	MAX 630 und MOSFET	888
1,5	0,5	5	0,05	MAX 644, Erschöpfungsanzeige	894
2		5	0,01	5 à 15 mA je nach Drossel, MAX 631	889
2,5	1,5	5	0,04	Auch 180 mA und 2,4 V, MAX 641	892
3	1,3	2	0,2	MAX 641 und MOSFET	890
3		5	0,02	ohne Drossel, geregelt	901
3		5	0,04	25 à 40 mA je nach Drossel, MAX 631	889
3		12	0,01	5 à 10 mA je nach Drossel, MAX 632	889
3,6		5	0,03	Notstromversorgung	887
4		–5	0,01	MAX 635, U1max = 15 V	925
4,5		5	0,05	Notstromversorgung, RC 1491/2/3	897
5		–15	0,01	MAX 637, U1max = 9 V	925
5		–15	0,2	LM 311 und Diskretschaltung	922
5		–15	0,3	LM 1578 und PNP, Begrenzung	923
5		–12	0,01	MAX 636, U_{1max} = 12 V	925
5		–12	0,03	Symmetrisch, ± 12 V, 25 mA	932
5		–12	0,15	MAX 636 und MOSFET	926
5		–5	0,03	MAX 634, Aus- und Eingang verknüpft	928
5		–5	0,1	TL 497 A. Andere Werte möglich	929
5		–5	0,22	MAX 637 und 2 PNP, auch für 24 V	921
5		–5	0,4	MAX 635 und MOSFET	926
5		12	0,02	12 bis 25 mA je nach Drossel, MAX 632	889
5		12	0,03	± 12 V, 25 mA, MAX 632, 636	932
5		12	0,4	0,2 bis 0,55 A, je nach Drossel	893
5		15	0,01	10 bis 15 mA je nach Drossel, MAX 633	889
5	1,8	15	0,02	Erschöpfungsanzeige	886
5		15	0,08	TL 497 A. Andere Werte möglich	898
5		15	0,2	0,1 bis 0,33 A, je nach Drossel	893
8		15	0,03	MAX 633, Wirkungsgrad 90 %.	889
9		–12	0,03	MAX 636, U_{1max} = 12 V	925
9		–5		OD Symmetrisch ±5 V	931
9	2	–5	0,01	OD LTC 1044, LM 10	919
9		–5	0,04	MAX 635, U_{1max} = 15 V	925
9		5		OD Symmetrisch ±5 V	931
9	7	5	0,04	MAX 638, Wirkungsgrad 92 %	917
9	8	5	0,06	MAX 638, Wirkungsgrad 89 %	917

U_1 nom (V)	U_1 min (V)	U_2 nom (V)	I_2 max (A)	Anmerkungen	Schaltbild Nr.
9	3	8	0,01	Optimale Batterieausbeutung	896
9	2,4	9	0,01	Optimale Batterieausbeutung	895
10				NR OD Verdoppler mit MOSFET	967
12		–20	0,9	Symmetrisch, ±20 V	933
12	5	–15	0,01	Mit Spannungsregler +15 V, 45 mA	936
12		–5	0,05	MAX 635, U_{1max} = 15 V	925
12	10	5	0,05	MAX 638, Wirkungsgrad 92 %	917
12	6	5	0,1	MOSFET, U_{1max} = 16 V	904
12	7	5	2	TL 497 A. Strombegrenzung	915
12	8	5	5	CS 320, U_{1max} = 16 V	903
12	8	12	0,1	MAX 641, auf- oder abwärts, 16 V max.	891
12	9	12	0,1	LM 1578, auf- oder abwärts, 15 V max.	900
12	5	15	0,04	Mit Spannungsregler 15 V, 15 mA	936
12		20	0,9	Symmetrisch ±20 V	933
12		74		NR OD Aktiver Vervielfacher	970
14	10	5	4	LH 1605, U_{1max} = 20 V, Begrenzung	910
14		35	0,5	L 296 und MOSFET	885
15		–5	0,02	OD SG 2524	920
15	4,5	–5	1,5	LT 1074, U1max = 40 V	924
15		5	0,2	TL 497 A. Strombegrenzung	914
15		5	1,5	LM 1578. Andere Werte möglich	913
20		15	2,5	Einstellbar von 5,1 bis 15 V, L 4960	907
24	8	30	0,15	ULN 8163 A und MOSFET	899
28		5	1	CS 3524 und Darlington PNP	902
30	10			NR OD Verdoppler mit MOSFET	968
30	9	5	4	L 296 mit drei Einzelreglern	934
30	20	5	10	LT 1074. Auch V_2 = 2,5 bis 50 V	918
30		4000		NR OD Aktiver Vervielfacher, Kaskade	971
32		5	10	TL 594 und Diskretschaltung	916
35				Drei L 296, synchron, 5, 15 und 24 V	935
35		30	1	OD Thyristor, einstellbar 5 bis 30 V	969
35		30	4	Einstellbar 0 bis 30 V, L 269	906
35		30	4	Einstellbar, U_2 (min. 0) und I2	908
35	8	32	3	LM 317 k, einstellbar 1,8 bis 32 V	912
36		30	6	LM 105–195, einstellbar 4,5 bis 30 V	911
45		40	2,5	Einstellbar 5,1 bis 40 V, L 4960	909
45		40	4	Einstellbar 5,1 bis 40 V, L 296	905
59		–9	0,05	MAX 634, Aus- und Eingang verknüpft	928
220*		5	0,11	NR OD MOSFET, direkt am 220-V-Netz	966
220*		12	0,11	NR OD MOSFET, direkt am 220-V-Netz	964

NR: ungeregelt. OD: Ohne Drossel. *Wechselspannung

Schaltregler und Wandler ohne Transformator – Aufstellung nach Ausgangsspannung, Maximalstrom, Eingangsspannung

U_2 nom (V)	I_2 max (A)	U_1 nom (V)	U_1 min (V)	Anmerkungen	Schaltbild Nr.
–20	0,9	12		Symmetrisch ±20 V	933
–15	0,01	5		MAX 637, U_{1max} = 9 V	925
–15	0,01	12	5	Mit Regler +15 V, 45 mA	936
–15	0,2	5		LM 311 und Diskretschaltung	922
–15	0,3	5		LM 1578 und PNP, Begrenzung	923
–12	0,01	5		MAX 636, U_{1max} = 12 V	925
–12	0,03	5		Symmetrisch ± 12 V, 25 mA	932
–12	0,03	9		MAX 636, U_{1max} = 12 V	925
–12	0,15	5		MAX 636 und MOSFET	926
–9	0,05	59		MAX 634, Aus- und Eingang verknüpft	928
–5		9		OD Symmetrisch ±5 V	931
–5	0,01	4		MAX 635, U_{1max} = 15 V	925
–5	0,01	9	2	OD LTC 1044, LM 10	919
–5	0,02	15		OD SG 2524	920
–5	0,03	5		MAX 634, Aus- und Eingang verknüpft	928
–5	0,04	9		MAX 635, U_{1max} = 15 V	925
–5	0,05	12		MAX 635, U_{1max} = 15 V	925
–5	0,1	5		TL 497 A. Andere Werte möglich	929
–5	0,22	5		MAX 637, 2 PNP, auch U2 = 24 V	921
–5	0,4	5		MAX 635 und MOSFET	926
–5	1,5	15	4,5	LT 1074, U1max = 40 V	924
		10		NR OD Verdoppler mit MOSFET	967
		30	10	NR OD Verdoppler mit MOSFET	968
2	0,2	3	1,3	MAX 641 und MOSFET	890
5		9		OD Symmetrisch ±5 V	931
5	0,01	2		5 bis 15 mA je nach Drossel, MAX 631	889
5	0,02	3		Ohne Drossel, geregelt	901
5	0,03	3,6		Notstromquelle	887
5	0,04	2,5	1,5	Auch 180 mA, 2,4 V, MAX 641	892
5	0,04	3		25 bis 40 mA je nach Drossel, MAX 631	889
5	0,04	9	7	MAX 638, Wirkungsgrad 92 %	917
5	0,05	1,5	0,5	MAX 644, Erschöpfungsanzeige	894
5	0,05	4,5		Notstromquelle, RC 1491/2/3	897
5	0,05	12	10	MAX 638, Wirkungsgrad 92 %	917
5	0,06	9	8	MAX 638, Wirkungsgrad 89 %	917
5	0,1	12	6	Ampl. op. et MOSFET, U_{1max} = 16 V	904
5	0,11	220		NR OD MOSFET, direkt an 220-V-Netz	966

U_2 nom (V)	I_2 max (A)	U_1 nom (V)	U_1 min (V)	Anmerkungen	Schaltbild Nr.
5	0,2	15		TL 497 A. Strombegrenzung	914
5	0,5	–48		MAX 641 und MOSFET	927
5	0,5	–3		MAX 630 und MOSFET	888
5	1	28		CS 3524 und Darlington PNP	902
5	1,5	15		LM 1578. Andere Werte möglich	913
5	2	12	7	TL 497 A. Strombegrenzung	915
5	4	14	10	LH 1605, U_{1max} = 20 V, Begrenzung	910
5	4	30	9	L 296 mit drei getrennten Reglern	934
5	5	12	8	CS 320, Diskretschaltung, U1max = 16 V	903
5	10	30	20	LT 1074. Auch U2 = 2,5 bis 50 V	918
5	10	32		TL 594 und Diskretschaltung	916
8	0,01	9	3	Optimale Batterieausbeutung	896
9	0,01	9	2,4	Optimale Batterieausbeutung	895
12	0,01	3		5 bis 10 mA je nach Drossel, MAX 632	889
12	0,02	5		12 bis 25 mA je nach Drossel, MAX 632	889
12	0,03	5		Symmetrisch ± 12 V, 25 mA, MAX 632, 636	932
12	0,1	12	8	MAX 641, auf- und abwärts, 16 V max.	891
12	0,1	12	9	LM 1578, auf- und abwärts, 15 V max.	900
12	0,11	220*		NR OD MOSFET, direkt an 220-V-Netz	964
12	0,4	5		0,2 bis 0,55 A, je nach Drossel	893
15	0,01	5		10 bis 15 mA je nach Drossel, MAX 633	889
15	0,02	5	1,8	Erschöpfungsanzeige	886
15	0,03	8		MAX 633, Wirkungsgrad 90 %.	889
15	0,04	12	5	Mit Regler 15 V, 15 mA	936
15	0,08	5		TL 497 A. Andere Werte möglich	898
15	0,2	5		0,1 bis 0,33 A, je nach Drossel	893
15	2,5	20		Einstellbar 5,1 bis 15 V, L 4960	907
20	0,9	12		Symmetrisch ±20 V	933
30	0,15	24	8	ULN 8163 A und MOSFET	899
30	1	35		OD Thyristor, einstellbar 5 bis 30 V	969
30	4	35		Einstellbar 0 bis 30 V, L 269	906
30		4	35	Spannung (ab 0 V) und Strom einstellbar	908
30	6	36		LM 105, LM 195, einstellbar 4,5...30 V	911
32	3	35	8	LM 317 k, einstellbar 1,8...32 V	912
35	0,5	14		L 296 und MOSFET	885
40	2,5	45		Einstellbar 5,1...40 V, L 4960	909
40	4	45		Einstellbar 5,1...40 V, L 296	905
74		12		NR OD Aktiver Vervielfacher, Kaskade	970
4000		30		NR OD Aktiver Vervielfacher, Kaskade	971

NR: ungeregelt. OD: Ohne Drossel. *Wechselspannung

Schaltregler und Wandler mit Transformator – Aufstellung nach Eingangsspannung und Ausgangsleistung

U_1 nom (V)	U_1 min (V)	P_2 max (W)	Anmerkungen	Schaltbild Nr.
5		0,2	±12 V, MAX 634	939
5		0,6	±15 V, ±20 mA, MAX 630	938
5		1	±12 V, ±40 mA, LM 1578	937
5		3	IS ±15 V, Linearregler im Ausgang	950
5		6	±15 V, ±0,2 A, SG 1524 und 2 NPN,	943
5,2	4	5	5V, 1 A, MAX 641	940
6	4,5	0,1	NR IS MAX 635. Primärseitig geregelt	972
6		25	NR IS Wandler Klasse B, 2 NPN	979
9	5	0,3	IS 5 V, 50 mA, RC 4149, Optokoppler	953
12		0,8	IS 15 V, 50 mA, Optokoppler	952
12		70	NR IS Multivibrator und 2 MOSFET	976
15	10	100	NR IS SG 3524, U_{1max} = 20 V	980
20		75	TL 594 und 2 NPN, Diketteneinheit	947
24		0,3	NR IS U_2 = 6 kV, 50 μA, MOSFET	983
24		40	5 V, 8 A, PMW 125 und 2 MOSFET	941
25		50	Spannungsverdoppelnder Dreipol, 2 MOSFET	975
28		25	5 V, 5 A, SG 1524 und 2 NPN	942
28	20	50	5 V, 10 A, TDA 4700 A und 2 MOSFET	944
30	14	15	IS 5 V, 3 A, Optokoppler	951
30		400	NR IS Unijunction und 2 NPN	981
40	10	10	IS 5 V, 2 A, Regelwicklung	948
48	23	6,5	NR IS Si 9100, +5 V, 100 mA, ÷5 V, 30 mA.	973
48		20	IS ±5 V, Regelwicklung	949
50		50	Spannungsverdoppelnder Dreipol, 2 MOSFET	975
220*	100*	7,5	NR IS TDB 0556 A, 15 V, 0,5 A	974
220*		25	IS TDA 4601 D und NPN, Optokoppler	954
220*		25	NR IS Für Fernseher, 25 W, TDA 4601	977
220*		35	IS TDA 4919 A/G, MOSFET, Optokoppler	956
220*		50	IS TDA 4718 und MOSFET, Optokoppler	955
220*		50	IS TL 494 und Diskretschaltung, Optokoppler	957
220*		60	NR IS Für Fernseher, 60 W, TEA 2019	978
220*		270	± 45 V, ±3 A, TDA 4700 und Diskretschaltung	945
240*	100*	500	NR IS umschaltbar 110/220V Wechselspannung	982

IS: Ausgang von Eingang isoliert. NR: ungeregelt. *Wechselspannung

Schaltregler und Wandler mit Transformator – Aufstellung nach Ausgangsleistung und Eingangsspannung

P_2 max (W)	U_1 nom (V)	U_1 min (V)	Anmerkungen	Schaltbild Nr.
0,1	6	4,5	NR IS MAX 635. Primärseitig geregelt	221
0,2	5		±12 V, MAX 634	188
0,3	9	5	IS 5 V, 50 mA, RC 4149, Optokoppler	202
0,3	24		NR IS U2 = 6 kV, 50 μA, MOSFET	232
0,6	5		±15 V, ±20 mA, MAX 630	187
0,8	12		IS 15 V, 50 mA, Optokoppler	201
1	5		±12 V, ±40 mA, LM 1578	186
3	5		IS ±15 V, Linearregler im Ausgang	199
5	5,2	4	5V, 1 A, MAX 641	189
6	5		±15 V, ±0,2 A, SG 1524 und 2 NPN,	192
6,5	48	23	NR IS Si 9100, +5 V, 100 mA, ÷5 V, 30 mA.	222
7,5	220*	100*	NR IS TDB 0556 A, 15 V, 0,5 A	223
10	40	10	IS 5 V, 2 A, Regelwicklung	197
15	30	14	IS 5 V, 3 A, Optokoppler	200
20	48		IS ±5 V, Regelwicklung	198
25	6		NR IS Wandler Klasse B, 2 NPN	228
25	28		5 V, 5 A, SG 1524 und 2 NPN	191
25	220*		IS TDA 4601 D und NPN, Optokoppler	203
25	220*		NR IS Für Fernseher, 25 W, TDA 4601	226
35	220*		IS TDA 4919 A/G, MOSFET, Optokoppler	205
40	24		5 V, 8 A, PMW 125 und 2 MOSFET	190
50	25		Verdopplender Dreipol, 2 MOSFET	224
50	28	20	5 V, 10 A, TDA 4700 A und 2 MOSFET	193
50	50		Verdopplender Dreipol, 2 MOSFET	224
50	220*		IS TDA 4718 und MOSFET, Optokoppler	204
50	220*		IS TL 494 und Diskretschaltung, Optokoppler	206
60	220*		NR IS Für Fernseher, 60 W, TEA 2019	227
70	12		NR IS Multivibrator und 2 MOSFET	225
75	20		TL 594 und 2 NPN, Disketteneinheit	196
100	15	10	NR IS SG 3524, U_{1max} = 20 V	229
270	220*		± 45 V, ±3 A, TDA 4700 und Diskretschaltung	194
400	30		NR IS Unijunction und.2 NPN	230
500	240*	100*	NR IS Umschaltbar 110/220 V Wechselspannung	231

IS: Ausgang von Eingang isoliert. NR: ungeregelt. *Wechselspannung

Verzeichnis der integrierten Schaltungen

Schaltbild Nr.

Stichwortverzeichnisse

Stichwortverzeichnis Niederfrequenz

(nach Angabe der Schaltbildnummer)

H

K

L

M

N

O

P

R

S

Stichwortverzeichnis Hochfrequenz (allgemein)

B

C

D

E

F

K

L

M

O

P

Q

R

S

T

U

V

W

Z

Stichwortverzeichnisse Hf-Anwendungen, nach Frequenzgebieten geordnet

1. Anwendungen unterhalb von 500 kHz

A

B

D

E

F

G

M

O

2. Anwendungen im Bereich um 1 MHz

3. Anwendungen im Bereich um 3 MHz

F

M

O

P

Q

S

T

V

4. Anwendungen im Bereich um 10 MHz

A

B

D

E

F

M

O

P

Q

S

T

V

5. Anwendungen im Bereich um 30 MHz

A

D

E

F

M

O

P

Q

S

V

6. Anwendungen im Bereich um 100 MHz

A

B

E

F

M

O

R

S

T

V

7. Anwendungen im Bereich um 300 MHz und höher

A

B

E

F

M

O

V

Stichwortverzeichnis Stromversorgung

A

B

D

E

G

H

K

L

O

P

R

S

T

V

Notizen

Notizen